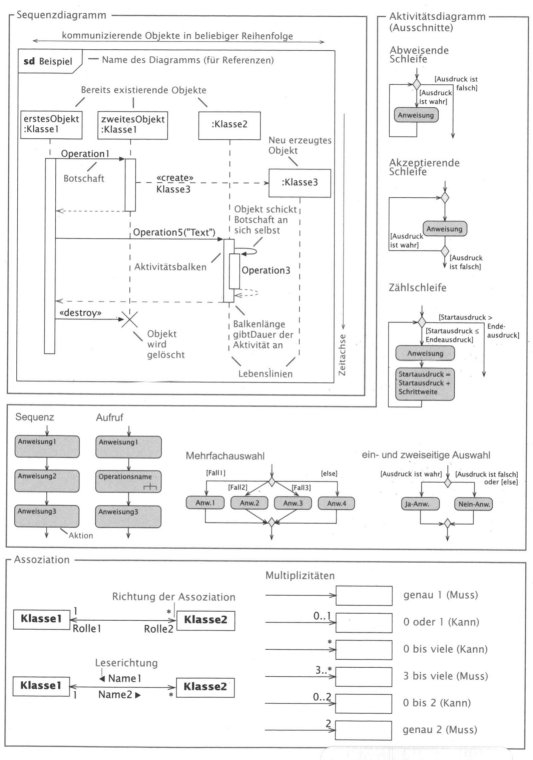

Sequenzdiagramm

kommunizierende Objekte in beliebiger Reihenfolge

sd Beispiel — Name des Diagramms (für Referenzen)

Bereits existierende Objekte

erstesObjekt :Klasse1   zweitesObjekt :Klasse1   :Klasse2

Neu erzeugtes Objekt

Operation1

Botschaft   «create» Klasse3   :Klasse3

Objekt schickt Botschaft an sich selbst

Operation5("Text")

Aktivitätsbalken   Operation3

«destroy»   Objekt wird gelöscht   Balkenlänge gibtDauer der Aktivität an

Lebenslinien

Zeitachse

Aktivitätsdiagramm (Ausschnitte)

Abweisende Schleife

[Ausdruck ist falsch]
[Ausdruck ist wahr]
Anweisung

Akzeptierende Schleife

Anweisung
[Ausdruck ist wahr]
[Ausdruck ist falsch]

Zählschleife

[Startausdruck > Endeausdruck]
[Startausdruck ≤ Endeausdruck]
Anweisung
Startausdruck = Startausdruck + Schrittweite

Sequenz

Anweisung1
Anweisung2
Anweisung3
Aktion

Aufruf

Anweisung1
Operationsname
Anweisung3

Mehrfachauswahl

[Fall1]
[Fall2]   [Fall3]   [else]
Anw.1   Anw.2   Anw.3   Anw.4

ein- und zweiseitige Auswahl

[Ausdruck ist wahr]   [Ausdruck ist falsch] oder [else]
Ja-Anw.   Nein-Anw.

Assoziation

Multiplizitäten

Richtung der Assoziation

| **Klasse1** | 1 | * | **Klasse2** |
| Rolle1 | | Rolle2 | |

Leserichtung
◄ Name1
Name2 ►

| **Klasse1** | 1 | * | **Klasse2** |

genau 1 (Muss)

0..1   0 oder 1 (Kann)

*   0 bis viele (Kann)

3..*   3 bis viele (Muss)

0..2   0 bis 2 (Kann)

2   genau 2 (Muss)

T0175240

Lehrbuch
Grundlagen der Informatik

Lehrbücher der Informatik

Herausgegeben von
Prof. Dr.-Ing. habil. Helmut Balzert

Helmut Balzert
Lehrbuch der Software-Technik I (2. Auflage)
Software-Entwicklung

Helmut Balzert
Lehrbuch der Software-Technik II
Software-Management
Software-Qualitätssicherung
Unternehmensmodellierung

Heide Balzert
Lehrbuch der Objektmodellierung (2. Auflage)
Analyse und Entwurf

Klaus Zeppenfeld
Lehrbuch der Grafikprogrammierung
Grundlagen, Programmierung, Anwendung

Helmut Balzert

Lehrbuch
Grundlagen der
Informatik

Konzepte und Notationen
in UML 2, Java 5, C++ und C#
Algorithmik und Software-Technik
Anwendungen

mit CD-ROM und
e-learning-Online-Kurs

ELSEVIER
SPEKTRUM
AKADEMISCHER
VERLAG

Spektrum
AKADEMISCHER VERLAG

Zuschriften und Kritik an:
Elsevier GmbH, Spektrum Akademischer Verlag, Dr. Andreas Rüdinger,
Slevogtstr. 3-5, 69126 Heidelberg

Autor:
Prof. Dr.-Ing. habil. Helmut Balzert
Lehrstuhl für Software-Technik
Ruhr-Universität Bochum
e-mail: hb@W3L.de
http://www.W3L.de und http://www.swt.rub.de

Titelbild: Gerd Struwe: >>Temporary Tenderness<< (1999)

Wichtiger Hinweis für den Benutzer
Der Verlag und der Autor haben alle Sorgfalt walten lassen, um vollständige und akkurate Informationen in diesem Buch und der beiliegenden
CD-ROM zu publizieren. Der Verlag übernimmt weder Garantie noch die
juristische Verantwortung oder irgendeine Haftung für die Nutzung dieser
Informationen, für deren Wirtschaftlichkeit oder fehlerfreie Funktion für
einen bestimmten Zweck. Ferner kann der Verlag für Schäden, die auf einer
Fehlfunktion von Programmen oder ähnliches zurückzuführen sind, nicht
haftbar gemacht werden. Auch nicht für die Verletzung von Patent- und
anderen Rechten Dritter, die daraus resultieren. Eine telefonische oder
schriftliche Beratung durch den Verlag über den Einsatz der Programme ist
nicht möglich. Der Verlag übernimmt keine Gewähr dafür, dass die beschriebenen Verfahren, Programme usw. frei von Schutzrechten Dritter sind.
Die Wiedergabe von Gebrauchsnamen, Handelsnamen, Warenbezeichnun-
gen usw. in diesem Buch berechtigt auch ohne besondere Kennzeichnung
nicht zu der Annahme, dass solche Namen im Sinne der Warenzeichen- und
Markenschutz-Gesetzgebung als frei zu betrachten wären und daher von
jedermann benutzt werden dürften. Der Verlag hat sich bemüht, sämtliche
Rechteinhaber von Abbildungen zu ermitteln. Sollte dem Verlag gegenüber
dennoch der Nachweis der Rechtsinhaberschaft geführt werden, wird das
branchenübliche Honorar gezahlt.

Bibliografische Information Der Deutschen Bibliothek
Die Deutsche Bibliothek verzeichnet diese Publikation in der Deutschen
Nationalbibliografie; detaillierte bibliografische Daten sind im Internet über
http://dnb.ddb.de abrufbar.

Planung und Lektorat: Dr. Andreas Rüdinger / Bianca Alton
Satz: Hagedorn Kommunikation, Viernheim
Herstellung: Katrin Frohberg
Gesamtgestaltung: Gorbach Büro für Gestaltung und Realisierung,
Uttenbach
Druck und Bindung: LegoPrint S.p.A., I-Lavis
Umschlaggestaltung: Spieß Design, Neu-Ulm
Gedruckt auf 80g Werkdruck

Printed in Italy
ISBN 3-8274-1410-5

Aktuelle Informationen finden Sie im Internet unter www.elsevier.de und
www.W3L.de

Vorwort

Sie haben die 2. Auflage meines Buches »Grundlagen der Informatik« in der Hand. Die 1. Auflage erschien 1999 und wurde über 15.000 Mal verkauft. Es wird heute an vielen Hochschulen, aber auch von Einsteigern in die Informatik, genutzt. Der Lehrstoff in einem Grundlagenbuch sollte über eine längere Zeit bestand haben – selbst in der so dynamischen Informatik. Dies gilt auch weitgehend. Die objektorientierte Programmierung, wie sie in diesem Buch vermittelt wird, hat sich inzwischen endgültig auf breiter Front durchgesetzt. Daher gab es *keinen* Grund die Konzeption und die Inhalte dieses Buches grundlegend zu ändern. Zur 2. Auflage

Dennoch gab es fünf Jahre nach der ersten Auflage drei wesentliche Gründe, an eine Überarbeitung zu gehen: UML 2.0, Java 2 (5.0), C#

- Die UML *(Unified Modeling Language),* die zur Modellierung eines Programms in der Analyse- und in der Entwurfsphase verwendet wird, liegt seit 2004 in der Version UML 2.0 vor. Sie wurde gegenüber der Version 1.x wesentlich überarbeitet und erweitert. Da ich in meinem Buch die UML intensiv verwende, hat die neue Version eine Reihe von Änderungen zur Folge.
- Im Jahr 2004 erscheint eine neue Version der Programmiersprache Java 2 (5.0), die eine ganze Reihe von Erweiterungen enthält – insbesondere die Einführung von generischen Typen. Diese Ergänzungen wurden fast vollständig in diese 2. Auflage integriert. Offiziell heißt die neue Java-Version J2SE 5.0, wobei J2SE für *Java 2 Platform Standard Edition* steht.
- Der Erfolg von Java hat die Firma Microsoft im Jahr 2002 dazu gezwungen, eine neue Programmiersprache C# vorzustellen, die weitgehend auf Java und teilweise auf C/C++ basiert. Eingebettet ist C# in die neue Software-Architektur .Net. Wegen der Bedeutung von C# und .Net habe ich in der Lehreinheit 24 den C++-Anteil reduziert und gebe stattdessen eine kurze Einführung in .Net und C#.

Neben diesen Änderungen hat das testgetriebene Programmieren in den letzten Jahren eine große Bedeutung erlangt. Für Java wird dabei die Testumgebung JUnit verwendet. Ich habe dieses Vorgehen in der Lehreinheit 14 zusätzlich beschrieben. testgetriebenes Programmieren

 Die frei verfügbare Programmierumgebung BlueJ ist insbesondere für den Programmieranfänger ideal geeignet. Ich habe sie im Buch kurz beschrieben und eingesetzt. Außerdem befindet sie sich auf der beigefügten CD-ROM. BlueJ

v

PSP Der vor einigen Jahren stark beachtete persönliche Software-Prozess (PSP) von W. S. Humphrey hat sich aus meiner Sicht *nicht* etabliert. Ich habe die Beschreibung daher *nicht* in die 2. Auflage übernommen.

Sie sehen also, dass sich in fünf Jahren in der Informatik doch eine ganze Menge geändert hat, auch wenn die Grundprinzipien und Konzepte gleich geblieben sind.

CD-ROM Die Anzahl der CD-ROMs, die diesem Buch beiliegen, wurde von 2 auf 1 reduziert, da ich auf die Programmierumgebung Microsoft Visual C++ verzichtet habe, die bereits fast eine CD-ROM belegt hatte. Um Ihnen das Herunterladen von umfangreichen Werkzeugen und Entwicklungsumgebungen aus dem Internet zu ersparen, befinden sich eine Reihe dieser Werkzeuge – soweit es die Lizenzbedingungen zugelassen haben – auf der beigefügten CD-ROM. Weiterhin finden Sie alle Lösungen zu den Aufgaben (ohne Klausuraufgaben) auf der CD-ROM.

Dozenten-CD-ROM Für Dozenten habe ich wieder eine Dozenten-CD-ROM fertig gestellt, die Power Point-Folien zu diesem Buch enthält. Außerdem sind dort die Musterlösungen der Klausuraufgaben zu finden. Diese Dozenten-CD-ROM ist *nicht* im Buchhandel zu erhalten, sondern nur über den *Online Shop* von www.W3L.de. Besitzer der bisherigen Dozenten-CD (ISBN 3-8274-0550-5) erhalten bei Rücksendung der CD-ROM einen Preisnachlass auf die neue CD-ROM.

e-learning-Kurs Meine Erfahrungen in der Lehre haben mir gezeigt, dass insbesondere absolute Programmieranfänger zu Beginn eine ausführlichere Anleitung zur Installation von Werkzeugen und zu ihrer Bedienung benötigen. Zu diesem Buch gibt es daher einen kostenlosen e-learning-Kurs, den Sie auf www.W3L.de buchen können. Geben Sie bitte nach der Registrierung auf W3L die folgende TAN (Transaktionsnummer) ein: 4074401338.

Zusätzlich finden Sie in diesem Kurs die Beschreibung weiterer Entwicklungsumgebungen und ihre Benutzung.

Tiefe vs. Breite Einige meiner Kollegen haben kritisiert, dass mein Buch »Grundlagen der Informatik« heißt, sich im Wesentlichen aber auf die Programmierung konzentriert und andere Bereiche wie Betriebssysteme nicht behandelt. Ich bin der Meinung, dass die Grundlage jeder Informatiklehre die solide Ausbildung in der objektorientierten Programmierung sein muss. Erst wenn dieser Stoff theoretisch und praktisch beherrscht wird, ist Zeit für andere Gebiete der Informatik. Ein breiter Überblick über viele Informatik-Gebiete am Anfang einer Informatikausbildung, führt zu viel Faktenwissen aber oft zu wenig Erkenntnissen und Fertigkeiten im Kernbereich der Informatik, der Programmierung. Wer wissen will, ob ihm die Informatik liegt, ob sie seinen Fähigkeiten entspricht und ob sie ihm Spaß macht, muss mit der Programmierung beginnen und sich dort beweisen!

Parallel zur stürmischen Entwicklung der Computer- und Software-Technik entstand die Wissenschaftsdisziplin Informatik. Sie ist heute eine Strukturwissenschaft, ähnlich wie die Mathematik. Die breite Durchdringung unzähliger Anwendungsbereiche und fast aller Wissenschaftsdisziplinen durch die Informatik führt dazu, dass die Grundlagen der Informatik von immer mehr Menschen beherrscht werden müssen.

Vorwort zur
1. Auflage &
2. Auflage

Um Ihnen, liebe Leserin, lieber Leser, einen optimalen Einstieg in die Grundlagen der Informatik zu ermöglichen, habe ich dieses Lehr- und Lernbuch geschrieben. Schwerpunktmäßig werden Konzepte, Notationen und Methoden des »Programmierens im Kleinen«, Grundlagen der Algorithmik und Software-Technik sowie Anwendungen behandelt.

Schwerpunkte

Besonderer Wert wird auf die Trennung von Konzepten und Notationen gelegt. Konzepte stellen die Theorie, Notationen die praktische Umsetzung der Theorie dar. Als Notationen werden die UML *(unified modeling language)* und die Programmiersprachen Java, C++ und C# behandelt.

Konzepte,
Notationen: UML,
Java, C++, C#

Die Grundlagen der Programmierung werden anhand der Sprache Java vermittelt. Es werden die wichtigsten Sprachkonzepte von Java ausführlich dargestellt. Daher ist dieser Teil des Buches auch ein Programmierbuch für die Sprache Java. Es gibt jedoch einige Besonderheiten, die es von anderen Programmierbüchern unterscheidet:

Programmierbuch
für Java

- Die Didaktik orientiert sich an den Konzepten der objektorientierten Programmierung und *nicht* an der Syntax von Java.
- Umfangreiche grafische Darstellungen einschließlich multimedialer Animationen (auf der CD-ROM) veranschaulichen die Zusammenhänge und dynamischen Abläufe.
- Die Einführung in die Java-Programmierung erfolgt objektorientiert und *nicht* wie in vielen Programmierbüchern prozedural.
- Es werden von Anfang an grafische Benutzungsoberflächen erstellt und es wird auf eine strikte Trennung zwischen Oberfläche und Fachkonzept geachtet.

Das Buch gliedert sich in fünf Teile:

behandelte
Gebiete

- Einführung (2 Lehreinheiten)
- Grundlagen der Programmierung (10 Lehreinheiten)
- Algorithmik und Software-Technik (6 Lehreinheiten)
- Anwendungen (4 Lehreinheiten)
- Ausblicke (2 Lehreinheiten)

Vorwort

Einführungs-
vorlesung

Vom Umfang und Inhalt bietet dieses Buch den Stoff für eine zweisemestrige Einführungsvorlesung in die »Grundlagen der Informatik« (2 Vorlesungs- und 1 Übungsstunde pro Woche).

Voraussetzungen

Für dieses Einführungsbuch in die Informatik werden *fast keine* Voraussetzungen verlangt. Alle wichtigen Begriffe und grundlegendes Wissen werden in der Einführung behandelt.

Der Leser sollte jedoch über folgendes Wissen und folgende Fähigkeiten verfügen:

- Einen PC mit Tastatur und Maus bedienen können.
- Das Betriebssystem *Windows* (2000/XP) oder das Betriebssystem Linux in den Grundzügen bedienen können.
- Ordner und Dateien anlegen, löschen, verschieben und wiederfinden können.
- Mit einem Textsystem Texte erfassen und ändern können.
- Bilder mit einem *Scanner* einlesen, bearbeiten und speichern können.

methodisch-
didaktische
Elemente

Um Ihnen, liebe Leserin, lieber Leser, das Lernen optimal zu erleichtern, werden folgende methodisch-didaktischen Elemente benutzt:

- Dieses Buch ist in 24 Lehreinheiten (für jeweils eine Vorlesungsdoppelstunde) gegliedert.
- Jede Lehreinheit ist unterteilt in Lernziele, Voraussetzungen, Inhaltsverzeichnis, Text, Glossar, Zusammenhänge, Literatur und Aufgaben.
- Zusätzlich sind die Themen nach fachlichen Gesichtspunkten in Kapitel gegliedert.
- Knapp 300 Begriffe sind im Glossar definiert.
- Mehr als 175 Literaturangaben verweisen auf weiterführende Literatur.
- Zur Lernkontrolle stehen über 300 Aufgaben zur Verfügung, die in Muss-, Kann- und Klausur-Aufgaben gegliedert sind.
- Klausuraufgaben gehen davon aus, dass als Hilfsmittel nur ein handbeschriebenes DIN-A4-Blatt und *kein* Computersystem verwendet wird. Die Lösungen befinden sich *nur* auf der separat erhältlichen Dozenten-CD-ROM.
- Zu jeder Aufgabe gibt es eine Zeitangabe, die hilft, das eigene Zeitbudget zu planen. Zur Lösung aller Aufgaben werden rund 150 Stunden benötigt.
- Es wurde eine neue Typographie mit Marginalienspalte und Piktogrammen entwickelt.
- Als Schrift wurde Lucida ausgewählt, die für dieses Lehrbuch besonders gut geeignet ist, da sie über verschiedene Schriftschnitte verfügt, um Text (mit Serifen), Abbildungsbeschriftungen (ohne Serifen) und Programme *(Monospace)* gut unterscheiden zu können.
- Das Buch ist durchgehend zweifarbig gestaltet.

- Zur Veranschaulichung enthält es mehr als 500 Grafiken und Tabellen.
- Wichtige Inhalte sind zum Nachschlagen in Boxen angeordnet.

Durch diese moderne Didaktik kann das Buch zur Vorlesungsbegleitung, zum Selbststudium und zum Nachschlagen verwendet werden.

 Auf der beigefügten CD-ROM befinden sich:

- die vollständigen Lösungen zu den Muss- und Kann-Aufgaben,
- alle im Buch behandelten Programme,
- über 200 lauffähige Programme,
- das alphabetisch sortierte Gesamtglossar mit knapp 300 Begriffen,
- die Multimedia-Präsentationen »Farbgestaltung« und »Fit am Computer«,
- viele Software-Werkzeuge, Programmierumgebungen und Compiler verschiedener Hersteller (von Demonstrationsversionen bis zu Vollversionen).

Im Band 1 meines »Lehrbuchs der Software-Technik« sind in der ersten Lehreinheit der Aufbau und die Struktur von Lehrbüchern dieser Buchreihe ausführlich beschrieben. Für den interessierten Leser befindet sich die Lehreinheit 1 des Buches »Lehrbuch der Software-Technik« auf der beigefügten CD-ROM. Lehreinheit 1 vom »Lehrbuch der Software-Technik (Band 1)« befindet sich auf beigefügter CD-ROM.

Dieses Buch ist für folgende Zielgruppen geschrieben: Zielgruppen

- Studenten im Haupt- und Nebenfach der Informatik an Universitäten, Fachhochschulen und Berufsakademien.
- Software-Ingenieure und Programmierer in der Praxis.

Zur Vermittlung der Lerninhalte werden Beispiele und Fallstudien verwendet. Um dem Leser diese unmittelbar kenntlich zu machen, sind sie in blauer Schrift gesetzt. Beispiele, Fallstudien, Szenarien blaue Schrift

Ein Lehrbuch darf nicht zu »trocken« geschrieben sein. Auf der anderen Seite darf es aber auch nicht aus lauter Anekdoten und Gags bestehen, sodass das Wesentliche und der »rote Faden« kaum noch sichtbar sind.

In diesem Buch stehen die »Konzepte der Programmierung« im Mittelpunkt, die durch viele Beispiele anschaulich vermittelt werden. roter Faden

Zusätzlich werden innovative Forscher und Praktiker durch Kurzbiografien mit Bild in der Marginalienspalte vorgestellt. Kurzbiografien

Für den Leser, der in die Tiefe eindringen möchte, werden ab und zu noch Informationen angeboten, die mit dem Piktogramm »Unter der Lupe« gekennzeichnet sind. Diese Abschnitte können beim ersten Lesen übersprungen werden. Ihr Inhalt wird im weiteren Verlauf *nicht* als bekannt vorausgesetzt. Unter der Lupe

Da ein Bild oft mehr aussagt als 1000 Worte, wurden möglichst viele Sachverhalte veranschaulicht. Visualisierung

Begriffe, Glossar
halbfett, blau

In diesem Lehrbuch wurde sorgfältig überlegt, welche Begriffe eingeführt und definiert werden. Ziel ist es, die Anzahl der Begriffe möglichst gering zu halten. Alle wichtigen Begriffe sind im Text **halbfett** und blau gesetzt. Die so markierten Begriffe sind am Ende einer Lehreinheit in einem Glossar alphabetisch angeordnet und definiert. Dabei wurde oft versucht, die Definition etwas anders abzufassen, als es im Text der Fall war, um dem Lernenden noch eine andere Sichtweise zu vermitteln. Alle Glossareinträge dieses Buches befinden sich alphabetisch sortiert zusätzlich auf der beiliegenden CD-ROM. Begriffe, die in sachlogisch vorangehenden Lehreinheiten behandelt wurden, werden nicht wiederholt, sondern können dort nachgelesen werden.

Zusammenhänge

Damit sich der Lernende eine Zusammenfassung der jeweiligen Lehreinheit ansehen kann, werden nach dem Glossar nochmals die Zusammenhänge verdeutlicht. Jeder definierte Begriff des Glossars taucht in den Zusammenhängen nochmals auf. Es wird auch hier versucht, eine etwas andere Perspektive darzustellen.

Aufgaben

Der Lernende kann nur durch das eigenständige Lösen von Aufgaben überprüfen, ob er die Lernziele erreicht hat. In diesem Buch wird versucht, alle Lernziele durch geeignete Aufgaben abzudecken.

Vor jeder Aufgabe wird das Lernziel zusammen mit der Zeit, die zur Lösung dieser Aufgabe benötigt werden sollte, angegeben. Das ermöglicht es dem Lernenden, seine Zeit einzuteilen. Außerdem zeigt ihm ein massives Überschreiten dieser Zeit an, dass er die Lehrinhalte nicht voll verstanden hat.

Viele der Zeitangaben wurden mit Studenten evaluiert. Es wurde die Zeit ausgewählt, in der etwa 80 Prozent aller Studenten die Aufgabe gelöst haben. Aufgaben, die unbedingt bearbeitet werden sollen (klausurrelevant), sind als Muss-Aufgaben gekennzeichnet. Weiterführende Aufgaben sind als Kann-Aufgaben markiert.

Lösungen auf
CD-ROM

Zur Unterstützung des selbständigen Lernens müssen auch die Lösungen verfügbar sein. Um auf der einen Seite ausführliche Lösungen bereitstellen zu können, auf der anderen Seite aber ein vorschnelles Nachsehen etwas zu erschweren, sind die Lösungen zu den Muss- und Kann-Aufgaben dieses Buches auf der beigefügten CD-ROM enthalten.

Aufgaben-
gliederung

Die Aufgaben zu jeder Lehreinheit sind in Wissens- und Verstehensaufgaben (WV-Aufgaben) sowie analytische und konstruktive Aufgaben (AK-Aufgaben) gegliedert. Die Wissens- und Verstehensaufgaben befinden sich vollständig im e-learning-Kurs zu diesem Buch. Diese Aufgaben sollten zumindest zufriedenstellend gelöst werden, bevor die analytischen und konstruktiven Aufgaben bearbeitet werden, die sich am Ende jeder Lehreinheit befinden.

Die Grundlagen der Informatik muss man sowohl theoretisch verstehen als auch praktisch begreifen. Praxis erhält man nur durch die Arbeit mit einem Computersystem, indem man vorhandene Programme analysiert, modifiziert und erweitert. Beim Durcharbeiten oder Nacharbeiten einer Lehreinheit sollten daher parallel am Computersystem die behandelten Beispielprogramme ausgeführt und analysiert werden. Beim Lösen der konstruktiven Aufgaben sollten diese Beispielprogramme als Ausgangspunkt verwendet werden. Es soll nicht alles neu gemacht, sondern Vorhandenes modifiziert und erweitert werden. Das Lernen soll durch diese Beispiele, durch Analogieschlüsse und durch aktives Arbeiten mit dem Computersystem erfolgen.

*learning by example
learning by analogy
learning by doing*

Um sicherzustellen, dass Studenten genügend Erfahrungen mit Computersystemen sammeln, ist in meine Vorlesung »Grundlagen der Informatik« ein Praktikum integriert. In insgesamt fünf Vorlesungswochen (verteilt auf zwei Semester) findet keine Vorlesung statt, sondern jeder Student muss ein Praktikum am Computer absolvieren. Für das Praktikum müssen Aufgaben vorbereitet werden, die dann im Praktikum fertig gestellt werden. Die Aufgaben für die Praktika sind im Anhang C dieses Buches aufgeführt.

Praktikum

Durch eine gute Buchgestaltung und Buch-»Ergonomie« soll die Didaktik unterstützt werden. Aufbau und Struktur einer Lehreinheit sind in Abb. 1 dargestellt.

Buchgestaltung

Zur visuellen Orientierung befinden sich auf der inneren Buchseite kleine Piktogramme mit folgenden Bedeutungen:

Piktogramme

- Lernziele der Lehreinheit

- Voraussetzungen, die erfüllt sein sollten, um die Lehreinheit erfolgreich durchzuarbeiten

- Detaillierte Inhaltsangabe der Lehreinheit.

- Unter der Lupe: Detaillierte Darstellung eines Sachverhalts für den interessierten Leser.

- Zu dem beschriebenen Sachverhalt gibt es zusätzliche Informationen auf der dem Buch beigefügten CD-ROM.

- Zu dem beschriebenen Sachverhalt gibt es zusätzliche Informationen im Internet. In der Marginalienspalte sind Internet-Adressen angegeben.

- Glossar aller Begriffe der jeweiligen Lehreinheit.

- Zusammenhänge der in der jeweiligen Lehreinheit verwendeten und im Glossar definierten Begriffe.

- Liste der für die Lehreinheit wichtigen und der in der Lehreinheit zitierten Literatur.
- Aufgaben zur Lehreinheit.

- Verweise auf andere Teile des Buchs.

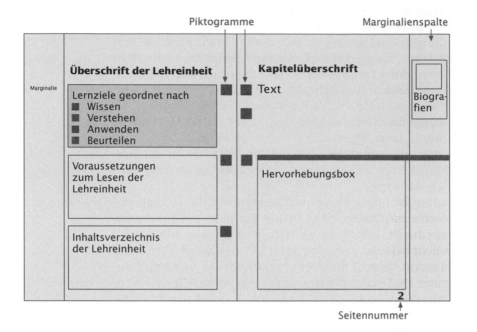

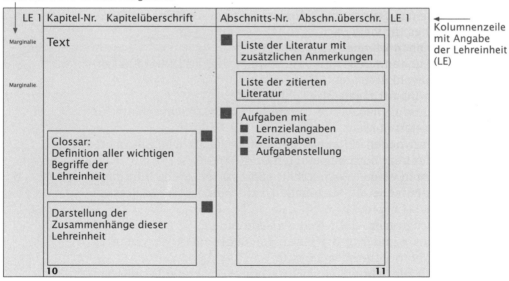

Abb. 1: Aufbau und Struktur einer Lehreinheit

Um in einem Buch deutlich zu machen, dass Männer und Frauen gemeint sind, gibt es verschiedene Möglichkeiten für den Autor:

weibliche Anrede vs. männliche Anrede

1 Man formuliert Bezeichnungen in der 3. Person Singular in ihrer männlichen Form. In jüngeren Veröffentlichungen verweist man in den Vorbemerkungen dann häufig darauf, dass das weibliche Geschlecht mitgemeint ist, auch wenn es *nicht* im Schriftbild erscheint.

2 Man redet beide Geschlechter direkt an, z.B. Leserinnen und Leser, man/frau.

3 Man kombiniert die beiden Geschlechter in einem Wort, z.B. StudentInnen.

4 Man wechselt das Geschlecht von Kapitel zu Kapitel.

Aus Gründen der Lesbarkeit und Lesegewohnheit habe ich mich für die 1. Variante entschieden. Die Variante 4 ist mir an und für sich sehr sympathisch, jedoch steigt der Aufwand für den Autor beträchtlich, da man beim Schreiben noch nicht die genaue Reihenfolge der Kapitel kennt.

Bücher können als Begleitunterlage zu einer Vorlesung oder zum Selbststudium ausgelegt sein. In diesem Buch versuche ich einen Mittelweg einzuschlagen. Ich selbst verwende das Buch als begleitende und ergänzende Unterlage zu meiner Vorlesung. Viele Lernziele dieses Buches können aber auch im Selbststudium erreicht werden.

als Begleitunterlage und zum Selbststudium

Ein Problem für ein Informatikbuch stellt die Verwendung englischer Begriffe dar. Da die Wissenschaftssprache der Informatik Englisch ist, gibt es für viele Begriffe – insbesondere in Spezialgebieten – keine oder noch keine geeigneten oder üblichen deutschen Fachbegriffe. Auf der anderen Seite gibt es jedoch für viele Bereiche der Informatik sowohl übliche als auch sinnvolle deutsche Bezeichnungen, z.B. Entwurf für *Design*.

englische Begriffe vs. deutsche Begriffe

Da mit einem Lehrbuch auch die Begriffswelt beeinflusst wird, bemühe ich mich in diesem Buch, sinnvolle und übliche deutsche Begriffe zu verwenden. Ist anhand des deutschen Begriffs nicht unmittelbar einsehbar oder allgemein bekannt, wie der englische Begriff lautet, dann wird in Klammern und kursiv der englische Begriff hinter dem deutschen Begriff aufgeführt. Dadurch wird auch das Lesen der englischsprachigen Literatur erleichtert.

Gibt es noch keinen eingebürgerten deutschen Begriff, dann wird der englische Originalbegriff verwendet. Englische Bezeichnungen sind immer *kursiv* gesetzt, sodass sie sofort ins Auge fallen.

englische Begriffe *kursiv* gesetzt

Das »Lehrbuch Grundlagen der Informatik« ist sachlogisch folgendermaßen gegliedert:

fachliche Gliederung

- Hauptkapitel 1
- Kapitel 1.1
- Abschnitte 1.1.1
- Unterabschnitte 1.1.1.1

Alle Abbildungen und Tabellen sind nach Hauptkapiteln oder Kapiteln nummeriert, z.B. Abb. 1.1-3.

Neben der sachlogischen Kapitelgliederung ist das gesamte Buch in Lehreinheiten gegliedert. Die Nummer der jeweiligen Lehreinheit ist auf jeder Seite in der Kolumnenzeile aufgeführt. Alle Beispiele sind innerhalb einer Lehreinheit nummeriert.

Lesen des Buches:
sequenziell

Ziel der Buchgestaltung war es, Ihnen als Leser viele Möglichkeiten zu eröffnen, dieses Buch nutzbringend für Ihre eigene Arbeit einzusetzen.

Sie können dieses Buch sequenziell von vorne nach hinten lesen. Die Reihenfolge der Lehreinheiten ist so gewählt, dass die Voraussetzungen für eine Lehreinheit jeweils erfüllt sind, wenn man das Buch sequenziell liest.

Außerdem kann das Buch themenbezogen gelesen werden. Möchte man sich in die Programmiersprache Java einarbeiten, dann kann man zuerst nur die dafür relevanten Lehreinheiten durcharbeiten. Will man sich auf die Algorithmik konzentrieren, dann kann man auch nur die betreffenden Einheiten lesen.

Durch das Buchkonzept ist es natürlich auch möglich, punktuell einzelne Lehreinheiten durchzulesen, um Wissen zu erwerben, aufzufrischen oder abzurunden.

Durch ein ausführliches Sach- und Personenregister, durch Glossare und Zusammenhänge sowie Hervorhebungsboxen kann dieses Buch auch gut zum Nachschlagen verwendet werden.

Das Konzipieren und Schreiben dieses Buches war aufwendig. Ich habe über zwei Jahre dazu gebraucht. Die Inhalte und die Didaktik habe ich in zwei Vorlesungen und einem Industrietraining ausprobiert und optimiert.

Rudolf Paulus Gorbach
*1939, nach der Schulzeit Buchdrucker und Musiker, dann Buchdruckmeister; Studium Drucktechnik und Typographie in Berlin; Hersteller und Herstellungsleiter in Buchverlagen, seit 1971 eigenes Büro in München; Lehraufträge an den Universitäten Ulm, Osnabrück und an der FH München; Software-Marketing-Preis 1991.

Ich habe versucht, ein innovatives wissenschaftliches Lehrbuch zu den Grundlagen der Informatik zu schreiben. Ob mir dies gelungen ist, müssen Sie als Leser selbst entscheiden.

Dieses Lehrbuch vermittelt die Grundlagen der Informatik. Wer dadurch Spaß an der Informatik gefunden hat und wissen möchte, wie eine professionelle Software-Entwicklung abläuft, dem bietet mein zweibändiges »Lehrbuch der Software-Technik« die entsprechenden Informationen. Wer sich auf die objektorientierte Software-Entwicklung konzentrieren will, der findet die geeignete Fortführung zu diesem Buch in dem »Lehrbuch der Objektmodellierung – Analyse und Entwurf« von Prof. Dr. Heide Balzert.

Ein Buch soll nicht nur vom Inhalt her gut sein, sondern Form und Inhalt sollten übereinstimmen. Daher wurde auch versucht, die Form anspruchsvoll zu gestalten. Ich freue mich darüber, dass der bekannte Buchgestalter und Typograph Rudolf Gorbach aus München die Aufgabe übernommen hat, diese Lehrbuchreihe zu gestalten. Da ich ein Buch als »Gesamtkunstwerk« betrachte, ist auf der Buchtitelseite ein Bildschirmfoto aus der Serie »*Temporary Tenderness (Automatic*

Sketch Artist)« des Künstlers Gerd Struwe abgedruckt. Er setzt den Computer ein, um seine künstlerischen Vorstellungen zu vermitteln. Das Kunstwerk *»Temporary Tenderness«* selbst befindet sich auf der beigefügten CD-ROM (Demo-Version).

Ein so aufwendiges Werk ist ohne die Mithilfe von vielen Personen nicht realisierbar.

An erster Stelle gebührt mein Dank meiner Frau, Prof. Dr. Heide Balzert, die mir bei vielen Fragen mit Rat und Tat zur Seite stand.

Ein besonderer Dank gilt allen Kollegen, Mitarbeitern und Studenten, die das Skript zu diesem Buch durchgearbeitet haben und deren Anregungen und Hinweise dazu beigetragen haben, die jetzige Qualität des Buches zu erreichen. Mein Dank gilt insbesondere Prof. Dr. Harald Reiterer, Universität Konstanz, Prof. Dr. Ulrich Eisenecker, Fachhochschule Kaiserslautern, und Prof. Dr. Karl-Heinz Rau, Fachhochschule Pforzheim, die wesentlich zum Gelingen der 1. Auflage beigetragen haben. Meinen früheren und jetzigen wissenschaftlichen Mitarbeitern Dr.-Ing. Christian Knobloch, Dr.-Ing. Carsten Mielke, Dr.-Ing. Christian Weidauer, Dr.-Ing. Peter Ziesche und Dr.-Ing. Olaf Zwintzscher sowie Dipl.-Ing. Peter Siepermann und Helge Kunze danke ich für die Ausarbeitung der Aufgaben und Lösungen.

Die Grafiken erstellte Anja Schartl. Danke!

Dem Spektrum Akademischer Verlag, Heidelberg, danke ich für die sehr gute Zusammenarbeit.

Allen Lesern der 1. Auflage, die durch ihre Kommentare und Hinweise zur Verbesserung der 2. Auflage beigetragen haben, gilt mein besonderer Dank.

Trotz der Unterstützung vieler Personen bei der Erstellung dieses Buches enthält ein so aufwendiges Werk sicher immer noch Fehler und Verbesserungsmöglichkeiten: *»nobody is perfect«*. Kritik und Anregungen sind daher jederzeit willkommen. Informationen rund um die Software-Technik sowie eine aktuelle Liste mit Korrekturen zu diesem Buch und der beigefügten CD-ROM finden Sie unter

`http://www.W3L.de`

iling-Liste   Über diese Webseite können Sie auch einen *Newsletter* abonnieren, wenn Sie regelmäßig über Neuerungen zu diesem Buch sowie neuen Werkzeugen informiert werden möchten.

Über zwei Jahre Arbeit stecken in der 1. Auflage dieses Lehrbuchs. Ein weiteres 1/2 Jahr habe ich für die 2. Auflage benötigt. Ihnen, liebe Leserin, lieber Leser, erlaubt es, die Grundlagen der Informatik in wesentlich kürzerer Zeit zu erlernen. Ich wünsche Ihnen viel Spaß beim Lesen. Möge Ihnen dieses Buch und die Arbeit mit der Software am Computersystem ein wenig von der Faszination und Vielfalt der Informatik vermitteln.

Ihr   *Helmut Balzert*   **XV**

Gerd Struwe
* 1956 in Braunschweig, Studium der Kunst- und Werkpädagogik für das höhere Lehramt an der Hochschule für Bildende Künste Braunschweig. Seit 1989 Fachbereichsleiter für künstlerisch-musische Praxis an der VHS Leverkusen. Initiator und Kurator der Ausstellungsreihe »Junge Digitale Bilderkunst« im Forum Leverkusen. Aufsätze zur Medienkunst und Kunstpädagogik. Beteiligungen an nationalen und internationalen Kunstausstellungen. Goldener Plotter Computerkunst 1996 (Gladbeck), 2. Preis Computeranimation Computerart 1994 (SCGA Zürich), 1. Preis Computergrafik Pixel Art Expo 1993 (Rom). Künstlerischer Arbeitsschwerpunkt: Programmentwicklungen für dynamische Computerbilder.

Übersicht

Übersicht

Inhalt

Inhalt

Inhalt

Inhalt

Inhalt

1 Einführung – Computersysteme und Informatik

- Die aufgeführten Begriffe erklären und in den richtigen Kontext einordnen können.
- Den Aufbau und die Funktionsweise eines Computersystems darstellen können.
- Gegebenen Aufgabenstellungen die jeweils geeigneten Peripheriegeräte zuordnen können.
- Die Wissenschaftsdisziplin Informatik mit ihren Definitionen, ihren Positionen und ihren Teildisziplinen erläutern können.
- Anhand von Beispielen die Arbeitsweise der Zentraleinheit zeigen können.
- Anhand von Beispielen Übertragungszeiten bei vernetzten Computersystemen berechnen können.
- Die bei der Installation und Benutzung von Software ablaufenden Vorgänge anhand von Beispielen in zeitlich richtiger Reihenfolge durchführen können.
- Software installieren und benutzen können.

Prof. Dr. Johann von Neumann
* 1903 in Budapest, Ungarn
† 1957 in Washington D.C., USA; Wegbereiter der amerikanischen Computerentwicklung, Hauptidee: Gemeinsamer Speicher für Programme und Daten, wodurch sich das Programm selbst verändern kann (1946); so aufgebaute Computer mit einem Prozessor bezeichnet man heute als von-Neumann-Computer bzw. von-Neumann-Architektur; wesentliche Beiträge zu den Computern Harvard Mark I (ASCC) und ENIAC; Studium der Mathematik in Budapest, 1928 Habilitation in Berlin, danach in Berlin und Hamburg tätig, ab 1929 in Princeton (N.J.), seit 1933 dort Professor für Mathematik; zahlreiche Auszeichnungen.

Leser, die bereits mit Computersystemen gearbeitet haben und mit der Terminologie vertraut sind, können mit dem Kapitel 1.2 beginnen.

1 Einführung

Die Begriffe »Computer«, »Internet«, »Web«, »Software« und »Informatik« sind täglich in den Medien zu finden. Untersuchungen haben Folgendes ergeben /BDB 03/, /IKT-Report 03/, /TNS Emnid 03/:

- Jeder zweite Beschäftigte in Deutschland verrichtet seine Arbeit überwiegend am Computer.
- Jeder zweite Arbeitsplatz in Deutschland ist inzwischen vernetzt.
- 93 Prozent der Unternehmen in Deutschland haben einen Internet-Zugang, 75 Prozent präsentieren sich im Internet.
- Mangelnde IT-Kenntnisse von 1/3 der Mitarbeiter erweisen sich als Wachstumshindernis.
- 50,1 Prozent aller Deutschen über 14 Jahre sind 2003 online, das sind 32,1 Millionen Menschen.
- Fast 30 Millionen Konten wurden Ende 2002 in Deutschland online geführt. Damit stieg deren Zahl im Vergleich zum Vorjahr um 50 Prozent.
- Jeder zweite Arbeitslose nutzt das Internet.

Diese Zahlen deuten bereits an, dass die Informatik und insbesondere die Software-Technik heute eine große volkswirtschaftliche Bedeutung haben /BMFT 94/, /GI 87/, /Necker 94/, /Schmid, Broy 00/:

- Die Informatik zusammen mit der Informationstechnik bildet das zentrale Innovationsgebiet des 21. Jahrhunderts: »Sie wird Lebensweise, Ausbildung, Arbeit und Freizeit verändern, indem sie die Methoden des Geschäftslebens, der Forschung und der Kommunikation revolutioniert. Die Allgegenwärtigkeit der aus der Verschmelzung von Rechnern, Telefon und Medien entstehenden multimedialen Kommunikationsplattformen befreit von Ortsbindungen, ermöglicht kontinentübergreifende Kooperationen und macht neueste Erkenntnisse unmittelbar weltweit verfügbar« /Schmid, Broy 00/.
- Die Informatik hat sich in weniger als drei Jahrzehnten aus einem kleinen wissenschaftlichen Kern zu einem entscheidenden und für weite Teile unserer Wirtschaft und Gesellschaft bedeutenden Faktor entwickelt.
- Die Informatik ist zu einer Grundlagen- und Querschnittsdisziplin für die meisten Entwicklungen in Wissenschaft und Forschung, in Wirtschaft und Technik geworden.
- Software entwickelt sich zu einem eigenständigen Wirtschaftsgut. Sie ist Bestandteil der meisten hochwertigen technischen Produkte und Dienstleistungen. In einigen Bereichen, wie Banken und Versicherungen, werden nahezu alle Dienstleistungen durch den Einsatz von Software erbracht.
- Der Software-Anteil als integraler Produktbestandteil nimmt ständig zu, z.B. in der Telekommunikationsindustrie, im Auto-

mobilbau, im Maschinen- und Anlagenbau, in der Medizintechnik oder der Haushaltselektronik.

■ Anlagen und Geräte werden von Software gesteuert. Sie prägt damit zunehmend sowohl die Funktionalität als auch die Qualität der Erzeugnisse.

■ In exportorientierten Branchen der deutschen Wirtschaft übersteigt der Software-Anteil an der Wertschöpfung der Produkte häufig die 50-Prozent-Marke. In der digitalen Vermittlungstechnik entfallen bis zu 80 Prozent der Entwicklungskosten auf Software.

■ »Information-Highways« werden einen größeren Einfluss auf die zukünftige Entwicklung von Wirtschaft und Gesellschaft haben, als es die physikalische Infrastruktur wie Schienen-, Elektrizitäts- oder Telefonnetze hatten.

■ »Information« wird noch viel stärker zum entscheidenden »Produktionsfaktor« und entscheidet über die zukünftige Wettbewerbsfähigkeit der wichtigsten Industriebranchen.

Um eine intuitive Vorstellung von Computersystemen zu vermitteln und um auf klar definierten Begriffen aufzusetzen, werden im folgenden Kapitel zunächst der Aufbau, die Funktionsweise und die Terminologie von Computersystemen eingeführt und erklärt.

Anschließend wird versucht, eine Vorstellung von der Informatik als Wissenschaft zu vermitteln. Insbesondere wird auf Definitionen, Gegenstandsbereiche, Teildisziplinen und das Selbstverständnis der Informatik eingegangen.

Aufbauend auf diesen beiden Kapiteln werden dann die Gliederung und der Aufbau dieses Buches beschrieben.

1.1 Aufbau und Funktionsweise eines Computersystems

Computer sind technische Geräte, die umfangreiche Informationen mit hoher Zuverlässigkeit und großer Geschwindigkeit automatisch verarbeiten und aufbewahren können.

Computer sind *nicht* vergleichbar mit Automaten, denen man im täglichen Leben begegnet: Kaffeeautomaten, Fahrkartenautomaten, Zigarettenautomaten. Solche Automaten erfüllen nur eine festgelegte Funktion, die durch die Konstruktion bestimmt ist. Ein Zigarettenautomat kann z.B. keinen Kaffee ausgeben.

Im Gegensatz zu einem Automaten mit festgelegten Aktionen hat ein Computer einen wesentlichen Vorteil: Man kann ihm die Vorschrift, nach der er arbeiten soll, jeweils neu vorgeben. Beispielsweise kann man ihm einmal eine Arbeitsanweisung zur Berechnung der Lohnsteuer eingeben. Der Computer kann dann die Lohnsteuer berechnen. Oder man kann ihm eine Handlungsanleitung zur Steuerung von Verkehrsampeln angeben. Er ist dann in der Lage, den

Die Bezeichnung **Algorithmus** geht zurück auf den arabischen Schriftsteller Abu Dshafar Muhammed Ibn Musa *al-Khwarizmi*. Er lebte um 825 n. Chr. In der Stadt Khiva im heutigen Usbekistan, die damals Khwarizm hieß und als Teil des Namens verwendet wurde. Er beschrieb die Erbschaftsverhältnisse, die sich ergaben, wenn ein wohlhabender Araber starb, der bis zu vier Frauen in unterschiedlichem Stand und eine Vielzahl von Kindern besaß. Dazu verwendete er algebraische Methoden und schrieb ein Lehrbuch mit dem Titel »Kitab al jabr w'almuqabalah« (Regeln zur Wiederherstellung und zur Reduktion), wobei die Übertragung von Gliedern einer Gleichung von einer zur anderen Seite des Gleichheitszeichens gemeint ist. Der Begriff Algebra leitete sich aus dem Titel des Lehrbuchs ab. Aus dem Namen des Schriftstellers wurde *algorism* und daraus *Algorithmus*.

Verkehrsfluss einer Stadt zu regeln. Solche Vorschriften, Arbeitsanweisungen oder Handlungsanleitungen bezeichnet man als **Algorithmen** (Singular: **Algorithmus**).

Damit ein Computer Algorithmen ausführen kann, müssen sie in einem eindeutigen und präzisen Formalismus beschrieben werden. Ist dies der Fall, dann bezeichnet man solche Algorithmen als **Programme**. Da ein Computer ohne ein Programm nicht arbeiten kann, spricht man von **Computersystemen**, wenn das technische Gerät Computer *und* die Programme zur Steuerung des Computers gemeint sind.

Alle materiellen Teile eines Computersystems bezeichnet man auch als **Hardware** (harte Ware), alle immateriellen Teile, z.B. Programme, eines Computersystems als **Software** (weiche Ware). Analogien zu diesen Begriffen sind beispielsweise:

Hardware – Musikinstrument – Schienennetz,
Software – Komposition – Zugfahrplan.

Alles, was ein Computersystem kann, kann ein Mensch im Prinzip auch. Ein Computersystem hat gegenüber dem Menschen jedoch drei wesentliche Vorteile:

■ Hohe Speicherungsfähigkeit

In einem Computersystem können Unmengen von Informationen – Millionen bis Billionen Zeichen – aufbewahrt werden. Gesuchte Informationen können sehr schnell wiedergefunden werden.

■ Hohe Geschwindigkeit

Die 500 schnellsten Computer: www.top500.org

Ein Computersystem addiert heute in einer Sekunde rund zehn Millionen Zahlen. Nimmt man an, ein Mensch würde in einer Sekunde zwei solcher Zahlen addieren, dann hätte er nach einem Jahr ununterbrochener Tätigkeit ca. 32 Millionen Zahlen zusammengezählt. Ein Computersystem schafft das in drei Sekunden. Der schnellste heute verkaufte Computer schafft sogar 35 Billionen Rechenoperationen pro Sekunde (10^{12} Operationen pro Sekunde = 1 Tera-Operation pro Sekunde).

■ Hohe Zuverlässigkeit

Ein weiterer Vorzug eines Computersystems ist seine hohe Zuverlässigkeit. Während der Mensch, insbesondere bei monotonen Aufgaben, schnell ermüdet und Fehler macht, kennt ein Computersystem solche Schwächen nicht.

Der Begriff Software ist noch umfassender als der Begriff Programm.

Software   **Software** (SW) sind Programme, zugehörige Daten und notwendige Dokumentation, die es zusammengefasst erlauben, mithilfe eines Computers Aufgaben zu erledigen. Synonym zu Software werden oft auch die Begriffe **Software-System** und **Software-Produkt** verwendet.

Software gliedert man oft in Anwendungssoftware und Systemsoftware.

4

Systemsoftware, auch Basissoftware genannt, ist Software, die für eine spezielle Hardware oder eine Hardwarefamilie entwickelt wurde, um den Betrieb und die Wartung dieser Hardware zu ermöglichen bzw. zu erleichtern. Zur Systemsoftware zählt man immer das Betriebssystem, in der Regel aber auch Compiler, Datenbanken, Kommunikationsprogramme und spezielle Dienstprogramme (siehe unten). Systemsoftware orientiert sich grundsätzlich an den Eigenschaften der Hardware, für die sie geschaffen wurde und ergänzt normalerweise die funktionalen Fähigkeiten der Hardware.

Systemsoftware

Anwendungssoftware, auch Applikationssoftware *(application software)* genannt, ist Software, die Aufgaben des Anwenders mithilfe eines Computersystems löst. Beispiele dafür sind Textverarbeitungs-Software, Tabellenkalkulation, Zeichenprogramme. Anwendungssoftware setzt in der Regel auf der Systemsoftware der verwendeten Hardware auf bzw. benutzt sie zur Erfüllung der eigenen Aufgaben.

Anwendungs-software

Anwendungssoftware, Systemsoftware und Hardware bilden zusammen ein **Computersystem**.

Computersystem

Als **Anwender** werden alle Angehörigen einer Institution oder organisatorischen Einheit bezeichnet, die ein Computersystem zur Erfüllung ihrer fachlichen Aufgaben einsetzen. Sie benutzen die Ergebnisse der Anwendungssoftware oder liefern Daten, die die Anwendungssoftware benötigt.

Anwender

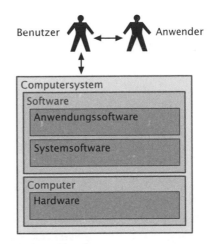

Benutzer sind nur diejenigen Personen, die ein Computersystem unmittelbar einsetzen und *bedienen*, oft auch Endbenutzer oder Endanwender genannt.

Benutzer

Abb. 1.1-1 zeigt nochmals grafisch die Zusammenhänge.

Abb. 1.1-1:
Begriffe und ihre
Zusammenhänge

1.1.1 Die Zentraleinheit

Ein Computer besteht aus
- einer **Zentraleinheit** *(central unit)* und
- einer Ein-/Ausgabesteuerung.

In der Zentraleinheit werden die Programme abgearbeitet. Sie besteht aus
- dem Prozessor – auch CPU *(central processing unit)* genannt – und
- dem Arbeitsspeicher (Abb. 1.1-2).

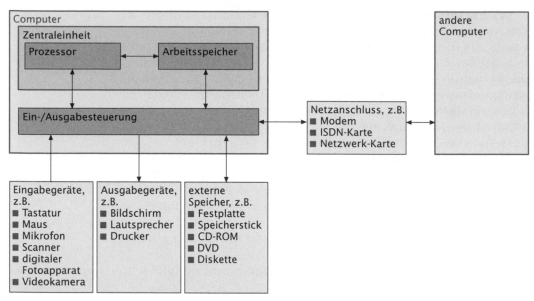

Peripheriegeräte

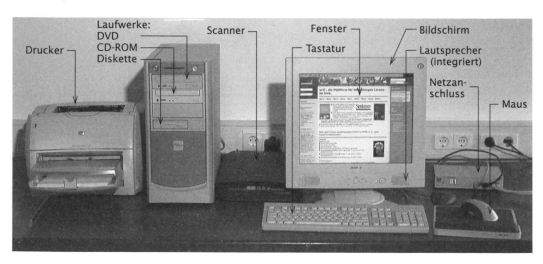

Abb. 1.1-2:
Aufbau und
Komponenten eines
Computers

Die Zentraleinheit kommuniziert über eine Ein-/Ausgabesteuerung mit den Peripheriegeräten (Ein-/Ausgabegeräte, externe Speicher, Netzanschluss).

Arbeitsspeicher

Der **Arbeitsspeicher**, auch **RAM** *(random access memory* = Direktzugriffsspeicher) genannt, dient dazu, Informationen kurzfristig aufzubewahren und bei Bedarf wieder zur Verfügung zu stellen. Die Aufbewahrung von Informationen erfolgt nur *kurzfristig*, da die Informationen nach dem Ausschalten des Computers, d.h. nach dem Abschalten der Stromzufuhr, wieder verloren gehen. Dies hängt mit dem technischen Aufbau von Arbeitsspeichern zusammen.

Für die *langfristige* Aufbewahrung von Informationen werden deshalb **externe Speicher** (siehe Abschnitt 1.1.2) verwendet, die die Informationen ähnlich wie bei einem Tonband oder einer CD aufbewahren.

Der Hauptvorteil des Arbeitsspeichers liegt darin, dass Informationen wesentlich schneller hineingegeben und wieder herausgeholt werden können als bei externen Speichern.

Die kleinste Einheit eines Arbeitsspeichers bezeichnet man als **Speicherzelle**. Eine Speicherzelle kann im Allgemeinen eine Zahl oder mehrere Zeichen aufbewahren. Jede Speicherzelle besitzt einen Namen (Adresse). Durch die Angabe des Namens wird genau die dem Namen zugeordnete Speicherzelle angesprochen. Der Arbeitsspeicher eines Computers ist *nicht unendlich* groß, d.h., er verfügt *nicht* über unendlich viele Speicherzellen.

Speicherzelle

Die Informationsmenge, die in einem **Speicher** aufbewahrt werden kann, wird als dessen **Speicherkapazität** bezeichnet. Die Maßeinheit für Kapazität heißt **Byte**. In einem Byte kann bei Texten in der Regel ein Zeichen gespeichert werden. Ein Byte wird zu folgenden Einheiten zusammengefasst:

Speicherkapazität
Byte

$\quad$ 1 KB = 1 Kilo-Byte $\quad$ = $\quad$ 1.024 Bytes
$\quad$ 1 MB = 1 Mega-Byte = $\quad$ 1.024 KB = 1.048.576 Bytes ≈ 1 Million Bytes
$\quad$ 1 GB = 1 Giga-Byte = $\quad$ 1.024 MB ≈ $\quad$ 1 Milliarde Bytes.

Ein Byte besteht wiederum aus acht Binärzeichen, abgekürzt **Bit** *(binary digit)* genannt. Ein Bit kann einen zweielementigen Zeichenvorrat darstellen, z.B. Markierung – keine Markierung, wahr – falsch, eins – null.

In Abhängigkeit von der Größe eines Computers hat ein Arbeitsspeicher heute in der Regel eine Kapazität zwischen acht MB und mehreren hundert MB.

Im Unterschied zum normalen Kilobegriff, der 1.000 bedeutet, hat Kilo hier den Faktor 1.024. Die Ursache dafür ist, dass Bytes im Binär- bzw. Dualsystem dargestellt werden. 2^{10} ergibt 1.024 und nicht 1.000.

Externe Speicher haben folgende Speicherkapazitäten:
- Diskette: $\quad$ 1,44 MB
- Speicherstick: 64–512 MB
- CD-ROM: $\quad$ 650 MB
- DVD: $\quad$ 4,7 GB bis 40 GB
- Festplatte: $\quad$ 2 GB bis ca. 10 GB (an einen Computer können mehrere Festplatten angeschlossen werden, sodass Speicherkapazitäten bis 200 GB und mehr erreicht werden).

Um einen Eindruck von der Größenordnung der Speicherkapazität zu bekommen, sei ein Rechenbeispiel angegeben:
Eine maschinengeschriebene DIN-A4-Text-Seite fasst rund 3.000 Zeichen einschließlich der Leerzeilen und Leerzeichen; benötigte Speicherkapazität: 3 KB. Für ein Buch mit 1.000 Seiten wird also eine Speicherkapazität von 3 MB benötigt.

Beispiel

7

Heutige Großplattenspeicher haben eine Kapazität von bis zu 200 GB oder mehr. Auf solch einem Speicher kann daher eine ganze Bibliothek, bestehend aus 70.000 Büchern, abgespeichert werden.

Prozessor   Die zweite Komponente der Zentraleinheit ist der Prozessor. Der **Prozessor** eines Computers ist in der Lage, Programme abzuarbeiten. Bei Programmen handelt es sich um Algorithmen, die stark formalisiert sind. Algorithmen dagegen können umgangssprachlich formuliert sein. Führt ein Mensch einen Algorithmus aus, dann weiß er durch seine Erfahrung auch bei nicht detaillierten Formulierungen meist, wie der Algorithmus zu verstehen ist.

Bei dem Prozessor eines Computers handelt es sich dagegen um ein technisches Bauteil, dem in einem präzisen Formalismus mitgeteilt werden muss, was es tun soll. Den Formalismus, den ein Prozessor versteht, bezeichnet man als Programmiersprache, genauer gesagt als Maschinensprache.

Programmier-   Im Gegensatz zur Umgangssprache ist eine **Programmiersprache** sprache   eine formalisierte Sprache,

■ deren Sätze aus einer Aneinanderreihung von Zeichen eines festgelegten Zeichenvorrates entstehen,

■ deren Sätze aufgrund einer endlichen Menge von Regeln gebildet werden müssen (Syntax) und

■ die die Bedeutung jedes Satzes festlegt (Semantik).

Programm   Ein **Programm** ist deshalb ein Algorithmus, formuliert in einer Programmiersprache.

Der Prozessor verfügt zum Verarbeiten von Informationen über folgende Fähigkeiten:

■ Informationen aus dem Arbeitsspeicher in den Prozessor transportieren,

■ Informationen vergleichen, addieren, subtrahieren, multiplizieren, dividieren, verknüpfen,

■ Informationen aus dem Prozessor in den Arbeitsspeicher transportieren.

Die prinzipielle Arbeitsweise der Zentraleinheit zeigt Abb. 1.1-3.

1.1.2 Bildschirm, Tastatur und Maus

Bildschirm, Tastatur und **Maus** sind die wichtigsten Geräte, über die der Computerbenutzer mit dem Computersystem kommuniziert (Abb. 1.1-2).

Bildschirm   Auf einem Bildschirm können Informationen angezeigt werden. Heute üblich sind gerasterte Grafikbildschirme. Sie ermöglichen die Darstellung von Zeichen, Grafiken, Bildern und Filmen.

Pixel   Die kleinste Anzeigeeinheit ist hierbei ein Bildpunkt, meist **Pixel** (*pic*ture *el*ement) genannt. Wie fein, d.h. mit welcher **Auflösung** grafische Darstellungen angezeigt werden können, hängt von der

Ein Programm besteht aus eine Reihe von Anweisungen. Im folgenden Beispiel wird angenommen, dass für eine Rechnungserstellung der Warenwert pro Artikelposition aus Menge und Preis zu berechnen ist (Fakturierung). Es wird angenommen, dass der Benutzer über die Tastatur bereits die Menge und den Preis eingegeben hat und dass diese Werte sich bereits im Arbeitsspeicher befinden. Sowohl das Programm zur Fakturierung als auch die Eingabe- und Ausgabeinformationen, die bei der Ausführung des Programms benötigt bzw. erzeugt werden, werden im Arbeitsspeicher aufbewahrt.
Der Prozessor steuert die Informationsverarbeitung und führt arithmetische, logische und Transportoperationen aus. Transportoperationen sind die Operationen, die den Transport der Informationen aus dem Arbeitsspeicher in den Prozessor und umgekehrt bewirken.

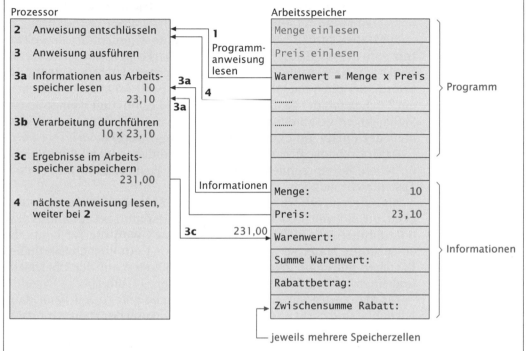

Der Prozessor liest eine Programmanweisung nach der anderen und führt jede Programmanweisung mit den im Arbeitsspeicher aufbewahrten Informationen aus. Zwischenergebnisse und Ergebnisse werden vom Prozessor im Arbeitsspeicher abgelegt.
Die Idee, Programme und Informationen in einem gemeinsamen Speicher aufzubewahren, stammt von Johann von Neumann (siehe Kurzbiografie am Kapitelanfang). Computer mit einem Prozessor bezeichnet man ihm zu Ehren als von-Neumann-Computer.

Anzahl der Pixel ab. Gute Grafikeigenschaften erhält man ab 800 mal 600 Bildpunkten (SVGA-Auflösung).

Abb. 1.1-3: Prinzipielle Arbeitsweise der Zentraleinheit

Eine Computertastatur besteht aus Tasten für die Eingabe von Informationen (Buchstaben, Ziffern, Sonderzeichen) sowie einigen Sondertasten zur Computerbedienung.

Tastatur

Die wichtigsten sind:
Auslöse- oder Eingabe-Taste *(carriage return, enter):* ↵
Sie dient dazu, eine Informationseingabe abzuschließen.
Steuerungs-Taste *(control):* CTRL oder STRG

Diese Taste, zusammen mit anderen Tasten gleichzeitig gedrückt, bewirkt bestimmte Aktionen. Beispiel: CTRL- und p-Taste bewirkt bei manchen Systemen den Ausdruck von Informationen.

Am oberen Rand einer Computertastatur befinden sich oft so genannte **frei programmierbare Funktionstasten**, meist bezeichnet mit F1 bis F12. Derjenige, der ein Programm schreibt, kann jede dieser Tasten mit einer bestimmten Bedeutung belegen. Wird das Programm vom Computer ausgeführt und die Taste wird gedrückt, dann wird eine entsprechende Funktion ausgelöst. Mit der Funktionstaste F1 wird im Allgemeinen eine Hilfefunktion aufgerufen.

Zusätzlich enthält jede Computertastatur so genannte *Cursor*-**Tasten**. Ein *Cursor* (Läufer), auch Schreibmarke genannt, ist eine oft blinkende Markierung (meist ein senkrechter Strich) auf dem Bildschirm, der die momentane Bearbeitungsposition anzeigt. Gibt man ein Zeichen mit der Tastatur ein, dann wird es im Allgemeinen an der Stelle eingefügt, an der der *Cursor* steht. Mithilfe der *Cursor*-Tasten kann der *Cursor* auf dem Bildschirm bewegt werden.

Da Grafikbildschirme aus mehreren hunderttausend Bildpunkten bestehen, ist ein schnelles und genaues Positionieren mit *Cursor*-Tasten nicht möglich.

Als Alternativen wurden so genannte **Zeigeinstrumente** entwickelt, die es ermöglichen, schnell direkt oder indirekt auf Bildpunkte oder Bildbereiche zu zeigen. Am häufigsten wird hierfür heute die *Maus* so genannte **Maus** verwendet. Eine Maus ist ein kleines handliches Kästchen mit einer, zwei oder drei Drucktasten auf der Oberfläche und einer Rollkugel auf der Unterseite (Abb. 1.1-2).

Die Maus wird auf eine glatte Oberfläche gelegt und kann dann leicht hin- und herbewegt werden. Die Bewegung der Maus wird dabei von einem Maus-Zeiger, meist durch einen Pfeil dargestellt, auf dem Bildschirm nachvollzogen. Durch Betätigen einer Taste (Anklicken) kann man bestimmte Aktionen auslösen.

Durch die Verwendung eines Grafikbildschirms ist es auch möglich, die Informationsdarstellung auf dem Bildschirm so zu gestalten, dass die Bedienung des Computers besonders einfach wird.

GUI = graphical user interface Der Benutzer sieht eine **grafische Benutzungsoberfläche (GUI)**, die einer physikalischen Arbeitsoberfläche eines Schreibtisches nachgebildet ist. Man spricht auch von einer »elektronischen« **Arbeitsoberfläche, *desktop*** genannt.

Arbeitsoberfläche (desktop) Auf dieser Arbeitsoberfläche können Objekte (Aufträge, Bestellungen, Rechnungen, Memos usw.), Hilfsmittel (Bleistift, Radiergummi, Büroklammern usw.), Geräte (Telefon, Posteingangs- und -ausgangskorb) und Anwendungen (Adressverwaltung, Textverarbeitungssystem usw.), die die Bearbeitung der Objekte ermöglichen, in Form von **Piktogrammen** bzw. Ikonen (***icons***) dargestellt werden.

Piktogramme (icons) Ein Piktogramm ist eine grafisch abstrakte Darstellung von Objekten, Geräten, Funktionen, Anwendungen oder Prozessen auf dem

10

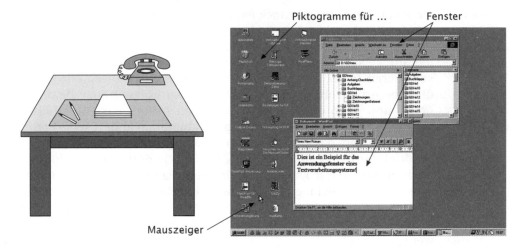

Piktogramme für ...   Fenster

Mauszeiger

Abb. 1.1-4:
Vergleich einer
traditionellen
Arbeitsoberfläche
mit einer elektroni-
schen Arbeitsober-
fläche

Bildschirm. Abb. 1.1-4 zeigt die Analogie zwischen einem »klassi-schen« Schreibtisch-Arbeitsplatz und der Arbeitsoberfläche eines Computer-Arbeitsplatzes.

Der Benutzer kann auf der elektronischen Arbeitsoberfläche eine durch ein Piktogramm repräsentierte Anwendung aktivieren. In der Regel geschieht dies durch einen Doppelklick mit der Maus auf das entsprechende Piktogramm. Die Anwendung öffnet dann ein Anwen-dungsfenster auf der Arbeitsoberfläche.

Ein **Fenster** entspricht einem Ausschnitt aus der Arbeitsum-gebung des Benutzers und ermöglicht die Bearbeitung entsprechender Objekte. Beispielsweise können nach dem Start eines Textsystems Textobjekte (Briefe, Memos, Dokumente) bearbeitet werden.

Der Benutzer kann mehrere Anwendungen aktivieren, sodass meh-rere Anwendungsfenster auf der Arbeitsoberfläche sichtbar sind. An-wendungsfenster stellen die Benutzungsoberfläche der jeweiligen Anwendung dar. Ein Anwendungsfenster kann wiederum aus mehre-ren Fenstern bestehen.

Die Verwaltung der Arbeitsoberfläche, die Bereitstellung einer an-wendungsorientierten Grundfunktionalität sowie die Koordination mit den verschiedenen Anwendungen übernimmt ein **GUI-System.** Das verwendete GUI-System beeinflusst ganz wesentlich die Gestal-tung der Anwendungsoberflächen.

Die auf der Arbeitsoberfläche verfügbaren Elemente »Fenster« und »Piktogramme« müssen vom Benutzer manipuliert werden können, damit er seine Aufgaben erledigen kann. Wenn auf der Arbeitsober-fläche bereits versucht wird, eine physikalische Arbeitsumgebung nachzubilden, dann liegt es natürlich nahe, auch die Arbeitsweise auf der elektronischen Arbeitsoberfläche der physikalischen Arbeitswei-se in übertragener Form anzupassen.

GUI-System

Beispiel

Ein Mitarbeiter, der ein Stück Papier nicht mehr benötigt, ergreift es mit der Hand und wirft es in den Papierkorb.

Selektieren, Ziehen, Loslassen
(pick, drag & drop)

Auf der elektronischen Arbeitsoberfläche kann der Benutzer analog das Stück Papier, repräsentiert durch ein Piktogramm, mit der Maus selektieren *(pick)*, mit gedrückter Maustaste das Papierpiktogramm über die Arbeitsoberfläche auf das Papierkorbpiktogramm bewegen *(drag)* und dann die Maustaste loslassen *(drop)*. Das Papierpiktogramm verschwindet. Das Papierkorbpiktogramm ändert seine Form, um anzuzeigen, dass der Papierkorb etwas enthält (Abb. 1.1-5).

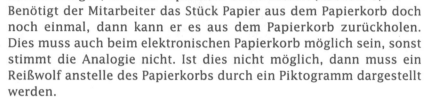

Papierkorb

Papierkorb

*Abb. 1.1-5:
Selektieren, Ziehen
und Loslassen
(Beispiel)*

Benötigt der Mitarbeiter das Stück Papier aus dem Papierkorb doch noch einmal, dann kann er es aus dem Papierkorb zurückholen. Dies muss auch beim elektronischen Papierkorb möglich sein, sonst stimmt die Analogie nicht. Ist dies nicht möglich, dann muss ein Reißwolf anstelle des Papierkorbs durch ein Piktogramm dargestellt werden.

Bei der **direkten Manipulation** werden vom Benutzer – in gewisser Analogie zur Arbeitsweise in einer physikalischen Arbeitsumgebung (z.B. Büro) – Arbeitsobjekte (z. B. Dokumente) unmittelbar visuell identifiziert, selektiert (»zur Hand genommen«) und bearbeitet.

direkte
Manipulation

Die Bedienungstechnik »Selektieren, Ziehen und Loslassen« *(pick, drag & drop)* ist ein Beispiel für eine direkte Manipulation.

1.1.3 Weitere Ein- und Ausgabegeräte

Neben Texten werden in vielen Anwendungen auch Grafiken, Fotos und Bilder verwendet. Um diese Informationen im Computer spei-

Scanner

chern zu können, werden sie durch einen **Scanner** (Abtaster) oder einen digitalen Fotoapparat aufgenommen, digitalisiert und als Bitmuster dem Computersystem zur Verfügung gestellt.

digitale
Videokamera

Videofilme können ebenfalls digitalisiert, gespeichert und auf dem Bildschirm abgespielt werden.

Will man Ausgabeinformationen vom Computer nicht nur auf dem Bildschirm lesen, sondern »schwarz auf weiß« bzw. in Farbe besitzen,

Drucker

dann benötigt man als Ausgabegerät einen **Drucker**. Es gibt heute eine Vielzahl von Druckern, die ein breites Leistungs- und Preisspektrum abdecken. Die Auswahl eines geeigneten Druckers hängt vom Einsatzgebiet ab. Aus dem Einsatzgebiet lassen sich Anforderungen an den Drucker ableiten. Häufig verwendet werden heute

- Laserdrucker und
- Tintenstrahldrucker.

Mikrofon,
Lautsprecher

Mikrofon und Lautsprecher ermöglichen den Einsatz gesprochener Sprache in Computersystemen.

gesprochene
Sprache

In verschiedenen Formen wird die gesprochene Sprache zukünftig in der Kommunikation mit einem Computersystem und über ein Computersystem verstärkt möglich sein. Die Bearbeitung gespro-

chener Sprache lässt sich unterteilen in Sprachspeicherung, Spracherkennung und Sprachausgabe.

Bei der **Sprachspeicherung** wird die Sprache über ein Mikrofon   Sprachspeicherung
aufgenommen. Die Sprache wird digitalisiert, die Daten werden komprimiert und dann auf einem Speichermedium aufbewahrt.

Die Sprachspeicherung kann im Büro für folgende Anwendungen
eingesetzt werden:
– Verwendung als **Diktiergerät**,
– Versenden von **Sprachmitteilungen** *(voice mailing)*,
– **Sprachanmerkungen** in Dokumenten.
Wie bei einem Diktiergerät kann Sprache aufgezeichnet und über einen Lautsprecher abgehört werden. Zusätzlich können Einfügungen
in bereits aufgezeichnete Sprachinformationen vorgenommen werden. Ähnlich wie Dokumente können auch Sprachinformationen in
Form von **Sprachmitteilungen** über elektronische Post an einen
oder mehrere Empfänger versendet werden.

Spracherkennung bedeutet, dass gesprochene Informationen   Spracherkennung
vom Computersystem erkannt werden. Spricht der Benutzer z.B. das
Wort »Posteingang«, dann muss dieses Wort vom System erkannt
und anschließend beispielsweise die eingegangene Post angezeigt
werden. Die Spracherkennung eröffnet neue Anwendungen, insbesondere die direkte Sprach-Text-Umsetzung (»automatische Schreib-
maschine«, »Sprechschreiber«).

Die vollsynthetische **Sprachausgabe** erlaubt es, einen beliebigen   Sprachausgabe
im Computersystem befindlichen Text vorlesen zu lassen. In mehre-
ren Schritten wird aus einem vorliegenden Text eine Sprachausgabe
aufgebaut und synthetisiert, ohne dass vorher eine menschliche
Stimme als Vorlage oder Referenz vorhanden war.

Zunehmend an Bedeutung gewinnen **Multimedia**-Anwendungen,   Multimedia
die Texte, Daten, Grafiken, Bilder, Filme, Töne und gesprochene Sprache kombinieren.

1.1.4 Externe Speicher

Arbeitsspeicher besitzen sowohl aus technischen als auch aus Kos-
tengründen eine Kapazität in der Größenordnung von vier MB bis
zu mehreren hundert MB. Es ist daher nicht möglich, umfangreiche
Informationsbestände und eine Vielzahl von Programmen im Arbeitsspeicher über längere Zeit hinweg aufzubewahren. Außerdem gehen
alle Informationen im Arbeitsspeicher verloren, wenn der Computer
ausgeschaltet wird.

Im Arbeitsspeicher befinden sich daher nur die Programme und
Informationen, mit denen gerade gearbeitet wird. Für die langfristige
Aufbewahrung von Programmen und Informationen hat man beson-
dere Speicher – die **externen Speicher** – entwickelt, die wesent-   externe Speicher
lich preiswerter als Arbeitsspeicher sind und eine höhere Speicher-

kapazität besitzen. Der Begriff *externe* Speicher deutet an, dass diese Speicher nicht zur Zentraleinheit gehören.

Es gibt verschiedene externe Speichermedien. Sie unterscheiden sich in der Zugriffsgeschwindigkeit, d.h. wie schnell Informationen wiedergefunden werden, in der Speicherkapazität und im Preis. Sie lassen sich in fünf große Klassen einteilen:

- **Diskettenspeicher** (geringe Kapazität, langsam),
- **Speicherstick** (mittlere Kapazität, schnell),
- **Plattenspeicher** (hohe Kapazität, schnell),
- **CD-ROM-Speicher** (mittlere Kapazität, mittlere Zugriffsgeschwindigkeit),
- **DVD-Speicher** (hohe Kapazität, mittlere Zugriffsgeschwindigkeit).

Die Speichermedien Diskette, Platte, CD-ROM und DVD befinden sich in Laufwerken, die das entsprechende Medium an einem Schreib-/Lesekopf zum Schreiben und Lesen der Informationen vorbeibewegen.

Dateien   Informationen werden auf externen Speichern in **Dateien** *(files)* abgelegt. Dateien sind vergleichbar mit Karteikästen bei der Ablage manueller Informationen. Um eine Datei speichern zu können, muss sie einen Namen erhalten. Dieser Name wird in einem **Inhaltsverzeichnis** *(directory)* auf dem Speichermedium vermerkt. Ebenso die Größe der Datei in Bytes. In diesem Inhaltsverzeichnis sind die Namen aller gespeicherten Dateien enthalten.

Ordner,
Verzeichnisse   Dateien können zu Ordnern bzw. Verzeichnissen zusammengefasst werden, Ordner können wiederum Ordnern zugeordnet werden. Dadurch ist es möglich, Ordnerhierarchien aufzubauen, z.B. Informatik/ Grundlagen/LE1.doc, wobei LE1.doc der Dateiname ist, Grundlagen der

Hinweis: Der
Aufbau von Da-
teinamen hängt   zugehörige Ordner. Der Ordner Grundlagen gehört wiederum zum Ordner Informatik.

vom verwendeten
Betriebssystem
(siehe Abschnitt   Um eine Datei eindeutig von allen anderen Dateien in einem Computersystem unterscheiden zu können, muss die gesamte Hierarchie,

1.1.6) ab. Die hier
beschriebene   **Pfad** genannt, angegeben werden, wie oben im Beispiel.

Zweiteilung ist
in dem Betriebs-   Oft gliedert man Dateinamen in zwei Teile. Bei dem ersten Teil handelt es sich um den eigentlichen, frei wählbaren Namen wie LE1.

system MS-DOS,
das heute Be-   Der zweite Teil ist die Dateinamen-Erweiterung, Suffix oder *extension* genannt, die den Typ der Datei angibt, z.B. txt für eine Textdatei, doc

standteil von
Windows ist,   für ein *Word*-Dokument, wav für eine Audio-Datei, wmf für eine Grafik-Datei, bmp für eine Bild-Datei. Der Dateinamen-Suffix wird auch dazu

vorgeschrieben. In
anderen Betriebs-   verwendet, um zu einer Datei automatisch die zugehörige Anwendungssoftware zu starten.

systemen ist eine
Unterteilung in
ein oder mehrere   ### 1.1.5 Vernetzung

Teile möglich,
aber nicht vorge-   Computersysteme sind heute in der Regel vernetzt, d.h., sie können

schrieben.   mit anderen Computersystemen Informationen austauschen. Damit Computersysteme elektronisch kommunizieren können, müssen sie im Allgemeinen physikalisch durch Kabel oder über Funk miteinander verbunden sein. Die Kabel und die Funkstrecken, die die Verbindung herstellen, werden in ihrer Gesamtheit als **Netz** bezeichnet. Zu dem Kabel als Hardware bzw. den Sende- und Empfangsstationen bei Funk kommt noch die Netz-Software hinzu, die mit dafür sorgt, dass die elektronische Informationsübermittlung stattfinden kann. Zwei wichtige Netze sind

■ das Intranet und

■ das Internet.

Ein **Intranet** verbindet Computersysteme eines Unternehmens oder einer Organisation.

Das **Internet** verknüpft weltweit Intranets oder einzelne Computersysteme miteinander. Auf das Internet wird ausführlich im Kapitel 1.4 eingegangen. Kapitel 1.4

Es gibt mehrere technische Möglichkeiten, um Netzwerke zu realisieren. In Abhängigkeit von der notwendigen Übertragungsgeschwindigkeit der Informationen können folgende Übertragungsmedien benutzt werden:

– Telefon- oder ISDN-Leitungen für geringe Übertragungsgeschwindigkeiten zwischen 14.400 Bit/s und 64.000 Bit/s. Das entspricht 1.800 Zeichen/s bzw. 8.000 Zeichen/s.

– ADSL-Zugang über Telefon- oder ISDN-Kupfer-Leitungen für Geschwindigkeiten zwischen 768 KBit/s und 3072 KBit/s (zum Herunterladen) sowie 128 KBit/s und 384 KBit/s (zum Heraufladen).

– Verdrillte Zweidrahtleitungen *(twisted pair)* oder Koaxialkabel für mittlere Übertragungsgeschwindigkeiten. Die Geschwindigkeiten liegen zwischen 10 MBit/s, das entspricht etwa 1,25 Millionen Zeichen/s, und 100 MBit/s.

– Lichtwellenleiter bzw. Glasfasern für hohe Übertragungsgeschwindigkeiten (100 MBit/s bis hin zu 500 MBit/s). Solche Lichtwellenleiter werden zunehmend für die Verkabelung von Telekommunikations-Netzen und lokalen Netzen verwendet.

ISDN steht für »integriertes digitales Fernmeldenetz« *(integrated services digital network)*.

ADSL steht für »*Asymmetric Digital Subscriber Line*«

Die Übertragung von Informationen in Netzen erfolgt **paketweise**, d.h., die zu übertragenden Informationen werden in ein oder mehrere Pakete (Abb. 1.1-6) fester oder variabler Länge aufgeteilt. Die Pakete werden dann über das Netz transportiert. Die Größe eines Paketes wird üblicherweise beschränkt, sodass die Übertragungsdauer eine bestimmte Zeit nicht überschreitet (meist im Bereich von tausendstel Sekunden). Bei Übertragungsgeschwindigkeiten im MBit/s-Bereich ergeben sich Paketgrößen im KBit-Bereich. Beispielsweise können

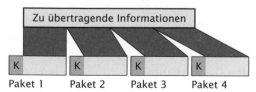

Zu übertragende Informationen

K | K | K | K
Paket 1 | Paket 2 | Paket 3 | Paket 4

Legende:
K = Kopfdaten *(header)*
enthalten:
– Empfänger- und
  Absenderadresse
– Nummer des Paketes
– Fehler-Code

Abb. 1.1-6:
Zum Prinzip der Informationsübertragung mit Paketen

250 Zeichen = 250 Byte = 2.000 Bit = 2 KBit als ein Paket übertragen werden.

In Abhängigkeit davon, ob zu einem Zeitpunkt nur ein Paket oder mehrere Pakete parallel im Netz transportiert werden, unterscheidet man **Basisbandnetze** und **Breitbandnetze**.

In **Basisbandnetzen** werden mehrere Pakete nur zeitlich hintereinander transportiert (Zeitmultiplex).

Breitbandnetze können zeitlich parallel mehrere Pakete übertragen. Dies geschieht dadurch, dass das Übertragungsmedium, meist Lichtwellenleiter, mit mehreren nicht überlappenden Frequenzbändern beschickt wird (vergleichbar mit der gleichzeitigen Übertragung verschiedener Sender im Rundfunk). Auf jedem Frequenzband kann unabhängig von den anderen Frequenzbändern ein Paket übertragen werden (Frequenzmultiplex).

Durch so genannte **Übertragungsprotokolle** wird geregelt, auf welche Weise ein Computersystem Zugang zum Übertragungsmedium erhält. In Abhängigkeit vom Übertragungsmedium und dem verwendeten Übertragungsprotokoll sind für ein Computersystem unterschiedliche Netzanschluss-Systeme nötig:

Netzanschluss-System

■ Ein **Modem** (*Mo*dulator/*Dem*odulator) wird benötigt, wenn das Computersystem an ein analoges Telefonnetz angeschlossen werden soll. Es wandelt digitale Signale, d.h. Bits, in akustische um. Diese Umwandlung heißt Modulation. Beim Empfänger werden akustische Signale in digitale umgesetzt (Demodulation).

■ Ein **DSL-Modem** wird benötigt, um einen ADSL-Zugang zu ermöglichen.

Hinweis: Der hier benutzte Begriff Karte bezeichnet eine technische Komponente eines Computers, die in das Gehäuse eines Computers nachträglich eingebaut werden kann, daher auch Einsteckkarte oder Einschubkarte genannt. Die Bezeichnung Karte beruht auf der Form der technischen Komponente. Sie hat eine rechteckige Form und besitzt ungefähr die Größe einer DIN-A6-Seite.

■ Eine **ISDN-Karte** wird benötigt, wenn das Computersystem an ein digitales Telefonnetz angeschlossen werden soll. An einen ISDN-Basisanschluss können bis zu acht unterschiedliche Endgeräte angeschlossen werden, von denen wiederum zwei Geräte gleichzeitig benutzt werden können. Beim Schmalband-ISDN sind Übertragungsgeschwindigkeiten bis zu 64 KBit/s erlaubt. Langfristig wird ein Breitband-ISDN angestrebt, das ein Vielfaches dieser Übertragungsgeschwindigkeit ermöglicht.

■ Eine **Netzwerk-Karte** wird benötigt, wenn das Computersystem an ein lokales Netzwerk (LAN, *local area network)* angeschlossen werden soll. Lokale Netzwerke verbinden Computersysteme über kurze Entfernungen (von einigen Metern bis maximal wenigen Kilometern), meist innerhalb einer Institution oder eines Unternehmens. Als Übertragungsmedium werden keine »öffentlichen« Leitungen verwendet.

Ein Netzwerk kann nicht nur dazu dienen, Informationen zwischen den angeschlossenen Computern auszutauschen (Informationsverbund), sondern auch dazu, Ressourcen gemeinsam zu nutzen. Ressourcen können beispielsweise Drucker und externe Speicher sein.

Da diese Peripheriegeräte relativ teuer sind, können sie als so genannte Server an das Netz angeschlossen werden.

Ein **Server** ist ein Gerät, das festgelegte Dienstleistungen auf Anforderung für die Teilnehmer im Netz erbringt. Die im Netz befindlichen Computer können dann Druckaufträge an den Druck-Server (es handelt sich dabei z.B. um einen schnellen Laserdrucker) senden. Umfangreiche Informationsbestände können auf einem gemeinsamen Archiv-Server abgelegt werden.

Server = Bediener

Die Computersysteme, meist handelt es sich dabei um die am Arbeitsplatz verwendeten Computer, die Dienstleistungen von Servern in Anspruch nehmen, bezeichnet man als **Clients**. In manchen Fällen kann ein Computersystem gleichzeitig Client in Bezug auf eine Dienstleistung A und Server für andere Clients in Bezug auf eine Dienstleistung B sein.

Client = Klient, Kunde

1.1.6 Das Betriebssystem

Zur Steuerung und Verwaltung der einzelnen Komponenten eines Computersystems dient ein so genanntes Betriebssystem.
Das **Betriebssystem** erledigt unter anderem folgende Aufgaben:
– Voreinstellung der Hardware nach dem Einschalten auf definierte Anfangswerte *(bootstrapping)*.
– Eröffnen des Dialogs zwischen Benutzer und Computer über Bildschirm, Tastatur und Maus *(console driver)*.
– Interpretation und Ausführung der Kommandos des Benutzers an das Betriebssystem *(command interpreter)*.
– Zuweisung verfügbarer Arbeitsspeicherbereiche an die einzelnen Programme *(memory manager)*.
– Behandlung der Ein-/Ausgabe-Anforderungen *(I/O-manager)*.
– Verwaltung der Peripherie *(resource manager)*.
– Verwaltung der Dateien *(file manager)*.

Betriebssystem

Das Betriebssystem selbst ist ein Programm wie jedes andere. Damit es jederzeit Kommandos vom Benutzer entgegennehmen kann, befindet sich ein Teil des Betriebssystems ständig im Arbeitsspeicher des Computers (speicherresidenter Teil). Nicht ständig benötigte Teile befinden sich auf einer so genannten Systemplatte, d.h. auf einem externen Speicher, und werden bei Bedarf in den Arbeitsspeicher geholt.

Es gibt unterschiedlich leistungsfähige und unterschiedlich stark verbreitete Betriebsysteme. Am weitesten verbreitet sind folgende:
■ Windows 2000/XP von der Fa. Microsoft (für Clients),
■ Windows NT/XP von der Fa. Microsoft (für Server und Clients),
■ UNIX (für Server und Clients) und die kostenlose Variante Linux,
■ MVS bzw. OS/390 (für IBM-Großcomputer).

Bevor Anwendungssoftware benutzt werden kann, muss sie auf dem entsprechenden Computersystem zunächst installiert werden (wenn sie noch nicht vorhanden ist). Abb. 1.1-7 beschreibt die dazu notwendigen Schritte sowie die Anwendung eines Software-Produkts.

1.1.7 Fallstudie: Die Firma ProfiSoft

Nach dem Studium der Informatik mit Schwerpunkt Software-Technik gründen die zwei ehemaligen Absolventen Alexander Klug, genannt Alex, und Robert Neumann, genannt Rob, die Firma ProfiSoft.

Ihre im Studium erworbenen Erkenntnisse wollen sie dazu nutzen, um für Kunden Software zu entwickeln, Kunden zu schulen und zu beraten.

Um bei Gesprächen mit potenziellen Kunden einen guten Eindruck zu hinterlassen, entwirft jeder ein persönliches Qualifikationsprofil. Abb. 1.1-8 zeigt das Profil von Alex. Es enthält zusätzlich eine gesprochene Begrüßung, falls das Profil als Datei an den Kunden gesandt wird.

1.2 Die Informatik

Parallel zur stürmischen Entwicklung der Computer- und Software-Technik entstand die Wissenschaftsdisziplin **Informatik**. Zunächst wurde die Informatik als Spezialgebiet innerhalb anderer wissenschaftlicher Disziplinen betrieben. Seit 1960 wird sie nicht mehr nur als eine Ansammlung von aus anderen Wissenschaften (z.B. Logik, Mathematik, Elektrotechnik) entliehenen Methoden und Regeln aufgefasst. Die Informatik hat sich vielmehr zu einem zusammenhängenden, theoretisch fundierten Gebäude, also zu einer neuen Grundlagenwissenschaft entwickelt, auf die andere Wissenschaften zurückgreifen.

Die Informatik ist in mehrfacher Hinsicht eine grundsätzlich neuartige Wissenschaft /Brauer, Münch 96, S. 12 ff./:

- Die Hauptprodukte der Informatik sind immateriell, nämlich Software – im Unterschied zu den traditionellen Ingenieurwissenschaften.
- Die Produkte der Informatik sind im Allgemeinen erst in Verbindung mit materiellen Objekten praktisch nutzbar.
- Die Informatik ist potenzielle – und meist auch schon tatsächliche – Kooperationspartnerin für jede Wissenschaft und jede Sparte praktischer Tätigkeiten.

Obwohl diese Eigenarten der Informatik allgemein anerkannt sind, gibt es jedoch unterschiedliche Ansichten über das Selbstverständnis der Informatik. Es lassen sich folgende vier Positionen unterscheiden (Abb. 1.2-1):

Installation
1 Kauft man ein Software-Produkt, dann erhält man in der Regel ein Benutzerhandbuch sowie eine CD-ROM oder Disketten, die die Anwendungssoftware enthalten. (Auf die Bereitstellung über das Netz wird im Kapitel 2 eingegangen.)
2 Damit das Software-Produkt benutzt werden kann, muss die Software installiert werden. Installieren bedeutet in der Regel, dass die gesamte Software oder zumindest einige Teile vom Datenträger (Diskette oder CD-ROM) auf die Festplatte kopiert werden. Dies geschieht deshalb, weil die Software von der Festplatte schneller in den Arbeitsspeicher geladen werden kann, als von der CD-ROM oder der Diskette.
3 Das Kopieren übernimmt das Betriebssystem, d.h., es liest die Dateiinhalte vom Datenträger, legt Dateien auf der Festplatte an und trägt dort die Inhalte wieder ein.

Die Anweisung zum Installieren muss vom Benutzer über die Tastatur/Maus an das Betriebssystem gegeben werden.
In der Regel besitzt jede Anwendungssoftware ein Installationsprogramm, meist *setup* genannt, das durch Doppelklick mit der Maus auf dem Datenträger gestartet werden muss. Dieses Programm übernimmt dann unter Inanspruchnahme des Betriebssystems die Installation. Das Installationsprogramm erledigt folgende Aufgaben:
a Festlegen des Funktionsumfangs, der genutzt werden soll.
b Abstimmung der Software auf die vorhandene Hardware.
c Integration in bestehende Programme, z.B. um Daten auszutauschen.
d Anlegen eines anwendungsspezifischen Piktogramms auf der Arbeitsoberfläche *(desktop)*, das nach dem Starten des Computersystems jeweils angezeigt wird.
4 Bei Lexika, Telefonbüchern usw. enthält die CD-ROM nicht nur die Software, sondern auch die Informationen, die verarbeitet werden sollen. In der Regel wird nur die Software auf die Festplatte kopiert, die Informationen bleiben auf der CD-ROM. Will man auf die Informationen zugreifen, muss die entsprechende CD-ROM in das Laufwerk eingelegt werden.

Benutzung
5 Um Anwendungssoftware zu nutzen, muss sie gestartet werden. Dies geschieht in der Regel durch einen Doppelklick auf das entsprechende Piktogramm.
In der Zentraleinheit läuft nun Folgendes ab:
a Das Betriebssystem lädt, d.h. kopiert, die Anwendungssoftware (ganz oder Teile davon) von der Festplatte in den Arbeitsspeicher.
b Anschließend startet das Betriebssystem die Anwendungssoftware.
c Die Anwendungssoftware wird vom Prozessor Schritt für Schritt abgearbeitet. Nach dem Laden wird die erste Anweisung ausgeführt.
In der Regel wird das Anwendungsfenster auf dem Bildschirm angezeigt.
d Der Benutzer kann aus den angebotenen Funktionen die jeweils gewünschte aktivieren.

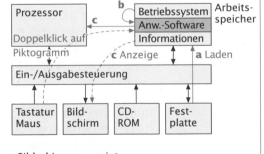

Abb. 1.1-7: Installation und Benutzung von Anwendungssoftware

- Position 1: Mathematisch-logische Orientierung,
- Position 2: Ingenieurwissenschaftliche Orientierung,
- Position 3: Evolutionäre Orientierung,
- Position 4: Partizipative Orientierung.

Entsprechend diesen Positionen wird der Begriff »Informatik« enger oder weiter gefasst, und die Schwerpunkte der Informatik werden verschieden gesehen.

 Die »Gesellschaft für Informatik«, Interessenvertretung der deutschen Informatiker, verwendet folgende Definitionen:

Definitionen der Informatik
www.gi-ev.de

Profil von Dipl.-Inform. Alexander Klug

Gründer der Firma **ProfiSoft** zusammen mit Robert Neumann

Persönliche Angaben
- Geboren in Bochum
- Alter 24 Jahre

Studium
- Studium der Informatik
- Schwerpunkt: Software-Technik
- Diplomarbeit: Erstellung eines Java-Labors für die Informatikausbildung (mit Auszeichnung)
- Dauer: 10 Semester
- Während des Studiums Praktika in verschiedenen Softwarehäusern
- 4 Semester lang Hilfsassistent am Lehrstuhl für Software-Technik

Arbeitsschwerpunkte in der Firma ProfiSoft
- Innovative Seminare und Trainings auf dem Gebiet der Software-Technik
- Konzeption und Erstellung von multimedialen Firmenpräsentationen
- Konzeption und Erstellung von *e-learning*-Kursen

Hobbies
- Segeln
- Fischen

Abb. 1.1-8:
Profil von Alex

»**Informatik** ist die Wissenschaft von der systematischen und automatisierten Verarbeitung von Information. Sie erforscht grundsätzliche Verfahrensweisen der Informationsverarbeitung und allgemeine Methoden ihrer Anwendung in den verschiedensten Bereichen. Für diese Aufgaben wendet die Informatik vorwiegend formale und ingenieurmäßig orientierte Techniken an. Durch Verfahren der Modellbildung sieht sie beispielsweise von den Besonderheiten spezieller Datenverarbeitungssysteme ab; sie entwickelt Standardlösungen für die Aufgaben der Praxis.« /GI 85/

»**Informatik** ist die Wissenschaft, Technik und Anwendung der maschinellen Verarbeitung und Übermittlung von Informationen.« /GI 87/

www.acm.org

Die ACM *(Association for Computing Machinery)* – größte internationale, wissenschaftliche Organisation der Informatiker – benutzt folgende Definition /Denning et al. 89/:

Computer Science

»***Computer science** and engineering is the systematic study of algorithmic processes – their theory, analysis, design, efficiency, implementation and application – that describe and transform information. The fundamental question underlying all of computing is, What can be (efficiently) automated?«*

Informatik vs.
Computer Science

Der Begriff *Computer Science* »schließt nämlich im Gegensatz zu Informatik u.a. den ganzen Bereich der betrieblichen Anwendungssysteme und ihres organisatorischen Umfeldes, also der Wirtschaftsinformatik und der ihr verwandten Gebiete, aus, die zumindest in den USA vorwiegend unter dem Oberbegriff *Information Systems* firmiert.« /Mayr, Maas 02, S. 178/

Im »Studien- und Forschungsführer Informatik« /Brauer, Münch 96/ wird Informatik aus einer anderen Perspektive betrachtet:

20

Position 1: Mathematisch-logische Orientierung /Dijkstra 89/
These: Computer können nur Symbole manipulieren. Sie tun dies mittels Programmen. Programme sind maschinell ausführbare Formeln. Aufgabe der Programmierer ist es, Formeln durch die Manipulation von Symbolen herzuleiten. Informatik befasst sich also mit dem Wechselspiel von maschineller und menschlicher Symbol-Manipulation. Die Informatik-Grundausbildung muss daher stringent mathematisch-logisch sein. Es ist – ohne Verwendung von Computern – die formale Manipulation einer einfachen imperativen Programmiersprache zu lehren. Ziel ist die Vermittlung der Fähigkeit, korrekte Programme zu schreiben, d.h. gegebene Spezifikationen korrekt in maschinell ausführbare Formeln umzusetzen.

Position 2: Ingenieurwissenschaftliche Orientierung /Parnas 90/
These: Informatiker arbeiten de facto wie Ingenieure, weil sie technische Artefakte herstellen. Es fehlt ihnen aber eine Ingenieursausbildung, die fundamentale Methoden wie z.B. Zuverlässigkeitsanalysen komplexer Systeme enthält. Es sollte daher eine Ingenieursausbildung angestrebt werden, die aus mathematischen und ingenieurwissenschaftlichen Kursen besteht. Die Programmierung realer Maschinen sollte im Grundstudium ignoriert werden.

Position 3: Evolutionäre Orientierung /Brooks 87/
These: Anforderungen an ein Software-System können bei realen Systemen nicht eindeutig formuliert werden. Spezifikationen erfassen häufig veraltete Anforderungen und verhindern so die rasche und flexible Anpassung an die sich ständig ändernden organisatorischen Strukturen und Aufgaben. Daher hat keine der bisher entwickelten formalen Methoden (algebraische Spezifikation, formale Verifikation, automatische Programmierung) zu einem qualitativen Sprung in der Software-Erstellung geführt. Kontinuierliche Verbesserungen sind die einzige Hoffnung.

Position 4: Partizipative Orientierung /Bonsiepen, Coy 92/
These: Computer sind Geräte, die bestimmte Funktionen innerhalb menschlicher Tätigkeitsbereiche erfüllen. Sie sind Mittel zum Zweck. Im Mittelpunkt stehen daher die alltäglichen Aufgaben von Menschen, die die Software nutzen. Software-Systeme sind Bestandteil einer funktionierenden Organisation. Der Informatiker muss deshalb den sozialen Kontext des Arbeitsplatzes, die Aufgabenverteilung zwischen Mensch und Computer innerhalb des Arbeitsprozesses verstehen lernen. Software-Systeme sind so zu entwickeln, dass sie einfach, benutzbar und arbeitsunterstützend sind. Ziel der Ausbildung muss es sein, Informatiker zu befähigen, Geräte, Programme und Prozesse zu spezifizieren und zu entwerfen, die den gestellten Anforderungen genügen. Es werden akzeptable Lösungen gesucht, nicht optimale und perfekte.

Quelle: /Bonsiepen, Coy 92/

Abb. 1.2-1:
Zum Selbstverständnis der Informatik

Das Wort »Informatik« wurde 1968 vom damaligen Bundesforschungsminister Stoltenberg anlässlich der Eröffnung einer Tagung in Berlin verwendet. Mit Informatik wurde dabei der wissenschaftliche Hintergrund eines Forschungsprogrammes des Bundes auf dem Gebiet Datenverarbeitung bezeichnet. 1967 war in Frankreich das Wort »informatique« aufgekommen und hat sich inzwischen auch im Holländischen (informatika), Italienischen (informatica), Polnischen (informatyka, Tschechischen und Russischen eingebürgert. In den Vereinigten Staaten entstand Anfang der 60er-Jahre der Ausdruck »*computer science*«. Teilweise scheint sich sowohl im Angelsächsischen (*informatics*) als auch im internationalen Gebrauch der Wortstamm »Informatik« durchzusetzen.

»**Informatik** läßt sich also kennzeichnen durch die drei Begriffe Intelligenz – Formalismen – Technik oder als Intelligenzformalisierungstechnik.

Etwas allgemeiner könnte man sagen: Informatik ist die (Ingenieur-) Wissenschaft von der theoretischen Analyse und Konzeption, der organisatorischen und technischen Gestaltung sowie der konkreten Realisierung von (komplexen) Systemen aus miteinander und mit ihrer Umwelt kommunizierenden (in gewissem Maß intelligenten und autonomen) Agenten oder Akteuren, die als Unterstützungssysteme für den Menschen in unsere Zivilisation eingebettet werden müssen – mit Agenten/Akteuren sind Software-Module, Maschinen (zum Beispiel Staubsauger) oder roboterartige Geräte gemeint.«

/Langenheder, Müller, Schinzel 92/ charakterisieren **Informatik** als »Legierung aus Formalwissenschaft, Naturwissenschaft, Technik und Geisteswissenschaften«.

/Freytag 93/ betrachtet **Informatik** ähnlich wie Architektur als Gestaltungswissenschaft (»Form und Kontext plus Methoden«).

Der geschichtliche Hintergrund der Informatik wird in Abb. 1.2-2 skizziert.

Informatik vs. IT   »Als grobe Abgrenzung der Informatik gegenüber der Informationstechnologie könnte man den stärker logisch abstrahierenden, softwareorientierten Blickwinkel der Informatik gegenüber dem mehr auf die technischen Basiskomponenten ausgerichteten, von Nachrichten- und Elektrotechnik bzw. Elektronik geprägten Herangehen der IT heranziehen.« /Mayr, Maas 02, S. 178/

Wegen des universellen Charakters der Informatik lässt sich ihr Gebiet schwer eingrenzen. Aufgaben, Gegenstände und Methoden der Informatik werden stark von den Natur-, Ingenieur- und Geisteswissenschaften beeinflusst. Die Informatik selbst liegt zwischen diesen Disziplinen. Von den Naturwissenschaften unterscheidet sich die Informatik, da ihr Forschungsgegenstand von Menschen geschaffene Systeme und Strukturen sind; von den Ingenieurwissenschaften unterscheidet sie sich ebenfalls, da ihre Betrachtungsgegenstände meist immateriell sind, und von den Geisteswissenschaften unterscheidet sich die Informatik, da sie sich nicht auf Erkenntnisgewinn und Beschreibung von Sachverhalten beschränkt, sondern praktisch anwendbare Ergebnisse erzielt. Zusammenfassend kann man sagen, dass die Informatik eine **Strukturwissenschaft** ist.

Dynamik   Dynamik ist für mich ein charakteristisches Merkmal der Informatik. Ohne das Verstehen der Abläufe in Programmen ist das Wesen und die Faszination der Informatik nicht zu begreifen. Dies erschwert aber auch dem Lernenden den Einstieg in die Informatik. Auf der beiliegenden CD-ROM werden daher wichtige Abläufe animiert dargestellt, um die Vorstellung zu unterstützen.

Gegenstands-   Der Gegenstandsbereich der Informatik ist vielschichtig. Minbereich   destens vier miteinander eng verzahnte Schichten gehören dazu /GI 87/:

- Hardware,
- Software,
- Organisationsstrukturen,
- Benutzer und Anwender.

Basierend auf einem eng gefassten Informatikbegriff definiert die »Gesellschaft für Informatik« /GI 85/ den Gegenstandsbereich folgendermaßen:

»Die Informatik befaßt sich daher

a mit den Strukturen, den Eigenschaften und den Beschreibungsmöglichkeiten von Information und Informationsverarbeitung,

b mit dem Aufbau, der Arbeitsweise und den Konstruktionsprinzipien von Rechnersystemen,

Die geschichtliche Entwicklung zeigt, dass es dem Menschen im Laufe der Zeit gelungen ist, sich seine Arbeit zu erleichtern. So entstanden von der einfachen Steinaxt über Handwerkzeuge aller Art die heutigen energieverarbeitenden Maschinen wie Motoren, Bagger, Fahrzeuge, Kräne. Diese Maschinen haben dem Menschen im physischen Bereich fast überall die routinemäßige Arbeit abgenommen. Die menschliche Tätigkeit kann sich auf die Planung und Überwachung konzentrieren.
Neben der Erleichterung körperlicher Arbeit war der Mensch von Anfang an auch bemüht, sich geistige Arbeit durch geeignete Hilfsmittel leichter zu machen (Abacus, Rechenschieber, Tabellen). Das Lösen von Problemen oder allgemeiner das Verarbeiten von Informationen bedeutet geistige Arbeit. Von einer gewissen Komplexität an lassen sich Probleme nur noch mit Hilfsmitteln lösen. Im Laufe der Wissenschaftsgeschichte sind die zu lösenden Probleme bzw. die zu verarbeitenden Informationen immer komplizierter geworden. Damit hat auch der zur Lösung bzw. Verarbeitung erforderliche Aufwand ständig zugenommen. Als Hilfsmittel entstanden vor etwa 50 Jahren elektronische Datenverarbeitungsanlagen, die als informationsverarbeitende Maschinen die Menschen bei der Lösung von Problemen unterstützten und es ihnen ermöglichen, ökonomisch und rational zu arbeiten. Geistige Routinetätigkeiten werden uns von Computersystemen abgenommen.
Ein Computersystem kann Informationen wesentlich schneller verarbeiten als ein Mensch. Als geistiges Hilfsmittel des Menschen potenziert es damit seine Möglichkeiten und eröffnet ihm eine neue Dimension.

Durch die Geschwindigkeit heutiger Computer wird ein **Zeitraffereffekt** erzielt, durch den der Mensch in neue Bereiche eindringen kann und durch den neue Perspektiven sichtbar werden. Technische Spitzenleistungen wie der moderne Brückenbau, die Weltraumfahrt oder die Wahlhochrechnungen wären ohne ein Instrument wie ein Computersystem nicht möglich.
Die schnelle Verarbeitung von Informationen sowie die Aufbewahrung von umfangreichen Daten und die Auswertung dieser Daten nach unterschiedlichsten Kriterien potenziert auch Missbrauchsmöglichkeiten.
Es sollte daher jeder durch seine kritische Aufmerksamkeit dazu beitragen, dass die Annehmlichkeiten, die die automatische Informationsverarbeitung uns beschert, allen Menschen zugute kommen, dass die Missbrauchsmöglichkeiten dieser neuen Technik aber auf ein Minimum eingeschränkt werden.

Abb. 1.2-2:
Geschichtlicher
Hintergrund
der Informatik

Abacus = auf Drähte
aufgefädelte Perlen

c mit der Entwicklung sowohl experimenteller als auch produktorientierter informationsverarbeitender Systeme moderner Konzeption,

d mit den Möglichkeiten der Strukturierung, der Formalisierung und der Mathematisierung von Anwendungsgebieten in Form spezieller Modelle und Simulationen und

e mit der ingenieurmäßigen Entwicklung von Softwaresystemen für verschiedenste Anwendungsbereiche unter besonderer Berücksichtigung der hohen Anpassungsfähigkeit und der Mensch-Computer-Interaktion solcher Systeme.«

Die Informatik gliedert sich in die Teilbereiche (Abb. 1.2-3):

■ Kerninformatik und

■ Angewandte Informatik.

Die Kerninformatik beschäftigt sich mit den zentralen Forschungsgebieten der Informatik. Unter »Angewandter Informatik« versteht man Anwendungen von Methoden der Kerninformatik in anderen Fachwissenschaften.

Schwerpunktbildungen innerhalb der Kerninformatik führen zu den Teilgebieten

■ Theoretische Informatik,

■ Praktische Informatik und

■ Technische Informatik.

Die schnell wachsende Bedeutung der Informatik sowie die zunehmende Nachfrage nach ausgebildeten Fachleuten auf diesem Gebiet führte Ende der 60er-Jahre zur Schaffung des Studiengangs Informatik an Universitäten und Fachhochschulen.

Die »Rahmenordnung für die Diplomprüfung im Studiengang Informatik an Universitäten und gleichgestellten Hochschulen« /Rahmenordnung 95/ sagt Folgendes zum Informatikstudium:

Informatikstudium

Zitat »Die Informatik ist zentral mit der Entwicklung und Beherrschung komplexer Informatik-Systeme befasst. Sie hat sich unbeschadet ihrer strukturwissenschaftlichen Grundlagen zu einer ingenieurmäßigen Disziplin im Sinne konstruierender Tätigkeiten entwickelt. Diese Entwicklung wird sich verstärkt fortsetzen.

Abb. 1.2-3: In Bezug auf Umfang und Struktur ist der Diplomstudiengang In-
Gliederung der formatik daher den Studiengängen in den klassischen Ingenieurwis-
Informatik senschaften gleichzusetzen.

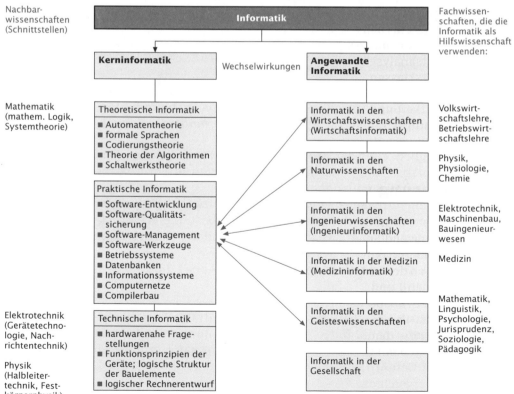

Dem Diplom-Informatiker steht ein sehr vielfältiges Tätigkeitsfeld offen. Von ihm wird erwartet, dass er in der Lage ist, ingenieursmäßig Methoden und Techniken zur Konstruktion großer Informatik-Systeme anzuwenden, sich schnell in neue Problemstellungen und andere Gebiete einzuarbeiten und durch selbstständige Weiterbildung den Anschluss an die Entwicklung seines Faches zu halten. Dazu ist eine breite Ausbildung in den methodischen Grundlagen und die Vermittlung von ingenieurmäßigen Vorgehens- und Verhaltensweisen erforderlich.«

Die »Gesellschaft für Informatik« /GI 85/ zählt für das Grundstudium für die »Einführung in die Informatik« (ca. 22 Semesterwochenstunden) folgende Themen auf:
- Grundbegriffe,
- Methoden und Modelle der Informatik,
- Algorithmen,
- Konzepte der Programmierung und ihre Anwendung usw.

Im »*Computing Curricula 91*« der internationalen Informatikorganisationen ACM und IEEE *(Institute of Electrical and Electronics Engineers)* /Curricula 91/ werden für das Gebiet »Algorithmen und Datenstrukturen« (47 Vorlesungsstunden) folgende Themen vorgeschlagen:

www.ieee.org
www.computer.org

- Grundlegende Datenstrukturen
- Abstrakte Datentypen
- Rekursive Algorithmen
- Komplexitätsanalyse
- Komplexitätsklassen
- Sortieren und Suchen
- Berechenbarkeit und Unentscheidbarkeit
- Problemlösungsstrategien
- Parallele und verteilte Algorithmen

1.3 Gliederung und Aufbau dieses Buches

Die Curricula zur Grundlagenausbildung in der Informatik bieten dem Lehrenden genügend Spielraum für eigene inhaltliche Schwerpunkte und methodisch-didaktische Konzepte. Inhaltlich orientiert sich dieses Buch mehr an den in Abb. 1.2-1 dargestellten Positionen 3 und 4 als an den Positionen 1 und 2. Jahrelange Unterrichtserfahrung haben mir gezeigt, dass ein theoretischer, deduktiver Einstieg in die Grundlagen der Informatik *ohne* Computerbenutzung – wie es die Positionen 1 und 2 fordern – demotivierend und realitätsfern ist. Nur eigene Praxiserfahrungen mit Computersystemen von Anfang an geben dem Lernenden ein Gefühl für die Möglichkeiten der Programmierung, zeigen ihm aber auch deutlich die Probleme der Programmierpraxis – insbesondere die Probleme der Spezifikation und der Qualität. Mit diesem Problembewusstsein ausgestattet, ist der Lernende aufnahmebereit für Themen wie Testen, Verifikation, Anforderungsmodellierung, Eigenschaften und Aufwand von Algorithmen.

induktiv vs. deduktiv

Die didaktisch-methodische Vorgehensweise orientiert sich daher vorwiegend am induktiven Vorgehen, d.h. vom Speziellen zum Allgemeinen. Ausgangspunkt können mehrere Beispiele sein, aus denen dann auf eine allgemeine Regel geschlossen wird. Diese Vorgehensweise wird aber nicht dogmatisch gesehen. Bei Bedarf wird auch deduktiv vorgegangen, d.h., aus dem Allgemeinen wird der Einzelfall bzw. das Besondere hergeleitet.

Lernen durch Beispiele, Analogie und eigenes Tun

»Lernen durch Beispiele«, »Lernen durch Analogie« und »Lernen durch eigenes Tun« fällt oft besonders leicht. Daher werden diese Lernformen – insbesondere durch die Aufgaben – unterstützt. Da man am meisten lernt, wenn man selbst etwas tut (Merkfähigkeit 90 Prozent), werden eigene Aktivitäten unterstützt. Zu vielen Lehreinheiten gibt es multimediale Unterstützungen und Ergänzungen, die auf der beigefügten CD-ROM bzw. über das Internet zur Verfügung stehen.

Bei jeder Einarbeitung in ein neues Gebiet muss man sich mit Prinzipien, Methoden, Konzepten, Notationen und Werkzeugen befassen.

Prinzipien sind Grundsätze, die man seinem Handeln zugrunde legt. **Methoden** sind planmäßig angewandte, begründete Vorgehensweisen zur Erreichung von festgelegten Zielen (im Allgemeinen im Rahmen festgelegter Prinzipien). Methoden enthalten also den Weg zu etwas hin, d.h., sie machen Prinzipien anwendbar. Methoden geben außerdem an, welche Konzepte wie und wann verwendet werden, um die festgelegten Ziele zu erreichen.

Konzepte erlauben es, definierte Sachverhalte unter einem oder mehreren Gesichtspunkten zu modellieren.

Eine **Notation** stellt Informationen durch Symbole dar. Ein Konzept kann durch eine oder mehrere Notationen dargestellt werden.

Werkzeuge *(tools)* dienen der automatisierten Unterstützung von Methoden, Konzepten und Notationen.

Zentraler Gegenstand der Informatik ist die Software. Eine Software-Entwicklung besteht aus drei Hauptaktivitäten:

- **Definition** der Anforderungen (Systemanalyse),
- **Entwurf** des Software-Systems (Programmieren im Großen),
- **Implementierung** bzw. **Programmierung** der Software-Komponenten (Programmieren im Kleinen).

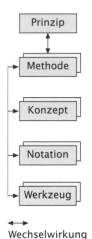

Wechselwirkung

Der inhaltliche Schwerpunkt dieses Buches liegt auf den Prinzipien, Methoden, Konzepten und Notationen der Programmierung von Software-Komponenten, auch »Programmieren im Kleinen« genannt. Für einen Informatiker sind solide Kenntnisse und Fertigkeiten auf diesem Gebiet unumgänglich, um die Möglichkeiten, Grenzen und Probleme der Realisierung von Software richtig einschätzen zu können.

Die Aktivitäten »Definition« und »Entwurf« werden ansatzweise bereits mitbetrachtet (siehe dazu auch: /GI 97/). Diese Thematik gehört aber in eine Vorlesung über Software-Technik (siehe z.B. »Lehrbuch der Software-Technik« /Balzert 98, 01/).

Der »rote Faden« dieses Buchs sind die Konzepte der Programmierung und Algorithmik. Die wichtigsten Konzepte der Software-Entwicklung und der Programmierung sind heute die Konzepte der »Objektorientierung«, wie Objekte, Klassen, Vererbung. Diese Konzepte werden in diesem Buch immer zuerst vorgestellt. Die entsprechenden Kapitelüberschriften lauten dazu: »Zuerst die Theorie: ...«. Anstelle von »Zuerst die Theorie« könnte auch stehen: »Zuerst die Konzepte«. **»roter Faden«**

Konzepte werden durch eine oder mehrere Notationen beschrieben. Als grafische Notation für die Beschreibung objektorientierter Konzepte hat sich die UML *(unified modeling language)* durchgesetzt, die in diesem Buch eingeführt und benutzt wird. **UML**

Zur Programmierung werden Programmiersprachen benutzt. Sowohl von den unterstützten Konzepten als auch von der Bedeutung her halte ich objektorientierte Programmiersprachen heute für die Grundlagenausbildung am geeignetsten. Andere Programmiersprachen wie deklarative, funktionale oder logikorientierte Sprachen sind in ihren Konzepten und Anwendungsbereichen zu spezialisiert, um als »erste« Sprache vermittelt zu werden.

Betrachtet man wichtige objektorientierte Sprachen wie Java, C++, C#, Smalltalk, Eiffel, Oberon, dann stellt sich die Frage, welche Sprache für die Ausbildung am besten geeignet ist.
Für mich sind folgende Kriterien am wichtigsten:
- In der Praxis weit verbreitet und eingesetzt.
- Unterstützung allgemein anerkannter Konzepte.
- Innovationsgrad der Sprache.
- Grad der Normung.
- Einfachheit und Eleganz der Sprache.
- Anwendungsspektrum der Sprache.

Eine Bewertung der Sprachen anhand dieser Kriterien führt zur Verwendung der Sprachen Java, C++ und C# in diesem Buch. Java steht als Sprache im Mittelpunkt, die speziellen C++- und C#-Konzepte werden ergänzend behandelt.

Die jeweils verwendete Programmiersprache beeinflusst natürlich stark die Reihenfolge der vorgestellten Konzepte und die Auswahl der Beispiele. Wegen der großen Bedeutung der Objektorientierung in der Software-Technik habe ich mich dazu entschlossen, von Anfang an die objektorientierte Sichtweise einzuführen und nicht zuerst die prozedurale Sicht zu verwenden. Bei jeder Einführung in ein Wissensgebiet sollte der Lernende nicht mit zu vielen Konzepten, Notationen und Begriffen auf einmal konfrontiert werden. Bei dem hier gewählten ganzheitlichen Einstieg in die Objektorientierung werden am Anfang einige Konzepte nur erwähnt und bleiben zunächst im »Nebel«. Nach und nach »lichtet sich der Nebel«, wenn die erwähnten Konzepte detailliert betrachtet werden. Diesem Nachteil steht jedoch der große Vorteil gegenüber, dass von Anfang an die Kernkonzepte der Objektorientierung wie Objekte und Klassen im Mittelpunkt stehen und beherrscht werden.

Die Programmiersprachen-Notationen beginnen meistens mit Kapitelüberschriften wie »Dann die Praxis: ...«

Vollständigkeit   Eine vollständige Darstellung der Grundlagen der Informatik ist heute in einem Lehrbuch *nicht* mehr möglich. Auf der einen Seite ist das Gebiet *nicht* eindeutig abgrenzbar, auf der anderen Seite ist die Innovationsgeschwindigkeit insbesondere bei den Programmiersprachen hoch. Daher erfordert eine Tätigkeit in der Informatik immer lebenslanges Lernen.

Im vorliegenden Buch wird die Programmiersprache Java *nicht* vollständig behandelt. Ausgehend von exemplarischen Darstellungen sollen Sie, lieber Leser, dann durch »entdeckendes Lernen« weitere Sprachelemente selbstständig »erkunden«, sich die nötigen Informationen auf der beiliegenden CD-ROM oder im Internet besorgen und dadurch *die* Gebiete ihrem Wissen hinzufügen, an denen Sie Interesse haben.

Entdeckendes Lernen

Um Software zu entwickeln, ist der Einsatz von Werkzeugen notwendig. Für die Programmierung sind Compiler und Programmierumgebungen unumgänglich. Der Begriff **CASE** steht für *Computer Aided Software Engineering*. Er drückt aus, dass Software-Entwicklung mithilfe von Software-Werkzeugen erfolgt. Man spricht daher auch oft von CASE-Werkzeugen, um zu betonen, dass der Einsatz von Software-Werkzeugen zum Zwecke der Software-Entwicklung gemeint ist.

CASE

In diesem Buch wird davon ausgegangen, dass CASE-Werkzeuge eingesetzt werden. Auf der beigefügten CD-ROM befinden sich eine Reihe entsprechender Werkzeuge.

Die Struktur des Buches zeigt Abb. 1.3-1.

Globales Ziel des Buches ist es, einen systematischen Überblick über Prinzipien, Methoden, Konzepte und Notationen des »Programmierens im Kleinen« und seine Einordnung in die verschiedenen Kontexte zu geben. Dieses Wissen – verbunden mit den praktischen Übungen am Computersystem – soll den Leser befähigen,

- **■** professionell effiziente Programme problemgerecht
- ☐ zu entwickeln,
- ☐ zu analysieren,
- ☐ zu überprüfen,
- ☐ adäquat in der UML zu beschreiben und
- ☐ in Java zu transformieren, zu übersetzen und auszuführen.

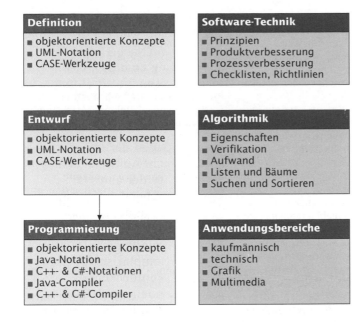

Abb. 1.3-1:
Struktur des
Buches

Definition
- objektorientierte Konzepte
- UML-Notation
- CASE-Werkzeuge

Software-Technik
- Prinzipien
- Produktverbesserung
- Prozessverbesserung
- Checklisten, Richtlinien

Entwurf
- objektorientierte Konzepte
- UML-Notation
- CASE-Werkzeuge

Algorithmik
- Eigenschaften
- Verifikation
- Aufwand
- Listen und Bäume
- Suchen und Sortieren

Programmierung
- objektorientierte Konzepte
- Java-Notation
- C++- & C#-Notationen
- Java-Compiler
- C++- & C#-Compiler

Anwendungsbereiche
- kaufmännisch
- technisch
- Grafik
- Multimedia

Algorithmen →Algorithmus.

Algorithmus (Plural: Algorithmen), Problemlösungsbeschreibung, die festlegt, wie ein Problem gelöst werden soll (→Programm).

Anwender Mitglieder einer Institution oder Organisationseinheit, die zur Erfüllung ihrer fachlichen Aufgaben →Computersysteme einsetzen (→Benutzer).

Anwendungssoftware →Software, die Aufgaben des →Anwenders mithilfe eines →Computersystems löst. Setzt in der Regel auf der →Systemsoftware der verwendeten →Hardware auf bzw. benutzt sie zur Erfüllung der eigenen Aufgaben.

Arbeitsoberfläche Teil einer → grafischen Benutzungsoberfläche, die dem Benutzer quasi als Ersatz für die Schreibtischoberfläche dient. Es können Objekte, Hilfsmittel, Geräte und Anwendungen auf ihr repräsentiert werden. Mithilfe der →direkten Manipulation können Funktionen ausgeführt werden. Über →Fenster erfolgt die Kommunikation des →Benutzers mit den Anwendungen.

Arbeitsspeicher Medium zur kurzfristigen Aufbewahrung nicht zu umfangreicher Information; Bestandteil der → Zentraleinheit; siehe auch →externer Speicher.

Benutzer Personen, die ein →Computersystem unmittelbar einsetzen und selbst bedienen (→Anwender).

Betriebssystem Spezielles Programm eines →Computersystems, das alle Komponenten eines →Computersystems verwaltet und steuert sowie die Ausführung von Aufträgen veranlasst.

Bildschirm Ausgabegerät zum Anzeigen von Informationen.

Bit *(binary digit)* Binärzeichen, das nur jeweils einen von zwei Zuständen darstellen bzw. speichern kann, z.B. null oder eins. Acht Bits fasst man zu einem →Byte zusammen.

Byte Maßeinheit für die →Speicherkapazität. In einem Byte kann ein Zeichen gespeichert werden; siehe auch →Bit.

Client Vernetztes →Computersystem, das Dienstleistungen von →*Servern* in Anspruch nimmt.

Computer Technische Geräte, die umfangreiche Informationen mit hoher Zuverlässigkeit und großer Geschwindigkeit automatisch, gesteuert von → Programmen, verarbeiten und aufbewahren können; auch Rechner oder elektronische Datenverarbeitungsanlagen genannt.

computer science →Informatik.

Computersystem →Computer (→Hardware) und →Programme (→Software).

29

Datei Logisch zusammenhängender Informationsbestand (z.B. Kundenstammdatei), vergleichbar mit einer Kartei bei der manuellen Informationsverarbeitung.

desktop »elektronische« →Arbeitsoberfläche.

Direkte Manipulation Bedienungsform, bei der analog zu einem physikalischen Vorgang Objekte mit der →Maus auf der →Arbeitsoberfläche selektiert, bewegt und losgelassen werden *(pick, drag & drop)*. In Abhängigkeit von der Zielposition können dadurch Funktionen wie Kreieren, Löschen, Kopieren, Drucken und Verschieben realisiert werden (generische Funktion).

Externe Speicher Speichermedien zur langfristigen Aufbewahrung von großen Informationsmengen (Diskettenspeicher, Plattenspeicher, CD-ROM-Speicher).

Fenster Rechteckiger Bereich auf dem Bildschirm, der von der →Anwendungssoftware zur Ein- und Ausgabe von Informationen und Kommandos benutzt wird.

file →Datei.

Grafische Benutzungsoberfläche Grafikbildschirm bestehend aus einer →Arbeitsoberfläche und →Fenstern, über die der Benutzer mit der →Anwendungssoftware interagiert und kommuniziert.

GUI →grafische Benutzungsoberfläche.

GUI-System Software-System, das die →grafische Benutzungsoberfläche verwaltet und die Kommunikation mit der →Anwendungssoftware abwickelt.

Hardware Alle materiellen Teile eines →Computersystems.

icon →Piktogramm

Informatik Ingenieurwissenschaft von der theoretischen Analyse und Konzeption, der organisatorischen und technischen Gestaltung sowie der konkreten Realisierung von eigenständigen oder eingebetteten Software-Systemen.

Maus Kleines Kästchen, das mittels der Hand auf dem Schreibtisch bewegt wird. Entsprechend der Handbewegung bewegt sich der *Cursor* auf dem Bildschirm.

Multimedia Interaktive, medienintegrierte Software-Systeme, bei denen durch die zeitliche, räumliche und in-haltliche Synchronisation unabhängiger Medien gewünschte Funktionen bereitgestellt werden. Es sollten mindestens drei Medien integriert sein, wobei zumindest ein Medium zeitabhängig sein sollte.

Piktogramm Grafisch abstrakte Darstellung von Objekten, Funktionen, Anwendungen, Geräten, Hilfsmitteln und Prozessen auf dem Bildschirm. Bei Anwendungssoftware im Bürobereich z.B. Ordner, Papierblatt, Papierkorb usw.; auch Ikone *(icon)* genannt.

Programm Streng formalisierter, eindeutiger und detaillierter →Algorithmus, der maschinell ausgeführt werden kann.

Programmiersprache Formalisierte Sprache zum Schreiben von →Algorithmen, die automatisch ausgeführt werden sollen.

Prozessor Der Teil der →Zentraleinheit, der Programmanweisungen aus dem →Arbeitsspeicher liest, ihre Ausführungen vornimmt, zu verarbeitende Informationen aus dem →Arbeitsspeicher liest sowie Zwischenergebnisse und Ergebnisse im →Arbeitsspeicher ablegt.

RAM *Random Access Memory*, d.h. Speicher mit direktem Zugriff auf alle Speicherzellen; andere Bezeichnung →Arbeitsspeicher (interner Speicher).

Scanner Abtastgerät, das es ermöglicht, Informationen auf Papier in Bitmuster umzuwandeln (→Bit). Dadurch ist es z.B. möglich, Fotos, Grafiken, handschriftliche Skizzen in elektronische Informationen zu wandeln.

Server Vernetztes →Computersystem, das →Clients Dienstleistungen zur Verfügung stellt.

Software (SW) →Programme, zugehörige Informationen und notwendige Dokumentation, die es zusammengefasst erlauben, mithilfe eines →Computersystems Aufgaben zu erledigen.

Software-Produkt Produkt, das aus →Software besteht.

Software-System System, dessen Systemkomponenten und Systemelemente aus →Software bestehen.

Speicher Medium zur Aufbewahrung von Informationen; →Arbeitsspeicher, →externer Speicher.

Speicherkapazität Umfang der Informationen, die in einem →Speicher aufbewahrt werden können; gemessen in KB, MB, GB (→Byte).

Systemsoftware →Software, die für eine spezielle →Hardware oder Hardwarefamilie entwickelt ist, um den Betrieb und die Wartung dieser Hardware zu ermöglichen sowie ihre funktionellen Fähigkeiten zu ergänzen.

Tastatur Eingabegerät zum manuellen Eintippen von Zeichen; besteht aus einem Eingabeteil für Zeichen, speziellen Sondertasten, *Cursor*tasten, evtl. Zehnerblock und frei programmierbaren Funktionstasten.

Zentraleinheit Teil eines →Computers, in der die eigentliche Informationsverarbeitung stattfindet; besteht aus →Prozessor und →Arbeitsspeicher.

Ein Computersystem besteht aus dem materiellen Computer (Hardware) und den immateriellen Programmen (Software). Der Computer selbst setzt sich aus der Zentraleinheit und der Peripherie (Eingabegeräte wie Tastatur, Maus und *Scanner*, Ausgabegeräte wie Bildschirm und Drucker, externe Speicher, Netzanschluss) zusammen. Externe Speicher dienen zur langfristigen Aufbewahrung von umfangreichen Informationsbeständen. Die Informationen werden in Form von Dateien *(files)* auf externen Speichern abgelegt. Die Größe eines Speichers wird als dessen Speicherkapazität bezeichnet. Die Maßeinheit für die Speicherkapazität ist das Byte, das wiederum aus acht Bits besteht.

Die Zentraleinheit besteht aus dem Prozessor, in dem die Programme Anweisung für Anweisung ausgeführt werden, und dem Arbeitsspeicher (RAM), in dem Programme und Informationen, die zur momentanen Programmausführung benötigt werden, kurzfristig aufbewahrt werden. Externe Speicher und der Arbeitsspeicher bilden zusammen den Speicher des Computers.

Programme teilen dem Computer mit, welche Aufgaben auszuführen sind. Das Betriebssystem, selbst ein spezielles Programm, steuert und koordiniert das Computersystem mit seinen Komponenten. Programme werden in einer Programmiersprache formuliert, die festlegt, nach welchen Regeln (Syntax) die Programme geschrieben werden müssen und welche Bedeutung (Semantik) die einzelnen Programmkonstrukte haben.

Bevor ein Programm in einer Programmiersprache geschrieben wird, wird die allgemeine Problemlösung oft als Algorithmus – meist in verbaler Form – formuliert.

Software, auch Software-System oder Software-Produkt genannt, gliedert man in Anwendungssoftware *(application software)*, z.B. Multimedia-Anwendungen, und Systemsoftware. Beide bilden zusammen mit der Hardware ein Computersystem. Benutzer bedienen Computersysteme direkt, Anwender liefern Informationen für Computersysteme und nutzen ihre Ergebnisse.

Jeder Benutzer kommuniziert über eine elektronische Arbeitsoberfläche *(desktop)* mit dem Computersystem.

Die grafische Benutzungsoberfläche (GUI) besteht aus Piktogrammen *(icons)* und Fenstern. Mithilfe der direkten Manipulation können Objekte auf dem Bildschirm selektiert und Aktionen darauf angewandt werden. Die Verwaltung der Arbeitsoberfläche übernimmt ein GUI-System.

In Unternehmen und Verwaltungen sind Computersysteme in der Regel vernetzt (Intranet). Solche Netze können wiederum untereinander verbunden sein (Internet). Computersysteme, die in derartigen Netzen Dienstleistungen für andere Computersysteme zur Verfügung stellen, bezeichnet man als Server. Computersysteme, die solche Dienstleistungen in Anspruch nehmen, sind Clients.

Die Wissenschaft, die sich mit Computersystemen und insbesondere der Theorie und Praxis ihrer Software beschäftigt, bezeichnet man als Informatik *(computer science).*

Zitierte Literatur /Balzert 98/
Balzert H., *Lehrbuch der Software-Technik*, Band 2, Heidelberg: Spektrum Akademischer Verlag 1998
/Balzert 01/
Balzert H., *Lehrbuch der Software-Technik*, Band 1, 2. Auflage, Heidelberg: Spektrum Akademischer Verlag 2001
/BDB 03/
Fast 30 Millionen Online-Konten in Deutschland, Bundesverband deutscher Banken, 2003, www.bdb.de
/BMFT 94/
Initiative zur Förderung der Software-Technologie in Wirtschaft, Wissenschaft und Technik, Bundesministerium für Forschung und Technologie, Bonn, 1. August 1994
/Bonsiepen, Coy 92/
Bonsiepen L., Coy W., *Eine Curriculardebatte*, in: Informatik-Spektrum, (1992) 15, S. 323–325
/Brauer, Münch 96/
Brauer W., Münch S., *Studien- und Forschungsführer Informatik*, Berlin: Springer-Verlag 1996
/Brooks 87/
Brooks F. P., *No Silver Bullet-Essence and Accidents of Software Engineering*, in: IEEE Computer 20, 1987, pp. 10–19
/Curricula 91/
Computing Curricula 1991, in: CACM, June 1991, pp. 69–84
/Denning et al. 89/
Denning P. J. et al., *Computing as a Discipline*, in: CACM, Jan. 1989, pp. 9–23
/Dijkstra 89/
Dijkstra E. W., *On the Cruelty of Really Teaching Computer Science*, in: CACM, Dec. 1989
/Freytag 93/
Freytag J., *Das Studium der Informatik an Fachhochschulen*, in: Informatik als Schlüssel zur Qualifikation, Berlin: Springer-Verlag 1993, S. 59–63
/GI 85/
Ausbildung von Diplom-Informatikern an wissenschaftlichen Hochschulen – Empfehlungen der Gesellschaft für Informatik, in: Informatik-Spektrum, Juni 1985, S. 164–165

/GI 87/

Aufgaben und Ziele der Informatik, Arbeitspapier der Gesellschaft für Informatik, Bonn, 20. Okt. 1987

/GI 97/

Ergänzende Empfehlungen der Gesellschaft für Informatik: *Lehrinhalte und Veranstaltungsformen im Informatikstudium,* in: Informatik-Spektrum, Oktober 1997, S. 302–306

/IKT-Report 03/

IKT-Report, Zentrum für Europäische Wirtschaftsforschung, Mannheim, Juni 2003, www.zew.de

/Langenheder, Müller, Schinzel 92/

Langenheder W., Müller G., Schinzel B. (Hrsg.), *Informatik – cui bono?,* Berlin: Springer-Verlag 1992

/Mayr, Maas 02/

Mayr H. C., Maas J., *Perspektiven der Informatik,* in: Informatik-Spektrum, 20.6.2002, S. 177–186

/Necker 94/

Necker T., *Informations- und Kommunikationstechnik in Deutschland – Visionen und Realitäten,* in: Informatik-Spektrum, 1994, S. 339–341

/Parnas 90/

Parnas D. C., *Education for Computer Professionals,* in: IEEE Computer 23 (1), 1990, pp. 17–22

/Rahmenordnung 95/

Rahmenordnung für die Diplomprüfung im Studiengang Informatik an Universitäten und gleichgestellten Hochschulen, 1995, in: /Brauer, Münch 96/

/Schmid, Broy 00/

Schmid D., Broy M., *... noch nicht zu spät.* Das Walberg-Memorandum zur Förderung der IT-Forschung, in: Informatik-Spektrum 23(2), S. 109–117, 2000

/TNS Emnid 03/

Absolute Mehrheit: *Die Deutschen sind online,* (N)Onliner Atlas 2003, TSN Emnid, 2003, www.tns-emnid.com

Alle Wissens- und Verstehens-Aufgaben befinden sich als *Multiple-Choice*-Tests in dem e-learning-Kurs zu diesem Buch. Diese Tests sollten Sie zunächst zufriedenstellend lösen, bevor Sie die folgenden analytischen und konstruktiven Aufgaben bearbeiten.

1 *Lernziel: Anhand von Beispielen Übertragungszeiten bei vernetzten Computersystemen berechnen können.*

Analytische Muss-Aufgabe *20 Minuten*

a Gegeben seien folgende Dateien eines Software-Projektes:

```
Index.html      10 kB
Bild1.gif      100 kB
Bild2.jpg       30 kB
Musik.au        25 kB
```

Wie viel Zeit benötigen ein Modem mit 14.400 Bits pro Sekunde und eine ISDN-Karte eines PC mit 64.000 Bits/Sekunde mindestens, um das Software-Projekt von einem Server auf einen Client zu übertragen?

b Wie viel Zeit benötigen Sie zusätzlich, wenn Sie ein eingescanntes Bild aus Ihrem letzten Urlaub mit der Größe 989 KB einfügen?

2 *Lernziel: Software installieren und benutzen können.*

   a Verfassen Sie einen kurzen Text, in dem Sie sich vorstellen. Verwenden Sie ein Textverarbeitungssystem Ihrer Wahl. Orientieren Sie sich an der Fallstudie von Abschnitt 1.1.7.

   b Scannen Sie ein Sie darstellendes Foto ein und platzieren Sie es in den Text aus **a**.

   c Sprechen Sie einen Begrüßungstext und nehmen Sie ihn mit einer geeigneten Software auf. Integrieren Sie ihn in den Text aus **a**.

1 Einführung –
Internet, Web und HTML

- Aufbau, Technik, Anschluss- und Adressierungsmöglichkeiten des Internet erläutern können.   verstehen
- Die besprochenen Dienste mit ihren Charakteristika beschreiben können.
- Multimediale XHTML-Dokumente bezogen auf die Syntax analysieren können.
- Mithilfe der angegebenen Befehle multimediale XHTML-Dokumente erstellen und auf Web-Servern bereitstellen können.   anwenden
- Anhand der beschriebenen Suchstrategien systematisch im Internet unter Einsatz von Suchmaschinen Informationen recherchieren können.
- Einen Web-Browser so bedienen können, dass die besprochenen Dienste im Internet in Anspruch genommen werden können.
- Einen Web-Browser um *plug-ins* erweitern können.

- Das Kapitel 1.1 muss bekannt sein.

1.4 Das Internet

Computersysteme können für sich isoliert eingesetzt oder vernetzt mit anderen Computersystemen betrieben werden. Sind Computersysteme miteinander vernetzt, d.h. durch Kabel oder Funk miteinander verbunden, dann können Informationen zwischen diesen Computersystemen ausgetauscht und gegenseitig Dienstleistungen in Anspruch genommen werden. Das bekannteste und am meisten genutzte weltweite Netz, das Computersysteme verbindet, ist das Internet.

Definition Internet Das **Internet** besteht aus
- einer Vielzahl von Computern,
- ☐ die direkt oder indirekt miteinander verbunden sind,
- ☐ die dasselbe Übertragungs-Protokoll (TCP/IP) verwenden,
- ☐ auf denen Dienste angeboten und/oder genutzt werden,
- einer Vielzahl von Benutzern, die von ihrem beruflichen oder privaten Computer-Arbeitsplatz aus direkten Zugriff auf diese Dienste haben,
- einer Vielzahl weiterer Netze, die über Kommunikationscomputer *(gateways)* erreichbar sind /Schneider 95/.

Das Internet stellt somit eine Kommunikationsinfrastruktur zum gleichberechtigten Informationsaustausch zur Verfügung, analog zum Telefonnetz, das eine Infrastruktur für die Sprachkommunikation bietet.

1.4.1 Der Aufbau des Internet

Das Internet ist durch *keine* zentrale Organisation aufgebaut worden. Vielmehr schließen sich Organisationen, z.B. Universitäten, zusammen und mieten Leitungen zwischen den einzelnen Mitgliedern mit kostenlosem oder pauschal mitfinanziertem Nutzungsrecht *aller* Teilstrecken für *alle* Mitglieder.

Beispiel Gibt es zwischen A und B sowie zwischen B und C eine Verbindung, dann kann nicht nur B mit A und C kommunizieren, sondern auch A mit C über den gemeinsamen Partner B.

Diese Art der Netznutzung ist konträr zum Telefonieren, das unmittelbar auf dem Verursacherprinzip beruht.

TCP/IP Die Kommunikation zwischen den Computersystemen im Internet geschieht durch das Übertragungsprotokoll **TCP/IP** *(transmission control protocol/internet protocol).* Die zu übermittelnden Datenströme werden bei diesem Übertragungsprotokoll in Pakete einheitlicher Größe (siehe Abb. 1.1-7) aufgeteilt, die voneinander unabhängig auf verschiedenen Wegen zu unterschiedlichen Zeiten zum Ziel kommen können. Jedes Paket wird mit Kopfdaten *(header)* versehen, die Angaben über die Absender- und Zielcomputer enthalten. Spezielle Wegplanungscomputer in den Netzknoten, *router* genannt, sind für die Auswahl der Teilstrecken verantwortlich. Sie analysieren die in einem eintreffenden Datenpaket gespeicherte Ziel-adresse und ermitteln aufgrund ihrer internen Adresstabellen *(routing tables)* den weiteren Weg des Datenpakets durch das Netzwerk. Beim Ausfall einer Übertragungsstrecke können sofort alternative Wege geschaltet werden, sodass Netzzusammenbrüche weitgehend vermieden werden. Im Zielcomputer werden die einzelnen Daten-pakete wieder zu einem vollständigen Datenstrom in der richtigen Reihenfolge zusammengesetzt. Verloren gegangene Pakete werden automatisch wieder angefordert (Abb. 1.4-1).

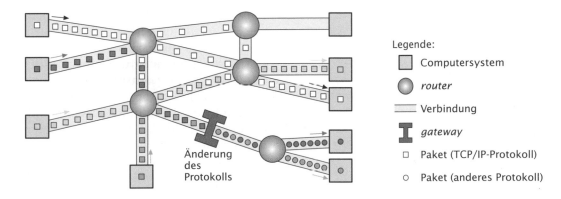

Legende:

▢ Computersystem

● *router*

— Verbindung

I *gateway*

□ Paket (TCP/IP-Protokoll)

○ Paket (anderes Protokoll)

Änderung des Protokolls

Da das Übertragungsprotokoll TCP/IP die Datenströme in Pakete aufteilt, kann eine Leitung durch viele Computersysteme gemeinsam genutzt werden. Eine durchgehende Leitung zwischen Sender und Empfänger ist nicht nötig. Dadurch wird die Datenübertragung wesentlich effizienter. Da jeder Benutzer die Ressourcen anderer Partner mitbenutzt, sollte er die Dienste sorgfältig und bewusst nut-zen. Wegen der Pauschalfinanzierung meinen neue Benutzer meist, dass die Benutzung des Internet nichts kostet.

Abb. 1.4-1: Datentransport im Internet

Nicht alle Computernetze benutzen das Übertragungsprotokoll TCP/IP. Damit Computersysteme solcher Netze ebenfalls mit dem Internet kommunizieren können, müssen Kommunikationscompu-ter, so genannte **gateways** (Torweg, Einfahrt), zwischengeschaltet werden. Diese isolieren die beteiligten Netze total voneinander. Es wird keinerlei Protokollinformation des einen Netzes an das andere Netz weitergegeben, sondern es werden nur die Nutzdaten übergeben. Die Nutzdaten werden aus dem Protokollrahmen des Quellnetzes ex-trahiert und anschließend in die entsprechenden Datenformate des Zielnetzes umgesetzt.

gateway

Durch die inzwischen weite Verbreitung des Internet wird die Technik des Internet zunehmend auch für firmeninterne Netze ver-wendet.

Intranet   Ein **Intranet** verbindet Computersysteme eines Unternehmens oder einer Organisation basierend auf der Technik des Internets, insbesondere des TCP/IP-Übertragungsprotokolls, miteinander, ist aber *kein* Teil des öffentlichen Internets.

Extranet   Ein **Extranet** erweitert ein Intranet zu anderen Unternehmen hin, etwa zu Händlern, Distributoren und Lieferanten. Es gibt einer definierten Benutzergruppe einen beschränkten Zugriff auf Informationen, die für sie relevant sind.

zur Historie   Historisch betrachtet liegen die Ursprünge des Internet in den USA. Dort forderten in den sechziger Jahren Universitäten und Forschungseinrichtungen ein landesweites Computernetzwerk. 1972 wurde daraufhin von der ARPA *(advanced research project agency)*, einer Behörde der US-Regierung, das ARPAnet gegründet, das ursprünglich vier Computersysteme von vier Universitäten verband. 1974 wurde in einem Artikel von V. Cerf und R. Kahn die TCP/IP-Architektur in Grundzügen beschrieben. Im Anschluss hieran wurde das TCP/IP-Übertragungsprotokoll nach und nach entwickelt und im ARPAnet als alleiniges Protokoll verwendet. Wegen der Robustheit gegenüber Störungen und Ausfällen übernahm das US-Militär diese Technik und erstellte das DARPA-Netz *(Defense* ARPA), das über verschiedene Zwischenstufen zum heutigen Internet führte.

1.4.2 Der Anschluss an das Internet

Lokale Computernetze können über Standleitungen, Wählleitungen oder paketvermittelnde Netze an das Internet angeschlossen werden.

Der private Benutzer kann sich über das analoge Telefonnetz mit einem Modem, über das digitale Telefonnetz mit einer ISDN-Karte oder über ein DSL-Modem in das Internet einwählen. Technisch ist dazu ein Programm nötig, das das TCP/IP-Übertragungsprotokoll für eine solche Punkt-zu-Punkt-Verbindung bereitstellt. Häufig verwendete Protokolle für diesen Zweck sind SLIP *(serial line internet protocol)* und PPP *(point-to-point-protocol)*, die auf TCP/IP aufsetzen. Der Unterschied der beiden Protokolle besteht in der unterschiedlichen Fehlererkennung und Fehlerkorrektur. Sicherer ist das PPP.

Als Student oder Mitarbeiter einer Hochschule hat man im Allgemeinen die Möglichkeit, sich vom heimischen Computer aus über die Hochschule direkt ins Internet einzuwählen (siehe nächsten Abschnitt).

Als Firma oder Privatperson muss man einen Internet-Dienstanbieter, einen so genannten *Internet Service Provider* (ISP) – kurz Provider genannt – in Anspruch nehmen.

provide = bereit-stellen, beliefern   Ein **Provider** ist eine Institution oder ein Unternehmen, die ein an das Internet angeschlossenes Netzwerk für Wählzugänge bereitstellt.

1.4.3 Die Adressierung im Internet

Jedes Computersystem im Internet besitzt eine eindeutige »Rufnummer«, seine **IP-Adresse**. Sie besteht aus vier Bytes. Diese vier Bytes werden dezimal, durch Punkte getrennt, geschrieben.

IP = internet protocol

Die IP-Adresse der Ruhr-Universität Bochum lautet 134.147.x.x. Der Lehrstuhl für Software-Technik hat die IP-Adresse 134.147.80.x.

Die weltweit eindeutige Kennzeichnung der Computersysteme im Internet übernehmen die NICs *(Network Information Centers)*. Das deutsche Internet wird von DE-NIC verwaltet, das vom Rechenzentrum der Universität Karlsruhe betrieben und von den deutschen Internet-Providern gemeinsam finanziert wird.

NIC

Jeder Betreiber eines lokalen Netzes erhält vom gewählten Internet-Provider einen Block zusammenhängender Adressen und verteilt diese an die angeschlossenen Computersysteme.

Es gibt zurzeit drei Klassen von Adressen, die der Größe der jeweiligen Einrichtung entsprechen:

Adress-Klassen

- *Class*-A-Adresse: Aufbau A.x.x.x. mit $0 \leq A \leq 126$
  Auf der Welt gibt es genau 126 *Class*-A-Adressen (10.x.x.x wird nicht vergeben).
- *Class*-B-Adresse: Aufbau B1.B2.x.x. mit $128 \leq B1 \leq 191$, $0 \leq B2 \leq 255$
  Mit dieser Adresse kann man ca. 16.000 Computer verwalten. 55 Prozent aller *Class*-B-Adressen sind bereits verteilt.
- *Class*-C-Adresse: Aufbau C1.C2.C3.x mit $192 \leq C1 \leq 255$, $0 \leq C2$, $C3 \leq 223$
  Sie erlaubt bis zu 255 Computer in einem Adressblock. Von *Class*-C-Adressen sind erst 4 Prozent vergeben.

Die Blockung der Adressen erleichtert die Netzverwaltung. Die Ruhr-Universität Bochum hat die *Class*-B-Adresse 134.147.x.x. Statt nun alle Computer der Universität in internationalen Tabellen einzutragen, genügt der Vermerk, wie der zentrale Zugangspunkt *(router)* der Universität zu erreichen ist. Alle Universitätscomputer befinden sich aus Netzsicht hinter diesem Zugangspunkt.

Da die IP-Adressen schlecht zu merken sind, erhalten die Computer im Internet zusätzlich einen oder mehrere funktionsbezogene Namen wie z.B. `swt.ruhr-uni-bochum.de`.

funktionsbezogene Namen

Diese *domain*-Namen, auch **DNS** *(domain name system)* genannt, sind leichter zu behalten und erleichtern es, ein Computersystem zu lokalisieren.

Sie sind in der Regel folgendermaßen aufgebaut:

`computer.bereich.institution.land`

Die letzte Silbe im DNS bezeichnet man als *top level domain* (TLD). Sie gibt in der Regel das Land an, wobei insbesondere in den USA eine weitere Gliederung verwendet wird:

DNS

- de für Deutschland
- fr für Frankreich
- ch für Schweiz
- at für Österreich

- edu Computer im US-Bildungssystem
- com Computer in US-Firmen
- gov Computer in US-Verwaltungen
- org Computer in US-Organisationen

Während die Endungen .edu und .gov nur für Bildungseinrichtungen in den USA bzw. Regierungsbehörden in den USA zugelassen sind, können die Endungen .com und .org von jedem benutzt werden.

neue top level domains Seit 2001 gibt es folgende neue *top level domains*, die unabhängig von Ländern sind:

- name für die Verwendung von Privatpersonen,
- prof für bestimmte Berufsgruppen oder *Professionals*,
- museum ausschließlich für Museen,
- biz für *business sites* mit rein kommerziellem Charakter,
- aero für die Luftfahrt,
- info für Informationsanbieter,
- coop für genossenschaftlich organisierte und betriebene Unternehmen und Organisationen.

Das Kürzel vor der *top level domain* soll die jeweilige Institution möglichst gut benennen.

Diese Namen werden von den NICs vergeben, wobei Benutzerwünsche berücksichtigt werden. Ist der gewünschte Name aber bereits belegt, dann muss im Allgemeinen ein anderer gewählt werden. Ausnahmen gibt es z.B. bei Städte- und Markennamen. Die weitere Systematik bleibt der jeweiligen Institution überlassen.

Nameserver Wird eine DNS-Adresse zur Adressierung eines Zielcomputers verwendet, dann werden die Daten zuerst an einen *Nameserver* geschickt. Ein *Nameserver* ist ein Computersystem, in dem DNS-Adressen in Tabellen gespeichert sind und das DNS-Adressen in IP-Adressen übersetzt.

Durch die DNS-Adressen ist es möglich, dass Adressaten im Internet zwischen Computersystemen »umziehen«, ohne dass die »Sender« informiert werden müssen. Das zuständige NIC überwacht und koordiniert die *Nameserver*-Funktionen der einzelnen Einrichtungen und betreibt den nationalen *Nameserver*, der die erste Anlaufstelle für die Anfragen aus dem Ausland darstellt. Diese Server werden *root*-Server genannt.

1.5 Dienste im Internet

Das Internet ist deshalb so interessant, weil es aus vielen verschiedenen Diensten besteht. Die wichtigsten Dienste sind:

- Elektronische Post im Internet *(E-Mail)*,
- Nachrichtengruppen *(newsgroups)*,
- Plaudern im Internet *(chat)*,
- Dateien übertragen im Internet *(ftp)*,

■ Computersysteme fernbedienen über das Internet *(telnet)*,
■ WWW *(world wide web)*, kurz Web genannt.
Alle diese Dienste benutzen eigene – auf IP aufsetzende – Protokolle, um ihre Dienstleistungen zu erbringen.

Im Folgenden werden die einzelnen Dienste kurz vorgestellt. Wegen der Bedeutung des Web wird dieses in einem eigenen Kapitel behandelt.

1.5.1 Elektronische Post im Internet (E-Mail)

Die elektronische Post (**E-Mail**, *electronic mail*) ist der am häufigsten   E-Mail
genutzte Internet-Dienst. Manchmal in Sekunden, aber fast immer innerhalb eines Tages, erreicht eine E-Mail den Empfänger, egal wo sich sein Computer befindet.

Für die Übertragung von E-Mails wurde ein spezielles Protokoll, das SMTP *(simple mail transport protocol)*, entwickelt. Ein Computersystem, über das die Zustellung der elektronischen Post erfolgt, bezeichnet man dementsprechend als SMTP-Server.

Damit man elektronische Post empfangen kann, benötigt man eine E-Mail-Adresse. Technisch gesehen bedeutet dies, dass auf dem SMTP-Server des Providers ein elektronisches Postfach *(mailbox)* existiert. Die für diese Adresse eintreffende Post wird in diesem Postfach – es handelt sich dabei um eine Datei – gespeichert. Um die eingegangene Post zu lesen, müssen mit einer E-Mail-Software die Verbindung zu dieser Datei hergestellt und die Daten in das eigene Computersystem übertragen werden.

Eine E-Mail-Adresse ist folgendermaßen aufgebaut: E-Mail-Adresse

`Empfänger@smtp.server`

wobei `smtp.server` in der Regel die DNS-Adresse ist und `Empfänger` meist der Vor- und Nachname oder das Monogramm des Adressaten ist, z.B.

`hb@swt.ruhr-uni-bochum.de`

Beide Angaben werden durch das @-Zeichen (sprich »Klammer-   @-Zeichen
affe« oder »*at*« (engl. bei)) getrennt. Die *router* im Internet bearbeiten nur den rechten Teil der Adresse, der empfangende SMTP-Server nur den linken Teil.

Eine E-Mail wird technisch gesehen in zwei Schritten befördert. Das Internet transportiert die elektronische Post bis zum gewünschten SMTP-Server. Anschließend speichert der Server die Post in das Postfach des Empfängers.

Jede E-Mail besteht aus einem Briefkopf *(header)* und der Nachricht selbst.

Abb.1.5-1 zeigt an einem Beispiel den Aufbau einer »elektronischen«   Beispiel
Nachricht.

*Abb. 1.5-1: Beispiel
für ein E-Mail-
Programm*

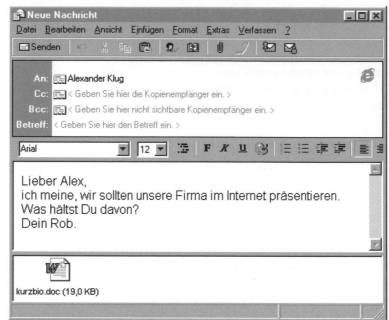

Beispiel

Das @-Zeichen
wurde von dem
Programmierer Ray
Tomlinson 1972 für
den Aufbau einer
E-Mail-Adresse ver-
wendet. Er suchte
nach einem Zeichen,
das niemals im Na-
men eines Menschen
auftauchen würde
und damit als ein-
deutiger Trenner
dienen konnte. Auf
der Tastatur, die er
verwendete, ein Mo-
dell 33 Teletype,
fand er das Zeichen
@, das alle Vorgaben
erfüllte. Das @-Zei-
chen selbst soll eine
Entsprechung des
französischen à sein.
Englische Kaufleute
sollen das früher so
auf ihre Preisschil-
der geschrieben ha-
ben. Der Klammeraf-
fe heißt daher in der
englischsprachigen
Welt auch *commer-
cial a*. Deshalb ist er
bereits auf den ersten
amerikanischen
Schreibmaschinen-
tastaturen zu finden
/Kühnert 97/.

Der Briefkopf enthält folgende Angaben:

■ An (To):
Gibt den oder die Empfänger der Nachricht an.

■ CC:
Elektronische Post hat den Vorteil, dass sie ohne Aufwand beliebig vervielfältigt werden kann. Daher ist es einfach, sie nicht nur an eine Person, sondern an viele zu versenden. Weitere Empfänger können entweder hinter To angegeben werden, oder, wenn sie die Nachricht nur zur Kenntnis erhalten sollen, hinter CC (steht für *carbon copy*, der englische Begriff für Durchschlag).

■ BCC:
Sollen die angeschriebenen Personen nicht erfahren, dass mehrere Empfänger existieren, dann verwendet man BCC *(blind carbon copy)*.

■ Betreff (Subject):
Zunächst sieht der Empfänger nur diesen Betreff und kann ent-scheiden, ob er die Post lesen will. Der Betreff steht sozusagen auf dem Briefumschlag.

■ Anlage (Attachment):
Gibt dem Empfänger an, dass die elektronische Nachricht ein oder mehrere Anlagen enthält. Beim Senden der Nachricht gibt der Au-tor an, welche Datei oder Dateien der Nachricht beigefügt werden sollen. In Abb. 1.5-1 ist die Anlage in Form eines Piktogramms im unteren Teil des Fensters dargestellt.

E-Mail wurde ursprünglich nur für Textmitteilungen in ASCII-Format konzipiert. Der ASCII-Code *(American Standard Code for Information*

42

ASCII (USASCII) 1963 genormter amerikanischer 7-Bit-Zeichensatz für den Fernschreibverkehr und den Datenaustausch zwischen Computern. Von den 128 Positionen benutzt er nur 100; er hatte nur Großbuchstaben. 1965 beschloss die ECMA eine Normzeichentabelle, ECMA-6. Sie entsprach im Wesentlichen ASCII, fügte aber auf den unbesetzten Positionen die 26 Kleinbuchstaben hinzu. 10 Positionen sollten nationalen Sonderzeichen zur Verfügung stehen. Diese Tabelle wurde 1968 vom ANSI als X3.4 übernommen und zum amerikanischen Normzeichensatz. 1974 wurde sie internationale Norm (ISO 646, revidiert 1983 und 1991) und gleichzeitig deutsche Norm (DIN 66003).

Latin Durch Hinzunahme eines achten Bits zu einem 7-Bit-Code wie ASCII ergeben sich 128 weitere Positionen in der Zeichentabelle. Diese werden heute auf verschiedene Weise genutzt. 1981 führte IBM für DOS-Computersysteme die *Codepage* 437 ein, die die hinzugewonnenen Plätze für den amerikanischen Datenverkehr nutzte, aber auch die großen westeuropäischen Verkehrssprachen berücksichtigte. Im März 1985 beschloss ECMA einen 8-Bit-Code mit 256 Zeichen, der alle westeuropäischen Sprachen abdeckte (ECMA-94). Er wurde 1986 von der ISO zur Weltnorm gemacht (ISO 8859-1, genannt Latin-1) und ab 1987 nach und nach durch neun weitere Zeichensätze, zum Teil auch für nicht lateinische Alphabete, ergänzt (ISO 8859-1 bis 10) – die Nummer 2 (Latin-2) deckt die mittelosteuropäischen ab. Die IBM-*Codepage* 819 für DOS ist identisch mit Latin-1. Meist wird mit DOS dagegen *Codepage* 850 verwendet, die sich mit Latin-1 im Zeichenvorrat deckt, die Zeichen aber in anderer Reihenfolge anordnet. »Windows« enthält sämtliche Zeichen aus Latin-1 und noch einige mehr. Die deutsche Entsprechung zu ISO 8859-1 ist DIN 66303 (November 1986).

Unicode (UCS) Seit 1987 ursprünglich von den Firmen Apple und Xerox entwickelter Code, der die Schriftzeichen aller Verkehrssprachen der Welt aufnehmen soll: alphabetische wie syllabische und logografische Schriften. Er beruht auf 16 Bit (2 Byte) und stellt damit 65.469 Positionen zur Verfügung. Bisher wird er nur in Windows NT und der Programmiersprache Java verwendet. Im Juni 1992 wurde er zur internationalen Norm (ISO/IEC 10646-1).

Linke Tabellenhälfte: ASCII – Die darstellbaren Zeichen aus der Zeichentabelle »ASCII« (ISO 646).
Beide Hälften: Latin-1 – Die darstellbaren Zeichen aus der Zeichentabelle »Latin-1« (ISO 8859-1).

Abb. 1.5-2:
Genormte
Zeichensätze

ECMA =
European Computer Manufacturers Association, Genf

ANSI =
American National Standards Institute, New York

ISO =
International Organization for Standardization, Genf

DOS =
Disk Operating System, ein Betriebssystem

SP	0	@	P	`	p		°	À	Ð	à	ð
!	1	A	Q	a	q	¡	±	Á	Ñ	á	ñ
"	2	B	R	b	r	¢	²	Â	Ò	â	ò
#	3	C	S	c	s	£	³	Ã	Ó	ã	ó
$	4	D	T	d	t	¤	´	Ä	Ô	ä	ô
%	5	E	U	e	u	¥	µ	Å	Õ	å	õ
&	6	F	V	f	v	¦	¶	Æ	Ö	æ	ö
'	7	G	W	g	w	§	·	Ç	×	ç	÷
(	8	H	X	h	x	¨	¸	È	Ø	è	ø
)	9	I	Y	i	y	©	¹	É	Ù	é	ù
*	:	J	Z	j	z	ª	º	Ê	Ú	ê	ú
+	;	K	[	k	{	«	»	Ë	Û	ë	û
,	<	L	\	l	|	¬	¼	Ì	Ü	ì	ü
-	=	M	]	m	}		½	Í	Ý	í	ý
.	>	N	^	n	~	®	¾	Î	Þ	î	þ
/	?	O	_	o	DEL	¯	¿	Ï	ß	ï	ÿ

SP: *Space* (Leerschritt, Zwischenraum) DEL: *Delete* (Löschen)

Quelle:/Zimmer 98, S. 291 ff./

Interchange) (Abb. 1.5-2) umfasst – grob gesagt – alle Zeichen, die sich auf einer englischen PC-Tastatur befinden, d.h., es gibt keine länderspezifischen Sonderzeichen wie Umlaute oder ß.

43

Um Sonderzeichen innerhalb eines ASCII-Textes zu verwenden, wird das betreffende Sonderzeichen – in der Regel automatisch – in Klammern gesetzt und dort mit einem Zahlenwert codiert. Damit ist aber noch nicht das Problem gelöst, wie man Bilder oder Töne verschickt.

Zur Lösung dieses Problems wurden Anlagen bzw. Anhängsel *(attachments)* zur Nachricht ermöglicht. Sie erlauben es, an eine E-Mail jede andere Computerdatei anzuhängen. Damit können dann z.B. *Word*-Dokumente, Bilder und Ton-Dateien verschickt werden.

Anlagen werden binär im MIME-Standard *(multipurpose internet mail extensions)* übertragen. Die zu übertragenden Informationen werden beim Versand automatisch in ASCII-Zeichen codiert und beim Empfang wieder automatisch decodiert, vorausgesetzt beim Sender und Empfänger ist MIME installiert.

Antwort *(reply)*   Will man eine erhaltene E-Mail beantworten, dann wird dies durch die Antwort-Funktion *(reply)* erleichtert. Sie bewirkt, dass automatisch eine E-Mail an den Absender erzeugt wird, bei der der Betreff beibehalten und – je nach Programm – besonders gekennzeichnet wird, z.B. durch ein vorangestelltes Re. Der Ursprungstext wird ebenfalls besonders gekennzeichnet. Antworten können einfach in den Ursprungstext eingefügt werden.

Weiterversenden *(forward)*   Durch Weiterversenden *(forward)* kann eine E-Mail einem Dritten zugeleitet werden.

Netiquette
Etikette =
Benehmen, Brauch   Im Internet gibt es eine Reihe von Verhaltensregeln, die man beachten sollte. Diese informellen Benimmregeln werden *Netiquette* genannt, eine Zusammensetzung aus Netzwerk und Etikette. Für den E-Mail-Dienst sollten folgende Regeln eingehalten werden:

- Keine irreführenden Betreff-Zeilen eintragen.
- Durchschläge *(cc)* nur wenn unbedingt nötig und nur an einen kleinen beschränkten Empfängerkreis. Nichts ist lästiger, als Unmengen unerwünschter Kopien zu sichten und zu löschen.
- Kurzfassen!

Mailing-Listen   *Mailing*-Listen erweitern die elektronische Post. Eine E-Mail, die an eine *Mailing*-Liste geschickt wird, wird vervielfältigt und an alle Teilnehmer dieser Liste weitergeschickt. Diese können dann entweder an die Liste oder auch privat antworten. Es entsteht entweder ein Diskussionsforum oder nur ein Mechanismus zum Verteilen von E-Mails. Eine *Mailing*-Liste muss abonniert werden *(subscribe)*, damit man an ihr teilnehmen kann. Alle über diese Liste verteilten Nachrichten landen im eigenen Postfach. Um eine *Mailing*-Liste zu verlassen, muss man das Abonnement rückgängig machen *(unsubscribe)*.

Charakteristika   Charakteristisch für den E-Mail-Dienst im Internet ist, dass das Zielcomputersystem die Post ohne Authentifizierung annimmt und für den Empfänger in einem besonderen Bereich bereithält. Der E-Mail-Dienst erlaubt den schnellen, asynchronen und informellen Austausch von Nachrichten. Der geographische Ort des Empfängers spielt keine Rolle mehr.

1.5.2 Nachrichtengruppen im Internet *(newsgroups)*

Newsgroups bzw. Nachrichtengruppen ermöglichen es, Computer-Konferenzen abzuhalten. Das bekannteste Computer-Konferenzsystem stellt das weltumspannende *Usenet* im Internet dar.

Bei einer Computer-Konferenz wird über elektronische »schwarze Bretter« asynchron kommuniziert. Zu verschiedenen Themengebieten gibt es Diskussionsforen. Jeder Teilnehmer kann auf die bisher eingebrachten Beiträge eines Forums zugreifen und bei Bedarf eigene hinzufügen. asynchrone Kommunikation

Ähnlich wie bei *Mailing*-Listen basiert das *Usenet* technisch gesehen auf den Möglichkeiten der E-Mail. Jede einzelne Nachrichtengruppe besitzt eine eindeutige Adresse. Mitteilungen an eine Nachrichtengruppe werden an diese Adresse geschickt und dann wiederum allen Teilnehmern dieser Gruppe verfügbar gemacht. Jeder Teilnehmer kann einen Kommentar zu einer Mitteilung eines anderen Mitglieds an die Gruppe schicken, der an die Orginalnachricht angehängt wird.

Ein weiterer Teilnehmer oder der Autor der ersten Nachricht können wiederum Stellung hierzu nehmen. Diese Nachricht wird dann ebenfalls an die bestehenden Mitteilungen angehängt usw. Einen solchen fortlaufenden Dialog bezeichnet man im *Usenet* als Faden *(thread)*. Um an einer *Usenet*-Gruppe teilzunehmen, muss man sie abonnieren *(subscribe)*.

Die Mitteilungen des *Usenet* werden mithilfe des *Network News Transport Protocols* (NNTP) im Internet befördert. Computersysteme, über die der Nachrichtenverkehr abgewickelt wird, bezeichnet man als NNTP-Server. Welche Nachrichtengruppen auf einem bestimmten NNTP-Server angeboten werden, entscheidet jeder Server-Betreiber für sich. Aus Kapazitätsgründen wird in der Regel nur eine begrenzte Anzahl angeboten. Es gibt jedoch viele öffentliche NNTP-Server, die über das Internet von jedem benutzt werden können. NNTP
http://newsserver.surfinfo.com

Im *Usenet* gibt es über 50.000 verschiedene Nachrichtengruppen. Durch eine hierarchische Namensgebung werden die Gruppen gegliedert. Es gibt folgende sechs klassische Kategorien: Kategorien der *Newsgroups*

- *comp* Themenbereiche Computersysteme und Informatik
- *news* Themen, die sich mit dem *Usenet* selbst befassen. Für Neueinsteiger sind folgende Gruppen nützlich: `news.newusers.questions` und `news.announce.newusers`.
- *sci* Themenbereiche Forschung *(science)* und Anwendung
- *soc* Gesellschaftliche und politische Diskussionen.
- *talk* Ort für ideologische, religiöse und sonstige kontroverse Debatten.
- *misc* Vermischtes *(miscellaneous)*, d.h. alles, was in die anderen Hierarchien nicht passt.

Eine Nachrichtengruppe beginnt in der Regel mit einem dieser Kürzel. Abgetrennt durch Punkte werden die Teile des Gruppennamens von links nach rechts immer spezieller, z.B. `comp.lang.java.programmer`.

Neben den klassischen Hierarchien gibt es viele so genannte alternative Hierarchien, für die weniger komplizierte Regeln gelten, um ein neues Forum einzurichten:

- alt   Gruppen, die die Regeln der klassischen Kategorien umgehen. Beispiele für Gruppen sind:
  `alt.binaries` Enthalten codierte Bilder, Audio-Dateien und Ähnliches
  `alt.newusers.questions` Themen, die neue Mitglieder betreffen
  `alt.test` Erlaubt es, Testmitteilungen zu verschicken
  In dieser Hierarchie kann der Benutzer selbst neue Gruppen anlegen und löschen. In den klassischen Kategorien entscheidet dies ein Gremium.
- de   Deutschsprachige Nachrichtengruppen. Unterhierarchien orientieren sich zum Teil an den klassischen Kategorien, z.B. `de.comp.security` oder `de.alt.drogen`
- lokale Grup-pen An jeder Universität existieren örtliche Nachrichtenbretter, die dann meist nur auf dem lokalen NNTP-Server vorhanden sind.

Newsreader Um an den Nachrichtengruppen im *Usenet* teilzunehmen, benötigt man als Software einen *Newsreader*. Die Benutzungsoberfläche eines *Newsreaders* gliedert sich in der Regel in die Bereiche (Abb. 1.5-3)

- Gruppenbereich,
- Nachrichtenbereich und
- Editor.

Im Gruppenbereich werden die abonnierten Nachrichtengruppen verwaltet. Alle auf dem jeweiligen NNTP-Server erhältlichen Gruppen können eingelesen und zum Abonnieren markiert werden.

Im Nachrichtenbereich werden die in den einzelnen abonnierten Gruppen vorhandenen Mitteilungen mit Absenderangabe, Datum und Uhrzeit des Versands sowie den Betreff-Angaben angezeigt.

Um eine Nachricht zu lesen, wird sie in den Editor geladen. Am Ende der Mitteilung kann ein Kommentar angefügt werden *(follow up)*, der zusammen mit der Mitteilung wieder an die Gruppe geschickt wird. Auf diese Weise entsteht ein »Faden« *(thread)*.

Die meisten Browser besitzen heute einen integrierten *Newsreader*, z.B. der Internet Explorer.

Alternative zu Newsreadern Will man keinen *Newsreader* verwenden, dann kann man auch über Webportale gehen, die *Newsgroups* direkt im Web-Browser anzeigen, z.B. `http://groups.google.com`.

Netiquette Bei der Teilnahme an einer Nachrichtengruppe sollten folgende Benimmregeln befolgt werden:

Gruppenbereich   Nachrichtenbereich

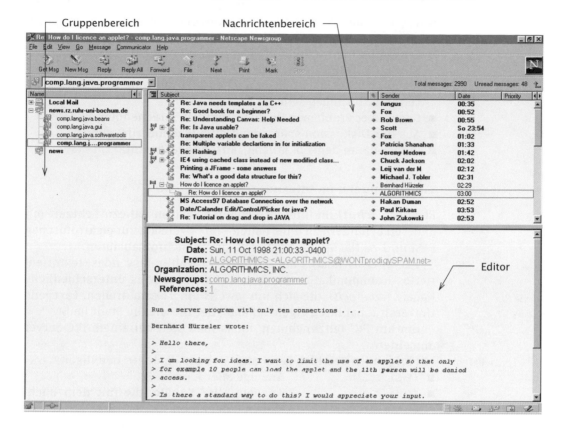

■ Aussagekräftige Betreff-Angaben wählen, damit die Mitglieder der
Gruppe die Nachrichten schnell auf deren Inhalt hin durchsehen
können.

*Abb. 1.5-3:
Beispiel eines
Newsreaders*

■ Kurzfassen!
■ Diskussionen zuerst eine Weile mitverfolgen, um ein Gefühl für die
Atmosphäre und die Themen der Gruppe zu erhalten. Erst dann
mitreden (Fachbegriff: *posten*).
■ Zuerst die Liste mit häufig gestellten Fragen durchlesen, um nicht
dieselben Fragen zu stellen, wie viele andere Einsteiger vorher. Diese
FAQs *(frequently asked questions)* werden regelmäßig in den ent-
sprechenden Gruppen und/oder in news.answers veröffentlicht.

FAQs

■ Mitteilungen nur an die hierfür geeignete Nachrichtengruppe
schicken.
■ Alle Antworten auf Nachrichten *(follow ups)* lesen, um Wiederholungen zu vermeiden.
■ In multikulturellen Gruppen mit Humor und Ironie vorsichtig
sein.
■ Niemals im Affekt schreiben, sondern jede Antwort vor dem Ab-
schicken komplett durchlesen.
■ Vollständige Sätze verwenden.

■ Vorsicht mit Abkürzungen (Akronymen), die der Diskussionsgruppe vielleicht nicht bekannt sind.

■ Groß- und Kleinschreibung verwenden. WER NUR IN GROSSBUCHSTABEN SCHREIBT, SCHREIT!

■ Gegenüber Rechtschreibschwächen tolerant sein. Es können auch Leitungsstörungen sein.

■ Gegenüber Problemen in einer fremden Sprache tolerant sein.

■ Aus der Diskussion sparsam zitieren (Fachbegriff: *quoten*).

■ Immer daran denken: Etliche Tausende lesen mit.

1.5.3 Plaudern im Internet *(chat)*

chat
Echtzeit

Plaudern *(chat)* im Internet bedeutet, sich in nahezu Echtzeit mit anderen Benutzern zu unterhalten – im Gegensatz zur elektronischen Post und zu Nachrichtengruppen, die asynchron ablaufen.

IRC

Der *Internet Relay Chat* (IRC) ist ein weltumfassendes, textorientiertes Kommunikationswerkzeug. Im IRC gibt es unterschiedliche Kanäle *(channels)*, die sich um jeweils ein Thema drehen. Fast jede Universität hat ihren eigenen Kanal, der oft wie die Stadt heißt.

Um am IRC teilzunehmen, muss man sich bei einem IRC-Server anmelden.

Befehle

Mit folgenden Befehlen kann man sich am Plaudern beteiligen:

■ /list Anzeige aller Kanäle.

■ /list #b* Anzeige aller Kanäle, die mit dem Buchstaben b beginnen.

  # kennzeichnet einen Kanalnamen.

wildcard = »wilde (d.h. beliebig verwendbare) Spielkarte«

  * ist ein *wildcard*, das für eine beliebige Zeichenfolge steht.

■ /list *.ca Anzeige sämtlicher Server, die mit der Endung ».ca« enden, wobei ca für Kanada steht.

■ /join #bochum Anmelden bei einem Kanal. Es wird dann angezeigt, wer im Moment im Kanal angemeldet ist.

■ /join #neuerkanal Einrichten eines neuen Kanals (bisher nicht verwendeter Name).

Ein Beispiel für eine Plauderei zeigt Abb. 1.5-4.

■ /me Der eigene Name wird im *chat* vorangestellt, z.B. /me geht es gut! ergibt * Helmut geht es gut!

■ Name: Nachricht Durch vorangestellten Namen angeben, wem die Nachricht gilt.

■ /part #bochum Abmelden aus dem Kanal.

Webchat

Eine Alternative zum IRC ist der Webchat. Er ist einfacher zu bedienen, denn er benötigt keine speziellen Programme und keine speziel-

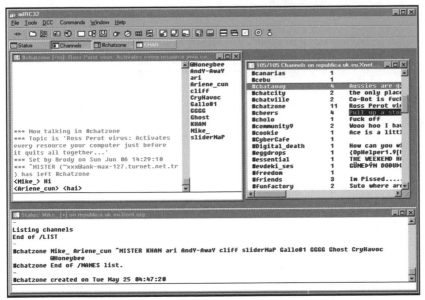

Abb. 1.5-4:
Beispiel für ein
IRC

len Kenntnisse. Will man an einem Webchat teilnehmen, dann muss man nur auf die Webseite eines entsprechenden Anbieters – z.B. www. chatzentrale.de – gehen und kann mitmachen. Voraussetzung ist ein Java-fähiger Web-Browser. Im Browser müssen Java-Applets zugelassen sein.

1.5.4 Dateien übertragen im Internet *(ftp)*

Um Dateien zwischen Computersystemen im Internet zu übertragen, wurde das *file transfer protocol (ftp)* entwickelt. Damit ist es möglich, von *ftp*-Servern Informationen und Software auf das eigene Computersystem zu laden. Heute wird dieser Dienst auch intensiv dazu genutzt, aktualisierte Softwareversionen *(updates)* über das Netz von der Herstellerfirma zu beziehen.

Da *ftp*-Server oft auch Dateien bereitstellen, die nur für einen bestimmten Personenkreis zugänglich sein sollen, muss man sich aus Sicherheitsgründen auf dem gewünschten *ftp*-Server »ausweisen«.

In der Regel wird der Zugang zu Computersystemen durch die Vergabe einer so genannten *Log-in*-ID (Identifikation), die mit einem geheimen Passwort gekoppelt ist, geschützt. Nach dem Verbindungsaufbau werden diese beiden Angaben abgefragt. Diesen Vorgang bezeichnet man als Einloggen.   *Log-in*-ID   Passwort   Einloggen

Um in den allgemein zugänglichen Bereich eines *ftp*-Servers zu gelangen, wird als *Log-in*-ID die Angabe »*anonymous*« oder »*ftp*« und als Passwort »*guest*« oder die eigene E-Mail-Adresse angegeben.

Damit die Übertragungszeit für Dateien minimiert wird, sind die Dateien in der Regel komprimiert abgespeichert. Man spricht von gepackten Dateien. Gepackte Dateien müssen nach der Übertragung entpackt werden.

packen, entpacken

Es gibt selbstentpackende Dateien, die ein ausführbares Programm enthalten, um die Datei zu dekomprimieren. Nicht selbstentpackende Dateien müssen durch das Programm entpackt werden, mit dem sie auch gepackt wurden.

Archie, Gopher

Um Dateien auf öffentlich zugänglichen *ftp*-Servern zu finden, kann man die Suchmaschinen Archie und Gopher einsetzen (siehe Abschnitt 1.6.2). Beide indizieren Dateien auf öffentlich zugänglichen *ftp*-Servern. Dadurch wird die Suche nach bestimmten Dateien und deren Lokalisierung möglich.

1.5.5 Computersysteme fernbedienen über das Internet *(Telnet)*

Der Internet-Client *Telnet* wurde entwickelt, um entfernte Computersysteme ferngesteuert über das Internet nutzen zu können. Dabei arbeitet das eigene Computersystem wie ein an ein zentrales Computersystem angeschlossenes *Terminal*.

Terminal

Unter einem *Terminal* versteht man einen Bildschirm und eine Tastatur, die mit einem entfernten Computersystem verbunden sind. Ein *Terminal* besitzt keinen eigenen Prozessor und damit auch keine Möglichkeit, Programme auszuführen. *Telnet* »emuliert« auf dem eigenen Computersystem ein zeichenorientiertes *Terminal*-Fenster.

Möglichkeiten

Mithilfe von *Telnet* ist es daher möglich, Änderungen auf einem entfernten Computersystem direkt vorzunehmen. Ohne *Telnet* müsste man die zu ändernde Datei erst auf den eigenen Computer laden, dort ändern und dann wieder auf den Zielcomputer übertragen.

Geben Sie in eine Suchmaschine ein: Tutorial Telnet

Außerdem können mit *Telnet* Programme direkt auf einem fremden Computersystem gestartet werden. Dies ist sehr nützlich, wenn man sich von einem fremden Computersystem auf ein Computersystem mit seinem eigenen E-Mail-Zugang einloggen will, um elektronische Post zu lesen.

Wer *Telnet* benutzen möchte, sollte sich zunächst Grundlagenwissen aneignen. So benötigt der *Telnet*-Benutzer die Kenntnis spezieller Unix-Kommandos.

Tim Berners-Lee
Wegbereiter des Web am Kernforschungszentrum CERN in Genf (1990); heute: Direktor des WWW Consortiums und *principal research scientist* am MIT; Ausbildung: BA in Physik, *Oxford University.*

1.6 Das *World Wide Web* (WWW)

Das *World Wide Web* (weltweites Netz), kurz **Web**, **W3** oder **WWW** genannt, ist ein
■ globales,
■ interaktives,
■ dynamisches,
■ plattformübergreifendes,

■ verteiltes

■ Hypermedia-Informationssystem,

das auf dem Internet läuft.

Diese Definition wird im Folgenden näher erläutert.

Im Gegensatz zu den anderen Internetdiensten basiert das Web auf der Hypertext-Technik. Ein **Hypertext** ist ein Dokument, in dem wiederum auf ein oder mehrere andere Dokumente verwiesen wird. Die Verweise auf andere Dokumente bezeichnet man als **Hyperlinks** – kurz **Links** genannt. Ein solcher Verweis wird in der Regel durch ein farbig unterstrichenes Wort gekennzeichnet. Klickt man mit der Maus auf ein solches Wort, dann wird zu dem Dokument verzweigt, auf das der Verweis zeigt, d.h., dieses Dokument wird dann auf dem Bildschirm angezeigt. Durch diese Technik können Dokumente beliebig vernetzt werden. Hypertext-Dokumente müssen nicht mehr sequenziell gelesen werden. An jeder Verweisstelle kann zu anderen Dokumenten verzweigt werden, wenn man dies wünscht.

Das Hilfesystem, das das Betriebssystem Windows standardmäßig anbietet, benutzt ebenfalls die Hypertext-Technik. Abb. 1.6-1 zeigt ein entsprechendes Beispiel.   *Beispiel*

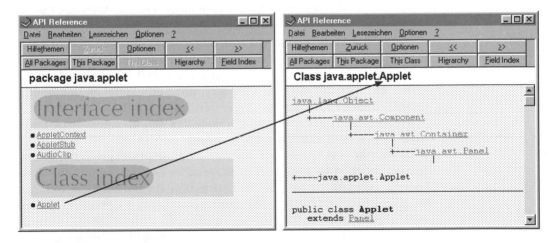

Im Web kann nicht nur auf textorientierte Dokumente verwiesen werden, sondern auch auf Grafiken, Bilder, Videos, Ton usw. Daher spricht man von einem Hypermedia-System.   *Abb. 1.6-1: Beispiel für ein Hypertext-Hilfesystem*

Während Hypertext-Hilfesysteme sich in der Regel vollständig auf einem Computersystem befinden, d.h., alle Hyperlinks verweisen auf Dokumente, die sich auf demselben Computersystem befinden, verweisen die Hyperlinks im Web oft auf Dokumente, die auf anderen Computersystemen im Internet gespeichert sind. Ein Mausklick auf einen Hyperlink im Web kann also dazu führen, dass ein Dokument von einem völlig anderen Computersystem – u.U. von einem anderen Kontinent – auf den eigenen Computer geladen wird.   *verteilt*

51

Daher handelt es sich beim Web um ein verteiltes Informationssystem.

global, plattform-
übergreifend

Da die Informationen weltweit verteilt und auf Computersystemen unterschiedlicher Hersteller mit unterschiedlichen Betriebssystemen liegen können, ist das Web global und plattformübergreifend.

dynamisch

Das Web ist dynamisch, da der Ersteller eines Web-Dokuments dieses jederzeit ändern kann, einschließlich der Verweise im Dokument. Umgekehrt gibt es aber keine Kontrolle über die Dokumente, die auf dieses Dokument verweisen. Wird ein Verweis nicht gefunden, dann wird eine Fehlermeldung ausgegeben.

interaktiv

Ein Web-Dokument kann Formulare enthalten, in die der Benutzer Informationen eintragen kann. Außerdem kann es Interaktionselemente wie Druckknöpfe oder Schalter enthalten. Daher ist das Web interaktiv.

1.6.1 Web-Browser

Adressierung

Die Adressierung im Web erfolgt nach denselben Prinzipien wie im Internet. Es kann alternativ die IP- oder die DNS-Adresse des gewünschten Web-Servers verwendet werden.

Für die Übertragung von Web-Dokumenten wird im Web das *hypertext transfer protocol* (http) verwendet.

Das Web erlaubt aber nicht nur den Zugriff auf Web-Dokumente, sondern vereint alle anderen Internetdienste unter einer einheitlichen Benutzungsoberfläche. Vom Web aus kann man also alle Möglichkeiten des Internet nutzen, ohne sich mit der speziellen Bedienung verschiedener Zugriffsprogramme vertraut machen zu müssen.

to browse =
durchsehen,
herumstöbern

Die Software, mit der man die Dienste des Web in Anspruch nehmen kann, bezeichnet man als **Web-Browser**.

Da Web-Browser nicht nur auf Web-Dokumente zugreifen können, sondern auch mit allen anderen Servern im Internet kommunizieren können, ist es notwendig, bei der Adressangabe mitzuteilen, welches Protokoll für die Übertragung zum gewünschten Computersystem verwendet werden soll.

Die Internet-Adresse, wie sie für einen Web-Browser verwendet wird, ist daher folgendermaßen aufgebaut:

`protokoll://dns/verzeichnis /.../dateiname`

Beispiel

`http://www.swt.ruhr-uni-bochum.de/multimedia/index.html`

In diesem Beispiel gibt `http` an, dass das *hypertext transfer protocol* verwendet werden soll. Doppelpunkt und zwei Schrägstriche (`://`) geben dem Browser an, dass jetzt die eigentliche Computeradresse folgt. `www` gibt an, dass es sich um den Web-Server handelt. Die Angabe `www` ist eine Konvention, von der aber oft abgewichen wird.

Optional kann nach der Computeradresse noch der komplette Pfad bis hin zu einem bestimmten Dokument angegeben werden.

Im Beispiel wird auf den Web-Server des Lehrstuhls für Software-Technik zugegriffen und dort auf die Datei index.html in dem Verzeichnis multimedia.

Will man über einen Browser auf einen ftp-Server zugreifen, dann lautet die allgemeine Adressenangabe:
ftp://ftp.server, z.B. ftp://ftp.swt.ruhr-uni-bochum.de

Die im Web verwendete, standardisierte Darstellung von Internetadressen bezeichnet man als *uniform resource locator* **(URL)**.   URL

Nach dem Start eines Web-Browsers erscheint auf dem Bildschirm ein Fenster mit Menüleiste, Druckknöpfen und einem Feld Adresse. Als Voreinstellung befindet sich in diesem Feld in der Regel bereits eine URL. Ist das Computersystem mit dem Internet verbunden, dann wird automatisch die erste Seite des angegebenen Web-Dokuments in das Computersystem geladen und angezeigt (Abb. 1.6-2).

Mehrere Web-Dokumente – auch **Webseiten** genannt – die untereinander durch Links sinnvoll miteinander verbunden sind, bilden eine so genannte **Website** – oft auch Web-Anwendung genannt (Abb. 1.6-2).

Die erste Seite einer Website bezeichnet man als **Start**- oder **Leitseite (Homepage)**. Durch Anklicken von Hyperlinks auf der Startseite gelangt man zu anderen Webseiten, die dann über das Netz

Abb. 1.6-2:
Beispiel einer Webseite, angezeigt in einem Web-Browser

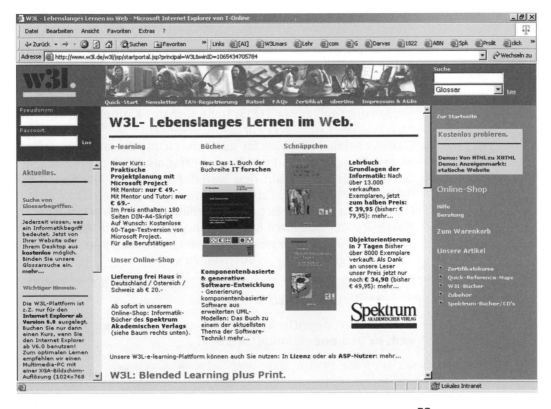

in das Computersystem geladen werden. Dabei kann der Verweis auf einen völlig anderen Server zeigen. Dies merkt man unter Umständen überhaupt nicht.

1.6.2 Suchen und Finden im Internet

Im Internet befinden sich Unmengen an Informationen. Das Problem besteht darin, gezielt gewünschte Informationen zu suchen und zu finden.

Suchmaschine **Internet-Suchmaschinen** *(search engines)* durchsuchen automatisch alle verfügbaren Dateien (Abb. 1.6-3 und 1.6-4) und erstellen ein Verzeichnis der darin vorkommenden Wörter, allerdings ohne Füllwörter wie »und«, »der« usw. Diese Wörter werden alphabetisch geordnet als Index gespeichert, mit einem Hinweis, in welchen Dateien sie gefunden wurden.

Eine Anfrage mit Schlüsselwörtern liefert dann als Ergebnis alle Web-Adressen zurück, die hinter dem Schlüsselwort auftauchen.

allgemeine Es gibt folgende allgemeine Suchstrategien:
Suchstrategien
■ Festlegung von Schlüsselwörtern, die in einem engen Zusammenhang mit dem interessierenden Thema stehen.

Beispiel Es sollen Gestaltungshinweise für Webseiten gefunden werden. Schlüsselwörter sind:
Gestaltung, Webseite, WWW-Seite, Homepage, *design*.

■ Um die Menge der gefundenen Adressen zu reduzieren, kann oft auch nur in Zusammenfassungen *(abstracts)* gesucht werden, da dort oft nur für das Thema relevante Wörter verwendet werden. Webseiten selbst verfügen über keine Zusammenfassung, jedoch werden die Titelzeile (<titel>, siehe nächstes Kapitel) und unsichtbare Schlüsselworte *(keywords)* ausgewertet.
■ Eine Sucheinschränkung ist auch durch die Angabe des Erstellungsdatums oder des Erstellungszeitraums möglich.
■ Durch die Reduktion auf den Wortstamm *(trunk)*, kann nach beliebigen Wortendungen, aber auch Wortanfängen gesucht werden. Mithilfe von Sonderzeichen, so genannten »*wildcards*« werden Platzhalter für beliebige Buchstaben geschaffen. Im Allgemeinen wird das ? für genau einen oder keinen Buchstaben und der * für eine beliebige Anzahl von Buchstaben verwendet.

Beispiel Eine Suchanfrage mit »Gestalt*« wird Texte mit Worten wie Gestaltung, Gestalten usw. liefern.

■ Mehrere Suchbegriffe können mit den booleschen Operatoren **and, or** und **not** verknüpft werden.

Beispiel Gestaltung **and** (Webseite **or** WWW-Seite **or** Homepage)

In Abhängigkeit von der Art der gesuchten Information gibt es unterschiedliche Möglichkeiten:

- Anregungen und Ideen: *Newsgroups* oder *Mailing*-Listen.
  Übersicht über viele öffentlich zugängliche *Mailing*-Listen:
  `http://www.mun.ca./cc/tsg/lists/index.html`
  Einstieg bei *Newsgroups:* `de.newusers.questions`
- Referenzinformationen
  Literatursuche: Nordrhein-westfälischer Bibliotheksverbund:
  `http://www.hbz-nrw.de`
  Südwestdeutscher Bibliotheksverbund:
  `http://www.swbv.uni-Konstanz.de/CGI/cgi-bin/opacform.cgi`
  Library of Congress USA:
  `http://lcwww.loc.gov/homepage/index.html`
- Fakteninformationen: *ftp* oder Web
  Empfehlenswert ist der Einstieg über Institutionen oder Organisationen, die sich mit entsprechenden Themen befassen.
  Wissenschaftliche Informatikorganisationen:
  ACM *(Association for Computing Machinery)*
  `http://www.acm.org`
  IEEE *(Institute of Electrical and Electronics Engineers)*
  `http://www.computer.org`
  GI (Gesellschaft für Informatik)
  `http://www.gi-ev.de`

Außerdem kann über Suchmaschinen gesucht werden (Abb. 1.6-3).

Abb. 1-6-3:
Beispiel für die
»Homepage« einer
Suchmaschine

![Screenshot der Google Erweiterte Suche Webseite im Microsoft Internet Explorer von T-Online mit Adresse http://www.google.de/advanced_search?hl=de. Enthält das Google-Logo, "Erweiterte Suche", Eingabefelder für "Ergebnisse finden" mit allen Wörtern, mit der genauen Wortgruppe, mit irgendeinem der Wörter, ohne die Wörter, sowie Optionen für Sprache, Dateiformat, Datum, Position, Domains und Seitenspezifische Suche mit Ähnlich und Links.]

Abb. 1.6-4: ***Web-Suchdienste***	■ Kataloge: Systematisch nach bestimmten Themengebieten angelegt. Klein (meist bis 100.000 Einträge), aber genau. ■ Suchmaschinen *(search engines, web-robots, spiders):* Softwaresysteme, die sich entlang der *Hyperlinks* ziellos durch das Web »hangeln« und alle Seiten in eine Datenbank aufnehmen, die sie auf ihrem Weg finden. □ Nur Web. □ Auch *ftp, Newsgroups* usw. ■ Metasuchsysteme: Schicken eine Anfrage gleichzeitig an mehrere Suchdienste.

Beispiele

■ Yahoo! `http://www.yahoo.com`, `http://www.yahoo.de`
Bester Suchdienst für denjenigen, der erst einmal wissen will, was es zu einem bestimmten Thema alles gibt.
Sucht auf Wunsch nicht nur Webseiten, sondern auch *Newsgroups* und E-Mail-Adressen. Suche kann auf Rubriken beschränkt werden.

■ Alta Vista: `http://www.altavista.com`
Schnelle Suche, riesiger Datenbestand. Für alle, die genau wissen, was sie suchen. Die Abfrage
`+ link: http://my.site.de/ -url: http://my.site.de/`
erlaubt es festzustellen, wie viele Hyperlinks von außerhalb auf die Webseite `http://my.site.de/` zeigen.

■ Who Where? `http://www.whowhere.com`
Speziell zum Auffinden von Personen, Organisationen, E-Mail-Adressen, Anschriften Telefonnummern.

■ Virtual Library (CERN): `http://www.vlib.org`
Für wissenschaftlich und wirtschaftlich Interessierte.

■ Lycos: `http://www.Lycos.com`, `http://www.Lycos.de`
Umfangreich, aber oft überlastet.

■ Webcrawler: `http://webcrawler.com`
Übersichtliche Suche.

■ Hotbot: `http://www.hotbot.com`
Hervorragendes Abfrageformular, getrennte Suche nach Personen und Netzadressen.

■ Excite: `http://www.excite.com`, `http://www.excite.de`
Suche auch nach längeren Begriffen.

■ Magellan: `http://www.mckinley.com`
Durchsucht auch *ftp* und *Newsgroups*.

■ Dejanews: `http://www.dejanews.com`
Spezialisiert auf *Newsgroups*.

■ Kolibri: `http://www.kolibri.de`
Hohe Aktualität, sinnverwandte Begriffe möglich.

■ Web.de: `http://vroom.web.de`

■ Dino: `http://www.dino-online.de`
Deutscher Katalog-Suchdienst.

■ Fireball: `http://www.fireball.de`
Deutscher Suchdienst, kennt deutsche Sonderzeichen und Umlaute.

Metasuchsysteme
■ All-in-one: `http://www.albany.net`
Erlaubt es, fast alle existierenden Suchmaschinen abzufragen, auch jene für E-Mail-Adressen.

■ Metacrawler: `http://www.metacrawler.com`

■ Dogpile: `http://www.dogpile.com`

Übersicht über Suchmaschinen:
■ `http://www.ub2.lu.se/tk/websearch_systemat.html`
■ `http://www.searchenginewatch.com`

Schwieriger ist die Suche nach Dateien auf *ftp*-Servern. Hier helfen Programme wie Archie, Gopher oder ftpsearch.

■ Personen und Institutionen, Web

Suche mithilfe einer Suchmaschine (Abb. 1.6-3 und Abb. 1.6-4). Zusätzliche Hilfe bei der Suche bieten spezialisierte Softwaresysteme, die Web-*Robots* und Software-*Agents* (Handelnde, Reisende) genannt werden.

1.7 Die Sprachen HTML und XHTML

Der Aufbau und die Struktur von Websites wird mit der Sprache HTML *(Hyper Text Markup Language)* beschrieben.

HTML ist eine Dokumentenauszeichnungssprache und bietet die Möglichkeit, inhaltliche Kategorien von Dokumenten durch HTML-Befehle zu kennzeichnen.

Inhaltliche Kategorien sind z.B.

■ sechs verschiedene Überschriftsebenen *(headings)*,

■ Abschnitte *(paragraphs)*,

■ Aufzählungen *(bulleted lists)*.

Jede inhaltliche Kategorie wird in entsprechende HTML-Formatierungsbefehle *(tags)* »eingebettet«. Beim Laden eines so gekennzeichneten Dokuments in einem Web-Browser formatiert der Browser das Dokument und stellt es entsprechend dar.

Im Jahr 2000 wurde als Nachfolger von HTML die Sprache XHTML 1.0 *(eXtensible HyperText Markup Language)* als Web-Standard verabschiedet. XHTML enthält alle Befehle von HTML 4.01, besitzt aber eine strengere Syntax. Ziel von XHTML ist es, HTML abzulösen. Im Folgenden wird immer XHTML erklärt und verwendet. Eine ausführliche Einführung in HTML, XHTML und CSS findet man z.B. in /Balzert 03a/, einen Überblick über alle wichtigen Sprachelemente in /Balzert 03b/.

Tab. 1.7-1 zeigt die wichtigsten Formatierungsbefehle von XHTML. Abb. 1.7-1 stellt einen Web-Text mit Formatbefehlen und die formatierte Darstellung dieses Textes in einem Web-Browser gegenüber.

Wie die Abb. 1.7-1 zeigt, erfolgt die Darstellung des gewünschten Formats – im Unterschied zu einem Textverarbeitungssystem – nicht bei der Erstellung des Dokuments, sondern erst, wenn dieses in einen Web-Browser geladen wird. Beim Laden des XHTML-Dokuments interpretiert der Web-Browser die XHTML-Befehle und setzt sie in eine entsprechende Darstellung um. Verschiedene Browser stellen das XHTML-Dokument unterschiedlich dar, d.h. die Formatierungsbefehle müssen nicht von jedem Browser gleich umgesetzt werden.

Die Anzeige der für Hyperlinks definierten Textteile erfolgt in der hierfür im jeweiligen Browser festgelegten Darstellung, z.B. in der Farbe blau und unterstrichen.

Das Web wurde 1991 am europäischen Kernforschungszentrum CERN in Genf entwickelt. Ziel war es, den Zugriff auf die verschiedenen Internet-Dienste über eine einheitliche Benutzungsoberfläche zu ermöglichen. Um eine große Kompatibilität zwischen verschiedenen Computerplattformen zu ermöglichen, wurde HTML entwickelt. Für diese Sprache ist das später dafür gegründete WWW Consortium (W3C) zuständig. Die aktuelle Version ist HTML 4.01.

tags

XHTML-Referenz
http://www.w3.
org/TR/xhtml1/

Jedes XHTML-Dokument setzt sich prinzipiell aus **vier Abschnitten** zusammen:
■ der Deklaration des Dokumententyps,
■ dem Wurzelelement: <html> Dokumentinhalt </html>
■ dem Kopfteil *(header):* <head> Kopfteil </head>
■ dem eigentlichen Dokument, Rumpf genannt *(body):* <body> Hauptteil </body>
Jeder XHTML-Befehl ist in spitzen Klammern eingeschlossen. XHTML-Befehle sind
symmetrisch aufgebaut, d.h., es gibt einen Anfangsbefehl und einen Abschlussbefehl.
Der Abschlussbefehl wiederholt den Anfangsbefehl und enthält einen vorangestellten
Schrägstrich. Durch Attribute können spezielle Eigenschaften für den Befehl festgelegt
werden.

Grundgerüst eines vollständigen XHTML-Dokuments:
```
<!DOCTYPE html PUBLIC "-//W3C//DTD XHTML 1.0 Strict//EN"
"http://www.w3.org/TR/xhtml1/DTD/xhtml1-strict.dtd">
```

```
<html>

<head>
<titel> Titelzeile des Dokuments </title>
</head>

<body>
Eigentlicher Inhalt des Dokuments, der verschiedene
Formatierungsanweisungen enthalten kann
</body>

</html>
```

Die **Titelzeile** erscheint nicht im Dokument selbst, sondern – in Abhängigkeit vom
jeweiligen Browser – beispielsweise in der Titelzeile des Web-Browsers. Außerdem wird
die Titelzeile von Suchmaschinen ausgewertet.

Überschriften *(headings)*
```
<h1> Überschriftsebene 1 </h1>
           bis
<h6> Überschriftsebene 6 </h6>
```

Abschnitte *(paragraphs)*
```
<p> Abschnitt </p>
```
Es wird eine Leerzeile eingefügt,
Zeilenumbrüche haben keine
Wirkung.
Hervorhebungen *(formatting)*
```
<b> Fetter Text (bold) </b>
<i> Kursiver Text (italic) </i>
<u> Unterstrichener Text
       (underline) </u>
<hr/> Horizontale Linie (horizontal rule)
       (Achtung: Impliziter Abschluss-
       befehl durch /)
<br/> Zeilenumbruch (break)
       (Achtung: Impliziter Abschluss-
       befehl durch /)
```

Wird das html-Dokument mit einem
Texteditor erstellt, dann ist die Datei
als ASCII-Datei mit der Endung .html
abzuspeichern!

```
<!--kommentar-->
```

Aufzählungen *(unordered lists)*
```
<ul>
<li> Listenelement (list item)</li>
<li> Listenelement </li>
…
</ul>
```

Numerische Aufzählungen *(ordered lists)*
```
<ol>
<li> Listenelement </li>
<li> Listenelement </li>
…
</ol>
```

Hyperlink einbinden *(anchor)*
```
<a href = "URL">
```
Zielangabe für den Benutzer
```
</a>
```
href="URL" ist ein Attribut mit dem Wert
"URL"
Beispiel für Zugriff auf lokale Datei in
Windows:
```
<a href = "file://localhost/
c:\html\
Beispiel.html>"
```
Ein Beispiel
```
</a>
```

Bild einbinden *(image)*
```
<img align = "top" oder "middle"
oder "bottom" oder "left" oder
"right" src ="URL"/>
```

Jeder Web-Browser verfügt über einen Befehl (z.B. *Open Local File*), um »lokale« XHTML-Dokumente, die sich auf demselben Computersystem befinden, zu laden.

Abb. 1.7-1:
HTML-Rohtext und
seine Browser-
Darstellung

59

1.7.1 Grafiken und Bilder einbinden

XHTML-Dokumente enthalten ausschließlich Text. Andere Medien wie Grafiken, Bilder, Audios und Videos können im Unterschied zu einem komfortablen Textverarbeitungssystem nicht direkt in das Dokument eingebunden werden.

An der gewünschten Stelle wird vielmehr ein Hyperlink auf die entsprechende Datei gesetzt. Der entsprechende XHTML-Befehl für das Einbinden von Grafiken und Bildern lautet:

```
<img  align = "top" oder "middle" oder "bottom" oder "right" oder
"left"  src = "URL"/>
```

Hinweis:
Das Attribut align
gehört zu HTML

Hinter align *(alignment)* wird angegeben, ob der auf diesen Befehl folgende Text rechts am oberen Rand *(top)* der Grafik bzw. des Bildes ausgerichtet wird oder in der Mitte *(middle)* oder am unteren Rand *(bottom)* oder am rechten Rand *(right)* oder am linken Rand *(left)* (Abb. 1.7-2). Die align-Angabe bezieht sich nur auf die Textzeile, in der das Bild bzw. die Grafik aufgeführt ist.

Die meisten Browser unterstützen in der Grundausstattung nur die Grafik-/Bildformate gif und jpg (Abb. 1.7-3). Daher müssen andere Grafikformate vorher entsprechend konvertiert werden.

Steht ein <img>-Befehl innerhalb eines <a>-Befehls, dann wird nach Anklicken des Bildes zur Verweisstelle verzweigt, z.B.

```
<a href = "Startseite.html"><img src = "Pfeil.gif"/></a>
```

Damit ist es möglich, Piktogramme zum Navigieren innerhalb einer Website einzusetzen.

Auf Webseiten ist es üblich, von Bildern und Grafiken eine verkleinerte Form als Vorschau zu erstellen, damit der Benutzer schon eine Vorstellung von dem Bild bekommt, bevor – wegen der Übertragungszeit – das ganze Bild erscheint.

thumbnails

Diese briefmarkengroßen Miniaturen werden Daumennägel *(thumbnails)* genannt. Durch Anklicken wird dann das Vollbild angezeigt.

Beispiel

```
<a href = "grossesBild.gif"><img src = "kleinesBild.gif"/></a>
```

Am Ende der Startseite sollte angegeben werden, wer für die Website verantwortlich oder zuständig ist. Diese Person bezeichnet man als »*webmaster*«. Außerdem sollte der Zustand des Dokuments aufgeführt werden (fertig gestellt, im Aufbau). Wird eine Website oft geändert, dann sollte das letzte Änderungsdatum angezeigt werden. Wünschenswert ist es, auf der Webseite einen Verweis zur E-Mail-Adresse des *webmasters* anzubringen, z.B. in folgender Form:

address

```
<address>
Helmut Balzert <a href = "mailto:hb@swt.ruhr-uni-bochum.de" >
                hb@swt.ruhr-uni-bochum.de </a>
</address>
```

60

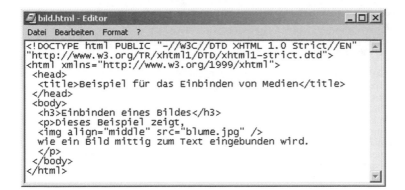

*Abb. 1.7-2:
Beispiel für das
Einbinden von
Grafiken und
Bildern*

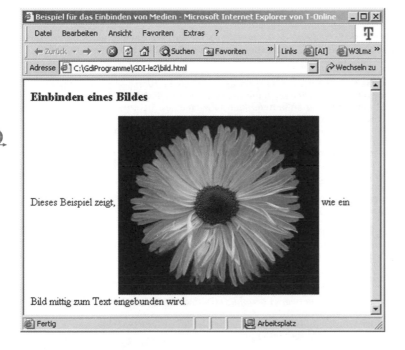

Piktogramm-
Sammlungen sind
zu finden unter:
http://
dir.yahoo.com/Arts/
Design_Arts/
Graphic_Design/
Web_Page_Design_
and_Layout/
Graphics/
http://
www.sct.gu.edu.
au/~anthony/icons/
index.html
http://www.
iconarchive.com/

Dieser Befehl ermöglicht es, direkt eine E-Mail an die betreffende Person zu senden, ohne die Adresse nochmals ins E-Mail-Programm eingeben zu müssen.

HTML unterstützt ursprünglich nur den unteren Teil des ISO-Latin1-Zeichensatzes (siehe Abb. 1.5-2, unten, linke Seite der Tabelle).

Sonderzeichen

Damit der gesamte ISO-Latin1-Zeichensatz verwendet wird, ist folgender HTML-Befehl in den Kopf des HTML-Dokuments einzutragen:

*Übersicht über
Sonderzeichen
und Codes:
http://www.
december.com/html/*

```
<meta http-equiv = "Content-Type"
content = "text/html"; charset = "iso-8859-1">.
```

Die benutzergerechte Gestaltung einer Website gehört zu dem Gebiet der »Software-Ergonomie« (siehe z.B. /Balzert 04/).

Abb. 1.7-3:
Grafikformate
im Web

Alles über gif:
http://members.aol.
com/royalef/
gifabout.htm

http://www.zampano.
com/gifanim/
index0.html

Für Netzübertragungen wurden Grafikformate entwickelt, die Bilder und Grafiken so komprimieren, dass sie möglichst wenig Speicherplatz benötigen und daher kurze Übertragungszeiten erlauben.

gif-Format *(graphics interchange format)* (Dateiendung .gif)
■ Für Grafiken, die wenige optische Informationen enthalten, z.B. Logos, Banner, Bilder mit Schrift.
■ Ein gif-Bild besitzt eine Farbpalette, die bis zu 256 Farben (8 Bit pro Pixel) enthalten kann. Je kleiner die Farbtabelle, desto geringer ist auch der Platzbedarf.
■ Die Einstellung auf eine begrenzte Farbtabelle darf erst am Ende erfolgen, da mit der Reduzierung der Farben Daten verloren gehen.
■ Außer einer Reduzierung der Farbpalette verwendet gif zusätzlich eine LZW-Kompression. Sie arbeitet zeilenweise und bleibt daher bei horizontalen Farbverläufen wirkungslos.

interlaced gif-Format
■ Die Zeilen eines Bildes werden nicht nacheinander dargestellt, sondern, ähnlich wie bei einer Fernsehröhre, versetzt.
■ Ist in der Datei festgelegt, dass zuerst jede fünfte Zeile gezeigt wird, dann verringert sich die Ladezeit entsprechend. Jedoch ist das Bild dann zunächst unscharf zu sehen.

jpeg-Format *(joint photograph expert group)* (Dateiendung .jpg oder .jpeg)
■ Für Fotografien. Für Strichzeichnungen oder Text in Bildern *nicht* geeignet.
■ Kommt bei fotografischen Motiven der menschlichen Sichtweise entgegen.
■ Der DCT-Kompressionsalgorithmus *(discrete cosinus transformation)* reduziert die Daten, ohne dass die Wahrnehmung wesentlich beeinträchtigt wird, obwohl auch der Inhalt des Bildes verändert wird.
■ Ein Bild sollte **erst nach der Fertigstellung in das jpeg-Format** gewandelt werden, da Informationen verloren gehen. Jedes mal wenn ein jpeg-Bild bearbeitet wird, verschlechtert sich die Qualität.
■ Kann ungefähr **16,7 Millionen Farben** enthalten.
■ Die Farbanzahl in einem JPEG-Bild darf *nicht* reduziert werden, da sich die Bildgröße dann u.U. erhöht.

Progressives jpeg-Format
■ Erlaubt mehrere »scans« in einem Bild, d.h., nach und nach baut sich das Bild als Mosaik aus quadratischen Feldern auf. Sie werden beim Laden immer kleiner und schärfer.
■ Die Dateigröße nimmt nur minimal zu.

png-Format *(portable networks graphics)* (Dateiendung .png)
■ Eignet sich für Animationen.
■ Einzelbilder können in Abhängigkeit voneinander gespeichert werden.
■ Kann Millionen von Farben enthalten.

Quelle: /Meissner 96/

1.7.2 Erweiterungen von Web-Browsern *(plug-ins)*

Web-Browser waren ursprünglich nur in der Lage, HTML-Dokumente in eine geeignete Darstellung zu überführen und anzuzeigen.

Helper
Applications

Die älteste Erweiterungsmöglichkeit sind die so genannten *Helper Applications* (Hilfsanwendungen) oder *External Viewers* (externe Betrachter). Dies sind eigenständige Programme auf demselben Computersystem, die der Browser aufruft, wenn ein Dokument einem passenden MIME-Type entspricht. MIME ist die *multipurpose internet multimedia extension* und ermöglicht es, einer Datei eine Kategorie und einen Untertyp zuzuordnen.

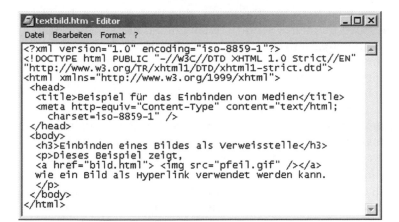

Abb. 1.7-4:
Bilder als
Verweisstellen

Hinweise zur Web-
Gestaltung erhält
man z.B. auf
folgender Netz-
adresse:
http://web.
glover.com/

Ein Bild hat den MIME-Typ Image und Untertypen wie z.B. gif und jpeg. — Beispiel

Kommen die Daten von einem Web-Server, dann ist der MIME-Typ im HTTP-Vorspann angegeben, sonst gibt es eine Zuordnung zu einem Dateinamen-Suffix, z.B. .gif. Welches Programm solch ein Dokument darstellen soll, ist im Web-Browser festgelegt.

External Viewers stellen die Daten *nicht* innerhalb des Web-Browsers dar, sondern übernehmen selbst die Kontrolle über ihren weiteren Ablauf. Die Vorgehensweise ist relativ sicher. Es werden keine Programme auf das eigene Computersystem geladen, sondern nur Daten. Nachteilig ist, dass es keine standardisierte Rückkopplung zum aufrufenden Web-Browser gibt. — *External Viewers*

Um diese Nachteile zu vermeiden, wurden von der Firma Netscape so genannte *plug-in*-Schnittstellen (Einsteck-Schnittstellen) entwickelt. Es handelt sich bei den **plug-ins** um Anwendungen. Sie — *plug-ins* können mit dem Netscape Navigator, dem Web-Browser der Firma Netscape, über definierte Schnittstellen kommunizieren und sind in eine Webseite integrierbar.

Der Einsatzzweck bestand ursprünglich darin, herstellereigene Dokumentformate statt mit einem externen *Viewer* direkt im Browser zu betrachten. Inzwischen gibt es aber auch komplette interaktive Anwendungen.

Plug-ins werten MIME-Typen aus. Sind mehrere dem gleichen Typ zugeordnet, dann gilt das zuletzt eingetragene *plug-in*. Dieses Eintragen, Registrierung genannt, erfolgt beim Start des Navigators. Welche *plug-ins* bekannt sind, zeigt die interne URL about:plugins. *Plug-ins* haben uneingeschränkten Zugriff auf den Web-Client.

Viele *plug-ins* für Netscape sind heute plattformübergreifend verfügbar.

Die bekanntesten *plug-ins* sind:

- *Shockwave/Flash:* Ermöglicht es, Multimedia-Anwendungen, die mit Software der Firma Macromedia erstellt wurden, abzuspielen.
- pdf *(portable document format):* In diesem Format dargestellte Dokumente können angezeigt werden.

Mithilfe von *plug-ins* ist es auch möglich, Radio (Abb. 1.7-5) und Video bzw. Fernsehen über das Internet zu hören bzw. zu sehen. Auch ist es möglich, so genannte Kanäle *(channels)* zu abonnieren und Webseiten auf seine eigenen Bedürfnisse zu personalisieren.

Abb. 1.7-5:
Beispiel für Radio
über das Internet

Im Gegensatz zu *plug-ins* haben die meisten Web-Browser einen Interpreter für Java-Programme fest integriert.

1.7.3 Erstellen von XHTML-Seiten und Bereitstellen auf Web-Servern

Folgende Möglichkeiten gibt es, XHTML-Seiten zu erstellen:

Überblick über
HTML-Werkzeuge:
http://www.
w3.org/tools

- Einsatz eines Texteditors und Verwendung der XHTML-Befehle,
- Einsatz eines XHTML-Konverters bzw. Filters, der ein Dokument in ein XHTML-Dokument umwandelt,

64

- Erweiterung von Standardanwendungen, z.B. Textverarbeitungs-
systemen, um XHTML-Zusätze *(add-ins)*,
- XHTML-Editoren,
- Web-Browser mit integrierten XHTML-Editoren und
- vollständige Web-Entwicklungsumgebungen (Editor, Web-Server-
Verwaltungswerkzeug und Web-Server-Software).

Sind die XHTML-Seiten erstellt, dann müssen sie auf einen Web-Server
übertragen werden, damit sie im Internet allgemein zugänglich sind.
Folgendes ist zu tun:

1 Alle zur Website gehörenden Dateien sind in ein Hauptverzeichnis   ein Haupt-
zu legen. Unterverzeichnisse können für Grafiken usw. angelegt   verzeichnis
werden.

2 Alle Verweise in den Dateien sollten relativ zum Hauptverzeichnis   relative Verweise
gesetzt werden. Dadurch kann man das Hauptverzeichnis auf ver-
schiedene Server legen, ohne dass die Verweise ungültig werden.

Relative Verweise beginnen mit dem Datei- oder Unterverzeichnis-
Namen, absolute Verweise beginnen mit einem Schrägstrich »/«.

`href = "datei.html"`	`datei.html` befindet sich im aktu- ellen Verzeichnis.	Beispiele
`href = "unterverzeichnis/` `datei.html"`	`datei.html` befindet sich im Ver- zeichnis `unterverzeichnis` und dieses im aktuellen Verzeichnis.	
`href = "../datei.html"`	`datei.html` befindet sich im Verzeich- nis oberhalb des aktuellen Verzeich- nisses – dasselbe Verzeichnis, in dem das aktuelle Verzeichnis ist.	

3 Die Start-Seite bzw. der oberste Index für jede Website sollte   Dateinamen
den Dateinamen `index.html` erhalten, da diese Datei von vielen   Startseite:
Browsern als Voreinstellung geladen wird, wenn die URL keine   `index.html`
explizite Startseitenangabe enthält.

4 Überprüfen, dass jede Datei durch den richtigen Dateityp gekennzeichnet ist, z.B. `Ton.au`.

5 Übertragen des gesamten Hauptverzeichnisses an die vorgegebene
Stelle auf dem Web-Server. Die konkrete Übertragungsart hängt
vom Server ab.

1.8 Fallstudie: Die Firma ProfiSoft im Internet

Die Firmengründer Alex und Rob erkennen schnell, dass sie ihren
Bekanntheitsgrad erhöhen müssen, um genügend Aufträge zu
erhalten. Als innovative Firma entscheiden sie sich dazu, auf die
Dienstleistungen von ProfiSoft im Internet aufmerksam zu machen.

     Abb. 1.8-1 zeigt den Teil der Website, der das Qualifikationsprofil
von Alex darstellt.

Abb. 1.8-1:
Web-Präsentation
von Alex

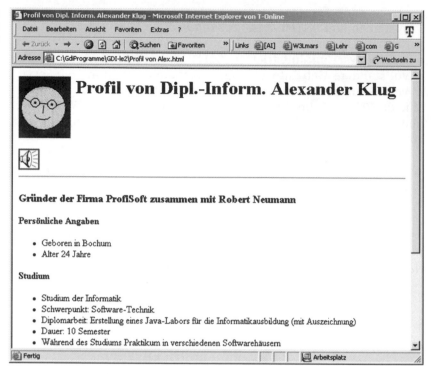

ASCII *(American Standard Code of Information Interchange)* genormter 7-Bit-Zeichensatz (128 Positionen) zur Darstellung von Ziffern, Buchstaben, Sonderzeichen und Steuerzeichen (siehe auch →Latin und →Unicode).

Browser →Web-Browser.

Chats erlauben →Internet-Benutzern interaktive Gespräche in Echtzeit.

DNS *(domain name system)* →domain-Name.

domain-Name Hierarchisch gegliederte, funktionsbezogene Computernamen im →Internet. Ein *Nameserver* setzt *domain*-Namen in →IP-Adressen um. Typischer Aufbau: computer.bereich. institution.land.

E-Mail Asynchrone Übertragung elektronischer Post, d.h. von Briefen und Nachrichten, zwischen vernetzten Computersystemen. Im →Internet wird dazu das SMTP-Übertragungsprotokoll verwendet. Der Empfänger benötigt dazu eine E-Mail-Adresse, die folgendermaßen aufgebaut ist: empfänger@smtp. server.

Extranet Erweiterung eines →Intranets hin zu anderen Unternehmen, Händlern, Lieferanten, die einen beschränkten Zugriff auf die Informationen des Intranets erhalten.

ftp (file transfer protocol) erlaubt im →Internet die Übertragung kompletter Dateien und Softwarepakete (ist das Pendant zur Paketpost) mit »Selbstabholung«.

gateway Computersystem, das Computernetze mit unterschiedlichen Übertragungsprotokollen miteinander verbindet und eine Protokollumsetzung vornimmt.

gif im →Web häufig benutztes Grafikformat mit maximal 256 Farben (→*jpeg*).

Homepage → Startseite. Oft auch als Bezeichnung für eine kleinere – meist private →Website benutzt.

HTML *(hypertext markup language)* Dokumentenauszeichnungssprache, die es mithilfe von Formatbefehlen *(tags)* erlaubt, inhaltliche Kategorien von Web-Dokumenten, z.B. Überschriften,

Absätze, sowie →Hyperlinks zu kennzeichnen. So ausgezeichnete Dokumente werden von →Web-Browsern interpretiert und dargestellt. Dateiendung .html bzw. htm. →XHTML

Hyperlinks Verweise auf andere Dokumente; in →Web-Browsern meist farblich oder unterstrichen hervorgehoben; ein Mausklick auf einen Hyperlink bewirkt, dass zu dem Dokument, auf das verwiesen wird, verzweigt wird.

Hypertext Text, der Sprungmarken bzw. Verweise (→Hyperlinks) auf andere Texte enthält.

Internet Weltweites, dezentralisiertes, allgemein zugängliches Computernetz, in dem eine Vielzahl von Diensten angeboten und genutzt werden. Als Übertragungsprotokoll wird →TCP/IP verwendet.

Intranet Firmeninternes, nicht öffentliches Netz, das auf der Technik des →Internet basiert, insbesondere auf →TCP/IP.

IP-Adresse Eindeutig zugewiesene Adresse eines Computersystems im →Internet; besteht aus vier Bytes, durch Punkte getrennt, z.B. 134.147.80.1.

jpeg im →Web weit verbreitetes Bildformat, das im Gegensatz zu →*gif* beliebig viele Farben darstellen kann.

Latin genormter 8-Bit-Zeichensatz (256 Positionen), der den →ASCII-Code um 128 Positionen erweitert. Latin-1 deckt westeuropäische Sprachen ab (→Unicode).

Leitseite →Startseite.

Link →Hyperlink.

newsgroups »schwarze Bretter« für asynchronen Nachrichtenaustausch im →Internet.

png im →Web benutztes Bildformat, das sich auch für Animationen eignet (→*gif*, →*jpeg*).

plug-ins Software, die →Web-Browser um Zusatzfunktionen erweitern. Oft von Drittanbietern erstellt.

Provider stellen Zugänge zum →Internet zur Verfügung.

search engine →Suchmaschine.

Startseite (Homepage) Einstiegsseite einer Website mit →Hyperlinks zu anderen Dokumenten, wird vom →URL adressiert.

Suchmaschine Leistungsfähiges Computersystem, das automatisch nach bestimmten Kriterien Informationen im Internet sucht, analysiert, indiziert und z.B. in Form von Katalogen speichert und diese für Suchanfragen auswertet.

TCP/IP *(transmission control protocol/internet protocol)* Verfahren, wie zwischen Computersystemen im →Internet Daten übertragen werden. Anders als bei einem Telefongespräch wird keine feste Verbindung hergestellt. Statt dessen werden die Daten in Pakete von bis zu 1.500 Zeichen zerlegt, nummeriert, mit Absender- und Empfängeradresse versehen und einzeln verschickt. An den Knotenpunkten des Netzes lesen Wegplanungscomputer *(router)* die Adressen und leiten das Paket in Richtung Empfänger weiter. Das Zielcomputersystem setzt die Pakete entsprechend ihrer Nummerierung wieder zusammen.

Telnet erlaubt den direkten Zugriff auf andere Computersysteme im →Internet, die sich damit aus der Ferne bedienen lassen.

Unicode (UCS) genormter 16-Bit-Zeichensatz (65.469 Positionen), der die Schriftzeichen aller Verkehrssprachen der Welt aufnehmen soll (→ASCII und →Latin).

URL *(uniform resource locator)* im →Web verwendete standardisierte Darstellung von Internetadressen; Aufbau: protokoll://domain-Name/Dokumentpfad.

W3 Kurzform für →WWW.

Web Kurzform für →*World Wide Web*.

Web-Browser Software, über die Benutzer die Dienstleistungen des Internet, insbesondere des →WWW, in Anspruch nehmen können. Durch Angabe der → URL wird das Computersystem, das die jeweilige Dienstleistung anbietet, eindeutig adressiert.

Website Das komplette Online-Angebot eines Anbieters (Privatperson, Organisation, Unternehmen) unter einer →URL, das üblicherweise mit der → Startseite beginnt. Eine Website besteht aus mindestens einer – in der Regel aber mehreren →Webseiten, die über → Links untereinander verknüpft sind. Die einzelnen Webseiten müssen sich dabei nicht zwangsläufig auf nur einem Server befinden.

Webseite Eine Seite, die in einem →Web-Browser angezeigt wird. In der Regel handelt es sich um ein HTML-Dokument, das Texte, Medien (Bilder, Video, Audio), → Links und Programme enthalten kann. Bestandteil einer →Website.

World Wide Web →Web.

WWW *(World Wide Web)* Informationssystem im →Internet, das auf der → Hypertext-Technik basiert; ermöglicht außerdem den Zugriff auf die anderen Internetdienste.

XHTML *(eXtensible HyperText Markup Language)* Dokumentenbeschreibungssprache, die die Befehle von →HTML 4 enthält und der Syntax von XML *(eXtensible Markup Language)* folgt. Strenger als HTML. Ein XHTML-Dokument kann daraufhin geprüft werden, ob es wohlgeformt *(well-formed)* und gültig *(valid)* ist. Wohlgeformt bedeutet, dass sich ein Dokument an die syntaktischen Regeln von XHTML hält. Ein Dokument ist gültig, wenn seine Struktur den Vorgaben eines Dokumententyps entspricht. Im Jahr 2000 als W3C-Standard *(World Wide Web Consortium)* verabschiedet. Nachfolger von HTML.

Lokale Computernetze werden durch das Internet weltweit verknüpft (Netz der Netze). Im Internet werden verschiedene Dienste angeboten, unter anderem:

- Web *(World Wide Web)*, auch W3 oder WWW genannt: ein hypertextbasiertes Informationssystem,
- E-Mail: asynchrone, elektronische Post für Briefe und Nachrichten,
- *ftp*: Transportdienst für Dateien (elektronische »Paketpost«),
- *Newsgroup*: asynchrone Computer-Konferenzen und »schwarze Bretter«,
- Chats: interaktives »Plaudern« in Echtzeit,
- *Telnet*: Fernbedienen eines entfernten Computersystems.

Internetdienste

Um die Web-Dienstleistungen in Anspruch nehmen zu können, wird ein Web-Browser, kurz Browser genannt, benötigt. Er ist in der Lage, HTML-Dokumente und XHTML-Dokumente zu interpretieren und anzuzeigen. Ein XHTML-Dokument verwendet die Hypertext-Technik, um mithilfe von Hyperlinks auf andere Dokumente zu verweisen. Die Einstiegsseite einer Website heißt Startseite, Leitseite oder Homepage. Von dort wird auf andere Webseiten verzweigt. Um die Übertragungszeiten im Netz zu reduzieren, werden in Web-Dokumenten besondere Grafik- und Bildformate verwendet. Verwendet werden heute *gif, jpeg* und *png*. Damit Browser zusätzliche Formate anzeigen können, werden Browser über *plug-ins* erweitert.

Web

Über Browser können nicht nur die Web-Dienste im Internet, sondern auch alle anderen in Anspruch genommen werden, d.h., Browser stellen eine einheitliche Benutzungsoberfläche für alle Dienste zur Verfügung. Damit ein bestimmter Dienst auf dem jeweils gewünschten Computersystem angesprochen werden kann, wird das URL-Adressschema verwendet:

`Protokoll des gewünschten Dienstes://domain-Name/Dokumentpfad`

Der *domain*-Name ist nach dem *domain name system* (DNS) struk- Adressaufbau
turiert: `computer.bereich.institution.land`

Über einen *Nameserver* wird jedem *domain*-Namen eine IP-Adresse
zugeordnet, die aus vier Bytes besteht. Für den E-Mail-Dienst wird
zusätzlich der Empfängername benötigt. Der Adressaufbau sieht daher folgendermaßen aus: `empfänger@smtp.server`.

Viele Dienste im Internet verwenden zur Informationsdarstellung
noch den ASCII-Code, im Web kann bereits der Latin-Code benutzt Codes
werden. Der Unicode wird bisher nur im Betriebssystem Windows
und in der Programmiersprache Java benutzt.

Um Informationen im Internet zu finden, können verschiedene
Suchstrategien angewandt werden. Suchmaschinen *(search engines)* Suchen & Finden
können bei der Suche helfen.

Die Technik des Internet beruht auf dem TCP/IP-Übertragungs-
verfahren, bei dem Daten, in Pakete aufgeteilt, asynchron über das Technik
Netz – unter Umständen auf verschiedenen Wegen – transportiert
werden. Netze, die ein anderes Übertragungsprotokoll verwenden,
werden über *gateways* an das Internet angeschlossen. Intranets und
Extranets benutzen dieselbe Technik wie das Internet, sind aber *nicht*
öffentlich zugänglich.

Der Anschluss an das Internet erfolgt über einen Provider.

Die rasante Entwicklung des Internet in den letzten Jahren wird Anschluss
es in Zukunft zu einem Massenmedium wie heute Fernsehen und Bedeutung
Telefon werden lassen.

/Balzert, Balzert, Krengel 04/ Literatur
    Balzert, Helmut; Balzert, Heide; Krengel, A., *Das Internet – Beruflich und privat*
    effizient und sicher nutzen, Herdecke-Dortmund: W3L-Verlag 2004
    Umfassende Einführung in die Internet-Welt.

/Balzert 03a/ Zitierte Literatur
    Balzert, Helmut, *HTML, XHTML & CSS für Einsteiger – Statische Websites syste-*
    matisch erstellen, Herdecke-Dortmund: W3L-Verlag 2003
/Balzert 03b/
    Balzert Helmut, *HTML & XHTML (Quick Reference Map)*, Herdecke-Dortmund:
    W3L-Verlag 2003
/Balzert 04/
    Balzert Heide, *Webdesign & Web-Ergonomie – Websites professionell gestalten*,
    Herdecke-Dortmund: W3L-Verlag 2004
/IEEE Spectrum 97/
    Communications, in: IEEE Spektrum, Jan. 1997, p. 27
/Kühnert 97/
    Kühnert H., *Die durchgedrehte Ligatur*, in: Die ZEIT, 7.3.1997
/Meissner 96/
    Meissner R., *Mischobst – Grafikformate für Web-Dokumente*, in: c't, Heft 7, 1996,
    S. 206–210
/Schneider 95/
    Schneider G., *Eine Einführung in das Internet*, in: Informatik-Spektrum, 18,
    1995, S. 263–271
/Zimmer 98/
    Zimmer D. E., *Deutsch und anders*, Hamburg: Rowohlt-Verlag 1998

LE 2   Aufgaben

/

Analytische Aufgaben
Klausur-Aufgabe
5 Minuten

1 *Lernziel: Multimediale XHTML-Dokumente bezogen auf die Syntax analysieren können.*
Ergänzen bzw. korrigieren Sie den nachfolgenden XHTML-Code, sodass er syntaktisch korrekt ist.

```
<html>
<head>
<title>
<a1>Top-Seite der Ruhr-Universität Bochum<H1>
</endtitle>
<body>
<bold>Diese Zeile soll fett sein</bold>
Diese Zeile ist nicht mehr fett
Diese Zeile soll kursiv sein !
</endbody>
</end>
```

Konstruktive Aufgaben
Muss-Aufgabe
20 Minuten

2 *Lernziel: Mithilfe der angegebenen Befehle multimediale XHTML-Dokumente erstellen und auf Web-Servern bereitstellen können.*
Betrachten Sie die in Abb. 1.8-2 wiedergegebene XHTML-Seite. Versuchen Sie, ein XHTML-Dokument zu erstellen, das genau diese Darstellung erzeugt. Überprüfen Sie Ihr Ergebnis, indem Sie Ihr Dokument in einen Web-Browser laden.

Abb. 1.8-2:
Zu erstellende
XHTML-Seite

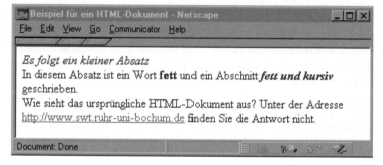

Muss-Aufgabe
45 Minuten

3 *Lernziel: Mithilfe der angegebenen Befehle multimediale XHTML-Dokumente erstellen und auf Web-Servern bereitstellen können.*
Erstellen Sie eine Startseite mit Angaben zu Ihrer Person, einem Bild und einer gesprochenen Information. Machen Sie anschließend Ihre Startseite im Web bekannt. Orientieren Sie sich an der Fallstudie von Kapitel 1.8. Verwenden Sie die Informationen aus Aufgabe 2 der Lehreinheit 1.

4 *Lernziel: Anhand der beschriebenen Suchstrategien systematisch im Internet unter Einsatz von Suchmaschinen Informationen recherchieren können.*
a Versuchen Sie mithilfe eines Web-Suchdienstes und eines Personen-Suchdienstes herauszufinden, welche Informationen über Personen mit Ihrem Namen im Internet verfügbar sind.
b Recherchieren Sie nach deutsch- und englischsprachigen Informationen zur Internet-Netiquette und fügen Sie die gefundenen Verweise in Ihre Homepage ein.
c Recherchieren Sie nach Informationen über die Gestaltung und Erstellung von XHTML-Seiten und fügen Sie die gefundenen Verweise in Ihre Homepage ein.
d Finden Sie alle Webseiten heraus, von denen auf Ihre Homepage verwiesen wird.

Hinweis   Weitere Aufgaben befinden sich auf der CD-ROM.

2 Grundlagen der Programmierung – Einführung

- Erklären können, wie Sprache, Programmiersprache, problem-orientierte Programmiersprache, Übersetzer und Compiler zusammenhängen.
- Darstellen können, in welchen grundlegenden Aspekten sich problemorientierte Programmiersprachen unterscheiden.
- Erläutern können, wie Programme traditioneller Programmiersprachen im Vergleich zu Java übersetzt und ausgeführt werden.
- Beschreiben können, wie Java-Anwendungen und Java-Applets erfasst, übersetzt und ausgeführt werden.
- Vorhandene Java-Applets in Web-Dokumente mit den geeigneten HTML-Befehlen einfügen können.
- Java-Applets im Internet finden und in das eigene Computersystem laden können.
- Java-Programme erfassen, übersetzen und ausführen können.
- Eine Programmierumgebung für Java bedienen können.
- Feststellen können, ob ein Programm oder ein Programmausschnitt gegen die vorgegebene Syntax, beschrieben als Syntaxdiagramm, EBNF- oder Java-Notation, verstößt.
- Die Darstellungsformen Syntaxdiagramm, EBNF- und Java-Notation anhand von Beispielen ineinander überführen können.
- Anhand einer gegebenen Syntax ein syntaktisch richtiges Programm oder Programmstück schreiben können.
- Programme entsprechend den Richtlinien durch Einrücken geeignet strukturieren können.

verstehen

anwenden

James Gosling
Vize-Präsident von Sun Microsystems, Inc., Chef-Ingenieur und maßgebender Architekt der Java-Technik. Gosling hat sich mit verteilten Computersystemen befasst, seit er 1984 zu Sun kam. Vor seiner Zeit bei Sun konstruierte er eine Mehrprozessor-version für UNIX, das *Andrew Window*-System sowie einige Compiler und *mail*-Systeme. Ferner entwickelte er den Emacs-Texteditor für UNIX.

- Das Kapitel 1.1 »Aufbau und Funktionsweise eines Computersystems« muss bekannt sein.
- Die Kapitel 1.6 »*World Wide Web* (WWW)« und 1.7 »Die Sprachen HTML und XHTML« müssen bekannt sein.

2 Grundlagen der Programmierung

2.1 Programm, Programmieren, Programmiersprachen

Algorithmen, die von einem automatischen Prozessor abgearbeitet werden, bezeichnet man als **Programme**. Ein Programm stellt die Realisierung eines Algorithmus dar. Im Gegensatz zu einem Algorithmus ist ein Programm konkreter und eingeschränkter.

Programm ■ Es wird ein bestimmter Formalismus (Programmiersprache) gewählt, in dem man mittels genau definierter Grundelemente den Algorithmus vollständig beschreibt.

■ Für Daten wird eine bestimmte Darstellung (Repräsentation) gewählt.

Eine umgangssprachliche Problemlösung kann von einem automatischen Prozessor nicht abgearbeitet werden, da unsere Umgangssprache zu viele Ungenauigkeiten und Mehrdeutigkeiten zulässt, die der Mensch durch Betrachtung der gesamten Lösungsbeschreibung (Kontext) und durch seine Erfahrung vielleicht richtig interpretieren kann, wozu ein Automat jedoch nicht in der Lage ist.

Sprache   An dieser Stelle sind einige Überlegungen zu dem Begriff **Sprache** angebracht. Menschen kommunizieren untereinander, indem sie eine Sprache benutzen, die der andere ebenfalls versteht. Sprechen zwei Gesprächspartner nur unterschiedliche Sprachen (z.B. Deutsch und Englisch), so ist eine Verständigung nicht oder nur schwer möglich, wenn nicht ein **Übersetzer** zu Hilfe gerufen wird. Eine gegenseitige Verständigung kann jedoch auch erschwert werden, wenn zwar dieselbe Sprache gesprochen wird, ein Gesprächspartner jedoch nur über einen eingeschränkten **Sprachvorrat** bzw. Sprachumfang verfügt. Dieser Fall liegt beispielsweise zwischen einem Erwachsenen und einem Kleinkind vor. Ein Kind besitzt noch nicht den Wortschatz, den Sprachreichtum und die Ausdrucksvielfalt, über die Erwachsene verfügen.

Will sich ein Fremder mit einem Kleinkind verständigen, so ist es oft erforderlich, die Eltern in Anspruch zu nehmen, um den Sprachschatz des Kindes in die Umgangssprache zu übersetzen. Ein Kind ist also mit dem erlernten Repertoire der Sprache in der Lage, sich verständlich zu machen, allerdings auf umständliche und schwerfällige Weise, wobei die verwendeten Satzkonstruktionen oft der Situation nicht ganz angemessen sind. Ein anderes Beispiel ist der Fachdialekt innerhalb von bestimmten Fachgebieten. Für den Eingeweihten sind die Begriffe verständlich und eindeutig; für den Außenstehenden wirken diese Ausdrücke wie »Fachchinesisch«. Es ist daher eine besondere Umsetzung notwendig, um in einer Fachsprache mit einem besonderen Sprachvorrat formulierte Zusammenhänge in die Umgangssprache umzusetzen.

In einer ähnlichen Situation wie in den beiden letzten Beispielen befindet sich auch die Informatik. Bei dem Gesprächspartner handelt es sich jedoch nicht um einen Menschen, sondern um einen Automaten bzw. automatischen Prozessor. Ein solcher Prozessor ist dadurch gekennzeichnet, dass er nur über einen sehr begrenzten, primitiven Sprachvorrat verfügt (ähnlich einem Kleinkind). Dies ist eine Folge der heutigen technischen Möglichkeiten zur Realisierung solcher Prozessoren.

Es stehen sich also zwei Pole gegenüber: der Mensch und der Prozessor. Der Mensch will dem Prozessor mitteilen, wie eine Problemlösung auszuführen ist. Der Mensch verfügt über einen umfangreichen Sprachvorrat, um Problemlösungen in verbaler oder formaler Art zu beschreiben. Der Prozessor kann demgegenüber nur sehr wenig direkt verstehen, beispielsweise ist er nur in der Lage, Additionen und Vergleiche durchzuführen. Hinzu kommt noch, dass jeder automatische Prozessor je nach Prozessortyp und Herstellerfirma unterschiedliche Fähigkeiten besitzt.

Es gibt nun im Wesentlichen zwei Möglichkeiten, um sich dem Prozessor verständlich zu machen.

Entweder man wählt zur Beschreibung des Algorithmus einen Formalismus, der nur die Sprachelemente enthält, die der Prozessor »versteht«. Dann ist man gezwungen, den Algorithmus in eine Form zu bringen, die dem jeweiligen Prozessor angepasst ist. Es dürfte einzusehen sein, dass dies eine umständliche und zeitraubende Arbeit ist. Früher war dies die einzige Möglichkeit, um Programme auf einem Prozessor ausführen zu lassen. Die auf die Prozessoren zugeschnittenen Programmiersprachen bezeichnete man als Maschinensprachen und Assemblersprachen. Maschinensprachen, Assemblersprachen

Die zweite Möglichkeit besteht darin, einen Beschreibungsformalismus zu wählen, der es ermöglicht, Probleme elegant und einfach zu formulieren, ohne Rücksicht auf einen bestimmten automatischen Prozessor. Jetzt stellt sich natürlich die Frage, wer die Übersetzung von der allgemeinen Beschreibungsform in den Formalismus des jeweiligen Prozessors vornimmt. Es wäre möglich, diese Umsetzung vom Konstrukteur des Prozessors vornehmen zu lassen, da er die Fähigkeiten des Prozessors am besten kennt. Oder jeder Benutzer nimmt die Übersetzung selbst vor, nachdem er sich in Handbüchern darüber informiert hat, welche Eigenschaften der zur Verfügung stehende automatische Prozessor hat.

Die Situation ist aber auch auf andere Art aufzulösen. Der Übersetzungsprozess geht nämlich nach festen Regeln – die allerdings sehr kompliziert sind – vor sich, sodass diese Aufgabe algorithmisch formuliert werden kann. Einen solchen Algorithmus bezeichnet man als **Übersetzer**.

Übersetzer

Aufgabe eines **Übersetzers** ist es also, alle Sätze einer Quellsprache, die Quell-Programme, in *gleichbedeutende* Sätze einer Zielsprache, die Ziel-Programme, zu transformieren.

Der Begriff Übersetzer ist dabei die übergeordnete Bezeichnung für diese Aufgabe. In Abhängigkeit von den Eigenschaften der Quellsprache und den Eigenschaften der Zielsprache werden spezialisierte Begriffe verwendet.

Da die verschiedenen Prozessoren unterschiedlich sind, ist es erforderlich, für jeden Prozessortyp einen eigenen Übersetzer zu haben. Meist bieten mehrere Firmen Übersetzer für bestimmte Programmiersprachen und bestimmte Prozessoren an.

Um Problemlösungen in einem Formalismus niederschreiben zu können legt man **Programmiersprachen** fest (Abb. 2.1-1).

Programm

Ein **Programm** ist ein Algorithmus formuliert in einer Programmiersprache.

Programmieren

Programmieren ist eine Tätigkeit, bei der versucht wird, durch systematischen Einsatz einer gegebenen Programmiersprache ein gestelltes Problem zu lösen.

Abb. 2.1-1:
Kommunikation
Mensch – Maschine
über eine Program-
miersprache

Man spricht von einer **problemorientierten Programmiersprache** (auch benutzernahe oder höhere Programmiersprache), wenn die Sprachelemente problemnah und *nicht* maschinennah, d.h. auf den primitiven Sprachvorrat eines Prozessors zugeschnitten sind.

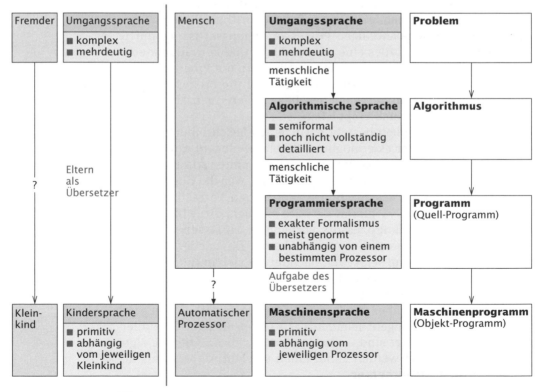

Ist das Quell-Programm in einer problemorientierten Programmiersprache geschrieben, dann bezeichnet man den Übersetzer als **Compiler**. Bei der Zielsprache kann es sich dabei um eine Maschinensprache oder eine spezielle »Zwischensprache« handeln.

Compiler
to compile = zusammenstellen, sammeln

Im Folgenden wird nur auf problemorientierte Sprachen eingegangen. Wie der Name »problemorientiert« schon andeutet, handelt es sich bei dieser Sprachklasse um Programmiersprachen, die eine problemnahe Formulierung eines entworfenen Algorithmus gestatten. Es stellt sich natürlich die Frage, warum es verschiedene Sprachen gibt. Genügt nicht eine einzige problemorientierte Programmiersprache? Im Prinzip ja, aber *die* ideale Sprache, die für alle Anwendungsgebiete optimale Sprachkonstruktionen zur Verfügung stellt, gibt es nicht und wird es vielleicht nie geben.

Es existieren heute über 200 problemorientierte Sprachen für die verschiedensten Anwendungsgebiete.

Sprachunterschiede

Diese Sprachen unterscheiden sich in mehreren Punkten:

■ Viele Sprachen unterstützen die Programmierung besonderer Anwendungsgebiete (z.B. mathematisch-technische Probleme, kaufmännische Probleme, linguistische Probleme, Steuerung zeitabhängiger Vorgänge wie Ampelsteuerung). Entsprechend sind auch die in der Sprache vorhandenen Sprachelemente unterschiedlich.

Anwendungsgebiete

■ Es gibt Programmiersprachen, die auf ganz spezielle Anwendungsgebiete zugeschnitten sind (z.B. Steuerung von Werkzeugmaschinen, algebraische Formelsprachen), und es existieren Sprachen, die versuchen, ein weites Anwendungsspektrum abzudecken *(»general purpose«-Sprachen)*. Entsprechend diesen unterschiedlichen Zielsetzungen sind die Programmiersprachen unterschiedlich umfangreich. Je mehr Möglichkeiten eine Sprache dem Benutzer bietet, umso aufwendiger wird der Übersetzer.

speziell vs. allgemein *(»general purpose«)*

■ Die von den Programmiersprachen unterstützten Konzepte sind unterschiedlich. Die unterschiedlichen Konzepte ergeben sich aus dem Anwendungsgebiet, der historischen Entwicklung, dem Problemlösungsstil und der zugrunde liegenden Programmierphilosophie. Man unterscheidet:

Konzepte

☐ Prozedurale Programmiersprachen, auch imperative Sprachen genannt.

☐ Objektorientierte Programmiersprachen, im Wesentlichen eine Weiterentwicklung der prozeduralen Programmiersprachen.

☐ Funktionale und applikative Programmiersprachen.

☐ Prädikative, logikorientierte Programmiersprachen.

☐ Deklarative Programmiersprachen, auch Sprachen der 4. Generation genannt.

■ Die zur Beschreibung von Algorithmen verwendete Notation ist von Sprache zu Sprache unterschiedlich. Auf ihre Festlegung haben sowohl die Technik, die Computersysteme als auch die historische Entwicklung der einzelnen Sprachen einen starken

Notationen

Einfluss ausgeübt. Einige Notationen haben sich im Laufe der Zeit als sinnvoll erwiesen und werden in vielen Sprachen weitgehend gleich verwendet. Da die ersten problemorientierten Sprachen zur Programmierung mathematischer Probleme entworfen wurden, erschien es sinnvoll, die mathematische Formelnotation weitgehend zu übernehmen.

■ Es gibt Programmiersprachen, die vom Sprachentwurf her abgerundet und in sich geschlossen sind; es existieren aber auch Sprachen, die aus zusammengewürfelten Elementen bestehen, unübersichtlich sind und nach dem heutigen Wissensstand als veraltet gelten. Entsprechend sind Programmiersprachen didaktisch gut bzw. weniger gut geeignet.

Damit sind einige Unterschiede von Programmiersprachen angesprochen. Es soll aber ganz deutlich gesagt werden, dass der Schwerpunkt der Programmierung auf dem Entwurf von Algorithmen liegt, d.h. beim Finden einer geeigneten Lösungsidee. Die Umsetzung der Lösungsbeschreibung in eine bestimmte Programmiersprache ist dann eine nachrangige Angelegenheit.

Alles was sich überhaupt programmieren lässt, kann im Prinzip auch in jeder beliebigen Programmiersprache ausgedrückt werden. Eine gute Programmiersprache zeichnet sich jedoch dadurch aus, dass sie dem menschlichen Problemlösungsprozess und dem menschlichen Denken durch geeignete Sprachelemente entgegenkommt, sodass der menschliche Programmierer bei der Umsetzung der Lösungsidee in die Programmiersprache weitgehend entlastet wird. Außerdem erlaubt es eine gute Programmiersprache, das Anwendungsgebiet, für das die Programme geschrieben werden, mit geeigneten Sprachkonstrukten zu beschreiben.

Tab. 2.1-1 gibt einen Überblick über die wichtigsten Programmiersprachen in der Reihenfolge ihres Entstehens. Abb. 2.1-2 zeigt die historischen Zusammenhänge zwischen den Programmiersprachen. Die hier aufgeführten Sprachen sind mehr oder weniger streng genormt. Dementsprechend werden die Sprachen dann auch mehr oder weniger einheitlich benutzt. Manche Sprachen wurden beim Sprachentwurf bereits genau definiert, bei anderen sorgen internationale Organisationen für Normungsrichtlinien. Dennoch gibt es auch bei genormten Sprachen immer noch Besonderheiten, die vom jeweiligen Prozessor, vom Betriebssystem und vom Compiler abhängen.

maschinennahe Sprachen

Im Gegensatz zu problemorientierten Sprachen orientieren sich maschinennahe Sprachen an den Möglichkeiten der verwendeten Prozessoren. Da diese Prozessoren nur über einen primitiven Sprachvorrat verfügen, erlauben maschinennahe Sprachen keine problemorientierte Formulierung von Programmen. Maschinennahe Programmiersprachen werden daher heute im Wesentlichen nur noch für absolute Spezialaufgaben eingesetzt, z.B. um wenig Speicherplatz zu belegen und eine sehr schnelle Abarbeitung zu erreichen.

Name der Sprache	Entstanden	Sprachkategorie	Anwendungsgebiet	Bemerkungen
Fortran (Formula Translation)	1954–1957	prozedural	mathematisch-technische Probleme	Erste problemorientierte Sprache. Weiterentwicklung: Fortran 77, Fortran 90.
Algol 60 (Algorithmic Language)	1958–1960	prozedural	mathematisch-wissenschaftliche Probleme	Anlehnung an mathematische Formeltradition. Knappe einheitliche und geschlossene Definition der Sprache. Weiterentwicklung: Algol 68.
Cobol (Common Business Oriented Language)	1959–1960	prozedural (objektorientiert)	kaufmännische Probleme, für technisch-naturwissenschaftliche Probleme ungeeignet	Keine klare Definition, unsystematischer Aufbau, eine der am weitesten verbreiteten Sprachen. 1997 erweitert zu OO-Cobol mit objektorientierten Konzepten.
Lisp (List Processing)	1959–1962	funktional	Symbol-Manipulation	Unterscheidet sich wesentlich von Fortran, Algol oder Cobol, besonders in den Datenstrukturen.
Basic (Beginner´s All Purpose Symbolic Instruction Code)	1963–1965	prozedural	kleinere mathematisch-technische Probleme	Dialogorientiert, Sprachumfang nicht einheitlich festgelegt. Weiterentwicklung: Visual Basic.
PL/1 (Programming Language 1)	1964–1967	prozedural	mathematisch-technische und kaufmännische Probleme	Sehr umfangreich; mangelnde Systematik und Überblickbarkeit.
Simula 67	1965–1967	prozedural	mathematisch-wissenschaftlich-technische Probleme und Simulationen	Erweiterung von Algol 60; enthält wichtige Konzepte für die objektorientierte Programmierung.
Pascal (nach dem franz. Mathematiker Blaise Pascal)	1971	prozedural	mathematisch-technische und kaufmännische Probleme	Weiterentwicklung von Algol 60, Berücksichtigung von didaktischen Gesichtspunkten.
C	1974	prozedural	systemnahe Programmierung	Als Nebenprodukt zum Betriebssystem Unix entstanden; sehr verbreitet.
Modula-2	1976	prozedural (objektorientiert)	mathematisch-technische und kaufmännische Probleme	Weiterentwicklung von Pascal, Modulkonzept; Modula-3 objektorientiert.
Prolog	1977	prädikativ	Anwendungen mit symbolischen Formeln	Einsatz bei Expertensystemen.
Ada	1979	prozedural (objektorientiert)	Echtzeitanwendungen	Weiterentwicklung von Pascal, Ada-95 um Objektorientierung erweitert.
SQL	1970–1980	deklarativ	Datenbankanwendungen	1983 genormt; SQL2 1992, SQL3 in Arbeit.
Smalltalk-80	1970-1980	objektorientiert	Anwendungs- und Systemsoftware	Objektorientierte Programmierung, erste objektorientierte Sprache.
C++	1980–1983	prozedural und objektorientiert	Anwendungs- und Systemsoftware	Obermenge von C, erweitert im ANSI-Standard 1998.
Eiffel	1986–1988	objektorientiert	umfangreiche Softwaresysteme	Konstruktion zuverlässiger, erweiterbarer und wiederverwendbarer Software; enthält Zusicherungen.
Oberon	1988	objektorientiert		Weiterentwicklung von Modula-2.
Java	1990–1997	objektorientiert	Anwendungen in vernetzten und heterogenen Umgebungen	Berücksichtigt C++- und Smalltalk-80-Konzepte. Inzwischen breiter Anwendungsbereich. Weiterentwicklung: Java 2 (1998), Java 2 Version 5.0 (2004).
C# (C Sharp)	2000–2002	objektorientiert	Anwendungen auf Microsoft-Plattformen	Große Ähnlichkeiten mit Java; zugeschnitten auf die .NET-Plattform

Betrachtet man die Verbreitung der Programmiersprachen im Markt, dann wurden in der Vergangenheit am häufigsten prozedurale Sprachen eingesetzt.

Beginnend mit der Programmiersprache Smalltalk-80 begannen sich nach und nach objektorientierte Konzepte durchzusetzen. Viele prozedurale Sprachen wurden im Laufe der Zeit um objektorientierte

Tab. 2.1-1: *Überblick über die zeitliche Entwicklung wichtiger problemorientierter Programmiersprachen*

*Abb. 2.1-2:
Genealogie der
wichtigsten
Programmier-
sprachen*

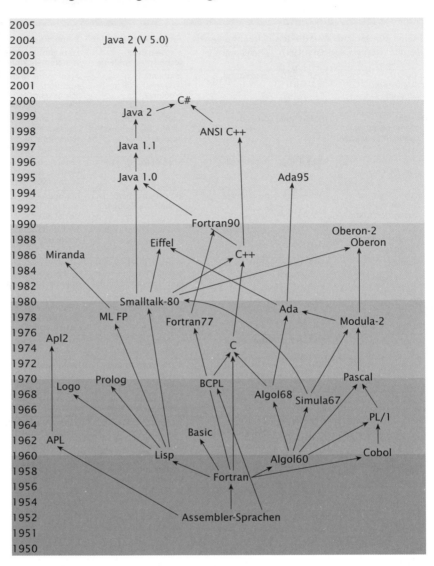

Konzepte erweitert. Es entstanden so genannte hybride Sprachen wie C++, Modula-3, ADA 95, OO-Cobol.

Außerdem wurden neue, eigenständige objektorientierte Sprachen entwickelt, wie Eiffel, Oberon, Beta, Java und C#.

Bedeutung   Die dynamische Entwicklung objektorientierter Konzepte hat dazu geführt, dass die objektorientierten Sprachen, einschließlich der hybriden Sprachen, die prozeduralen Sprachen ablösen.

Java, C++, C#   Die am meisten verwendeten objektorientierten Programmiersprachen sind heute Java, C++ und C#.

Wegen des hohen Innovationsgrads, der zunehmenden Bedeutung, der Plattformunabhängigkeit und wegen des breiten Anwendungsspektrums behandele ich in diesem Buch ausführlich die Programmiersprache Java. Im Ausblick wird auf die Sprachen C++ und C# eingegangen. Unabhängig von der Programmiersprache stehen aber immer die Konzepte der Programmierung im Mittelpunkt aller Betrachtungen.

2.2 Java-Applets und ihre Einbindung in HTML

Das Fundament für die Programmiersprache Java wurde 1990 gelegt. Bei der Firma Sun untersuchte ein Entwicklungsteam mit den Innovatoren Patrick Naughton, James Gosling und Mike Sheridan den Konsumentenmarkt. Es erkannte, dass zunehmend Mikroprozessoren in alle elektronischen Konsumgeräte integriert wurden, sowohl in Videorekorder als auch in Telefone und Waschmaschinen. Ziel des Teams war es daher, ein einfaches, herstellerunabhängiges Betriebssystem zu entwickeln. James Gosling erfand unter dem Namen Oak eine dafür geeignete, plattformunabhängige, robuste und sichere objektorientierte Progammiersprache. Im August 1992 stellte das Team den Projektstatus dem Vorsitzenden von Sun vor. *zur Historie*

Für die Präsentation setzten sie eine Zeichentrickfigur – Duke genannt – ein, die später zum »Maskottchen« für Java wurde. Die Ideen wurden von Sun großartig aufgenommen. Es wurde eine unabhängige Firma »First Person« gegründet, um mit Herstellern von Konsumelektronik-Geräten zu verhandeln. Der Markt war für diese Ideen aber noch nicht reif, sodass alle Verhandlungen scheiterten. »First Person« wurde 1994 aufgelöst. *Duke*

Zu diesem Zeitpunkt erlebte das Internet eine rasante Entwicklung. Sun erkannte das Potenzial der sicheren, plattformunabhängigen Programmiersprache für das Internet.

Im Januar 1995 wurde Oak in Java umbenannt. Dies hatte vor allem markenzeichenrechtliche Gründe. Auf den Namen Java kam das Team in der Cafeteria – in den USA wird für Kaffee der Name Java verwendet.

Die Sprache war inzwischen verbessert und weitere Sicherheitskomponenten hinzugefügt worden. Sun stellte die Sprache für das Internet bereit.

Diese historische Entwicklung macht einige Besonderheiten von Java – verglichen mit anderen Programmiersprachen – verständlich. In Java kann man mehrere Arten von Programmen schreiben:

- Java-Anwendungen *(applications)*, die selbstständig auf einem Computersystem laufen – dies ist die übliche Form bei anderen Programmiersprachen. *Java-Anwendungen*

Java-Applets

■ Java-Applets *(applets)*, die über das Internet von einem Web-Server geladen und in einem Web-Browser ausgeführt werden – dies unterscheidet Java von anderen Programmiersprachen. Applets können – im Unterschied zu Anwendungen – auf lokale Daten des Computersystems, auf das sie vom Netz geladen wurden, in der Regel nicht zugreifen. Sie können auch keine Daten auf der Festplatte des lokalen Computersystems speichern. Der Grund für diese Einschränkungen liegt in dem Sicherheitskonzept der Java-Applets. Es ist durch dieses Konzept sichergestellt, dass ein über das Netz geladenes Applet keinen Schaden auf dem Client-Computersystem anrichten kann.

Java-Servlets und JSPs

■ Java-Servlets *(servlets)* werden auf einem Web-Server ausgeführt, in der Regel angestoßen über Befehle in einem HTML- bzw. XHTML-Dokument. Diese Technik wurde 1996 entwickelt – als Gegenstück zu den Java-Applets. Um die Programmierung von Web-Anwendungen zu erleichtern, wurden 1999 JSPs *(JavaServer Pages)* erfunden, die auf den Java-Servlets aufsetzen. JSPs werden automatisch in Java-Servlets transformiert.

Vom Handy-programm bis zur Unternehmens-anwendung

Java unterstützt sowohl die Programmierung von Geräten, die nur eingeschränkte Ressourcen besitzen, z.B. Handys, als auch von umfangreichen Unternehmensanwendungen, die besondere Anforderungen erfüllen müssen.

Sowohl Java-Anwendungen als auch Java-Applets und Java-Servlets sind übersetzte und lauffähige Java-Programme – jeweils in der dafür vorgesehenen Umgebung.

Im Folgenden wird auf Java-Servlets und JSPs nicht eingegangen. Eine Einführung in diese Thematik gibt z.B. /Balzert 03c/.

Bevor auf weitere Unterschiede zwischen Java-Anwendungen und Java-Applets eingegangen wird, lohnt es sich jedoch, zunächst einige Java-Applets im Internet anzuschauen. Sie zeigen, welche Mächtigkeit Java besitzt und welche Möglichkeiten sich damit für das Internet eröffnen: Aus einem weitgehend statischen Medium wird ein dynamisches, interaktives Medium. Abb. 2.2-1 gibt URLs an, die interessante Applets enthalten.

Applets kann man im Internet nicht nur betrachten, sondern man kann sie in das eigene Computersystem laden und in eigene Webseiten integrieren.

Hinweis: Der alte Befehl <applet> ist in HTML 4.01 und in XHTML nicht mehr erlaubt.

Durch den Befehl <object> können in XHTML sowohl Java-Applets aber auch Videos, Audios, Animationen, Tabellen, Präsentations-, Vektor- und CAD-Grafiken in XHTML-Dateien eingebunden werden. Parameterwerte werden durch den <param>-Befehl an das eingebettete Objekt übergeben. Für die Einbettung von Java-Applets verhalten sich die Browser (noch) unterschiedlich, sodass eine Fallunterscheidung nötig ist.

Die besten Java-Applets (Die Top 1-Prozent)
http://www.jars.com
Der *Java Applet Rating Service* (JARS) sucht die besten Applets im Web und bewertet
sie.

Gamelan
http://www.gamelan.com
Aktuelle Informationen über Java-Entwicklungen einschließlich Applets.

Kunst
http://www.anfyteam.com

Geschäftsleben
http://www.bulletproof.com/WallStreetWeb

Ausbildung
http://www.stat.duke.edu/sites/java.html
http://www.phy.ntnu.edu.tw/java
http://www.engapplets.vt.edu

Weitere Quellen:
http://java.sun.com/applets
http://www.netscape.com
http://javaboutique.internet.com

Abb. 2.2-1:
Beispiele für
Java-Applets

Beispiel 1

```
<?xml version="1.0" encoding="iso-8859-1"?>
<!DOCTYPE html PUBLIC "-//W3C//DTD XHTML 1.0 Strict//EN"
"http://www.w3.org/TR/xhtml1/DTD/xhtml1-strict.dtd">
<html xmlns="http://www.w3.org/1999/xhtml">
<head>
<title>Startseite der Firma ProfiSoft</title>
</head>
<body>
<hr />
<h1>Wir begrüßen Sie:</h1>

<object classid="clsid:8AD9C840-044E-11D1-B3E9-00805F499D93"
                height="50" width="300" >
    <param name="code" value="NervousText.class" />
    <param name="text" value="die Firma ProfiSoft" />
  <!--[if !IE]> Mozilla/Netscape und verwandte Browser-->
    <object classid="java:NervousText.class"
      height="50" width="300" >
    </object>
  <!-- <![endif]-->
</object>
<hr />
</body>
</html>
```

Abb. 2.2-2 zeigt die Ausführung des Applets NervousText in einem
Browser.

81

Abb. 2.2-2:
Ausführung eines
Java-Applets auf
einer HTML-Seite

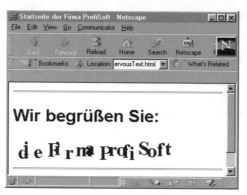

Die Erklärung des Befehls <object> enthält Abb. 2.2-3.

Der Parameter-Befehl versorgt das angegebene Applet mit Informationen – im Gegensatz zum <object>-Befehl, der vom Browser ausgewertet wird.

Jedes Applet kann seinen eigenen Satz von Parametern besitzen. Der Autor des Applets sollte die Bedeutung der Parameter in seiner Dokumentation beschreiben. Den XHTML-Code kann man sich von jedem Browser anzeigen lassen. Jeder Parameter hat einen Namen (name) und einen Wert (value).

Im obigen Beispiel heißt ein Parameter text und der Wert "die Firma ProfiSoft": Ändert man den Wert in der HTML-Beschreibung, z.B. in "Alex und Rob", dann wird dieser Text vom Applet angezeigt.

Abb. 2.2-3:
Der <object>-
Befehl und seine
Parameter

Mit dem <object>-Befehl können Java-Applets, Videos, Audios usw. in XHTML-Dateien eingebunden werden. Das Laufzeitverhalten wird durch die eingebetteten Befehle <param> festgelegt.

```
<object
     classid = "URL oder ID in der Windows Registry"
     data = "URL, die auf die Objektdaten referenziert"
     type = "MIME-Typ"
     height = "Höhe des Objekts"
     width = "Breite des Objekts"
  <param name = "Name des Parameters" value =
     "Wert des Parameters"/>
  <param name = "Name des Parameters" value =
     "Wert des Parameters"/>
  usw.
</object>
```

Der MIME-Typ gibt an, um welche Art von Objekt es sich handelt, z.B. um eine Audio-wav-Datei. Ist der MIME-Typ nicht bekannt, dann kann er weggelassen werden. Der Browser benötigt dann etwas mehr Zeit.
Höhe und Breite des einzubindenden Objekts sollten stets angegeben werden. Werden beide Angaben auf Null gesetzt, dann erfolgt keine Anzeige. Dies ist z.B. bei Hintergrundmusik sinnvoll.
Damit der Internet Explorer Java-Applets ausführt, muss mit dem Attribut classid ein Java-Plug-In angegeben werden (siehe Beispiel 2). Damit nur eine XHTML-Datei für den Internet-Explorer und den Mozilla/Netscape-Browser für Java-Applets erstellt werden muss, wird ein bedingter Kommentar verwendet, der im Inneren die Befehle für den Mozilla/Netscape-Browser enthält (siehe Beispiele im Text).

Beispiel 2

```
<?xml version="1.0" encoding="iso-8859-1"?>
<!DOCTYPE html PUBLIC "-//W3C//DTD XHTML 1.0 Transitional//EN"
"http://www.w3.org/TR/xhtml1/DTD/xhtml1-transitional.dtd">
<html xmlns="http://www.w3.org/1999/xhtml">
<head>
<title>Beispiel zu ImageLoopItem</title>
</head>
<body>
<object classid="clsid:8AD9C840-044E-11D1-B3E9-00805F499D93"
                height="68" width="58" >
  <param name="code" value="ImageLoopItem.class" />
  <param name="nimgs" value="10" />
  <param name="img" value="duke" />
  <param name="pause" value="1000" />
  <!--[if !IE]> Mozilla/Netscape und verwandte Browser -->
  <object classid="java:ImageLoopItem.class"
  height="68" width="58" >
  <param name="nimgs" value="10" />
  <param name="img" value="duke" />
  <param name="pause" value="1000" />
  </object>
  <!-- <![endif]-->
</object>
</body>
</html>
```

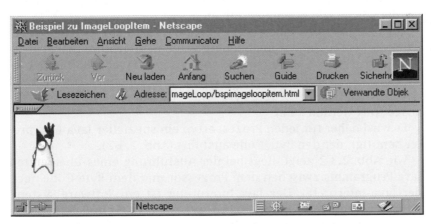

*Abb. 2.2-2-2:
Ausführung des
Java-Applets
»ImageLoopItem«
in einem Browser*

In diesem Beispiel gibt der Parameter nimgs *(number of images)* die Anzahl der Bilder in der Animation an. Der Parameter img *(image)* gibt an, wo sich die Grafikdateien, die zum Darstellen der Einzelbilder benötigt werden, befinden. duke steht für den Ordner, in dem sich diese Dateien befinden. Die einzelnen Bilder müssen unter den Namen T1.gif, ... , Tn.gif im gif-Format gespeichert sein. Der dritte Parameter pause gibt an, wieviele Millisekunden die Animation nach dem Abspielen auf dem ersten Bild anhalten soll, bevor die Animation erneut von vorne beginnt.

2.3 Compiler, Interpreter und Programmierumgebungen

Bevor das erste Java-Programm vorgestellt wird, sind zunächst einige Betrachtungen zum Übersetzungsvorgang nötig. Abb. 2.3-1 vergleicht den Übersetzungsvorgang bei einer traditionellen Programmiersprache mit dem für Java.

traditionelle Programmiersprachen

Traditionelle Programmiersprachen benötigen für jeden Prozessortyp einen Compiler. Ein solcher Compiler übersetzt das jeweilige Quell-Programm in ein so genanntes Objekt-Programm, das von einem Prozessor des entsprechenden Prozessortyps direkt ausgeführt wird. Je nach Programmiersprache gibt es für jeden Prozessortyp unter Umständen verschiedene Compilerhersteller. Nur wenige Compilerhersteller bieten Compiler für verschiedene Prozessortypen an.

Hinweis: Eine Plattform ist in der Regel eine Kombination aus Betriebssystem und Prozessortyp. Genau genommen unterscheiden sich die Compiler nicht nur bezüglich des Prozessortyps, sondern bezüglich der jeweiligen Plattform.

Will man ein Programm auf verschiedenen Prozessortypen – man spricht allgemein von **Plattformen** – laufen lassen, dann benötigt man pro Plattform einen Compiler für die entsprechende Programmiersprache – unter Umständen von verschiedenen Compilerherstellern. Für jede Plattform muss das Programm neu übersetzt werden.

Java

Java hatte von seiner Herkunft her von vornherein das Ziel plattformunabhängig zu sein. Daher ist nur *ein* Java-Compiler für alle Plattformen nötig. Allerdings gibt es verschiedene Compilerhersteller, die solche Java-Compiler anbieten.

Java-Compiler

Ein Java-Compiler übersetzt ein Quell-Programm in einen sogenannten Byte-Code, der unabhängig von einem bestimmten Prozessortyp ist. Er nutzt also nicht die spezifischen Eigenschaften der jeweiligen Prozessortypen aus und ist daher allgemeiner. Der Nachteil davon ist, dass der erzeugte Byte-Code von keinem Prozessor direkt ausgeführt werden kann.

Java-Interpreter

Es wird daher für jeden Prozessortyp ein spezieller Java-Interpreter benötigt, der den Byte-Code ausführt (Abb. 2.3-2).

Wie Abb. 2.3-2 zeigt, liegt bei der Ausführung eines übersetzten Java-Programms zwischen dem Prozessor und dem Byte-Code noch der Java-Interpreter. Der Java-Interpreter ist ein Software-System, das den erzeugten Byte-Code schrittweise analysiert und dann direkt ausführt. Der jeweilige Java-Interpreter selbst wird vom Prozessor ausgeführt.

JVM

Der Java-Interpreter verdeckt also die Eigenschaften des jeweiligen Prozessortyps und bietet eine höhere »Abstraktionsschicht«. Da man sich diese Abstraktionsschicht als einen gedachten Prozessor vorstellen kann, spricht man von einer **Java Virtuellen Maschine** (*Java virtual machine*), abgekürzt **JVM**. Dadurch wird aber die Abarbeitung der Programme verlangsamt.

Unter einem **Interpreter** versteht man ganz allgemein ein Programm, das jeweils eine Anweisung eines Programms analysiert und

Übersetzung von Programmen, geschrieben in traditionellen Programmiersprachen

Abb. 2.3-1:
Übersetzung von
Programmen

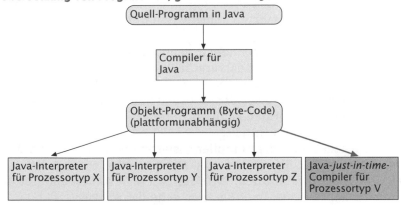

Vorteile

⊞ Optimale Ausnutzung der jeweiligen Prozessoreigenschaften, dadurch hohe Ab-
arbeitungsgeschwindigkeit der übersetzten Programme.

Nachteile

▪ Das übersetzte Programm läuft nur auf dem jeweiligen Prozessortyp (*nicht* platt-
formunabhängig).
▪ Für jeden Prozessortyp muss das Programm mit einem anderen Compiler neu
übersetzt werden.
▪ Oft gibt es für verschiedene Prozessortypen nur Compiler unterschiedlicher
Hersteller, die sich teilweise unterschiedlich verhalten.
▪ Programmiersprachen sind oft nicht plattformunabhängig definiert, sodass pro
Prozessortyp die Programme voneinander abweichen.

Übersetzung von Programmen, geschrieben in Java

Quell-Programm in Java

Compiler für
Java

Objekt-Programm (Byte-Code)
(plattformunabhängig)

Java-Interpreter für Prozessortyp X	Java-Interpreter für Prozessortyp Y	Java-Interpreter für Prozessortyp Z	Java-*just-in-time*- Compiler für Prozessortyp V

Vorteile

⊞ Für alle Prozessortypen wird nur ein Java-Compiler benötigt.
⊞ Java ist unabhängig von allen Plattformen exakt definiert.
⊞ Übersetzte Java-Programme laufen ohne Neuübersetzung auf allen Plattformen,
d.h. allen Prozessortypen, für die es einen Java-Interpreter gibt.

Nachteile

▪ Die übersetzten Programme laufen langsamer, da sie interpretiert werden.
▪ Für jeden Prozessortyp wird ein Java-Interpreter benötigt.

Der erste Nachteil wird durch *just-in-time*-Compiler vermieden, die beim Laden des
Byte-Codes über das Netz den Byte-Code in die Maschinensprache des entsprechenden
Prozessortyps schrittweise übersetzen. Die Ladezeit wird dadurch länger, die
Ausführungszeit jedoch kürzer.

Traditionelle Programmiersprache

Java

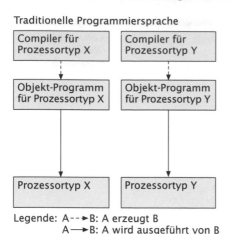

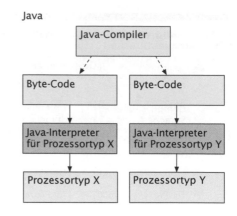

Legende: A--→B: A erzeugt B
          A—→B: A wird ausgeführt von B

Abb. 2.3-2:
Ausführung von sofort ausführt. Anschließend wird die nächste Anweisung analysiert
Programmen und ebenfalls ausgeführt usw.

   Im Gegensatz dazu analysiert ein Compiler ein Programm vollständig und übersetzt es, wenn die Syntax fehlerfrei ist. Anschlie-
just-in-time- ßend wird beliebig oft das übersetzte Programm ausgeführt, ohne
compiler dass noch einmal eine Analyse vorgenommen wird.

   Einige Web-Browser enthalten so genannte Java-JIT-Compiler *(just-
in-time-compiler)*, die den Byte-Code in ein Objekt-Programm für ei-
Erstellen eines nen speziellen Prozessortyp schrittweise übersetzen. Sie ersparen
Programms sich damit den Java-Interpreter.

Texteditor   Will man ein Programm erstellen, dann muss man das Programm in
einen Texteditor oder ein Textverarbeitungssystem eintippen.

   Das eingetippte Quell-Programm wird als Datei abgespeichert. Bei
einem Java-Programm muss die Datei den Dateisuffix .java erhalten,
Compiler damit der Compiler prüfen kann, ob die angegebene Datei ein geeignetes Quell-Programm enthält.

   Anschließend wird der Compiler gestartet und bekommt die Datei
angegeben, die er übersetzen soll. Der Compiler erzeugt eine Ob-
jekt-Datei, bei Java mit dem Dateisuffix .class. Außerdem gibt der
Compiler an, ob Fehler im Programm gefunden wurden.

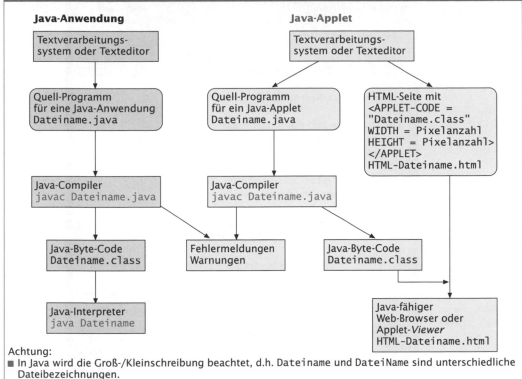

Java-Anwendung

Textverarbeitungs-
system oder Texteditor

Quell-Programm
für eine Java-Anwendung
`Dateiname.java`

Java-Compiler
`javac Dateiname.java`

Java-Byte-Code
`Dateiname.class`

Java-Interpreter
`java Dateiname`

Java-Applet

Textverarbeitungs-
system oder Texteditor

Quell-Programm
für ein Java-Applet
`Dateiname.java`

HTML-Seite mit
`<APPLET-CODE =`
`"Dateiname.class"`
`WIDTH = Pixelanzahl`
`HEIGHT = Pixelanzahl>`
`</APPLET>`
`HTML-Dateiname.html`

Java-Compiler
`javac Dateiname.java`

Fehlermeldungen
Warnungen

Java-Byte-Code
`Dateiname.class`

Java-fähiger
Web-Browser oder
Applet-*Viewer*
`HTML-Dateiname.html`

Achtung:
■ In Java wird die Groß-/Kleinschreibung beachtet, d.h. `Dateiname` und `DateiName` sind unterschiedliche Dateibezeichnungen.
■ Der Programmname, der in Java-Programmen hinter `class` angegeben ist, muss identisch sein mit dem Namen der Quell-Datei.

Legende: Angaben in blau gelten für die Verwendung des *Java Development Kit* (JDK) von Sun.

Im Fehlerfall wird kein Objekt-Programm erzeugt, vielmehr müssen zuerst die Fehler im Quell-Programm behoben werden. Oft zeigt ein Compiler auch Warnungen an, die den Programmierer auf bestimmte Dinge hinweisen, die aber nicht zum Abbruch der Übersetzung führen.

Ist das Programm fehlerfrei übersetzt, dann kann es vom Prozessor oder im Falle von Java vom Java-Interpreter, d.h. der virtuellen Maschine, ausgeführt werden.

Im Fall von Java ist nun noch zu unterscheiden, ob eine eigenständige Java-Anwendung oder ein Java-Applet programmiert wurde (Abb. 2.3-3).

Hat man ein Java-Applet programmiert und übersetzt, dann wird man das lauffähige Programm auf seinem Computersystem ausprobieren. Dazu bietet jeder Web-Browser die Möglichkeit, lokale HTML-Seiten anzuzeigen und eingebettete Java-Applets auszuführen. Tut das Applet das, was es tun soll, dann wird es z.B. in eine HTML-Seite integriert, die sich auf einem Web-Server befindet. Ruft ein Internet-Benutzer diese Seite auf, dann werden sowohl die HTML-Seite als

Abb. 2.3-3:
Übersetzen und
Ausführen eines
Java-Programms

Fehler, Warnungen
Interpreter

Java-Anwendung
oder Java-Applet

*Abb. 2.3-4:
Die Programmier-
umgebung
BlueJ*

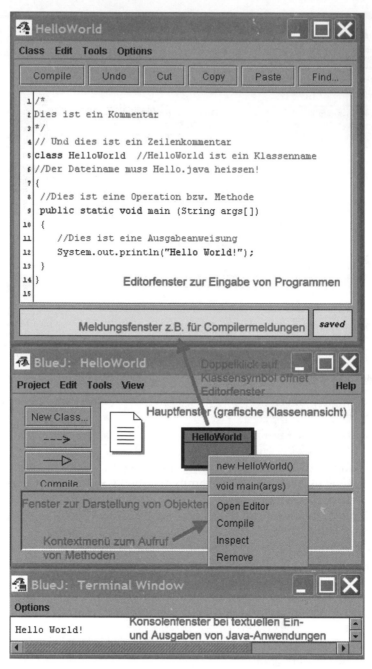

auch der Java-Byte-Code über das Netz transportiert und vom lokalen Web-Browser interpretiert.

Um ein Java-Programm zu erstellen, zu übersetzen und auszuführen, benötigt man mindestens einen Texteditor, einen Java-Compiler und einen Java-Interpreter bzw. einen Web-Browser mit integriertem Java-Interpreter.

Komfortabler als die Verwendung solcher Einzelkomponenten sind so genannte **Programmierumgebungen**, die die Einzelkomponenten in integrierter Form enthalten und zusätzliche Funktionen zur Verfügung stellen. Solche Programmierumgebungen sind teilweise sogar für mehrere Programmiersprachen von einem Hersteller erhältlich, sodass man nur eine Benutzungsoberfläche und ein einheitliches Umgebungskonzept für mehrere Programmiersprachen hat.

Viele Programmierumgebungen enthalten einen »Applet-*Viewer*«, der es gestattet, Applets auch unabhängig von einem Web-Browser ablaufen zu lassen.

Abb. 2.3-4 zeigt die Oberfläche der Programmierumgebung BlueJ und beschreibt die wichtigsten Komponenten. Diese Umgebung ist ideal für Programmieranfänger, da sie nur die wichtigsten Funktionen enthält.

Programmier-umgebungen

Applet-Viewer

2.4 Das erste Java-Programm: »Hello World«

Traditionell ist das erste Programm, das ein Programmierer schreibt, wenn er eine neue Sprache lernt, das Programm »Hello World«. Tradition ist es ebenfalls, das fertige Programm, wie es in einem Buch steht, mechanisch in den Editor einzutippen, es zu übersetzen und dann zu sehen, wie es läuft, bevor erklärt wird, was die einzelnen Programmzeilen bewirken.

Zunächst wird die Java-Anwendung für »Hello World«, anschließend das Java-Applet für »Hello World« gezeigt und erläutert.

2.4.1 Die erste Java-Anwendung: »Hello World«

Das folgende Beispiel zeigt eine einfache Java-Anwendung, die den Text »Hello World!« als Zeichenfolge auf einem zeichenorientierten Bildschirm ausgibt.

```
/*
Dies ist ein Kommentar
*/
//Und dies ist ein Zeilenkommentar
class Hello  //Hello ist ein Klassenname
//Der Dateiname muss Hello.java heissen!
{
    public static void main (String args[])
                        //Dies ist eine Operation bzw. Methode
    {
        System.out.println("Hello World!");
                        //Dies ist eine Ausgabeanweisung
    }
}
```

Beispiel 3

89

Abb. 2.4-1a:
Syntax-
diagramme,
EBNF und Java-
Notation

Syntaxdiagramme
Ein Syntaxdiagramm besteht aus zwei Teilen. Links oben wird in einem Rechteck der Name des Syntaxdiagramms angegeben. Dieser Name gibt an, welche Sprachkonstruktion das Syntaxdiagramm beschreibt. Man bezeichnet eine solche Sprachkonstruktion als **nicht terminales Symbol.**
Das eigentliche Diagramm besteht aus Ovalen, Kreisen und Rechtecken, verbunden durch gerichtete Pfeile. Syntaxdiagramme werden von links nach rechts gelesen, indem man der Richtung der Pfeile folgt. Ein Rechteck steht für ein Sprachkonstrukt, d.h. ein nicht terminales Symbol, das in einem anderen Syntaxdiagramm definiert ist. Ein Kreis oder ein Oval enthält Zeichen, die exakt so in dem entsprechenden Programmteil stehen müssen. Man bezeichnet diese Zeichen als **terminale Symbole.**
Hinweis: Im Buch werden Syntaxdiagramme meistens vollständig aufgeführt. Noch nicht behandelte oder für den gegenwärtigen Gesichtspunkt irrelevante Teile des Syntaxdiagramms sind grau unterlegt.

Beispiel: Syntax für eine Zeichenkette *(String)*

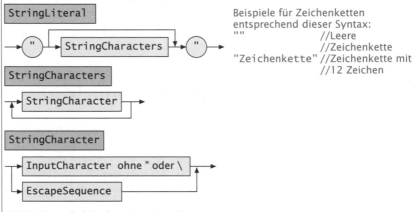

Beispiele für Zeichenketten
entsprechend dieser Syntax:
```
""                //Leere
                  //Zeichenkette
"Zeichenkette" //Zeichenkette mit
                  //12 Zeichen
```

EBNF *(Extended Backus-Naur-Form)*
Die so genannte Backus-Naur-Form (kurz BNF) wurde von den Wissenschaftlern Backus und Naur 1960 zur Beschreibung der Syntax der Programmiersprache Algol 60 entwickelt und später erweitert *(extended)*.
Der EBNF-Formalismus ist folgendermaßen aufgebaut:
■ Das zu definierende nicht terminale Symbol steht auf der linken Seite, durch ::= von seiner Definition auf der rechten Seite getrennt.
■ Eckige Klammern [ ] schließen optionale Elemente ein.
■ Geschweifte Klammern { } schließen Elemente ein, die nullmal oder mehrmals wiederholt werden können.
■ Ein senkrechter Strich | trennt alternative Elemente.
■ Nicht terminale Symbole werden in spitze Klammern < > eingeschlossen.

Beispiel:
```
<StringLiteral>    ::= "[<StringCharacters>]"
<StringCharacters> ::= <StringCharacter> {<StringCharacter>}
<StringCharacter>  ::= <InputCharacter ohne " oder \> | <EscapeSequence>
```

Die EBNF ist kompakter als Syntaxdiagramme, aber dafür auch schwerer zu lesen. Um ein Nachschlagen in der Java-Sprachspezifikation zu erleichtern, werden die dort verwendeten Bezeichnungen für nicht terminale und terminale Symbole unverändert übernommen.

Nach dem Erfassen, Übersetzen und Starten dieses Programms erscheint in einem zeichenorientierten Bildschirmfenster der Text »Hello World!«. Es ist auch möglich, eine Java-Anwendung zu schrei-

Java-Notation

In der Java-Sprachspezifikation /Gosling, Joy, Steele 96/ wird folgende Notation verwendet, die die EBNF etwas modifiziert:

- Terminale Symbole werden in *Monospace*-Schrift dargestellt, d.h. jedes Zeichen hat dieselbe Breite: `terminales Symbol`.
- Nicht-terminale Symbole werden *kursiv* dargestellt.
- Ein nicht-terminales Symbol wird durch seinen Namen gefolgt von einem Doppelpunkt definiert. Auf neuen, nach rechts eingerückten Zeilen stehen ein oder mehrere Alternativen. Jede Alternative auf einer Zeile.
- Der nach- und tiefgestellte Index »opt« gibt an, dass ein Symbol optional ist.
- Steht hinter dem Doppelpunkt des nicht-terminalen Symbolnamens ein »one of«, dann gilt nur jeweils eines der nachfolgend aufgeführten terminalen Symbole.

Abb. 2.4-1b:
Syntax-
diagramme,
EBNF und Java-
Notation

Beispiel:
StringLiteral:
  `"` *StringCharacters$_{opt}$* `"`

StringCharacters:
  StringCharacter
  StringCharacters *StringCharacter*

StringCharacters:
  InputCharacter ohne `"` *oder* `\`
  EscapeSequence

Achtung: Die Java-Notation kennt *keine* Wiederholungssymbole wie die geschweiften Klammern in der EBNF. Daher müssen Wiederholungen durch eine so genannte Rekursion beschrieben werden, d.h., innerhalb einer Alternative steht das nicht-terminale Symbol, das in dieser Syntaxdefinition definiert wird. Im obigen Beispiel trifft dies auf *StringCharacters* zu (schwarz dargestellt).

Hinweis:
Um ein Nachschlagen in der Java-Sprachspezifikation zu erleichtern, werden die dort verwendeten Bezeichnungen für nicht-terminale und terminale Symbole unverändert übernommen.

ben, die eine grafische Benutzungsoberfläche besitzt. Dies wird später gezeigt.

Meldet der Compiler einen Fehler, dann muss dieser beseitigt werden und solange eine erneute Übersetzung durchgeführt werden, bis die Übersetzung fehlerfrei ist. Der Compiler zeigt den oder die Fehler im Quell-Programm an. Jedes Programm muss syntaktisch fehlerfrei sein, d.h. den Syntaxvorschriften der jeweiligen Programmiersprache entsprechen.

2.4.2 Notationen für die Syntax einer Programmiersprache

In der Informatik haben sich verschiedene Beschreibungsformalismen für die Syntax eingebürgert. Sie sind in Abb. 2.4-1 dargestellt. Mithilfe solcher Syntaxbeschreibungen ist es einfacher, eine Sprache zu definieren und ein Programm zu analysieren.

Beispiele   Die verschiedenen Syntaxnotationen zeigen folgende Beispiele:
Nicht-terminales Symbol:

Syntax-   EBNF: <A>
diagramm: Java-Syntax: A

Terminales Symbol:

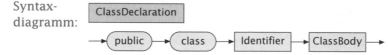

Syntax-   EBNF: class
diagramm: Java-Syntax: class

Definition einer Syntaxregel:

Syntax-
diagramm:

EBNF: <ClassDeclaration> ::= public class <Identifier>
               <ClassBody>

Java-Syntax: *ClassDeclaration:*
                    public class *Identifier ClassBody*

Darstellung einer Alternative:

Syntax-   EBNF: <A> ::= <B> | <C>
diagramm: Java-Syntax: *A:*

                                                           B
                                                           C

Darstellung einer Option:

Syntax-   EBNF: <A> ::= [B]
diagramm: Java-Syntax: *A:*

                                                           B_{opt}

Darstellung einer Wiederholung:

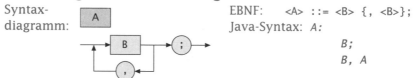

Syntax-   EBNF: <A> ::= <B> {, <B>};
diagramm: Java-Syntax: *A:*

                                                 B;
                                                 B, A

In diesem Buch werden sowohl Syntaxdiagramme als auch die EBNF-Notation und die Java-Notation je nach Bedarf verwendet.

Schlüsselworte,   Jede Programmiersprache besitzt eine Reihe von **Schlüsselwor-**
Wortsymbole   **ten** oder **Wortsymbolen.** Dabei handelt es sich um terminale Symbole wie class, public, void, import, die eine festgelegte Bedeutung in der Sprache besitzen und *nicht* für andere Zwecke benutzt werden dürfen. In den Texteditoren der meisten Programmierumgebungen werden Schlüsselworte automatisch durch eine einstellbare Farbe hervorgehoben, um für den Programmierer die Lesbarkeit seines Programms zu erhöhen.

Ein Programm wird heute in der Regel nicht nur vom Autor des Programms gelesen, sondern auch von anderen Personen, z.B. Kollegen, der Qualitätssicherung usw. Es ist daher nötig, dass ein Programm gut dokumentiert ist.

Eine gute Dokumentierung erhält man u.a. durch die geeignete Verwendung von Kommentaren in einem Programm. Jede Programmiersprache erlaubt es, Kommentare in Programme einzufügen. Kommentare werden vom Compiler überlesen. Dem menschlichen Leser erleichtern passende Kommentare das Verständnis des Programms erheblich.

In Java werden drei verschiedene Arten von Kommentaren unterschieden:

■ Traditioneller Kommentar: /*Kommentar*/
Alle Zeichen zwischen /* und */ werden vom Compiler überlesen (dies ist auch die übliche Kommentarart in den Sprachen C und C++).

■ Einzeilenkommentar: //Kommentar
Alle Zeichen nach // bis zum Zeilenende werden überlesen (übliche Kommentarart in der Sprache C++).

■ Dokumentationskommentar: /**Kommentar*/
Wie der traditionelle Kommentar, jedoch kann dieser Kommentar von dem Java-Programm Javadoc sowie einigen Programmierumgebungen ausgewertet werden, um eine automatische Dokumentation im HTML-Format zu erstellen (wird im Abschnitt 2.8.1 genauer behandelt).

Kommentare

Java-Kommentare

2.4.3 Aufbau eines Java-Programms

Jedes Java-Programm besteht aus mindestens einer oder mehreren so genannten **Klassen**. Auf diese zentralen Bausteine eines Java-Programms wird im nächsten Kapitel im Detail eingegangen. Eine Klasse wird in Java durch das Wort class gekennzeichnet. Hinter dem Wort class folgt der Klassenname, der die Klasse kennzeichnet. Alles was anschließend folgt und zur Klasse gehört, wird in geschweifte Klammern {...} eingeschlossen.

Klasse

{...}

Dies ist ein grundlegendes Prinzip in Java. Immer wenn man etwas Zusammengehöriges zusammenfassen will, klammert man es in geschweifte Klammern. Das bedeutet auch, dass Klammern immer paarweise auftreten. Fehlt eine Klammer, dann meldet der Compiler einen Fehler.

Eine Klasse kann wiederum mehrere **Operationen** – in Java Methoden genannt – enthalten, im Beispiel 3 heißt die Operation main. Alles was anschließend folgt und zur Operation gehört, wird wiederum in geschweifte Klammern eingeschlossen.

Operationen bzw. Methoden

Folgende Richtlinien sollten eingehalten werden, um gut lesbare Programme zu erhalten:

Richtlinien

- Paarweise zusammengehörende geschweifte Klammern (eine öffnend, eine schließend) stehen immer in derselben Spalte untereinander.
- In der Zeile, in der eine geschweifte Klammer steht, steht sonst nichts mehr.
- Alle Zeilen innerhalb eines Klammerpaars sind jeweils um vier Zeichen nach rechts eingerückt (lässt sich bei den Editoren einstellen).

Innerhalb der Operation main steht in dem Programm Hello die Ausgabeanweisung System.out.println("Hello World!");

Diese Anweisung gibt den Text, der in " " eingeschlossen ist, in einem Bildschirmfenster aus. Ein so gekennzeichneter Text ist in Java eine Zeichenkette *(String)*. Die Syntax dazu ist in Abb. 2.4-1 angegeben. Ändert man den Text, übersetzt das Programm neu und startet es, dann wird der geänderte Text angezeigt.

Wird die Anweisung dupliziert und mehrfach hintereinander aufgeführt, dann erscheinen mehrere Zeilen Text auf dem Bildschirmfenster.

Diese Anweisung gibt also einen Text zeichenweise in einer Zeile in einem Bildschirmfenster aus. Am Ende der Zeile wird auf eine neue Zeile positioniert *(println = print line = drucke Zeile)*.

Semikolon   Anweisungen werden immer durch ein Semikolon abgeschlossen!

Jede Java-Anwendung muss übrigens in genau einer Klasse eine
main   Operation mit dem Namen main besitzen, da diese Operation beim Start der Anwendung zuerst ausgeführt wird.

2.4.4 Das erste Java-Applet: »Hello World«

Java-Applet   Soll ein Java-Programm in einem Web-Browser ausgeführt werden, dann muss es als Applet programmiert werden. Der Web-Browser startet das Applet (wenn die gerade betrachtete HTML-Seite ein Applet enthält) und beendet es (wenn die entsprechende HTML-Seite verlassen wird). Dem Applet steht in der HTML-Seite der Grafikbereich zur Verfügung, der im <object>-Befehl dafür angegeben wurde (siehe Abb. 2.2-3).

Die Interaktion mit dem Benutzer geschieht bei einem Applet immer über eine grafische Benutzungsoberfläche, während es sich bei einer Java-Anwendung entweder um eine grafische oder um eine zeichenorientierte Benutzungsoberfläche handelt.

Aufbau der Benut-   Die grafische Benutzungsoberfläche von Java besteht aus einem
zungsoberfläche   Container *(container)*, d.h. einem Behälter, auf dem verschiedene Interaktionselemente *(controls)* angeordnet werden können. Beispiele für Interaktionselemente sind einzeilige Textfelder *(textfields)*, mehrzeilige Textbereiche *(textareas)* und Druckknöpfe *(buttons)*. Ein Container kann selbst andere Container enthalten.

Über einem Grafikbereich liegt in Java ein Koordinatensystem, dessen Ursprung in der oberen linken Ecke liegt (Abb. 2.4-2). Positive x-Werte verlaufen nach rechts, positive y-Werte nach unten. Alle Pixel-Angaben sind ganze Zahlen. Da ein Container ein Grafikbereich ist, liegt über ihm ebenfalls ein Koordinatensystem.

Der Text »Hello World« soll in einem Textfeld angezeigt werden. Dazu muss ein Textfeld *(textfield)* dem Container hinzugefügt, d.h. »hinzuaddiert« (add(einTextfeld)) werden. Außerdem muss dieses Textfeld innerhalb des Containerbereichs positioniert werden.

Jedes Textfeld besitzt bestimmte Eigenschaften, in Java *properties* genannt, die pro Textfeld gesetzt werden können. Beispiele für Eigenschaften von Textfeldern sind:

- Feldgrenzen: setBounds(x, y, width, height) mit folgenden Parametern:
  x – Die neue x-Koordinate des Feldes.
  y – Die neue y-Koordinate des Feldes.
  width – Die neue Breite des Feldes.
  height – Die neue Höhe des Feldes.
  Alle Werte sind in Pixel anzugeben.
- Anzuzeigender Text: setText(t) wobei t der anzuzeigende Text ist.
- Schriftart, Schriftschnitt und Schriftgröße: setFont(new Font("Schriftname", Font.Schriftstil, Schriftgröße)) wobei als Schriftstil zugelassen sind PLAIN für normal, BOLD für halbfett und ITALIC für kursiv. Die Schriftgröße wird in Pixeln angegeben.
- Hintergrundfarbe des Textfeldes: setBackground(Color.Farbname)
- Schriftfarbe: setForeground(Color.Farbname)

Diese Eigenschaften können durch Anweisungen im Programm gesetzt werden.

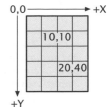

Java-Koordinatensystem

Abb. 2.4-2: Das Java-Koordinatensystem

Ein einfaches Applet, das den Text »Hello World!« in einem Textfeld ausgibt, sieht folgendermaßen aus:

Beispiel 4a

```java
import java.awt.*;
import java.applet.*;

public class HelloApp extends Applet
{
    TextField einTextfeld = new TextField();

    public void init()
    {
        setLayout(null);
        setFont(new Font("Verdana", Font.BOLD, 20));
        setSize(400,150);
        einTextfeld.setText("Hello World!");
        add(einTextfeld);
        einTextfeld.setBackground(Color.pink);
        einTextfeld.setForeground(Color.blue);
        einTextfeld.setBounds(50,25,300,80);
    }
}
```

Nach der Fertigstellung des Applets wird es ebenfalls übersetzt und ausgeführt. Die Ausführung erfolgt in einem Web-Browser oder einem Applet-*Viewer*, den viele Programmierumgebungen enthalten (Abb. 2.4-3).

Abb. 2.4-3:
Das gestartete
Applet in einem
Applet-Viewer

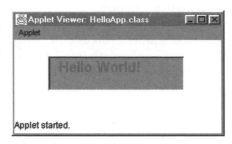

Vergleicht man das Applet-Programm mit dem Anwendungsprogramm, dann stellt man fest, dass fast alles anders ist.

import   Am Anfang stehen zwei Zeilen, die mit dem Wort import beginnen. Hier wird angegeben, welche bereits in Java vorhandenen Programmteile in diesem Applet verwendet werden sollen. Auch Java-Anwendungen können Programmteile importieren.

class   Anschließend folgt die Klasse class HelloApp. Das Wort public (öffentlich) gibt an, dass der Web-Browser diese Klasse sehen darf. Nur mit public gekennzeichnete Klassen können vom Web-Browser in Anspruch genommen werden. Auch Klassen in Anwendungen können »öffentlich« gemacht werden, d.h. mit public gekennzeichnet werden.

init   Die Klasse enthält die Applet-spezifische Operation init. Sie entspricht der main-Operation bei einer Java-Anwendung. Startet der Web-Browser ein Applet, dann wird zunächst die init-Operation ausgeführt. In der init-Operation werden im allgemeinen Voreinstellungen vorgenommen und die Benutzungsoberfläche aus Interaktionselementen zusammengebaut.

Damit das Applet ausgeführt werden kann, wird noch eine geeignete HTML-Seite benötigt. Java-Programmierumgebungen generieren in der Regel automatisch eine solche Seite.

Beispiel 4b   Generierte HTML-Seite für das Applet HelloApp:

```
<html>
<!-- This file automatically generated -->

    <head>
        <title>HelloApp Applet</title>
    </head>
    <body>
        <h1>HelloApp Applet</h1>
        <hr>
        <applet code="HelloApp.class"
            width=400
```

96

```
            height=200
            codebase="."
            alt="Your browser understands the &lt;APPLET&gt;">
            Your browser is ignoring the &lt;APPLET&gt; tag!
        </applet>
        <hr>
    </body>
</html>
```

Viele Programmierumgebungen erlauben es jedoch auch, mit einem spezialisierten Zeichenprogramm, einem so genannten Grafikeditor, die Interaktionselemente durch direkte Manipulation auf dem Container zu positionieren. Eine Werkzeugleiste *(tool bar)* oder ein Komponentenfenster enthält alle verfügbaren Komponenten, die auf dem Container angeordnet werden können. Durch Selektieren, Ziehen und Loslassen wird eine Komponente auf dem Container positioniert. In einem Eigenschaftsfenster werden die Eigenschaften der selektierten Komponente angezeigt und können dort direkt geändert werden. Parallel zu diesen Aktivitäten erzeugt die Programmierumgebung das zugehörige Java-Programm, das im Wechsel mit der Containersicht angesehen werden kann. Alle Änderungen können auch direkt im Java-Programm vorgenommen werden (Abb. 2.4-4).

Grafikeditor

Abb. 2.4-4: Beispiel für die grafische Erstellung eines Applets mit der Programmierumgebung NetBeans

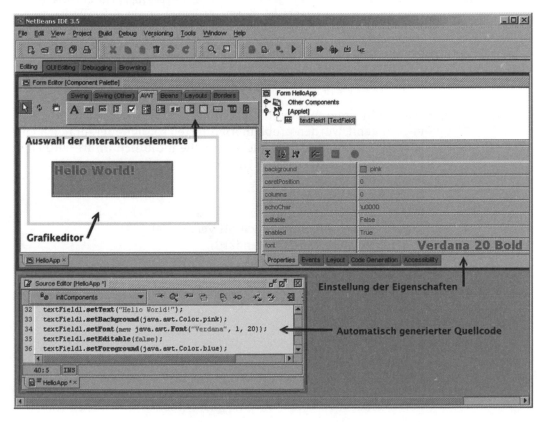

Compiler Ein kompliziertes Programm, das Quell-Programme, geschrieben in einer →problemorientierten Programmiersprache, in Objekt-Programme (Sprachvorrat des automatischen Prozessors) umwandelt; Sonderfall eines →Übersetzers.

EBNF *(Extended Backus-Naur-Form)* Formalismus zur Beschreibung der Syntax von Programmiersprachen (→Syntaxdiagramm).

Interpreter Analysiert Anweisung für Anweisung eines Programms und führt jede analysierte Anweisung sofort aus, bevor er die nächste analysiert (→JVM).

Java Virtuelle Maschine →JVM.

JVM Bezeichnung für Java- →Interpreter, die den Java-Byte-Code zur Laufzeit analysieren und interpretieren.

Nicht-terminales Symbol Symbol, das als Platzhalter dient und durch Syntaxregeln letztendlich vollständig auf Sequenzen →terminaler Symbole zurückgeführt wird.

Problemorientierte Programmiersprache Programmiersprache, deren Sprachvorrat und Sprachkonstruktion problemnahe Formulierungen von Algorithmen ermöglicht; Programme müssen von einem →Compiler in die Maschinensprache des jeweiligen Prozessors umgesetzt werden, damit eine automatische Abarbeitung möglich ist.

Programmieren Konzeption und Entwurf von Algorithmen, die als Programme realisiert und durch Computersysteme ausgeführt werden.

Programmierumgebung Integration von Einzelkomponenten wie Texteditor, →Compiler, Verwaltungssystem, Bibliotheksverwaltung und Fehlerverfolgungssystem, um dem Programmierer eine effiziente und komfortable Programmerstellung in einer oder mehreren Programmiersprachen unter einer einheitlichen Benutzungsoberfläche zu ermöglichen.

Syntaxdiagramm Grafische Darstellung der Backus-Naur-Form (→EBNF); üblich zur Beschreibung der Syntax von Programmiersprachen.

Terminales Symbol Nicht weiter zerlegbares Symbol einer Sprache; →nichtterminales Symbol.

Übersetzer Programm, das in einer Programmiersprache A (Quellsprache) abgefasste Programme ohne Veränderung der Semantik in Anweisungen einer Sprache B (Zielsprache) transformiert.

Programmiersprachen

Damit ein Programmierer Problemlösungen problemnah programmieren kann, wurden problemorientierte Programmiersprachen entwickelt. Es gibt über 200 solche Sprachen, die sich im Wesentlichen in folgenden Punkten unterscheiden:

- Anwendungsgebiet,
- Grad der Allgemeinheit,
- Unterstützte Konzepte:
  □ prozedural, imperativ (noch oft verwendet),
  □ objektorientiert (heute Standard),
  □ funktional, applikativ,
  □ prädikativ, logik-orientiert,
  □ deklarativ,
- Notationen,
- Konzeptionelle Geschlossenheit,
- Grad der Normung,
- Verbreitung,
- Bedeutung.

Übersetzer

Programme, geschrieben in problemorientierten Sprachen, müssen durch einen Übersetzer in eine maschinennahe Sprache transformiert werden, damit sie ein Prozessor ausführen kann. Übersetzer, die problemorientierte Programme in maschinennahe Programme umwandeln, werden Compiler genannt.

Werden Programme nicht vollständig übersetzt und dann ausgeführt, sondern Anweisung für Anweisung analysiert und jede Anweisung ausgeführt, dann spricht man von einem Interpreter. In Java erzeugt ein Compiler einen so genannten Java-Byte-Code, der von einer Java Virtuellen Maschine (JVM) interpretiert wird.

Da Programmiersprachen exakt formuliert sein müssen, benötigt man geeignete Beschreibungsformalismen für die Syntax einer Programmiersprache. Häufig verwendet werden die EBNF-Notation und Syntaxdiagramme. In beiden Formalismen wird festgelegt, wie nichtterminale Symbole auf Sequenzen aus terminalen Symbolen durch Syntaxregeln zurückgeführt werden.

Syntax

Programme werden heute mit Programmierumgebungen erstellt.

Damit Programme gut lesbar sind, müssen sie durch Einsatz von Kommentaren geeignet dokumentiert und durch die Verwendung von Einrückungen optisch strukturiert werden.

Programmierumgebungen

Lesbarkeit

/Balzert 03c/

Zitierte Literatur

Balzert, Helmut, *JSP für Einsteiger – Dynamische Websites mit JavaServer Pages erstellen*, Herdecke-Dortmund: W3L-Verlag 2003
/Gosling, Joy, Steele 96/
Gosling J., Joy B., Steele G., *The Java Language Specification*, Reading: Addison-Wesley 1996
/Ludewig 93/
Ludewig J., *Sprachen für das Software-Engineering*, in: Informatik-Spektrum (1993) 16, S. 286–294

Ziel ist es, das »Lernen durch Beispiele« zu unterstützen. Alle im Buch aufgeführten Beispielprogramme befinden sich auf der CD-ROM. Laden Sie diese Programme in Ihr Computersystem und verwenden Sie sie als Vorlage für Ihre Programme.

1 *Lernziel: Erläutern können, wie Programme traditioneller Programmiersprachen im Vergleich zu Java übersetzt und ausgeführt werden.*
Eine Firma arbeitet auf zwei verschiedenen Plattformen. Ein Vertreter wird eingeladen, um auf jeder Plattform je ein Java- und ein C++-Programm zu demonstrieren.
Was muss der Vertreter für seine Vorführung tun und beachten?
Gehen Sie hierbei auf die prinzipiellen Unterschiede der beiden Programmiersprachen ein.

Analytische Aufgaben
Muss-Aufgabe
10 Minuten

2 *Lernziel: Beschreiben können, wie Java-Anwendungen und Java-Applets erfasst, übersetzt und ausgeführt werden.*
Eine Marketingfirma möchte für einen Kunden im Internet werben. Der Kunde interessiert sich dafür, wie ein individuell für ihn geschriebenes Java-Applet entsteht.
Erklären Sie dem Kunden die Vorgehensweise, um ein selbst geschriebenes Java-Applet mittels eines Browsers anschauen zu können.

Muss-Aufgabe
5 Minuten

LE 3 Aufgaben

Klausur-Aufgabe
20 Minuten

3 *Lernziele: Feststellen können, ob ein Programm oder ein Programmaus-schnitt gegen die vorgegebene Syntax, beschrieben als Syntaxdiagramm, EBNF- oder Java-Notation, verstößt. Programme entsprechend den Richt-linien durch Einrücken geeignet strukturieren können.*

a Markieren und verbessern Sie die Fehler in folgendem Java-Quellpro-gramm, sodass dieses Programm übersetzt und in einem Browser aus-geführt werden kann.

```
imports java.awt.*;
Class HelloApp extend Applet {
public void main() {
    setLayout(null);
    setSize(426,266);
    setFont(new Font("Dialog", Font.BOLD, 20));
    textField1 = new TextField();
    textField1.setEditable(false);
    textField1.setText("Hello World!")
    textField1.setBounds(48,24,193,49);
    textField1.setForeground(new Color(255));
    textField1.setBackground(new Color(12632256));
    add(textField1);
}}
    TextField textField1;
}
```

b Schreiben Sie das Programm noch einmal auf und strukturieren Sie es nach den vorgestellten Richtlinien.

Konstruktive
Aufgaben
·Muss-Aufgabe
20 Minuten

4 *Lernziel: Die Darstellungsformen Syntaxdiagramme, EBNF und Java-Nota-tion anhand von Beispielen ineinander überführen können.*
Es liegen folgende Spezifikationen in Java-Notation vor:

```
FieldDeclaration:
    FieldModifiersopt Type VariableDeclarators ;
VariableDeclarators:
    VariableDeclarator
    VariableDeclarators , VariableDeclarator
VariableDeclarator:
    VariableDeclaratorId
    VariableDeclaratorId = VariableInitializer
VariableDeclaratorId:
    Identifier
    VariableDeclaratorId [ ]
VariableInitializer:
    Expression
    ArrayInitializer
```

Geben Sie diese in EBNF-Notation und als Syntaxdiagramm an.

Muss-Aufgabe
45 Minuten

5 *Lernziele: Vorhandene Java-Applets in Web-Dokumente mit den geeigneten HTML-Befehlen einfügen können. Java-Applets im Internet finden und in das eigene Computersystem laden können.*

a Suchen Sie im Internet ein »*treeview*«-Applet. Das Applet soll Baum-strukturen darstellen können und die Einträge als Verweis (Verknüpfung über Mausklick) navigierbar machen. Die Darstellung eines *treeview* entspricht der Darstellung des *Explorers* von Windows.

b Verwenden Sie das gefundene Applet in Ihrer Homepage zur Naviga-tion.

Hinweis
Weitere Aufgaben befinden sich auf der CD-ROM.

2 Grundlagen der Programmierung – Objekte und Klassen (Teil 1)

■ Die Begriffe Klasse, Objekt, Attribut, Operation und Botschaft anhand von Beispielen erklären können. verstehen

■ Die grundsätzliche Struktur eines Java-Programms erläutern können.

■ Das Entwurfsprinzip »Trennung GUI – Fachkonzept« erklären können.

■ Für gegebene Beispiele geeignete Diagramme in UML-Notation (Klassen-, Objekt-, Sequenzdiagramm) auswählen und zeichnen können. anwenden

■ Vorgegebene Java-Programme auf die Einhaltung der behandelten Syntax prüfen können.

■ Anhand von Beispielen die dynamischen Abläufe bei der Erzeugung und Referenzierung von Objekten zeichnen – insbesondere durch Darstellung des Arbeitsspeichers und als UML-Diagramme – und erläutern können.

■ Anhand von Beispielen die dynamischen Abläufe beim Versenden von Botschaften an Objekte zeichnen – insbesondere durch Darstellung des Arbeitsspeichers und als UML-Diagramme – und erläutern können.

■ Das behandelte Programm »Kundenverwaltung« auf analoge Aufgaben übertragen und modifizieren können, sodass lauffähige Java-Programme entstehen.

■ Aus einem Pflichtenheft ein Klassendiagramm in UML-Notation erstellen und dieses Diagramm anschließend in ein Java-Programm transformieren und um Operationsanweisungen ergänzen können.

✓ ■ Die Kapitel 2.2 bis 2.4 müssen bekannt sein.

2.5 Zuerst die Theorie: Objekte und Klassen

Die **objektorientierte Programmierung (OOP)** stellt zum Teil neue Konzepte für die Entwicklung von Software-Systemen zur Verfügung. Die grundlegenden Konzepte der Objektorientierung (kurz: **OO**) werden im Folgenden dargestellt.

Historie Historisch betrachtet leiten sich die Grundkonzepte der objektorientierten Software-Entwicklung aus der Programmiersprache Smalltalk-80 her. Smalltalk-80 ist die erste objektorientierte Programmiersprache. Sie wurde in den Jahren 1970 bis 1980 am Palo Alto Research Center (PARC) der Firma Xerox entwickelt. Das Klassenkonzept wurde von der Programmiersprache SIMULA 67 übernommen und weiterentwickelt.

Die Konzepte wurden in Smalltalk-80 – wie in Programmiersprachen üblich – textuell repräsentiert. Heute gibt es für die Darstellung der Konzepte auch grafische Notationen.

UML: `http://` Im Folgenden wird dafür die **UML** *(Unified Modeling Language)*
www.OMG.org verwenden /UML 03/, die sich als Standardnotation durchgesetzt hat. Sie legt verschiedene Diagrammarten mit den entsprechenden Symbolen fest. Zum Erfassen und Bearbeiten dieser Diagramme gibt es Software-Werkzeuge. Auf der beigefügten CD-ROM befinden sich mehrere solcher Werkzeuge.

Alle Diagramme in diesem Buch, die exakt der UML-Notation entsprechen, sind durch ein UML-Piktogramm gekennzeichnet.

2.5.1 Intuitive Einführung

Die Begriffe der objektorientierten Software-Entwicklung werden am Beispiel der Immobilienfirma Nobel & Teuer eingeführt. Die Firma Nobel & Teuer vermittelt exklusive Einfamilienhäuser.

Objekt Jedes Einfamilienhaus ist ein **Objekt**. Die Firma Nobel & Teuer hat gerade den Auftrag erhalten, ein Landhaus zu verkaufen.

Über dieses »Landhaus«-Objekt werden von Nobel & Teuer folgende Daten gespeichert: Haustyp, Name des Besitzers, Adresse des Landhauses, Wohnfläche, Anzahl der Bäder, Schwimmbad vorhanden, Gartenfläche, Baujahr, Verkaufspreis.

Attributwerte Anstelle von Daten spricht man auch von **Attributwerten** (Abb. 2.5-1).

Kommt ein potenzieller Käufer zu Nobel & Teuer, dann muss der Verkaufspreis verfügbar sein.

Es wird eine Funktion benötigt, die auf das Objekt »Landhaus« angewendet wird. In der objektorientierten Welt spricht man statt von einer Funktion von einer **Operation** (Abb. 2.5-2).

Üblich ist auch der Begriff **Methode**, der in Smalltalk und Java dafür verwendet wird. Wegen der Verwechslungsgefahr mit dem allgemein üblichen Begriff Methode, der für ein systematisches Vorgehen steht, wird dieser Begriff für die Bezeichnung einer Operation nur im direkten Zusammenhang mit Java verwendet.

Ein Objekt enthält Attributwerte, auf die nur über die Operationen zugegriffen werden kann. Die Attributwerte bzw. Daten des Objekts sind verkapselt, d.h. von außen nicht sichtbar.

Dies bezeichnet man als **Geheimnisprinzip**.

Außer dem Objekt »Landhaus« bietet die Firma Nobel & Teuer noch andere Einfamilienhäuser an (Abb. 2.5-3). Alle drei Objekte besitzen zwar unterschiedliche Attributwerte, die aber alle von der gleichen Art sind.

Man spricht hier von den **Attributen** »Haustyp«, »Besitzer« usw. Außerdem besitzen alle Objekte die gleiche Operation »anfragen Verkaufspreis«.

Diese Objekte werden daher zur Klasse »Einfamilienhaus« zusammengefasst (Abb. 2.5-4).

Eine **Klasse** definiert die Attribute und Operationen ihrer Objekte.

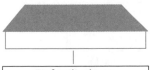

Abb. 2.5-1: Attributwerte eines Objekts

Geheimnisprinzip

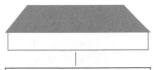

Abb. 2.5-2: Operation eines Objekts

Attribut

Klasse

Abb. 2.5-3: Einfamilienhaus-Objekte

Abb. 2.5-4: Klasse
Einfamilienhaus

Einfamilienhaus
Haustyp
Besitzer
Adresse
Wohnfläche
Anzahl Bäder
Hat Schwimmbad
Garten
Baujahr
Verkaufspreis
anfragen Verkaufspreis()

Botschaft

Wie kann die Operation »anfragen Verkaufspreis« für das Objekt »Landhaus« ausgeführt werden? Dazu wird dem Objekt eine Botschaft geschickt (Abb. 2.5-5).

Eine **Botschaft** aktiviert eine Operation gleichen Namens. Die gewünschten Ausgabedaten werden an den Sender der Botschaft zurückgegeben.

Abb. 2.5-5:
Botschaft

:Einfamilienhaus
Haustyp = "Landhaus"
Besitzer = "Dr. Kaiser"
Adresse = "Königstein"
Wohnfläche: 400 [qm]
Anzahl Bäder: 3
Hat Schwimmbad = "ja"
Garten: 5000 [qm]
Baujahr: 1976
Verkaufspreis: 2 Mio. [€]
anfragen Verkaufspreis()

2 Mio.

anfragen Verkaufspreis ()

2.5.2 Objekte

Wie die Bezeichnung »objektorientiert« bereits nahe legt, steht der Objektbegriff im Mittelpunkt.

Objekt
Ein **Objekt** *(object)* ist allgemein ein Gegenstand des Interesses, insbesondere einer Beobachtung, Untersuchung oder Messung. In der objektorientierten Software-Entwicklung ist ein Objekt ein individuelles Exemplar von Dingen (z.B. Roboter, Auto), Personen (z.B. Kunde, Mitarbeiter) oder Begriffen der realen Welt (z.B. Bestellung) oder der Vorstellungswelt (z.B. juristische und natürliche Personen).

Eigenschaften,
Verhalten,
Objekt-Identität
Ein Objekt besitzt einen bestimmten Zustand und reagiert mit einem definierten Verhalten auf seine Umgebung. Außerdem besitzt jedes Objekt eine **Objekt-Identität**, die es von allen anderen Objekten unterscheidet. Ein Objekt kann ein oder mehrere andere Objekte kennen. Zwischen Objekten, die sich kennen, bestehen Verbindungen *(links)*.

Attributwerte
Der **Zustand** *(state)* eines Objekts wird durch seine Attributwerte bzw. Daten und die jeweiligen Verbindungen zu anderen Objekten bestimmt.

104

Das **Verhalten** *(behavior)* eines Objekts wird durch eine Menge von Operationen beschrieben.   Operationen

Die Begriffe **Exemplar, Instanz**, *instance* und *class instance* werden synonym für den Begriff Objekt verwendet.   Synonyme

Objekt »Oberarm des Roboters«.   Beispiel 1
Abb. 2.5-6 zeigt, dass das Objekt »Oberarm des Roboters« durch drei Attributwerte gekennzeichnet ist. Vier Operationen ermöglichen es, die Winkel zu manipulieren.

Abb. 2.5-6: Objekt »Oberarm des Roboters«

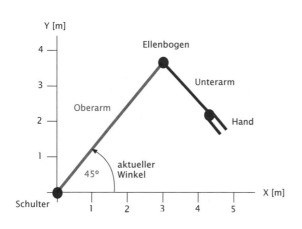

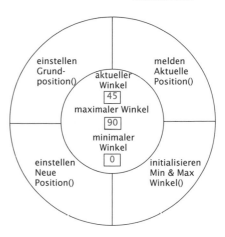

Objekt »Mitarbeiter Edelmann«.   Beispiel 2
Die Zustände dieses Objekts werden durch zwei Attributwerte, das Verhalten durch zwei Operationen bestimmt (Abb. 2.5-7).

Eine Änderung oder Abfrage des Zustands eines Objekts ist nur über seine Operationen möglich, d.h., die Attributwerte und Verbindungen sind außerhalb des Objekts nicht sichtbar. Man spricht daher von der Verkapselung der Daten bzw. von der Einhaltung des **Geheimnisprinzips** (Abb. 2.5-8).

Abb. 2.5-7: Objekt »Mitarbeiter Edelmann«

ändern Name()

Name
Edelmann

Gehalt
5000

ändern Gehalt()

In der UML-Notation wird ein Objekt durch ein zweigeteiltes Rechteck dargestellt (Abb. 2.5-9). Der obere   UML-Notation
Teil enthält den unterstrichenen Klassennamen (mit vorangestelltem Doppelpunkt), zu dem das Objekt gehört (anonymes Objekt). Besitzt das Objekt einen eigenen Namen, dann steht dieser vor dem Doppelpunkt, z.B. einLandhaus: Einfamilienhaus (benanntes Objekt). Wenn die Klasse aus dem Kontext ersichtlich ist, dann genügt auch

105

Abb. 2.5-8:
Verkapselung der
Daten

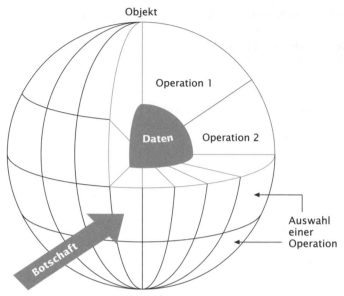

Abb. 2.5-9:
UML-Notation Objekt

der unterstrichene Objektname. Der Klassenname beginnt immer mit einem Großbuchstaben, der Objektname immer mit einem Klein-buchstaben.

Im unteren Teil des Rechtecks werden die relevanten Attribute des Objekts mit den Attributwerten angegeben, getrennt durch ein Gleichheitszeichen. Dieser Teil des Rechtecks kann entfallen. Auch können nicht interessierende Attributwerte weggelassen werden.

Operationen werden in der UML-Notation für Objekte *nicht* aufge-führt.

Um in diesem Buch Objekte deutlich von Klassen unterscheiden zu können, wird bei Objekten der obere Rechteckteil blau unterlegt. Um bestimmte Sachverhalte zu betonen, wird auch an anderen Stellen bisweilen Farbe eingesetzt. Solche Abwandlungen der Notation sind nach der UML erlaubt.

Abb. 2.5-10 zeigt Beispiele für diese Notation.

Abb. 2.5-10:
Objekte

derOberarm: Roboterarm
aktueller Winkel = 45
maximaler Winkel = 90
minimaler Winkel = 0

:Mitarbeiter
Name = "Edelmann"
Gehalt = 5000

106

Die Interaktionselemente auf der grafischen Benutzungsoberfläche
eines Programms sind ebenfalls Objekte. Abb. 2.5-11 zeigt ein Beispiel einer Benutzungsoberfläche, Abb. 2.5-12 die Objekte in UML-
Notation.

Beispiel 3a

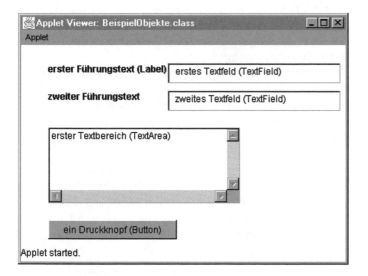

Abb. 2.5-11:
Beispiel einer
Benutzungs-
oberfläche mit
Objekten

Abb. 2.5-12:
Objektsymbole zu
Abb. 2.5-11

ersterFührungstext: Label
Alignment = left
Background = white
Bound X = 36
Bound Y = 24
Bound Width = 156
Bound Height = 16
Text = "erster Führungstext..."
usw.

erstesTextfeld: TextField
Background = white
Bound X = 192
Bound Y = 24
Bound Width = 228
Bound Height = 27
Editable = true
Text = "erstes Textfeld..."
usw.

zweiterFührungstext: Label
Alignment = left
Background = white
Bound X = 36
Bound Y = 60
Bound Width = 156
Bound Height = 16
Text = "zweiter Führungstext..."
usw.

zweitesTextfeld: TextField
Background = white
Bound X = 192
Bound Y = 60
Bound Width = 228
Bound Height = 27
Editable = true
Text = "zweites Textfeld..."
usw.

ersterTextbereich: TextArea
Background = white
Bound X = 36
Bound Y = 108
Bound Width = 252
Bound Height = 99
ScrollbarVisibility = Scrollbars_both
Text = "ein Textbereich..."
usw.

einDruckknopf: Button
Background = lightGrey
Bound X = 36
Bound Y = 228
Width = 168
Height = 25
Label = "ein Druckknopf..."
usw.

107

Das Beispiel zeigt, dass in der Praxis ein Objekt über viele Attribute verfügen kann.

Beispiel 4a
Fallstudie

Die Firma ProfiSoft erhält ihre ersten Aufträge.
Um die Kunden geeignet verwalten zu können, soll ein Kundenverwaltungsprogramm (KV-Programm) geschrieben werden. Die Anforderungen an die erste Aufbaustufe dieses KV-Programms werden in einem **Pflichtenheft** zusammengefasst:

/1/ Firmenname und Firmenadresse jedes Kunden sollen gespeichert werden.

/2/ Alle Daten müssen einzeln gelesen werden können.

/3/ Alle Daten müssen einzeln geschrieben werden können.

/4/ Firmenname und Firmenadresse müssen zusammen geändert werden können (ändern Adresse).

/5/ Die Auftragssumme ist mit dem Wert »0« vorzubesetzen.

Die ersten Kunden »KFZ-Zubehör GmbH« und »Tankbau KG« lassen sich durch folgende Eigenschaften beschreiben (Abb. 2.5-13).

Abb. 2.5-13:
Objekte des KV-Programms

Die Kunden »KFZ-Zubehör GmbH« und »Tankbau KG« sind individuelle und identifizierbare Exemplare der Gruppe Kunden. Sie können daher als Objekte modelliert werden.

:Kunde	:Kunde
Firmenname = "KFZ-Zubehör GmbH" Firmenadresse = "44137 Dortmund, Poststr. 12" Auftragssumme = 0	Firmenname = "Tankbau KG" Firmenadresse = "44867 Bochum, Südstr. 23" Auftragssumme = 0

Objektdiagramme

Will man neben den Objekten auch ihre Verbindungen zu anderen Objekten darstellen, dann kann man dazu **Objektdiagramme** verwenden (Abb. 2.5-14).

Abb. 2.5-14:
UML-Objekt-diagramm

Objektdiagramm *(object diagram)*
Ein Objektdiagramm beschreibt Objekte und ihre Verbindungen *(links)* untereinander. Es erlaubt eine Momentaufnahme bzw. einen Schnappschuss des laufenden Programms darzustellen. Verbindungen zwischen Objekten werden durch einfache Linien beschrieben.

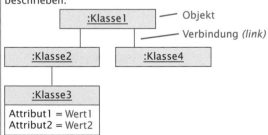

Bei der Modellierung eines Roboters stehen die Objekte »Oberarm« und »Unterarm« in einer Verbindung (Abb. 2.5-15).

derOberarm: Roboterarm
aktueller Winkel = 45
maximaler Winkel = 90
minimaler Winkel = 0

derUnterarm: Roboterarm
aktueller Winkel = 30
maximaler Winkel = 45
minimaler Winkel = –45

Abb. 2.5-15: Objektdiagramm von zwei Roboterarm-Objekten

Der Kunde »KFZ-Zubehör GmbH« kann zwei Aufträge erteilt haben. Zwischen diesem Kunden-Objekt und den Auftrags-Objekten besteht dann eine Verbindung (Abb. 2.5-16).

:Auftrag
Nummer = 1
Art = "Beratung"
Anzahl Stunden = 8
Stundensatz = 250
Auftragsdatum = 5.1.99

:Kunde
Firmenname = "KFZ-Zubehör GmbH"
Firmenadresse = "44137 Dortmund, Poststr.12"
Auftragssumme = 0

:Auftrag
Nummer = 3
Art = "Programmierung"
Anzahl Stunden = 45
Stundensatz = 180
Auftragsdatum = 10.1.99

Abb. 2.5-16: Objektdiagramm mit Verbindungen zwischen einem Kunden und seinen Aufträgen

Jedes Objekt besitzt eine unveränderliche **Objekt-Identität,** die es von allen anderen Objekten unterscheidet. Keine zwei Objekte besitzen dieselbe Identität, auch wenn sie zufällig identische Attributwerte besitzen. Zwei Objekte sind gleich, wenn sie dieselben Attributwerte besitzen, aber unterschiedliche Identitäten haben. In der Abb. 2.5-17 haben die Firmen »KFZ-Zubehör GmbH« und »Tankbau KG« eine gemeinsame Tochterfirma »Dienstleistungen GmbH« (Identität), während die Firmen »KFZ-Zubehör GmbH« und »Technotronic KG« beide eine Tochterfirma mit dem Namen »Beratung & Mehr GmbH« besitzen (Gleichheit).

Für die Modellierung von Objekten ist es wichtig, zwischen externen und internen Objekten zu unterscheiden /Heide Balzert 04/. Externe Objekte gibt es in der realen Welt, während interne Objekte für ein Software-System relevant sind.

Der Mitarbeiter Schulze der Firma »KFZ-Zubehör GmbH« will sich weiterbilden und besucht ein Seminar der Firma »Teachware«. Herr Schulze ist in seiner Freizeit ein begeisterter Tennisspieler und spielt regelmäßig in seinem »Tennisclub Tennis 2000 e.V«. Für die Modellierung des internen Objekts Schulze in einem Seminarverwaltungsprogramm der Firma »Teachware« sind die Hobbies von Herrn Schulze völlig uninteressant.

Abb. 2.5-17: Identität und Gleichheit von Objekten

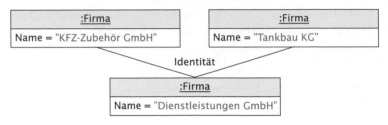

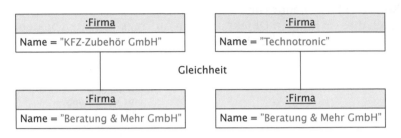

Wird aus dem externen Objekt das interne Objekt abgeleitet, dann müssen für das jeweilige Modell (hier: Seminarverwaltung) die relevanten Eigenschaften ermittelt werden.

Beim Übergang von der realen Welt in die objektorientierte Modellierung tritt folgender Effekt auf: In der realen Welt sind Objekte aktiv, z.B. meldet sich Herr Schulze in einem Seminar an. Die entsprechenden internen Objekte sind dagegen passiv, z.B. werden über den Teilnehmer Schulze Daten und Vorgänge gespeichert.

2.5.3 Klassen

Eine Klasse ist allgemein eine Gruppe von Dingen, Lebewesen oder Begriffen mit gemeinsamen Merkmalen.

Klasse   In der objektorientierten Welt spezifiziert eine **Klasse** die Gemeinsamkeiten einer Menge von Objekten mit denselben Eigenschaften (Attributen), demselben Verhalten (Operationen) und denselben Beziehungen. Eine Klasse besitzt einen Mechanismus, um Objekte zu erzeugen *(object factory)*. Jedes erzeugte Objekt gehört zu genau einer Klasse. Beziehungen *(relationships)* sind Vererbungsstrukturen und Assoziationen (siehe Kapitel 2.14 und 2.7). Das Verhalten *(behavior)* einer Klasse wird durch die Botschaften beschrieben, auf die diese Klasse bzw. deren Objekte reagieren können. Jede Botschaft aktiviert eine Operation gleichen Namens.

Beispiel 3b   Im Beispiel 3a (Abb. 2.5-12) besitzen ersterFührungstext und zweiterFührungstext die gleichen Attribute und Operationen. Sie gehören zur Klasse Label. Analog lassen sich erstesTextfeld und zweitesTextfeld der Klasse TextField, ersterTextbereich der Klasse TextArea und

110

einDruckknopf der Klasse Button zuordnen. Diese Klassen gehören in Java zu der Klassenbibliothek AWT *(abstract window toolkit)*. Die Attribute und Operationen sind in der zugehörigen Dokumentation beschrieben. Die meisten Programmierumgebungen besitzen eine *Online*-Hilfe, die einen direkten Zugriff auf diese Informationen ermöglicht. Die Klassen zeigt Abb. 2.5-18.

Im Beispiel 4a haben die Objekte »KFZ-Zubehör GmbH« und »Tankbau KG« die gleichen Attribute und Operationen. Sie gehören daher zur Klasse Kunde (Abb. 2.5-19).

Beispiel 4b
Fallstudie

Attribute müssen noch genauer spezifiziert werden. Jedem Attribut muss ein Typ *(type)* zugeordnet werden. Ein Typ legt fest, welche Attributwerte einem Attribut zugeordnet und welche Operationen auf diesen Werten ausgeführt werden können. In den meisten Programmiersprachen sind eine Anzahl von Typen vordefiniert. Beispiele für Typen sind Zeichenketten (String), ganze Zahlen (int), Zeichen (char) und Gleitkommazahlen (float).

Attribute

Typen werden in der UML-Notation getrennt durch Doppelpunkt hinter den Attributnamen angegeben. Im Kapitel 2.7 werden Typen ausführlich behandelt.

Für das Schreiben von einzelnen Attributwerten wird als Operationsname setAttributname verwendet, für das Lesen der Operationsname getAttributname. Als zusätzliche Operationen sind die Konstruktionsoperationen Kunde() und Kunde(Name:String) hinzugekommen. In ihnen wird festgelegt, wie ein neues Objekt der Klasse erzeugt wird (siehe unten). Werden Attributwerte über eine Operation an ein Objekt übergeben, dann werden in Klammern hinter dem Operationsnamen der Name und der zugehörige Typ des Parameters – getrennt durch Doppelpunkt – angegeben. Mehrere Parameterangaben werden durch Kommata getrennt. Erfolgt keine Wertübergabe, dann steht nur das Klammerpaar.

Wenn die Firma ProfiSoft einen neuen Kunden akquiriert, dann muss von der Klasse Kunde ein neues Objekt erzeugt werden.

Beispiel

Die Klassenbeschreibung dient sozusagen als eine **Schablone**, die angibt, wie ein Objekt dieser Klasse aussehen soll.

Schablone

Operationen, die es ermöglichen, neue Objekte einer Klasse zu erzeugen bzw. zu »konstruieren«, bezeichnet man als Konstruktoroperationen, kurz **Konstruktoren** *(constructors)* genannt. Jede Klasse muss mindestens eine Konstruktoroperation besitzen. Im einfachsten Fall besteht ein Konstruktor aus dem Klassennamen gefolgt von einem Klammerpaar (). Wird an diese Operation eine Botschaft geschickt, dann wird im Allgemeinen ein leeres Objekt erzeugt, d.h. die Attribute des Objekts erhalten keine Attributwerte. Konstruktoren können im Klammerpaar aber auch Parameter angeben, z.B. Kunde(Name:String). Beim Aufruf dieses Konstruktors

Konstruktoren

Abb. 2.5-18:
Klassen für
ausgewählte
Interaktions-
elemente

Label
Alignment : (Center, Left, Right) Bound X : int Bound Y : int Bound Width : int Bound Height : int Text : String usw.
Label() Label(String) getAlignment() getText() setAlignment setText(String) usw.

TextField
Background : Color Bound X : int Bound Y : int Bound Width : int Bound Height : int Editable : (true, false) Text : String usw.
TextField() TextField(String) addActionListener(ActionListener) getText() isEditable() setEditable(boolean) setText() usw.

TextArea
Background : Color Bound X : int Bound Y : int Bound Width : int Bound Height : int ScrollbarVisibility : (Scrollbars_both, ScrollbarsHorizontal only, ScrollbarsNone, ScrollbarsVertical only) Text : String usw.
TextArea() TextArea(String) append(String) getText() setText() getScrollbarVisibility() usw.

Button
Background : Color Bound X : int Bound Y : int Bound Width : int Bound Height : int Label : String usw.
Button() Button(String) addActionListener(ActionListener) getLabel() setLabel() usw.

Abb. 2.5-19:
Klasse Kunde

Kunde
Firmenname: String Firmenadresse: String Auftragssumme: int
Kunde() Kunde(Name: String) aendernAdresse(Name: String, Adresse: String) setFirmenname(Name: String) setFirmenadresse(Adresse: String) setAuftragssumme(Summe: int) getFirmenname(): String getFirmenadresse(): String getAuftragssumme(): int

muss dann in Klammern der konkrete Firmenname angegeben werden, z.B. Kunde("Tankbau KG"). Es wird ein Objekt erzeugt und das Attribut Firmenname mit dem Wert "Tankbau KG" vorbelegt.

Abb. 2.5-20 veranschaulicht den Vergleich einer Klasse mit einer Schablone anhand eines Prägestempels, mit dem beliebig viele, identische Abdrücke erstellt werden können.

Eine Klasse ist durch ein Substantiv im Singular zu benennen. Zusätzlich kann ein Adjektiv angegeben werden. Beispiele: Mitarbeiter, Kunde, Veranstaltung, öffentliche Veranstaltung.   Klassenname

Klassen werden grafisch und textuell beschrieben. In der grafischen Darstellung werden der Klassenname und in der Regel noch Attributnamen und ihre Typen sowie Operationsnamen angegeben. Weitere Informationen werden textuell festgelegt.   Notation

Die grafische Darstellung der Klassen und ihre Beziehungen zueinander wird als **Klassendiagramm** bezeichnet.   Klassendiagramm

In der UML-Notation wird eine Klasse durch ein dreigeteiltes Rechteck dargestellt (Abb. 2.5-21). Im oberen Teil steht zentriert und fett der Klassenname. Im mittleren Teil sind die Attributnamen und ihre   UML-Notation

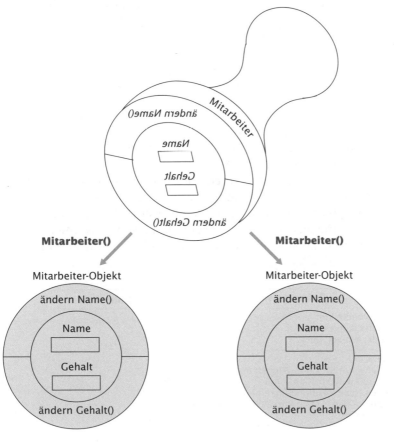

Abb. 2.5-20:
Klasse als
Schablone

Abb. 2.5-21:
UML-Notation
Klasse

Nur Klassennamen:

Klasse

Nur Attribute:

Klasse
Attribut1 Attribut2

Nur Operationen:

Klasse
Operation1() Operation2()

Ausführliche Darstellung:

Klasse	← Namensfeld
Attribut1: Typ1 = Anfangswert1 Attribut2: Typ2 = Anfangswert2 Attribut3: Typ3	← Attributliste
Klasse() Operation1() Operation2(Parameter1: Typ1) Operation3(Parameter1: Typ1, Parameter2: Typ2) Operation4(): Ergebnistyp3	← Operationsliste

Typen angegeben, im unteren Teil die Operationsnamen, jeweils linksbündig. Dem Operationsnamen folgt ein Klammerpaar (). Besitzt die Operation Parameter, dann stehen diese im Klammerpaar, z.B. setAuftragssumme(Summe: int). Übergibt eine Operation Ergebnisse an den Botschaftssender, dann wird der Typ des Ergebnisses, getrennt durch einen Doppelpunkt, hinter dem Klammerpaar angegeben. Liegen die Parameter noch nicht fest, dann kann auch nur der Operationsname mit leerem Klammerpaar angegeben werden. Sind Attribute und Operationen noch nicht festgelegt oder im Moment nicht relevant, dann können sie weggelassen werden.

Abb. 2.5-22 beschreibt die Klasse Roboterarm. Sind noch keine Attribute bzw. Operationen bekannt, so können sie – vorläufig – entfallen.

Objekt kennt
seine Klasse

Jedes Objekt »weiß«, zu welcher Klasse es gehört. Bei den meisten objektorientierten Programmiersprachen kann ein Objekt zur Laufzeit ermitteln, zu welcher Klasse es gehört. In Java geschieht dies durch die Operation getClass().

Da alle Objekte zwar unterschiedliche Attributwerte, jedoch gleiche Operationen besitzen, sind die Operationen der Klasse zugeordnet. Da jedes Objekt seine Klasse kennt, kann es dort alle benötigten Operationen vorfinden. Abb. 2.5-23 beschreibt diesen Zusammenhang in einer Notation, die sich an die Weizenbaumdiagramme anlehnt (vgl. /Jacobson et al. 92/).

Abb. 2.5-22:
Klasse Roboterarm

Roboterarm
aktueller Winkel: int maximaler Winkel: int minimaler Winkel: int
Roboterarm() einstellen Grundposition(Winkel: int) melden Aktuelle Position(): int einstellen Neue Position(Winkel: int) initialisieren Min & Max Winkel(WinkelMin: int, WinkelMax: int)

Roboterarm

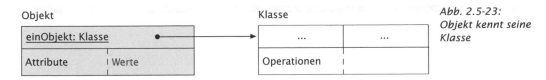

Objekt

einObjekt: Klasse

| Attribute | | Werte |

Klasse

| ... | ... |
| Operationen | |

*Abb. 2.5-23:
Objekt kennt seine
Klasse*

Umgekehrt »weiß« eine Klasse im Allgemeinen nicht, welche Objekte sie »besitzt« bzw. welche Objekte von ihr erzeugt wurden. Diese manchmal notwendige Eigenschaft muss dann im Einzelfall »von Hand« hinzugefügt werden.

Klasse kennt
Objekte *nicht*

2.6 Dann die Praxis: Objekte und Klassen in Java

Bevor man ein Java-Programm schreibt, ist es immer sinnvoll, sich zunächst die Objekte und Klassen zu überlegen und z.B. in der UML-Notation darzustellen. Auf dieser Grundlage ist es dann einfach, ein Java-Programmgerüst zu schreiben. Eine Reihe von Software-Werkzeugen erstellt aus einer UML-Notation automatisch ein Java-Programmgerüst.

Auf der beigefügten CD-ROM sind entsprechende Software-Werkzeuge vorhanden.

In den folgenden Abschnitten wird für die Fallstudie »Kundenverwaltung« schrittweise ein Java-Programm entwickelt. Damit ein sicheres Verständnis über die dynamischen Abläufe erreicht wird, werden grundlegende Vorgänge aus verschiedenen Perspektiven grafisch dargestellt.

2.6.1 Deklaration von Klassen

Zentrale Bausteine eines Java-Programms sind **Klassen**. Klassen müssen in einem Java-Programm deklariert werden. Man spricht daher von Klassendeklarationen *(class declarations)*. Eine **Klassendeklaration** besteht – wie eine Klasse in der UML-Notation – aus drei Teilen:
- dem Klassennamen *(Identifier)* und
- dem Klassenrumpf *(Class Body)*, der wiederum im Wesentlichen aus zwei Teilen besteht:
- □ den Attributdeklarationen *(Field Declarations)* und
- □ den Operationsdeklarationen *(Method Declarations)*.

Die Syntax einer Klassendeklaration zeigt Abb. 2.6-1.

Die Attribute müssen in Java durch einen Typ *(type)* spezifiziert werden. In Java sind beispielsweise folgende Typen vordefiniert:
- String: Zeichenketten (Achtung: großes S),
- int: ganze Zahlen,

Attribute

Typ

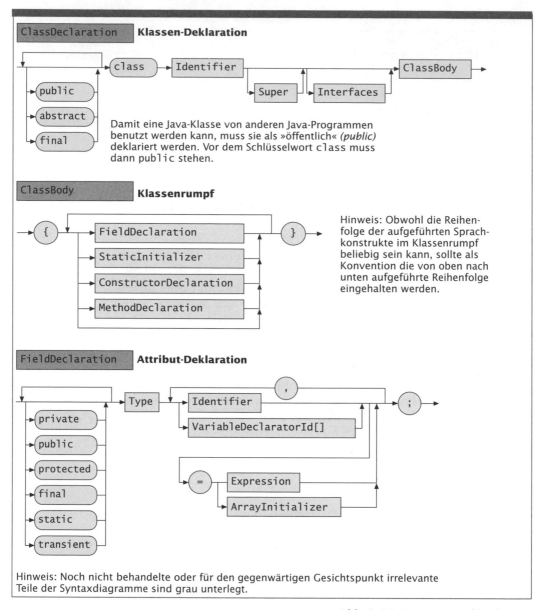

ClassDeclaration   **Klassen-Deklaration**

Damit eine Java-Klasse von anderen Java-Programmen benutzt werden kann, muss sie als »öffentlich« *(public)* deklariert werden. Vor dem Schlüsselwort class muss dann public stehen.

ClassBody   **Klassenrumpf**

Hinweis: Obwohl die Reihenfolge der aufgeführten Sprachkonstrukte im Klassenrumpf beliebig sein kann, sollte als Konvention die von oben nach unten aufgeführte Reihenfolge eingehalten werden.

FieldDeclaration   **Attribut-Deklaration**

Hinweis: Noch nicht behandelte oder für den gegenwärtigen Gesichtspunkt irrelevante Teile der Syntaxdiagramme sind grau unterlegt.

Abb. 2.6-1: Java-Syntax für Klassen

■ char: Zeichen,
■ float: Gleitkommazahlen.

Syntax   Im Gegensatz zur UML-Notation stehen in Java die Typangaben vor den Attributnamen.

Damit andere Klassen die Werte von Attributen nicht sehen kön-
Geheimnisprinzip   nen – und das Geheimnisprinzip eingehalten wird –, wird durch das

Schlüsselwort `private` vor der Typangabe festgelegt, dass diese Attribute »Privatbesitz« der jeweiligen Klasse sind.

Beispiele

```
private String Firmenname;
private String Firmenadresse;
private int Auftragssumme;
```

Jede Attributdeklaration wird durch ein Semikolon abgeschlossen. Besitzen mehrere Attribute den gleichen Typ, dann gibt es dafür eine Abkürzungsvorschrift: Die Attributnamen können, durch Kommata getrennt, hintereinander geschrieben werden.

Außerdem ist es möglich, jedem Attribut einen Voreinstellungs- bzw. Initialisierungswert zuzuweisen.

Beispiele

```
private String Firmenname, Firmenadresse;
private int Auftragssumme = 0;
```

Jede Klasse muss durch einen oder mehrere Konstruktoren festlegen, wie Objekte von ihr erzeugt werden können (Abb. 2.6-2). Konstruktoren unterscheiden sich von anderen Operationen durch ihren Operationsnamen.

Objekterzeugung

Der Operationsname eines Konstruktors ist der Klassenname.

Damit von anderen Java-Programmen eine Botschaft an den Konstruktor gesandt werden kann, muss vor seinem Operationsnamen `public` angegeben werden.

Operationsname = Klassenname

`public`

In runden Klammern kann eine Parameterliste aufgeführt werden, in der angegeben wird, mit welchen Werten die Attribute des zu erzeugenden Objekts initialisiert werden sollen.

Initialisierung

Beispiel

```
public Kunde (String Name)    //Konstruktor der Klasse Kunde
{
    Firmenname = Name;        //Das Attribut Firmenname
                              //erhält den Wert von Name zugeordnet
}
```

Die Parameterliste besteht aus Attributen mit vorangestelltem Attributtyp (hier: `String Name`). Jeder Konstruktor und jede Operation besteht aus einem Operationsrumpf, eingeschlossen in geschweifte Klammern. In einem Operationsrumpf können Anweisungen stehen. Im Beispiel wird festgelegt, dass der Wert des Attributs `Name`, der als Parameter eingegeben wird, dem Attribut `Firmenname` zugewiesen wird. Jede Anweisung wird durch ein Semikolon abgeschlossen.

Java-Regel
Operationen

Operationen sind in Java ähnlich wie Konstruktoren aufgebaut. Der Name der Operation ist jedoch frei wählbar. Damit eine Operation von anderen Java-Programmen aufgerufen werden kann, muss sie als `public` gekennzeichnet werden.

Eingabeparameter

Wird eine Operation durch eine **Botschaft** aktiviert, dann kann die Botschaft Eingabedaten an die Operation übergeben. Die möglichen Eingabedaten werden durch Aufzählung der Attributnamen (mit vo-

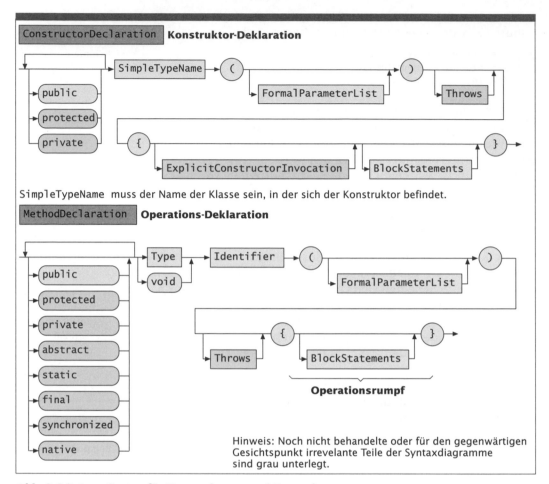

Abb. 2.6-2: Java-Syntax für Konstruktoren und Operationen

rangestelltem Attributtyp) in der formalen Parameterliste (*Formal Parameter List*) festgelegt – analog wie bei Konstruktoren.

Ausgabe-
parameter

Eine Operation kann auch Daten an eine Botschaft als Ausgabedaten bzw. Ergebnisdaten zurückgeben. In Java kann nur ein Wert eines Attributs an die auslösende Botschaft übergeben werden. Der Typ dieses Ergebnisattributs wird vor dem Operationsnamen angegeben.

Übergibt eine Operation keine Ergebnisse, dann steht vor dem Operationsnamen das Schlüsselwort void.

```
//Operation mit einem Eingabeparameter und keinem
//Ausgabeparameter
public void setFirmenadresse(String Adresse)
{
    Firmenadresse = Adresse;
}
```

118

```
//Operation mit einem Ergebnisparameter und keinem
//Eingabeparameter
public String getFirmenadresse()
{
    return Firmenadresse;  //Angabe des Ergebnisattributs
}
```
Beispiele

Bei einer Operation mit einem Ergebnisattribut wird im Operationsrumpf der Name des Ergebnisattributs oder ein direkter Ergebniswert, z.B. 0, hinter dem Schlüsselwort return angegeben.

Wird durch eine Operation ein einzelnes Attribut gelesen, dann sollte die Operation getAttributname lauten.

Konventionen
get, set

Wird durch eine Operation ein einzelnes Attribut gesetzt, dann sollte die Operation setAttributname heißen.

Operationen werden ausführlich im Abschnitt 2.8 behandelt.

Abschnitt 2.8

Für die Fallstudie »Kundenverwaltung« ergibt sich folgende Klasse Kunde:

Beispiel Fallstudie
»Kunden-
verwaltung«

```
/*Programmname: Kundenverwaltung1
 * Fachkonzept-Klasse: Kunde
 */

public class Kunde
{
  //Attribute
  private String Firmenname, Firmenadresse;
  private int Auftragssumme = 0;

  //Konstruktor
  public Kunde(String Name)
  {
      Firmenname = Name;
  }
  //Kombinierte Schreiboperation
  public void aendernAdresse (String Name, String Adresse)
  {
      Firmenname = Name;
      Firmenadresse = Adresse;
  }
  //Schreibende Operationen
  public void setFirmenname (String Name)
  {
      Firmenname = Name;
  }
  public void setFirmenadresse (String Adresse)
  {
      Firmenadresse = Adresse;
  }
  public void setAuftragssumme(int Summe)
  {
      Auftragssumme = Summe;
  }
```

```
//Lesende Operationen
public String getFirmenname()
{
    return Firmenname;
}
public String getFirmenadresse()
{
    return Firmenadresse;
}
public int getAuftragssumme()
{
    return Auftragssumme;
}
}
```

Abb. 2.6-3 zeigt, wie man systematisch von einer Klasse in UML-Notation zu einer Java-Klasse gelangt. Die Anweisungen in den Operationsrümpfen müssen in Java hinzugefügt werden; sie stehen *nicht* in der UML-Klasse.

Fachkonzept-
Klasse

Damit ist für die Fallstudie »Kundenverwaltung« die Fachkonzept-Klasse fertig gestellt. Eine **Fachkonzept-Klasse** realisiert die im Pflichtenheft festgelegten fachlichen Anforderungen.

2.6.2 Visualisierung von Objekten

Erfahrungsgemäß hat man am Anfang Schwierigkeiten, sich vorzustellen, was eine Objekterzeugung bewirkt und wie die definierten Operationen wirken. Die Java-Entwicklungsumgebung BlueJ (siehe Abb. 2.3-4) ermöglicht eine einfache Simulation dieser Vorgänge.

Folgende Schritte sind erforderlich, um von der Fachkonzept-Klasse Kunde (siehe Beispiel im letzten Abschnitt) Objekte zu erzeugen und Operationen auszuführen:

1 Es muss ein Projekt angelegt werden: Menüpunkt Project/New Project... Nach der Auswahl eines Ordners und der Eingabe eines Dateinamens (hier KlasseKunde) wird ein neuer Ordner mit dem eingegebenen Dateinamen von BlueJ erstellt. In dem Ordner werden zwei Dateien angelegt, eine README.TXT-Datei für die Dokumentation und eine BlueJ-spezifische Datei.

2 Durch Drücken des Druckknopfs New Class... wird ein Fenster geöffnet, das es ermöglicht, einen Klassennamen (hier: Kunde) einzugeben. Nach der Bestätigung mit OK erscheint im Anzeigefenster von BlueJ ein UML-Klassensymbol und eine Datei Kunde.java wird erzeugt. Ein Doppelklick auf das Klassensymbol öffnet einen Editor mit einer Code-Schablone. Hier kann nun der Code der Klasse eingefügt werden (hier der Code der Klasse Kunde).

3 Durch Drücken des Druckknopfs Compile wird die Klasse übersetzt. Im unteren Meldungsbereich wird das Ergebnis angezeigt.

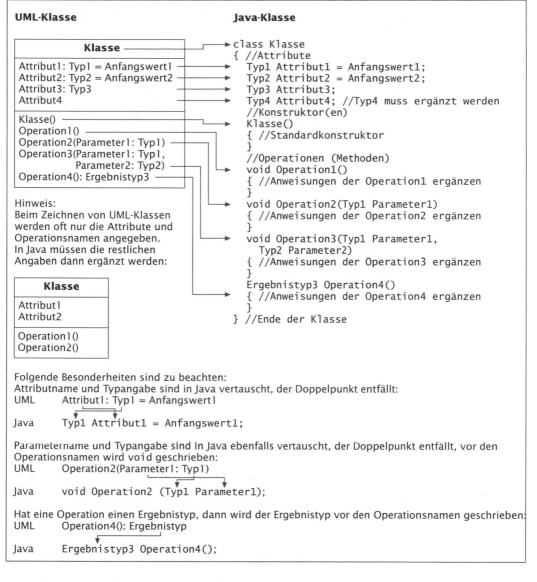

UML-Klasse

Java-Klasse

Klasse
Attribut1: Typ1 = Anfangswert1
Attribut2: Typ2 = Anfangswert2
Attribut3: Typ3
Attribut4

Klasse()
Operation1()
Operation2(Parameter1: Typ1)
Operation3(Parameter1: Typ1,
Parameter2: Typ2)
Operation4(): Ergebnistyp3

Hinweis:
Beim Zeichnen von UML-Klassen werden oft nur die Attribute und Operationsnamen angegeben. In Java müssen die restlichen Angaben dann ergänzt werden:

Klasse
Attribut1
Attribut2
Operation1()
Operation2()

```
class Klasse
{ //Attribute
  Typ1 Attribut1 = Anfangswert1;
  Typ2 Attribut2 = Anfangswert2;
  Typ3 Attribut3;
  Typ4 Attribut4; //Typ4 muss ergänzt werden
  //Konstruktor(en)
  Klasse()
  { //Standardkonstruktor
  }
  //Operationen (Methoden)
  void Operation1()
  { //Anweisungen der Operation1 ergänzen
  }
  void Operation2(Typ1 Parameter1)
  { //Anweisungen der Operation2 ergänzen
  }
  void Operation3(Typ1 Parameter1,
    Typ2 Parameter2)
  { //Anweisungen der Operation3 ergänzen
  }
  Ergebnistyp3 Operation4()
  { //Anweisungen der Operation4 ergänzen
  }
} //Ende der Klasse
```

Folgende Besonderheiten sind zu beachten:
Attributname und Typangabe sind in Java vertauscht, der Doppelpunkt entfällt:
UML   Attribut1: Typ1 = Anfangswert1

Java   Typ1 Attribut1 = Anfangswert1;

Parametername und Typangabe sind in Java ebenfalls vertauscht, der Doppelpunkt entfällt, vor den Operationsnamen wird void geschrieben:
UML   Operation2(Parameter1: Typ1)

Java   void Operation2 (Typ1 Parameter1);

Hat eine Operation einen Ergebnistyp, dann wird der Ergebnistyp vor den Operationsnamen geschrieben:
UML   Operation4(): Ergebnistyp

Java   Ergebnistyp3 Operation4();

4 Wurde die Klasse fehlerfrei übersetzt, dann ändert sich das Klassensymbol im BlueJ-Anzeigefenster (Schraffierung im Klassensymbol ist verschwunden). Mit Klick auf das Klassensymbol und rechter Maustaste öffnet sich ein Kontextmenü, das an erster Stelle die Konstruktoren enthält (hier nur ein Konstruktor new Kunde(Name)). Anklicken des Konstruktors öffnet ein Fenster, in das die Eingabeparameter eingegeben werden können (hier z.B. "KFZ–Zubehör GmbH"). Als Objektname wird hier kunde1 vorgeschlagen, der z.B. in einKunde geändert werden kann.

Abb. 2.6-3:
Von UML-Klassen
zu Java-Klassen

121

5 Im unteren Anzeigebereich erscheint nach dem OK bei der Objekterzeugung ein Objekt in UML-Notation. Mit der rechten Maustaste lässt sich auf diesem Objekt nun ein Kontextmenü öffnen, das alle Operationen auflistet, die auf diesem Objekt ausführbar sind (siehe Abb. 2.6-4).

Abb. 2.6-4:
Ausführung von
Operationen
in BlueJ

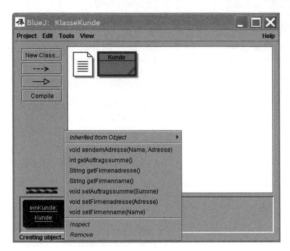

6 Wird z.B. die Operation setAuftragssumme ausgewählt, dann kann anschließend in einem neuen Fenster der Eingabewert, hier eine ganze Zahl, eingegeben werden, z.B. 1200.

7 Im Kontextmenü des Objekts befindet sich auch eine Operation *Inspect*. Wird sie ausgewählt, dann erscheint ein Fenster, das alle aktuellen Werte der Objekt-Attribute anzeigt, hier private String Firmenname = "KFZ–Zubehör GmbH", private String Firmenadresse = <null> und private int Auftragssumme = 1200

8 Wird die Operation int getAuftragssumme() aufgerufen, dann erhält man als Ergebnis int result = 1200 zurück.

Dies Beispiel zeigt, dass es mit BlueJ schön möglich ist, von einer Fachkonzept-Klasse Objekte zu erzeugen und die einzelnen Operationen auf den Objekten auszuprobieren.

2.6.3 GUI-Klassen

Um eine Fachkonzept-Klasse zum »Leben zu erwecken«, wird noch mindestens eine weitere Klasse benötigt, von der aus Botschaften verschickt werden, um erstens Objekte von der Fachkonzept-Klasse zu erzeugen und zweitens, um die erzeugten Objekte zu manipulieren.

Eine dieser zusätzlichen Klassen stellt in der Regel die Verbindung zur Benutzungsoberfläche her, im Folgenden kurz **GUI-Klasse** genannt.

Entwurfsprinzip:
Trennung
GUI – Fachkonzept

Ein grundlegendes Prinzip beim Entwurf von Software-Systemen besteht heute in der klaren Trennung zwischen Benutzungsoberfläche und Fachkonzept (Abb. 2.6-5).

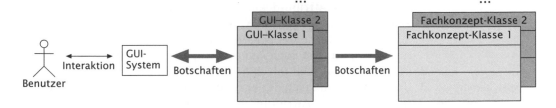

Abb. 2.6-5:
*Trennung
Benutzungs-
oberfläche
Fachkonzept*

Die Fachkonzept-Klassen dürfen nicht direkt mit dem GUI-System kommunizieren, sondern zwischen dem GUI-System und den Fachkonzept-Klassen befinden sich GUI-Klassen, die den Fachkonzept-Klassen Botschaften schicken. In der Regel kennen die Fachkonzept-Klassen die GUI-Klassen *nicht*, d.h., von den Fachkonzept-Klassen werden *keine* Botschaften zu den GUI-Klassen geschickt.

In der Regel benötigt man für ein Java-Programm mehrere Klassen. Jede Klasse sollte normalerweise in einer eigenen Datei abgespeichert werden. In Java ist es aber auch möglich, mehrere Klassen in einer Datei zu speichern. Dies ist erlaubt und in manchen Fällen auch sinnvoll. Voraussetzung ist jedoch, dass nur eine Klasse `public` ist. Alle anderen Klassen dürfen das Schlüsselwort `public` *nicht* besitzen. Zusätzlich muss der Dateiname mit dem Namen der `public`-Klasse übereinstimmen. Der Java-Compiler erzeugt aber von jeder Klasse, die in einer Datei abgelegt ist, eine gesonderte Datei mit der Endung .`class`.

mehrere Klassen
in 1 Datei

In Java sollte jede Klasse in einer eigenen Datei abgespeichert werden.

Java-Konvention

Um am Klassennamen eindeutig zu erkennen, um welche Art von Klasse es sich handelt, sollten GUI-Klassen am Ende immer den Zusatz GUI angehängt bekommen.

Namens-
konvention

Eine GUI-Klasse baut die Benutzungsoberfläche, bestehend aus Führungstexten, Textfeldern usw. auf, liest die Eingaben von den Benutzern und gibt Ergebnisse aus. Wird beispielsweise vom Benutzer ein neuer Kunde eingegeben, dann muss die GUI-Klasse ein neues Objekt der Fachkonzept-Klasse erzeugen und die eingegebenen Daten dorthin übertragen. Um spätere Datenänderungen vornehmen zu können, muss sich die GUI-Klasse Referenzen bzw. Zeiger auf die erzeugten Fachkonzept-Objekte merken, d.h. speichern. Da sich eine Klasse Informationen nur in Attributen merken kann, müssen für diese Referenzen ebenfalls Attribute angegeben werden.

GUI-Klasse

2.6.4 Erzeugen und Referenzieren von Objekten

Um Objekte zu erzeugen und zu referenzieren, sind drei Schritte erforderlich:

1 Es müssen Attribute, die die Referenzen speichern sollen, deklariert werden. Diese Attribute werden im Folgenden kurz **Referenz-Attribute** genannt. Sie werden wie »normale« Attribute am Anfang der entsprechenden Klasse deklariert. Die Syntax entspricht dabei der

Referenz-Attribute

123

Syntax für die Attributdeklaration (Abb. 2.6-1). Anstelle der Typbezeichnung wird jedoch der Klassenname angegeben, auf die die Referenz-Attribute später zeigen sollen. Mit der Deklaration von Referenz-Attributen ist noch *keine* Erzeugung der Objekte verbunden.

new **2** Die Objekte müssen mit dem new-Operator erzeugt werden.

Speicheradresse
Referenz-Attribut
zuweisen **3** Die Speicheradressen der erzeugten Objekte müssen in den deklarierten Referenz-Attributen gespeichert werden.

Alle drei Schritte werden jetzt am Beispiel der »Kundenverwaltung« detailliert betrachtet.

Referenz-Attribute
deklarieren **1** Deklarieren von Referenz-Attributen

a Für die Referenz-Attribute geeignete Namen wählen, z.B. ersterKunde, zweiterKunde.

Namens-
konventionen In der objektorientierten Programmierung hat es sich eingebürgert, irgendein Objekt einer Klasse mit dem Präfix ein, a oder erster, zweiter usw. gefolgt vom Klassennamen zu bezeichnen. Dabei ist das Präfix immer kleingeschrieben, z.B. einKunde, aPerson, ersterRoboterarm, zweiterRoboterarm.

b Als Typ wird die Klasse angegeben, auf die die Referenz-Attribute später zeigen sollen, im Fall der Klasse Kunde also: Kunde ersterKunde, zweiterKunde;

c Wenn das zu erzeugende Objekt in der Klasse, in der es erzeugt wird, privat sein soll, d.h. von anderen Klassen nicht zu sehen sein soll, dann muss vor den Klassennamen private geschrieben werden, z.B. private Kunde ersterKunde, zweiter Kunde;

Um die Vorgänge zu verdeutlichen, sind in Abb. 2.6-6 in der UML-Klassendarstellung auch die Referenz-Attribute aufgeführt. Normalerweise ist dies nicht der Fall, da Referenzen zwischen Objekten durch Verbindungslinien dargestellt werden (siehe Abb. 2.5-14).

Es wird außerdem angenommen, dass die Klasse KundeGUI den Standardkonstruktor KundeGUI() sowie die Operationen init() und start() besitzt.

UML-Notizsymbol In der Operation start() werden zwei Kundenobjekte erzeugt. Die Anweisungen von start() sind in einem **Notizsymbol** dargestellt. Ein Notizsymbol in der UML enthält textuelle Informationen, u.U. mit eingebetteten Bildern, um Zusatzinformationen in Diagrammen darstellen zu können. Ein Notizsymbol wird mit gestrichelten Linien einem oder mehreren anderen Symbolen zugeordnet.

Objekte erzeugen **2** Objekte durch Aufruf der entsprechenden Konstruktoren erzeugen. Der gewünschte Konstruktor wird mit dem vorangestellten Ope-

Abb. 2.6-6:
Die Klasse
KundeGUI

KundeGUI
ersterKunde: Kunde zweiterKunde: Kunde
KundeGUI() init() start()

```
public void start()
{ ...
ersterKunde = new Kunde ("KFZ");
zweiterKunde = new Kunde ("Tankbau");
...
}
```

rator new aufgerufen, z.B. new KundeGUI(), new Kunde("KFZ-Zube-hoer GmbH"), new Kunde("Tankbau KG").

Um sich die Vorgänge besser vorstellen zu können, ist es sinnvoll, sich die Abläufe im Arbeitsspeicher anzusehen. Generell werden alle Klassen und Objekte in einem speziellen Arbeitsspeicherbe-reich gespeichert. Dieser Bereich wird **Halde *(heap)*** genannt.

Abb. 2.6-7 zeigt die Arbeitsspeicherbelegung, nachdem von der Klasse KundeGUI ein Objekt erzeugt wurde.

Halde
Animation
auf CD-ROM

Folgende Aktionen laufen bei der ersten Objekterzeugung ab:

a Die Java-VM ruft den Konstruktor KundeGUI() auf. In der Klasse KundeGUI wird dadurch die Konstruktoroperation KundeGUI() aktiviert.

b Jeder Konstruktor enthält implizit Anweisungen zum Erzeugen eines Objekts. Diese Anweisungen (in der Abb. 2.6-7 ist nur eine Anweisung dargestellt) müssen nicht programmiert wer-den, sondern werden vom Compiler automatisch ergänzt.

c Diese Anweisungen sorgen dafür, dass auf der Halde genügend Speicherplatz gesucht und für alle Attribute des neuen Objekts reserviert wird.

d Initialisierte Attribute erhalten einen Wert. Attribute, die keinen vorgegebenen Initialisierungswert besitzen, erhalten einen Stan-dardwert. Für Referenz-Attribute ist dies der Wert null, der an-gibt, dass das Attribut noch auf kein anderes Objekt zeigt.

e Da jedes Objekt wissen muss, von welcher Klasse es erzeugt wurde, setzt der Konstruktor automatisch eine Referenz von der Speicherzelle :KundeGUI auf die Speicheradresse von KundeGUI, d.h. in die Speicherzelle :KundeGUI wird die Speicheradresse von KundeGUI eingetragen.

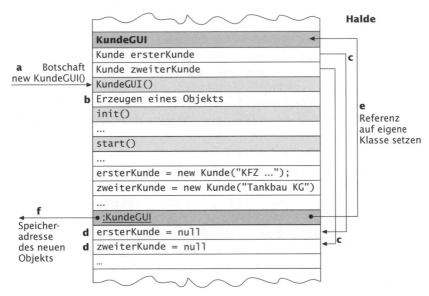

Abb. 2.6-7:
Die dynamischen Vorgänge im Arbeitsspeicher beim Erzeugen von Objekten (Teil 1)

Hinweis: Genaugenommen werden aus Klassen Objekte der Java-Klasse Class erzeugt, die zusätzliche Infor-mationen über die Klasse speichern /Gosling, Joy, Steele 97/.

125

f Bevor der Konstruktor beendet wird, gibt er die Speicheradresse des neu erzeugten Objekts an den Botschaftssender zurück, d.h. an den Aufrufer des Konstruktors, hier an die VM.

Analog verlaufen auch die anderen Objekterzeugungen (Abb. 2.6-8):

a Wird von der Java-VM als nächstes die Botschaft start() an das neu erzeugte Objekt gesandt, dann wird über die Referenz auf die eigene Klasse verzweigt.

b In der Klasse KundeGUI wird die Operation start() gesucht. Ist sie vorhanden, dann werden die Anweisungen von start() ausgeführt, sonst gibt es eine Fehlermeldung.

c Die Anweisung ersterKunde = new Kunde("KFZ") bewirkt, dass der Konstruktor Kunde(String Name) der Klasse Kunde ausgeführt wird.

d Die Klasse Kunde befindet sich bereits im Arbeitsspeicher, da bei den Referenz-Attributen ersterKunde und zweiterKunde von KundeGUI die Klasse Kunde angegeben ist. Diese Angabe bewirkt, dass die entsprechende Klasse in den Arbeitsspeicher geholt wird.

e Der Konstruktor bewirkt, dass Speicherplatz für alle Attribute des neuen Objekts von Kunde angelegt und die Attribute initialisiert werden. Auftragssumme erhält den Wert 0, Firmenname und Firmenadresse sind vom Typ String und erhalten als Initialisierung eine leere Zeichenkette.

f Der Konstruktor setzt eine Referenz von der Speicherzelle :Kunde auf die Speicheradresse der Klasse Kunde, da jedes Objekt seine eigene Klasse kennt.

g Nach dem Erzeugen des Objekts werden die Anweisungen im Konstruktor – falls vorhanden – ausgeführt. In diesem Fall wird die Anweisung Firmenname = Name ausgeführt.

h Der im Konstruktoraufruf übergebene Parameter Name = "KFZ" wird dem Attribut Firmenname zugeordnet, d.h. "KFZ" wird in der Speicherzelle Firmenname abgelegt.

i Bevor der Konstruktor beendet wird, gibt er die Speicheradresse des neu erzeugten Objekts an den Botschaftssender zurück.

3 Speicheradresse des neu erzeugten Objekts dem Referenz-Attribut zuweisen.

j Der Botschaftssender ist die Anweisung ersterKunde = new Kunde("KFZ"); die zurückgegebene Speicheradresse wird in der Speicherzelle des Referenz-Attributs ersterKunde gespeichert. Analog verläuft dieser Vorgang bei der Erzeugung des Objekts zweiterKunde.

UML-Darstellung dynamischer Abläufe Um dynamische Abläufe grafisch übersichtlich und kompakt darzustellen, gibt es in der UML zwei verschiedene Möglichkeiten:

■ Objektdiagramme *(object diagrams)* (Abb. 2.5-14) und
■ Sequenzdiagramme *(sequence diagrams)* (Abb. 2.6-9).

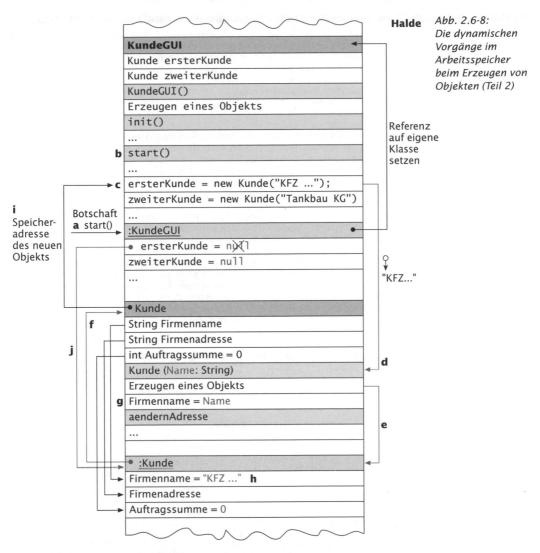

Abb. 2.6-8:
*Die dynamischen
Vorgänge im
Arbeitsspeicher
beim Erzeugen von
Objekten (Teil 2)*

Das **UML-Sequenzdiagramm** (*sequence diagram*, abgekürzt sd) dient dazu, die zeitliche Zusammenarbeit zwischen Objekten, Klassen und Akteuren (z.B. Menschen) darzustellen, um eine bestimmte Aufgabe zu erledigen.
Kennzeichnend für diese Darstellungsform ist eine (gedachte) Zeitachse, die vertikal von oben nach unten führt. Objekte, Klassen und Akteure, die Botschaften austauschen, werden durch gestrichelte vertikale Geraden dargestellt (Lebenslinien). Jede **Lebenslinie** (*lifeline*) repräsentiert die Existenz eines Objekts, einer Klasse oder eines Akteurs während einer bestimmten Zeit. Eine Lebenslinie beginnt nach der Existenz eines Objekts, einer Klasse oder eines Akteurs und endet mit dem Löschen. Existiert ein Objekt, eine Klasse oder ein Akteur während der gesamten Ausführungszeit, dann ist die Linie von oben nach unten durchgezogen. Am oberen Ende der Linie wird ein Objektsymbol (Objektname *nicht* unterstrichen) oder ein Klassensymbol gezeichnet. Zusätzlich kann ein Schlüsselwort (*keyword*) in französischen Anführungszeichen hinzugefügt werden, z.B. <<actor>>.

Abb. 2.6-9a:
UML-Sequenz-
diagramm

Abb. 2.6-9b: **UML-Sequenz-** **diagramm**	Wird ein Objekt erst im Laufe der Ausführung erzeugt, dann zeigt eine Botschaft auf die Mitte des Objektsymbols. Die Botschaftslinie wird gestrichelt gezeichnet, der Pfeil ist offen. Zusätzlich kann an die Linie noch das Schlüsselwort <<create>> geschrieben werden. Das Löschen des Objekts wird durch ein großes »X« markiert, evtl. wird an die Linie <<destroy>> geschrieben.

Die horizontale Anordnungsreihenfolge der Objekte, Klassen und Akteure ist beliebig. Sie soll so gewählt werden, dass ein möglichst übersichtliches Diagramm entsteht. Die erste vertikale Linie bildet in vielen Sequenzdiagrammen ein Akteur – in der Regel der Benutzer – oft dargestellt als »Strichmännchen«.

In das Sequenzdiagramm werden die Botschaften eingetragen, die zum Aktivieren der Operationen dienen. Jede Botschaft wird als gerichtete Kante (mit gefüllter Pfeilspitze) vom Sender zum Empfänger gezeichnet. Der Pfeil wird mit dem Namen der aktivierten Operation beschriftet. Eine aktive Operation wird durch einen schmalen Aktivitäts-Balken auf der Lebenslinie angezeigt. Nach dem Beenden der Operation zeigt eine gestrichelte – blaue – Linie mit offener Pfeilspitze, dass der Kontrollfluss zur aufrufenden Operation zurückgeht.

Um ein Sequenzdiagramm in anderen Diagrammen referenzieren zu können, kann ein Sequenzdiagramm – wie auch bei den anderen Diagrammarten der UML – durch einen Rahmen umgeben werden, in dessen linker oberer Ecke der Name des Diagramms eingetragen wird. Davor wird **sd** für **s**equence **d**iagram eingetragen.

Bei den Objekten im Sequenzdiagramm handelt es sich im Allgemeinen nicht um spezielle Objekte, sondern sie bilden Stellvertreter für beliebige Objekte der angegebenen Klasse. Die Aktivitäts-Balken zeigen die Dauer der jeweiligen Verarbeitung. Ist die Verarbeitung abgeschlossen, dann geht der Kontrollfluss wieder zum rufenden Senderobjekt zurück. Gehören Sender- und Empfängerobjekt zur selben Klasse, dann werden die Aktivitäts-Balken übereinander »gestapelt«.

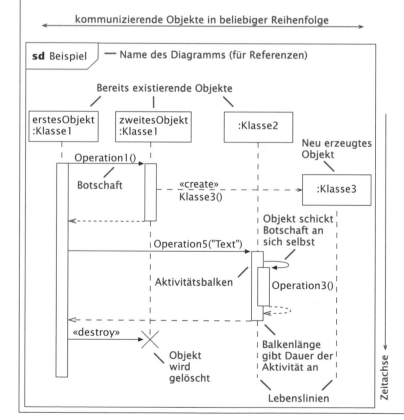

Das **Objektdiagramm** zeigt einen Schnappschuss eines Programms auf Objektebene. Der Erzeugungsvorgang eines Objekts wird nicht im Detail dargestellt. Referenzen werden als Verbindungen, d.h. als Linien dargestellt. Referenz-Attribute werden *nicht* aufgeführt. Das Objektdiagramm nach Ausführung der oben beschriebenen Schritte, einschließlich der Erzeugung von zweiterKunde, zeigt Abb. 2.6-10.

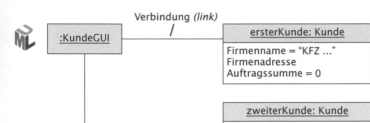

Abb. 2.6-10:
*Objektdiagramm
der Fallstudie
»Kunden-
verwaltung«*

Eine genaue zeitliche Darstellung – allerdings unter Verzicht auf Attributangaben – erlaubt das **Sequenzdiagramm** (Abb. 2.6-9). Abb. 2.6-11 zeigt das Sequenzdiagramm für die »Kundenverwaltung«. In der Abb. 2.6-11 wird vereinfacht davon ausgegangen, dass der Web-Browser das Objekt :KundeGUI erzeugt.

Die verschiedenen Diagrammarten gestatten es also, unterschiedliche Aspekte darzustellen. Die genaueste Darstellungsform ist sicher die Skizzierung der Abläufe im Arbeitsspeicher. Eine solche Darstellung wird aber schnell unübersichtlich, so dass sie nur in Sonderfällen zur Veranschaulichung herangezogen wird.

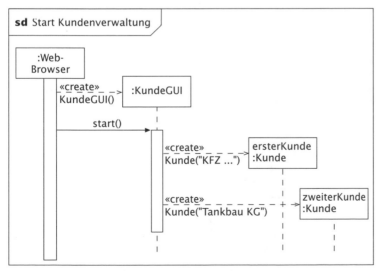

Abb. 2.6-11:
*Sequenzdiagramm
der Fallstudie
»Kunden-
verwaltung«*

2.6.5 Senden von Botschaften und Ausführen von Operationen

Nach dem Erzeugen von Objekten werden durch das Senden von Botschaften und das Ausführen von Operationen die eigentlichen Aufgaben erledigt.

Beispiel Fallstudie
»Kunden-
verwaltung«

In der Abb. 2.6-12 wird die Klasse KundeGUI in UML-Notation vollständig dargestellt.
Die zugehörige Java-Klasse sieht folgendermaßen aus:

Abb. 2.6-12: Die
Klasse KundeGUI

KundeGUI
ersterKunde: Kunde zweiterKunde: Kunde Fuehrungstext: Label Textbereich: TextArea
KundeGUI() init() start() stop()

```
/*Programmname: Kundenverwaltung1
* GUI-Klasse: KundeGUI (Java-Applet)
*/
import java.awt.*;
import java.applet.*;

public class KundeGUI extends Applet
{
    //Attribute
    //Deklarieren von zwei Kundenobjekten
    private Kunde ersterKunde, zweiterKunde;
    //Deklarieren der Interaktionselemente Führungstext und Textbereich
    Label Fuehrungstext;
    TextArea Textbereich;
    //Operationen
    public void init()
    {
        //Erzeugen der Interaktionselemente und
        //Zuordnung von Attributwerten
        setLayout(null);
        setSize(430,270);
        Fuehrungstext = new Label("Kundenverwaltung");
        Fuehrungstext.setBounds(36,24,168,28);
        Fuehrungstext.setFont(new Font("Dialog", Font.BOLD, 12));
        add(Fuehrungstext);
        Textbereich = new
            TextArea("",0,0,TextArea.SCROLLBARS_VERTICAL_ONLY);
        Textbereich.setBounds(36,60,360,156);
        Textbereich.setForeground(new Color(0));
        add(Textbereich);
    }
    public void start()
    {
        //Attribute zum Merken der Ergebnissse der Botschaften
        String MerkeText;
        int MerkeZahl;
        //Erzeugen von 2 Objekten durch Aufruf des Konstruktors
        ersterKunde = new Kunde("KFZ-Zubehoer GmbH");
        zweiterKunde = new Kunde("Tankbau KG");
        //Adresse eintragen
        ersterKunde.setFirmenadresse("44137 Dortmund,
            Poststr. 12");
        //Adresse ändern
```

```
zweiterKunde.aendernAdresse("Tankbau & Partner KG",
    "44867 Bochum, Suedstr. 23");
//Auftragssumme eintragen
ersterKunde.setAuftragssumme(15000);
//Anzeigen der Attributinhalte im Textbereich
MerkeText = ersterKunde.getFirmenname();
//Mit append wird der Text an den vorhandenen Text
//angehängt
Textbereich.append(MerkeText);
//Mit "\n" wird auf eine neue Zeile gewechselt
Textbereich.append("\n");
MerkeText = ersterKunde.getFirmenadresse();
Textbereich.append(MerkeText+"\n");
MerkeZahl = ersterKunde.getAuftragssumme();
//Umwandlung einer ganzen Zahl in eine Zeichenkette
MerkeText = String.valueOf(MerkeZahl);
    Textbereich.append(MerkeText+"\n"+"\n");
    //Anzeigen der Attributinhalte -- Kurzform
    Textbereich.append(zweiterKunde.getFirmenname()+"\n");
    Textbereich.append(zweiterKunde.getFirmenadresse()
        +"\n");
    MerkeZahl = zweiterKunde.getAuftragssumme();
    //Umwandlung einer ganzen Zahl in eine Zeichenkette
    MerkeText = String.valueOf(MerkeZahl);
    Textbereich.append("Auftragssumme: " + MerkeText+"\n");
}
public void stop()
{
    Textbereich.append("Stop"+"\n");
}
}
```

Die Ausführung des Java-Programms »Kundenverwaltung« mit den Klassen KundeGUI und Kunde führt zu der Ausgabe der Abb. 2.6-13.

Die Klasse KundeGUI besteht im Wesentlichen aus den beiden Operationen init() und start(). Der Konstruktor fehlt. In einem solchen Fall fügt der Compiler automatisch den Standardkonstruktor KundeGUI() {} der Klasse hinzu.

In der Operation init() wird die Benutzungsoberfläche, wie sie die Abb. 2.6-13 zeigt, aufgebaut. In der Operation start() erfolgt die Kommunikation zwischen der Benutzungsoberfläche und der Fachkonzept-Klasse.

Eine Botschaft setzt sich zusammen aus dem Namen des Objekts, an das die Botschaft gesandt werden soll, einem Punkt und anschließend dem Namen der Operation, die ausgeführt werden soll. In Klammern können dann noch Parameterwerte an die Operation übergeben werden.

Botschaft
Objekt.Operation

Auf die Parameterübergabe wird im Detail in Kapitel 2.9 eingegangen.

Kapitel 2.9

Es ist auch möglich, dass ein Objekt eine Botschaft an sich selbst sendet, d.h. eine eigene Operation aufruft. In einem solchen Fall

Botschaft
an sich selbst

Abb. 2.6-13:
Ausgabe des Java-
Programms
»Kunden-
verwaltung«

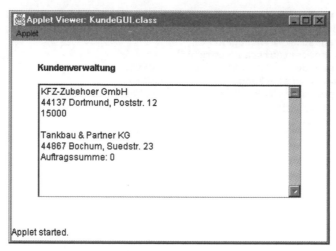

wird nur der Operationsname, u.U. mit Parametern, angegeben. Der Objektname und der Punkt entfallen.

In der init-Operation von KundeGUI wird die Benutzungsoberfläche aufgebaut. Sie besteht aus einem Führungstext *(label)* und einem mehrzeiligen Textbereich *(text area).* Label und TextArea sind von Java zur Verfügung gestellte Klassen. Mit Führungstext wird ein Referenz-Attribut der Klasse Label deklariert, mit Textbereich ein Referenz-Attribut der Klasse TextArea. Neben Botschaften an die Objekte Führungstext und Textbereich werden auch Botschaften an sich selbst gesendet, z.B. setLayout(null). Diese Operationen werden der Klasse KundeGUI durch die Klasse Applet zur Verfügung gestellt.

Den Ablauf der Anweisungen in der init-Operation zeigt die Abb. 2.6-14.

Analog sehen die Abläufe beim Ausführen der Operation start() aus (Abb. 2.6-15). Man sieht, dass das Objekt KundeGUI die Kommunikation zwischen den Fachkonzept-Objekten und dem GUI-Objekt Textbereich durchführt.

2.6.6 Löschen von Objekten

In Java muss sich der Programmierer nicht um das Löschen von Objekten kümmern. In unregelmäßigen Abständen findet automatisch eine **Speicherbereinigung** *(garbage collection)* statt. Die Java-VM prüft, ob es im Haldenspeicher Objekte gibt, auf die keine Referenz mehr zeigt. Alle diese Objekte werden automatisch gelöscht.

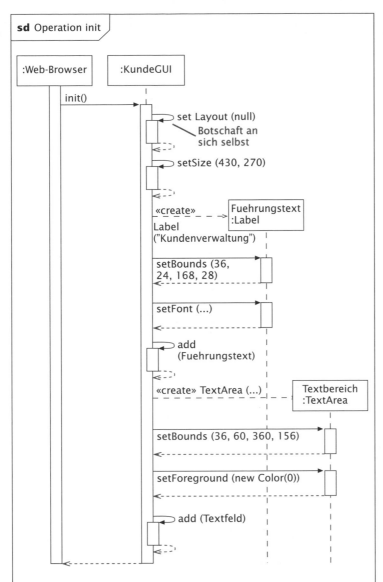

Abb. 2.6-14:
Sequenzdiagramm
der Operation
init()

Attribut Beschreibt, welche Daten die →Objekte der →Klasse enthalten.

Attributwert Aktuell einem →Attribut zugeordneter Wert aus seinem Wertebereich.

Botschaft Aufforderung eines Senders (→Klasse oder →Objekt), eine Dienstleistung durch Ausführung einer →Operation zu erbringen. Besteht aus dem Namen der Operation und den Argumenten, die diese Operation benötigt.

Exemplar →Objekt.

Fachkonzept-Klasse Realisiert die fachlichen Anforderungen an ein Programm. Kommuniziert *nicht* direkt mit der Benutzungsoberfläche (→GUI-Klasse).

garbage collection →Speicherbereinigung.

Geheimnisprinzip Auf die →Attributwerte eines →Objekts kann nur über die →Operationen des Objekts zugegriffen werden. Für andere Klassen und Ob-

133

Abb. 2.6-15:
Sequenzdiagramm
der Operation
start()

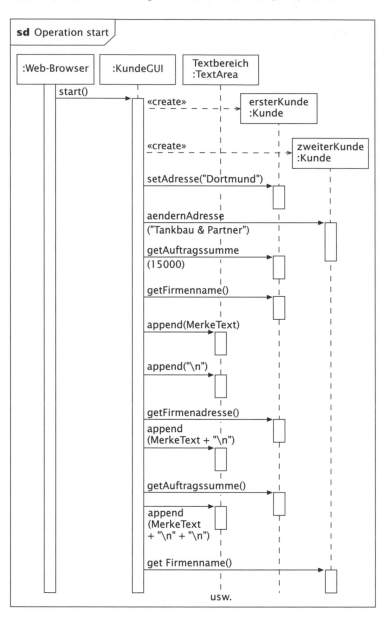

jekte sind die Attribute und Attribut-werte einer Klasse oder eines Objekts unsichtbar.

GUI-Klasse Bindeglied zwischen der Benutzungsoberfläche und der →Fach-konzept-Klasse.

Halde (*heap*) Besonderer Speicherbe-reich im Arbeitsspeicher, in dem →Ob-jekte und →Klassen gespeichert werden

(siehe auch →Speicherbereinigung).

heap →Halde.

Instanz →Objekt.

Klasse Beschreibt in Form einer Schab-lone eine Kategorie von →Objekten, die gleiche oder ähnliche Strukturen und Verhaltensmuster aufweisen. Von einer Klasse können Objekte (Instanzen, Ex-emplare) erzeugt werden.

Klassendiagramm *(class diagram)* Stellt die objektorientierten Konzepte → Klasse, →Attribute, →Operationen und Beziehungen zwischen Klassen in grafischer Form dar (→UML).

Konstruktor spezielle →Operation zum Erzeugen von →Objekten. Der Konstruktorname entspricht dem Klassennamen gefolgt von einer Parameterliste in runden Klammern. Parameter dienen zum Initialisieren von Attributwerten. Sind keine Parameter angegeben, dann wird ein Objekt erzeugt und die Attribute des Objekts werden mit Standardwerten vorbelegt.

Methode →Operation.

Objekt Ausprägung physikalischer Komponenten oder abstrakter Sachverhalte, die individuell sind und durch Eigenschaften und Verhalten beschrieben werden.

Objektdiagramm *(object diagram)* Grafische Darstellung von →Objekten und ihren Verbindungen *(links).* Erlaubt eine Momentaufnahme eines laufenden Programms (→UML).

Objekt-Identität Eigenschaft, die ein → Objekt von allen anderen unterscheidet, auch wenn ihre →Attributwerte identisch sind. Ist nicht veränderbar.

Objektorientierte Programmierung Anwendung der Konzepte →Klasse, → Objekt, →Attribut, →Operation, →Botschaft, Vererbung, Polymorphismus und dynamisches Binden bei der Programmierung.

OO objektorientiert (→objektorientierte Programmierung).

OOP →objektorientierte Programmierung.

Operation Ausführbare Tätigkeit im Sinne einer Funktion bzw. eines Algorithmus; beschreibt das Verhalten eines →Objekts bzw. einer →Klasse.

Pflichtenheft Legt Anforderungen an ein Software-System in verbaler, d.h. umgangssprachlicher Form fest.

Sequenzdiagramm *(sequence diagram)* Grafische, zeitbasierte Darstellung mit vertikaler Zeitachse von →Botschaften zwischen →Objekten und →Klassen. Botschaften werden durch horizontale Linien, Objekte und Klassen durch gestrichelte, vertikale Linien repräsentiert (Lebenslinien) (→UML).

Speicherbereinigung *(garbage collection)* Die Laufzeitumgebung einiger Programmiersprachen, darunter auch die von Java, löschen automatisch alle Objekte, auf die keine Referenzen mehr zeigen. In der Regel wird die →Halde einer automatischen Speicherbereinigung unterzogen.

UML *(Unified Modeling Language)* Notation zur grafischen Darstellung objektorientierter Konzepte (→objektorientierte Programmierung). Zur grafischen Darstellung gehören →Klassendiagramme, →Objektdiagramme und →Sequenzdiagramme.

 Die objektorientierte Programmierung (OOP) basiert auf einer Reihe von Grundkonzepten, von denen folgende fünf Konzepte behandelt wurden:

1 Ein Objekt (auch Exemplar oder Instanz genannt) ist ein individuelles Exemplar von Dingen, Personen oder Begriffen. Es besitzt eine Objekt-Identität. Objekte werden durch Konstruktoren erzeugt und im Arbeitsspeicher auf der so genannten Halde *(heap)* gespeichert. In Java werden Objekte automatisch durch eine Speicherbereinigung *(garbage collection)* gelöscht, wenn keine Referenz mehr auf sie vorhanden ist.

2 Attribute beschreiben die Eigenschaften eines Objekts. Attributwerte sind die aktuellen Werte, die die Attribute besitzen.

Konzepte

3 Operationen (auch Methoden genannt) beschreiben das Verhalten eines Objekts, d.h. die Dienstleistungen, die es seiner Umwelt oder sich selbst zur Verfügung stellt. Operationen kommunizieren mit der Umwelt über Ein-/Ausgabeparameter.

4 Klassen fassen Objekte mit gleichen Attributen und Operationen zu einer Einheit zusammen. Durch das Geheimnisprinzip kann auf Attributwerte nur über Operationen zugegriffen werden.

5 Durch Botschaften kommunizieren Objekte und Klassen untereinander.

In der objektorientierten Software-Entwicklung (OO) werden verschiedene Diagrammarten benutzt, um unterschiedliche Aspekte darzustellen. Als grafische Notation wird die UML verwendet. In ihr sind unter anderem folgende Diagrammarten definiert:

- Klassendiagramme,
- Objektdiagramme (als Teil der Klassendiagramme),
- Sequenzdiagramme.

Vorgehensweise   Bevor mit der Programmierung begonnen wird, sind die Anforderungen an ein Programm in einem Pflichtenheft festzulegen. Im Pflichtenheft sind die Anforderungen in folgender Form durchzunummerieren.

Pflichtenheft   /1/ Anforderung 1
/2/ Anforderung 2

...

/n/ Anforderung n

Klassendiagramm   Anhand der Anforderungen ist ein Klassen-Diagramm in UML-Nota-
Fachkonzept-   tion zu erstellen, wobei zunächst nur die Fachkonzept-Klassen mo-
Klassen   delliert werden, d.h. die Klassen, die die fachlichen Anforderungen beschreiben. Zur Klarstellung von Zusammenhängen können auch weitere Diagrammarten verwendet werden.

GUI-Klassen   GUI-Klassen, die die Verbindung zum Benutzer herstellen, werden erst anschließend festgelegt und beschrieben.

Ausgehend von der UML-Darstellung der Klassen erfolgt die Umsetzung in ein Java-Programm (Abb. 2.6-3).

Konventionen und   Folgende Konventionen und Empfehlungen sollten beachtet wer-
Empfehlungen   den:

- Attribute immer als `private` deklarieren (»Privatbesitz« der Objekte der jeweiligen Klasse, Geheimnisprinzip).
- Wird durch eine Operation ein einzelnes Attribut gelesen, dann sollte die Operation `getAttributname` lauten.
- Wird durch eine Operation ein einzelnes Attribut gesetzt, dann sollte die Operation `setAttributname` lauten.
- Jede Klasse sollte in Java in einer eigenen Datei (`.java`) gespeichert werden.
- GUI-Klassen sollten das Klassen-Suffix `GUI` besitzen.
- Nicht näher beschriebene Objekte einer Klasse sollten mit `ein`, `erster`, `a` usw. plus jeweiligem Klassennamen benannt werden.

/Gosling, Joy, Steele 97/
Gosling J., Joy B., Steele G., *Java – die Sprachspezifikation*, Bonn: Addison-Wesley-Verlag 1997
/Heide Balzert 04/
Balzert Heide, *Lehrbuch der Objektmodellierung – Analyse und Entwurf*, 2. Auflage, Heidelberg: Spektrum Akademischer Verlag 2004
/Jacobson et al. 92/
Jacobson I., Christerson M., Jonsson P., Övergaard G. *Object-Oriented Software Engineering – A Use Case Driven Approach*, Wokingham: Addison Wesley 1992
/UML 03/
UML 2, *Superstructure Final Adopted Specification*, www.OMG.org

Kopieren Sie sich alle Programmierbeispiele dieser Lehreinheit von der CD-ROM in Ihre Programmierumgebung. Sie sollten alle Programme übersetzen und ausführen.

Nehmen Sie diese Beispiele als Ausgangspunkt für die folgenden Programmieraufgaben. Sie sollen nicht alles neu machen, sondern Vorhandenes modifizieren und erweitern *(learning by analogy)*.

1 *Lernziel: Das Entwurfsprinzip »Trennung GUI – Fachkonzept« erklären können.*
Betrachten Sie den folgenden Ausschnitt aus einem Java-Programm. Wie lässt sich das Programm verbessern?

Analytische
Aufgaben
Muss-Aufgabe
5 Minuten

```
public class Taschenrechner
{
    public void init()
    {
        TextField einEingabefeld; // ...
    }
    public float berechneErgebnis(String Eingabe)
    { // ...
        return ergebnis;
    }
}
```

2 *Lernziel: Anhand von Beispielen die dynamischen Abläufe bei der Erzeugung und Referenzierung von Objekten zeichnen – insbesondere durch Darstellung des Arbeitsspeichers und als UML-Diagramme – und erläutern können.*
Gegeben sei folgendes Java-Programm:

Muss-Aufgabe
30 Minuten

```
public class KlasseA
{
    private int A1 = 0; private String A2;
    public KlasseA(String eineKette)
    { A2 = eineKette; }
    public int getA1()
    { return A1; }
}
```

```
public class KlasseB
{
    public void start(String arg)
    {
        KlasseA erstesA; int Zahl;
        erstesA = new KlasseA("Test");
        Zahl = erstesA.getA1();
    }
}
```

a Zeichnen Sie für das gegebene Programm ein UML-Klassendiagramm.

b Erklären Sie anhand des Klassendiagramms die dynamischen Vorgänge bei der Ausführung des Programms, unter der Voraussetzung, dass zunächst start() eines Objektes der KlasseB aufgerufen wird.

c Stellen Sie den Arbeitsspeicher (analog zu Abb. 2.6-8) während der Ausführung des Programms dar.

Klausur-Aufgabe   **3** *Lernziel: Vorgegebene Java-Programme auf die Einhaltung der behandelten*
30 Minuten   *Syntax prüfen können.*
Markieren und verbessern Sie die Syntaxfehler im vorgegebenen Quellcode, sodass dieses Programm übersetzt werden kann:

```
/*Programmname: Kundenverwaltung2
* Fachkonzept-Klasse: Kunde*/
class Kunde
{ //Attribute
  public String Firmenname = Firmenadresse;
  public int Auftragssumme = 0;
  //Konstruktor
  public void Kunde(String Name)
  {
      Firmenname = Name; return Name;
  }
  //Kombinierte Schreiboperation
  public void setAendernAdresse (String Name, String Adresse)
  {
      Firmenname = Name
      Firmenadresse = Adresse
  }
  //Schreibende Operationen
  public void setzeFirmenname (String Name)
  {
      Firmenname = Name;
  }
  public void setzeFirmenadresse (String Adresse)
  {
      Firmenadresse = Adresse;
  }
  public void setzeAuftragssumme(int Summe)
  {
      Auftragssumme = Summe;
  }
  //Lesende Operationen
  public String gibFirmenname()
```

138

```
    {
        return Firmenname;
    }
    public string gibFirmenadresse() {}
    public void holeAuftragssumme()
    { return Auftragssumme;
    }
}
```

b Überarbeiten Sie den Quellcode unter Beachtung der beschriebenen Konventionen und Empfehlungen.

4 *Lernziel: Das behandelte Programm »Kundenverwaltung« auf analoge Aufgaben übertragen und modifizieren können, sodass lauffähige Java-Programme entstehen.*

Konstruktive Aufgaben Muss-Aufgabe 30 Minuten

a Fügen Sie in die Klasse Kunde des Kundenverwaltungsprogramms ein Attribut Ansprechpartner mit den zugehörigen Zugriffsoperationen ein.

b Ergänzen Sie die Klasse Kunde um einen weiteren Konstruktor, bei dem der Firmenname und die Firmenadresse angegeben werden können.

c Ergänzen Sie neben der Fachkonzept-Klasse auch die GUI-Klasse entsprechend, übersetzen Sie das Programm und führen Sie es aus.

d Integrieren Sie das modifizierte Applet in eine von Ihrer Homepage erreichbare HTML-Seite. Setzen Sie auf derselben Seite für jede Quelldatei des Projekts einen Hyperlink, damit sich Dritte Ihre Lösung ansehen können.

5 *Lernziel: Für gegebene Beispiele geeignete Diagramme in UML-Notation (Klassen-, Objekt-, Sequenzdiagramm) auswählen und zeichnen können.*
Wandeln Sie folgende UML-Klasse in eine Java-Klasse um (ohne Zugriffsoperationen auf die Attribute zu formulieren):

Konto
Inhaber: String Typ: String Zugang: String Guthaben: float PIN: String
setKonto(String Name, String Kontotyp, String Zugangsweg) pruefeZugang(): int pruefeKreditlinie(float Kredit): int

6 *Lernziel: Für gegebene Beispiele geeignete Diagramme in UML-Notation (Klassen-, Objekt-, Sequenzdiagramm) auswählen und zeichnen können.*

Muss-Aufgabe *10 Minuten*

a Modellieren Sie folgenden Sachverhalt in einem Klassendiagramm:
/1/ Es sollen Kunden verwaltet werden.
/2/ Zu einem Kunden wird sein Name verwaltet, außerdem kann ein Konto über die Operation »anlegen Konto« angelegt werden.
/3/ Zu einem Konto werden Kontonummer und Kontostand verwaltet. Diese beiden Werte können schon bei der Erzeugung eines Kontos übergeben werden.

b Zeichnen Sie ein Objektdiagramm, bei dem ein Kunde Norbert Meier über ein Konto mit der Nummer 0815 und einem Guthaben von € 2000 verfügt.

c Zeichnen Sie ein Sequenzdiagramm, die zu dem unter **b** spezifizierten Endzustand führen (Anlegen neuer Objekte usw.).

Muss-Aufgabe
40 Minuten

7 *Lernziel: Aus einem Pflichtenheft ein Klassendiagramm in UML-Notation erstellen und dieses Diagramm anschließend in ein Java-Programm transformieren und um Operationsanweisungen ergänzen können.*

Die Firma ProfiSoft entschließt sich, Programme im Markt anzubieten. Dafür soll eine Artikelverwaltung programmiert werden. Die Anforderungen an das Programm sind in folgendem Pflichtenheft zusammengestellt:

/1/ Artikelnummer, Artikelbezeichnung, die verwendete Programmiersprache, eine Kurzbeschreibung und der Verkaufspreis eines jeden Artikels sollen gespeichert werden.

/2/ Alle Daten müssen einzeln gelesen werden können.

/3/ Die Kurzbeschreibung, die Programmiersprache und der Verkaufspreis müssen einzeln gespeichert werden können.

/4/ Ein neuer Artikel kann nur angelegt werden, wenn Artikelnummer und Artikelbezeichnung bekannt sind.

/5/ Der Verkaufspreis ist mit 0 vorbelegt, die Programmiersprache mit »Java«.

Bis heute werden die Artikel »von Hand« in einer Tabelle erfasst:

Artikelnr	Bezeichnung	Sprache	Beschreibung	Verk.-Preis
4711	Diashow	Java	Erlaubt Dia-Show auf HTML-Seite	29,90
4712	Bildbeschriftung	Java	Erlaubt Beschriftung von Bildern	99,90
8726	100 Piktos	Java	100 Piktogramme für HTML-Seite	54,50

a Entwerfen Sie ein Klassendiagramm in UML-Notation, das die im Pflichtenheft gemachten Angaben in Form einer Fachkonzept-Klasse modelliert. Verwenden Sie die UML-Notation. Bei Attributen ist immer ein passender Typ, eventuell mit Voreinstellung, anzugeben.

b Zeichnen Sie die in der Tabelle angegebenen Artikel als Objekte in ein Objektdiagramm ein.

c Transformieren Sie das Klassendiagramm in eine Java-Fachkonzeptklasse und ergänzen Sie die Operationsrümpfe entsprechend.

d Ergänzen Sie das Klassendiagramm um eine GUI-Klasse, die drei Artikel anlegt und diese dann anzeigt.

e Transformieren Sie die UML-GUI-Klasse in eine Java-Applet-GUI-Klasse und ergänzen Sie die Operationsrümpfe entsprechend. Verwenden Sie bei der Ausgabe der Artikel in einen Textbereich den Befehl "\t", um innerhalb einer Zeile einen Tabulator-Sprung vorzunehmen. Dadurch kann jeder Artikel in einer Zeile ausgegeben werden. Übersetzen Sie das Programm und führen Sie es aus.

f Zeichnen Sie ein Sequenzdiagramm, das die Abläufe darstellt.

g Integrieren Sie das erstellte Applet in eine von Ihrer Homepage erreichbaren HTML-Seite. Setzen Sie auf derselben Seite für jede Quelldatei des Projekts einen Hyperlink, damit sich Dritte Ihre Lösung ansehen können.

Hinweis   Eine weitere Aufgabe finden Sie auf der CD-ROM.

2 Grundlagen der Programmierung – Objekte und Klassen (Teil 2)

- Aufbau und Start eines Java-Applets und einer Java-Anwendung darstellen können.
- Die Konzepte Klassenattribut – Objektattribut und Klassenoperation – Objektoperation unterscheiden können.
- Erklären können, in welchen Situationen und warum Klassenattribute und Klassenoperationen verwendet werden.
- Die Eigenschaften und Einsatzbereiche von Assoziationen und ihre Realisierung in Java erklären können.
- Die problemgerechten Kardinalitäten identifizieren und in der UML-Notation beschreiben können.
- Die Prinzipen »Integrierte Dokumentation« und »Verbalisierung« erklären und ihre praktische Umsetzung darstellen können.

verstehen

- Vorgegebene Java-Programme auf die Einhaltung der behandelten Syntax prüfen können.
- In Java-Programmen die Konzepte Klassenattribute und -operationen problemgerecht einsetzen können.
- Java-Applets wie die »Kundenverwaltung« in analoge Java-Anwendungen transformieren können.
- Assoziationen mit der maximalen Kardinalität 1 in Java programmieren können.
- Die Richtlinien und Konventionen für Bezeichner und die Formatierung beim Schreiben von Programmen einhalten können.
- Eigene Programme gut dokumentieren und verbalisieren können.
- Dynamische Abläufe durch Sequenzdiagramme und Arbeitsspeicherdarstellungen veranschaulichen können.
- Die behandelten Programme auf analoge Aufgaben übertragen und modifizieren können, sodass lauffähige Java-Applets und Java-Anwendungen entstehen.
- CASE-Werkzeuge zur Darstellung der UML-Notation einsetzen können.
- Aus einem Pflichtenheft ein Klassendiagramm in UML-Notation erstellen und dieses Diagramm anschließend in ein Java-Programm transformieren und um Operationsanweisungen ergänzen können.

anwenden

- Die Abschnitte 2.2.1 bis 2.6.6 müssen bekannt sein.

2.6 Dann die Praxis: Objekte und Klassen in Java

2.6.7 Aufbau und Start eines Applets

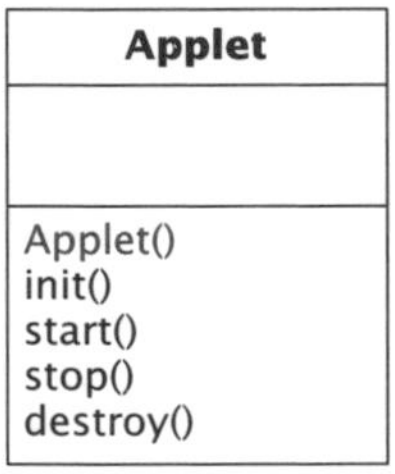

Applet
Applet() init() start() stop() destroy()

Abb. 2.6-16:
Die Klasse Applet
und ihre wichtigsten
Operationen

Die Klasse KundeGUI wurde als Applet programmiert. Java stellt für die Programmierung eines Applets die Klasse Applet zur Verfügung, die eine Reihe von Operationen zur Verfügung stellt (Abb. 2.6-16).

Ein Applet wird immer von der Klasse Applet abgeleitet, hier: class KundeGUI extends Applet. Die Klasse KundeGUI verfügt dadurch auch über die Operationen der Klasse Applet.

Das Starten eines Applets wird dadurch erreicht, dass der Web-Browser bzw. ein Applet-*Viewer* ein Objekt von der Klasse erzeugt, die von der Klasse Applet abgeleitet wurde, hier: KundeGUI. Anschließend ruft der Browser die Operation init() auf. Eine detaillierte Darstellung des Startvorgangs zeigt Abb. 2.6-17.

init()

- init() wird während der Lebensdauer eines Applets *genau einmal* aufgerufen, nachdem die Klassendatei geladen und ein Objekt der von Applet abgeleiteten Klasse erzeugt wurde. Innerhalb von init() können z.B. Objektattribute initialisiert, Bilder oder Schriften geladen oder Parameter ausgewertet werden. Im Beispiel KundeGUI wird in init() die Benutzungsoberfläche aufgebaut und initialisiert.

start()

- Ist die Initialisierung abgeschlossen, ruft der Browser die Operation start() auf, um die eigentliche Ausführung des Applets zu starten. Im Gegensatz zur Initialisierung kann das Starten eines Applets mehrfach erfolgen. In einem Applet-*Viewer* gibt es dafür die Menüoption Starten. Lädt der Browser eine andere Webseite, dann wird das Applet nicht komplett zerstört, sondern lediglich

Beim Start eines Java-Applets laufen folgende Vorgänge ab:

1 Der Web-Browser findet im HTML-Code einen HTML-Befehl: APPLET CODE.

2 Der Web-Browser startet die in den Browser integrierte Java-VM *(virtual machine)* und übergibt ihr den Namen der im APPLET CODE angegebenen Klasse, z.B. KundeGUI.class (Achtung: Name der übersetzten Klasse, Endung .class).

3 Die Java-VM aktiviert mit der Botschaft loadClass("KundeGUI.class") den so genannten Klassenlader *(class loader)*, der für das Laden von Klassen von der Festplatte oder über das Netz in den Arbeitsspeicher zuständig ist.

4 Der Klassenlader lädt die angegebene Klasse in die Halde des Arbeitsspeichers.

5 Der Klassenlader prüft, ob der Code Referenzen auf andere Klassen enthält, die noch zu laden sind. Enthält die Klasse KundeGUI z.B. die Deklaration Kunde ersterKunde, dann wird auch die Klasse Kunde geladen usw.

6 Nach dem Laden wird der Verifizierer *(verifier)* aktiviert, der die Bytecodes auf strukturelle Korrektheit überprüft, z.B. ob die Datei während des Ladens oder des Transports über das Netz beschädigt wurde.

7 Nachdem alle Klassen geladen und geprüft sind, erzeugt die VM ein Objekt der Klasse, die von der Applet-Klasse abgeleitet ist. Der Browser ruft für dieses Objekt die Operation init() und nach deren Abarbeitung start() auf.

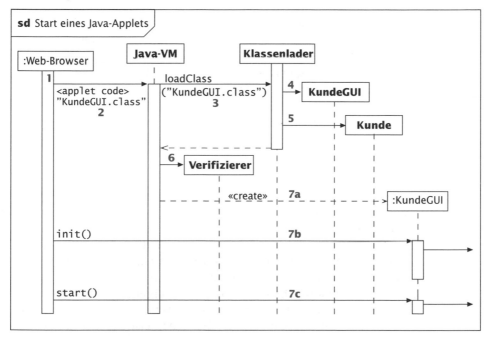

Abb. 2.6-17:
Start eines
Java-Applets

gestoppt. Beim erneuten Aufruf der Seite wird es dann durch Aufruf der Operation start() erneut gestartet.

stop()

- Durch Aufruf der Operation stop() bewirkt der Browser, dass das Applet gestoppt wird. Dies geschieht immer dann, wenn eine andere Webseite geladen wird. Während der Lebensdauer eines Applets können die Operationen start() und stop() also mehrfach aufgerufen werden.

- Wenn ein Applet nicht mehr benötigt wird, weil z.B. der Browser beendet wird, dann ruft der Browser die Operation destroy() auf. destroy()

Abb. 2.6-18 zeigt den Lebenszyklus eines Applets.

143

Abb. 2.6-18:
Lebenszyklus eines
Applets

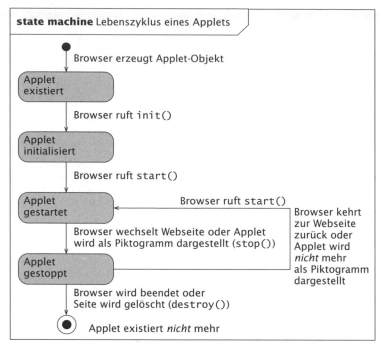

2.6.8 Klassenattribute

Attribute und Operationen legen die Eigenschaften und das Verhalten von Objekten fest. Deshalb spricht man genau genommen auch von Objektattributen und Objektoperationen. Es gibt jedoch eine Reihe von Situationen, in denen es sinnvoll ist, Klassen eigene Attribute und Operationen zuzuordnen. Ist dies der Fall, dann spricht man von Klassenattributen und Klassenoperationen.

Ein **Klassenattribut** beschreibt die Eigenschaften einer Klasse, während Attribute üblicherweise Eigenschaften eines einzelnen Objekts beschreiben. In Abb. 2.6-19 hat die Klasse Student zwei Objekte.

Abb. 2.6-19:
Klassenattribute

Student
Matrikel-Nr.
Name
Geburtsdatum
Datum Vordiplom
Immatrikulation
Noten
Anzahl   2

:Student
7002345
Hans Meyer
4.7.1974
2.3

:Student
7001234
Helga Weiß
7.9.1971
15.7.1993
1.7 2.0 1.3

Die Anzahl der Objekte (also 2) ist *kein* Attribut der Objekte, sondern der Klasse.

Ein Klassenattribut liegt also vor, wenn nur ein Attributwert für alle Objekte einer Klasse existiert. Klassenattribute existieren auch dann, wenn es zu einer Klasse (noch) keine Objekte gibt.

Um Klassenattribute von den (Objekt-)Attributen unterscheiden zu können, wird ein Klassenattribut in der UML-Notation unterstrichen dargestellt (Abb. 2.6-20).

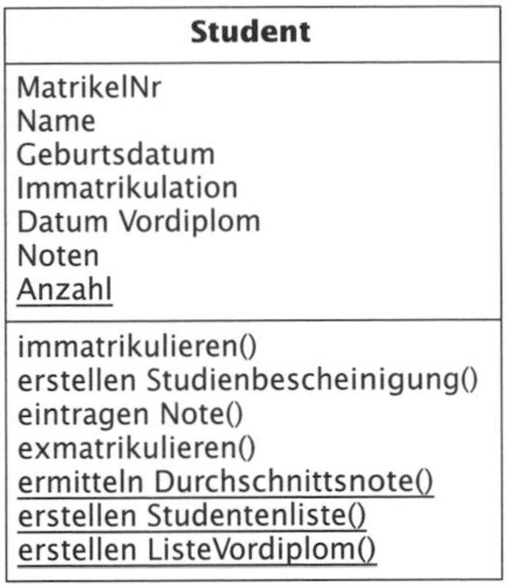

Klassenattribute werden in Java durch das Schlüsselwort static gekennzeichnet, das vor der Typangabe steht, z.B. static int Anzahl; (siehe Abb. 2.6-1).

Student
MatrikelNr
Name
Geburtsdatum
Immatrikulation
Datum Vordiplom
Noten
<u>Anzahl</u>
immatrikulieren()
erstellen Studienbescheinigung()
eintragen Note()
exmatrikulieren()
<u>ermitteln Durchschnittsnote()</u>
<u>erstellen Studentenliste()</u>
<u>erstellen ListeVordiplom()</u>

Abb. 2.6-20: Klassenattribut

Java

2.6.9 Klassenoperationen

Eine **Klassenoperation** ist eine Operation, die der jeweiligen Klasse zugeordnet ist und *nicht* auf ein einzelnes Objekt der Klasse angewendet werden kann. Sie wirkt auf mehrere Objekte oder alle Objekte derselben Klasse oder manipuliert Klassenattribute der eigenen Klasse.

Sie liegt vor, wenn eine der folgenden Situationen zutrifft:

1 Die Operation manipuliert Klassenattribute ohne Beteiligung eines einzelnen Objekts.

Ein Beispiel ist »ändern Farbe« für alle Rechtecke (Abb. 2.6-21). Diese Aufgabe ist unabhängig von einem ausgewählten Objekt.

Beispiel

Bezieht sich die Operation allerdings auf ein einzelnes Objekt und werden im Rahmen der Operation zusätzlich Klassenattribute manipuliert, so handelt es sich um eine Objektoperation.

Betrachtet man als Beispiel die Operation exmatrikulieren() (Abb. 2.6-21). Ihre Aufgabe ist es, einen Studenten zu löschen. Gleichzeitig dekrementiert sie die Anzahl der Studenten (Klassenattribut).

Beispiel

In diesem Fall handelt es sich um eine Objektoperation, weil sie sich auf ein Objekt bezieht.

Es wird davon ausgegangen, dass eine Objektoperation direkt auf Klassenattribute der eigenen Klasse zugreifen kann, d.h., eine Klasse ist vor ihren Objektoperationen *nicht* geschützt. Die Alternative würde darin bestehen, auf Klassenattribute ausschließlich über Klassenoperationen zuzugreifen.

Abb. 2.6-21:
Klassenoperation

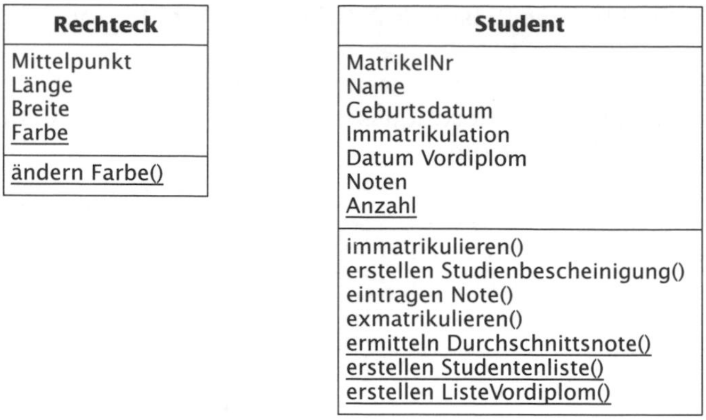

Rechteck
Mittelpunkt
Länge
Breite
Farbe
ändern Farbe()

Student
MatrikelNr Name Geburtsdatum Immatrikulation Datum Vordiplom Noten Anzahl
immatrikulieren() erstellen Studienbescheinigung() eintragen Note() exmatrikulieren() ermitteln Durchschnittsnote() erstellen Studentenliste() erstellen ListeVordiplom()

Kapitel 2.19 **2** Die Operation bezieht sich auf alle Objekte der Klasse.
Hierzu ist es allerdings nötig, dass durch eine Objektverwaltung bekannt ist, welche Objekte von einer Klasse erzeugt wurden.

Beispiel Die Operation erstellen Studentenliste() druckt die Daten eines
jeden Objekts der Klasse Student.

3 Häufig müssen die Objekte einer Klasse nach bestimmten Kriterien durchsucht werden, d.h. es wird geprüft, ob deren Attributwerte vorgegebene Bedingungen erfüllen.
Bei einer solchen Selektion wird die Eigenschaft der Objektverwaltung einer Klasse ausgenutzt. Das Ergebnis einer Selektion ist im
Allgemeinen eine Menge von Objekten.

Beispiele – Studenten ermitteln, die in diesem Jahr das Vordiplom bestanden
haben.
– Den Studenten mit der Matrikel-Nr. 7001234 ermitteln.

UML-Notation Um deutlich zu machen, dass eine Operation Klassenattribute manipuliert oder sich auf mehrere Objekte der Klasse bezieht, wird
eine solche Operation in der UML-Notation unterstrichen dargestellt
(analog wie Klassenattribute).
Eine Klassenoperation wird in Java durch das Schlüsselwort static
gekennzeichnet. Sie wird *ohne* eine Referenz auf ein bestimmtes
Objekt aufgerufen. Vor die Klassenoperation wird der Klassenname
gesetzt.

Java In Java ist es auch möglich, die Klassenoperation über ein Objekt
aufzurufen. Dies widerspricht aber dem Konzept der Klassenoperation und sollte unterbleiben, da dadurch die Verständlichkeit des
Programms leidet!

Beispiel Die »Kundenverwaltung« wird so erweitert, dass die Anzahl der Kunden in der Klasse Kunde mitverwaltet wird. Die Klasse Kunde ist folgendermaßen zu ergänzen:

146

```
/*Programmname: Kundenverwaltung2
* Fachkonzept-Klasse: Kunde
* mit Zählung der Kundenanzahl
*/

public class Kunde
{
    //Klassenattribut
    private static int AnzahlKunden = 0;
    //Objektattribute
    private String Firmenname, Firmenadresse;
    private int Auftragssumme = 0;

    //Konstruktor
    public Kunde(String Name)
    {
        Firmenname = Name;
        //Bei jeder Objekterzeugung wird AnzahlKunden um eins
        //erhöht
        AnzahlKunden = AnzahlKunden + 1;
    }
    ...
    //Lesende Operationen
    //Klassenoperation zum Lesen des Klassenattributs
    public static int getAnzahlKunden()
    {
        return AnzahlKunden;
    }
}
```

Von der Klasse KundeGUI aus kann das Klassenattribut folgendermaßen abgefragt werden:

```
    ersterKunde = new Kunde("KFZ-Zubehoer GmbH");
    //AnzahlKunden ermitteln und ausgeben
    //Botschaft an die Klasse Kunde, nicht an ein Objekt!
    MerkeZahl = Kunde.getAnzahlKunden();
```

2.6.10 Aufbau und Start einer Java-Anwendung

Eine Java-Anwendung unterscheidet sich in verschiedenen Punkten von einem Java-Applet.

■ Eine Java-Anwendung kann eine grafische *oder* eine textuelle Benutzungsoberfläche besitzen.

■ Eine Java-Anwendung kann auf alle Ressourcen des Computersystems zugreifen, auf dem sie läuft. Dies ist bei Applets aus Sicherheitsgründen nur beschränkt möglich.

■ Vergleichbar mit der Objektoperation init() eines Applets ist die Klassenoperation main() einer Anwendung.

Eine detaillierte Darstellung des Startvorgangs zeigt Abb. 2.6-22.

Beim Start einer Java-Anwendung laufen folgende Vorgänge ab:

1 Die Java-VM *(virtual machine)* beginnt mit dem Aufruf der Klassenoperation main() einer angegebenen Klasse, z.B. java KundeGUI. Ihr muss angegeben werden, welche Klasse die ausführende main()-Operation enthält.

2 Stellt die Java-VM bei dem Versuch, main() von KundeGUI auszuführen, fest, dass die Klasse KundeGUI nicht geladen ist, dann ruft sie einen Klassenlader *(class loader)* auf.

3 Der Klassenlader lädt den Bytecode der angegebenen Klasse, d.h. KundeGUI.class, von der Festplatte oder über das Netz in die Halde des Arbeitsspeichers.

4 Der Klassenlader prüft, ob der Code Referenzen auf andere Klassen enthält, die noch zu laden sind. Enthält die Klasse KundeGUI z.B. die Deklaration Kunde ersterKunde, dann wird auch die Klasse Kunde geladen usw.

5 Nach dem Laden wird der Verifizierer *(verifier)* aktiviert, der die Bytecodes auf strukturelle Korrektheit überprüft, z.B. ob die Datei während des Ladens oder des Transports über das Netz beschädigt wurde.

6 Nachdem alle Klassen geladen und geprüft sind, werden die Klassenattribute erzeugt und mit den voreingestellten Standardwerten initialisiert.

7 Ist die Initialisierung für die Klasse KundeGUI abgeschlossen, dann wird die Klassenoperation main() von KundeGUI aufgerufen. Im Gegensatz zum Start eines Java-Applets wird von der Java-VM *kein* Objekt der Klasse KundeGUI erzeugt!

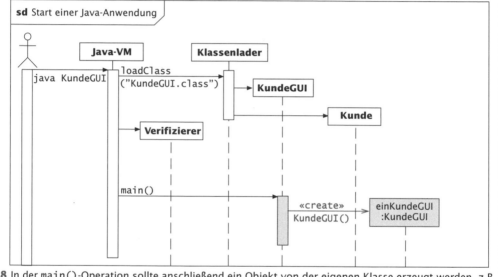

8 In der main()-Operation sollte anschließend ein Objekt von der eigenen Klasse erzeugt werden, z.B. einKundeGUI = new KundeGUI(); (in der Abbildung blau eingezeichnet).

Quelle:/Lindholm, Yellin 97, S.39 ff/

Abb 2.6-22: Start einer Java-Anwendung

Um eine grafische Java-Anwendung zu erhalten, müssen in der Klasse KundeGUI des Java-Applets einige Änderungen vorgenommen werden:

1 Die Operation main() ist eine Klassenoperation. Daher kann innerhalb dieser Operation nur auf Klassenattribute zugegriffen werden. Da noch kein Objekt der Klasse existiert, gibt es noch keine Objektattribute. Aus demselben Grund können auch nur andere Klassenoperationen und *keine* Objektoperationen aufgerufen werden.

a Eine Möglichkeit besteht darin, aus Objektattributen und Objektoperationen Klassenattribute und Klassenoperationen durch Voranstellen des Schlüsselworts static zu machen.

b Die Alternative ist, innerhalb der Klassenoperation `main()` ein Objekt der eigenen Klasse zu erzeugen. Ist das Objekt erzeugt, dann kann über das Referenz-Attribut auf die Objektoperationen dieser Klasse zugegriffen werden.

Für die Klasse `KundeGUI` sieht diese Alternative folgendermaßen aus: Beispiel

```
public class KundeGUI
{
    //Referenz-Attribut als Klassenattribut
    static KundeGUI einKundeGUI;

    //Konstruktor
    public KundeGUI()
    {
    }
    //Klassenoperation main
    public static void main(String args[])
    {
        //Erzeugen eines Objekts von KundeGUI
        einKundeGUI = new KundeGUI();
    }
}
```

2 Um eine möglichst analoge Benutzungsoberfläche wie beim Applet zu erhalten und möglichst wenige Änderungen vornehmen zu müssen, sind folgende Modifikationen in der entsprechenden GUI-Klasse erforderlich:

a Jede GUI-Klasse eines Applets verwendet die Klasse `Applet`, die eine Reihe von Operationen zur Verfügung stellt. Bei einer Java-Anwendung kann diese Klasse *nicht* verwendet werden. Eine Klasse mit ähnlichen Eigenschaften ist die Klasse `Frame`. Sie stellt ein »einfaches« Fenster zur Verfügung. In der ersten Zeile der Klassendeklaration muss `extends Applet` umgewandelt werden in `extends Frame`. Die Zeile `import java.applet` kann entfallen.

Aus `public class KundeGUI extends Applet` wird Beispiel
`public class KundeGUI extends Frame`.

b Aus der Operation `init()` wird der Konstruktor der GUI-Klasse.

Aus `public void init()` wird `public KundeGUI()`. Die Anweisungen Beispiel
selbst bleiben unverändert.

c Bei Applets wird die Größe des Applets durch die Angabe der Breite und Höhe im Applet-Befehl der HTML-Seite festgelegt. Bei der Java-Anwendung muss die Festlegung der Fenstergröße durch die Operation `void setSize(int width, int height)` erfolgen.
Da ein Fensterobjekt nach dem Erzeugen unsichtbar ist, muss es durch die Operation `void setVisible(boolean b)` mit b = true auf dem Bildschirm angezeigt werden.

Die main-Operation muss daher nach dem Erzeugen des GUI-Objekts um entsprechende Aufrufe dieser Operationen ergänzt werden.

Beispiel Nach der Anweisung zur Objekterzeugung
einKundeGUI = new KundeGUI();
stehen folgende Anweisungen:
einKundeGUI.setSize(430,270);
einKundeGUI.setVisible(true);
Diese Anweisungen werden nach Abschluss des Konstruktors ausgeführt.

d Die Ausführung der Operation start() des Java-Applets kann durch einen Aufruf der Operation am Ende der main()-Operation erfolgen. Die Operation stop() kann entfernt werden.

Beispiel Aufruf der Operation start():
einKundeGUI.start();

Damit sind alle notwendigen Umstellungen vorgenommen. Die vollständig umgestellte Java-Anwendung befindet sich auf der CD-ROM.

Keine Änderung der Fachkonzept-klasse! Die Vorteile der Trennung GUI – Fachkonzept zeigen sich hier bereits. Die Fachkonzept-Klasse muss *nicht* geändert werden.

Die Anwendung kann gestartet werden, entweder von der Programmierumgebung aus oder durch Eingabe von java KundeGUI im Konsolen-Fenster (wenn das Betriebssystem *Windows* verwendet wird).

Beim Start des Programmes wird zunächst ein Konsolen-Fenster (bei Verwendung von *Windows*) geöffnet und anschließend das Fenster der Java-Anwendung angezeigt. Es sieht analog wie die Applet-Oberfläche aus. Es gibt einen wichtigen Unterschied:

Beenden einer Anwendung Ein Java-Applet kann über den Web-Browser beendet werden. Für eine Java-Anwendung muss das Schließen der Anwendung programmiert werden. Dies wird im Abschnitt 2.9.2 gezeigt. Im Moment bleibt nur die Möglichkeit, mit der Maus in das Konsolen-Fenster zu wechseln und dieses Fenster über den Fenster-Schließen-Knopf (rechts oben) zu schließen oder die Tastenkombination Ctrl C einzugeben. Dadurch wird die Java-Anwendung beendet.

2.7 Assoziationen und Kardinalitäten

2.7.1 Zuerst die Theorie: Assoziationen und ihre Kardinalitäten

Beispiel Fallstudie Die Firma ProfiSoft erhält von mehreren Firmen Beratungs- und Programmieraufträge. Die bisherige Kundenverwaltung soll daher um eine Auftragsverwaltung erweitert werden:

/1/ Zu jedem Auftrag sind folgende Daten zu speichern:
     Auftragsnummer, Art des Auftrags wie Beratung oder Program-
     mierung, Anzahl der benötigten Stunden (Voreinstellung: 1),
     Stundensatz (Voreinstellung: 90) und Auftragsdatum.
/2/ Beim Anlegen eines Auftrags müssen die Auftragsnummer und
     das Auftragsdatum angegeben werden.
/3/ Auf die Auftragsart, die Stundenanzahl und den Stundensatz
     muss einzeln schreibend zugegriffen werden.
/4/ Auf alle Daten muss einzeln lesend zugegriffen werden.
/5/ Ein Kunde kann keinen (null), einen oder mehrere Aufträge er-
     teilen.
/6/ Jeder Auftrag gehört zu genau einem Kunden.

Zwischen Kundenobjekten und Auftragsobjekten entstehen Verbindungen, die in einem Objektdiagramm dargestellt werden können
(Abb. 2.7-1).

Da durch eine Verbindung der Zusammenhang zwischen zwei Objekten eindeutig hergestellt ist, ist es für ein Objekt der Klasse Auftrag *nicht* nötig, den Auftraggeber als Attribut separat zu speichern.
Umgekehrt muss z.B. die Auftragsnummer nicht beim Auftraggeber
als Attribut aufbewahrt werden.

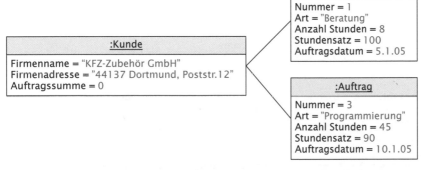

Abb. 2.7-1:
Objektdiagramm
mit Verbindungen
zwischen einem
Kunden und seinen
Aufträgen

Bestehen zwischen Objekten von Klassen Beziehungen, dann
spricht man von **Assoziationen** zwischen den Objekten. Auf Ob-   Assoziation
jektebene zeichnet man Linien zwischen den Objekten, die in einer
Beziehung stehen (Objektdiagramme).

In der Regel zeichnet man Assoziationen jedoch in ein Klassendiagramm ein. Zwischen zwei Klassen wird ebenfalls eine Linie eingezeichnet. Zusätzlich wird jedoch noch ein Assoziationsname ver-   Assoziationsname
geben.

An die Linienenden können (offene) Pfeilspitzen eingetragen wer-   uni- vs.
den. Befindet sich nur an einem Linienende eine Pfeilspitze, dann   bidirektional
liegt eine **unidirektionale** Assoziation vor. Unidirektional bedeutet, dass die Objekte einer Klasse alle Objekte der mit ihr assoziierten Klasse kennen, diese umgekehrt aber nicht wissen, mit wem sie

verbunden sind. Beispielweise kennt ein Objekt der Klasse KundeGUI seine Kunden-Objekte. Ein Kunden-Objekt kennt aber nicht sein KundeGUI-Objekt.

Befinden sich an beiden Linienenden Pfeilspitzen, dann liegt eine **bidirektionale** Assoziation vor, d.h. alle verbundenen Objekte kennen sich gegenseitig.

Besitzt eine Linie keine Pfeilspitzen, dann bedeutet dies, dass noch nicht festgelegt wurde, ob eine uni- oder bidirektionale Verbindung vorliegt.

Muss- vs. Kann-Beziehung

Außerdem ist es noch erforderlich, die Art der Assoziation anzugeben. Man unterscheidet Kann- und Muss-Beziehungen.

Eine Kann-Beziehung besagt, dass zwischen den Objekten zweier Klassen eine Beziehung bestehen kann, aber nicht muss. Eine Muss-Beziehung dagegen verlangt, dass zwischen zwei Objekten eine Beziehung bestehen muss.

Neben der Angabe, ob eine Kann- oder Muss-Beziehung vorliegt, muss noch angegeben werden, mit wie vielen anderen Objekten ein Objekt einer Klasse in einer Beziehung stehen kann bzw. muss.

Kardinalität, Multiplizität

Beide Angaben zusammen werden als **Kardinalität** bzw. **Multiplizität** *(multiplicity)* bzw. Wertigkeit bezeichnet. In der UML gibt es für die Assoziations- und Kardinalitätsangaben eine textuell-grafische Notation, die in Abb. 2.7-2 dargestellt ist.

Abb. 2.7-2: Darstellung von Assoziationen und Kardinalitäten in der UML-Notation

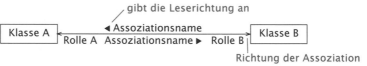

Anzahl der Assoziationen: Zwischen einem beliebigen Objekt und einem Objekt der Klasse A gibt es:

Klasse A ◄——1———	genau eine Beziehung (Muss-Beziehung)
Klasse A ◄——*———	viele Beziehungen (null, eine oder mehrere) (Kann-Beziehung)
Klasse A ◄——0..1———	null oder eine Beziehung (Kann-Beziehung)
Klasse A ◄——1..*———	eine oder mehrere Beziehungen (Muss-Beziehung)

Beispiel Fallstudie

Bezogen auf Kunden und Aufträge liegt folgende Situation vor:
Ein Kunde kann keinen (null), einen oder mehrere Aufträge erteilt haben (Kann-Beziehung).
Ein Auftrag gehört zu genau einem Kunden (Muss-Beziehung).
Abb. 2.7-3 zeigt diese Assoziation als Klassendiagramm.

152

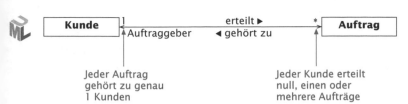

Abb. 2.7-3:
Assoziation
zwischen der
Klasse Kunde *und*
Auftrag

Die Pfeile an den Assoziationsnamen geben die Leserichtung an:
Ein Kunde *erteilt* einen Auftrag. Ein Auftrag *gehört zu* einem Kunden. Der Assoziationsname darf fehlen, wenn die Bedeutung der Assoziation offensichtlich ist.

Zusätzlich oder alternativ wird oft noch der Rollenname oder kurz die **Rolle** angegeben, die beschreibt, welche Funktion ein Objekt in einer Assoziation besitzt. Der Rollenname wird jeweils an das Ende der Assoziation geschrieben, und zwar bei der Klasse, deren Bedeutung sie in der Assoziation näher beschreibt. In Abb. 2.7-3 gibt der Rollenname an, dass der Kunde in seiner Eigenschaft als Auftraggeber Aufträge erteilt. Rollennamen sind optional. Die geschickte Wahl der Rollennamen kann zur Verständlichkeit jedoch mehr beitragen als der Name der Assoziation selbst.

Rolle

2.7.2 Dann die Praxis: Assoziationen in Java

Die Programmierung einer Assoziation hängt davon ab, ob
- die Obergrenze der Kardinalitäten maximal 1 oder größer 1 ist,
- die Assoziation bidirektional oder unidirektional ist.
Bei einer unidirektionalen Assoziation muss nur eine Verbindungsrichtung verwaltet werden, während bei der bidirektionalen beide verwaltet werden müssen.

Ist die Obergrenze der Kardinalität maximal 1, dann genügt es, bei der unidirektionalen Assoziation ein Referenz-Attribut zu verwalten, das einen Zeiger auf das assoziierte Objekt enthält. Zum Anlegen der Verbindung wird eine Operation setLink(KlasseB einObjekt) und zum Abfragen eine Operation KlasseB getLink() verwendet (Abb.2.7-4).

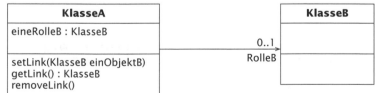

Abb. 2.7-4:
Verwaltung einer
unidirektionalen
Assoziation mit
einer maximalen
Kardinalitätsgrenze
von 1

Liegt eine bidirektionale Assoziation vor, dann benötigen beide beteiligten Klassen die angegebenen Verwaltungsoperationen.

Ist die Kardinalitätsobergrenze größer als 1, dann müssen entsprechend viele Referenz-Attribute verwaltet werden. Auf die Programmierung dieser Situation wird in Abschnitt 2.20.6 eingegangen. Das Java-Programm zu Abb. 2.7-4 sieht folgendermaßen aus:

Abschnitt 2.20.6

```java
class KlasseA
{
    //Referenz-Attribut
    KlasseB eineRolleB;
    //Verwaltungsoperationen
    public void setLink(KlasseB einObjektB)
    {
        eineRolleB = einObjektB;
    }
    public KlasseB getLink()
    {
        return eineRolleB;
    }
    public void removeLink()
    {
        eineRolleB = null;
    }
}
class KlasseB
{
}
```

Beispiel Fallstudie

Die Umsetzung der erweiterten Fallstudie sieht folgendermaßen aus, wobei die Teile, die für die Assoziation verantwortlich sind, schwarz dargestellt sind:

```java
/*Programmname: KundenUndAuftragsverwaltung1
 * GUI-Klasse: KundeGUI (Java-Anwendung)
 * mit Zugriff auf die Kundenanzahl
 * und die Fachkonzept-Klasse Auftrag
 */
import java.awt.*;

public class KundeGUI extends Frame
{
    //Referenz-Attribut als Klassenattribut
    static KundeGUI einKundeGUI;
    //Attribute
    //Deklarieren von zwei Kundenobjekten
    private Kunde ersterKunde, zweiterKunde;
    //Deklarieren von Referenz-Attributen auf Auftragsobjekte
    private Auftrag einAuftrag, nochEinAuftrag;
    Label Fuehrungstext;
    TextArea Textbereich;
    //Konstruktor analog zu init()
    public KundeGUI()
    {
        //Erzeugen der Interaktionselemente und
        //Zuordnung von Attributwerten
```

Klasse
Kunde eGUI

154

```
      setLayout(null);
      setSize(430,270);
      Fuehrungstext = new Label("Kundenverwaltung");
      Fuehrungstext.setBounds(40,35,168,28);
      Fuehrungstext.setFont
          (new Font("Dialog", Font.BOLD, 12));
      add(Fuehrungstext);
      Textbereich = new TextArea
          ("",0,0,TextArea.SCROLLBARS_VERTICAL_ONLY);
      Textbereich.setBounds(40,65,360,156);
      Textbereich.setForeground(new Color(0));
      add(Textbereich);
}
//Klassenoperation main
public static void main(String args[])
{
    //Erzeugen eines Objekts von KundeGUI
    einKundeGUI = new KundeGUI();
    einKundeGUI.setSize(430,270);
    einKundeGUI.setVisible(true);
    //Aufruf von Start
    einKundeGUI.start();
}
public void start()
{
    //Attribute zum Merken der Ergebnisse der Botschaften
    String MerkeText;
    int MerkeZahl;
    float MerkeFloatZahl;
    //Erzeugen von zwei Objekten durch Aufruf des Konstruktors
    ersterKunde = new Kunde("KFZ-Zubehoer GmbH");
    //AnzahlKunden ermitteln und ausgeben
    //Botschaft an die Klasse Kunde, nicht an ein Objekt!
    MerkeZahl = Kunde.getAnzahlKunden();
    MerkeText = String.valueOf(MerkeZahl);
    Textbereich.append("Anzahl Kunden: "+MerkeText+"\n");
    zweiterKunde = new Kunde("Tankbau KG");
    //Adresse eintragen
    ersterKunde.setFirmenadresse("44137 Dortmund,
        Poststr. 12");
    //Adresse ändern
    zweiterKunde.aendernAdresse("Tankbau & Partner KG",
        "44867 Bochum, Suedstr. 23");
    //Auftragssumme eintragen
    ersterKunde.setAuftragssumme(15000);
    //***********************************************
    //Erfassen eines Auftrags
    einAuftrag = new Auftrag(3,"10.1.05");
    einAuftrag.setAuftragsart("Programmierung");
    einAuftrag.setAnzahlStunden(45);
    //Zuordnung zum ersten Kunden
    ersterKunde.setLinkAuftrag(einAuftrag);
    //***********************************************
    //Anzeigen der Attributinhalte im Textbereich
    MerkeText = ersterKunde.getFirmenname();
```

155

```
        //Mit append wird der Text an den vorhandenen Text angehängt
        Textbereich.append(MerkeText);
        //Mit "\n" wird auf eine neue Zeile gewechselt
        Textbereich.append("\n");
        MerkeText = ersterKunde.getFirmenadresse();
        Textbereich.append(MerkeText+"\n");
        MerkeZahl = ersterKunde.getAuftragssumme();
        //Umwandlung einer ganzen Zahl in eine Zeichenkette
        MerkeText = String.valueOf(MerkeZahl);
        Textbereich.append(MerkeText+"\n"+"\n");
        //*********************************************
        //Anzeigen des Auftrags
        nochEinAuftrag = ersterKunde.getLinkAuftrag();
        MerkeZahl = nochEinAuftrag.getNr();
        //Umwandlung einer ganzen Zahl in eine Zeichenkette
        MerkeText = String.valueOf(MerkeZahl);
        Textbereich.append("Auftragsnummer: "+ MerkeText+"\n");
        Textbereich.append(nochEinAuftrag.getAuftragsart()
            +"\n");
        MerkeZahl = nochEinAuftrag.getAnzahlStunden();
        MerkeText = String.valueOf(MerkeZahl);
        Textbereich.append("Anzahl Stunden: "+
            MerkeText+"\n");
        MerkeFloatZahl = nochEinAuftrag.getStundensatz();
        MerkeText = String.valueOf(MerkeFloatZahl);
        Textbereich.append("Stundensatz: "+
            MerkeText+" Euro\n");
        Textbereich.append("Auftragsdatum: "
            + nochEinAuftrag.getAuftragsdatum()+"\n"+"\n");
        //Ende der Auftragsausgabe ***************************
        //Anzeigen der Attributinhalte -- Kurzform
        MerkeZahl = Kunde.getAnzahlKunden();
        MerkeText = String.valueOf(MerkeZahl);

        Textbereich.append("Anzahl Kunden: "+ MerkeText+"\n");
        Textbereich.append(zweiterKunde.
            getFirmenname()+"\n");
          Textbereich.append(zweiterKunde.getFirmenadresse()
            +"\n");
        MerkeZahl = zweiterKunde.getAuftragssumme();
        //Umwandlung einer ganzen Zahl in eine Zeichenkette
        MerkeText = String.valueOf(MerkeZahl);
        Textbereich.append("Auftragssumme: " + MerkeText+"\n");
    }
}

/*Programmname: KundenUndAuftragsverwaltung1
 * Fachkonzept-Klasse: Kunde
 * mit Zählung der Kundenanzahl
 * und Referenz auf einen Auftrag
 */
```

Klasse   `public class Kunde`
Kunde   `{`

```
    //Referenz-Attribut
    private Auftrag ersterAuftrag;
    //Klassenattribut
    static int AnzahlKunden = 0;
    //Objektattribute
    private String Firmenname, Firmenadresse;
    private int Auftragssumme = 0;
//Konstruktor
public Kunde(String Name)
{
    Firmenname = Name;
    //Bei jeder Objekterzeugung wird AnzahlKunden um
    //eins erhöht
    AnzahlKunden = AnzahlKunden + 1;
}
//Kombinierte Schreiboperation
public void aendernAdresse (String Name, String Adresse)
{
    Firmenname = Name;
    Firmenadresse = Adresse;
}
//Schreibende Operationen
//Verbindung zu Auftrag herstellen
public void setLinkAuftrag(Auftrag einAuftrag)
{
    ersterAuftrag = einAuftrag;
}
public void setFirmenname (String Name)
{
    Firmenname = Name;
}
public void setFirmenadresse (String Adresse)
{
    Firmenadresse = Adresse;
}
public void setAuftragssumme(int Summe)
{
    Auftragssumme = Summe;
}
//Lesende Operationen
//Klassenoperation zum Lesen des Klassenattributs
public static int getAnzahlKunden()
{
    return AnzahlKunden;
}
//Referenz auf Auftrag lesen
public Auftrag getLinkAuftrag()
{
    return ersterAuftrag;
}
//Referenz zu Auftrag löschen
public void removeLinkAuftrag()
{
    ersterAuftrag = null;
}
public String getFirmenname()
```

157

```
        {
            return Firmenname;
        }
        public String getFirmenadresse()
        {
            return Firmenadresse;
        }
        public int getAuftragssumme()
        {
            return Auftragssumme;
        }
    }
```

```
    /*Programmname: KundenUndAuftragsverwaltung1
     * Fachkonzept-Klasse: Auftrag
     */
```

Klasse
Auftrag

```
public class Auftrag
{
    //Attribute
    int Nummer;
    String Art;
    int AnzahlStunden = 1;
    float Stundensatz = 90f;
    String Auftragsdatum;
    //Konstruktor
    public Auftrag(int Nr, String Datum)
    {
        Nummer = Nr;
        Auftragsdatum = Datum;
    }
    //Operationen
    public void setAnzahlStunden(int Stunden)
    {
        AnzahlStunden = Stunden;
    }
    public void setStundensatz(float Satz)
    {
        Stundensatz = Satz;
    }
    public void setAuftragsart(String Auftragsart)
    {
        Art = Auftragsart;
    }
    public int getNr()
    {
        return Nummer;
    }
    public String getAuftragsdatum()
    {
        return Auftragsdatum;
    }
    public String getAuftragsart()
    {
        return Art;
    }
```

```
public int getAnzahlStunden()
{
    return AnzahlStunden;
}
public float getStundensatz()
{
    return Stundensatz;
}
}
```

Das Ergebnis des Programmlaufs zeigt Abb. 2.7-5.

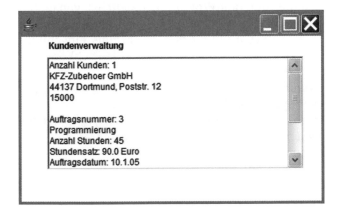

Abb. 2.7-5:
Das Ergebnis des
Programmlaufs
»Kunden
UndAuftrags-
verwaltung1«

2.8 Zur Software-Technik:
Integrierte Dokumentation, Verbalisierung,
Schreibtischtest, CASE

Die Ergebnisse der Programmiertätigkeiten müssen sich in folgenden
Teilprodukten niederschlagen:
■ Quellprogramm einschließlich integrierter Dokumentation, d.h.
alle Java-Klassen (Endung .java),
■ Objektprogramme, d.h. alle übersetzten Java-Klassen (Endung
.class),
■ Testplanung und Testprotokoll bzw. Verifikationsdokument.
In der Programmierung sollen außerdem eine Reihe von Prinzipien
eingehalten werden. Im Folgenden werden behandelt:
■ Prinzip der integrierten Dokumentation
■ Prinzip der Verbalisierung
Zusätzlich sind oft Richtlinien, Konventionen und Empfehlungen er-
forderlich, um Schwächen von Programmiersprachen auszugleichen
und um einen einheitlichen Programmierstil zu erreichen.
    Neben Programmierumgebungen und Compilern werden CASE-
Werkzeuge zur Software-Entwicklung eingesetzt.

2.8.1 Prinzip der integrierten Dokumentation

Integraler Bestandteil jedes Programms muss eine geeignete Dokumentation sein. Eine gute Dokumentation sollte folgende Angaben beinhalten:

- Kurzbeschreibung des Programms,
- Verwaltungsinformationen,
- Kommentierung des Quellcodes.

Programm-
vorspann Die ersten beiden Angaben können in einem Programmvorspann zusammengefasst werden:

- Programmname: Name, der das Programm möglichst genau beschreibt.
- Aufgabe: Kurzgefasste Beschreibung des Programms einschließlich der Angabe, ob es sich um eine GUI- oder eine Fachkonzept-Klasse, ein Applet oder eine Anwendung handelt.
- Zeit- und Speicherkomplexität des Programms.
- @author Name des Programmautors
  Wurde das Programm von mehreren Autoren erstellt, dann ist für jeden Autor eine solche Zeile mit @author Name zu schreiben.

Versionsnummer
- @version Versionsnummer Datum
  Die Versionsnummer besteht aus zwei Teilen:
  – der *Release*-Nummer und
  – der *Level*-Nummer.

Die *Release*-Nummer (im Allgemeinen einstellig) steht, getrennt durch einen Punkt, vor der *Level*-Nummer (maximal zweistellig). Vor der *Release*-Nummer steht ein »V«. Die *Level*-Nummer wird jeweils um eins erhöht, wenn eine kleine Änderung am Programm vorgenommen wurde. Die *Release*-Nummer wird bei größeren Änderungen und Erweiterungen des Programms um eins erhöht, wobei gleichzeitig die *Level*-Nummer auf null zurückgesetzt wird. Ein erstmals fertig gestelltes Programm sollte die Versionsnummer 1.0 erhalten. Beginnt man ein Programm zu entwickeln, dann sollte man mit der Zählung bei 0.1 beginnen.

Einige Programmierumgebungen verwalten automatisch verschiedene Versionen eines Programmes einschließlich der Versionsnummer.

Dokumentations-
kommentar
in Java In Java gibt es einen **Dokumentationskommentar,** der folgendermaßen aufgebaut ist:
/** Kommentar */.

Hinweis:
Das Programm
Javadoc ist in viele
Java-Entwicklungs-
umgebungen inte-
griert, z.B. in BlueJ Alle Zeichen zwischen /** und */ werden vom Compiler überlesen, von dem Java-Programm *Javadoc* sowie einigen Programmierumgebungen jedoch ausgewertet, um eine automatische Dokumentation im HTML-Format zu erstellen.

In einem solchen Kommentar können
- ☐ spezielle Befehle eingestreut werden, die mit einem @-Zeichen beginnen wie @author und @version,

☐ HTML-Befehle eingefügt werden wie <hr\> und <b>..<\b>,
☐ mit dem HTML-<a>-Befehl Hyperlinks auf andere relevante Dokumente gesetzt werden.
Beide Befehlsarten müssen am Zeilenanfang beginnen, wobei Leerzeichen und ein Stern überlesen werden.

Neben dem Programmvorspann muss auch der Quellcode selbst dokumentiert werden. Besonders wichtig ist die geeignete Kommentierung der Operationen einer Klasse. Neben der Aufgabenbeschreibung jeder Operation ist die Bedeutung der Parameter zu kommentieren, wenn dies aus dem Parameternamen nicht eindeutig ersichtlich ist. *Quellcode-Kommentierung*

Zur Kommentierung von Operationen können in Java-Dokumentationskommentaren folgende Befehle eingestreut werden:

@param Name und Bezeichnung von Parametern

@return Beschreibung eines Ergebnisparameters

@exception Name und Beschreibung von Ausnahmen (siehe Abschnitt 2.13.9). *Abschnitt 2.13.9*

@see Verweis auf Klasse.

Um eine gute Lesbarkeit und leichte Einarbeitung – insbesondere in ein fremdes Programm – zu unterstützen, sind zusätzlich die in Abb. 2.8-1 angegebenen Richtlinien zur Formatierung einzuhalten.

Zusätzlich wird eine gute Dokumentation durch eine geeignete Verbalisicrung unterstützt.

---

1 Einheitlicher Aufbau einer Klasse
Folgende Reihenfolge ist einzuhalten:
a Alle Attributdeklarationen, die für die gesamte Klasse gelten
b Konstruktoren
c Operationen, z.B. Zuweisung, Vergleich
d Operationen mit schreibendem Zugriff (setAttributname)
e Operationen mit lesendem Zugriff (getAttributname)

2 Leerzeichen
a Bei binären Operatoren werden Operanden und Operator durch jeweils ein Leerzeichen getrennt, z.B. Zahl1 + Zahl2 * 3
b Keine Leerzeichen bei der Punktnotation: Objekt.Operation
c Zwischen Operationsname und Klammer steht *kein* Leerzeichen. Nach der öffnenden und vor der schließenden Klammer steht ebenfalls *kein* Leerzeichen, z.B. setColor(Color.blue)
d Nach Schlüsselwörtern steht grundsätzlich ein Leerzeichen.

3 Einrücken und Klammern von Strukturen
a Paarweise zusammengehörende geschweifte Klammern { } stehen immer in derselben Spalte untereinander.
b In der Zeile, in der eine geschweifte Klammer steht, steht sonst nichts mehr.
c Alle Zeilen innerhalb eines Klammerpaars sind jeweils um eine festgelegte Anzahl von Leerzeichen; z.B. 4, oder einen entsprechenden Tabulatorsprung nach rechts eingerückt.

Abb. 2.8-1:
Richtlinien für
die Formatierung

2.8.2 Prinzip der Verbalisierung

Verbalisierung **Verbalisierung** bedeutet, Gedanken und Vorstellungen in Worten auszudrücken und damit ins Bewusstsein zu bringen. Bezogen auf die Entwicklung eines Programms soll Verbalisierung dazu dienen, die Ideen und Konzepte des Programmierers im Programm möglichst gut sichtbar zu machen und zu dokumentieren. Eine gute Verbalisierung kann erreicht werden durch:

- aussagekräftige, mnemonische Namensgebung,
- geeignete Kommentare,
- selbstdokumentierende Programmiersprache.

Für die Verständlichkeit eines Programms ist eine geeignete Namenswahl entscheidend. Für Klassen, Attribute und Operationen müssen Namen vergeben werden. Namen werden in der Informatik oft auch **Bezeichner** *(identifier)* genannt. Für den Aufbau solcher Bezeichner gibt es in Java eine festgelegte Syntax (Abb. 2.8-2).

Richtlinien, Konventionen für Bezeichner   Unabhängig von der erlaubten Syntax sind jedoch weitere Regeln und Konventionen einzuhalten, um gut lesbare Programme zu erhalten. Dadurch wird es nicht nur für den Autor, sondern auch für andere Personen, die sich in ein Programm einarbeiten wollen, leichter verständlich (Abb. 2.8-3).

Wie die Richtlinien und Konventionen für Bezeichner zeigen, gibt es zwei Problembereiche bei der Bezeichnerwahl:

- Problemnahe Bezeichner vs. Java-konforme Bezeichner,
- Beginn von Attributnamen mit Kleinbuchstaben vs. Großbuchstaben.

problemnahe Bezeichner   Beschreibt man Anforderungen an ein Programm in Form eines Pflichtenhefts oder modelliert man ein Programm mithilfe der UML-Notation, dann ist es sinnvoll, die Bezeichner aus der Fachterminologie des Anwendungsgebietes mit Leerzeichen und – wenn in Deutsch – mit Umlauten und »ß« zu schreiben, wie ändern Adresse, Zähler, Wohnfläche usw.

Java-konforme Bezeichner   Bei der Transformation von der UML-Notation in ein Programm müssen die Bezeichner dann natürlich so modifiziert werden, dass sie der Syntax der jeweiligen Programmiersprache entsprechen, z.B. aendernAdresse usw.

Attributnamen   In der objektorientierten Welt ist es in der Regel üblich, alle Klassennamen mit einem Großbuchstaben zu beginnen. Dadurch erkennt man in einem Programm sofort, dass es sich um Klassen handelt.

Verwendet man englischsprachige Bezeichner, dann fangen Attributnamen mit einem Kleinbuchstaben an, wie name, address usw. Bei deutschsprachigen Bezeichnern sehen aber Attributnamen, die mit Kleinbuchstaben beginnen, befremdlich aus, wie name, adresse, titel, anrede. Daher sollten deutschsprachige Attribute mit Großbuchstaben begonnen werden, trotz der Verwechslungsgefahr mit Klassen.

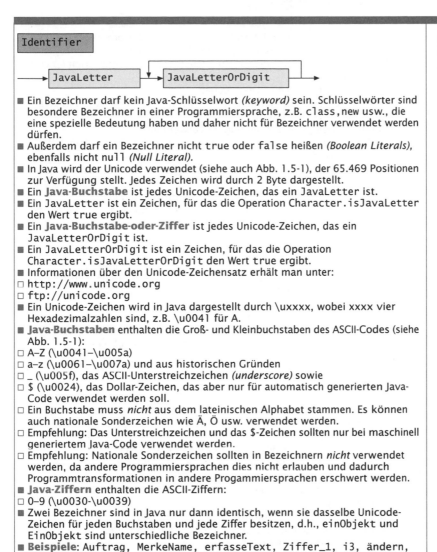

Abb 2.8-2:
Bezeichner in
Java

Identifier

JavaLetter → JavaLetterOrDigit

- Ein Bezeichner darf kein Java-Schlüsselwort *(keyword)* sein. Schlüsselwörter sind besondere Bezeichner in einer Programmiersprache, z.B. `class`, `new` usw., die eine spezielle Bedeutung haben und daher nicht für Bezeichner verwendet werden dürfen.
- Außerdem darf ein Bezeichner nicht `true` oder `false` heißen *(Boolean Literals)*, ebenfalls nicht `null` *(Null Literal)*.
- In Java wird der Unicode verwendet (siehe auch Abb. 1.5-1), der 65.469 Positionen zur Verfügung stellt. Jedes Zeichen wird durch 2 Byte dargestellt.
- Ein **Java-Buchstabe** ist jedes Unicode-Zeichen, das ein JavaLetter ist.
- Ein JavaLetter ist ein Zeichen, für das die Operation `Character.isJavaLetter` den Wert `true` ergibt.
- Ein **Java-Buchstabe-oder-Ziffer** ist jedes Unicode-Zeichen, das ein JavaLetterOrDigit ist.
- Ein JavaLetterOrDigit ist ein Zeichen, für das die Operation `Character.isJavaLetterOrDigit` den Wert `true` ergibt.
- Informationen über den Unicode-Zeichensatz erhält man unter:
  □ http://www.unicode.org
  □ ftp://unicode.org
- Ein Unicode-Zeichen wird in Java dargestellt durch \uxxxx, wobei xxxx vier Hexadezimalzahlen sind, z.B. \u0041 für A.
- **Java-Buchstaben** enthalten die Groß- und Kleinbuchstaben des ASCII-Codes (siehe Abb. 1.5-1):
  □ A–Z (\u0041–\u005a)
  □ a–z (\u0061–\u007a) und aus historischen Gründen
  □ _ (\u005f), das ASCII-Unterstreichzeichen *(underscore)* sowie
  □ $ (\u0024), das Dollar-Zeichen, das aber nur für automatisch generierten Java-Code verwendet werden soll.
  □ Ein Buchstabe muss *nicht* aus dem lateinischen Alphabet stammen. Es können auch nationale Sonderzeichen wie Ä, Ö usw. verwendet werden.
  □ Empfehlung: Das Unterstreichzeichen und das $-Zeichen sollten nur bei maschinell generiertem Java-Code verwendet werden.
  □ Empfehlung: Nationale Sonderzeichen sollten in Bezeichnern *nicht* verwendet werden, da andere Programmiersprachen dies nicht erlauben und dadurch Programmtransformationen in andere Progammiersprachen erschwert werden.
- **Java-Ziffern** enthalten die ASCII-Ziffern:
  □ 0–9 (\u0030-\u0039)
- Zwei Bezeichner sind in Java nur dann identisch, wenn sie dasselbe Unicode-Zeichen für jeden Buchstaben und jede Ziffer besitzen, d.h., `einObjekt` und `EinObjekt` sind unterschiedliche Bezeichner.
- **Beispiele**: `Auftrag`, `MerkeName`, `erfasseText`, `Ziffer_1`, `i3`, `ändern`, `αβγ`.
- Ein Java-Programm besteht *nur* aus ASCII-Zeichen mit Ausnahme von Kommentaren, Bezeichnern, Zeichen- und Zeichenketten-Literalen *(character, string literals)*.

Unter Berücksichtigung der aufgeführten Richtlinien sieht das Programm »Kundenverwaltung« folgendermaßen aus: Beispiel

```
/** Programmname: Kundenverwaltung2 <br>
* Fachkonzept-Klasse: <b> Kunde </b>
* <hr>
* Aufgabe: Es werden Firmenkunden verwaltet.
* Die Anzahl der erfassten Kunden wird mitgezählt.
* <hr>
* @see KundeGUI
```

Abb. 2.8-3:
Richtlinien und
Konventionen für
Bezeichner

1 Bezeichner *(identifier)* sind natürlichsprachliche oder problemnahe Namen oder verständliche Abkürzungen solcher Namen.

2 Jeder Bezeichner beginnt mit einem Buchstaben. Der Unterstrich (_) wird *nicht* verwendet.

3 Bezeichner enthalten *keine* Leerzeichen.
Ausnahme: UML-Notation, müssen aber bei der Transformation in Java-Programme entfernt werden.

4 Generell ist Groß-/Kleinschreibung zu verwenden.

5 Zwei Bezeichner dürfen sich *nicht* nur bezüglich der Groß-/Kleinschreibung unterscheiden.

6 Es wird entweder die deutsche *oder* die englische Namensgebung verwendet.
Ausnahme: allgemein übliche englische Begriffe, z.B. *push*.

7 Wird die deutsche Namensgebung verwendet, dann ist auf Umlaute und »ß« zu verzichten.
Ausnahme: UML-Notation, müssen aber bei der Transformation in Java-Programme ersetzt werden.

8 Besteht ein Bezeichner aus mehreren Wörtern, dann beginnt jedes Wort mit einem Großbuchstaben, z.B. AnzahlWorte. Unterstriche werden *nicht* zur Trennung eingesetzt.

9 **Klassennamen**
   – beginnen immer mit einem Großbuchstaben,
   – bestehen aus einem Substantiv im Singular, zusätzlich kann ein Adjektiv angegeben werden, z.B. Seminar, öffentliche Ausschreibung (in UML),
   – die für eine GUI-Klasse stehen, enthalten das Suffix GUI.

10 **Objektnamen**
   – beginnen immer mit einem Kleinbuchstaben,
   – enden in der Regel mit dem Klassennamen, z.B. einKunde,
   – beginnen bei anonymen Objekten mit ein, erster, a usw., z.B. aPoint, einRechteck.
   – von GUI-Interaktionselementen beginnen kleingeschrieben mit zugeordneten Attributnamen der Fachkonzeptklasse gefolgt von dem Namen des Interaktionselements, z.B. nameTextfeld, nameFuehrungstext, speichernDruckknopf usw.

11 **Attributnamen**
   – beginnen im Englischen immer mit einem Kleinbuchstaben, um eine Verwechslungsgefahr mit Klassen auszuschließen, z.B. hotWaterLevel, nameField, eyeColor,
   – beginnen im Deutschen mit einem Großbuchstaben, da sonst gegen die Lesegewohnheiten verstoßen wird,
   – sind detailliert zu beschreiben, z.B. ZeilenZähler (in UML), WindGeschw, Dateistatus.

12 **Operationsnamen**
   – beginnen immer mit einem Kleinbuchstaben,
   – beginnen in der Regel mit einem Verb, gefolgt von einem Substantiv, z.B. drucke, aendere, zeigeFigur, leseAdresse, verschiebeRechteck.
   – heißen getAttributname, wenn nur ein Attributwert eines Objektes gelesen wird,
   – lauten setAttributname, wenn nur ein Attributwert eines Objektes gespeichert wird,
   – heißen isAttributname, wenn das Ergebnis nur wahr *(true)* oder falsch *(false)* sein kann, z.B. isVerheiratet, isVerschlossen.

Weiterführende
Literatur:
/Wendorff 97/,
/Wahn 96/

```
* @author Helmut Balzert
* @version 1.0 / 8.4.04
*/
public class Kunde
{
    //Klassenattribut
    static int AnzahlKunden = 0;
    //Objektattribute
    private String Firmenname, Firmenadresse;
    private int Auftragssumme = 0;

    //Konstruktor
    /** Erzeugt ein neues Objekt,
    * initialisiert es mit dem Firmennamen
    * und erhöht den Kundenzähler
    * @param Name Firmenname
    */
    public Kunde(String Name)
    {
        Firmenname = Name;
        //Bei jeder Objekterzeugung wird AnzahlKunden um
        //eins erhöht
        AnzahlKunden = AnzahlKunden + 1;
    }
    //Kombinierte Schreiboperation
    /** Firmenname und Firmenadresse können geändert werden.
    * @param Name neuer Firmenname
    * @param Adresse neue Firmenadresse
    */
    public void aendernAdresse (String Name, String Adresse)
    {
        Firmenname = Name;
        Firmenadresse = Adresse;
    }
    //Schreibende Operationen
    /** @param Name neuer Firmenname
    */
    public void setFirmenname (String Name)
    {
        Firmenname = Name;
    }
    /** @param Adresse neue Firmenadresse
    */
    public void setFirmenadresse (String Adresse)
    {
        Firmenadresse = Adresse;
    }
    /** @param Summe neue Auftragssumme
    */
    public void setAuftragssumme(int Summe)
    {
        Auftragssumme = Summe;
    }
```

```
//Lesende Operationen
/** Klassenoperation zum Ermitteln der Anzahl der Kunden
* @return AnzahlKunden = aktuelle Anzahl der Kunden
*/
public static int getAnzahlKunden()
{
    return AnzahlKunden;
}
/** @return Firmenname
*/
public String getFirmenname()
{
    return Firmenname;
}
/** @return Firmenadresse
*/
public String getFirmenadresse()
{
    return Firmenadresse;
}
/** @return Auftragssumme
*/
public int getAuftragssumme()
{
    return Auftragssumme;
}
}
```

Das Java-Programm *Javadoc* generiert aus den Dokumentations-
angaben eine HTML-Dokumentation.

Beispiel Wählt man in der Java-Entwicklungsumgebung BlueJ im Menü Tools
die Menüoption Project Documentation, dann wird automatisch eine
Javadoc-Dokumentation erzeugt. Es wird ein Ordner doc angelegt.
Durch Aufruf der Datei index.html wird die HTML-Dokumentation
geöffnet. Auszüge aus dieser Dokumentation zeigen die Abb. 2.8-4
und 2.8-5.

http://java.sun. Die gesamte Java-Dokumentation ist nach diesem Schema aufge-
com/j2se/1.4.2/ baut.
docs/api/index.
html

2.8.3 Schreibtischtest und *debugging*

Beim Schreiben und Eingeben eines Programms können verschiedene
Arten von Fehlern auftreten. Das Fehlersuchen und das Fehlerent-
fernen bezeichnet man als ***debugging*** (entwanzen). Das Programm
kann gegen die Syntax der Sprache verstoßen (z.B. cass statt class,
falscher Klassenaufbau, unzulässiger Bezeichner usw.) oder es kann
eine Verletzung der Semantik vorliegen (z.B. ein Attribut ist nicht
oder doppelt deklariert).

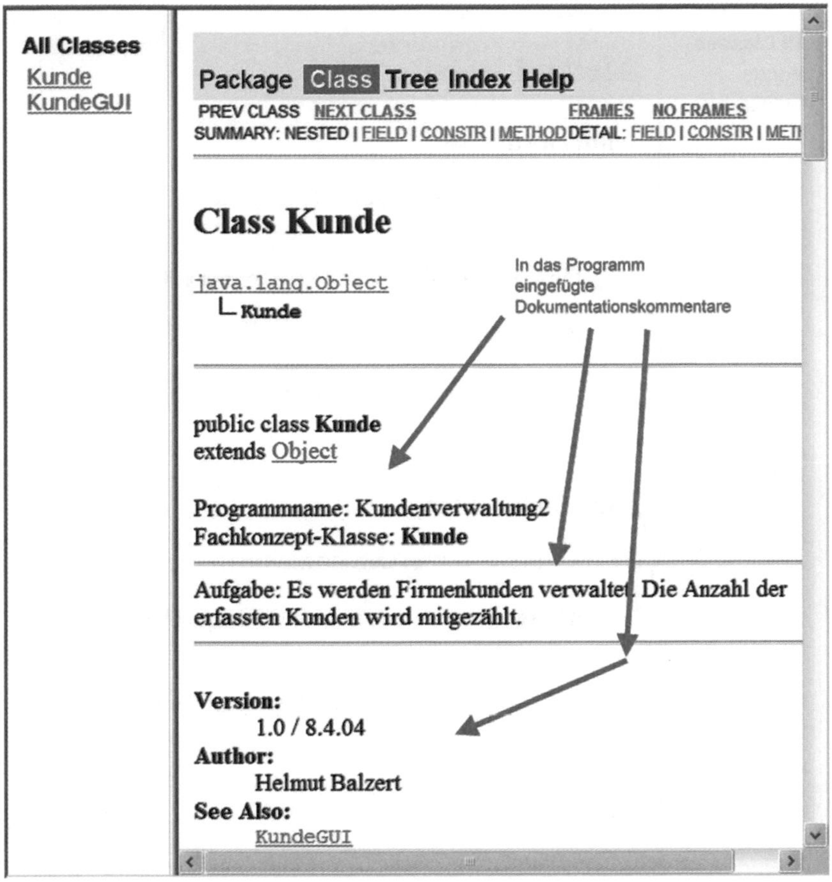

*Abb. 2.8-4:
Ausschnitt aus der
generierten HTML-
Dokumentation*

Solche Fehler stellt der Compiler fest und meldet dem Benutzer diese Fehler, indem er einen Fehlertext ausgibt und die Stelle, an der der Fehler vermutlich entstanden ist, markiert.

Ein Programm wird erst dann ausgeführt, wenn *keine* **Syntaxfehler** mehr vorhanden sind. Neben Syntaxfehlern können aber auch so genannte **Laufzeitfehler** auftreten, d.h. Fehler, die erst bei der Abarbeitung des Programms festgestellt werden, z.B. Division durch null. Neben solchen Laufzeitfehlern, die die Java-VM dem Benutzer in mehr oder weniger präziser Art mitteilt, kann es aber auch sein, dass ein Programm einwandfrei abgearbeitet wird, die Ergebnisse aber nicht oder nur zum Teil mit den erwarteten Ergebnissen übereinstimmen. Dann liegt ein **logischer Programmfehler** vor, d.h., das Programm ist falsch oder teilweise falsch.

Findet man den Fehler beim Durchmustern des Programms nicht, dann gibt es mehrere Möglichkeiten, um den Fehler einzukreisen und zu lokalisieren:

Fehler-
lokalisierung

167

Abb. 2.8-5:
Ausschnitt aus der
generierten HTML-
Dokumentation

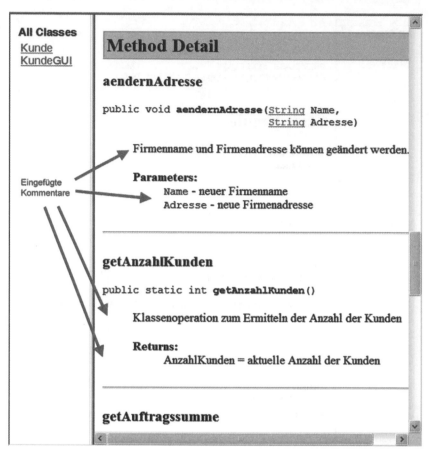

a Man führt einen **Schreibtischtest** durch, d.h. man legt sich eine
Liste aller Attribute an und führt dann das Programm »mit Hand«
Schritt für Schritt aus. Die sich jeweils ergebenden Attributwerte
trägt man in die Liste ein. Dabei erkennt man oft, an welcher Stelle
das Programm falsch ist.

Abschnitt 2.4.1 b Man lässt die Werte von Attributen an verschiedenen Programm-
stellen ausdrucken, d.h., man fügt Anweisungen folgender Form
in das Programm ein:
```
System.out.println("Attributname " + Attributname);
```

c Manche Compiler und Programmierumgebungen ermöglichen die
Einschaltung eines *debugging*- oder *trace*-Modus (verfolgen), d.h.
jede Anweisung eines Programms oder Teile eines Programms werden bei der Ausführung mit den jeweiligen Werten protokolliert.
Dadurch ist es möglich, den genauen Programmablauf zu verfolgen. Auch ist es möglich Haltepunkte zu definieren. An diesen Stellen wird der Programmablauf angehalten und alle Attributwerte
können inspiziert werden.

2.8.4 Einsatz von CASE-Werkzeugen

Eine professionelle Software-Entwicklung durchläuft von den Anforderungen des Auftraggebers bis hin zum fertigen Software-Produkt mindestens folgende drei Entwicklungsphasen:
- Definitionsphase,
- Entwurfsphase,
- Implementierungs- bzw. Programmierungsphase.

In der Definitionsphase wird zuerst ein meist verbales, d.h. um- Definitionsphase
gangssprachliches **Pflichtenheft** erstellt. Bei einer objektorientierten Software-Entwicklung wird anschließend ein so genanntes **objektorientiertes Analysemodell**, kurz **OOA-Modell** genannt, entwickelt. Ein OOA-Modell umfasst heute das Klassendiagramm der Fachkonzept-Klassen in UML-Notation sowie ergänzend unter Umständen Sequenz- und Objektdiagramme. Wichtig in dieser Phase ist, dass man sich auf das Fachkonzept konzentriert und auch dort zunächst von Details abstrahiert.

OOA-Modelle werden mithilfe von CASE-Werkzeugen erfasst. Diese Werkzeuge stellen Diagramm-Editoren zur Verfügung, um die Diagramme und ihre Textergänzungen zu erfassen. Auf der beigefügten CD-ROM finden Sie einige solcher CASE-Werkzeuge.

Beim Erfassen eines Klassendiagramms soll man sich in der Definitionsphase zunächst auf die Fachkonzept-Klassen, ihre Attribute und Operationen sowie die Assoziationen zwischen den Klassen konzentrieren.

Bei den Operationen werden die Standardoperationen get und set *nicht* angegeben. Sie werden später automatisch ergänzt. Ebenfalls werden noch keine Parameter und keine Konstruktoren angegeben. Abb. 2.8-6 zeigt das OOA-Klassendiagramm der Kunden- und Auftragsverwaltung.

Abb. 2.8-6:
OOA-Klassen-
diagramm der
Kunden- und Auf-
tragsverwaltung

In der Entwurfsphase wird das OOA-Modell um technische Aspek- Entwurfsphase
te ergänzt und verfeinert. Es entsteht ein **objektorientiertes Entwurfsmodell,** kurz **OOD-Modell** genannt. Im OOD-Modell werden die GUI-Klassen hinzugefügt, es wird die Datenhaltung modelliert und die fehlenden Informationen wie Parameter, Konstruktoren usw. werden ergänzt.

169

Abb. 2.8-7 zeigt das OOD-Modell. Man sieht im Vergleich zum OOA-Modell die Erweiterungen und Verfeinerungen deutlich.

Abb. 2.8-7: OOD-Klassendiagramm der Kunden- und Auftrags-verwaltung

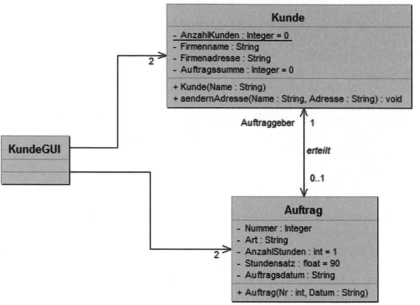

Implementierungs-phase In der Implementierungsphase wird aus dem OOD-Modell das fertige Programm erstellt. Es werden die Anpassungen an die jeweils verwendete Programmiersprache vorgenommen. Außerdem werden die Operationen vollständig implementiert.

Einige CASE-Werkzeuge erlauben es, aus dem OOD-Modell Java-Programm- und/oder C++-Programmgerüste zu generieren. Der generierte Quellcode-Rahmen für die einzelnen Klassen kann anschließend mit der gewählten Programmierumgebung weiter bearbeitet und fertiggestellt werden.

Vorteile von CASE Der Einsatz eines CASE-Werkzeuges unterstützt also eine systematische Vorgehensweise, um von den Kundenanforderungen bis hin zum Software-Produkt zu gelangen und erfordert zur richtigen Zeit die notwendigen Entscheidungen. Hilfsarbeiten werden dem Entwickler abgenommen.

Assoziation Modelliert Verbindungen zwischen Objekten einer oder mehrerer Klassen. Eine Assoziation modelliert stets Beziehungen zwischen Objekten, nicht zwischen Klassen. Es ist jedoch üblich, von einer Assoziation zwischen Klassen zu sprechen, obwohl streng genommen die Objekte dieser Klasse gemeint sind. Die Art der Assoziation wird durch ihre →Kardinalität – auch Multiplizität genannt – angegeben.

Kardinalität Legt die Wertigkeit einer →Assoziation fest, d.h. die Anzahl der an einer Assoziation beteiligten Objekte.

Klassenattribut Beschreibt Eigenschaften einer Klasse, nicht eines Objektes. Liegt vor, wenn ein Attributwert für alle Objekte einer Klasse existiert (→ Klassenoperation).

Klassenoperation Operation, die einer Klasse zugeordnet ist (nicht einem daraus erzeugten Objekt); kann nicht auf ein einzelnes Objekt der Klasse angewandt werden. Manipuliert in der Regel →Klassenattribute der eigenen Klasse.

Multiplizität →Kardinalität

Rolle Gibt an, welche Funktion ein Objekt in einer →Assoziation innehat.

Verbalisierung Verbesserung der Lesbarkeit eines Programms durch aussagekräftige, mnemonische Bezeichnerwahl, geeignete Kommentare und Verwendung einer selbst dokumentierenden Programmiersprache.

In manchen Anwendungsfällen ist es sinnvoll, *nicht* einzelnen Objekten Attribute und Operationen zuzuordnen, sondern eine Klasse durch Klassenattribute und Klassenoperationen zu beschreiben. Jede Java-Anwendung muss in genau einer Klasse eine Klassenoperation `main()` enthalten, mit der die Anwendung gestartet wird.

Ein weiteres wichtiges Konzept der Objektorientierung ist die Assoziation. Sie beschreibt auf Klassenebene die Beziehungen zwischen Objekten. Durch Kardinalitäten bzw. Multiplizitäten wird die Wertigkeit von Assoziationen spezifiziert. Zusätzlich kann durch eine Rolle die Funktion eines Objekts in einer Assoziation festgelegt werden.

Programme und Dokumente werden nicht nur vom Autor gelesen, sondern bei industriellen Software-Entwicklungen von vielen Personen. Es ist daher wichtig, dass das Prinzip der integrierten Dokumentation und das Prinzip der Verbalisierung eingehalten werden.

zur Software-Technik

Bei der Namensgebung sind bereits die Richtlinien und Konventionen für Bezeichner (Abb. 2.8-3) einzuhalten. Auf Programmierebene sind die Richtlinien für die Formatierung (Abb. 2.8-1) zu beachten. Java-Programme sollten so dokumentiert werden, dass eine HTML-Dokumentation automatisch erstellt werden kann. In einem Programmvorspann sind mindestens der Programmname, eine Aufgabenbeschreibung, der Autor und die Versionsnummer aufzuführen. Kurz gefasst ist folgende Bezeichnerwahl vorzunehmen:

Namenswahl

- **Klasse:** Name im Singular, 1. Buchstabe groß: Firma
- **Referenz-Attribut:** Name im Singular, vorangestellt: ein, erster usw.: eineFirma
- **normales Attribut:** Problemnahe Bezeichnung, deutsch: 1. Buchstabe groß: Name englisch: 1. Buchstabe klein: name
- **Typ:** Kleingeschrieben: int, float
- **Operation:** Kleingeschriebenes Verb, gefolgt von Substantiv: erstelleRechnung.

171

/Lindholm, Yellin 97/
Lindholm T., Yellin F., *Java – Die Spezifikation der virtuellen Maschine*, Bonn: Addison Wesley Verlag 1997
/Wahn 96/
Wahn M., *Was ist guter Programmierstil?*, in: Der Entwickler, Juli/August 1996, S. 58–60
/Wendorff 97/
Wendorff P., *Variablenbezeichner in Programmen*, in: Softwaretechnik-Trends, Nov. 1997, S. 23–25

Analytische Aufgaben
Muss-Aufgabe
5 Minuten

1 *Lernziel: In Java-Programmen die Konzepte Klassenattribute und -operationen problemgerecht einsetzen können.*
Gegen welche Programmierregel wird in der folgenden Java-Klasse verstoßen?

```
public class Zahl
{
    //Attribut
    int Wert1 = 10;
    //Konstruktor
    Zahl()
    {
    }
    //Operationen
    static int getWert1()
    {
        return Wert1;
    }
    static void setWert1(int Wert)
    {
        Wert1 = Wert;
    }
}
```

Muss-Aufgabe
30 Minuten

2 *Lernziel: Dynamische Abläufe durch Sequenzdiagramme und Arbeitsspeicherdarstellungen veranschaulichen können.*
Gegeben sei folgendes Java-Programm:

```
class KlasseA
{
    private int A1 = 0;
    private String A2;
    public KlasseA(String eineKette)
    {
        A2 = eineKette;
    }
    public int getA1()
    {
        return A1;
    }
}

public class KlasseB
{
```

```
    public static void main(String args[])
    {
        KlasseA erstesA;
        int Zahl;
        erstesA = new KlasseA("Test");
        Zahl = erstesA.getA1();
    }
}
```

a Zeichnen Sie für das gegebene Programm ein Klassendiagramm in UML-Notation.

b Erklären Sie anhand des Klassendiagramms die dynamischen Vorgänge bei der Ausführung des Programms.

c Stellen Sie den Arbeitsspeicher (analog zu Abb. 2.6-8) während der Ausführung des Programms dar.

3 *Lernziele: Vorgegebene Java-Programme auf die Einhaltung der behandelten Syntax prüfen können. Die Richtlinien und Konventionen für Bezeichner und für die Formatierung beim Schreiben von Programmen einhalten können.*

Klausur-Aufgabe
25 Minuten

a Markieren und verbessern Sie die Syntaxfehler im vorgegebenen Quellcode:

```
class Person{
public void Person  (StringName) { nachname = Name };
public void GetName()
{
    return nachname;
}
String nachname, String vorname;

public void static main(String args[]) {
    System.out.println("Person: ")
  Person EineP;
  EineP = new Person("Mustermann");
    String x = EineP . GetName();System.out.println(x);
}};
```

b Ist das Programm nach Beseitigung der Syntax-Fehler ausführbar?

c Handelt es sich um ein Java-Applet oder eine Java-Anwendung?

d Formatieren Sie den Quellcode nach den in dieser Lehreinheit vorgestellten Richtlinien.

e In welchen Fällen wird gegen die Richtlinien und Konventionen für Bezeichner verstoßen? Verbessern Sie das Programm an den entsprechenden Stellen.

4 *Lernziel: In Java-Programmen die Konzepte Klassenattribute und -operationen problemgerecht einsetzen können.*
Betrachten Sie folgende Aufrufe:

Konstruktive
Aufgaben
Muss-Aufgabe
20 Minuten

```
Rechteck.setFarbeFuerAlle("Rot");
....
einRechteck.setFarbe("Schwarz");
```

a Schreiben Sie eine zugehörige Klasse, sodass diese Aufrufe gültig sind.

b Formulieren Sie ein zugehöriges Hauptprogramm in einer Anwendungsklasse, in der die obigen Anweisungen enthalten sind.

Muss-Aufgabe
30 Minuten

5 *Lernziel: Dynamische Abläufe durch Sequenzdiagramme und Arbeitsspeicherdarstellungen veranschaulichen können.*
   a Zeichnen Sie für das Programm KundenUndAuftragsverwaltung1 aus Abschnitt 2.7.2 ein Sequenzdiagramm.
   b Geben Sie den Aufbau und das Ermitteln einer Verbindung als Arbeitsspeicherdarstellung an.

Muss-Aufgabe
45 Minuten

6 *Lernziele: In Java-Programmen die Konzepte Klassenattribute und -operationen problemgerecht einsetzen können. Assoziationen mit der maximalen Kardinalität 1 in Java programmieren können. Die behandelten Programme auf analoge Aufgaben übertragen und modifizieren können, sodass lauffähige Java-Applets und Java-Anwendungen entstehen.*
Die Firma ProfiSoft möchte mit der KundenUndAuftragsverwaltung auch die Rechnungen erstellen. Folgende Anforderungen müssen zusätzlich erfüllt werden:
/1/ Der aktuelle volle MWST-Satz muss bei der Klasse Auftrag gespeichert werden können.
/2/ Der MWST-Satz muss geschrieben und gelesen werden können.
   a Erweitern Sie das Programm KundenUndAuftragsverwaltung so, dass eine Verbindung von einem Auftrags-Objekt zu einem Kunden-Objekt hergestellt werden kann.
   b Erweitern Sie die Klasse Auftrag um die obigen Anforderungen.
   c Legen Sie zwei Kunden-Objekte mit jeweils einem Auftrag an und erstellen Sie für beide Aufträge eine Rechnung. Ergänzen Sie dazu die Klasse Auftrag um eine Operation erstelle Rechnung. Holen Sie über die Verbindung zum Kunden den Firmennamen und die Firmenadresse. Übersetzen Sie das Java-Programm und führen Sie es aus.

Muss-Aufgabe
20 Minuten

7 *Lernziel: Eigene Programme gut dokumentieren und verbalisieren können.*
Betrachten Sie die folgende Java-Klasse:

```
public class Konto
{
    // Attribute
    protected int Kontonr;
    protected float Kontostand;

    // Konstruktor
    public Konto(int Nummer, float ersteZahlung)
    {
        Kontonr = Nummer;
        Kontostand = ersteZahlung;
    }

    // Operationen
    public void buchen(float Betrag)
    {
        Kontostand = Kontostand + Betrag;
    }

    public float getKontostand()
    {
        return Kontostand;
    }
}
```

a Dokumentieren Sie den Quelltext unter Beachtung der Dokumentationsrichtlinien mit Kommentaren für *Javadoc*.
b Geben Sie mit *Javadoc* eine HTML-Dokumentation aus.

8 *Lernziele: Eigene Programme gut dokumentieren und verbalisieren kön-*
nen.
Java-Applets wie die »Kundenverwaltung« in analoge Java-Anwendungen
transformieren können.
Ergänzen Sie das in Aufgabe 8 der Lehreinheit 4 (auf CD-ROM) erstellte
Java-Applet zur Verwaltung von Western-Reitturnieren folgendermaßen:
a Dokumentieren Sie den Quelltext unter Beachtung der Dokumentationsrichtlinien.
b Transformieren Sie das Applet in eine lauffähige Java-Anwendung.
c Geben Sie mit *Javadoc* eine HTML-Dokumentation aus.

Kann-Aufgabe
30 Minuten

9 *Lernziel: Java-Applets wie die »Kundenverwaltung« in analoge Java-Anwen-*
dungen transformieren können.
Das folgende Java-Applet stellt einen Text in einem Textfeld dar.

Muss-Aufgabe
50 Minuten

```java
import java.awt.*;
import java.applet.*;

public class TextGUI extends Applet
{
    public void init()
    {
        setSize(344,141);
        add(new Label("Text"));
        einTextfeld = new TextField(20);
        add(einTextfeld);
    }

    TextField einTextfeld;

    public void start()
    {
        einTextfeld.setText("Hallo Welt");
    }
}
```

a Konvertieren Sie das Applet in eine analoge Java-Anwendung.
b Erstellen Sie eine Kombination aus Java-Applet und Java-Anwendung
aus dem Applet. Wird die GUI-Klasse aus HTML aufgerufen, soll das
Programm als Applet funktionieren, wird die GUI-Klasse vom Java-Interpreter aufgerufen, soll das Programm als Anwendung ablaufen.

10 *Lernziele: Aus einem Pflichtenheft ein Klassendiagramm in UML-Notation er-*
stellen und dieses Diagramm anschließend in ein Java-Programm transfor-
mieren und um Operationsanweisungen ergänzen können. CASE-Werkzeuge
zur Darstellung der UML-Notation einsetzen können. Eigene Programme
gut dokumentieren und verbalisieren können. Analoge Java-Applets wie die
»Kundenverwaltung« in Java-Anwendungen transformieren können.

Muss-Aufgabe
90 Minuten

Die Firma ProfiSoft erhält den Auftrag, ein Programm zur Verwaltung einer Zahnarztpraxis zu entwickeln. Das vom Auftraggeber vorgegebene Pflichtenheft sieht folgendermaßen aus:

/1/ Über jeden Kassen-Patienten sind folgende Daten zu speichern: Patienten-Nr., Patientenname, Adresse, Geburtsdatum, Versichertenstatus (Ziffer), Versichertenname, Versicherten-Karte vorgelegt (ja, nein).

/2/ Der Patientenname und der Versichertenname sind identisch, wenn der Patient gleichzeitig auch der Versicherungsnehmer ist.

/3/ Jeder Kassen-Patient gehört zu genau einer Krankenkasse.

/4/ Jede Krankenkasse kann mehr als einen Kassen-Patienten haben.

/5/ Über jede Krankenkasse sind folgende Daten zu speichern: Kassennummer, Kassenname.

/6/ Wird ein neuer Kassen-Patient angelegt, dann sind die Patienten-Nr. und der Patientenname einzutragen. Gleichzeitig ist ein Kassen-Objekt für den Patienten mit allen Daten anzulegen und vom Patienten zur Kasse eine Verbindung herzustellen.

/7/ Der Versichertenname ist mit dem Patientennamen beim Erzeugen vorzubelegen. »Versicherten-Karte vorgelegt« ist mit »ja« zu initialisieren.

a Erstellen Sie entsprechend dem Pflichtenheft ein Klassendiagramm in UML-Notation und erfassen Sie das Diagramm mit einem entsprechendem CASE-Werkzeug.

b Setzen Sie das Klassendiagramm in ein lauffähiges Java-Applet um. Programmieren Sie zunächst nur zwei Patienten und zwei Kassen. Geben Sie die Informationen in einem Textbereich aus. Beachten Sie die Dokumentationsrichtlinien.

c Transformieren Sie das Applet in eine lauffähige Java-Anwendung.

Klausur-Aufgabe
30 Minuten

11 *Lernziel: Aus einem Pflichtenheft ein Klassendiagramm in UML-Notation erstellen und dieses Diagramm anschließend in ein Java-Programm transformieren und um Operationsanweisungen ergänzen können.*

Erstellen Sie zum nachfolgend dargestellten UML-Klassendiagramm eine Java-Implementierung. Realisieren Sie insbesondere die Zugriffs- und Verbindungsoperationen.

Bei der Assoziation zwischen Nutzer und Telefon ist in diesem Zusammenhang nur die Richtung vom Nutzer zum Telefon von Bedeutung. Ein Telefon kennt seine Nutzer nicht.

Hinweis   Eine weitere Aufgabe finden Sie auf der beiliegenden CD-ROM.

2 Grundlagen der Programmierung – Ereignisse und Attribute

- Das Delegations-Ereignis-Modell anhand von Beispielen erklären können.   verstehen
- Die unterschiedlichen Möglichkeiten zur Realisierung des Delegations-Ereignis-Modells anhand von Beispielen darstellen können.
- Die Eigenschaften von Attributen aufzählen und erklären können.
- Ereignisse entsprechend den dargestellten Alternativen in einem Java-Programm verarbeiten können.   anwenden
- Attribute problemgerecht in Java unter Berücksichtigung der Java-Syntax spezifizieren können.
- Die definierten Typen mit ihren unären und binären Operationen einschließlich ihrer Wirkung und Syntax kennen und anwenden können.
- Literale und Ausdrücke richtig schreiben können.
- Die verschiedenen Arten der Typumwandlungen erläutern und richtig anwenden können.
- Referenztypen erklären und richtig einsetzen können.
- Die Eigenschaften eines Attributs, das in einem Java-Programmkontext angegeben ist, richtig ermitteln können.   beurteilen

✓ ■ Die Kapitel 2.2 bis 2.8 müssen bekannt sein.

2.9 Einführung in die Ereignisverarbeitung

Besitzt ein Programm eine grafische Benutzungsoberfläche, dann bedient der Benutzer das Programm durch Tastatureingaben und Mausklicks. Diese Benutzeraktivitäten lösen Ereignisse aus, die vom jeweiligen Betriebssystem bzw. GUI-System an das Programm weitergegeben werden. Das Programm wird dabei über alle Arten von Ereignissen und Zustandsänderungen informiert. Dazu zählen neben Mausklicks und Tastatureingaben auch Bewegungen des Mauszeigers und Veränderungen an der Größe oder Lage der Fenster.

Es gibt verschiedene Konzepte, wie Ereignisse in einer Programmiersprache verarbeitet werden. In Java wird das Delegations-Ereignis-Modell verwendet.

2.9.1 Zuerst die Theorie: Das Delegations-Ereignis-Modell

Das **Delegations-Ereignis-Modell** basiert auf Ereignisquellen *(event sources)* und Ereignisabhörern bzw. Ereignisempfängern *(event listeners)*. Die Ereignisquellen sind die Auslöser der Ereignisse. Eine Ereignisquelle kann beispielsweise ein Druckknopf sein, der auf einen Mausklick reagiert, oder ein Fenster, das mitteilt, dass es über das Anwendungsmenü geschlossen werden soll. Der oder die Ereignisabhörer werden von der Ereignisquelle über das Eintreten eines Ereignisses informiert und können dann auf das Ereignis reagieren. Damit eine Ereignisquelle weiß, welche Ereignisabhörer sie informieren muss, müssen sich alle Ereignisabhörer bei der Ereignisquelle registrieren. Die meisten Ereignisquellen lassen mehrere Abhörer zu. Man nennt sie *multicast*-Ereignisquellen (Mehrfachverteilungs-Quellen) im Gegensatz zu *unicast*-Ereignisquellen, die nur einen einzigen Abhörer zulassen. Ein Abhörer kann sich auch bei mehreren Quellen registrieren. Das Prinzip des Delegations-Ereignis-Modells zeigt Abb. 2.9-1.

Abb. 2.9-1:
Das Delegations-
Ereignis-Modell

Zwischen der Klasse Ereignisquelle und der Klasse Ereignisabhoerer besteht eine Assoziation. Ein Ereignisabhörer-Objekt kann null, ein oder mehrere Ereignisquellen-Objekte abhören. Umgekehrt kann ein Ereignisquell-Objekt null, ein oder mehrere Ereignisabhörer-Objekte über ein Ereignis informieren.

Jede Ereignisquelle muss eine Operation zur Verfügung stellen, damit sich Abhörer registrieren können. Die Registrierung bewirkt, dass das Ereignisquell-Objekt eine Referenz auf das Abhörer-Objekt setzt. Dies entspricht der Operation setLink(), die bei der Assoziation in Abschnitt 2.7.2 behandelt wurde. Zusätzlich muss die Ereignisquelle eine Operation zum Abmelden von Abhörern bereitstellen. Jeder Ereignisabhörer muss auf der anderen Seite Operationen zur Verfügung stellen, die die Quelle aufruft, wenn ein entsprechendes Ereignis eintritt.

Die möglichen Ereignisse lassen sich zu Ereignistypen zusammenfassen. Beispielsweise können in Java die Ereignisquellen Druckknopf *(button)*, Textfeld *(text field)*, Liste *(list)* und Menüoption *(menu item)* das Ereignis ActionEvent auslösen. Diese Ereignisquellen stellen die Registrierungsoperation addActionListener() zur Verfügung. Umgekehrt muss jeder Abhörer eines solchen Ereignisses eine Operation actionPerformed() bereitstellen, die von der Ereignisquelle beim Eintreten des Ereignisses aufgerufen wird.

Das in Abb. 2.9-1 dargestellte Delegations-Ereignis-Modell kommt in verallgemeinerter Form in der Software-Technik öfter vor. Verallgemeinert heißt das Modell »Beobachter-Muster« *(observer pattern)*   Muster *(pattern)* oder »Verleger-Abonnenten-Muster« *(publisher-subscriber pattern)*. Es wird überall dort eingesetzt, wo der Status kooperierender Komponenten synchronisiert werden muss. Dazu informiert ein Verleger eine Anzahl von Abonnenten über Änderungen seines Zustands.

Auf der Benutzungsoberfläche befinde sich ein Druckknopf »Er-   Beispiel 1a zeuge«. Wird er gedrückt, dann soll jeweils ein Textfeld mit dem Text »Hallo« auf der Oberfläche erscheinen. Abb. 2.9-2 zeigt die beteiligten Klassen.

	Ereignisquelle	Ereignisabhörer	
TextfeldGUI	**Button**	**AktionsAbhoerer**	**Textfield**
einAbhoerer: Aktionsabhoerer einDruckknopf: Button einTextfeld: TextField	Label: String		Text: String
init() erzeugeTextfeld() add()	addActionListener() (≙ registriereAbhoerer)	actionPerformed() (≙ verarbeiteEreignistyp)	
	Java-AWT-Klasse		Java-AWT-Klasse

Die Java-Klassenbibliothek AWT *(abstract window toolkit)* stellt die   *Abb. 2.9-2:* Klassen Button und TextField zur Verfügung.   *Beteiligte Klassen*
Die Klasse TextfeldGUI muss programmiert werden. Sie baut in der   *für das Beispiel 1a* Operation init() die Benutzungsoberfläche auf. Die Operation erzeugeTextfeld() fügt auf der Benutzungsoberfläche nach einem Knopfdruck ein Textfeld hinzu. Die Operation add() erlaubt es, Interaktionselemente auf der Benutzungsoberfläche hinzuzufügen.
Die Klasse AktionsAbhoerer muss ebenfalls neu erstellt werden. Sie muss eine Operation actionPerformed() zur Verfügung stellen, in der

die Anweisungen stehen, die ausgeführt werden, wenn der Druckknopf gedrückt wird.

In diesem Beispiel ist die Ereignisquelle ein Objekt der Klasse `Button`. Der Ereignisabhörer ist ein Objekt der Klasse `AktionsAbhoerer`. Das `AktionsAbhoerer`-Objekt muss sich mithilfe der Operation `addAction Listener()` bei dem `Button`-Objekt registrieren. Wird das `Button`-Objekt »gedrückt«, dann ruft es die Operation `actionPerformed()` des `AktionsAbhoerer`-Objekts auf.

Die prinzipiellen Abläufe sind in Abb. 2.9-3 dargestellt.

Im Einzelnen läuft Folgendes ab:

Abb. 2.9-3: Sequenzdiagramm der Ereignisverarbeitung des Beispiels 1a

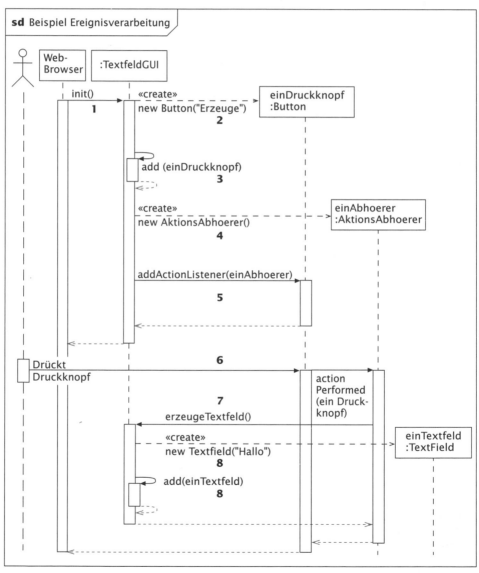

1 Der Web-Browser ruft die Operation `init()` des Objekts <u>:Textfeld-</u> <u>GUI</u> auf (falls es sich um ein Java-Applet handelt).

2 In der Operation `init()` wird ein neuer Druckknopf erzeugt: `einDruckknopf = new Button("Erzeuge");`

3 Mit `add(einDruckknopf)` wird das neue Objekt zur Benutzungsoberfläche hinzugefügt.

4 Es wird ein `AktionsAbhoerer`-Objekt erzeugt.

5 Anschließend wird das `Abhoerer`-Objekt bei der Ereignisquelle `ein-` `Druckknopf` registriert: `addActionListener(einAbhoerer);`

6 Wird vom Benutzer der Druckknopf gedrückt, dann ruft das Objekt `einDruckknopf` die Operation `actionPerformed(einDruckknopf)` des Objekts `einAbhoerer` auf. Als Parameter wird der Name des Objekts – hier: `einDruckknopf` – übergeben. Der Abhörer kann dadurch feststellen, von welchem Objekt die Botschaft kam. Da sich ein Abhörer bei mehreren Quellen registrieren kann, ist eine solche Parameterübergabe notwendig.

7 Innerhalb der Operation `actionPerformed()` wird nun die Operation `erzeugeTextfeld()` des Objekts <u>:TextfeldGUI</u> aufgerufen.

8 Die Operation `erzeugeTextfeld()` legt nun ein neues Objekt der Klasse `TextField` an und fügt es der Benutzungsoberfläche hinzu.

2.9.2 Dann die Praxis: Ereignisse und ihre Verarbeitung in Java

In Java kann das Delegations-Ereignis-Modell auf verschiedene Weise realisiert werden. Eine Möglichkeit besteht darin, für jeden Ereignisabhörer eine eigenständige Klasse anzulegen.

```
/* Programmname: Ereignisverarbeitung1
 * GUI-Klasse: TextfeldGUI
 * Beispiel für die Ereignisverarbeitung mit eigenständiger
 * Abhörerklasse
 */
import java.awt.*;
import java.applet.*;

public class TextfeldGUI extends Applet
{
    //Referenz-Attribute
    AktionsAbhoerer einAbhoerer;
    TextField einTextfeld;
    Button einDruckknopf;


    //Operationen
    public void init()
    {
        setLayout(null);
        setSize(426,266);
        einDruckknopf = new Button("Erzeuge");
```

Beispiel 1b

Klasse
TextfeldGUI

181

```
                        einDruckknopf.setBounds(36,24,98,26);
                        einDruckknopf.setBackground(new Color(12632256));
                        add(einDruckknopf);
                        //Neuen Abhörer erzeugen
                        einAbhoerer = new AktionsAbhoerer(this);
                        //einAbhoerer bei einDruckknopf registrieren
                        einDruckknopf.addActionListener(einAbhoerer);
                }
                public void erzeugeTextfeld(int Y)
                {
                        //Ein Textfeld dynamisch erzeugen und anzeigen
                        einTextfeld = new TextField("Hallo");
                        einTextfeld.setBounds(192,Y,97,26);
                        add(einTextfeld);
                }
        }


        /* Programmname: Ereignisverarbeitung1
         * Abhörer-Klasse: AktionsAbhoerer
         * Beispiel für die Ereignisverarbeitung mit eigenständiger
         * Abhörerklasse
         */
        import java.awt.event.*;
        //Achtung: Diese Bibliothek muss importiert werden
```

Klasse
AktionsAbhoerer
```
        public class AktionsAbhoerer
        implements ActionListener //wird von Java zur Verfügung gestellt
        {
                //Attribute
                TextfeldGUI einGUI; //Referenz-Attribut, zeigt auf den
                //Erzeuger dieses Objekts
                int Merke = 26; //Startwert für Y-Position des Textfeldes

                //Konstruktor, durch Parameter wird Referenz auf den
                //Erzeuger dieses Objekts gesetzt
                AktionsAbhoerer(TextfeldGUI einTextfeldGUI)
                {
                        einGUI = einTextfeldGUI;
                }
                public void actionPerformed(ActionEvent event)
                {
                        //Reaktion auf das Ereignis
                        //hier: Aufruf der Operation erzeugeTextfeld
                        einGUI.erzeugeTextfeld(Merke);
                        Merke = Merke + 26;
                }
        }
```

Das damit erzeugte Applet zeigt Abb. 2.9-4, nachdem achtmal der Druckknopf bestätigt wurde.

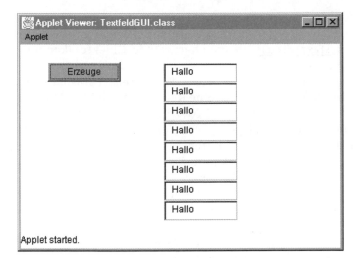

*Abb. 2.9-4:
Dynamisch erzeug-
te Textfelder*

 Zur Verdeutlichung dieses Programms ist in Abb. 2.9-5 dargestellt, wie die Referenzen zwischen den Objekten aussehen.

interaktive
Animation auf
der CD-ROM

*Abb. 2.9-5:
Objektreferenzen in
Beispiel 1b*

1 Das Objekt `:TextfeldGUI` besitzt drei Referenz-Attribute.

2 Die Anweisung `einDruckknopf = new Button("Erzeuge");` bewirkt, dass ein neues Objekt von `Button` erzeugt wird.

3 Die Speicheradresse dieses Objekts wird in dem Referenz-Attribut `einDruckknopf` gespeichert.

4 Die Anweisung `einAbhoerer = new AktionsAbhoerer(this);` bewirkt, dass der Konstruktor der Klasse `AktionsAbhoerer` aufgerufen wird. Als Parameter wird `this` übergeben. Das bedeutet, dass die Speicheradresse des Objekts `:TextfeldGUI` an das neu erzeugte Objekt `:AktionsAbhoerer` übergeben wird.

5 Die Speicheradresse von `:TextfeldGUI` wird in dem Referenz-Attribut `einGUI` gespeichert, d.h., es zeigt jetzt eine Referenz von Objekt `:AktionsAbhoerer` auf das Objekt `:TextfeldGUI`.

183

6 Nach Ausführung der new-Operation wird die Speicheradresse des Objekts :AktionsAbhoerer in dem Referenz-Attribut einAbhoerer des Objekts :TextfeldGUI gespeichert. Beide Objekte »kennen« sich jetzt gegenseitig.

7 Die Anweisung einDruckknopf.addActionListener(einAbhoerer) bewirkt, dass das Objekt :Button eine Referenz auf seinen Abhörer übergeben bekommt. In dem Objekt :Button wird eine Referenz auf das Objekt :AktionsAbhoerer gespeichert. Damit »kennt« die Ereignisquelle ihren Ereignisabhörer.

8 Drückt der Benutzer den Druckknopf, dann löst das Objekt :Button ein Ereignis aus, d.h., es ruft die Operation actionPerformed(this) auf und übergibt als Parameter seine eigene Adresse, sodass der Abhörer weiß, welches Objekt ein Ereignis ausgelöst hat.

9 Das Objekt :AktionsAbhoerer schickt eine Botschaft an :Textfeld-GUI und ruft die Operation erzeugeTextfeld(26) auf. Als Parameter wird die Y-Position des zu erzeugenden Textfeldes übergeben.

10 Durch die Anweisung einTextfeld = new TextField("Hallo") wird ein Objekt :TextField erzeugt und die Referenz darauf im Objekt :TextfeldGUI gespeichert.

11 Drückt der Benutzer erneut den Druckknopf, dann wiederholen sich die Aktionen **8**, **9** und **10**. Allerdings wird eine neue Y-Position übergeben, da sich durch die Anweisung Merke = Merke + 26 für Y den Wert 52 ergibt. Es wird ein neues Objekt :TextField erzeugt und die Referenz in dem Referenz-Attribut einTextfeld gespeichert. Dabei wird die bisherige Referenzadresse »überschrieben«, d.h. gelöscht. Auf das zuerst erzeugte Objekt :TextField zeigt damit keine Referenz mehr. An dieses Objekt können daher keine Botschaften mehr geschickt werden. Die Java-Speicherbereinigung löscht es bei der nächsten Durchsicht der Objekte im Haldenspeicher.

Eine zweite Möglichkeit, das Ereigniskonzept umzusetzen, besteht darin, die Klassen für die Ereignisabhörer nicht als eigenständige Klassen zu schreiben, sondern als so genannte »innere« Klassen in die Klasse einzubetten, die die Ereignisquelle(n) enthält. Eine »innere« Klasse hat Zugriff auf alle Attribute und Operationen ihrer umgebenden Klasse. Im folgenden Beispiel 1c sind die Änderungen, die sich gegenüber Beispiel 1b ergeben, schwarz dargestellt.

Beispiel 1c
```
/* Programmname: Ereignisverarbeitung2
 * GUI-Klasse: TextfeldGUI
 * Beispiel für die Ereignisverarbeitung mit innerer
 * Abhörerklasse
 */
import java.awt.*;
import java.applet.*;
//Achtung: Folgende Bibliothek muss importiert werden
import java.awt.event.*;
```

184

```
public class TextfeldGUI extends Applet                          Klasse
{                                                                TextfeldGUI
    //Referenz-Attribute
    AktionsAbhoerer einAbhoerer;
    TextField einTextfeld;
    Button einDruckknopf;

    //Operationen
    public void init()
    {
        setLayout(null);
        setSize(426,266);
        einDruckknopf = new Button("Erzeuge");
        einDruckknopf.setBounds(36,24,98,26);
        einDruckknopf.setBackground(new Color(12632256));
        add(einDruckknopf);
        //Neuen Abhörer erzeugen
        //Parameter this entfällt!
        einAbhoerer = new AktionsAbhoerer();
        //einAbhoerer bei einDruckknopf registrieren
        einDruckknopf.addActionListener(einAbhoerer);
    }
    public void erzeugeTextfeld(int Y)
    {
        //Ein Textfeld dynamisch erzeugen und anzeigen
        einTextfeld = new TextField("Hallo");
        einTextfeld.setBounds(192,Y,97,26);
        add(einTextfeld);
    }

//Ereignisabhörer als innere Klasse
//Es wird keine Referenz auf TextfeldGUI benötigt
public class AktionsAbhoerer                                     Klasse
implements ActionListener //wird von Java zur Verfügung gestellt  AktionsAbhoerer
{
    //Attribute
    //TextfeldGUI einGUI; Entfällt!
    int Merke = 26; // Startwert für Y-Position des Textfeldes

    //Konstruktor
    //Keine Referenzübergabe erforderlich
    AktionsAbhoerer()
    {
    }
    public void actionPerformed(ActionEvent event)
    {
        //Reaktion auf das Ereignis
        //hier: Aufruf der Operation erzeugeTextfeld
        //hier: Aufruf einer lokalen Operation, daher keine
         //vorangestellte Objektangabe
        erzeugeTextfeld(Merke);
        Merke = Merke + 26;
    }
  }
}
```

185

Da die Klasse AktionsAbhoerer Teil der Klasse TextfeldGUI ist, kann ein Objekt der Klasse AktionsAbhoerer auf alle Operationen von TextfeldGUI zugreifen, ohne einen Objektnamen angeben zu müs-sen. Es ist daher nicht nötig, dem Konstruktor der Klasse AktionsAbhoerer die Speicheradresse des erzeugenden Objekts zu übergeben (im Beispiel 1b geschah dies durch Übergabe von this).

Einige Programmierumgebungen erlauben es, neben der grafischen Anordnung von Interaktionselementen, auch die Ereignisbehandlung grafisch vorzunehmen. Oft werden dann »innere« Klassen in Java erzeugt.

Der Java-Compiler wandelt »innere« Klassen automatisch in eigenständige Klassen um. Er speichert sie in Dateien, deren Bezeichnung folgendermaßen aufgebaut ist: UmgebendeKlasse$InnereKlasse. class (hier: TextfeldGUI$AktionsAbhoerer.class).

Beispiel 2 Die Kundenverwaltung1 aus Abschnitt 2.6.4 lässt sich nun so erweitern, dass auch eine interaktive Eingabe möglich ist. Das Programm zeigt ebenfalls, wie eine Ereignisverwaltung von zwei Druckknöpfen möglich ist. Da die Eingabe über ein Eingabefeld immer einen Text ergibt, muss er im Falle der Auftragssumme in eine Zahl gewandelt werden. Die hier geänderte Benutzungsoberfläche für die Kundenverwaltung führt zu *keiner* Änderung der Fachkonzeptklasse. Sie ist identisch mit der Klasse Kunde im Abschnitt 2.6.1. Die Abb. 2.9-6 zeigt das Applet nach Drücken der Knöpfe »Speichern« und »Anzeigen«.

```
/*Programmname: Kundenverwaltung5
* GUI-Klasse: KundeGUI (Java-applet)
* Klasse zur Verwaltung von Kunden mit interaktiver Eingabe
*/

import java.awt.*;
import java.applet.*;
```

Klasse KundeGUI
```
public class KundeGUI extends Applet
{
    //Attribute
    String MerkeText;
    int MerkeZahl;
    //Deklarieren von Referenz-Attributen
    private Kunde einKunde;
    private AktionsAbhoerer einAbhoerer;
    //Deklarieren der Interaktionselemente
    Label nameFuehrungstext;
    Label adresseFuehrungstext;
    Label summeFuehrungstext;
    TextField nameTextfeld;
    TextField adresseTextfeld;
    TextField summeTextfeld;
```

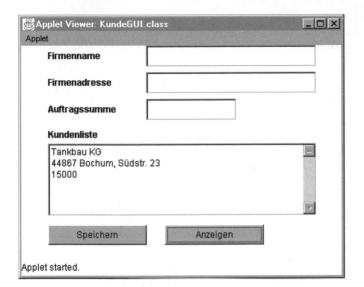

Abb. 2.9-6:
Kundenverwaltung
mit interaktiver
Eingabe

```
Button speichernDruckknopf;
Button anzeigenDruckknopf;
Label listeFuehrungstext;
TextArea listeTextArea;
//Operationen
public void init()
{
    //Attribute zum Merken der Ergebnissse der Botschaften
    String MerkeText;
    int MerkeZahl;
    //Erzeugen der Interaktionselemente und
    //Zuordnung von Attributwerten
    setLayout(null);
    setSize(430,300);

    nameFuehrungstext = new Label("Firmenname");
    nameFuehrungstext.setBounds(36,0,120,28);
    nameFuehrungstext.setFont(new Font("Dialog",
        Font.BOLD, 12));
    add(nameFuehrungstext);

    adresseFuehrungstext = new Label("Firmenadresse");
    adresseFuehrungstext.setBounds(36,36,120,28);
    adresseFuehrungstext.setFont(new Font("Dialog",
        Font.BOLD, 12));
    add(adresseFuehrungstext);

    summeFuehrungstext = new Label("Auftragssumme");
    summeFuehrungstext.setBounds(36,72,120,28);
    summeFuehrungstext.setFont(new Font("Dialog",
        Font.BOLD, 12));
    add(summeFuehrungstext);
```

```
        nameTextfeld = new TextField();
        nameTextfeld.setBounds(168,0,228,29);
        add(nameTextfeld);

        adresseTextfeld = new TextField();
        adresseTextfeld.setBounds(168,36,228,29);
        add(adresseTextfeld);

        summeTextfeld = new TextField();
        summeTextfeld.setBounds(168,72,120,29);
        add(summeTextfeld);

        speichernDruckknopf = new Button();
        speichernDruckknopf.setLabel("Speichern");
        speichernDruckknopf.setBounds(36,240,132,26);
        speichernDruckknopf.setBackground(new Color(12632256));
        add(speichernDruckknopf);

        anzeigenDruckknopf = new Button();
        anzeigenDruckknopf.setLabel("Anzeigen");
        anzeigenDruckknopf.setBounds(192,240,132,26);
        anzeigenDruckknopf.setBackground(new Color(12632256));
        add(anzeigenDruckknopf);

        //Neuen Abhoerer erzeugen
        einAbhoerer = new AktionsAbhoerer(this);
        //einAbhoerer bei speichernDruckknopf und
        //anzeigenDruckknopf registrieren
        speichernDruckknopf.addActionListener(einAbhoerer);
        anzeigenDruckknopf.addActionListener(einAbhoerer);
    }
    public void speichereKunde()
    {
        //Text aus Namensfeld lesen
        MerkeText = nameTextfeld.getText();
        nameTextfeld.setText(""); //Text im Namensfeld löschen
        //neues Kundenobjekt erzeugen
        einKunde = new Kunde(MerkeText);

        //Adresse eintragen
        einKunde.setFirmenadresse(adresseTextfeld.getText());
        adresseTextfeld.setText("");

        //Auftragssumme eintragen
        //Inhalt des Eingabefeldes in eine Zahl umwandeln
        MerkeText = summeTextfeld.getText();
        summeTextfeld.setText("");
        Integer i = Integer.valueOf(MerkeText);
          MerkeZahl = i.intValue();
          einKunde.setAuftragssumme(MerkeZahl);
    }
```

```
public void anzeigenKunden()
{
    //dynamisches Anzeigen von Führungstext und Textbereich
    listeFuehrungstext = new Label("Kundenliste");
    listeFuehrungstext.setBounds(36,108,120,24);
    listeFuehrungstext.setFont(new Font("Dialog",
        Font.BOLD, 12));
    add(listeFuehrungstext);

    listeTextArea = new TextArea
        ("",0,0,TextArea.SCROLLBARS_VERTICAL_ONLY);
    listeTextArea.setBounds(36,132,360,96);
    listeTextArea.setForeground(new Color(0));
    add(listeTextArea);

    //Anzeigen der Attributinhalte im Textbereich
    MerkeText = einKunde.getFirmenname();
    //Mit append wird der Text an den vorhandenen Text
    //angehängt
    listeTextArea.append(MerkeText + "\n");
    MerkeText = einKunde.getFirmenadresse();
    listeTextArea.append(MerkeText+"\n");
    MerkeZahl = einKunde.getAuftragssumme();
    //Umwandlung einer ganzen Zahl in eine Zeichenkette
    MerkeText = String.valueOf(MerkeZahl);
    listeTextArea.append(MerkeText+"\n"+"\n");
    }
}
```

```
/*Programmname: Kundenverwaltung5
* Abhoerer-Klasse: AktionsAbhoerer
* Abhoerer-Klasse ist eigenständige Klasse!
*/
import java.awt.event.*;

public class AktionsAbhoerer
implements ActionListener //wird von Java zur Verfügung gestellt
{
    KundeGUI einGUI; //Referenz-Attribut: Referenz auf Erzeuger

    //Konstruktor, durch Parameter wird Referenz auf aufrufendes
    //Objekt übergeben
    AktionsAbhoerer(KundeGUI einKundeGUI)
    {
        einGUI = einKundeGUI;
    }
    public void actionPerformed(ActionEvent event)
    {
        //Ereignisquelle feststellen mit getSource
        Object quelle = event.getSource();
        if (quelle == einGUI.speichernDruckknopf)
            einGUI.speichereKunde();//Reaktion auf Speichern
        else if (quelle == einGUI.anzeigenDruckknopf)
            einGUI.anzeigenKunden();//Reaktion auf Anzeigen
    }
}
```

Klasse
AktionsAbhoerer

Analog wie in Abschnitt 2.6.9 kann auch hier das Programm Kundenverwaltung5 in eine Java-Anwendung transformiert werden. Es gelten die dort angegebenen Transformationsregeln. Da ein Fenster der Klasse Frame oben einen Titelbalken besitzt, müssen hier die Interaktionselemente nach unten verschoben werden. Daher wurde die Y-Position der Elemente um 30 Pixel erhöht.

Schließen eines
Fensters
Um ein Fenster und damit eine Anwendung schließen zu können, die über den Anwendungsmenüknopf vom Benutzer beendet wird, gibt es in Java den Ereignistyp Window. Abb. 2.9-7 zeigt analog zu Abb. 2.9-2, welche Operationen die Ereignisquelle und der Ereignisabhörer zur Verfügung stellen.

Abb. 2.9-7:
Behandlung von
Ereignissen des
Ereignistyps
Window

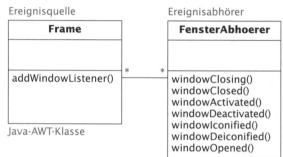

Um ein Ereignis »Fenster schließen« zu behandeln, muss der Ereignisabhörer die Operation windowClosing() zur Verfügung stellen. Analog wie ein Aktionsabhörer lässt sich ein Fensterabhörer als eigenständige Klasse programmieren:

```
/*Programmname: Kundenverwaltung6
* Abhoerer-Klasse: FensterAbhoerer
* Abhoerer-Klasse ist eigenständige Klasse!
*/
import java.awt.event.*;

public class FensterAbhoerer
extends WindowAdapter    //wird von Java zur Verfügung gestellt
                         //Achtung: extends statt implements
{
    KundeGUI einGUI; //Referenz-Attribut: Referenz auf Erzeuger

    //Konstruktor, durch Parameter wird Referenz auf aufrufendes
    //Objekt übergeben
    FensterAbhoerer(KundeGUI einKundeGUI)
    {
        einGUI = einKundeGUI;
        //FensterAbhoerer bei der GUI-Klasse registrieren
        //und Übergabe der eigenen Adresse mit this
        einGUI.addWindowListener(this);
    }
}
```

190

```
public void windowClosing(WindowEvent event)
{
    //Aktionen, um die Anwendung nach Auslösen des
    //Ereignisses zu beenden
    einGUI.setVisible(false); //Fenster unsichtbar machen
    einGUI.dispose(); //Fenster-Objekt löschen
    System.exit(0); //Anwendung beenden
}
}
```

Die transformierte und ergänzte GUI-Klasse sieht folgendermaßen aus, wobei die Klassen `Kunde` und `AktionsAbhoerer` unverändert sind:

```
/*Programmname: Kundenverwaltung6
* GUI-Klasse: KundeGUI (Java-Anwendung)
* Klasse zur Verwaltung von Kunden mit interaktiver Eingabe
*/

import java.awt.*;

public class KundeGUI extends Frame                          Klasse
{                                                            KundeGUI
    //Referenz-Attribut als Klassenattribut
    static KundeGUI einKundeGUI;
    //Attribute
    String MerkeText;
    int MerkeZahl;
    //Deklarieren von Referenz-Attributen
    private Kunde einKunde;
    private AktionsAbhoerer einAbhoerer;
    private FensterAbhoerer einFensterAbhoerer;
    //Deklarieren der Interaktionselemente
    //analog Kundenverwaltung5
    //...
    Label listeFuehrungstext;
    TextArea listeTextArea;
    //Konstruktor analog zu init()
    public KundeGUI()
    {
        //Attribute zum Merken der Ergebnisse der Botschaften
        String MerkeText;
        int MerkeZahl;
        //Erzeugen der Interaktionselemente und
        //Zuordnung von Attributwerten
        //analog Kundenverwaltung5
        //...

        //Neue Abhoerer erzeugen
        einAbhoerer = new AktionsAbhoerer(this);
        einFensterAbhoerer = new FensterAbhoerer(this);
        //einAbhoerer bei speichernDruckknopf und
        //anzeigenDruckknopf registrieren
```

```
speichernDruckknopf.addActionListener(einAbhoerer);
anzeigenDruckknopf.addActionListener(einAbhoerer);
//Alternative, wenn addWindowListener nicht in
//FensterAbhoerer aufgerufen wird:
//einFensterAbhoerer hinzufügen
//addWindowListener(einFensterAbhoerer);
}
//Klassenoperation main
public static void main(String args[])
{
    //Erzeugen eines Objekts von KundeGUI
    einKundeGUI = new KundeGUI();
    einKundeGUI.resize(430,350);
    einKundeGUI.setVisible(true);
}
public void speichereKunde()
{
    //analog Kundenverwaltung5
    //...
}
public void anzeigenKunden()
{
    //analog Kundenverwaltung5
    //...
}
}
```

Kapitel 2.18   Ausführlich wird die Ereignisverarbeitung in Kapitel 2.18 behandelt.

2.10 Attribute und ihre Typen

2.10.1 Zuerst die Theorie: Eigenschaften und Verhalten von Attributen

Attribut   Attribute beschreiben die Eigenschaften von Klassen und deren Objekten. Attributwerte sind die Daten der Objekte bzw. der Klassen bei Klassenattributen.

Betrachtet man Attribute etwas genauer, dann lässt sich ein **Attribut** durch eine Reihe von Eigenschaften kennzeichnen:

Eigenschaften
eines Attributs
■ Name bzw. Bezeichner des Attributs
■ Typ
■ Wert bzw. Inhalt
■ Zugriffsart
■ Initialisierung
■ Sichtbarkeitsbereich
■ Lebensdauer
■ Klassen- oder Objektattribut
■ Restriktionen

192

Diese Eigenschaften werden an einer Speicherzelle in Abb. 2.10-1 veranschaulicht. Die Anzahl der Speicherzellen, die zur Speicherung eines Werts benötigt wird, hängt vom Typ des Attributs ab.

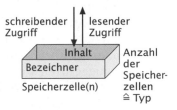

Abb. 2.10-1: Veranschaulichung eines Attributs

Die Eigenschaften und das Verhalten eines Attributs kann man ebenfalls durch eine Klasse, eine so genannte **Metaklasse,** darstellen (Abb. 2.10-2).

Jedes Attribut wird durch einen Namen bzw. einen Bezeichner gekennzeichnet. Bezogen auf den Arbeitsspeicher kann man sich vereinfacht vorstellen, dass die Speicherzelle bzw. die Speicherzellen, in denen der Wert gespeichert wird, mit dem Attributnamen versehen sind. Durch die Angabe des Bezeichners wird genau die dem Bezeichner zugeordnete Speicherzelle angesprochen.

Namen, Bezeichner

Attribut
Name: String Typ: int | String | ... Wert: abhängig vom Typ Zugriffsart: variabel | konstant Initialisierung: ja | nein Sichtbarkeitsbereich: private | public | protected Lebensdauer: lokal | transient | persistent Klassenattribut: ja | nein Restriktionen
Attribut(Initialisierung: Typ) setInhalt(Wert: Typ) getInhalt(): Typ

Legende: | steht für »oder«

Abb. 2.10-2: Eigenschaften und Verhalten eines Attributs

Für jedes Attribut muss ein Typ festgelegt werden. Ein **Typ** legt fest, welche Attributwerte ein Attribut annehmen kann und welche Operationen auf diesen Werten ausgeführt werden können. Durch den Typ wird auch festgelegt, wie viel Speicherplatz, d.h. wie viele Speicherzellen für die Werte benötigt werden.

Typ

Für ein Zeichen *(char)* sind zwei Speicherzellen, für eine Zeichenkette *(String)*, bestehend aus 20 Zeichen, sind 40 Speicherzellen erforderlich, wenn sie im Unicode vorliegen.

Der Wert eines Attributs wird durch ein **Literal** *(literal)* dargestellt. Beispielsweise wird eine Zeichenkette in doppelte Anführungszeichen eingeschlossen wie "Dies ist eine Zeichenkette".

Literal

Zwei Operationen können mit Speicherzellen ausgeführt werden:

- Schreibender Zugriff auf eine Speicherzelle:
  Es wird eine Information bzw. ein Wert oder Inhalt in der Speicherzelle abgelegt. Vorher in der Speicherzelle vorhandene Informationen werden überschrieben, d.h. gelöscht.

schreibender Zugriff

- Lesender Zugriff auf eine Speicherzelle:
  Es wird die in der Speicherzelle gespeicherte Information gelesen. Die gespeicherte Information bleibt dabei unverändert. Beim Lesen wird nur eine Kopie der gespeicherten Information erzeugt.

lesender Zugriff

Dieses technische Speicherkonzept spiegelt sich in problemorientierten Programmiersprachen in dem Konzept der variablen und konstanten Attribute wider.

Variable   Ein variables Attribut – kurz **Variable** genannt – ist ein Attribut, dem nacheinander verschiedene Werte bzw. Inhalte zugewiesen werden können, d.h., auf eine Variable kann sowohl lesend als auch schreibend zugegriffen werden. Vor dem ersten Lesezugriff muss immer ein Schreibzugriff erfolgt sein, damit der Variablen ein definierter Wert zugewiesen ist.

Konstante   Ein konstantes Attribut – kurz **Konstante** genannt – ist ein Attribut, dem nur einmal ein Wert zugewiesen wird, der dann unveränderbar ist, d.h., auf eine Konstante kann nach der Initialisierung nur lesend zugegriffen werden.

Sichtbarkeits-bereich   Für jedes Attribut wird außerdem festgelegt, ob und für wen es sichtbar ist. Anstelle von Sichtbarkeit spricht man auch von Gültigkeit. Die Sichtbarkeit wird entweder explizit oder implizit festgelegt. Das Schlüsselwort **private** in Java gibt z.B. an, dass ein Attribut außerhalb einer Klasse nicht sichtbar bzw. *nicht* gültig ist. Durch die Angabe von **private** wird das Geheimnisprinzip sichergestellt (siehe Abschnitt 2.5.2).

Implizit wird die Sichtbarkeit eines Attributs durch den Ort der Deklaration festgelegt. Ein Attribut innerhalb eines Operations-Rumpfes ist beispielsweise nur innerhalb dieses Rumpfes sichtbar.

In den meisten Programmiersprachen müssen die Attribute, bevor auf sie zugegriffen werden darf, deklariert bzw. vereinbart werden

Attribut-Deklaration   **(Attribut-Deklaration)**. Der Compiler verwendet diese Informationen, um Speicherplatz zu reservieren und Konsistenzprüfungen vorzunehmen.

Werden Attribute innerhalb einer Klasse, aber außerhalb einer Operation der Klasse deklariert, dann sind diese Attribute innerhalb der gesamten Klasse sichtbar bzw. gültig. Innerhalb von Operationen der Klasse kann direkt auf diese Attribute zugegriffen werden. Die Sichtbarkeit dieser Attribute von außerhalb einer Klasse wird im Allgemeinen durch Schlüsselworte wie **private, protected** oder **public** festgelegt.

Sichtbarkeit in der UML   In der UML wird die Sichtbarkeit durch die Symbole – für **private,** + für **public** und # für **protected** vor den Attributnamen und analog vor den Operationsnamen angegeben.

Innerhalb von Operations-Rümpfen fallen oft Zwischenergebnisse an, die für Berechnungen zwischengespeichert werden müssen, aber außerhalb der Operation bzw. nach Abschluss der Operation nicht mehr benötigt werden. Für solche Zwecke können Attribute auch innerhalb von Operations-Rümpfen deklariert werden. Sie werden

lokale Attribute   **lokale Attribute** genannt und sind nur innerhalb des jeweiligen Operations-Rumpfes sichtbar und existent.

194

Bestehen Operations-Rümpfe aus vielen Anweisungen, dann ist es sinnvoll, eine Strukturierung durch Blöcke vorzunehmen. In Java bestehen Blöcke aus einem geschweiften Klammerpaar {...}. Neben Anweisungen können in einem solchen Block auch lokale Attribute deklariert werden, die dann nur bis zum Ende des Blocks sichtbar und existent sind.

```
public void test()                                                   Beispiel
{
    //Dies ist ein lokales Attribut in einem Operations-Rumpf
    int MerkeZahl = 0;
    MerkeZahl = MerkeZahl + 10;
    {
        //Dies ist ein Block
        //Dies ist ein lokales Attribut in einem Block
        int MerkeZahl2 = 20;
        MerkeZahl = MerkeZahl + 20;
        //MerkeZahl ist im Block sichtbar
        MerkeZahl2 = MerkeZahl;
    }//Ende des Blocks
    //Ab hier ist MerkeZahl2 nicht mehr sichtbar
    MerkeZahl = MerkeZahl + 50;
}//Ende des Operations-Rumpfs
//Ab hier ist MerkeZahl nicht mehr sichtbar
```

Ein Problem tritt auf, wenn ein Attribut, das in einer Klasse deklariert ist, denselben Bezeichner hat, wie ein lokales Attribut in einer Operation oder ein Parameter einer Operation. In einem solchen Fall gilt die Regel, dass das lokale Attribut das Attribut der Klasse überdeckt bzw. verbirgt, d.h., das Attribut der Klasse ist in der Operation dann nicht mehr sichtbar. Es wird immer vorrangig auf das lokale Attribut zugegriffen.

Verbergen von Attributen

In der Kundenverwaltung wurden Name und Firmenname unterschieden, um eine Überdeckung zu vermeiden:

Beispiel

```
public class Kunde
{   //Attribute
    private String Firmenname, Firmenadresse;
    private int Auftragssumme = 0;

    //Konstruktor
    public Kunde(String Name)
    {
        Firmenname = Name;
    }
    //Schreibende Operationen
    public void setFirmenname(String Name)
    {
        Firmenname = Name;
    } ....
}
```

this Um in solchen Situationen nicht gezwungen zu sein, sich neue Namen zu überlegen, kann mit dem Schlüsselwort **this** ausgedrückt werden, dass das Attribut des aktuellen Objekts der Klasse und *nicht* das lokale Attribut gemeint ist.

Beispiel In der Kundenverwaltung kann dann durchgängig der Attributname Firmenname für den Namen der Firma verwendet werden:

```
public class Kunde
{
    //Attribute
    private String Firmenname, Firmenadresse;
    private int Auftragssumme = 0;

    //Konstruktor
    public Kunde(String Firmenname)
    {
        this.Firmenname = Firmenname;
    }
    //Schreibende Operationen
    public void setFirmenname (String Firmenname)
    {
        this.Firmenname = Firmenname;
    }...
}
```

Immer wenn das Attribut der Klasse gemeint ist, wird bei Zweideutigkeiten vor den Attributnamen **this** gefolgt von einem Punkt gesetzt.

Lebensdauer   Die Lebensdauer eines Attributs gibt an, wie lange es im Speicher existiert bzw. ob es auf einem externen Speicher langfristig aufbewahrt werden soll. Damit ein Attribut auf einem externen Speicher gespeichert wird, sind besondere Maßnahmen erforderlich, die von der verwendeten Programmiersprache abhängen. Es werden nur Attribute einer Klasse, aber keine lokalen Attribute auf einem externen Speicher gespeichert.

Wird ein Attribut einer Klasse *nicht* auf einem externen Speicher gespeichert, dann existiert es vom Erzeugen des entsprechenden Objekts bis zum Löschen des entsprechenden Objekts.

Lokale Attribute einer Operation einschließlich Parameter der Operation existieren vom Aufruf der entsprechenden Operation bis zum Verlassen der entsprechenden Operation. Lokale Attribute eines Blocks existieren im ganzen Block.

Klassenattribut   Ein Attribut kann einem Objekt oder einer Klasse (siehe Abschnitt
Objektattribut   2.6.7) zugeordnet werden.

Restriktionen   Durch Kommentare oder durch entsprechende Konstrukte der jeweiligen Programmiersprache werden Restriktionen angegeben, die für ein Attribut gelten, z.B. dass der Wert nur zwischen 1 und 100 liegen darf.

2.10.2 Dann die Praxis: Attribute in Java

In Java werden in der Deklaration folgende Angaben festgelegt: **Java**
1 Sichtbarkeitsbereich: private oder protected oder public oder **private,**
»friendly« **protected,**
Ein Attribut einer Klasse, gekennzeichnet mit private, ist nur in- **public**
nerhalb der Klasse sichtbar. Die Kennzeichnung public bedeutet,
dass das Attribut einer Klasse auch außerhalb der Klasse sichtbar ist. Dies sollte nur in Ausnahmefällen erlaubt werden. Auf
protected wird in Kapitel 2.14 (Vererbung) eingegangen, auf **Kapitel 2.14**
»friendly« in Abschnitt 2.17.2 (Pakete). **Abschnitt 2.17.2**
2 Objekt- oder Klassenattribut: Durch static wird angegeben, dass **static**
es sich um ein Klassenattribut handelt. Fehlt static, dann ist es
ein Objektattribut.
3 Variable oder Konstante: Eine Konstante wird durch das Schlüsselwort final gekennzeichnet. In einem solchen Fall muss die De- **final**
klaration eine Attributinitialisierung enthalten. Fehlt final, dann **Abschnitt 2.6.7**
handelt es sich um eine Variable, die eine Initialisierung haben
kann, aber nicht muss.

```
private final float PI = 3.141593f;
```
Beispiel
(f kennzeichnet eine float-Zahl).

In Java hat sich die Konvention eingebürgert, Konstanten, insbe- **Bezeichner für**
sondere öffentliche Klassenkonstanten (public static final), nur **Konstanten**
mit Großbuchstaben zu schreiben und notwendige Namenstren-
nungen durch einen Unterstrich *(underscore)* vorzunehmen.

```
public static final int VOLLE_MWST = 16;
```
Beispiel

4 Lebensdauer: Das Schlüsselwort transient gibt an, dass das At- **transient**
tribut *nicht* persistent, d.h. *nicht* dauerhaft, auf einem externen
Speicher aufbewahrt werden soll, sondern nach Beendigung
des Programms nicht mehr existiert. Fehlt das Schlüsselwort transient, dann muss durch besondere Maßnahmen dafür gesorgt werden, dass die Attributwerte langfristig aufbewahrt werden, z.B.
durch Speichern in einer Datei auf einer Festplatte. Dafür müssen
aber in der Regel geeignete Programme geschrieben werden (siehe
Kapitel 2.20). **Kapitel 2.20**
Beispiele
```
private String Geburtsdatum;
private transient int Alter;
```

5 Typ des Attributs: Es wird der Typ des Attributs angegeben, z.B. **Typ**
int.
6 Name des Attributs: Er muss der Syntax der Abb. 2.8-2 entspre- **Bezeichner**
chen.
7 Voreinstellung des Attributs: Jede Variable kann, jede Konstante **Initialisierung**
muss initialisiert werden.

Die Syntax einer Attribut-Deklaration – in Java *FieldDeclaration* genannt – zeigt Abb. 2.10-3.

Abb. 2.10-3:
Java-Syntax
für Attribut-
deklarationen

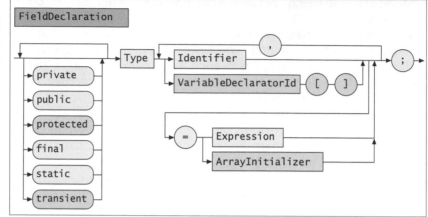

2.10.3 Die Zuweisung

Schreibende und lesende Zugriffe auf ein Attribut bzw. eine Speicherzelle werden folgendermaßen in Java beschrieben:

1 Schreibender Zugriff

Ein schreibender Zugriff wird durch eine Zuweisung angegeben:

Beispiel 1a

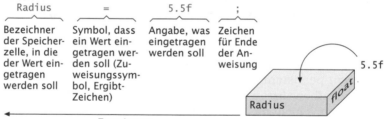

In vielen Programmiersprachen wird als Zuweisungszeichen ein »:=« verwendet, um deutlich zu machen, dass es sich um keine Gleichsetzung handelt, wie es ein »=«-Zeichen nahelegt. Um den Schreibaufwand zu reduzieren, verwenden Java und C++ nur das Gleichheitszeichen. Hier muss der Programmierer darauf achten, dass er nicht = (Zuweisung) und == (Vergleich auf Gleichheit) verwechselt!

Ist das Attribut vom Typ float, dann muss bei der Zuweisung einer Zahl f oder F hinter der Zahl angegeben werden, um zu kennzeichnen, dass es sich bei der Zahl um eine float-Zahl handelt, hier: 5.5f. Fehlt das f, dann ist die Zahl vom Typ double (siehe unten).

Eine solche Anweisung bezeichnet man als **Zuweisung *(assignment)*,** d.h. in die Speicherzelle Radius wird der Wert 5.5 eingetragen. Eine solche Zuweisung wird folgendermaßen gelesen:

»Radius ergibt sich zu 5.5« oder

»Radius wird 5.5 zugewiesen« oder

»Radius sei 5.5«.

Befand sich in der Speicherzelle Radius bereits ein Wert, dann wird er durch eine Zuweisung automatisch gelöscht, d.h., der alte Wert wird durch den neuen überschrieben.

198

2 Lesender und schreibender Zugriff auf verschiedene Attribute

Beispiel 1b

```
static final float PI = 3.141593f; //Konstantendeklaration
float Flaeche, Radius; //Variablendeklaration
```

Ausdruck

Flaeche = PI * Radius * Radius;

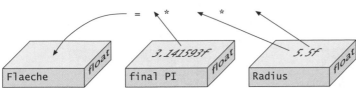

Auf der rechten Seite der Zuweisung steht ein Ausdruck, der aus drei Operanden und zwei Operatoren besteht. Auf die Speicherzelle PI wird einmal, auf die Speicherzelle Radius zweimal lesend zugegriffen. Im Prozessor des Computersystems werden die gelesenen Werte entsprechend den Operatoren (zwei Multiplikationen) miteinander verknüpft und dann das Ergebnis in die Speicherzelle Flaeche eingetragen.

Ausdruck

Auf alle Attribute, die rechts vom Zuweisungssymbol (=) stehen, wird immer nur lesend zugegriffen, auf das links vom Zuweisungssymbol stehende Attribut immer schreibend. Bevor das erste Mal lesend auf ein Attribut zugegriffen wird, muss sichergestellt sein, dass dem Attribut bereits ein Wert zugewiesen worden ist.

3 Lesender und schreibender Zugriff auf dasselbe Attribut

```
int Zaehler; //Deklaration
Zaehler = Zaehler + 1;
```

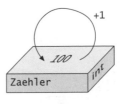

Beispiel

Zuerst wird der Wert 100 aus der Speicherzelle Zaehler gelesen, dann eine eins hinzuaddiert und der neue Wert in die Speicherzelle Zaehler zurückgeschrieben.

Die Java-Syntax für Zuweisungen zeigt Abb. 2.10-4.

Auf der linken Seite muss immer ein Variablenname stehen. Konstanten müssen in der Deklaration initialisiert werden.

Neben dem einfachen Zuweisungsoperator = gibt es noch folgende zusammengesetzte Operatoren: +=, −=, *=, /=, %=, <<=, >>=, >>>=, &=, ^= und |=. Ein solcher Operator E1 op= E2 ist äquivalent zu E1 = E1 op E2.

```
Zaehler = Zaehler + 1;  // abgekürzt: Zaehler += 1
Zaehler = Zaehler - 1;  // abgekürzt: Zaehler −= 1;
MWST = MWST * 1.16f;    // abgekürzt: MWST *= 1.16f;
```

Beispiele

Da die Verwendung der zusammengesetzten Operatoren zu einem unübersichtlichen Programmierstil führt, sollten sie nur in Ausnahmefällen verwendet werden.

Empfehlung

Abb. 2.10-4:
Java-Syntax für
Zuweisungen

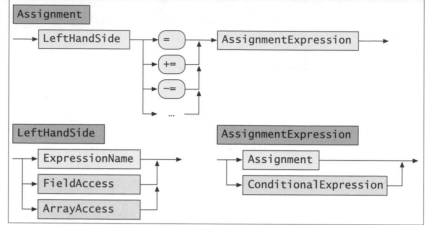

Bevor auf Ausdrücke näher eingegangen wird, werden die einfachen Typen und die ihnen zugeordneten Operationen behandelt.

2.10.4 Einfache Typen, ihre Werte und Operationen

Einfache Typen *(primitive types)* sind in Java vordefiniert und besitzen festgelegte Schlüsselwörter (Abb. 2.10-5).

Abb. 2.10-5:
Java-Syntax für
einfache Typen

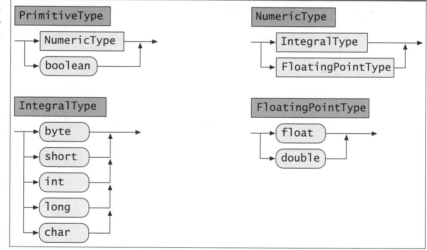

Der Wert einer Variablen, die einen einfachen Typ besitzt, kann nur durch eine Zuweisung an diese Variable geändert werden.

boolean   Der Typ `boolean` ist in Java – wie in den meisten anderen Programmiersprachen auch – vordefiniert. Ein Attribut vom Typ `boolean` kann jeweils einen der Wahrheitswerte `true` oder `false` annehmen. Die möglichen Operationen sind in Abb. 2.10-6 aufgeführt.

200

Abb. 2.10-6:
Der Typ boolean
in Java

Wertebereich (plattformunabhängig)
true oder false (beides sind Schlüsselwörter und werden als boolesche Literale bezeichnet).

Voreinstellungswert *(default value)*
false, wenn keine explizite Initialisierung erfolgt.

Binäre Operationen (Operand1 Operator Operand2)

Operator	Erklärung	Beispiel
==	Gleichheit	7 == 8 ergibt false
!=	Ungleichheit	5 != 5 ergibt false
&	logisches UND	true & true ergibt true
|	logisches ODER	false | false ergibt false
^	logisches XODER	false ^ true ergibt true

Unäre Operationen (Operator Operand)
| ! | boolesche Negation | !true ergibt false |

Die Ergebnisse der Operationen &, | und ^ lauten:

x	y	x & y	x | y	x ^ y	!x
false	false	false	false	false	true
true	false	false	true	true	false
false	true	false	true	true	true
true	true	true	true	false	false

In Java werden boolesche Ausdrücke mit & und | immer vollständig ausgewertet.
Bei einer &-Operation kann man aber bereits aufhören, wenn der erste Operand falsch ist. Der gesamte Ausdruck kann nur noch falsch sein.
Will man eine solche verkürzte Auswertung, dann muss man die Operation && benutzen.
Bei einer |-Operation kann man die Auswertung beenden, wenn der erste Operand wahr ist. Eine verkürzte Auswertung erreicht man durch die Operation ||.

Beispiele
Bei dem zusammengesetzten Ausdruck (7 == 10) & (8 != 9) genügt bereits die Auswertung des ersten Operanden (7 == 10), um festzustellen, dass der gesamte Ausdruck falsch ist. Der Teilausdruck (8 != 9) müsste daher nicht mehr ausgewertet werden. Dies erreicht man durch eine verkürzte Auswertung:
(7 == 10) && (8 != 9). Da es in Java jedoch erlaubt ist, in einem Ausdruck eine Zuweisung vorzunehmen, kann in solchen Fällen eine vollständige Auswertung nötig sein:
boolean Ungleich; //Deklaration eines booleschen Attributs
(7 == 10) & (Ungleich = 8 != 9). Bei der vollständigen Auswertung erhält Ungleich den Wert true. Bei einer verkürzten Auswertung wird nach (7 == 10) abgebrochen und Ungleich behält den impliziten Voreinstellungswert false.

Aus der Definition ergeben sich folgende Gesetze, die in der Praxis oft nützlich sind:
- x | y = y | x   Kommutativgesetze
  x & y = y & x
- (x | y) | z = x | (y | z)   Assoziativgesetze
  (x & y) & z = x & (y & z)
- (x & y) | z = (x | z) & (y | z) Distributivgesetze
  (x | y) & z = (x & z) | (y & z)
- !(x | y) = !x & !y   de Morgan'sche Gesetze
  !(x & y) = !x | !y

Die Wertebereiche der ganzzahligen Typen *(integral types)* umfassen nur Teilbereiche der ganzen Zahlen ($\mathbb{Z}$). Ihre Wertebereiche und Operationen sind in Abb. 2.10-7 zusammengestellt.

Wertebereich (plattformunabhängig)

Typ	Kleinster Wert	Größter Wert	Speicherplatz	Voreinstellung
byte	-128	+127	1 Byte	0
short	-32.768	32.767	2 Bytes	0
int	-2.147.483.648	2.147.483.647	4 Bytes	0
long	-9.223.372.036.854.775.808	9.223.372.036.854.775.807	8 Bytes	0L
char	\u0000 (0)	\uffff (65535)	2 Bytes	\u0000

Ganzzahlige Werte werden als »IntegerLiteral« dargestellt. Vier Darstellungsarten sind möglich:
- Dezimaldarstellung: Ziffernfolge, z.B. 110
- Oktaldarstellung: Ziffernfolge mit vorangestellter null, z.B. 0156
- Hexadezimaldarstellung: Ziffernfolge mit vorangestelltemn nullx, z.B. 0x6E
- Literal vom Typ long: Ziffernfolge mit nachgestelltem L bzw. l, z.B. 110 L

Zeichen werden in einfachen Anführungszeichen dargestellt, z.B. 'A'.
Spezielle Zeichen werden mit vorangestellten »\« geschrieben, z.B. '\n' (neue Zeile), '\t' (Tabulator), '\udddd' (Unicode-Zeichen).

Binäre Operationen (Operand1 Operator Operand2)

Operator	Erklärung	Beispiel
Arithmetische Operationen (Typ des Ergebnisses: int oder long)		
+	Addition	5 + 6 ergibt 11
–	Subtraktion	9 – 3 ergibt 6
*	Multiplikation	10 * 15 ergibt 150
/	Division	13/3 ergibt 4
%	Modulo (Rest der Division)	20 % 7 ergibt 6
Vergleichsoperationen (Typ des Ergebnisses: boolean)		
<	Kleiner	3 < 5 ergibt true
< =	Kleiner gleich	3 < = 3 ergibt true
>	Größer	2 > 10 ergibt false
> =	Größer gleich	15 > = 16 ergibt false
= =	Gleich	3 = = 3 ergibt true
! =	Ungleich	5 ! = 5 ergibt false

- Die Division bedeutet reellwertiges Dividieren und nachfolgendes Abschneiden hinter dem Dezimalpunkt. Die Rundung erfolgt also stets in Richtung der null auf der Zahlengeraden.
- Die Modulo-Operation dient zur Restberechnung bei einer ganzzahligen Division. Sie erfüllt die Gleichung A = (A/B) * B + (A % B)

Unäre Operationen (Operator Operand)

Operator	Erklärung	Beispiel
–	Unäre Negation	– 3
~	Bitweises Komplement	~ 101 ergibt 010
++	Inkrement	++ A steht für A = A + 1
– –	Dekrement	– – A steht für A = A – 1

- In einer Anweisung bedeutet A = ++ B, dass B + 1 vor der Zuweisung ausgeführt wird.
- In einer Anweisung bedeutet A = B ++, dass B + 1 erst nach der Zuweisung von B an A erhöht wird. Analog gelten diese Regeln für – –.

Hinweis: Zusätzlich gibt es noch die bitweisen Operatoren &, |, ^, <<, >>, >>>, ~, << =, >> =, >>> =, & =, |= und ^=, die hier aber nicht behandelt werden.

Abb. 2.10-7:
Ganzzahlige
Typen in Java

In vielen Anwendungsbereichen – insbesondere in der Mathematik – wird jedoch ein Typ benötigt, der reelle Zahlen ($\mathbb{R}$) näherungsweise als Kommazahlen wiedergibt. In Java gibt es für diese Zwecke die Gleitpunkt-Typen float und double, die numerisch-reelle Zahlen als Wertebereich umfassen. Bei float- und double-Attributen handelt es sich um gebrochene Zahlen, d.h. um Zahlen, die Stellen hinter dem Komma haben können (z.B. 3,141592...). In der Informatik wird anstelle des Dezimalkommas ein Dezimalpunkt verwendet (z.B. 3.141592..., angelsächsische Schreibweise). Daher spricht man auch von Gleit*punkt*-Typen anstelle von Gleit*komma*-Typen. In diesem Buch wird im Folgenden der Begriff Gleitpunkt-Typ verwendet. Die Wertebereiche und Operationen sind in Abb. 2.10-8 aufgeführt.

Abb. 2.10-8:
Gleitpunkt-Typen
in Java

Wertebereich (plattformunabhängig) (ANSI/IEEE Standard 754-1985)

Typ	Wertebereich (ungefähr)	Speicherplatz	Voreinstellung
float	$s \cdot m \cdot 2^e$ mit s = +1 oder -1, m = positive ganze Zahl $< 2^{24}$, e = ganze Zahl zwischen einschließlich -149 und 104 (ergibt ungefähr 7 signifikante Dezimalziffern Genauigkeit)	4 Bytes (32 Bits)	0.0f
double	$s \cdot m \cdot 2^e$ mit s = +1 oder -1, m = positive ganze Zahl $< 2^{53}$, e = ganze Zahl zwischen -1075 und 970 (ergibt ungefähr 15 signifikante Dezimalziffern Genauigkeit)	8 Bytes (64 Bits)	0.0d

In der Regel verwendet man den Typ double.

Syntax für Gleitpunkt-Literale (halblogarithmische Darstellung)

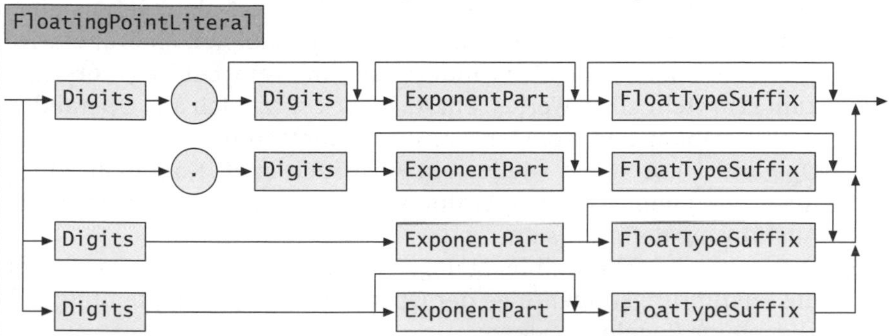

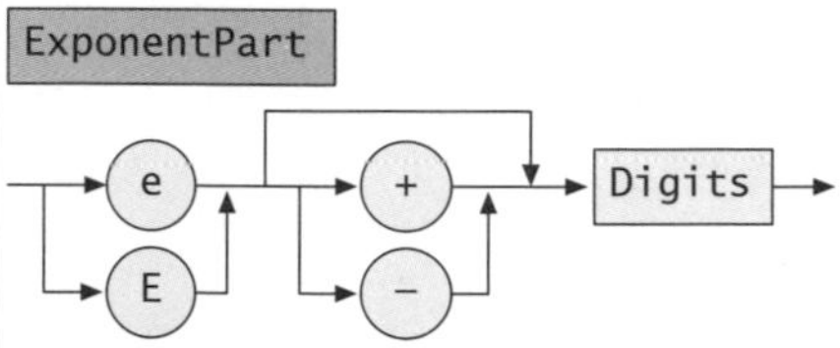

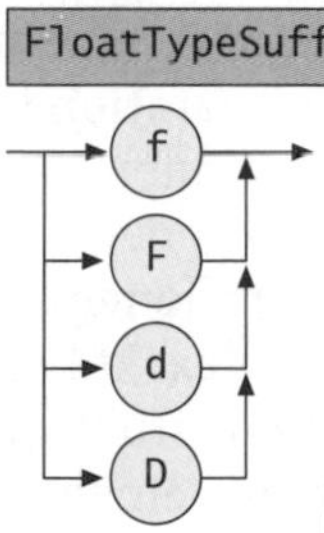

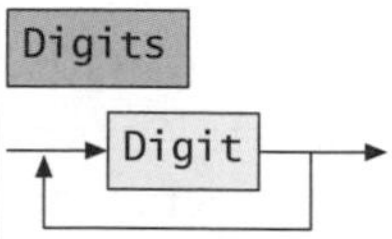

Beispiele: 3., .5, 3e−5, 700f, 20d
Hinweis: Fehlt der *FloatTypeSuffix*, dann handelt es sich um ein Literal vom Typ double.

Digit: one of
0 1 2 3 4 5 6 7 8 9

Binäre Operationen (analog wie bei ganzzahligen Typen)
+, −, *, /, % (Arithmetische Operationen)
<, <=, >, > =, ==, ! = (Vergleichsoperationen)
■ Sind bei den arithmetischen Operationen beide Operanden vom Typ float, dann ist der Ergebnistyp float, in allen anderen Fällen double.

Unäre Operationen (analog wie bei ganzzahligen Typen)
−, ++, −−

Programmierregel
Da bei Gleitpunktzahlen Rundungsfehler auftreten können, sollten zwei Gleitpunktzahlen *niemals* auf Gleichheit überprüft werden, d.h., x==y ist verboten! Stattdessen: abs(x−y)<Epsilon.

2.10.5 Ausdrücke

In den bisherigen Beispielen wurden folgende Anweisungen verwendet:

```
Radius = 5.5f;
Flaeche = PI * Radius * Radius;
Zaehler = Zaehler + 1;
```

Bevor die Zuweisung (=) ausgeführt werden kann, müssen in den Fällen **2** und **3** zunächst die Operationen ausgeführt werden (hier: * und +).

Die Zuweisung unterscheidet sich von den anderen Operationen dadurch, dass einer Variablen ein Wert zugewiesen wird, während bei den anderen Operationen jeweils zwei Werte verknüpft werden.

Ausdruck Rechts des Zuweisungszeichens steht ein **Ausdruck** *(expression)*, der abgearbeitet werden muss, bevor die Zuweisung ausgeführt werden kann. Der ausgewertete Ausdruck liefert als Ergebnis einen Wert, der dann durch die Zuweisung einer Variablen zugeordnet wird. Ein Ausdruck ist also nichts anderes als eine Verarbeitungsvorschrift zum Ermitteln eines Wertes. Ein Ausdruck setzt sich aus Operanden, d.h. Variablen und Konstanten, und Operatoren zusammen. Jeder Operand kann selbst wieder ein Ausdruck sein. Kommt in einem Ausdruck mehr als ein Operator vor, so muss die Reihenfolge der Ausführung definiert sein.

Prioritäten Dies geschieht durch festgelegte Vorrangregeln – Prioritäten – für die Ausführungsreihenfolge der Operatoren. In Java gelten folgende allgemeine Regeln:

Inkrement- und Dekrement-Operationen
Arithmetische Operationen
Vergleichsoperationen
Boolesche Operationen
Zuweisungsoperationen

Tab. 2.10-1 gibt die exakte Prioritätenfolge an.

Um eine andere Ausführungsreihenfolge zu erhalten, können Ausdrücke in Klammern eingeschlossen werden. Geklammerte Ausdrücke werden immer zuerst ausgewertet. Diese Regeln entsprechen den in der Mathematik üblichen Prioritäten (Punkt vor Strich).

Ausdrücke darf man beliebig ineinander schachteln. Dadurch können sehr komplizierte Ausdrücke entstehen. Die Schachtelungsstruktur wird durch runde Klammern gekennzeichnet.

Alle Ausdrücke werden in **linearer Notation** geschrieben, d.h., sie werden in eine Form gebracht, sodass sie in einer Schreibzeile dargestellt werden können.

Tab. 2.10-1:
Operator-
prioritäten
in Java

Operator	Bemerkungen
++ -- ! ~ – (Unär)	
new (type)expression	(type) expression dient der Typwandlung
	(siehe Abschnitt 2.10.6)
* / %	Multiplikation, Division, Modulo
+ –	Addition, Subtraktion
<< >> >>>	bitweises Verschieben nach links und rechts
< >	Vergleich
== ! =	Gleichheit, Ungleichheit
&	logisches UND
∧	logisches XODER
▯	logisches ODER
&&	logisches UND (verkürzt)
▯▯	logisches ODER (verkürzt)
= += –=	Zuweisungen

Mathematische Schreibweise	Lineare Schreibweise	Beispiele

$$\frac{k \cdot t \cdot p}{100 \cdot 360}$$

`k * t * p / (100 * 360)`

$$\frac{a \cdot f + c \cdot d}{a \cdot e - b \cdot d}$$

`(a * f – c * d) / (a * e – b * d)`

$$a + \cfrac{b}{d + \cfrac{e}{f + \cfrac{g}{h}}}$$

`a + b / (d + e / (f + g / h))`

$$B\left(1 - n\,\frac{p}{100}\right)$$

`B * (1–n * p / 100)`

Durch die angegebenen Prioritätsregeln können Klammern einge-spart werden.

Ausdrücke mit Klammern	Äquivalente Ausdrücke, Klammern eingespart	Beispiele
(8 * 5) + 3	8 * 5 + 3	
a + (b / c)	a + b / c	
((A / B) / (C / D))	(A / B) /(C / D)	
(a + b) / (c + d)	(a + b) / (c + d)	
a + (b / c) + d	a + b / c + d	

Boolesche Operationen werden hauptsächlich auf logische Aus-drücke angewandt, die sich durch die Vergleichsoperatoren aus arith-metischen Ausdrücken ergeben.

```
...
/** Ein Standardbrief der Post hat ein Gewicht bis 20 g,
 *   eine Länge zwischen 14 und 23,5 cm,
 *   eine Breite zwischen 9 und 12,5 cm und eine Höhe bis 0,5 cm.
 */
```

```
// Deklarationen
boolean Standardsendung;
float Gewicht, Laenge, Breite, Hoehe;

//Anweisung mit booleschen Operationen
Standardsendung = Gewicht <= 20.0f && 14f >= Laenge
                  && Laenge <= 23.5f && 9.0f <= Breite
                  && Breite <= 12.5f && Hoehe <= 0.5f;
...
```

Ein Programm zur Mehrwertsteuer-Berechnung sieht folgendermaßen aus:

Beispiel

```
/*Programmname: MWST-Berechnung
* Fachkonzept-Klasse: MWST
* Aufgabe: Wird ein Bruttobetrag eingegeben,
* dann wird der Nettobetrag und die MWST ausgegeben
* Die MWST wird als Klassenattribut deklariert
*/
```

Klasse
MWST

```
public class MWST
{
    //Attribute
    static int VOLLE_MWST = 16;
    //Konstruktor
    public MWST()
    {
    }
    //Operationen
    public static float berechneNetto(float BruttoBetrag)
    {
        //Automatische Typumwandlung von int nach float
        return BruttoBetrag * 100.0f / (VOLLE_MWST + 100);
    }
    public static float berechneMwstBetrag(float BruttoBetrag)
    {
        //Automatische Typumwandlung von int nach float
        return BruttoBetrag * (VOLLE_MWST) / (VOLLE_MWST +100);
    }
}

/*Programmname: MWST-Berechnung
* GUI-Klasse: MWSTGUI
*/

import java.awt.*;
import java.applet.*;
```

Klasse
MWSTGUI

```
public class MWSTGUI extends Applet
{
    public void init()
    {
        //Neuen Abhoerer erzeugen
        AktionsAbhoerer einAbhoerer = new AktionsAbhoerer(this);
        //einAbheoerer bei berechneDruckknopf registrieren
        berechneDruckknopf.addActionListener(einAbhoerer);
    }
```

```java
public void berechneNettoUndMwst()
{
    //Text aus Eingabefeld lesen
    String MerkeText = eingabeTextfeld.getText();
    //Text in float-Zahl umwandeln
    Float f = Float.valueOf(MerkeText);
    float MerkeZahl = f.floatValue();
    //Nettobetrag berechnen
    float MerkeZahl2 = MWST.berechneNetto(MerkeZahl);
    //float-Zahl in Text umwandeln
    MerkeText = String.valueOf(MerkeZahl2);
    //Text ausgeben
    wertTextfeld.setText(MerkeText);
    //MWST-Betrag berechnen
    MerkeZahl2 = MWST.berechneMwstBetrag(MerkeZahl);
    //float-Zahl in Text umwandeln
    MerkeText = String.valueOf(MerkeZahl2);
    //Text ausgeben
    mwstTextfeld.setText(MerkeText);

}
}

/*Programmname: MWST-Berechnung
* Abhörer-Klasse: Aktionsabhoerer
* Eigenständige Abhörerklasse
*/
import java.awt.event.*;

public class AktionsAbhoerer
implements ActionListener //wird von Java zur Verfügung gestellt
{
    //Referenz-Attribut, zeigt auf den Erzeuger dieses Objekts
    MWSTGUI einGUI;
    //Konstruktor, durch Parameter wird Referenz auf den
    //Erzeuger dieses Objekts gesetzt
    AktionsAbhoerer(MwstGUI einMWSTGUI)
    {
        einGUI = einMWSTGUI;
    }
    public void actionPerformed(ActionEvent event)
    {
        //Reaktion auf das Ereignis
        einGUI.berechneNettoUndMwst();
    }
}
```

Klasse
AktionsAbhoerer

2.10.6 Typumwandlungen

Ein Kennzeichen eines Attributs ist sein Typ. Ein Typ lässt sich charakterisieren durch die Werte oder Wertebereiche, die einem Attribut dieses Typs zugewiesen werden können, und durch die Operationen, die auf die Werte dieses Typs angewandt werden können.

Das bedeutet, dass einem Attribut auch nur Werte zugewiesen werden können, die entsprechend seinem Typ möglich sind. Bildlich kann man sich das dadurch vorstellen, dass für jeden Typ eine charakteristische Speicherzellenform und Speicherzellengröße vorhanden sind.

Beispiel
```
int A; float B = 10.5f;
A = B; // Fehler wegen unterschiedlicher Typen.
```

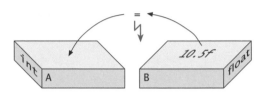

Dieses Beispiel zeigt deutlich, dass eine Zuweisung eines float-Wertes an ein int-Attribut *nicht* sinnvoll ist. Es ist unklar, ob die Stellen hinter dem Komma abgeschnitten werden sollen oder ob eventuell gerundet werden soll.

Prinzipiell ist es daher zunächst *nicht* möglich, dass einem Attribut Werte zugewiesen werden, die zu einem anderen Typ gehören.

Java   Java ist eine streng typisierte Sprache. Daher können in Ausdrücken und bei Zuweisungen nur Attribute miteinander verknüpft werden, die vom gleichen Typ sind.

Befinden sich in einem Ausdruck Attribute unterschiedlichen Typs, dann müssen die Werte der Attribute in einen einheitlichen Typ
Typumwandlung   umgewandelt werden. Dies geschieht in Java durch **Typumwandlungen *(conversions)*:**

Typausweitung   ■ Automatische Typausweitung
  □ Von byte nach short, int, long, float oder double
  □ Von short nach int, long, float oder double
  □ Von char nach int, long, float, oder double
  □ Von int nach long, float, oder double
  □ Von long nach float oder double
  □ Von float nach double

Bei einer solchen Typausweitung geht keine Information über die Größe eines numerischen Werts verloren. Die Umwandlung eines Werts vom Typ int oder long nach float oder die eines Werts vom Typ long nach double kann zu einem Genauigkeitsverlust führen.

```
double a, b;
float c;
a = b + c + 2.785f;
//Der Typ float des Attributs c und des Literals 2.785f
//wird für die Berechnung des Ausdrucks automatisch
//in double konvertiert (Typ der Attribute a und b)
```

■ Explizite Typeinengung *(casting)*   Typeinengung

Eine Typeinengung erfolgt, wenn der gewünschte Typ, eingeschlossen in Klammern und gefolgt von dem Attributnamen, im
Ausdruck hingeschrieben wird.

```
int a ; float b = 10.52f;
a = (int) b;   a = (int) (b / 3.3f + 5.73f);
```
Durch diese Typeinengung wird der *float*-Wert 10.52f in den *int*-Wert
10 gewandelt. Der Bruchanteil wird abgeschnitten.
In der zweiten Anweisung erfolgt die Typanpassung erst nach der
Ausführung der Berechnung b / 3.3f + 5.73f.

Bei Typeinengungen tritt in der Regel ein Informationsverlust ein.
Um Fehler im Programm möglichst frühzeitig zu entdecken, soll der
Programmierer durch die explizite Typkonversion daran erinnert
werden, mit welchen Typen er arbeitet. Der Java-Compiler kann Typ-
verletzungen erkennen und als Fehler melden.
Eine Typeinengung zwischen Werten vom Typ boolean und numerischen Typen ist *nicht* möglich.

```
// Es sollen Zinsen für ein Kapital k mit dem Prozentsatz
// p für t Tage berechnet werden:
double z, k, p; int t;
z = k * p * (double) t / 100.0 / 360.0;
```

Wichtig ist, dass die Werte 100 und 360 als Gleitpunkt-Literale hingeschrieben werden. Da in diesem Fall für das Attribut t eine Typausweitung erfolgt, ist eine explizite Typumwandlung nicht erforderlich,
aber erlaubt.

2.10.7 Referenztypen

In Java gibt es nicht nur einfache Typen, sondern auch Referenztypen
(Abb. 2.10-9).
Die Werte von **Referenztypen** sind Referenzen, d.h. Speicheradressen, auf Objekte. Ein Referenz-Attribut, das vom Klassentyp T
ist, kann eine Referenz auf ein Objekt der Klasse T enthalten oder
eine so genannte Nullreferenz (null).

```
//Klasse KundeGUI
private Kunde ersterKunde, zweiterKunde;
```

Die Referenzattribute ersterKunde und zweiterKunde besitzen den   Abschnitt 2.6.3
Klassentyp Kunde, d.h., sie können eine Referenz auf ein Objekt der
Klasse Kunde speichern.

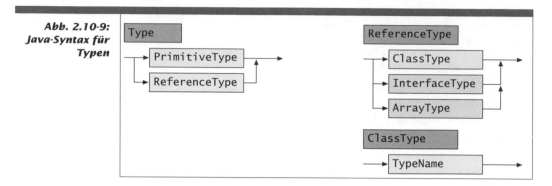

Abb. 2.10-9:
Java-Syntax für
Typen

```
ersterKunde = new Kunde(...);
zweiter Kunde = new Kunde(...);
```

Mit dem new-Operator wird jeweils ein Objekt der Klasse Kunde erzeugt und in dem entsprechenden Referenz-Attribut eine Referenz
auf das Objekt eingetragen (Abb. 2.10-10).

Ein Referenz-Attribut, das zurzeit auf kein Objekt zeigt, hat das
Schlüsselwort null eingetragen. Dies ist auch die automatische Voreinstellung für Referenz-Attribute.

Die Referenzen sind Zeiger auf die entsprechenden Objekte. Auf
ein Objekt können mehrere Referenzen zeigen.

Die Inhalte von Referenz-Attributen können anderen Referenz-
Attributen (vom selben Klassentyp) zugewiesen werden.

Abb. 2.10-10:
Referenz-Attribute
vom Klassentyp

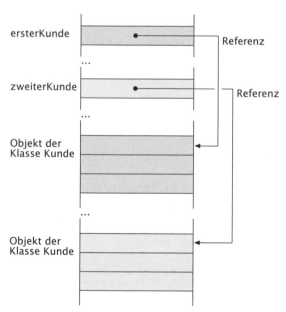

```
private Kunde dritterKunde;
dritterKunde = ersterKunde;
//damit zeigt auch dritterKunde auf das Objekt von ersterKunde
ersterKunde = zweiterKunde;
//damit zeigt ersterKunde jetzt auf das Objekt von zweiterKunde
zweiterKunde = dritterKunde;
//damit zeigt zweiterKunde jetzt auf das Objekt von dritterKunde
//Auf das ursprünglich zweite Objekt zeigt jetzt keine Referenz mehr.
//Es wird durch die Speicherbereinigung automatisch gelöscht.
```

Beispiel 2b

Außer Zuweisungen können auf Referenz-Attribute auch Abfragen auf Gleichheit und Ungleichheit durchgeführt werden. Arithmetische Operationen sind *nicht* erlaubt.

Der Ausdruck (zweiterKunde == dritterKunde) ergibt true, da beide Referenz-Attribute auf die gleiche Speicheradresse, d.h. auf das gleiche Objekt zeigen. Mit dieser Abfrage wird also die Identität von Objekten abgefragt.

Beispiel 2c
Abb. 2.5-17

assignment →Zuweisung.

Attribut Repräsentiert in einer Programmiersprache in abstrakter Form eine bzw. mehrere Speicherzelle(n). Der Attributname gibt den Namen der Speicherzelle(n) an, der →Typ beschreibt die möglichen Werte, die in der Speicherzelle gespeichert werden können, die Zugriffsart gibt an, ob ein einmal gespeicherter Wert nochmals verändert werden darf oder nicht und der Attributwert steht für den aktuell gespeicherten Wert. In Abhängigkeit von der jeweiligen Programmiersprache werden noch weitere Eigenschaften spezifiziert.

Attribut-Deklaration →Attribute müssen vor der ersten Verwendung in den meisten Programmiersprachen deklariert bzw. vereinbart werden. Dies geschieht durch Angabe der Zugriffsart, des Typs, des Attributnamens und optional des Initialisierungswerts.

Ausdruck *(expression)* Verarbeitungsvorschrift zur Ermittlung eines Wertes. Besteht aus Operatoren und Operanden. Steht auf der rechten Seite einer → Zuweisung.

conversion →Typumwandlung.

Delegations-Ereignis-Modell Ereignisverarbeitungsmodell in Java, bei dem sich Ereignisabhörer bei ein oder mehreren Ereignisquellen registrieren müssen, um dann beim Eintritt von Er-

eignissen von den Ereignisquellen darüber informiert zu werden.

expression →Ausdruck.

Konstante →Attribut, auf das nach der Initialisierung nur noch lesend zugegriffen werden darf.

Literal nicht veränderliche Repräsentation des Werts eines →Attributs. Die Zahl Einhundertundzehn kann in Java beispielsweise durch folgende Literale dargestellt werden: 110, 0156, 0x6E, 110L.

Referenztyp →Attribute dieses →Typs verweisen auf ein Objekt des entsprechenden Klassentyps. Verweis bedeutet, dass in der Speicherzelle des Attributs die Speicheradresse des referenzierten Objekts steht.

Typ Gibt an, aus welchem Wertebereich die Werte sein dürfen, die einem →Attribut zugewiesen werden können, und legt fest, welche Operationen auf die Werte angewandt werden dürfen.

Typumwandlung *(conversion)* Explizite oder implizite Anpassung der → Typen von →Attributen, wenn in einem Ausdruck oder einer →Zuweisung →Attribute mit unterschiedlichen →Typen vorhanden sind.

Variable →Attribut, dem nacheinander durch →Zuweisungen ein neuer Wert zugewiesen werden kann (lesender und schreibender Zugriff).

Zuweisung *(assignment)* Einfache Anweisung, bei der einem →Attribut ein errechneter oder fester Wert zugewiesen wird, d.h., dieser Wert wird in die Speicherzelle(n) des Attributs eingetragen und »überschreibt« bzw. löscht einen eventuell bereits vorhandenen Wert (schreibender Zugriff).

Ereignisse

Ereignisse – insbesondere Benutzeraktionen – müssen erkannt und verarbeitet werden können. Java verwendet dazu das Delegations-Ereignis-Modell. Ereignisquellen melden eingetretene Ereignisse an alle registrierten Ereignisabhörer. Ereignisabhörer können als eigenständige Klassen oder als »innere« Klassen programmiert werden.

Attribute

Klassen bestehen aus Attributen und Operationen. Attribut-Deklarationen legen die Eigenschaften von Attributen fest.

Attribut-
Deklaration

Folgende Eigenschaften werden bei der Attribut-Deklaration in Java angegeben:

- `private`, `protected`, `public` oder keine Angabe (»`friendly`«): Sichtbarkeitsbereich des Attributs. Wenn das Geheimnisprinzip eingehalten werden soll, muss `private` angegeben werden.
- Variable oder Konstante: Ist nach der Initialisierung nur ein lesender Zugriff erlaubt, dann handelt es sich um eine Konstante, gekennzeichnet durch `final`. Als Konvention gilt in Java, dass die Bezeichner von allgemeinen Klassenkonstanten (in der Regel deklariert durch: `static final`) in Großbuchstaben, wenn nötig getrennt durch das Unterstreichzeichen »_«, geschrieben werden, z.B. MAX_WERT, MWST, PI, ANZAHL_TAGE.
- Typ des Attributs. In Java werden einfache Typen und Referenztypen unterschieden. Folgende einfache Typen sind vordefiniert, wobei zu jedem Typ festgelegte Operationen erlaubt sind:
  - `boolean`
  - `byte`
  - `short`
  - `int`
  - `long`
  - `char`
  - `float`
  - `double`
- Name des Attributs.
- Optionale Initialisierung des Attributs.

Einem Attribut wird durch eine Zuweisung *(assignment)* einmalig (Konstante) oder mehrmals ein Wert zugeordnet, d.h. dieser Wert wird in die entsprechende Speicherzelle eingetragen. Ein Wert wird durch ein Literal repräsentiert. Auf der rechten Seite einer Zuweisung kann ein Ausdruck *(expression)* stehen, in dem der Wert unter Berücksichtigung der Operatorprioritäten berechnet wird, der anschließend der Variablen auf der linken Seite zugewiesen wird.

212

Durch explizite und implizite Typumwandlungen *(conversions)* ist es möglich, unterschiedliche Typen in Zuweisungen, Ausdrücken sowie formalen und aktuellen Parametern anzupassen (Typausweitung, Typeinengung).

Um Fehler zu vermeiden, sind folgende Regeln zu beachten: allgemeine Regeln

- Alle Attribute müssen vor der ersten Anwendung deklariert sein.
- Vor dem ersten lesenden Zugriff muss ein Attribut initialisiert sein. Wenn möglich, die Initialisierung bereits bei der Deklaration vornehmen.
- Vergleichsoperatoren = = und ! = nicht auf numerisch reelle Zahlen anwenden (Gefahr von Rundungsfehlern).

1 *Lernziel: Attribute problemgerecht in Java unter Berücksichtigung der Java-Syntax spezifizieren können.*
Betrachten Sie folgendes Programm:

Analytische Aufgaben Muss-Aufgabe *15 Minuten*

```
class A
{
    int x = 5;
    int berechne (int Zahl)
    {
        int Zahl1;
        Zahl1 = Zahl + x;
        {
            int Zahl2;
            Zahl2 = Zahl1 * 10;
            Zahl2 = berechne2(Zahl2);
        }
        return Zahl2;
    }
    int berechne2(int Zahl)
    {
        return Zahl * Zahl;
    }
}
```

Welches Ergebnis erhält man bei folgendem Aufruf:

```
Ergebnis = einA.berechne(10);
```

Begründen Sie Ihre Antwort!

2 *Lernziel: Attribute problemgerecht in Java unter Berücksichtigung der Java-Syntax spezifizieren können.*
Vergleichen Sie die folgenden Attributspezifikationen mit den entsprechenden Java-Attributen. An welchen Stellen weichen sie voneinander ab? Korrigieren Sie die Java-Attribute entsprechend.

Muss-Aufgabe *15 Minuten*

/1/ Der Zählerstand in km, voreingestellt auf 100, mit einer Genauigkeit von 100 m.
/2/ Das Geburtsdatum als Zeichenkette.
/3/ Das aktuelle Datum als Zeichenkette.
/4/ Das Alter als Ganzzahl mit großem Wertebereich, wobei das Alter nicht gespeichert werden soll.
/5/ Der Name einer Person als Zeichenkette, sichtbar nur innerhalb der eigenen Klasse.
/6/ Die Fallbeschleunigung g als konstantes Klassenattribut mit Wert.

213

```
int Zaehlerstand = 100;            // 1
String Geburtsdatum;               // 2
transient String AktuellesDatum;   // 3
transient double Alter;            // 4
protected String Name;             // 5
final float G = 9.81;              // 6
```

Muss-Aufgabe
15 Minuten

3 *Lernziel: Attribute problemgerecht in Java unter Berücksichtigung der Java-Syntax spezifizieren können.*
Geben Sie die Wertebereiche aller im folgenden Programmcode verwendeten Attribute an. Beachten Sie dabei auch den Programmkontext. Was passiert, wenn der Wertebereich überschritten wird?

```
public class Test
{
    int m, int n;

    public int bildeSumme(int a, int b)
    {
        int x = a + b;
        return x;
    }

    public long multipliziere(int x, int y)
    {
        long r = x * y;
        return r;
    }

    public void tausche_m_und_n()
    {
        // Tauschen ohne Hilfsvariable!
        m = m + n;
        n = m - n;
        m = m - n;
    }
}
```

Klausur-Aufgabe
20 Minuten

4 *Lernziele: Die verschiedenen Arten der Typumwandlungen erläutern und richtig anwenden können. Literale und Ausdrücke richtig schreiben können.*
Betrachten Sie folgende Operation:

```
public void Typumwandlung()
{
    int a = 3;
    float x = a;
    double y = x;
    y = a;
    a = x;
    a = int(x);
    a = (int)x;
    x = y;
}
```

a An welchen Stellen finden welche Typumwandlungen statt?
b Welche Programmzeilen sind syntaktisch nicht korrekt?
c Fügen Sie (wenn möglich) noch folgende Typumwandlungen hinzu:
   – Wandlung einer Variablen vom Typ boolean in int.
   – Wandlung der Variablen a in eine neue Variable vom Typ boolean.

– Wandlung einer Variablen vom Typ double in die Variable a vom Typ int.
– Wandlung einer neuen Variablen vom Typ short in eine Variable vom Typ int, dann in eine Variable vom Typ double.

5 *Lernziel: Ereignisse entsprechend den dargestellten Alternativen in einem Java-Programm verarbeiten können.*
Schreiben Sie eine Java-Anwendung, die das Schließen des Fensters verwaltet. Nach dem Versuch, das Fenster zu schließen, soll ein Druckknopf direkt auf der Oberfläche dargestellt werden, der die Beschriftung »OK« trägt. Nach Betätigung dieses Druckknopfes wird die Anwendung beendet.

Konstruktive Aufgaben
Muss-Aufgabe
45 Minuten

6 *Lernziel: Ereignisse entsprechend den dargestellten Alternativen in einem Java-Programm verarbeiten können.*
Auf der Benutzungsoberfläche des Applets »TaschenrechnerGUI« befinden sich zwei Druckknöpfe, die mit »1« und »2« beschriftet sind. Wird Druckknopf 1 gedrückt, dann soll Druckknopf 2 mit »9« beschriftet werden.
a Zeichnen Sie die beteiligten Klassen in einem geeigneten UML-Diagramm.
b Zeichnen Sie die Abläufe in einem geeigneten UML-Diagramm.
c Implementieren Sie das Java-Applet.
Hinweis: Zum Umbenennen eines Druckknopfes verwenden Sie die Operation public void setLabel(String label) der Klasse Button.

Kann-Aufgabe
35 Minuten

7 *Lernziel: Ereignisse entsprechend den dargestellten Alternativen in einem Java-Programm verarbeiten können.*
Schreiben Sie ein Java-Applet, das in einem Textfeld *(textfield)* einen Text einliest und diesen auf Knopfdruck in einem zweiten Textfeld ausgibt.
a Verwenden Sie eine innere Klasse als Abhörer.
b Verwenden Sie eine normale Klasse als Abhörer.

Muss-Aufgabe
60 Minuten

8 *Lernziele: Die verschiedenen Arten der Typumwandlungen erläutern und richtig anwenden können. Die definierten Typen mit ihren unären und binären Operationen einschließlich ihrer Wirkung und Syntax kennen und anwenden können. Literale und Ausdrücke richtig schreiben können.*
Für mathematische Anwendungen verfügt Java über die Klasse Math. Wichtige Konstanten sind hier definiert, ebenso wichtige mathematische Operationen. In der Regel handelt es sich um Klassenoperationen und Klassenattribute (static).
Die Potenzierung erfolgt über die Operation
public static double pow(double a, double b) //berechnet a hoch b
Eine wichtige Konstante ist:
public static double PI // Kreisfaktor

Ein möglicher Aufruf zur Berechnung von $x = \pi^3$ wäre:
double x = Math.pow(Math.PI, 3)
Zur Berechnung der Fakultät verwenden Sie bitte:
public static long Fakultaet(long n) //nicht aus Math

Formulieren Sie die folgenden Formeln in Java. Verwenden Sie geeignete Typen und, wenn nötig, explizite Typumwandlungen.

Muss-Aufgabe
15 Minuten

a $y = \dfrac{ax + b}{cx + d}$

b   Fläche eines Dreiecks: $S = \sqrt{s(s - a)(s - b)(s - c)}$ mit $s = (a + b + c)/2$

c   Fläche eines regelmäßigen n-Ecks: $S = nr^2 \tan(a/2)$ mit r: Inkreisradius und α zwischen 0^0 und 360^0.

d   Natürlicher Logarithmus: n-te Ableitung von $\ln x = (-1)^{n-1}(n - 1)! \dfrac{1}{x^n}$

e   Binomialkoeffizient $\dbinom{k}{r} = \dfrac{k\,!}{r\,!(k - r)\,!}$

Muss-Aufgabe
35 Minuten

9 *Lernziel: Referenztypen erklären und richtig einsetzen können.*
Erweitern Sie das Programm »Kundenverwaltung mit interaktiver Eingabe« (Kundenverwaltung5 aus Abschnitt 2.9.2) folgendermaßen:
/10/ Die GUI-Klasse soll nun drei Kunden verwalten können.
/11/ Zum Speichern der Kundendaten gibt es nun drei Druckknöpfe. Mit diesen Druckknöpfen können die Kundendaten als Objekt mit der Nummer 1, 2 oder 3 gespeichert werden. Es existieren auch drei Kundenreferenzen.
/12/ Beim Ausgeben der Kundendaten durch den Druckknopf »Ausgeben« werden die Daten aller drei Kunden untereinander ausgegeben.

Klausur-Aufgabe
45 Minuten

10 *Lernziel: Ereignisse entsprechend den dargestellten Alternativen in einem Java-Programm verarbeiten können.*
Schreiben Sie ein Java-Applet, das eine Aktivitätenliste verwaltet. Das Pflichtenheft sieht folgendermaßen aus:
/1/ In ein Textfeld *(textfield)* kann ein Text eingegeben werden.
/2/ Nach Drücken eines Druckknopfes »Kopiere« wird der Text aus dem Textfeld gelesen und in einen Textbereich *(textarea)* kopiert.
/3/ Befindet sich in dem Textbereich bereits ein Text, dann wird der neue Text – beginnend auf einer neuen Zeile – angefügt.
/4/ Nach dem Drücken des Knopfes wird der Text im Textfeld jeweils gelöscht.

2 Grundlagen der Programmierung – Operationen

■ Die Vorteile der funktionalen Abstraktion an Beispielen erläutern können.

■ Die Unterschiede zwischen Prozeduren und Funktionen einschließlich der Syntax darstellen können.

■ Den dynamischen Ablauf rekursiver Operationen aufzeigen können.

■ Anhand von Beispielen zeigen können, wie die beschriebenen Parameterübergabemechanismen funktionieren.

■ Operationen schreiben und den jeweils geeigneten Parameterübergabemechanismus auswählen können.

■ Überladene Operationen bei eigenen Problemlösungen geeignet verwenden können.

■ Referenztypen erklären und richtig einsetzen können und anhand von Beispielen zeigen können, wie die beschriebenen Parameterübergabemechanismen funktionieren.

■ Objekte sowohl als Eingabeparameter als auch als Ergebnisparameter bei Funktionen verwenden können.

■ Einfache rekursive Operationen schreiben können.

■ Grafiken programmieren und Bilder in Java einbinden können.

verstehen

anwenden

☑ ■ Die Kapitel 2.2 bis 2.10 müssen bekannt sein.

2.11 Operationen und ihre Parameter

2.11.1 Zuerst die Theorie: Operationen, Prozeduren und Funktionen

Operation

Jede Klasse stellt durch **Operationen**, oft auch **Methoden** genannt, der Umwelt, d.h. anderen Klassen, Dienstleistungen zur Verfügung, die durch Botschaften in Anspruch genommen werden können.

Derjenige, der eine solche Dienstleistung in Anspruch nimmt, muss und soll nicht wissen, wie die jeweilige Dienstleistung realisiert, d.h. programmiert ist. Analog wie für Attribute gilt auch für Operationen das **Geheimnisprinzip**, d.h., von außen ist nicht sichtbar, wie das Innere einer Operation aussieht.

funktionale Abstraktion

Man sagt daher auch, dass eine Operation eine **funktionale Abstraktion** bereitstellt. Zum Anwenden einer Operation muss nur das »was« bekannt sein, d.h., »was« stellt die Operation an Leistung zur Verfügung. »Wie« die Leistung in Form von Algorithmen und unter Verwendung von Attributen erbracht wird, ist für den Anwender uninteressant.

Info-Austausch durch Parameter

Zwischen dem Botschaftssender und dem Botschaftsempfänger müssen jedoch Informationen ausgetauscht werden können. Dies geschieht über so genannte **Parameter**. Abb. 2.11-1 veranschaulicht die verschiedenen Sichtweisen. Der Botschaftssender sieht eine Schnittstelle mit Öffnungen vor sich. In definierte Öffnungen muss er Eingabedaten mit festgelegten Typen eingeben, aus anderen Öffnungen erhält er Ergebnisdaten mit festgelegten Typen zurück.

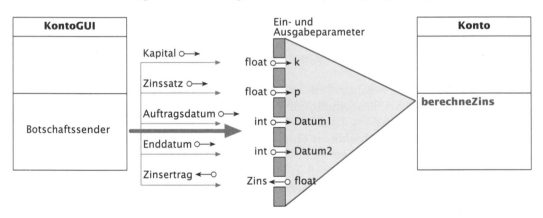

Abb. 2.11-1: Veranschaulichung der funktionalen Abstraktion

Programmiersprachen unterstützen diese Art der Abstraktion auf unterschiedliche Weise.

Generell unterscheidet man zwei Arten von Operationen (Abb. 2.11-2):

- Prozeduren und
- Funktionen.

218

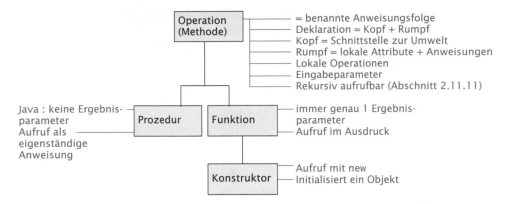

Operation ist der übergeordnete Begriff für Prozedur und Funktion. Prozeduren und Funktionen besitzen Gemeinsamkeiten und Unterschiede. Im Folgenden werden zunächst die Gemeinsamkeiten behandelt.

Abb. 2.11-2: Gliederung und Eigenschaften von Operationen

Eine **Operation** ist eine Anweisungsfolge, die unter ihrem Namen durch eine Botschaft angesprochen werden kann.

Eigenschaften einer Operation

```
public void Operation()
{
    // Anweisung 1
    // Anweisung 2
    // usw.
}
```

Beispiel

Aktivierung durch Botschaft:
```
    einObjekt.Operation()
```
Durch die Botschaft wird bewirkt, dass die Anweisungen der Operation ausgeführt werden.

Eine Operation muss deklariert werden. In Java muss die Deklaration immer in einer Klasse erfolgen, d.h., eine Operation gehört in Java immer zu einer Klasse. Im Gegensatz dazu gibt es in C++ auch »freie« Operationen, die unabhängig von einer Klasse sind.

Deklaration = Kopf + Rumpf

Eine **Operations-Deklaration** besteht immer aus einem **Operationskopf** und einem **Operationsrumpf** (siehe Abb. 2.6-2).

Der Operationskopf beschreibt die Schnittstelle der Operation zu ihrer Umwelt, d.h., über diese Schnittstelle kommuniziert die Operation mit ihren Aufrufern.

Kopf

Der Operationsrumpf beschreibt die Implementierung. Er enthält lokale Attribute und den Anweisungsteil, d.h. den Algorithmus der Operation.

Rumpf

Lokale Attribute werden verwendet, wenn innerhalb der Operation z.B. Zwischenergebnisse gespeichert werden müssen. Sie existieren nur innerhalb der Operation, in der sie deklariert sind. Der Speicherplatz für lokale Attribute wird erst angelegt, wenn die Opera-

lokale Attribute Abschnitt 2.10.1

219

tion ausgeführt wird. Ist die Operation beendet, dann wird der Speicherplatz der lokalen Attribute freigegeben und unter Umständen für andere Zwecke verwendet, d.h., die Speicherinhalte sind nach dem Ende der Operation nicht mehr verfügbar.

Beispiel

```
public class KlasseA
{
    //Attribute
    int Zahl1, Zahl2;
    ...
    //Operation
    public void vertausche()
    {
        //lokales Attribut
        int MerkeZahl;
        //Anweisungen
        MerkeZahl = Zahl1;
        Zahl1 = Zahl2;
        Zahl2 = MerkeZahl;
    }
}
```

Das lokale Attribut MerkeZahl dient nur dazu, innerhalb der Operation vertausche() den Wert von Zahl1 zwischenzuspeichern.

Auch Referenz-Attribute können als lokale Attribute deklariert werden, wenn sie nur während der Operationsausführung benötigt werden.

Auf die in einer Klasse deklarierten Attribute kann von allen Anweisungen der Operationen der Klasse lesend und schreibend zugegriffen werden.

lokale
Operationen

In der Regel dienen Operationen einer Klasse dazu, anderen Klassen Dienstleistungen anzubieten. Daher sind diese Operationen auch meist als public deklariert.

Ist es jedoch innerhalb einer Klasse nötig, zur Programmierung der eigenen Operationen Hilfsoperationen zu schreiben, die von einer Operation öfters oder von mehreren Operationen benötigt werden, dann sollten diese Operationen auch *nur* innerhalb der eigenen Klasse sichtbar sein. Dies erreicht man in Java durch das Schlüsselwort private vor der Operation.

Parameter

Für den Informationsaustausch einer Operation mit ihrer Umgebung gibt es drei verschiedene Ausprägungen:

- parameterlose Operationen,
- Operationen mit Eingabeparametern,
- Operationen mit Ein- und Ausgabeparametern.

Der Informationsaustausch erfolgt über explizite Parameter. Auf Attribute der eigenen Klasse kann direkt, d.h. ohne Umweg über Parameter zugegriffen werden.

Bei einer parameterlosen Operation erfolgt kein Informationsaustausch zwischen dem Botschaftssender und dem Botschaftsempfänger. Es gibt daher keine Parameter.

parameterlose Operation

Sind Informationen vom Botschaftssender an den Botschaftsempfänger zu übertragen, dann müssen diese Informationen über so genannte Eingabeparameter an die Operation übergeben werden.

Operation mit Eingabeparametern

Sind umgekehrt Informationen vom Botschaftsempfänger an den Botschaftssender zu übertragen, d.h. sind Ergebnisse an den Botschaftssender zu übergeben, dann werden Ausgabe- bzw. Ergebnisparameter benötigt. In Abhängigkeit von der verwendeten Programmiersprache gibt es dafür eine oder mehrere Möglichkeiten. In Java können Ergebnisse direkt nur über Funktionen an den Botschaftssender übergeben werden.

Operation mit Ausgabeparametern

Ein Vorteil von Operationen mit Parametern besteht darin, dass sich häufig wiederholende Aufgaben, die sich nur durch unterschiedliche Werte bzw. Objekte unterscheiden, in einer parametrisierten Operation verallgemeinert beschrieben werden können.

Vorteil der Parametrisierung

Zunächst muss man sich anschauen, welche Informationen sich von Fall zu Fall unterscheiden. Diese Informationen müssen dann über die Parameterliste übergeben werden.

Im Beispiel 1 von Abschnitt 2.9.2 wird nach jedem Knopfdruck ein Textfeld jeweils vertikal versetzt ausgegeben (Abb. 2.9-4). Die Ausgabe des Textfeldes ist die sich wiederholende Aufgabe. Pro Ausgabe ändert sich die Y-Koordinate des Textfeldes. Dieser Wert wird daher über die Parameterliste als Eingabewert übergeben:

Beispiel

```
public void erzeugeTextfeld(int Y)
{
    //Ein Textfeld dynamisch erzeugen und anzeigen
    einTextfeld = new TextField("Hallo");
    einTextfeld.setBounds(192,Y,97,26);
    add(einTextfeld);
}
```

Was unterscheidet nun Prozeduren und Funktionen?

Prozedur vs. Funktion

Eine Funktion übergibt als Ergebnis der Operationsausführung an das rufende Programm immer genau *ein* Resultat. Jede Funktion besitzt daher immer einen Ausgabe- bzw. Ergebnisparameter.

Funktion = 1 Ergebnisparameter

Im Gegensatz dazu muss eine Prozedur keine Ergebnisse an den Botschaftssender zurückgeben. In Java kann eine Prozedur direkt *keine* Ergebnisse an den Aufrufer übergeben. In prozeduralen und hybriden Programmiersprachen wie z.B. Pascal, C und C++ ist es möglich, auch über Prozeduren Ergebnisse an den Botschaftssender zurückzugeben.

Prozedur = keine Ergebnisparameter in Java

Dieser Unterschied zwischen einer Funktion und einer Prozedur führt dazu, dass die Aktivierung, d.h. der Aufruf, verschieden ist.

Da eine Funktion immer genau ein Ergebnis an den Botschaftssender, d.h. den Aufrufer, zurückliefert, steht ein Funktionsaufruf

Funktion = Aufruf im Ausdruck

in der Regel auf der rechten Seite einer Zuweisung oder in einem Ausdruck. Dadurch ist sichergestellt, dass das übergebene Ergebnis weiterverarbeitet bzw. einer Variablen zugewiesen wird. Eine Funktion kann auch als eigenständige Anweisung verwendet werden, das übergebene Ergebnis geht dann aber verloren.

Prozedur = Aufruf ist Anweisung Ein Prozeduraufruf ist immer eine eigenständige Anweisung. Er darf *nicht* in einem Ausdruck stehen.

Beispiel
```
//Funktion
double berechneQuadrat(double Zahl)
{
    return Zahl * Zahl;
}
...
//Aufruf
double Ergebnis;
//Aufruf in Ausdruck
Ergebnis = einObjekt.berechneQuadrat(16.0) * 25.0;

//Prozedur
void setTemperatur(float Temp)
{
    Temperatur = Temp;
}
...
//Aufruf
einObjekt.setTemperatur(35.5f); //eigenständige Anweisung
```

Punktnotation: ObjName.OpName Für den Aufruf einer Prozedur und einer Funktion gilt in Java die Punktnotation: Es wird der Objektname des Objekts angegeben, an das die Botschaft geschickt werden soll, gefolgt von einem Punkt und dem Operationsnamen, unter Umständen gefolgt von einer Parameterliste. Andere Sprachen verwenden andere Notationen, z.B. objektorientiertes Pascal die Notation ->.

Klassenname. Operationsname Handelt es sich um eine Klassenprozedur oder eine Klassenfunktion, dann wird anstelle des Objektnamens der Klassenname angegeben.

new-Anweisung Die new-Anweisung erzeugt von der angegebenen Klasse ein Objekt und ruft dann den Konstruktor auf, der es initialisiert. Als Ergebnis der new-Anweisung wird immer die Referenz auf das erzeugte Objekt zurückgegeben. Daher steht die new-Anweisung in der Regel auf der rechten Seite einer Zuweisung, wobei die Variable auf der linken Seite vom Referenztyp der Klasse sein muss, von der das Objekt erzeugt wird. Eine new-Anweisung besteht immer aus der Angabe des Operators new, gefolgt von dem Klassennamen, unter Umständen gefolgt von einer Parameterliste.

Konstruktor: Funktion Ein Konstruktor ist daher eine Funktion, die ein nicht initialisiertes Objekt in ein initialisiertes Objekt überführt.

222

```
//Konstruktor
public Rechteck()
{
}
...
//Deklaration der Referenzvariablen
Rechteck einRechteck;
//Aufruf
einRechteck = new Rechteck();
```

Beispiel

Enthält eine Klasse mehrere Konstruktoren, dann kann in Java in der ersten Anweisung eines Konstruktorrumpfs ein anderer Konstruktor der Klasse aufgerufen werden. Der Aufruf beginnt mit dem Schlüsselwort this, gefolgt von der geklammerten Parameterliste.

Wird eine lokale Operation der eigenen Klasse aufgerufen, dann wird nur der Operationsname ohne vorangestellten Objekt- oder Klassennamen angegeben.

lokale Operation

```
public class Kunde
{
    String Name, Adresse;
    //Konstruktoren
    Kunde (String Firmenname)
    {
        Name = Firmenname;
    }
    Kunde (String Firmenname, String Firmenadresse)
    {
        this(Firmenname);
        Adresse = Firmenadresse;
    }
}
```

Beispiel

Allen Operationen gemeinsam ist, dass beim Operationsaufruf die Ablauf-Kontrolle vom Botschaftssender zum Botschaftsempfänger wechselt. Nach dem Durchlaufen der Operationsanweisungen wechselt die Kontrolle wieder zum Botschaftssender. Dort wird die Programmausführung hinter der Aufrufstelle fortgesetzt. Der Botschaftssender wartet also mit der Fortführung seiner Anweisungen, bis die gerufene Operation beendet ist.

Programmablauf beim Aufruf

Viele Programmiersprachen gestatten es, in Operationen andere Operationen zu deklarieren. Dadurch entstehen geschachtelte Operationsdeklarationen. Sie erlauben es, Hilfsoperationen, die nur in einer Operation benötigt werden, auch nur lokal in dieser Operation anzuordnen. Dadurch sind diese Operationen in anderen Operationen nicht sichtbar und der Anwender wird mit diesen Hilfsoperationen nicht »belastet«. In den Programmiersprachen Java und C++ ist eine Schachtelung von Operationen jedoch *nicht* möglich.

Schachtelung von Operationsdeklarationen

2.11.2 Dann die Praxis: Parameterlose Prozeduren in Java

Eine parameterlose **Prozedur** ist eine Ausprägung einer Operation. Sie besitzt keine Parameter oder Eingabeparameter, über die sie Informationen vom Botschaftssender erhält. Sie wird in einer eigenständigen Anweisung des Botschaftssenders aufgerufen.

parameterlose Prozedur   Die Syntax für eine parameterlose Prozedur sieht in Java folgendermaßen aus:

MethodDeclaration:
    void *Identifier* () {*BlockStatements$_{opt}$*}

Das Schlüsselwort void gibt an, dass es sich um eine Prozedur handelt, die keine Ergebnisse zurückgibt. Die leere Parameterliste (d.h. in den runden Klammern stehen keine Parameter) zeigt, dass es keine Eingabewerte gibt.

Beispiel 1a:
Fallstudie
Die Firma ProfiSoft erhält von der Firma »KFZ-Zubehoer GmbH« einen Auftrag.

Das Pflichtenheft lautet:

/1/ Im Amaturenbrett eines neuen Autos soll ein Tageskilometerzähler digital angezeigt werden.

/2/ Der Kilometerzähler kann beliebig oft auf null zurückgesetzt werden.

/3/ Der Kilometerzähler kann jeweils um einen Kilometer erhöht werden.

/4/ Der aktuelle Zählerstand ist anzuzeigen.

/5/ Der Zähler ist mit null vorzubesetzen.

Abb. 2.11-3:
Klasse Zaehler

Die Realisierung des Pflichtenheftes erfordert eine Klasse Zaehler (Abb. 2.11-3). Als Java-Programm ergibt sich:

```
/** Programmname: Zaehler
* Fachkonzept-Klasse: Zaehler
* Aufgabe: Verwaltung eines Zaehlers
*/

public class Zaehler
{
    //Attribute
    private int Zaehlerstand = 0;
    //Konstruktor
    public Zaehler()
    {
    }
    //Schreibende Operationen
    public void setzeAufNull()
    {
        Zaehlerstand = 0;
    }
    public void erhoeheUmEins()
    {
        Zaehlerstand = Zaehlerstand + 1;
    }
```

```
//Lesende Operationen
public int gibWert()
{
    return Zaehlerstand;
}
}
```

In diesem Beispiel werden zwei parameterlose Prozeduren benötigt:
- void setzeAufNull();
- void erhoeheUmEins();

Parameterlose Prozeduren stellen einen Sonderfall dar. In der Regel ist ein Datenaustausch zwischen dem Botschaftssender und dem Botschaftsempfänger erforderlich, um eine Dienstleistung zu erledigen.

2.11.3 Dann die Praxis: Prozeduren mit Eingabeparametern in Java

Sind Informationen vom Botschaftssender an den Botschaftsempfänger zu übertragen, dann müssen diese Informationen über so genannte Eingabeparameter an die Prozedur übergeben werden.

Parameter müssen mit Attributnamen *(VariableDeclaratorID)* und zugehöriger Typangabe *(Type)* in einer Parameterliste spezifiziert werden.

Die Syntax für eine Prozedur mit Eingabeparametern sieht in Java folgendermaßen aus: *Prozedur mit Eingabeparametern*

MethodDeclaration:
    void *Identifier* (*FormalParameterList*) {*BlockStatements$_{opt}$*}
FormalParameterList:
    FormalParameter
    FormalParameterList , FormalParameter
Formal Parameter:
    Type VariableDeclaratorId
VariableDeclaratorId:
    Identifier
    VariableDeclaratorId [ ]

Die Klasse Kunde in der Fallstudie Kundenverwaltung1 besitzt folgende Prozeduren mit Eingabeparametern: *Beispiel*

```
...
//Kombinierte Schreiboperation
public void aendernAdresse (String Name, String Adresse)
{
    Firmenname = Name;
    Firmenadresse = Adresse;
}
```

```
//Schreibende Operationen
public void setFirmenname (String Name)
{
    Firmenname = Name;
}
public void setFirmenadresse (String Adresse)
{
    Firmenadresse = Adresse;
}
public void setAuftragssumme (int Summe)
{
    Auftragssumme = Summe;
}
```

In der Regel besitzen alle Schreiboperationen einen oder mehrere Eingabeparameter.

Wirkungsweise   Die Angabe eines Parameters in einer **Parameterliste** bewirkt, dass eine entsprechende Variable vereinbart bzw. deklariert wird, d.h., es wird ein Speicherplatz reserviert.

Parameterliste   Diese Variable existiert jedoch nur, solange der Rumpf der Prozedur ausgeführt wird. Anschließend wird der Speicherplatz wieder für andere Zwecke benutzt. Man sagt daher, dass der **Gültigkeitsbereich der Parameter** auf die Prozedur beschränkt ist.

formale Parameter   Die Parameter, die in der Deklaration der Prozedur spezifiziert werden, bezeichnet man als **formale Parameter**. Sie sind Platzhalter für später einzusetzende Werte bzw. Objekte. Sie müssen unterschiedliche Namen besitzen. Parameternamen dürfen nicht als lokale Attribute innerhalb der Prozedur erneut deklariert werden, da das lokale Attribut den Parameter sonst verbergen würde.

Beim Aufruf der Prozedur, d.h. bei der Aufforderung durch eine Botschaft, wird in runden Klammern angegeben, welcher aktuelle Wert an den formalen Parameter übergeben werden soll.

aktuelle Parameter   Die Parameter, die beim Aufruf angegeben sind, bezeichnet man als **aktuelle Parameter** oder **Argumente.**

Die Syntax für einen **Prozeduraufruf** sieht in Java folgendermaßen aus:

Aufruf   *MethodInvocation:*
  MethodName (ArgumentList$_{opt}$)
ArgumentList:
  Expression
  ArgumentList , Expression

Positionszuordnung   Welcher aktuelle Parameter welchem formalen Parameter zugeordnet wird, wird in Java durch **Positionszuordnung** festgelegt. Die aktuellen Werte werden in der Reihenfolge in der Parameterliste aufgeführt, wie die formalen Parameter in der Prozedurdeklaration angeordnet sind. Der erste aktuelle Parameter wird dem ersten formalen Parameter zugeordnet usw.

In der Klasse Kunde der Fallstudie Kundenverwaltung1 besitzt die *Beispiel* Prozedur aendernAdresse zwei Parameter und ist folgendermaßen deklariert:

```
// Deklaration            ↓ 1. formaler, ↓ 2. formaler Parameter
void aendernAdresse(String Name, String Firmenadresse)
```

Beim Aufruf dieser Prozedur werden aktuelle Parameter bzw. Argumente übergeben und den formalen Parametern entsprechend ihrer Reihenfolge zugeordnet:

```
// 1. Aufruf              ↓ 1. Argument          ↓ 2. Argument
ersterKunde.aendernAdresse("Tankbau&Partner KG", "44867 Bochum,
Suedstr. 23");
// 2. Aufruf              ↓ 1. Argument       ↓ 2. Argument
zweiterKunde.aendernAdresse("KFZ-Zubehoer AG", "44137 Dortmund,
Poststr. 12-14");
```

In Java müssen die Anzahl der aktuellen und der formalen Parameter immer übereinstimmen.

Es gibt verschiedene Mechanismen, um Eingabeinformationen an *Parameter-* eine Prozedur zu übergeben **(Parameterübergabemechanismus)**. *übergabe*

In Java wird bei einfachen Typen der Mechanismus ***call by value*** *Java* verwendet. Aufgabe eines Eingabeparameters ist es, Informationen *call by value* in eine Prozedur zu transportieren. Die aufgerufene Prozedur soll keine Möglichkeit haben, das Eingabeattribut im aufrufenden Programm zu ändern.

Bei *call by value* verhält sich der formale Parameter wie eine lokale Variable, die durch den Wert des aktuellen Parameters initialisiert wird.

Beispiel

```
                                   ┌──aktueller Parameter
Aufruf:       ersterKunde.setAuftragssumme(15000);
                                           ↘
Deklaration:  public void setAuftragssumme(int Summe)
              {                                 └formaler Parameter
                  Auftragssumme = Summe;
              }
```

Die Parameterübergabe entspricht folgender Initialisierung:
```
int Summe = 15000;
```

Auf der aktuellen Parameterliste kann anstelle eines Literals – hier die Zahl 15000 – auch ein Attributname, d.h. eine Variable oder Konstante, stehen, z.B. setAuftragssumme(Auftragswert).

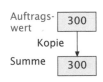

Betrachtet man die Speicherzellen, dann wird in diesem Fall der Wert des Attributs Auftragswert in die Speicherzelle der Variablen Summe kopiert.

Bei diesem Parametermechanismus arbeitet die gerufene Prozedur nur mit der Kopie der Informationen. Änderungen dieser Kopie, z.B. Summe = (int) Summe * 1.16f; haben keine Rückwirkungen auf den aktuellen Parameter, d.h. im Beispiel auf das Attribut Auftragswert.

Auf der aktuellen Parameterliste kann auch ein Ausdruck stehen, z.B. 300 + 5000. Dieser wird zunächst ausgewertet und dann an den formalen Parameter übergeben.

Typ-
umwandlungen
Abschnitt 2.10.6

Stimmen die Typen der aktuellen Parameter und der formalen Parameter nicht überein, dann sind Typumwandlungen erforderlich (siehe Abschnitt 2.10.6).

Es liegt dieselbe Situation vor wie bei der Zuweisung eines berechneten Wertes aus einem Ausdruck an eine Variable. Typausweitungen werden automatisch vorgenommen. Typeinengungen sind explizit anzugeben.

2.11.4 Dann die Praxis: Objekte als Eingabeparameter in Java

Referenzen
auf Objekte

In Java können auf der formalen Parameterliste nicht nur Attribute, sondern auch Objekte, genauer gesagt Referenzen auf Objekte, aufgeführt werden.

Beispiel 1b

Sollen beispielsweise die Zählerstände von zwei Zählern verglichen werden, dann kann dies durch folgende Prozedur geschehen:

```
public void vergleicheZaehlerstaende(Zaehler ersterZaehler,
    Zaehler zweiterZaehler)
{
    if(ersterZaehler.gibWert() == zweiterZaehler.gibWert())
        gleichTextfeld.setText("JA!");
    else
        gleichTextfeld.setText("NEIN!");
}
```

Auf der Parameterliste stehen die formalen Parameter ersterZaehler und zweiterZaehler, die beide Referenzen auf die Klasse Zaehler sein müssen. Anders ausgedrückt: Sie müssen vom Typ Zaehler sein, d.h., eine Klasse kann gleichzeitig als Typ angesehen werden.
Diese Prozedur kann beispielsweise folgendermaßen aufgerufen werden:

```
vergleicheZaehlerstaende(einKmZaehler, nocheinKmZaehler);
```

Befindet sich ein Objekt auf der Parameterliste, dann können von innerhalb der Prozedur alle Operationen des übergebenen Objekts aufgerufen werden, hier: gibWert().

Da Objekte sehr groß sein können, ist es nicht sinnvoll, ihre Attributwerte in die Prozedur zu kopieren, d.h. extra Speicherplätze für ihre Werte zur Verfügung zu stellen. Es wird daher nur die Referenz auf das jeweilige Objekt kopiert. Man spricht daher auch von Referenzparametern, wenn auf der Parameterliste Objekte stehen.

Die Parameterübergabe bei einem Referenzparameter zeigt Abb. 2.11-4.

Im Gegensatz zu dem *call by value*-Mechanismus wird ein Objekt, auf das eine Referenz zeigt, nicht kopiert, sondern es wird inner-

2.11.4 Dann die Praxis: Objekte als Eingabeparameter in Java   LE 7

Aufruf: `vergleicheZaehlerstaende(einKmZaehler, nocheinKmZaehler);`

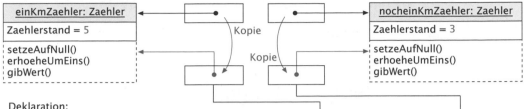

Deklaration:
`public void vergleicheZaehlerstaende(Zaehler ersterZaehler, Zaehler zweiterZaehler)`

halb der Prozedur eine Referenz auf das bereits bestehende Objekt gesetzt. Im Beispiel bedeutet dies, dass die Referenzen auf die Objekte einKmZaehler und nocheinKmZaehler in die Referenz-Variablen ersterZaehler und zweiterZaehler der Prozedur vergleicheZaehler staende kopiert werden. Auf diese Objekte zeigen jetzt also jeweils zwei Referenzen. Für die formalen Parameter ersterZaehler und zweiterZaehler werden also insgesamt zwei Speicherplätze angelegt, die solange existieren, solange die Prozedur abgearbeitet wird. Als aktuelle Parameterwerte werden Referenzen übergeben, hier: einKmZaehler und nocheinKmZaehler. Diese Referenzwerte, d.h. die Speicheradressen von den Objekten einKmZaehler und nocheinKm Zaehler, werden in die Speicherzellen ersterZaehler und zweiterZaehler kopiert – nicht die Objekte selbst. Die Parameterübergabe entspricht daher jeweils der Zuweisung eines Referenzwertes an eine Referenz-Variable:

Abb. 2.11-4: Parameterübergabe mit Referenzparameter

```
ersterZaehler = einKmZaehler;
zweiterZaehler = nocheinKmZaehler;
```

Diesen Parametermechanismus bezeichnet man daher auch als **call by reference**. Der wichtigste Unterschied gegenüber dem *call by value* besteht nun darin, dass alle Änderungen am Originalobjekt und *nicht* an einer Kopie des Objekts vorgenommen werden.

call by reference

Die Botschaft ersterZaehler.gibWert() in der Prozedur vergleiche Zaehlerstaende bewirkt, dass über die Referenz-Variable erster Zaehler die Operation gibWert() des Objekts einKmZaehler aufgerufen wird. Es wird der Wert 5 zurückgegeben. Analog wird mit zweiterZaehler.gibWert() auf das Objekt nocheinKmZaehler zugegriffen und der Wert 3 zurückgeliefert.

Durch den Aufruf von schreibenden Operationen, z.B. erster Zaehler.setzeAufNull(), wird der Wert des Originals geändert, d.h., der Zählerstand wird modifiziert.

Eine mögliche Benutzungsoberfläche für das Fallbeispiel Zähler zeigt Abb. 2.11-5.

Bei der Ereignisbehandlung in Java (siehe Abschnitt 2.9.2) werden ebenfalls Objekte über die Parameterliste übergeben. Beim Registrieren wird das Ereignisabhörer-Objekt, beim Benachrichtigen über ein eingetretenes Ereignis wird das Ereignisquell-Objekt über-geben, d.h. die jeweiligen Referenzen.

Beispiel Im Beispiel 2 von Abschnitt 2.9.2 (Kundenverwaltung5) werden fol-gende Objekte übergeben:

```
//Deklarieren von Referenz-Attributen
private AktionsAbhoerer einAbhoerer;
//Neuen Abhoerer erzeugen
einAbhoerer = new AktionsAbhoerer(this);
//einAbhoerer bei speichernDruckknopf und anzeigenDruckknopf
//registrieren
speichernDruckknopf.addActionListener(einAbhoerer);
anzeigenDruckknopf.addActionListener(einAbhoerer);
.....
public void actionPerformed(ActionEvent event)
{
    //Ereignisquelle feststellen mit getSource
    Object quelle = event.getSource();
    if (quelle == einGUI.speichernDruckknopf)
        einGUI.speichereKunde(); //Reaktion auf Speichern
    else if (quelle == einGUI.anzeigenDruckknopf)
        einGUI.anzeigenKunden(); //Reaktion auf Anzeigen
}
```

2.11.5 Dann die Praxis: Prozeduren mit Ausgabeparametern

In prozeduralen und hybriden Programmiersprachen wie z.B. Pascal, C und C++ ist es möglich, über die Parameterliste Ergebnisse an den Botschaftssender zurückzugeben. Dabei wird oft der *call by refe-rence*-Mechanismus angewandt.

Java   In Java können direkt über die Parameterliste *keine* Ergebniswerte einfacher Typen zurückgegeben werden. Stehen jedoch Objekte auf der Parameterliste, dann können über die referenzierten Objekte indirekt auch Ergebnisse nach »außen« gegeben werden.

Die Abb. 2.11-4 zeigt für das Beispiel Zähler, dass in der Prozedur
vergleicheZaehlerstaende auch die Operationen erhoeheUmEins und
setzeAufNull der übergebenen Objekte aufgerufen werden können.
Damit ist es möglich, die Originalobjekte zu manipulieren, d.h. ihre
Attributwerte zu verändern.

Dadurch können indirekt auch Werte aus der Prozedur herausgegeben werden.

2.11.6 Dann die Praxis: Funktionen in Java

In der Praxis treten oft Operationen auf, die genau ein Ergebnis besitzen, d.h. als Ergebnis der Operationsausführung wird an das rufende Programm genau ein Wert übergeben.

Diesen häufigen Sonderfall einer Operation bezeichnet man als
Funktion. Funktionsdeklaration und Funktionsaufruf unterscheiden   Funktion
sich von Prozeduren.

Kennzeichnend für eine Funktion ist, dass der Ergebnisparameter   Ergebnisparameter
nicht auf der Parameterliste steht und *keinen* eigenen Namen erhält.
Als Name wird vielmehr der Funktionsname verwendet. Wie bei allen
anderen Parametern muss jedoch auch bei dem Ergebnisparameter
der Typ angegeben werden. In Java steht der Typ des Ergebnisparameters vor dem Funktionsnamen:
MethodDeclaration:
  ResultType Identifier (FormalParameterList$_{opt}$) {BlockStatements$_{opt}$}
Da eine Prozedur *keinen* Ergebnisparameter besitzt, steht bei ihr
anstelle von *ResultType* das Schlüsselwort void (leer).

Innerhalb des Funktionsrumpfes muss mindestens eine return-An-
weisung stehen, sonst ist die Funktion syntaktisch *nicht* korrekt:
  ReturnStatement
    return *Expression;*
Der Ausdruck hinter return muss einen Wert ergeben, der mit dem
Ergebnistyp der Funktion übereinstimmt oder verträglich ist.

In der Klasse Zaehler gibt es folgende Funktion:

```
int Zaehlerstand = 0;
...
public int gibWert()
{
    return Zaehlerstand;
}
```

Zaehlerstand

Da eine Funktion immer einen Wert als Ergebnis zurückgibt, sollte
sie sinnvollerweise innerhalb eines Ausdrucks aufgerufen werden.
Sie kann auch als eigenständige Anweisung verwendet werden, das
Ergebnis geht dadurch aber verloren.

Beispiel

Aufruf der Funktion gibWert():
Ergebnis = einKmZaehler.gibWert();

Summe = Summe + gibWert(); //Zugriff innerhalb der Klasse

call by result

Als Parametermechanismus für den Ergebnisparameter bei Funktionen wird *call by result* verwendet, d.h., der Wert, der sich nach der Berechnung des Ausdrucks hinter return ergibt, wird in die Speicherzelle kopiert, die durch den Funktionsnamen repräsentiert wird.

2.11.7 Dann die Praxis: Objekte als Ergebnisparameter in Java

Als Ergebnis einer Funktion kann auch ein Objekt übergeben werden. Viele Standardklassen von Java benutzen diese Möglichkeit intensiv.

Beispiel 2

In Java ist String eine vordefinierte Klasse, die mit jedem Java-System mitgeliefert wird. Diese Klasse enthält eine Operation

public String concat(String str),

die es erlaubt, zwei Zeichenketten zu einer Zeichenkette zusammenzufügen (Konkatenieren).
Diese Funktion concat erhält als Eingabeparameter eine Zeichenkette, die an die Zeichenkette angefügt werden soll, die im String-Objekt gespeichert ist. Das Ergebnis ist ein Objekt der Klasse String, das die zusammengefügte Zeichenkette enthält.
Das folgende Beispiel zeigt, wie ein Objekt einString erzeugt und mit "Erster und" initialisiert wird. Anschließend wird die Operation concat aufgerufen und die Zeichenkette "zweiter Teil" übergeben. Die Ausgabe in einem mehrzeiligen Textfeld ergibt "Erster und zweiter Teil":

String einString = new String("Erster und ");
String nocheinString = einString.concat("zweiter Teil");
einTextbereich.append(nocheinString);

Beispiel 3

Eine Funktion kann jedes Objekt als Ergebnis übergeben. Auch ein Objekt der eigenen Klasse kann erzeugt und übergeben werden.

Die Klasse Zaehler wird um eine Funktion erhoeheUmHundert() erweitert, die es ermöglicht, ein Objekt der Klasse Zaehler als Ergebnis zu liefern, das einen um hundert erhöhten Zählerstand besitzt:

public class Zaehler
{
    //Attribute
    private int Zaehlerstand = 0;

232

```
//Konstruktoren
public Zaehler()
{
}
public Zaehler(int Startwert)
{
    Zaehlerstand = Startwert;
}
//Funktion, die ein Objekt der eigenen Klasse zurückgibt
public Zaehler erhoeheUmHundert()
{
    //Aufruf des eigenen Konstruktors
    //neuer Zaehler ist lokales Referenz-Attribut
    Zaehler neuerZaehler =
        new Zaehler(Zaehlerstand + 100);
    return neuerZaehler;
}
    ....
}
```

Mit dem folgenden Programmausschnitt werden zwei Zähler-Objekte
erzeugt. Das erste Objekt nutzt den Standardkonstruktor. Das Objekt
einKmZaehler wird mit dem Wert null initialisiert.
Das Objekt nocheinKmZaehler wird durch den Aufruf der Operation
erhoeheUmHundert erzeugt und mit 0+100 initialisiert.

```
public void start()
{
    einKmZaehler = new Zaehler(); //1
    nocheinKmZaehler = einKmZaehler.erhoeheUmHundert(); //2
}
```

Fügt man folgende Zeile hinzu, dann entsteht ein neues Objekt mit
dem Initialwert 200 und die Referenz nocheinKmZaehler wird auf das
neu erzeugte Objekt gesetzt. Das vorher erzeugte Objekt mit dem Wert
100 wird durch die Speicherbereinigung gelöscht, da keine Referenz
mehr auf dieses Objekt zeigt:

```
    nocheinKmZaehler = nocheinKmZaehler.erhoeheUmHundert(); //3
```

Abb. 2.11-6 verdeutlicht die Abläufe durch ein Sequenzdiagramm,
Abb. 2.11-7 durch ein Objektreferenz-Diagramm.

In Java kennt jedes Objekt die Klasse, von der es erzeugt wurde. **Beispiel**
Während der Laufzeit ist es daher möglich, die Klasse eines Objektes **Ermittlung des**
zu bestimmen. Die Klasse, die über diese Information verfügt, ist die **Klassennamens**
Standardklasse Class. Sie besitzt die Operation String getName(), die **eines Objekts zur**
den String-Namen der durch ein Class-Objekt repräsentierten Klasse **Laufzeit**
ermittelt.

Die Standardklasse Object stellt die Operation Class getClass() allen
anderen Klassen zur Verfügung. Diese Operation gibt zur Laufzeit
Klasseninformationen über ein Objekt in Form eines Class-Objekts
zurück.

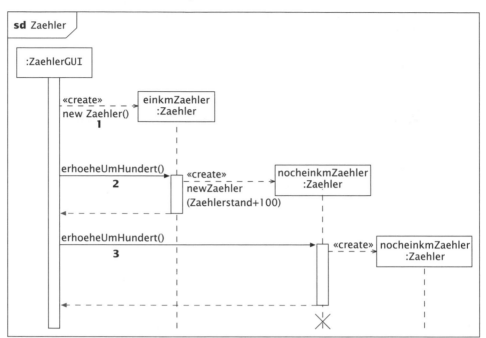

Abb. 2.11-6:
Sequenzdiagramm
zu Beispiel 3

Folgende Anweisungen liefern eine Referenz auf ein Class-Objekt:

```
Class einClassObjekt;
einClassObjekt = einKunde.getClass();
```

Anschließend kann die Operation getName() von Class aufgerufen werden:

```
String einName;
einName = einClassObjekt.getName();
```

Als Ergebnis steht in diesem Beispiel anschließend die Zeichenkette "Kunde" in einName.

abgekürzte
Schreibweise

Wird das Referenz-Attribut einClassObjekt nicht weiter benötigt, dann lassen sich diese Anweisungen verkürzt folgendermaßen schreiben:

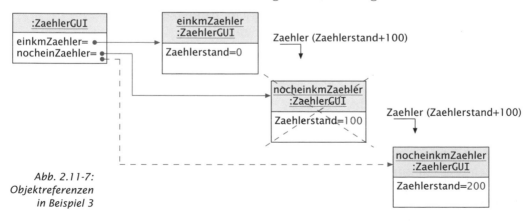

Abb. 2.11-7:
Objektreferenzen
in Beispiel 3

```
String einName;
einName = einKunde.getClass().getName();
```

Diese Anweisung wird von links nach rechts abgearbeitet: Zuerst wird eine Botschaft an das Objekt einKunde geschickt und dort die Operation getClass() ausgeführt. Als Ergebnis wird eine Referenz auf ein Class-Objekt zurückgegeben. An dieses Objekt wird nun die Botschaft getName() geschickt. Als Ergebnis erhält man eine Zeichenkette, die dem Attribut einName zugewiesen wird. Diese Zeichenkette gibt den Klassennamen von einKunde an.

2.11.8 Überladen von Operationen

Die **Signatur** einer Operation besteht aus dem Namen der Operation sowie der Anzahl und den Typen ihrer formalen Parameter. Der Ergebnistyp einer Funktion zählt *nicht* zur Signatur.

Signatur

Wird eine Operation aufgerufen, dann werden die Anzahl der Parameter und ihre Typen bei der Übersetzung dazu verwendet, die Signatur der aufzurufenden Operation zu bestimmen.

In einer Klasse dürfen nicht zwei Operationen mit derselben Signatur deklariert werden, sonst meldet der Compiler einen Fehler.

Besitzen zwei Operationen derselben Klasse denselben Namen, aber ansonsten unterschiedliche Signaturen, dann bezeichnet man diesen Operationsnamen als **überladen** *(overloaded)*.

Überladen
(overloading)

Die Möglichkeit, Operationen zu überladen, kann für verschiedene Zwecke eingesetzt werden.

Häufig schreibt man verschiedene Konstruktoren, um bei der Erzeugung von Objekten verschieden umfangreiche Initialisierungen vorzunehmen.

```
// Klasse Zaehler
...
// Konstruktor ohne explizite Initialisierung
public Zaehler()
{
}
// Konstruktor mit expliziter Initialisierung
public Zaehler(int InitWert)
{
    Zaehlerstand = InitWert;
}
// Operationen mit unterschiedlicher Initialisierung
public void erhoehe()
{
    Zaehlerstand = Zaehlerstand + 1;
}
public void erhoehe(int Delta)
{
    Zaehlerstand = Zaehlerstand + Delta;
}
...
```

Beispiel

235

```
//Beispiele für Aufrufe aus einer GUI-Klasse
ersterZaehler = new Zaehler();        //ohne explizite Initialisierung
zweiterZaehler = new Zaehler(100); //mit expliziter Initialisierung
ersterZaehler.erhoehe();              //Erhöhung um 1
zweiterZaehler.erhoehe(500);          //Erhöhung um 500
```

Der Compiler ermittelt anhand der Signatur beim Aufruf die richtige Operation. Der Vorteil des Überladens liegt darin, dass man keine unterschiedlichen Operationsnamen wählen muss, nur weil die Parameter unterschiedlich sind, sonst aber die gleiche Aufgabe erledigt wird.

2.11.9 Dann die Praxis: Konstruktoren in Java

Konstruktoren dienen dazu, neue Objekte einer Klasse zu erzeugen und bei Bedarf zu initialisieren.

Syntax Die Syntax einer Konstruktordeklaration entspricht der einer Funktionsdeklaration ohne Ergebnistyp:

ConstructorDeclaration:
  ConstructorModifiers$_{opt}$ ConstructorDeclarator Throws$_{opt}$
                                          ConstructorBody

ConstructorDeclarator:
  SimpleTypeName (FormalParameterList$_{opt}$)
Der *SimpleTypeName* muss der Name der Klasse sein, die die Konstruktordeklaration enthält. Der Zugriff auf Konstruktoren wird durch Zugriffsmodifikatoren geregelt:

ConstructorModifiers:
  ConstructorModifier
  ConstructorModifiers ConstructorModifier

ConstructorModifier: one of
  public protected private
Die *erste* Anweisung eines Konstruktorrumpfs kann ein expliziter Aufruf eines anderen Konstruktors derselben Klasse sein. Er wird als this, gefolgt von einer geklammerten aktuellen Parameterliste geschrieben (siehe Abschnitt 2.11.1).

Rumpf *ConstructorBody:*
  { *ExplicitConstructorInvocation$_{opt}$ BlockStatements$_{opt}$*}

ExplicitConstructorInvocation:
  this (*ArgumentList$_{opt}$*);

Konstruktoren können genauso wie Prozeduren und Funktionen überladen werden.

voreingestellter Enthält eine Klasse *keine* Konstruktordeklarationen, dann erzeugt
Konstruktor der Compiler einen voreingestellten Konstruktor, der keine Parameter verwendet.

236

Die Syntax für den Aufruf eines Konstruktors sieht folgendermaßen   Aufruf
aus:

ClassInstanceCreationExpression:
   new *ClassType (ArgumentList$_{opt}$)*

ArgumentList:
   Expression
   ArgumentList, Expression

In allen bisherigen Beispielen wurde ein Objekt immer durch fol-   Abkürzungs-
gende Schritte erzeugt: möglichkeiten

1 Deklaration eines Referenz-Attributs.

2 Erzeugung eines Objekts mit dem new-Operator und Zuweisung der
   Referenz an das Referenz-Attribut.

3 Übergabe des Referenz-Attributs über die Parameterliste, wenn
   das Objekt benötigt wird.

```
//Deklaration eines Referenz-Attributs
Label nameFuehrungstext;
...
//Ein Objekt der Klasse Label erzeugen
//und die Referenz dem Referenz-Attribut zuweisen
nameFuehrungstext = new Label("Firmenname");
//Operationen auf das neue Objekt anwenden
nameFuehrungstext.setBounds(36,0,120,28);
...
//Das neu erzeugte Objekt dann zur Oberfläche hinzufügen
add(nameFuehrungstext);
```

Beispiel 4a

Eine Abkürzungsmöglichkeit besteht darin, die Objekterzeugung
und Zuweisung an das Referenz-Attribut auf der Parameterposition
durchzuführen.

```
add(nameFuehrungstext = new Label("Firmenname"));
```

Beispiel 4b

Die Operation setBounds kann jetzt allerdings erst nach der add-Ope-
ration erfolgen.

Kann das Objekt anonym bleiben, d.h. wird keine explizite Referenz in Form eines Referenz-Attributs auf das Objekt benötigt, dann
kann new ohne Zuweisung angewandt werden.

Für den Führungstext soll eine andere Schriftart in Fettschrift einge-   Beispiel 5
stellt werden. Dazu wird ein neues Objekt der Standardklasse Font
benötigt:

```
nameFuehrungstext.setFont(new Font("Dialog", Font.BOLD, 12));
```

Auf der Parameterliste der Operation setFont wird ein anonymes
Objekt der Klasse Font erzeugt, auf das der Programmierer nicht
zugreifen kann. Vom Objekt nameFuehrungstext zeigt jedoch eine
Referenz auf dieses anonyme Objekt.

2.11.10 Objekte als Eingabeparameter in Konstruktoren

Häufig werden in Konstruktoren als Eingabeparameter Objekte verwendet. Will man ein neues Objekt erzeugen, das zunächst dieselben Werte wie ein bereits vorhandenes erhält, dann ist dies ein geeignetes Verfahren. Konstruktoren, die eine Kopie erzeugen, bezeichnet man als *copy constructor*.

Beispiel 6   In einer kaufmännischen Anwendung soll der Ehepartner eines bereits vorhandenen Kunden erfasst werden. Anstelle einer vollständigen Neuerfassung der Daten des Ehepartners wird eine Kopie des vorhandenen Kunden erzeugt. Anschließend werden nur die abweichenden Daten geändert.

```
/*Programmname: KundePerson
* Fachkonzept-Klasse: KundePerson
* Aufgabe: Beispiel für Klonen eines Objekts
*/

public class KundePerson
{
    //Attribute
    private String Vorname, Nachname, Adresse;
    //Konstruktor
    public KundePerson(String Vorname, String Nachname, String
        Adresse)
    {
        this.Vorname = Vorname;
        this.Nachname = Nachname;
        this.Adresse = Adresse;
    }
    //Kopier-Konstruktor
    //Übergabe des zu kopierenden Objekts als Parameter
    public KundePerson(KundePerson alterKunde)
    {
        Nachname = alterKunde.Nachname;
        Adresse = alterKunde.Adresse;
    }
    //Schreibende Operationen
    //usw.
}
```

Mithilfe dieses Konstruktors kann nun ein neues, geklontes Objekt erzeugt werden:

```
KundePerson alterKunde = new
    KundePerson("Guido","Baumann","Frankfurt"), // 1
KundePerson geklonterKunde = new KundePerson(alterKunde); // 2
```

Es handelt sich hierbei um *keinen* exakten Kopierkonstruktor, da der Vorname nicht mit kopiert wird. Abb. 2.11-8 zeigt die Abläufe.

Der Vorteil eines Kopierkonstruktors liegt darin, dass außerhalb der Klasse nicht bekannt sein muss, welche Schritte zum Kopieren im Einzelnen nötig sind (Geheimnisprinzip).

238

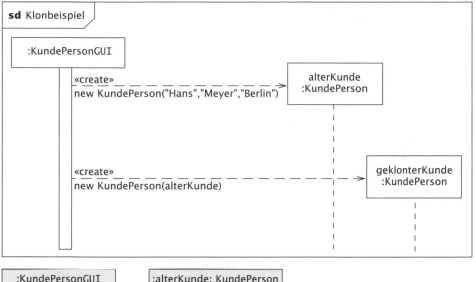

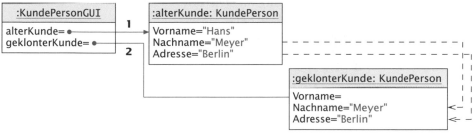

2.11.11 Rekursion

Oft lassen sich Probleme auf einfachere Teilprobleme zurückführen, wobei die Teilprobleme fast identisch mit dem Ursprungsproblem sind. Solche Probleme lassen sich durch **rekursive Algorithmen** lösen.

Programmiertechnisch beschreibt man rekursive Algorithmen dadurch, dass Operationen sich selbst direkt oder indirekt aufrufen. Einige mathematische Fragestellungen sind von Natur aus bereits rekursiv definiert.

Abb. 2.11-8: Sequenzdiagramm und Objektreferenzen zu dem Beispiel 6

Die Fakultät einer natürlichen Zahl ist folgendermaßen definiert: $n! = n * (n-1) * \ldots * 3 * 2 * 1$, wobei $0! = 1! = 1$.
Rekursiv lässt sich dies folgendermaßen beschreiben:
$n! = n * (n-1)!$
$(n-1)! = (n-1) * (n-2)!$ usw.
Man erhält die Fakultät also, indem man sie mit der Fakultät der vorhergehenden Zahl multipliziert.
Es ergibt sich folgende Rekursionsrelation:
$n! = n * (n-1)!$, wobei $0! = 1$ ist.
Die Funktion zur Berechnung der Fakultät lässt sich unter Ausnutzung dieser Rekursionsrelation wie folgt als rekursive Funktion schreiben:

Beispiel

239

```
public int nFak(int n)
//Annahme: n > 0
{
    if (n < 2)
        return 1; //Ende, wenn n < 2 ist
    else
        return n * nFak(n-1); //Rekursiver Aufruf
}
```

Der Aufruf nFak(4) bewirkt folgenden dynamischen Ablauf:

//1. Aufruf

if (4 < 2) Bedingung *nicht* erfüllt

   else return 4 * nFak(3) // Rekursiver Aufruf

   //2. Aufruf

   if (3 < 2) Bedingung *nicht* erfüllt

      else return 3 * nFak(2)

      //Erneuter rekursiver Aufruf

      //3. Aufruf

      if (2 < 2) Bedingung *nicht* erfüllt

         else return 2 * nFak(1)

         //Erneuter rekursiver Aufruf

         //4. Aufruf

         if (1 < 2) Bedingung erfüllt

            then return 1 //Ende der Aufruffolge

         // Ende des 4. Aufrufs,

         //Rückkehr an Aufrufstelle

         // Berechnung des Ausdrucks

         // hinter return jetzt möglich

         return 2 * 1 = 2

      // Ende des 3. Aufrufs, Rückkehr an Aufrufstelle

      return 3 * 2 = 6

   //Ende des 2. Aufrufs, Rückkehr an Aufrufstelle

   return 4 * 6 = 24

//Ende des 1. Aufrufs und damit Ende der Berechnung

Als Ergebnis liefert der Funktionsaufruf nFak = 24.

Der Programmablauf zeigt, dass durch die rekursiven Aufrufe eine dynamische Schachtelungsstruktur aufgebaut wird. Bei jedem Aufruf wird die gerade bearbeitete Anweisung unterbrochen und zunächst dieselbe Funktion erneut gestartet. Zu einem Zeitpunkt gibt es im obigen Fall also gleichzeitig vier verschiedene Aktivierungen derselben Operation, d.h., es existieren vier Operationen mit unterschiedlichen lokalen Attributwerten. Zur Veranschaulichung möge Abb. 2.11-9 dienen.

Von vier Brüdern erhält der älteste die Aufgabe nFak(4) zu berechnen. Diese Aufgabe ist ihm aber zu kompliziert. Da er die Rekursionsrelation N! = N * (N-1)! kennt, beschließt er, den zweitältesten Bruder damit zu beauftragen, zunächst einmal (4-1)! zu berechnen.

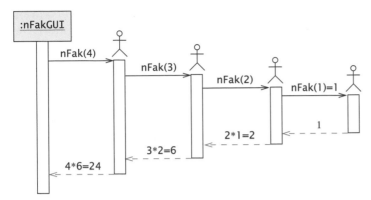

Abb. 2.11-9:
Modifiziertes
Sequenzdiagramm
zur Darstellung
rekursiver Aufrufe

Wenn er das Ergebnis von seinem Bruder erhält, ist er dann gern bereit, die Multiplikation 4 * (4-1)! auszuführen. Der zweitälteste Bruder denkt, wenn sein ältester Bruder sich die Arbeit so vereinfacht, dann könne er das auch. Er delegiert daher die Aufgabe, (3-1)! zu berechnen, an den zweitjüngsten Bruder.

Dieser, ebenfalls nicht dumm, gibt dem jüngsten Bruder die Aufgabe, (2-1)! zu ermitteln und das Ergebnis ihm dann mitzuteilen.

Der jüngste Bruder – etwas erbost darüber, dass man ihm nur eine so leichte Aufgabe zumutet – weiß sofort, dass 1! = 1 ist, sagt dem zweitjüngsten Bruder dieses Ergebnis und geht zornig davon.

Der zweitjüngste Bruder multipliziert nun das ihm übermittelte Ergebnis mit der gemerkten Zahl 2, teilt sein Ergebnis dem zweitältesten Bruder mit und entfernt sich ebenfalls.

Der zweitälteste Bruder führt die Multiplikation 3 * 2 aus, denn er erinnert sich noch, dass er 3 * (3-1)! berechnen sollte. Er sagt seinem ältesten Bruder seinen errechneten Wert 6 und verabschiedet sich dann, denn er wird nicht mehr benötigt.

Der älteste Bruder berechnet nun noch 4 * 6 und hat damit das gestellte Problem gelöst. Freudestrahlend über seine intelligente Vereinfachung der Aufgabe reibt er sich die Hände und wartet auf eine neue Aufgabe.

Durch diese Darstellung werden einige Punkte noch deutlicher:

- Der älteste Bruder muss am längsten anwesend sein, da er zunächst eine Teilaufgabe delegieren und dann abwarten muss, bis er das Teilergebnis übermittelt bekommt. Über diese Zeitspanne hinweg muss er sich seine Aufgabe merken.

  Das heißt, die zuerst aufgerufene Operation existiert am längsten, alle lokalen Attribute dieser Funktion oder Prozedur müssen so lange existieren, bis alle anderen Aufrufe beendet sind.

- Der jüngste Bruder wird nur kurzfristig benötigt; nach Erledigung seiner Aufgabe muss er sich nichts mehr merken.

  Das bedeutet, die zuletzt aufgerufene Operation existiert am kürzesten.

241

■ Alle Brüder lösen ihre Teilaufgabe nach demselben Verfahren, d.h. nach demselben Algorithmus, jeder benutzt aber andere Daten.

Das heißt, für jeden rekursiven Operationsaufruf wird ein neuer Speicherplatzbereich benötigt, der außerdem noch besonders verwaltet werden muss (dynamische Speicherverwaltung).

Bei diesem Beispiel handelt es sich um eine **direkte Rekursion**, da sich der Algorithmus selbst aufruft. Bei der **indirekten Rekursion** ruft ein Algorithmus A einen Algorithmus B auf, der seinerseits wieder A direkt oder indirekt aufruft.

Beispiel
```
//Indirekter Aufruf von zwei Operationen a und b
int  i = 10;
public void start()
{
    a("Start"); //1. Aufruf
}
void a(String aText) //Operation a
{
    if (i > 0)
    {
        ausgabeTextbereich.append(aText);
        i--;
        b("Test a und "); //indirekter rekursiver Aufruf
    }

}
void b(String bText)
{
    ausgabeTextbereich.append(bText);
    a("noch ein Test b"); //indirekter rekursiver Aufruf
}
```

Nicht alle Programmiersprachen ermöglichen den rekursiven Aufruf von Algorithmen. Die Sprachen der ALGOL-Familie (ALGOL 60, Simula 67, ALGOL 68, PASCAL, MODULA-2, Ada) sowie PL/1, C, C++ und C# erlauben rekursive Algorithmen, während FORTRAN und COBOL über diese Beschreibungsmöglichkeit nicht verfügen. Es gibt jedoch auch Programmiersprachen, die überwiegend mit rekursiven Algorithmen arbeiten, z.B. LISP.

In der numerischen Mathematik treten nur wenige rekursive Probleme auf, mehr dafür in der Kombinatorik, der Übersetzungstechnik, der Linguistik und der Simulation. Auch Teile von Programmiersprachen sind rekursiv definiert, z.B. »Ausdruck« (indirekte Rekursion).

Eigenschaften der Rekursion
Damit ein Problem ein Kandidat für eine rekursive Lösung ist, muss es folgende drei Eigenschaften besitzen:
1 Das Originalproblem muss sich in einfachere Exemplare *desselben* Problems zerlegen lassen.

2 Wenn all diese Teilprobleme gelöst sind, müssen diese Lösungen so zusammengesetzt werden können, dass sich eine Lösung des Ausgangsproblems ergibt.

3 Ein großes Problem ist derart in eine Folge weniger komplexer Teilprobleme zu zerlegen, dass die Teilprobleme letztlich so *einfach* werden, dass sie ohne weitere Unterteilung gelöst werden können.

Für ein Problem mit diesen Eigenschaften ergibt sich die rekursive Lösung auf eine ziemlich direkte Art:

■ Der erste Schritt besteht darin, zu überprüfen, ob das Problem in die Kategorie *einfacher Fall* fällt. In diesem Fall wird das Problem direkt gelöst.

■ Im anderen Fall wird das gesamte Problem in neue Teilprobleme aufgebrochen, die selbst durch die rekursive Anwendung des Algorithmus gelöst werden.

■ All diese Lösungen werden dann schließlich zur Lösung des Ausgangsproblems zusammengesetzt.

Beispiele für rekursive Problemlösungen werden in den nächsten Kapiteln behandelt.

Damit ein rekursiver Algorithmus terminiert, d.h. nach endlicher Zeit beendet wird, muss im Anweisungsteil mindestens eine Bedingung existieren (meist eine **if – then – else**-Auswahl), die nach einer endlichen Zahl von Aufrufen erfüllt ist und den Abbruch der Aufruffolgen bewirkt.

Die Syntax von Programmiersprachen ist ebenfalls rekursiv definiert. Viele Sprachkonstrukte referenzieren sich direkt oder indirekt selbst.

Hinweis

2.12 Einführung in die Grafik-Programmierung in Java

Innerhalb der Klassenbibliothek AWT *(abstract window toolkit)* stellt Java grafische Primitivoperationen zum Zeichnen von Linien, zum Füllen von Flächen und zur Ausgabe von Text zur Verfügung. Java unterstützt die Grafikformate gif und jpg.

Um die Grafikfähigkeiten nutzen zu können, muss die Klassenbibliothek java.awt importiert werden. Zur Ausgabe von grafischen Elementen wird ein Fenster benötigt, auf das die Ausgabeoperationen angewendet werden können. Bei Applets steht automatisch eine Zeichenfläche zur Verfügung, bei Anwendungen wird in der Regel die Klasse Frame verwendet.

2.12.1 Zeichnen von Objekten

In Java besitzt jede Komponente einen Grafikkontext. Auf diesen Kontext wird über ein Graphics-Objekt zugegriffen. Zu den Komponenten zählen in Java-Applets, Fenster und alle Interaktionselemente wie Textfelder, Textbereiche, Führungstexte, Druckknöpfe usw.

Der **Grafikkontext** stellt die Zeichenfläche der jeweiligen Komponente dar. Über ihn ist es möglich, in eine bestimmte Komponente zu zeichnen. Java erlaubt das Zeichnen in

- Behälter, das sind Applets und Fenster, und
- die Komponente Canvas.

paint Auf das Graphics-Objekt einer Komponente kann z.B. innerhalb der Operation paint zugegriffen werden. Jedes Mal, wenn eine Komponente ganz oder teilweise neu gezeichnet werden muss, dann wird paint von der Java-VM automatisch aufgerufen. Dies ist zum Beispiel dann der Fall, wenn ein Fenster zum ersten Mal angezeigt wird oder durch Aktionen des Benutzers ein Teil des Fensters sichtbar wird, der bisher verdeckt war.

Die paint-Prozedur erhält als Eingabeparameter ein Objekt der Klasse Graphics:

```
public void paint(Graphics g)
```

paint enthält standardmäßig keinen Code. Der Prozedurrumpf muss jedes Mal neu programmiert werden. Die paint-Prozedur kann von anderen Operationen mit repaint(); aufgerufen werden.

Graphics Das Graphics-Objekt besitzt verschiedene Operationen, mit deren Hilfe Grafik-Objekte gemalt werden können. Wird innerhalb von paint eine der Zeichenoperationen des übergebenen Graphics-Objekts aufgerufen, dann wird die gewünschte Figur in die betreffende Komponente gezeichnet. Die Klasse Graphics ist die Implementierung eines universellen Ausgabegeräts für Grafik und Schrift in Java. Sie bietet Operationen zur Erzeugung von Linien-, Füll- und Textelementen. Außerdem verwaltet sie die Zeichenfarbe, in der alle Ausgaben erfolgen, und einen Font, der zur Ausgabe von Schrift verwendet wird.

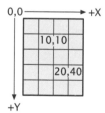

Über einem Grafikbereich liegt in Java ein Koordinatensystem, dessen Ursprung in der oberen linken Ecke liegt (Abb. 2.12-1). Positive x-Werte verlaufen nach rechts, positive y-Werte nach unten. Die Maßeinheit entspricht einem Bildschirmpixel und ist damit geräteabhängig.

Abb. 2.12-1:
Das Java-
Koordinatensystem

Oft steht nicht das gesamte Fenster zur Ausgabe zur Verfügung, sondern es gibt Randbereiche, wie Titelzeile, Menüs oder Rahmen, die nicht überschrieben werden dürfen. Mit der Operation getInsets() kann die Größe dieser Randelemente ermittelt werden.

Zeichen-
operationen

Die wichtigsten Zeichenoperationen der Klasse Graphics sind:

- drawString(String text, int x, int y)
  Zeichnet eine Zeichenkette in der aktuellen Schriftart. Ihre Grundlinie befindet sich auf der mit y übergebenen y-Position. Sie wird ab der x-Position x von links nach rechts gezeichnet (Abb. 2.12-2).

244

■ drawRect(int x, int y, int width, int height)
Zeichnet ein Rechteck in den übergebenen Ausmaßen, wobei x und y die Position der linken oberen Ecke des Rechtecks angeben.

drawString ("Zeichenkette", x, y);
hier: drawString ("Hello World", 5, 50);

Abb. 2.12-2: Positionierung von Text im Grafik-Koordinatensystem

■ drawOval(int x, int y, int width, int height)
zeichnet eine Ellipse innerhalb des Rechtecks, das durch die übergebenen Parameter spezifiziert wird. Für die Angabe der Ellipse gelten analog die Angaben wie für drawRect.
Ist width = height, dann erhält man einen Kreis.

■ drawLine(int x, int y, int x1, int y1)
zeichnet eine Linie von x, y nach x1, y1.

■ drawArc(int x, int y, int width, int height, int start, int end)
zeichnet einen Kreisbogen innerhalb des durch die ersten vier Parameter festgelegten Rechtecks. start legt den Startwinkel und end den Endwinkel fest. Der Winkel wird in Grad angegeben, ausgehend von der Drei-Uhr-Position im mathematisch positiven Sinn.

Weitere Operationen sind:

■ setColor(Color c)
Festlegen der Zeichenfarbe für das Zeichenobjekt. Folgende Standardfarben stehen zur Verfügung: black, blue, cyan, darkGray, gray, green, lightGray, magenta, orange, pink, red, white, yellow. Aufruf: z.B. setColor(Color.green);

■ setFont(Font font)
setzt für den Grafik-Kontext die Schriftart neu fest. Alle folgenden Textoperationen benutzen diese Schriftart. Die Klasse Font besitzt folgenden Konstruktor:
public Font(String name, int style, int size)
Durch Aufruf des Konstruktors wird eine neue Schriftart erzeugt. Dabei gibt name die Schriftart an, style den Schriftschnitt und size die Schriftgröße in Punkten. Standardmäßig sind folgende Schriftarten vorhanden: Serif, SansSerif, Monospaced; folgende Schriftschnitte sind vorhanden: BOLD, BOLDITALIC, ITALIC und PLAIN.

■ fillRect, fillOval, fillArc alternativ zu drawRect, drawOval, drawArc
Das Zeichenobjekt wird mit der aktuellen Farbe ausgefüllt gezeichnet.

■ translate(int x, int y)
verschiebt ein Koordinatensystem relativ zum Nullpunkt des Grafikkontextes.

weitere Operationen

 Der Kilometerzähler soll in einem blauen Kreis dargestellt werden, um ein Amaturenbrett nachzubilden. Dazu wird in der Klasse ZaehlerGUI eine Operation paint eingefügt:

Beispiel 1c: Fallstudie

Abb. 2.12-3:
Grafische
Darstellung des
KM-Zählers

```java
public void paint (Graphics g)
{
    //Farbe setzen
    g.setColor(Color.blue);
    //Kreis zeichnen
    g.fillOval(30,10,150,150);
    //Farbe neu setzen
    g.setColor(Color.white);
    //Schriftart, Schriftschnitt
    //und Schriftgröße neu setzen
    g.setFont(new Font("SansSerif",
        Font.BOLD,15));
    //Text zeichnen
    g.drawString("KM-Stand",70,85);
}
```

Der Führungstext wird entfernt und
durch einen gezeichneten Text ersetzt.
Es ergibt sich die Ausgabe der Abb. 2.12-3.

Beispiel 7:
Fallstudie

Die Firma ProfiSoft möchte ihre Web-Präsentation verbessern und
möchte zur Begrüßung der Besucher einige bewegte Smilie-Gesichter
anzeigen. Einen ersten Vorschlag zeigt folgendes Programm:

```java
import java.Applet.*;
import java.awt.*; //Graphics
import java.awt.event.*;

public class Smilie extends Applet
{
    boolean Wechsel = false;
    Button wechsleDruckknopf;
public void init()
{
    setLayout(null);
    setSize(430,270);
    wechsleDruckknopf = new Button();
    wechsleDruckknopf.setLabel("Wechsle");
    wechsleDruckknopf.setBounds(120,192,96,33);
    wechsleDruckknopf.setBackground(new Color(12632256));
    add(wechsleDruckknopf);

    AktionsAbhoerer einAktionsAbhoerer = new AktionsAbhoerer();
    wechsleDruckknopf.addActionListener(einAktionsAbhoerer);
}
public void maleGesicht (int xPos, int yPos, Color Farbe,
    Graphics g)
{
    g.setColor(Farbe);
    g.fillOval(xPos,yPos,60,60); // Kopf
    g.setColor(Color.black);
}
```

246

```
public void maleHaarigesGesicht (int xPos, int yPos,
    Graphics g)
{
    maleGesicht (xPos,yPos,Color.yellow,g);
    g.drawOval(xPos,yPos,60,60); // Kopf
    g.drawLine(xPos+20, yPos+45, xPos + 40,yPos+45); // Mund
    g.drawLine(xPos+30, yPos + 25, xPos + 30,yPos+35); // Nase
    g.fillRect(xPos+17, yPos + 23, 3, 3); // linkes Auge
    g.fillRect(xPos+40, yPos + 23, 3, 3); // rechtes Auge
    g.drawLine(xPos+30, yPos, xPos + 22, yPos -12); // Haare
    g.drawLine(xPos+30, yPos, xPos + 30, yPos -12); // Haare
    g.drawLine(xPos+30, yPos, xPos + 38, yPos -12); // Haare
}
public void maleHaarigesGesichtAugeZu (int xPos, int yPos,
    Graphics g)
{
    maleGesicht (xPos,yPos,Color.yellow,g);
    g.drawOval(xPos,yPos,60,60); // Kopf
    g.drawLine(xPos+20, yPos+45, xPos + 40,yPos+45); // Mund
    g.drawLine(xPos+30, yPos + 25, xPos + 30,yPos+35); // Nase
    g.fillRect(xPos+17, yPos + 23, 3, 3); // linkes Auge
    g.drawLine(xPos+37, yPos + 24, xPos+43, yPos + 24); // rechtes Auge
    g.drawLine(xPos+30, yPos, xPos + 22, yPos -12); // Haare
    g.drawLine(xPos+30, yPos, xPos + 30, yPos -12); // Haare
    g.drawLine(xPos+30, yPos, xPos + 38, yPos -12); // Haare
}
public void maleBebrilltesGesicht (int xPos, int yPos,
    Graphics g)
{
    maleGesicht (xPos,yPos,Color.yellow,g);
    g.drawOval(xPos,yPos,60,60); // Kopf
    g.drawArc(xPos+20, yPos+36, 20, 10, 0, -180); // Mund
    g.drawLine(xPos+30, yPos + 27, xPos + 30,yPos+37); // Nase
    g.fillRect(xPos+17, yPos + 23, 3, 3); // linkes Auge
    g.fillRect(xPos+40, yPos + 23, 3, 3); // rechtes Auge
    g.drawOval(xPos+12, yPos + 18, 12,12); // linkes Brillenglas
    g.drawOval(xPos+35, yPos + 18, 12,12); // rechtes Brillenglas
    g.drawLine(xPos+24, yPos + 24, xPos+35, yPos + 24); // Steg
    g.drawLine(xPos+12, yPos + 24, xPos+3, yPos + 20); // linker Bügel
    g.drawLine(xPos+48, yPos + 24, xPos+57, yPos + 20); // rechter Bügel
}
public void maleBebrilltesGesichtMundAuf (int xPos, int
    yPos, Graphics g)
{
    maleGesicht (xPos,yPos,Color.yellow,g);
    g.drawOval(xPos,yPos,60,60); // Kopf
    g.drawOval(xPos+25, yPos+42, 10, 10); // Mund
    g.drawLine(xPos+30, yPos + 27, xPos + 30,yPos+37); // Nase
    g.fillRect(xPos+17, yPos + 23, 3, 3); // linkes Auge
    g.fillRect(xPos+40, yPos + 23, 3, 3); // rechtes Auge
    g.drawOval(xPos+12, yPos + 18, 12,12); // linkes Brillenglas
    g.drawOval(xPos+35, yPos + 18, 12,12); // rechtes Brillenglas
    g.drawLine(xPos+24, yPos + 24, xPos+35, yPos + 24); // Steg
    g.drawLine(xPos+12, yPos + 24, xPos+3, yPos + 20); // linker Bügel
```

```
        g.drawLine(xPos+48, yPos + 24, xPos+57, yPos + 20); // rechter Bügel
}
public void paint( Graphics g )
{
    if (Wechsel)
    {
        maleHaarigesGesichtAugeZu(120,20,g);
        maleBebrilltesGesichtMundAuf (230,20,g);
        setBackground(Color.blue);
    }
    else
    {
        maleHaarigesGesicht  (120,20,g);
        maleBebrilltesGesicht (230,20,g);
    }
}
class AktionsAbhoerer implements ActionListener
{
    public void actionPerformed(ActionEvent event)
    {
        Wechsel = !Wechsel;
        repaint(); //Aufruf von paint
    }
}
}
```

Abb. 2.12-4 zeigt einen Schnappschuss aus der Smilie-Anzeige.

Abb. 2.12-4:
Smilie-Grafik

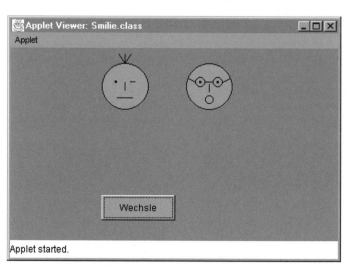

2.12.2 Bilder laden und anzeigen

In Java können Bilder *(images)* – genauer gesagt *bitmaps* im gif- oder jpg-Format – von einem externen Speicher oder aus dem Netz geladen und auf dem Bildschirm angezeigt werden.

Ein Bild wird in einem Java-Programm durch ein Objekt der Klasse Image
Image repräsentiert. Die Deklaration sieht z.B. so aus:
Image meinBild.

Das Erzeugen eines Objekts dieser Klasse geschieht durch Aufruf
der Operation getImage. Dadurch wird eine Verknüpfung zwischen
einem Objekt der Klasse Image und dem Bild hergestellt. Die Herstellung einer solchen Verknüpfung unterscheidet sich, je nachdem ob
ein Applet oder eine Anwendung vorliegt.

Bei einem Applet wird hierzu die Operation getImage der Klasse Bilder in Applets
einbinden
getImage
Applet verwendet. getImage kann auf zwei verschiedene Arten auf-
gerufen werden:

- public Image getImage(URL url)
  Hier wird der Pfad zu einem Bild als absolute URL angegeben.
- public Image getImage(URL url, String name)
  In dieser Version wird zusätzlich der Name des Bildes relativ zu
  der URL angegeben.
- public URL getCodeBase()
  Diese Operation verwendet man, um die URL zu erhalten, in der
  sich das Applet selbst befindet. Diese Operation benutzt man in
  der Regel in Kombination mit den getImage-Operationen, z.B.
  meinBild = getImage(getCodeBase(), "Strand.gif");
- public URL getDocumentBase()
  Erfolgt die Angabe relativ zur HTML-Seite, auf der sich das
  applet-Tag befindet, erhält man die URL durch Aufruf dieser Operation.

Anwendungen, die ja *nicht* über die Operationen der Klasse applet Bilder in Anwen-
dungen einbinden
getImage
verfügen, können über die entsprechenden Operationen der Klasse
Toolkit Bilder einbinden. Dies geschieht folgendermaßen:

- public abstract Image getImage(String filename)
  filename gibt den Pfad zu einem Bild auf dem lokalen Computersystem an.
- public abstract Image getImage(URL url)
  URL verweist auf ein Bild im Netz.

Die Klasse Toolkit stellt in Java die Verbindung von der AWT-Bibli-
othek zu dem jeweils verwendeten Betriebssystem her. Jeder Komponente in Java ist ein aktuelles *Toolkit* zugeordnet. Dieses aktuelle
Toolkit erhält man durch Aufruf der folgenden Operation:

- public Toolkit getToolkit() getToolkit()
  Als Ergebnis der Operation erhält man das aktuelle Toolkit-Objekt,
  auf das man anschließend die Operation getImage anwenden kann,
  z.B.
  meinBild = getToolkit().getImage("Strand.gif");

In jeder Anwendung, in der ein Bild eingebunden werden soll, sollte
zumindest ein Frame als Komponente verwendet werden. Ein Objekt
der Klasse Frame besitzt, wie die anderen Komponenten auch, die
Operation getToolkit(), die als Ergebnis ein Objekt der Klasse Tool-

kit liefert. Ohne einen *frame* kann ein Bild in einer Anwendung *nicht* angezeigt werden.

Laden und
Zeichnen eines
Bildes

Mit getImage wird nur ein neues Objekt der Klasse Image angelegt, *nicht* jedoch das Bild geladen. Dies geschieht erst, wenn das Bild zum ersten Mal mit der Operation drawImage der Klasse Graphics gezeichnet oder der Ladevorgang explizit gestartet wird.
Folgende Varianten dieser Operation sind am wichtigsten:

- drawImage(Image img, int x, int y, ImageObserver observer)
  Das Bild wird in Originalgröße gezeichnet. Die linke obere Ecke des Bildes erscheint an der übergebenen Position.
- drawImage(Image img, int x, int y, int width, int height,
     ImageObserver observer)
  Das Bild wird innerhalb eines Rechtecks gezeichnet, das durch die übergebenen Werte definiert ist. Es wird hierbei an die Größe des Rechtecks angepasst. Skalierungen und Verzerrungen sind daher möglich.

Hinweis: Dieser
Textabschnitt
wird erst voll
verständlich,
wenn die Kapitel
2.14 bis 2.16 behandelt sind.

ImageObserver ist eine Schnittstelle *(interface)*, die den Aufbereitungsvorgang von Bildern überwacht. Da die Schnittstelle Image Observer von der Klasse Component implementiert wird, kann der erforderliche Parameter durch das Schlüsselwort this bereitgestellt werden, wenn der Aufruf von drawImage innerhalb der Klasse einer Komponente, z.B. innerhalb eines Applets oder eines *frames* stattfindet, z.B. g.drawImage(meinBild,20,30,this);

Beispiel

Im Folgenden wird das einfachste Applet und die einfachste Anwendung für das Laden und das Anzeigen eines Bildes gezeigt:

```
/*Programmname: Laden und Anzeigen eines Bildes
* GUI-Klasse: BildGUI (applet)
*/

import java.awt.*;
import java.Applet.*;
```

Klasse
BildGUI

```
public class BildGUI extends Applet
{
    private Image meinBild;

    public void init()
    {
        //Image-Objekt durch Aufruf von getImage erzeugen
        meinBild = getImage(getCodeBase(), "Strand.gif");
    }
    public void paint(Graphics g)
    {
        g.drawString("URLCodeBase= " + getCodeBase(), 10,30);
        g.drawString("URLDocument= "
            + getDocumentBase(), 10,50);
        //Zeichnen des Bildes
        g.drawImage(meinBild,10,70,this);
    }
}
```

```
/*Programmname: Laden und Anzeigen eines Bildes
* GUI-Klasse: BildGUI (Anwendung)
*/

import java.awt.*;

public class BildGUI extends Frame
{
    //Attribute
    private Image meinBild;
    //Referenz-Attribut als Klassenattribut
    static BildGUI einBildGUI;
    //Konstruktor analog zu init()
    public BildGUI()
    {
        meinBild = getToolkit().getImage("Strand.gif");
    }
    public void paint(Graphics g)
    {
        g.drawImage(meinBild,20,30,this);
    }
    //Klassenoperation main
    public static void main(String args[])
    {
        //Erzeugen eines Objekts von BildGUI
        einBildGUI = new BildGUI();
        einBildGUI.setSize(400,300);
        einBildGUI.setVisible(true);
    }
}
```

Klasse
BildGUI

Abb. 2.12-5 zeigt die Ausgabe des Applets.

Abb. 2.12-5:
Ausgabe eines
Bildes

Zum Arbeiten mit Bildern gibt es noch eine Reihe von Operationen. Eine Auswahl wird im Folgenden beschrieben:

Klasse Image
- `public abstract int getHeight(ImageObserver observer)`
Gibt die Höhe des Bildes an. Ist sie unbekannt, wird −1 zurückgegeben. observer gibt das Objekt an, das auf das Laden wartet.
- `public abstract int getWidth(ImageObserver observer)`
Gibt analog die Breite des Bildes an.

Klasse Graphics
- `public abstract boolean drawImage(Image img, int dx1, int dy1,`
`int dx2, int dy2, int sx1, int sy1, int sx2, int sy2,`
`ImageObserver observer)`
Diese Operation überträgt eine unskalierte Version des Bildes (s = *source*) in ein Zielrechteck (d = *destination*) und nimmt die Skalierung beim Übertragen vor. Die Skalierung erfolgt so, dass die erste Koordinate des Quellrechtecks auf die erste Koordinate des Zielrechtecks abgebildet wird usw. Dadurch ist es z.B. möglich, ein Bild zu spiegeln. Ein horizontales Spiegeln wird durch ein Vertauschen der horizontalen Werte für das Zielrechteck realisiert.
- `public abstract void copyArea(int x, int y, int width, int`
`height, int dx, int dy)`
kopiert einen Bereich um die angegebenen Distanzen dx und dy.

Das folgende Beispiel zeigt den Einsatz dieser Operationen.

Beispiel
```
/*Programmname: Laden, Anzeigen und Spiegeln eines Bildes
 * GUI-Klasse: BildGUI (applet)
 */

import java.awt.*;
import java.Applet.*;

public class BildGUI extends Applet
{
    private Image meinBild;
    public void init()
    {
        meinBild = getImage(getCodeBase(), "Strand.gif");
    }
    public void paint(Graphics g)
    {
        //Höhe und Breite ermitteln
        int Hoehe = meinBild.getHeight(this);
        int Breite = meinBild.getWidth(this);
        g.drawString("Höhe= " + Hoehe, 10,30);
        g.drawString("Breite= " + Breite, 100,30);
        //Unskalierte Ausgabe
        g.drawImage(meinBild,20,30,Breite,Hoehe,this);
        //Nochmalige horizontal gespiegelte Ausgabe
        //Zielrechteck: dx1 = Breite * 2, dy1 = 30,
        //dx2 = Breite, dy2 = Hoehe + 30
        //Quellrechteck: sx1 = 0, sy1 = 0, sx2 = Breite,
        //sy2 = Hoehe
```

```
      g.drawImage(meinBild,Breite * 2,30,Breite,Hoehe +
          30,0,0,Breite,Hoehe,this);
      //Ausschnitt kopieren
      g.copyArea(20,30,Breite / 2, Hoehe / 2, Breite - 20,
          Hoehe);
      g.copyArea(Breite,30,Breite / 2, Hoehe / 2, -Breite /
          2, Hoehe);
    }
}
```

Abb. 2.12-6:
Manipulation von
Bildern

Abb. 2.12- 6 zeigt die Ausgabe des Programms.

 call by reference →Parameterübergabemechanismus, bei dem der Verweis auf den aktuellen Parameter an den formalen Parameter übergeben wird. Innerhalb der →Operation bewirkt jede Verwendung des formalen Parameters eine indirekte Referenzierung auf den aktuellen Parameter. Beim Aufruf der Operation wird die Adresse des aktuellen Parameters in die Speicherzelle des formalen Parameters kopiert.
call by result →Parameterübergabemechanismus für Ausgabeparameter. Der formale Parameter dient als uninitialisierte lokale Variable, der während der Operationsausführung ein Wert zugewiesen wird. Beim Verlassen der →Operation wird der Wert des formalen Parameters dem aktuellen Parameter zugewiesen.
call by value →Parameterübergabemechanismus, bei dem die gerufene →Operation nur mit einer Kopie der Eingabeinformationen arbeitet. Änderungen an dieser Kopie haben keine Rückwirkungen auf die Original-Attribute. Der formale Parameter verhält sich wie eine lokale Variable, die durch den Wert des aktuellen Parameters initialisiert wird.
Funktion →Prozedur, die einen Ausgabeparameter (→Parameter) besitzt. Der Name des formalen Ausgabeparameters ist identisch mit dem Funk-

253

tionsnamen. Eine Funktion wird in → Ausdrücken aufgerufen.

Funktionale Abstraktion Stellt dem Anwender, d.h. dem Botschaftssender, eine Dienstleistung in Form einer → Operation zur Verfügung, sodass die Leistung ohne Kenntnis der Implementierung, d.h. der Realisierung der Operation, in Anspruch genommen werden kann. Der Informationsaustausch erfolgt über Ein- und Ausgabeparameter (→Parameter).

Methode →Operation.

Operation Oberbegriff für →Prozedur und →Funktion.

overloading →Überladen.

Parameter →Attribute, die am Informationsaustausch zwischen →Operationen beteiligt sind; sie werden in der →Parameterliste aufgeführt. Formale Parameter stehen in der Parameterliste der →Operations-Deklaration, aktuelle Parameter befinden sich in der Parameterliste beim Aufruf (→Parameterübergabemechanismus).

Parameterliste Liste hinter dem Operationsnamen, in der die einzelnen → Parameter aufgeführt sind.

Parameterübergabemechanismus Art, in der formale →Parameter beim → Operations-Aufruf durch aktuelle Parameter ersetzt werden. Die Zuordnung von aktuellen zu formalen Parametern erfolgt durch Positionszuordnung.

Prozedur Anweisungsfolge, die eine Dienstleistung erbringt, einen eigenen

Namen besitzt und als →Operation in einer Klasse deklariert wird (Java). An der Stelle im Programm, an der diese Dienstleistung benötigt wird, steht ein →Prozeduraufruf (Angabe des Prozedurnamens und der aktuellen Parameter), der eine Verzweigung zur Operationsdeklaration bewirkt. Der Informationsaustausch geschieht über →Parameter. Ein Prozeduraufruf ist eine Anweisung im Gegensatz zu einem Funktionsaufruf (→Funktion).

Prozeduraufruf Anweisung, die die Ausführung einer deklarierten →Prozedur bewirkt. Gehört die Prozedur zu dem Objekt einer fremden Klasse, dann wird die Punktnotation angewandt. Nach dem Objektnamen folgt, getrennt durch einen Punkt, der Prozedurnamen eventuell gefolgt von der aktuellen → Parameterliste.

Rekursive Algorithmen →Operationen, die sich selbst direkt oder indirekt aufrufen. Bei der Abarbeitung entsteht eine dynamische Schachtelungsstruktur.

Signatur Name einer →Operation, die Anzahl und die Typen ihrer formalen →Parameter.

Überladen *(overloading)* →Operationen mit gleichen Namen können mehrmals in einer Klasse vorkommen, wenn die Anzahl und/oder die Typen der →Parameter unterschiedlich sind. Der Compiler ordnet anhand der →Signatur die richtige Operation beim Aufruf zu.

Klassen bestehen aus Attributen und Operationen (Methoden). Attributdeklarationen legen die Eigenschaften von Attributen fest, Operationsdeklarationen die Eigenschaften von Operationen.

Operations-deklaration   Eine Operationsdeklaration besteht aus einem Operationskopf und einem Operationsrumpf.

Operationskopf   In Java wird eine Operation folgendermaßen deklariert:

- `private`, `protected` oder `public`: Sichtbarkeitsbereich der Operation. Darf die Operation von anderen Klassen in Anspruch genommen werden, dann ist `public` anzugeben. Soll die Operation nur innerhalb der eigenen Klasse aufrufbar sein, dann ist `private` anzugeben (lokale Operation). Das Schlüsselwort `protected` gilt im Zusammenhang mit der Vererbung, die in Kapitel 2.12 behandelt wird.

- Typ des Ergebnisparameters, wenn es sich bei der Operation um eine Funktion handelt. Als Parameterübergabemechanismus wird *call by result* angewandt. Bei dem Ergebnisparameter kann es sich auch um ein Objekt handeln.
  void, wenn es sich bei der Operation um eine Prozedur handelt (besitzt keinen Ergebnisparameter).
- Name der Operation.
- Formale Parameterliste, eingeschlossen in runde Klammern. Fehlt die Parameterliste, dann sind nur die runden Klammern zu schreiben.

Die formale Parameterliste ist folgendermaßen aufgebaut:

- ☐ Typ des Parameters,
- ☐ Name des Parameters.
- ☐ Mehrere Parameter werden durch Kommata getrennt.
- ☐ In Java werden in der Parameterliste zwei Parameterarten verwendet:
- ☐ für einfache Typen Eingabeparameter mit *call by value* als Parameterübergabemechanismus und
- ☐ für Klassen Referenzparameter mit *call by reference* als Parameterübergabemechanismus.

Im Operationsrumpf können lokale Attribute deklariert und angewandt werden. Sie gelten nur innerhalb der jeweiligen Operation. Den Kern des Operationsrumpfes bilden die Anweisungen, die die jeweilige Dienstleistung der Operation erbringen. — Operationsrumpf

In einer Klasse können mehrere Operationen denselben Namen besitzen, solange sich ihre Signaturen unterscheiden. Liegt eine solche Situation vor, dann ist die Operation überladen *(overloading)*. — Überladen

Eine Operation stellt für den Anwender eine funktionale Abstraktion zur Verfügung, d.h., der Anwender muss nur wissen, wie er die Operation aufruft. Wie die Leistung intern innerhalb der Operation erbracht wird, ist für ihn nicht sichtbar und nicht von Interesse. — funktionale Abstraktion

Damit die Dienstleistung einer Operation in Anspruch genommen werden kann, muss die Operation innerhalb einer anderen Operation (der eigenen Klasse oder einer fremden Klasse) aufgerufen werden. Erfolgt der Aufruf aus einer fremden Klasse, dann wird vor den Operationsnamen der Objektname gefolgt von einem Punkt geschrieben (Punktnotation). Der Objektname gibt dabei das Objekt an, von dem die jeweilige Operation in Anspruch genommen werden soll. Nach dem Operationsnamen folgt in Klammern die aktuelle Parameterliste – falls vorhanden. — Operationsaufruf

Handelt es sich bei der Operation um eine Prozedur, dann ist der Prozeduraufruf eine eigenständige Anweisung. Liegt eine Funktion vor, dann sollte der Aufruf innerhalb eines Ausdrucks erfolgen, sonst wird der Ergebniswert ignoriert.

Rufen sich Operationen selbst oder gegenseitig auf, dann spricht man von rekursiven Algorithmen. — Rekursion

1 *Lernziel: Die Unterschiede zwischen Prozeduren und Funktionen einschließlich der Syntax darstellen können.*
Beschreiben Sie bei den folgenden Java-Operationen, um was für einen Typ
es sich handelt und welche Parameter die Operation verwendet.

```
public void drucke() {}
public boolean gibStatus () {return Status;}
public int zaehleZeichen(String einString) {return 0;}
public static int gibObjektanzahl() {return 0;}
public String verkette(String einString, String zweiString)
     {return null;}
```

2 *Lernziel: Die Vorteile der funktionalen Abstraktion an Beispielen erläutern
können.*
Erklären Sie den Unterschied zwischen aktuellen und formalen Parametern.
Welchen Sinn macht diese Unterscheidung?

3 *Lernziel: Anhand von Beispielen zeigen können, wie die beschriebenen Parameterübergabemechanismen funktionieren.*
Betrachten Sie die folgende Java-Operation:

```
public void tausche(int a, int b)
{
    int x;
    x = a;
    a = b;
    b = x;
}
```

Funktioniert diese Implementierung? Begründen Sie Ihre Antwort.

4 *Lernziel: Grafiken programmieren und Bilder in Java einbinden können.*
Programmieren Sie ein Java-Applet zur grafischen Darstellung eines
Tanks.
/1/ Ein Tank besitzt eine Soll-Füllhöhe und eine Ist-Füllhöhe (in Litern).
/2/ Ein Tank kann um eine bestimmte Menge gefüllt werden.
/3/ Wird beim Füllen die Soll-Füllhöhe überschritten, meldet der Tank eine
    Überschreitung der Soll-Füllhöhe.
/4/ Ein Tank kann um eine bestimmte Menge geleert werden.
/5/ Wird beim Leeren die Höhe 0 unterschritten, meldet der Tank dies.
/6/ Die grafische Darstellung umfasst einen Tankbehälter und einen Flüs-
    sigkeitsstand.
/7/ Die Füll-/Leerungmenge in Litern kann in einem Textfeld eingegeben
    werden.
/8/ Druckknöpfe erlauben das Füllen und Leeren um den eingestellten
    Betrag.
/9/ Unter-/Überschreitungen werden als Statusmeldung ausgegeben.

5 *Lernziel: Grafiken programmieren und Bilder in Java einbinden können.*
Erweitern Sie das Tank-Beispiel aus Aufgabe 4 so, dass die Sollfüllhöhe
jedes Tanks auch über die Benutzungsoberfläche eingegeben werden kann.
Achten Sie darauf, dass durch die grafische Darstellung des Tanks seine
Sollfüllhöhe erkannt wird. Die Vorbelegung der Sollfüllhöhe soll bei 100
liegen.

6 *Lernziel: Grafiken programmieren und Bilder in Java einbinden können.*
Programmieren Sie ein Java-Applet zur grafischen Darstellung eines Roboter-Oberarms.

Kann-Aufgabe
60 Minuten

/1/ Ein Roboterarm besitzt einen minimalen und maximalen Winkel.

/2/ Der Oberarm kann absolut zwischen 45° und 135° positioniert werden.

/3/ Ein Roboterarm kann auch relativ positioniert werden, der Oberarm entsprechend zwischen –90° und +90°.

/4/ Eine Überschreitung der absoluten Winkelgrenzen wird gemeldet (Statuszeile).

/5/ Relative und absolute Positionierungswinkel können in Textfelder eingegeben werden, ein Druckknopf bestätigt die Ausführung.

/6/ Der Oberarm wird grafisch durch eine gefärbte Linie repräsentiert. Eine schwarze senkrechte Linie markiert hierbei die 90°-Position.

7 *Lernziel: Grafiken programmieren und Bilder in Java einbinden können.*
Erweitern Sie das Roboter-Beispiel aus Aufgabe 6 um einen über die Oberfläche steuerbaren Unterarm!

Kann-Aufgabe
30 Minuten

8 *Lernziel: Die Unterschiede zwischen Prozeduren und Funktionen einschließlich der Syntax darstellen können.*
Finden Sie zu jedem Aufgabenpunkt ein geeignetes Beispiel und deklarieren Sie (falls möglich) die Funktion/Prozedur in korrekter Java-Syntax:

Muss-Aufgabe
15 Minuten

a Funktion mit zwei Eingabeparametern

b Prozedur ohne Eingabeparameter

c Prozedur mit je einem Eingabeparameter für die unterschiedlichen Parameterübergabemechanismen.

d Prozedur mit zwei Ein/Ausgabeparametern

9 *Lernziel: Operationen schreiben und den jeweils geeigneten Parameterübergabemechanismus auswählen können.*
Die Firma ProfiSoft erhält von der Firma »KFZ Zubehoer GmbH« einen erweiterten Auftrag:

Muss-Aufgabe
30 Minuten

/6/ Der Gesamtkilometer-Zähler soll ebenfalls digital angezeigt werden.

/7/ Im Gegensatz zum Tageskilometer-Zähler kann der Gesamtkilometer-Zähler nur einmal auf Null gesetzt werden (Voreinstellung).

/8/ Wird der Zählerstand erhöht, dann ist er bei beiden Zählern zu erhöhen und anzuzeigen.

Erweitern Sie das bisherige Java-Programm entsprechend der neuen Funktionalität. Ändern Sie die Fachkonzept-Klasse nicht!

10 *Lernziel: Überladene Operationen bei eigenen Problemlösungen geeignet verwenden können.*
Schreiben Sie eine Klasse »Werkzeug«, die mehrere Operationen »plus« zur Verfügung stellt. Eine Variante addiert zwei int-Zahlen, eine zweite Variante addiert zwei float-Zahlen, eine dritte Variante verkettet zwei Zeichenketten.
Beachten Sie die korrekten Parameterübergabemechanismen und erläutern Sie die verwendeten Übergabetypen.

Muss-Aufgabe
30 Minuten

11 *Lernziel: Operationen schreiben und den jeweils geeigneten Parameterübergabemechanismus auswählen können.*
Die Firma ProfiSoft erhält vom Wasserwirtschaftsamt einen Auftrag. Um die Pegelstände von Flüssen anzeigen zu können, sollen Digitalzähler verwendet werden, die folgende Anforderungen erfüllen:

Kann-Aufgabe
30 Minuten

257

/1/ Die Zähler können aufwärts und abwärts gezählt werden.
/2/ Alle Zähler sind mit null zu initialisieren.
/3/ Die Zähler können jeweils um ± 1 oder um ± 5 verändert werden.
Modifizieren Sie die bisherige Fachkonzeptklasse Zaehler entsprechend und gestalten Sie eine geeignete Benutzungsoberfläche mit zwei Pegelstands-Anzeigern.

Muss-Aufgabe
15 Minuten

12 *Lernziele: Referenztypen erklären und richtig einsetzen können und anhand von Beispielen zeigen können, wie die beschriebenen Parameterübergabemechanismen funktionieren. Objekte sowohl als Eingabeparameter als auch als Ergebnisparameter bei Funktionen verwenden können. Operationen schreiben und den jeweils geeigneten Parameterübergabemechanismus auswählen können.*

Schreiben Sie eine Operation vervielfacheZeichenkette(), die eine Eingabezeichenkette n Mal hintereinander hängt und dieses Ergebnis als String zurückgibt. Von welchem Typ sind Operation und Parameter?

Muss-Aufgabe
40 Minuten

13 *Lernziel: Einfache rekursive Operationen schreiben können.*
a Schreiben Sie zu der Funktion nFak (Abschnitt 2.11.11) eine geeignete Benutzungsoberfläche, die es ermöglicht, die zu berechnende Fakultät einzugeben. Geben Sie das Ergebnis in einem mehrzeiligen Textfeld *(textarea)* aus.
b Erweitern Sie die Operation nFak so, dass bei jedem Aufruf der aktuelle Wert von n ausgegeben wird.

Abb. 2.12-7:
Verdeutlichung des dynamischen Ablaufs einer Rekursion

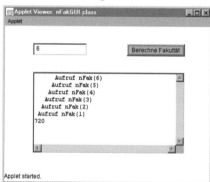

c Schreiben Sie eine rekursive Operation, die n-Leerzeichen in einem Textfeld *(textarea)* ausgibt. Rufen Sie diese Operation innerhalb von nFak auf, um bei jedem Aufruf den aktuellen Wert von n um n-Leerzeichen nach rechts eingerückt auszugeben. Eine mögliche Benutzungsoberfläche zeigt Abb. 2.12-7.

Klausur-Aufgabe
40 Minuten

14 *Lernziel: Einfache rekursive Operationen schreiben können.*
Schreiben Sie eine Funktion bildeSumme, die die Summe der ersten n natürlichen Zahlen berechnet.
a Schreiben Sie zunächst eine Version unter Verwendung der Summenformel

$$\sum_{i=1}^{n} i = \frac{n}{2}(n + 1)$$

b Schreiben Sie anschließend eine iterative Version.
c Schreiben Sie nun eine rekursive Version.
d Binden Sie die Funktion in ein einfaches Applet ein, das eine Eingabe der Zahl n in einem Textfeld ermöglicht und die Ausgabe der drei nach **a**, **b** und **c** gebildeten Ergebnisse (die natürlich identisch sein sollten) in einem Textbereich ermöglicht. Auf die Trennung GUI–Fachkonzept können Sie in diesem Fall der Einfachheit halber verzichten.

2 Grundlagen der Programmierung – Kontrollstrukturen

- Aktivitätsdiagramme in der UML-Notation zur Beschreibung von Kontrollstrukturen kennen und lesen können.
- Den Begriff »strukturiertes Programmieren« kennen.
- Syntax und Semantik linearer Kontrollstrukturen (Sequenz, Auswahl, Wiederholung, Aufruf) in den Darstellungsformen Struktogramm und Java-Syntax erläutern können.
- Die Darstellungsformen Struktogramm und Java-Syntax ineinander überführen können.
- Lineare Kontrollstrukturen ineinander schachteln können.
- Struktogramme lesen und erstellen können.
- Für gegebene, geeignete Problemstellungen die dafür angemessenen linearen Kontrollstrukturen problemgerecht, qualitätsgerecht und aufwandsgerecht auswählen und einsetzen können.

wissen

verstehen

anwenden

beurteilen

☑ ■ Die Kapitel 2.2 bis 2.12 müssen bekannt sein.

2.13 Kontrollstrukturen

In der Programmierung unterscheidet man prinzipiell
- einfache Anweisungen und
- Steueranweisungen, **Kontrollstrukturen** genannt.

Einfache Anweisungen sind Zuweisungen mit oder ohne Ausdrücke, z.B. Radius = Durchmesser / 2.0f.

Kontrollstrukturen **Kontrollstrukturen** steuern die Ausführung von Anweisungen, d.h., sie geben an, in welcher Reihenfolge, ob bzw. wie oft Anweisungen ausgeführt werden sollen.

Kontrollstrukturen sollen

Ziele
- es ermöglichen, Problemlösungen in natürlicher, problemangepasster Form zu beschreiben,
- so beschaffen sein, dass sich die Problemstruktur im Algorithmus widerspiegelt,
- leicht lesbar und verständlich sein,
- eine leichte Zuordnung zwischen statischem Algorithmustext und dynamischem Algorithmuszustand erlauben,
- mit minimalen, orthogonalen Konzepten ein breites Anwendungsspektrum abdecken,
- Korrektheitsbeweise von Algorithmen erleichtern.

Eine problemadäquate Umsetzung von Problemlösungen in Kontrollstrukturen wird durch folgende vier semantisch unterschiedliche Kontrollstrukturen ermöglicht (Abb. 2.13-1):
- Sequenz,
- Auswahl,
- Wiederholung,
- Aufruf anderer Algorithmen.

Abb. 2.13-1:
Gliederung von
Anweisungen

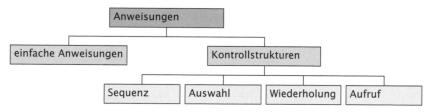

strukturierte Programmierung Seit der Entwicklung der strukturierten Programmierung Anfang der 70er-Jahre gilt es als »Stand der Technik«, nur diese vier Kontrollstrukturen zu verwenden (siehe Abschnitt 2.13.8).

Im Folgenden wird die Semantik dieser vier Kontrollstrukturen skizziert. Gleichzeitig werden diese Kontrollstrukturen in drei verschiedenen Notationen angegeben:
- Struktogramm-Notation,
- Java-Syntax und
- Aktivitätsdiagramm in der UML-Notation.

Die **Struktogramm-Notation** beruht auf einem Vorschlag von /Nassi, Shneiderman 73/, daher auch **Nassi-Shneiderman-Diagramm** genannt, und ermöglicht eine grafische Darstellung von Kontrollstrukturen. Die Notation ist in /DIN 66261/ genormt.

Struktogramme

Das **Aktivitätsdiagramm der UML** ermöglicht es ebenfalls, Kontrollstrukturen zu beschreiben. Es benutzt Rechtecke mit abgerundeten Ecken zur grafischen Darstellung von Aktionen *(actions)* und kleine Rauten *(diamonds)* zur Darstellung von Verzweigungen *(decision nodes)* und Zusammenführungen *(merge nodes)*. Die Symbole werden durch Pfeile miteinander verbunden, die den möglichen Kontrollfluss angeben.

UML

Die Aktivitätsdiagramme können als Nachfolger der **Programmablaufpläne (PAPs)** angesehen werden, bei denen ebenfalls grafische Symbole verwendet werden, die durch Linien miteinander verbunden sind. PAPs – auch Flussdiagramme genannt – sind bereits seit 1969 in Gebrauch und genormt /DIN 66001/. Da die UML-Notation heute Industrie-Standard ist und durch entsprechende Werkzeuge unterstützt wird, verlieren PAPs immer mehr an Bedeutung. Sowohl Aktivitätsdiagramme als auch PAPs sind aus Sicht der strukturierten Programmierung (Abschnitt 2.13.8) für den Entwurf von Algorithmen nicht gut geeignet.

PAP

Einen Quervergleich grafischer Notationen für Kontrollstrukturen enthält /DIN EN 28631/.

In Java besteht der Rumpf einer Operation aus Anweisungen *(statements)* (Abb. 2.13-2). In den bisherigen Beispielen wurden in einem Operationsrumpf sowohl lokale Attribute deklariert als auch Zuweisungen und Anweisungen mit Ausdrücken *(StatementExpression)* aufgeführt.

```
public void erhoeheUmEins()
{
    MerkeZahl = MerkeZahl + 1;
}
```

Prof. Dr. Ben Shneiderman
* 1947 in New York, USA, Miterfinder der Struktogramm-Notation (1973), Wegbereiter der direkten Manipulation von Benutzungsoberflächen und der Software-Psychologie (Bücher: *Software Psychology* 1980, *Designing the User Interface* 1987), Urheber des Hypermedia-Systems *Hyperties*, Promotion an der *State University of New York*, heute *Professor of Computer Science, University of Maryland.*

2.13.1 Die Sequenz

Erfordert eine Problemlösung, dass mehrere Anweisungen hintereinander auszuführen sind, dann formuliert man eine **Sequenz** bzw. Aneinanderreihung (Abb. 2.13-3).

Bei der Sequenz erfolgt die Abarbeitung immer von oben nach unten und von links nach rechts (falls in Java mehr als eine Anweisung in einer Zeile steht).

2.13.2 Die Auswahl

Sollen Anweisungen nur in Abhängigkeit von bestimmten Bedingungen ausgeführt werden, dann verwendet man das Konzept der **Auswahl**, auch **Verzweigung** oder **Fallunterscheidung** genannt.

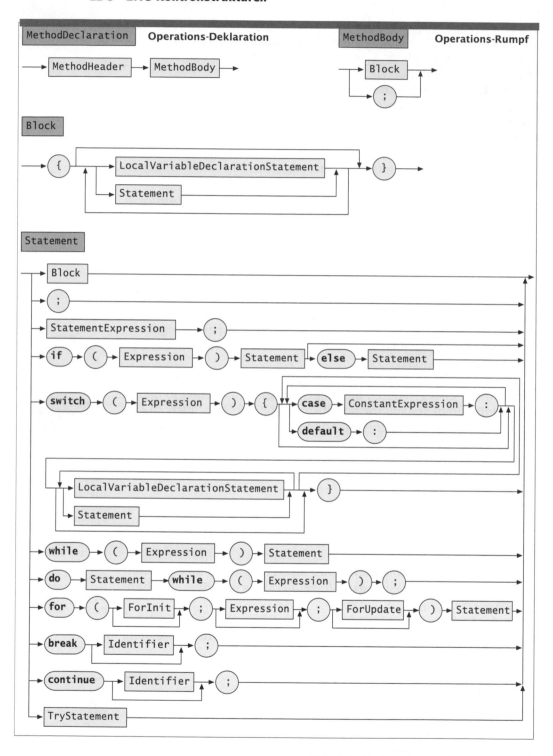

Abb. 2.13-2: Java-Syntax für Anweisungen

Sequenz	allgemein	Erläuterung
Strukto-gramm	Anweisung1 Anweisung2 Anweisung3	Ein beliebig groß gewähltes Viereck wird nach jeder Anweisung mit einer horizontalen Linie abgeschlossen.
Java	Anweisung1; Anweisung2; Anweisung3;	Die einzelnen Anweisungen werden jeweils durch Semikolon (;) voneinander getrennt.
UML	Anweisung1 Anweisung2 Anweisung3	Einfache Anweisungen werden durch Rechtecke mit abgerundeten Ecken (Aktionen) dargestellt, die wiederum durch gerichtete Pfeile verbunden werden, die den Kontrollfluss angeben.

Abb. 2.13-3: Notation der Sequenz

Es gibt drei verschiedene Auswahl-Konzepte, die jeweils für bestimmte Problemlösungen geeignet sind:

- einseitige Auswahl,
- zweiseitige Auswahl,
- Mehrfachauswahl.

Abb. 2.13-4 zeigt die Darstellungsformen der ein- und zweiseitigen Auswahl.

Durch die Bedingungen wird eine Auswahl der auszuführenden Anweisungen vorgenommen. Ist die Bedingung erfüllt bzw. wahr, dann werden die Ja-Anweisungen ausgeführt, sonst die Nein-Anweisungen. Bei der einseitigen Auswahl handelt es sich um einen Sonderfall der zweiseitigen Auswahl. Im **else**-Zweig steht keine Anweisung. Bei Programmiersprachen fehlt bei der einseitigen Auswahl der **else**-Zweig.

Bei Java beginnen die Ja-Anweisungen hinter dem geklammerten Ausdruck. Die Ja-Anweisungen sollten textuell eingerückt unter dem Ausdruck in einer neuen Zeile beginnen. *Konvention*

Programm zur Lösung von zwei linearen Gleichungen mit zwei Variablen: *Beispiel*
$ax + by = c$; $dx + ey = f$. Das Struktogramm zeigt Abb. 2.13-5.

Obwohl Struktogramme ursprünglich nur zur Darstellung von Anweisungen entwickelt wurden, sollte man sich angewöhnen, die *Hinweis*

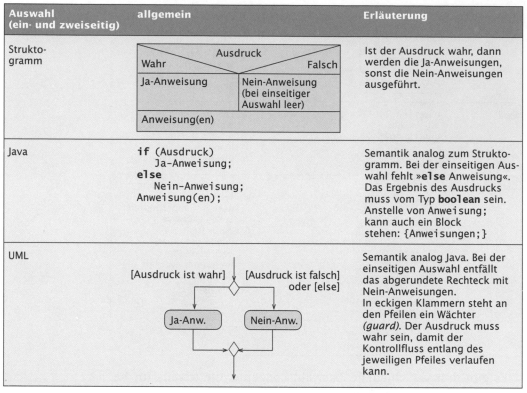

Auswahl (ein- und zweiseitig)	allgemein	Erläuterung
Strukto-gramm	Ausdruck Wahr / Falsch Ja-Anweisung | Nein-Anweisung (bei einseitiger Auswahl leer) Anweisung(en)	Ist der Ausdruck wahr, dann werden die Ja-Anweisungen, sonst die Nein-Anweisungen ausgeführt.

Java	`if (Ausdruck)`
	`    Ja-Anweisung;`
	`else`
	`    Nein-Anweisung;`
	`Anweisung(en);`
		Semantik analog zum Strukto-gramm. Bei der einseitigen Auswahl fehlt »**else** Anweisung«. Das Ergebnis des Ausdrucks muss vom Typ **boolean** sein. Anstelle von Anweisung; kann auch ein Block stehen: {Anweisungen;}

UML	[Ausdruck ist wahr] [Ausdruck ist falsch] oder [else] Ja-Anw. Nein-Anw.	Semantik analog Java. Bei der einseitigen Auswahl entfällt das abgerundete Rechteck mit Nein-Anweisungen. In eckigen Klammern steht an den Pfeilen ein Wächter *(guard)*. Der Ausdruck muss wahr sein, damit der Kontrollfluss entlang des jeweiligen Pfeiles verlaufen kann.

Abb. 2.13-4: Notationen der ein- und zweiseitigen Auswahl

Abb. 2.13-5: Struktogramm zur Lösung von zwei linearen Gleichungen

Operation berechne	
float a, b, c, d, e, f	// Eingabe-Parameter
float x, y	// Ergebnis-Parameter
float Nenner	// Hilfsgröße
Nenner = a * e – b * d	
abs(Nenner) > Eps	
ja — nein	
x = (c * e – b * f)/Nenner y = (a * f – c * d)/Nenner	Fehler: "Nenner = 0"

Attribut-Deklarationen ebenfalls anzugeben. Im Folgenden wird vor den Anweisungsteil des Struktogramms immer ein Viereck gesetzt (durch eine doppelte Linie getrennt), das die Attribut-Deklarationen enthält.

Eine mögliche Java-Lösung sieht folgendermaßen aus:

```
/*Programmname: Lineare Gleichung
* Fachkonzept-Klasse: LineareGleichung
* Aufgabe: Berechnet jeweils eine
* lineare Gleichung und speichert die Werte
*/
```

```
public class LineareGleichung
{
    //Attribute zur Speicherung der Ergebnisse
    float x,y;
    //Für Abfrage auf Gleichheit
    final float Eps = 1.0E-6f; //Konstante
    //Konstruktor
    public LineareGleichung()
    {
    }
    //Operation zur Lösung von zwei linearen
    //Gleichungen mit zwei Unbekannten
    public boolean berechne(float a,float b,float c,float d,
        float e,float f)
    {
        //Lokale Attribute
        float Nenner;
        //Nenner berechnen und auf null abfragen
        Nenner = a * e - b * d;
        //Die mathematische Operation abs() befindet sich
        //als Klassenoperation in der Standardklasse Math
        if (Math.abs(Nenner) > Eps)
        {
            x = (c * e - b * f) / Nenner;
            y = (a * f - c * d) / Nenner;
            return true;
        }
        else
            return false;
    }
    //Leseoperationen
    public float getx ()
    {
        return x;
    }
    public float gety ()
    {
        return y;
    }
}
```

Klasse
LineareGleichung

Ausschnitt aus der Klasse LineareGleichungGUI:

```
//Aufruf der Operation berechne() der Fachkonzept-Klasse
    boolean ok = ersteGleichung.berechne(a,b,c,d,e,f);
    if (ok)
    {
        //Block in der Ja-Anweisung
        ergebnisTextbereich.append("x= " +
            String.valueOf(ersteGleichung.getx()) + "\n");
        ergebnisTextbereich.append("y= " +
            String.valueOf(ersteGleichung.gety()) + "\n");
    }
    else
        ergebnisTextbereich.append("Fehler: Nenner = 0");
        //einzelne Anweisung als Nein-Anweisung
```

Abb. 2.13-6:
Benutzungs-
oberfläche des
Programms
»Lineare
Gleichung«

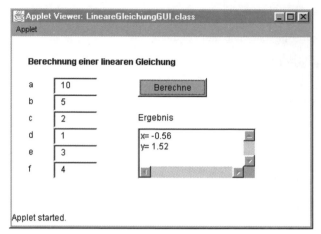

Die Benutzungsoberfläche zeigt Abb. 2.13-6.

Muss zwischen mehr als zwei Möglichkeiten gewählt werden, dann
wird die Mehrfachauswahl verwendet (Abb. 2.13-7).

Mehrfachauswahl

Java

In Java übergibt die **switch**-Anweisung in Abhängigkeit vom Wert
des Ausdrucks hinter **switch** die Kontrolle an eine von mehreren Anweisungen. Der Typ des Ausdrucks muss **char, byte, short** oder **int**
sein. Der Rumpf einer **switch**-Anweisung muss ein Block sein. Jede
im Block enthaltene Anweisung kann mit einer oder mehreren **case**-
Markierungen und maximal einer **default**-Markierung markiert sein.

Jeder konstante Ausdruck einer **case**-Markierung muss typverträg-
lich mit dem Ausdruck hinter **switch** sein. Die Werte der konstanten
case-Ausdrücke müssen disjunkt sein.

Eine **switch**-Anweisung wird folgendermaßen abgearbeitet:

a Der Ausdruck hinter **switch** wird ausgewertet.

b Ist eine der **case**-Konstanten gleich dem Wert des Ausdrucks, dann
tritt der entsprechende Fall ein und alle Anweisungen hinter dieser **case**-Markierung werden der Reihe nach ausgeführt. Die optionale **break**-Anweisung sorgt für einen Sprung an das Ende der
switch-Anweisung. Fehlt die **break**-Anweisung, dann werden alle
Anweisungen bis zum nächsten **break** oder dem Ende der **switch**-
Anweisung durchgeführt.

c Trifft kein Fall zu und gibt es eine **default**-Anweisung, dann werden alle Anweisungen hinter **default** ausgeführt.

d Trifft kein Fall zu und gibt es *keine* **default**-Anweisung, dann wird
nichts unternommen und es wird hinter der **switch**-Anweisung
fortgefahren.

Beispiel

```
/*Programmname: Ziffern in Worte
 * GUI-Klasse: ZifferInWorteGUI
 * Eine eingegebene Ziffer wird in Worten ausgegeben
 */
```

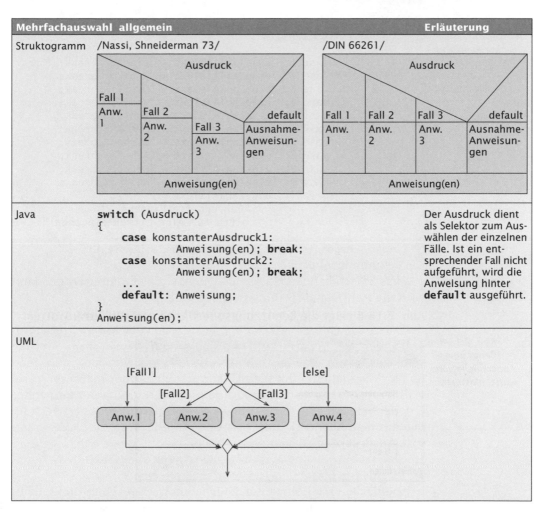

Mehrfachauswahl allgemein	Erläuterung

Struktogramm /Nassi, Shneiderman 73/   /DIN 66261/

Java

```
switch (Ausdruck)
{
    case konstanterAusdruck1:
        Anweisung(en); break;
    case konstanterAusdruck2:
        Anweisung(en); break;
    ...
    default: Anweisung;
}
Anweisung(en);
```

Der Ausdruck dient als Selektor zum Auswählen der einzelnen Fälle. Ist ein entsprechender Fall nicht aufgeführt, wird die Anweisung hinter **default** ausgeführt.

UML

```
import java.awt.*;
import java.Applet.*;

public class ZiffernInWorteGUI extends Applet
{
    //Attribute
    ...
    //Innere Klasse
    class AktionsAbhoerer implements ActionListener
    {
        public void actionPerformed(ActionEvent event)
        {
            String eineZahlAlsText;
            Integer i; //Integer ist eine Klasse!
            //Inhalt des Eingabefeldes in eine Zahl umwandeln
            String Merke = eingabeTextfeld.getText();
            i = Integer.valueOf(Merke);
            int Zahl = i.intValue();
```

Abb. 2.13-7:
Notationen der
Mehrfach-Auswahl

```
//Zahl in einen Text umwandeln
switch(Zahl)
{
    case 1:  eineZahlAlsText = "Eins";   break;
    case 2:  eineZahlAlsText = "Zwei";   break;
    case 3:  eineZahlAlsText = "Drei";   break;
    case 4:  eineZahlAlsText = "Vier";   break;
    case 5:  eineZahlAlsText = "Fünf";   break;
    case 6:  eineZahlAlsText = "Sechs";  break;
    case 7:  eineZahlAlsText = "Sieben"; break;
    case 8:  eineZahlAlsText = "Acht";   break;
    case 9:  eineZahlAlsText = "Neun";   break;
    case 0:  eineZahlAlsText = "Null";   break;
    default: eineZahlAlsText =
                 "Fehlerhafte Eingabe,
                 bitte nur eine Ziffer eingeben!";
}
ergebnisTextfeld.setText(eineZahlAlsText);
    }
}//Ende innere Klasse
}
```

Abb. 2.13-8 zeigt die Benutzungsoberfläche von »ZiffernInWorte«.

Abb. 2.13-8:
Benutzungs-
oberfläche von
»ZiffernInWorte«

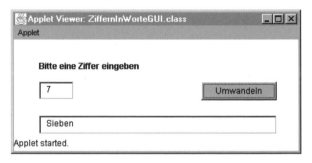

Aus Gründen einer sicheren Programmierung sollten bei der
Regeln **switch**-Anweisung immer folgende Regeln eingehalten werden:
– Immer einen **default**-Fall vorsehen.
– Den **default**-Fall als letzten Fall hinschreiben.
– Jeden Fall mit **break** abschließen, sonst wird *nicht* an das **switch**-
  Ende gesprungen, sondern die nächste **case**-Anweisung ausge-
  führt (»Fall durch die Markierung«). Der Java-Interpreter wertet
  nur einmal zu Beginn der **switch**-Anweisung den Ausdruck aus und
  springt dann zu der entsprechenden Marke. Ab da sind für ihn alle
  Marken uninteressant.

2.13.3 Die Wiederholung

Sollen eine oder mehrere Anweisungen in Abhängigkeit von einer
Bedingung wiederholt oder für eine gegebene Zahl von Wiederholungen durchlaufen werden, so ist das Konzept der **Wiederholung**

bzw. **Schleife** zu verwenden. Drei Wiederholungskonstrukte werden unterschieden (Abb. 2.13-9):

3 Wiederholungs-
konstrukte

■ Wiederholung mit Abfrage vor jedem Wiederholungsdurchlauf,
■ Wiederholung mit Abfrage nach jedem Wiederholungsdurchlauf,
■ Wiederholung mit fester Wiederholungszahl,
■ Endlos-Wiederholung bzw. Endlos-Schleife.

*Abb. 2.13-9:
Notationen der
Wiederholung*

Wiederholung	allgemein	Erläuterung
Strukto-gramm	Ausdruck 　Wiederholungsanweisung(en) Anweisung(en)	Wiederholung mit Abfrage vor jedem Wiederholungsdurchlauf (Abweisende Schleife)
	Wiederholungsanweisung(en) Ausdruck Anweisung(en)	Wiederholung mit Abfrage nach jedem Wiederholungsdurchlauf (Akzeptierende Schleife)
	for (Startausdruck, Endeausdruck, Schrittweite) 　Wiederholungsanweisung(en) Anweisung(en)	Wiederholung mit fester Wiederholungs-zahl (Zählschleife, Laufanweisung)
Java	```while (Ausdruck)
{
Wiederholungsanweisungen;
}
Anweisung(en);```	Wiederholung mit Abfrage vor jedem Wiederholungsdurchlauf
	``do
{
Wiederholungsanweisungen;
}
while (Ausdruck);
Anweisung(en);```	Wiederholung mit Abfrage nach jedem Wiederholungsdurchlauf
	``for (Startausdruck, Endeausdruck, Schrittweite)
{
Wiederholungsanweisungen;
}
Anweisung(en);```	Wiederholung mit fester Wiederholungs-zahl (Zählschleife, Laufanweisung)

UML

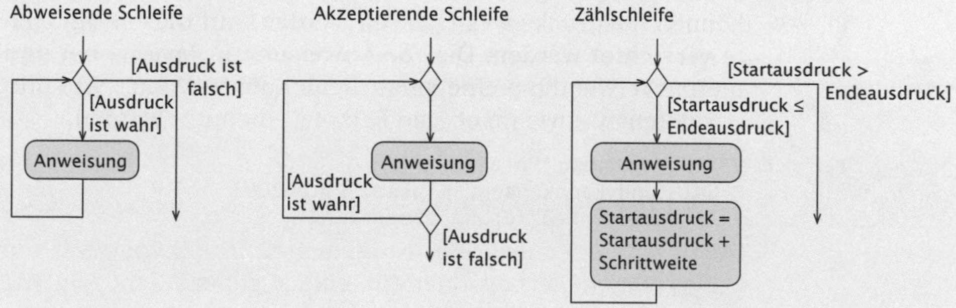

Abweisende Schleife   Akzeptierende Schleife   Zählschleife

Die ersten beiden Wiederholungskonstrukte bezeichnet man als **bedingte Wiederholung**.

Abfrage *vor* Wiederholung

Bei der Wiederholung mit Abfrage *vor* jedem Wiederholungsdurchlauf wird so lange wiederholt, wie die Bedingung erfüllt ist. Dann wird hinter der zu wiederholenden Anweisung bzw. Anweisungsfolge fortgefahren. Ist die Bedingung bereits am Anfang nicht erfüllt, dann wird die Wiederholungsanweisung *keinmal* ausgeführt. Die Bedingung muss daher am Anfang der Wiederholung bereits einen eindeutigen Wert besitzen.

Abfrage *nach* Wiederholung

Bei der Wiederholung mit Abfrage *nach* jedem Wiederholungsdurchlauf wird so lange wiederholt, wie die Bedingung erfüllt bzw. der Ausdruck *wahr* ist. Die zu wiederholenden Anweisungen werden also in jedem Fall *einmal* ausgeführt, da die Bedingung erst am Ende abgefragt wird. Eine Wiederholung mit Abfrage nach jedem Durchlauf lässt sich auf eine Wiederholung mit Abfrage vor jedem Durchlauf zurückführen, wenn die Schleife so initialisiert wird, dass die Bedingung am Anfang erfüllt ist.

Zählschleife

Liegt bei einem Problem die Anzahl der Wiederholungen von Anfang an fest, dann wird die so genannte **Zählschleife** bzw. **Laufanweisung** verwendet. Die Anzahl der Wiederholungen wird durch eine Zählvariable mitgezählt und die Bedingung so gewählt, dass nach der geforderten Wiederholungszahl der Abbruch erfolgt.

Einige Probleme erfordern auch ein Abwärtszählen. Auch dies kann mit der Zählschleife dargestellt werden.

Java

In Java wird im Startausdruck der Zählschleife die Zählervariable deklariert und initialisiert. Der Endeausdruck definiert die Abbruchsgrenze. Bei Schrittweite handelt es sich um einen Ausdruck, der angibt, ob die Zählervariable erhöht oder erniedrigt werden soll und um welchen Betrag. Die Zählervariable wird als Nebeneffekt des Schrittweiten-Ausdrucks pro Durchlauf entsprechend modifiziert.

Beispiel
```
for (int Grad = VonWinkel; Grad <= BisWinkel; Grad = Grad  + 1)
{ ...
}
```

Programmierhinweis

Die Java-Syntax erlaubt noch mehrere Möglichkeiten. Insbesondere können Ausdrücke weggelassen werden. Auf diese Möglichkeit sollte verzichtet werden. Die **for**-Anweisung in Java ist bei undisziplinierter Verwendung eine gefährliche Konstruktion. Sie sollte daher nur defensiv – wie im obigen Beispiel – benutzt werden.

Beispiel
```
/*Programmname: Potenz
 * GUI- und Fachkonzept-Klasse: PotenzGUI
 * Aufgabe: Potenzierung einer Zahl
 */
```

```
import java.awt.*;
import java.Applet.*;
import java.awt.event.*;

public class PotenzGUI extends Applet                       Klasse
{                                                           PotenzGUI
    //Attribute
    ...
    //Innere Klasse
    class AktionsAbhoerer implements ActionListener
    {
        public void actionPerformed(ActionEvent event)
        {
            float Basis;   //Eingabe
            //Eingabe, Annahme: positive ganze Zahl
            int  Exponent;
            float Potenz;   //Ausgabe
            //Hilfsgrößen
            String Merke, Ergebnis;
            Integer i;  //Integer ist eine Klasse
            Float f;  //Float ist eine Klasse
            //Inhalt der Eingabefelder in Zahlen umwandeln
            Merke = basisTextfeld.getText();
            f = Float.valueOf(Merke);
            Basis = f.floatValue();

            Merke = exponentTextfeld.getText();
            i = Integer.valueOf(Merke);
            Exponent = i.intValue();

            // Berechnung durchführen
            if(Exponent >= 1) //Exponent ist ok,
            //Potenzierung kann durchgeführt werden
            {
                //Algorithmus Potenzierung
                Potenz = 1.0f;
                while(Exponent >= 1)
                {
                    Potenz = Potenz * Basis;
                    Exponent = Exponent - 1;
                }
                //Zahl in Text umwandeln
                Ergebnis = Float.toString(Potenz);
            }
            else //Exponent ist nicht ok (< 1), Fehlermeldung
                Ergebnis = "Fehler: Exponent muss > 0 sein!";
            ergebnisTextfeld.setText(Ergebnis);
        }//Ende Operation
    }//Ende innere Klasse
}
```

Die zugehörige Benutzungsoberfläche zeigt Abb. 2.13-10.

Abb. 2.13-10:
Benutzungs-
oberfläche des
Programms Potenz

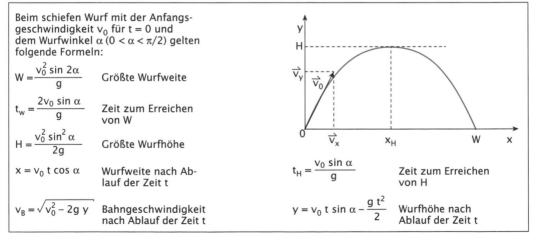

Beispiel Der schiefe Wurf lässt sich durch die Formeln der Abb. 2.13-11 beschreiben.

```
/* Programmname: Schiefer Wurf
 * Fachkonzept-Klasse: Wurf
 * Aufgabe: Stellt Operationen zum Berechnen
 *           eines schiefen Wurfs zur Verfügung
 * Mathematische Operationen werden von der Klasse Math verwendet
 */
```

Klasse
Wurf
```
public class Wurf
{
    //Attribute
    private final float g = 9.81f;
    private final float pi = (float)Math.PI;
    private float AGeschw = 0.0f;
    private float QuadratAGeschw = 0.0f;
    //Konstruktor
    public Wurf()
    {
    }
    //Interne Hilfsoperationen
    private float Gradbogen(float Winkel)
```

Abb. 2.13-11:
Formeln zum
»schiefen Wurf«

Beim schiefen Wurf mit der Anfangs-
geschwindigkeit v_0 für $t = 0$ und
dem Wurfwinkel α $(0 < \alpha < \pi/2)$ gelten
folgende Formeln:

$W = \dfrac{v_0^2 \sin 2\alpha}{g}$ Größte Wurfweite

$t_w = \dfrac{2v_0 \sin \alpha}{g}$ Zeit zum Erreichen
von W

$H = \dfrac{v_0^2 \sin^2 \alpha}{2g}$ Größte Wurfhöhe

$x = v_0\, t \cos \alpha$ Wurfweite nach Ablauf der Zeit t

$v_B = \sqrt{v_0^2 - 2g\, y}$ Bahngeschwindigkeit
nach Ablauf der Zeit t

$t_H = \dfrac{v_0 \sin \alpha}{g}$ Zeit zum Erreichen
von H

$y = v_0\, t \sin \alpha - \dfrac{g\, t^2}{2}$ Wurfhöhe nach
Ablauf der Zeit t

```
{
    return pi * Winkel / 180.0f;
}
private float tH(float Winkel)
{
    return AGeschw * (float)Math.sin(Gradbogen(Winkel)) / g;
}
private float SinAlfa(float Winkel)
{
    return (float)Math.sin(Gradbogen(Winkel));
}
private float CosAlfa(float Winkel)
{
    return (float)Math.cos(Gradbogen(Winkel));
}
private float TanAlfa(float Winkel)
{
    return (float)Math.tan(Gradbogen(Winkel));
}
//Operationen
public void setAnfangsGeschw(float AnfangsGeschw)
{
    AGeschw = AnfangsGeschw;
    QuadratAGeschw = AnfangsGeschw * AnfangsGeschw;
}
public float getAnfangsGeschw()
{
    return AGeschw;
}
public float gibWurfWeite(float Winkel)
{
    return QuadratAGeschw * SinAlfa(2 * Winkel) / g;
}
public float gibWurfZeit(float Winkel)
{
    return 2.0f * tH(Winkel);
}
public float gibSteigHoehe(float Winkel)
{
    return (QuadratAGeschw * SinAlfa(Winkel) *
    SinAlfa(Winkel)) / (g*2);
}
public float gibSteigZeit(float Winkel)
{
    return tH(Winkel);
}
public float gibHoehe(float Winkel, float x)
{
    // Wurfhoehe bei Startwinkel Winkel in Entfernung x
    // Formel x nach t aufgelöst und in Formel y eingesetzt
    return (x*TanAlfa(Winkel) - g/2 *x*x/QuadratAGeschw/
        CosAlfa(Winkel)/CosAlfa(Winkel));
}
}
```

```
/* Programmname: Schiefer Wurf
* GUI-Klasse: WurfGUI
* Aufgabe: Erstellung einer Grafik und einer Tabelle
* für den schiefen Wurf
* Eingaben: Winkelbereich (VonWinkel, BisWinkel),
*           Anfangsgeschwindigkeit
* Ausgaben: Tabelle mit Winkel, Anfangsgeschw., Wurfweite,
*           Wurfzeit, Steighöhe, Steigzeit
*           + grafische Ausgabe
*/
import java.awt.*;
import java.Applet.*;
import java.awt.event.*;
```

Klasse
WurfGUI

```
public class WurfGUI extends Applet
{
    //Attribute
    private int VonWinkel = 0, BisWinkel = 0, AGeschw = 0;
    //Eingaben
    private Wurf einWurf;
    //Operationen
    public void init()
    {
        einWurf = new Wurf();
        ...
        wurfZeichenflaeche = new java.awt.Canvas();
        wurfZeichenflaeche.setBounds(36,120,456,168);
        wurfZeichenflaeche.setBackground(new Color(15395562));
        add(wurfZeichenflaeche);
        AktionsAbhoerer einAktionsAbhoerer =
            new AktionsAbhoerer();
        berechnenDruckknopf.addActionListener
            (einAktionsAbhoerer);
    }
    public void paint(Graphics g)
    {
        //Zeichnen der Wurfparabel auf der Zeichenfläche
        erstelleGrafik(wurfZeichenflaeche);
    }
```

innere
Klasse
AktionsAbhoerer

```
    //Innere Klasse
    class AktionsAbhoerer implements ActionListener
    {
    public void actionPerformed(ActionEventevent)
    {
        String Merke;
        //Dient zum Wandeln der Texteingabe in Zahlen
        Integer i; //Integer ist eine Klasse
        //Inhalt der Eingabefelder in Zahlen umwandeln
        Merke = vonWinkelTextfeld.getText();
        i = Integer.valueOf(Merke);
        VonWinkel = i.intValue();
```

```
      Merke = bisWinkelTextfeld.getText();
      i = Integer.valueOf(Merke);
      BisWinkel = i.intValue();

      Merke = geschwTextfeld.getText();
      i = Integer.valueOf(Merke);
      AGeschw = i.intValue();
      //Erstellen der Tabelle
      erstelleListe();
      //Neuzeichnen des Fensters, beinhaltet Zeichnen der
      //Wurfparabeln
      repaint();
    }
  }//Ende innere Klasse

  private void erstelleGrafik(Canvas c)
  {
    if((einWurf != null) &&
      (einWurf.gibWurfWeite(VonWinkel) != 0.0f))
      {
      //Nur dann zeichnen, wenn ein gültiger Wurf
      //vorhanden ist
      //Graphics der Zeichenfläche besorgen
      Graphics g = c.getGraphics();
      //Größe der Zeichenfläche
      Dimension cDim = c.getSize();
      //Hintergrund löschen
      g.clearRect(0,0,cDim.width,cDim.height);
      //Breite und Höhe begrenzen den Zeichenraum
      int maxX = cDim.width;
      int maxY = cDim.height;
      //Weite und Höhe von Wurf1 (bei VonWinkel)
      //und Wurf2 (bei BisWinkel) besorgen
      float dieWeite1 = einWurf.gibWurfWeite(VonWinkel);
      float dieHoehe1 = einWurf.gibSteigHoehe(VonWinkel);
      float dieWeite2 = einWurf.gibWurfWeite(BisWinkel);
      float dieHoehe2 = einWurf.gibSteigHoehe(BisWinkel);
      //Skalierungsfaktoren der beiden Würfe holen
      //Bei einem hohen, kurzen Wurf ist die Höhe der
      //Zeichenfläche der limitierende Faktor
      //Bei einem niedrigen, weiten Wurf ist die Breite der
      //Zeichenfläche der limitierende Faktor
      float skalierung1 = (float)Math.min(maxX/dieWeite1,
          maxY/dieHoehe1);
      float skalierung2 = (float)Math.min(maxX/dieWeite2,
          maxY/dieHoehe2);
      //Als endgültiger Skalierungsfaktor wird der kleinere
      //gewählt. Dadurch ist sichergestellt, dass beide Würfe
      //vollständig innerhalb der Zeichenfläche gezeichnet
      //werden können
      float skalierung = (float)Math.min(skalierung1,
          skalierung2);
      //Die Skalierung ist in x und y Richtung identisch
      //Dadurch bleibt die Winkeltreue erhalten
```

```
        zeichneWurf(Color.red, dieWeite1, VonWinkel, Skalierung,
            g, maxX, maxY);
        zeichneWurf(Color.blue, dieWeite2, BisWinkel, Skalierung,
            g, maxX, maxY);
    }
}
private void zeichneWurf(Color Linienfarbe, float Weite,
int Winkel, float Skalierung, Graphics g, int maxX, int maxY)
{
    float y;
    g.setColor(Linienfarbe);
    //Zeichenbreite von 0 bis max
    //in 1-Pixel-Schritten durchlaufen
    for(float x = 0.0f; x <= Weite; x += Weite/maxX)
    {
        //Höhe bei aktueller x-Position berechnen
        y = einWurf.gibHoehe(Winkel, x);
        //Über Skalierung in Pixel-Koordinaten umrechnen
        int xi = (int)(Skalierung * x);
        int yi = (int)(Skalierung * y);
        //Koordinatensystem beginnt oben links,
        //ein Wurf beginnt aber unten links,
        //also die Koordinaten vertikal spiegeln
        yi = maxY - yi;
        //Punkt zeichnen
        //drawPixel oder setPixel gibt es nicht, daher Linie
        //auf sich selbst
        g.drawLine(xi,yi,xi,yi);
    }
}
private void erstelleListe()
{
    String Merke; //Zahlen in Texte wandeln
    einWurf.setAnfangsGeschw(AGeschw);
    if(AGeschw != 0)
    {
        float dummy;
        for(int Winkel = VonWinkel; Winkel <= BisWinkel;
            Winkel++)
        {
            Merke = Integer.toString(Winkel);
            tabelleTextbereich.append(Merke);
            if((Winkel == VonWinkel) ||
              (Winkel == BisWinkel))
                tabelleTextbereich.append("*");
            tabelleTextbereich.append("\t");
            Merke = Integer.toString(AGeschw);
            tabelleTextbereich.append(Merke + "\t");
            dummy = (float)((long)(10000.0f *
                einWurf.gibWurfWeite(Winkel)));
            Merke = Float.toString(dummy / 10000.0f);
            tabelleTextbereich.append(Merke + "\t");
```

```
            dummy = (float)((long)(10000.0f *
                einWurf.gibWurfZeit(Winkel)));
            Merke = Float.toString(dummy / 10000.0f);
            tabelleTextbereich.append(Merke + "\t");
            dummy = (float)((long)(10000.0f *
                einWurf.gibSteigHoehe(Winkel)));
            Merke = Float.toString(dummy / 10000.0f);
            tabelleTextbereich.append(Merke + "\t");
            dummy = (float)((long)(10000.0f *
                einWurf.gibSteigZeit(Winkel)));
            Merke = Float.toString(dummy / 10000.0f);
            tabelleTextbereich.append(Merke + "\t" + "\n");
         }//Ende for
      }//Ende if
   }//Ende erstelleListe
}//Ende WurfGUI
```

Abb. 2.13-12 zeigt die textuelle und grafische Ausgabe des Programms »Schiefer Wurf«.

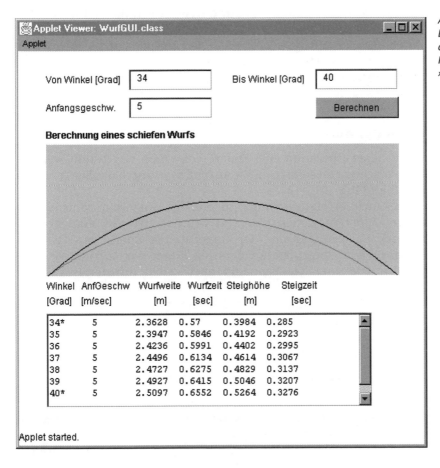

Abb. 2.13-12:
Benutzungs-
oberfläche des
Programms
»Schiefer Wurf«

n + ½-Schleife

Es gibt Fälle, in denen es notwendig ist, innerhalb der Wiederholungsanweisungen die laufende Wiederholung abzubrechen. Dies ist insbesondere dann sinnvoll, wenn z. B. bei einer Berechnung innerhalb einer Wiederholung Fehler auftreten, die eine weitere Verarbeitung der Wiederholungsanweisungen überflüssig machen.

Konzeptionell hat man die Kontrollstruktur Wiederholung so verallgemeinert, dass

Struktogramm-Darstellung (nicht einheitlich verwendet)

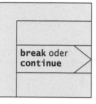

- innerhalb des Wiederholungsteils ein oder mehrere Unterbrechungen *(breaks)* oder Aussprünge programmiert werden können, die bewirken, dass aus dem Wiederholungsteil hinter das Ende der Wiederholung verzweigt bzw. gesprungen wird,

- die aktuelle Wiederholung abgebrochen wird und sofort eine neue Wiederholung beginnt *(continue)*, d.h., es wird zur jeweiligen Wiederholungsbedingung verzweigt, und

- die Operation, in der sich die Wiederholung befindet, durch ein return beendet wird (In Java ist dies nicht nur in einer Funktion, sondern auch in einer Prozedur durch return; möglich).

Struktogramm-darstellung

Wird eine Wiederholung auf eine dieser beiden Arten verlassen, dann spricht man von einer n + ½-Schleife. Ein Beispiel zur n + ½- Schleife wird im übernächsten Abschnitt behandelt.

Endlos-Wiederholung

Für Sonderfälle gibt es noch die **Endlos-Wiederholung**, z. B. für Überwachungs- und Steuerungsaufgaben wie z. B. eine Ampelsteuerung.

2.13.4 Der Aufruf

Soll in einer Operation eine andere Operation angewandt werden, dann geschieht dies durch einen **Aufruf** bzw. durch das Senden einer Botschaft (Abb. 2.13-13).

Kapitel 2.11

Ein Aufruf erfolgt durch die Angabe des Operationsnamens (Prozedur-, Funktionsnamens), gefolgt von der Liste der aktuellen Parameter. Nach Ausführung der aufgerufenen Operation (Prozedur, Funktion) wird die rufende Operation hinter der Aufrufstelle fortgesetzt.

Abschnitt 2.11.11

Eine Operation kann sich auch selbst aufrufen (rekursiver Aufruf).

Da durch einen Aufruf die sequenzielle Ausführung der Anweisungen unterbrochen wird, zählt der Aufruf zu den Kontrollstrukturen.

2.13.5 Geschachtelte Kontrollstrukturen

Schachtelung

Komplexe Abläufe können durch **Schachtelung** von Kontrollstrukturen beschrieben werden. Innerhalb von Wiederholungsanweisungen können wieder Wiederholungsanweisungen oder/und Auswahlanweisungen stehen. Im Prinzip kann man die Kontrollstrukturen in beliebiger Kombination beliebig tief ineinander schachteln.

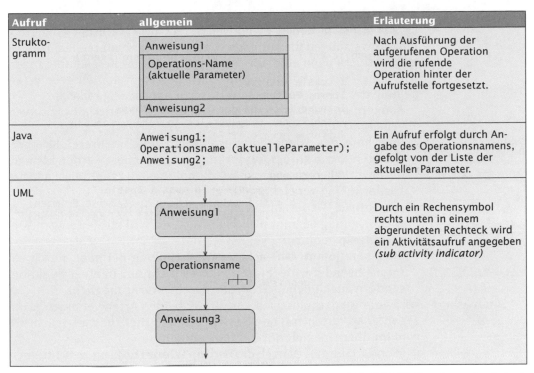

Aufruf	allgemein	Erläuterung
Strukto-gramm	Anweisung1 Operations-Name (aktuelle Parameter) Anweisung2	Nach Ausführung der aufgerufenen Operation wird die rufende Operation hinter der Aufrufstelle fortgesetzt.
Java	Anweisung1; Operationsname (aktuelleParameter); Anweisung2;	Ein Aufruf erfolgt durch Angabe des Operationsnamens, gefolgt von der Liste der aktuellen Parameter.
UML	Anweisung1 Operationsname Anweisung3	Durch ein Rechensymbol rechts unten in einem abgerundeten Rechteck wird ein Aktivitätsaufruf angegeben *(sub activity indicator)*

Abb. 2.13-13: Notationen des Aufrufs

```
/* Programmname: Primzahl
 * GUI- und Fachkonzeptklasse: PrimzahlGUI
 * Aufgabe: Berechnung der ersten N Primzahlen
 * Eine ganze Zahl Z>1 heißt Primzahl, wenn sie ohne Rest nur
 * durch 1 und durch sich selbst teilbar ist. Um festzustellen,
 * ob eine Zahl eine Primzahl ist, muss Z durch 2 und alle
 * ungeraden Zahlen von 3 bis Wurzel(Z) dividiert werden.
 * Ist der Rest einer solchen Division gleich 0, dann liegt
 * keine Primzahl vor.
 * Für die Ermittlung von Primzahlen gibt es keine geschlossene
 * Lösung, d.h. Primzahlen können nicht durch eine Formel
 * berechnet werden.
 */

import java.awt.*;
import java.Applet.*;
import java.awt.event.*;

public class PrimzahlGUI extends Applet
{
    //Attribute
    private int N = 0;
    //Eingabe, bis zu N werden alle Primzahlen ermittelt
    private String Ergebnis; //Ausgabe (als Zeichenkette)
    ...
```

Beispiel Primzahl

Klasse
PrimzahlGUI

```
        //Innere Klasse
        class AktionsAbhoerer implements ActionListener
        {
            public void actionPerformed(ActionEvent event)
            {
                //Lokale Attribute
                String Puffer;
                Integer i; //Integer ist eine Klasse
                //Inhalt des Eingabefelds in Zahl umwandeln
                Puffer = grenzeTextfeld.getText();
                i = Integer.valueOf(Puffer);
                N = i.intValue();
                //Berechnung
                if(N <= 1) Ergebnis = "N muss > 1 sein!";
                else if(N < 3) Ergebnis = "2\n";  //2 ist Primzahl
                else if(N < 4) Ergebnis = "2\n3"; //3 ist Primzahl
                else
                {
                    int Zahl = 5; //Ausgabe
                    int Teiler; //Hilfsgröße
                    Ergebnis = "2\n3";
                    while(Zahl <= N)
                    {
                        Teiler = 1;
                        do
                        {
                            Teiler = Teiler + 2;
                            //Jede Zahl durch alle ungeraden
                            //Zahlen teilen
                            if((Zahl % Teiler) == 0) break;
                            //Rest ist = 0
                            if((Teiler * Teiler) >= Zahl)
                            {
                                Ergebnis = Ergebnis.concat("\n");
                                //Anfügen an bisherigen String
                                Ergebnis = Ergebnis.concat
                                    (Integer.toString(Zahl));
                            }
                        } while ((Teiler * Teiler) < Zahl);
                        Zahl = Zahl + 2;
                    }//Ende while
                }//Ende if
                ergebnisTextbereich.append(Ergebnis);
            }//Ende actionPerformed
        }//Ende innere Klasse
}//Ende PrimzahlGUI
```

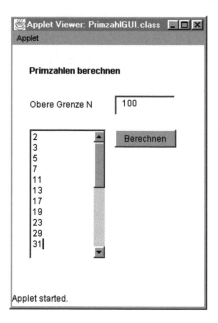

Die Schachtelung wird noch deutlicher, wenn man das Programm als Struktogramm darstellt (Abb. 2.13-14).

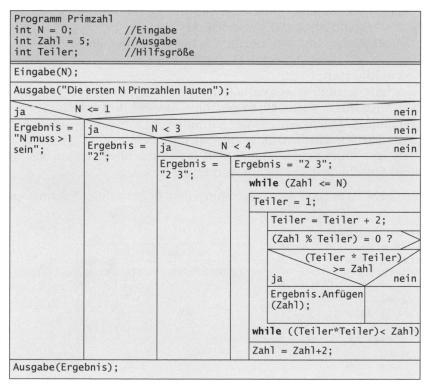

Abb. 2.13-14: Struktogramm-Darstellung des Programms »Primzahl«

Insbesondere bei geschachtelten Auswahlanweisungen ist auf den korrekten Anschluss jeder Anweisung zu achten.

Beispiele Das nebenstehende Struktogramm sieht in Java folgendermaßen aus:

```
if(n > 0)
    if(a > b)
        Z = a;
    else
        Z = b;
    //end if
//end if
```

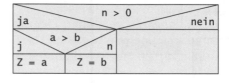

Das nebenstehende, unwesentlich geänderte Struktogramm sieht in Java folgendermaßen aus:

```
if(n > 0)
    {
        if(a > b)
            Z = a;
    } //end if
else
    Z = b;
//end if
```

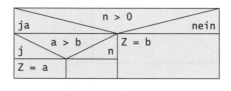

Programmier-
hinweis   Durch die ungünstige Syntaxstruktur in Java kann es leicht zu Fehlinterpretationen der Semantik beim Lesen eines Programms kommen. Daher sind zusätzliche Kommentare unbedingt nötig!

Auswahlketten
Manche Problemlösungen enthalten regelmäßig ineinander geschachtelte Auswahlanweisungen, so genannte **Auswahlketten**. Einige Programmiersprachen besitzen zur Formulierung dieser Auswahlketten besondere Sprachkonstrukte, z.B. Ada mit **elsif**.

Auswahlketten

Da Java ein **if**-Konstrukt nicht mit **end if** abschließt, ist ein besonderes Sprachkonstrukt nicht erforderlich.

Beispiel Das nebenstehende Struktogramm sieht in Java folgendermaßen aus:

```
if(Bedingung1)
    Anweisung1
else
    if(B2)
        A2;
    else
        if(B3)
            A3;
        else A4;
//end if
```

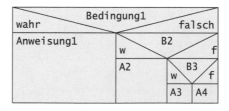

Beenden geschachtelter Anweisungen

In der Praxis müssen aufgrund erkannter Fehler ineinander geschachtelte Wiederholungsanweisungen und Mehrfach-Auswahlanweisungen vollständig verlassen werden. Ein Beenden der gerade aktiven Anweisung reicht dazu nicht aus.

In Java ist es möglich, jede Anweisung und jeden Anweisungsblock mit einer Marke *(label)* zu versehen. Eine Marke ist ein Bezeichner, gefolgt von einem Doppelpunkt, z.B. Schleife1: · Java

Durch Marken versehene Anweisungen werden von den Anweisungen **break** oder **continue** »angesprungen«, die irgendwo innerhalb der mit Marken versehenen Anweisung auftreten. Hinter **break** oder **continue** muss dann der entsprechende Markenbezeichner angegeben werden.

```
Schleife1: //Name der Schleife
while(Ausdruck)
{
    Anweisungen;
    while(Ausdruck)
    {
        Anweisungen;
        if(Fehler1) break Schleife1;
        Anweisungen;
        if(Fehler2) continue Schleife1;
        Anweisungen;
    }
    Anweisungen;
} //Ende Schleife1
```
· Beispiel

Mit **break** wird hinter das Ende der Schleife1, mit **continue** auf die Marke Schleife1 verzweigt.

2.13.6 Anordnung von Auswahlanweisungen

Jede Bedingung, die bei der Ausführung eines Programms ausgewertet werden muss, kostet Zeit. In Abhängigkeit von der Aufgabenstellung muss daher genau analysiert werden, welche Anordnung der Auswahlanweisungen die geringste Laufzeit ermöglicht.

Eine Schwachstromversicherung deckt alle Schäden an empfindlichen elektronischen Bürogeräten ab, die beispielsweise durch einen plötzlichen Stromausfall oder unsachgemäße Handhabung entstehen könnten. · Beispiel

Der Jahresbeitrag für die Versicherungssumme errechnet sich im Falle einer Einzelversicherung für Büromaschinen aufgrund der nebenstehenden Vertragsbedingungen (Auszug).

Versicherungssumme in €	Prämie in ‰
bis 5.000	16,8
von 5.001 bis 10.000	12,6
über 10.000	8,4

Eine unreflektierte Umsetzung dieser Aufgabenstellung führt zu der Lösung 1 (Abb. 2.13-15).

Abb. 2.13-15:
Direkte Umsetzung
der Aufgaben-
stellung

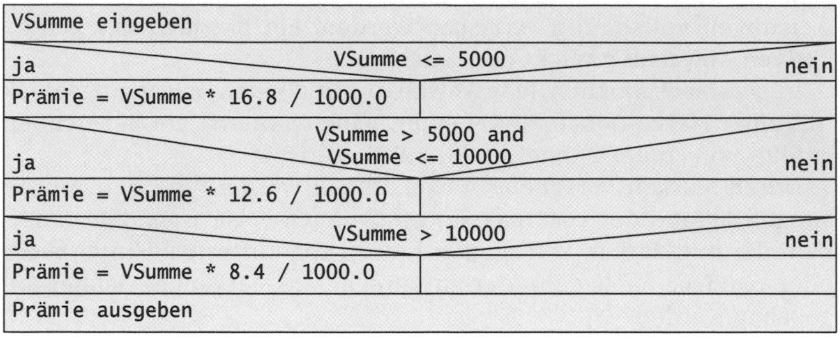

VSumme eingeben		
ja	VSumme <= 5000	nein
Prämie = VSumme * 16.8 / 1000.0		
ja	VSumme > 5000 and VSumme <= 10000	nein
Prämie = VSumme * 12.6 / 1000.0		
ja	VSumme > 10000	nein
Prämie = VSumme * 8.4 / 1000.0		
Prämie ausgeben		

Bei dieser Lösung werden unabhängig von der konkreten Versicherungssumme nacheinander immer drei Bedingungen überprüft. Ist die konkrete Versicherungssumme <= 5.000 €, dann sind die beiden folgenden Abfragen eigentlich überflüssig. Dennoch werden sie ausgeführt. Dies führt zu einer unnötigen Verlängerung der Laufzeit des Programms.

Von der Aufgabenstellung her handelt es sich um eine Mehrfachauswahl. Aus drei Fällen muss genau ein Fall ausgewählt werden.

Java   In Java lässt sich diese Aufgabe durch eine **switch**-Anweisung lösen.

```
/*Programmname: Versicherung1
* Fachkonzeptklasse: Versicherung1
* Aufgabe: Laufzeitoptimierte Berechnung von
* Versicherungsprämien
* Einsatz des switch-Konstrukts
*/
class Versicherung1
{
    public double berechnePraemie(double VSumme)
    {
        //Berechnung
        double praemie = 0.0;
        //Lösung mit switch - case - Konstrukt
        int fall = (int)((VSumme - 1.0/100.0) / 5000.0);
        switch (fall)
        {
            case 0: praemie = VSumme * 16.8 / 1000.0; break;
            case 1: praemie = VSumme * 12.6 / 1000.0; break;
            default: praemie = VSumme * 8.4 / 1000.0; break;
        }
        //floor ist eine Klassenoperation der Klasse Math
        //floor ermittelt den größten float-Wert, der nicht
        //größer als das Argument und gleich einer ganzen
        //Zahl ist
        return (double)Math.floor((double)(praemie *
            100.0)) / 100.0;
    }
}
```

Bei dieser Lösung muss allerdings die Zeit, die zum Berechnen des switch-Ausdrucks benötigt wird, mitberücksichtigt werden.
Eine Verbesserung der 1. Lösung ist durch ein Schachteln von if-Anweisungen möglich. Dabei ist es allerdings wichtig, zu wissen, welche Abfragen mit welcher Häufigkeit auftreten.
Ist beispielsweise in 70 Prozent aller Fälle die Versicherungssumme größer als 10.000,- €, dann ist die folgende Lösung 2 die beste (Abb. 2.13-16):

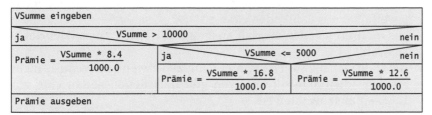

Abb. 2.13-16: Verbesserte Lösung der Aufgabenstellung

```
/*Programmname: Versicherung2
* Fachkonzept-Klasse: Versicherung2
* Aufgabe: Laufzeitoptimierte Berechnung von
* Versicherungsprämien
* Einsatz von geschachtelteten if-Anweisungen
*/
class Versicherung2
{
    public double berechnePraemie(double VSumme)
    {
        double praemie = 0.0;
        // Lösung mit if
        if(VSumme > 10000.0)
            praemie = VSumme * 8.4 / 1000.0;
        else
            if(VSumme <= 5000.0)
                praemie = VSumme * 16.8 / 1000.0;
            else
                praemie = VSumme * 12.6 / 1000.0;
        return (double)Math.floor((double)(praemie * 100.0)) /
            100.0;
    }
}
```

In 70 Prozent aller Fälle wird nur eine Bedingung ausgewertet, sonst zwei. Gegenüber der Lösung 1 ist die zusammengesetzte Bedingung entfallen.

Das Beispiel hat gezeigt, dass es in vielen Fällen sinnvoll ist, Auswahlanweisungen ineinander zu schachteln. In Abhängigkeit von den Annahmen und Voraussetzungen eines Problems spielt die richtige Wahl der Abfragereihenfolge eine große Rolle, um ein optimales Programm zu entwickeln.

2.13.7 Auswahl von Kontrollstrukturen

Kontrollstrukturen sind so auszuwählen, dass sie die gegebene Problemstellung möglichst gut widerspiegeln. Wesentlich ist, dass klar zwischen einer **Auswahl** und einer **Wiederholung** unterschieden wird.

Eine **Auswahl** ist dadurch charakterisiert, dass entweder
- ein Fall in Abhängigkeit von einer Bedingung eintritt (einfache Auswahl) oder
- aus zwei Fällen bzw. Alternativen ein Fall ausgewählt werden muss (zweifache Auswahl) oder
- aus mehreren Fällen ein Fall ausgewählt werden muss (Mehrfachauswahl).

Regeln
- Die Mehrfachauswahl ist immer dann zu verwenden, wenn es mehr als zwei disjunkte Alternativen gibt, aus denen genau eine zur Laufzeit auszuwählen ist.
- Die Mehrfachauswahl ist immer mit Fehlerausgang (**default**) zu verwenden, um übersehene Alternativen abfangen zu können.
- Wird in einer zweifachen Auswahl ein Zweig für die Fehlerbehandlung verwendet, dann sollte dies der **else**-Zweig sein.
- Bei geschachtelten Auswahlanweisungen sind wahrscheinliche Abfragehäufigkeiten zu berücksichtigen.

Die Auswahlkriterien für die **Wiederholungsanweisung** zeigt Abb. 2.13-17 (in Anlehnung an /Messer, Marshall 86, S. 285/).

Regeln
Folgende Regeln sollten bei Wiederholungsanweisungen beachtet werden:
- Endlos-Schleifen und $n + 1/2$-Schleifen sind nur dann zu verwenden, wenn dies unbedingt erforderlich ist.
- Bei der **while**-Schleife muss die Bedingung am Anfang der Wiederholung bereits einen eindeutigen Wert besitzen.

2.13.8 Strukturierte Programmierung

/Böhm, Jacopini 66/ haben nachgewiesen, dass alle Kontrollflüsse durch eine Auswahlkonstruktion und eine Wiederholungskonstruktion beschrieben werden können.

Die hier vorgestellten Kontrollstrukturen haben ein gemeinsames Kennzeichen. Sie besitzen – bis auf die **break**- und **continue**-Anweisungen – jeweils genau einen Eingang und einen Ausgang.

Prinzip der Lokalität
Zwischen dem Eingang und dem Ausgang gilt das **Lokalitätsprinzip**, d.h., der Kontrollfluss verlässt den durch Eingang und Ausgang definierten Kontrollbereich nicht. Betrachtet man jede Kontrollstruktur makroskopisch, dann verläuft der Kontrollfluss linear durch einen Algorithmus, d.h. streng sequenziell vom Anfang bis zum Ende. Daher bezeichnet man diese Kontrollstrukturen auch als »lineare Kontrollstrukturen«.

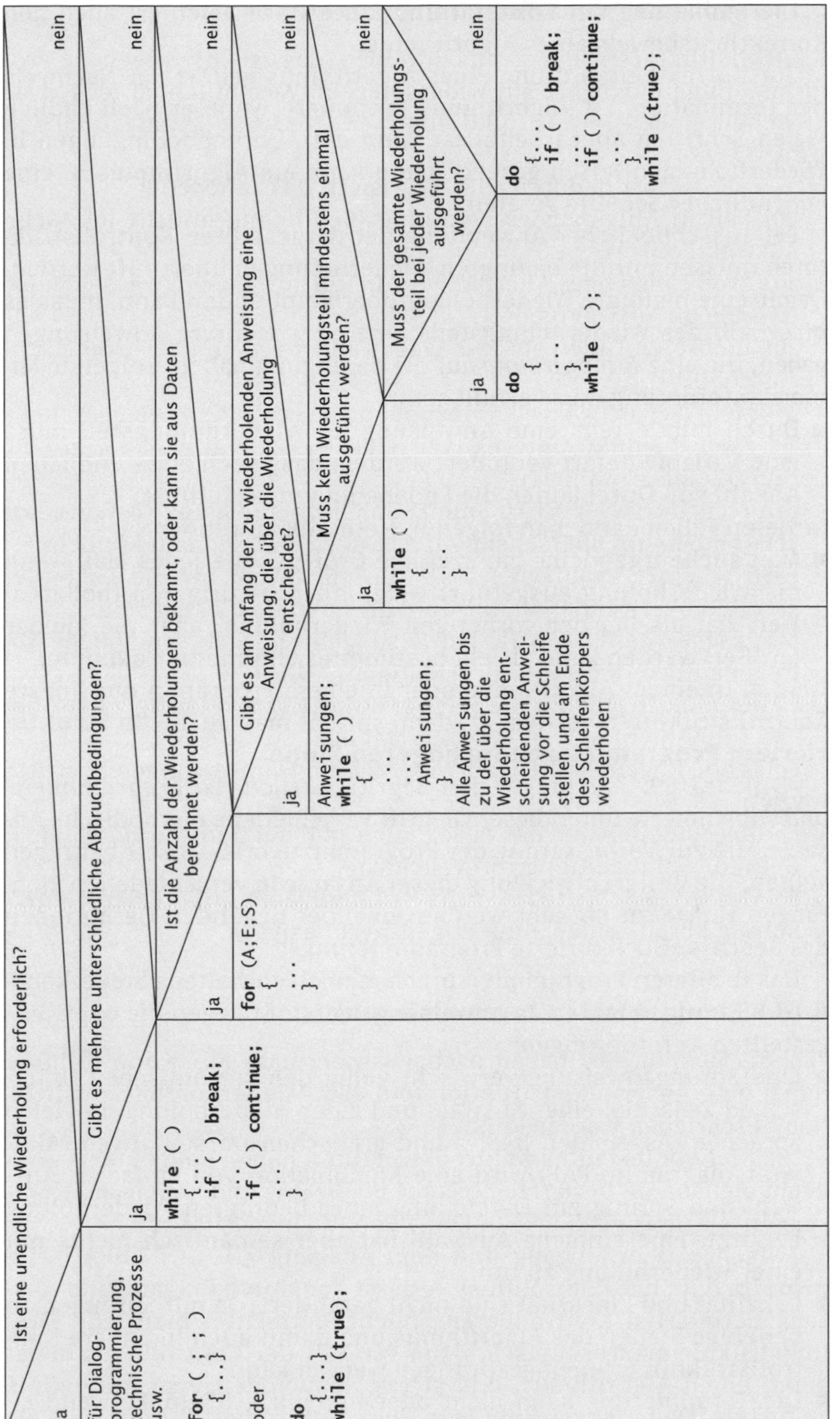

Ist eine unendliche Wiederholung erforderlich?   ja / nein

Gibt es mehrere unterschiedliche Abbruchbedingungen?   ja / nein

Ist die Anzahl der Wiederholungen bekannt, oder kann sie aus Daten berechnet werden?   ja / nein

Gibt es am Anfang der zu wiederholenden Anweisung eine Anweisung, die über die Wiederholung entscheidet?   ja / nein

Muss kein Wiederholungsteil mindestens einmal ausgeführt werden?   ja / nein

Muss der gesamte Wiederholungsteil bei jeder Wiederholung ausgeführt werden?   ja / nein

für Dialog-programmierung, technische Prozesse usw.

```
for ( ; ; )
{...}
```
oder
```
do
{...}
while (true);
```

```
while ( )
{...
if ( ) break;
...
if ( ) continue;
}
```

```
for (A;E;S)
{
...
}
```

```
Anweisungen;
while ( )
{
...
...
Anweisungen;
}
```
Alle Anweisungen bis zu der über die Wiederholung entscheidenden Anweisung vor die Schleife stellen und am Ende des Schleifenkörpers wiederholen

```
while ( )
{
...
}
```

```
do
{
...
}
while ( );
```

```
do
{...}
if ( ) break;
...
if ( ) continue;
}
while (true);
```

Abb. 2.13-17: Auswahlkriterien für die Wiederholungsanweisung

287

Die Einhaltung der Lokalität und Linearität erleichtert auch den Korrektheitsbeweis eines Algorithmus.

Termination

Zur Korrektheitsprüfung eines Algorithmus gehört der Nachweis der Termination. Ein Algorithmus terminiert, wenn er nach endlich vielen Schritten abgearbeitet ist. Sind die Abbruchbedingungen in Wiederholungen falsch gesetzt, dann kann ein Algorithmus in eine »unendliche« Schleife geraten.

Bei ausschließlicher Anwendung der dargestellten Kontrollstrukturen müssen nur die bedingten Wiederholungen überprüft werden. Damit eine bedingte Wiederholung überhaupt enden kann, muss es innerhalb des Wiederholungsteils eine oder mehrere Anweisungen geben, die eine *Rückwirkung* auf die Bedingung haben. Folgende Minimalanforderung muss erfüllt sein:

- Durch mindestens eine Anweisung im Wiederholungsteil muss eine Variable derart verändert werden, dass nach einer endlichen Anzahl von Durchläufen die Endebedingung erfüllt ist.

In vielen Fällen kann man folgende Methodik anwenden:

- Man suche irgendeine ganzzahlige Größe G, die jedes Mal, wenn die Wiederholung ausgeführt wird, einen niedrigeren (höheren) Wert hat als bei der vorherigen Wiederholung, aber nie kleiner (größer) werden kann als ein bestimmtes Minimum (Maximum).

Werden in einem Algorithmus oder in einem Programm nur lineare Kontrollstrukturen verwendet, dann spricht man auch von **Strukturiertem Programmieren im engeren Sinne**.

Prof. Dr. Edsger Wybe Dijkstra
* 1930 in Rotterdam, Niederlande, † 2002, Wegbereiter der strukturierten Programmierung (Buch: *Notes on Structured Programming* 1972; zusammen mit O.-J. Dahl und C. A. R. Hoare), Erfinder von Algorithmen und des Semaphor-Konzeptes; Promotion an der Universität Amsterdam, von 1984 bis 2002 *Professor and Schlumberger Centennial Chair in Computer Science, University of Texas at Austin.*

/Dijkstra 69, 72/ prägte den Begriff »*Structured Programming*« und subsumierte unter diesem Begriff verschiedene methodische Ansätze, die zur Verbesserung der Programmzuverlässigkeit beitragen sollten. Die Weiterentwicklung dieser Ansätze in verschiedenen Richtungen führte zu oft sehr weit auseinander liegenden Definitionen des Begriffs »Strukturierte Programmierung«.

Das in älteren Programmiersprachen noch enthaltene Steuerkonstrukt »Sprung« bzw. »*goto*-Anweisung« verstößt gegen die oben aufgestellten Anforderungen:

- Eine Sprunganweisung verwischt völlig den semantischen Unterschied zwischen einer Auswahl und einer Wiederholung. In vielen Sprachen (Assembler, BASIC) und grafischen Darstellungen (Aktivitätsdiagramm, PAP) wird eine Kombination von einfacher Auswahl und Sprung zur Darstellung einer bedingten Wiederholung benutzt. Eine einfache Auswahl hat aber semantisch nichts mit einer Wiederholung zu tun.

- Lokalität und Linearität sind nicht garantiert, da mit Sprüngen an beliebige Stellen des Algorithmus und damit auch in andere Kontrollstrukturen hineingesprungen werden kann.

- Die Terminierung kann nicht oder nur mit großem Aufwand sichergestellt werden, da bei einem Sprung nicht klar ist, ob er dazu dient, Anweisungen zu wiederholen oder ob es sich um Sprünge zur Realisierung von Auswahlbedingungen handelt.

■ Das strukturierte Denken in Sequenz, Auswahl und Wiederholung wird nicht unterstützt, da durch einen Sprung jederzeit die »Notbremse gezogen werden kann«, d.h., wenn man einen Algorithmus formuliert hat und am Ende merkt, dass das Problem einen Rücksprung an den Anfang erfordert, dann wird man nicht gezwungen, den Algorithmus mit einer Wiederholung neu zu strukturieren.

■ Syntax und Semantik einer Sprunganweisung sind nicht selbst erklärend.

■ Die Fehleranfälligkeit steigt bei der Verwendung der Sprunganweisung.

Eine eingeschränkte und damit disziplinierte Form des »Sprungs« stellen die **break**- und **continue**-Anweisungen dar. In Java gibt es *keine* Sprunganweisungen (**goto**).

Für die Darstellungen von Kontrollstrukturen sind die grafischen und textuellen Beschreibungsmittel unterschiedlich geeignet: Wertung

Struktogramme ermöglichen eine optimale grafische Darstellung von linearen Kontrollstrukturen, da es *nicht* möglich ist, Sprünge darzustellen. Der in Struktogrammen verfügbare Platz ermöglicht außerdem die Wahl aussagekräftiger Namen. Die Attribute können am Anfang in einem eigenen Kasten beschrieben werden. Das manuelle Zeichnen und Ändern ist aufwendig. Es gibt jedoch Struktogramm-Generatoren, die diese Arbeit automatisch erledigen. Besonders vorteilhaft bei Struktogrammen ist, dass die Auswahl in ablaufadäquater Form dargestellt wird, d.h., die Alternativen werden horizontal angeordnet, während in textuellen Darstellungsformen eine vertikale Anordnung erfolgt. Struktogramme

Die Syntax einiger **Programmiersprachen** ist so gestaltet, dass die Syntax die Semantik der linearen Kontrollstrukturen optimal unterstützt. Die Wortsymbole sind selbst erklärend, und jede Konstruktion wird durch ein spezifisches Wortsymbol explizit abgeschlossen (**loop ... end loop; if .. end if**). Die Schachtelungsstruktur von Kontrollstrukturen wird dadurch optisch hervorgehoben, dass eingeschachtelte Kontrollstrukturen textuell nach rechts eingerückt werden (manuell oder automatisch durch Formatierer). Programmier-sprachen

Die Programmiersprachen Java, C++ und C sind in dieser Hinsicht *nicht* vorbildlich. Daher sind ein konsequentes Einrücken und zusätzliche Kommentare erforderlich, um gut lesbare Kontrollstrukturen zu erhalten. Java, C++

Als schwerwiegender Nachteil des **Aktivitätsdiagramms** der UML – wenn es für Kontrollstrukturen verwendet wird – und des **Programmablaufplanes (PAP)** erweist sich, dass es für grundlegende Kontrollstrukturen *keine* eigenen Symbole gibt (Mehrfachauswahl, Wiederholungen). Beide bieten dem Programmierer zu große Frei- PAP

289

heiten, sodass sie zur Beschreibung von linearen Kontrollstrukturen nur beschränkt geeignet sind. Schachtelungsstrukturen sind z.B. kaum erkennbar. Die Attribut-Deklaration kann in die Symbolik nicht integriert werden.

Vorteile

Die ausschließliche Verwendung von **linearen Kontrollstrukturen** bringt folgende Vorteile:
- Vereinheitlichung der Programmierstile, d.h. Standardisierung der Kontrollflüsse.
- Übersichtliche, gut lesbare und verständliche Anweisungteile von Algorithmen.
- Leichte Überprüfbarkeit der Terminierung.
- Für gleichartige Probleme entstehen gleichartige Kontrollfluss-Strukturen.
- Statische Überprüfung der Korrektheit möglich.
- Die Auswirkungen jeder Kontrollstruktur sind übersehbar.

Methodik

Von der Methodik her ist folgende Reihenfolge einzuhalten:
1 Immer zuerst die Kontrollstrukturen entwerfen.
2 Erst dann die elementaren Anweisungen überlegen.

2.13.9 Behandlung von Ausnahmen

Führt die Ausführung eines Programms zu einer Situation, in der eine reguläre Weiterarbeit nicht sinnvoll ist, z.B. bei einer Division durch null, dann liegt eine Ausnahme-Situation *(exception)* vor. In den meisten Programmiersprachen führt eine Ausnahmesituation zu einem Abbruch des laufenden Programms (das Programm »stürzt« ab).

Java

In Java wird in einer solchen Situation eine **Ausnahme (exception)** ausgelöst. Der Programmablauf verzweigt von der Stelle, an der das Ausnahmeereignis aufgetreten ist, zu einer vom Programmierer anzugebenden Stelle. Eine Ausnahme wird also an der Stelle des Auftretens ausgelöst *(thrown)* und an der Stelle abgefangen *(caught)*, an der der Programmablauf fortgeführt werden soll.

Java-Programme können durch *throw*-Anweisungen auch Ausnahmen explizit auslösen. Dadurch können Fehlerbedingungen an aufrufende Programme übergeben werden. Jede Ausnahme wird durch ein Objekt der Standard-Klasse Throwable dargestellt. Ein solches Objekt kann dazu benutzt werden, um Informationen von der Stelle, an der das Ausnahmeereignis stattfand, an die Ausnahmebehandlungsroutine zu übergeben, die die Ausnahme abfängt.

vordefinierte Ausnahmen

In Java gibt es eine Reihe vordefinierter Ausnahmen, die in entsprechenden Situationen vom Java-Interpreter ausgelöst werden. Eine Übersicht über diese Ausnahmen gibt Abb. 2.13-18.

Abfangen von Ausnahmen

Erwartet man, dass in einem Programmstück eine vordefinierte oder selbst definierte Ausnahme eintreten kann, dann schließt man dieses Programmstück in einen **try**-Block ein.

Standardausnahmen des Java-Laufzeitsystems
Klasse RuntimeException
- RuntimeException: Es ist ein Laufzeitfehler aufgetreten.
- ArithmeticException: Es ist eine außergewöhnliche arithmetische Situation entstanden, wie die Division ganzer Zahlen durch null.
- ArrayStoreException: Es wurde versucht, in ein Feldelement einen Wert zu speichern, dessen Klasse nicht mit dem Elementtyp des Feldes zuweisungskompatibel ist.
- ClassCastException: Es wurde versucht, eine Referenz auf ein Objekt explizit in einen nicht passenden Typ umzuwandeln.
- IllegalArgumentException: Einer Operation wurde ein ungültiger oder nicht passender Parameter übergeben, oder sie wurde für ein nicht passendes Objekt aufgerufen.
- IllegalThreadStateException: Ein *Thread* war für die geforderte Operation nicht in passendem Zustand.
- NumberFormatException: Es wurde versucht, einen String in einen Wert von numerischem Typ umzuwandeln, obwohl der String nicht das geeignete Format hatte.
- IllegalMonitorStateException: Ein *Thread* versuchte, auf andere *Threads*, die auf ein nicht gesperrtes Objekt warten, zu warten oder diese zu benachrichtigen.
- IndexOutOfBoudsException: Ein Index von irgendeiner Sorte (z.B. für ein Feld, eine Zeichenkette oder einen Vektor) oder ein durch zwei Indexwerte oder durch einen Index und eine Länge gegebener Teilbereich waren außerhalb des zulässigen Bereiches.
- NegativeArraySizeException: Es wurde versucht, ein Feld mit negativer Länge zu erzeugen.
- NullPointerException: Es wurde versucht, eine Nullreferenz zu verwenden, obwohl eine Objektreferenz gefordert war.
- SecurityException: Es wurde eine Sicherheitsverletzung entdeckt.

Weitere Standardausnahmen
Paket java.lang
- ClassNotFoundException: Eine Klasse oder Schnittstelle des angegebenen Namens konnte nicht gefunden werden.
- CloneNotSupportedException: Die Operation clone der Klasse Object wurde zum Klonen eines Objekts aufgerufen, die Klasse dieses Objekts implementiert aber nicht die Schnittstelle Cloneable.
- IllegalAccessException: Es wurde versucht, eine in einer Zeichenkette mit ihrem vollqualifizierten Namen angegebene Klasse zu laden, aber die angegebene ausführende Operation hat keinen Zugang zur Definition der angegebenen Klasse, da sie nicht öffentlich und in einem anderen Paket ist.
- InstantiationException: Es wurde versucht, ein Objekt einer Klasse unter Verwendung der Operation newinstance der Klasse Class zu erzeugen, aber das spezifizierte Klassenobjekt kann nicht erzeugt werden, da es eine Schnittstelle, ein Feld oder abstrakt ist.
- InterruptedException: Während der aktuelle *Thread* wartete, hat ihn ein anderer *Thread* unter Verwendung der Operation interrupt der Klasse *Thread* unterbrochen.

Paket java.io
- java.io.IOException: Eine geforderte Ein-/Ausgabe-Operation konnte nicht normal beendet werden.
- java.io.EOFException: Das Dateiende wurde angetroffen, bevor eine Eingabeoperation normal beendet werden konnte.
- java.io.FileNotFoundException: Eine Datei mit einem durch Dateiname oder Pfad angegebenen Namen wurde nicht im Dateisystem gefunden.
- java.io.InterruptedIOException: Während der aktuelle *Thread* auf die Beendigung einer E/A-Operation wartete, hat ihn ein anderer *Thread* unter Verwendung der Operation interrupt der Klasse *Thread* unterbrochen.
- java.io.UTFDataFormatException: Eine geforderte Umwandlung einer Zeichenkette von dem bzw. in das Java-modifizierte UTF-8-Format konnte nicht beendet werden, weil die Zeichenkette zu lang oder die angeblichen UTF-8-Daten nicht das Ergebnis der Kodierung einer Unicode-Zeichenkette nach UTF-8 waren.

Paket java.net
- java.net.MalformedURLException: Eine Zeichenkette, die als URL oder als Teil einer URL angegeben war, hatte nicht das richtige Format oder benannte ein unbekanntes Protokoll.
- java.net.ProtocolException: Ein Aspekt eines Netzwerkprotokolls wurde nicht korrekt durchgeführt.
- java.netSocketException: Eine einen Kommunikationsendpunkt (engl. *socket*) betreffende Operation konnte nicht normal beendet werden.
- java.net.UnknownHostException: Der Name eines Netzwerkcomputers konnte nicht zu einer Netzwerkadresse aufgelöst werden.
- java.net.UnknownServiceException: Die Netzwerkverbindung kann den geforderten Dienst nicht unterstützen.

Quelle: /Gosling, Joy, Steele 97, S. 202ff/

Abb. 2.13-18:
Vordefinierte
Ausnahmen in
Java

Hinweis: In der nebenstehenden Abbildung sind wichtige vordefinierte Ausnahmen in Java aufgeführt. Die Abbildung dient zum Nachschlagen. Daher sind auch Ausnahmen aufgeführt, die bisher nicht behandelt wurden.

Im Anschluss an den **try**-Block formuliert man eine oder mehrere Ausnahmebehandlungsroutinen *(exception handlers)*, die angeben, was beim Eintreten der entsprechenden Ausnahme geschehen soll:

```
try
{
    Anweisung;
    Anweisung;
    ...
}
catch (ExceptionClass a)
{
    Ausnahmebehandlung
}
```

Beispiel In dem Programm ZiffernInWorte (Abschnitt 2.13.2) wird kein Ergebnis ausgegeben, wenn anstelle einer Zahl ein oder mehrere Buchstaben eingegeben werden. Es muss also überprüft werden, ob keine Buchstaben eingegeben wurden. Wandelt man den eingegebenen Text mit der Operation Integer.ValueOf(Text) in eine Zahl um, und enthält Text keine Zahl, dann wird von Java die Ausnahme NumberFormatException ausgelöst. Diese Ausnahme wird im anschließenden catch-Konstrukt behandelt. In diesem Fall wird eine entsprechende Fehlermeldung ausgegeben:

```
public void actionPerformed(java.awt.event.ActionEvent event)
{
    String eineZahlAlsText;
    Integer i; //Integer ist eine Klasse!
    // Inhalt des Eingabefeldes in eine Zahl umwandeln
    int Zahl;
    String Merke = eingabeTextfeld.getText();
    try
    {
        i = Integer.valueOf(Merke);
        Zahl = i.intValue();
    }
    catch(NumberFormatException x)
    {
        ergebnisTextfeld.setText("Fehlerhafte Eingabe, bitte
            eine Ziffer eingeben!");
        return; //Beenden der Prozedur
    }
    // Zahl in einen Text umwandeln
    switch(Zahl)
    ....
```

In vielen Fällen soll die Ausnahmebehandlung von der Operation durchgeführt werden, die die Operation mit der aufgetretenen Ausnahme aufgerufen hat. Es muss daher die Möglichkeit geben, eine aufgetretene Ausnahme an die rufende Operation weiterzugeben.

In Programmiersprachen, die über keine explizite Ausnahmebehandlung verfügen, signalisiert man die Ausnahmesituation über

einen Ergebnisparameter. Dadurch belastet man diese Parameter mit
Ausnahmen und verschlechtert die Lesbarkeit der Programme.

Berechnung der Prämie in der Klasse Versicherung2 (siehe Abschnitt   Beispiel 1a
2.13.6) ohne Ausnahmekonzept:

```
public double berechnePraemie(double VSumme)
{
    double praemie = 0.0;
    //Prüfung des Eingabeparameters
    if(VSumme <= 0)
        return -1d;
    //Lösung mit if
    if(VSumme > 10000.0)
...
//Aufruf
public void ermittlePraemie()
{
    String MerkeText = textField1.getText();
    Double d = Double.valueOf(MerkeText);
    double VSumme = d.doubleValue();
    //Aufruf mit Überprüfung auf Fehler
    double Praemie =
        eineVersicherung.berechnePraemie(VSumme);
    if(Praemie > 0)
        textField2.setText(Double.toString(Praemie));
    else
        textField2.setText("Fehler: Summe muss größer null
            sein");
}
```

Damit in Java eine Ausnahme an den Aufrufer gemeldet werden kann,
wird die Operations-Deklaration um eine throws-Klausel ergänzt und
im Operationsrumpf wird eine Ausnahme ausgelöst.

```
public double berechnePraemie(double VSumme) throws Exception    Beispiel 1b
{
    double praemie = 0.0;
    //Prüfung des Eingabeparameters
    if(VSumme <= 0)
        throw new Exception("Summe muss größer null sein");
    //Lösung mit if
    if(VSumme > 10000.0)
...
//Aufruf mit Überprüfung auf Ausnahmeauslösung
    try
    {
        double Praemie = eineVersicherung.berechnePraemie(VSumme);
        textField2.setText(Double.toString(Praemie));
    }
    catch (Exception e)
    {
        textField2.setText("Ausnahme aufgefangen: " +
            e.getMessage());
    }
```

Abb. 2.13-19:
Beispiel für das
Abfangen einer
fehlerhaften
Eingabe

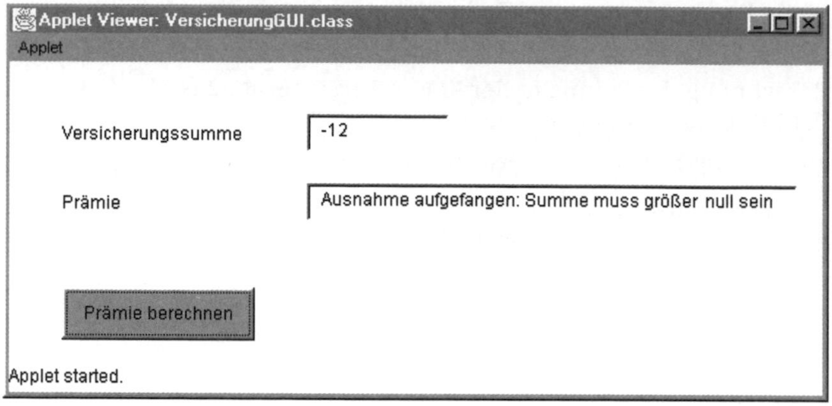

Die Benutzungsoberfläche zeigt Abb. 2.13-19.

Die throws-Klausel hinter der Parameterliste listet die Ausnahme-Typen auf, die von einer Operation ausgelöst werden können. Im Beispiel 1b löst die Operation berechnePraemie nur eine Ausnahme vom Typ Exception aus.

In der Operation wird bei fehlerhaftem Eingabeparameter
(VSumme <= 0)
ein Objekt der Ausnahmeklasse Exception erzeugt (new Exception ("Fehlerbezeichnung")). Der Exception-Konstruktor nimmt einen String als Parameter entgegen. Der String enthält eine Nachricht, die ausgegeben werden kann, wenn die Ausnahme abgefangen wird.

Die throw-Anweisung beendet die Operation und ermöglicht es dem Aufrufer, die Ausnahme abzufangen. Das Abfangen geschieht in der aufrufenden Operation in einer try-catch-Anweisung, wobei der Aufruf im try-Teil stehen muss.

Hinter der Parameterliste eines Konstruktors oder einer Operation kann eine throws-Klausel stehen (siehe auch Abb. 2.6-2):

Java-Syntax   *Throws:*
         throws *TypeNameList*
TypeNameList:
      TypeName
      TypeNameList , *TypeName*
Überall, wo eine Anweisung *(statement)* stehen kann, kann eine throw-Anweisung stehen:
      ThrowStatement:
         throw *ThrowableInstance* ;
ThrowableInstance muss ein Objekt der Klasse Throwable sein. Es gibt zwei Möglichkeiten, ein solches Objekt zu erhalten:
– Verwendung eines Parameters in der catch-Klausel,
– Erzeugung eines Objekts mit dem new-Operator (siehe Beispiel 2).
Befindet sich in einer Operation eine throw-Anweisung, dann wird hinter dieser Anweisung der Programmablauf abgebrochen und es

wird zur nächsten catch-Klausel verzweigt. Enthält die eigene Operation keine catch-Klausel, dann muss die Operation eine throws-Klausel hinter der Parameterliste besitzen, um dem Aufrufer damit anzuzeigen, dass er für die Ausnahmebehandlung sorgen muss.

Besitzt die rufende Operation selbst keine Ausnahmebehandlung, dann muss sie ebenfalls hinter der Parameterliste eine throws-

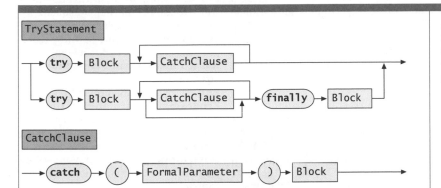

Abb. 2.13-20:
Syntax und
Semantik von
try-catch
in Java

Eine CatchClause muss genau einen Parameter besitzen, der Ausnahmeparameter genannt wird. Als Typ muss eine Ausnahme-Klasse angegeben sein, z.B. Exception. Wird die Ausführung des try-Blocks normal beendet, d.h. keine Ausnahme ist eingetreten, dann wird nichts weiter unternommen. Die catch-Konstrukte werden übergangen.
Wird im try-Block eine Ausnahme ausgelöst, dann werden die catch-Konstrukte durchlaufen.
Mehrere CatchClauses werden von links nach rechts abgearbeitet. Die CatchClause, die den aktuellen Parameter akzeptiert, wird ausgeführt.

finally-Konstrukt
Wird in Java eine Ausnahme ausgelöst, dann wird die weitere Ausführung der Operation abgebrochen. Mithilfe des finally-Konstrukts können auch dann noch Anweisungen ausgeführt werden, wenn eine Ausnahme eintritt, um z.B. Abschlussarbeiten durchzuführen.
Der finally-Block wird ausgeführt, egal was im try-Block passiert.

Beispiel
```
try
{    Anweisungen, die eine Ausnahme auslösen könnten
}

catch (MalformedURLException e1)
{    //Notaktion bei fehlerhaften URLs
}

catch (UnknownHostException e2)
{    // Notaktion bei unbekanntem Netzwerkcomputer
}

catch (IOException e3)
{    // Notaktion bei allen anderen Ein-/Ausgabeproblemen
}
```

Die Ausnahmeobjekte e1, e2 und e3 können genauere Informationen über die Ausnahme besitzen. Eine detaillierte Fehlermeldung erhält man – falls vorhanden – durch e3.getMessage(). Die aktuelle Klasse des Ausnahmeobjekts bekommt man durch e3.getClass().getName().

295

Klausel haben, damit ihr Aufrufer weiß, dass Ausnahmen übergeben werden können.
Syntax und Semantik der Ausnahmebehandlung sind in Abb. 2.13-20 zusammengestellt.

Aufruf Beschreibt den Wechsel der Kontrolle von der aufrufenden Stelle zu dem aufgerufenen Algorithmus und die Rückkehr hinter die Aufrufstelle nach Beendigung des aufgerufenen Algorithmus. Ein Aufruf erfolgt normalerweise durch Angabe des Algorithmusnamens und der aktuellen Parameter.

Ausnahme Fehlerhafte Situationen während der Programmausführung führen zur Auslösung von Ausnahmen, auf die der Programmierer reagieren kann.

Auswahl Ausführung von Anweisungen in Abhängigkeit von Bedingungen (auch Verzweigung oder Fallunterscheidung genannt). Man unterscheidet die einseitige, die zweiseitige und die Mehrfachauswahl.

Auswahlkette Sonderform geschachtelter **if**-Anweisungen (→Auswahl), bei der der **else**-Teil wieder **if**-Anweisungen enthält. Durch das Sprachkonstrukt **elsif** ist in einigen Programmiersprachen eine kompakte Formulierung möglich.

Bedingte Wiederholung →Wiederholungs-Anweisung, bei der die Anzahl der Wiederholungen durch eine Bedingung am Anfang (**while** ( ) {...}), am Ende (**do** { } **while** ( )) oder innerhalb der Wiederholungsstruktur festgelegt wird (**if** ( ) **break**; **if** ( ) **continue**). Mindestens eine der Anweisungen in der Wiederholungsstruktur muss eine Rückwirkung auf die Bedingung haben, sonst terminiert das Programm nicht.

exception →Ausnahme.

Fallunterscheidung →Auswahl.

Kontrollstrukturen Geben an, in welcher Reihenfolge (→Sequenz), ob (→Auswahl) und wie oft (→Wiederholung) Anweisungen ausgeführt werden, bzw. ob andere Programme aufgerufen werden (→Aufruf).

Laufanweisung →Zählschleife.

Lineare Kontrollstrukturen →Kontrollstrukturen, die nur →Sequenz, → Auswahl, →Wiederholung und →Aufruf verwenden, aber keine Sprünge (**goto**) (→strukturiertes Programmieren).

Nassi-Shneiderman-Diagramm → Struktogramm-Notation.

PAP →Programmablaufplan-Notation.

Programmablaufplan-Notation In DIN 66 001 genormte, grafische Darstellungsform für →Kontrollstrukturen von Algorithmen.

Schachtelung Innerhalb von →Kontrollstrukturen können wiederum Kontrollstrukturen stehen.

Schleife →Wiederholung.

Sequenz Anweisungen werden von links nach rechts und von oben nach unten ausgeführt (Aneinanderreihung). Die Anweisungen werden in der Regel durch ein Semikolon voneinander getrennt.

Struktogramm-Notation grafische Darstellung →linearer Kontrollstrukturen.

Strukturiertes Programmieren i.e.S. Beschreibung eines Algorithmus durch ausschließliche Verwendung von →linearen Kontrollstrukturen (keine **goto**- bzw. Sprungkonstrukte).

Verzweigung →Auswahl.

Wiederholung Alle Anweisungen, die im Wiederholungsteil einer Wiederholungs-Anweisung stehen, werden solange wiederholt, bis eine Bedingung den Abbruch der Wiederholung verursacht (→Zählschleife, →bedingte Wiederholung).

Zählschleife →Wiederholungs-Anweisung, bei der die Anzahl der Wiederholungen durch eine Zählvariable festgelegt ist, die einen diskreten Wertebereich aufwärts oder abwärts durchläuft (**for** (Start; Ende; AufOderAb) {...}).

Kontrollstrukturen legen innerhalb eines Algorithmus fest, in welcher Reihenfolge, ob und wie oft Anweisungen ausgeführt werden sollen. Die strukturierte Programmierung i.e.S. erlaubt nur solche Kontrollstrukturen, die genau einen Ein- und einen Ausgang haben. Man nennt solche Kontrollstrukturen daher lineare Kontrollstrukturen. Es lassen sich vier verschiedene Arten unterscheiden: die Sequenz, die Auswahl (Fallunterscheidung, Verzweigung), die Wiederholung (Schleife) und der Aufruf. Alle Arten lassen sich beliebig miteinander kombinieren und ineinander schachteln.

Ist die Anzahl der Wiederholungen bekannt, dann verwendet man eine Zählschleife (Laufanweisung), sonst die bedingte Wiederholung. Ineinander geschachtelte Auswahlanweisungen ergeben Auswahlketten, die durch einige Programmiersprachen besonders unterstützt werden.

Um bei Fehlern einen Programmabbruch während der Laufzeit zu vermeiden, führen einige Programmiersprachen beim Auftreten von Ausnahmen *(exceptions)* eine Ausnahmebehandlung durch, auf die der Programmierer reagieren kann. Durch die Einführung einer Ausnahme-Verarbeitung ist es möglich, die Rückgabe von Ergebnissen von der Benachrichtigung über Fehler zu trennen.

Algorithmen können sowohl textuell in einer Programmiersprache oder grafisch als Struktogramm, auch Nassi-Shneiderman-Diagramm genannt, oder als UML-Aktivitätsdiagramm oder als Programmablaufplan (PAP) dargestellt werden. Einen Überblick über die Kontrollstrukturen gibt Abb. 2.13-21.

Beim Programmieren sollten folgende Regeln eingehalten werden: | allgemeine Regeln
- Bei einer zweifachen Auswahl ist im **else**-Teil als Kommentar anzugeben, welche Bedingungen gelten.
- Die Mehrfachauswahl immer mit Fehlerausgang (**default**) programmieren.
- Das Beenden von n + $1/2$-Schleifen immer mit einer Bedingung vornehmen: **if...then break**.

Beim Schreiben eines Java-Programms sollten zusätzlich folgende Java-Regeln Regeln eingehalten werden:
- In einer **switch**-Anweisung jeden Fall mit **break** beenden, den **default**-Fall als letzten Fall aufführen.
- Bei einer **do**-Schleife daran denken, dass die Schleife wiederholt wird, wenn die Bedingung erfüllt ist (umgekehrt wie im Struktogramm und in vielen anderen Programmiersprachen).
- Die **for**-Schleife nur diszipliniert verwenden und immer alle drei Teile in folgender Form verwenden:
```
for(Zaehlvariable = Anfangswert; Zaehlvariable <= Endwert;
Zaehlvariable = Zaehlvariable + 1)
//Alternativ: Zaehlvariable = Zaehlvariable - 1
```
- Geschachtelte Anweisungen durch Kommentare gut beschreiben und strukturieren.

Abb. 2.13-21:
Kontrollstrukturen
im Überblick

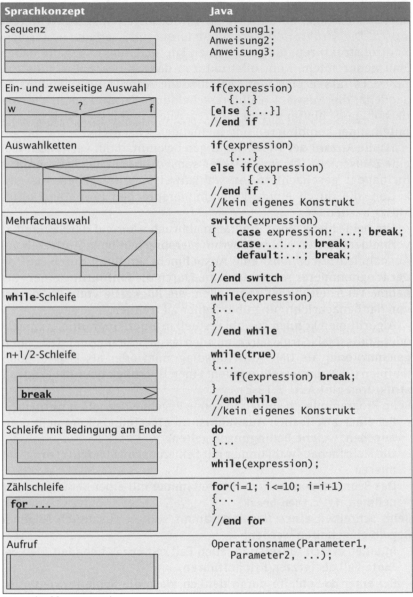

Sprachkonzept	Java
Sequenz	Anweisung1; Anweisung2; Anweisung3;
Ein- und zweiseitige Auswahl w ? f	**if**(expression) {...} **[else** {...}**]** //**end if**

Auswahlketten	**if**(expression)
	  {...}
	else if(expression)
	    {...}
	//**end if**
	//kein eigenes Konstrukt

Mehrfachauswahl	**switch**(expression)
	{ **case** expression: ...; **break;**
	    case...:...; **break;**
	    default:...; **break;**
	}
	//**end switch**

while-Schleife	**while**(expression) {... } //**end while**

n+1/2-Schleife
break
	while(**true**)
	{...
	    if(expression) **break;**
	}
	//**end while**
	//kein eigenes Konstrukt

Schleife mit Bedingung am Ende	**do** {... } **while**(expression);
Zählschleife **for** ...	**for**(i=1; i<=10; i=i+1) {... } //**end for**
Aufruf	Operationsname(Parameter1, Parameter2, ...);

Legende: [ ] = optional

Zitierte Literatur   /Böhm, Jacopini 66/
       Böhm C., Jacopini G., *Flow Diagrams, turing machines and languages with only two formations rules*, in: Communications of the ACM, 9, 1966
       /Dijkstra 69/
       Dijkstra H.W., *Structured Programming*, in: Software Engineering – Concepts and Techniques, New York: Petrocelli, 1969, S. 222–226

/Dijkstra 72/
Dijkstra H. W., *Notes on Structured Programming*, in: Structured Programming, London: Academic Press, 1972, S. 1–82
/DIN 66 001/
Sinnbilder und ihre Anwendung, Berlin: Beuth-Verlag, 1983
/DIN 66 261/
Sinnbilder für Struktogramme nach Nassi-Shneiderman, Berlin: Beuth-Verlag, November 1985
/DIN EN 28 631/
Programmkonstrukte und Regeln für ihre Anwendung, Berlin: Beuth-Verlag, August 1994
/Gosling, Joy, Steele 97/
Gosling J., Joy B., Steele G., *Java – Die Sprachspezifikation*, Bonn: Addison-Wesley, 1997
/Messer, Marshall 86/
Messer P., Marshall I., *Modula-2: Constructive Program Development*, Oxford: Blackwell Scientific Publications, 1986
/Nassi, Shneiderman 73/
Nassi I., Shneiderman B., *Flowchart Techniques for Structured Programming*, in: SIGPLAN, Aug. 1973, S. 12–26

1 *Lernziel: Kontrollstrukturen problemgerecht, qualitätsgerecht und aufwandsgerecht auf Problemstellungen anwenden können.*
Das folgende Java-Programm ist zwar syntaktisch korrekt und erfüllt einen Zweck, die Kontrollstrukturen wurden jedoch unzweckmäßig verwendet. Verbessern Sie das Programm durch Verwendung der korrekten Kontrollstrukturen.

Analytische Aufgaben
Muss-Aufgabe
30 Minuten

```java
public void durchlaufeKontrollstrukturen
    (boolean Bedingung, int Wert)
{
    int i;
    i = 1;
    while(i < 10)
    {
        System.out.println(i);
        i = i + 1;
    }

    while(Bedingung == true)
    {
        System.out.println("Bedingung ist wahr");
        break; // Beendet while-Schleife
    }

    if(Wert == 0)
    {
        System.out.println("Wert ist 0");
    }
    else if(Wert == 1)
    {
        System.out.println("Wert ist 1");
    }
    else if(Wert == 2)
```

```
{
    System.out.println("Wert ist 2");
}
else
{
    System.out.println("Wert ist weder 0, noch 1, noch 2");
}
}
```

Kann-Aufgabe
60 Minuten

2 *Lernziel: Kontrollstrukturen problemgerecht, qualitätsgerecht und aufwandsgerecht auf Problemstellungen anwenden können.*
In den bisherigen Beispiel-Programmen werden Fehleingaben nicht abgefangen. Testen Sie die Beispiele von Kapitel 2.13 daraufhin, wie sie bei Fehleingaben reagieren, und ergänzen Sie die Beispiele um die geeigneten Konstrukte, damit an den entsprechenden Stellen Fehlermeldungen ausgegeben werden.

Konstruktive Aufgaben
Muss-Aufgabe
15 Minuten

3 *Lernziele: Struktogramme lesen und erstellen können. Die Darstellungsformen Struktogramm und Java-Syntax ineinander überführen können.*
Führen Sie folgende Schleifenumformungen durch:
a Formulieren Sie eine Java-Zählschleife, die von n (n > 3) auf 3 mit der Schrittweite -2 zählt.
b Formen Sie diese Zählschleife in eine while-Schleife um.
c Formen Sie diese while-Schleife in eine Schleife mit Bedingung am Ende um.
d Stellen Sie die Schleifen aus **a** – **c** als Struktogramm dar.

Muss-Aufgabe
20 Minuten

4 *Lernziele: Struktogramme lesen und erstellen können. Die Darstellungsformen Struktogramm und Java-Syntax ineinander überführen können. Syntax und Semantik linearer Kontrollstrukturen in den Darstellungsformen Struktogramm und Java-Syntax erläutern können.*
a Formen Sie die allgemeine Java-Schleife mit Bedingung am Ende in eine while-Schleife um.
b Formen Sie die allgemeine Java-Zählschleife in eine while-Schleife um.
c Zeichnen Sie ein Struktogramm zu a und b.

Kann-Aufgabe
45 Minuten

5 *Lernziel: Kontrollstrukturen problemgerecht, qualitätsgerecht und aufwandsgerecht auswählen und einsetzen können.*
In vielen Anwendungen werden Zufallszahlen benötigt. Stellt eine Programmiersprache eine entsprechende Operation bereit, dann kann man diese verwenden. Eine andere Möglichkeit besteht darin, einen eigenen Zufallszahlengenerator zu programmieren. Im Folgenden wird erläutert, wie ein Zufallszahlengenerator mit der multiplikativen Kongruenz-Methode arbeitet:
Man nehme eine beliebige ganze Zahl x_n ($1 \le x_n \le m$) und multipliziere sie mit einer ganzen Zahl a (a > 0).
Das Ergebnis dividiere man durch die ganze Zahl m (m > a).
Der Rest dieser ganzzahligen Division ist die erzeugte Zufallszahl.
Soll eine neue Zufallszahl ermittelt werden, dann wird die jeweils zuletzt erzeugte Zahl als Zahl x_n benutzt.
Dieser Zufallsgenerator wird durch die iterative Gleichung
$x_n + 1 = (a * x_n) \bmod m$
beschrieben.
Die Größen haben folgende Bezeichnungen:

a	Multiplikator	$a > 0$ und ganz
x_n	gegebene Größe	$1 \leq x_n < m$ und ganz
m	Modul	$m > a$ und ganz
x_{n+1}	erzeugte Zufallszahl	$0 \leq x_n + 1 < m$ und ganz

Man erhält scheinbar regellose Zahlen, die im Intervall von 0 bis m-1 liegen. Nach einer gewissen Zeit wiederholen sich die erzeugten Zahlen (Periode).

Um möglichst lange Perioden zu erhalten, sollte m möglichst groß gewählt werden; gut geeignet sind Primzahlen. Damit eine möglichst regellos aussehende Zahlenfolge entsteht, sollte der Multiplikator wie folgt gewählt werden: $\sqrt{m} < a$

Ein solcher Zufallszahlengenerator erzeugt regellose Zahlen im Bereich von 1 bis m-1, die sich mit einer Periodenlänge von m wiederholen. Als Startwert muss eine ganze Zahl zwischen 1 und m-1 eingegeben werden. Eine Bereichstransformation kann nach folgenden Formeln vorgenommen werden.

Zunächst wird die vom Generator erzeugte Zahl in das offene Intervall (0, 1) transformiert: $x_{trans} = x_{zufall}/m$.

Für die Transformation des Intervalls (0, 1) in ein anderes offenes Intervall (y_{min}, y_{max}) ergibt sich die Formel: $y = (y_{max} \; y_{min}) * x_{trans} + y_{min}$

Die Zufallszahlen sollen im abgeschlossenen Intervall $[y_{max}, y_{min}]$, d.h. einschließlich der Intervallgrenzen y_{max} und y_{min}, erzeugt werden.

a Erstellen Sie ein Programm in Java, das die Intervallgrenzen y_{min} und y_{max} einliest und eine Zufallszahl liefert. Verwenden Sie eine GUI-Klasse und eine Fachkonzeptklasse, die den Zufallszahlengenerator modelliert.

b Vergleichen Sie die Ergebnisse mit den Werten, die die Operationen der Java-Klasse Random liefern, die sich im Java-Paket `java.util` befindet.

6 *Lernziele: Kontrollstrukturen problemgerecht, qualitätsgerecht und aufwandsgerecht auf Problemstellungen anwenden können. Lineare Kontrollstrukturen ineinander schachteln können.*   Muss-Aufgabe
90 Minuten

Ein Roboter ROB/1 kann durch Kommandos gesteuert werden.
Die Kommandos haben folgenden Aufbau:
Objektbezeichnung Aktionsbezeichnung Parameter 1 Parameter 2

Objekte: **K**örper, **S**chulter, **A**rm, **H**and, **F**inger
Aktionen: **R**otieren (nur beim **K**örper und bei der **H**and)
                          Beugen (nur bei der **S**chulter, dem **A**rm und der **H**and)
                          Schließen (nur beim **F**inger)
Parameter 1:   **A**bsolut oder **R**elativ
Parameter 2:   Gradangabe (mit oder ohne Vorzeichen)

Folgende Kommandos sind erlaubt:
KRA, KRR   Grad: –135° bis +135°   (absolut)
SBA, SBR   Grad: –45° bis +45°   (absolut)
ABA, ABR   Grad: –45° bis +45°   (absolut)
HBA, HBR   Grad: –45° bis +45°   (absolut)
HRA, HRR   Grad: –90° bis +180°   (absolut)
FSA, FSR   Grad: 0° bis +180°   (absolut)

Schreiben Sie ein Java-Programm, das prüft, ob eingegebene Kommandos dieser Syntax entsprechen und innerhalb der erlaubten Winkel liegen. Lesen Sie die Kommandoteile einzeln ein, sodass anschließend die folgenden Variablen initialisiert sind: Objekt, Aktion, Parameter1, Parameter2.

Geben Sie als Ausgabe eine Kommandonummer aus, die folgender Zuordnung entspricht:
KRA = 1, KRR = 2, SBA = 3 bis FSR = 12.
Geben Sie eine aussagekräftige Fehlermeldung aus, wenn die Kommandosyntax und -semantik verletzt wurde.
Es können beliebig viele Kommandos hintereinander eingegeben werden.

Muss-Aufgabe
60 Minuten

7 *Lernziel: Kontrollstrukturen auswählen und einsetzen können.*
Entwerfen Sie einen Algorithmus bzw. ein Java-Programm, das folgendes Problem löst:
Ein Fahrkartenautomat soll so gesteuert werden, dass er aus dem zu zahlenden Fahrpreis und dem eingeworfenen Geldbetrag das Wechselgeld ermittelt. Das Wechselgeld soll jedoch so ausgegeben werden, dass der Automat möglichst *wenige Münzen* zur Ausgabe benötigt.
Es gelten folgende Annahmen und Einschränkungen:
a Der zu zahlende Fahrpreis ist ein float-Wert (Centbeträge kommen nicht vor, kleinste Einheit 5 Cent).
b Der zu zahlende Fahrpreis ist immer kleiner oder gleich 10 € und größer als 0 €.
c Es können nicht mehr als 10 € als Geldbetrag eingeworfen werden. Der eingeworfene Geldbetrag ist als float-Wert zu erfassen (zwei Stellen hinter dem Punkt).
d Der Automat verfügt über folgende Münzarten: 5 €, 2 €, 1 €, 50 C., 10 C., 5 C.
e Auszugeben ist die Anzahl der jeweiligen Münzart, die als Wechselgeld zurückgegeben wird.
f Der eingeworfene Geldbetrag ist größer oder gleich dem zu zahlenden Fahrpreis.

Beispiel

Eingabe:
zu zahlender Fahrpreis: 1,20 Euro
eingeworfener Geldbetrag: 5,00 Euro
Ausgabe:
1 * 2 Euro, 1 * 1 Euro, 1 * 50 Cent, 3 * 10 Cent

Testen Sie das Programm (mindestens) mit folgenden Beispielen:
1 Fahrpreis: 2,65 €, Geldbetrag: 5,00 €
2 Fahrpreis: 7,20 €, Geldbetrag: 9,00 €.

Klausur-Aufgabe
30 Minuten

8 *Lernziel: Kontrollstrukturen auswählen und einsetzen können.*
In einer Bank oder Sparkasse wird eine Tabelle benötigt, die angibt, auf welchen Betrag ein Anfangskapital nach einem Jahr bei Verzinsung nach verschiedenen Zinssätzen anwächst.
Schreiben Sie einen Algorithmus in Java, der für ein Anfangskapital von 100 € und für die Zinssätze von 3 Prozent bis 10 Prozent (in Schritten von 0,5 Prozent steigend) das Endkapital nach folgender Formel berechnet und ausgibt:

Endkapital = Anfangskapital * (1 + Zinssatz in % / 100)

Erweitern Sie anschließend den Algorithmus so, dass das Endkapital für das Anfangskapital von 100 €; 250 € und 750 € berechnet wird.

2 Grundlagen der Programmierung – Vererbung und Polymorphismus

- Die Begriffe Oberklasse, Unterklasse, Einfachvererbung, Mehrfachvererbung, abstrakte Klasse, Überschreiben, Verbergen und
  Polymorphismus erklären können.
- Die beim Vererben, Überschreiben und Verbergen zu berücksichtigenden Regeln – insbesondere in Java – angeben und anwenden können.
- In Java-Programmen die Konzepte Vererbung, Polymorphismus, Überschreiben und Verbergen problemgerecht einsetzen
  können.
- Die UML-Notation beim Zeichnen von Klassen-Diagrammen verwenden können.

verstehen

anwenden

✓ ■ Die Kapitel 2.2 bis 2.13 müssen bekannt sein.

In den Kapiteln 2.14 bis 2.17 werden wichtige neue Konzepte der
Objektorientierung behandelt. Diese Konzepte eröffnen neue Möglichkeiten der Programmierung. Sie setzen die Beherrschung der bisherigen Konzepte voraus.

Bevor Sie mit den folgenden Kapiteln fortfahren, sollten Sie sich
vergewissern, dass Sie die bisherigen Konzepte theoretisch und praktisch beherrschen. Gut geeignet dazu ist das Praktikum 2 (siehe Anhang C).

Hinweis

2.14 Zuerst die Theorie: Vererbung

Das grundlegend neue Konzept der objektorientierten Programmierung gegenüber der prozeduralen Programmierung ist die Vererbung. Nach einer kurzen intuitiven Einführung wird zunächst die theoretische Seite betrachtet.

2.14.1 Intuitive Einführung

In Abschnitt 2.5.1 wurde die Firma Nobel & Teuer vorgestellt, die Einfamilienhäuser vermittelt. Diese Firma hat sich nun entschlossen, auch noch Geschäftshäuser anzubieten. Analog wie beim Einfamilienhaus lässt sich eine Klasse »Geschäftshaus« bilden (Abb. 2.14-1).

Abb. 2.14-1:
Klassen Ein-
familienhaus und
Geschäftshaus

Einfamilienhaus
Haustyp
Besitzer
Adresse
Wohnfläche
Anzahl Bäder
Hat Schwimmbad
Garten
Baujahr
Verkaufspreis
anfragen Verkaufspreis()

Geschäftshaus
Besitzer
Adresse
Anzahl Büroräume
Geschosszahl
Hat Aufzug
Hat Tiefgarage
Baujahr
Verkaufspreis
anfragen Verkaufspreis() erfragen Anzahl Büroräume()

Vergleicht man die Klassen Einfamilienhaus und Geschäftshaus, dann sieht man, dass beide Klassen die Attribute »Besitzer«, »Adresse«, »Baujahr«, »Verkaufspreis« sowie die Operation »anfragen Verkaufspreis« besitzen. Diese Attribute und die Operation werden in eine neue Klasse »Immobilie« eingetragen (Abb. 2.14-2).

Abb. 2.14-2:
Vererbung

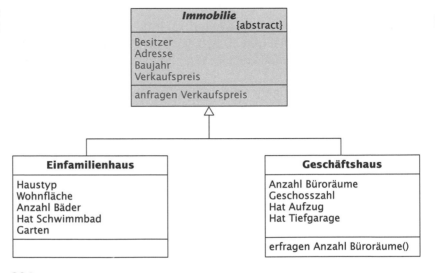

Die Klasse Immobilie **vererbt** alle ihre Attribute und Operationen an die Klassen Einfamilienhaus und Geschäftshaus. Die Klasse Einfamilienhaus besitzt also zusätzlich zu ihren eigenen Attributen und Operationen alle Attribute und Operationen der Klasse Immobilie. Analog gilt dies für die Klasse Geschäftshaus.

Vererbung

Da jede Immobilie entweder ein Einfamilienhaus oder ein Geschäftshaus ist, ist es *nicht* sinnvoll, von der Klasse Immobilie Objekte zu erzeugen. Man unterscheidet daher **konkrete Klassen**, kurz Klassen genannt, von denen Objekte erzeugt werden können, und **abstrakte Klassen**, von denen *keine* Objekte erzeugt werden können.

Polymorphismus bedeutet, dass dieselbe Botschaft an Objekte verschiedener Klassen einer Vererbungshierarchie gesendet werden kann und diese Objekte die Botschaft ganz unterschiedlich interpretieren können (Abb. 2.14-3). Dadurch können in verschiedenen Klassen die gleichen Namen für gleichartige Operationen verwendet werden, z.B. drucken.

Polymorphismus

Abb. 2.14-3:
Polymorphismus

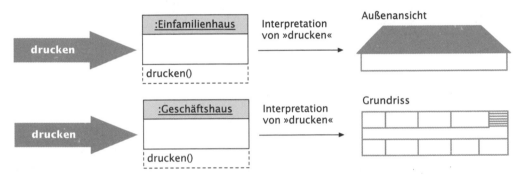

2.14.2 Einfach- und Mehrfachvererbung

Vererbung bedeutet, dass eine spezialisierte Klasse (Unterklasse, *subclass*, abgeleitete Klasse) über die Eigenschaften, das Verhalten und die Assoziationen einer oder mehrerer allgemeiner Klassen (Oberklassen, *superclasses*, Basisklassen) verfügen kann. Eine Unterklasse ist vollständig konsistent mit ihrer Oberklasse bzw. ihren Oberklassen, enthält aber in der Regel zusätzliche Informationen (Attribute, Operationen, Assoziationen). Durch die Vererbung entsteht eine **Klassenhierarchie** bzw. eine Vererbungsstruktur. Der Mechanismus der Vererbung wird anhand der Abb. 2.14-4 erklärt.

Vererbung

In einer Vererbungsstruktur heißen alle Klassen, von denen eine Klasse Eigenschaften, Verhalten und Assoziationen erbt, **Oberklassen** dieser Klasse. »Klasse A« und »Klasse B« in Abb. 2.14-4 sind Oberklassen von »Klasse C1« und »Klasse C2«. »Klasse B« ist **direkte Oberklasse** von »Klasse C1« und »Klasse C2«, »Klasse A« ist direkte Oberklasse von »Klasse B«.

Oberklassen und Unterklassen

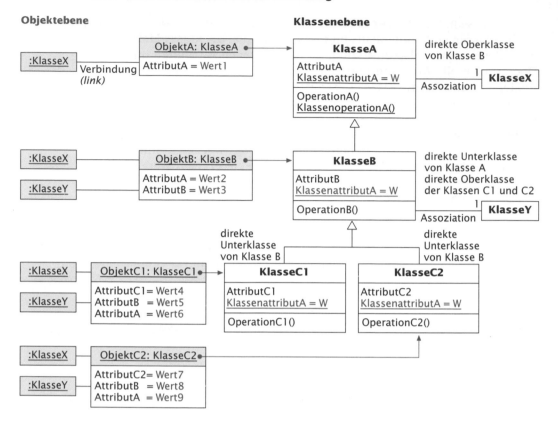

Abb. 2.14-4:
Beispiel für den Vererbungs-mechanismus

Alle Klassen, die in einer Klassenhierarchie Eigenschaften, Verhalten und Assoziationen von einer Klasse erben, sind **Unterklassen** dieser Klasse. »Klasse B«, »Klasse C1« und »Klasse C2« sind Unterklassen von »Klasse A«. »Klasse C1« und »Klasse C2« sind **direkte Unterklassen** von »Klasse B«.

Unterklassen »unsichtbar«

Jede Klasse »kennt« nur ihre eigenen Attribute, Operationen und Assoziationen *und* die ihrer Oberklassen, sofern diese für sie sichtbar sind. Die Attribute, Operationen und Assoziationen ihrer Unterklasse sind *nicht* sichtbar.

UML-Notation

In der UML-Notation zeigen von den Unterklassen zu den direkten Oberklassen Pfeile, wobei die Pfeilspitze ein weißes bzw. transparentes Dreieck ist. Es ist möglich, entweder von jeder Unterklasse zur direkten Oberklasse einen Pfeil zu zeichnen oder die Linien von mehreren Unterklassen zusammenzuführen und vom Vereinigungspunkt einen Pfeil zur gemeinsamen Oberklasse zu zeichnen. Oberklassen sollen in Diagrammen über den Unterklassen stehen.

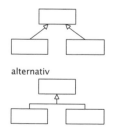

alternativ

Bei einer abstrakten Klasse wird der Klassenname kursiv angegeben. Zusätzlich oder alternativ kann in geschweiften Klammern das Wort *abstract* stehen. Abstrakte Klassen werden in diesem Buch mit einem grauen Hintergrund dargestellt (vgl. Abb. 2.14-2).

Eine Oberklasse vererbt Folgendes an ihre Unterklassen (wenn alle Attribute und Operationen als öffentlich gekennzeichnet sind):

Was wird vererbt?

1 Besitzen alle Objekte von »KlasseA« ein »AttributA«, dann besitzen es auch alle Objekte von »KlasseB«, »KlasseC1« und »KlasseC2«. Attribut*werte* von »AttributA« werden *nicht* vererbt. Die anderen Eigenschaften von Attributen, wie Typ, Zugriffsart, Sichtbarkeitsbereich und Restriktionen, sind auch in den Unterklassen gültig.

2 Alle Operationen, die auf Objekte von »KlasseA« angewandt werden können, sind auch auf alle Objekte der Unterklassen von »KlasseA« anwendbar. Wird beispielsweise die Botschaft OperationA() an ObjektC2 gesandt, dann wird zu KlasseC2 verzweigt und dort OperationA() gesucht. Ist sie dort nicht vorhanden, dann wird sie bei der direkten Oberklasse gesucht (hier KlasseB). Ist sie dort auch nicht vorhanden, dann wird wiederum zur nächsten direkten Oberklasse verzweigt (hier KlasseA). Ist sie dort vorhanden, dann wird diese Operation auf das ObjektC2 angewandt. Ist sie nicht vorhanden, wird ein Fehler gemeldet, da KlasseA keine direkte Oberklasse mehr besitzt.
Analog gilt dies für Klassenoperationen. Alle Klassenoperationen, die auf »KlasseA« angewandt werden können, können auch auf die Unterklassen der »KlasseA« angewandt werden.

3 Besitzt »KlasseA« ein Klassenattribut mit dem Wert W, dann besitzen auch alle Unterklassen von »KlasseA« dieses Klassenattribut mit dem Wert W. Es handelt sich um ein und dasselbe Attribut.

4 Existiert eine Assoziation zwischen »KlasseA« und einer Klasse »KlasseX«, dann wird diese Assoziation an alle Unterklassen von »KlasseA« vererbt, d.h., die Objekte der Unterklassen können Verbindungen mit Objekten der »KlasseX« herstellen.

5 Auf Objekte von »KlasseC1« können »OperationC1()«, »OperationB()« und »OperationA()« angewandt werden.

Der beschriebene Vererbungsmechanismus bedeutet, dass beim Erzeugen eines Objekts der »KlasseC1« ein Objekt mit Speicherplätzen für »AttributC1«, »AttributB« und »AttributA« angelegt werden muss.

 Die Firma ProfiSoft möchte ihre Kundenverwaltung erweitern. Da sie inzwischen auch Software-Produkte und Software-Komponenten von anderen Firmen für ihre eigenen Entwicklungen bezieht, benötigt sie auch eine Lieferantenverwaltung (Abb. 2.14-5). Beide Klassen haben gemeinsame Attribute und Operationen. Diese Gemeinsamkeiten werden in eine neue Oberklasse Geschäftspartner ausgelagert (Abb. 2.14-6). Dabei werden einige Attribut- und Operationsnamen verallgemeinert.

Beispiel

Wie das Beispiel zeigt, geht es bei der Vererbung nicht nur darum, gemeinsame Eigenschaften und Verhaltensweisen zusammen-

Abb. 2.14-5:
Klassen mit
gemeinsamen
Attributen/
Operationen

Kunde
Firmenname: String Firmenadresse: String Auftragssumme: int
Kunde() aendernAdresse() setFirmenname() setFirmenadresse() setTelefonnr() setAuftragssumme() getFirmenname() getFirmenadresse() getAuftragssumme()

Lieferant
Lieferantenname: String Firmenadresse: String Verbindlichkeiten: float Ansprechpartner: String
Lieferant() aendernAdresse() setLieferantenname() setFirmenadresse() setTelefonnr() setVerbindlichkeiten() setAnsprechpartner() getLieferantenname() getFirmenadresse() getVerbindlichkeiten() getAnsprechpartner()

Abb. 2.14-6:
Einfachvererbung

Geschäftspartner
{abstract}
Firmenname: String Firmenadresse: String
aendernFirmenadresse() setFirmenname() setFirmenadresse() getFirmenname() getFirmenadresse()

(abstrakte)
Oberklasse
von Kunde
und Lieferant

Kunde
Auftragssumme: int
Kunde() setAuftragssumme() getAuftragssumme()

Lieferant
Verbindlichkeiten: float Ansprechpartner: String
Lieferant() setVerbindlichkeiten() setAnsprechpartner() getVerbindlichkeiten() getAnsprechpartner()

Generalisierung
Spezialisierung

»ist ein«

zufassen, sondern eine Vererbungshierarchie *muss* immer auch eine Generalisierung bzw. Spezialisierung darstellen. Man muss sagen können:

Jedes Objekt der Unterklasse »ist ein« *(is a)* Objekt der Oberklasse. Beispielsweise ist ein Kunde ein Geschäftspartner. Ebenfalls ist ein Lieferant ein Geschäftspartner. Man spricht daher bei einer Vererbung auch von einer »ist ein«-Beziehung zwischen Klassen. Ein weiteres Beispiel für eine **Generalisierungs-/Spezialisierungshierarchie** zeigt die Hierarchie der Fensterklassen in Java (Abb. 2.15-2).

Es liegt immer eine »ist ein«-Beziehung vor: Ein FrameDialog *ist ein* Dialog, ein Dialog *ist ein* Window, ein Window *ist ein* Container, ein Container *ist eine* Component, eine Component ist ein Object.

Die **Einfachvererbung** ist eine Vererbungsstruktur, in der jede Klasse – mit Ausnahme der Wurzel – genau eine direkte Oberklasse besitzt. Es entsteht eine Baumhierarchie. Abb. 2.14-6 und Abb. 2.15-2 beschreiben eine Einfachvererbung.

Einfachvererbung

Die **Mehrfachvererbung** ist eine Vererbungsstruktur, in der jede Klasse mehrere direkte Oberklassen besitzen kann. Sie kann als azyklisches Netz dargestellt werden. Bei der Mehrfachvererbung kann der Fall auftreten, dass eine Klasse von ihren Oberklassen zwei Attribute oder Operationen gleichen Namens erbt. Hier muss festgelegt werden, wie diese Konflikte zu lösen sind.

Mehrfachvererbung

Eine **abstrakte Klasse** kann auf zwei verschiedene Arten konzipiert werden:

abstrakte Klasse

- Mindestens eine Operation wird *nicht* implementiert, d.h., der Rumpf der Operation ist leer. Es wird nur die Signatur der Operation angegeben. Man spricht dann von einer **abstrakten Operation.** Abstrakte Operationen werden in Kapitel 2.16 näher behandelt.
- Alle Operationen werden – wie bei einer konkreten Klasse – vollständig implementiert. Es ist jedoch nicht beabsichtigt, von dieser Klasse Objekte zu erzeugen.

Abb. 2.14-7 zeigt ein Beispiel für die Mehrfachvererbung. Die Klasse »Uhr-Anzeige« ist hier als abstrakte Klasse modelliert, weil es – in diesem Modell – außer der Digital-, der Analog- und der Analog-Digital-Anzeige keine andere Anzeige gibt.

Beispiel

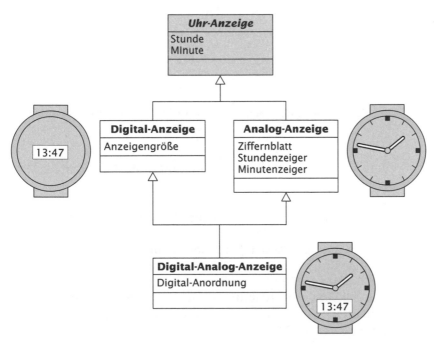

Abb. 2.14-7:
Mehrfachvererbung

2.14.3 Überschreiben und Verbergen

Durch das Konzept der Vererbung ist es in einer Unterklasse möglich, geerbte Operationen zu überschreiben und geerbte Attribute zu verbergen.

Überschreiben von Operationen

Eine Unterklasse **überschreibt** *(override)* bzw. **redefiniert** *(redefine)* eine Operation einer Oberklasse, wenn sie eine Operation gleichen Namens enthält.

Bei der Redefinition ist folgende Einschränkung zu beachten:

In einer redefinierten Operation müssen die Anzahl und die Typen der Ein-/Ausgabeparameter gleich bleiben. Mit anderen Worten: Die Schnittstelle der neuen Operation in der Unterklasse muss konform zur Operation der Oberklasse sein.

Beispiel

In der Abb. 2.14-8 enthält die Klasse »Sparkonto« die Operation »buchen«, die zusätzlich zur Operation »buchen« der Klasse »Konto« dafür sorgt, dass der Kontostand *nicht* negativ werden kann. Die Operation der Unterklasse stellt eine echte Spezialisierung der Operation der zugehörigen Oberklasse dar.

Die Operation buchen(float Betrag) der Klasse »Konto« kann folgendermaßen spezifiziert werden:

```
Operation buchen(float Betrag)
{
    Kontostand = Kontostand + Betrag;
}
```

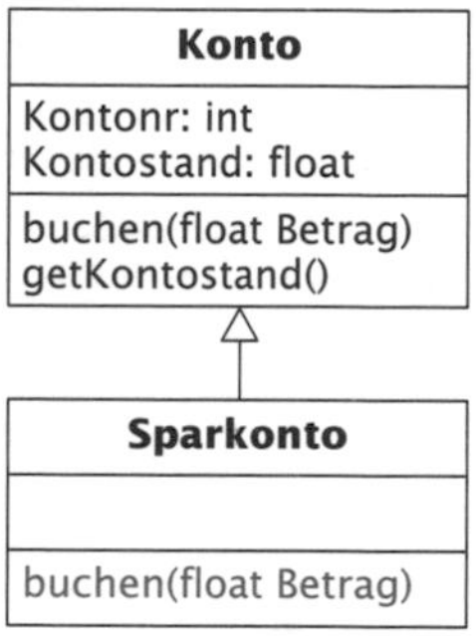

Die redefinierte Operation »buchen« der Klasse »Sparkonto« kann folgendermaßen spezifiziert werden:

```
Operation buchen(float Betrag)
{
    //Lesender Zugriff auf das geerbte Attribut
    //durch Aufruf der geerbten Operation getKontostand
    if((getKontostand() + Betrag) >= 0)
    {
        Konto.buchen(Betrag); //Aufruf der geerbten Operation
    }
}
```

Bei redefinierten Operationen wird im Rumpf oft die geerbte Operation aufgerufen.

Konto
Kontonr: int Kontostand: float
buchen(float Betrag) getKontostand()

Sparkonto
buchen(float Betrag)

Abb. 2.14-8:
Redefinition von
Operationen

Vorteil

Überschreiben erleichtert es den Unterklassen, das Verhalten einer bestehenden Klasse zu erweitern.

Die Attribute einer Klasse können sowohl deklariert als auch geerbt sein. In einer Unterklasse neu deklarierte Attribute können geerbte Attribute **verbergen** *(hide)*. Dies ist dann der Fall, wenn der Name eines neu deklarierten Attributs mit dem Namen eines geerbten Attributs identisch ist. Verbergen bedeutet, dass das geerbte Attribut in der Unterklasse nicht sichtbar ist.

Verbergen von Attributen

Wird ein Attribut durch ein anderes Attribut verdeckt, dann können beide Attribute einen unterschiedlichen Typ besitzen.

Um von einer Unterklasse überschriebene Operationen der Oberklasse aufrufen bzw. auf verborgene Attribute der Oberklasse zugreifen zu können, ist eine besondere Notation erforderlich. In Java geschieht dies durch Angabe des Schlüsselwortes super (siehe Abschnitt 2.15.2).

Zugriff auf überschriebene Operationen und verborgene Attribute: super

2.14.4 Polymorphismus

Ein wichtiges Konzept der objektorientierten Software-Entwicklung ist der **Polymorphismus**. Der Begriff lässt sich wörtlich mit »viele Erscheinungsformen« übersetzen. Polymorphismus bedeutet, dass dieselbe Botschaft an Objekte verschiedener Klassen (einer Vererbungshierarchie) gesendet werden kann, und dass die Empfängerobjekte jeder Klasse auf ihre eigene – evtl. ganz unterschiedliche – Art darauf reagieren. Das bedeutet, dass der Sender einer Botschaft nicht wissen muss, zu welcher Klasse das Empfängerobjekt gehört.

Polymorphismus

In den meisten Programmiersprachen werden die arithmetischen Operationen »+«, »-« und »*« sowohl auf ganze als auch auf reelle Zahlen angewendet. Der Algorithmus ist jedoch je nach Typ der Operanden ganz unterschiedlich. In den objektorientierten Sprachen wurde dieses Konzept systematisch weiterentwickelt und allgemein verfügbar gemacht.

Der Polymorphismus ermöglicht es, den gleichen Namen für gleichartige Operationen zu verwenden, die auf Objekten verschiedener Klassen auszuführen sind. Der Sender muss nur wissen, dass ein Empfängerobjekt das gewünschte Verhalten besitzt; er muss nicht wissen, zu welcher Klasse das Objekt gehört und auch nicht, welche Operation das gewünschte Verhalten erbringt. Dieser Mechanismus ermöglicht es, flexible und leicht änderbare Systeme zu entwickeln.

Dieses Konzept wird im Folgenden am Beispiel der Programmiersprache Java näher erläutert.

Klassen können wie Typen verwendet werden. Spezifiziert man eine Operation, die einen Parameter vom Typ der Oberklasse enthält, dann kann während der Laufzeit dort auch ein Objekt einer Unterklasse stehen.

Anders ausgedrückt: Steht auf der Parameterliste ein Referenz-Attribut vom Typ der Klasse Konto, dann kann beim Aufruf der Operation, d.h. zur Laufzeit, eine Referenz auf ein Objekt der Klasse Konto oder eine Referenz auf ein Objekt der Unterklasse Sparkonto angegeben werden. Generell gilt: Ein Objekt einer Unterklasse kann überall dort verwendet werden, wo ein Objekt der Oberklasse erlaubt ist.

Beispiel   Eine Operation einausZahlungenInBar kann folgendermaßen spezifiziert werden (in Java):

```
void einausZahlungenInBar(Konto einObjekt, float Zahlung)
{
    ...
    einObjekt.buchen(Zahlung);
    ...
}
```

Beim Übersetzen dieser Operation ist dem Compiler nicht bekannt, von welchem Typ das Referenz-Attribut einObjekt ist, d.h. auf welches Objekt das Referenz-Attribut einObjekt zeigt. Daher kann er nicht entscheiden, welche Operation »buchen« aufzurufen ist (»buchen« der Oberklasse Konto oder redefiniertes »buchen« der Unterklasse Sparkonto) (Abb. 2.14-9).

Abb. 2.14-9:
Veranschaulichung
des
Polymorphismus

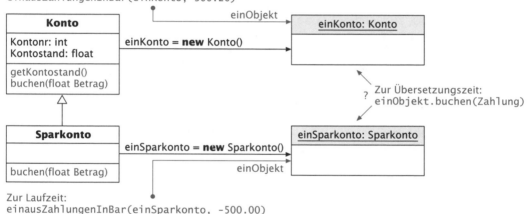

Zur Laufzeit:
einausZahlungenInBar(einKonto, 300.20)

Zur Laufzeit:
einausZahlungenInBar(einSparkonto, -500.00)

Die Zuordnung des Aufrufs einObjekt.buchen(Zahlung) zur Operation »buchen« der Oberklasse oder zur Operation »buchen« der Unterklasse kann erst zur Laufzeit erfolgen. Diese »späte« Zuordnung bezeichnet man als »spätes Binden« oder »dynamisches Binden«.

spätes Binden

Wichtig ist, dass die Operation einausZahlungenInBar nicht geändert werden muss, wenn die Oberklasse Konto um weitere Unterklassen ergänzt wird.

Die Operation einausZahlungenInBar kann folgendermaßen aufgerufen werden:

```
einausZahlungenInBar(einKonto,300.20);
einausZahlungenInBar(einSparkonto,-500.00);
```

Im ersten Fall wird die Operation »buchen« der Oberklasse aufgerufen, im zweiten Fall die redefinierte Operation »buchen« der Unterklasse Sparkonto.

312

Das hier skizzierte Polymorphismus-Konzept ist wirksam, wenn Vererbung, spätes Binden und redefinierte Operationen zusammenwirken. Die verwendete Programmiersprache muss diese Konzepte ermöglichen.

Ohne den Polymorphismus müssten bei der Programmierung umfangreiche Mehrfachauswahl-Anweisungen *(switch)* verwendet werden. Eine Mehrfachauswahl-Anweisung müsste entsprechend dem Typ eine entsprechende Aktion auslösen. Das Vorhandensein solcher Mehrfachauswahl-Anweisungen ist ein Indiz dafür, dass der Polymorphismus nicht angewendet wurde und Klassenhierarchien schlecht durchdacht sind.

Bei der herkömmlichen prozeduralen Programmierung wäre folgende Konstruktion notwendig:

Beispiel

```
final int istKonto = 0;
final int istSparkonto = 1;
...
void einausZahlungenInBar (Konto einObjekt, int Kontodaten,
    float Betrag)
{
    switch(Kontodaten)
    {
        case istkonto:
            einObjekt.buchenKonto(Betrag); break;
        case istSparkonto:
            einObjekt.buchenSparkonto(Betrag); break;
    }
}
```

Neue Kontoarten führen zu Erweiterungen der switch-Anweisung.

Durch die Verwendung des Polymorphismus werden also große Mehrfachauswahl-Anweisungen überflüssig, weil jedes Objekt seinen eigenen Typ bzw. seine eigene Klasse implizit kennt.

Beim Polymorphismus handelt es sich um ein Konzept, das sich syntaktisch in *keiner* Notation niederschlägt.

Notation

Das Konzept der Vererbung besitzt folgende Vor- und Nachteile:

Bewertung

- Unter Verwendung existierender Klassen können mit wenig Aufwand neue, spezialisierte Klassen erstellt werden.
- Änderungen sind leicht durchführbar, da sich Änderungen von Attributen und Operationen in der Oberklasse automatisch auf alle Unterklassen der Vererbungshierarchie auswirken.
- Das Geheimnisprinzip wird verletzt, da in vielen Programmiersprachen von Unterklassen aus direkt auf Attribute der Oberklassen, d.h. ohne Verwendung von Operationen, zugegriffen werden kann.
- Um eine Unterklasse zu verstehen, müssen auch alle Oberklassen verstanden werden.
- Wird eine Oberklasse neu implementiert, dann müssen unter Umständen auch ihre Unterklassen neu programmiert werden.

2.15 Dann die Praxis: Vererbung in Java

Java unterstützt die Einfachvererbung und in eingeschränkter Form die Mehrfachvererbung. Die eingeschränkte Mehrfachvererbung ist über Schnittstellen möglich, die in Kapitel 2.16 behandelt werden.

2.15.1 Die Java-Syntax und -Semantik der Vererbung

Durch die Einfachvererbung in Java ergibt sich eine baumförmige Klassenhierarchie mit einer Wurzelklasse an der Spitze.

Object   Diese Klasse heißt in Java Object und wird – neben vielen anderen Klassen – standardmäßig zur Verfügung gestellt.

Alle Klassen in Java erben von Object. Ist Object nicht explizit als Oberklasse einer Klasse angegeben, dann nimmt Java automatisch an, dass Object die Oberklasse ist.

Die Klasse Object ist abstrakt und wird nie direkt verwendet. Da aber alle Klassen von Object abgeleitet sind, stehen auch allen Klassen die in Object definierten Operationen zur Verfügung. Object stellt Operationen zur Verfügung, um Kopien von Objekten anzulegen, Objekte auf Gleichheit zu überprüfen und den Wert eines Objekts in eine Zeichenkette umzuwandeln. Auf diese Operationen wird in späteren Kapiteln eingegangen.

Da in einer Vererbungshierarchie an jeder Stelle, an der ein Objekt einer Oberklasse stehen kann, auch ein Objekt der Unterklasse erlaubt ist, kann ein Referenz-Attribut, das vom Typ Object ist, auch auf jedes andere Objekt irgendeiner Klasse zeigen.

extends   In Java wird hinter dem Klassennamen durch »extends Oberklasse« Oberklasse   angegeben, dass die betreffende Klasse Unterklasse der aufgeführten Oberklasse ist (Abb. 2.15-1).

Abb. 2.15-1:
Java-Syntax für   In den bisherigen Applet-Beispielen wurde bei den GUI-Klassen
Klassen   bereits von der Vererbung Gebrauch gemacht. Der Hintergrund dazu

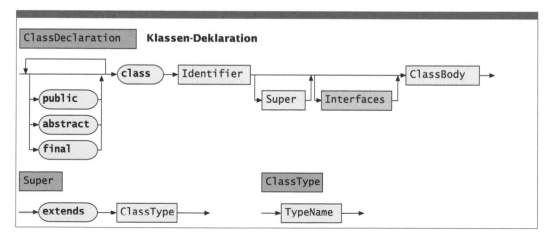

ist, dass jede bisher deklarierte GUI-Klasse eine Unterklasse der Standardklasse Applet ist.

```
public class KundeGUI extends Applet {.....}
public class ZaehlerGUI extends Applet {.....}
```
Beispiele

Die Klasse Applet muss Oberklasse aller Java-Applets sein. Sie stellt eine Standardschnittstelle zwischen Applets und ihrer Umgebung zur Verfügung. Die Operationen init(), start(), stop() und destroy() werden z.B. von der Klasse Applet zur Verfügung gestellt.

Abschnitt 2.6.2

Bei den bisherigen Anwendungen hat die GUI-Klasse immer von der Klasse Frame geerbt.

```
public class KundeGUI extends Frame {...}
```
Beispiel

Applets und Anwendungen haben zum Teil gleiche Operationen verwendet. Das liegt daran, dass die Klassen Applet und Frame gemeinsame Oberklassen besitzen (Abb. 2.15-2).

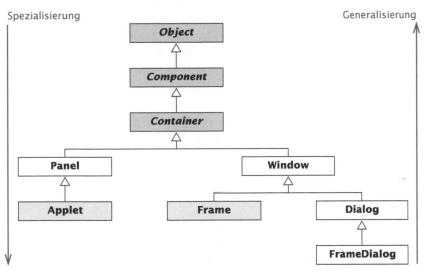

Spezialisierung — Generalisierung

Abb. 2.15-2: Hierarchie der Fensterklassen

In Java kann durch das Schlüsselwort final vor dem Klassennamen angegeben werden, dass von dieser Klasse *keine* Unterklassen gebildet werden können.

final

Das Schlüsselwort abstract vor dem Klassennamen legt fest, dass es sich um eine abstrakte Klasse handelt. Von einer abstrakten Klasse können keine Objekte erzeugt werden. Abstrakte Klassen können abstrakte Operationen enthalten, das sind Operationen, die deklariert, aber noch nicht implementiert sind.

abstrakte Klassen

Eine abstrakte Operation wird ebenfalls durch das Schlüsselwort abstract gekennzeichnet. Abstrakte Operationen dienen dazu, einheitliche Signaturen in allen Unterklassen sicherzustellen.

abstrakte Operationen

private Innerhalb einer Klasse sollte das Geheimnisprinzip gelten. Durch das Schlüsselwort private vor den Attributen wird dies sichergestellt. Hilfsoperationen, die nur innerhalb einer Klasse benötigt werden, sollten ebenfalls durch private vor externem Gebrauch geschützt werden. Private Attribute werden mitvererbt, es kann aber nur über Operationen auf sie zugegriffen werden.

protected In einer Vererbungshierarchie ist es manchmal sinnvoll, dass eine Unterklasse auf Attribute und Hilfsoperationen seiner Oberklassen *direkt* zugreifen kann. Durch das Schlüsselwort protected (geschützt) – anstelle von private – vor den Attributen und Operationen wird dies erlaubt. Damit verbunden ist natürlich eine »Aufweichung« des Geheimnisprinzips.

nur in Sonder- Daher sollte von protected nur sehr vorsichtig Gebrauch gemacht
fällen benutzen werden. Greifen Unterklassen auf die Attribute einer Oberklasse direkt zu, dann müssen alle diese Unterklassen mit geändert werden, wenn die Attribute der Oberklasse sich ändern. Das erschwert die Änderbarkeit und Wartbarkeit eines Programms.

Geschützte Operationen sind sinnvoller. Eine Klasse kann eine Operation als protected deklarieren, wenn sie schwierig anzuwenden ist. Es ist anzunehmen, dass von den Unterklassen aus diese Operation korrekt benutzt wird, da Unterklassen in der Regel ihre Oberklassen gut kennen. Die Verwendung außerhalb der Vererbungshierarchie wird durch protected verhindert.

2.15.2 Java-Beispiel für die Vererbung

Die Vererbung in Java wird im Folgenden am Beispiel der in Abschnitt 2.14.2 beschriebenen Kunden- und Lieferantenverwaltung der Firma ProfiSoft dargestellt.

Beispiel Das Java-Programm der Kunden- und Lieferantenverwaltung sieht ☺ unter Verwendung der Vererbung folgendermaßen aus:

```
/* Programmname: Kunden- und Lieferantenverwaltung
 * Fachkonzept-Klasse: Geschaeftspartner
 * Aufgabe: abstrakte Oberklasse Geschaeftspartner
 */
```

Klasse
Geschaeftspartner

```
public abstract class Geschaeftspartner
{
    //Attribute
    protected String Firmenname, Firmenadresse;
    //Kombinierte Schreiboperation
    public void aendernAdresse (String Firmenname,
        String Firmenadresse)
    {
        this.Firmenname = Firmenname;
        this.Firmenadresse = Firmenadresse;
    }
}
```

316

```
    //Schreibende Operationen
    public void setFirmenname (String Firmenname)
    {
        this.Firmenname = Firmenname;
    }
    public void setAdresse (String Firmenadresse)
    {
        this.Firmenadresse = Firmenadresse;
    }
    //Lesende Operationen
    public String getFirmenname ()
    {
        return Firmenname;
    }
    public String getFirmenadresse ()
    {
        return Firmenadresse;
    }
}

/* Programmname: Kunden- und Lieferantenverwaltung
 * Fachkonzept-Klasse: Kunde
 * Aufgabe: Verwaltung der Kunden
 */

public class Kunde extends Geschaeftspartner
{
    //Attribute
    protected int Auftragssumme = 0;
    //Konstruktor
    public Kunde(String Name)
    {   //Aufruf der geerbten Operation
        setFirmenname(Name);
    }
    //Schreibende Operation
    public void setAuftragssumme(int Summe)
    {
        Auftragssumme = Summe;
    }
    //Lesende Operation
    public int getAuftragssumme ()
    {
        return Auftragssumme;
    }
}

/* Programmname: Kunden- und Lieferantenverwaltung
 * Fachkonzept-Klasse: Lieferant
 * Aufgabe: Verwaltung von Lieferanten
 */

public class Lieferant extends Geschaeftspartner
{
    //Attribute
    protected float Verbindlichkeiten = 0.0f;
    protected String Ansprechpartner;
```

Klasse
Kunde

Klasse
Lieferant

317

```
//Konstruktor
public Lieferant(String Firmenname)
{
    //Direkter Zugriff auf Attribut der Oberklasse
    super.Firmenname = Firmenname;
}
//Schreibende Operationen
public void setVerbindlichkeiten (float Summe)
{
    Verbindlichkeiten = Summe;
}
public void setAnsprechpartner (String Name)
{
    Ansprechpartner = Name;
}
//Lesende Operationen
public float getVerbindlichkeiten ()
{
    return Verbindlichkeiten;
}
public String getAnsprechpartner ()
{
    return Ansprechpartner;
}
}


/* Programmname: Kunden- und Lieferantenverwaltung
 * GUI-Klasse: KundeLieferantGUI
 * Aufgabe: Benutzungsoberfläche
 */

import java.awt.*;
import java.Applet.*;
```

Klasse
KundenlieferantGUI

```
public class KundeLieferantGUI extends Applet
{
    //Deklarieren eines Kunden- und Lieferantenobjekts
    private Kunde einKunde;
    private Lieferant einLieferant;
    private boolean KundenAnzeige = true;
    private boolean KundeErfasst = false;
    private boolean LieferantErfasst = false;
    private boolean ersteAnzeige = true;
    //Deklarieren der Interaktionselemente
    Label listeFuehrungstext;
    TextArea listeTextbereich;
    ...
    //Operationen
    public void init()
    {
        ...
        //Neuen Abhoerer erzeugen
        AktionsAbhoerer einAbhoerer = new AktionsAbhoerer(this);
        //einAbhoerer bei den Druckknöpfen registrieren
```

```java
    speichernDruckknopf.addActionListener(einAbhoerer);
    anzeigenDruckknopf.addActionListener(einAbhoerer);
    wechselnDruckknopf.addActionListener(einAbhoerer);
}

public void speichereEingabe()
{
    String MerkeText;
    int MerkeZahl;
    anzeigenDruckknopf.setEnabled(true);//Anzeige freigeben
    MerkeText = nameTextfeld.getText();
    nameTextfeld.setText("");//Textfeld-Inhalt löschen
    if(KundenAnzeige)
    {
        einKunde = new Kunde(MerkeText);
        KundeErfasst = true;
        //Adresse eintragen
        einKunde.setAdresse(adresseTextfeld.getText());
        adresseTextfeld.setText("");
        //Auftragssumme eintragen
        MerkeText = summeTextfeld.getText();
        summeTextfeld.setText("");
        Integer i = Integer.valueOf(MerkeText);
        MerkeZahl = i.intValue();
        einKunde.setAuftragssumme(MerkeZahl);
    }
    else
    {
        einLieferant = new Lieferant(MerkeText);
        LieferantErfasst = true;
        //Adresse eintragen
        einLieferant.setAdresse(adresseTextfeld.getText());
        adresseTextfeld.setText("");
        //Verbindlichkeiten eintragen
        MerkeText = summeTextfeld.getText();
        summeTextfeld.setText("");
        Integer i = Integer.valueOf(MerkeText);
        MerkeZahl = i.intValue();
        einLieferant.setVerbindlichkeiten(MerkeZahl);
        einLieferant.setAnsprechpartner(leeresTextfeld.
        getText());
        leeresTextfeld.setText("");
    }
}

public void anzeigeListe()
{
    if(ersteAnzeige)
    {
        //dynamisches Anzeigen von Führungstext und
        //Textliste
```

```
            listeFuehrungstext = new Label("Kunden- und
                Lieferantenliste");
            listeFuehrungstext.setBounds(36,184,170,24);
            listeFuehrungstext.setFont(new Font("Dialog",
                Font.BOLD, 12));
            add(listeFuehrungstext);
            listeTextbereich = new
            TextArea("",0,0,TextArea.SCROLLBARS_VERTICAL_ONLY);
            listeTextbereich.setBounds(36,216,360,96);
            listeTextbereich.setForeground(new Color(0));
            add(listeTextbereich);
            ersteAnzeige = false;
        }//Ende if
        listeTextbereich.append("\nNeue Liste\n");
        if(KundeErfasst)
            anzeigen(einKunde);
            //Aufruf von Anzeigen, Übergabe
            //Objekt einKunde
        if(LieferantErfasst)
            anzeigen(einLieferant);//Polymorphismus
    }
    private void anzeigen(Geschaeftspartner
        einGeschaeftspartner)
    {
        //Auf der Parameterliste darf jedes Objekt stehen,
        //das zu einer Unterklasse von Firma gehört
        String MerkeText, Klassenname;
        int MerkeZahl;
        //Ausgabe des Klassennamens, zu dem das Objekt gehört
        //getClass() ist eine Operation der Klasse Object
        Klassenname = einGeschaeftspartner.getClass().getName();
        //Klassennamen des Objekts holen
        listeTextbereich.append(Klassenname+"\n");
        MerkeText = einGeschaeftspartner.getFirmenname();
        listeTextbereich.append(MerkeText+"\n");
        MerkeText = einGeschaeftspartner.getFirmenadresse();
        listeTextbereich.append(MerkeText+"\n");
        if(Klassenname.equals("Kunde"))
            //Abfrage auf Gleichheit
        {
            MerkeZahl = einKunde.getAuftragssumme();
            MerkeText = String.valueOf(MerkeZahl);
            listeTextbereich.append(MerkeText+"\n"+"\n");
        }
        else
        {
            float MerkeZahlf =
                einLieferant.getVerbindlichkeiten();
            MerkeText = String.valueOf(MerkeZahlf);
            listeTextbereich.append(MerkeText+"\n");
            MerkeText = einLieferant.getAnsprechpartner();
            listeTextbereich.append(MerkeText+"\n"+"\n");
        }
    }
```

```
    public void wechsleOberflaeche()
    {
        KundenAnzeige = ! KundenAnzeige; // ! bewirkt Negation
        if(KundenAnzeige)
        {
            erfassenFuehrungstext.setText("Kunden erfassen");
            summeFuehrungstext.setText("Auftragssumme");
            leererFuehrungstext.setText("");
            leeresTextfeld.setBounds(168,156,0,0);
        }
        else
        {
            erfassenFuehrungstext.setText
                ("Lieferanten erfassen");
            summeFuehrungstext.setText("Verbindlichkeiten");
            leererFuehrungstext.setText("Ansprechpartner");
            leeresTextfeld.setBounds(156,156,120,29);
        }
    }
}//Ende KundeLieferantGUI

/* Programmname: Kunden- und Lieferantenverwaltung
 * Abhörer-Klasse: AktionsAbhoerer
 * Abhoerer-Klasse ist eigenständige Klasse
 */

import java.awt.event.*;

public class AktionsAbhoerer                                    Klasse
implements ActionListener//wird von Java zur Verfügung gestellt  AktionsAbhoerer
{
    KundeLieferantGUI einGUI; //Referenz-Attribut:
    AktionsAbhoerer(KundeLieferantGUI einKundeLieferantGUI)
    {
        einGUI = einKundeLieferantGUI;
    }
    public void actionPerformed(ActionEvent event)
    {
        //Ereignisquelle feststellen mit getSource
        Object quelle = event.getSource();
        if (quelle == einGUI.speichernDruckknopf)
            einGUI.speichereEingabe();//Reaktion auf Speichern
        else if (quelle == einGUI.anzeigenDruckknopf)
            einGUI.anzeigeListe();//Reaktion auf Anzeigen
        else if (quelle == einGUI.wechselnDruckknopf)
            einGUI.wechsleOberflaeche();
            //Reaktion auf Kunde/Lieferant
    }
}
```

Die Benutzungsoberfläche zeigen die Abb. 2.15-3 und Abb. 2.15-4.

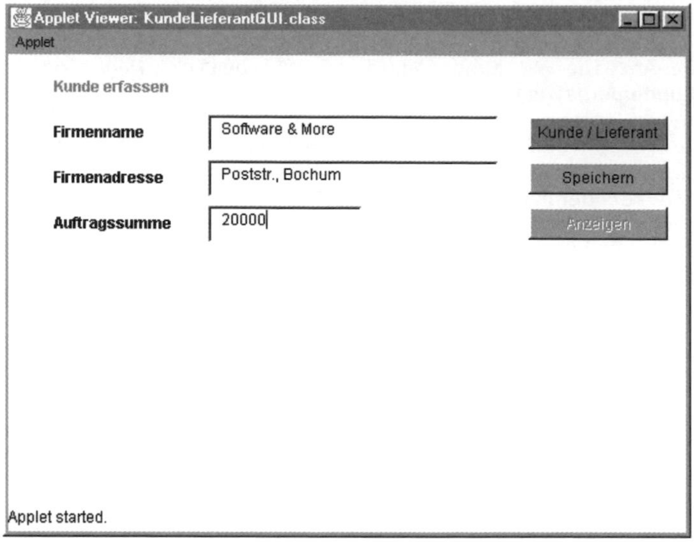

Abb. 2.15-3: Beispiel für die Kundenerfassung

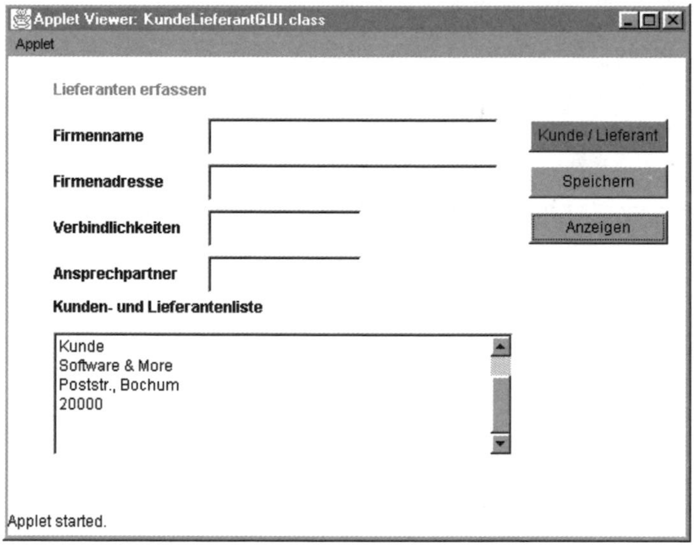

Abb. 2.15-4: Beispiel für die Lieferantenerfassung und Listendarstellung

Konstruktoren

Die abstrakte Klasse `Geschaeftspartner` benötigt eigentlich keinen Konstruktor, da von ihr keine Objekte erzeugt werden sollen. Beim Anlegen eines Kunden- oder Lieferantenobjekts müssen allerdings auch die geerbten Attribute der abstrakten Klasse mitangelegt werden. Daher benötigt auch die abstrakte Klasse einen »leeren« Standard-Konstruktor `Geschaeftspartner(){}`. Fehlt dieser Standard-Konstruktor, dann wird er vom Java-Compiler automatisch hinzugefügt. Es muss nun aber auch die Möglichkeit geben, diesen Konstruktor von den direkten Unterklassen aus aufzurufen. Dies ist im Konstruktor-Rumpf wie folgt möglich:

Syntax

ConstructorBody:
   {*ExplicitConstructorInvocation*$_{opt}$ *BlockStatements*$_{opt}$}

ExplicitConstructorInvocation:
   this (*ArgumentList*$_{opt}$);
   super (*ArgumentList*$_{opt}$);

■ Die erste Anweisung eines Konstruktor-Rumpfs kann ein expliziter   this
Aufruf eines anderen Konstruktors derselben Klasse sein. Der Aufruf beginnt mit this, gefolgt von einer geklammerten Argumentliste. Anhand dieser Argumentliste wird entschieden, welcher
Konstruktor aufgerufen wird.

■ Die erste Anweisung kann aber auch ein expliziter Aufruf eines   super
anderen Konstruktors aus der direkten Oberklasse sein. Ein solcher Aufruf beginnt mit super, gefolgt von einer geklammerten
aktuellen Parameterliste.

■ Beginnt ein Konstruktor-Rumpf *nicht* mit dem expliziten Aufruf
eines Konstruktors, dann setzt der Compiler implizit voraus, dass
der Konstruktor-Rumpf mit einem Aufruf super(); eines Oberklas-
senkonstruktors beginnt. Dies ist ein Aufruf des parameterlosen
Konstruktors seiner direkten Oberklasse.

Genau genommen sehen die Konstruktoren in dem Beispiel folgendermaßen aus:

```
public abstract class Geschaeftspartner
{
    protected String Firmenname, Firmenadresse;
    // Automatisch ergänzter, voreingestellter Konstruktor
    public Geschaeftspartner ()
    {
        super();
    }
    ...
}
public class Kunde extends Geschaeftspartner
{
    protected int Auftragssumme = 0;
    // Konstruktor
    public Kunde (String Firmenname)
    {
        //impliziter Aufruf von super();
        // Aufruf der geerbten Operation
        set Firmenname(Firmenname)
    }
...
}
```

Literaturhinweis:
/Gosling, Joy,
Steele 97,
S. 221 ff./

Beim Erzeugen eines Kundenobjekts einKunde = new Kunde ("Software & More") läuft Folgendes ab:

1 Zuerst wird Speicherplatz für das neue Objekt bereitgestellt.

2 Im neuen Objekt werden für alle Attribute, die in der Klasse und ihren Oberklassen deklariert sind, neue Exemplare angelegt, d.h. für Firmenname, Firmenadresse und Auftragssumme.

Auf der CD-ROM befindet sich eine interaktive Animation zu diesen Abläufen.

3 Alle diese Attribute werden auf ihre voreingestellten Werte initialisiert, hier 0 für Auftragssumme sowie die leere Zeichenkette für Firmenname und Firmenadresse.

4 Dannach wird die Parameterliste des Konstruktors von links nach rechts ausgewertet.

5 Anschließend wird der Konstruktor der Klasse aufgerufen, d.h. Kunde("Software & More").

6 Dadurch wird jeweils mindestens ein Konstruktor für jede Oberklasse aufgerufen. Dieser Prozess kann durch einen expliziten Konstruktoraufruf gesteuert werden.

a Der Konstruktor Kunde beginnt *nicht* mit einem Aufruf eines anderen Konstruktors. Daher wird automatisch ein voreingestellter Konstruktor der Form Kunde() {super();} durch den Java-Compiler zur Verfügung gestellt. Es wird daher der parameterlose Konstruktor für Geschaeftspartner aufgerufen.

b Im Konstruktor der Klasse Geschaeftspartner wird ebenfalls super() aufgerufen. Dies führt dazu, dass der Konstruktor der Wurzelklasse Object aufgerufen wird.

c Als Nächstes werden alle Initialisierer von Objekt- und Klassenattributen von Object aufgerufen. Dann wird der Rumpf des parameterlosen Konstruktors von Object ausgeführt. Da kein solcher Konstruktor in Object deklariert ist, stellt der Übersetzer Object(){} zur Verfügung. Dieser Konstruktor wird ohne Auswirkungen ausgeführt und kehrt zurück.

7 Jetzt werden alle Initialisierer für die Objektattribute der Klasse Geschaeftspartner ausgeführt. In den Deklarationen von Firmenname und Firmenadresse gibt es keine Initialisierungsausdrücke, sodass hier keine Aktionen ausgeführt werden. Dann wird der Rumpf des Konstruktors Geschaeftspartner() hinter super() ausgeführt. Da dort keine weiteren Anweisungen stehen, erfolgen keine Aktionen.

8 Als Nächstes wird der Initialisierer für Auftragssumme ausgeführt und die Variable auf null gesetzt.

9 Abschließend wird der Rest des Rumpfs des Konstruktors Kunde ausgeführt, d.h. der Teil nach super(). Es wird die Operation setFirmenname ("Software & More") aufgerufen, die das Attribut Firmenname mit dem Wert "Software & More" belegt. Damit ist die Erzeugung des Kundenobjekts abgeschlossen.

10 Es wird die Referenz auf das neu erzeugte Objekt als Ergebnis zurückgegeben.

Alternativ ist auch folgende Lösung möglich:

```
public abstract class Geschaeftspartner
{
    protected String Firmenname, Firmenadresse;
    public Geschaeftspartner (String Firmenname)
    {
        this.Firmenname = Firmenname;
    }
}
public class Kunde extends Geschaeftspartner
{
    protected int Auftragssumme = 0;
    // Konstruktor
    public Kunde (String Firmenname)
    {
        // expliziter Aufruf des Oberklassen-Konstruktors
        super(Firmenname);
    }
}
```

In der Klasse KundeLieferantGUI gibt es eine Hilfsoperation anzeigen (Geschaeftspartner einGeschaeftspartner). Wurde ein Kunde erfasst und wird anschließend der Druckknopf »Anzeigen« gedrückt, dann sollen die Kundendaten ausgegeben werden. Wurde ein Lieferant erfasst, dann sollen die Lieferantendaten ausgegeben werden. Für beide Fälle wird nur eine Hilfsoperation benötigt. Auf der Parameterliste wird eine Referenz auf das aktuelle Objekt übergeben. Das Referenz-Attribut auf der Parameterliste ist vom Typ Geschaeftspartner. Da das Referenz-Attribut auch auf alle Unterklassen-Objekte von Geschaeftspartner verweisen kann, wird zur Laufzeit immer auf das richtige Objekt zugegriffen.

Polymorphismus

Da jedes Unterklassen-Objekt gegenüber der Oberklasse zusätzliche Attribute besitzt, die ebenfalls angezeigt werden sollen, muss in der Operation anzeigen noch festgestellt werden, zu welcher Klasse das Objekt gehört. Dies geschieht durch die Anweisung

Abschnitt 2.11.7

```
MerkeText = einGeschaeftspartner.getClass().getName();
```

In der Klasse Lieferant wird im Konstruktor direkt auf das Attribut Firmenname zugegriffen. Dies ist nur möglich, weil das Attribut protected und nicht private ist. Da der Firmenname identisch mit dem Parameternamen ist, muss vor Firmenname das Schlüsselwort super gesetzt werden, analog wie this, wenn auf ein gleichnamiges Attribut der eigenen Klasse zugegriffen werden soll.

Direktzugriff auf Oberklassen- attribute

In der Klasse Kunde wird über die Operation setFirmenname der Oberklasse indirekt auf Firmenname zugegriffen. In diesem Fall könnte Firmenname auch als private deklariert werden.

Zugriff über Operationen auf Oberklassen- attribute

2.15.3 Java-Beispiel für das Überschreiben und Verbergen

Das in den Abschnitten 2.14.3 und 2.14.4 beschriebene Beispiel »Konto« sieht in Java folgendermaßen aus:

Beispiel
```
/* Programmname: Konto und Sparkonto
* Fachkonzept-Klasse: Konto
* Aufgabe: Verwalten von Konten
*/
```

Klasse
Konto
```java
public class Konto
{
    //Attribute
    protected int Kontonr;
    protected float Kontostand;
    // Konstruktor
    public Konto(int Kontonr, float ersteZahlung)
    {
        this.Kontonr = Kontonr;
        Kontostand = ersteZahlung;
    }
    //Schreibende Operationen
    public void buchen (float Betrag)
    {
        Kontostand = Kontostand + Betrag;
    }
    //Lesende Operationen
    public float getKontostand ()
    {
        return Kontostand;
    }
}
```

```
/* Programmname: Konto und Sparkonto
* Fachkonzept-Klasse: Sparkonto
* Aufgabe: Verwalten von Sparkonten
* Restriktion: Sparkonten dürfen nicht negativ werden
*/
```

Klasse
Sparkonto
```java
public class Sparkonto extends Konto
{
    // Konstruktor
    public Sparkonto(int Kontonr, float ersteZahlung)
    {
        //Anwendung des Konstruktors der Oberklasse
        super (Kontonr,0.0f);
        buchen (ersteZahlung);
    }
    //Redefinierte Operation
    public void buchen (float Betrag)
    {
```

```java
        //geerbte Operation getKontostand der Oberklasse
        if (getKontostand() + Betrag >= 0)
            super.buchen(Betrag);
            //Operation buchen der Oberklasse aufrufen
    }
}

/* Programmname: Konto und Sparkonto
 * GUI-Klasse: KontoGUI
 * Aufgabe: Konten verwalten
 * Eingabe von Beträgen und Kontoart
 * Ausgabe des aktuellen Kontostands
 */

import java.awt.*;
import java.Applet.*;
import java.awt.event.*;

public class KontoGUI extends Applet                                 Klasse
{                                                                    KontoGUI
    //Attribute
    //Konten deklarieren
    private Konto einKonto;
    private Sparkonto einSparkonto;

    private float Zahl;
    private String eineZahlAlsText;
    ...
    public void init()
    {
        ...
    }
    //Anwendung des Polymorphismus
    //Zur Übersetzungszeit ist nicht bekannt, ob ein Objekt
    //der Klasse Konto oder ein Objekt der Klasse Sparkonto
    //eine Botschaft erhält
    void einauszahlungenInBar(Konto einObjekt, float Zahlung)
    {
        einObjekt.buchen(Zahlung);
    }
    //Innere Klasse
    class AktionsAbhoerer implements ActionListener
    {
        public void actionPerformed(ActionEvent event)
        {
            meldungenTextfeld.setText("");
            Float f; //lokales Attribut
            //Inhalt des Textfeldes in eine Zahl umwandeln
            String Merke = betragTextfeld.getText();
            try
            {
                f = Float.valueOf(Merke);
            }
            catch(NumberFormatException x)
            {
```

```
                  meldungenTextfeld.setText("Fehler: Betrag muss
                      eine Zahl sein!");
                  repaint();
                  return;
                }
                Zahl = f.floatValue();
                //Auswertung des Ereignisses
                Object object = event.getSource();
                if(object == kontoDruckknopf)
                    aendereKonto(Zahl);
                else if (object == sparkontoDruckknopf)
                    aendereSparkonto(Zahl);
            }//Ende actionPerformed
        }//Ende innere Klasse
        void aendereKonto(float Zahl)
        {
            if(einKonto == null) //Objekt wurde noch nicht erzeugt
                einKonto = new Konto (1, 0.0f); //Objekt erzeugen
            einausZahlungenInBar(einKonto, Zahl);
            kontoTextfeld.setText(Float.toString(einKonto.
                getKontostand()));
            repaint();
        }
        void aendereSparkonto(float Zahl)
        {
            if(einSparkonto == null) //Objekt wurde noch nicht erzeugt
                einSparkonto = new Sparkonto (2, 0.0f);
                einausZahlungenInBar(einSparkonto, Zahl);
            sparkontoTextfeld.setText(Float.toString
                (einSparkonto.getKontostand()));
            repaint();
        }
}//Ende KontoGUI
```

Die Abb. 2.15-5 zeigt die Benutzungsoberfläche von »Konto und Sparkonto verwalten«.

Betrachtet man dieses Beispiel genauer, dann stellt man folgende Besonderheiten fest:

Die Unterklasse Sparkonto besitzt einen Konstruktor Sparkonto (int Kontonr, float ersteZahlung), in dem die Anweisung super (Kontonr, 0.0f) steht. Diese Anweisung bewirkt, dass der Konstruktor Konto(int Kontonr, float ersteZahlung) der Oberklasse Konto mit den entsprechenden aktuellen Parametern aufgerufen wird.

Anschließend wird die redefinierte Operation buchen(erste Zahlung) aufgerufen. Nach der Überprüfung, ob der Kontostand anschließend positiv ist, wird die Operation buchen der Oberklasse mit super.buchen(Betrag) aufgerufen. Der Aufruf super(Kontonr, ersteZahlung) im Konstruktor wäre falsch, da bei einer negativen ersten Zahlung ein negativer Betrag auf dem Sparkonto wäre.

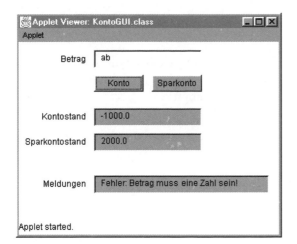

Abb. 2.15-5:
Die Benutzungs-
oberfläche
der Konto-
und Sparkonto-
verwaltung

Bezogen auf das Überschreiben und Verbergen gilt:

- Konstruktordeklarationen werden niemals vererbt und sind daher nicht vererbt
  nicht am Verbergen oder Überschreiben beteiligt.
- Auf eine überschriebene bzw. redefinierte Operation der direkten
  Oberklasse kann zugegriffen werden, wenn ein Ausdruck zum Auf- Operationen
  ruf der Operation das Schlüsselwort super enthält. super
- Besitzt ein Parameter einer Operation denselben Namen wie ein
  Attribut der Klasse, dann verdeckt der Parameter das in der Klasse
  deklarierte Attribut. Um dennoch auf das Attribut zugreifen zu
  können, muss vor den Attributnamen, getrennt durch einen Punkt,
  das Schlüsselwort this gesetzt werden. this

```
class Firma                                             Beispiel
{
    String Firmenname;
    public void setFirmenname(String Firmenname)
    {
        this.Firmenname = Firmenname;
    }
    ...
}
```

Bezieht man sich im Rumpf einer Operation auf ein Attribut der Programmierregel
Klasse, dann sollte vor das Attribut immer this. gesetzt werden.
Dadurch wird deutlich, dass das Attribut der Klasse gemeint ist.
Fehler aufgrund von Namensgleichheiten werden reduziert.

2.15.4 Sonderfälle

Durch die Möglichkeit der Vererbung gibt es eine Reihe von Sonderfällen, die manchmal sinnvoll sind. Im Folgenden werden diese
Sonderfälle kurz skizziert:

- Abstrakte Klassen
  □ Abstrakte Klassen sind nur sinnvoll, wenn sie in einer Vererbungshierarchie oben stehen.
  □ Eine abstrakte Klasse ist nur sinnvoll, wenn sie mindestens eine konkrete Unterklasse besitzt. In der Regel sollte es jedoch mindestens zwei konkrete Unterklassen geben.
  □ Abstrakte Klassen können Unterklassen abstrakter Klassen sein.

Beispiel Die Klassen Object, Component und Container sind in Java abstrakte Klassen (Abb. 2.15-2).

- Klassen ohne Operationen
  □ Sinnvoll, wenn die Gemeinsamkeiten aus Attributen, die Spezialisierungen aber aus Operationen bestehen.

UML □ In der UML-Notation trägt man in der Regel keine get- und set-Operation ein.

Java □ In Java sind get- und set-Operationen *nicht* vorgeschrieben. Die Attribute müssen dann aber als protected spezifiziert sein, damit von Unterklassen zugegriffen werden kann. public ist auch möglich, sollte aber vermieden werden.

- Klassen ohne Attribute
  □ Sinnvoll, wenn logisch zusammengehörende, aber voneinander unabhängige Operationen zu einer Klasse zusammengefasst werden. Da sie untereinander keine Daten austauschen müssen, sind auch keine Attribute als »Gedächtnis« erforderlich.

Beispiel Operationen, die Daten von Textfeldern und Textbereichen einlesen, in andere Typen umwandeln und überprüfen, werden in einer Klasse Eingabe zusammengefasst (siehe Abschnitt 2.17.2.1).

  □ Zu prüfen ist, ob die Operationen in solchen Klassen als Klassenoperationen deklariert werden, da dann die Notwendigkeit entfällt, ein Objekt der Klasse zu erzeugen.

- Klassen ohne Konstruktoren

Java □ In Java erlaubt, allerdings wird dann ein voreingestellter Konstruktor vom Compiler unsichtbar eingefügt: class A{A(){super();}}
  □ Enthält in Java eine Klasse einen Konstruktor, dann wird *kein* voreingestellter Konstruktor hinzugefügt.

Beispiel

```
class Kunde
{
    String Name;
    Kunde(String Firmenname)
    {
        Name = Firmenname;
    }
}
```

Es ist in diesem Beispiel nicht möglich, Kunde() aufzurufen, da es diesen Konstruktor nicht gibt!

■ Klassen nur mit Klassenattributen und/oder Klassenoperationen
□ Sinnvoll, wenn allgemeine Attribute und Operationen, zusammengefasst nach logischen Gesichtspunkten, zur Verfügung gestellt werden sollen.

Die Klasse Math in Java stellt wichtige mathematische Funktionen sowie einige Konstanten (e, π) zur Verfügung. *Beispiel*

■ Klassen, die keine Unterklassen erlauben
□ In Java kann durch das Schlüsselwort final verhindert werden, dass von einer Klasse Unterklassen abgeleitet werden. Sinnvoll, wenn verhindert werden soll, dass vererbte Operationen redefiniert werden. *Java*

Die Klassen Math und String in Java erlauben keine Unterklassen. *Beispiel*

Abstrakte Klasse Spielt eine wichtige Rolle in Vererbungsstrukturen (→Vererbung), wo sie die Gemeinsamkeiten von einer Gruppe von →Unterklassen definiert; im Gegensatz zu einer Klasse können von einer abstrakten Klasse keine Objekte erzeugt werden.

Einfachvererbung Jede Klasse besitzt maximal eine direkte →Oberklasse. Daraus ergibt sich eine Baumhierarchie (siehe auch →Mehrfachvererbung).

Generalisierungs-/Spezialisierungshierarchie Entsteht durch das Bilden von →Oberklassen, die die gemeinsamen Attribute, Assoziationen und Operationen all ihrer →Unterklassen besitzen. Die Attribute, Assoziationen und Operationen der Oberklassen werden an die Unterklassen vererbt (→Vererbung).

Klassenhierarchie →Vererbung.

Mehrfachvererbung Jede Klasse kann mehr als eine direkte Oberklasse besitzen. Werden gleichnamige Attribute oder Operationen von verschiedenen Oberklassen geerbt, dann muss der Namenskonflikt gelöst werden (siehe auch: →Einfachvererbung).

Oberklasse Enthält die gemeinsamen Attribute, Assoziationen und Operationen ihrer →Unterklassen (→Vererbung). Methodisches Mittel zur Bildung von Generalisierungen (→Generalierungs-/Spezialisierungshierarchie).

Polymorphismus Dieselbe Botschaft kann an Objekte verschiedener Klassen gesendet werden. Jedes Empfängerobjekt reagiert mit der Ausführung einer eigenen Operation. Dies kann zu unterschiedlichen Ergebnissen führen, z.B. Drucken eines Textes und Drucken einer Grafik. In Verbindung mit der →Vererbung, dem →Überschreiben und dem »späten Binden« können Operationen mit Objektreferenzen geschrieben werden, die Objekte verschiedener Klassen bezeichnen können, die durch eine gemeinsame Oberklasse miteinander in Beziehung stehen. Die Operation wird während der Laufzeit auf das Objekt angewandt, auf das die Objektreferenz zeigt. Eine solche Operation muss *nicht* geändert werden, wenn die Oberklasse um weitere Unterklassen ergänzt wird.

Redefinieren →Überschreiben.

super Erlaubt es in Java, auf überschriebene Operationen und verborgene Attribute in Oberklassen zuzugreifen.

this Erlaubt es in Java, einen überladenen Konstruktor der eigenen Klasse aufzurufen bzw. auf ein Attribut zuzugreifen, das denselben Namen wie ein Operationsparameter oder ein lokales Attribut hat.

Überschreiben →Unterklasse enthält eine Operation mit gleichem Namen wie eine geerbte Operation. Dadurch wird

die geerbte Operation »verdeckt« und kann neu definiert und implementiert werden.
Ein Aufruf der »verdeckten« Operation ist nur über eine besondere Notation möglich (in Java: →super) (→Verbergen).

Unterklasse Erbt alle →Attribute, Assoziationen und →Operationen der zugeordneten Oberklasse(n) (→Einfachvererbung, →Mehrfachvererbung). Besitzt zusätzlich eigene Attribute und Operationen. Methodisches Mittel zur Bildung von Spezialisierungen.

Verbergen →Unterklasse enthält ein Attribut mit gleichem Namen wie ein geerbtes Attribut. Dadurch wird das geerbte Attribut »verdeckt«. Ein Zugriff auf das »verdeckte« Attribut ist nur über eine besondere Notation möglich (in Java →super) (→Überschreiben).

Vererbung Attribute, Operationen und Assoziationen einer →Oberklasse werden an die zugehörigen →Unterklassen vererbt. Man unterscheidet die →Einfachvererbung und die →Mehrfachvererbung.

Neben den Konzepten **Objekt, Attribut, Operation, Klasse, Botschaft** und **Assoziation** basiert die objektorientierte Programmierung noch auf zwei weiteren wichtigen Konzepten:

Vererbung
■ Durch die Vererbung werden Attribute, Operationen und Assoziationen an alle Unterklassen einer Oberklasse weitergegeben. Es entsteht eine Klassenhierarchie bzw. Generalisierungs-/Spezialisierungshierarchie. Geerbte Attribute werden durch gleichnamige Attribute der Unterklasse verborgen, geerbte Operationen durch gleichnamige überschrieben bzw. redefiniert.

super
Durch eine spezielle Notation, in Java durch das Schlüsselwort super, kann auf die verborgenen Attribute bzw. überschriebenen Operationen zugegriffen werden.

Eine Einfachvererbung liegt vor, wenn jede Unterklasse nur eine direkte Oberklasse besitzt, sonst handelt es sich um eine Mehrfachvererbung. Oberklassen sind oft abstrakte Klassen, von denen keine Objekte erzeugt werden können.

Vorteile
Das Konzept der Vererbung besitzt folgende Vorteile:
⊞ Aufbauend auf existierenden Klassen können mit wenig Aufwand neue Klassen erstellt werden.
⊞ Die Änderbarkeit wird unterstützt. Beispielsweise wirkt sich die Änderung des Attributs Adresse automatisch auf alle Unterklassen der Klassenhierarchie aus.

Geheimnisprinzip verletzt
◼ Das Konzept der Vererbung steht jedoch im Widerspruch zum Geheimnisprinzip. Das Geheimnisprinzip bedeutet, dass keine Klasse die Attribute einer anderen Klasse sieht.

Barbara Liskov hat den Konflikt zwischen der Verkapselung und der Vererbung sehr elegant beschrieben /Khoshafian, Abnous 90/: »Ein Problem fast aller Vererbungsmechanismen ist, dass sie das Prinzip der Verkapselung auf das Äußerste strapazieren ... Wenn die Datenkapsel verletzt ist, verlieren wir die Vorteile der Lokalität ... Um die Unterklassen zu verstehen, müssen wir sowohl die Ober- als auch die Unterklasse betrachten. Falls die Oberklasse neu implementiert werden muss, dann müssen wir eventuell auch ihre Unterklassen neu implementieren«.

Für die Wartbarkeit des entstehenden Softwaresystems ist entscheidend, dass das Konzept der Vererbung sinnvoll eingesetzt wird. Das ist immer dann der Fall, wenn die Oberklasse eine Generalisierung der Unterklasse bzw. die Unterklasse eine Spezialisierung der Oberklasse darstellt. Aus der Perspektive der Spezialisierung kann man auch sagen, es ist eine »ist ein« *(is a)* oder »ist eine Art von« *(is a kind of)* Hierarchie. Beispielsweise kann man sagen: Kunden und Lieferanten sind spezielle Geschäftspartner; »Geschäftspartner« bildet den Oberbegriff für Kunde und Lieferant.

Generalisierung/
Spezialisierung

Das Ziel der Programmierung kann auf keinen Fall ein möglichst hoher Grad an Vererbung sein. Die Vor- und Nachteile sind bezogen auf zukünftige Weiterentwicklungen des Programms und die Verständlichkeit kritisch abzuwägen.

■ Der Polymorphismus erlaubt es, gleiche Botschaften an Objekte unterschiedlicher Klassen zu senden.

Polymorphismus

Schreibt man eine Operation, die einen Parameter vom Typ der Oberklasse enthält, dann kann während der Laufzeit dort auch ein Objekt einer Unterklasse stehen. Erst beim Aufruf der Operation liegt fest, auf welches Objekt welcher Klasse die Operation angewandt werden soll. Durch dieses Konzept kann man flexible und leicht änderbare Programme entwickeln.

Um in einer Operation auf Attribute der Klasse zuzugreifen, muss – bei Namensgleichheit mit Parametern oder lokalen Attributen – auf das Attribut mit `this.Attribut` zugegriffen werden. Dasselbe gilt für den Zugriff auf überladene Konstruktoren der eigenen Klasse von innerhalb eines Konstruktors: `this`(Parameter).

`this`

Die bei der Aufstellung einer Vererbungshierarchie zu berücksichtigenden Gesichtspunkte sind in Abb. 2.15-6 zusammengestellt.

/Gosling, Joy, Steele 97/
> Gosling J., Joy B., Steele G., *Java – die Sprachspezifikation*, Bonn: Addison-Wesley-Verlag 1997

/Heide Balzert 04/
> Balzert Heide, *Lehrbuch der Objektmodellierung – Analyse und Entwurf*, 2. Auflage, Heidelberg: Spektrum Akademischer Verlag 2004

/Horstmann, Cornell 99/
> Horstmann C. S., Cornell G., *core Java – Volume I – Fundamentals*, Palo Alto: Sun Microsystems Press 1999

/Khoshafian, Abnous 90/
> Khoshafian S., Abnous R. *Object Orientation Concepts, Languages, Databases, User Interfaces*, New York: John Wiley & Sons, 1990

Zitierte Literatur

Abb. 2.15-6:
Kriterien für
eine »gute«
Vererbungs-
struktur

■ Vererbungsstrukturen sollen Zusammenhänge und Unterschiede von Klassen deutlich machen. Sie sollen Klassifizierungen aufzeigen.

■ Vererbungsstrukturen können durch Generalisierung oder Spezialisierung ermittelt werden.

□ Bei der **Generalisierung** wird geprüft, ob zwei oder mehrere Klassen genügend Gemeinsamkeiten besitzen, um eine neue Oberklasse zu bilden.

Beispiel: Kunde – Lieferant – Geschäftspartner.

□ Bei der **Spezialisierung** wird von den allgemeinen Klassen ausgegangen und nach spezialisierten Klassen gesucht.

Beispiel: Konto – Sparkonto.

■ **»Gute« Vererbungsstrukturen** erfüllen folgende Kriterien:

□ Aus der Perspektive der Spezialisierung kann man sagen, es ist eine »ist ein« *(is a)*– oder »ist eine Art von« *(is a kind of)*–Hierarchie.

Beispiel: Kunden und Lieferanten sind spezielle Geschäftspartner.

Diese Beziehung ist transitiv. Es reicht also *nicht* aus, wenn eine Unterklasse zu den geerbten Attributen und Operationen nur eigene Attribute und Operationen hinzufügt.

□ Jede Unterklasse soll die geerbten Attribute und Assoziationen der Oberklasse auch benötigen, d.h. jedes Objekt der Unterklasse belegt die geerbten Attribute mit Werten und kann entsprechende Verbindungen besitzen.

□ Jede Unterklasse soll die geerbten Operationen semantisch sinnvoll anwenden können.

Beispiel: Ist eine Klasse Ferientag Unterklasse von Tag und besitzt Tag die Operation naechsterTag, dann kann diese Operation, angewandt auf ein Unterklassenobjekt, aus einem Ferientag einen *Nicht*-Ferientag machen. Daher ist dies keine geeignete Operation für Ferientag. Ein Ferientag ist zwar ein Tag, aber *kein* Objekt der Klasse Tag.

□ Polymorphismus anstelle von Typinformation benutzen.

Beispiel:

```
//Mit Typinformation              //Mit Polymorphismus
if(x is of type 1)                x.action();
    action1(x);
else if(x is of type 2)
    action2(x);
```

Quellen: /Heide Balzert 04/, /Horstmann, Cornell 99, S. 222f/

Analytische
Aufgaben
Muss-Aufgabe
30 Minuten

1 *Lernziele: Die Begriffe Oberklasse, Unterklasse, Einfachvererbung, Mehrfachvererbung, abstrakte Klasse, Überschreiben, Verbergen und Polymorphismus erklären können. Die Konzepte Klassenattribut – Objektattribut und Klassenoperation – Objektoperation unterscheiden können.*
Gegeben seien die nachfolgenden Java-Klassen:

```
abstract class GObjekt
{
    static int ObjektAnzahl = 0;
    protected int PosX;
    protected int PosY;

    abstract void Zeichnen();
    static void ObjektHinzufuegen(GObjekt Objekt)
    {
        // ...
```

```
    }
    static void ObjektEntfernen(GObjekt Objekt)
    {
        // ...
    }
}
public class GRechteck extends GObjekt
{
    void Zeichnen()
    {
        // ...
    }
}
public class GEllipse extends GObjekt
{
    protected int PosX;
    protected int PosY;

    void Zeichnen()
    {
        // ...
    }
}
public class GKreis extends GEllipse
{
    void Zeichnen()
    {
        // ...
    }
}
```

Verdeutlichen Sie (wenn möglich) an diesem Beispiel die Begriffe Oberklasse, Unterklasse, Einfachvererbung, Mehrfachvererbung, abstrakte
Klasse, Überschreiben, Verbergen, Polymorphismus, Klassenattribut, Objektattribut, Klassenoperation und Objektoperation.

2 *Lernziel: Die UML-Notation beim Zeichnen von Klassen-Diagrammen ver-*
wenden können.
Zeichnen Sie in UML-Notation ein Klassendiagramm des Java-Beispiels aus
Aufgabe **1**.

Muss-Aufgabe
15 Minuten

3 *Lernziel: Die UML-Notation beim Zeichnen von Klassen-Diagrammen ver-*
wenden können.
Besorgen Sie sich aus den Paketen java.lang und java.awt die Deklarationen der Klassen Object, Component, Button, Checkbox, Container,
Window und Dialog. Erstellen Sie hieraus ein Klassendiagramm in UML-
Notation. Die Attribute können hierbei entfallen. Bei Klassen mit extrem
vielen Operationen genügt es, wenn Sie einige Beispiele aufzeigen.

Muss-Aufgabe
45 Minuten

4 *Lernziel: In Java-Programmen die Konzepte Vererbung, Polymorphismus,*
Überschreiben, Verbergen, Klassenattribute und -operationen problemge-
recht einsetzen können.
Erweitern Sie das Kontobeispiel aus Abschnitt 2.15.2 um eine Klasse
Sparvertrag, die von Sparkonto erbt. Der Sparvertrag besitzt zusätz-
lich eine Operation, die eine regelmäßige Sparrate auf das Konto bucht.
Außerdem ist eine Auszahlung nur in Höhe des gesamten Guthabens ge-
stattet (= Kontoauflösung).

Konstruktive
Aufgaben
Muss-Aufgabe
30 Minuten

335

Die grafische Oberfläche sollte in etwa wie in Abb. 2.15-7 aussehen.

Abb. 2.15-7:
Oberfläche für die
erweiterte Konto-
verwaltung

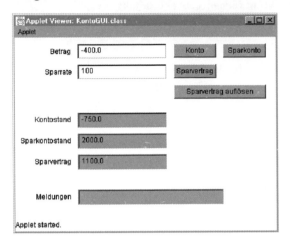

Muss-Aufgabe
30 Minuten

5 *Lernziele: Die beim Vererben, Überschreiben und Verbergen zu berücksich-*
tigenden Regeln – insbesondere in Java – angeben und anwenden können.
In Java-Programmen die Konzepte Vererbung, Polymorphismus, Über-
schreiben, Verbergen, Klassenattribute und -operationen problemgerecht
einsetzen können.
Erweitern Sie das Kontobeispiel aus Aufgabe **4** nun um folgende Funktionalität: Bei jedem Sparkonto sind Auszahlungen nur bis zu einer Höhe
von € 1.500 gestattet (Ausnahme: Auflösung durch Abhebung des Gesamt-
guthabens). Außerdem besitzen alle Sparkonten einen festen (gleichen)
Zinssatz sowie eine Operation gutschreibenZinsen. Diese soll hier (der
Einfachheit halber) nur die Zinsen für ein Jahr auf das derzeitige Guthaben
(Zinsen = Zinssatz * Guthaben / 100) dem Konto gutschreiben.

Muss-Aufgabe
30 Minuten

6 *Lernziel: In Java-Programmen die Konzepte Vererbung, Polymorphismus,*
Überschreiben, Verbergen, Klassenattribute und -operationen problemge-
recht einsetzen können.
Erweitern Sie das Beispiel Konto so, dass bei Eingaben, die zu einem Mi-
nus beim Sparkonto führen würden, eine Fehlermeldung ausgegeben wird.
Übergeben Sie die Meldung mithilfe von throw an den Aufrufer.

Hinweis   Weitere Aufgaben finden Sie auf der beiliegenden CD-ROM.

336

2 Grundlagen der Programmierung – Schnittstellen, Pakete, Ereignisse

- Syntax und Semantik von Java-Schnittstellen anhand von Bei-   verstehen
  spielen erläutern können.
- Vererbung und Polymorphismus von Java-Schnittstellen anhand
  von Beispielen darstellen können.
- Das Java-Paket-Konzept anhand von Beispielen erklären können.
- Die Ereignisbehandlung in Java im Detail erläutern können.
- Java-Schnittstellen problemgerecht bei eigenen Programmen   anwenden
  verwenden können.
- Vorhandene Java-Pakete importieren und eigene erstellen können.
- Zugriffsrechte und Sichtbarkeit von Klassen, Attributen und
  Operationen problem- und qualitätsgerecht bei eigenen Pro-
  grammen auswählen können.
- Ereignisse in Java programmieren können.

- Die Kapitel 2.2 bis 2.15 müssen bekannt sein.

2.16 Schnittstellen

2.16.1 Zuerst die Theorie: Schnittstellen in der Software-Entwicklung

In der objektorientierten Software-Entwicklung gibt es neben Klassen noch **Schnittstellen** *(interfaces)*. Der Begriff wird *nicht* einheitlich verwendet. In der Regel definieren Schnittstellen Dienstleistungen für Anwender, d.h. für aufrufende Klassen, ohne etwas über die Implementierung der Dienstleistungen festzulegen. Es werden **funktionale Abstraktionen** in Form von Operationssignaturen bereitgestellt, die das »Was«, aber *nicht* das »Wie« festlegen. Eine Schnittstelle besteht also im Allgemeinen nur aus Operationssignaturen, d.h., sie besitzt keine Operationsrümpfe. Schnittstellen können in Vererbungsstrukturen verwendet werden. Eine Schnittstelle ist äquivalent zu einer Klasse, die ausschließlich **abstrakte Operationen** besitzt. Für manche Situationen ist es auch nützlich, öffentliche Attribute in einer Schnittstelle bereitzustellen.

UML-Notation

Abb. 2.16-1:
Alternative
Notation für eine
Schnittstelle

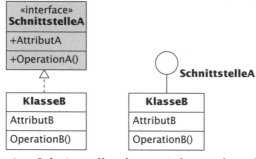

In der UML gibt es zwei alternative Notationen für eine Schnittstelle: Eine Schnittstelle kann wie eine Klasse, allerdings mit dem Zusatz `<<interface>>` vor dem Schnittstellennamen, dargestellt werden. Implementiert eine Klasse eine Schnittstelle, dann wird zwischen der Klasse und der Schnittstelle ein gestrichelter Vererbungspfeil gezeichnet (Abb. 2.16-1, linke Seite). Ebenso kann eine Schnittstelle als nicht ausgefüllter Kreis, beschriftet mit dem Schnittstellennamen gezeichnet werden (in der UML als *ball* bezeichnet). Die implementierende Klasse wird durch eine Linie mit dem Kreissymbol verbunden (Abb. 2.16-1, rechte Seite).

Ein Attribut in einer Schnittstelle bedeutet, dass die Klasse, die diese Schnittstelle realisiert, sich so verhalten muss, als ob sie das Attribut selbst besitzt.

2.16.2 Dann die Praxis: Das Java-Schnittstellenkonzept

Java-Schnittstellen erlauben die Deklaration abstrakter Operationen *und* öffentlicher konstanter Klassenattribute. Die Implementierung der abstrakten Operationen erfolgt durch Java-Klassen.

Dabei ist es möglich, dass verschiedene Java-Klassen dieselbe Schnittstelle auf unterschiedliche Weise implementieren. Für die aufrufende Klasse ergibt sich dadurch keine Änderung, da die Schnittstelle unverändert bleibt. Benutzt eine Klasse eine Schnittstelle, dann wird dies in der UML durch einen gestrichelten Pfeil mit der Beschriftung <<use>> angegeben (Abb. 2.16-2 oben). Wird die Schnittstelle durch einen Kreis dargestellt, dann wird durch ein Halbkreissymbol (in der UML als *socket* bezeichnet) angedeutet, dass die damit verbundene Klasse die angegebene Schnittstelle benötigt (Abb. 2.16-2 unten). Durch die Kombination von Kreis- und Halbkreissymbol wird verdeutlicht, wie Schnittstellenbereitsteller und Schnittstellenbenutzer ineinandergreifen. Wegen ihres Aussehens wird diese Darstellung umgangssprachlich auch als *Lollipop*-Darstellung bezeichnet.

*Lollipop =
Lutscher,
Eis am Stil*

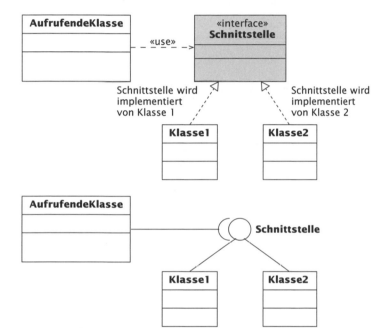

*Abb. 2.16-2:
Das Schnittstellen-
konzept*

Um Schnittstellen anhand des Schnittstellennamens schnell zu erkennen, ergänze ich den Schnittstellennamen am Ende um ein großes **I** für *Interface*.

Konvention

In Abb. 2.16-3 ist das Beispiel Versicherungsprämie aus Abschnitt 2.13.6 dargestellt. Die Versicherungsprämie kann auf zwei verschiedene Arten berechnet werden.
Das zugehörige Java-Programm sieht folgendermaßen aus:

Beispiel

```
public interface VersicherungI
{
    //abstrakte Operation
    public double berechnePraemie(double Versicherungssumme);
}
```

339

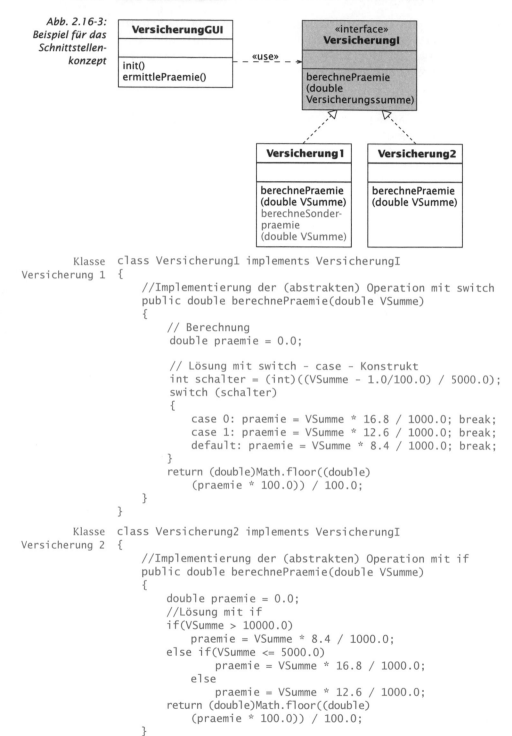

Abb. 2.16-3:
Beispiel für das
Schnittstellen-
konzept

Klasse
Versicherung 1

```
class Versicherung1 implements VersicherungI
{
        //Implementierung der (abstrakten) Operation mit switch
        public double berechnePraemie(double VSumme)
        {
            // Berechnung
            double praemie = 0.0;

            // Lösung mit switch - case - Konstrukt
            int schalter = (int)((VSumme - 1.0/100.0) / 5000.0);
            switch (schalter)
            {
                case 0: praemie = VSumme * 16.8 / 1000.0; break;
                case 1: praemie = VSumme * 12.6 / 1000.0; break;
                default: praemie = VSumme * 8.4 / 1000.0; break;
            }
            return (double)Math.floor((double)
                (praemie * 100.0)) / 100.0;
        }
}
```

Klasse
Versicherung 2

```
class Versicherung2 implements VersicherungI
{
        //Implementierung der (abstrakten) Operation mit if
        public double berechnePraemie(double VSumme)
        {
            double praemie = 0.0;
            //Lösung mit if
            if(VSumme > 10000.0)
                praemie = VSumme * 8.4 / 1000.0;
            else if(VSumme <= 5000.0)
                    praemie = VSumme * 16.8 / 1000.0;
                else
                    praemie = VSumme * 12.6 / 1000.0;
            return (double)Math.floor((double)
                (praemie * 100.0)) / 100.0;
        }
}
```

340

```
/*Programmname: Versicherung
* GUI-Klasse: VersicherungGUI
* Aufgabe: Berechnung von Versicherungsprämien unter
* Verwendung einer Schnittstelle (Interface)
*/

import java.awt.*;
import java.Applet.*;

public class VersicherungGUI extends Applet                     Klasse
{                                                               VersicherungGUI
    VersicherungI eineVersicherung;
    ...
    public void init()
    {
        //Es wird die Implementierung der
        //Klasse Versicherung1 verwendet
        eineVersicherung = new Versicherung1();
        AktionsAbhoerer einAbhoerer = new AktionsAbhoerer(this);
        ...
        berechneDruckknopf.addActionListener(einAbhoerer);
    }
    public void ermittlePraemie()
    {
        String MerkeText = summeTextfeld.getText();
        Double d = Double.valueOf(MerkeText);
        double VSumme = d.doubleValue();
        double Praemie =
            eineVersicherung.berechnePraemie(VSumme);
        praemieTextfeld.setText(Double.toString(Praemie));
    }
}


/*Programmname: Versicherung
* Abhörer-Klasse: AktionsAbhoerer
*/
import java.lang.*;
import java.awt.event.*;

public class AktionsAbhoerer                                     Klasse
implements ActionListener //wird von Java zur Verfügung gestellt AktionsAbhoerer
{
    VersicherungGUI einGUI;
    //Konstrukteur
    AktionsAbhoerer(VersicherungGUI einVersicherungsGUI)
    {
        einGUI = einVersicherungsGUI;
    }
    public void actionPerformed(ActionEvent event)
    {
        einGUI.ermittlePraemie();
    }
}
```

2.16.3 Dann die Praxis: Die Java-Syntax und -Semantik für Schnittstellen

interface Eine Schnittstelle ist ähnlich wie eine Klasse aufgebaut (Abb. 2.16-4).

Wie die Syntax zeigt, haben die deklarierten Operationen keinen Rumpf. Es handelt sich um **abstrakte Operationen** ohne Implementierung.

Innerhalb der Schnittstellen-Deklaration können konstante Klassenattribute deklariert werden, die implizit `public`, `final` und `static`

Abb. 2.16-4: Java-Syntax für Schnittstellen sind, d.h., sie können durch die implementierende Klasse nicht verändert werden. Die Attribute müssen mit einem konstanten Wert initialisiert werden.

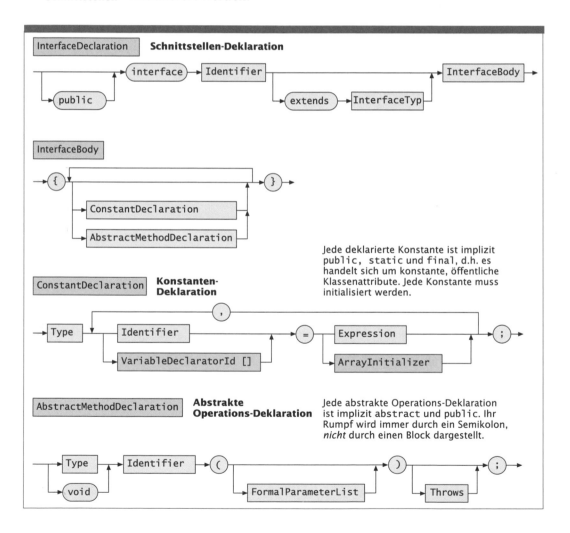

Jede deklarierte Konstante ist implizit `public`, `static` und `final`, d.h. es handelt sich um konstante, öffentliche Klassenattribute. Jede Konstante muss initialisiert werden.

Jede abstrakte Operations-Deklaration ist implizit `abstract` und `public`. Ihr Rumpf wird immer durch ein Semikolon, *nicht* durch einen Block dargestellt.

342

Ist eine Schnittstelle deklariert, dann können eine oder mehrere Klassen die Schnittstelle implementieren. Jede Klasse, die eine Schnittstelle implementiert, muss *alle* Operationen der Schnittstelle implementieren.

implements

Nach der optionalen Angabe einer Oberklasse werden in einer Klassen-Deklaration die implementierten Schnittstellen angegeben (Abb. 2.16-5).

Während eine Klasse nur *eine* direkte Oberklasse besitzen kann (Einfachvererbung), kann eine Klasse mehrere Schnittstellen implementieren. Dadurch ist es in Java möglich, eine Art Mehrfachvererbung zu realisieren.

mehrere Schnittstellen

Die Operationen, die eine Schnittstelle implementieren, müssen als `public` deklariert werden. Außerdem muss die Typ-Signatur der implementierenden Operation exakt mit der Typ-Signatur übereinstimmen, die in der Schnittstellen-Definition spezifiziert ist.

Es ist erlaubt und üblich, dass Klassen, die Schnittstellen implementieren, eigene zusätzliche Operationen definieren. Im Beispiel Versicherung könnte die Klasse `Versicherung1` eine weitere Operation `berechneSonderpraemie` definieren.

Abb. 2.16-5: Java-Syntax für Klassen mit Schnittstellen

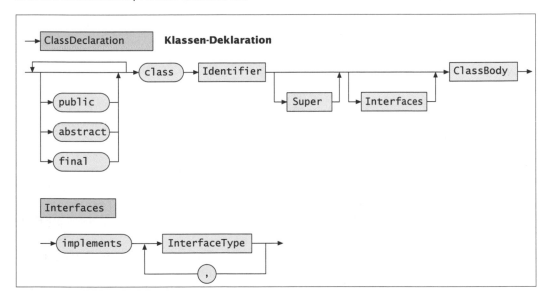

2.16.4 Schnittstellen und Polymorphismus

Referenzen auf

Analog wie Referenzen auf Objekte gesetzt werden können, können auch Variablen vom Schnittstellentyp deklariert werden.

Beispiel

```
//Klasse VersicherungGUI
VersicherungI eineVersicherung;
```

Die Variable eineVersicherung besitzt den Schnittstellentyp VersicherungI, d.h., sie kann eine Referenz auf jedes Objekt enthalten, deren Klasse die deklarierte Schnittstelle implementiert. Beispielsweise kann die Variable eineVersicherung eine Referenz auf Objekte der Klassen Versicherung1 und Versicherung2 enthalten. Wird eine Operation über die Referenz dieser Variablen aufgerufen, dann wird die Operation aufgerufen, auf deren Objekt zur Laufzeit die Referenz zeigt.

Dies ist eine wichtige Eigenschaft von Schnittstellen. Die Operation, die ausgeführt wird, wird während der Laufzeit dynamisch ausgewählt. Dadurch können Klassen später erstellt werden als der Code, der die Operationen dieser Klassen aufruft.

Die aufrufende Klasse kann den Aufruf über die Schnittstelle senden, ohne irgendetwas über die gerufene Klasse zu wissen. Dies ist vergleichbar mit der Benutzung einer Oberklassen-Referenz, um auf ein Unterklassen-Objekt zuzugreifen.

Beispiel
```
//Klasse VersicherungGUI
VersicherungI eineVersicherung;
...
public void init();
{
    eineVersicherung = new Versicherung1();
    ...
}
public void ermittlePraemie()
{   ...
    //Aufruf der Schnittstelle
    double Praemie = eineVersicherung.berechnePraemie(VSumme);
    ...
}
```

Die Variable eineVersicherung ist vom Schnittstellentyp VersicherungI. Ihr wurde ein Objekt von Versicherung1 zugewiesen. Obwohl eineVersicherung auf die Operation berechnePraemie zugreifen kann, ist ein Zugriff auf andere Operationen von Versicherung1 *nicht* möglich.

Ein Schnittstellen-Referenz-Attribut kennt nur die Operationen, die in der Schnittstelle deklariert sind.

Polymorphie
Die polymorphe Mächtigkeit einer solchen Referenz zeigt folgendes Beispiel:

Beispiel
```
//Klasse VersicherungGUI
...
    public void init()
    {
        //Referenz auf Schnittstelle
        VersicherungI eineVersicherung = new Versicherung1();
        //Referenz auf Versicherung2
        Versicherung2 weitereVersicherung = new Versicherung2();
        //In Abhängigkeit z.B. von einer Benutzereingabe
```

344

```
    eineVersicherung = weitereVersicherung;
    //eineVersicherung zeigt nun auf ein Objekt von
    //Versicherung2
    ...
}
public void ermittlePraemie()
{
    //Praemie wird mit Algorithmus von Versicherung2
    //berechnet
    double Praemie =
        eineVersicherung.berechnePraemie(Vsumme);
    ...
}
```

Das Beispiel zeigt, dass die Versicherungsversion, die aufgerufen wird, vom Typ des Objekts bestimmt wird, auf das eineVersicherung zur Laufzeit referenziert.

Die folgenden Beispiele zeigen Einsatzmöglichkeiten der Polymorphie.

Die Benutzungsoberfläche soll in zwei unterschiedlichen Landessprachen, z.B. Deutsch und Englisch, angezeigt werden. Durch eine Benutzereingabe soll während der Laufzeit die Sprache eingestellt werden können. Dazu reicht es aus, die Referenz auf ein Objekt einer anderen Implementierungsklasse zu setzen.
Analog könnte vom Benutzer auch auf ein anderes Oberflächenlayout umgeschaltet werden.

Beispiele

Wenn eine Klasse die Operationen einer Schnittstelle nicht vollständig implementiert, dann muss die Klasse als abstrakte Klasse deklariert werden.

2.16.5 Konstanten in Schnittstellen

Durch die Deklaration von Konstanten in Schnittstellen kann sichergestellt werden, dass diese überall gleich verwendet werden. Es handelt sich um öffentliche, konstante Klassenattribute. Solche Konstanten werden in Java mit Großbuchstaben und durch Unterstriche getrennt geschrieben (allgemeine Programmierkonvention).

Konstanten in Schnittstellen

```
interface Bildschirmformate
{
    final int X_VGA = 640; Y_VGA = 400;
    final int X_SVGA = 800; Y_SVGA = 600;
    final int X_XGA = 1024; Y_XGA = 768;
}
class Fenster implements Bildschirmformate
{
    ...
    if(Bildschirmformat = VGA)
        setSize (X_VGA, Y_VGA);
    else ...
}
```

Beispiel

345

Innerhalb jeder Klasse, die Bildschirmformate enthält, werden die Konstanten so behandelt, als wären sie in jeder Klasse selbst definiert oder von einer Oberklasse geerbt.

Wenn eine Schnittstelle keine Operationen besitzt, dann wird von der Klasse, die die Schnittstelle enthält, nichts implementiert. Es ist, als ob die Klasse Konstanten in den Gültigkeitsbereich der Klasse importiert. Dies ist vergleichbar mit »header«-Dateien in C++, um eine Anzahl von Konstanten zu erzeugen.

2.16.6 Leere Implementierung von Schnittstellen

Wenn eine Klasse eine Schnittstelle implementiert, dann muss sie *alle* ihre Operationen implementieren. Es spielt jedoch keine Rolle, ob die Klasse den Operationen der Schnittstelle tatsächlich eine Funktionalität verleiht oder sie einfach *leer* implementiert.

Beispiel Folgende Implementierung ist erlaubt:

```
class Versicherung3 implements VersicherungI
{
    public double berechnePraemie (double Vsumme) {return 0.0}
}
```

Beispiel Ereignis-
verarbeitung Dieses Beispiel wirkt künstlich. Bei der Ereignisverarbeitung in Java sind die Ereignisabhörer *(event listener)* Schnittstellen. Damit ein Objekt Botschaften über eingetretene Ereignisse empfangen kann, muss es eine Reihe von Operationen zur Verfügung stellen, die von der Ereignisquelle, bei der sich das Objekt registriert hat, aufgerufen werden können. Um sicherzustellen, dass diese Operationen vorhanden sind, müssen die Ereignisempfänger bestimmte Schnittstellen implementieren.

Beispiel Ein Programm öffnet nach dem Start auf dem Bildschirm ein Fenster. Wird die Taste Esc *(Escape)* gedrückt, dann soll das Fenster geschlossen und das Programm beendet werden. Java stellt für Tastatur-Ereignisse die Schnittstelle KeyListener zur Verfügung, die als Oberschnittstelle EventListener enthält. Abb. 2.16-6 zeigt das Klassendiagramm.

Da nur auf das Ereignis keyPressed eine Aktion erfolgen soll, wird in der Klasse TastaturAbhoerer nur diese Operation mit Funktionalität implementiert, die anderen Operationen erhalten eine »leere« Implementierung:

```
class TastaturAbhoerer implements KeyListener
{
    ...
    public void keyPressed (KeyEvent event)
    {
        if (event.getKeyCode() == KeyEvent.VK_ESCAPE)
        {
```

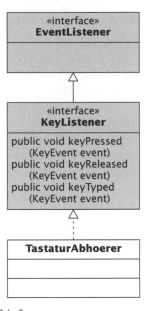

Abb. 2.16-6:
Beispiel für die
Implementierung
von Schnittstellen

```
            // Fenster schließen
            // Anwendung beenden
        }
    }
    public void keyReleased(KeyEvent event)
    {
        //leere Implementierung
    }
    public void keyTyped (KeyEvent event)
    {
        //leere Implementierung
    }
}
```

Um viele leere Operationsrümpfe zu vermeiden, stellt Java für die   Kapitel 2.18
Ereignisverarbeitung auch Adapter-Klassen zur Verfügung, die stan-
dardmäßig leere Implementierungen für alle Operationen enthalten.
Weil der Rumpf von Adapter-Operationen leer ist, entspricht die
Verwendung von Adaptern der direkten Verwendung von Listener-
Schnittstellen, außer dass *nicht* jede Operation implementiert wer-
den muss.

```
class TastaturAbhoerer extends KeyAdapter
{
    public void keyPressed (KeyEvent event)
    {
        if (event.getKeyCode() == KeyEvent.VK_ESCAPE)
        {   // Fenster schließen
            // Anwendung beenden
        }
    }
}
```

Beispiel

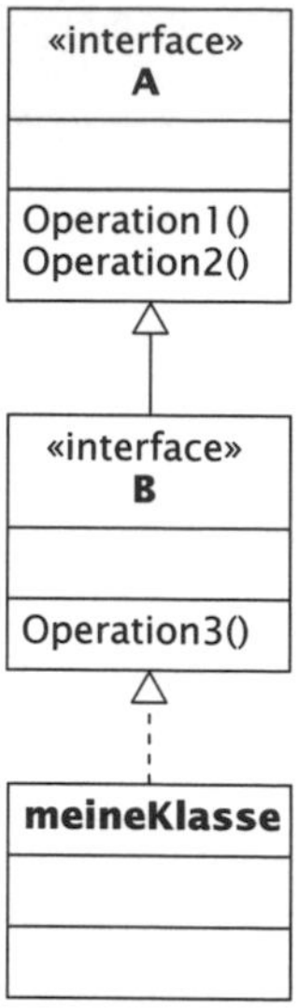

2.16.7 Schnittstellen und Vererbung

```
«interface»
    A

Operation1()
Operation2()
```

```
«interface»
    B

Operation3()
```

```
meineKlasse
```

Abb. 2.16-7:
Beispiel für die
Vererbung von
Schnittstellen

Eine Klasse kann auch dann eine Schnittstelle implementieren, wenn sie selbst Unterklasse ist. Die Unterklasse erbt von ihrer (abstrakten) Oberklasse und hat zusätzlich die Aufgabe, die Operationen der Schnittstelle zu implementieren.

Jede Schnittstelle kann eine oder mehrere Oberschnittstellen besitzen, d.h., jede Schnittstelle kann eine oder mehrere Schnittstellen erben (Schlüsselwort extends). Wenn eine Klasse eine Schnittstelle B implementiert, die eine Schnittstelle A erbt, dann muss die Klasse alle Operationen implementieren, die in der Vererbungskette definiert sind (Abb. 2.16-7).

```
// Schnittstellen können vererbt werden
interface A
{
    void Operation1();
    void Operation2();
}
//B erbt die Operationen Operation1() und Operation2() -
//Operation3() kommt neu hinzu
interface B extends A
{
    void Operation3();
}
```

Beispiel

```
//Diese Klasse muss alle Operationen von A und B implementieren
class MeineKlasse implements B
{
    public void Operation1()
    {
        System.out.println("Implementierung von Operation1()");
    }

    public void Operation2()
    {
        System.out.println("Implementierung von Operation2()");
    }

    public void Operation3()
    {
        System.out.println("Implementierung von Operation3()");
    }
}

class MeinProgramm
{
    public static void main(String arg[])
    {
        MeineKlasse meinObjekt = new MeineKlasse();
        meinObjekt.Operation1();
        meinObjekt.Operation2();
        meinObjekt.Operation3();
    }
}
```

348

2.17 Pakete

2.17.1 Zuerst die Theorie: Pakete in der Software-Entwicklung

Bei umfangreichen Software-Entwicklungen entstehen viele Klassen, Schnittstellen und Diagramme. Um einen Überblick über diese Vielfalt zu bewahren, wird ein Strukturierungskonzept benötigt, das von den Details abstrahiert und die übergeordnete Struktur verdeutlicht.

Pakete *(packages)* sind ein solcher Strukturierungsmechanismus Pakete
und erlauben es, Komponenten zu einer größeren Einheit zusammenzufassen. Der Paketbegriff ist allerdings wie der Schnittstellenbegriff *nicht* einheitlich definiert. Üblich sind auch die Begriffe Subsystem, *subject* und *category.*

In der UML gruppiert ein Paket Modellelemente (z.B. Klassen) be- UML-Pakete
liebigen Typs. Ein Paket kann selbst Pakete enthalten. Es entsteht ein Paketdiagramm.

Ein Paket wird als Rechteck mit einem Reiter dargestellt. Wird der Notation
Inhalt des Pakets nicht gezeigt, dann wird der Paketname in das Rechteck geschrieben, andernfalls in den Reiter. Der Paketname muss im beschriebenen Software-System eindeutig sein.

Ein Handelssystem könnte aus den Paketen der Abb. 2.17-1 be- Beispiel
stehen.

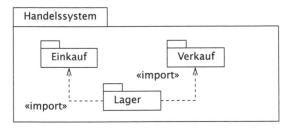

Abb. 2.17-1:
*Pakete eines
Handelssystems*

Jedes Paket definiert einen Namensraum, d.h. innerhalb eines Pakets müssen die Namen der enthaltenen Elemente eindeutig sein. Jede Klasse – allgemeiner jedes Modellelement – gehört zu höchstens einem (Heimat-)Paket. Von anderen Paketen kann jedoch darauf ver- Paket und Klasse
wiesen werden. Wird eine Klasse A eines Pakets PA in einem anderen Paket PB verwendet, dann wird als Klassenname PA::A angegeben. Bei geschachtelten Paketen werden alle Paketnamen – jeweils durch »::« getrennt – vor den Klassennamen gesetzt, z.B. Paket1::Paket11:: Paket111::Klasse.

2.17.2 Dann die Praxis: Pakete in Java

In Java können Klassen und Schnittstellen zu Paketen zusammenge-fasst werden.

Aufgaben Pakete dienen in Java dazu,
- große Gruppen von Klassen und Schnittstellen, die zu einem gemein-samen Aufgabenbereich gehören, zu bündeln und zu verwalten,
- potenzielle Namenskonflikte zu vermeiden,
- Zugriffe und Sichtbarkeit zu definieren und zu kontrollieren,
- eine Hierarchie von verfügbaren Komponenten aufzubauen.

default package Jede Klasse und jede Schnittstelle in Java sind Bestandteil genau ei-nes Pakets. Ist eine Klasse oder eine Schnittstelle nicht explizit einem Paket zugeordnet, dann gehört es implizit zu einem *default*-Paket. Je-der Java-Compiler stellt mindestens ein *default*-Paket zur Verfügung. Klassen des *default*-Pakets können ohne explizite import-Anweisung verwendet werden. Das d*efault*-Paket ist für kleinere Programme ge-dacht, für die es sich nicht lohnt, eigene Pakete anzulegen.

Paket-Hierarchie Pakete sind in Java hierarchisch gegliedert, d.h., ein Paket kann Unterpakete besitzen, die selbst wieder in Unterpakete aufgeteilt sind, usw.

Punktnotation Die Paket-Hierarchie wird durch eine Punktnotation ausgedrückt:
`Paket.Unterpaket1.Unterpaket11. ... .Klasse.`

2.17.2.1 Import von Paketen

Verwendung von Paketen Um eine Klasse oder Schnittstelle verwenden zu können, muss an-gegeben werden, in welchem Paket sie sich befindet. Dies kann auf folgende zwei Arten geschehen:

volle Qualifizierung
- Die Klasse oder Schnittstelle wird über ihren vollen (qualifizierten) Namen angesprochen.

Beispiel `java.util.Random einZufall = new java.util.Random();`

Im Beispiel wird auf die Java-Standardklasse Random zugegriffen.

import-Anweisung
- Am Anfang des Programms werden die gewünschten Klassen mit-hilfe einer import-Anweisung eingebunden.

Beispiel
```
import java.util.Random;
...
Random einZufall = new Random();
```

eine Klasse Wird in der import-Anweisung eine Klasse angegeben, dann wird genau eine Klasse importiert, im Beispiel Random. Alle anderen Klas-sen des Pakets bleiben unsichtbar.

Durch `import Paket.*` werden alle Klassen des angegebenen Pakets   alle Klassen
auf einmal importiert, aber nicht die aus untergeordneten Paketen
dieses Pakets.

```
import java.util.*;
...
Random einZufall = new Random();
Date einDatum = new Date();
```

Beispiel

Besitzen zwei Pakete Klassen mit denselben Namen, dann müssen
die Paketnamen explizit angegeben werden.

Zu Java gehören eine Vielzahl vordefinierter Pakete, die mit dem   vordefinierte
JDK *(Java Development Kit)* ausgeliefert werden.   Pakete

`java.Applet`	Applets	Beispiele
`java.awt`	Abstract Window Toolkit	
`java.awt.datatransfer`	AWT-Funktionen für die Zwischenablage	
`java.awt.event`	AWT-Ereignisbehandlung	
`java.awt.image`	AWT-Bildverarbeitung	
`java.beans`	Java-Komponenten	
`java.io`	Bildschirm- und Datei-Ein-/Ausgabe	
`java.lang`	Elementare Sprachunterstützung	
usw.		

Die im Paket `java.lang` enthaltenen Klassen und Schnittstellen   `java.lang`
sind für Java so elementar, dass sie von jeder Klasse automatisch
importiert werden, d.h., ein expliziter Import ist nicht erforderlich.

Um Namenskollisionen bei der Verwendung von Klassenbibliotheken unterschiedlicher Hersteller zu vermeiden, sollten die URL-*Domain*-Namen der Hersteller in umgekehrter Reihenfolge verwendet
werden.

Die URL der Firma Sun lautet: `sun.com`. Die Klassen der Firma Sun   Beispiel
sollten in Paketen mit dem Namen
`com.sun.Unterpaket1.Unterpaket11.Klasse` liegen.

In Java wird eine Paket-Deklaration zusammen mit Import-, Klassen-   Übersetzungs-
und Schnittstellendeklarationen als Übersetzungseinheit *(compilation*   einheit
unit) bezeichnet (Abb. 2.17-2).

Ein eigenes Paket wird dadurch angelegt, dass vor die Klassen-   eigene Pakete
bzw. Schnittstellendeklaration und vor die Import-Anweisungen das
Schlüsselwort `package` gefolgt von dem Paketnamen aufgeführt wird,
dem die nachfolgende Klasse bzw. Schnittstelle zugeordnet werden
soll. Der Compiler löst ebenso wie bei den Import-Anweisungen den
hierarchischen Namen in eine Kette von Unterverzeichnissen auf, an
deren Ende die Quelldatei steht. Neben der Quelldatei wird auch die
Klassendatei in diesem Unterverzeichnis abgelegt.

Der Java-Compiler übersetzt eingebundene Quelldateien, die noch
nicht übersetzt sind, automatisch mit.

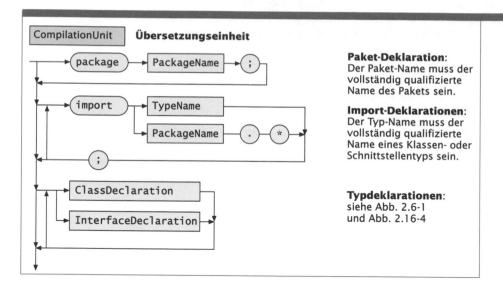

CompilationUnit	**Übersetzungseinheit**

Paket-Deklaration:
Der Paket-Name muss der vollständig qualifizierte Name des Pakets sein.

Import-Deklarationen:
Der Typ-Name muss der vollständig qualifizierte Name eines Klassen- oder Schnittstellentyps sein.

Typdeklarationen:
siehe Abb. 2.6-1
und Abb. 2.16-4

Abb. 2.17-2:
Java-Syntax einer
Übersetzungs-
einheit

Wenn ein selbst geschriebenes oder fremdes Paket in mehreren Programmen benötigt wird, dann ist es *nicht* sinnvoll, jedes Mal dieses Paket in den Ordner zu legen, in dem sich das jeweilige Programm befindet. Es ist daher auch möglich, das oder die Pakete an einer beliebigen Stelle in der Ordnerhierarchie zu speichern. Damit der Java-Compiler aber weiß, wo sich diese Pakete in der Ordnerhierarchie befinden, muss die so genannte Umgebungsvariable CLASSPATH gesetzt werden. CLASSPATH enthält eine Liste von durch Kommata getrennten Verzeichnissen, die in der Reihenfolge ihres Auftretens durchsucht werden.

Windows XP   Unter Windows XP wählt man Start -> Systemsteuerung -> System. In der Registerkarte Erweitert wird der Druckknopf Umgebungsvariablen gewählt. Die Variable CLASSPATH wird gesetzt, d.h. als Wert der Variablen wird der Verzeichnispfad zu dem Paket angegeben. Falls auf dem System noch keine solche Variable existiert, muss sie neu angelegt werden. (Mit Neu... , dann als Name der Variablen CLASSPATH und dann den Wert der Variablen). Vor dem ersten Wert der Variablen sollte ».;« stehen, damit der Java-Compiler zusätzliche Pakete zunächst im Verzeichnis der aktuellen Anwendung sucht.

Das folgende Beispiel zeigt den Aufbau eines eigenen Pakets Ein-Ausgabe, das es erleichtert, Daten ein- und auszugeben.

Beispiel
```
/* Paketname: EinAusgabe
 * Klasse: Eingabe
 * Erleichtert die Eingabebehandlung von eingegebenen
 * Informationen einschl. Ausnahmebehandlung
 */
```

```
package EinAusgabe;
import java.awt.*;

public class Eingabe                                              Klasse
{                                                                 Eingabe
    //einTextfeld:
    //Textfeld, von dem die Eingabe gelesen werden soll
    //nachLesenLoeschen:
    //Wenn true, dann wird einTextfeld anschl. gelöscht
    //einMeldefeld:
    //Textfeld, in dem Fehlermeldungen ausgegeben werden
    public static int getTextfeld(TextField einTextfeld,
        boolean nachLesenLoeschen, TextField einMeldefeld)
    {
        String MerkeText = einTextfeld.getText();
        int Zahl = 0;
        if (nachLesenLoeschen)
            einTextfeld.setText("");
        //Inhalt des Eingabefeldes in eine Zahl wandeln
        try
        {
            Integer i = Integer.valueOf(MerkeText);
            Zahl = i.intValue();
        }
        catch (NumberFormatException eineAusnahme)
        {
            einMeldefeld.setText("Bitte ganze Zahl eingeben: "
                + eineAusnahme.getMessage());
        }
        return Zahl;
    }
}


/*Paketname: EinAusgabe
 * Klasse: Ausgabe
 * Erleichtert die Ausgabe von Informationen
 */
package EinAusgabe;
import java.awt.*;

public class Ausgabe                                              Klasse
{                                                                 Ausgabe
    //einTextbereich:
    //in diesen Bereich wird die Information ausgegeben
    //Wert: Auszugebende ganze Zahl
    public static void setTextbereich(TextArea einTextbereich,
        int Wert)
    {
        //Umwandlung einer ganzen Zahl in eine Zeichenkette
        String MerkeText = String.valueOf(Wert);
        einTextbereich.append(MerkeText+"\n");
    }
}
```

siehe Programm
Kundenverwaltung
MitPaketen

In dem Programm Kundenverwaltung5 (siehe Abschnitt 2.9.2) kann dieses Paket dazu benutzt werden, die Ein- und Ausgabe zu vereinfachen.

Import von
Klassenattributen
und Klassen-
operationen

Sind in einer Klasse Klassenattribute und/oder Klassenoperationen deklariert und sollen diese in einer anderen Klasse in einem anderen Paket eingesetzt werden, dann gibt es dazu zwei Importmöglichkeiten:

1 Angabe von Klassenname.Attributname oder Klassenname.Operationsname, z.B. Math.PI oder Math.sin(Math.PI/2.0f).

2 Importieren von Klassenattributen und Klassenoperationen durch import static Paketname1.Paketname11.Klassenname.*; z.B. import static java.lang.Math.*;

Die so importierten Klassenattribute und -operationen können dann ohne Angabe des Klassennamens verwendet werden, als wären es eigene Attribute und Operationen. Diese Importanweisung darf nicht mit der Anweisung import Paketname1.Paketname11.* verwechselt werden, bei der alle Klassen aus dem Paket Paketname11 importiert werden.

2.17.2.2 Zugriffsrechte und Sichtbarkeit

Zugriffsrechte und
Sichtbarkeit

Durch Pakete werden zusätzliche Zugriffsrechte und Sichtbarkeitsregeln eingeführt. Zur Steuerung der Zugriffsrechte gibt es in Java vier verschiedene Zugriffskategorien. Drei von ihnen werden durch Schlüsselwörter gekennzeichnet, die vierte ist voreingestellt und gilt, wenn keine explizite Kategorie angegeben ist. Die Zugriffskategorien erlauben eine gezielte Vergabe von Zugriffsrechten, und zwar einzeln für jede Operation, jeden Konstruktor und jedes Attribut. Folgende Kategorien sind definiert:

public
+

■ public: Erlaubt »weltweiten« Zugriff sowohl von außen als auch von allen Nachfahren aus auf das Attribut, die Operation oder den Konstruktor, unabhängig von der Paketzugehörigkeit.

private
−

■ private: So deklarierte Attribute, Operationen und Konstruktoren sind nur innerhalb der eigenen Klasse sichtbar. Sie werden vererbt, sind aber von den Unterklassen aus *nicht* zugreifbar. Wenn eine Unterklasse eine Operation definiert, deren Kopf formal mit dem einer private-Operation des Vorfahren übereinstimmt, dann ist dies eine Neudefinition, *keine* Redefinition.

protected
#

■ protected: Von allen Nachfahren darf zugegriffen werden, unabhängig davon, ob die Nachfahren sich im gleichen Paket oder einem anderen Paket befinden. Nicht-Nachfahren aus dem gleichen Paket haben ebenfalls Zugriff.

implizit *»friendly«*

■ Ohne Angabe einer Zugriffskategorie sind das Attribut, die Operation oder der Konstruktor nur innerhalb des Pakets sichtbar, in dem die Klasse definiert ist. Das gilt für Nachfahren und Nicht-Nachfahren. Von außerhalb des Pakets ist kein Zugriff möglich. Umgangssprachlich wird diese Kategorie auch *»friendly«* genannt.

Abb. 2.17-3 veranschaulicht die Zusammenhänge.

Bei Klassen und Schnittstellen wird entweder public oder keine explizite Kategorie angegeben. Ohne public-Angabe kann die Klasse bzw. die Schnittstelle nur innerhalb des Pakets, in dem sie deklariert ist, benutzt werden. public-Klassen und -Schnittstellen können überall verwendet werden.

In der Regel wird beim Überschreiben einer Operation die geerbte Zugriffskategorie beibehalten. Änderungen sind möglich, jedoch ist folgende Regel einzuhalten:

■ Die Zugriffsrechte dürfen nur erweitert, aber *nicht* weiter eingeschränkt werden:

□ public-Operationen müssen public bleiben.

□ private-Operationen, die in Unterklassen neu definiert werden, dürfen eine beliebige Zugriffskategorie besitzen, da es sich um neue Operationen handelt.

□ Operationen ohne explizite Zugriffskategorie können so bleiben oder als protected oder public überschrieben werden.

□ protected darf als public überschrieben werden.

Kategorien für Klassen und Schnittstellen

Ändern der Zugriffskategorie beim Überschreiben

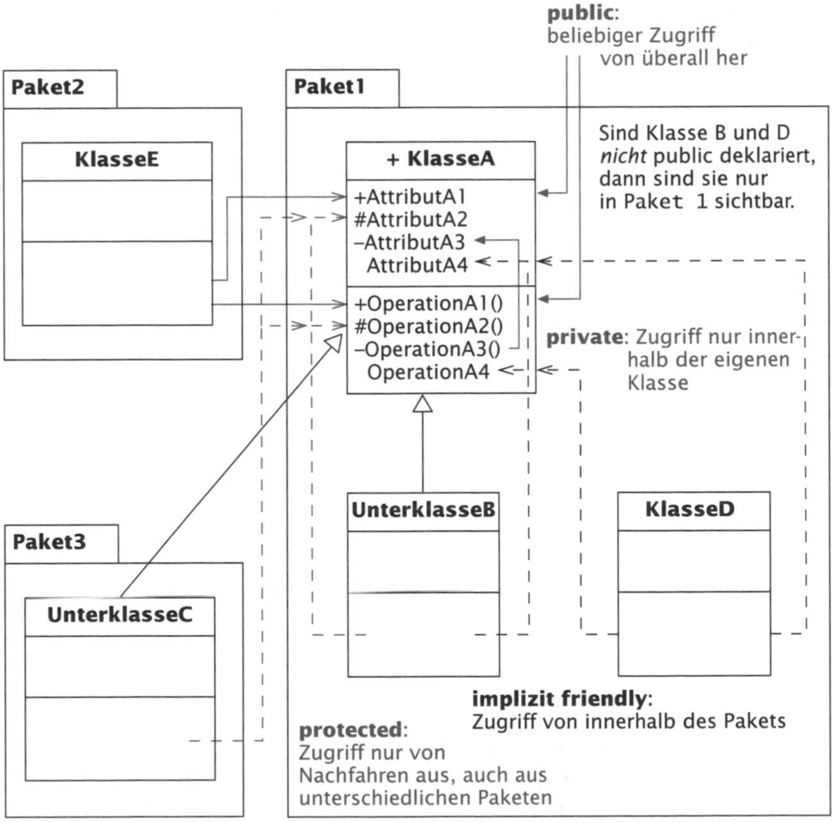

Abb. 2.17-3: Zugriffsrechte und Sichtbarkeit

Der Grund für diese Regeln liegt darin, dass es möglich sein muss, an eine Variable, die auf ein Objekt verweist, auch Objekte aller Unterklassen zuzuweisen. Daher muss die Unterklasse nach außen hin mindestens alles das zur Verfügung stellen, was auch ihr Vorfahr zur Verfügung stellt. Beim Überschreiben darf der Zugriff daher nicht weiter eingeschränkt werden.

2.18 Die Java-Ereignisverarbeitung im Detail

Die Grundlagen der Ereignisverarbeitung wurden im Kapitel 2.9 behandelt. Im Folgenden wird die Ereignisverarbeitung detailliert betrachtet.

2.18.1 Ereignistypen

In Java werden verschiedene Typen von Ereignissen unterschieden. Diese verschiedenen Ereignistypen werden durch eine Hierarchie von Ereignisklassen repräsentiert, die alle Unterklassen der Klasse `java.util.EventObject` sind. Diese Klasse dient damit als allgemeine Oberklasse aller Arten von Ereignissen, die zwischen verschiedenen Programmteilen aufgerufen werden können. Die Klasse `EventObject` speichert das Objekt, das das Ereignis ausgelöst hat. Durch Aufruf der Operation `public Object getSource();` erhält man dieses Objekt.

Die Hierarchie der AWT-spezifischen Ereignisklassen beginnt eine Ebene tiefer mit der Klasse `AWTEvent`, die direkte Unterklasse von `EventObject` ist und sich im Paket `java.awt` befindet (Abb. 2.18-1).

`AWTEvent` ist Oberklasse aller Ereignisklassen des AWT. Sie befinden sich im Paket `java.awt.event`. Dies Paket muss daher in jede Klasse importiert werden, die sich mit der Ereignisbehandlung von Benutzungsoberflächen beschäftigt.

Im AWT werden zwei Arten von Ereignissen unterschieden, die sich in der Klassenhierarchie widerspiegeln (Abb. 2.18-1):
- Elementare Ereignisse *(low level events)* beziehen sich auf Fenster und Interaktionselemente. Sie werden in der Klasse `ComponentEvent` und ihren Unterklassen behandelt.
- Semantische Ereignisse *(semantic events)* sind nicht an ein bestimmtes Interaktionselement gebunden, sondern repräsentieren Ereignisse wie das Ausführen eines Kommandos oder die Änderung eines Zustands.

2.18.2 Ereignisabhörer

Damit ein Objekt über Ereignisse informiert werden kann, muss es eine Reihe von Operationen implementieren, die von der Ereignisquelle, bei der es sich registriert, aufgerufen werden können. Um

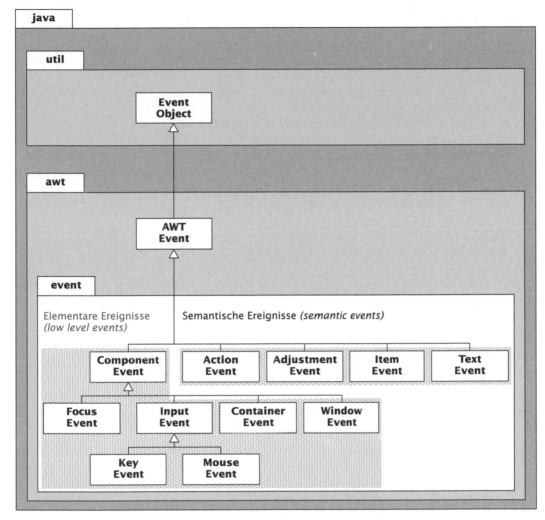

sicherzustellen, dass diese Operationen vorhanden sind, müssen die Ereignisabhörer bestimmte Schnittstellen *(interfaces)* implementieren, die Unterschnittstellen der Schnittstelle EventListener des Pakets java.util sind. Die Unterschnittstellen von EventListener befinden sich im Paket java.awt.event (Abb. 2.18-2).

Abb. 2.18-1:
Die Hierarchie der
Ereignisklassen

Je Ereignisklasse (siehe Abb. 2.18-1) gibt es eine EventListener-Schnittstelle. Sie definiert für jede Ereignisart dieser Ereignisklasse eine separate Operation.

Die Abb. 2.18-3 zeigt, dass zur Ereignisklasse ActionEvent die Schnittstelle ActionListener gehört. Diese Schnittstelle muss vom Ereignisabhörer implementiert werden, d.h. die Operation action Performed(ActionEvent e) muss einen Rumpf erhalten. Auf der Parameterliste von actionPerformed wird ein Objekt der Ereignisklasse

Beispiele

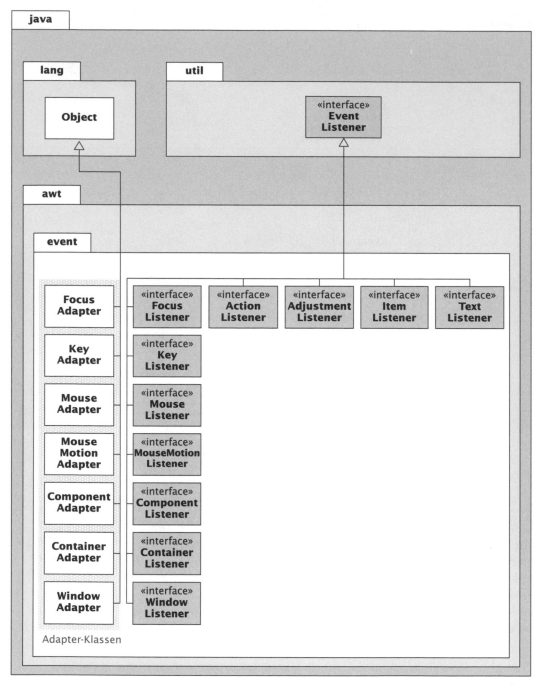

Abb. 2.18-2: Die Hierarchie der EventListener-Schnittstellen

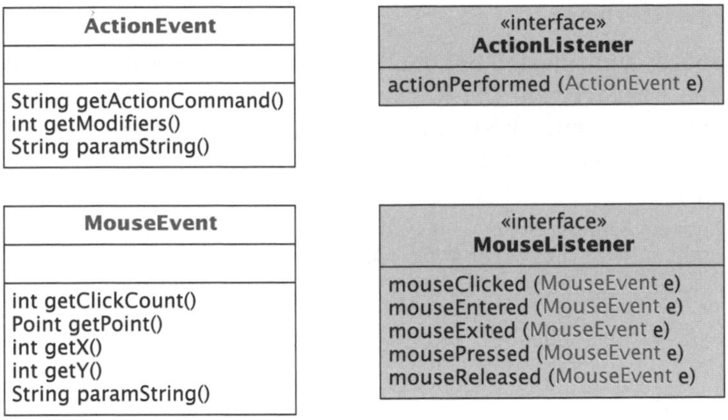

ActionEvent
String getActionCommand() int getModifiers() String paramString()

«interface» **ActionListener**
actionPerformed (ActionEvent e)

MouseEvent
int getClickCount() Point getPoint() int getX() int getY() String paramString()

«interface» **MouseListener**
mouseClicked (MouseEvent e) mouseEntered (MouseEvent e) mouseExited (MouseEvent e) mousePressed (MouseEvent e) mouseReleased (MouseEvent e)

Abb. 2.18-3:
Beispiele für
Ereignisklassen
und zugehörige
EventListener-
Schnittstellen

ActionEvent übergeben. Innerhalb der Operation actionPerformed kann dann über die Operationen der Klasse ActionEvent auf das übergebene Objekt zugegriffen werden.

Analog ist der Ereignisklasse MouseEvent die Schnittstelle Mouse Listener zugeordnet, die fünf Operationen deklariert. Als Parameter wird ein Objekt der Klasse MouseEvent übergeben. Innerhalb der Operationen kann dann über die Operationen der Klasse MouseEvent auf das übergebene Objekt zugegriffen werden.

Beide Ereignisklassen stellen unterschiedliche Operationen zur Verfügung. Über ein Maus-Ereignis möchte man als Ereignisabhörer andere Informationen erfahren als über ein Aktionsereignis.

Jede der Operationen einer Ereignisabhörer-Schnittstelle besitzt als einzigen Parameter ein Objekt vom zugehörigen Ereignistyp. Alle Operationen sind vom Typ void, d.h., sie geben kein Ergebnis zurück.

2.18.3 Adapterklassen

Eine Adapterklasse implementiert eine vorgegebene Schnittstelle mit *leeren* Operationsrümpfen. Sie kann verwendet werden, wenn aus einer Schnittstelle nur ein Teil der Operationen benötigt wird. In diesem Fall bildet man eine neue Unterklasse von der Adapterklasse und redefiniert die benötigten Operationen. Alle übrigen Operationen werden von der Adapterklasse zur Verfügung gestellt.

Verwendet man in einem solchen Fall anstelle von Adapterklassen Schnittstellen, dann müssen alle Operationen der Schnittstelle implementiert werden. Dies erspart man sich mit Adapterklassen. Ein Beispiel ist in Abschnitt 2.16.6 dargestellt.

Zu jedem elementaren Ereignis stellt das Paket java.awt.event eine passende Adapterklasse zur Verfügung (Abb. 2.18-2).

2.18.4 Registrierung

Ereignisabhörer müssen sich bei den Ereignisquellen, für die sie sich interessieren, registrieren. Die Registrierung erfolgt mit speziellen Operationen, an die ein Objekt der Klasse übergeben wird, das die jeweilige *EventListener*-Schnittstelle implementiert.

Beispiel
```
Button einDruckknopf;
AktionsAbhoerer einAbhoerer = new AktionsAbhoerer(this);
einDruckknopf.addActionListener(einAbhoerer);
```

wobei gilt:

```
public class AktionsAbhoerer implements ActionListener
{...}
```

Die Klasse Button stellt im Beispiel die Operation addActionListener(ActionListener einAbhoerer) zur Verfügung.

In den Tabellen Tab. 2.18-1 und Tab. 2.18-2 sind alle Ereignisse in Java und ihre Verarbeitung zusammengestellt.

2.18.5 Vorgehensweise

Folgende Vorgehensweise zeigt, welche Schritte nötig sind, um eine problemgerechte Ereignisverarbeitung in Java zu programmieren:
1 Überlegen, von welcher Ereignisquelle Ereignisse abgehört werden sollen.
2 In der linken Spalte der Tabellen Tab. 2.18-1 und Tab. 2.18-2 feststellen, welche Ereignistypen diese Ereignisquelle erzeugt.
3 Pro Ereignistyp Folgendes tun:
a Klasse Ereignistyp-Abhörer schreiben,
   z.B. class AktionsAbhoerer.
b Wenn semantisches Ereignis, dann entsprechende Schnittstelle implementieren,
   z.B. class AktionsAbhoerer implements ActionListener.
c Wenn elementares Ereignis, dann u.U. entsprechende Adapterklasse erweitern,
   z.B. class TastaturAbhoerer extends KeyAdapter.
d In der Abhörer-Klasse alle Schnittstellen-Operationen implementieren,
   z.B. public void actionPerformed (ActionEvent event),
   die in den Tabellen Tab. 2.18-1 und Tab. 2.18-2 unter Schnittstellen aufgeführt sind oder bei der Verwendung von Adapter-Klassen nur die benötigten Operationen implementieren.
4 Pro Abhörer-Klasse ein Abhörer-Objekt erzeugen,
   z.B. AktionsAbhoerer einAbhoerer = new AktionsAbhoerer(this).
5 Pro Ereignisquelle entsprechendes Abhörer-Objekt registrieren,
   z.B. einDruckknopf.addActionListener(einAbhoerer).

Ereignisquellen	Ereignistyp	Ereignisklasse	Schnittstelle und ihre Operationen	Adapterklasse	Registrierung
Component	Focus	FocusEvent	**FocusListener** ▢ focusGained ▢ focusLost	**FocusAdapter** Eine Komponente erhält den Focus Eine Komponente verliert den Focus	addFocusListener
Component	Key	KeyEvent	**KeyListener** ▢ keyPressed ▢ keyReleased ▢ keyTyped	**KeyAdapter** Eine Taste wurde gedrückt Eine Taste wurde losgelassen Eine Taste wurde gedrückt und wieder losgelassen	addKeyListener
Component	Mouse	MouseEvent	**MouseListener** ▢ mouseClicked ▢ mouseEntered ▢ mouseExited ▢ mousePressed ▢ mouseReleased	**MouseAdapter** Eine Maustaste wurde gedrückt und wieder losgelassen Der Mauszeiger betritt die Komponente Der Mauszeiger verlässt die Komponente Eine Maustaste wurde gedrückt Eine Maustaste wurde losgelassen	addMouseListener
Component	MouseMotion	MouseEvent	**MouseMotionListener** ▢ mouseDragged ▢ mouseMoved	**MouseMotionAdapter** Die Maus wurde bei gedrückter Taste bewegt Die Maus wurde bewegt, ohne dass eine Taste gedrückt wurde	addMouseMotionListener
Component	Component	ComponentEvent	**ComponentListener** ▢ componentHidden ▢ componentMoved ▢ componentResized ▢ componentShown	**ComponentAdapter** Eine Komponente wurde unsichtbar Eine Komponente wurde verschoben Die Größe einer Komponente hat sich geändert Die Komponente wurde sichtbar	addComponentListener
Container	Container	ContainerEvent	**ContainerListener** ▢ componentAdded ▢ componentRemoved	**ContainerAdapter** Eine Komponente wurde hinzugefügt Eine Komponente wurde entfernt	addContainerListener
Dialog, Frame	Window	WindowEvent	**WindowListener** ▢ windowActivated ▢ windowDeactivatated ▢ windowDeiconified ▢ windowIconified ▢ windowOpened	**WindowAdapter** Das Fenster wurde aktiviert Das Fenster wurde deaktiviert Das Fenster wurde wiederhergestellt Das Fenster wurde auf Symbolgröße verkleinert Das Fenster wurde geöffnet	addWindowListener

Tab. 2.18-1: Elementare Ereignisse und ihre Verarbeitung

Ereignisquellen	Ereignistyp	Ereignisklasse	Schnittstelle und ihre Operationen	Registrierung
Button, List, MenuItem, TextField	*Action*	*ActionEvent*	ActionListener □ actionPerformed Eine Aktion wurde ausgeführt	addActionListener
Scrollbar	*Adjustment*	*AdjustmentEvent*	AdjustmentListener □ adjustmentValueChanged Der Wert wurde verändert	addAdjustmentListener
Checkbox, Choice, List, CheckboxMenuItem	*Item*	*ItemEvent*	ItemListener □ itemStateChanged Der Zustand hat sich verändert	addItemListener
TextField, TextArea	*Text*	*TextEvent*	TextListener □ textValueChanged Der Text wurde verändert	addTextListener

Tab. 2.18-2: Semantische Ereignisse und ihre Verarbeitung

6 In den implementierten Operationen die Operationen der entsprechenden Ereignisklasse, d.h. der Klasse, die auf der Parameterliste angegeben ist, verwenden, um die benötigten Informationen zu erhalten.

Die Klasse ActionEvent stellt die Operation
String getActionCommand() zur Verfügung. Mithilfe dieser Operation kann die Beschriftung eines Druckknopfs abgefragt werden:

Beispiel 1

```
String einDruckknopf = event.getActionCommand();
if einDruckknopf.equals("Speichern")...
```

Die Klasse KeyEvent stellt die Operation int getKeyCode() zur Verfügung. Mit ihrer Hilfe kann festgestellt werden, welche Taste gedrückt wurde:

Beispiel 2

```
if (event.getKeyCode() == KeyEvent.VK_A)...
```

2.18.6 Beispiel: Ein einfacher UML-Editor

Die Ereignisverarbeitung wird im Folgenden an einem einfachen UML-Editor verdeutlicht. Im ersten Beispiel wird auf einer Zeichenfläche ein Rechteck als Klassensymbol erzeugt. Es kann mit der Maus selektiert und durch Klicken an einen anderen Ort transportiert werden.

Abb. 2.18-4 zeigt das OOD-Diagramm des UML-Editors. Das Programm sieht folgendermaßen aus:

Beispiel 3

Abb. 2.18-4: OOD-Diagramm eines einfachen UML-Editors

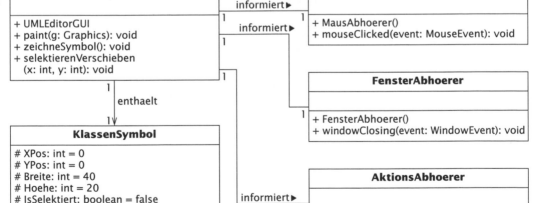

```
/* Programmname: UMLEditor1
 * Fachkonzept-Klasse: KlassenSymbol (Anwendung)
 * Vorbereitung eines UML-Editors
 * Zeichnet auf eine übergebene Fläche ein Klassensymbol
 * (leeres Rechteck)
 */

import java.awt.*;
```
Klasse
KlassenSymbol

```
public class KlassenSymbol
{
    //Attribute
    protected int XPos = 0;//Linke obere X-Ecke des Rechtecks
    protected int YPos = 0;//Linke obere Y-Ecke des Rechtecks
    protected int Breite = 40; //Breite des Rechtecks
    protected int Hoehe = 20;  //Höhe des Rechtecks
    protected boolean isSelektiert;
    //Angabe, ob das Klassensymbol mit der Maus selektiert wurde

    //Konstruktor
    public  KlassenSymbol(int x, int y, int Breite, int Hoehe)
    {
        XPos = x;
        YPos = y;
        this.Breite = Breite;
        this.Hoehe = Hoehe;
    }
    //Zeichnet das Klassensymbol auf die übergebene
    //Zeichenfläche
    public void zeichnen(Canvas c)
    {
        //Mit getGraphics wird ein Grafikkontext für die
        //Zeichenfläche erzeugt
        Graphics g = c.getGraphics();
        if(isSelektiert)
            g.setColor(Color.blue);
        g.drawRect(XPos, YPos, Breite, Hoehe);
    }
    public void selektieren(boolean ausgewaehlt)
    {
        isSelektiert = ausgewaehlt;
    }
    //Prüfung, ob der angegebene Punkt im Rechteck liegt
    public boolean isImRechteck(int x, int y)
    {
        if ((x >= XPos) && (x <= (XPos + Breite))
          && (y >= YPos) && (y <= (YPos + Hoehe)))
            return true;
        else
            return false;
    }
    //Neue Position festlegen
    public void setPosition(int x, int y)
    {
        XPos = x;
        YPos = y;
    }
```

```
    public boolean isSelektiert()
    {
        return isSelektiert;
    }
}//Ende KlassenSymbol

/* Programmname: UMLEditor1
 * GUI-Klasse: UMLEditorGUI (Anwendung)
 * Vorbereitung eines UML-Editors
 * Erzeugen, Selektieren, Verschieben eines Klassensymbols
 * (Rechteck)
 */

import java.awt.*;

public class UMLEditorGUI extends Frame                              Klasse
{                                                                    UMLEditorGUI
    //Attribute
    static UMLEditorGUI einUMLEditorGUI;
    private FensterAbhoerer einFensterAbhoerer;
    private AktionsAbhoerer einAktionsAbhoerer;
    private MausAbhoerer einMausAbhoerer;
    protected KlassenSymbol einKlassenSymbol;
    Button klassenDruckknopf;
    Canvas eineZeichenflaeche;

    //Konstruktor
    public UMLEditorGUI()
    {
        setLayout(null);
        setVisible(false);
        setSize(515,402);
        klassenDruckknopf = new java.awt.Button();
        klassenDruckknopf.setLabel("neue Klasse");
        klassenDruckknopf.setBounds(12,24,84,24);
        klassenDruckknopf.setBackground(new Color(12632256));
        add(klassenDruckknopf);
        eineZeichenflaeche = new java.awt.Canvas();
        eineZeichenflaeche.setBounds(108,24,384,360);
        eineZeichenflaeche.setBackground(new Color(12632256));
        add(eineZeichenflaeche);
        setTitle("UML-Editor: Vorbereitung");

        //Fenster schliessen registrieren
        einFensterAbhoerer = new FensterAbhoerer(this);
        addWindowListener(einFensterAbhoerer);
        //Druckknopf registrieren
        einAktionsAbhoerer = new AktionsAbhoerer(this);
        klassenDruckknopf.addActionListener(einAktionsAbhoerer);
        //Mausbewegung registrieren
        einMausAbhoerer = new MausAbhoerer(this);
        eineZeichenflaeche.addMouseListener(einMausAbhoerer);
    }
    //Klassenoperation main
    public static void main(String args[])
```

```
        {
            //Erzeugen eines Objekts von UMLEditorGUI
            einUMLEditorGUI = new UMLEditorGUI();
            einUMLEditorGUI.setVisible(true);
        }
        public void paint(Graphics g)
        {
            //Wenn bereits ein Klassensymbol vorhanden, dann ein
            //neues zeichnen
            if(einKlassenSymbol != null)
            {
                //getGraphics ergibt ein Objekt der Klasse Graphics
                //clearRect ist eine Operation von Graphics
                //Das angegebene Rechteck wird mit der
                //Hintergrundfarbe gefüllt
                //Damit wird ein vorhandenes Rechteck auf der
                //Zeichenfläche gelöscht
                eineZeichenflaeche.getGraphics().
                    clearRect(0,0,384,360);
                einKlassenSymbol.zeichnen(eineZeichenflaeche);
            }
        }
        public void zeichneSymbol()
        {
            einKlassenSymbol = new KlassenSymbol(10,10,100,60);
            repaint();
        }
        public void selektierenVerschieben(int x, int y)
        {
            //Wenn es schon ein Klassensymbol gibt, dann...
            if(einKlassenSymbol != null)
            {
                if(einKlassenSymbol.isImRechteck(x, y))
                //Wenn die Maus im Klassensymbol geklickt wurde,
                //dann im Selektionsmodus anzeigen
                    einKlassenSymbol.selektieren(true);
                else
                {
                if(einKlassenSymbol.isSelektiert() == true)
                {
                    //Wenn Klassensymbol bereits im Selektionsmodus,
                    //dann auf neue Position verschieben
                    einKlassenSymbol.setPosition(x, y);
                }
                einKlassenSymbol.selektieren(false);
                }
            }//Ende if
            repaint();//Aufruf der Operation paint
        }//Ende selektierenVerschieben
    }//Ende UMLEditorGUI

/*Programmname: UMLEditor
 * Abhoerer-Klasse: MausAbhoerer
 * Abhoerer-Klasse ist eigenständige Klasse!
 */
```

```
import java.awt.event.*;

public class MausAbhoerer extends MouseAdapter              Klasse
{                                                           MausAbhoerer
    UMLEditorGUI einGUI;
    public MausAbhoerer(UMLEditorGUI einUMLEditorGUI)
    {
        einGUI = einUMLEditorGUI;
    }
    public void mouseClicked(MouseEvent event)
    {
        Object object = event.getSource();
        if (object == einGUI.eineZeichenflaeche)
            einGUI.selektierenVerschieben(event.getX(),
                event.getY());
    }
}

/*Programmname: UMLEditor
* Abhoerer-Klasse: FensterAbhoerer
* Abhoerer-Klasse ist eigenständige Klasse!
*/
import java.awt.event.*;

public class FensterAbhoerer extends WindowAdapter          Klasse
{                                                           FensterAbhoerer
    UMLEditorGUI einGUI;
    FensterAbhoerer(UMLEditorGUI einUMLEditorGUI)
    {
        einGUI = einUMLEditorGUI;
    }
    public void windowClosing(WindowEvent event)
    {
        einGUI.setVisible(false); //Fenster unsichtbar machen
        einGUI.dispose(); //Fenster-Objekt loschen
        System.exit(0); //Anwendung beenden
    }
}//Ende FensterAbhoerer

/*Programmname: UML-Editor
* Abhoerer-Klasse: AktionsAbhoerer
* Abhoerer-Klasse ist eigenständige Klasse!
*/
import java.awt.event.*;

public class AktionsAbhoerer implements ActionListener      Klasse
{                                                           AktionsAbhoerer
    UMLEditorGUI einGUI;
    AktionsAbhoerer(UMLEditorGUI einUMLEditorGUI)
    {
        einGUI = einUMLEditorGUI;
    }
    public void actionPerformed(ActionEvent event)
    {
        einGUI.zeichneSymbol();
    }
}
```

367

Abb. 2.18-5 zeigt die Benutzungsoberfläche.

Abb. 2.18-5:
Benutzungs-
oberfläche des
ersten UML-Editors

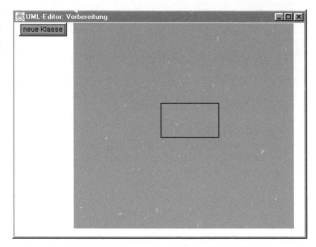

Einer der wichtigsten Effekte bei der direkten Manipulation auf der Benutzungsoberfläche ist, dass ein selektiertes Objekt der Mausbewegung folgt. Die Mausbefehle *pick, drag & drop* (Selektieren, Bewegen, Loslassen) bewirken diesen Effekt. Der bisherige UML-Editor wird daher im Folgenden so erweitert, dass ein selektiertes Klassensymbol bei gedrückter linker Maustaste der Mausbewegung folgt, wobei das Klassensymbol während der Bewegung ständig an der aktuellen Bewegungsstelle angezeigt wird. Nach dem Loslassen der Maustaste wird es dann endgültig dort positioniert und angezeigt.

Beispiel 4 Im Folgenden sind nur die Programmteile aufgeführt, die erweitert wurden. Die Erweiterungen sind schwarz hervorgehoben.

```
/* Programmname: UMLEditor2
 * GUI-Klasse: UMLEditorGUI (Anwendung)
 * Vorbereitung eines UML-Editors
 * Erzeugen, Selektieren, Verschieben eines Klassensymbols
 */

import java.awt.*;
```

Klasse
UMLEditorGUI
```
public class UMLEditorGUI extends Frame
{
    //Attribute analog UML-Editor1
    //Zusätzliche Attribute im UML-Editor2
    protected KlassenSymbol gedruecktesSymbol;
    protected int gedrueckteMausStartX, gedrueckteMausStartY;
    protected int gedruecktesSymbolEckeX,gedruecktesSymbolEckeY;
    protected int xVerschiebung, yVerschiebung;
    private MausbewegungsAbhoerer einBewegungsabhoerer;

    //Konstruktor
    public UMLEditorGUI()
    {
```

368

```
    //analog UML-Editor1
    //Zusätzliche Registrierung im UML-Editor2
    einBewegungsabhoerer = new MausbewegungsAbhoerer(this);
    eineZeichenflaeche.addMouseMotionListener
        (einBewegungsabhoerer);
}
//Klassenoperation main
public static void main(String args[])
{
    //Erzeugen eines Objekts von UMLEditorGUI
    einUMLEditorGUI = new UMLEditorGUI();
    einUMLEditorGUI.setVisible(true);
}
public void paint(Graphics g)
{
    //analog UML-Editor1
}
public void zeichneSymbol()
{
    einKlassenSymbol = new KlassenSymbol(10,10,100,60);
    repaint();
}
public void selektierenVerschieben(int x, int y)
{
    //Wenn es schon ein Klassensymbol gibt, dann...
    if(einKlassenSymbol != null)
    {
        if(einKlassenSymbol.isImRechteck(x, y))
        //Wenn die Maus im Klassensymbol geklickt
        //wurde, dann im Selektionsmodus anzeigen
            einKlassenSymbol.selektieren(true);
        else
        {
            if(einKlassenSymbol.isSelektiert() == true)
            {
            //Wenn Klassensymbol bereits im Selektionsmodus,
            //dann auf neue Position verschieben
            einKlassenSymbol.setPosition(x, y);
            }
            einKlassenSymbol.selektieren(false);
            //Selektionsmodus aufheben
        }
    }
    repaint();//Aufruf der Operation paint
}
//Neue Operationen im UML-Editor2
public void zeichneGedruecktesSymbol(int x, int y)
{
    if (gedruecktesSymbol != null)
    {
        gedruecktesSymbol.setPosition(x - xVerschiebung,
            y - yVerschiebung);
        repaint();
    }
}
```

```
        public void erstelleGedruecktesSymbol(int x, int y)
        {
            if(einKlassenSymbol.isImRechteck(x, y))
            {
                gedruecktesSymbol = einKlassenSymbol;
                gedrueckteMausStartX = x;
                gedrueckteMausStartY = y;
                gedruecktesSymbolEckeX = einKlassenSymbol.getXPos();
                gedruecktesSymbolEckeY = einKlassenSymbol.getYPos();
                xVerschiebung = gedrueckteMausStartX -
                    gedruecktesSymbolEckeX;
                yVerschiebung = gedrueckteMausStartY -
                    gedruecktesSymbolEckeY;
                einKlassenSymbol.selektieren(true);
            }
            else
                einKlassenSymbol.selektieren(false);
            repaint();
        }
        public void loescheGedruecktesSymbol()
        {
            gedruecktesSymbol = null;
        }
}//Ende UMLEditorGUI

/*Programmname: UMLEditor2
 * Fachkonzept-Klasse: KlassenSymbol (Anwendung)
 * Vorbereitung eines UML-Editors
 * Zeichnet auf eine übergebene Fläche ein Klassensymbol
 * das sich mit drag&drop verschieben lässt
 */
```

Klasse
KlassenSymbol

```
import java.awt.*;
public class KlassenSymbol
{
    //analog UML-Editor1
    //Zusätzliche Operationen für UMLEditor2
    public int getXPos()
    {
        return XPos;
    }
    public int getYPos()
    {
        return YPos;
    }
}

/*Programmname: UMLEditor
 * Abhoerer-Klasse: MausbewegungsAbhoerer
 * Abhoerer-Klasse ist eigenständige Klasse!
 */
import java.awt.event.*;
```

Klasse
Mausbewegungs
Abhoerer

```
public class MausbewegungsAbhoerer extends MouseMotionAdapter
{
    UMLEditorGUI einGUI;
```

```
    public MausbewegungsAbhoerer(UMLEditorGUI einUMLEditorGUI)
    {
        einGUI = einUMLEditorGUI;
    }
    //Maus wird mit gedrückter Taste bewegt
    public void mouseDragged(MouseEvent event)
    {
        Object object = event.getSource();
        if (object == einGUI.eineZeichenflaeche)
            einGUI.zeichneGedruecktesSymbol(event.getX(),
                event.getY());
    }
}


/*Programmname: UMLEditor
* Abhoerer-Klasse: MausAbhoerer
* Abhoerer-Klasse ist eigenständige Klasse!
*/
import java.awt.event.*;

public class MausAbhoerer extends MouseAdapter
{
    UMLEditorGUI einGUI;
    public MausAbhoerer(UMLEditorGUI einUMLEditorGUI)
    {
        einGUI = einUMLEditorGUI;
    }
    public void mouseClicked(MouseEvent event)
    {
        Object object = event.getSource();
        if(object == einGUI.eineZeichenflaeche)
            einGUI.selektierenVerschieben(event.getX(),
                event.getY());
    }
    //Zusätzliche Operationen für den UML-Editor2
    public void mouseReleased(MouseEvent event)
    {
        Object object = event.getSource();
        if(object == einGUI.eineZeichenflaeche)
            einGUI.loescheGedruecktesSymbol();
    }
    //Maustaste wurde gedrückt
    public void mousePressed(MouseEvent event)
    {
        Object object = event.getSource();
        if(object == einGUI.eineZeichenflaeche)
            einGUI.erstelleGedruecktesSymbol(event.getX(),
                event.getY());
    }
}
```

Klasse
MausAbhoerer

2.18.7 Anonyme Klassen

Wie das Beispiel »UML-Editor« des letzten Abschnitts zeigt, führt das Abfangen vieler unterschiedlicher Ereignistypen zu entsprechend vielen zusätzlichen Klassen, die über Assoziationen mit den Ereignisquellen verbunden werden müssen.

Um diesen Aufwand – zumindest für einfache Ereignisabhörer – zu reduzieren, erlaubt Java »innere« Klassen.

Abschnitt 2.9.2   Sie werden in die Klasse eingebettet, genauer gesagt eingeschachtelt, die die Ereignisquelle(n) enthält, und haben Zugriff auf alle Attribute und Operationen ihrer umgebenden Klasse.

Eine noch kompaktere Programmierung erlauben die »anonymen« Klassen, die eine Variante der »inneren« Klassen darstellen. Sie sind ebenfalls in eine Klasse eingebettet, kommen aber *ohne* Klassennamen aus.

Eine »anonyme« Klasse wird bei der Übergabe eines Objekts an eine Operation oder als Rückgabewert einer Operation innerhalb einer einzigen Anweisung deklariert und gleichzeitig ein Objekt von ihr erzeugt.

Voraussetzung für eine »anonyme« Klasse ist, dass sie Unterklasse einer anderen Klasse ist oder eine vorhandene Schnittstelle *(interface)* implementiert.

Nach dem Schlüsselwort new wird der Name der Oberklasse oder der Schnittstelle angegeben, gefolgt von dem Klassenrumpf.

Beispiel   Als eigenständige Klasse sieht das Schließen des Fensters folgendermaßen aus (siehe UML-Editor2):

```
...
//Fenster schliessen registrieren
    einFensterAbhoerer = new FensterAbhoerer(this);
    addWindowListener(einFensterAbhoerer);
    //Der Eingabeparameter ist ein Objekt
...
import java.awt.event.*;

public class FensterAbhoerer extends WindowAdapter
{
    UMLEditorGUI einGUI;
    FensterAbhoerer(UMLEditorGUI einUMLEditorGUI)
    {
        einGUI = einUMLEditorGUI;
        //einGUI.addWindowListener(this);
    }
    public void windowClosing(WindowEvent event)
    {
        einGUI.setVisible(false); //Fenster unsichtbar machen
        einGUI.dispose(); //Fenster-Objekt löschen
        System.exit(0); //Anwendung beenden
    }
}
```

Klasse
FensterAbhoerer

Als anonyme Klasse ergibt sich folgender Programmausschnitt:

```
//Fenster schliessen registrieren
addWindowListener
    (new WindowAdapter() //Das Klammerpaar steht für einen
                         //Konstruktor ohne Parameter
        {
            public void windowClosing(WindowEvent event)
            {
                setVisible(false);
                dispose(); //Fenster-Objekt löschen
                System.exit(0); //Anwendung beenden
            }
        }
    )
```

Der Ausdruck hinter addWindowListener(Ausdruck) erzeugt genau ein Objekt der anonymen Klasse und liefert eine Referenz auf dieses Objekt.

Eine solche Konstruktion kann überall dort stehen, wo ein elementarer Java-Ausdruck erlaubt ist. Wenn der nach new spezifizierte Typ ein Klassentyp ist, dann wird ein Objekt einer anonymen Klasse erzeugt, wobei die anonyme Klasse eine Unterklasse dieser Klasse ist.

Ist der angegebene Typ eine Schnittstelle, dann wird ein Objekt der anonymen Klasse erzeugt, die diese Schnittstelle implementiert.

Handelt es sich bei dem Typ um eine Klasse, dann kann eine beliebige Anzahl von Parametern dem Konstruktor übergeben werden.

Vorteil dieses Konzepts ist es, dass ein Programm mit wenig benötigten Namen *nicht* überfrachtet wird.

Nachteilig ist, dass ein Programm unlesbar wird, wenn der Implementierungsteil mehr als einige Zeilen umfasst.

Wie bei inneren Klassen erzeugt der Compiler auch für anonyme Klassen eigene class-Dateien.

interface → Schnittstelle.
package → Paket.
Paket Java-Strukturierungskonzept, mit dem Klassen und Schnittstellen zu Einheiten zusammengefasst werden können. Durch Pakete ergeben sich zusätzliche Sichtbarkeitsregeln und Zugriffsrechte. Pakete sind hierarchisch gegliedert.
Schnittstelle Java-Konzept, das abstrakte Operationen, d.h. Operationen ohne Implementierung, und/oder konstante Klassenattribute zu einer Schnittstelle zusammenfaßt und damit dem Anwender funktionale Abstraktionen zur Verfügung stellt. Schnittstellen können andere Schnittstellen erben und werden von Klassen implementiert. Eine Klasse kann mehrere Schnittstellen implementieren. Dadurch ist eine Form der Mehrfachvererbung in Java realisierbar.

Das Schnittstellen-Konzept von Java erlaubt es, Konstanten und abstrakte Operationen zu einer Schnittstelle *(interface)* zu bündeln.

Eine Klasse kann mit dem Schlüsselwort `implements` ein oder auch mehrere Schnittstellen erben. Sie erbt damit alle Konstanten und abstrakten Operationen. Die Operationen müssen dann geeignet implementiert werden.

Schnittstellen

Schnittstellen besitzen zwei wichtige Eigenschaften, die auch Klassen haben:

■ Sie lassen sich vererben.

■ Variablen können vom Typ einer Schnittstelle sein. In diesem Fall können sie auf Objekte verweisen, die aus Klassen abstammen, die diese oder eine daraus abgeleitete Schnittstelle implementieren. Sie selbst können Variablen zugewiesen werden, die zu Klassen gehören, die diese Schnittstelle implementieren.

Eine Schnittstelle kann also als Typvereinbarung angesehen werden. Eine Klasse, die eine Schnittstelle implementiert, ist dann ein Subtyp dieser Schnittstelle. Wegen der Mehrfachvererbung von Schnittstellen kann ein Objekt damit mehrere Subtypen haben und zu mehr als einem Typ zuweisungskompatibel sein.

Der wichtigste Unterschied zwischen dem Erben mehrerer Schnittstellen und der echten Mehrfachvererbung, d.h. dem Erben mehrerer Klassen, liegt darin, dass die Schnittstellenvererbung es nur ermöglicht, Operations-Beschreibungen zu erben, aber nicht deren Implementierungen.

Pakete

Das Paket-Konzept *(package)* von Java ermöglicht es, Klassen und Schnittstellen zu einer übergeordneten Einheit zusammenzufassen. Pakete wiederum können hierarchisch gegliedert werden. Jede Klasse und jede Schnittstelle ist Bestandteil genau eines Pakets. Vererbungshierarchien können auf mehrere Pakete verteilt sein. Zur Java-Sprache gehören eine Reihe vordefinierter Pakete. Klassen oder Schnittstellen eines Pakets können in einer Klasse oder Schnittstelle verwendet werden, wenn sie mit der `import`-Anweisung importiert werden. Dabei können einzelne Klassen oder Schnittstellen (`import Paketname.Klassen-` bzw. `Schnittstellenname`) oder alle Klassen und Schnittstellen importiert werden (`import Paketname.*`). Innerhalb und zwischen Paketen gelten besondere Sichtbarkeitsregeln und Zugriffsrechte.

Analytische
Aufgaben
Muss-Aufgabe
60 Minuten

1 *Lernziele: Zugriffsrechte und Sichtbarkeit von Klassen, Attributen und Operationen problem- und qualitätsgerecht bei eigenen Programmen auswählen können.*
Betrachten Sie den folgenden Java-Code:

```
public class A
{
    private String einZaehler;
    protected int einStatic;
```

```
        static int einObjekt;
        int x;

        private A(String s)
        {
            einZaehler = s;
            einZaehler++;
        }

        public addiere(int x)
        {
            einStatic += x;
            {
                int x;
                this.x = x;
            }
            this.x = x; // Zeitpunkt a
        }
    }

public class B extends A
{
    int x;
    public addiere(int x)
    {
        this.x = x+x;
        einZaehler = "Hello World";
        {
            int einObjekt;
            einObjekt = 2;
            this.einObjekt = 3;
            super.einObjekt = 4; // Zeitpunkt b
        }
    }
}
```

a Markieren und verbessern Sie alle syntaktischen Fehler.

b Geben Sie an, welche Attribute und Operationen zum Zeitpunkt **a** und **b** (nach erfolgter Korrektur aus **a**) sichtbar sind.

c Geben Sie alle definierten Attributwerte zu den Zeitpunkten **a** und **b** an.

2 *Lernziele: Java-Schnittstellen problemgerecht bei eigenen Programmen verwenden können.*
Ändern Sie durch Einsatz einer Schnittstelle das Programm Kundenverwaltung mit interaktiver Eingabe (Abb. 2.7-4) so ab, dass zur Laufzeit die Führungstexte *(labels)* von Deutsch auf Englisch umgeschaltet werden können.

Konstruktive
Aufgaben
Muss-Aufgabe
30 Minuten

3 *Lernziele: Java-Schnittstellen problemgerecht bei eigenen Programmen verwenden können.*
Ändern Sie das Programm Kundenverwaltung mit interaktiver Eingabe (Abb. 2.7.4) so ab, dass durch Drücken der *Return*-Taste von Eingabefeld zu Eingabefeld gesprungen werden kann. Wurde beispielsweise ein Firmenname eingegeben und es wird die *Return*-Taste gedrückt, dann steht der Cursor anschließend im Eingabefeld Firmenadresse.

Muss-Aufgabe
30 Minuten

Muss-Aufgabe
60 Minuten

4 *Lernziele: Vorhandene Java-Pakete importieren und eigene erstellen kön-*
nen.
Erweitern Sie das Paket EinAusgabe (siehe Beispiel in Abschnitt 2.17.2.1)
um folgende Operationen:

a Schreiben Sie eine Operation, die eingegebene Zeichenketten in folgende
elementare Typen wandelt: String in float und String in double.

b Erstellen Sie eine Operation, die die elementaren Typen float und double in Zeichenketten wandelt. Dabei soll es möglich sein anzugeben, wie
viele Stellen nach dem Komma angezeigt werden sollen und ob eine
rechts- oder linksbündige Ausgabe gewünscht wird.

c Vereinfachen Sie das in Aufgabe 2 erstellte Programm durch Anwendung
des erstellten Pakets EinAusgabe.

Muss-Aufgabe
60 Minuten

5 *Lernziele: Ein gegebenes Java-Applet um Funktionalität aus einem Pflichten-*
heft erweitern können. Die Ereignisverarbeitung in Java korrekt anwenden
können.
Erweitern Sie den UML-Editor (Version 2) aus dieser Lehreinheit um folgende Funktionalität:

/1/ Es soll in der GUI-Klasse über einen weiteren Druckknopf ein zweites
Klassensymbol erzeugt und dargestellt werden können.

/2/ Beide Klassensymbole sollen unabhängig voneinander auf dem Bildschirm mit *drag and drop* bewegt werden können.

/3/ Es soll eine neue Klasse »Assoziation« erstellt werden, die eine Assoziation zwischen zwei Klassen erstellen und zeichnen kann (Darstellung mit einer einfachen Linie).

/4/ In der GUI-Klasse ist nun noch ein weiterer Druckknopf »Assoziation«
einzufügen, der es ermöglicht, eine Assoziation zu erstellen.

/5/ Der Druckknopf »Assoziation« soll nur dann aktivierbar sein, wenn es
bereits zwei Klassensymbole gibt und eines der beiden selektiert ist.
Mit der Maus soll dann das (andere) Klassensymbol ausgewählt werden, mit dem das selektierte Klassensymbol assoziiert werden soll.

/6/ Für die Auswahl soll der Mauszeiger eine andere Form (Fadenkreuz)
erhalten.

Hinweis: Um die Form des Mauszeigers zu verändern, sollen die folgenden
Anweisungen benutzt werden:
eineZeichenflaeche.setCursor(new Cursor(CROSSHAIR_CURSOR));
eineZeichenflaeche.setCursor(new Cursor(DEFAULT_CURSOR));

Klausur-Aufgabe
40 Minuten

6 *Lernziele: Java-Schnittstellen problemgerecht bei eigenen Programmen ver-*
wenden können.
Eine Klassenbibliothek wurde im Entwurf u.a. folgendermaßen definiert:
Ein GUI-Objekt kann beliebig viele der folgenden Eigenschaften besitzen:
druckbar, selbstzeichnend, mehrfarbig.

a Erstellen Sie die Java-Schnittstellen
PrintableI mit der Operation print(),
DrawableI mit der Operation draw(),
ColorizedI mit den Operation setColor() und getColor().

b Erstellen Sie ein Java-Klasse MiniMenu, die nur zeichenbar (DrawableI)
ist und die entsprechende(n) Operation(en) syntaktisch korrekt leer implementiert.

c Erstellen Sie eine Java-Klasse SuperButton, die alle obigen Eigenschaften
besitzt und die entsprechende(n) Operation(en) syntaktisch korrekt leer
implementiert.

2 Grundlagen der Programmierung – Datenstrukturen

- Die Java-Konzepte für Felder, Zeichenketten und Hüllklassen für einfache Typen erklären und darstellen können.
- Die Konzepte *Autoboxing* und *Auto-unboxing* erklären können.
- Die Datenstrukturen Warteschlange, Keller und Streuspeicherung anhand von Beispielen erläutern können.
- Aufbau und Struktur des *Java Collection Frameworks* erklären können.
- Felder, die Klassen Vector, String, StringBuffer, StringTokenizer, Stack, Hashtable sowie die Hüllklassen für einfache Typen *(wrapper classes)* problemgerecht beim Schreiben von Java-Programmen einsetzen können.
- Erweiterte for-Schleifen bei Feldern und Sammlungen einsetzen können.
- Container-Klassen unter Einsatz des *Singleton*-Musters programmieren können.
- Die Datenstrukturen Warteschlange, Keller und Streuspeicherung mithilfe von Java-Standardklassen realisieren können.
- Sich in Java-Standardklassen einarbeiten und diese problemgerecht einsetzen können.

verstehen

anwenden

☑ ■ Die Kapitel 2.2 bis 2.18 müssen bekannt sein.

2.19 Datenstrukturen

In Abschnitt 2.10.4 wurden einfache Typen behandelt. Diese Typen reichen für viele Problemstellungen nicht aus. Daher gibt es in den Programmiersprachen weitere Konzepte, um diese Problemstellungen problemnah programmieren zu können: Datenstrukturen genannt.

Es werden zwei Gruppen von Datenstrukturen unterschieden:

Felder
- Felder bzw. Reihungen *(arrays):*
Sie erlauben es, Elemente vom gleichen Typ zu einer Einheit zusammenzufassen. Mehrdimensionale Felder ermöglichen es z.B. Matrizen zu deklarieren.

Sammlungen
- Sammlungen *(collections)* – manchmal auch Container *(container)* genannt:
Sie fassen Gruppen von Elementen zu einer Einheit zusammen. Sammlungen selbst lassen sich wiederum in drei Untergruppen gliedern:
  - Listen *(lists):*
  Sie fassen Elemente beliebigen Typs in festgelegter Reihenfolge zusammen, auf die sowohl wahlfrei als auch sequenziell zugegriffen werden kann.
  - Mengen *(sets):*
  Repräsentieren Mengen von Elementen, auf die mit Mengenoperationen zugegriffen werden kann. Jedes Element ist nur einmal in der Menge enthalten (dublettenlose Elemente).
  - Abbildungen (im mathematischen Sinne) *(maps):*
  Repräsentieren eine Menge von Objekt-Paaren, wobei jeweils ein Objekt einen dublettenlosen Schlüssel zum Zugriff auf das zugehörige andere Objekt darstellt.

Java
In Java werden alle Sammlungen in einem *Java Collection Framework* (JCF) zusammengefasst. Dieses »Rahmenwerk« stellt eine einheitliche Architektur zur Repräsentation und Manipulation von Sammlungen zur Verfügung.

interfaces
An der Spitze der *Collection*-Hierarchie stehen Schnittstellen, wobei die Schnittstellen-Hierarchie aus zwei getrennten Bäumen besteht (Abb. 2.19-1).

Klassen
Wichtige Klassen, die die Schnittstelle List implementieren, sind:
- ArrayList: Realisiert eine lineare Liste als dynamisches Feld. Der wahlfreie Zugriff ist schneller als bei LinkedList (siehe unten). Einfügen und Löschen ist dagegen langsamer. Einsatz bei überwiegend lesendem Zugriff oder bei kleinen Listen.
- Vector: Analog wie ArrayList, aber mit synchronisiertem Zugriff, daher nicht so performant.
- Stack: Verwaltet einen Kellerspeicher bzw. Stapel. Damit ist es möglich, Problemstellungen, die nach dem LIFO-Prinzip *(last-in-first-out)* arbeiten, einfach zu realisieren.

378

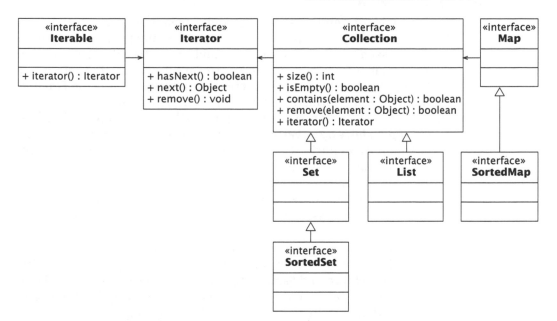

■ LinkedList:
Realisiert eine doppelt verkettete Liste. Die Einfüge- und Lösch-operationen sind schneller als bei ArrayList. Der wahlfreie Zugriff ist langsamer. Die Klasse ist für besonders große Listen oder bei häufigen Änderungen einzusetzen.

Abb. 2.19-1:
Hierarchie der
Collection-Schnitt-
stellen in Java

Wichtige Klassen, die die Schnittstelle Set implementieren, sind:
■ HashSet:
Realisiert eine dublettenlose, ungeordnete Menge von Elementen, auf die mit Mengenoperationen zugegriffen werden kann. Die Ite-rationsfolge ist ungeordnet und muss nicht reproduzierbar sein.
■ TreeSet:
Ähnlich wie HashSet, aber geordnet. Es wird entweder die natürli-che Sortierreihenfolge der Elemente verwendet oder die Reihenfol-ge wird durch ein Comparator-Objekt vorgegeben.

Wichtige Klassen, die die Schnittstelle Map implementieren, sind:
■ Hashtable:
Verwaltet Paare von Schlüsseln und dazugehörigen Werten in Form eines assoziativen Speichers. Über den Schlüssel wird auf den Wert zugegriffen, d.h. der Schlüssel kann als Name des Wertes angese-hen werden. Der Zugriff erfolgt synchronisiert.
■ HashMap:
Ähnlich wie Hashtable. Es können jedoch auch null-Werte eingetra-gen werden. HashMap ist nicht synchronisiert.
■ TreeMap:
Ähnlich wie HashMap. Die Reihenfolge der Elemente ist jedoch sor-tiert.

Für viele Anwendungsbereiche stellt Java noch Standardklassen zur Verfügung, die das Programmieren vereinfachen. Dazu gehören die Klassen String, StringBuffer und StringTokenizer. Sie stellen komfortable Operationen zur Manipulation von Zeichenketten zur Verfügung. Diese Operationen erleichtern insbesondere die Ein- und Ausgabe von Informationen über die Benutzungsoberfläche.

Hüllklassen   Zu den einfachen Typen stellt Java noch so genannte Hüllklassen (*wrapper classes*) zur Verfügung, z.B. Integer, Float, Character. Diese erlauben es, einfache Typen in Objekte zu konvertieren und umgekehrt. Dadurch ist es möglich, bestimmte Attribute und Operationen auch auf einfache Typen anzuwenden.

Im Folgenden werden einige der aufgeführten Klassen detailliert erläutert. Ein umfassendes Beispiel zeigt jeweils die Anwendung dieser Klassen.

Objektverwaltung   Die von einer Klasse erzeugten Objekte kennen jeweils ihre Klasse. Eine Klasse kennt jedoch *nicht* die von ihr erzeugten Objekte. Mit Hilfe von Feldern und Sammlungen können die Objekte einer Klasse verwaltet werden. Wie dies geschehen kann, wird in den folgenden Abschnitten mithilfe von Container-Klassen gezeigt.

2.19.1 Felder

In der Praxis tritt oft das Problem auf, dass viele Attribute vom gleichen Typ vereinbart werden müssen, z.B. float Messwert1, Messwert2, ... Sicherlich ist es noch möglich, 10 oder 20 solcher Attribute zu deklarieren. Bei 1.000 oder 10.000 ist dies aber *nicht* mehr möglich.

Auf der anderen Seite kommt der Zusammenhang zwischen den verschiedenen Objekten – außer bei einer geeigneten Namenswahl – durch die getrennte Deklaration nicht geeignet zum Ausdruck.

Aus diesen Gründen enthalten fast alle Programmiersprachen einen Konstruktionsmechanismus, der es erlaubt, typidentische Attribute zu einer Einheit zusammenzufassen. Einen solchen Typkonstruktor *Feld* bezeichnet man als **Feld** *(array)*. Felder stellen eine Möglichkeit dar, typgleiche Attribute zu speichern.

Beispiel

Ohne Feld:

Messwert1 [   ]   Messwert2 [   ]   Messwert3 [   ]

Mit Feld:
                                                    Elemente (alle vom
Messreihe [| | | ...   gleichen Typ)
Index   0   1   2

Ein Feld besteht aus Elementen bzw. Komponenten, die alle den gleichen Typ haben. Auf die einzelnen Elemente wird über Indizes zugegriffen.

380

Im Gegensatz zu anderen Programmiersprachen sind Felder in Java Objekte. Felder werden daher wie andere Objekte auch behandelt.

2.19.1.1 Erzeugen und Benutzen von Feldern

Um ein Feld in Java zu erzeugen und zu benutzen, sind drei Schritte nötig (analog dem Deklarieren und Erzeugen von Objekten):

1 Deklaration einer Variablen, die später eine Referenz auf ein Feldobjekt speichern kann (Feldvariable).

2 Erzeugen eines neuen Feldobjekts und Zuordnung zu der in Schritt **1** deklarierten Feldvariablen.

3 Schreibender und lesender Zugriff auf die Feldelemente.

1 Deklaration einer Feldvariablen

Beispiel

```
float[] Messreihe; // Feld mit Elementen vom Typ float
```
Alternative Schreibweise:
```
float Messreihe[];
```
2 Erzeugen eines neuen Feldobjekts und Zuordnung zu einer Feldvariablen.

Feld mit 100 Elementen erzeugen:
```
Messreihe = new float[100];
```
Alle Elemente des Feldes werden bei der Erzeugung mit new automatisch in Abhängigkeit vom Typ initialisiert. Numerische Felder werden mit null vorbesetzt.

Alternativ zur Erzeugung mit dem new-Operator können auch alle Elemente direkt bei der Deklaration initialisiert werden. Dies ist allerdings nur bei kleinen Feldern sinnvoll. Eine Messreihe mit fünf Elementen kann folgendermaßen erzeugt und initialisiert werden:
```
float Messreihe[] = {1.0f, 5.5f, 3.72f, 1.2f, 7.89f};
```
3 Schreibender und lesender Zugriff auf die Feldelemente

Der Zugriff auf die Feldelemente geschieht über einen ganzzahligen Index, der von 0 bis n – 1 läuft, wobei n die Länge des Feldes bzw. die Anzahl der Feldelemente angibt.

Mit dem new-Operator erzeugte Felder werden normalerweise in einer Zählschleife initialisiert. Sollen z.B. alle Elemente den Wert 5.5 erhalten, dann sieht die Schleife folgendermaßen aus:
```
for(int i = 0; i < Messreihe.length; i++)
   Messreihe[i] = 5.5f;
```
Die Konstante length, die es für jedes Feld gibt, enthält die Obergrenze des Feldes.

Auf einzelne Elemente wird immer über den Index zugegriffen, der in eckigen Klammern steht, z.B.
```
Messreihe[5] = Messreihe[3] + 1.7f;
```
Abb. 2.19-2 veranschaulicht die Vorgänge.

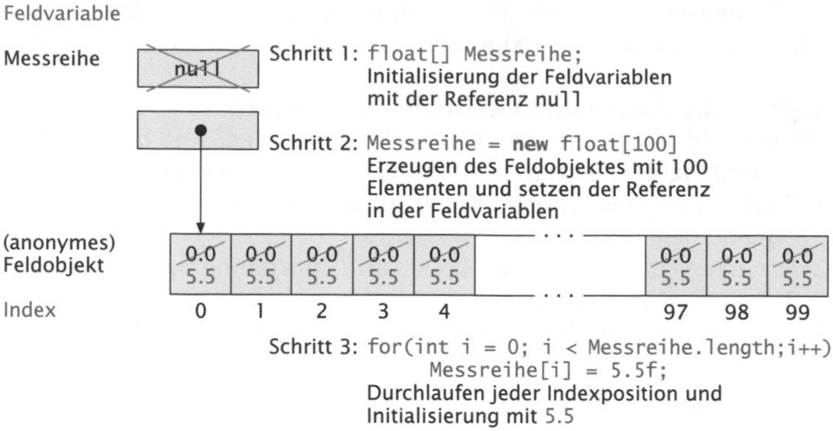

Abb. 2.19-2:
Veranschaulichung
eines Feldobjekts

Feldvariable

Messreihe

Schritt 1: `float[] Messreihe;`
Initialisierung der Feldvariablen
mit der Referenz null

Schritt 2: `Messreihe = new float[100]`
Erzeugen des Feldobjektes mit 100
Elementen und setzen der Referenz
in der Feldvariablen

(anonymes)
Feldobjekt

| 0.0 | 0.0 | 0.0 | 0.0 | 0.0 | ... | 0.0 | 0.0 | 0.0 |
| 5.5 | 5.5 | 5.5 | 5.5 | 5.5 | | 5.5 | 5.5 | 5.5 |

Index   0   1   2   3   4   ...   97   98   99

Schritt 3: `for(int i = 0; i < Messreihe.length;i++)`
`Messreihe[i] = 5.5f;`
Durchlaufen jeder Indexposition und
Initialisierung mit 5.5

2.19.1.2 Die Java-Syntax und -Semantik für Felder

In der Abb. 2.19-3 ist die Java-Syntax für Felder aufgeführt. Da in der
Felder und Java-Philosophie Felder Objekte sind, gehört der Feldtyp daher auch
Objekte zu den Referenztypen. Obwohl Felder Objekte sind, unterscheiden
sie sich doch in einigen Punkten von »normalen« Objekten. Gemeinsam mit Objekten sind folgende Eigenschaften:

■ Felder werden wie Objekte grundsätzlich dynamisch angelegt.

■ Feldnamen haben wie Objektnamen einen Referenztyp.

■ Felder sind wie alle Objekte implizit Unterklassen der Klasse
`Object`. Felder können somit auch an Referenzen auf `Object` zugewiesen werden. Alle Operationen von `Object` sind auch auf Felder
anwendbar.

Felder unterscheiden sich von »normalen« Objekten durch folgende
Merkmale:

■ Felder haben *keine* Konstruktoren. Stattdessen gibt es für Felder
eine spezielle Syntax des new-Operators.

■ Von Feldern können *keine* Unterklassen definiert werden.

In Java gibt es keine mehrdimensionalen Felder, z.B. im Sinne von
Pascal. Alle Felder sind in Java eindimensional. Die Komponenten
eines Feldes können aber wieder Felder sein. Dadurch entstehen ge-
geschachtelte schachtelte Felder. Anstelle mehrerer Dimensionen gibt es mehrere
Felder Schachtelungsebenen.

Bei mehrdimensionalen Feldern besitzen alle Felder einer bestimmten Dimension dieselbe Größe. Bei geschachtelten Feldern
können beispielsweise die Unterfelder der zweiten Ebene unterschiedliche Längen aufweisen. Mehrdimensionale Felder können
durch geschachtelte Felder dargestellt werden.

Deklaration von Die Deklaration einer Referenz auf ein Feld erfolgt durch die An-
Feldern gabe eines Elementtyps, gefolgt von einem Paar eckiger Klammern,
z.B.:

382

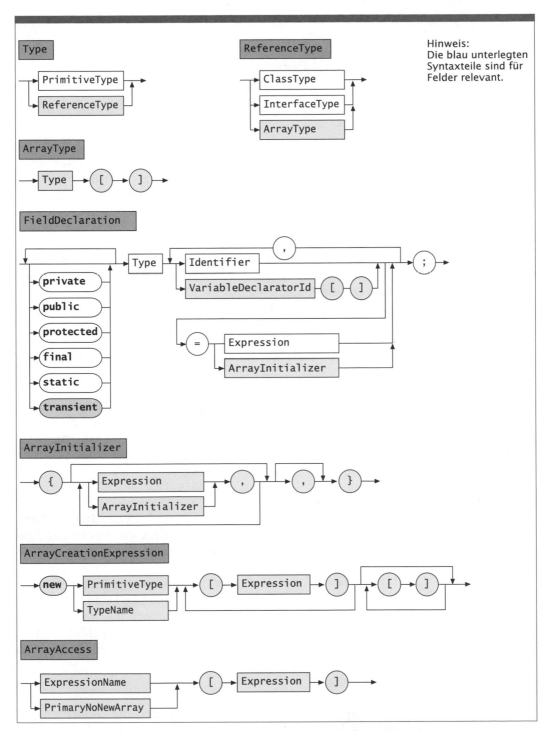

Abb. 2.19-3: Java-Syntax für Felder

```
char[] Puffer;
Kunde[] meineKunden;
```

Die eckigen Klammern können alternativ aber auch hinter der Feldvariablen angegeben werden:

```
char Puffer[];
Kunde meineKunden[];
```

Geschachtelte Felder werden durch mehrere Klammernpaare deklariert z.B.:

`int[][] Matrix;` oder `int Matrix[][];`

Die Elementanzahl eines Feldes wird bei der Deklaration einer Feldreferenz *nicht* angegeben. Der Referenztyp enthält nur die Schachtelungstiefe und den Elementtyp. Die Anzahl der Elemente wird erst bei der Initialisierung angegeben.

Initialisierung   Die Initialisierung eines Feldes erfolgt entweder direkt bei der Deklaration oder nach der Deklaration mit dem new-Operator.

Aufzählung   Bei der direkten Initialisierung werden alle Elemente in geschweiften Klammern aufgezählt. Die Anzahl der Elemente wird automatisch ermittelt, z.B.

```
char[] Puffer = {'J', ,'A', 'V', 'A'};
String Wochentage[] = {"Mo", "Di", "Mi", "Do", "Fr", "Sa", "So"};
```

Geschachtelte Felder werden durch geschachtelte Aufzählungen initialisiert:

`int[][] Matrix = {{-1, -1, -1}, {-1, 0, -1}, {-1, 0, 0}};`

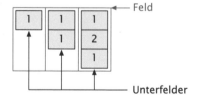

Im Unterschied zu mehrdimensionalen Feldern müssen Unterfelder nicht gleich groß sein.
Darstellung eines Pascalschen Dreiecks:

`int[][] Pascal = {{1}, {1, 1}, {1, 2, 1}};`

new-Operator

Wird ein Feld mit dem new-Operator erzeugt, dann wird das Feld standardmäßig wie folgt initialisiert:

- für numerische Felder: 0
- für boolesche Felder: false
- für Zeichenfelder: '\0'
- für alle anderen Felder: null.

Hinter new werden der Elementtyp und die Anzahl der Elemente in eckigen Klammern angegeben, z.B.:

```
Puffer = new char[4];
meineKunden = new Kunde[100];
```

Bei geschachtelten Feldern muss mindestens die Elementanzahl der obersten Schachtelungsebene angegeben werden. Bei den tie-

feren Ebenen ist die Angabe optional. Wird eine Längenangabe auf
einer tieferen Ebene gemacht, dann müssen alle darüber liegenden
Ebenen ebenfalls festgelegt werden.

Lücken dürfen bei der Festlegung nicht entstehen. Außerdem müssen bei new so viele Ebenen wie in der Deklaration angegeben werden.

```
double[][][] dreiDimensionen1, dreiDimensionen2,
    dreiDimensionen3;
dreiDimensionen1 = new double[2][3][]; //erlaubt
dreiDimensionen2 = new double[2][][4]; //Lücke, nicht erlaubt
dreiDimensionen3 = new double[5][];    //eine Ebene fehlt
                                       //nicht erlaubt
```
Beispiele

Jedes Feld besitzt standardmäßig eine Konstante length, die die
Länge des entsprechenden Feldes enthält.
Zugriff auf Felder

```
int[] Zimmertemperaturen = {18, 20, 24, 14, 17};
int AnzahlElemente = Zimmertemperaturen.length; //ergibt 5
```
Beispiele

Der Feldindex wird in Java grundsätzlich von Null an gezählt. Bei
geschachtelten Feldern muss der Index für jede Ebene in einem eigenen Klammerpaar stehen, eine Trennung durch Kommata ist *nicht*
erlaubt.
Indizierung

```
int[][] Matrix = new int[5][5];
int x = Matrix[3][4];
int y = Matrix[3, 4]; //nicht erlaubt
```
Beispiel

Für die Indizierung sind die aufzählbaren Typen byte, short, int
und char erlaubt. Nicht erlaubt sind long und boolean. char-Werte sind
zulässig, da sie genauso wie byte- und short-Werte bei Feldzugriffen
intern in int-Werte konvertiert werden.

Wird auf ein Feld mit negativem Index oder einem Index, der größer oder gleich der Elementanzahl ist, zugegriffen, dann wird die
Ausnahme ArrayIndexOfBoundsException ausgelöst.

Da eine Feldvariable auf ein Feldobjekt nur eine Referenz setzt,
reicht es zum physischen Kopieren *nicht*, eine einfache Zuweisung
vorzunehmen.
Kopieren eines Feldes

```
char a[] = {'a', 'b', 'c', 'd'};
char b[] = new char[4];
b = a; //bewirkt, dass a und b auf dasselbe Feldobjekt
       //referenzieren
a[3] = 'x'; //wirkt sich auf b aus
//b[3] enthält jetzt ebenfalls 'x'
```
Beispiel 1a

Um Feldelemente auch physisch zu kopieren, muss die Operation
System.arraycopy benutzt werden. Sie besitzt folgende Parameter:
- das Quellfeld,
- die Indexposition, ab der die Elemente aus dem Quellfeld kopiert
  werden,
arraycopy()

– das Zielfeld,
– die Indexposition, ab der die Elemente in das Zielfeld hineinkopiert werden,
– die Anzahl der Elemente, die kopiert werden sollen.

Beispiel 1b

Die Elemente 2 und 3 von Feld a sollen an die Stellen 0 und 1 von Feld b kopiert werden:
```
System.arraycopy(a, 2, b, 0, 2);
```

weitere
Charakteristika

Folgende Charakteristika sind bei Java-Feldern außerdem noch zu beachten:

- Felder mit einem abstrakten Klassentyp als Elementtyp sind erlaubt. Die Elemente eines solchen Feldes können als Werte eine Nullreferenz aufweisen oder Objekte von jeder Unterklasse der abstrakten Klasse, die selbst wiederum *nicht* abstrakt ist.

- Ist einmal ein Feldobjekt erzeugt worden, dann kann seine Länge *nicht* mehr geändert werden.

- Ein char-Feld ist *keine* Zeichenkette. Der Inhalt eines String-Objekts kann in Java *nicht* verändert werden, während auf ein char-Feld lesend und schreibend zugegriffen werden kann.

- Felder können in selbst definierten Operationen wie jeder andere Typ verwendet werden. Der Ergebnistyp einer Funktion kann auch ein Feldtyp sein, z.B. int[] berechne(...);

erweiterte for-
Schleife ab Java 2 (5.0)

Eine Zählschleife bzw. for-Schleife wird verwendet, wenn die Anzahl der Wiederholungen bekannt ist.

Datenstrukturen

Beim Durchlaufen von Datenstrukturen, wie z.B. einem Feld, ist die Anzahl der Wiederholungen bekannt, da die Länge der Datenstruktur mit speziellen Operationen abgefragt werden kann, z.B. mit Feld.lenght.

Beispiel 2a

Es soll der Durchschnittswert einer Messreihe ermittelt werden:

```java
public class For
{
 public static void main (String args[])
 {
   float Summe = 0;
   float Durchschnitt;
   float Messreihe[] = {1.0f, 5.5f, 3.72f, 1.2f, 7.89f};
   int Anzahl = Messreihe.length;
   for (int i = 0; i < Anzahl; i++)
     Summe = Summe + Messreihe[i];
   System.out.println("Durchschnitt: " + Summe / Anzahl);
 }
}
```

Wie das Beispiel zeigt, ist die Iterationsvariable i eigentlich überflüssig.

vereinfachtes for
ab Java 2 (5.0)

Für Iterationen über Felder und Sammlungen *(collections)* kann ab Java 2 (5.0) auf die Zählvariable verzichtet werden.

Mit der vereinfachten for-Schleife kann der Durchschnitt einer   Beispiel 2b
Messreihe wie folgt ermittelt werden:

```
// Beispiel für Iterieren über Felder ab Java 2 (5.0)
public class For
{
 public static void main (String args[])
 {
    float Summe = 0;
    float Durchschnitt;
    float Messreihe[] = {1.0f, 5.5f, 3.72f, 1.2f, 7.89f};
    int Anzahl = Messreihe.length;

    for (float Feldelement : Messreihe)
       Summe = Summe + Feldelement;
    System.out.println("Durchschnitt: " + Summe / Anzahl);

 }
}
```

Das vereinfachte for liefert alle Elemente des Feldes. Es ist aber   Hinweis
nicht möglich, damit den Wert von Elementen im Feld schreibend,
z.B. auf einen Anfangswert, zu setzen.

Sollen die Elemente eines Feldes auf einen Anfangswert gesetzt wer-   Beispiel
den, dann sind folgende Code-Zeilen erforderlich:

```
Tabelle = new int[MAX];
//Initialisierung einer Tabelle
for(int i=0; i < MAX; i++)
  Tabelle[i] = -1; //Schreibender Zugriff
```

Die Syntax lautet: Syntax
EnhancedForStatement:
   for (*Type Identifier : Expression*)
      Statement
Expression muss ein Feld oder ein Exemplar einer Klasse sein, die die
Schnittstelle java.lang.Iterable implementiert. Anstelle des Doppel-
punkts liest man am besten in, d.h. »Durchlaufe alle Elemente in der
Sammlung bzw. dem Feld und tue Folgendes«.

2.19.1.3 Felder als Container

In vielen Aufgabenstellungen ist es erforderlich, auf alle erzeugten
Objekte einer Klasse zuzugreifen, um beispielsweise eine Liste aller
Objekte anzuzeigen oder auszudrucken.
   Mithilfe von Feldern kann eine einfache Objektverwaltung verwirk-
licht werden.
   Es hat sich bewährt, die Verweise auf die erzeugten Objekte einer
Klasse in einer eigenständigen Klasse, im Folgenden immer Con-
tainer-Klasse genannt, zu verwalten.

Der Name einer Container-Klasse sollte aus dem Plural des Klassennamens gefolgt von dem Namen Container bestehen. Lautet die
Fachkonzept-Klasse Kunde, dann heißt die zugehörige Container-Klasse KundenContainer.

Beispiel 3a   Die in Abschnitt 2.9.1 behandelte Kundenverwaltung mit interaktiver
Eingabe soll wie in Abb. 2.19-4 dargestellt modifiziert und erweitert
werden:

/1/   Kunden können erfasst werden, wobei jeder Kunde eine ganz-
        zahlige Kundennummer zwischen 1 und 20 erhält.

/2/   Die Kundendaten jeweils eines Kunden können ausgegeben wer-
        den, wobei die Daten des Kunden ausgegeben werden, dessen
        Kundennummer angegeben ist.

*Abb. 2.19-4:
Benutzungs-
oberfläche der
modifizierten
Kundenverwaltung*

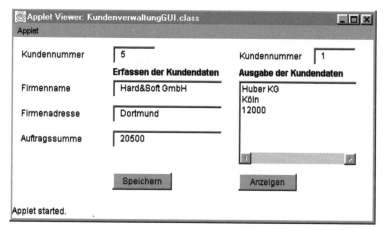

Abb. 2.19-5 zeigt das Klassendiagramm und eine zusätzliche Veranschaulichung der Objektverwaltung.

```
/** Programmname: Kundenverwaltung
 * Fachkonzept-Klasse: Kunde
 * Aufgabe: Kundenobjekte erzeugen
 */
```

Klasse Kunde

```
public class Kunde
{
    //Attribute
    private int Kundennr;
    private String Firmenname, Firmenadresse;
    private int Auftragssumme = 0;

    //Konstruktor
    public Kunde(int Kundennr, String Name, String Adresse,
        int Auftragssumme)
    {
        this.Kundennr = Kundennr;
        Firmenname = Name;
        Firmenadresse = Adresse;
```

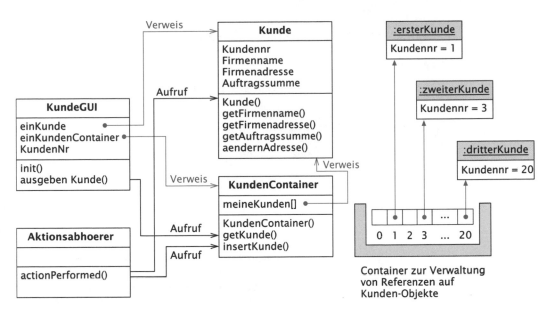

Abb. 2.19-5:
*Modifiziertes
Klassendiagramm
und Veranschau-
lichung der Objekt-
verwaltung für das
Programm Kunden-
verwaltung*

```
        this.Auftragssumme = Auftragssumme;
    }
    //Lesende Operationen
    public String getFirmenname()
    {
        return Firmenname;
    }
    public String getFirmenadresse()
    {
        return Firmenadresse;
    }
    public int getAuftragssumme()
    {
        return Auftragssumme;
    }
    //Kombinierte Schreiboperation
    public void aendernAdresse(String Firmenname, String
        Firmenadresse)
    {
        this.Firmenname = Firmenname;
        this.Firmenadresse = Firmenadresse;
    }
}


/** Programmname: Kundenverwaltung
* Container-Klasse: KundenContainer
* Aufgabe: Verwaltung von Objekten der Klasse Kunde
* Verwaltungsmechanismus: Feld
*/

import java.util.*;

public class KundenContainer
{
```

Klasse
KundenContainer

```
        //Attribut
        private Kunde meineKunden[] = new Kunde[21];
        //Operationen
        public void insertKunde(int Kundennr, Kunde einKunde)
        {
            meineKunden[Kundennr] = einKunde;
        }
        public Kunde getKunde(int Kundennr)throws
            NoSuchElementException
        {
            Kunde einKunde = meineKunden[Kundennr];
            if (einKunde != null)
                return einKunde;
            else
                throw new NoSuchElementException();
        }
}

/** Programmname: Kundenverwaltung
* GUI-Klasse: KundenverwaltungGUI
* Aufgabe: Klasse zur Erfassung und Ausgabe von Kundendaten
* Es ist jeweils die Kundennummer anzugeben (zwischen 1 und 20)
*/

import java.awt.*;
import java.applet.*;
import java.awt.event.*;
```

Klasse Kunden-
verwaltungGUI

```
public class KundenverwaltungGUI extends Applet
{
    //Referenz-Attribut mit Initialisierung
    private KundenContainer einKundenContainer =
        new KundenContainer();
    //Attribute
    private Kunde einKunde;
    private int KundenNr = 1;
    ...
    //Operationen
    public void init()
    {
        ...
        AktionsAbhoerer einAktionsAbhoerer =
            new AktionsAbhoerer();
        speichernDruckknopf.addActionListener(einAktionsAbhoerer);
        AnzeigenDruckknopf.addActionListener(einAktionsAbhoerer);
    }//Ende init
    private void ausgebenKunde()
    {
        //Kundendaten holen
        KundenNr =
        Integer.valueOf(kundennr2Textfeld.getText()).intValue();
        //Botschaft an KundenContainer
        einKunde = einKundenContainer.getKunde(KundenNr);
        kundenTextbereich.setText(""); //Löschen des Textfeldes
        kundenTextbereich.append(einKunde.getFirmenname() +
            "\n");
```

```
            kundenTextbereich.append(einKunde.getFirmenadresse() +
                "\n");
            kundenTextbereich.append(String.valueOf
                (einKunde. getAuftragssumme()) + "\n");
        }
        //Innere Klasse
        class AktionsAbhoerer implements ActionListener          Klasse
        {                                                        AktionsAbhoerer
         public void actionPerformed(ActionEvent event)
         {
             Object object = event.getSource();
             if (object == speichernDruckknopf)
             {
                 int EingabeNr =
                     Integer.valueOf(kundennrTextfeld.getText()).
                     intValue();
                 if(EingabeNr >= 1)
                 {
                     //Objekt erzeugen
                     einKunde = new Kunde(EingabeNr,
                         firmennameTextfeld.getText(),
                         firmenadresseTextfeld.getText(),
                         Integer.valueOf(auftragssummeTextfeld.
                         getText()).intValue());
                     //Erzeugtes Objekt im KundenContainer verwalten
                     einKundenContainer.insertKunde
                         (EingabeNr,einKunde);
                 }
             }
             else if (object == AnzeigenDruckknopf)
                 ausgebenKunde();
         }
        }//Ende Innere Klasse
}//Ende KundenverwaltungGUI
```

2.19.1.4 Das *Singleton*-Muster

Werden Container-Klassen zur Verwaltung von Objekten verwendet,
dann genügt häufig genau ein Container-Objekt, um diese Aufgabe zu
erledigen. Es ist daher sinnvoll, die Container-Klasse so zu programmieren, dass es nur möglich ist, genau ein Objekt zu erzeugen.

Diese Problemstellung wird durch das *Singleton*-Muster beschrieben (Abb. 2.19-6).

Singleton:
englische Bezeich-
nung für Einzel-
karte, Einzelfall

Singleton
– einzigesObjekt
– singletonDaten
– singleton()
+ getObjektreferenz()- - - - -
+ getSingletonDaten()
+ setSingletonDaten()

if(einzigesObjekt == null)
    einSingleton = new Singleton();
return einSingleton;

*Abb. 2.19-6: Das
Singleton-Muster*

391

Die Container-Klasse selbst wird für die Verwaltung ihres einzigen Objekts verantwortlich gemacht. Dies geschieht dadurch, dass in einem *privaten* Klassenattribut die Referenz auf das einzige Objekt gespeichert wird. Der Konstruktor ist ebenfalls *privat*, sodass er von außerhalb der Klasse *nicht* aufgerufen werden kann. Über eine Klassenoperation getObjektreferenz() wird die Referenz auf ein bereits existierendes Objekt übergeben oder genau einmal beim ersten Aufruf dieser Operation das einzige Objekt erzeugt.

Beispiel 3b Für das Beispiel 3a ergeben sich durch die Anwendung des *Singleton*-Musters folgende Modifikationen:
Die Klasse Kunde bleibt unverändert.

```
/* Programmname: Kundenverwaltung
 * Container-Klasse: KundenContainer
 * Aufgabe: Verwaltung von Objekten der Klasse Kunde
 * Verwaltungsmechanismus: Feld
 * Muster: Singleton
 */

import java.util.*;
```

Klasse
KundenContainer
```
public class KundenContainer
{
    //Attribut
    private Kunde meineKunden[] = new Kunde[21];
    //Klassen-Attribut
    //Speichert Referenz auf das einzige Objekt
    private static KundenContainer einKundenContainer = null;
    //Konstruktor, von außen nicht zugreifbar
    private KundenContainer()
    {
    }
    //Klassen-Operation, die die Objektreferenz liefert
    //Wenn Objekt noch nicht vorhanden, dann wird es erzeugt
    public static KundenContainer getObjektreferenz()
    {
        if (einKundenContainer == null)
            einKundenContainer = new KundenContainer();
            //Konstruktor, kann nur einmal aufgerufen werden
        return einKundenContainer;
    }
    //Operationen
    public void insertKunde(int Kundennr, Kunde einKunde)
    {
        meineKunden[Kundennr] = einKunde;
    }
    public Kunde getKunde(int Kundennr)throws
        NoSuchElementException
    {
        Kunde einKunde = meineKunden[Kundennr];
        if (einKunde != null)
```

```
                return einKunde;
        else
            throw new NoSuchElementException();
    }
}


/* Programmname: Kundenverwaltung
 * GUI-Klasse: KundenverwaltungGUI
 * Aufgabe: Klasse zur Erfassung von Kundendaten
 * und zur Ausgabe von Kundendaten
 * Es ist jeweils die Kundennummer anzugeben (zwischen 1 und 20)
 */

import java.awt.*;
import java.applet.*;

public class KundenverwaltungGUI extends Applet
{
    //Attribute
    private KundenContainer einKundenContainer;
    private Kunde einKunde;
    private int KundenNr = 1;
...
    private void ausgebenKunde()
    {
        //Kundendaten holen
        KundenNr =
        Integer.valueOf(kundennr2Textfeld.getText()).intValue();
        //Botschaft an KundenContainer
        einKundenContainer=KundenContainer.getObjektreferenz();
        einKunde = einKundenContainer.getKunde(KundenNr);
        kundenTextbereich.setText(""); //Löschen des Textfeldes
        kundenTextbereich.append(einKunde.getFirmenname()+ "\n");
        kundenTextbereich.append(einKunde.getFirmenadresse()+ "\n");
        kundenTextbereich.append(String.valueOf(einKunde.
            getAuftragssumme())+ "\n");
    }
    //Innere Klasse
    class AktionsAbhoerer
        implements java.awt.event.ActionListener
    {
        public void actionPerformed
            (java.awt.event.ActionEvent event)
        {
        Object object = event.getSource();
        if (object == speichernDruckknopf)
        {
            int EingabeNr =
            Integer.valueOf(kundennrTextfeld.getText()).
            intValue();
            if(EingabeNr >= 1)
            {
                //Objekt erzeugen
                einKunde = new Kunde(EingabeNr,
                firmennameTextfeld.getText(),
```

Klasse Kundenver-
waltungGUI

Klasse
AktionsAbhoerer

393

```
                    firmenadresseTextfeld.getText(),
                    Integer.valueOf(auftragssummeTextfeld.
                    getText()).intValue());
                einKundenContainer = KundenContainer.
                getObjektreferenz();
                //Erzeugtes Objekt im KundenContainer verwalten
                    einKundenContainer.insertKunde
                        (EingabeNr,einKunde);
            }
        }
        else if (object == AnzeigenDruckknopf)
            ausgebenKunde();
    }
  }//Ende Innere Klasse
}//Ende KundenverwaltungGUI
```

2.19.2 Die Klasse Vector

Eine wesentliche Eigenschaft von Feldern besteht darin, dass sie nach der Initialisierung in der Länge *nicht* mehr veränderbar sind. In vielen Problemstellungen ist die Länge im Voraus aber *nicht* bekannt. Man wählt dann üblicherweise einen Maximalwert, um auf der sicheren Seite zu sein. Im Regelfall verschwendet man hierdurch aber viel Speicherplatz.

Um diese Nachteile eines Feldes zu vermeiden, steht für solche Problemfälle in Java die Klasse Vector zur Verfügung. Ein Objekt der Klasse Vector enthält wie ein Feld Elemente, auf die über einen Index zugegriffen werden kann. Die Größe eines Vector-Objekts kann nach Bedarf wachsen oder schrumpfen und sich damit der Problemsituation anpassen.

Kenngrößen Jedes Objekt der Klasse *Vector* besitzt zwei Kenngrößen:
- Die Kapazität gibt die aktuelle Größe des Objekts an.
- Die Kapazitätserhöhung gibt an, um wie viele Elemente das Objekt erweitert werden soll, wenn kein Platz mehr vorhanden ist.

Initialisierung Jeder Vector wird mit einer bestimmten Länge initialisiert, die an erster Stelle im Konstruktor angegeben wird. Fehlt die Angabe, wird Platz für zehn Elemente vorgesehen. Wird dem Vector ein weiteres Element hinzugefügt und ist dessen Kapazität bereits erschöpft, dann wird die aktuelle Kapazität jeweils verdoppelt. Will man diese Verdopplung vermeiden, dann kann man beim Erzeugen des Objekts als zweiten Parameter angeben, um wie viele Elemente jeweils die Kapazität erhöht werden soll, wenn der aktuelle Platz erschöpft ist.

Beispiele
```
Vector meineKunden = new Vector();      //10 Elemente vorgesehen
Vector meineKunden = new Vector(5);     //5 Elemente vorgesehen
Vector meineKunden = new Vector(5, 20);//Erweiterung um jeweils
                                        //20 Elemente
```

394

Die Klasse Vector stellt folgende wichtige Operationen zur Verfügung:

Operationen

- addElement(Object obj)
  Fügt das übergebene Objekt am Ende des Vectors an, z.B.
  meineKunden.addElement(neuerKunde);
- insertElementAt(Object obj, int index)
  Fügt das übergebene Objekt an der Position ein, die durch Index angegeben wird. Befindet sich an der angegebenen Position bereits ein Element, dann werden alle anderen Elemente, die einen Index größer oder gleich index haben, verschoben. Sie erhalten jeweils einen um eins erhöhten Index.
- setElementAt(Object obj, int index)
  Fügt das Objekt an der Indexstelle in den Vektor ein. Ein vorhandenes Objekt an dieser Indexposition wird entfernt.
- removeElement(Object obj)
  Entfernt das übergebene Objekt aus dem Vector. Ist es mehrmals vorhanden, dann wird das Element mit dem niedrigsten Index entfernt. Alle dahinter liegenden Elemente werden nach vorne geschoben.
- Object elementAt(int index)
  Liefert das Element am angegebenen Index zurück.
- size()
  Liefert die Anzahl der aktuell vorhandenen Elemente.

Zwischen Feldern und Objekten der Klasse Vector gibt es einen wichtigen Unterschied:

Felder

- In Feldern kann *jeder* Typ gespeichert werden, einschließlich einfacher Typen und aller Klassentypen.

Vector

- Objekte der Klasse Vector können *nur* Objekte der Klasse Object speichern, d.h. *keine* einfachen Typen. Diese müssen vorher in Objekte gewandelt werden (siehe Abschnitt 2.19.4).

Mithilfe der Klasse Vector lassen sich so genannte Warteschlangen einfach realisieren.

Eine **Warteschlange *(queue)*** speichert Elemente, wobei neu zu speichernde Elemente hinten an die Warteschlange angehängt werden (Operation Einfügen) und zu löschende Elemente vorne aus der Warteschlange entfernt werden (Abb. 2.19-7).

Warteschlange

Abb. 2.19-7: Abstrakte Darstellung einer Warteschlange

Eine Warteschlange arbeitet also nach dem **FIFO-Prinzip** *(first in – first out).*

FIFO-Prinzip

Die Firma ProfiSoft erhält von einer Bank den Auftrag, den Schalterbetrieb zu simulieren. Dazu soll ein Programm mit folgenden Anforderungen geschrieben werden:

Beispiel

/1/ Vor einem Schalter steht eine Warteschlange aus Personen, die bedient werden wollen.

/2/ Durch Aufruf einer Operation Anstellen wird an das Ende der Warteschlange eine Person »angehängt«.

/3/ Durch Aufruf einer Operation Bedienen wird die erste Person in der Warteschlange »entfernt«.

/4/ Durch Aufruf einer Operation Zufall wird per Zufall entschieden, ob eine Person bedient wird oder sich anstellt.

Ein entsprechendes Java-Programm sieht folgendermaßen aus:

```
/* Programmname: Warteschlange
* Fachkonzept-Klasse: Person
* Aufgabe: Erweiterbare Klasse, die
* angibt, welche Daten in der Warteschlange
* verwaltet werden sollen
*/
```

Klasse Person

```
class Person
{
    private String Name;
    //Konstruktor
    Person()
    {
        Name = "Balzert";
    }
}
```

```
/* Programmname: Warteschlange
* Fachkonzept-Klasse: PersonenWarteschlange
* Aufgabe: Eine PersonenWarteschlange
* mit einem Vector realisieren
*/

import java.util.Vector;
```

Klasse
PersonenWarte-
schlange

```
class PersonenWarteschlange
{
    //Attribute
    private Vector einVektor = new Vector();
    //Operationen
    boolean bedienen() //Entfernen
    {
        if(einVektor.size() > 0)
        {
            einVektor.removeElementAt(0); //Operation von Vector
            return true;
        }
        else
            return false;
    }
    void anstellen(Person einePerson) //Einfügen
    {
        einVektor.addElement(einePerson);//Operation von Vector
    }
```

```
   int getAnzahlElemente()
   {
     return einVektor.size();
   }
}


/*    Programmname: Warteschlange
 * GUI-Klasse: WarteschlangeGUI
 * Aufgabe: Ermöglicht die Manipulation und Anzeige der
 * Warteschlange
 */
import java.awt.*;
import java.applet.*;
import java.awt.event.*;

public class WarteschlangeGUI extends Applet
{
   //Attribute
   private PersonenWarteschlange eineWarteschlange;
   ...
   public void init()
   {
     ...
     AktionsAbhoerer einAktionsAbhoerer= new AktionsAbhoerer();
     anstellenDruckknopf.addActionListener(einAktionsAbhoerer);
     bedienenDruckknopf.addActionListener(einAktionsAbhoerer);
     zufallDruckknopf.addActionListener(einAktionsAbhoerer);
     //Ein Warteschlangen-Objekt erzeugen
     eineWarteschlange = new PersonenWarteschlange();
     //8 anonyme Objekte der Klasse Person in die Warteschlange
     //eintragen
     for (int i = 0; i < 8; i++)
       eineWarteschlange.anstellen(new Person());
     repaint();
   }
   public void paint(Graphics g)
   {
     //Grafische Ausgabe der aktuellen Warteschlange
     g.setColor(Color.blue);
     g.fillRect(10,100,10,10);
     for (int i = 0; i <
       eineWarteschlange.getAnzahlElemente(); i++)
     {
       //Verschiedene Farben ausgeben (kleine Spielerei)
       //% = Modulo-Operation
       g.setColor(new  Color((i  *  5)  %255,(i  *  50)  %  255,
         (i * 100) % 255));
       g.drawRect(24 + 8 * i, 103,6,6);
     }
   }
   //Innere Klasse
   class AktionsAbhoerer implements ActionListener
   {
     public void actionPerformed(ActionEvent event)
     {
```

Klasse
WarteschlangeGUI

innere Klasse
AktionsAbhoerer

```
        Object object = event.getSource();
        if (object == anstellenDruckknopf)
          eineWarteschlange.anstellen(new Person());
        else if (object == bedienenDruckknopf)
          eineWarteschlange.bedienen();
        else if (object == zufallDruckknopf)
          if(Math.random() < 1.0f/2.0f)
            eineWarteschlange.anstellen(new Person());
          else
            eineWarteschlange.bedienen();
        repaint();
    }
  }
}
```

Die Abb. 2.19-8 zeigt die Benutzungsoberfläche des Warteschlangenprogramms.

Abb. 2.19-8:
Benutzungs-
oberfläche des
Programms
Warteschlange

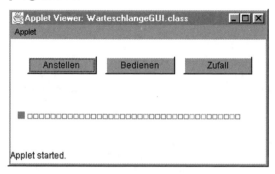

Bei der Realisierung der `PersonenWarteschlange` gibt es zwei Alternativen:

a Realisierung als Unterklasse von `Vector` oder

b Realisierung durch Benutzung von `Vector` (unidirektionale Assoziation).

zu **a:**

Eine korrekte Vererbungsstruktur liegt vor, wenn eine *ist ein*-Beziehung von der Unterklasse zur Oberklasse hin besteht. Die Klasse `Vector` verwaltet in Java eine Sammlung von Elementen, auf die wie bei einem Feld zugegriffen werden kann. `PersonenWarteschlange` ist eine spezielle Sammlung bei der nur am Anfang entfernt und nur am Ende angefügt werden darf. Unter diesem Gesichtspunkt wäre eine Vererbungsstruktur korrekt. Da aber die Zugriffsoperationen, die einen Zugriff auf jedes Element erlauben, mitvererbt werden, ist eine Vererbung *nicht* sinnvoll, da der alleinige Zugriff über Entfernen am Anfang und Anfügen am Ende nicht sichergestellt ist.

zu **b:**

Da eine Vererbung ausscheidet, bleibt nur eine Benutzung von `Vector` in `PersonenWarteschlange`. Da die Operationen von `Vector` nicht vererbt werden, kann der alleinige Zugriff über die Operationen `bedienen()` und `anstellen()` sichergestellt werden.

2.19.3 Iteratoren

In den Unterabschnitten 2.19.1.3 und 2.19.1.4 wurde eine einfache Objektverwaltung mithilfe von Feldern implementiert. Die Realisierung erfolgte in einer eigenen Container-Klasse. Über die Operationen getKunde() und insertKunde() wird von der Klasse KundeGUI auf den Kunden-Container zugegriffen.

das Problem

Da in der Praxis oft das Problem auftaucht, auf alle Elemente eines Containers nach unterschiedlichen Strategien zuzugreifen, hat man das allgemeine Konzept der **Iteratoren** entwickelt. Die ursprüngliche Idee bestand darin, Zugriffs-Algorithmen durch Iteratoren eine einheitliche Schnittstelle auf Containern zu bieten. Sie dienen also der Entkopplung von Zugriffs-Algorithmen und Containern. Allgemein betrachtet ist ein Iterator die Verallgemeinerung eines Zeigers.

Iteratoren

Im nächsten Abschnitt wird zunächst das Iterator-Muster vorgestellt. Anschließend wird die Realisierung in Java gezeigt.

2.19.3.1 Zuerst die Theorie: Das Iterator-Muster

Das **Iterator-Muster** ermöglicht es, auf die Elemente, die in Containern verwaltet werden, *sequenziell* zuzugreifen, ohne die interne Struktur der Container zu kennen. Außerdem ist es möglich, die Elemente auf verschiedene Arten zu durchlaufen, d.h. zu **traversieren.** Die Operationen der Containerklasse sollen dadurch aber nicht »aufgebläht« werden. Zusätzlich soll es möglich sein, die Elemente des Containers zur selben Zeit mehrfach zu traversieren.

Literaturhinweis zu Mustern /Gamma et al. 96/

Die zentrale Idee des Iterator-Musters besteht darin, die Zuständigkeit für den Zugriff und die Funktionalität zur Traversierung aus dem Container herauszunehmen und sie einem **Iterator** zuzuteilen.

Die Klasse Iterator definiert Operationen zum Zugriff auf die Elemente im Container. Ein Objekt der Klasse Iterator ist dafür zuständig, sich das aktuelle Element zu merken. Es weiß also, welche Elemente bereits traversiert wurden. Abb. 2.19-9 zeigt die Beziehung zwischen der Container-Klasse und der Iterator-Klasse.

Zum Erzeugen eines Iterator-Objekts muss die Container-Operation erzeugeIterator() einen passenden Iterator bereitstellen. Anschließend kann über den Iterator auf die Elemente zuge-

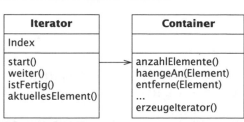

Abb. 2.19-9: Struktur des Iterator-Musters

griffen werden. Die Operation aktuellesElement() gibt das aktuelle Element des Containers zurück, die start()-Operation setzt das aktuelle Element auf das erste Element, die weiter()-Operation setzt das aktuelle Element auf das nächste Element im Container und die istFertig()-Operation prüft, ob bereits das letzte Element betrachtet wurde.

Die Trennung des Traversierungsmechanismus vom Container ermöglicht es, Iteratoren für unterschiedliche Traversierungsarten zu definieren, ohne sie als Operationen in der Containerklasse aufführen zu müssen. Eine Klasse FilterIterator kann beispielsweise den Zugriff ausschließlich auf jene Elemente erlauben, die bestimmte Filterungsbedingungen erfüllen.

2.19.3.2 Dann die Praxis: Iteratoren in Java

ab Java 2 (5.0)   Über Sammlungen kann mit der erweiterten for-Schleife iteriert werden. Das Schema einer solchen Iteration sieht folgendermaßen aus:

Schema
```
Collection c;
...
for (Object o : c)
  System.out.println( (Typ)o );
```

Beispiel
```
// Beispiel für Iterieren über Sammlungen in Java 2 (5.0)

import java.util.Vector;

public class ForCollection
{
 public static void main( String args[] )
  {
    Vector einVector = new Vector();
    //Vector implementiert Collection

    einVector.addElement("Anna");
    einVector.addElement("Hanna");
    einVector.addElement("Jan");
    einVector.addElement("Lukas");

    for ( Object beliebtevornamen : einVector)
      System.out.println( (String)beliebtevornamen );
  }
}
```
Die Ausgabe sieht wie folgt aus:
```
Anna
Hanna
Jan
Lukas
```

Da die Klasse Vector die Schnittstelle List implementiert, erbt sie auch die Schnittstelle Iterator (siehe Abb. 2.19-1).

eigene Iteratoren   Iterationen sind mit der erweiterten for-Schleife immer dann möglich, wenn der Typ, der rechts vom Doppelpunkt angegeben ist, die Schnittstelle Iterable implementiert (siehe auch Abb. 2.19-1).

Die Schnittstelle Iterable sieht folgendermaßen aus: Iterable

```
public interface Iterable
{
  Iterator iterator()
}
```

Diese Schnittstelle fordert eine Methode iterator(), die als Ergebnis einen Iterator über die Menge der Elemente vom Typ Object zurückliefert.

Iterator ist selbst eine Schnittstelle, die wie folgt aussieht: Iterator

```
public interface Iterator
{
 boolean hasNext();
 Object next();
 void remove();
}
```

- Die Methode hasNext() liefert den Wert true, wenn es in der Iteration noch weitere Elemente gibt.
- Die Methode next() liefert das nächste Element der Iteration. Hat die Iteration keine Elemente mehr, dann wird die Ausnahme NoSuchElementException ausgelöst.
- Die Methode void remove() entfernt von der Sammlung das letzte Element, das vom Iterator zurückgegeben wurde (optionale Operation). Diese Methode kann nur einmal pro next()-Aufruf aufgerufen werden. Das Verhalten dieser Methode ist *nicht* spezifiziert, wenn die Sammlung während der Iteration verändert wird, außer durch den Aufruf dieser Methode. Wenn diese Methode durch diesen Iterator *nicht* unterstützt wird, dann wird folgende Ausnahme ausgelöst: UnsupportedOperationException. Wurde die next()-Operation vorher *nicht* aufgerufen oder wurde diese Operation mehr als einmal hintereinander aufgerufen, dann wird die Ausnahme IllegalStateException ausgelöst.

Die Kundenverwaltung aus Beispiel 3a (siehe Abb. 2.19-4) soll so Beispiel 3c erweitert werden, dass bei Eingabe eines Sterns (*) bei der Kundennummer zur Ausgabe von Kundendaten alle vorhandenen Kundendaten ausgegeben werden. Dazu ist es notwendig, alle Elemente des Containers sequenziell zu durchlaufen.

In der Klasse KundenContainer werden dazu die Schnittstellen Iterable und Iterator implementiert. Da die Klasse Vector ebenfalls die Schnittstelle Iterator implementiert, können in der Klasse KundenContainer die entsprechenden Operationen der Klasse Vector aufgerufen werden (Abb. 2.19-10).

Die Klasse Kunde bleibt unverändert. Die Klassen KundeGUI und KundenContainer sehen folgendermaßen aus:

Abb. 2.19-10:
Implementierung
von Iterator-Opera-
tionen in Java

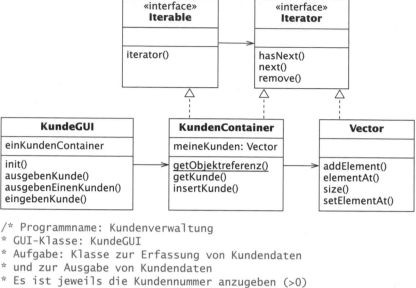

```
/* Programmname: Kundenverwaltung
* GUI-Klasse: KundeGUI
* Aufgabe: Klasse zur Erfassung von Kundendaten
* und zur Ausgabe von Kundendaten
* Es ist jeweils die Kundennummer anzugeben (>0)
* Wird bei der Kundenausgabe bei der Kundennummer ein * angege-
ben,
* dann werden alle vorhandenen Kunden ausgegeben
*/

import java.awt.*;
import java.applet.*;
import java.util.*;
```

Klasse
KundenverwaltungGUI

```
public class KundenverwaltungGUI extends Applet
{
    //Attribute
    private KundenContainer einKundenContainer;
    private Kunde einKunde;
    private int KundenNr = 1;
        ...
    //Operationen
    public void init()
    {
     ...
    }
    private void ausgebenKunde()
    {
        kundenTextbereich.setText("");
        //Löschen des Textbereichs
        //Kundendaten holen
        //Botschaft an KundenContainer
        einKundenContainer =
          KundenContainer.getObjektreferenz();
        String MerkeText = kundennr2Textfeld.getText();

        //* bei Kundennummer gibt an, dass alle Kunden
        //auszugeben sind
```

```
    if (MerkeText.compareTo("*")== 0)
    {
        //Alle Objekte ausgeben
        for (Object o : einKundenContainer)
        {
            einKunde = (Kunde)o;
            if (einKunde != null)
                ausgebenEinenKunden((Kunde)einKunde);
        }
    }
    else
    {
        //Objekt mit der eingegebenen Kundennr ausgeben
        KundenNr = Integer.valueOf(MerkeText).intValue();
        einKunde = einKundenContainer.getKunde(KundenNr);
        if (einKunde != null)
                ausgebenEinenKunden(einKunde);
        else
        kundenTextbereich.append
          ("Kein Kunde mit dieser Kundennummer vorhanden\n");
    }
}
private void ausgebenEinenKunden(Kunde einKunde)
{
    kundenTextbereich.append
      (einKunde.getFirmenname()+ "\n");
    kundenTextbereich.append
    (einKunde.getFirmenadresse()+ "\n");
    kundenTextbereich.append
    (String.valueOf(einKunde.getAuftragssumme())+ "\n");
}
private void eingebenKunde()
{
    int EingabeNr = Integer.valueOf
    (kundennrTextfeld.getText()).intValue();
     if(EingabeNr >= 0)
    {
        //Objekt erzeugen
        einKunde = new Kunde
          (EingabeNr,firmennameTextfeld.getText(),
          firmenadresseTextfeld.getText(),
          Integer.valueOf
          (auftragssummeTextfeld.getText()).intValue());
        einKundenContainer =
          KundenContainer.getObjektreferenz();
      //Erzeugtes Objekt im KundenContainer verwalten
          einKundenContainer.insertKunde(EingabeNr,einKunde);
    }
}
//Innere Klasse
 class AktionsAbhoerer
    implements java.awt.event.ActionListener
 {
    public void actionPerformed
    (java.awt.event.ActionEvent event)
  {
```

```
                    Object object = event.getSource();
                    if (object == speichernDruckknopf)
                        eingebenKunde();
                    else if (object == anzeigenDruckknopf)
                        ausgebenKunde();
                }
            }
        }


        /* Programmname: Kundenverwaltung
         * Container-Klasse: KundenContainer
         * Aufgabe: Verwaltung von Objekten der Klasse Kunde
         * Verwaltungsmechanismus: Vector
         * Muster: Singleton
         * Iterator: Iterable, Iterator von Vector
         * Annahmen: Der Aufrufer muss selbst prüfen, ob ein übergebenes
         Objekt
         * vom Typ Kunde null ist oder nicht
         */

        import java.util.*;
```

Klasse
KundenContainer

```java
public class KundenContainer implements Iterable, Iterator
{
        //Implementierung der Schnittstelle Iterable
        public Iterator iterator()
        {
            return meineKunden.iterator();
        }

        //Implementierung der Schnittstelle Iterator
        //Übernahme der Operationen von Vector
        public boolean hasNext()
        {
            return hasNext();
        }
        public Object next()
        {
            return next();
        }
        public void remove()
        {
            remove();
        }

        //Attribut
        private int Vektorlaenge = 20;
        private int VektorlaengeDelta = 5;
        private Vector meineKunden =
            new Vector(Vektorlaenge,VektorlaengeDelta);

        //Klassen-Attribut
        private static KundenContainer einKundenContainer = null;
        //Speichert Referenz auf das einzige Objekt
```

```
        //Konstruktor, von außen nicht zugreifbar
        private KundenContainer()
        {
        //Vektor initialisieren mit Referenz null
        for (int i = 0; i < Vektorlaenge; i++)
                meineKunden.addElement(null);
        }
        //Klassen-Operation, die die Objektreferenz liefert
        //Wenn Objekt noch nicht vorhanden, dann wird es erzeugt
        public static KundenContainer getObjektreferenz()
        {
        if (einKundenContainer == null)
            einKundenContainer = new KundenContainer();
            //Konstruktor, kann nur einmal aufgerufen werden
        return einKundenContainer;
    }
    //Operationen
    public void insertKunde(int Kundennr, Kunde einKunde)
    {
        if (Kundennr >= Vektorlaenge)
        {
            //dynamisches Vergrößern des Vektors
            Vektorlaenge = Vektorlaenge + VektorlaengeDelta;
            for (int i = meineKunden.size();
                i < Vektorlaenge ; i++)
                meineKunden.addElement(null);
        }
        meineKunden.setElementAt(einKunde, Kundennr);
    }
    public Kunde getKunde(int Kundennr)
    {
        return (Kunde)meineKunden.elementAt(Kundennr);
    }
}
```

Die Schnittstellen Iterable und Iterator sorgen dafür, dass die aufrufenden Klassen (hier: KundeGUI) *nicht* geändert werden müssen, wenn sich die Realisierung eines Containers ändert, beispielsweise wenn eine Implementierung durch die Klasse Vector ersetzt wird durch eine Implementierung mit Feldern.

2.19.4 Die Hüllklassen für einfache Typen

In Java gibt es zu jedem einfachen Typ auch eine entsprechende Hüllklasse, auch Hüllenklassen, einhüllende Klassen, Verpackungsklassen oder *wrapper classes* genannt. Diese Klassen heißen gleich oder ähnlich wie die zugehörigen Typen, beginnen aber, wie bei Klassennamen üblich, mit einem Großbuchstaben:
■ Klasse Integer für den Typ int,
■ Klasse Float für den Typ float,
■ Klasse Character für den Typ char
usw.

Aufgaben

Diese Klassen erfüllen zwei Aufgaben:
- Bereitstellung eines Platzes für Operationen und Attribute, die dem Typ zugeordnet werden, wie Zeichenkettenumwandlungen und Konstanten für Wertebereichsgrenzen.
- In Klassen, die nur wissen, wie mit Object-Referenzen umzugehen ist, Objekte erzeugen zu können, die die Werte eines einfachen Typs speichern sollen.

Konstruktoren

Jede Typklasse besitzt folgende Konstruktoren und Operationen:
- Einen Konstruktor, der zu einem einfachen Typ ein Objekt der Typklasse erzeugt.

Beispiel

```
int ganzeZahl = 1500;
Integer i = new Integer(ganzeZahl);
//i ist ein Objekt der Klasse Integer
meinVector.addElement(i);
```

- Einen Konstruktor, der aus einem einfachen String-Parameter den Initialisierungswert eines Objekts ermittelt.

Beispiel

```
Integer i = new Integer("1500");
//Erzeugt ein Integer-Objekt mit dem Wert eines String-Objekts
```

Operationen

- Eine Klassen-Operation toString, die den Wert des Typobjekts in eine Zeichenkette wandelt.

Beispiel

```
float reelleZahl = 2.57f;
String Text = Float.toString(reelleZahl);
```

- Eine *Typ*Value-Operation, die den Wert eines einfachen *Typs* liefert.

Beispiel

```
Double d = new Double(63.02E7);
long ganzeZahlLang = d.longValue();
//Konvertiert eine Gleitkommazahl in eine ganze Zahl
```

- Eine Klassen-Operation *Typ*.valueOf(String s), die ein neues *Typ*-Objekt zurückliefert.

Beispiel

```
int N;
String Text;
Integer i;
//Inhalt des Textfelds n in Text speichern
Text = nTextfeld.getText();
//Erzeugt ein Integer-Objekt, initialisiert mit dem
//konvertierten String
i = Integer.valueOf(Text);
//Konversion des Objektwertes in einem einfachen Typ int
N = i.intValue();
```

Neben diesen allgemeinen Konstruktoren und Operationen besitzt jede Klasse eines einfachen Typs weitere spezielle Konstruktoren und Operationen.

Abb. 2.19-11 zeigt nochmals alle Operationen der Klasse Integer und einige praktische Anwendungen.

Die Klasse Integer

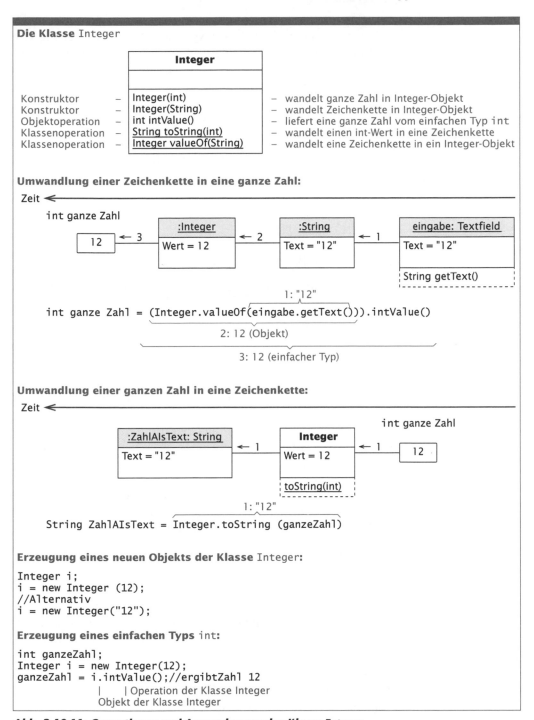

Integer
Integer(int)
Integer(String)
int intValue()
String toString(int)
Integer valueOf(String)

Konstruktor – Integer(int) – wandelt ganze Zahl in Integer-Objekt
Konstruktor – Integer(String) – wandelt Zeichenkette in Integer-Objekt
Objektoperation – int intValue() – liefert eine ganze Zahl vom einfachen Typ int
Klassenoperation – String toString(int) – wandelt einen int-Wert in eine Zeichenkette
Klassenoperation – Integer valueOf(String) – wandelt eine Zeichenkette in ein Integer-Objekt

Umwandlung einer Zeichenkette in eine ganze Zahl:

Zeit ←────────────────────────────────────

int ganze Zahl

| 12 | ← 3 |

:Integer
Wert = 12

← 2

:String
Text = "12"

← 1

eingabe: Textfield
Text = "12"
String getText()

1: "12"

int ganze Zahl = (Integer.valueOf(eingabe.getText())).intValue()

2: 12 (Objekt)

3: 12 (einfacher Typ)

Umwandlung einer ganzen Zahl in eine Zeichenkette:

Zeit ←────────────────────────────────────

int ganze Zahl

:ZahlAlsText: String
Text = "12"

← 1

Integer
Wert = 12
toString(int)

← 1

| 12 |

1: "12"

String ZahlAlsText = Integer.toString (ganzeZahl)

Erzeugung eines neuen Objekts der Klasse Integer:

```
Integer i;
i = new Integer (12);
//Alternativ
i = new Integer("12");
```

Erzeugung eines einfachen Typs int:

```
int ganzeZahl;
Integer i = new Integer(12);
ganzeZahl = i.intValue();//ergibtZahl 12
             |    | Operation der Klasse Integer
             Objekt der Klasse Integer
```

Abb. 2.19-11: Operationen und Anwendungen der Klasse Integer

Um die lästige manuelle Konvertierung zu vermeiden, gibt es ab
Java 2 (5.0) ein so genanntes *Autoboxing*, das die Konvertierung von
Werten einfacher Typen in die jeweils korrespondierenden Werte der
Hüllklassen automatisch vornimmt. Der umgekehrte Vorgang wird
ebenfalls automatisch durchgeführt – *Auto-unboxing* genannt.

Beispiele
```
int ganzeZahl1 = 123, ganzeZahl2 = 456;
Integer ganzesObjekt1, ganzesObjekt2;

ganzesObjekt1 = new Integer(ganzeZahl1); //ohne Autoboxing
ganzesObjekt2 = ganzeZahl2; //mit Autoboxing;

//ohne Auto-unboxing
int ganzeZahl3 = ganzesObjekt1.intValue();
//mit Auto-unboxing
int ganzeZahl4 = ganzesObjekt2;
```

2.19.5 Die *String*-Klassen von Java

Zeichenketten *(strings)* sind in Java Objekte. Für den Umgang mit
Zeichenketten stellt Java drei Klassen zur Verfügung:
- Klasse `String`
  Mit dieser Klasse können Zeichenketten-Konstanten dargestellt
  werden. Dem Konstruktor wird eine Zeichenkette übergeben, die
  nachträglich nicht mehr verändert werden kann.
- Klasse `StringBuffer`
  Mit dieser Klasse können veränderbare Zeichenketten angelegt und
  manipuliert werden. Dem Konstruktor kann optional ein Anfangs-
  wert angegeben werden. Es stehen Operationen zum Einfügen und
  Anhängen zur Verfügung. `StringBuffer` passt hierbei die Größe des
  Puffers dynamisch den Erfordernissen an.
- Klasse `StringTokenizer`
  Diese Klasse erlaubt es, eine Zeichenkette in einzelne Teilketten
  zu zerlegen. Es können hierzu Trennzeichen spezifiziert werden,
  die die einzelnen Teilketten voneinander trennen.

2.19.5.1 Die Klasse `String`

String
Zeichenketten sind Objekte. Auf sie wird über Referenztypen verwiesen. Zum physischen Kopieren benötigt man daher geeignete
Operationen. Es reicht nicht aus, eine Referenz einer anderen zuzuweisen. Zeichenketten sind *keine* Zeichen-Felder. Es ist aber möglich,
über einen Konstruktor aus einem Zeichen-Feld eine Zeichenkette zu
erzeugen.
Zeichenketten-Objekte können auf zwei Arten erzeugt werden:
- Vereinfachte Syntax mit Initialisierung

Beispiel
```
String text = "Java"; //vereinfachte Syntax
```
Dies ist äquivalent mit:
```
String text = new String("Java");
```

■ Konstruktoren, mit denen sich Zeichenketten aus Feldern mit den
Elementtypen char oder byte erzeugen lassen.

```
char[] Zeichenfeld = {'J', 'a', 'v', 'a'};
String text;
text = new String(Zeichenfeld);
```
Beispiel

Zeichenketten können mit dem Operator + aneinander gehängt wer-Konkatenation +
den. Man bezeichnet dies als Konkatenation.

```
"Java" + "ist toll!"
```
Beispiel

Die Operation concat bildet eine neue Zeichenkette durch Anhängen einer zweiten Zeichenkette und arbeitet damit genauso wie
der Konkatenationsoperator +.

```
alterText = "Java";
neuerText = alterText.concat("ist toll");
neuerText = alterText + "ist toll"; //alternativ
```
Beispiel

Alle Java-Objekte besitzen die Operation toString(), die eine Zei-toString()
chenkettendarstellung des jeweiligen Objekts zurückgibt. Bei einigen Klassen wird nur der Name der Klasse zurückgegeben. Andere
Klassen, wie Button, liefern zusätzlich noch eine Zustandsbeschrei-
bung.

Bei den Klassen der einfachen Typen (siehe Abschnitt 2.19.4) liefert diese Operation die gespeicherte Zahl konvertiert in eine Zeichenkette zurück, z.B. Text = Integer.toString().

Mit toString kann also von allen Objekten eine Zeichenkettendarstellung erzeugt werden.

Java erlaubt daher eine besondere Syntax für Zeichenketten-Lite-Syntax für
Zeichenketten-
Literale
rale, mit der es möglich ist, Zeichenketten mit Objektverweisen oder
einfachen Variablen zu verketten.

```
for(int i = 1; i <= 20; i++)
    einTextfeld.append(i + ". Zeichenkette ");
```
Beispiel

Implizit wird auf alle Nichtliterale die Operation String.valueOfString.valueOf
angewendet. String besitzt zwei Varianten der Operation:
- Die Variante für Objekte ermittelt die Zeichenkettendarstellung
  des betreffenden Objekts, indem sie deren Operation toString()
  aufruft. Ist die Referenz null, dann ergibt sich die Zeichenkette
  "null".
- Die Variante für Zeichen-Felder nimmt die Konvertierung selbst
  vor.

Auch die Klassen zur Darstellung numerischer Typen sowie die Klasse Boolean besitzen die Operation valueOf, mit denen ein Objekt für
den jeweiligen Datentyp konvertiert wird. Aus diesen Objekten muss
dann der Wert geholt werden. Die Klasse Integer besitzt dazu die
Operation intValue().

Beispiel
```
String boolText = "true";
//Wandelt einen Text in einen booleschen Wert um
boolean boolVariable = Boolean.valueOf(boolText).booleanValue();
```

Operationen
Die Klasse String besitzt eine Reihe von Operationen zum Vergleichen, Suchen und Extrahieren von Zeichen:

equals
- `public boolean equals(Object obj)`
  Liefert true, wenn obj ein gültiges Objekt von String ist und dieselbe Zeichenkette wie dieses Objekt enthält, sonst false.

length
- `public int length()`
  Liefert die Länge der Zeichenkette.

equalsIgnoreCase
- `public boolean equalsIgnoreCase(String anotherString)`
  Vergleicht zwei Zeichenketten unabhängig von der Groß- und Kleinschreibung.

indexOf
- `public int indexOf(int ch)`
  Liefert die Position des ersten Vorkommens des Zeichens ch. Ist das Zeichen nicht vorhanden, dann wird –1 zurückgeliefert.

charAt
- `public char charAt(int index)`
  Gibt das Zeichen zurück, das sich an der Indexstelle befindet. Der Index geht von 0 bis length() - 1.

Alle Operationen können auch auf Zeichenketten-Literale angewandt werden.

Beispiel
```
String text = "Java";
if ("java".equals(text))
    einTextfeld.append("Gleich");
else
    einTextfeld.append ("Ungleich");
```

2.19.5.2 Die Klasse StringBuffer

StringBuffer
Die Klasse StringBuffer stellt eine veränderbare Zeichenkette zur Verfügung. Diese Klasse ist mit der Klasse String vergleichbar und besitzt teilweise gleichnamige Operationen. StringBuffer ist aber *keine* Unterklasse von String oder umgekehrt. Es handelt sich um voneinander unabhängige Klassen mit der gemeinsamen Oberklasse Object.

Objekte können mit folgenden Konstruktoren erzeugt werden:

Konstruktoren
- `public StringBuffer()`
  Erzeugt ein neues Objekt ohne Vorbesetzung.
- `public StringBuffer(int length)`
  Erzeugt ein neues Objekt, das zunächst length-Zeichen speichern kann.
- `public StringBuffer(String str)`
  Erzeugt ein neues Objekt, das mit dem Wert von str initialisiert wird.

Die Klasse StringBuffer besitzt vor allem Operationen zum Manipulieren einer Zeichenkette. Die wichtigsten sind:

■ StringBuffer append(String str)
Hängt eine Zeichenkette str an das Ende der vorhandenen Zeichenkette an.

■ StringBuffer insert(int offset, String str)
Fügt eine Zeichenkette str an der Stelle offset ein.

■ void setCharAt(int index, char ch)
Ersetzt das Zeichen an der Position index durch das Zeichen ch.

■ int length()
Liefert die Länge der momentanen Zeichenkette in Anzahl Zeichen.

2.19.5.3 Die Klasse StringTokenizer

Die Klasse StringTokenizer ermöglicht es, eine Zeichenkette in einzelne Teilketten zu zerlegen. Dazu ist es nötig, Trennzeichen *(delimiter)* zu spezifizieren, die die einzelnen Teilketten voneinander trennen. Nach dem Aufruf eine der Konstruktoren können die Teilketten mit nextElement oder nextToken abgerufen werden.
Folgende Konstruktoren stehen zur Verfügung:

■ public StringTokenizer(String str)
Erzeugt ein neues Objekt für str mit den voreingestellten Trennzei-
chen Leerzeichen, Tabulator, Zeilenvorschub und Zeilenrücklauf. Diese Trennzeichen werden nicht als Teil-Zeichenketten betrachtet und überlesen.

■ public StringTokenizer(String str, String delim)
Erzeugt ein neues Objekt für str. Als Trennzeichen dienen die einzelnen in delim enthaltenen Zeichen. Diese werden nicht als Teil-Zeichenketten betrachtet und überlesen.

■ public StringTokenizer(String str, String delim, boolean returnTokens)
Wenn returnTokens true ist, werden Trennzeichen als eigene Teil-Zeichenketten von der Operation nextToken() zurückgeliefert.
Die wichtigsten Operationen sind:

■ public String nextToken()
Liefert die nächste Teil-Zeichenkette. Ob Trennzeichen als eigene
Teil-Zeichenkette betrachtet oder überlesen werden, hängt vom Konstruktoraufruf ab.

■ public String nextToken(String delim)
Setzt die Trennzeichenmenge auf die Zeichen in delim und liefert die nächste Teilkette zurück. Es ist *nicht* möglich, eine neue Trennzeichenmenge festzulegen, ohne gleichzeitig die nächste Teilkette zu lesen.

■ public boolean hasMoreElements()
Liefert true, wenn noch weitere Teilketten vorhanden sind.

```
String text = "Name, Vorname";
StringTokenizer Teilkette = new StringTokenizer(text, " ,");
String Name = Teilkette.nextToken();
String Vorname = Teilkette.nextToken();
```

Beispiel   Die Arbeitsweise der Klasse StringTokenizer wird hier am Beispiel eines Taschenrechners gezeigt.

```
/* Programmname: Taschenrechner
 * Fachkonzept-Klasse: Rechner
 * Aufgabe: einfacher Taschenrechner ohne Prioritäten
 */

import java.util.*;
```

Klasse
Rechner

```
public class Rechner
{
    //Attribute
    private StringTokenizer einTokenizer;
    //Operationen
    public String getErgebnis(String Eingabe)
    {
        String ZahlAlsString, OperatorAlsString;
        //true = Trennzeichen werden uebergeben
        einTokenizer =
        new StringTokenizer(Eingabe, "+-*/", true);
        //erste Zahl als Teil-Zeichenkette geben lassen
        ZahlAlsString = einTokenizer.nextToken();
        float Ergebnis =
        Float.valueOf(ZahlAlsString).floatValue();
        while(einTokenizer.hasMoreElements())
        {
            OperatorAlsString = einTokenizer.nextToken();
            ZahlAlsString = einTokenizer.nextToken();
            float naechsterWert =
                Float.valueOf(ZahlAlsString).floatValue();
            //Umwandlung einer Zeichenkette in ein Zeichen
            char OperatorAlsZeichen =
                OperatorAlsString.charAt(0);
            switch (OperatorAlsZeichen)
            {
                case '+': Ergebnis += naechsterWert; break;
                case '-': Ergebnis -= naechsterWert; break;
                case '*': Ergebnis *= naechsterWert; break;
                case '/': Ergebnis /= naechsterWert; break;
            }
        }
        return String.valueOf(Ergebnis);
    }
}

/* Programmname: Taschenrechner
 * GUI-Klasse: RechnerGUI
 * Aufgabe: Die Berechnung wird ausgelöst durch Drücken
 * des Berechnen-Knopfes oder durch Drücken der Enter-Taste
 */

import java.awt.*;
import java.Applet.*;
```

Klasse
RechnerGUI

```
public class RechnerGUI extends Applet
{
```

412

```
//Attribute
private Rechner einRechner = new Rechner();
java.awt.Label eingabeFuehrungstext;
...
//Operationen
public void init()
{
    ...
    AktionsAbhoerer einAktionsAbhoerer =
        new AktionsAbhoerer();
    berechnenDruckknopf.addActionListener
        (einAktionsAbhoerer);
    TastaturAbhoerer einTastaturAbhoerer =
        new TastaturAbhoerer();
    eingabeTextfeld.addKeyListener(einTastaturAbhoerer);
}//Ende init
//Innere Klassen
class AktionsAbhoerer implements
    java.awt.event.ActionListener
{
    public void actionPerformed(java.awt.event.ActionEvent
        event)
    {
        String Eingabe = eingabeTextfeld.getText();
        if(Eingabe.compareTo("") != 0)
            ergebnisTextfeld.setText
                (einRechner.getErgebnis(Eingabe));
    }
}
class TastaturAbhoerer extends java.awt.event.KeyAdapter
{
    public void keyReleased(java.awt.event.KeyEvent event)
    {
        if(event.getKeyCode() ==
            java.awt.event.KeyEvent.VK_ENTER)
        {
            String Eingabe = eingabeTextfeld.getText();
            if(Eingabe.compareTo("") != 0)
                ergebnisTextfeld.setText
                    (einRechner.getErgebnis(Eingabe));
        }
    }
}
}//Ende RechnerGUI
```

Applet Viewer: RechnerGUI.class
Applet
Eingabe .5+2.3-11.7*12/27.23
Berechnen
Ergebnis -3.9221447
Applet started.

2.19.6 Die Klasse Stack

Keller, Stapel   Bei einer Reihe von Problemen wird ein so genannter **Keller**speicher *(push down store)* oder **Stapel** *(stack)* benötigt. Kellerspeicher findet man auch im täglichen Leben, z.B. bei der Aufbewahrung von Einkaufskörben im Supermarkt oder beim Aufbewahren von Münzen für Parkuhren (siehe Abb. 2.19-12 und 2.19-13). Diese Beispiele zeigen deutlich die Eigenschaften von Kellerspeichern. Es kann immer nur auf das oberste Objekt zugegriffen werden; das Objekt, das zuletzt in den Kellerspeicher gebracht wurde, muss auch als erstes wieder entnommen werden. Ein Kellerspeicher kann mit den beiden folgenden Operationen – und nur mit diesen – bearbeitet werden:

■ Neues Objekt im Keller aufbewahren *(push)*

■ Oberstes Objekt aus Keller entnehmen *(pop)*

Abb. 2.19-12: Aufbewahrung von Einkaufskörben

Abb. 2.19-13 Münzenaufbewahrung

LIFO   Dieses Speicherverfahren bezeichnet man auch als **LIFO-Prinzip** *(last in – first out)*.

Klasse Stack   In Java wird der Kellerspeicher durch die Klasse Stack realisiert, die eine Unterklasse der Klasse Vector ist. Die Klasse Vector wird um fünf Operationen erweitert, die es erlauben, den Vektor als Stapel zu behandeln. Wie bei der Warteschlange bereits erläutert, ist es auch hier nicht korrekt, dass die Klasse Stack Unterklasse der Klasse Vector ist. Dies ist ein schlechter Klassenentwurf in Java.

Beim Erzeugen eines Kellers wird seine Größe mit null initialisiert:

```
Stack meinKeller = new Stack();
```

Folgende Operationen stehen zur Verfügung

Operationen   ■ public Object push(Object item)
push   item wird oben auf den Stapel gelegt. Dies hat dieselbe Wirkung wie addElement(item) in der Klasse Vector.

pop   ■ public Object pop() throws EmptyStackException
Das oberste Element wird vom Stapel entfernt und zurückgegeben. Ist der Stapel leer, wird eine Ausnahme ausgelöst.

■ public Object peek() throws EmptyStackException
Das oberste Element des Stapels wird gelesen und zurückgegeben, aber *nicht* entfernt. Ist der Stapel leer, dann wird eine Ausnahme ausgelöst. Oft heißt diese Operation auch top().

    peek

■ public boolean empty()
Ist der Stapel leer, dann wird true übergeben.

    empty

■ public int search(Object o)
Ist ein Objekt o im Stapel enthalten, dann gibt diese Operation den Abstand vom oberen Rand des Stapels bis zum am weitesten oben liegenden Auftreten des Objekts zurück. Das oberste Element hat den Abstand 1.

    search

Normalerweise werden Anweisungen mit Ausdrücken in der so genannten **Infix-Notation** geschrieben, d.h. der Operator befindet sich zwischen den Operanden, z.B. a + b. Von dem polnischen Logiker Lukasiewicz wurde um 1925 die **Postfix-Notation**, auch **umgekehrte polnische Notation** genannt, eingeführt. Bei dieser Notation steht der Operator hinter den Operanden, z.B. a b +. Der Vorteil dieser Darstellung liegt darin, dass keine Klammern mehr notwendig sind, um die Abarbeitungsreihenfolge zu steuern.

    Beispiel

Die Umwandlung von Anweisungen, bei denen die Abarbeitungsreihenfolge durch Prioritäten und Klammern beschrieben wird, in Anweisungen, bei denen sich die Ausführungsreihenfolge automatisch beim Lesen von links nach rechts ergibt, kann durch ein Gleisdreieck veranschaulicht werden (Abb. 2.19-14). Auf dem Gleis befindet sich ein Zug mit der umzuwandelnden Anweisung. Jeder Wagen steht für ein Symbol.

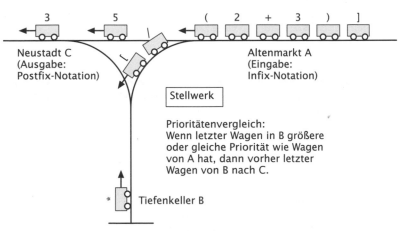

Abb. 2.19-14: Gleisdreieck: Umwandlung von Infix- in Postfixnotation

Die Wagen gelangen nach folgenden Regeln von A nach C:

1 Wagen mit Operanden gelangen direkt von A nach C.

2 Wagen mit Operatoren einschl. '(' ')' und Zeilenende werden mit dem letzten Wagen in B verglichen und unter Beachtung folgender Regeln rangiert:

Ein Wagen mit

– '(' kommt nach B

– ')' veranlasst das Zurückschieben aller Wagen von B nach C so lange, bis '(' angetroffen wird. Beide Wagen mit Klammern werden aus dem Verkehr gezogen.

– Operator kommt von A nach B. Der letzte Wagen in B gelangt jedoch vorher nach C, wenn die Priorität seines Operators größer oder gleich der Priorität des Wagens auf A ist.

Das Ende der Eingabe veranlasst das Zurückschieben aller Wagen von B nach C.

Die Java-Fachkonzept-Klasse zur Lösung dieses Problems sieht folgendermaßen aus:

```
/*   Programmname: Notationsumwandlung
* Fachkonzept-Klasse: Notation
* Aufgabe: Umwandlung: Infix- in Postfix-Ausdruck
*/

import java.util.*;

class Notation
{
  //Attribute
  private StringTokenizer einTokenizer;
  private Stack BKeller = new Stack();
  String NaechsterToken, StapelToken;
  String Ergebnis = "";
  char OperatorAlsZeichen, StapelTokenZeichen;
  //Operationen
  public String getPostfix(String Eingabe)
  {
    einTokenizer = new StringTokenizer(Eingabe, "+-*/()", true);
    //Eingabestring in Tokens zerlegen und nach festen Regeln
    //auf StackB und den Ausgabestring verteilen.
    do
    {
      NaechsterToken = einTokenizer.nextToken();
      OperatorAlsZeichen = NaechsterToken.charAt(0);
      switch(OperatorAlsZeichen)
      {
        case '+':verarbeitePlusMinus();break;
        case '-':verarbeitePlusMinus(); break;
        case '*':verarbeiteMulDiv(); break;
        case '/':verarbeiteMulDiv(); break;
        case '(':BKeller.push(NaechsterToken);
               break;
        case ')':
```

```
      do
      {
        StapelToken = (String)BKeller.pop();
        if(StapelToken.compareTo("(") != 0)
          Ergebnis = Ergebnis + StapelToken;
      } while(StapelToken.compareTo("(") != 0);
      break;
    default:
      Ergebnis = Ergebnis + (String)NaechsterToken
      + " ";
      break;
  }//Ende switch
} while(einTokenizer.hasMoreElements());
//Auf Keller B können noch Operatoren liegen.
//Diese werden nun in den Ergebnisstring geschoben.
while(!BKeller.empty())
  Ergebnis = Ergebnis + (String)BKeller.pop();
return Ergebnis;
}
private void verarbeitePlusMinus()
{
  if(!BKeller.empty())
  {
    StapelToken = (String)BKeller.peek();
    StapelTokenZeichen = StapelToken.charAt(0);
    if((StapelTokenZeichen == '+') ||
      (StapelTokenZeichen == '-') ||
      (StapelTokenZeichen == '*') ||
      (StapelTokenZeichen == '/'))
        Ergebnis = Ergebnis + (String)BKeller.pop();
  }
  BKeller.push(NaechsterToken);
}
private void verarbeiteMulDiv()
{
  if(!BKeller.empty())
  {
    StapelToken = (String)BKeller.peek();
    StapelTokenZeichen = StapelToken.charAt(0);
    if((StapelTokenZeichen == '*') ||
      (StapelTokenZeichen == '/'))
      Ergebnis = Ergebnis + (String)BKeller.pop();
  }
  BKeller.push(NaechsterToken);
}
}//Ende Notation
```

Die Benutzungsoberfläche zeigt Abb. 2.19.15

Applet Viewer: NotationGUI.class

Applet

| Eingabe | 3+4*5/(1+1)| | Umwandeln |

Postfix-Notation | 3 4 5 *1 1 +/+ |

Applet started.

2.19.7 Die Klasse Hashtable

Hashing =
zerhacken, einen
Mischmasch machen

Hash-Verfahren sind Speicherungs- und Suchverfahren, bei denen die Adressen von Datensätzen aus den zugehörigen Schlüsseln errechnet werden. Man spricht von **Streuspeicherung**.

Beispiel 4a Es soll ein Programm zur Verwaltung eines Übersetzungslexikons erstellt werden. Jeder Lexikoneintrag besteht aus einem Wort und seiner Übersetzung, z.B. Stapel – *stack*. In diesem Beispiel ist das deutsche Wort Stapel der Schlüssel und das englische Wort *stack* der Datensatz. Zum Speichern bietet sich eine Tabelle an, die als Feld realisiert ist (Abb. 2.19-16).

Das Problem besteht darin, wie man die Schlüssel (im Beispiel die deutschen Wörter) auf den Tabellenindex 0 bis 9 abbildet. Diese Abbildung kann durch Anwendung des *Hash*-Verfahrens erfolgen.

Abb. 2.19-16:
Beispiel einer
Streuspeicherung

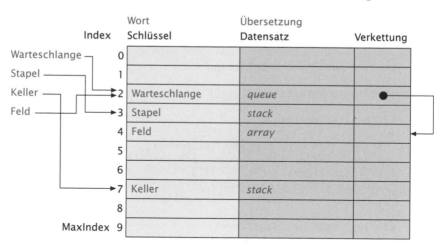

Da die Menge der möglichen Schlüssel (hier: alle Wörter) sehr viel größer als die Menge der verfügbaren Tabellenindizes ist, wird eine *Hash*-Funktion H (Transformationsfunktion) benötigt, die eine möglichst gleichmäßige Verteilung der Schlüssel auf den Bereich der Tabellenindizes vornimmt. H soll effizient berechenbar sein.

Ein einfacher und guter Ansatz ist folgende Funktion:

$H(k_i) = Ord(k_i) \bmod N$

mit

A = (0, 1, ..., N – 1) Menge aller Adressen (hier: Index der Tabelle)
N = möglichst Primzahl
K = {k$_1$, k$_2$ ...} Menge aller Schlüssel (hier: Menge aller Wörter)

Für den Buchstaben Z ergibt sich folgender Index: Beispiel 5
Die Ordnungszahl von Z entsprechend dem ASCII-Code ist 90. Hat
die Tabelle 10 Einträge und ist damit N = 11 , dann ist H(Z) = 90 mod
11 = 2.

Besteht ein Wort aus mehreren Zeichen, dann ergibt sich der Index
nach folgendem Algorithmus:

```
h = 0;
while(true)
{
   NaechstesZeichen(Zeichen);
   if (Zeichen == leer) break;
   h = (256 * h + Ord(Zeichen)) % n;
}
```

Ein Problem tritt auf, wenn der so errechnete Index bereits belegt ist.

Eine Möglichkeit, solche Kollisionen zu lösen, besteht darin, den Speichern
neuen Datensatz mit seinem Schlüssel an der ersten folgenden freien
Stelle zu speichern. Alle Einträge, deren Index auf dieselbe Tabellenposition weisen, werden untereinander durch Referenzen verkettet.
In Abb. 2.19-16 ergibt die *Hash*-Funktion für »Warteschlange« und
»Feld« dieselbe Tabellenposition. Beim Eintrag von »Feld« ist diese
Position durch »Warteschlange« bereits besetzt. Es wird daher die
nächste freie Position gesucht, hier Tabellenposition 4, und eine entsprechende Referenz von 2 nach 4 eingetragen.

Beim Wiederauffinden von Werten wird zuerst der Wert der *Hash*- Suchen
Funktion des Schlüssels ermittelt und der Wert an dem so errechneten Index gesucht. Werden mehrere Schlüssel auf den gleichen
Index abgebildet, hat man damit den gesuchten Wert noch nicht gefunden. Um den Wert eindeutig zu finden, verwendet man die mit den
Werten abgespeicherten Schlüssel. Ab dem berechneten Index wird
jeder Schlüssel in der Reihenfolge der Verkettung mit dem gesuchten
Schlüssel verglichen. Stimmen die Schlüssel überein, dann hat man
den gesuchten Wert gefunden. Durch dieses Verfahren ist es möglich,
eine große Wertemenge der Schlüssel auf einen viel kleineren Bereich
abzubilden.

Diese gesamte Verwaltungsarbeit erledigt in Java die Klasse Hashtable
Hashtable. Die Klasse Hashtable ist Unterklasse der abstrakten Klasse Dictionary. Hashtable implementiert eine Suchtabelle, deren Einträge jeweils aus einem Schlüssel- und einem Datenobjekt bestehen.
Für beide Felder sind beliebige Objekte zulässig. Die Hashtable wird
automatisch vergrößert, wenn ein bestimmter Anteil der maximal
möglichen Einträge belegt ist.

Alle Objekte, die als Schlüssel dienen, müssen die Operationen hashCode() und equals() implementieren. hashCode() liefert das Ergebnis der Hash-Funktion eines Objekts. Beispielsweise ermittelt die Operation int hashCode() der Klasse String von der gespeicherten Zeichenkette den ganzzahligen *Hash*-Code.

Effizienz
Zwei Parameter bestimmen die Effizienz einer Hashtable: die Kapazität *(capacity)* und der Füllungsfaktor *(loadFactor)*. Der Füllungsfaktor soll zwischen 0 und 1 liegen. Übersteigt die Zahl der Einträge in der Hashtable das Produkt aus Füllungsfaktor und momentaner Kapazität, dann wird die Kapazität mit der Operation rehash() erhöht. Große Füllungsfaktoren nutzen den Speicher besser aus, allerdings auf Kosten einer längeren Suchzeit.

Konstruktoren
■ public Hashtable()
Erzeugt ein neues Hashtable-Objekt mit maximal 100 Einträgen und einem Füllungsfaktor von 0,75.

■ public Hashtable(int initialCapacity)
Erzeugt ein neues Hashtable-Objekt mit maximal initialCapacity-Einträgen und einem Füllungsfaktor von 0,75.

■ public Hashtable(int initialCapacity, float loadFactor)
Erzeugt ein neues Hashtable-Objekt mit maximal initialCapacity-Einträgen und dem angegebenen loadFactor.

Operationen
put
■ public Object put(Object key, Object value)
Ein neues Objekt wird in die Hashtable eingetragen. Die Daten werden als Object übergeben, damit man sie variabel halten kann. Da jede Klasse in Java eine Unterklasse von Object ist, kann auch ein Exemplar jeder Klasse der Operation put als Parameter übergeben werden. Wird ein Schlüssel angegeben, der bereits in der Hashtable vorhanden ist, wird diesem Schlüssel der neue Wert zugeordnet. Der alte Wert wird überschrieben und von put als Ergebnis zurückgegeben. Ist der übergebene Schlüssel noch nicht in der Tabelle, dann wird null zurückgeliefert.

hashCode()
equals()
Die Standardklassen in Java besitzen bereits die Operationen hash Code() und equals(). Diese Operationen müssen nur dann neu geschrieben werden, wenn ein Objekt als Schlüssel verwendet wird, das keine Unterklasse einer Standardklasse ist. Die Implementierung von hashCode() sollte für jeden Schlüssel eine möglichst eindeutige Zahl liefern.

Der Operation equals() kann jedes Objekt übergeben werden. Sie muss true liefern, wenn die Werte des übergebenen Objekts mit den eigenen identisch sind. Um die Werte von zwei Objekten vergleichen zu können, muss sichergestellt sein, dass das übergebene Objekt vom richtigen Typ ist. Ist dies der Fall, dann kann die Wertüberprüfung stattfinden.

get
■ public Object get(Object key)
Die mit der Operation put vorher gespeicherten Objekte können mit get wieder ausgelesen werden. Wurde kein Wert mit dem Schlüssel key gespeichert, liefert get als Ergebnis null.

Neben diesen Operationen stellt die Klasse Hashtable weitere Operationen zur Verfügung, mit denen der aktuelle Inhalt der Hashtable abgefragt werden kann.

Das Java-Programm für das Beispiel 4a sieht folgendermaßen aus: Beispiel 4b

```java
/* Programmname: Lexikon
* Fachkonzept- und GUI-Klasse: LexikonGUI
* Aufgabe: Ein Lexikon mit einer Hashtable verwalten
*/
import java.awt.*;
import java.Applet.*;
import java.util.Hashtable; //Import der Klasse Hashtable

public class Lexikon extends Applet
{
    //Attribute
    private Hashtable einLexikon = new Hashtable();
    ...
    //Operationen
    public void init()
    {
        ...
    }
    public void speichern()
    {
        //Eingabe eines neuen Wortpaares Begriff - Übersetzung
        String Schluessel = lexikonTextfeld.getText();
        einLexikon.put(Schluessel,uebersetzungTextfeld.getText());
        hashcodeTextfeld.setText(""+Schluessel.hashCode());
    }
    public void uebersetzen()
    {
        String Suchbegriff = stichwortTextfeld.getText();
        if(einLexikon.get(Suchbegriff) != null)
            uebersetzung2Textfeld.setText((String)einLexikon.
            get(Suchbegriff));
        else
            uebersetzung2Textfeld.setText("Nicht gefunden!");
    }
    //Innere Klassen
    class AktionsAbhoerer implements
    java.awt.event.ActionListener
    {
        public void actionPerformed(java.awt.event.ActionEvent
            event)
        {
            Object object = event.getSource();
            if (object == speichernDruckknopf)
                speichern();
            else
                uebersetzen();
        }
    }
    class TastaturAbhoerer extends java.awt.event.KeyAdapter
    {
```

Klasse
Lexikon

```
public void keyReleased(java.awt.event.KeyEvent event)
{
    Object object = event.getSource();
    if (object == uebersetzungTextfeld)
        speichern();
    else
        uebersetzen();
    }
  }
}
```

Die Abb. 2.19-17 zeigt die Benutzungsoberfläche.

2.19.8 Aufzählungen mit enum

Die einfachste Art, einen Typ zu beschreiben, d.h. seinen Wertebereich zu definieren, besteht in der Aufzählung der einzelnen Werte.

Beispiele
- Familienstand {ledig, verheiratet, geschieden, verwitwet}
- Geschlecht {weiblich, maennlich}
- Tage {Montag, Dienstag, Mittwoch, Donnerstag, Freitag, Samstag, Sonntag}

problemnahe
Beschreibung

Die Beispiele zeigen deutlich, dass es viele Anwendungsbereiche
gibt, wo allein solche Aufzählungen eine anwendungsgerechte Formulierung ermöglichen.

ab Java 2(V5.0)

Aufzählungen sind in Java eine besondere Form von Klassen, von
denen der Programmierer jedoch keine Objekte erzeugen kann. Außerdem können keine Unterklassen gebildet werden. Aufzählungen
können aber beliebige Werte enthalten und sogar eigene Methoden
besitzen.

Syntax

Im einfachsten Fall wird eine Aufzählung wie eine Klasse notiert.
Anstelle des Schlüsselworts class steht das Schlüsselwort enum. In
geschweiften Klammern werden die Werte, durch Kommata getrennt,
aufgeführt. Die aufgeführten Werte werden als Konstanten angese-

hen. Intern erzeugt der Compiler aus den einzelnen Wert-Elementen
Objekte.

enum-Konstanten können in switch-Anweisungen verwendet wer-   in switch
den, da sie intern über eine ganze Zahl identifiziert werden. Diese   einsetzbar
Zahl wird vom Compiler für die Aufzählung eingesetzt. Der Compiler
übersetzt die enum-Konstanten in final static int.

```
// Beispiel für Aufzählungen in Java 2(V5.0)
// Erstellen einer Konfessionsstatistik                          Beispiel
public class Glauben
{
enum Konfession {Evangelisch, Katholisch, Sonstige, Keine}

public static void main (String args[])
 {
   //Konfessionsstatistik
   int Zaehler_ev = 0, Zaehler_kath = 0,
      Zaehler_sonst = 0, Zaehler_keine = 0;

   Konfession person[] = {Konfession.Evangelisch, Konfession.
      Katholisch, Konfession.Evangelisch, Konfession.
      Sonstige, Konfession.Keine, Konfession.Keine};

   for (Konfession einePerson : person)
   {

    switch (einePerson)
    {
     case Evangelisch: Zaehler_ev ++; break;
     case Katholisch: Zaehler_kath ++; break;
     case Sonstige: Zaehler_sonst ++; break;
     case Keine: Zaehler_keine ++; break;
    }
   }

   System.out.println("Anzahl evangelisch: " + Zaehler_ev);
   System.out.println("Anzahl katholisch:  " + Zaehler_kath);
   System.out.println("Anzahl sonstige:    " + Zaehler_sonst);
   System.out.println("Anzahl keine:       " + Zaehler_keine);
 }
}
```

Das Ergebnis sieht folgendermaßen aus:

```
Anzahl evangelisch: 2
Anzahl katholisch:  1
Anzahl sonstige:    1
Anzahl keine:       2
```

Da sich die Aufzählung Konfession in der Klasse Glauben befindet,
wird die Aufzählung Glauben wie eine innere Klasse in Java behandelt,
d.h. der Compiler erzeugt für Konfession eine eigenständige .class-
Datei Glauben$Konfession.class.

Da eine Aufzählung eine erweiterte Klasse in Java darstellt, können den Konstanten Attribute zugeordnet werden. Dies geschieht dadurch, dass bei der Deklaration der Konstanten in runden Klammern ein Parameter für den Konstruktor angegeben wird.

Beispiel
```java
// Beispiel für Aufzählungen mit Attributen in Java 2 (5.0)

public class Roemisch
{
 public static void main (String args[])
 {
    System.out.println(Roman.I);
    System.out.println(Roman.I.wert());
    System.out.println(Roman.I.ordinal());

    for (Roman r : Roman.values())
       System.out.println(r + "\t" + r.wert() +
       "\t" + r.ordinal());
 }

 //enum als innere Klasse
 public enum Roman
 {
  I(1), V(5), X(10), L(50), C(100), D(500), M(1000);
   private final int wert;

  //Konstruktor
  Roman(int wert) { this.wert = wert; }

  //get-Methode
  public int wert() { return wert; }
 }
}
```

Der Konstruktor speichert den jeweiligen Argument-Wert in der internen Variablen wert. Der Programmlauf ergibt folgendes Ergebnis:

```
I
1
0
I        1        0
V        5        1
X        10       2
L        50       3
C        100      4
D        500      5
M        1000     6
```

Methoden Wie das Beispiel zeigt, stehen für enum-Konstanten u.a. folgende Methoden zur Verfügung:

■ ordinal(): gibt den Wert zurück, der die Reihenfolge in der Aufzählung angibt (Startwert ist 0).

■ values(): ermöglicht es, über alle Werte der Aufzählung zu iterieren.

424

Einer enum-Konstanten können auch Methoden zugeordnet werden.

In diesem Beispiel sind den enum-Konstanten raw, trim und trimFull-
White jeweils eine Methode zugeordnet. Die Methoden sorgen dafür,
dass die Leerzeichen vor einem Text unterschiedlich behandelt werden. Das Beispiel wurde von
http://otn.oracle.com/oramag/oracle/03-sep/o53devj2se_2.html
übernommen:

```java
// Beispiel für Aufzählungen mit Methoden in Java 2(V5.0)

public abstract enum Whitespace
{
  raw //unverändert, enum-Konstante 1
  {
    String handle(String s) //Methode zu enum 1
    {
      return s;
    }
  },
  trim //Leerzeichen am Anfang & Ende entfernen, enum 2
  {
    String handle(String s) //Methode zu enum 2
    {
      return s.trim();
    }
  },

  trimFullWhite //Leerzeichen auf 0 reduzieren, enum 3
  {
    String handle(String s) //Methode zu enum 3
    {
      return s.trim().equals("") ? "":s;
    }
  };

  // abstrakte Methode
  abstract String handle(String s);

  public static void main(String[] args)
  {
    String sample = "   Dies ist ein Beispieltext   ";

    // Alle enum-Konstanten durchlaufen
    for (Whitespace w : Whitespace.values())
      System.out.println(w + ":" + "\t '"
        + w.handle(sample) + "'");
  }
}
```

Das Ergebnis eines Programmlaufs sieht folgendermaßen aus:

```
raw:          '  Dies ist ein Beispieltext   '
trim:         'Dies ist ein Beispieltext'
trimFullWhite:   '  Dies ist ein Beispieltext   '
```

Sieht der Beispieltext so aus: `String sample = " ";`, dann erhält man folgendes Ergebnis:

```
raw:          '       '
trim:         ''
trimFullWhite:    ''
```

weitere Eigenschaften	Standardmäßig erhalten die vom Compiler erzeugten enum-Objekte eine Reihe zusätzlicher Eigenschaften:

- Es werden die von Object geerbten Methoden `toString()`, `hashCode()` und `equals()` sinnvoll redefiniert.
- Es werden die Schnittstellen `Serializable` und `Comparable` implementiert.
- Aufzählungsobjekte können nicht geklont werden.
- Jedes Aufzählungsobjekt erbt von der abstrakten Klasse `Enum`.

Import von enum-Konstanten	Um Konstanten ohne Aufzählungsnamen zu nutzen, können die Konstanten statisch importiert werden.
Beispiel	

```
package Formate;
public enum Ampel {Rot, Gelb, Gruen}
// Beispiel für den statischen Import in Java 2(V5.0)
import static Formate.Ampel.*;
public class Import
{
  public static void main (String args[])
  {
    System.out.println("Rot " + Rot);
    System.out.println("Gelb " + Gelb);
    System.out.println("Gruen " + Gruen);
  }
}
```

Die Ausführung ergibt folgendes Ergebnis:

```
Rot Rot
Gelb Gelb
Gruen Gruen
```

array →Feld.

Container-Klasse Eigenständige Klasse, die die erzeugten Objekte einer Klasse oder mehrerer anderer Klassen verwaltet.

Feld Erlaubt es, Objekte und Attribute vom gleichen Typ zu einer Einheit zusammenzufassen. Auf jedes Element eines Feldes wird über einen Index zugegriffen, der im Allgemeinen erst zur Laufzeit berechnet wird.

FIFO-Prinzip *(first in – first out)* Speicherungsprinzip, bei dem das erste gespeicherte Element auch zuerst dem Speicher wieder entnommen wird (→ Warteschlange).

Hash-**Verfahren** Speicherungs- und Suchverfahren, bei denen Schlüssel anhand einer *Hash*-Funktion möglichst gleichmäßig auf Tabellenindizes umgerechnet werden.

Iterator-Muster Fasst in einer Iterator-Klasse Traversierungsoperationen zusammen, um alle Elemente einer →Container-Klasse zu durchlaufen.

Keller Datenstruktur mit den Operationen *push* (Ablegen in den Keller) und *pop* (Entfernen aus dem Keller); realisiert das →LIFO-Prinzip.

Konkatenation Operation auf *String*-Objekten; fasst zwei *String*-Objekte zu einem *String*-Objekt zusammen.

LIFO-Prinzip *(last in – first out)* Speicherungsprinzip, bei dem das letzte gespeicherte Element zuerst aus dem Speicher wieder entfernt wird (→Keller).

queue →Warteschlange.

***Singleton*-Muster** Sorgt dafür, dass von einer Klasse nur genau *ein* Objekt erzeugt werden kann.

stack →Keller.

Stapel →Keller.

Streuspeicherung →*Hash*-Verfahren.

string →Zeichenkette.

Warteschlange Datenstruktur mit den Operationen Einfügen und Entfernen; realisiert das →FIFO-Prinzip.

Zeichenkette Aneinanderreihung von einzelnen Zeichen; in Java werden Zeichenketten durch Objekte dargestellt.

Zur Lösung bestimmter Problemklassen werden geeignete Datenstrukturen benötigt, die über die einfachen Typen einer Programmiersprache hinausgehen. Folgende Datenstrukturen werden häufig benötigt:

- Feld *(array)*
- Zeichenkette *(string)* mit der wichtigen Konkatenations-Operation, um Zeichenketten zu verknüpfen.
- Warteschlange *(queue)* mit den Operationen Einfügen und Entfernen zur Realisierung des FIFO-Prinzips.
- Keller (Stapel, *stack*) mit den Operationen *push* und *pop* zur Realisierung des LIFO-Prinzips.
- Streuspeicherung zur Abbildung von Schlüsseln auf Tabellenindizes *(Hash*-Verfahren).

Alle diese Datenstrukturen werden in Java durch geeignete Klassen unterstützt.

Zur Verwaltung von Objekten werden Container-Klassen verwendet, wobei die Anwendung des *Singleton*-Musters dafür sorgt, dass von diesen Container-Klassen nur genau ein Objekt erzeugt werden kann.

Traversierungsoperationen werden oft in einer eigenständigen Iterator-Klasse zusammengefaßt, die dann auf die entsprechende Container-Klasse zugreift. Das zugrundeliegende Muster wird als Iterator-Muster bezeichnet.

Datenstrukturen

Container-Klassen

Iterator-Klasse

/Gamma et al. 96/
  Gamma E., Helm R., Johnson R., Vlissides J., *Entwurfsmuster*, Bonn: Addison-Wesley 1996

Zitierte Literatur

1 *Lernziel: Felder, die Klassen Vector, String, StringBuffer, String Tokenizer, Stack, Hashtable sowie die Hüllklassen für einfache Typen (wrapper classes) problemgerecht beim Schreiben von Java-Programmen einsetzen können.*

Analytische Aufgaben
Muss-Aufgabe
20 Minuten

a Welche der folgenden Felder sind korrekt deklariert bzw. initialisiert?

```
double Feld1[][][]; //1        int [][][] Feld2;      //2
Feld1 = new double[10][10][];  Feld2 = new [][10];

                               boolean Feld3[10,20]; //3
```

b Betrachten Sie die folgende Java-Operation:

```
public void tauscheFeld(int a[], int b[])
{
    int x;
    x = a;
    a = b;
    b = x;
}
```

Funktioniert diese Implementierung? Begründen Sie Ihre Antwort.

Konstruktive
Aufgaben
Muss-Aufgabe
60 Minuten

2 *Lernziele: Die Java-Konzepte für Felder, Zeichenketten und Klassen von einfachen Typen erklären und darstellen können. Die Datenstrukturen Warteschlange, Keller und Streuspeicherung anhand von Beispielen erläutern können. Felder, die Klassen Vector, String, StringBuffer, String Tokenizer, Stack, Hashtable sowie die Hüllklassen für einfache Typen (wrapper classes) problemgerecht beim Schreiben von Java-Programmen einsetzen können. Die Datenstrukturen Warteschlange, Keller und Streuspeicherung mit Hilfe von Java-Standardklassen realisieren können.*
Auf dem Schreibtisch eines Amtes hat sich ein Stapel mit Akten angehäuft. Die Akten werden anhand der Nachnamen der betroffenen Fälle unterschieden. Die Akten müssen nun nach Anfangsbuchstaben an verschiedene Sachbearbeiter verteilt werden, so wandert z.B. die Akte »Balzert« an den Sachbearbeiter des Buchstaben »B«.

a Realisieren Sie in Java die Sortierung des Aktenstapels nach Anfangsbuchstaben, indem Sie die Akten vom unsortierten Stapel entnehmen und auf einem Zielstapel wieder ablegen. Verwenden Sie ein Feld von 26 Zielstapeln (für jeden Buchstaben einen).

b Realisieren Sie in Java die Sortierung des Aktenstapels nach Anfangsbuchstaben, indem Sie die Akten vom unsortierten Stapel entnehmen und auf einem Zielstapel wieder ablegen, falls der Anfangsbuchstabe A ist. Andernfalls legen Sie die Akten auf einem Zwischenstapel ab. Anschließend durchsuchen Sie den Zwischenstapel auf den Buchstaben B usw. Sie benötigen hierzu also nur drei Stapel, müssen dafür aber die Stapel häufiger durchsuchen.

c Vergleichen Sie beide Sortierverfahren anschaulich. Wie sähe die Realisierung im Büro in Wirklichkeit aus?

Klausur-Aufgabe
30 Minuten

3 *Lernziele: Die Java-Konzepte für Felder, Zeichenketten und Klassen von einfachen Typen erklären und darstellen können. Felder, die Klassen Vector, String, StringBuffer, StringTokenizer, Stack, Hashtable sowie die Hüllklassen für einfache Typen (wrapper classes) problemgerecht beim Schreiben von Java-Programmen einsetzen können.*
Realisieren Sie in Java die Datenstrukturen, die zur Speicherung eines Schachfeldes notwendig sind. Verwenden Sie hierbei eine Klasse »Schachfigur«. Es ist nicht notwendig, ein komplettes Programm zu schreiben. Erläutern Sie anschließend, welche Datenstrukturen Sie verwendet haben und aus welchem Grund.

4 *Lernziele: Felder, die Klassen* Vector, String, StringBuffer, String Toke-   Muss-Aufgabe
nizer, Stack, Hashtable *sowie die Hüllklassen für einfache Typen (wrapper*   *180 Minuten*
classes) problemgerecht beim Schreiben von Java-Programmen einsetzen
können. Sich in Java-Standardklassen einarbeiten und diese problemgerecht
einsetzen können.
Schreiben Sie eine Java-Anwendung zur automatischen Entflechtung von
Leiterplatten. Es soll folgender von Lee entwickelter Algorithmus verwendet werden:
/1/ Die Leiterplatte wird in kleine feste Zellen eingeteilt.
/2/ Ziel des Algorithmus ist es, vom Startpunkt zum Endpunkt die kür-
    zeste Verbindung auf rechtwinkeligem Weg zu finden.
/3/ Die einzelnen Raster werden dabei unterschiedlich bewertet. Sinnvoll
    ist eine Unterteilung in Bauteilzonen, Sperrzonen, Leiterbahnzellen
    und freie Zellen.
/4/ Jeder freien Rasterzelle wird bei der Suche die Anzahl der Schritte
    zugeordnet, die man von ihr aus zum Erreichen des Startpunktes be-
    nötigt.
/5/ Diese Zuordnung kann durch folgenden Algorithmus geschehen: Lee-Algorithmus
    Allen freien Nachbarzellen der Startzelle wird die Zahl 1 zugeordnet.
    Den freien Nachbarzellen der durch die Zahl 1 gekennzeichneten Zel-
    len wird im nächsten Schritt eine 2 zugeordnet usw. Trifft man auf den
    Endpunkt, so bricht der Vorgang ab. Nun wird vom Endpunkt aus der
    Weg zurückverfolgt, indem man immer ein Feld mit einer niedrigeren
    Bewertung sucht, bis der Startpunkt erreicht wird.
/6/ Es soll eine geeignete grafische Darstellung der Leiterplatte erfolgen.
/7/ Die einzelnen Zonen und Leiterbahnen sollen durch unterschiedliche
    Farben gekennzeichnet werden.
/8/ Es soll eine Oberfläche entwickelt werden, die es ermöglicht, ein Lay-
    out einzugeben und den Algorithmus zu starten.

5 *Lernziele: Die Datenstrukturen Warteschlange, Keller und Streuspeicherung*   Muss-Aufgabe
mit Hilfe von Java-Standardklassen realisieren können.   *40 Minuten*
Verändern Sie das im Abschnitt 2.19.6 angegebene Beispiel der Notati-
onsumwandlung so, dass kein Ergebnisstring erzeugt wird, sondern die
Tokens wieder auf einem Stapel abgelegt werden. Anschließend soll dieser
Stapel ausgewertet werden, so dass das tatsächliche Ergebnis der Rechnung ausgegeben wird.

6 *Lernziele: Die Datenstrukturen Warteschlange, Keller und Streuspei-*   Muss-Aufgabe
cherung mit Hilfe von Java-Standardklassen realisieren können. Felder,   *30 Minuten*
die Klassen Vector, String, StringBuffer, StringTokenizer, Stack,
Hashtable *sowie die Hüllklassen für einfache Typen (wrapper classes) pro-*
blemgerecht beim Schreiben von Java-Programmen einsetzen können.
Erweitern Sie das in Abschnitt 2.19.7 angegebene Beispiel Lexikon so, dass
zusätzlich zur Übersetzung eine Liste von Synonymen, durch Kommata
getrennt, in einem String abgelegt werden kann. Hinweis: Sie müssen beide
Strings in einer neuen Klasse kapseln.

7 *Lernziele: Die Datenstrukturen Warteschlange, Keller und Streuspeicherung*   Muss-Aufgabe
mit Hilfe von Java-Standardklassen realisieren können.   *45 Minuten*
Trennen Sie einen eingegebenen Satz in Worte auf, und geben Sie diese
Worte dann in umgekehrter Reihenfolge aus. Verwenden Sie eine geeignete
Datenstruktur.

Muss-Aufgabe
45 Minuten

8 *Lernziele: Felder, die Klassen* Vector, String, StringBuffer, String Tokenizer, Stack, Hashtable *sowie die Hüllklassen für einfache Typen (wrapper classes) problemgerecht beim Schreiben von Java-Programmen einsetzen können.*

Das Programm Kundenverwaltung soll um folgende Anforderungen erweitert werden:

/1/ Wird bei der Ausgabe der Kundendaten bei der Kundennummer ein Wortbestandteil eingegeben, dann sollen nur die Kundendaten ausgegeben werden, bei denen der Wortbestandteil mit dem Kundennamen übereinstimmen, z.B. werden bei Ba* alle Kunden ausgegeben, deren Name mit Ba beginnt.

/2/ Die Ergänzung eines Wortbestandteils um einen Stern (*) gibt an, dass anstelle des Sterns beliebig viele und verschiedene Buchstaben stehen können *(wildcard)*.

/3/ Steht im Wortbestandteil ein ?, dann steht dies für genau einen beliebigen Buchstaben, z.B. M??er bedeutet, dass Meyer und Maier als Kunden ausgegeben werden.

Kann-Aufgabe
180 Minuten

9 *Lernziele: Felder, die Klassen* Vector, String, StringBuffer, String Tokenizer, Stack, Hashtable *sowie die Hüllklassen für einfache Typen (wrapper classes) problemgerecht beim Schreiben von Java-Programmen einsetzen können.*

a Schreiben Sie ein Java-Programm zur Verwaltung von Kinoplätzen. Das Programm soll folgende Anforderungen erfüllen:

/1/ Es kann ein Kinosaal bestehend aus Reihen und Sitzen eingerichtet werden.

/2/ Es können Reservierungen vorgenommen werden (1 bis n Plätze).

/3/ Der Kinosaal und die jeweiligen Reservierungen sind grafisch darzustellen.

Überlegen Sie einen oder mehrere Reservierungsalgorithmen.

b Erweitern Sie das Programm so, dass zusätzlich folgende Anforderungen berücksichtigt werden:

/4/ Der Kinosaal ist in Parkett und Loge unterteilbar. Die Reservierungen werden in Abhängigkeit von der gewählten Kategorie vorgenommen.

/5/ Werden mehrere Plätze reserviert, dann sind zusammenhängende Plätze (nebeneinander) zu vergeben.

/6/ Plätze können mit einer Priorität gekennzeichnet werden, die bei der Reservierung berücksichtigt wird, d.h. die Plätze mit hoher Priorität werden zuerst zugeteilt.

Hinweis   Weitere Aufgaben befinden sich auf der CD-ROM.

2 Grundlagen der Programmierung – Persistenz

- Das Stromkonzept einschließlich Datei- und Filterströmen in Java darstellen können.   verstehen
- Das Serialisierungskonzept von Java erläutern können.
- Die Drei-Schichten-Architektur erklären können.
- Eine Datenhaltung mithilfe von Datei- und Filterströmen in Java programmieren können.   anwenden
- Einen Direktzugriffsspeicher für die Datenhaltung einsetzen können.
- Das Serialisierungskonzept von Java für die persistente Datenhaltung verwenden können.
- Bidirektionale Assoziationen mit der Kardinalität * programmieren können.

☑ ■ Die Kapitel 2.2 bis 2.19 müssen bekannt sein.

2.20 Persistenz und Datenhaltung

In den meisten Anwendungen möchte man die Zustände und Verbindungen der Objekte über den aktuellen Programmlauf hinaus
aufbewahren. Dazu müssen die Attributwerte der Objekte und ihre
externe Speicher Beziehungen zu anderen Objekten in geeigneter Form auf externen
Speichern aufbewahrt werden. **Persistenz** liegt vor, wenn es möglich
ist, aus den langfristig gespeicherten Daten wieder einen analogen
Arbeitsspeicherzustand wie vor der Speicherung herzustellen.

Es gibt heute im Wesentlichen drei verschiedene Möglichkeiten,
Daten langfristig aufzubewahren. Persistente Objekte erhält man
durch geeignete Speicherung in

Dateien & ■ Dateien,
Datenbanken ■ relationalen Datenbanken und
■ objektorientierten Datenbanken.
Im Gegensatz zu Dateien stellen Datenbanken umfangreiche Verwal-
tungssysteme für große Datenmengen zur Verfügung, auf die viele
Benutzer zugreifen. Im Folgenden wird nur die Speicherung in Dateien behandelt.

2.20.1 Persistenz und Datenhaltung in Java

Java-Applets Aus Sicherheitsgründen können Java-Applets nur Daten auf dem *Server* aufbewahren. Ein Applet kann auf externe Speicher des *Client* in
der Regel nicht zugreifen. Eine Datenhaltung auf dem *Server* erfordert eine z.T. umfangreiche Netzwerkprogrammierung.

Java- Eine Java-Anwendung kann dagegen – wie Programme in anderen
Anwendungen Programmiersprachen auch – auf alle Ressourcen des lokalen Computersystems zugreifen.

Streams In Java wird die **Ein-** und **Ausgabe** mithilfe von **Strömen** *(streams)*
durchgeführt. Ein Strom stellt die Schnittstelle eines Programms nach
außen dar. Ströme sind geordnete Folgen von Daten, die eine Quelle
oder eine Senke haben.

Ein Strom ist vergleichbar mit einer Pipeline. Auf der einen Seite
wird die Pipeline mit Daten gefüllt, auf der anderen Seite werden die
Daten entnommen. Die Daten werden in der Pipeline so lange zwischengespeichert bzw. gepuffert, bis sie entnommen werden. Das
Verhalten ist analog zu einer Warteschlange.

Abschnitt 2.19.2 Ströme sind in der Regel unidirektional. Ein Eingabestrom kann
nicht zur Ausgabe benutzt werden und umgekehrt.

Alle für die Ein- und Ausgabe zuständigen Klassen sind in Java
java.io in dem Paket java.io zusammengefasst. Dieses Paket ist immer zu
importieren, wenn diese Klassen verwendet werden sollen.

InputStream Die Klassen InputStream und OutputStream sind die abstrakten
OutputStream Oberklassen, die das Verhalten für sequenzielle Ein- und Ausgabeströme in Java definieren. Diese abstrakten Klassen besitzen mehrere

Unterklassen, die spezielle Typen von Ein- und Ausgabeströmen implementieren. Stromtypen treten fast immer in Paaren auf. Zu einem `FileInputStream` gibt es einen `FileOutputStream` usw.

Zusätzlich gibt es eine Stromklasse `RandomAccessFile`, die das Lesen *und* Schreiben einer Datei ermöglicht, sowie Klassen zum Umgang mit Dateinamen (`File`, `FileDescriptor`) sowie einen Zerleger (`Stream-Tokenizer`), der es ermöglicht, einen Eingabestrom (`Input Stream`) in Teile zu zerlegen.

Einen Überblick über die Klassenhierarchie gibt Abb. 2.20-1.

Grundsätzlich lassen sich in Java folgende Typen von Strömen unterscheiden (Abb. 2.20-2):

■ Standarddatenströme:

□ Standardeingabestrom:
Strom, der Zeichen von der Tastatur einliest
Beispiel: `System.in.read();`

□ Standardausgabestrom:
Strom, der Zeichen auf den Bildschirm ausgibt.
Beispiel: `System.out.println(...);`

□ Standardfehlerstrom:
Strom, der Fehlermeldungen auf den Bildschirm ausgibt.
Beispiel: `System.err.println(...);`

*Standarddaten-
ströme*

*Abb. 2.20-1:
Die Java-Klassen-
hierarchie des
Pakets `java.io`*

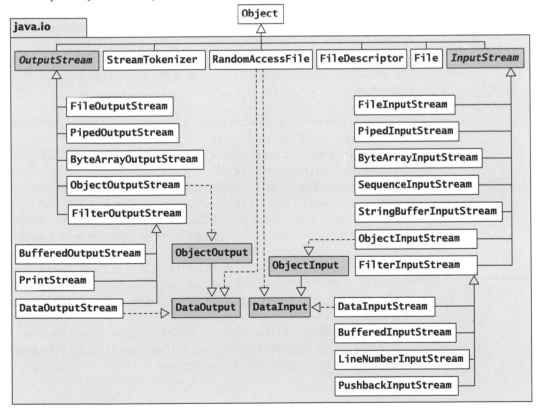

433

Abb. 2.20-2:
Veranschaulichung
des Stromkonzepts
in Java

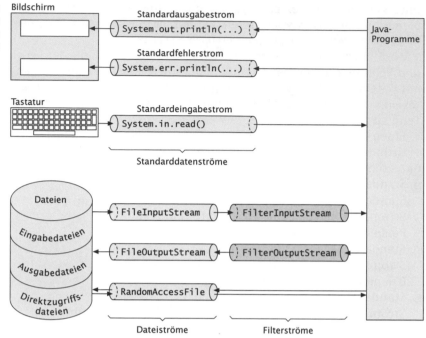

Die Klasse System gehört zum Paket java.lang und ermöglicht den Zugriff auf die Systemfunktionalität. System.in ist eine Klassenvariable, die eine Referenz auf ein Objekt enthält, das den Standardeingabestrom implementiert. Analog gilt dies für System.out und System.err.

Dateiströme ■ Dateiströme:

□ FileInputStream: Eingabestrom auf einer im zugrunde liegenden Dateisystem vorhandenen Datei.

□ FileOutputStream: Ausgabestrom auf einer im zugrunde liegenden Dateisystem vorhandenen Datei.

Ein Dateistrom kann durch Angabe eines Dateinamens, eines File-Objekts oder eines FileDescriptor-Objekts erzeugt werden.

Filterströme ■ Filterströme: Verbinden einen Strom mit einem anderen Strom, um die aus einem Originalstrom gelesenen oder in einen Originalstrom geschriebenen Daten zu filtern.

□ FilterInputStream (abstrakt) mit Unterklassen, z.B. DataInputStream.

□ FilterOuputStream (abstrakt) mit Unterklassen, z.B. DataOutputStream.

Um einen Filterstrom verwenden zu können, muss er mit dem entsprechenden Ein- oder Ausgabestrom initialisiert werden. Dies geschieht bei der Erzeugung des Filterstroms.

```
//Zuordnen des Standardeingabestroms zu einem DataInputStream
DataInputStream einEingabestrom = new DataInputStream(System.in);
String Eingabe;
while ((Eingabe = einEingabestrom.readLine() != null)
{
   Anweisungen
}
```

Damit können die in DataInputStream implementierten, bequemeren
read-Operationen, wie z.B. readLine(), verwendet werden.

Ein FilterInputStream-Objekt erhält Eingaben von einem anderen
InputStream-Objekt, bearbeitet, d.h. filtert die Bytes, und gibt das
gefilterte Ergebnis weiter. Folgen gefilterter Ströme werden durch
Verkettung mehrerer Filter zu einem großen Filter aufgebaut.

Gepufferte Ströme (BufferedInputStream, BufferedOutputStream)
erweitern die Filterströme um die Pufferung. Dadurch muss nicht
für jeden Lese- und Schreibaufruf auf das Dateisystem zugegriffen
werden.

gepufferte Ströme

Ein- und Ausgabeströme werden automatisch bei der Erzeugung
geöffnet. Sie können explizit mit der Operation close geschlossen
werden.

automatisches Öffnen

Viele Operationen in java.io verwenden zur Anzeige von Ausnahmen die Ausnahmeklasse IOException.

Die abstrakte Klasse InputStream definiert folgende wichtige Operationen:

InputStream

- public abstract int read () throws IOException
  Liest ein einziges Datenbyte und gibt das gelesene Byte im Bereich zwischen 0 und 255 – also *nicht* zwischen -128 und 127
  – zurück. Bei Erreichen des Stromendes wird -1 zurückgegeben.
  Diese Operation blockiert, d.h. die Ausführung des Programms
  wird nach dem Aufruf der read()-Operation angehalten, bis eine
  Eingabe verfügbar ist.

Stromende: -1

- public int read(byte[] buf) throws IOException
  Liest ein Bytefeld ein. Diese Operation blockiert, bis eine Eingabe
  verfügbar ist. Dann wird buf mit den eingelesenen Bytes gefüllt,
  maximal aber bis zur angegebenen Obergrenze buf.length. Die
  Operation liefert die tatsächliche Anzahl der eingelesenen Bytes
  oder bei Erreichen des Stromendes -1 zurück.

- public void close () throws IOException
  Schließt den Eingabestrom. Diese Operation sollte aufgerufen
  werden, um alle mit dem Strom assoziierten Ressourcen (wie die
  Dateideskriptoren) freizugeben. Wird diese Operation nicht aufgerufen, verbleiben die assoziierten Ressourcen mindestens so lange
  im Gebrauch, bis die Speicherbereinigung die finalize-Operation
  eines Stromes ausführt.

OutputStream

- `public abstract void write(int b) throws IOException`
  Schreibt b als Byte. Das Byte wird als `int` weitergegeben, da es oft das Ergebnis einer arithmetischen Operation auf einem Byte ist. Bytes beinhaltende Ausdrücke sind vom Typ `int` und machen somit den Parameter zu einem `int`, das heißt, dass sie wegen des Typs `int` des Parameters ohne Typkonvertierung übergeben werden können. Nur die 8 niederwertigen Bits des *Integer* werden übertragen; die restlichen 24 Bits gehen verloren. Diese Operation blockiert, bis das Byte geschrieben ist.
- `public void write(byte[] buf) throws IOException`
  Schreibt ein Feld von Bytes. Diese Operation blockiert, bis die Bytes geschrieben sind.
- `public void flush() throws IOException`
  Entleert den Puffer des Stroms, sodass alle in einem Puffer gehaltenen Bytes zum Ziel des Stroms gelangen.
- `public void close() throws IOException`
  Schließt den Strom. Diese Operation muss aufgerufen werden, um alle mit dem Strom assoziierten Ressourcen freizugeben.

Beispiel

Das folgende Programm liest Zeichen von der Tastatur und gibt die Zeichenanzahl in der Standardausgabe aus.

```java
import java.io.*;

class ZeichenZaehlen
{
    public static void main(String[] args) throws IOException
    {
        int Zaehler = 0;
        while (System.in.read() != -1)
            Zaehler++;
        System.out.println("Eingabe hat " + Zaehler + " Zeichen.");
    }
}
```

`System.in` bezieht sich auf einen von der Klasse `System` verwalteten Eingabestrom, der den Standardeingabestrom implementiert. `System.in` ist ein `InputStream`-Objekt.

2.20.2 Dateiströme

Um in eine bestimmte Datei schreiben oder aus ihr lesen zu können, muss zuerst eine Verknüpfung zwischen der Datei und ihrem Namen hergestellt werden. Dies kann geschehen
- über ein Objekt der Klasse `File` oder
- direkt über die Klassen `FileOutputStream` und `FileInputStream`.
Bei der Erzeugung eines Objekts wird der Dateiname direkt mit der Datei verknüpft.

```
//Deklarieren und Erzeugen einer Ausgabedatei
String Dateiname = "Kundendaten";
FileOutputStream eineAusgabeDatei;
eineAusgabeDatei = new FileOutputStream(Dateiname);
//Deklarieren und Erzeugen einer Eingabedatei
FileInputStream eineEingabeDatei =
    new FileInputStream(Dateiname);
```

Beispiel

Die wichtigsten Operationen der Klasse `FileOutputStream` sind:

`FileOutputStream`

■ public FileOutputStream(String path) throws
    SecurityException, FileNotFoundException

Dieser Konstruktor erzeugt und initialisiert einen neuen File- *Konstruktor* OutputStream durch Öffnen einer Verbindung zu einer durch den Pfadnamen `path` im Dateisystem bezeichneten Datei. Ein neues FileDescriptor-Objekt wird erzeugt, um diese Dateiverbindungen zu repräsentieren. Wenn die Datei *nicht* geöffnet werden kann, wird eine FileNot- FoundException ausgelöst.

■ public void write(int b) throws IOException *Operationen* Das Byte für diese Operation wird in die Datei geschrieben, mit der dieser Datei-Ausgabestrom verbunden ist.

■ public void write(byte[] b) throws IOException,
    NullPointerException

Bytes für diese Operation werden in die Datei geschrieben, mit der dieser Datei-Ausgabestrom verbunden ist.

■ public void close() throws IOException Dieser Datei-Ausgabestrom wird geschlossen und kann nicht weiter zum Schreiben von Bytes verwendet werden. Wie man sieht, erlaubt diese Klasse nur das Speichern von *bytes* in eine Datei.

Die Operationen der Klasse `FileInputStream` sind analog:

`FileInputStream`

■ public FileInputStream(String path) throws SecurityException,
    FileNotFoundundException

Dieser Konstruktor erzeugt und initialisiert einen neuen File *Konstruktor* InputStream durch Öffnen einer Verbindung zu einer durch die Pfadangabe `path` bezeichneten Datei im Dateisystem. Ein neues FileDescriptor-Objekt wird erzeugt, um diese Dateiverbindung zu repräsentieren. Kann die tatsächliche Datei nicht geöffnet werden, wird eine File- NotFoundException ausgelöst.

■ public int read() throws IOException *Operationen* Das Byte für diese Operation wird aus der Datei gelesen, mit der dieser Datei-Eingabestrom verbunden ist.

■ public int read(byte[] b) throws IOException,
    NullPointerException

Bytes für diese Operationen werden aus der Datei gelesen, mit der dieser Datei-Eingabestrom verbunden ist.

437

■ public void close() throws IOException
Dieser Datei-Eingabestrom wird geschlossen und kann nicht mehr
länger zum Lesen von Bytes verwendet werden.

Beispiel
```
/*   Programmname: KopiereText (Java-Anwendung)
 *  Aufgabe: Liest einen Text aus einer Textdatei und kopiert ihn
 *  in eine andere Datei.
 */

import java.io.*;
```

Klasse
KopiereText
```
class KopiereText
{
    public static void main (String args[])
    {
        try
        {
            FileInputStream eineEingabeDatei =
                new FileInputStream ("Textdatei.txt");
            FileOutputStream eineAusgabeDatei =
                new FileOutputStream ("Textdatei2.txt");
            //Ist die Ausgabedatei noch nicht vorhanden,
            //dann wird sie automatisch angelegt
            byte Byte;
            //Ende des Eingabestroms durch -1 angezeigt
            while ((Byte = (byte)eineEingabeDatei.read()) != -1)
                eineAusgabeDatei.write(Byte);
            eineEingabeDatei.close();
            eineAusgabeDatei.close();
        }
        catch(FileNotFoundException eineAusnahme)
        {
            System.err.println("Fehlermeldung: "
                + eineAusnahme);
        }
        catch(IOException eineAusnahme)
        {
            System.err.println("Fehlermeldung: "
                + eineAusnahme);
        }
    }
}
```

Beispiel
```
/* Programmname: InverserText (Java-Anwendung)
 * Aufgabe: Liest einen Text aus einer Textdatei und gibt ihn in
 * umgekehrter Reihenfolge in eine andere Datei aus.
 * Zum Umkehren wird ein Keller verwendet.
 */

import java.io.*;
import java.util.*;
```

Klasse
InverserText
```
class InverserText
{
    public static void main (String args[])
    {
```

```
    try
    {
        FileInputStream eineEingabeDatei =
            new FileInputStream ("NormalerText.txt");
        FileOutputStream eineAusgabeDatei =
            new FileOutputStream ("InverserText.txt");
        Stack einKeller = new Stack();
        int Byte;
        Character c; //wrapper-Klasse
        //Ende einer Datei wird durch -1 angezeigt
        while ((Byte = eineEingabeDatei.read()) != -1)
        {
            char Zchn = (char)Byte;
            //Byte in Zeichen wandeln
            //Zeichen in Zeichen-Objekte wandeln
            //(wegen Keller)
            c = new Character(Zchn);
            //Testausgabe
            System.out.println
                ("Eingelesenes Zeichen: " + Zchn);
            //Ablegen im Keller, nur Objekte ablegbar
            einKeller.push(c);
        }
        //Aus Keller lesen und ausgeben
        while (!(einKeller.empty()))
        {
            //Objekt zu Character casten
            c = (Character) einKeller.pop();
            //Testausgabe
            System.out.println("Aus Keller gelesenes
                Zeichen: " + c);
            for (long i=1; i<10000000; i++){};
            //Warteschleife
            Byte = c.charValue(); //Objekt in Byte wandeln
            eineAusgabeDatei.write(Byte); //In Datei ausgeben
        }
        eineEingabeDatei.close();
        eineAusgabeDatei.close();
    }
    catch(FileNotFoundException eineAusnahme)
    {
        System.err.println("Fehlermeldung: " + eineAusnahme);
    }
    catch(IOException eineAusnahme)
    {
        System.err.println("Fehlermeldung: " + eineAusnahme);
    }
    }//Ende main
}//Ende InverserText
```

2.20.3 Filterströme

Sollen nicht nur Bytes ein- und ausgegeben werden, dann sind die Dateiströme mit Filterströmen zu verbinden. Wichtige Filterströme sind `DataInputStream` und `DataOutputStream`. Ihre wichtigsten Operationen lauten:

DataInputStream ■ `public DataInputStream(InputStream in)`
Konstruktor
Es wird ein neuer `DataInputStream` erzeugt und initialisiert. Dabei wird der Parameter `in` zur späteren Verwendung gespeichert.

Operationen ■ `public int readint() throws IOException`
Es werden vier Eingabebytes gelesen und ein `int`-Wert zurückgegeben.

■ `public float readFloat() throws IOException`
Es werden vier Eingabebytes gelesen und ein `float`-Wert zurückgegeben.

■ `public String readLine() throws IOException`
Es werden aufeinander folgende Bytes gelesen, von denen jedes einzelne in ein Zeichen konvertiert wird. Es wird so lange gelesen, bis ein Zeilentrenner oder das Dateiende erreicht ist; die gelesenen Zeichen werden dann als `String` zurückgegeben.

Ist das Dateiende erreicht, bevor auch nur ein Byte gelesen wurde, wird `null` zurückgegeben. Sonst wird jedes gelesene Byte durch Nullerweiterung in den Typ char konvertiert. Wird das '\n' angetroffen, wird es verworfen und der Lesevorgang unterbrochen. Wird das Zeichen '\r' angetroffen, wird es verworfen und, wenn das folgende Zeichen in das Zeichen '\n' konvertiert werden kann, wird dieses ebenfalls verworfen und der Lesevorgang unterbrochen. Wird das Dateiende angetroffen, bevor eines der beiden Zeichen '\n' und '\r' angetroffen wurde, wird der Lesevorgang unterbrochen. Ist der Lesevorgang einmal unterbrochen, wird ein `String` zurückgegeben, der alle gelesenen und nicht verworfenen Zeichen der Reihe nach enthält.

DataOutputStream ■ `public DataOutputStream(OutputStream out)`
Dieser Konstruktor erzeugt und initialisiert einen neuen `DataOutputStream`. Dabei wird der Parameter, der Ausgabestrom `out`, zur späteren Verwendung gespeichert.

■ `public void writeInt(int v) throws IOException`
Es werden vier die Parameter repräsentierende Bytes in den Ausgabestrom geschrieben.

■ `public void writeFloat(float v) throws IOException`
Es werden vier die Parameter repräsentierende Bytes in den Ausgabestrom geschrieben.

■ `public void writeBytes(String s) throws IOException,`
`        NullPointerException`
Für jedes Zeichen in der Zeichenkette `s` wird der Reihe nach ein Byte in den Ausgabestrom geschrieben. Wenn `s` gleich `null` ist, wird eine `NullPointerException` ausgelöst.

Ist s.length() null, werden keine Bytes geschrieben. Sonst wird zuerst das Zeichen s[0] geschrieben, dann s[1] und so weiter; das zuletzt geschriebene Zeichen ist s[s.length-1]. Für jedes Zeichen wird ein Byte geschrieben, und zwar das unterste Byte. Die höherwertigen acht Bits jedes Zeichens der Zeichenkette werden ignoriert.

2.20.4 Eine einfache Indexverwaltung

2.20.4.1 Zuerst die Theorie: Dateiorganisation

Wird kein Datenbanksystem für die Speicherung benötigt, dann können die üblichen Verfahren der Dateiorganisation /Hansen 01, S. 1024 ff./ verwendet werden. Die grundlegenden Speicherungsformen sind:

- Sequenzielle Speicherung
- Indexsequenzielle Speicherung
- Indizierte Organisation mit
- ☐ physisch sortiertem Index
- ☐ logisch sortiertem Index
- *Hash*-Verfahren.

Im Folgenden wird eine indizierte Organisation mit physisch sortiertem Index entwickelt. Eine physische Sortierung liegt vor, wenn die Reihenfolge der Speicherung der Sortierreihenfolge entspricht.

Sind umfangreiche Daten zu verwalten, dann können nicht mehr alle Daten gleichzeitig im Arbeitsspeicher aufbewahrt werden. Trotzdem möchte man einen direkten Zugriff auf die auf einem Langfristspeicher abgelegten Datensätze haben.

Fast alle Programmiersprachen unterstützen eine Direktzugriffspeicherungsform, meist *random access* genannt, die es ermöglicht, Datensätze zu speichern und einen beliebigen Datensatz direkt wieder zu lesen und erneut zu speichern, ohne die Datei von vorne nach hinten durchsuchen zu müssen. Voraussetzung für diese Speicherungsform ist, dass alle Datensätze *dieselbe* Länge haben. Um zugreifen zu können, muss man einen Zeiger auf den Anfang des gewünschten Datensatzes positionieren.

random access

Da der Endbenutzer nicht weiß, an welcher Position ein Datensatz beginnt, muss eine Zuordnung zwischen einem fachkonzeptorientierten Schlüssel und der Position des Datensatzes hergestellt und verwaltet werden.

In der Regel werden im kaufmännischen Bereich Nummern für die Identifikation verwendet, z.B. Kundennummer, Artikelnummer usw. Bei einer Indexverwaltung wird in einer Tabelle eine Zuordnung zwischen einem solchen Schlüssel und einer zugehörigen Datensatzposition verwaltet. Da die Indextabelle nur wenig Platz beansprucht, kann sie komplett in den Arbeitsspeicher geladen werden. Sie wird

Index
– MAX: int – Dateinname: String – Indextabelle[]: int
+ Index() + erzeugeEintrag(Schluessel: int, Index: int): void + gibIndexZuSchluessel(Schluessel: int): int + ladeIndexDatei(): void + speichereIndexDatei(): void – aktualisiereIndexDatei(Schluessel: int): void

Datei
– Aktuell: int – Dateiname: String – SATZLAENGE: int
+ Datei() + speichereSatz(Satz: String, Index: int): void + leseSatz(Index: int): String + oeffneDatei(Name: String): void + schliesseDatei(): void + gibAnzahlDatensaetze(): int – positioniereAufSatz(Index: int): void – readFixedString(Laenge: int): String + writeFixedString(einDatensatz: String,   Laenge: int): void

Abb. 2.20-3:
Klassen zur
Realisierung einer
Indexverwaltung

aber selbst ebenfalls in einer Datei gespeichert und bei Änderungen aktualisiert.

Abb. 2.20-3 zeigt eine Realisierung dieses Konzepts durch zwei Klassen, wobei die beiden Klassen unabhängig voneinander sind. Dadurch ist es möglich, die Indexverwaltung auszutauschen oder zu erweitern, ohne dass die Klasse Datei geändert werden muss. Soll beispielsweise der Kundenname zusätzlich als Schlüssel verwendet werden, dann kann eine weitere Indexklasse mithilfe einer *Hash*-Tabelle eine Zuordnung zwischen Kundenname und Datensatzposition verwalten. Abb. 2.20-4 zeigt ein Beispiel zur Veranschaulichung des Konzepts.

Abb. 2.20-4:
Beispiel zur Index-
verwaltung

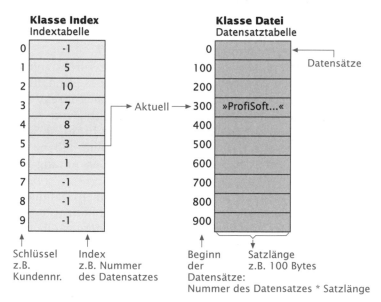

2.20.4.2 Dann die Praxis: Direktzugriffsspeicher in Java

Die Klasse RandomAccessFile ermöglicht in Java einen Direktzugriffsspeicher. Der Nachteil der normalen Streams besteht darin, dass kein
Datensatz direkt »aus der Mitte« der Datei gelesen werden kann. Man
kann natürlich auch bei normalen Streams an jeder Stelle n lesen,
nur muss man dann vorher n-1 Stellen gelesen haben. Bei seltenen
Zugriffen kann dies akzeptabel sein.

Besitzen alle zu speichernden Datensätze die *gleiche Länge,* dann
kann ohne Zusatzaufwand auf alle Datensätze in der gleichen Zeit
zugegriffen werden. Im Prinzip geht dies auch, wenn die Sätze unterschiedlich lang sind. Dann muss aber eine weitere Datei geführt
werden, die die Länge der einzelnen Sätze speichert.

Die Klasse RandomAccessFile stellt folgende wichtige Operationen
zur Verfügung:

- RandomAccessFile(String name, String mode)
  Konstruktor, im 1. Parameter wird der systemabhängige Dateiname angegeben, der 2. Parameter gibt an, ob die Datei nur zum
  Lesen ("r") oder zum Lesen und Schreiben geöffnet ("rw") angelegt
  werden soll.
- public final void writeInt(int)
  Schreibt ein int in die Datei (jeweils 4 Bytes).
- public final int readInt()
  Liest eine 32-Bit-lange ganze Zahl von der Datei.
- public final void writeChar(int)
  Schreibt ein Zeichen im Unicode (2 Bytes) in die Datei.
- public final char readChar()
  Liest ein Unicode-Zeichen von der Datei.

Analog zu diesen Operationen gibt es weitere Lese-/Schreibopera-
tionen für verschiedene Datentypen.

- public void seek(long pos)
  Positionszeiger, der auf die zu lesende Satzposition gestellt wird.
  Ab dieser Position wird dann mit den Lese- und Schreiboperationen gelesen bzw. geschrieben. pos gibt dabei die *Byte*-Position
  an, d.h., die Länge der Datensätze wird in *bytes* gezählt.
- public int skipBytes(int n)
  Überspringen von n Bytes.
- public long length()
  Gibt die Länge der Datei zurück.

Auch für die Indexdatei bietet es sich an, eine Direktzugriffsdatei zu
verwenden. Die Java-Klasse dazu sieht folgendermaßen aus:

```
/* Programmname: Verwalten eines Index
* Datenhaltungs-Klasse: Direktzugriffsspeicher
* Aufgabe: Verwalten und Lesen/Schreiben einer Indextabelle
* in einen Direktzugriffsspeicher
*/
```

```
import java.util.*;
import java.io.*;
```

Klasse Index

```
public class Index
{
    //Attribute
    private final int MAX = 1000;
    private String Dateiname = "Indexdatei.txt";
    private int Indextabelle[]; //0..MAX-1
    private RandomAccessFile eineIndexDatei;
    //Konstruktor
    public Index()
    {
        Indextabelle = new int[MAX];
        //Initialisierung der Indextabelle
        for(int i=0; i < MAX; i++)
            Indextabelle[i] = -1;
        //Kein Datensatz zum Schlüssel vorhanden
    }
    public void erzeugeEintrag(int Schluessel, int index)
        throws IOException
    {
        //Speichert zu einem Schlüssel den zugehörigen
        //Datensatz-Index in der Indextabelle
        if(Schluessel < MAX)
            Indextabelle[Schluessel] = index;
        //Aktualisieren der Indexdatei, d.h. abspeichern der Datei
        aktualisiereIndexDatei(Schluessel);
    }
    public int gibIndexZuSchluessel(int Schluessel)
    {
        //Gibt zu dem Schlüssel den gefundenen Datensatz-Index
        //zurück
        if(Schluessel < MAX)
            return Indextabelle[Schluessel];
        // oder 0, wenn Schlüssel zu groß ist
        else
            return 0;
    }
    public void ladeIndexDatei() throws IOException
    {
        //Liest die Indextabelle vollständig aus einer Datei
        //Dies geschieht nur beim Start des Programms
        eineIndexDatei = new RandomAccessFile(Dateiname, "r");
        int Index;
        for(int Schluessel = 0; Schluessel < MAX; Schluessel++)
        {
            Index = eineIndexDatei.readInt();
            Indextabelle[Schluessel] = Index;
        }
        eineIndexDatei.close();
    }
    public void speichereIndexDatei()throws IOException
    {
        //Speichert die Indextabelle vollständig in einer Datei
```

```
    //Dies geschieht beim Beenden des Programms
    eineIndexDatei = new RandomAccessFile(Dateiname, "rw");
    for(int Element: Indextabelle)
        eineIndexDatei.writeInt(Element);
    eineIndexDatei.close();
}
private void aktualisiereIndexDatei(int Schluessel)throws
    IOException
{
    //Aktualisiert die Indextabelle in der Indexdatei
    //Dies geschieht beim Hinzufügen eines neuen Indexes oder
    //Ändern eines alten Indexes
    eineIndexDatei = new RandomAccessFile(Dateiname, "rw");
    //Positionieren auf den entsprechenden Eintrag;
    //eine int-Zahl belegt 4 Bytes
    eineIndexDatei.seek((long)(Schluessel*4));
    eineIndexDatei.writeInt(Indextabelle[Schluessel]);
    eineIndexDatei.close();
}
}
```

Die Verwaltung der Stammdaten-Datei ist etwas aufwendiger. Wenn von der Fachkonzeptklasse der Datensatz als String geliefert wird, dann muss vor dem Speichern der String noch auf eine einheitliche Länge gebracht werden. Dies geschieht in einer Hilfsoperation, die bis zur Datensatzlänge mit Nullen auffüllt. Beim Lesen des Datensatzes werden die restlichen Nullen wieder entfernt. Die Java-Klasse sieht folgendermaßen aus:

```
/* Programmname: Verwalten einer Datei
* Datenhaltungs-Klasse: Direktzugriffsspeicher
* Aufgabe: Lesen und Schreiben von Sätzen fester Länge
* in einen Direktzugriffsspeicher
*/

import java.io.*;

public class Datei                                          Klasse Datei
{
    private RandomAccessFile eineStammdatei;
    private int Aktuell; //aktuelle Position des Dateizeigers
    private final int SATZLAENGE = 100;
    private String Dateiname = "Stammdatei.txt"; // Dateiname
    //Konstruktor
    public Datei()
    {
        oeffneDatei(Dateiname);
    }
    //Operationen
    public void speichereSatz(String Satz, int index) throws
        IOException
    {
        //Speichert einen Datensatz Satz an einer Position index
        //in der Datei
```

```
            if(eineStammdatei != null)
            {
                positioniereAufSatz(index); //interne Hilfsoperation
                writeFixedString(Satz, SATZLAENGE);
                //Hilfsoperation
            }
    }
    public String leseSatz(int index)throws IOException
    {
        //Liest den Datensatz index aus der Datei und gibt
        //ihn als String zurück
        if (eineStammdatei != null)
        {
            positioniereAufSatz(index); //interne Hilfsoperation
            return readFixedString(SATZLAENGE); //Hilfsoperation
        }
        else return null;
    }
    public void oeffneDatei(String name)
    {
        //Öffnen der Datei zum Lesen und Schreiben
        try
        {
            eineStammdatei = new RandomAccessFile(name, "rw");
        }
        catch (IOException e)
        {
            //Testausgabe
            System.out.println("Datei:oeffneDatei: " + e);
        }
    }
    public void schliesseDatei()
    {
        //Schließen der Datei
        try
        {
            eineStammdatei.close();
        }
        catch (java.io.IOException e)
        {
            //Testausgabe
            System.out.println("Datei:schliesseDatei: " + e);
        }
    }
    public int gibAnzahlDatensaetze()
    {
        //Rückgabe der Dateilänge in Datensätzen (!)
        long Anzahl=0;
        try
        {
            Anzahl=eineStammdatei.length();
        }
        catch (IOException e)
        {
            //Testausgabe
```

```java
        System.out.println
            ("Datei:gibAnzahlDatensaetze: " + e);
    }
    return (int)(Anzahl / (long)(SATZLAENGE * 2));
    //Umrechnung auf Anzahl Datensätze
}
//Hilfsoperationen
private void positioniereAufSatz
    (int index)throws IOException
{
    //Positioniert in der Datei auf den Datensatz mit der
    //Position index
    if (eineStammdatei != null)
    {
        try
        {
            eineStammdatei.seek(index * SATZLAENGE * 2);
        }
        catch(IOException e)
        {
            //Testausgabe
            System.out.println
                ("Datei:positioniereAufSatz:" + e);
        }
    }//Ende if
}
private String readFixedString(int Laenge)throws IOException
{
    //Liest einen String der festen Länge Laenge
    //(Unicode = 1 Zeichen = 2 Byte) ein
    StringBuffer einPuffer = new StringBuffer(Laenge);
    int i = 0;
    while (i < Laenge)
    {
        char Zeichen = eineStammdatei.readChar();
        i++;
        if(Zeichen == 0) //Ende der Nutzdaten
        {
            //eineStammdatei.skipBytes(2*(Laenge-i));
            //Rest mit 0 überlesen
            //wird benötigt, wenn hinter dem String z.B. noch
            //Zahlen kommen
            return einPuffer.toString();
        }
        else einPuffer.append(Zeichen);
        //Anhängen an den Puffer
    }
    return einPuffer.toString();
}
private void writeFixedString(String einDatensatz,
    int Laenge) throws IOException
{
    //Schreibt einen String einDatensatz der festen Länge
    //Laenge weg
    for (int i = 0; i < Laenge; i++)
    {
```

```
                    char Zeichen = 0;
                    if (i < einDatensatz.length())
                        Zeichen = einDatensatz.charAt(i);
                    //liefert das Zeichen an der i-ten Stelle
                    //Der Rest wird mit 0 aufgefüllt
                    eineStammdatei.writeChar(Zeichen);
                    //zeichenweises Schreiben in die Stammdatei
                }//Ende for
            }//Ende writeFixedString
        }//Ende Datei
```

2.20.5 Drei-Schichten-Architektur

Bisher erfolgte eine strikte Trennung zwischen der Benutzungsoberfläche und dem Fachkonzept. Dadurch ist es möglich, die Benutzungsoberflächen auszutauschen, ohne dass das Fachkonzept geändert werden muss.

Durch die Datenhaltung kommt eine neue Schicht hinzu. Auch hier empfiehlt es sich, zwischen der Datenhaltung und dem Fachkonzept klar zu trennen. Dadurch erhält man eine **Drei-Schichten-Architektur** *(three tier architecture)* (Abb. 2.20-5).

Allgemein spricht man von einer **Schichten-Architektur**. Schichten innerhalb einer solchen Architektur sind meist dadurch gekennzeichnet, dass Komponenten innerhalb einer Schicht beliebig aufeinander zugreifen können. Zwischen den Schichten selbst gelten dann strengere Zugriffsregeln. Die Schichten selbst können folgendermaßen angeordnet werden:

- Schichten mit linearer Ordnung.
- Schichten mit strikter Ordnung.

strikte Ordnung   Die Schichten werden entsprechend ihrem Abstraktionsniveau angeordnet. Bei einem Schichtenmodell mit strikter Ordnung kann von

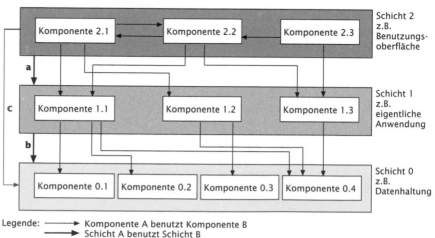

Abb. 2.20-5:
Beispiel für eine
Drei-Schichten-
Architektur

Legende: ⟶ Komponente A benutzt Komponente B
⟶ Schicht A benutzt Schicht B

Schichten mit höherem Abstraktionsnivau auf alle Schichten mit niedrigerem Abstraktionsniveau zugegriffen werden, aber nicht umgekehrt. In Abb. 2.20-5 ist dies durch die Benutzt-Pfeile **a, b** und **c** angegeben.

Ein Schichtenmodell mit linearer Ordnung ist restriktiver. Von einer Schicht kann immer nur auf die nächstniedrigere zugegriffen werden. Der Benutzt-Pfeil **c** in Abb. 2.20-5 ist dann nicht erlaubt.

lineare Ordnung

Beispiele für Schichtenmodelle mit linearer Ordnung sind die TCP/ IP-4-Schichtenarchitektur und das ISO/OSI-7-Schichtenmodell. Eine Schichtenarchitektur ist dann sinnvoll, wenn
- die Dienstleistungen einer Schicht sich auf demselben Abstraktionsniveau befinden und
- die Schichten entsprechend ihrem Abstraktionsniveau geordnet sind, sodass eine Schicht nur die Dienstleistungen der tieferen Schichten benötigt.

Diese Voraussetzungen sind bei der oben beschriebenen Drei-Schichten-Architektur mit den Schichten
- Benutzungsoberfläche,
- eigentliche Anwendung (Fachkonzept-Schicht) und
- Datenhaltung

gegeben. Eine solche Architektur ermöglicht es, die einzelnen Schichten je nach Bedarf auf *Client* und *Server* aufzuteilen (Abb. 2.20-6).

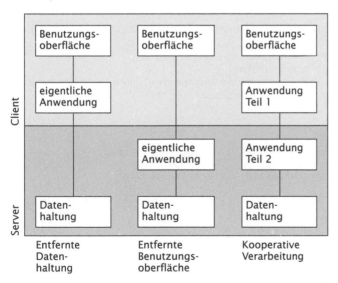

Abb. 2.20-6: Verteilungsalternativen beim Client-Server-Konzept

Bei der *Client-Server*-Verteilung erfolgt manchmal noch eine Aufteilung des Fachkonzepts in zwei Teile.

Die in Abschnitt 2.19.3.2 beschriebene Kundenverwaltung soll um eine Datenhaltung ergänzt werden. Verwendet man keine Datenbank,

Beispiel

sondern ein flaches Dateisystem, dann kann eine einfache Index-Verwaltung zur Datenspeicherung – wie im vorigen Abschnitt dargestellt – verwendet werden.

Entsprechend der oben dargestellten Drei-Schichten-Architektur muss die Benutzungsoberfächen-Schicht *nicht* geändert werden. Die im vorigen Abschnitt dargestellte Indexverwaltung soll eingesetzt werden. Daraus ergibt sich, dass nur die Fachkonzept-Schicht geändert werden muss. Dort ist nur die Klasse KundenContainer betroffen. Anstelle einer Objektverwaltung mithilfe von Feldern oder Vektoren ist nun der Aufruf von Operationen der Datenhaltungs-Schicht erforderlich. Die öffentlichen Operationen der Klasse KundenContainer dürfen nicht verändert werden, damit in der Benutzungsoberflächen-Schicht keine Änderungen vorzunehmen sind.

Abb. 2.20-7 zeigt die entstehende Drei-Schichten-Architektur mit den entsprechenden Klassen.

Wie die Abbildung zeigt, besitzt die Klasse KundenContainer die Aufgabe, die Anforderungen der Klasse KundenverwaltungGUI durch Aufrufe der Klassen Index und Datei zu realisieren.

Durch ein Sequenzdiagramm wird in Abb. 2.20-8 der zeitliche Ablauf beim Speichern eines Kunden dargestellt.

Die modifizierte Klasse KundenContainer sieht folgendermaßen aus:

```
/* Programmname: Kundenverwaltung mit Datenhaltung
 * Container-Klasse: KundenContainer
 * Aufgabe: Verwaltung von Objekten der Klasse Kunde
 * Datenhaltung: Indizierte Organisation mit physisch sortiertem
   //Index
 * Muster: Singleton
 * Iterator: Interface Iterator
 * Annahmen: Der Aufrufer muss selbst prüfen, ob ein übergebenes
 * Objekt vom Typ Kunde null ist oder nicht
 */

import java.util.*;
import java.io.*;
```

Klasse KundenContainer
```
public class KundenContainer implements Iterator
{
    //Attribut
    private int AktuelleKundennr = 0;
    private final int KUNDENNR_MAX = 1000;

    //Attribute für die Datenhaltung
    private Index derKundenindex;
    //Verwendung der Indexverwaltung
    private Datei derKundenstamm;
    //Verwendung der Dateiverwaltung

    //Klassen-Attribut
    private static KundenContainer einKundenContainer = null;
```

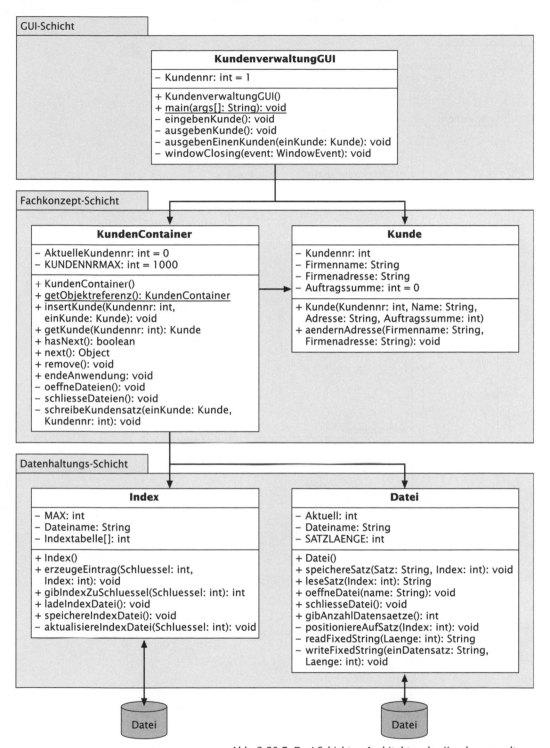

Abb. 2.20-7: Drei-Schichten-Architektur der Kundenverwaltung

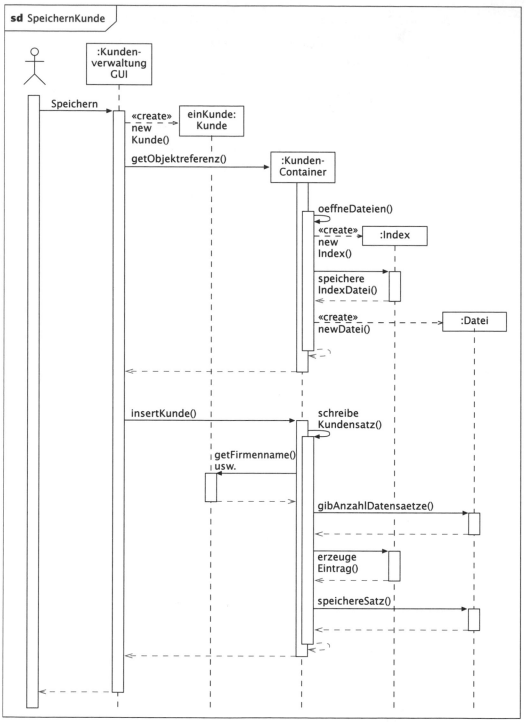

Abb. 2.20-8: Ablauf beim Speichern eines Kunden

```
//Speichert Referenz auf das einzige Objekt

//Konstruktor, von außen nicht zugreifbar
private KundenContainer()
{
  oeffneDateien();
}

//Klassen-Operation, die die Objektreferenz liefert
//Wenn Objekt noch nicht vorhanden, dann wird es erzeugt
public static KundenContainer getObjektreferenz()
{
  if (einKundenContainer == null)
    einKundenContainer = new KundenContainer();
    //Konstruktor, kann nur einmal aufgerufen werden
  return einKundenContainer;
}

//Operationen
public void insertKunde(int Kundennr, Kunde einKunde)
{
  schreibeKundensatz(einKunde, Kundennr);
}
public Kunde getKunde(int Kundennr)
{
  String einKundensatz = "";
  int Index = derKundenindex.gibIndexZuSchluessel(Kundennr);
  if (Index != -1) //Ein Datensatz-Index ist vorhanden
  {
    try
    {
      einKundensatz = derKundenstamm.leseSatz(Index);
    }
    catch (IOException e)
    {
    System.out.println
    ("KundenContainer:getKunde: Keine Kunde vorhanden:
      Index = " + Index);
    }
    StringTokenizer einTokenizer =
      new StringTokenizer(einKundensatz, "\t");
    String Nr = einTokenizer.nextToken();
    //identisch mit Kundennr, daher überlesen
    String Firmenname = einTokenizer.nextToken();
    String Firmenadresse = einTokenizer.nextToken();
    String Auftragssumme = einTokenizer.nextToken();
    Integer i = new Integer(Auftragssumme);
    //Durch Autoboxing wird Auftragssumme in int gewandelt!
    //Neues Objekt mit den gespeicherten Daten erzeugen
    return new Kunde(Kundennr, Firmenname, Firmenadresse, i);
  }
  else
    return null;
}
```

```
//Implementierung der Schnittstelle Iterator
public boolean hasNext()
{
  //Prüfen, ob in der Indexdatei noch Datensatz-Indizes
  //gespeichert sind
  //Lücken sind möglich; gekennzeichnet durch Index = -1
  AktuelleKundennr ++;
  while (AktuelleKundennr < KUNDENNR_MAX)
  {
    if (derKundenindex.gibIndexZuSchluessel(AktuelleKundennr) != -1)
      return true;
    else
      AktuelleKundennr ++;
    }
    AktuelleKundennr = 0;
    return false;
}
public Object next()
{
  //Voraussetzung: es wurde mit hasNext geprüft,
  //dass noch ein Element da ist
  return getKunde(AktuelleKundennr);
}
public void remove()
{
  throw new UnsupportedOperationException();
}


public void endeAnwendung()throws IOException
{
  schliesseDateien();
}
//Private Operationen für die Datenhaltung
//Nehmen die Operationen der Klassen Datei und Index in Anspruch
private void oeffneDateien()
{
  derKundenindex = new Index();
  try
  {
    //Indexdatei öffnen und Indextabelle laden
    derKundenindex.ladeIndexDatei();
  }
  catch (IOException e)
  {
    try
    {
      derKundenindex.speichereIndexDatei();
    }
    catch (IOException e1)
    {
    }
    System.out.println("Indexdatei nicht vorhanden \n");
  }
  //Kundenstammdatei öffnen
  derKundenstamm = new Datei();
```

```
}
private void schliesseDateien() throws IOException
{
   if(derKundenindex != null)
   {
     try
     {
       //Indexdatei speichern
       derKundenindex.speichereIndexDatei();
     }
     catch(IOException e)
     {
       System.out.println
       ("Probleme beim Schließen der Indexdatei " + e + "\n");
     }
     //Schließen der Kundendatei
     if (derKundenstamm != null)
       derKundenstamm.schliesseDatei();
   }
}
private void schreibeKundensatz(Kunde einKunde, int Kundennr)
{
   //Aufbau eines Kundensatzes als Zeichenkette
   //Die einzelnen Teile sind durch Tab getrennt
   String einKundensatz = Integer.toString(Kundennr) + "\t"
           + einKunde.getFirmenname() + "\t"
           + einKunde.getFirmenadresse() + "\t"
           + Integer.toString(einKunde.getAuftragssumme());
   //Anzahl Datensätze holen, daraus neuen Index berechnen
   int index = derKundenstamm.gibAnzahlDatensaetze();
   System.out.println
     ("schreibeKundensatz: AnzahlDatensätze= Index: " + index + "\n");
   //Schreibt einen Datensatz in die Indexdatei
   //Die Kundennummer dient der Indizierung
   try
   {
       derKundenindex.erzeugeEintrag(Kundennr, index);
   }
   catch (IOException e)
   {
       System.out.println
       ("Container: Fehler bei erzeugeEintrag: " + e + "\n");
   }
   //Speichert einen Kundensatz in der Kundenstammdatei

   try
   {
       derKundenstamm.speichereSatz(einKundensatz, index);
   }
   catch (IOException e)
   {
   }
   }
}
```

Wie das Beispiel der Kundenverwaltung deutlich zeigt, können im Arbeitsspeicher befindliche Objekte nicht direkt auf einen Langfristspeicher abgelegt werden. Die Ursache besteht darin, dass es keinen Sinn macht, die Speicherreferenzen des Arbeitsspeichers abzuspeichern. Werden zu einem späteren Zeitpunkt die Objekte vom Langfristspeicher in den Arbeitsspeicher geholt, dann werden die Objekte in anderen Arbeitsspeicherbereichen gespeichert, in Abhängigkeit von der jeweiligen aktuellen Arbeitsspeicherbelegung. Die aufbewahrten Speicheradressen würden dann nicht mehr stimmen.

Bei der Aufbewahrung von Objekten auf Langfristspeichern werden daher die Arbeitsspeicherreferenzen *nicht* gespeichert. Beim Lesen der Objekte vom Langfristspeicher werden die Objekte mit dem new-Operator neu erzeugt und erhalten von der Java-VM einen neuen Arbeitsspeicherbereich zugewiesen. Genau genommen werden also nur die Attributwerte der Objekte gespeichert, *nicht* aber die Werte von Referenz-Attributen.

2.20.6 Die Serialisierung von Objekten

Die in den vorherigen Abschnitten dargestellten Möglichkeiten zur persistenten Speicherung von Daten sind gut geeignet, wenn
– Daten zu speichern sind, die vom selben Typ sind, und
– die Datensätze eine feste Länge besitzen.
Sollen jedoch beliebige Objekte, die außerdem noch zu unterschiedlichen Klassen gehören können, gespeichert werden, dann erfordert dies einen hohen Aufwand.

In Java gibt es das Konzept der **Serialisierung**, um beliebige Objekte zu **serialisieren**, d.h. ihren Zustand in einen Byte-Strom umzuwandeln, und zu **deserialisieren**, d.h. das ursprüngliche Objekt wieder zu rekonstruieren. Die Byte-Repräsentation von Objekten kann man in Dateien speichern, um eine elementare Objekt-**Persistenz** zu erreichen. Außerdem kann die Byte-Repräsentation dazu verwendet werden, Objekte über das Netz zu versenden.

ObjectOutputStream

Zum Serialisieren steht die Klasse ObjectOutputStream zur Verfügung. Die wichtigsten Operationen lauten:
- public ObjectOutputStream(OutputStream out) throws IOException
  Der Konstruktor erwartet einen konkreten OutputStream. Um Objekte persistent zu machen, verwendet man in der Regel einen FileOutputStream.
- public final void writeObject(Object obj) throws IOException
  Diese Operation schreibt das spezifizierte Objekt in den Object OutputStream.

Das genaue Datei-Format ist z.B. in /Horstmann, Cornell 98, S. 46ff./ beschrieben.

In diesen Objekt-Strom werden folgende Informationen geschrieben: Die Klasse des Objekts, die Signatur der Klasse, die Werte aller nicht-transienten Objekt-Attribute und Felder der Klasse und aller ihre Oberklassen sowie alle referenzierten Objekte. Zusätzliche Operationen stehen für das Schreiben elementarer Datentypen zur Verfügung.

Es können nur Objekte serialisiert werden, die die Schnittstelle Serializable implementieren. Diese Schnittstelle besitzt keine Operationen oder Attribute. Durch ihre Implementierung wird nur kenntlich gemacht, dass die Semantik der Serialisierung für diese Klasse erfüllt ist. *(Schnittstelle Serializable)*

Zum Deserialisieren steht die Klasse ObjectInputStream zur Verfügung. Die wichtigsten Operationen lauten: *(ObjectInputStream)*

- public ObjectInputStream(InputStream in) throws IOException, StreamCorruptedException

  Der Konstruktor erwartet einen konkreten InputStream. Persistente Objekte werden in der Regel aus einen FileInputStream gelesen.
- public final Object readObject() throws OptionalDataException, ClassNotFoundException, IOException

  Diese Operation liest das nächste Objekt aus dem ObjectInput Stream. Es wird ein neues Java-Objekt erzeugt. Dieses wiederhergestellte Objekt ist *nicht* identisch mit dem ursprünglichen Objekt, aber sein Zustand und sein Verhalten sind gleich.

Die Operation writeObject der Klasse ObjectOutputStream serialisiert mit dem als Parameter übergebenen Objekt auch alle Objekte, die von diesem aus durch Referenzen erreichbar sind. Es wird also stets ein ganzer **Objekt-Graph** serialisiert, der mit der Operation readObject der Klasse ObjectInputStream wieder deserialisiert werden kann. Die Referenzen zwischen den Objekten werden bei der Deserialisierung automatisch wiederhergestellt. Das an writeObject übergebene Objekt wird **Wurzelobjekt** genannt. *(Objekt-Graph, Wurzelobjekt)*

Alle zu speichernden Objekte müssen »in einem Rutsch«, d.h. mit einem einzigen Aufruf der Operation writeObject serialisiert werden. Beim Entwurf eines System ist daher darauf zu achten, dass es ein Wurzelobjekt gibt, von dem aus alle zu serialisierenden Objekte durch Referenzen erreicht werden können. Zusammenhängende Objekte (Objekt-Graphen), die mit mehreren Aufrufen von writeObject serialisiert wurden, können *nicht* mehr korrekt deserialisiert werden.

Sollen Objekte auf einem externen Speicher gespeichert werden, werden sie alle in dieselbe Datei serialisiert. Ein zu ladender Objekt-Graph muss vollständig in den Arbeitsspeicher geladen werden können. Daher ist die Objekt-Serialisierung für große Datenmengen ungeeignet.

Die im vorherigen Abschnitt mithilfe einer Indexverwaltung und einem Direktzugriffsspeicher realisierte Kundenverwaltung soll nun mit einer Objektserialisierung implementiert werden. Dazu werden die Klassen Index und Datei durch eine Klasse ObjectDatei ersetzt. Im Gegensatz zum Direktzugriffsspeicher müssen bei der Objektse- *(Beispiel 1)* rialisierung alle Objekte »in einem Rutsch« geschrieben und gelesen werden.

Da in Java auch die Klasse Vector serialisierbar ist, ist es möglich, den gesamten Vector meineKunden als *ein* Objekt zu speichern und wieder zu lesen.

In der Klasse KundenverwaltungGUI ergeben sich *keine* Änderungen.

Die Klasse Kunde bleibt unverändert, bis auf folgende Ergänzung: public class Kunde **implements Serializable**.

Die wichtigsten Änderungen in der Klasse KundenContainer sind im Folgenden aufgeführt:

```
/* Programmname: Objektspeicherung
 * Datenhaltungs-Klasse: ObjektDatei
 * Aufgabe: Einen serialisierten Vector sequenziell
 * lesen und schreiben
 */

import java.io.*;
```

Klasse ObjektDatei

```
public class ObjektDatei
{
   private String einDateiname;

   ObjectInputStream eineObjektEingabeDatei;

   //Konstruktor
   public ObjektDatei(String einDateiname)
   {
      this.einDateiname = einDateiname;
   }
   //Operationen
   public void speichereObjekt(Object einObjekt)
   {
      try
      {
         ObjectOutputStream eineObjektAusgabeDatei =
            new ObjectOutputStream
               (new FileOutputStream(einDateiname));
            eineObjektAusgabeDatei.writeObject(einObjekt);
            eineObjektAusgabeDatei.close();
      }
      catch (IOException e)
      {
      }
   }
   public Object leseObjekt() throws Exception
   {
      eineObjektEingabeDatei =
         new ObjectInputStream
            (new FileInputStream(einDateiname));
      Object einObjekt = eineObjektEingabeDatei.readObject();
      eineObjektEingabeDatei.close();
      return einObjekt;
```

```
  }
}


/* Programmname: Kundenverwaltung
 * Container-Klasse: KundenContainer
 * Aufgabe: Verwaltung von Objekten der Klasse Kunde
 * Verwaltungsmechanismus: Vector
 * Muster: Singleton
 * Iterator: integriert
 * Annahmen: Der Aufrufer muss selbst prüfen, ob ein übergebenes
 * Objekt vom Typ Kunde null ist oder nicht
 */

import java.util.*;
import java.io.*;

public class KundenContainer implements Serializable            Klasse
{                                                               KundenContainer
   //Attribut
   private Vector meineKunden = new Vector();
   private ObjektDatei eineObjektDatei;

   //Klassen-Attribut
   private static KundenContainer einKundenContainer = null;

   //Konstruktor, von außen nicht zugreifbar
   private KundenContainer()
   {
      eineObjektDatei = new ObjektDatei("Kundendatei");
      //Vector-Objekt einlesen
      try
      {
         meineKunden = (Vector)eineObjektDatei.leseObjekt();
      }
      catch (Exception e)
      {
      }
      //Wenn die Daten nicht eingelesen werden können,
      //dann wird mit einem leeren Vector begonnen
      if (meineKunden == null)
         meineKunden = new Vector();
   }
   //Klassen-Operation, die die Objektreferenz liefert
   //Wenn Objekt noch nicht vorhanden, dann wird es erzeugt
   public static KundenContainer getObjektreferenz()
   {
      if (einKundenContainer == null)
            einKundenContainer = new KundenContainer();
      return einKundenContainer;
   }
   //Operationen
   public void insertKunde(int Kundennr, Kunde einKunde)
   {
      if(Kundennr >= meineKunden.size())
```

```
        meineKunden.setSize(Kundennr + 1);
        meineKunden.setElementAt(einKunde, Kundennr);
    }
    public Kunde getKunde(int Kundennr)
    {
        return (Kunde)meineKunden.elementAt(Kundennr);
    }

    public void endeAnwendung()
    {
        eineObjektDatei.speichereObjekt(meineKunden);
    }
    public Iterator iterator()
    {
        return meineKunden.iterator();
    }
}
```

Da bei der Serialisierung eines Objekts auch alle referenzierten, serialisierbaren Objekte mitserialisiert und in den Strom geschrieben werden, ist es damit auch möglich, Assoziationen einfach zu speichern.

Beispiel 2   Es soll eine Artikel- und Lieferantenverwaltung realisiert werden, die es ermöglicht, zwischen Artikeln und Lieferanten beliebig viele Verbindungen herzustellen (Abb. 2.20-9).

Abb. 2.20-9:
Assoziation
zwischen Artikeln
und Lieferanten

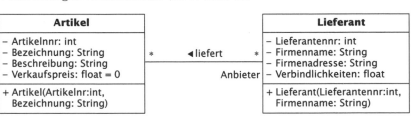

Die gewünschte Benutzungsoberfläche zeigt Abb. 2.20-10. Alle Interaktionselemente sind in einem Fenster angeordnet, um die Benutzungsoberfläche zunächst einfach zu halten. Die oben behandelte Drei-Schichten-Architektur wird eingehalten und erlaubt es, das schon umfangreiche Programm übersichtlich zu halten.

Nach Eingabe einer Artikel- oder Lieferantennummer und dem Drücken der Eingabe-Taste *(Enter-*Taste) sollen die Daten zu dem jeweiligen Artikel bzw. Lieferanten angezeigt werden. Sind zu dem Artikel bzw. dem Lieferanten keine Daten gespeichert, dann ist dies anzugeben.

Durch Betätigen der Druckknöpfe »<« und »>« soll jeweils der vorherige bzw. nächste Artikel oder Lieferant angezeigt werden. Durch Drücken des Druckknopfes »+« wird eine Verbindung zwischen dem angezeigten Artikel und dem angezeigten Lieferanten hergestellt. Analog wird durch »-« eine bestehende Verbindung wieder aufgehoben.

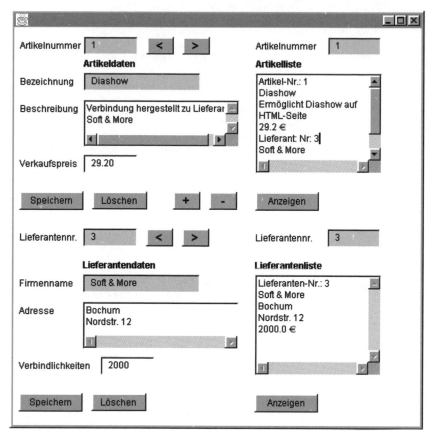

Abb. 2.20-10:
Benutzungs-
oberfläche der
Artikel- und
Lieferanten-
verwaltung

Bei der Listenanzeige sind bestehende Assoziationen pro Artikel bzw. pro Lieferant aufzulisten. Bei Eingabe von »*« sind alle Artikel bzw. Lieferanten anzuzeigen.

Die blau unterlegten Textfelder sind so genannte Muss-Felder. Dort muss eine Eingabe erfolgen, damit eine Anzeige bzw. eine Speicherung möglich sein soll.

In Abschnitt 2.7.2 wurde bereits eine unidirektionale 0..1-Assoziation realisiert. Hier liegt jedoch eine bidirektionale *-Assoziation vor, d.h., einem Artikel können mehrere Lieferanten und einem Lieferanten mehrere Artikel zugeordnet werden. Jedes Artikel-Objekt und jedes Lieferanten-Objekt müssen daher mehrere Verbindungen verwalten können. Dies ist durch Verwendung der Klasse Vector in Java leicht möglich. In den folgenden zwei Fachkonzept-Klassen wird davon ausgegangen, dass die Assoziation immer von dem Artikelobjekt aus aufgebaut wird:

Abschnitt 2.7.2

```
/* Programmname: Artikel- und Lieferantenverwaltung
* Fachkonzept-Klasse: Artikel
* Aufgabe: Verwalten von Artikeln und
* ihre Assoziation zu Lieferanten
*/
```

```
import java.io.*;
import java.util.*;
```

Klasse Artikel
```
public class Artikel implements Serializable
{
    private int Artikelnr;
    private String Bezeichnung;
    private String Beschreibung;
    private float Verkaufspreis = 0f;
    //Verwaltung der Assoziation
    //Anbieter ist Rollenname des Lieferanten in der Assoziation
    private Vector Anbieter = new Vector();

    //Konstruktor
    public Artikel(int Artikelnr, String Bezeichnung)
    {
        this.Artikelnr = Artikelnr;
        this.Bezeichnung = Bezeichnung;
    }
    //Assoziationsoperationen
    //Verbindung zu Lieferant herstellen
    public void setLinkLieferant(Lieferant einLieferant)
    {
        //Einen Lieferanten hinzufügen
        Anbieter.addElement(einLieferant);
        //Beim Lieferanten dafür sorgen,
        //dass dort der Artikel eingetragen wird
        einLieferant.setLinkArtikel(this);
    }
    //Verbindung zu Lieferant löschen
    public void removeLinkLieferant(Lieferant einLieferant)
    {
        Anbieter.removeElement(einLieferant);
        einLieferant.removeLinkArtikel(this);
    }
    //Standard-Schreib- und Leseoperationen
    ...

    //Liefert alle Anbieter eines Artikels
    public Iterator alleAnbieter()
    { return Anbieter.iterator(); }

    //Löscht den Artikel bei allen Lieferanten,
    //die ihn liefern
    public void removeAlleLieferanten()
    {
        Lieferant toDisconnect;
        while(Anbieter.size() > 0)
        {
            toDisconnect = (Lieferant)Anbieter.elementAt(0);
            toDisconnect.removeLinkArtikel(this);
            Anbieter.removeElementAt(0);
        }
    }
}
```

```
/* Programmname: Artikel- und Lieferantenverwaltung
 * Fachkonzept-Klasse: Lieferant
 * Aufgabe: Verwalten von Lieferanten und
 * ihre Assoziationen zu Artikeln
 */

import java.io.*;
import java.util.*;

public class Lieferant implements Serializable              Klasse Lieferant
{
    private int Lieferantennr;
    private String Firmenname;
    private String Firmenadresse;
    private float Verbindlichkeiten;
    //Verwaltung der Assoziation
    //"liefert" ist der Assoziationsname
    private Vector liefert = new Vector();

    //Konstruktor
    public  Lieferant(int Lieferantennr, String Firmenname)
    {
        this.Lieferantennr = Lieferantennr;
        this.Firmenname = Firmenname;
    }
    //Assoziationsoperationen
    //Verbindung zu Artikel herstellen
    public void setLinkArtikel(Artikel einArtikel)
    {
        //Wird von Artikel-Objekt aufgerufen
        liefert.addElement(einArtikel);
    }
    //Verbindung zu Artikel löschen
    public void removeLinkArtikel(Artikel einArtikel)
    {
        //Wird von Artikel-Objekt aufgerufen
        liefert.removeElement(einArtikel);
    }
    //Standard-Schreib- und Leseoperationen
    ...

    //Liefert alle Artikel eines Lieferanten
    public Iterator alleArtikel()
    { return liefert.iterator(); }

    //Löscht den aktuellen Lieferanten bei
    //bei allen von im gelieferten Artikeln
    public void removeAlleArtikel()
    {
        Artikel toDisconnect;
        while(liefert.size() > 0)
        {
        toDisconnect = (Artikel)liefert.elementAt(0);
        toDisconnect.removeLinkLieferant(this);
        }
```

```
        }
    }
```

Klassen
ObjektDatei
und
ObjektContainer

Die Klasse ObjektDatei aus Beispiel 1 bleibt unverändert.

Die Klasse KundenContainer wird in ObjektContainer umbenannt. Sie muss statt Kunden nun Artikel *und* Lieferanten verwalten. Die Operationen für Kunden werden durch entsprechende Operationen für Artikel und Lieferanten ersetzt.

Wurzelobjekt

Da es in diesem Beispiel kein natürliches Wurzelobjekt gibt, muss künstlich ein solches hinzugefügt werden. Dafür wird die Klasse Datenbasis eingeführt. In ihr werden lediglich für Artikel und Lieferanten je ein Vector gespeichert. Ein Objekt der Klasse Datenbasis dient innerhalb von ObjektContainer als Wurzelobjekt für die Serialisierung.

```
/* Programmname: Artikel- und Lieferantenverwaltung
 * Fachkonzept-Klasse: Datenbasis
 * Aufgabe: Schaffung einer künstlichen Wurzelklasse zur
 * Serialisierung aller
 * Artikel und Lieferanten in einem ObjectStream
 */

import java.util.*;
import java.io.Serializable;
```

Klasse Datenbasis

```
public class Datenbasis implements Serializable
{
    public Vector Artikel     = new Vector();
    public Vector Lieferanten = new Vector();
}
```

Klasse Artikel
LieferantenGUI

Die GUI-Klasse muss gegenüber Beispiel 1 natürlich erweitert werden, um jetzt sowohl Artikel als auch Lieferanten zu verwalten. Die entsprechende Datei befindet sich auf der CD-ROM.

Drei-Schichten-Architektur Übliche Schichtenbildung von Anwendungssystemen: Benutzungsoberflächen-Schicht, Fachkonzept-Schicht, Datenhaltungs-Schicht. Erlaubt eine flexible Verteilung auf *Client-Server*-Systeme. →Schichten-Architektur.

Objekt-Graph Eine Menge von Objekten, die durch Referenzen miteinander verbunden sind, d.h., die Objekte referenzieren sich untereinander.

Persistenz Langfristige Speicherung von Objekten mit ihren Zuständen und Verbindungen, sodass ein analoger Zustand im Arbeitsspeicher wiederhergestellt werden kann (→Serialisierung).

Schichten-Architektur Anordnung von Software-Komponenten (Klassen, Schnittstellen, Pakete) in hierarchischen Schichten. Zwischen den Schichten kann eine lineare oder strikte Ordnung bestehen. Anwendungen werden oft nach einer →Drei-Schichten-Architektur aufgebaut.

Serialisierung Umwandlung des Zustands eines Objekts und seiner Referenzen in eine Byte-Repräsentation sowie die entsprechende Rücktransformation (Deserialisierung) (→Persistenz).

three tier architecture →Drei-Schichten-Architektur.

Wurzelobjekt Ein Objekt in einem → Objekt-Graphen, von dem aus alle anderen Objekte des Graphen durch die Verfolgung von Referenzen erreicht werden können.

Zustände und Verbindungen von Objekten können durch die Per- Persistenz
sistenz langfristig auf externen Speichern aufbewahrt werden. Zur
Realisierung der Persistenz ist eine Datenhaltung erforderlich. Die
Datenhaltung kann mithilfe von Dateien selbst programmiert werden
oder sie kann unter Einsatz von objektorientierten oder relationalen
Datenbanken realisiert werden.

Bei der Verwendung von Dateien können prinzipiell zwei Organi-
sationsprinzipien verwendet werden:

Bei der sequenziellen Organisation werden alle Objekte nachei- sequenzielle
nander geschrieben oder nacheinander gelesen. Jedes neu zu spei- Organisation
chernde Objekt wird hinter den bisher gespeicherten Objekten abgelegt. Umgekehrt werden alle Objekte von vorne nach hinten aus
der Datei gelesen. Ein gezielter Zugriff auf ein Objekt, wie er z.B. bei
Feldern möglich ist, ist bei dieser Organisationsform nicht möglich.

Bei der wahlfreien Organisation *(random access)* kann im Gegen- wahlfreie
satz zur sequenziellen Organisation gezielt ein Objekt gelesen und Organisation
ein Objekt geschrieben werden. Beim Schreiben kann jedoch kein Objekt zwischen vorhandene »dazwischengeschoben« werden, sondern
es kann nur ein vorhandenes überschrieben oder angehängt werden.
Bei der Verwendung eines Direktzugriffsspeichers wird der direkte
Zugriff besonders einfach, wenn alle Objekte auf dieselbe Satzlänge
abbildbar sind.

In Java wird die sequenzielle Organisation durch Dateiströme Java
realisiert, die es erlauben, Bytes sequenziell zu schreiben und zu
lesen. Durch die Verknüpfung von Dateiströmen mit Filterströmen
ist es z.B. möglich, Attribute elementarer Typen, wie int, float usw.,
zu speichern. Objekte können durch Objekt-Ströme serialisiert und
deserialisiert werden. Dadurch kann das Konzept der Serialisierung Serialisierung
verwirklicht werden. Bei der Serialisierung werden ausgehend von
einem Wurzelobjekt alle von dort aus durch Referenzen erreichbaren
Objekte (Objekt-Graph) auf »einen Schlag« gespeichert. Die wahlfreie
Organisation wird durch die Klasse RandomAccessFile ermöglicht.

Durch die Datenhaltung entsteht eine Schichten-Architektur mit Architektur
drei Schichten:
- Benutzungsoberfläche,
- Fachkonzept,
- Datenhaltung.

Diese Drei-Schichten-Architektur *(three tier architecture)* sollte immer eingehalten werden, da sie eine Verteilung der Anwendung auf
Clients und *Server* ermöglicht. Von den oberen Schichten (hier: Benutzungsoberfläche) kann immer nur auf die unteren Schichten (strikte
Ordnung) bzw. nur auf die jeweils direkt untergeordnete Schicht
(lineare Ordnung) zugegriffen werden. Innerhalb einer Schicht können untereinander Dienstleistungen beliebig in Anspruch genommen
werden.

/Hansen, Neumann 01/
    Hansen H. R., Neumann G., *Wirtschaftsinformatik I*, Stuttgart: Lucius & Lucius-
    Verlag, 8. Auflage 2001
/Horstmann, Cornell 98/
    Horstmann C. S., Cornell G., *Java 1.1, Volume II – Advanced Features*, Palo Alto:
    Sun Microsystems Press, 1998

Analytische
Aufgaben
Muss-Aufgabe
15 Minuten

1 *Lernziele: Das Serialisierungskonzept von Java erläutern können. Das Stromkonzept einschließlich Datei- und Filterströmen in Java darstellen können. Die Drei-Schichten-Architektur erklären können.* Was ist über folgende Implementierung der Klasse Matrix zu sagen? Ist die Implementierung der Operation speichereMatrix sinnvoll und formal korrekt? Gegen welches Prinzip wird hier verstoßen?

```
public class Matrix
{
  private int Zeilen;      private int Spalten;
  private int[][] Werte;   private String Name;
  ...
  private String Dateiname;
  ...
  public void speichereMatrix()
  {
    FileOutputStream eineAusgabeDatei =
      new FileOutputStream(Name+".mtr");
    DataOutputStream einAusgabeFilter =
      new DataOutputStream(eineAusgabeDatei);
    for (int i = 0; i < Zeilen; i++)
      for (int j=0; j<Spalten; j++)
        einAusgabeFilter.writeInt(Werte[i][j]);
  }
}
```

Klausur-Aufgabe
15 Minuten

2 *Lernziele: Das Serialisierungskonzept von Java erläutern können. Das Serialisierungskonzept von Java für die persistente Datenhaltung verwenden können.*
Was ist über die Klasse Gerade bezüglich ihrer Serialisierbarkeit zu sagen? Kann die Klasse korrekt gespeichert und gelesen werden?

```
public class Gerade implements Serializable
{
  Punkt Startpunkt; Punkt Endpunkt;
  //get- und set-Operationen ...
}
public class Punkt
{
  int x,y;
  public Punkt(int x, int y)
  {
    this.x=x; this.y=y;
  } //get- und set-Operationen
}
```

3 *Lernziele: Das Stromkonzept einschließlich Datei- und Filterströmen in Java darstellen können. Die Drei-Schichten-Architektur erklären können. Einen Direktzugriffsspeicher für die Datenhaltung einsetzen können.*
Ändern Sie die Kundenverwaltung so ab, dass es möglich ist, auch über den Kundennamen zu suchen. Verwenden Sie als zusätzliche Indexklasse eine *Hash*-Tabelle.
Welche anderen Klassen sind von dieser Änderung betroffen?

Konstruktive
Aufgaben
Muss-Aufgabe
60 Minuten

4 *Lernziele: Das Stromkonzept einschließlich Datei- und Filterströmen in Java darstellen können. Das Serialisierungskonzept von Java erläutern können. Das Serialisierungskonzept von Java für die persistente Datenhaltung verwenden können. Bidirektionale Assoziationen mit der Kardinalität * programmieren können.*
Die Klasse ObjektContainer aus Beispiel 2 ist durch die vorhandenen Operationen speziell auf eine Artikel-Lieferanten-Verwaltung zugeschnitten. Überlegen Sie, ob die Klasse nicht allgemeiner entworfen werden könnte, sodass beliebige Listen von Objekten und auch mehr als zwei Listen verwaltet werden können. Hilfreich ist die Einführung einer Vererbungshierarchie für die zu verwaltenden Klassen. Welche Vorteile und Nachteile bringt diese Lösung? Welche Änderungen sind in der Klasse ArtikelLieferantenGUI durchzuführen?

Kann-Aufgabe
60 Minuten

5 *Lernziele: Das Stromkonzept einschließlich Datei- und Filterströmen in Java darstellen können. Die Drei-Schichten-Architektur erklären können. Einen Direktzugriffsspeicher für die Datenhaltung einsetzen können.*
Zeichnen Sie analog zu Abb. 2.20-8 zwei Sequenzdiagramme für die ablaufenden Vorgänge, wenn der Benutzer den Druckknopf »Anzeigen« drückt.
a Ein Sequenzdiagramm soll die Vorgänge darstellen, wenn nur ein Kunde angezeigt werden soll.
b Ein Sequenzdiagramm soll die Vorgänge darstellen, wenn bei Kundennummer ein »*« eingegeben wird (Ausgabe aller gespeicherten Kunden).

Klausur-Aufgabe
30 Minuten

6 *Lernziele: Eine Datenhaltung mithilfe von Datei- und Filterströmen in Java programmieren können. Das Serialisierungskonzept von Java für die persistente Datenhaltung verwenden können.*
Erweitern Sie das Programm zur automatischen Entflechtung von Leiterplatten aus Lehreinheit 11, Aufgabe 4, um eine Datenhaltung:
/9/ Spezifizierte Leiterplatten sollen geladen und gespeichert werden können.

Muss-Aufgabe
120 Minuten

7 *Lernziele: Eine Datenhaltung mithilfe von Datei- und Filterströmen in Java programmieren können. Das Serialisierungskonzept von Java für die persistente Datenhaltung verwenden können.*
Erweitern Sie das Geschäftsgrafikprogramm aus Lehreinheit 11, Aufgabe 12:
/5/ Datensätze sollen geladen und gespeichert werden können.
/6/ Mit einem Texteditor im vorgeschriebenen Format erstellte Datensätze sollen importiert und angezeigt werden können.
/7/ Es soll zwischen einer Blockgrafik und einer Darstellung durch eine interpolierte Kurve gewählt werden können.

Muss-Aufgabe
40 Minuten

Kann-Aufgabe
180 Minuten

8 *Lernziele: Eine Datenhaltung mithilfe von Datei- und Filterströmen in Java programmieren können. Einen Direktzugriffsspeicher für die Datenhaltung einsetzen können.*

Schreiben Sie ein Java-Applet zur Verwaltung eines CD-Players, das folgende Anforderungen erfüllt:

/1/ n Musikstücke werden als Dateien gespeichert.

/2/ Zum Abspielen kann ein Titel ausgewählt werden.

/3/ Alle Titel können sequenziell abgespielt werden.

/4/ Es kann auch eine Zufallsfolge ausgewählt werden.

/5/ Die Musikstücke können endlos laufen.

/6/ Es kann gewählt werden, ob vor dem Start jedes Titels der Titel mit dem Sänger angesagt wird (Sprachausgabe).

/7/ Benutzen Sie die Java-Klasse SoundPlayer zum Abspielen der Titel.

Kann-Aufgabe
120 Minuten

9 *Lernziele: Eine Datenhaltung mithilfe von Datei- und Filterströmen in Java programmieren können. Einen Direktzugriffsspeicher für die Datenhaltung einsetzen können.*

Die Firma ProfiSoft erhält von einem Maschinenbaubetrieb den Auftrag, ein Produktionsplanungssystem (PPS) zu entwickeln: ☺

/1/ n Chargen sollen so auf m gleiche Maschinen verteilt werden, dass eine möglichst geringe Gesamtproduktionszeit entsteht. Eine Charge bezeichnet eine Menge eines bestimmten Produkts.

/2/ Eine Charge ist gekennzeichnet durch ihren Namen, ihre Nummer und ihren Produktionszeitbedarf.

/3/ Eine Maschine ist gekennzeichnet durch ihren Namen.

/4/ Über die Oberfläche sollen Maschinen angelegt und entfernt werden können.

/5/ Verschiedene Maschinenkonstellationen sollen abgespeichert und geladen werden können.

/6/ Es sollen Produktionstage und ihre Chargen eingegeben und abgespeichert bzw. geladen werden können.

/7/ Eine Verteilung von Chargen erfolgt nach der *Longest Processing Time First* (LPT)-Heuristik:

Als Erstes werden die Chargen der Größe nach geordnet und beginnend bei der größten nach folgender Regel auf die einzelnen Maschinen verteilt:

Gestartet wird bei Maschine 1. Ihr wird die größte Charge zugewiesen. Maschine 2 wird dann die nächst kleinere zugewiesen usw., bis Maschine m erreicht ist. Bei Maschine m kehrt sich der Zuweisungsprozess dann um, bis wiederum Maschine 1 erreicht ist. Dieser Vorgang wird so lange wiederholt, bis alle Chargen verteilt sind.

/8/ Ist eine Verteilung der Chargen auf die Maschinen berechnet worden, so soll das Ergebnis als Balkendiagramm ausgegeben werden.

/9/ Jeder Balken repräsentiert eine Maschine und ihre Belegung.

/10/ Aus dem Balkendiagramm soll zusätzlich abzulesen sein, wie die Chargen auf Maschinen verteilt wurden.

a Realisieren Sie das beschriebene PPS-System als Java-Anwendung.

b Liefert das LPT-Verfahren optimale Ergebnisse?

c Führen Sie einige Versuche mit Ihrem PPS-System durch:
Wählen Sie zunächst viele Chargen mit wenig schwankenden Produktionszeiten. Im nächsten Versuch betrachten Sie wenige Chargen mit stark schwankenden Produktionszeiten. Was ist jeweils über die Qualität des Ergebnisses zu sagen?

Hinweis

Eine weitere Aufgabe befindet sich auf der CD-ROM.

3 Algorithmik und Software-Technik – Algorithmen und ihre Verifikation

- Den intuitiven Algorithmusbegriff angeben und erklären können.
- Eigenschaften einer Terminationsfunktion nennen und erläutern können.
- Zusicherungen als boolesche Ausdrücke schreiben können.
- Einfache Programme mit einer Anfangs- und Endebedingung spezifizieren können.
- Anfangs- und Endebedingungen sowie Zusicherungen in Java-Programme integrieren können.
- Verifikationsregeln für die Zuweisung, die Sequenz, die ein- und zweiseitige Auswahl sowie die abweisende Wiederholung (einschließlich der Konsequenzregel) kennen und anwenden können.
- Eine Schleife aus einer gegebenen Invariante und Terminationsfunktion entwickeln können.
- Methoden zur Entwicklung einer Schleifeninvariante kennen und auf einfache Programme anwenden können.
- Die Implementierung einfacher, spezifizierter Programme verifizieren können.

verstehen

anwenden

- Für Leser mit Programmiererfahrung ist dieses Kapitel ohne Kenntnis der vorangegangenen Kapitel verständlich.
- Die Struktogramm- und die Aktivitätsdiagramm-Notation müssen bekannt sein (diese werden in Kapitel 2.13 behandelt).

Die ältesten uns bekannten Algorithmen stammen von dem griechischen Mathematiker Euklid, der im 4./3. Jahrhundert v.Chr. lebte. Sie umfassen Konstruktionsverfahren für Dreiecke aus gegebenen Stücken und den euklidschen Algorithmus zur Berechnung des größten gemeinsamen Teilers zweier ganzer Zahlen /Goos 95, S. 23 f./

3 Algorithmik und Software-Technik

Prof. Charles A. R. Hoare
*1934; Wegbereiter des Verstehens von Programmen, wesentliche Beiträge zur nebenläufigen Programmierung; Studium an der Universität Oxford, England (MA), mehrjährige Industrietätigkeit, seit 1968 Professor für Informatik, heute an der Universität Oxford; 1980: ACM *Turing Award*.

Im vorangegangenen Hauptkapitel 2 dieses Buches wurden die Grundlagen der Programmierung vermittelt. Alle wichtigen objektorientierten und prozeduralen Konzepte wurden behandelt. Die Anwendung der Konzepte wurde an einfachen und umfangreichen Programmen verdeutlicht. Nun ist es an der Zeit, zu »verschnaufen« und das bisher Behandelte unter anderen Gesichtspunkten zu vertiefen.

Beim Schreiben von Programmen hatte sicher jeder schon Probleme mit der »Qualität« seines Programms. Es wurden *nicht* die Ergebnisse ausgegeben, die man erwartete. Während der Laufzeit gab es »unerklärliche« Fehlermeldungen. Nach dem Start des Programms konnte das Programm nicht mehr beendet werden. Solche und ähnliche Probleme gehören zum Alltag des Informatikers. Daher hat sich die Informatik auch schon früh darum gekümmert, wie man konstruktiv und analytisch diese Probleme vermeiden bzw. beheben kann. Ein intuitives Wissen über Algorithmen und ihre Eigenschaften ist hierfür notwendig (Kapitel 3.1). Die Verifikation von Algorithmen (Kapitel 3.2) trägt dazu bei, Algorithmen besser zu verstehen und ihre Korrektheit formal zu beweisen. Das Testen von Programmen (Kapitel 3.3) ermöglicht den Nachweis, dass ein Programm für bestimmte Eingabedaten die gewünschten Ergebnisse liefert. Es ergänzt bzw. ersetzt die Verifikation insbesondere bei umfangreichen Programmen. Sollen nicht nur Algorithmen und Programme, sondern auch Dokumente überprüft werden, dann sind *Walkthroughs* und Inspektionen geeignete Methoden (Kapitel 3.4). Um nicht nur einzelne Produkte, sondern den Entwicklungsprozess an und für sich zu verbessern, sind Kenntnisse der Psychologie des Programmierens hilfreich. Aus eigenen Fehlern kann man durch »selbst kontrolliertes Programmieren« lernen. Die aufgeführten Methoden gehören einerseits zum engeren Bereich der Algorithmik, andererseits zur Software-Technik.

Aufwand

Haben mehrere Programmierer oder Teams Programme für das gleiche Problem geschrieben, dann stellt sich die Frage, welches Programm das Problem bezogen auf den Aufwand bzw. die Effizienz am besten löst. Zur Beantwortung dieser Frage müssen prinzipielle Aufwandsbetrachtungen für Algorithmen angestellt werden (Kapitel 3.6).

Algorithmen und Datenstrukturen

Im Hauptkapitel 2 wurden bereits wichtige Algorithmen und Datenstrukturen wie Felder, Warteschlangen, Keller und Streuspeicherung *(hashing)* angesprochen. Es gibt jedoch weitere wichtige Algorithmen und Datenstrukturen, die für viele Anwendungsbereiche essenziell sind. Dazu gehören die Datenstrukturen Listen (Kapitel 3.7) und Bäume (Kapitel 3.8) sowie Such- (Kapitel 3.9) und Sortieralgorithmen (Kapitel 3.10).

Das Ziel des Hauptkapitels 3 besteht also darin, das Wissen über Algorithmen und Datenstrukturen, ihren Aufwand und ihre Qualität zu vertiefen, zu verbreitern und zu festigen, um auf dieser Grundlage bessere Programme erstellen zu können.

3.1 Algorithmen und ihre Eigenschaften

Die Funktionalität einer Anwendung wird durch die Operationen der Klassen zur Verfügung gestellt. Die Operationen selbst realisieren mehr oder weniger komplexe Algorithmen. Die Algorithmen greifen auf Attribute, d.h. auf Variablen, zu und manipulieren sie.

Verallgemeinert handelt es sich bei Attributen um Datenstrukturen. Eine Datenstruktur kann eine Variable eines einfachen Typs sein. Eine Variable kann aber auch ein Feld repräsentieren oder ein Zeiger auf ein Objekt einer Klasse sein. *Datenstrukturen*

Da Algorithmen immer Datenstrukturen verwenden und manipulieren, werden unter dem Begriff Algorithmen auch immer Datenstrukturen subsumiert. Wenn im Folgenden also von Algorithmen gesprochen wird, sind Datenstrukturen immer inbegriffen.

Algorithmen beschreiben ein Verfahren zur Lösung eines Problems, unabhängig von einer konkreten Programmiersprache und einem konkreten Computersystem.

Sowohl Programmiersprachen als auch Computersysteme sind in diesem Zusammenhang »nur« Mittel zum Zweck – nämlich Algorithmen automatisch auszuführen.

Es gibt viele Lehrbücher, die dem Thema »Algorithmen und Datenstrukturen« gewidmet sind. Im Literaturverzeichnis ist eine Auswahl aufgeführt.

Die Analyse, die Konstruktion und das Erfinden von Algorithmen sind ein zentrales Thema der Informatik.

Was ist nun ein Algorithmus? Die Antwort hängt von der Sichtweise ab /Stoschock 96/: *Algorithmusbegriff*

Die **Algorithmentheorie**, als Disziplin der theoretischen Informatik und der Mathematik, befasst sich u.a. mit den mathematisch exakten Definitionen eines Algorithmus und deren Gleichwertigkeit. *Algorithmentheorie*

Die **Algorithmik**, als Ingenieurdisziplin im Vorfeld von Programmier- und Software-Technik, arbeitet auf der Basis einer ingenieurmäßig intuitiven Algorithmusdefinition. *Algorithmik*

Für die »Grundlagen der Informatik« genügt ein intuitives Verständnis des Algorithmusbegriffs und die Fähigkeit, konkret angegebene Algorithmen in problemorientierten Programmiersprachen wie Java zu formulieren.

Intuitiv lässt sich der Begriff Algorithmus folgendermaßen definieren: *intuitiver Algorithmusbegriff*

Ein **Algorithmus** ist eine **eindeutige** (a), **endliche** (b) Beschreibung eines **allgemeinen** (c), **endlichen** (d) Verfahrens zur schrittweisen Ermittlung gesuchter Größen aus gegebenen Größen.

Die Beschreibung erfolgt in einem **Formalismus** (e) mithilfe von **anderen** (e) **Algorithmen** und, letztlich, **elementaren** (e) **Algorithmen**.

Ein Algorithmus muss **ausführbar** (f) sein, d.h., ein Prozessor, der den Formalismus kennt und die elementaren Algorithmen beherrscht, muss ihn abarbeiten können. Bei der Ausführung eines Algorithmus werden **Objekte** (g) manipuliert, insbesondere erfolgt eine **Ein-** und **Ausgabe** von Objekten.

Eigenschaften von Algorithmen:

Dieser Algorithmusbegriff verdeutlicht typische Eigenschaften von Algorithmen:

eindeutige Beschreibung

Ein Algorithmus muss **eindeutig** (a) beschrieben sein. Aus der Formulierung des Algorithmus muss die Abfolge der einzelnen Ver-ar-beitungschritte eindeutig hervorgehen. Hierbei sind Wahlmöglichkeiten, wie Auswahl und Wiederholung, zugelassen. Es muss aber genau festliegen, wie die Auswahl einer der Möglichkeiten erfolgen soll. Programmiersprachen wurden dazu entwickelt, eine eindeutige Beschreibung sicherzustellen. Ein Algorithmus kann aber auch in jedem beliebigen anderen **Formalismus** (e) dargestellt werden, der die eindeutige Interpretation durch einen Prozessor – ob Mensch oder Automat – sicherstellt.

endliche Beschreibung: statische Finitheit

Dass eine Algorithmenbeschreibung **endlich** (b) ist, erscheint zunächst trivial. Unendlich lange Beschreibungen gibt es nicht. Oder doch? Die Mathematik behilft sich mit »drei Punkten«, die die unendliche Fortsetzung angeben (Ellipse). Eine Additionsvorschrift sieht beispielsweise folgendermaßen aus:

$$1 + \frac{1}{2} + \frac{1}{3} + \dots$$

Diese Notation ist die endliche Beschreibung eines (abzählbar) unendlichen Problems.

Eine solche Beschreibung ist für einen Algorithmus nicht zulässig.

allgemeine Problemlösung

Ein Algorithmus löst ein **allgemeines** (c) Problem oder eine allgemeine Problemklasse und nicht nur ein spezielles Problem. Die Wahl eines einzelnen, aktuell zu lösenden Problems aus dieser Klasse erfolgt durch Parameter.

Beispiel

Der Unterschied zwischen einem **speziellen** und einem **allgemeinen Verfahren** lässt sich durch eine Gegenüberstellung (Abb. 3.1-1) verdeutlichen.

Die linke Seite der Abb. 3.1-1 zeigt ein spezielles Verfahren, die rechte Seite ein allgemeines Verfahren.

Allgemeinheit bedeutet, dass ein Algorithmus die Lösung einer Klasse von Problemen nach dem gleichen Schema ermöglicht, d.h. Aufgaben des gleichen Typs sollen mit einem Algorithmus gelöst werden.

472

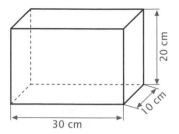
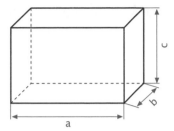

Abb. 3.1-1:
Spezielles vs.
allgemeines
Verfahren

Spezielles Verfahren:
Die Oberfläche des Quaders
mit den Kantenlängen
30 cm, 10 cm, 20 cm beträgt:
2 * 30 cm * 10 cm +
2 * 10 cm * 20 cm +
2 * 30 cm * 20 cm = 2200 cm²

Allgemeines Verfahren:
Die Oberfläche eines Quaders
mit den Kantenlängen
a, b und c berechnet sich nach der Formel:
O = 2ab + 2ac + 2bc.

Wie das Beispiel zeigt, erhält man eine Verallgemeinerung der Beschreibung bereits durch die Verwendung allgemeiner Bezeichner. Anstelle von Kantenlänge 30 cm schreibt man Kantenlänge a.

Unter dem Gesichtspunkt der »Wiederverwendbarkeit« von Programmen ist es besonders wichtig, mit Algorithmen möglichst allgemeine Problemklassen zu lösen.

Ziel: Wiederverwendbarkeit

Ein Algorithmus muss in der Regel für jede Eingabe nach endlich vielen Abarbeitungsschritten ein Ergebnis liefern und anhalten, d.h. terminieren. Ausnahmen von der Regel sind z.B. Steuerungsalgorithmen wie das Betriebssystem eines Computers oder ein Ampelsteuerungsprogramm.

endliches Verfahren: Termination, dynamische Finitheit

Es gibt nichttriviale Aufgaben, die zwar lösbar (berechenbar) sind, für deren Lösung jedoch kein Algorithmus angegeben werden kann, der terminiert. Es liegt nahe, einen Algorithmus zu entwickeln, der für *alle* Algorithmen feststellt, ob sie terminieren oder nicht. Diese Aufgabe ist jedoch prinzipiell *nicht* zu leisten.

Man kann beweisen, dass im Allgemeinen algorithmisch nicht entschieden werden kann, ob ein Algorithmus terminiert oder nicht (Halteproblem). Hier wird bereits die Grenze der Leistungsfähigkeit des Algorithmus überschritten.

Halteproblem

Ein Algorithmus verwendet in der Regel **andere Algorithmen** (e), um sein Lösungsverfahren zu beschreiben. In objektorientierten Programmiersprachen geschieht dies durch das Versenden von Botschaften, um Dienstleistungen anderer Klassen in Anspruch zu nehmen. Alle Dienstleistungen basieren letztendlich auf definierten **elementaren Algorithmen** (e), die der ausführende Prozessor beherrschen muss. In Programmiersprachen sind die elementaren Algorithmen definiert, z.B. durch die Festlegung von mathematischen Operationen. Stellt eine Programmiersprache beispielsweise keine Multiplikation zur Verfügung, sondern nur Addition und Subtraktion, dann müsste durch einen Multiplikationsalgorithmus die Multi-

andere Algorithmen, elementare Algorithmen

plikation auf Addition und Subtraktion zurückgeführt werden. Im Prinzip übernimmt eine solche Aufgabe der Compiler. Er bildet die definierten elementaren Algorithmen einer Programmiersprache auf die noch primitiveren Algorithmen des automatischen Prozessors ab. Die Anzahl der verfügbaren elementaren Algorithmen bzw. Elementaroperationen ist beschränkt, ebenso ihre Ausführungszeit.

Ausführbarkeit   Die Anweisungen eines Algorithmus müssen **ausführbar** (f) sein, d.h., es müssen Handlungsanweisungen sein, die der Prozessor abarbeiten kann.

Eine Vorschrift wie »Wenn man in 14 Tagen Zahnschmerzen bekommt, dann ist bereits heute mit dem Zahnarzt ein Termin auszumachen, um die Wartezeit zu verkürzen« ist *nicht* ausführbar. In Abhängigkeit von zukünftigen Ereignissen, über deren Eintreten zum gegenwärtigen Zeitpunkt keine sichere Aussage gemacht werden kann, kann man keine gegenwärtigen Entscheidungen treffen.

Der intuitive Algorithmusbegriff zeigt, welche Eigenschaften ein Verfahren besitzen muss, damit es sich um einen Algorithmus handelt. Fehlt eine dieser Eigenschaften, dann liegt *kein* Algorithmus vor.

Eine zentrale Aufgabe der Informatik ist es, Probleme durch Algorithmen zu lösen. Ist ein Lösungsalgorithmus entdeckt und formuliert, dann ist das Problem aus Sicht der »Theorie« erledigt. Für die »Praktische Informatik« stellen sich aber noch folgende Fragen:

Voraussetzungen   Unter welchen Bedingungen bzw. Voraussetzungen arbeitet der Algorithmus? Welche Eingaben sind erlaubt und wie sehen die möglichen Ausgaben bei zulässigen Eingaben aus?

Endet der Algorithmus für alle zulässigen Eingaben und wie beweist man die Termination?

Termination
Korrektheit   Löst der Algorithmus das gewünschte Problem richtig? Anders ausgedrückt: Wie kann man sicher sein, dass für alle Eingaben die gewünschten Ergebnisse erzielt werden?

Diese ersten drei Fragen werden in den folgenden Kapiteln ausführlich behandelt.

Aufwand, Effizienz   Wie aufwendig bzw. wie effizient ist der Algorithmus? Es lässt
Kapitel 3.6   sich beweisen, dass es zu jedem Algorithmus unendlich viele verschiedene, äquivalente Algorithmen gibt, die die gleiche Aufgabe lösen. Zu den schwierigen Aufgaben gehört die Suche nach schnelleren Algorithmen (kürzere Laufzeit) oder kompakteren Algorithmen (geringerer Speicherbedarf) oder der Beweis, dass es solche nicht geben kann. Für die Lösung dieser Probleme gibt es keine allgemeinen Methoden. Außerdem gibt es Problemklassen, deren Algorithmen eine so lange Laufzeit haben, dass mit heutigen und zukünftigen Computersystemen keine Problemlösung berechnet werden kann.

Neben der Laufzeit und dem Speicherbedarf gibt es noch weitere Kriterien, die die Güte oder die Qualität eines Algorithmus ausmachen. Zu diesen Kriterien gehören die Zuverlässigkeit, die Änderbarkeit und die Übertragbarkeit. Diese werden z.B. in /Balzert 98/ behandelt. Die Problematik dieser Kriterien besteht darin, dass der Grad ihrer Erfüllung schwer messbar ist.

Bei dem oben aufgeführten intuitiven Algorithmusbegriff handelt es sich um den klassischen, deterministischen Algorithmusbegriff. Deterministisch bedeutet, dass zu jedem Zeitpunkt der Ausführung genau eine Möglichkeit der Fortsetzung besteht. *(Determinismus)*

Gibt es an mindestens einer Stelle zwei oder mehr Fortsetzungsmöglichkeiten, von denen eine beliebig ausgewählt werden kann, dann heißt ein Algorithmus nichtdeterministisch. Sind den Fortsetzungsmöglichkeiten Wahrscheinlichkeiten zugeordnet, dann liegen stochastische Algorithmen vor. *(Erweiterung des Algorithmenbegriffs)*

Durch Einbringen nichtdeterministischer, stochastischer, evolutionärer und anderer Elemente gelangt man zu Algorithmen, die beim Lösen bestimmter Aufgabenklassen wesentlich leistungsfähiger sind als klassische Algorithmen.

Die theoretische Informatik hat gezeigt, dass der Begriff des Algorithmus verschieden definiert werden kann und dass diese Definitionen unter dem Gesichtspunkt der Berechenbarkeit äquivalent sind. Die oben angegebene klassische Algorithmusdefinition ist eine prozedurale Definition, wie sie seit über 50 Jahren in der Informatik verwendet wird. Für eine solche Definition sind zwei Merkmale charakteristisch:
- Es wird festgelegt, welche Operationen der Prozessor auszuführen hat.
- Es wird die Reihenfolge festgelegt, in der die Operationen auszuführen sind (Determinierung).

Die Suche nach nichtprozeduralen Algorithmusdefinitionen führte zur funktionalen bzw. applikativen, zur prädikativen bzw. logikorientierten und zur deklarativen Programmierung. Im Folgenden wird auf diese Algorithmenbegriffe nicht eingegangen, da sie für die praktische Informatik von untergeordneter Bedeutung sind. *(nichtprozedurale Algorithmenbegriffe)*

Hat man einen Algorithmus zu einem Problem gefunden, dann liegt ein algorithmisch lösbares Problem vor. Offenbar gibt es auch Verfahren bzw. Prozesse, für die kein Algorithmus existiert. *(Berechenbarkeit)*

Ein Beispiel ist das Erfinden von Algorithmen selbst. Dabei handelt es sich um einen kreativen Prozess, für den die Software-Technik methodische Rahmen und Regeln entwickelt hat. Es gibt aber keinen Algorithmus zum Erfinden von Algorithmen.

Liegt ein Verfahren bzw. ein Prozess vor, wie kann dann entschieden werden, ob es einen Algorithmus dafür gibt oder nicht? Die Beantwortung dieser Frage ist wichtig. Wenn ein Vorgang nicht durch einen Algorithmus beschrieben werden kann, dann kann er *niemals* durch ein Computersystem ausgeführt werden. Unter dem Begriff

Berechenbarkeit (*computability*) befasst sich die theoretische Informatik mit diesen Fragestellungen. Das oben erwähnte Halteproblem ist beispielsweise *nicht* berechenbar.

3.2 Verifikation

Beim Testen wird für *einige* möglichst gut ausgewählte Testdaten das Programm ausgeführt und beobachtet, ob das gewünschte Ergebnis ermittelt wird. Da in der Regel aus Aufwandsgründen nicht alle möglichen Kombinationen von Eingabedaten getestet werden können, liefert das Testen keine Gewissheit über die Korrektheit des Programms für die noch nicht getesteten Eingabedaten.

Um diesen prinzipiellen Nachteil des Testens zu vermeiden, wurden Methoden entwickelt, um durch theoretische Analysen die **Korrektheit** eines Programms zu zeigen.

verifizieren = bewahrheiten, auf Stichhaltigkeit prüfen

Verifikation ist eine formal exakte Methode, um die Konsistenz zwischen der Programmspezifikation und der Programmimplementierung für *alle* in Frage kommenden Eingabedaten zu beweisen.

Durch Verifizieren erreicht man daher eine wesentlich größere Sicherheit bezüglich der Fehlerfreiheit von Programmen als durch Testen.

Schon bei der Programmentwicklung müssen alle Korrektheitsargumente gesammelt werden, um später die Korrektheit des fertigen Programms garantieren zu können.

Die Verifikation beruht im Wesentlichen auf Arbeiten von /Floyd 67/ und /Hoare 69/.

Im Folgenden wird anhand eines Beispiels zunächst eine intuitive Einführung in die Verifikation gegeben. Anschließend werden die einzelnen Bestandteile einer Verifikation detailliert betrachtet. Die Ausführungen in diesem Kapitel geben nur eine elementare Einführung in die Verifikation und sollen im Wesentlichen die Grundideen vermitteln. Ausführlich wird die Verifikation z.B. in den Büchern /Apt, Olderog 94/, /Baber 90/, /Francez 92/ und /Futschek 89/ behandelt. Die Abschnitte 3.2.2 bis 3.2.6 orientieren sich an /Futschek 89/.

3.2.1 Intuitive Einführung

Die Idee der Verifikation wird zunächst an einem Beispiel demonstriert, bevor die einzelnen Konzepte genauer betrachtet werden.

Beispiel 1a

Es soll ein Programm geschrieben werden, das aus einer beliebigen reellen Zahl A und einer positiven ganzen Zahl B die Potenz A^B ermittelt.

Ein Programm, das dieses Problem löst, ist dann korrekt, wenn folgende Beziehungen gelten:

Alle zulässigen Eingabewerte für die Basis werden durch A, alle zulässigen Eingabewerte für den Exponenten werden durch B dargestellt

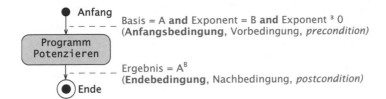

● Anfang
- - - - - Basis = A **and** Exponent = B **and** Exponent ³ 0
(**Anfangsbedingung**, Vorbedingung, *precondition*)

Programm
Potenzieren

- - - - - Ergebnis = A^B
(**Endebedingung**, Nachbedingung, *postcondition*)
◉ Ende

– im Gegensatz zu testenden Verfahren werden keine konkreten Werte wie Basis = 5 und Exponent = 4 angenommen. Die angegebenen Beziehungen werden als **Zusicherungen** (*assertions*) bezeichnet.

Es wird nun ein Programm Potenzieren in Form eines Aktivitätsdiagramms angegeben, von dem gezeigt werden soll, dass es das Problem löst (Abb. 3.2-1).   Abschnitt 2.13.3

Dieses Programm nutzt folgende mathematischen Beziehungen aus:

$Basis^{Exponent} = (Basis * Basis)^{Exponent/2}$ für gerade Exponenten und
$Basis^{Exponent} = Basis * Basis^{Exponent-1}$ für ungerade Exponenten

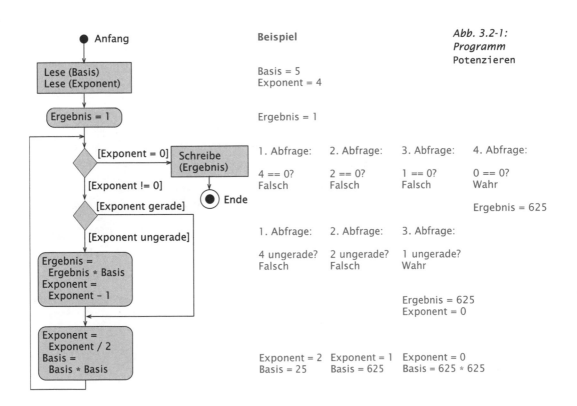

Abb. 3.2-1:
Programm
Potenzieren

Dasselbe Aktivitätsdiagramm ist in Abb. 3.2-2 nochmals angegeben, jedoch versehen mit Zusicherungen. Diese Kommentare beschreiben den Zustand des Programms an den einzelnen Stellen.

Die Anfangs- und Endebedingung kann sofort hingeschrieben werden. Nun sind alle Anweisungen und alle Pfade des Aktivitätsdiagramms durchzugehen und zu zeigen, dass man aus der Anfangsbedingung durch das Programm die Endebedingung erhält. Die Schleife möge man sich vorläufig aufgeschnitten, d.h. ungeschlossen denken. Die an der Stelle **2** angegebene Zusicherung ist der Angelpunkt des ganzen Verfahrens. Sie muss zunächst intuitiv gefunden und in geeigneter Weise formuliert werden. Ausgehend von dieser Behauptung **2** können nun weitere Zusicherungen abgeleitet werden. Die Ausgangsbedingung **3** ergibt sich aus **2**, da Exponent = 0 ist und Basis^0 = 1 gilt. **4** folgt unmittelbar aus **2**. Um **7** aus **5** abzuleiten, wird **5** in die äquivalente Form **6** umgeschrieben. Durch Ersetzen von Ergebnis * Basis durch Ergebnis und Exponent − 1 durch Exponent ergibt sich dann **7**. Interessant ist, dass **7** und **8** an der Zusammenführungsstelle übereinstimmen. **7** bzw. **8** kann in **9** umgeformt werden (($x \cdot x)^{y/2} = x^{2 \cdot y/2} = x^y$). Durch Ersetzen von Exponent/2 durch Exponent

Abb. 3.2-2:
Programm
Potenzieren *mit*
Zusicherungen

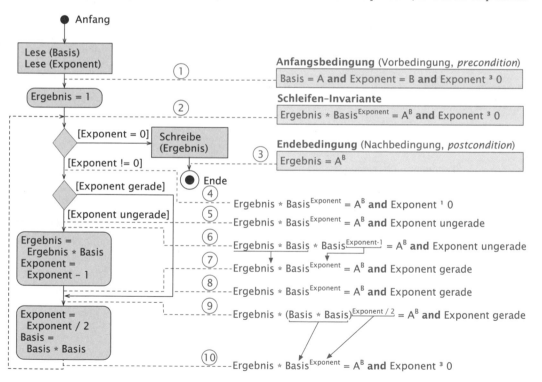

478

und Basis * Basis durch Basis in **9** erhält man **10**. Schließt man nun die Rückwärtsschleife von **10** nach **2**, so sieht man, dass beide Zusicherungen übereinstimmen, d.h., die als Hypothese angenommene Zusicherung **2** bleibt bestehen. Würden die Zusicherungen **2** und **10** nicht identisch sein oder würde sich keine Beziehung zwischen beiden Zusicherungen herstellen lassen, dann wären die postulierten Zusicherungen falsch oder wenigstens untauglich.

Die Zusicherung **2** gilt also offenbar für den ersten Durchlauf der Schleife, da mit Ergebnis = 1, Basis = A und Exponent = B der Ausdruck Ergebnis * Basis^{Exponent} = A^B wahr ist. Aufgrund des oben angegebenen Schlusses gilt die Zusicherung daher für den zweiten Durchlauf der Schleife sowie bei allen anderen Durchläufen. Eine solche Zusicherung an der Schnittstelle einer Schleife wird Schleifen-**Invariante** genannt, da diese Beziehung auch nach der wiederholten Ausführung der Wiederholungsanweisungen unverändert, d.h. invariant bleibt.

Damit ist bewiesen, dass dieses Programm das Ergebnis A^B liefert, wenn es das Ende erreicht. Dass das Programm nach endlich vielen Wiederholungen endet, d.h. terminiert, wurde nicht bewiesen. Dies muss gesondert gezeigt werden.

Auf der CD-ROM befindet sich eine Animation zu diesem Beispiel.

Der totale Korrektheitsbeweis eines Algorithmus besteht also aus zwei Teilen: totale Korrektheit

a Beweis, dass das korrekte Ergebnis bei Termination geliefert wird.

b Beweis der Termination.

3.2.2 Zusicherungen

Zusicherungen (*assertions*) garantieren an bestimmten Stellen im Programm bestimmte Eigenschaften oder Zustände. Sie sind logische Aussagen über die Werte der Programmvariablen an den Stellen im Programm, an denen die jeweiligen Zusicherungen stehen.

Im Programm Potenzieren gilt an der Stelle **2** beispielsweise immer die Zusicherung: Beispiel 1b

Ergebnis * Basis^{Exponent} = A^B **and** Exponent ≥ 0

Nach dem Quadrieren einer reellen Zahl kann zugesichert werden, dass diese Zahl nicht negativ ist: Beispiel 2

Es gibt mehrere Möglichkeiten, eine Zusicherung zu formulieren: zur Formulierung

■ umgangssprachlich, z.B. x ist nicht negativ, oder

■ formal, z.B. x ≥ 0.

Die formale Notation von Zusicherungen besteht aus booleschen Ausdrücken mit Konstanten und Variablen mit Vergleichsoperatoren (<, ≤, =, ≠, ≥, >) und logischen Operatoren (**and**, **or**, **not**, ⇔, ⇒).

zur Notation

Drei Notationen lassen sich unterscheiden:

- Annotation durch gestrichelte Linien an einem Programmablaufplan (siehe Beispiele 1a und 2),

Kapitel 2.13

- Ergänzung von Struktogrammen durch Rechtecke mit abgerundeten Ecken /Futschek 89/ und
- spezielle Kommentare oder Makros in Programmiersprachen, z.B. `assert (x >= 0);` //Zusicherung ist ungültig, wenn x negativ ist.

Beispiel 3

Ist vor der Zuweisung $x := y^2$ sichergestellt, dass y größer als 1 ist, dann kann man nach der Zuweisung zusichern, dass x größer als y ist. Nachher gilt auch $y > 1$.

> $y > 1$
>
> $x := y^2$
>
> $x > y > 1$

Zusicherungen können das Verstehen der Wirkung von Programmen erleichtern.

Beispiel 4

In dem Programm Vertausche (Abb. 3.2-3a) werden die Werte der Variablen a, b und c durch Vertauschungen so umgeordnet, dass am Schluss $a \le b \le c$ gilt.

In diesem Programm ist schwierig zu erkennen, ob in allen Zweigen des Programms das richtige Ergebnis erzielt wird. Mithilfe von eingefügten Zusicherungen ist die Wirkung besser zu verstehen (Abb. 3.2-3b).

Die einzelnen Zusicherungen gelten an den jeweiligen Stellen im Programm, unabhängig von den Anfangswerten der Variablen a, b und c.

a ohne Zusicherungen   **b** mit Zusicherungen

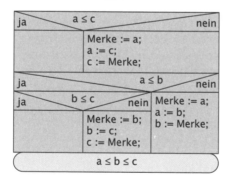

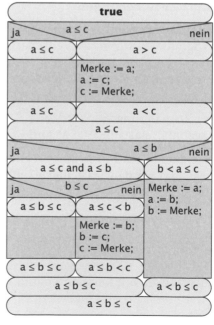

Abb. 3.2-3:
Das Programm
Vertausche
ohne und mit
Zusicherungen

480

Während der Programmentwicklung sollte man Zusicherungen zunächst umgangssprachlich formulieren und dann erst formal hinschreiben.

Generell sollte man sich angewöhnen, in jedem **else**-Zweig einer Auswahlanweisung die gültige Bedingung hinzuschreiben, da man sich oft nicht darüber im Klaren ist, wie die Negation der Bedingung aussieht.

Empfehlung

Die Zusicherung **true** ist immer erfüllt. Sie schränkt den Wertebereich der Variablen in keinerlei Weise ein. Sie wird als erste Zusicherung (Anfangsbedingung) in einem Programm verwendet, wenn für die Werte der Variablen keinerlei Einschränkungen existieren.

3.2.3 Spezifizieren mit Anfangs- und Endebedingung

Die Wirkung eines Programms kann durch die beiden Zusicherungen Anfangsbedingung und Endebedingung spezifiziert werden.

Die **Anfangsbedingung (Vorbedingung, precondition)** gilt vor dem spezifizierten Programm und legt die zulässigen Werte der Variablen vor dem Ablauf des Programms fest.

precondition

Die **Endebedingung (Nachbedingung, postcondition)** gilt nach dem spezifizierten Programm und legt die gewünschten Werte der Variablen und Beziehungen zwischen den Variablen nach dem Ablauf des Programms fest.

postcondition

Q — Anfangsbedingung (Vorbedingung, *precondition*)

S — spezifiertes Programm

R — Endebedingung (Nachbedingung, *postcondition*)

In einem linearen Programmtext setzt man die Anfangs- und Endebedingungen in geschweifte Klammern: {Q} S {R}.

Notation

Betrachtet man eine Spezifikation, ohne sich auf ein konkretes Programm S zu beziehen, dann schreibt man: {Q} . {R}.

Ist ein Programm durch eine Anfangs- und eine Endebedingung spezifiziert, dann ist es die Aufgabe des Programmierers, ein Programm S zu schreiben. Jedes Mal, wenn vor dem Programm die Anfangsbedingung Q erfüllt ist, muss das Programm terminieren und nach der Termination die Endebedingung R erfüllen.

Spezifikation als Vorgabe für die Implementierung

Es soll ein Programm Tausche geschrieben werden, das die Werte der zwei Variablen x und y vertauscht. Eine Spezifikation dieses Programms zeigt das Struktogramm in der Marginalspalte.
Für alle Werte von x und y gilt:
»Jedes Mal, wenn vor dem Aufruf von Tausche x den Wert X und y den Wert Y hat, dann terminiert Tausche, und danach hat x den Wert Y und y den Wert X.«
X und Y stehen stellvertretend für beliebige Eingabewerte. Beim dynamischen Test wären X und Y konkrete Werte eines Testfalls. Da bei

Beispiel 5

Q: x = X, y = Y

Tausche

R: x = Y, y = X

der Verifikation das Programm für alle Werte überprüft wird, werden sogenannte **externe Variable** verwendet, die alle Eingabewerte repräsentieren. Die Bezeichnung »externe Variable« wird verwendet, da die Variablen X und Y *keine* Programmvariablen sind, d.h. sie tauchen in der Implementierung *nicht* auf.

externe Variable

Mithilfe der **externen Variablen** kann man einen mathematischen Zusammenhang zwischen den Werten der Variablen vor dem Programm und den Werten nach dem Programm herstellen, da die Werte der externen Variablen durch das Programm nicht verändert werden können. Externe Variable werden im Folgenden immer in Großbuchstaben geschrieben.

mehrere Spezifikationsmöglichkeiten

In der Regel gibt es mehrere Möglichkeiten, ein Programm zu spezifizieren.

Beispiel 6

Es soll eine Variable x quadriert werden. Folgende zwei Spezifikationen sind gleichwertig, da sie die gleiche Klasse von Programmen spezifizieren:

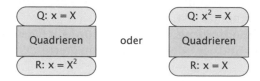

feste Variable

Variablen, deren Werte im Programm nicht verändert werden sollen, werden als **feste Variablen** bezeichnet, d.h. es handelt sich um Konstanten. Sie werden analog wie externe Variable mit Großbuchstaben geschrieben.

Beispiel 7a

Das Programm Maximum soll den größeren Wert der Variablen x und y in der Variablen m ausgeben.

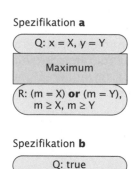

Bei der nebenstehenden Spezifikation **a** darf das Programm Maximum die Variablen x und y verändern. Sollen x und y unverändert bleiben, dann muss die Bedingung x = X, y = Y auch nach dem Programm gelten.

Da die Angabe der festen Variablen durch invariante Bedingungen der Form x = X und y = Y umständlich ist, werden in der Spezifikation **b** feste Variablen verwendet. Auf diese Weise werden externe Variable eingespart.

Ist eine Spezifikation so formuliert, dass es kein Programm gibt, das die Spezifikation erfüllt, dann ist sie widersprüchlich.

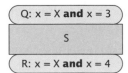

Die nebenstehende Spezifikation ist wider- Beispiel 8
sprüchlich, da die Variable x nicht gleichzeitig unverändert sein kann und vorher und
hinterher verschiedene Werte annehmen
kann.

Schwieriger sind Widersprüche bei den so genannten unberechen- unberechenbare
baren Problemen zu erkennen. Diese Probleme sind so schwierig, Probleme
dass es keine Programme gibt, die diese Probleme lösen.

Folgende Probleme sind *nicht* berechenbar; sie können daher auch Kapitel 3.1
nicht mit einem Programm allgemein gelöst werden:

- Feststellen, ob zwei Programme die gleiche Wirkung haben.
- Feststellen, ob ein beliebiges gegebenes Programm überhaupt ter-
  miniert.
- Feststellen, ob ein Programm eine Spezifikation erfüllt.
- Ein Programm zu einer Spezifikation generieren.
- Feststellen, ob zwei Spezifikationen die gleiche Klasse von Pro-
  grammen festlegen.

Diese Aufgaben lassen sich nur in Einzelfällen für bestimmte Programme und Spezifikationen lösen, sind aber nicht für beliebige Programme und Spezifikationen algorithmisch lösbar.

Die obigen Beispiele zeigen, dass

- es unterschiedliche Spezifikationen gibt, die die gleiche Klasse
  von Programmen spezifizieren,
- es widersprüchliche Spezifikationen gibt, die kein Programm spezifizieren,
- Spezifikationen sorgfältig erstellt werden müssen, um genau die
  beabsichtigte Wirkung zu definieren und nicht mehr und nicht
  weniger.

3.2.4 Anfangs-/Endebedingungen und Zusicherungen in Java

Wie in den Programmiersprachen C++ und Eiffel sind Zusicherungen
in Java Teil der Sprache. Zusicherungen werden durch eine assert-
Anweisung spezifiziert, die folgende Syntax besitzt:

assert *Expression₁* Syntax 1

wobei *Expression₁* ein boolscher Ausdruck ist. Zur Laufzeit wird dieser Ausdruck ausgewertet. Ist er falsch (false), dann wird die Ausnahme AssertionErrror ausgelöst. Es wird keine detaillierte Fehlermeldung ausgegeben.

Optional kann noch ein weiterer Ausdruck angegeben werden: Syntax 2

assert *Expression₁* : *Expression₂*

wobei *Expression₂* ein Ausdruck ist, der einen Wert besitzt. Dieser
Wert wird zusätzlich ausgegeben, wenn die Zusicherung nicht zutrifft und soll helfen, den Fehler schneller zu finden. Der Wert des

Ausdrucks wird an den Konstruktor von AssertionError weitergegeben, der die String-Darstellung des Werts dann ausgibt.

Beispiel Das in Abschnitt 3.2.1 behandelte Programm Potenzieren lässt sich
um Zusicherungen ergänzen:

```
/*Programmname: Potenz
 * GUI- und Fachkonzept-Klasse: PotenzGUI
 * Aufgabe: Potenzierung einer Zahl
 */
import java.awt.*;
import java.applet.*;
import java.awt.event.*;
```

Klasse
PotenzGUI

```
public class PotenzGUI extends Applet
{
    //Attribute
    Label basisFuehrungstext = new Label();
    Label exponentFuehrungstext = new Label();
    Label ergebnisFuehrungstext = new Label();
    TextField basisTextfeld = new TextField();
    TextField exponentTextfeld = new TextField();
    TextField ergebnisTextfeld = new TextField();
    Button potenzierenDruckknopf = new Button();

    public void init()
    {
        setLayout(null);
        setSize(300,120);
        basisFuehrungstext.setText("Basis");
        add(basisFuehrungstext);
        basisFuehrungstext.setBounds(24,24,60,26);
        exponentFuehrungstext.setText("Exponent");
        add(exponentFuehrungstext);
        exponentFuehrungstext.setBounds(24,60,60,26);
        ergebnisFuehrungstext.setText("Ergebnis");
        add(ergebnisFuehrungstext);
        ergebnisFuehrungstext.setBounds(24,96,60,26);
        add(basisTextfeld);
        basisTextfeld.setBounds(84,24,84,24);
        add(exponentTextfeld);
        exponentTextfeld.setBounds(84,60,84,24);
        add(ergebnisTextfeld);
        ergebnisTextfeld.setBounds(84,96,192,24);
        potenzierenDruckknopf.setLabel("Potenzieren");
        add(potenzierenDruckknopf);
        potenzierenDruckknopf.setBackground(Color.lightGray);
        potenzierenDruckknopf.setBounds(180,60,96,26);

        AktionsAbhoerer einAktionsAbhoerer = new AktionsAbhoerer();
        potenzierenDruckknopf.addActionListener(einAktionsAbhoerer);
    }
    //Innere Klasse
    class AktionsAbhoerer implements ActionListener
    {
        public void actionPerformed(ActionEvent event)
        {
```

484

```
        float Basis;  //Eingabe
        int Exponent; //Eingabe, Annahme: positive ganze Zahl
        float Ergebnis; //Ausgabe
        //Hilfsgrößen
        String Merke, ErgebnisString;
        Integer i;  //Integer ist eine Klasse
        Float f;  //Float ist eine Klasse
        //Inhalt der Eingabefelder in Zahlen umwandeln
        Merke = basisTextfeld.getText();
        f = Float.valueOf(Merke);
        Basis = f.floatValue();

        Merke = exponentTextfeld.getText();
        i = Integer.valueOf(Merke);
        Exponent = i.intValue();
        float A = Basis; //Wird für die Verifikation benötigt
        float B = Exponent; //Wird für Verifikation benötigt
        //Verifikation
        assert Exponent >= 0 : "Exponent ist < 0";

        // Berechnung durchführen
        // Algorithmus Potenzierung
        Ergebnis = 1.0f;
        //Ende der Schleife, wenn Exponent == 0
        while(Exponent >= 1)
        {
          //Invariante
          assert Math.abs(Ergebnis * Math.pow(Basis, Exponent)
           - Math.pow(A,B)) < 1.0e-10 : "Invariante verletzt";
          if(Exponent % 2 != 0) //Exponent ungerade
            {
            Ergebnis = Ergebnis * Basis;
            Exponent = Exponent - 1;
            }
          Exponent = Exponent / 2;
          Basis = Basis * Basis;
        }
        // Zahl in Text umwandeln
        ErgebnisString = Float.toString(Ergebnis);
        ergebnisTextfeld.setText(ErgebnisString);
        //Verifikation
        assert(Math.abs(Ergebnis - Math.pow(A, B)) < 1.0e-10) :
            "Ergebnis ist falsch";
      }//Ende Operation
  }//Ende innere Klasse
}
```

Das Ergebnis eines Programmlaufs zeigt Abb. 3.2-4.

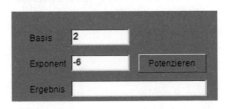

Abb. 3.2-4:
Benutzungs-
oberfläche des
Programms
PotenzGUI

Die Meldung über die verletzte Zusicherung erscheint im Java-Konsolenfenster (Abb. 3.2-5).

Abb. 3.2-5:
Meldung über die
ausgelöste
Zusicherung.

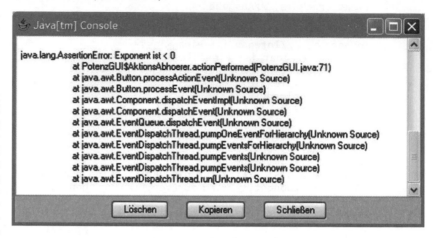

Prof. Robert
W. Floyd
*1936 in New York;
Wegbereiter der
Verifikation und
des Verstehens von
Programmen (1967);
Erfinder verschie-
dener
Algorithmen; Stu-
dium der Mathe-
matik und Physik
an der Universität
Chicago (BA, BS);
1955–1965 ver-
schiedene Indus-
trietätigkeiten,
seit 1965 Professor
für Informatik, zu-
letzt an der Stan-
ford-Universität
(heute: emeritiert);
1978: ACM *Turing
Award*, 1992: IEEE
Computer Society
Pioneer Award.

Hat man beispielsweise in der if-Anweisung anstelle von != 0 die falsche Abfrage == 0 programmiert, dann wird gemeldet, dass die Invariante verletzt ist.

Standardmäßig werden assert-Anweisungen in Java-Programmen *nicht* ausgeführt. Beim Programmstart muss daher der Schalter (*switch*) –ea (für enableassertions) gesetzt werden, z.B. java –ea Programmname (beim Start über das Konsolenfenster). Bei einem Java-Applet geschieht diese Einstellung im *Java Plug-in Control Panel* (in Windows: Systemsteuerung/Java) und dort im Register Java. Bei den Applet-Laufzeiteinstellungen öffnet sich nach dem Drücken von Anzeigen ein Fenster, bei dem in der Tabellenspalte JavaRuntimeParameter –ea eingegeben werden muss. Alle Browserfenster müssen geschlossen werden. Dann kann das Applet gestartet werden.

3.2.5 Verifikationsregeln

Programme setzen sich aus linearen Kontrollstrukturen zusammen.

Die Korrektheit eines Programms ergibt sich aufgrund der Korrektheit der Teilstrukturen. Dadurch kann ein komplexes Programm schrittweise durch korrektes Zusammensetzen aus einfacheren Strukturen verifiziert werden.

Regeln Es werden folgende **Verifikationsregeln** unterschieden:
- Konsequenz-Regel,
- Zuweisungs-Axiom,
- Sequenz-Regel,
- **if**-Regel und
- **while**-Regel.

Diese Regeln können auch als axiomatisches Regelsystem zur Definition der Semantik der einzelnen Anweisungen interpretiert werden (axiomatische Semantik). Im Folgenden werden die Regeln einzeln behandelt.

Konsequenz-Regel   Konsequenz-Regel

Die Konsequenz-Regel lautet:

■ Ist {Q'} S {R'} gegeben, dann kann jederzeit die Vorbedingung Q' durch eine »schärfere« Vorbedingung Q und die Nachbedingung R' durch eine »schwächere« Nachbedingung R' ersetzt werden, so dass weiterhin {Q} S {R} gilt.

Gegeben sei ein Programm S, das die Spezifikation **a** (Abb. 3.2-6)   Beispiel 9
erfüllt. Es stellt sich die Frage, ob S auch die Spezifikation **b** (Abb. 3.2.6) erfüllt.

Die Antwort lautet ja, denn es gelten folgende Implikationen:
$x < y \Rightarrow x < y$ oder $x = y$ und $x = y + 2 \Rightarrow y \leq x$.

Die Implikation $\Rightarrow$ spielt bei vielen Verifikationsregeln eine wichtige   Implikation $\Rightarrow$
Rolle. Folgende Formulierungen für Implikationen sind gleichwertig:

$A \Rightarrow B$	B wird von A impliziert
aus A folgt B	A ist hinreichend für B
B folgt aus A	B ist notwendig für A
wenn A gilt, dann gilt auch B	A ist schärfer als B
A impliziert B	B ist schwächer als A

Arbeitet man sich *vorwärts* durch ein Programm, dann darf man Bedingungen schwächen. Durch Hinzufügen eines beliebigen Terms mit *oder*-Verknüpfung oder durch Weglassen eines vorhandenen, *und*-verknüpften Terms schwächt man eine Bedingung.

Vorwärts durch das Programm der Abb. 3.2-6 (rechte Seite): Die schär-   Beispiel
fere Vorbedingung $x < y$ wird abgeschwächt durch Hinzufügen des Terms $x = y$ mit *oder*-Verknüpfung.

Arbeitet man sich *rückwärts* durch ein Programm, dann darf man Bedingungen verschärfen. Eine Bedingung kann man dadurch ver-

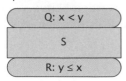

Spezifikation **a**

Spezifikation **b**

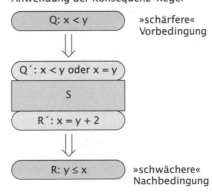

Anwendung der Konsequenz–Regel

»schärfere« Vorbedingung

»schwächere« Nachbedingung

Abb. 3.2-6:
Anwendung der
Konsequenz-Regel

schärfen, dass man einen beliebigen Term durch *und*-Verknüpfung hinzufügt oder dass man einen vorhandenen *oder*-verknüpften Term weglässt.

Beispiel

Rückwärts durch das Programm der Abb. 3.2-6 (rechte Seite): Die schwächere Vorbedingung x < y *oder* x = y wird verschärft durch Weglassen des Terms x = y mit *oder*-Verknüpfung.

Notation für Regeln

Verifikationsregeln werden oft in Form einer Schlussregel geschrieben:

Voraussetzungen
———————————
Schlussfolgerung

Der Strich hat folgende Bedeutung: Aus der Gültigkeit der Bedingungen (Voraussetzungen) über dem Strich folgt die Gültigkeit der Bedingung (Schlussfolgerung) unter dem Strich.

Konsequenz-Regel als Schlussregel

Die Konsequenz-Regel kann auch in Form einer Schlussregel beschrieben werden:

$$\frac{Q \Rightarrow Q', \{Q'\}\ S\ \{R'\},\ R' \Rightarrow R}{\{Q\}\ S\ \{R\}}$$

Die Konsequenz-Regel liest sich dann folgendermaßen:
Wenn die drei Bedingungen $Q \Rightarrow Q'$, $\{Q'\}\ S\ \{R'\}$ und $R' \Rightarrow R$ erfüllt sind, dann gilt auch $\{Q\}\ S\ \{R\}$.

Zuweisungs-Axiom

Zuweisungs-Axiom

Die Zuweisung x := A verändert den Wert der Variablen x.
Gilt eine Zusicherung Q(A) vor der Zuweisung x := A, dann gilt danach R(x).

Beispiel 10a

Lautet die Vorbedingung Q(y + z = 10) und die Zuweisung x := y + z, dann ergibt sich die Nachbedingung R(x = 10).

Da die Zuweisung atomar in der Programmstruktur ist, wird ihre Semantik durch ein Axiom definiert. Das Zuweisungsaxiom lautet:
$\{R_A^x\}$ x := A $\{R\}$ wobei R_A^x bedeutet, dass alle x in R durch den Ausdruck A ersetzt sind.

Beispiel 10b

Der Ausdruck in der Zuweisung x := y + z ist y + z. Wird in der Nachbedingung x = 10 das x durch den Ausdruck y + z ersetzt, dann ergibt sich daraus die Vorbedingung y + z = 10.

Ableitung einer Vor- aus einer Nachbedingung

Das Axiom gibt damit auch an, wie aus einer gegebenen Nachbedingung R eine passende Vorbedingung ermittelt werden kann:
Es müssen alle Vorkommen der Variablen x in R durch den Ausdruck A ersetzt werden.

a $\{?\}$ x := x + 25 $\{x = 2y\}$ Beispiele
Die Vorbedingung ergibt sich dadurch, dass in der Nachbedingung x
= 2y alle x durch den Ausdruck **x + 25** ersetzt werden: **x + 25** = 2y. Es
ergibt sich die Vorbedingung $\{2y = x +25\}$.

b $\{?\}$ Ergebnis := **Ergebnis * Basis** $\{$**Ergebnis * Basis**$^{Exponent} = A^B$ **and**
Exponent gerade$\}$
Das Einsetzen des Ausdrucks **Ergebnis * Basis** in die Nachbedingung
ergibt folgende Vorbedingung:

$\{$Ergebnis * Basis * Basis$^{Exponent} = A^B$ **and** Exponent gerade$\}$ oder vereinfacht:

$\{$Ergebnis * Basis$^{Exponent + 1} = A^B$ **and** Exponent gerade$\}$

Sequenz-Regel

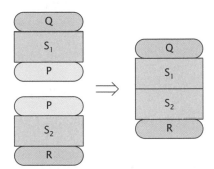

Zwei Programmstücke S_1 und S_2 Sequenz-Regel
können zu einem Programmstück
S_1 ; S_2 zusammengesetzt werden,
wenn die Nachbedingung von S_1
mit der Vorbedingung von S_2 identisch ist:

$$\frac{\{Q\}\ S_1\ \{P\},\ \{P\}\ S_2\ \{R\}}{\{Q\}\ S_1\ ;\ S_2\,\{R\}}$$

Mithilfe der Konsequenz-Regel kann die Sequenz-Regel verallgemeinert werden:

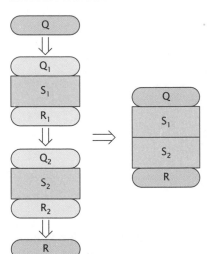

Die Nachbedingung von S_1 muss
nicht mit der Vorbedingung von
S_2 identisch sein. Es genügt, wenn
die Nachbedingung von S_1 »schärfer« als die Vorbedingung von S_2
ist:

$$\frac{Q \Rightarrow Q_1,\ \{Q_1\}\ S_1\ \{R_1\},\ R_1 \Rightarrow Q_2,}{\{Q_2\}\ S_2\ \{R_2\},\ R_2 \Rightarrow R}{\{Q\}\ S_1;S_2\ \{R\}}$$

Sequenz-Regel I

Werden mehrere Programmstücke
zusammengesetzt, dann wird die
Sequenz-Regel mehrmals angewandt.

if-Regel

if-Regel

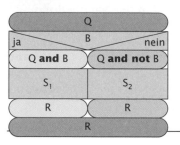

Die **if**-Regel gibt an, unter welchen Voraussetzungen zwei Programmstücke S_1 und S_2 und eine Bedingung B zu einer zweiseitigen Auswahl mit der Vorbedingung Q und der Nachbedingung R zusammengesetzt werden können:

$$\frac{\{Q \text{ and } B\}\ S_1\ \{R\},\ \{Q \text{ and not } B\}\ S_2\ \{R\}}{\{Q\}\ \textbf{if } B \textbf{ then } S_1 \textbf{ else } S_2\ \{R\}}$$

Gelten $\{Q \text{ and } B\}\ S_1\ \{R\}$ und $\{Q \text{ and not } B\}\ S_2\ \{R\}$, dann können die Programme S_1 und S_2 zu einer **if**-Anweisung $\{Q\}$ **if** B **then** S_1 **else** S_2 $\{R\}$ zusammengesetzt werden.

Beispiel 7b   Ein Programm S soll das Maximum der beiden festen Zahlen X und Y berechnen. Die Spezifikation lautet:
$\{Q : \textbf{true}\}\ S\ \{R : (m = X) \text{ or } (m = Y), m \geq X, m \geq Y\}$
Das Maximum ist X oder Y. Das Maximum ist X, wenn $X \geq Y$ gilt, und Y, wenn **not** $X \geq Y$ gilt.
Es gelten also die nebenstehenden Vor- und Nachbedingungen.

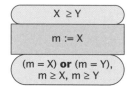 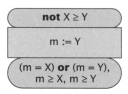

Wählt man als Bedingung B: $X \geq Y$ und als Vorbedingung Q : **true**, dann sind die Voraussetzungen der **if**-Regel erfüllt und die

beiden Anweisungen können zu einer **if**-Anweisung zusammengesetzt werden (Abb. 3.2-7).

Abb. 3.2-7: Beispiel für die if-Regel

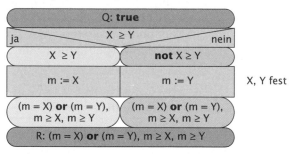

while-Regel

while-Regel   Bei einer abweisenden Wiederholung wird der Rumpf der Wiederholungsanweisung solange wiederholt, bis die Wiederholungsbedingung B nicht mehr erfüllt ist:
while B **do** S

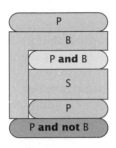

Für die Verifikation jeder Wiederholungsanweisung oder Schleife spielt eine invariante Zusicherung P, die so genannte Invariante, eine entscheidende Rolle. Die **Invariante** gilt nach jedem   Invariante
Schleifendurchlauf und beschreibt dadurch das im dynamischen Ablauf Gleich bleibende. Die Invariante P muss jedes Mal erfüllt sein, wenn die Wiederholungsbedingung B ausgewertet wird.
Damit die Invariante P bei jedem Auswerten von B erfüllt ist, muss sie vor der Schleife und nach dem Schleifenrumpf gelten.
Es ergibt sich folgende **while-Regel**:

$$\frac{\{P \text{ and } B\} \ S \ \{P\}}{\{P\} \ \textbf{while} \ B \ \textbf{do} \ S \ \{P \text{ and not } B\}}$$

Diese Regel berücksichtigt nur die **partielle Korrektheit** der **while**-Schleife, da die Termination durch die Voraussetzungen dieser Regel nicht garantiert ist.
Zur Feststellung der totalen Korrektheit einer Schleife muss also noch die Termination der Schleife zusätzlich bewiesen werden (siehe unten).

Das in Abb. 3.2-8 dargestellte Programm berechnet die Fakultät eines   Beispiel 11
eingegebenen Werts N.

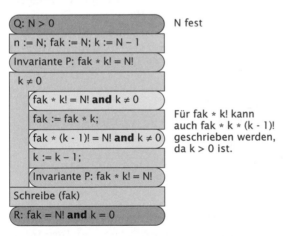

N fest

*Abb. 3.2-8: Beispiel für die **while**-Regel*

Für fak * k! kann auch fak * k * (k - 1)! geschrieben werden, da k > 0 ist.

Die positive ganzzahlige Variable k wird bei jeder Wiederholung um 1 erniedrigt, sodass nach endlich vielen Schritten die Wiederho-lungsbedingung k ≠ 0 nicht mehr erfüllt ist. Damit ist die Korrektheit von Fakultät bewiesen. Zu beachten ist, dass die Anweisungen fak := fak * k und k := k – 1 nicht vertauscht werden dürfen, da dann der Algorithmus nicht mehr korrekt ist.

3.2.6 Termination von Schleifen

Damit eine Schleife terminiert, darf die Wiederholungsbedingung B nach einer endlichen Anzahl von Schleifendurchläufen nicht mehr erfüllt sein.

Terminations-funktion

Zur Prüfung der Termination führt man eine **Terminationsfunktion** t ein, die die Programmzustände auf ganze Zahlen abbildet. Der ganzzahlige Wert der Terminationsfunktion t muss bei jedem Schleifendurchlauf

1 um mindestens 1 kleiner werden

2 stets positiv bleiben.

Existiert eine solche Terminationsfunktion, dann muss die Schleife zwangsläufig nach endlicher Anzahl von Durchläufen terminieren. Da sich der Wert der Terminationsfunktion ändert, wird sie auch **Variante** im Gegensatz zur Invariante genannt.

Beispiel 12a

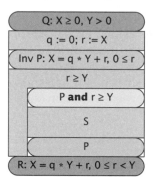

Es soll der ganzzahlige Quotient q = (X/Y) und der Rest r = (X mod Y) zweier ganzer Zahlen X und Y unter ausschließlicher Verwendung von Addition und Subtraktion berechnet werden.

In dem nebenstehenden Programmskelett fehlt nur noch der Schleifenrumpf. Dieses Programm ist aufgrund der **while**-Regel für alle Schleifenrümpfe S mit der Vorbedingung P **and** r ≥ Y und der Nachbedingung P partiell korrekt.

Es gibt sehr viele verschiedene Programmstücke, die diese Bedingungen erfüllen und für den Schleifenrumpf S eingesetzt werden können:

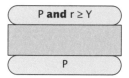 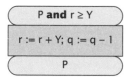 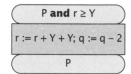

P: X = q * Y + r, 0 ≤ r

Keiner dieser Schleifenrümpfe führt zur Termination des Gesamtprogramms, da keines der Programme einen Schritt näher zur Termination (Abbruchbedingung r < Y erfüllt) macht. Vor dem Schleifenrumpf gilt r ≥ Y und in endlicher Anzahl von Schleifendurchläufen soll r < Y erreicht werden, daher muss der Wert von r im Schleifenrumpf kleiner werden.

Die Aufgabe des Schleifenrumpfes ist also das »Verkleinern von r unter Invarianz von P«.

492

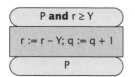

Wird r um Y verkleinert, muss q um 1 erhöht werden, damit P: $X = q*Y + r$ **and** $0 \leq r$ invariant bleibt. Der nebenstehende Schleifenrumpf führt nach endlicher Anzahl von Schritten zu einem Wert $r < Y$ und damit zur Termination des Programms.

Der Wert von r wird in jedem Schritt um Y (laut Vorbedingung gilt $Y > 0$) kleiner, bleibt aber stets positiv (laut Invariante: $0 \leq r$). Daher muss das Programm terminieren. *Vorbedingung*

Die beiden Bedingungen, die die Terminationsfunktion erfüllen muss, können formal **exakt** formuliert werden:

1 $\{P \text{ and } B \text{ and } t = T\} \, S \, \{t < T\}$
2 $P \text{ and } B \Rightarrow t \geq 0$

Die erste Bedingung verwendet eine externe Variable T, um auszudrücken, dass t im Schleifenrumpf S kleiner wird. Die zweite Bedingung fordert, dass t vor jedem Ausführen des Schleifenrumpfes (P **and** B ist ja vor dem Schleifenrumpf erfüllt) nichtnegativ ist.

Die zweite Bedingung zeigt auch, dass die Invariante P bzw. die Wiederholungsbedingung B so gewählt werden muss, dass aus P **and** B die Bedingung $t \geq 0$ folgt.

Im Beispiel 12a der Ganzzahldivision mit der Terminationsfunktion t:r ist $r \geq 0$ bereits Teil der Invarianten P: $X = q*Y + r$ **and** $0 \leq r$.

In Abb. 3.2-9 sind nochmals die Punkte zusammengestellt, die bei der Verifikation einer abweisenden Schleife erfüllt sein müssen.

3.2.7 Entwickeln von Schleifen

Invariante und Terminationsfunktion sind die beiden Schlüsselkonzepte zur Verifikation von Schleifen.

In der Abb. 3.2-9 ist eine Vorgehensweise angegeben, um eine **while**-Schleife zu entwickeln, wenn die Invariante und die Terminationsfunktion bekannt sind.

Ist die Invariante nicht bekannt, dann wird sie in den meisten Fällen aus der Nachbedingung der Spezifikation abgeleitet. *Invariante unbekannt*

Die Invariante muss eine Verallgemeinerung (Abschwächung) der Nachbedingung sein, damit sie nicht nur am Ende der Schleife, sondern auch bei allen Zwischenschritten und insbesondere auch am Anfang der Schleife in den Anfangszuständen nach einer geeigneten Initialisierung gilt.

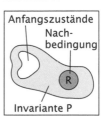

Zur Abschwächung der Nachbedingung R gibt es folgende Methoden:

- Weglassen einer Bedingung:
  R hat die Gestalt »A **and** B«. Die Invariante erhält man durch Weglassen einer der beiden Bedingungen A oder B. Wird zum Beispiel B weggelassen, wird A zur Invariante und B zur Abbruchbedingung.

493

Quelle: /Futschek 89, S. 75 ff./

Abb. 3.2-9:
Verifikation und Entwicklung der abweisenden Wiederholung

Bei gegebener Invariante P und Terminationsfunktion t muss eine **while**–Schleife die folgenden fünf Punkte erfüllen.

1 Die Invariante P gilt vor der Schleife.
Meist wird die Gültigkeit von P durch ein einfaches Programmstück zum Initialisieren von P erreicht:
{Q} Initialisiere P {P}
Gibt es keine Initialisierung, muss P direkt aus der Vorbedingung Q folgen (Konsequenz-Regel):
$Q \Rightarrow P$

2 Nach der Schleife gilt die Nachbedingung R.
P **and not** $B \Rightarrow R$

3 P bleibt im Schleifenrumpf S invariant.
{P **and** B} S {P}

4 t wird bei jedem Ausführen des Schleifenrumpfes verringert.
{P **and** B **and** t = T} S {t < T}

5 t ist vor jedem Ausführen des Schleifenrumpfes nicht negativ.
P **and** $B \Rightarrow t \geq 0$

Die beiden ersten Punkte betreffen das Einbinden in die Spezifikation mit der Vorbedingung Q und der Nachbedingung R.

Der dritte Punkt garantiert die Invarianz von P im Schleifenrumpf. Die beiden letzten Punkte garantieren die Termination.

Punkt 3 und 4 werden üblicherweise getrennt verifiziert, können aber mit einer einzigen Bedingung formuliert werden:

3 und **4** {P **and** B **and** t} S {P **and** t < T}

Vorgehensweise, wenn P und t bekannt sind
Das Entwickeln einer Schleife besteht aus drei Teilaufgaben:

a Finde ein geeignetes Programmstück »Initialisiere P«, damit die Invariante P vor der Schleife gilt:
{Q} Initialisiere P {P}

b Finde eine geeignete Wiederholungsbedingung B, sodass nach der Schleife die gewünschte Nachbedingung R gilt:
P **and not** $B \Rightarrow R$
Außerdem müssen die Invariante P und die Wiederholungsbedingung B so beschaffen sein, dass die Terminationsfunktion t vor dem Schleifenrumpf stets nichtnegativ ist, also
P **and** $B \Rightarrow t \geq 0$ gilt.

c Finde einen Schleifenrumpf S, der t verringert und P invariant lässt:
{P **and** B **and** t = T} S {P **and** t < T}.
Oft besteht der Schleifenrumpf wieder aus zwei Teilen. Der eine verringert die Terminationsfunktion, der andere stellt als Reaktion darauf die Gültigkeit der Invariante P wieder her.
S: »Verringere t«
   »Stelle P wieder her«

Q: Vorbedingung
Initialisiere P
P: Invariante
t: Terminationsfunktion
B
P **and** B
Verringere t unter Invarianz von P
P
P **and not** B
⇓
R: Nachbedingung

- Konstante durch Variable ersetzen:
Die Invariante erhält man dadurch, dass eine in R vorkommende Konstante durch eine Variable mit einem bestimmten Wertebereich ersetzt wird.

- Kombinieren von Vor- und Nachbedingungen:
Bei manchen Spezifikationen muss sowohl die Vorbedingung Q als auch die Nachbedingung R zu einer Invariante P verallgemeinert werden. Jede der beiden Zusicherungen Q und R wird zu einem Spezialfall der Invariante P.

Die beiden ersten Methoden sind die wichtigsten Standardmethoden.

Es soll die positive ganzzahlige Näherung der Quadratwurzel einer nichtnegativen ganzen Zahl A, die als fest angenommen wird, berechnet werden. Die Spezifikation lautet:

Q: A ≥ 0

R: $x \geq 0$ **and** $x^2 \leq A < (x + 1)^2$

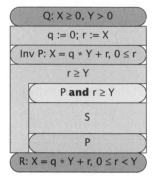

Die Nachbedingung R besteht aus den drei Bedingungen:

$x \geq 0$, $x^2 \leq A$ und $A < (x + 1)^2$

Eine davon, etwa die letzte, wird weggelassen. Dann erhält man als Invariante P:

$x \geq 0$ **and** $x^2 \leq A$.

Die weggelassene Bedingung eignet sich hervorragend als Abbruchbedingung **not** B: $A < (x + 1)^2$. Es gilt dann P **and not** B ⇒ R. Mit x := 0 findet sich eine einfache Initialisierung, sodass P vor der Schleife gilt. Im neben stehenden Programmskelett muss jetzt nur noch ein geeigneter Schleifenrumpf S gefunden werden.

Zur Entwicklung des Rumpfes S benötigt man eine Terminationsfunktion. Diese ergibt sich aus dem Vergleich zwischen der Initialisierung

Beispiel 13:
Weglassen einer
Bedingung

Methode

Gegeben sei eine Spezifikation {Q} . {R: A **and** B}. Die Nachbedingung R besteht aus mindestens zwei Bedingungen A und B.

1 Eine Invariante erhält man dadurch, dass man eine der Bedingungen weglässt. Wird B weggelassen, erhält man A als Invariante P.

2 Die weggelassene Bedingung **not** B wird zur Abbruchbedingung.

3 Die Invariante muss durch ein Programmstück initialisiert werden:
   {Q} Initialisiere P {P: A}

4 Es bleibt ein Schleifenrumpf S zu entwickeln mit der Spezifikation
   {A **and** B} S {A}.
   Im Schleifenrumpf muss außerdem ein Fortschritt in Richtung Termination (Bedingung B ist erfüllt) gemacht werden. Die Terminationsfunktion ergibt sich oft aus dem Vergleich der Initialisierung mit der Abbruchbedingung **not** B.

Diese vier Schritte genügen, denn P **and not** B ⇒ R braucht nicht bewiesen zu werden, da bei dieser Methode P **and not** B stets mit R identisch ist.

Besteht die Nachbedingung aus mehreren Bedingungen, dann gilt:

■ Es bleiben die Bedingungen in der Invarianten erhalten, die sich leicht initialisieren lassen.

■ Es werden die Bedingungen weggelassen, die sich gut als Abbruchbedingung **not** B eignen.

Beispiel 12b

Die Nachbedingung R: $X = q * Y + r$ **and** $0 \leq r < Y$ bei der Ganzzahldivision wird dabei durch Weglassen der Bedingung r < Y zur Invarianten

P: $X = q * Y + r$ **and** $0 \leq r$

r < Y wird zur Abbruchbedingung und P kann dann leicht mit q := 0; r := X initialisiert werden.

Hätte man eine andere Bedingung weggelassen, wäre die Programmentwicklung schwieriger.

Wenn $0 \leq r$ weggelassen wird, könnte r zwar mit einer negativen Zahl initialisiert werden, aber es ist ungeklärt, mit welcher. Ebenso unklar ist die Frage der Initialisierung, wenn $X = q * Y + r$ weggelassen wird.

Daher kommt nur die vorgeschlagene erste Variante infrage.

Quelle: /Futschek 89, S. 81 f./

Abb. 3.2-10:
Entwicklung
einer Schleife
durch Weglassen
einer Bedingung

x := 0 und der Abbruchbedingung A ≥ (x + 1)². Man sieht, dass für x ≥ 0 die Variable x größer werden muss. Für die streng monoton fallende und nach unten beschränkte Terminationsfunktion wählt man t: A − x, da t bei wachsendem x fallend ist und bei Invarianz von P nicht negativ wird.

Der Schleifenrumpf muss x vergrößern. Eine geeignete Anweisung zum Vergrößern von x ist:

S: x := x + 1.

Mithilfe des Zuweisungsaxioms erhält man die Gültigkeit von

{x ≥ 0 **and** (x + 1)² ≤ A} x := x + 1 {P: x ≥ 0 **and** x² ≤ A}

Somit ist x := x + 1 bereits ein geeigneter Schleifenrumpf, der sowohl t verringert als auch P invariant lässt.

In diesem Beispiel hätte man auch die Bedingung x² ≤ A von der Nachbedingung R weglassen können und damit eine andere Invariante und ein anderes Programm erhalten.

In Abb. 3.2-10 ist zusammengestellt, wie man durch Weglassen einer Bedingung eine Schleife entwickelt. Die Methode »Weglassen einer Bedingung« eignet sich in jenen Fällen gut, in denen keine zusätzliche neue Variable in der Schleife verwendet werden muss.

Konstante durch Variable ersetzen

Ist hingegen die Verwendung einer neuen Variablen (etwa einer Laufvariablen) notwendig, empfiehlt es sich, die Methode »Konstante durch Variable ersetzen« zu verwenden (Abb. 3.2-11).

Kombinieren von Vor- und Nachbedingungen

Die Nachbedingung wird oft deswegen für die Konstruktion von Invarianten herangezogen, weil sie meist die wesentlichen Endergebnisse beschreibt, und die Vorbedingung nur einige Randbedingungen festhält, die zu Beginn gelten sollen.

Bei manchen Problemen ist für die Invariante die Vorbedingung genauso wichtig wie die Nachbedingung. Insbesondere dann, wenn ein Anfangszustand schrittweise in einen Endzustand überführt werden soll und dabei immer weniger Eigenschaften des Anfangszustandes und immer mehr Eigenschaften des Endzustandes angenommen werden sollen.

Abb. 3.2-11:
Entwicklung
einer Schleife
durch Variablen-
ersetzung

Methode
Eine Nachbedingung R kann dadurch abgeschwächt werden, dass eine in R vorkommende Konstante durch eine neue Variable ersetzt wird.
1 Für die Konstruktion der Invarianten P ersetze eine Konstante, etwa N, in der Nachbedingung R durch eine neue Variable, etwa n, und füge einen Wertebereich für n hinzu. Die Konstante N muss selbstverständlich im Wertebereich von n vorkommen.
2 Die Abbruchbedingung **not** B der Schleife ist n = N. P **and not** B ⇒ R ist dann automatisch erfüllt.
3 Bestimme eine Initialisierung, sodass P vor der Schleife gilt.
{Q} Initialisiere P {P}
4 Finde einen Schleifenrumpf S mit
{P **and** B} S {P}
Die Terminationsfunktion ist häufig t: N − n, wenn n erhöht wird, und t: n, wenn n verringert wird.

Quelle: /Futschek 89, S. 87/

Anfangsbedingung →Vorbedingung.

assertion →Zusicherung.

Endebedingung →Nachbedingung.

Invariante →Zusicherung, die innerhalb von Schleifen unabhängig von der Anzahl der Durchläufe immer gültig ist.

Korrektheit Die partielle Korrektheit eines Programms, d.h. die Konsistenz zwischen Spezifikation und Implementierung, kann durch →Verifikation gezeigt werden. Ist außerdem bewiesen, dass das Programm stets terminiert, dann ist die totale Korrektheit gezeigt.

Nachbedingung Teil der Spezifikation eines Programms oder Programmteils, der eine →Zusicherung nach Programmende beschreibt.

postcondition →Nachbedingung.

precondition →Vorbedingung.

Terminationsfunktion Dient zur Prüfung der Termination einer Schleife; muss bei jedem Schleifendurchlauf um mindestens eins kleiner werden und stets positiv bleiben.

Verifikation Formale Methode, die mit mathematischen Mitteln die Konsistenz zwischen der Spezifikation (→Vorbe-

dingung, →Nachbedingung) eines Programms und seiner Implementierung für alle möglichen und erlaubten Eingaben beweist. Im Rahmen der Verifikation wird die partielle →Korrektheit eines Programms bewiesen.

Verifikationsregeln Beschreiben die Auswirkungen einzelner Programmkonstruktionen (Zuweisung, Sequenz, Auswahl, Wiederholung) auf →Zusicherungen bzw. geben an, wie Programmkonstruktionen kombiniert werden können.

Vorbedingung Teil der Spezifikation eines Programms oder Programmteils, der eine →Zusicherung vor Programmbeginn beschreibt.

Zusicherung Meist in Form eines booleschen Ausdrucks beschriebene Eigenschaft oder beschriebener Zustand, der an einer bestimmten Stelle eines Programms immer gilt. Im Rahmen der →Verifikation kann das Eingangs- und Ausgangsverhalten eines Programms durch Anfangszusicherungen (→Vorbedingungen) und Endezusicherungen (→Nachbedingungen) spezifiziert werden.

Ein zentrales Anliegen der Informatik ist das Erfinden, Entdecken, Konstruieren, Beschreiben, Analysieren und Optimieren von Algorithmen. Dabei umfassen Algorithmen immer auch die Datenstrukturen, die sie manipulieren.

Algorithmen

Ein Algorithmus kann unabhängig von der aktuellen Technik erfunden und studiert werden. Die Ergebnisse bleiben gültig, auch wenn neue Programmiersprachen und Computersysteme entstehen.

Neue Programmiersprachen sind dennoch wichtig, da sie bestimmen, wie problemnah ein Algorithmus beschrieben werden kann. Durch eine problemnahe Beschreibung wird die Umsetzung des Algorithmus in ein lauffähiges Programm erleichtert.

Fortschritte in der Computer-Technik ermöglichen die schnellere, billigere und zuverlässigere Ausführung von Algorithmen. Dadurch können Anwendungen realisiert werden, die vorher nicht sinnvoll durchführbar waren. Algorithmen zur Wettervorhersage sind schon länger bekannt. Ihre Ausführung dauerte aber länger als der Vorhersagezeitraum, d.h., das Wetter holte die Berechnung ein.

Zu jedem Algorithmus sollten folgende Fragen beantwortet werden:

- Voraussetzungen,
- Termination,

■ Korrektheit,

■ Aufwand bzw. Effizienz.

Verifikation   Eine Möglichkeit, Programme zu überprüfen, ist die Verifikation. Die Verifikation ist systematisch, allgemein, abstrakt, deduktiv und induktiv orientiert. Sie liefert den abstrakten Beweis, dass die gesamte Problemlösung korrekt ist. Bei der Programm-Verifikation wird die Aufmerksamkeit auf allgemeine Eigenschaften von Zwischenzuständen von Berechnungen und die Relationen zwischen ihnen gelenkt.

Mit der formalen Methode der Verifikation kann man die Korrektheit eines Programms beweisen. Voraussetzung für die Verifikation ist, dass die Wirkung des Programms durch eine Spezifikation in Form einer Vorbedingung und einer Nachbedingung beschrieben ist.

Der Korrektheitsbeweis erfolgt dadurch, dass man zeigt, dass sich die Vorbedingung durch die Anweisungen des Programms in die Nachbedingung transformieren lässt.

Dazu ist es erforderlich, dass die Semantik jeder Programmkonstruktion der verwendeten Programmiersprache formal beschrieben ist. Verifikationsregeln geben dann an, wie die Vorbedingung (*precondition*) durch eine Programmkonstruktion, z.B. eine Zuweisung, eine Sequenz, eine Auswahl, eine Wiederholung, in eine Nachbedingung (*postcondition*) gewandelt wird.

Anstelle von Vor- und Nachbedingungen spricht man von Zusicherungen (*assertions*), wenn bestimmte Programmeigenschaften oder Zustände innerhalb eines Programms gelten sollen.

Wiederholungen müssen auf partielle und totale Korrektheit überprüft werden. Partielle Korrektheit bedeutet, dass die Schleife die spezifizierten Vor- und Nachbedingungen erfüllt. Innerhalb einer Wiederholung muss eine Zusicherung – Invariante genannt – unabhängig von den Schleifendurchläufen immer gültig sein. Die totale Korrektheit erfordert zusätzlich noch den Nachweis der Termination der Schleife. Zur Überprüfung der Termination führt man eine streng monoton fallende Terminationsfunktion ein.

Es gibt Standardmethoden, um eine Invariante aus der Nachbedingung und/oder der Vorbedingung abzuleiten. Weiterhin kann man aus einer Invariante einen Schleifenrumpf entwickeln.

Bei kurzen und einfachen Programmen kann die Korrektheit mithilfe der Verifikation gezeigt werden, bei umfangreicheren Programmen steigen die Schwierigkeiten stark an. Man sollte sich jedoch immer bemühen, die Invarianten als Kommentar in einem Programm anzugeben, da sie ein wichtiges Element der Programm-Dokumentation darstellen und bei der Ermittlung von Invarianten bereits Fehler entdeckt werden können.

Die Verifikation besitzt folgende Vor- und Nachteile:

Vorteile   ⊞ Es kann allgemein gültig bewiesen werden, dass ein Programm entsprechend seiner (formalen) Spezifikation, d.h. seiner Vor- und Nachbedingungen, implementiert ist.

498

- Ein vollständiger Korrektheitsbeweis ist möglich.
- Für umfangreiche und komplexe Programme ist die Verifikation Nachteile
aufwendig und teilweise nicht möglich.
- Die Aufbereitung der Programme für den Beweis erfordert eine
hohe Qualifikation.
- Die verwendete Programmiersprache muss eine formale Semantik
besitzen, um den Effekt jeder Sprachkonstruktion zu spezifizieren.
- Die Teile des Programms, in denen Sprachkonstrukte verwendet
werden, die keine formale Semantik besitzen, wie Gleitpunktarithmetik, externes Ein-/Ausgabe-Verhalten, Interrupts, müssen
weiterhin getestet werden.
- Maschineneigenschaften werden nicht berücksichtigt.
- Die Verifikation verlangt eine bestimmte Spezifikationstechnik
(Anfangs- und Endebedingungen).

/Apt, Olderog 94/
Apt K.R., Olderog E.-R., *Programmverifikation – Sequentielle, parallele und ver-
teilte Programme*, Berlin: Springer-Verlag 1994, 258 S.
Theoretisch orientierte Einführung in die Verifikation, die auch parallele und
nichtdeterministische Programme berücksichtigt.
/Baber 90/
Baber R.L., *Fehlerfreie Programmierung für den Software-Zauberlehrling*, Mün-
chen: Oldenbourg Verlag 1990, 169 S.
Gute Einführung in die Verifikation mit vielen methodischen Hinweisen.
/Cormen, Leiserson 01/
Cormen T., Leiserson C., *Introduction to Algorithms*, Cambridge: The MIT Press
2001, 2. Auflage, 1184 S.
Ausführliche Behandlung der Algorithmik, der Theorie der Algorithmen und
verschiedener Algorithmengebiete.
/Francez 92/
Francez N., *Program Verification*, Wokingham: Addison-Wesley, 1992, 312 S.
Sehr theoretisch orientierte Einführung in die Verifikation. Neben nichtdeter-
ministischen Programmen werden auch nichtsequenzielle und verteilte Pro-
gramme behandelt.
/Futschek 89/
Futschek G., *Programmentwicklung und Verifikation*, Wien: Springer-Verlag
1989, 183 S.
Empfehlenswertes Lehrbuch, das in die Verifikationsmethodik einführt.
/Harel 87/
Harel D., *Algorithmics – The Spirit of Computing*, Wokingham: Addison-Wesley
1987, 425 S.
Ausführliche Behandlung der Algorithmik und der Theorie der Algorithmen.
/Manber 89/
Manber U., *Introduction to Algorithms – A Creative Approach*, Reading: Addison-
Wesley 1989, 478 S.
Ausführliche Behandlung der Algorithmik und der Theorie der Algorithmen.
/Ottmann 98/
Ottmann T. (Hrsg.), *Prinzipien des Algorithmenentwurfs*, Heidelberg: Spektrum
Akademischer Verlag 1998, 228 S. mit 2 CD-ROMs.
Multimedial aufbereitete Themen zu Algorithmen und Datenstrukturen.

499

/Ottmann, Widmayer 02/

Ottmann T., Widmayer P., *Algorithmen und Datenstrukturen*, Heidelberg: Spektrum Akademischer Verlag, 4. Auflage 2002, 716 S.
Behandlung der Algorithmengebiete Sortieren, Suchen, Hashverfahren, Bäume, Manipulation von Mengen, geometrische Algorithmen, Graphenalgorithmen.

Zitierte Literatur

/Balzert 98/

Balzert H., *Lehrbuch der Software-Technik*, Band 2, Heidelberg: Spektrum Akademischer Verlag 1998

/Floyd 67/

Floyd R.W., *Assigning meanings to Programs*, in: Proceedings of the American Mathematical Society Symposium in Applied Mathematics, Vol. 19, 1967, pp. 19–32

/Goos 95/

Goos G., *Vorlesungen über Informatik*, Band 1, Berlin: Springer-Verlag 1995

/Hoare 69/

Hoare C.A.R., *An Axiomatic Basis for Computer Programming*, in: Communications of the ACM, Vol. 12, No. 10, October 1969, pp. 576–583

/Howden 78/

Howden W.E., *A survey of static analysis methods*, in: Software Testing and Validation Techniques, IEEE Catalog No. EHO 138-8, 1978

/Stoschek 96/

Stoschek E.P., *Abenteuer Algorithmus*, Dresden: Dresden University Press 1996

Analytische
Aufgaben
Muss-Aufgabe
15 Minuten

1 *Lernziel: Eigenschaften einer Terminationsfunktion nennen und erläutern können.*
Gegeben sei folgendes Java-Programm, das aus einem Eingabestrom Zeichen ausliest und zur Weiterbearbeitung in einen Auswertepuffer überträgt. Es sollen nur fünf, durch Trennzeichen getrennte Pakete übertragen werden.
Geben Sie, wenn möglich, die Terminationsfunktion an. Falls dies nicht möglich sein sollte, welche Eigenschaft einer Terminationsfunktion ist *nicht* gegeben? Wie muss die Schleife modifiziert werden, um das beabsichtigte Verhalten sicherzustellen?

```
ZahlTrennzeichen = 5;
char Zeichen;
while (ZahlTrennzeichen != 0)
{
    Zeichen = holeNaechstesZeichen();
    if (Zeichen == ZEILENTRENNZEICHEN)        ZahlTrennzeichen--;
    if (Zeichen == WORTTRENNZEICHEN)          ZahlTrennzeichen--;
    uebertrageInAuswertePuffer(Zeichen);
}
```

Kann-Aufgabe
5 Minuten

2 *Lernziel: Zusicherungen als boolesche Ausdrücke schreiben können.*
Welche Zusicherungen beschreiben folgende boolesche Ausdrücke:
a x–3 <= y
b (a and (not b)) or ((not(a) and b))
c (5 <= x <= 2*z) or Abbruch

Klausur-Aufgabe
20 Minuten

3 *Lernziele: Eigenschaften einer Terminationsfunktion nennen und erläutern können. Die Implementierung einfacher, spezifizierter Programme verifizieren können.*

Gegeben sei nebenstehende Java-Funktion zur Berechnung der Fakultät. Für ungültige Parameter wird als Ergebnis der fehleranzeigende Wert –1 zurückgeliefert, ansonsten die Fakultät des Eingabeparameters n. Begründen Sie, warum die Schleife terminiert. Bestimmen Sie die Schleifeninvariante.

```java
int berechneFakultaet(int n)
{
    int Fak = 1;
    if (n >0)
    { int i = 1;
        while (i <= n)
        { Fak = Fak * i; i++;
        }
    }
    else
        Fak = -1;
    return Fak;
}
```

4 *Lernziel: Zusicherungen als boolesche Ausdrücke schreiben können.*
Formulieren Sie folgende Zusicherungen als boolesche Ausdrücke:
  a Eine Zahl x ist negativ.
  b Eine ganze Zahl y ist durch 2 teilbar (Hinweis: Verwenden Sie entweder den /-Operator, der den ganzzahligen Wert einer Division zurückgibt, oder den Modulo-Operator %, der den ganzzahligen Rest einer Division zurückgibt).
  c Eine Zahl z ist nicht negativ und durch 3 teilbar.
  d Nach einer Vertauschung sind zwei Zahlen x und y in aufsteigender Reihenfolge sortiert. Ferner gilt: x und y sind nicht negativ.

Konstruktive Aufgaben
Muss-Aufgabe
10 Minuten

5 *Lernziel: Einfache Programme mit einer Anfangs- und Endebedingung spezifizieren können.*
Spezifizieren Sie die Anfangs- und Endebedingung für folgende Programme:
  a Ein Programm berechnet zu zwei Zahlen x und y den Mittelwert m = (x+y)/2.
  b Ein Programm berechnet zu zwei Zahlen x und y den Mittelwert m = (x+y)/2, x und y bleiben dabei unverändert.

Muss-Aufgabe
20 Minuten

6 *Lernziel: Einfache Programme mit einer Anfangs- und Endebedingung spezifizieren können.*
Spezifizieren Sie die Anfangs- und Endebedingung für folgende Programme:
  a Ein Programm, das die Wurzel einer nicht negativen Zahl x berechnet.
  b Ein Programm, das die Fakultät einer natürlichen Zahl n berechnet.

Kann-Aufgabe
10 Minuten

7 *Lernziel: Verifikationsregeln für die Zuweisung, die Sequenz, die ein- und zweiseitige Auswahl sowie die abweisende Wiederholung (einschließlich der Konsequenzregel) kennen und anwenden können.*
  a Ein Programm habe die Spezifikation {Q'} S {R'} mit Q': $x \geq 0$ und R': $x > Y+5$. Geben Sie ein Beispiel für die Anwendung der Konsequenzregel, indem Sie eine entsprechende Spezifikation {Q} S {R} angeben. Würde auch {x = 7} S {x $\geq$ 12} einer Anwendung der Konsequenzregel entsprechen?
  b Wenden Sie das Zuweisungs-Axiom auf {$z^2 + 4z = Y$} x = z^2 + 4z {R} an. Wie lautet R?
  c Leiten Sie mithilfe des Zuweisungs-Axioms eine passende Vorbedingung Q aus {Q} x = $x^2 + 2x + 25$ {x = 2y} her.
  d Lassen sich die zwei Programmstücke {x = X} S_1 {x $\geq$ 0} und {x > 0} S_2 {x = Y} mit der Konsequenz-Regel zusammensetzen?
  e Lassen sich die zwei Programmstücke {x = X} S_1 {x > 0} und {x $\geq$ 0} S_2 {x = Y} mit der Konsequenz-Regel zusammensetzen?
  f Gegeben seien zwei Programmstücke:

Muss-Aufgabe
35 Minuten

```
//Programmstück 1              //Programmstück 2
//Q1: x = 0                    //Q2: x = 1
Ausgabe = "Null";              Ausgabe = "Eins";
```

Formulieren Sie {Q **and** B} S_1 {R}, {Q **and not** B} S_2 {R}, und wenden Sie anschließend, wenn möglich, die **if**-Regel an. Formulieren Sie nun {Q} **if** B **then** S_1 **else** S_2 {R} als Programm.

g Bestimmen Sie P und B in der folgenden **while**-Schleife:

```
i = 10;    n = 0;
while (i >= 3)
{ n = n + 1;    i = i - 1;
}
```

Muss-Aufgabe
40 Minuten

8 *Lernziele: Eine Schleife aus einer gegebenen Invariante und Terminations-funktion entwickeln können. Methoden zur Entwicklung einer Schleifeninva-riante kennen und auf einfache Programme anwenden können.*

Betrachten Sie das Beispiel 13 in dieser Lehreinheit. Entwickeln Sie analog zu der dort vorgestellten Vorgehensweise eine Initialisierung und Schleife (formuliert in Java-Syntax), indem Sie in der Endebedingung R der Spe-zifikation {Q: A $\geq$ 0} . {R: x $\geq$ 0 and $x^2 \leq$ A < $(x + 1)^2$} die Bedingung $x^2 \leq$ A weglassen. Entwickeln Sie das Java-Programm so, dass x beginnend bei A unter Invarianz von x $\geq$ 0 and A < $(x + 1)^2$ kleiner wird, bis auch $x^2 \leq$ A gilt.

Erstellen Sie ein erweitertes Struktogramm aus dem Java-Programm.

Klausur-Aufgabe
40 Minuten

9 *Lernziel: Die Implementierung einfacher, spezifizierter Programme verifi-zieren können.*

Gegeben sei der folgende Ausschnitt aus einer Java-Klasse:

```
// Berechnung der Summe der ersten n natürlichen Zahlen.
int summiere(int n)
{
    int i,Summe;
    assert(n > 0);// Beginnen Sie hier mit der Verifizierung
    Summe = 0;      i = n;
    while(i > 0)
    { Summe = Summe + i;         i = i - 1;
    }// Hier endet die Verifizierung
    assert(Summe == (n + 1)*n/2);        return Summe;
}
```

Die Anfangsbedingung ist offenbar Q: n > 0. Die Endebedingung lautet R: Summe = (n + 1)*n/2 (Summe der ersten n natürlichen Zahlen). Diese Bedin-gungen werden im Quelltext durch assert-Anweisungen überprüft. Eine nicht zutreffende assert-Anweisung führt zum Abbruch des Programms und der Ausgabe, welche Zusicherung verletzt wurde.

Erstellen Sie ein erweitertes Struktogramm und verifizieren Sie den schwar-zen Programmteil. Bestimmen Sie dabei insbesondere die Schleifeninvari-ante und die Schleifenabbruchbedingung.

3 Algorithmik und Software-Technik – Testen von Programmen

■ Die definierten Begriffe und ihre Zusammenhänge erklären können.

■ Die behandelten Testverfahren erklären können.

■ Die prinzipielle Arbeitsweise funktionaler Testverfahren sowie die jeweilige Arbeitsweise der besprochenen Verfahren anhand von Beispielen erläutern können.

■ Ein Quellprogramm in einen Kontrollflussgraphen umwandeln können.

■ Aus einem Quellprogramm Testfälle so ableiten können, dass ein vorgegebenes Testkriterium erfüllt wird.

■ Ein Quellprogramm instrumentieren können.

■ Ein Quellprogramm mit Testfällen ausführen können.

■ Anhand der gegebenen Spezifikation eines Programms Testfälle entsprechend den vorgestellten Testverfahren aufstellen können.

■ Einen kombinierten Funktions- und Strukturtest durchführen können.

■ Klassen und Unterklassen entsprechend den beschriebenen Verfahren testen können.

verstehen

anwenden

✓ ■ Zum Verständnis dieses Kapitels sind Java-Programmierkenntnisse erforderlich, wie sie im Hauptkapitel 2 vermittelt werden.

■ Die Kenntnis des Kapitels 3.2 erleichtert das Verständnis dieses Kapitels.

Auf der beigefügten CD-ROM befinden sich ausgewählte Testwerkzeuge, die einen Teil der beschriebenen Verfahren unterstützen.

3.3 Testen von Programmen

3.3.1 Einführung und Überblick

Beim Erstellen und Ändern von Programmen können sich vielfältige Fehler »einschleichen«.

Fehler   Als **Fehler** wird jede Abweichung der tatsächlichen Ausprägung eines Qualitätsmerkmals von der vorgesehenen Soll-Ausprägung, jede Inkonsistenz zwischen der Spezifikation und der Implementierung und jedes strukturelle Merkmal des Programmtextes, das ein fehlerhaftes Verhalten des Programms verursacht, bezeichnet /Liggesmeyer 93, S. 335/.

Konstruktives Ziel muss es sein, fehlerfreie Programme zu entwickeln; analytisches Ziel muss es sein, die Fehlerfreiheit eines Programms nachzuweisen bzw. vorhandene Fehler zu finden.

Jedes Programm lässt sich gliedern in

■ die Spezifikation und

■ die Implementierung.

Die analytischen Maßnahmen lassen sich danach gliedern, ob sie Spezifikation und Implementierung oder nur eines von beiden benötigen.

Begriffe   Im Testbereich gibt es eine Reihe von Begriffen, die in der Literatur und in diesem Buch immer wieder auftauchen. Sie werden daher an dieser Stelle erläutert.

Die Software-Komponente bzw. das Programm, das getestet werden soll, wird als **Prüfling, Testling** oder **Testobjekt** bezeichnet. Prüfling ist dabei der allgemeine Begriff, während Testling die dynamische Ausführung eines Programms impliziert. Beim dynamischen Test geschieht die Überprüfung des Testobjekts dadurch, dass es mit Testfällen ausgeführt wird.

Ein **Testfall** besteht aus einem Satz von Testdaten, der die vollständige Ausführung eines zu testenden Programms bewirkt. Ein **Testdatum** ist ein Eingabewert, der einen Eingabeparameter oder eine Eingabevariable des Testobjekts mit einem Datum im Rahmen eines Testfalls versorgt.

Handelt es sich bei dem Prüfling um eine Operation in einer Fachkonzept- oder Datenhaltungsklasse, dann kann sie *nicht* direkt getestet werden. Vielmehr muss der Tester für die jeweilige Klasse einen Testrahmen programmieren, der ein interaktives Aufrufen der Operationen ermöglicht. Einen solchen Testrahmen nennt man **Testtreiber**. Testtreiber können durch so genannte Testrahmengeneratoren auch automatisch erzeugt werden. Ruft der Testling selbst andere Operationen auf, dann müssen diese beim Testen zur Verfügung stehen.

Führt man einen Testling mit einem Testfall aus, dann erhält man in der Regel Ausgabedaten als Ergebnis der eingegebenen Testdaten.

Entspricht das Ergebnis aber *nicht* den spezifizierten Erwartungen, dann kann der Tester zunächst nicht nachvollziehen, welche Anweisungen des Testlings mit dem Testfall durchgeführt wurden, um den Fehler zu lokalisieren.

Um mitprotokollieren zu können, welche Teile des Prüflings bei der Ausführung eines Testfalls durchlaufen wurden, kann man den Prüfling instrumentieren.

Bei der **Instrumentierung** wird der Quellcode des Testlings durch ein Testwerkzeug analysiert. In den Quellcode werden Zähler eingefügt. Dann wird der instrumentierte Prüfling übersetzt. Wird nun der Prüfling mit einem Testfall ausgeführt, dann werden alle Zähler, die durchlaufen werden, entsprechend der Anzahl der Ausführungen erhöht. Das Testwerkzeug wertet nach dem Testlauf die Zählerstände aus und zeigt in einem Protokoll die durchlaufenen Anweisungen an.

Für einen Tester stellt sich beim Testen die Frage, wann er den Prüfling ausreichend getestet hat, d.h., wann er mit dem Testen aufhören kann. Der **Überdeckungsgrad** ist ein Maß für den Grad der Vollständigkeit eines Tests bezogen auf ein bestimmtes Testverfahren.

Nach Modifikationen an getesteten Prüflingen – egal ob zur Korrektur gefundener Fehler oder zur Erweiterung des Funktionsumfangs – ist ein **Regressionstest** durchzuführen. Hierbei wird der modifizierte Testling mit allen Testfällen der Vorversion erneut durchgeführt, um einerseits die Wirksamkeit der Modifikation nachprüfen zu können, und um andererseits sicherzustellen, dass korrekt arbeitende Programmfunktionen durch die nachträglichen Änderungen nicht beeinträchtigt wurden.

Hat man einen Prüfling z.B. mit 50 Testfällen untersucht, dann wäre es sehr zeitaufwendig, alle 50 Testfälle nochmals neu einzugeben. Ein Testwerkzeug sollte daher einen automatischen Regressionstest ermöglichen. Das Testwerkzeug speichert alle durchgeführten Testfälle und erlaubt die automatische Wiederholung aller bereits durchgeführten Tests nach Änderungen des Prüflings verbunden mit einem Soll/Ist-Ergebnisvergleich.

Die aufgeführten Begriffe werden an einem einfachen Beispiel verdeutlicht. *Beispiel*

Programmspezifikation:
Die Operation ermittelt aus zwei eingegebenen ganzzahligen Werten den größten Wert und gibt ihn als Ergebnis zurück.

Programmimplementierung:
```
int bestimmeMax (int A, int B)
{
    if (A > B)
        return A;
    else
        return B;
}
```

Programmspezifikation und Programmimplementierung zusammen bilden den **Prüfling, Testling** bzw. das **Testobjekt**.

Da diese Operation keine direkte Ein-/Ausgabe von Testdaten über die Benutzungsoberfläche ermöglicht, wird ein entsprechender Testrahmen bzw. **Testtreiber** benötigt. In diesem Beispiel wird die Operation in ein GUI-Programm eingebettet, das eine entsprechende Ein- und Ausgabe der Testdaten gestattet:

```
/* Programmname: Testrahmen für bestimmeMax
* GUI-Klasse: Testrahmen
* Aufgabe: Testrahmen für die Operation bestimmeMax
*/

import java.awt.*;
import java.applet.*;
import java.awt.event.*;
```

Klasse Testrahmen
```
public class Testrahmen extends Applet
{
    ...
    public void init()
    {
        ...
        AktionsAbhoerer einAktionsAbhoerer =
            new AktionsAbhoerer();
        ermittleDruckknopf.addActionListener
            (einAktionsAbhoerer);
    }
    //Innere Klasse
    class AktionsAbhoerer implements ActionListener
    {
        public void actionPerformed(ActionEvent event)
        {
            //Inhalt der Eingabefelder in Zahlen umwandeln
            Integer AI =
                Integer.valueOf(zahlATextfeld.getText());
            Integer BI =
                Integer.valueOf(zahlBTextfeld.getText());
            int A = AI.intValue();
            int B = BI.intValue();
            //Umwandlung einer ganzen Zahl in eine Zeichenkette
            //Aufruf des Testlings
            String MerkeText = String.valueOf(bestimmeMax(A,B));
            zahlMaxTextfeld.setText(MerkeText);
        }
    }//Ende innere Klasse
    //Zu testende Prozedur
    int bestimmeMax (int A, int B)
    {
        if (A > B)
            return A;
        else
            return B;
    }
}
```

Abb. 3.3-1 zeigt die Ausführung des **Testlings** mit den **Testdaten** ZahlA = 20 und ZahlB = 30. Dieser **Testfall** führt zur Ausgabe von ZahlMax = 30.

Anhand dieser eingegebenen Testdaten kann man aber noch nicht feststellen, ob alle relevanten Teile des Testlings mit Testfällen durchlaufen wurden. In diesem Beispiel sollte sicher sowohl der Ja-Zweig der Auswahlanweisung als auch der Nein-Zweig der Auswahlanweisung mindestens einmal durchlaufen werden.

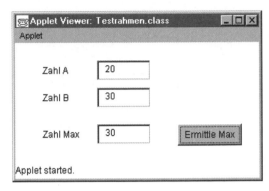

Abb. 3.3-1: Ausführung des Testlings mit Testdaten

Um dies feststellen zu können, muss der Testling geeignet instrumentiert werden:

```
boolean JaAnw = false;
boolean NeinAnw = false;
//Instrumentierter Testling
int bestimmeMax (int A, int B)
{
    if (A > B)
    {
        JaAnw = true;
        return A;
    }
    else
    {
        NeinAnw = true;
        return B;
    }
}
```

Die Instrumentierung allein reicht nicht aus. Es muss der erreichte Überdeckungsgrad noch ausgegeben werden, d.h., der Testrahmen muss entsprechend erweitert werden. Abb. 3.3-2 zeigt den erweiterten Testrahmen und das Ergebnis nach der Eingabe von zwei Testfällen: Testfall 1: ZahlA = 30, ZahlB = 20; Testfall 2: ZahlA = 40, ZahlB = 50. Die eingegebenen Testdaten führen zu einer 100%-Überdeckung des Testlings.

In der Praxis werden die Instrumentierung und teilweise auch die Testrahmenerstellung von entsprechenden Testwerkzeugen vorgenommen.

In Java können nur Anwendungen instrumentiert werden, da die Testergebnisse gespeichert werden müssen. Applets können in der Regel Daten *nicht* auf der lokalen Festplatte speichern.

Hinweis: Java

507

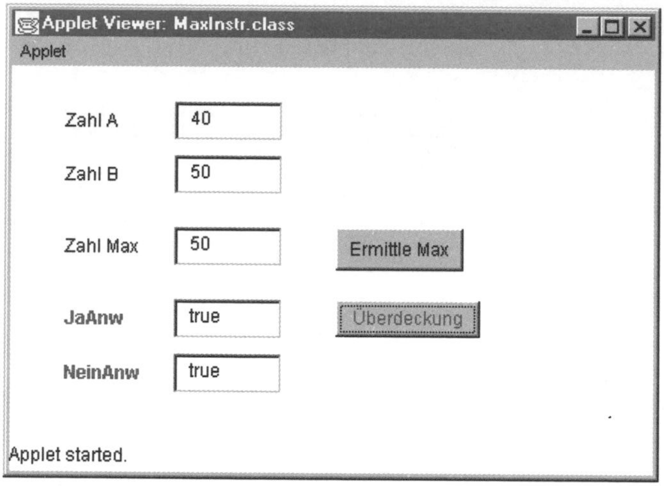

Abb. 3.3-2:
Ausführung des
instrumentierten
Testlings mit
erweitertem
Testrahmen

```
┌────────────────────────────────────────────────────┐
│ ▓Applet Viewer: MaxInstr.class          _ □ X       │
│ Applet                                              │
│                                                     │
│     Zahl A        ┌────────┐                        │
│                   │  40    │                        │
│                   └────────┘                        │
│     Zahl B        ┌────────┐                        │
│                   │  50    │                        │
│                   └────────┘                        │
│                   ┌────────┐     ┌──────────────┐   │
│     Zahl Max      │  50    │     │ Ermittle Max │   │
│                   └────────┘     └──────────────┘   │
│                   ┌────────┐     ┌──────────────┐   │
│     JaAnw         │  true  │     │  Überdeckung │   │
│                   └────────┘     └──────────────┘   │
│                   ┌────────┐                        │
│     NeinAnw       │  true  │                        │
│                   └────────┘                        │
│                                                     │
│ Applet started.                                     │
└────────────────────────────────────────────────────┘
```

Hinweis: BlueJ

Bei Einsatz einer Programmierumgebung wie BlueJ (siehe Abschnitte 2.3 und 2.6.2) kann oft auf einen Testrahmen bzw. einen Testtreiber verzichtet werden, da es BlueJ ermöglicht, direkt Operationen einer Fachkonzept-Klasse aufzurufen und außerdem die Attributwerte inspiziert werden können.

Der Kontrollflussgraph

Aktivitätsdiagramme
Kapitel 2.13

Kontrollflussgraph

Zur Verdeutlichung des Kontrollflusses in einem Programm eignen sich **UML-Aktivitätsdiagramme** und Kontrollflussgraphen.

Ein **Kontrollflussgraph** ist ein gerichteter Graph, der aus einer endlichen Menge von Knoten besteht. Jeder Kontrollflussgraph hat einen Startknoten und einen Endknoten. Die Knoten sind durch gerichtete Kanten verbunden. Jeder Knoten stellt eine ausführbare Anweisung dar. Eine gerichtete Kante von einem Knoten i zu einem Knoten j beschreibt einen möglichen Kontrollfluss von Knoten i zu Knoten j.

Die gerichteten Kanten werden als **Zweige** bezeichnet. Eine abwechselnde Folge von Knoten und Kanten, die mit dem Startknoten beginnt und mit einem Endknoten endet, heißt vollständiger **Pfad**.

Zur Verdeutlichung von kontrollflussorientierten Testverfahren werden Kontrollflussgraphen verwendet, bei denen jeder Knoten eine ausführbare Anweisung darstellt (Abb. 3.3-3).

Beispiel

Die im Folgenden dargestellten Testverfahren werden anhand eines Beispiels zur Qualitätsauswertung verdeutlicht.

Beispiel

Die Qualitätssicherung eines Unternehmens benötigt ein Programm zur Qualitätsauswertung, das folgende Anforderungen erfüllt:

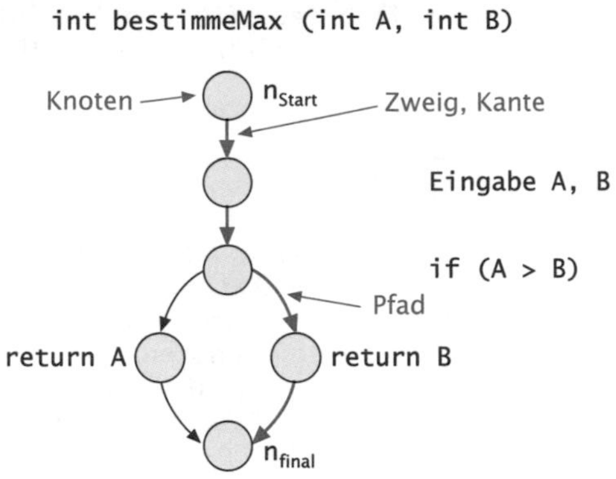

Programmspezifikation:

/1/ Jedes Exemplar eines Produkts durchläuft einen Qualitätstest. Das Ergebnis des Qualitätstests ist pro Exemplar eine ganze Zahl zwischen null und hundert.

/2/ Exemplare, die unterhalb einer unteren Grenzschwelle (<= Nachprüfungsgrenze) liegen, werden sofort als Ausschuss ausgesondert.

/3/ Exemplare, die oberhalb einer oberen Grenzschwelle (>=Bestandengrenze) liegen, werden an die Kunden ausgeliefert.

/4/ Exemplare, die zwischen der Nachprüfungsgrenze und der Bestandengrenze liegen, werden einer manuellen Nachbearbeitung mit anschließender Nachüberprüfung unterzogen.

/5/ Eine Klassifizierungsoperation soll eine Statistik erstellen, die angibt, wie sich die Messwerte auf die Kategorien »Ausschuss«, »Nachbearbeitung« und »Bestanden« verteilen.

/6/ Für die Nachprüfungsgrenze soll eine Voreinstellung von 50 Punkten, für die Bestandengrenze von 80 Punkten angezeigt werden.

int bestimmeMax (int A, int B)

Abb. 3.3-3: Kontrollflussgraph – Standardform für kontrollfluss-orientierte Verfahren

Programmimplementierung:

```
/* Programmname: Qualitätsauswertung
* Fachkonzept-Klasse: Qualitaetsauswertung
* Aufgabe: Verwaltet die Punktzahlen von Testserien
* und berechnet Kategorien
*/

import java.util.*;

public class Qualitaetsauswertung
{
    //Attribute
    protected int AnzahlNichtBestanden;
    protected int AnzahlNachpruefungen;
    protected int AnzahlBestanden;
    protected Vector PunkteZahlen = new Vector();
    //Operationen
    public void hinzufuegenPunktzahl(int neuePunktzahl) throws
        Exception
    {
        if ((neuePunktzahl < 0) || (neuePunktzahl > 100))
            throw new Exception
            ("Punktzahl nicht zwischen 1 und 100");
        PunkteZahlen.addElement(new Integer(neuePunktzahl));
    }
```

509

```java
public void berechneKategorien(int NachpruefungsGrenze,
    int BestandenGrenze) throws Exception
{
    Enumeration e = PunkteZahlen.elements();
    AnzahlBestanden      = 0;
    AnzahlNachpruefungen = 0;
    AnzahlNichtBestanden = 0;
    if(PunkteZahlen.isEmpty())
        throw new Exception("Es liegen
            keine Punktezahlen vor!");
    if((NachpruefungsGrenze < 1) ||
        (NachpruefungsGrenze >= BestandenGrenze))
        throw new Exception("Nachprüfungsgrenze muss"+
            "größer 0 und kleiner Bestandengrenze sein");
    if((BestandenGrenze > 100) ||
        (NachpruefungsGrenze >= BestandenGrenze))
        throw new Exception("Bestandengrenze muss"+
            "kleiner 100 und größer Nachprüfungsgrenze sein");
    while(e.hasMoreElements())
    {
        int AktuellePunktzahl =
            ((Integer)e.nextElement()).intValue();
        if (AktuellePunktzahl >= BestandenGrenze)
            AnzahlBestanden++; //Häufigster Fall
        else
            if (AktuellePunktzahl <= NachpruefungsGrenze)
                AnzahlNichtBestanden++;
            else
                AnzahlNachpruefungen++;
    }
}
// Lesende Zugriffe auf Attribute
public int getAnzahlNichtBestanden()
{
    return AnzahlNichtBestanden;
}
public int getAnzahlNachpruefungen()
{
    return AnzahlNachpruefungen;
}
public int getAnzahlBestanden()
{
    return AnzahlBestanden;
}
}
```

Wie die Implementierung der Klasse Qualitaetsauswertung zeigt, wird sichergestellt, dass keine falschen Punktzahlen gespeichert werden. In der Operation hinzufuegenPunktzahl(int neuePunktzahl) befindet sich daher eine entsprechende Abfrage.

In der Operation berechneKategorien(int NachpruefungsGrenze, int BestandenGrenze) muss daher *nicht* mehr abgeprüft werden, ob die Punktzahlen im erlaubten Intervall liegen. Allerdings muss dort sichergestellt werden, dass die Eingabeparameter Nachpruefungs

510

Grenze und BestandenGrenze zulässige Werte haben. Da nicht sichergestellt werden kann, dass ein Benutzer die Statistik-Funktion aufruft,
ohne vorher Punktzahlen gespeichert zu haben, wird überprüft, ob
überhaupt Werte zur Kategorisierung vorliegen.

Generell verlangt ein defensives Programmieren, dass jede Operation alle ihre Eingabeparameter auf zulässige Werte überprüft. Unzu-
lässige Werte sollten zu einer Ausnahmeauslösung führen.

defensives
Programmieren

Nur wenn explizit in der Spezifikation der Operation angegeben
ist, dass von der Gültigkeit der Eingabeparameter beim Aufruf ausgegangen werden kann, kann auf eine explizite Überprüfung verzichtet
werden. Zu überlegen ist dann jedoch, ob entsprechende Anfangsbe-
dingungen formuliert werden.

Ist eine Operation neben den Eingabeparametern noch von den
Werten anderer Attribute abhängig – was bei Klassen oft der Fall ist
– dann muss die Gültigkeit dieser Attribute ebenfalls überprüft werden. Im obigen Beispiel gilt das für den Fall, dass keine Punktzahlen
vorliegen und dennoch die Operation berechneKategorien aufgerufen
wird.

3.3.2 Klassifikation von Testverfahren

Die Verifikation hat das Ziel, die Korrektheit eines Programms zu
beweisen. Testverfahren haben das Ziel, Fehler zu erkennen. Testverfahren lassen sich gliedern in:

Kapitel 3.2

- ■ Dynamische Testverfahren
- □ Strukturtestverfahren *(White Box-*Test, *Glass Box-*Test)
- □ Funktionale Testverfahren *(Black Box-*Test)
- ■ Statische Testverfahren
- □ *Walkthrough*
- □ Inspektion

Es gibt eine Vielzahl von **dynamischen Testverfahren**, die alle die
folgenden gemeinsamen Merkmale besitzen:

dynamischer Test

- – Das übersetzte, ausführbare Programm wird mit konkreten Eingabewerten versehen und ausgeführt.
- – Das Programm wird in der realen Umgebung getestet.
- – Es handelt sich um Stichprobenverfahren, d.h., die Korrektheit des
getesteten Programms wird *nicht* bewiesen.

Eigenschaften

Wird die Vollständigkeit bzw. Eignung einer Menge von Testfällen
anhand des Kontroll- oder Datenflusses des Programms abgeleitet,
dann liegt ein dynamisches **Strukturtestverfahren** bzw. ein *White
Box***-Testverfahren** oder *Glass Box***-Testverfahren** vor.

Herkunft der
Testfälle

Bei **funktionalen Testverfahren** bzw. bei *Black Box***-Testver-
fahren** wird die Spezifikation des Programms benutzt, um Testfälle
zu erstellen.

Bei **statischen Testverfahren** wird das Programm *nicht* ausgeführt, sondern der Quellcode analysiert, um Fehler zu finden. Am

statischer Test
Kapitel 3.3

häufigsten werden für den statischen Test manuelle Prüfmethoden wie **Inspektionen**, *Reviews* und ***Walkthroughs*** eingesetzt.

kontrollfluss-orientierte Testverfahren

Eine wichtige Gruppe der Strukturtestverfahren sind die **kontrollflussorientierten Testverfahren**.

Testziele

Bei diesen Testverfahren werden Strukturelemente wie Anweisungen, Zweige oder Bedingungen benutzt, um Testziele zu definieren. Abb. 3.3-4 gibt einen Überblick über diese Testverfahren und ihre Beziehungen zueinander.

Abb. 3.3-4: Subsumptions-relationen der kontrollfluss-orientierten Testverfahren /Liggesmeyer 90, S. 63/

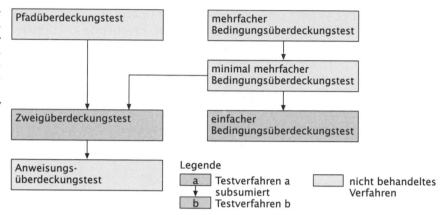

Der Anweisungsüberdeckungstest, der Zweigüberdeckungstest und der Pfadüberdeckungstest sind die bekanntesten kontrollflussorientierten Testverfahren. Ihr Ziel ist es, mit einer Anzahl von Testfällen alle vorhandenen Anweisungen, Zweige bzw. Pfade auszuführen.

Der Pfadüberdeckungstest nimmt eine Sonderstellung ein. Er stellt das umfassendste kontrollflussorientierte Testverfahren dar, ist jedoch wegen der unpraktikabel hohen Pfadanzahl realer Programme nicht sinnvoll einsetzbar.

3.3.3 Das Zweigüberdeckungstestverfahren

Der **Zweigüberdeckungstest**, auch C_1-**Test** genannt (C = *Coverage*), fordert die Ausführung aller Zweige, d.h., aller Kanten des Kontrollflussgraphen.

Beispiel 1a

Abb. 3.3-5 zeigt den Kontrollflussgraphen für die Operation berechneKategorien der Klasse Qualitaetsauswertung.

Um alle Kanten zu durchlaufen, sind vier Testfälle erforderlich:
1. Testfall:
NachpruefungsGrenze = 30
BestandenGrenze = 60
Testserie: 80, 10, 50

512

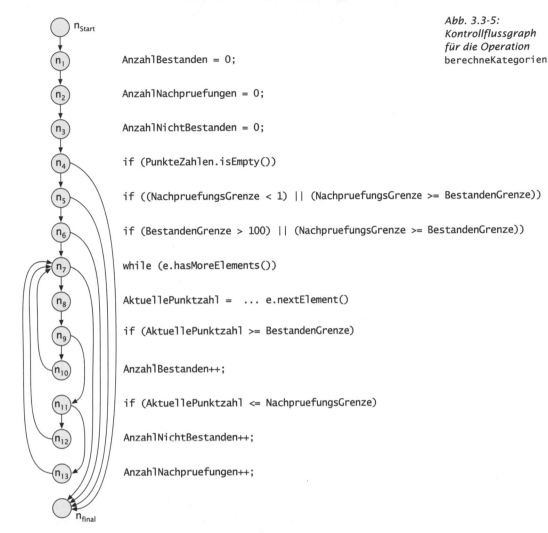

Abb. 3.3-5:
Kontrollflussgraph
für die Operation
berechneKategorien

n_{Start}

n_1 AnzahlBestanden = 0;

n_2 AnzahlNachpruefungen = 0;

n_3 AnzahlNichtBestanden = 0;

n_4 if (PunkteZahlen.isEmpty())

n_5 if ((NachpruefungsGrenze < 1) || (NachpruefungsGrenze >= BestandenGrenze))

n_6 if (BestandenGrenze > 100) || (NachpruefungsGrenze >= BestandenGrenze))

n_7 while (e.hasMoreElements())

n_8 AktuellePunktzahl = ... e.nextElement()

n_9 if (AktuellePunktzahl >= BestandenGrenze)

n_{10} AnzahlBestanden++;

n_{11} if (AktuellePunktzahl <= NachpruefungsGrenze)

n_{12} AnzahlNichtBestanden++;

n_{13} AnzahlNachpruefungen++;

n_{final}

Durchlaufener Pfad: (n_{start}, n_1, n_2, n_3, n_4, n_5, n_6, n_7, n_8, n_9, n_{10}, n_7, n_8, n_9, n_{11}, n_{12}, n_7, n_8, n_9, n_{11}, n_{13}, n_7, n_{final})

Der Testpfad enthält alle Kanten außer (n_4, n_{final}), (n_5, n_{final}), (n_6, n_{final}). Durch diesen 1. Testfall werden alle *Knoten* des Kontrollflussgraphen und damit alle Anweisungen einmal durchlaufen. Damit ist eine 100-prozentige Anweisungsüberdeckung erreicht. Für die Praxis ist eine vollständige Knotenüberdeckung allein aber *nicht* ausreichend.

Anweisungs-überdeckung

2. Testfall:
NachpruefungsGrenze = 30
BestandenGrenze = 60
Testserie: keine Eingabe

Durchlaufener Pfad: (n_{start}, n_1, n_2, n_3, n_4, n_{final})

Mit diesem Testfall wird die fehlende Kante (n_4, n_{final}) durchlaufen.

3. Testfall:

```
NachpruefungsGrenze = -10
BestandenGrenze = 60
```

Testserie: 10

Durchlaufener Pfad: (n_{start}, n_1, n_2, n_3, n_4, n_5, n_{final})

Mit diesem Testfall wird die fehlende Kante (n_5, n_{final}) durchlaufen.

4. Testfall:

```
NachpruefungsGrenze = 30
BestandenGrenze = 110
```

Testserie: 10

Durchlaufener Pfad: (n_{start}, n_1, n_2, n_3, n_4, n_5, n_6, n_{final})

Mit diesem Testfall wird die fehlende Kante (n_6, n_{final}) durchlaufen.

Die Zweigüberdeckung wird auch als Entscheidungsüberdeckung bezeichnet, da jede Entscheidung die Wahrheitswerte *wahr* und *falsch* mindestens einmal annehmen muss. Das Durchlaufen aller Zweige führt zur Ausführung aller Anweisungen. Der Zweigüberdeckungstest subsumiert daher den Anweisungsüberdeckungstest. Die Charakteristika des Zweigüberdeckungstests sind in Abb. 3.3-6 zusammengestellt.

Nachteile   Der Zweigüberdeckungstest weist drei gravierende Schwächen auf:

- Er ist unzureichend für den Test von Schleifen.
- Er berücksichtigt nicht die Abhängigkeiten zwischen Zweigen, sondern betrachtet jeden Zweig einzeln für sich.
- Er ist unzureichend für den Test komplexer, d.h., zusammengesetzter Bedingungen.
- Fehlende Zweige werden nicht gefunden.

Die ersten beiden Nachteile versuchen der Pfadüberdeckungstest und seine Varianten zu beseitigen. Den letzten Nachteil beheben die Bedingungsüberdeckungstests mit ihren verschiedenen Ausprägungen (Abb. 3.3-7).

3.3.4 Die Bedingungsüberdeckungstestverfahren

Enthält ein Programm zusammengesetzte und/oder hierarchisch gegliederte Bedingungen, dann ist ein Zweigüberdeckungstest nicht ausreichend.

Beispiel 1b   Die Operation berechneKategorien enthält folgende Bedingung:

```
(NachpruefungsGrenze < 1) ||
(NachpruefungsGrenze >= BestandenGrenze)
```

Diese Bedingung enthält zwei atomare Bedingungen. Der Zweigüberdeckungstest berücksichtigt diese Struktur der Bedingungen nicht geeignet. Der Testfall 3 in Beispiel 1a führte nur zur Überprüfung,

Abb. 3.3-6: Der Zweigüber- deckungstest/ C_1-Test

Einordnung

Dynamisches, kontrollflussorientiertes Testverfahren, das auf den Zweigen des zu testenden Quellprogramms basiert.
Die Anweisungsüberdeckung ist in der Zweigüberdeckung vollständig enthalten.

Ziel

Ausführung aller Zweige des zu testenden Programms, d.h. Durchlaufen aller Kanten des Kontrollflussgraphen.

Metrik

$$C_{Zweig} = \frac{\text{Anzahl der ausgeführten Zweige}}{\text{Gesamtzahl der vorhandenen Zweige}}$$

Eigenschaften

- Durch eine 100-prozentige Zweigüberdeckung wird sichergestellt, dass im Prüfling keine Zweige existieren, die niemals ausgeführt wurden.
- Weder die Kombination von Zweigen noch komplexe Bedingungen werden berücksichtigt.
- Schleifen werden nicht ausreichend getestet, da ein einzelner Durchlauf durch den Schleifenkörper von abweisenden Schleifen und eine Wiederholung von nicht abweisenden Schleifen für die Zweigüberdeckung hinreichend ist.
- Fehlende Zweige können nicht direkt entdeckt werden.

Werkzeugunterstützung

Ein Zweigüberdeckungswerkzeug muss folgende Eigenschaften besitzen:
- Analyse der Kontrollstruktur des Quellcodes, Lokalisierung der Zweige und Einfügen von Zählern in den Quellcode, die es gestatten, den Kontrollfluss zu verfolgen (Instrumentierung).
- Erweiterung einer einseitigen Auswahl (*then*–Teil) zu einer zweiseitigen Auswahl (*else*–Teil), um auch das Nichteintreten der Auswahlbedingung prüfen zu können.
- Die instrumentierte Version des Prüflings wird übersetzt und das erzeugte ablauffähige Programm mit Testdaten ausgeführt.
- Auswertung der während der Testläufe durch die Instrumentierung gesammelten Informationen und Anzeige nicht durchlaufener Zweige.
- Berechnung des erreichten Zweigüberdeckungsgrades.
- Selbstständige Wiederholung von bereits durchgeführten Tests nach einer Fehlerkorrektur (Regressionstest).

Leistungsfähigkeit (empirische Untersuchungen)

- Die Fehleridentifikationsquote ist mit 34 Prozent um 16 Prozentpunkte besser als ein Anweisungsüberdeckungstest /Girgis, Woodward 86/. Es werden 79 Prozent der Kontrollflußfehler und 20 Prozent der Berechnungsfehler gefunden.
- Die Erfolgsquote der Zweigüberdeckung ist höher als bei der statischen Analyse /Gannon 79/.

Bewertung

- Gilt als *das* minimale Testkriterium.
- Nicht ausführbare Programmzweige können gefunden werden. Dies ist der Fall, wenn keine Testdaten erzeugt werden können, die die Ausführung eines bisher nicht durchlaufenen Zweiges bewirken.
- Die Anzahl der Schleifendurchläufe kann durch Betrachtung der Zählerstände der instrumentierten Zähler kontrolliert werden.
- Die Korrektheit des Kontrollflusses an den Verzweigungsstellen kann überprüft werden.
- Besonders oft durchlaufene Programmteile können erkannt und gezielt optimiert werden.
- Die Metrik quantifiziert die geleisteten Testaktivitäten.

ob das Programm abbricht, wenn NachpruefungsGrenze < 1 ist. Ob das Programm bei der Bedingung NachpruefungsGrenze >= BestandenGrenze ebenfalls abbricht, wurde damit nicht überprüft.

Abb. 3.3-7:
Bedingungs-
überdeckungs-
testverfahren

Einordnung
Die Bedingungsüberdeckungstestverfahren benutzen die Bedingungen in den Wiederholungs- und Auswahlkonstrukten des zu testenden Programms zur Ableitung von Tests. Es gibt drei Ausprägungen:
- einfache Bedingungsüberdeckung,
- Mehrfach-Bedingungsüberdeckung,
- minimale Mehrfach-Bedingungsüberdeckung.

Ziel
Analyse und Überprüfungen der Bedingungen des zu testenden Programms.

Eigenschaften
- einfache Bedingungsüberdeckung:
  Überdeckung aller atomaren Bedingungen, d.h. aller Bedingungen, die keine untergeordneten Bedingungen enthalten. Die Evaluation aller atomarer Bedingungen muss mindestens einmal die Wahrheitswerte *true* und *false* ergeben.
- Mehrfach-Bedingungsüberdeckung:
  Es wird versucht, alle Variationen der atomaren Bedingungen zu bilden. Dies führt bei einer Bedingung, die aus n atomaren Bedingungen zusammengesetzt ist, aufgrund des binären Wertevorrates der booleschen Ausdrücke zu 2^n Variationsmöglichkeiten und zu einer entsprechend großen Anzahl von Testfällen pro Bedingung.
- minimale Mehrfach-Bedingungsüberdeckung:
  Jede Bedingung – ob atomar oder nicht – muss mindestens einmal *true* und einmal *false* sein /Infotech Vol.1 79/, /Balzert 85/. Dies garantiert die Subsumption des Zweigüberdeckungstests.

Beispiele
Siehe Abschnittstext.

Bewertung
- einfache Bedingungsüberdeckung:
  Enthält weder die Zweig- noch die Anweisungsüberdeckung. Da beide minimale Testkriterien sind, ist eine alleinige einfache Bedingungüberdeckung nicht ausreichend.
- Mehrfach-Bedingungsüberdeckung:
  Enthält die Zweigüberdeckung, ist jedoch aufwendig zu realisieren und setzt die Identifikation von nicht möglichen Bedingungskombinationen voraus. Die Kombination von Bedingungen bietet zusätzliche Möglichkeiten zur Fehlererkennung, ermöglicht aber keine direkte Entdeckung von Strukturfehlern in Bedingungen. Nicht jede nicht herstellbare Wahrheitswertekombination ist ein Fehler des Programms. Dadurch wird die Testbeurteilung erschwert.
- minimale Mehrfach-Bedingungsüberdeckung:
  Zusätzlich zum Zweigtest können invariante Bedingungen entdeckt werden. Sie enthält den Zweigtest. Sinnvolle Weiterentwicklung des Konzepts der Zweigüberdeckung.

Bei der einfachen **Bedingungsüberdeckung** (Abb. 3.3-7) müssen alle atomaren Bedingungen mindestens einmal *true* und *false* sein.

Beispiel 1c   Tab. 3.3-1 zeigt die Testfälle für die einfache Bedingungsüberdeckung der Bedingung (NachpruefungsGrenze < 1) ||
(NachpruefungsGrenze >= BestandenGrenze)
Tab. 3.3-1 enthält für jede atomare Bedingung eine Zeile. Jede *atomare Bedingung* muss mindestens einmal den Wahrheitswert *true* und mindestens einmal den Wahrheitswert *false* erhalten. Da jede Zeile beide Wahrheitswerte mindestens einmal enthält, ist mit den Testfällen nach Tab. 3.3-1 der einfache Bedingungsüberdeckungstest vollständig erfüllt.

Testfall	1	2	3	4
NachpruefungsGrenze	80	-10	30	-10
BestandenGrenze	70	70	70	-12
atomare Bedingungen:	Wahrheitswerte der atomaren Bedingungen:			
(NachpruefungsGrenze < 1)	F	T	F	T
(NachpruefungsGrenze >= BestandenGrenze)	T	F	F	T

Legende: T*(true)* = wahr, F*(false)* = falsch

Tab. 3.3-1:
Einfache
Bedingungs-
überdeckung –
Testfälle für
berechneKategorien

Der einfache Bedingungsüberdeckungstest sichert weder die Subsumption der Anweisungsüberdeckung noch die Subsumption der Zweigüberdeckung.

In der Auswahl

```
if (A || B)
   X = 1;
else
   X = 0;
```

Beispiel

sichern folgende Testfälle eine hundertprozentige Bedingungsüberdeckung (jede atomare Bedingung ist einmal wahr und einmal falsch), aber weder die Zweig- noch die Anweisungsüberdeckung:

Testfall	1	2
atomare Bedingungen:	Wahrheitswerte der atomaren Bedingungen:	
A	T	F
B	F	T
X	1	1

Legende: T*(true)* = wahr, F*(false)* = falsch

Diese einfache Form der Bedingungsüberdeckung ist als alleiniges Testverfahren daher ungeeignet. Alternativ gibt es daher noch den Mehrfach-Bedingungsüberdeckungs-Test und die minimale Mehrfach-Bedingungsüberdeckung. Da es für beide aber nur wenige Testwerkzeuge gibt, werden sie nicht näher behandelt.

3.3.5 Funktionale Testverfahren

Bei den **funktionalen Testverfahren** – auch *Black Box*-**Testverfahren** genannt – werden die Testfälle aus der Programmspezifikation abgeleitet.

Einordnung

Im Gegensatz zum Strukturtest wird die Programmstruktur nicht betrachtet – sie sollte für den Tester sogar unsichtbar sein.

Der Testling sollte für den Tester mit Ausnahme der Spezifikation ein »schwarzer Kasten« sein.

Black Box

Die Begründung, ein Programm gegen seine Spezifikation zu testen, liegt darin, dass es unzureichend ist, ein Programm lediglich gegen sich selbst zu testen. Die eigentliche Aufgabe eines Programms ist in der Spezifikation beschrieben. Ihre Erfüllung durch das realisierte Programm muss also auch daran gemessen werden.

Ziel Ziel des funktionalen Tests ist eine möglichst umfassende – aber redundanzarme – Prüfung der spezifizierten Funktionalität. Für die vollständige Durchführung des Tests ist eine Überprüfung aller Programmfunktionen notwendig. Die Testfälle und Testdaten für den Funktionstest werden allein aus der jeweiligen Programmspezifikation abgeleitet.

Funktionsüber-
deckung Man kann in Analogie zu den strukturellen Überdeckungsmaßen von Funktionsüberdeckung sprechen.

Voraussetzung:
Spezifikation Zur Beurteilung der Vollständigkeit eines Funktionstests, der Korrektheit der erzeugten Ausgaben und zur Definition von Testfällen ist eine Programmspezifikation notwendig. Im Idealfall liegt sie in formaler Form vor. Üblicherweise existieren jedoch nur semiformale oder informale Spezifikationen, etwa in Form einer verbalen Programmbeschreibung, die eine gewisse Interpretierbarkeit besitzen können.

Aufgabe der Testplanung ist es, aus der Programmspezifikation Testfälle herzuleiten, mit denen das Programm getestet werden soll. Zu einem Testfall gehören sowohl die Eingabedaten in das Testobjekt als auch die erwarteten Ausgabedaten oder Ausgabereaktionen (Soll-Ergebnisse).

Die Hauptschwierigkeiten beim Funktionstest bestehen in der Ableitung der geeigneten Testfälle. Ein vollständiger Funktionstest ist im Allgemeinen *nicht* durchführbar. Ziel einer Testplanung muss es daher sein, Testfälle so auszuwählen, dass die Wahrscheinlichkeit groß ist, Fehler zu finden.

Testfall-
bestimmung Für die Testfallbestimmung gibt es folgende wichtige Verfahren:
■ Funktionale Äquivalenzklassenbildung,
■ Grenzwertanalyse,
■ Test spezieller Werte.
Auf diese Verfahren wird im Folgenden näher eingegangen. Anschließend wird ein kombinierter Funktions- und Strukturtest vorgestellt.

3.3.6 Funktionale Äquivalenzklassenbildung

Die wichtigsten Eigenschaften der **funktionalen Äquivalenzklassenbildung** und die Art und Weise, wie Testfälle aus den Äquivalenzklassen abgeleitet werden, sind in den Abb. 3.3-8 und 3.3-9 zusammengestellt. Im Folgenden werden zwei umfangreichere Beispiele angegeben.

Einordnung
Dynamisches, funktionales Testverfahren, das Tests aus der funktionalen Spezifikation eines Programms ableitet. Dies geschieht durch Bildung von Äquivalenzklassen.

Abb. 3.3-8:
Funktionale
Äquivalenz-
klassenbildung

Ziel
Die Definitionsbereiche der Eingabeparameter und die Wertebereiche der Ausgabeparameter werden in Äquivalenzklassen zerlegt. Es wird davon ausgegangen, dass ein Programm bei der Verarbeitung eines Repräsentanten aus einer Äquivalenzklasse so reagiert, wie bei allen anderen Werten aus dieser Äquivalenzklasse. Wenn das Programm mit dem repräsentativen Wert der Äquivalenzklasse fehlerfrei läuft, dann ist zu erwarten, dass es auch für andere Werte aus dieser Äquivalenzklasse korrekt funktioniert. Voraussetzung ist natürlich die sorgfältige Wahl der Äquivalenzklassen. Wegen der Heuristik der Äquivalenzklassenbildung ist es möglich, dass sich die Äquivalenzklassen überschneiden. Daher ist der Äquivalenzklassenbegriff nicht unbedingt im strengen Sinne der Mathematik zu verstehen.

Beispiel
```
void setzeMonat(short aktuellerMonat); //Eingabeparameter
//Es muss gelten: 1 <= aktuellerMonat <= 12
```
Eine gültige Äquivalenzklasse: 1 <= aktuellerMonat <= 12
Zwei ungültige Äquivalenzklassen: aktuellerMonat < 1, aktuellerMonat > 12
Aus den Äquivalenzklassen abgeleitete Testfälle:
1 aktuellerMonat = 5   (Repräsentant der gültigen Äquivalenzklasse)
2 aktuellerMonat = -3   (Repräsentant der ungültigen Äquivalenzklasse)
3 aktuellerMonat = 25   (Repräsentant der ungültigen Äquivalenzklasse)

Eigenschaften
- Basierend auf der Programmspezifikation werden **Äquivalenzklassen der Eingabewerte** gebildet. Dadurch wird sichergestellt, dass alle spezifizierten Funktionen mit Werten aus der ihnen zugeordneten Äquivalenzklasse getestet werden. Außerdem wird eine Beschränkung der Testfallanzahl erreicht.
- Aus den Ausgabewertebereichen können ebenfalls Äquivalenzklassen erstellt werden. Für diese **Äquivalenzklassen** müssen jedoch Eingaben gefunden werden, die die gewünschten Ausgabewerte erzeugen. Die Ausgabeäquivalenzklassen müssen praktisch in entsprechende Äquivalenzklassen von Eingabewerten umgeformt werden.
- Als Repräsentant für einen Testfall wird *irgendein* Element aus der Äquivalenzklasse ausgewählt.
- Regeln zur Äquivalenzklassenbildung sind in Abb. 3.3-9 zusammengestellt.

Bewertung
- Geeignetes Verfahren, um aus Spezifikationen – insbesondere aus Parameterein- und -ausgabespezifikationen – repräsentative Testfälle abzuleiten.
- Basis für die Grenzwertanalyse (siehe Abschnitt 3.3.7).
- Die Aufteilung in Äquivalenzklassen muss nicht mit der internen Programmstruktur übereinstimmen, sodass nicht auf jeden Repräsentanten gleich reagiert wird.
- Es werden einzelne Eingaben oder Ausgaben betrachtet. Beziehungen, Wechselwirkungen und Abhängigkeiten zwischen Werten werden nicht behandelt. Dazu werden Verfahren wie die Ursache-Wirkungs-Analyse benötigt.

Die Programmspezifikation der Qualitätsauswertung sei hier nochmals aufgeführt:

Beispiel 2a

Programmspezifikation:

/1/ Jedes Exemplar eines Produktes durchläuft einen Qualitätstest. Das Ergebnis des Qualitätstests ist pro Exemplar eine ganze Zahl zwischen null und hundert.

/2/ Exemplare, die unterhalb einer unteren Grenzschwelle (<=Nachprüfungsgrenze) liegen, werden sofort als Ausschuss ausgesondert.

Abb. 3.3-9:
Regeln
zur Äquivalenz-
klassenbildung

Bildung von Eingabeäquivalenzklassen

1 Falls eine Eingabebedingung einen zusammenhängenden Wertebereich spezifiziert, so sind eine gültige Äquivalenzklasse und zwei ungültige Äquivalenzklassen zu bilden.
Eingabebereich: 1 ≤ Tage ≤ 31 Tage
Eine gültige Äquivalenzklasse: 1 ≤ Tage ≤ 31
Zwei ungültige Äquivalenzklassen: Tage < 1, Tage > 31

2 Spezifiziert eine Eingabebedingung eine Anzahl von Werten, so sind eine gültige Äquivalenzklasse und zwei ungültige Äquivalenzklassen zu bilden.
Für ein Auto können zwischen einem und sechs Besitzer eingetragen sein.
Eine gültige Äquivalenzklasse:
– Ein Besitzer bis sechs Besitzer
Zwei ungültige Äquivalenzklassen:
– Kein Besitzer
– Mehr als sechs Besitzer

3 Falls eine Eingabebedingung eine Menge von Werten spezifiziert, die wahrscheinlich unterschiedlich behandelt werden, so ist für jeden Wert eine eigene gültige Äquivalenzklasse zu bilden. Für alle Werte mit Ausnahme der gültigen Werte ist eine ungültige Äquivalenzklasse zu bilden.
Tasteninstrumente: Klavier, Cembalo, Spinett, Orgel
Vier gültige Äquivalenzklassen: Klavier, Cembalo, Spinett, Orgel
Eine ungültige Äquivalenzklasse: z.B. Violine
Ist anzunehmen, dass jeder Fall unterschiedlich behandelt wird, dann ist für jeden Fall eine gültige Äquivalenzklasse zu bilden (Scheck, Ueberweisung, Bar) sowie eine ungültige (gemischte Zahlungsweise, z.B. Scheck und Bar).

4 Falls eine Eingabebedingung eine Situation festlegt, die zwingend erfüllt sein muss, so sind eine gültige Äquivalenzklasse und eine ungültige zu bilden.
Das erste Zeichen muss ein Buchstabe sein.
Eine gültige Äquivalenzklasse: Das erste Zeichen ist ein Buchstabe.
Eine ungültige Äquivalenzklasse: Das erste Zeichen ist kein Buchstabe (z.B. Ziffer oder Sonderzeichen).

5 Ist anzunehmen, dass Elemente einer Äquivalenzklasse unterschiedlich behandelt werden, dann ist diese Äquivalenzklasse entsprechend aufzutrennen.

Bildung von Ausgabeäquivalenzklassen: Regeln 1 bis 5 gelten analog.

6 Spezifiziert eine Ausgabebedingung einen Wertebereich, in dem sich die Ausgaben befinden müssen, so sind alle Eingabewerte, die Ausgaben innerhalb des Wertebereichs erzeugen, einer gültigen Äquivalenzklasse zuzuordnen. Alle Eingaben, die Ausgaben unterhalb des spezifizierten Wertebereichs verursachen, werden einer ungültigen Äquivalenzklasse zugeordnet. Alle Eingaben, die Ausgaben oberhalb des spezifizierten Wertebereichs verursachen, werden einer anderen ungültigen Äquivalenzklasse zugeordnet.
Ausgabebereich: 1 ≤ Wert ≤ 99
Eine gültige Äquivalenzklasse:
– Alle Eingaben, die Ausgaben zwischen 1 und 99 erzeugen
Zwei ungültige Äquivalenzklassen:
– Alle Eingaben, die Ausgaben kleiner als 1 erzeugen
– Alle Eingaben, die Ausgaben größer als 99 erzeugen

Quelle: nach /Myers 79/

/3/ Exemplare, die oberhalb einer oberen Grenzschwelle (>=Bestandengrenze) liegen, werden an die Kunden ausgeliefert.

/4/ Exemplare, die zwischen der Nachprüfungsgrenze und der Bestandengrenze liegen, werden einer manuellen Nachbearbeitung mit anschließender Nachüberprüfung unterzogen.

/5/ Eine Klassifizierungsoperation soll eine Statistik erstellen, die angibt, wie sich die Messwerte auf die Kategorien »Ausschuss«, »Nachbearbeitung« und »Bestanden« verteilen.

/6/ Für die Nachprüfungsgrenze soll eine Voreinstellung von 50 Punkten, für die Bestandengrenze von 80 Punkten angezeigt werden.

Anhand der **Spezifikation** gelangt man zu folgenden Äquivalenzklassen, für die sich das Programm unterschiedlich verhalten muss:

Gültige Äquivalenzklassen:

1 0 <= Punktzahl <= Nachprüfungsgrenze /2/
2 Nachprüfungsgrenze < Punktzahl < Bestandengrenze /4/
3 Bestandengrenze <= Punktzahl <= 100 /3/
4 0 <= Punktzahl <= 100 für jede eingegebene Punktzahl /1/
5 0 <= Nachprüfungsgrenze < Bestandengrenze <= 100 (implizit aus /1/ bis /4/)
6 Anzahl eingegebener Punktzahlen = AnzahlNichtBestanden + AnzahlNachprüfungen + AnzahlBestanden (implizit aus /1/ bis /5/)

Ungültige Äquivalenzklassen:

7 Punktzahl < 0
8 Punktzahl > 100
9 Nachprüfungsgrenze >= Bestandengrenze
10 Nachprüfungsgrenze < 1
11 Bestandengrenze > 100
12 Anzahl Punktzahlen = 0
13 Keine Grenzangaben (Voreinstellungen müssen verwendet werden /6/)

Nach der Identifikation der Äquivalenzklassen können Repräsentanten ausgewählt und anschließend Testfälle zusammengestellt werden (Tab. 3.3-2 und 3.3-3). Dabei ist zu beachten, dass aus den Ausgabeäquivalenzklassen geeignete Repräsentanten für die Eingabe abgeleitet werden.

Tab. 3.3-2:
Repräsentanten für die Äquivalenzklassen der Operation berechneKategorien

Äquivalenzklasse	Repräsentanten
1	0 <= mindestens 1 Punktzahl <= Nachprüfungsgrenze
2	Nachprüfungsgrenze < mindestens 1 Punktzahl < Bestandengrenze
3	Bestandengrenze <= mindestens 1 Punktzahl <= 100
4	50
5	Nachprüfungsgrenze = 20, Bestandengrenze = 50
6	Bei den Sollergebnissen berücksichtigen
7	-10
8	120
9	Nachprüfungsgrenze = 30, Bestandengrenze = 10
10	-20
11	110
12	keine Eingabe von Punktzahlen, aber Aufruf der Statistik-Funktion
13	keine Eingabe von Grenzen, aber Aufruf der Statistik-Funktion

Testfälle	1	2	3	4	5	6	7	8
getestete Äquivalenzklassen	5,1,2,3,4	5,7	5,8	9,1,2,3	10,1, 2,3	11,1,2,3	12	13
Punktzahlenfolge	10,30,80	-10	120	10,30,80	10,30,80	10,30,80	–	10,30,80
Nachprüfungsgrenze	20	20	20	30	-20	30	20	–
Bestandengrenze	50	50	50	10	50	110	50	–
Soll-Ergebnisse:								
Anzahl Bestanden	1	leer	leer	leer	leer	leer	leer	1
Anzahl Nachprüfung	1	leer	leer	leer	leer	leer	leer	2
Anzahl NichtBestanden	1	leer	leer	leer	leer	leer	leer	0
Fehlermeldung	keine	Punktzahl falsch	Punktzahl falsch	Grenzen falsch	Grenze falsch	Grenze falsch	keine Eingabe	
Summe Anzahl	3							3

Tab. 3.3-3:
Testfälle für die
Klasse
Qualitaetsauswertung

Die Äquivalenzklassen sind eindeutig zu nummerieren. Für die Erzeugung von Testfällen aus den Äquivalenzklassen sind zwei Regeln zu beachten:

■ Die Testfälle für gültige Äquivalenzklassen werden durch Auswahl von Testdaten aus möglichst vielen gültigen Äquivalenzklassen gebildet. Dies reduziert die Testfälle für gültige Äquivalenzklassen auf ein Minimum.

■ Die Testfälle für ungültige Äquivalenzklassen werden durch Auswahl eines Testdatums aus einer ungültigen Äquivalenzklasse gebildet. Es wird mit Werten kombiniert, die ausschließlich aus gültigen Äquivalenzklassen entnommen sind.

Da für alle ungültigen Eingabewerte eine Fehlerbehandlung existieren muss, kann bei Eingabe eines fehlerhaften Wertes pro Testfall die Fehlerbehandlung nur durch dieses fehlerhafte Testdatum verursacht worden sein. Würden mehrere fehlerhafte Eingaben pro Testfall verwendet, so ist nicht transparent, welches fehlerhafte Testdatum die Fehlerbehandlung ausgelöst hat.

Die Äquivalenzklassenbildung benötigt primär die Programmspezifikationen zur Bildung der Äquivalenzklassen. Die Signaturen der Operationen liefern Informationen über die Typvereinbarungen der Parameter.

3.3.7 Grenzwertanalyse

Die wichtigsten Eigenschaften der **Grenzwertanalyse** sind in Abb. 3.3-10 zusammengestellt. Das folgende Beispiel zeigt, wie sich gegenüber der Äquivalenzklassenbildung die Testfälle bei der Grenzwertanalyse ändern.

Beispiel 2b Für die Klasse Qualitaetsauswertung zeigt Tab. 3.3-4 die gewählten Testfälle. Das Kürzel U oder O hinter der Angabe der getesteten Äquivalenzklasse kennzeichnet einen Test der unteren bzw. oberen Gren-

Einordnung
Dynamisches, funktionales Testverfahren, das Tests aus der funktionalen Spezifikation eines Programms ableitet. In der Regel basiert die Grenzwertanalyse auf der funktionalen Äquivalenzklassenbildung. Sie gehört ebenfalls in die Kategorie »Test spezieller Werte«.

Abb. 3.3-10:
Grenzwert-
analyse

Ziel
Erfahrungen haben gezeigt, dass Testfälle, die die Grenzwerte der Äquivalenzklassen abdecken oder in der unmittelbaren Umgebung dieser Grenzen liegen, besonders effektiv sind, d.h. besonders häufig Fehler aufdecken.
Bei der Grenzwertanalyse wird daher nicht *irgendein* Element aus der Äquivalenzklasse als Repräsentant ausgewählt, sondern ein oder mehrere Elemente werden ausgesucht, sodass jeder Rand der Äquivalenzklasse getestet wird. Die Annäherung an die Grenzen der Äquivalenzklasse kann sowohl vom gültigen als auch vom ungültigen Bereich aus durchgeführt werden.

Beispiel
```
void setzeMonat (short aktuellerMonat); //Eingabeparameter
//Es muss gelten: 1 <= aktuellerMonat <= 12
```
Eine gültige Äquivalenzklasse: 1 <= aktuellerMonat <= 12
Zwei ungültige Äquivalenzklassen: aktuellerMonat < 1, aktuellerMonat > 12
Abgeleitete Testfälle von den Grenzen der Äquivalenzklassen:
1 aktuellerMonat = 1 (untere Grenze)
2 aktuellerMonat = 12 (obere Grenze)
3 aktuellerMonat = 0 (obere Grenze der ungültigen Äquivalenzklasse)
4 aktuellerMonat = 13 (untere Grenze der ungültigen Äquivalenzklasse)

Eigenschaften
■ Eine Grenzwertanalyse ist nur dann sinnvoll, wenn die Menge der Elemente, die in eine Äquivalenzklasse fallen, auf natürliche Weise geordnet werden kann.
■ Bei der Bildung von Äquivalenzklassen können wichtige Typen von Testfällen übersehen werden. Durch die Grenzwertanalyse kann dieser Nachteil von Äquivalenzklassen teilweise reduziert werden.

Bewertung
■ Fehlerbasiertes Kriterium, da ihr die Erfahrung, dass insbesondere Grenzbereiche häufig fehlerhaft verarbeitet werden, zugrunde liegt.
■ Sinnvolle Erweiterung und Verbesserung der funktionalen Äquivalenzklassenbildung.

ze der angegebenen Äquivalenzklasse. Die Tabelle enthält mindestens jeweils ein Testdatum von den Äquivalenzklassengrenzen. Die Eingabe von Testfall 1 zeigt die Abb. 3.3-11.

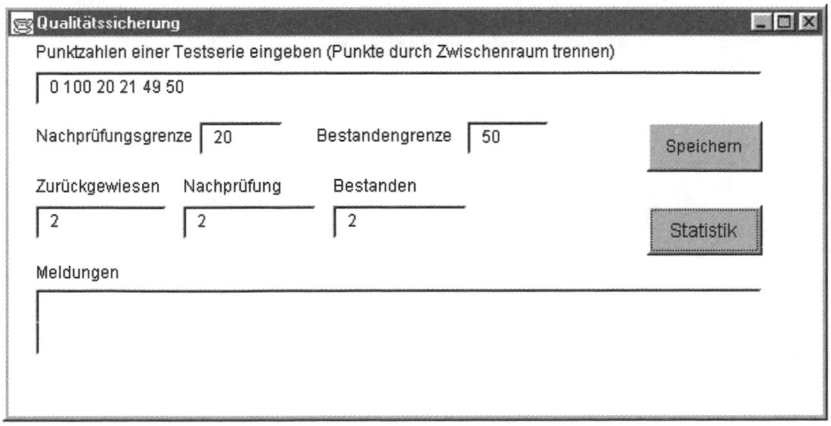

Abb. 3.3-11:
Ausführung von
Testfall 1 mit einem
Testrahmen

Tab. 3.3-4a:
Testfälle für die
Klasse Textanalyse
nach einer
Äquivalenzklassen-
und Grenzwert-
analyse

Testfälle	1	2	3	4
getestete Äquivalenzklassen	5,1U,1O,2U,2O, 3U,3O,4U,4O	5,7U	5,8U	9U,9O, 1,2,3
Punktzahlenfolge	0,100,20,21,49,50	-1	101	10,30,80
Nachprüfungsgrenze	20	20	20	30
Bestandengrenze	50	50	50	30
Soll-Ergebnisse:				
Anzahl Bestanden	2	leer	leer	leer
Anzahl Nachprüfung	2	leer	leer	leer
Anzahl NichtBestanden	2	leer	leer	leer
Fehlermeldung	keine	Punkt- zahl falsch	Punkt- zahl	Grenzen falsch
Summe Anzahl	6	falsch		

Die mit Testfall 1 erzielte Überdeckung zeigt Abb. 3.3-12, die Überdeckung nach Durchführung aller Testfälle zeigt Abb. 3.3-13.

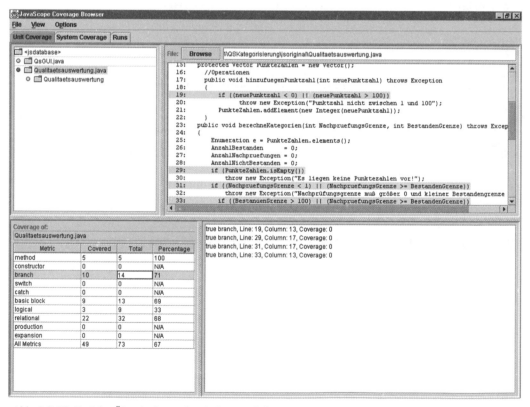

Abb. 3.3-12: Erzielte Überdeckung durch den Testfall 1

Testfälle	5	6	7	8
getestete Äquivalenzklassen	10O,1,2,3	11U,1,2,3	12	13
Punktzahlenfolge	10,30,80	10,30,80	–	10,30,80
Nachprüfungsgrenze	0	30	20	–
Bestandengrenze	50	101	50	–
Soll-Ergebnisse:				
Anzahl Bestanden	leer	leer	leer	1
Anzahl Nachprüfung	leer	leer	leer	2
Anzahl NichtBestanden	leer	leer	leer	0
Fehlermeldung	Grenze falsch	Grenze falsch	keine Eingabe	

Tab. 3.3-4b: Testfälle für die Klasse Textanalyse nach einer Äquivalenzklassen- und Grenzwert- analyse

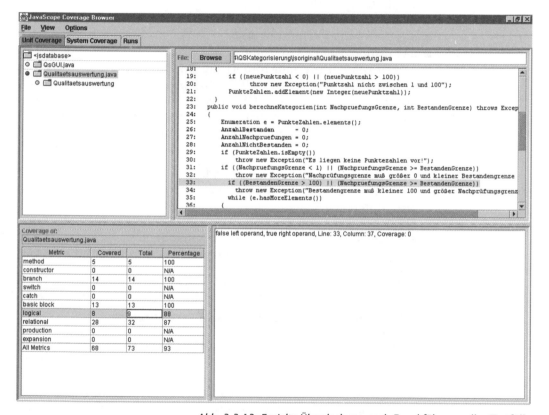

Abb. 3.3-13: Erzielte Überdeckung nach Durchführung aller Testfälle

3.3.8 Test spezieller Werte

Unter dem Oberbegriff »Test spezieller Werte« *(special values testing)* werden eine Reihe von Testverfahren zusammengefasst, die für die Eingabedaten selbst oder für von den Eingabedaten abhängige Aspekte bestimmte Eigenschaften fordern.

Ziel Ziel dieser Testansätze ist es, aus der Erfahrung heraus fehler-sensitive Testfälle aufzustellen. Die Grundidee ist, eine Liste möglicher Fehler oder Fehlersituationen aufzustellen und daraus Testfälle abzuleiten. Meist werden Spezialfälle zusammengestellt, die unter Umständen auch bei der Spezifikation übersehen wurden.

Einordnung Daher ist genau genommen eine Unterordnung dieser Verfahren unter funktionale Testverfahren nicht richtig, da die Testfälle nicht unbedingt aus der Spezifikation abgeleitet werden. Auf der anderen Seite werden die Verfahren oft in Kombination mit anderen Teststrategien, z.B. der Äquivalenzklassenbildung, eingesetzt. Die Grenzwertanalyse gehört auch zur Gruppe »Test spezieller Werte«.

Kriterien Für die Auswahl von Testdaten sind viele Kriterien denkbar, die von bestimmten Fehlererwartungshaltungen bestimmt werden. Die bekanntesten Ansätze sind:

- die Grenzwertanalyse (Abschnitt 3.3.7),
- das *zero values*-Kriterium und
- das *distinct values*-Kriterium.

Das *zero values*-Kriterium fordert die Durchführung von Tests, die die Zuweisung des Wertes *null* an Variablen, die in arithmetischen Ausdrücken verwendet werden, bewirkt. Das *distinct values*-Kriterium verlangt – wenn möglich – die Zuweisung unterschiedlicher Werte an Feldelemente und Eingabedaten, die miteinander in Beziehung stehen.

Beispiele Beispiele für spezielle Testwerte sind:
- Der Wert 0 als Eingabe- oder Ausgabewert zeigt oft eine fehlerhafte Situation an.
- Bei der Eingabe von Zeichenketten sind Sonderzeichen oder Steuerzeichen besonders sorgfältig zu behandeln.
- Bei der Tabellenverarbeitung stellen »kein Eintrag« und »ein Eintrag« oft Sonderfälle dar.

3.3.9 Kombinierter Funktions- und Strukturtest

Sowohl der Funktionstest als auch der Strukturtest besitzen Nachteile. Ein Testverfahren allein einzusetzen ist daher nicht ausreichend.

Nachteile Strukturtest
- Der Strukturtest ist *nicht* in der Lage, fehlende Funktionalitäten zu erkennen. Ist eine spezifizierte Funktion nicht implementiert, so wird dies bei Verwendung strukturorientierter Verfahren nicht notwendig erkannt. Allein der Vergleich der Implementierung mit der Spezifikation durch den Funktionstest erkennt derartige Fehler zuverlässig.
  Würde ein Programm allein mit dem Ziel getestet, z.B. eine vollständige Zweigüberdeckung zu erreichen, so entstehen oft triviale Testfälle, die ungeeignet zur Prüfung der Funktionalität sind.

Der Funktionstest erzeugt aufgrund seiner Orientierung an der Spezifikation aussagefähige Testfälle.

■ Der Funktionstest ist *nicht* in der Lage, die konkrete Implementierung geeignet zu berücksichtigen. Die Spezifikation besitzt ein höheres Abstraktionsniveau als die Implementierung. Da die Testfälle allein aus der Spezifikation abgeleitet werden, erfüllt ein vollständiger Funktionstest in der Regel nicht die Minimalanforderungen einfacher Strukturtests. Untersuchungen zeigen, dass ein Funktionstest oft nur zu einer Zweigüberdeckungsrate von ca. 70 Prozent führt.

Nachteile Funktionstest

Es ist daher naheliegend, Funktions- und Strukturtestverfahren geeignet miteinander zu kombinieren.

Die folgende Testmethodik hat sich für den Test von Operationen, die eine gewisse Kontrollflusskomplexität besitzen, bewährt.

Testmethodik

Voraussetzung ist die Verfügbarkeit eines geeigneten Testwerkzeugs sowie eine vorliegende Spezifikation und Implementierung (als Quellprogramm) des Testlings.

Voraussetzung

Der Test besteht aus drei Schritten:

1 Zuerst wird ein Funktionstest ausgeführt.

3 Schritte

2 Anschließend erfolgt ein Strukturtest, im einfachsten Fall ein Zweigüberdeckungstest.

3 Sind Fehler zu korrigieren, dann schließt sich ein Regressionstest an.

Im Einzelnen sind folgende Schritte durchzuführen:

1 Funktionstest

Funktionstest

a Testling mit dem Testwerkzeug instrumentieren. Dadurch wird erreicht, dass die Überdeckung im Hintergrund mitprotokolliert wird.

b Anhand der Programmspezifikation Äquivalenzklassen bilden, Grenzwerte ermitteln, Spezialfälle überlegen und die Testdaten zu Testfällen kombinieren.
Die Implementierung wird *nicht* betrachtet!

c Testfälle mit dem instrumentierten Testling durchführen. Ist-Ergebnisse mit den vorher ermittelten Soll-Ergebnissen vergleichen. Während der Testdurchführung werden die Überdeckungsrate und die Überdeckungsstatistik *nicht* betrachtet.
Ist der Test abgeschlossen, dann haben die Testfälle den Funktions- und Leistungsumfang sowie funktionsorientierte Sonderfälle systematisch geprüft.

2 Strukturtest

Strukturtest

a Die durch den Funktionstest erzielte Überdeckungsstatistik wird betrachtet und ausgewertet. Die Ursachen für nicht überdeckte Zweige oder Pfade oder Bedingungen sind zu ermitteln.
In der Regel wird es sich hier um Fehlerabfragen, programmtechnische und algorithmische Ursachen und Präzisierungen – die in der Spezifikation nicht vorhanden sind – handeln. Möglich sind

aber auch prinzipiell nicht ausführbare (tote) Zweige, Pfade oder Bedingungen, z.B. durch Denk- oder Schreibfehler des Programmierers.

b Für die noch nicht durchlaufenen Zweige, Pfade oder Bedingungen sind nun Testfälle aufzustellen. Falls das nicht möglich ist, sind die Zweige oder Bedingungen zu entfernen.

c Für jeden aufgestellten Testfall wird ein Testlauf durchgeführt. Die durchlaufenen Zweige, Pfade oder Bedingungen werden betrachtet und anschließend wird der nächste Testfall eingegeben.

d Der Überdeckungstest wird beendet, wenn eine festgelegte Überdeckungsrate erreicht ist.

Regressionstest   **3 Regressionstest**
Wird in dem Testling ein Fehler korrigiert, dann wird nach der Korrektur mit den bisherigen Testfällen ein Regressionstest durchgeführt. Das Testwerkzeug führt die protokollierten Testfälle nochmals automatisch durch und nimmt einen Soll/Ist-Ergebnisvergleich vor.

Bei den meisten Testverfahren ist es schwer, ein operationalisiertes Kriterium festzulegen, wann »genügend« getestet worden ist.

Beim Überdeckungstest ist dieses Kriterium der Prozentsatz der erreichten Überdeckung. Ein praxisgerechtes Maß für die Zweigüberdeckung liegt zwischen 80 und 99 Prozent.

Die hier vorgestellte Testmethodik und der Einsatz der Werkzeuge sind nur als erster Schritt anzusehen. Sie stellen aber einen wichtigen Schritt hin zum systematischen, überprüfbaren Testen und weg vom intuitiven, zufälligen Testen dar.

3.3.10 Testen von Klassen und ihren Unterklassen

Die kleinste, unabhängig prüfbare Einheit objektorientierter Systeme ist die Klasse. Da die Operationen einer Klasse durch gemeinsam verwendete Attribute und gegenseitige Benutzung stark voneinander abhängen, ist es *nicht* sinnvoll, sie unabhängig zu testen. Der Test hängt davon ab, welche Art von Klasse vorliegt. Es sind zu unterscheiden:

- normale Klassen
- abstrakte Klassen

normale Klassen   Für normale Klassen ist folgender Testverlauf geeignet:

1 Erzeugung eines instrumentierten Objekts der zu testenden Klasse.

2 Nacheinander Überprüfung jeder einzelnen Operation für sich. Zuerst sollen diejenigen Operationen überprüft werden, die *nicht* zustandsverändernd sind. Da diese Operationen in der Regel sehr einfach aufgebaut sind, können sie leicht formal verifiziert werden. Anschließend werden die zustandsverändernden Operationen getestet.

a Durch Äquivalenzklassenbildung und Grenzwertanalyse werden aus den Parametern Testfälle abgeleitet. Das Objekt muss vorher in einem für diesen Testfall zulässigen Zustand versetzt werden. Dies geschieht entweder durch vorhergehende Testfälle oder eine gezielte Initialisierung vor jedem Testfall.

b Nach jeder Operationsausführung muss der neue Objektzustand geprüft und der oder die Ergebnisparameter mit den Sollwerten abgeglichen werden.

3 Test jeder Folge abhängiger Operationen in der gleichen Klasse. Dabei ist sicherzustellen, dass jede Objektausprägung simuliert wird. Alle potentiellen Verwendungen einer Operation sollten unter allen praktisch relevanten Bedingungen ausprobiert werden.

4 Anhand der Instrumentierung ist zu überprüfen, wie die Testüberdeckung aussieht. Fehlende Überdeckungen sollten durch zusätzliche Testfälle abgedeckt werden.

Es soll ein Programm zur Verwaltung von Konten getestet werden. Es ist folgendermaßen spezifiziert: *Beispiel 3a*

Spezifikation:

/1/ Wenn ein Konto angelegt wird, muss eine Kontonummer vergeben und eine erste Zahlung vorgenommen werden.

/2/ Die Kontonummer muss größer oder gleich null und kleiner oder gleich 999 999 sein.

/3/ Die erste Zahlung muss größer oder gleich 100 Cent und kleiner oder gleich 10000000 Cent sein.

/4/ Auf ein angelegtes Konto können Buchungen vorgenommen werden.

/5/ Pro Buchung muss der Buchungsbetrag größer oder gleich -10000000 Cent und kleiner oder gleich +10000000 Cent sein.

/6/ Der aktuelle Kontostand muss angezeigt werden können.

/7/ Es wird mit int-Werten gearbeitet.

Abb. 3.3-14 zeigt die Spezifikation der Operationen als UML-Diagramm.

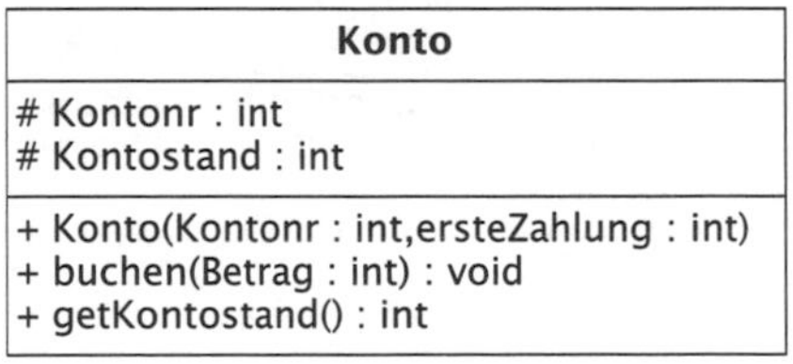

Konto
Kontonr : int   # Kontostand : int
+ Konto(Kontonr : int,ersteZahlung : int)   + buchen(Betrag : int) : void   + getKontostand() : int

Abb. 3.3-14:
UML-Diagramm der
Klasse Konto

Tab. 3.3-5:
Äquivalenzklassen
für den Test der
Klasse Konto

Mithilfe der Äquivalenzklassenbildung ergeben sich für die Operationen die Äquivalenzklassen von Tab. 3.3-5.

Eingabe	gültige Äquivalenzklassen	ungültige Äquivalenzklassen
Konstruktor Konto		
■ Nummer	**1** 0 ≤ Nummer ≤ 999999	**2** Nummer < 0
		3 Nummer > 999999
■ erste Zahlung	**4** 100 ≤ erste Zahlung	**5** ersteZahlung < 100
	≤ 10000000	**6** ersteZahlung > 10000000
buchen		
■ Betrag	**7** – 10000000 ≤ Betrag	**8** Betrag < –10000000
	≤10000000	**9** Betrag > 10000000
getKontostand()	Keine Eingabe, daher keine Eingabe-Äquivalenzklasse vorhanden	

Tab. 3.3-6:
Testfälle für den Test
des Konstruktors der
Klasse Konto

Aus den Äquivalenzklassen ergeben sich nach einer Grenzwertanalyse die Testfälle von Tab. 3.3-6 und Tab. 3.3-7 für die Klasse Konto.

Testfälle	A	B	C	D	E	F
getestete Äquivalenzklassen	1U, 4U	1O, 4O	2O, 4U	3U, 4O	5O, 1U	6U, 1O
Konto						
■ Nummer	0	999999	–1	1000000	0	999999
■ ersteZahlung	100	10000000	100	10000000	99	10000001
Anschließende Ausführung von getKontostand	100	10000000	Fehler	Fehler	Fehler	Fehler

U = Untere Grenze der Äquivalenzklasse   O = Obere Grenze der Äquivalenzklasse

Tab. 3.3-7:
Testfälle für den
Test der Operation
buchen der Klasse
Konto

Testfälle	G	H	I	J
getestete Äquivalenzklassen	7U	7O	8O	9U
buchen ■ Betrag	Betrag = –10000000	Betrag = 10000000	Betrag = –10000001	Betrag = 10000001
Ergebnis (Überprüfung durch Aufruf von getKontostand)	Kontostand –10000000	Kontostand + 10000000	Fehler	Fehler

Hinweis   Die Benutzungsoberfläche der Abb. 3.3-15 dient als Testrahmen, der es ermöglicht, alle Operationen aufzurufen.
Nach Durchführung aller Testfälle zeigt die Instrumentierung, dass alle Zweige zu 100 Prozent überdeckt wurden.

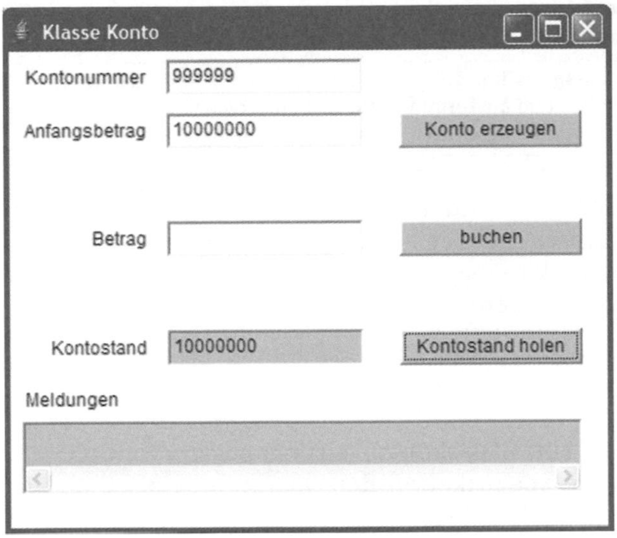

Abb. 3.3-15:
Testrahmen für die
Klasse Konto
(Testfall B)

Beim Testen abstrakter Klassen ist Folgendes zu berücksichtigen: abstrakte Klassen
- Aus der abstrakten Klasse muss eine konkrete Klasse gemacht werden.
- Bei der Realisierung von Implementierungen für abstrakte Operationen ist – falls möglich – die leere Implementierung zu wählen. Sonst ist eine Implementierung vorzunehmen, die so einfach wie möglich ist, aber die Spezifikation erfüllt.

Die Vererbung muss beim Testen besonders beachtet werden. Beim   Unterklassen
Test von Unterklassen sind daher folgende Gesichtspunkte zu berücksichtigen:
- Alle Testfälle, die sich auf geerbte und *nicht* redefinierte Operationen der Oberklasse beziehen, müssen beim Test von Unterklassen erneut durchgeführt werden. Jede Unterklasse definiert einen neuen Kontext, der zu einem fehlerhaften Verhalten von geerbten Operationen führen kann.
- Für alle redefinierten Operationen sind vollständig neue, strukturelle wie funktionale Testfälle zu erstellen. Da eine redefinierte Operation eine neue Implementierung besitzt, sind neue strukturelle Testfälle erforderlich. Neue funktionale Testfälle sind nötig, da die Testfälle der Oberklasse für redefinierte Operationen nicht wiederverwendet werden können, weil Vererbung als reiner Implementierungsmechanismus verstanden werden kann.
- Ist die Vererbung eine »saubere« Generalisierungs-/Spezialisierungshierarchie, dann können die Testfälle der Oberklasse von redefinierten Operationen für den Test der Unterklasse wiederverwendet werden. Es müssen nur Testfälle hinzugefügt werden, die sich auf die geänderte Funktionalität einer redefinierten Operation beziehen. Tab. 3.3-8 zeigt, welche Testfälle beim Test von

Art der Operationen	Strukturelle Testfälle	Funktionale Testfälle
Geerbte Operationen	Testfälle der Oberklasse ausführen	Testfälle der Oberklasse ausführen
Redefinierte Operationen	Neue Testfälle erstellen und ausführen	Alte Testfälle ergänzen und ausführen
Neue Operationen	Neue Testfälle erstellen und ausführen	Neue Testfälle erstellen und ausführen

Tab. 3.3-8: Testfälle beim Test von Unterklassen /Harrold, McGregor, Fitzpatrick 92/

Unterklassen wiederverwendet werden können. Durch einen Regressionstest kann ein großer Nutzen erzielt werden, da in drei Fällen die Testfälle der Oberklasse beim Test ihrer Unterklassen verwendet werden können.

Beispiel 3b

Die Kontenverwaltung wird um eine Sparkontenverwaltung erweitert, für die folgende zusätzliche Spezifikation gilt:

Spezifikation:

/8/ Der Kontostand eines Sparkontos darf nie negativ werden.

Abb. 3.3-16 zeigt die Spezifikation der Operationen als UML-Diagramm.

Abb. 3.3-16: UML-Diagramm der Klassen Konto und Sparkonto

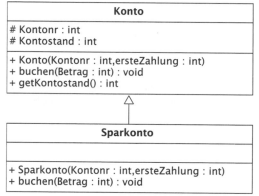

Da der Konstruktor unverändert übernommen wird, können die Testfälle A bis F für den Test der Unterklasse unverändert übernommen werden.

Weil es sich bei der Vererbungsstruktur um eine »saubere« Generalisierungs-/Spezialisierungshierarchie handelt (Ein Sparkonto *ist ein* Konto), können die Testfälle für buchen wiederverwendet werden. Sie müssen jedoch modifiziert werden, um die speziellere Funktionalität von buchen abzudecken. Um auf einem definierten Stand aufsetzen zu können, wird ein Objekt mit Nummer = 0 und ersteZahlung = 100 erzeugt. Für buchen ergeben sich dann folgende Äquivalenzklassen:

Eingabe	gültige Äquivalenzklasse	ungültige Äquivalenzklasse
Betrag	**1** $-100 \le$ Betrag ≤ 10000000	**2** Betrag < -100
		3 Betrag > 10000000

Daraus ergeben sich folgende Testfälle:

Testfall	G	H	I	J
getestete Äquivalenzklasse	1U	1O	2O	3U
buchen				
■ Betrag	–100	9999999	–101	10000001
Ergebnis	0	10000099	Fehler	Fehler

Es kann derselbe Testrahmen wie für die Klasse Konto verwendet werden. Es wird jedoch anstelle eines Objekts der Klasse Konto ein Objekt der Klasse Sparkonto erzeugt. Nach Durchführung aller Testfälle zeigt die Instrumentierung, dass alle Zweige zu 100 Prozent überdeckt wurden.

3.3.11 Testgetriebenes Programmieren

Ein fertiges Programm systematisch zu testen und die Fehler zu finden ist aufwendig und schwierig.

Ende der 90er Jahre entstand daher im Rahmen des *Extreme Programming* (XP) die Idee, Testen und Programmieren abwechselnd durchzuführen. XP wurde im Wesentlichen von Kent Beck, Ward Cunningham und Ron Jeffries entwickelt und beschreibt zwölf Praktiken, nach denen ein Team beim Programmieren arbeiten sollte. Folgende Richtlinien sollen eingehalten werden: XP

- Der Modultest (*unit test*) muss vor dem eigentlichen Programm   XP-Richtlinien
  entwickelt werden.
- Es darf grundsätzlich nur zu zweit programmiert werden.
- Jedes Stück Code kann von jedem geändert werden.

Die erste Richtlinie bedeutet konkret, dass zuerst ein Testfall geschrieben wird, dann wird das entsprechende Programm, das diesen Testfall realisiert, programmiert. Daher spricht man auch vom testgetriebenen Programmieren oder vom *Test-First*-Ansatz.

Eine solche Entwicklungsmethodik funktioniert nur, wenn der   JUnit
Testvorgang durch Werkzeuge unterstützt wird. Es gibt daher eine   www.junit.org
Reihe von *Open-Source*-Werkzeugen mit der Bezeichnung xUnit, wobei das Java-Werkzeug **JUnit** heißt /Beck, Gamma 98/.

In die Entwicklungsumgebung BlueJ ist die Testumgebung JUnit   BlueJ und JUnit
integriert. Sie muss im Menü Tools/Preferences und dort im Reiter Miscellaneous unter Show unit testing tools aktiviert werden.

Die prinzipielle Idee, die hinter dem *Test-First*-Ansatz steht, wird   *Test-First*
im Folgenden anhand des Beispiels Konto aus dem vorherigen Abschnitt unter Verwendung von BlueJ demonstriert.

Es wird eine Klasse Konto benötigt, die zunächst in BlueJ erzeugt wird (New Class). Anschließend wird eine Testklasse erzeugt (im Kontextmenü der Klasse Konto das Menü Create Test Class aufrufen). BlueJ erzeugt eine weitere Klasse mit dem Namen KontoTest. Der Code dieser Klasse sieht folgendermaßen aus:

```
public class KontoTest extends junit.framework.TestCase
{
    //Default constructor for test class KontoTest
    public KontoTest()
    {
    }
    //Sets up the test fixture.
    //Called before every test case method.
    protected void setUp()
    {
    }

    //Tears down the test fixture.
    //Called after every test case method.
    protected void tearDown()
    {
    }
}
```

Nach der Spezifikation /1/ (siehe Abschnitt 3.3.10) muss beim Anlegen eines Kontos eine Kontonummer und eine erste Zahlung vorgenommen werden. Es wird ein erster **Testfall** testKontoAnlegen() geschrieben, in dem ein Konto mit der Kontonummer 0 und dem Anfangsbetrag 100 angelegt wird. Anschließend wird der Kontostand mit der Operation getKontostand() gelesen. Um zu prüfen, ob wieder der Anfangsbetrag 100 geliefert wird, wird eine Zusicherung assertTrue angegeben, die diese Prüfung vornimmt:

```
public void testKontoAnlegen()
{
  Konto einKonto = new Konto(0,100);
  assertTrue(100 == einKonto.getKontostand());
}
```

Der eigentliche Test erfolgt durch den Aufruf der assertTrue()-Operation. Diese Operation dient dazu, eine Bedingung zu testen. Der Parameter muss einen booleschen Wert ergeben. Der Test ist erfolgreich, wenn die Bedingung erfüllt ist. Ist die Bedingung *nicht* erfüllt, dann protokolliert JUnit einen Testfehler.

Setzt man die Testoperation in die Klasse KontoTest ein und übersetzt sie, dann meldet der Compiler, dass es den Konstruktor noch nicht gibt. Daher muss jetzt überlegt werden, wie die Klasse Konto diesen Test erfüllen kann. Es wird ein entsprechender Konstruktor sowie die Operation getKontostand() benötigt und in die Klasse Konto eingefügt:

```
//Attribute
protected int Kontonr;
protected int Kontostand; //Angaben in Cent
//Konstruktor
public Konto(int Kontonr, int ersteZahlung)
{
    this.Kontonr = Kontonr;
    Kontostand = ersteZahlung;
}
public int getKontostand()
{
    return Kontostand;
}
```

Beide Klassen lassen sich jetzt fehlerfrei übersetzen. Klickt man auf die Schaltfläche Run Tests in BlueJ, dann wird die Klasse KontoTest ausgeführt. Das Ergebnis des Testlaufs wird in einem extra Fenster angezeigt. Der grüne Balken zeigt, dass der Test erfolgreich durchlaufen wurde (Abb. 3.3-17).

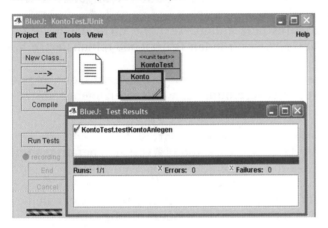

Abb. 3.3-17: Durchführung eines Testlaufs mit BlueJ

Nach der Spezifikation /4/ wird eine weitere Operation buchen() benötigt, um Ein- und Auszahlungen vornehmen zu können. Ein Testfall kann wie folgt aussehen:

```
public void testBuchen()
{
    Konto einKonto = new Konto(0,100);
    einKonto.buchen(-10000000);
    assertTrue(-9999900 == einKonto.getKontostand());
}
```

Bevor die Operation buchen() aufgerufen werden kann, muss wieder ein definierter Anfangskontostand durch Aufruf des Konstruktors hergestellt werden. Die Klasse Konto wird um folgende Operation ergänzt:

```
public void buchen(int Betrag)
{
    Kontostand = Kontostand + Betrag;
}
```

Das erneute Übersetzen beider Klassen und Klick auf Run Tests führt zu einer fehlerlosen Ausführung beider Testfälle. Der große Vorteil dieser Testumgebung ist, dass bei Run Tests alle bisherigen Testfälle automatisch mit ausgeführt werden. Werden Änderungen an der Klasse Konto vorgenommen, dann werden diese mit allen Testfällen automatisch überprüft.

Test Fixture   **Oft benötigen mehrere Testfälle die gleiche Ausgangssituation, d.h., eine gleiche Objektkonstellation zusammen mit einer gleichen Vorbelegung von Attributen. Um den Code zur Herstellung einer solchen Startkonstellation nicht in jedem Testfall wiederholen zu müssen, wird er in eine speziell ausgezeichnete Operation geschrieben. Diese Operation heißt in JUnit setUp(). Eine solche Startkonfiguration wird als *Test Fixture* bezeichnet.**

Damit fehlerhafte Testfälle andere Testfälle nicht beeinflussen können, wird das *Text Fixture* für jeden Testfall neu initialisiert, d.h., ausgeführt.

Die Operation tearDown() dient in JUnit dazu, Testressourcen wie Datenbank- oder Netzwerkverbindungen wieder freizugeben, die zuvor mit setUp() in Anspruch genommen wurden.

Beispiel Konto   Die Anweisung Konto einKonto = new Konto(0,100); kann aus den Testoperationen testKontoAnlegen() und testBuchen() herausgenommen werden. Sie wird in die Operation setUp() eingefügt. einKonto wird als Attribut in der Klasse deklariert.

Nach der Spezifikation /5/ darf der Buchungsbetrag nicht kleiner oder gleich –10000000 Cent sein. Eine Überprüfung ist mit folgendem Testfall möglich:

```
public void testBuchenFehler1()
{
    einKonto.buchen(-1000001);
    assertFalse("Buchungsbetrag zu groß",
            -999901 == einKonto.getKontostand());
}
```

Wenn der Testfall den Wert –999901 ergibt, dann wurde ein unzulässiger Buchungsbetrag eingegeben. In der Zusicherung assertFalse wurde als erster Parameter die Meldung »Buchungsbetrag zu groß« angegeben, die beim Eintreffen dieser Zusicherung ausgegeben wird (Abb. 3.3-18).

Um unerlaubte Buchungsbeträge zu vermeiden, muss die Klasse Konto um entsprechende Abfragen erweitert werden:

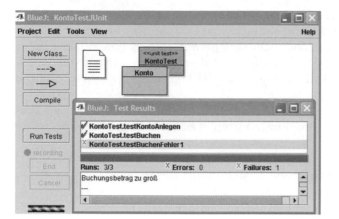

Abb. 3.3-18:
Eine Zusicherung
wurde verletzt.

```
public void buchen(int Betrag) throws IllegalArgumentException
{
  if ((Betrag < -10000000) ||(Betrag > 10000000))
     throw new IllegalArgumentException
       ("Betrag muss größer oder gleich -10 000 000 und " +
        "kleiner oder gleich +10 000 000 sein");
  Kontostand = Kontostand + Betrag;
}
```

Bei den Testfällen muss die Ausnahme entsprechend abgefangen werden:

```
public void testBuchen()
{
  try
  {
   einKonto.buchen(-10000000);
   assertTrue(-9999900 == einKonto.getKontostand());
  }
  catch(Exception e){ }
}
public void testBuchenFehler1()
{
  try
  {
    einKonto.buchen(-10000001);
    fail("Es sollte eine IllegalArgumentException ausgelöst"+
    "werden");
  }
  catch(Exception e)
  {
    //Keine Buchung vorgenommen, alter Kontostand bleibt
    assertTrue(100 == einKonto.getKontostand());
  }
}
```

Die Operation fail("...") wird ausgeführt, wenn die Operation test-BuchenFehler1() die Ausnahme *nicht* auslöst. Der angegebene Fehlertext wird ausgegeben. Diese Operation kann immer verwendet werden, wenn ein Testfall vorzeitig abgebrochen werden soll.

Ein erneuter Testlauf zeigt, dass alle Zusicherungen eingehalten werden.

Analog kann im Wechsel zwischen Testfallentwicklung und Programmierung das Programm entsprechend der Spezifikation fertig gestellt werden.

Zusicherungs-
Methoden

JUnit unterstützt folgende Zusicherungs-Methoden:
- assertTrue(boolean condition)
- asssertEquals(Object expected, Object actual)
- assertEquals(int expected, int actual) (auch für long, boolean, byte, char, short)
- assertEquals(double expected, double actual, double delta) (auch für float)
- assertNull(Object object)
- assertNotNull(Object object)
- assertSame(Object expected, Object actual)

Regeln

Folgende Regeln sollten beachtet werden:
- Alle Testfälle einer Testklasse sollen von dem gemeinsamen *Test Fixture* Gebrauch machen.
- Testklassen sollen um das *Test Fixture* herum organisiert werden, nicht um die getestete Klasse.
- Zu einer Klasse kann es mehrere Testklassen geben, von der jede ein individuelles *Test Fixture* besitzt.

JUnit erlaubt es, beliebig viele Tests zu einer Testsuite zusammenzufassen und gemeinsam auszuführen. BlueJ ermöglicht es, zu einer Testklasse mehrere Klassen zuzuordnen.

Black Box-**Testverfahren** →Funktionale Testverfahren.

C₁-Test →Zweigüberdeckungstest.

Dynamische Testverfahren Führen ein ausführbares, zu testendes Programm auf einem Computersystem aus.

Fehler Jede Abweichung der tatsächlichen Ausprägung eines Qualitätsmerkmals von der Soll-Ausprägung, jede Inkonsistenz zwischen der Spezifikation und Implementierung und jedes strukturelle Merkmal des Quellprogramms, das ein fehlerhaftes Verhalten verursacht.

Funktionale Äquivalenzklassenbildung →funktionales Testverfahren, das Testdaten aus gebildeten Äquivalenzklassen der Ein- und Ausgabebereiche der Programme ableitet. Eine Äquivalenzklasse ist eine Menge von Werten, die nach der funktionalen Spezifikation des Programms vom Programm wahrscheinlich gleichartig behandelt werden. Es werden gültige und ungültige Äquivalenzklassen unterschieden.

Funktionale Testverfahren Dynamische Testverfahren, bei denen die Testfälle aus der funktionalen Spezifikation des Testlings abgeleitet werden. Beispiele sind die →funktionale Äquivalenzklassenbildung und die →Grenzwertanalyse.

Glass Box-**Testverfahren** →Strukturtestverfahren.

Grenzwertanalyse →funktionales Testverfahren und fehlerorientiertes Testverfahren, da es auf einer konkreten Fehlererwartungshaltung basiert. Die Testfälle werden in der Regel so gewählt, dass sie auf den Randbereichen von Äquivalenzklassen liegen (→funktionale Äquivalenzklassenbildung).

Instrumentierung Modifikation eines zu testenden Programms zur Aufzeichnung von Informationen während des →dynamischen Tests. In der Regel wird das Programm um Zähler erweitert.

Kontrollflussgraph Gerichteter Graph $G = (N, E, n_{start}, n_{final})$. N ist die endliche Menge der Knoten. $E \subseteq N \times N$ ist die Menge der gerichteten Kanten, $n_{start} \in N$ ist der Startknoten, $n_{final} \in N$ der Endeknoten. Dient zur Darstellung der Kontrollstruktur von Programmen.

Kontrollflussorientierte Testverfahren →Strukturtestverfahren, die die Testfälle aus der Kontrollstruktur des Programms ableiten. Stützen sich auf den →Kontrollflussgraphen. Beispiele sind der →Zweigüberdeckungstest und der →Pfadüberdeckungstest.

Pfad Alternierende Sequenz von Knoten und gerichteten Kanten eines → Kontrollflussgraphen. Ein vollständiger Pfad beginnt mit dem Startknoten n_{start} und endet mit einem Endeknoten n_{final}.

Prüfling Systemkomponente, die überprüft werden soll.

Regressionstest Wiederholung der bereits durchgeführten Tests nach Änderungen des Programms. Er dient zur Überprüfung der korrekten Funktion eines Programms nach Modifikationen, z.B. Fehlerkorrekturen.

Strukturtestverfahren Erzeugen Testfälle aus dem Quellprogramm. Die innere Struktur des Programms muss daher bekannt sein. Beispiele sind → kontrollflussorientierte und datenflussorientierte Testverfahren.

Testdaten Stichprobe der möglichen Eingaben eines Programms, die für die Testdurchführung verwendet werden.

Testfall Satz von →Testdaten, der die vollständige Ausführung eines Pfads des zu testenden Programms verursacht.

Testling Programm, das getestet werden soll.

Testobjekt →Testling.

Testtreiber Testrahmen, der es ermöglicht, den →Testling interaktiv aufzurufen.

Überdeckungsgrad Maß für den Grad der Vollständigkeit eines Tests bezogen auf ein bestimmtes Testverfahren.

White Box-**Testverfahren** →Strukturtestverfahren.

Zweigüberdeckungstest →kontrollflussorientiertes Testverfahren, das die Überdeckung aller Zweige, d. h. aller Kanten des →Kontrollflussgraphen fordert.

Steht die **Implementierung eines Programms** als Quelltext zum Testen zur Verfügung, dann können Strukurtestverfahren, auch *White Box*- oder *Glass Box*-Testverfahren genannt, angewandt werden. Diese Verfahren gehören zu den dynamischen Testverfahren, da das übersetzte Programm auf einem Computersystem ausgeführt wird.

Besitzt das zu testende Programm komplexe Kontrollstrukturen, dann bieten sich kontrollflussorientierte Testverfahren an. In Abhängigkeit von der Komplexität der Kontrollstrukturen sowie dem Fehlerkriterium unterscheidet man verschiedene Verfahren. Als minimales Testkriterium gilt der Zweigüberdeckungstest bzw. C_1-Test.

Um in einem Programm zu sehen, wie der Kontrollfluss aussieht, kann man ein Programm als Kontrollflussgraph darstellen. Um festzustellen, welche Zweige und Pfade bereits durchlaufen wurden, muss der Testling – auch Testobjekt oder Prüfling genannt – instrumentiert werden.

Strukturtest

Der Zweig-Überdeckungsgrad gibt an, wie viele Zweige bereits durchlaufen wurden. Wird nach Abschluss eines Tests das Programm geändert, dann kann mit den gespeicherten Testfällen ein Regressionstest durchgeführt werden.

Für Strukturtestverfahren werden die Testdaten aus der Programmstruktur abgeleitet. Wird eine Prozedur, Funktion oder Operation getestet, die ihre Daten über Parameter erhält, dann wird ein Testtreiber benötigt.

funktionaler Test Steht die **Spezifikation eines Programms** zur Ableitung von Testfällen zur Verfügung, dann können funktionale Testverfahren verwendet werden. Da die Implementierung des Programms als »schwarzer Kasten« angesehen wird, bezeichnet man diese Testverfahren auch als *Black Box*-Verfahren.

Wichtige funktionale Testverfahren sind:
- Funktionale Äquivalenzklassenbildung,
- Grenzwertanalyse und
- Test spezieller Werte.

kombinierter Funktions- & Strukturtest Da sowohl der Strukturtest als auch der funktionale Test Nachteile haben, empfiehlt sich ein kombinierter Funktions- und Strukturtest, der aus drei Schritten besteht:

1 Funktionstest (mit vorher instrumentiertem Testling)
2 Strukturtest
3 Regressionstest (wenn Fehler korrigiert werden)

Beschränkungen des dynamischen Tests Sowohl der Strukturtest als auch der funktionale Test sind dynamische Testverfahren. Die Möglichkeiten, die das dynamische Testen bietet, drückt am besten folgender Satz von Dijkstra /Dijkstra 72, S. 6/ aus: »*Program testing can be used to show the presence of bugs, but never to show their absence!*«.

Durch dynamische Tests lässt sich nur das Vorhandensein von Fehlern beweisen. Selbst wenn alle durchgeführten Testfälle keine Fehler aufzeigen, ist damit nur bewiesen, dass das Programm genau diese Fälle richtig verarbeitet. Trotzdem ist es natürlich das Ziel des Testens, ein weitgehend fehlerfreies Produkt abzuliefern. Beim Anwenden des dynamischen Testens sollte man sich jedoch über die Vor- und Nachteile dieser Methode stets im Klaren sein:

Vorteile ⊞ Das Verfahren ist experimentell, daher können Teile des Verfahrens auch durch Personen mit geringerer Qualifikation durchgeführt werden.

⊞ Als Nebeneffekt können oft noch andere Qualitätssicherungseigenschaften mit überprüft werden.

⊞ Die Werkzeuge zur Testunterstützung sind einfacher als die Werkzeuge für die Programmverifikation.

⊞ Der Testaufwand ist durch eine Toleranzschwelle steuerbar.

⊞ Die reale Produktumgebung kann berücksichtigt werden.

Nachteile ⊟ Die Korrektheit kann durch Testen *nicht* bewiesen werden.

540

- Das Vertrauen in das getestete Programm hängt von der Auswahl repräsentativer Testfälle, von der Überprüfung von Grenzwerten, von Testfällen mit guter Überdeckung und vielen anderen Randbedingungen ab, d.h., ein ungutes Gefühl bleibt immer zurück.
- Nur beschränkte Zuverlässigkeit erreichbar.
- Keine Unterscheidung möglich, ob ein beobachteter Effekt dem Prüfling oder der realen Umgebung zuzuschreiben ist.

Trotz der aufgeführten Nachteile des dynamischen Testens hat sich der kombinierte Funktions- und Strukturtest als ein sehr effektives und ökonomisches Testverfahren für den Test von Programmen erwiesen.

Für das Testen von objektorientierten Komponenten können die »klassischen« Test- und Überprüfungsverfahren eingesetzt werden. Allerdings sind einige Besonderheiten der Objektorientierung zu berücksichtigen. Die Zweig- und Pfadüberdeckung spielen eine untergeordnete Rolle. Außerdem richtet sich das Testverfahren nach der Klassenart: normale Klassen, abstrakte Klassen, Unterklassen.

Testen von OO-Komponenten

Beim **testgetriebenen Programmieren** wird im Wechsel jeweils ein Testfall entwickelt und dann das zugehörige Programmstück programmiert. Nach erfolgreichem Test des Programmstücks wird der nächste Testfall entwickelt und dann wieder der zugehörige Code geschrieben. Das Java-Werkzeug JUnit unterstützt diese Vorgehensweise sowie den Regressionstest.

/Balzert 98/
  Balzert H., *Lehrbuch der Software-Technik, Band 2,* Heidelberg: Spektrum Akademischer Verlag 1998, 789 S.
  Enthält auf rund 300 Seiten einen ausführlichen Überblick über den gesamten Qualitätssicherungsbereich. Dabei wird zwischen Produktqualität und Prozessqualität unterschieden.
/Liggesmeyer 02/
  Liggesmeyer P., *Software-Qualität – Testen, Analysieren und Verifizieren von Software,* Heidelberg: Spektrum Akademischer Verlag 2002, 523 S.
  Umfassendes Standard-Werk zur Software-Qualität

Zitierte Literatur

/Balzert 85/
  Balzert H., *Systematischer Modultest im Software-Engineering-Environment-System PLASMA,* in: Elektronische Rechenanlagen, 27. Jahrgang, Heft 2/1985, S. 75–89
/Beck, Gamma 98/
  Beck K., Gamma E., *Test-Infected: Programmers Love Writing Tests,* in: Java Report, July 1998, p. 37–50
/Dijkstra 72/
  Dijkstra E. W., *Notes on Structured Programming,* London: Academic Press, 1972, S. 1–82
/Gannon 79/
  Gannon C., *Error Detection Using Path Testing and Static Analysis,* in: Computer, Vol.12, No.8, August 1979, pp. 26–31

/Girgis, Woodward 86/
> Girgis M. R., Woodward M. R., *An Experimental Comparison of the Error Exposing Ability of Program Testing Criteria,* in: Proceedings Workshop on Software Testing, Banff, July 1986, pp. 64–73

/Harrold, McGregor, Fitzpatrick 92/
> Harrold M. J., McGregor D. J., Fitzpatrick K. J., *Incremental Testing of Object-Oriented Class Structures,* in: Proc. 14th International Conference on Software Engineering 1992

/Infotech Vol.1 79/
> *Software Testing,* Infotech State of the Art Report, Vol.1, Maidenhead 1979

/Liggesmeyer 90/
> Liggesmeyer P., *Modultest und Modulverifikation,* Mannheim: B.I.-Wissenschaftsverlag 1990

/Liggesmeyer 93/
> Liggesmeyer P., *Wissensbasierte Qualitätsassistenz zur Konstruktion von Prüfstrategien für Software-Komponenten,* Mannheim: B.I.-Wissenschaftsverlag 1993

/Myers 79/
> Myers G. J., *The Art of Software-Testing,* New York 1979

Analytische Aufgaben
Muss-Aufgabe
5 Minuten

1 *Lernziele: Die definierten Begriffe und ihre Zusammenhänge erklären können. Die behandelten Testverfahren erklären können.*
Ein kleines Statistik-Programm in einer elektronischen Lagerverwaltung soll das mittlere Gewicht aller verschickten Pakete eines Produktionstages bestimmen. Version A des Programms berechnet den Mittelwert mathematisch korrekt, berücksichtigt allerdings nicht das erste Paket eines Produktionstages. Version B arbeitet korrekt, stürzt aber regelmäßig etwa alle 2 Produktionstage ab. Warum spricht man in beiden Fällen von einem Fehler?

Kann-Aufgabe
15 Minuten

2 *Lernziele: Die prinzipielle Arbeitsweise funktionaler Testverfahren sowie die jeweilige Arbeitsweise der besprochenen Verfahren anhand von Beispielen erläutern können.*
Das folgende Programm soll funktional getestet werden. Es berechnet den größten gemeinsamen Teiler zweier *Integer*-Zahlen, die größer als null sind:

```
int berechneGGT (int ZahlA, int ZahlB);
```

Der Rückgabewert des Programmes ist der größte gemeinsame Teiler von ZahlA und ZahlB. Folgende Testfälle werden angewandt:

a ZahlA= 2   ZahlB= 4
    ZahlA= -2   ZahlB= 4
    ZahlA= 2   ZahlB= -4

b ZahlA= 0   ZahlB= 0

c ZahlA= 1   ZahlB= 1
    ZahlA= INT_MAX   ZahlB= INT_MAX
    ZahlA= 1   ZahlB= 0
    ZahlA= 0   ZahlB= 1
    ZahlA= INT_MAX+1 ZahlB= 1
    ZahlA= 1   ZahlB= INT_MAX+1

Welche funktionalen Testverfahren wurden in den Beispielen **a** bis **c** verwendet? Wie kam die Auswahl der Testdaten zustande?

Klausur-Aufgabe
20 Minuten

3 *Lernziele: Die prinzipielle Arbeitsweise funktionaler Testverfahren sowie die jeweilige Arbeitsweise der besprochenen Verfahren anhand von Beispielen erläutern können.*
Das folgende Java-Programm ermittelt mit einfachen arithmetischen Operationen, ob ein Divident durch einen Divisor teilbar ist.

a Wie viele Testfälle benötigen Sie mindestens, um eine komplette Zweigüberdeckung herzustellen? Geben Sie einen beispielhaften Satz von Testfällen an.

b Wie viele Testfälle benötigen Sie, um eine vollständige Pfadüberdeckung
sicherzustellen?

c Nach wie vielen Testfällen können Sie sicher sein, dass »teilbarDurch«
funktioniert (Begründung)?

```
boolean teilbarDurch(int Divident,int Divisor)
{
    while (Divident > Divisor);
    {
        Divident = Divident  - Divisor;
    }
    if (Divident < Divisor)
        return false;
    else
        return true;
}
```

4 *Lernziele: Ein Quellprogramm in einen Kontrollflussgraphen mit der ge-*   Konstruktive
wünschten Ausprägung umwandeln können. Aus einem Quellprogramm   Aufgaben
Testfälle so ableiten können, dass ein vorgegebenes Testkriterium erfüllt   Muss-Aufgabe
wird.   *30 Minuten*
Das folgende Programm wandelt eine Binärzahl in eine Dezimalzahl. Die
Stellen der Binärzahl werden invers eingelesen, d.h., die letzte Zahl zuerst,
danach die vorletzte usw.

```
int wandleDezimalZahl(String Binaerzahl)
{
    int Dezimalzahl = 0;
    int Potenzwert = 0;
    char Zchn;
    int i = 0;
    Zchn = Binaerzahl.charAt(i++);
    while (((Zchn == '0') || (Zchn == '1'))
        && (Dezimalzahl < INT_MAX))
    {
        if (Zchn == '1')
            Dezimalzahl = Dezimalzahl + pow (2, Potenzwert);
        Potenzwert++;
        Zchn = Binaerzahl.charAt(i++);
    }
    return Dezimalzahl;
}
```

a Wandeln Sie das Programm in einen Kontrollflussgraphen um.

b Erstellen Sie Testfälle für einen vollständigen Zweigüberdeckungstest.

5 *Lernziele: Ein Quellprogramm instrumentieren können. Ein Quellprogramm*   Muss-Aufgabe
mit Testfällen ausführen können.   *15 Minuten*
Instrumentieren Sie das Programm bestimmeMax aus Abschnitt 3.3.1 so,
dass die Anzahl der Durchläufe mitgezählt wird.

6 *Lernziele: Ein Quellprogramm instrumentieren können. Ein Quellprogramm mit Testfällen ausführen können.*
Gegeben ist die folgende Operation. Sie berechnet den größten gemeinsamen Teiler zweier Zahlen:

```
int berechneGGT(int ZahlA, int ZahlB)
{
    if (ZahlA > 0 && ZahlB > 0)
    {
        while (ZahlA != ZahlB)
        {
            while (ZahlA > ZahlB)
            ZahlA = ZahlA - ZahlB;
            while (ZahlB > ZahlA)
            ZahlB = ZahlB - ZahlA;
        }
    }
    else
        ZahlA = 0;
    return ZahlA;
}
```

Instrumentieren Sie diese Operation mit Zählern für einen Zweigüberdeckungstest, vervollständigen Sie das Programm zu einer Java-Anwendung, übersetzen Sie das instrumentierte Programm und führen es mit Testfällen aus, bis eine 100-prozentige Zweigüberdeckung erreicht ist.

7 *Lernziel: Einen kombinierten Funktions- und Strukturtest durchführen können.*
Gegeben ist folgendes Programm zur Berechnung der Art eines Dreiecks:

```
final int KEINDREIECK = 0;
final int RECHTWINKLIG = 1;
final int UNGLEICHSEITIG = 2;
final int GLEICHSCHENKLIG = 3;
final int GLEICHSEITIG = 4;

int berechneDreieck(int Seite1, int Seite2, int Seite3)
{
    int Art; int Quad1,Quad2,Quad3;
    if ((Seite1 <= 0) || (Seite2 <= 0) || (Seite3 <= 0))
        Art = KEINDREIECK;
    else if ((Seite1 + Seite2 <= Seite3)
            ||(Seite1 + Seite3 <= Seite2)
            ||(Seite2 + Seite3 <= Seite1))
                    Art = KEINDREIECK;
    else if ((Seite1 == Seite2) && (Seite2 == Seite3))
            Art = GLEICHSEITIG;
    else if ((Seite1 == Seite2) || (Seite2 == Seite3)
            || (Seite1 == Seite3))
            Art = GLEICHSCHENKLIG;
    else
    {
        Quad1 = Seite1 * Seite1;
        Quad2 = Seite2 * Seite2;
        Quad3 = Seite3 * Seite3;
        if ((Quad1 + Quad2 == Quad3) || (Quad1 + Quad3 == Quad3)
```

```
        || (Quad2 + Quad3 <= Quad1))
            Art = RECHTWINKLIG;
        else
            Art = UNGLEICHSEITIG;
    }
    return Art;
}
```

Die Seitenlängen des Dreiecks werden eingelesen und der Typ
(Rechtwinklig, Ungleichseitig, Gleichschenklig, Gleichseitig, Kein-
Dreieck) wird zurückgegeben.
Führen Sie einen kombinierten Funktions- und Strukturtest nach der vor-
gestellten Methodik durch. Instrumentieren Sie den Testling ohne ein Test-
werkzeug.

8 *Lernziele: Ein Quellprogramm in einen Kontrollflussgraphen mit der ge-*   Kann-Aufgabe
wünschten Ausprägung umwandeln können. Aus einem Quellprogramm   *30 Minuten*
Testfälle so ableiten können, dass ein vorgegebenes Testkriterium erfüllt
wird.
Das folgende Programm berechnet für nicht negative reelle Radikanden
die reelle Quadratwurzel, die als Funktionswert zurückgeliefert wird. Werden negative Werte angegeben, so wird als Ergebnis der Wert 0 zurückgegeben.

```
float Wurzel(float Zahl)
{
    float Wert = 0.0;
    if (Zahl>0)
    {
        Wert = 2.0;
        while (abs(Wert * Wert - Zahl) > 0.01)
            Wert = Wert - ((Wert*Wert-Zahl)/(2.0*Wert));
    }
    return Wert;
}
```

a Wandeln Sie das Programm in einen Kontrollflussgraphen um.
b Erstellen Sie Testfälle für einen vollständigen Zweigüberdeckungstest.

9 *Lernziel: Klassen und Unterklassen entsprechend den beschriebenen Ver-*   Klausur-Aufgabe
fahren testen können.   *20 Minuten*
Gegeben ist die Java-Implementierung der Klasse Person. Der Name einer
Person muss zwischen 2 und 20 Zeichen lang sein; die Postleitzahl ist eine
fünfstellige positive ganze Zahl.

```
class Person
{
    protected String Name; protected int PLZ;
    public Person(String Name, int PLZ)
    {
        this.Name = Name;
        this.PLZ = PLZ;
    }
    public String getName()
    {
        return Name;
    }
}
```

a Instrumentieren Sie diese Klasse manuell.

b Stellen Sie gültige und ungültige Äquivalenzklassen für den Konstruktor auf. Ermitteln Sie mithilfe der Grenzwertanalyse Testfälle für den Konstruktor.

c Die Klasse Student ist eine Unterklasse der Klasse Person. Als spezialisierendes Merkmal kommt die fünfstellige, numerische Matrikelnummer hinzu. Student definiert zwei neue Konstruktoren.

```
public Student (String Name, int Matrikelnummer)
{
    super(Name);
    this.Matrikelnummer = Matrikelnummer;
}
public Student (String Name)
{
    super(Name);
    this.Matrikelnummer = 0;
}
```

Überlegen Sie, welche neuen Tests Sie jetzt mit der Unterklasse durchführen müssen und welche Testfälle Sie aus der Oberklasse übernehmen können.

3 Algorithmik und Software-Technik – Überprüfung von Dokumenten und Verbesserung des Prozesses

- Voraussetzungen, gemeinsame Eigenschaften, Vor- und Nachteile manueller Prüfmethoden nennen können.
- Angaben zu Aufwand, Nutzen und empirischen Ergebnissen von manuellen Prüfmethoden machen können.
- Die Charakteristika und den Ablauf eines *Walkthrough* darstellen können.
- Die Charakteristika und den Ablauf einer Inspektion darstellen können.
- Die Unterschiede zwischen Inspektion und *Walkthrough* erklären können.
- Die behandelten Aspekte zur Psychologie des Programmierens aufzählen und erklären können.
- Beispiele für typische Programmierfehler angeben und auf ihre Ursachen zurückführen können.
- Die Methode des selbst kontrollierten Programmierens schildern können.
- Die beschriebenen Heuristiken erläutern können.
- Erklären können, wie man den persönlichen Entwicklungsprozess verbessern kann.
- Ein *Walkthrough* durchführen können.
- Eine Inspektion durchführen können.

wissen

verstehen

anwenden

- Die Kenntnis der Kapitel 3.2 und 3.3 erleichtert das Verständnis.

3.4 Überprüfung von Dokumenten

Kapitel 3.2 und 3.3   Zu einer Software-Entwicklung gehören nicht nur Algorithmen und Programme, sondern auch UML-Klassen- und Objektdiagramme, Sequenzdiagramme, Pflichtenhefte, Benutzungshandbücher usw. Weder mit der Verifikation noch mit dem Testen können Dokumente auf ihre Korrektheit überprüft werden.

Zur Überprüfung von Dokumenten eignen sich besonders gut folgende zwei Prüfmethoden:

- *Walkthrough*
- Inspektionen

Neben der Überprüfung von Dokumenten eignen sich diese zwei Methoden auch zur Überprüfung von Algorithmen und Programmen. Sie zählen dort zu den statischen Testverfahren, da sie nicht durch den Compiler übersetzt und ausgeführt werden. Es wird nur das Quellprogramm einer manuellen Analyse unterzogen.

Review   Als Oberbegriff für *Walkthrough* und Inspektionen wird oft der Begriff »*Review*« verwendet, bisweilen wird unter diesem Begriff aber auch eine besondere Prüfmethode verstanden.

Überprüfung durch ein Team   Der wichtigste Unterschied zur Verifikation und zum Testen besteht darin, dass die Überprüfung nicht durch den Autor selbst, d.h., den Entwickler bzw. Programmierer, sondern durch ein Team erfolgt.

gemeinsame Eigenschaften   *Walkthrough* und Inspektion besitzen folgende Gemeinsamkeiten:

- Produkte und Teilprodukte werden manuell analysiert, geprüft und begutachtet.
- Ziel ist es, Fehler, Defekte, Inkonsistenzen und Unvollständigkeiten zu finden.
- Die Überprüfung erfolgt in einer Gruppensitzung durch ein kleines Team mit definierten Rollen.

Voraussetzungen   Es wird von folgenden Voraussetzungen ausgegangen:

- Der notwendige Aufwand und die benötigte Zeit müssen fest eingeplant sein.
- Die Prüfergebnisse dürfen nicht zur Beurteilung von Mitarbeitern benutzt werden.
- Die Prüfmethode muss schriftlich festgelegt und deren Einhaltung überprüft werden.
- Prüfungen haben hohe Priorität, d.h., sie sind nach der Prüfbeantragung kurzfristig durchzuführen.
- Vorgesetzte und Zuhörer sollen an den Prüfungen *nicht* teilnehmen.

Vorteile   Der Einsatz von *Walkthrough* und Inspektionen bringt folgende Vorteile:

- ⊞ Effizientes Mittel zur Qualitätssicherung.
- ⊞ Die Verantwortung für die Qualität der geprüften Produkte wird vom ganzen Team getragen.
- ⊞ Da die Überprüfungen in einer Gruppensitzung durchgeführt werden, wird die Wissensbasis der Teilnehmer verbreitert.

▣ Jedes Mitglied des Prüfteams lernt die Arbeitsmethoden seiner Kollegen kennen.

▣ Die Autoren bemühen sich um eine verständliche Ausdrucksweise, da mehrere Personen das Produkt begutachten.

▣ Unterschiedliche Produkte desselben Autors werden von Prüfung zu Prüfung besser, d.h., enthalten weniger Fehler.

Den Vorteilen stehen folgende Nachteile gegenüber:

▬ In der Regel aufwendig (bis zu 20 Prozent der Erstellungskosten des zu prüfenden Produkts).   *Nachteile*

▬ Autoren geraten u.U. in eine psychologisch schwierige Situation (»sitzen auf der Anklagebank«, »müssen sich verteidigen«).

Die Hauptunterschiede zwischen den beiden hier vorgestellten Prüf-   *Unterschiede*
methoden sind in Tab. 3.4-1 gegenübergestellt.

Walkthrough	*Inspektion*	*Tab. 3.4-1:*
Ziele		*Hauptunter-*
▪ Defekte und Probleme des Prüfobjekts identifizieren	▪ schwere Defekte im Prüfobjekt identifizieren	*schiede zwischen manuellen*
▪ Ausbildung von Benutzern und Mitarbeitern	▪ Entwicklungsprozess verbessern	*Prüfmethoden*
	▪ Inspektionsprozess verbessern	
	▪ Metriken ermitteln	
Teilnehmer		
	▪ Moderator	
▪ Autor (= Moderator)	▪ Autor	
▪ Gutachter	▪ Gutachter	
	▪ Protokollführer	
	▪ (Vorleser)	
Durchführung		
	▪ Eingangsprüfung	
	▪ Planung	
	▪ (Einführungssitzung)	
▪ (indiv. Vorbereitung & Prüfung)	▪ indiv. Vorbereitung & Prüfung	
▪ Gruppensitzung	▪ Gruppensitzung	
	▪ Überarbeitung	
	▪ Nachprüfung	
	▪ Freigabe	
Referenzunterlagen		
	▪ Ursprungsprodukt	
	▪ Erstellungsregeln	
	▪ Checklisten	
	▪ Inspektionsregeln	
	▪ Inspektionsplan	
Charakteristika		
	▪ ausgebildeter Moderator	
▪ Prüfobjekt wird vom Autor ablauforientiert vorgetragen	▪ (Prüfobjekt wird vom Vorleser Absatz für Absatz vorgetragen)	Legende:
▪ Autor entscheidet	▪ Moderator gibt Freigabe	( ) = optional

3.4.1 *Walkthrough*

Walkthrough =
Durchgehen

Ein ***Walkthrough*** ist folgendermaßen definiert:

»*A review process in which a designer or programmer leads one or more other members of the development team through a segment of design or code that he or she has written, while the other members ask questions and make comments about technique, style, possible errors, violation of development standards, and other problems.*«
/ANSI/IEEE Std. 729–1983/

Die Hauptcharakteristika eines *Walkthrough* sind in Tab. 3.4-2 zusammengestellt.

Tab. 3.4-2: **Definition**
Walkthrough Manuelle, informale Prüfmethode, um Fehler, Defekte, Unklarheiten

Tab. 3.4-2:
Walkthrough
und seine
Charakteristika

Definition
Manuelle, informale Prüfmethode, um Fehler, Defekte, Unklarheiten und Probleme in schriftlichen Dokumenten zu identifizieren. Der Autor präsentiert das Dokument in einer Sitzung den Gutachtern.

Ziel der Prüfung
Identifikation von Fehlern, Defekten, Unklarheiten und Problemen. Ausbildung von Benutzern und Mitarbeitern. Die Überarbeitung des Prüfobjekts ist *nicht* Ziel der Prüfung.

Objekte der Prüfung
Produkte & Teilprodukte (Dokumente)

Referenzunterlagen für die Prüfung (Bezugsobjekte)
Keine Verwendung von Prüfkriterien

Beschreibungsform der Prüf- und Bezugsobjekte
Prüfobjekte: informal (z.B. Pflichtenheft), semiformal (z.B. Pseudocode) und formal (z. B. OOA-Modell, Quellcode)

Ergebnisse
Walkthrough-Protokoll

Vorgehensweise
Menschliche Begutachtung

Ablauf der Prüfung
Dynamische Prüfung, d.h. in der Reihenfolge der Ausführung der Prüfobjekte

Vollständigkeit der Prüfung
Stichprobenartig

Teilnehmer
Autor (gleichzeitig Moderator), Gutachter

Durchführung
Vorbereitung (optional), Gruppensitzung (Autor präsentiert Prüfobjekt Schritt für Schritt, Gutachter stellen vorbereitete oder spontane Fragen, Autor antwortet)

Aufwand
Geringer Aufwand (Sitzungszeit, u.U. Vorbereitungszeit)

Nutzen
Gering, verglichen mit Inspektionen, aber höher als bei keiner Überprüfung

---

Im einfachsten Fall besteht ein *Walkthrough* aus einer *Walk-through*-Sitzung. Der Autor leitet als Moderator die Sitzung. Zu Beginn der Sitzung erhalten die Gutachter das Prüfobjekt.

Der Autor stellt das Prüfobjekt Schritt für Schritt vor. Handelt es sich um ein Programm, dann werden typische Anwendungsfälle ablauforientiert durchgegangen. Die Gutachter stellen spontane Fragen und versuchen so, mögliche Probleme zu identifizieren. Die Probleme werden protokolliert.

Eine *Walkthrough*-Variante besteht darin, vor der Sitzung eine individuelle Vorbereitung durchzuführen. Dazu erhalten die Gutachter das Prüfobjekt einige Zeit vor der *Walkthrough*-Sitzung und können Fragen vorbereiten.

Den Ablauf eines *Walkthrough* zeigt Abb. 3.4-1.

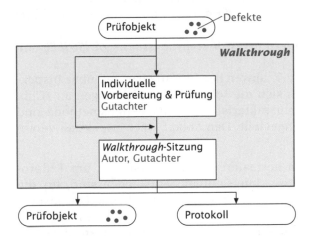

Abb. 3.4-1: Ablauf eines Walkthrough

Durch die Präsentation des Prüfobjekts durch den Autor wird die fehlende oder geringe Vorbereitung durch die Gutachter etwas kompensiert.

Ein *Walkthrough* besitzt folgende Vorteile:

- ⊞ Geringer Aufwand.
- ⊞ Auch für kleine Entwicklungsteams geeignet (bis zu fünf Mitarbeiter).
- ⊞ Sinnvoll für »unkritische« Dokumente.
- ⊞ Durch Einbeziehung von Endbenutzern als Gutachter können Unvollständigkeiten und Missverständnisse aufgedeckt werden.
- ⊞ Gut geeignet, um das Wissen über ein Dokument auf eine breite Basis zu stellen.

Dem stehen folgende Nachteile gegenüber:

- ⊟ Es werden wenig Defekte identifiziert.
- ⊟ Der Autor kann die *Walkthrough*-Sitzung dominieren und die Gutachter »blenden«.
- ⊟ Eine Überarbeitung des Prüfobjekts liegt in dem Ermessen des Autors. Sie wird nicht nachgeprüft.

3.4.2 Inspektion

Die Inspektions-
methode wurde
von M. E. Fagan
bei IBM entwickelt.
Er übertrug statis-
tische Qualitäts-
methoden, die in
der industriellen
Hardwareent-
wicklung benutzt
wurden, auf seine
Softwareprojekte,
die er von 1972
bis 1974 durch-
führte. 1976 be-
richtete er über
seine Erfahrungen
in dem Artikel
/Fagan 76/ (siehe
auch /Fagan 86/).

Die Prüfmethode **Inspektion** ist folgendermaßen definiert:

*»A formal evaluation technique in which **software requirements, design**, or **code** are examined in detail by a person or group other than the author to detect **faults**, violations of development standards, and other problems.«* /ANSI/IEEE Std. 729 –1983/

Die Ziele der Software-Inspektion sind:

»to detect and identify software elements defects. This is a rigorous, formal peer examination that does the following:

1 Verifies that the software element(s) satisfy its specifications.

2 Verifies that the software element(s) conform to applicable standards.

3 Identifies deviation from standards and specifications.

4 Collects software engineering data (for example, defect and effort data).

5 Does not examine alternatives or stylistic issues.« /ANSI/IEEE Std. 1028 –1988/

Da es in der Literatur z.T. abweichende Auffassungen über Inspektionen gibt, orientieren sich die folgenden Ausführungen an /Gilb, Graham 93/. Die Hauptcharakteristika der Inspektionsmethode sind in Tab. 3.4-3 zusammengestellt. Den Ablauf einer Inspektion veranschaulicht Abb. 3.4-2.

Inspektionen werden normalerweise vorgenommen, um Teilprodukte, die in einer Entwicklungsaktivität entstanden sind, für die nächste Entwicklungsaktivität freizugeben. Zusätzlich soll die Inspektion eine Rückkopplung zum Entwicklungsprozess vornehmen.

Am Anfang einer Inspektion wird davon ausgegangen, dass das Prüfobjekt mit verschiedenen Defekten »infiziert« ist. Bei der Inspektion wird das Produkt sozusagen durch ein »Mikroskop betrachtet«, um die Defekte zu entdecken.

Entdeckte Defekte werden durch Überarbeitung des Prüfobjekts beseitigt. Ergeben sich durch die Überarbeitungen Änderungen an Vorgängerprodukten, dann müssen Änderungsanträge für diese Produkte gestellt werden.

Inspektion beantragen

Eine Inspektion wird durch die Anforderung eines Autors ausgelöst, sein Produkt oder Teilprodukt zu überprüfen.

Moderator auswählen

Nach der Inspektionsanforderung wird ein Moderator ausgewählt, der für die Organisation und Durchführung verantwortlich ist.

Eingangs-kriterien prüfen

Die erste Aufgabe des Moderators besteht darin, zu prüfen, ob die Eingangskriterien für eine Inspektion erfüllt sind. Stellt der Moderator mit einem kurzen Blick auf das Prüfobjekt eine große Anzahl kleinerer Fehler oder sogar gravierende Defekte fest, dann wird das Prüfobjekt an den Autor zurückgegeben. Es lohnt sich nicht, die Zeit eines Inspektionsteams zu vergeuden, wenn der Autor zunächst die offensichtlichen Defekte effektiver selbst beseitigen kann.

552

Definition
Manuelle, formalisierte Prüfmethode, um schwere Defekte in schriftlichen Dokumenten anhand von Referenzunterlagen zu identifizieren und durch den Autor beheben zu lassen.

Ziel der Prüfung
Identifikation von Defekten im Prüfobjekt unter Berücksichtigung des Ursprungsprodukts, aus dem das Prüfobjekt entsprechend den Entwicklungsregeln erstellt wurde. Die Verbesserung der Entwicklungsregeln und des Entwicklungsprozesses ist ebenfalls Ziel der Prüfung.

Objekte der Prüfung
Produkte & Teilprodukte (Dokumente) einschl. des Prozesses ihrer Erstellung (Erstellungsregeln).

Referenzunterlagen für die Prüfung (Bezugsobjekte)
Ursprungsprodukt, aus dem das Prüfobjekt entsteht; Erstellungsregeln für das Prüfobjekt, Checklisten für die Erstellung.

Beschreibungsform der Prüf- und Bezugsobjekte
Prüfobjekte: informal (z.B. Pflichtenheft), semiformal (z.B. Pseudocode) und formal (z.B. OOA-Modell, Quellcode)
Bezugsobjekte: informal (z.B. methodische Regeln, Checklisten), semiformal (z.B. Pseudocode) und formal (z.B. OOA-Modell. OOD-Modell)

Ergebnisse
Formalisiertes Inspektionsprotokoll und Fehlerklassifizierung (schwer, leicht), Fragen an den Autor und Prozessverbesserungsvorschläge, Inspektionsmetriken, überarbeitetes Prüfobjekt.

Vorgehensweise
Menschliche Begutachtung

Ablauf der Prüfung
Statische Prüfung, d.h. in der Reihenfolge der Aufschreibung des Prüfobjekts

Vollständigkeit der Prüfung
Stichprobenartig

Teilnehmer
Moderator, Autor, (Vorleser), Protokollführer, Inspektoren; insgesamt 3–7 Teilnehmer (wenn 3: Moderator/Protokollführer, Inspektor, Autor)

Durchführung
Eingangsprüfung, Inspektionsplanung, optionale Einführungssitzung (Vorstellung von Prüfobjekt und Umfeld), individuelle Vorbereitung und Prüfung (jeder Inspektor prüft das Prüfobjekt nach den ihm zugeteilten Aspekten), Inspektionssitzung (jeder Inspektor nennt seine Prüfergebnisse, gemeinsam werden weitere Defekte identifiziert), Autor überarbeitet Prüfobjekt, Moderator nimmt eine Nachprüfung vor und gibt das Prüfobjekt anhand definierter Kriterien frei oder weist es zurück.

Aufwand
Individuelle Vorbereitung: ca. 1 Seite/Stunde pro Inspektor
Inspektionssitzung: max. 2 Stunden (ca. 1 Seite/Stunde)

Nutzen
Individuelle Prüfung: 80 % der Gesamtdefekte identifiziert
Inspektionssitzung: 20 % der Gesamtdefekte identifiziert

Tab. 3.4-3: Inspektionen und ihre Charakteristika

Quelle: /Gilb, Graham 93/

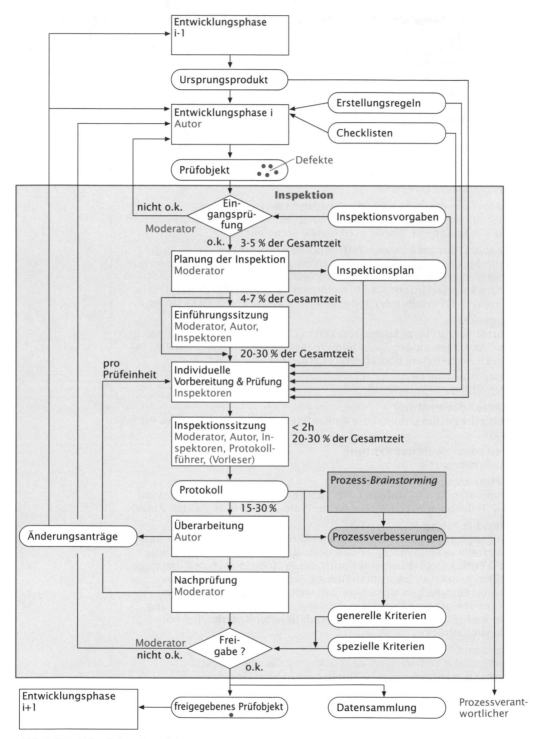

Abb. 3.4-2: Ablauf einer Inspektion

Erfüllt das Prüfobjekt die Eingangskriterien, dann plant der Mode- **Planung**
rator den Inspektionsprozess:
- Festlegung und Einladung des Inspektionsteams.
- Festlegung und Zuordnung von Rollen an jeden Inspektor. Eine
  Rolle ist verknüpft mit der Prüfung spezieller Aspekte.
- Festlegung aller notwendigen Referenzunterlagen für die Inspek-
  tion (Ursprungsprodukt, Erstellungsregeln, Checklisten).
- Aufteilung des Prüfobjekts in »handhabbare« Einheiten, wenn es
  für eine Inspektionssitzung zu umfangreich ist. Eine Inspektions-
  sitzung soll nicht länger als zwei Stunden dauern.
- Festlegung von Terminen.

Jeder Inspektor erhält eine Rolle zugewiesen, die seinen speziellen
Interessen und Talenten entspricht.

Für die Überprüfung eines Java-Programms können folgende Rollen Beispiel
vergeben werden:
- Prüfung der Fachkonzept-Klassen: Konzentration auf die fachge-
  rechte Identifikation der Klassen bezogen auf das Pflichtenheft
  einschließlich Überprüfung der Attribute und Operationen.
- Prüfung der Programme aus der objektorientierten Sicht und der
  Algorithmik: Konzentration auf Vererbungen, Assoziationen, Mus-
  terverwendung, Aufwand, geeignete Wahl der Datenstrukturen.
- Prüfung der Programme aus Sicht des Entwurfs: Konzentration auf
  Drei-Schichten-Architektur, GUI-Klassen, Datenhaltungs-Klassen,
  Verwendung von Mustern.
- Prüfung der Programme aus der Qualitätssicht: Konzentration auf
  Dokumentation, Formatierung, Namenswahl, Verifikation, Test,
  typische Programmierfehler.
- Prüfung aus Benutzersicht: Konzentration auf das Erlernen und
  Bedienen des Produkts.

Jeder Inspektionsteilnehmer erhält folgende Unterlagen: Unterlagen
- Prüfobjekt, z.B. Java-Programm.
- Ursprungsprodukt, auf dessen Basis das Prüfobjekt erstellt wurde,
  z.B. OOD-Modell.
- Erstellungsregeln, anhand derer der Entwickler das Prüfobjekt auf
  der Basis des Ursprungsprodukts entwickelt hat, z.B. Methode zur
  Umsetzung eines OOD-Modells in ein Java-Programm.
- Checklisten, die die Erstellungsregeln konkretisieren, z. B. Check-
  listen zum Überprüfen eines Java-Programms bzw. spezielle
  Checklisten pro Rolle.
- Inspektionsregeln, die angeben, wie die Inspektion abläuft.
- Inspektionsplan.

Nach der Planung der Inspektion kann optional eine Einführungs- **Einführungs-**
sitzung durchgeführt werden, um dem Inspektionsteam notwendige **sitzung**
Informationen zu vermitteln und die zu erledigende Aufgabe zu erläutern.

individuelle Vorbereitung & Prüfung

Jedes Mitglied des Inspektionsteams bereitet sich individuell auf die Inspektionssitzung vor. Folgende Punkte sind zu beachten:
- Die Vorbereitung muss bis zur Inspektionssitzung abgeschlossen sein.
- Das Zielobjekt ist auf die speziellen Defekte hin zu untersuchen, die sich aus der zugewiesenen Rolle ergeben.
- Die empfohlene Arbeitsgeschwindigkeit ist zu beachten (ungefähr eine Seite pro Stunde).
- Die Leistung eines Inspektors ist umso größer, je mehr Defekte er identifiziert, die kein anderes Mitglied des Inspektionsteams findet.
- Potenzielle Defekte sind von den Inspektoren in dem Prüfobjekt zu markieren.

leichte & schwere Defekte

Bei der Überprüfung sollten schwere und leichte Defekte unterschieden werden. Ein schwerer Defekt verursacht mit großer Wahrscheinlichkeit hohe Behebungskosten, wenn er nicht sofort beseitigt wird. Wichtig ist, sich auf gravierende Defekte zu konzentrieren. Sonst besteht die Gefahr, dass zu viel Zeit für ökonomisch unwichtige Defekte verbraucht wird.

individuelle Prüfung effektiv!

Ohne individuelle Vorbereitung und Prüfung findet man in der Inspektionssitzung nur ungefähr zehn Prozent der Defekte, die sonst bei einer konsequenten Anwendung der Inspektion gefunden werden. Nach den individuellen Vorbereitungen und Prüfungen folgt eine gemeinsame Inspektionssitzung.

Inspektionssitzung

Mit ihr werden drei Ziele verfolgt:
- Protokollieren aller potenziellen Defekte, die während der individuellen Überprüfungen identifiziert wurden.
- Identifizieren zusätzlicher Defekte während der Inspektionssitzung.
- Protokollieren von anderen Verbesserungsvorschlägen und Fragen an den Autor.

Die Hauptaktivität in der Inspektionssitzung besteht darin, Defekte dem Protokollführer laut zu melden. Parallel dazu findet eine »stille« kontinuierliche Überprüfungsaktivität durch alle Teilnehmer statt, um weitere Defekte zu finden.

Die Inspektionssitzung beginnt damit, dass von jedem Inspektor anonym folgende Daten protokolliert werden: benötigte Zeit, Anzahl gravierender Defekte, Anzahl geprüfter Seiten.

Die Sitzung soll pünktlich beginnen und nicht länger als zwei Stunden dauern, da die Teilnehmer sonst ermüden.

Vorleser

In der Literatur wird von einigen Autoren empfohlen, dass ein Vorleser das Prüfobjekt abschnittsweise vorliest /Fagan 76, S. 193/, /Frühauf, Ludewig, Sandmayr 00/, /Humphrey 89, S. 175/.

In der Sitzung ist eine Diskussion und Kommentierung *nicht* erlaubt. Es geht nur um das Identifizieren und Protokollieren potenzieller Defekte.

keine Diskussion

Insbesondere wird nicht diskutiert, ob es sich wirklich um einen Defekt handelt und wie er zu beheben ist.

Der Protokollführer selbst soll *kein* Inspektor sein. Es hat sich bewährt, das Protokoll während der Sitzung direkt mit einem Computer zu erfassen.

Wichtig ist, dass der Autor die protokollierten Defekte versteht, da er anschließend das Protokoll lesen und die notwendigen Aktionen ausführen muss.

Das wichtigste Ergebnis der Inspektionssitzung ist das Inspektionsprotokoll. Es sollte folgende Punkte enthalten:

Protokoll

- Inspektionsdatum
- Name des Moderators
- Prüfobjekt
- Referenzunterlagen
- Defekte mit folgenden Angaben:
- ☐ Kurzbeschreibung des Defekts
- ☐ Ort des Defekts
- ☐ Bezug zu Regeln oder Checklisten
- ☐ leichter oder schwerer Fehler
- ☐ in der Sitzung identifiziert oder bei der Vorbereitung
- ☐ Verbesserungsvorschläge (Defekte, die sich auf Regeln, Checklisten, Prozesse beziehen)
- ☐ Fragen an den Autor

Dokumente sollten eine Zeilennummer besitzen, um eine genaue Referenzierung zu ermöglichen. Das Protokoll enthält keine Information darüber, wer den Defekt gemeldet hat!

Ein Beispiel für ein Protokoll zeigt Abb. 3.4-3.

Nach der Inspektionssitzung kann optional noch eine Prozess-*Brainstorming*-Sitzung durchgeführt werden, um Defekursachen zu analysieren und um den Erstellungsprozess so schnell wie möglich zu verbessern.

Anhand des Inspektionsprotokolls führt der Autor folgende Aktivitäten aus:

- Überarbeitung des Prüfobjekts,
- Entscheidung, ob ein leichter oder schwerer Defekt vorliegt (Änderung, wenn die bisherige Einstufung falsch war),
- Änderungsanträge für Referenzprodukte stellen,
- Metriken über »Benötigte Überarbeitungsstunden« und »Anzahl der schweren Defekte« an den Moderator melden,
- im Inspektionsprotokoll vermerken, welche Aktionen pro Protokolleintrag unternommen wurden.

Brainstorming: Kreativitätstechnik, um durch Sammeln und wechselseitiges Assoziieren von spontanen, verbal vorgetragenen Einfällen in einer Gruppensitzung die beste Lösung eines Problems zu finden.

Prozess-*Brainstorming*

Kapitel 3.5

Überarbeitung

Metrik: Sie soll in kompakter Form über technisch oder wirschaftlich interessierende Sachverhalte informieren und messbare Eigenschaften dieser Sachverhalte in Ziffern ausdrücken.

Abb. 3.4-3: Beispiel
eines Inspektions-
protokolls

Inspektionsprotokoll vom 19.2.2005
Moderator: Alexander Klug
Prüfobjekt: Java-Programm Kundenverwaltung mit Datenhaltung
Referenzunterlagen:
   Ursprungsprodukt: OOD-Modell
   Erstellungsregeln: Von UML-Klassen zu Java-Klassen
   Checklisten: Richtlinien und Konventionen für Bezeichner, Klassen, Attribute, Operationen, Vererbung, Assoziationen, typische Programmierfehler, Formatierung von Java-Programmen

M   1. Klasse KundenContainer, Operationsnamen getObjektreferenz()
        ← Checkliste Operationen 1, Name missverständlich

Nm   2. Klasse KundenContainer, Operationsname insertKunde(...)
        ← Bezeichner-Richtlinien 6, Mischung Deutsch/Englisch

m   3. Klasse KundenContainer, Reihenfolge der Operationen
        ← Java-Formatierungs-Richtlinien 1

I   4. Java-Formatierungs-Richtlinien ergänzen um Regel für lokale Operationen.

?   5. Warum wurde keine eigene Iterator-Klasse verwendet?

NM   6. Klasse KundenContainer
        ← Checkliste Operationen 8b, Kommentare im else-Teil fehlen
usw.

Legende:
m   = leichter Defekt (minor)
M   = schwerer Defekt (Major)
?   = Frage an den Autor
Nm = Neuer leichter Defekt (in Inspektionssitzung identifiziert)
NM = Neuer schwerer Defekt (in Inspektionssitzung identifiziert)
I   = Verbesserungsvorschlag (Improvement)
←   = Bezug zu Regeln und Checklisten

Verweise: OOD-
Modell: Abschnitt
2.20.5 (Abb. 2.20-7)
Java-Programm:
Abschnitt 2.20.5
und CD-ROM
(Kundenverwaltung
MitSpeicherung)
Checklisten:
Anhang A

**Nachüber-
prüfung**

Hat der Autor seine Überarbeitung abgeschlossen, dann prüft der Moderator die Sorgfalt und Vollständigkeit der Überarbeitung, aber nicht die Korrektheit.

Freigabe

Die erfolgreiche Nachüberprüfung ist die Voraussetzung für die formale Freigabe des Prüfobjekts. Bevor es freigegeben werden kann, muss sichergestellt sein, dass es die geforderte Qualität besitzt. Der Moderator prüft, ob alle Freigabekriterien erfüllt sind.

Eine der wichtigsten Überprüfungen besteht darin, festzustellen, ob das Prüfobjekt die geforderte Qualitätsstufe erreicht hat. Dies wird durch die maximale Anzahl der schweren Defekte ausgedrückt, die schätzungsweise auf jeder Seite unerkannt zurückbleiben.

Faustregeln

- Eine gute Faustregel besagt, dass die Anzahl der *nicht* entdeckten Defekte ungefähr gleich der Anzahl der entdeckten Defekte pro Seite ist.
- Nach einer Faustregel wird eine von sechs Korrekturen fehlerhaft ausgeführt oder sie verursacht einen neuen Defekt.

Werden 60 Defekte auf zehn Seiten gefunden, dann bleiben nach der Überarbeitung sechs Defekte pro Seite übrig, d.h., werden nicht gefunden. Von den 60 korrigierten Defekten werden zehn fehlerhaft beseitigt. Beispiel
Von den insgesamt 120 Defekten werden also 50 korrigiert, 60 werden nicht entdeckt und zehn werden falsch korrigiert. Die Inspektionseffektivität beträgt also 42 Prozent.

Erhält ein Prüfobjekt wegen zu vieler geschätzter Fehler keine Freigabe, dann gibt es folgende Alternativen: *keine Freigabe*
- Der Autor muss das Prüfobjekt grundlegend, d.h., über die protokollierten Punkte hinaus, überarbeiten. Anschließend erfolgt eine erneute Inspektion.
- Das Prüfobjekt wird »weggeworfen«. Es wird ein neues erstellt. Diese Alternative ist oft kosteneffektiver als vermutet.
- Die Inspektion wird nach der Überarbeitung wiederholt.

Für den späteren Nutzer eines freigegebenen Produkts ist es hilfreich, wenn die geschätzte Restdefektrate dokumentiert ist, z.B. geschätzte schwere Restdefekte pro Seite = 2,5 (maximal). *Restdefektrate dokumentieren*

Neben dem freigegebenen oder zurückgewiesenen Prüfobjekt ist die Datensammlung mit den Inspektionsmetriken ein weiteres Ergebnis einer Inspektion. **Datensammlung**

Abb. 3.4-4 zeigt ein Formular zur Erfassung von Inspektionsdaten. Es wird begleitend zur Inspektion durch den Moderator ausgefüllt. *Ein leeres Formular zum Ausfüllen befindet sich auf der CD-ROM.*

Empirische Ergebnisse

Es gibt eine ganze Reihe von Veröffentlichungen, die über empirische Ergebnisse von Software-Inspektionen berichten /Gilb, Graham 93/, /Humphrey 89, S. 184 ff./, /Grady, van Slack 94/, /Bisant, Lyle 89/
Als Faustregeln werden angegeben /Grady 92/: *Faustregeln*
- 50 bis 75 Prozent aller Entwurfsfehler können durch Inspektionen gefunden werden.
- Code-Inspektionen sind ein sehr kosteneffektiver Weg, um Defekte aufzudecken.

Einen Quervergleich der Effektivität verschiedener Prüfmethoden für Programme zeigt Abb. 3.4-5.

Jeder Balken zeigt die Anzahl der Defekte (in Prozent), die ein Team mit der entsprechenden Prüfmethode gefunden hat. Da verschiedene Teams unterschiedliche Methoden für dasselbe Programm verwendet haben, wurden einige Defekte durch mehr als eine Methode gefunden. Durch den Einsatz unterschiedlicher Methoden wurden mehr als 20 Defekte entdeckt, die vorher niemals gefunden wurden. Bei den statischen Überprüfungen ist die Code-Inspektion am effektivsten.

Abb. 3.4-4:
Formular zur
Erfassung von
Inspektions-
daten

Zusammenfassung der Inspektionsdaten
Datum: 1.3.97   Nummer der Inspektion: OOA15   Moderator: Schulz
Prüfobjekt: OOA-Modell Seminarorganisation V1.1   Anzahl Seiten: 15
Datum der Inspektionsanforderung: 4.2.05   Datum der Eingangsprüfung: 6.2.05
(1) Planungszeit: 1,2 h   (2) Aufwand für die Eingangsprüfung: 0,3 h
(3) Aufwand für die Einführungssitzung: 1,0 h (10 min * 6 Teilnehmer)

Individuelle Prüfergebnisse (berichtet am Anfang der Inspektionssitzung)

Inspektor	Prüfzeit (a) h	Anzahl gepr. Seiten (b)	schwere Defekte	leichte Defekte	Verbesse-rungen	Fragen	Prüfgeschw. (b)/(a)
1	3,6	4	16	25	3	8	1,11
2	1,9	4	7	23	0	2	2,11
3	2,8	3,5	20	14	5	0	1,25
4	4,2	5	9	44	1	12	1,19
5	2,4	2,6	15	21	1	19	1,08
6							
Summe	14,9(4)		67	127	10	41	

Durchschnittliche Prüfgeschwindigkeit: 1,35 Seiten/h

Inspektionssitzung (Prüfeinheit = 4 Seiten)
Anzahl Teilnehmer: 6   Dauer: 1,72 h   (5) Arbeitsstunden insgesamt: 10,3 h

schwere Defekte protokolliert	leichte Defekte protokolliert	Verbesserungs-vorschläge	Fragen a.d. Autor	neue Defekte i.d. Sitzung entdeckt
27	30	8	22	3

Erfassungsgeschwindigkeit: 0,84 (Protokolleinträge/Minute) (87/103,2)
(11) Bisheriger Gesamtzeitaufwand: 27,7 h (1)+(2)+(3)+(4)+(5)
Anzahl geprüfter Seiten pro Stunde: 2,33 (Seiten/Dauer)

Überarbeitung, Nachüberprüfung und Freigabe
Anzahl schwerer Defekte: 29   Anzahl leichter Defekte: 54
Anzahl Änderungsanträge: 3
(6) Überarbeitungszeit: 16,6 h   (7) Nachüberprüfungszeit: 1,5 h
(8) Freigabezeit: 0,6 h   Freigabedatum: 1.3.05
(9) Überprüfungszeit: 4,6 h (1)+(2)+(3)+(7)+(8)
(10) Defektentfernungszeit: 46,4 h (11)+(6)+(7)+(8)
Geschätzte Restdefekte (schwere Defekte) / Seite: 6,04
(Annahme: 60 % Effektivität, 1 von 6 Defekten fehlerhaft korrigiert = 16,6 %)
(29 schwere Defekte/4 Seiten = 7,25 Defekte korrigiert/Seite)
(60 % Effektivität: 7,25 ≙ 60 %, 40 % Restfehler = 4,83 Fehler/Seite)
(16,6 % fehlerhaft korrigiert: 7,25 * 0,166 = 1,21 Defekte pro Seite)
Geschätzte Effektivität (% gefundene schwere Defekte/Seite): 60 %
(Annahme oder Empirie)
Effizienz (schwere Defekte/Arbeitszeit (9)+(10)) = 0,57 schwere Defekte/Stunde (29/51)
Wahrscheinliche Einsparung von Entwicklungszeit durch die Inspektion: 139,2 h
(basierend auf 8 oder 6,4 Stunden/schwerem Defekt)
(46,4 Stunden (10) für 29 Defekte = 1,6 Stunden pro schwerem Defekt
Annahme: Wenn ein Defekt später gefunden wird, dann werden 6,4 Stunden pro
schwerem Defekt benötigt, das ergibt 29 * 6,4 = 185,6 Stunden,
Eingesparte Zeit = 185,6 Stunden – 46,6 Stunden = 139,2 Stunden)

Checklisten
Eine Inspektion kann ohne Checklisten, Richtlinien und Erstellungsregeln *nicht* durchgeführt werden.

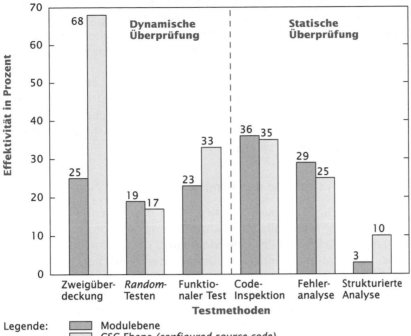

Abb. 3.4-5:
Effektivität von
Prüfmethoden für
Programme
/Grady 92, S. 60/

Legende:
◼ Modulebene
◻ CSC-Ebene *(configured source code)*

⇦ Im Anhang A sind daher die in diesem Buch vorgestellten Check-   Checklisten,
listen, Richtlinien und Erstellungsregeln nochmals zusammengefasst   Anhang A
und vervollständigt dargestellt. Sie können für Inspektionen verwendet werden.

Inspektionen über das Internet
Erste Erfahrungen haben gezeigt, dass Inspektionen auch über das
Internet durchgeführt werden können. Die Einführungssitzung kann
ersetzt werden durch ein Versenden der Unterlagen per E-Mail sowie Hinweisen zu den zu erledigenden Arbeiten und die Zuweisung
von Rollen. Die eigentliche Inspektionssitzung kann per *Chat*-Runde
durchgeführt werden, wobei eine verbale Kommunikation und ein
Videokanal die Effektivität sicher noch steigern.

3.5 Verbesserung des Entwicklungsprozesses

Die bisher behandelten Methoden Verifikation, Testen, *Walkthrough*
und Inspektion eignen sich zur Überprüfung von Produkten bzw.
Teilprodukten.
    Jeder Software-Entwickler sollte nach einem definierten Vor-
gehensmodell bzw. Prozess seine Software entwickeln. Nicht nur
Produkte, sondern auch Entwicklungsprozesse können fehlerhaft

sein und müssen verbessert werden. Dabei hat die Verbesserung eines Entwicklungsprozesses eine größere Wirkung, da sie allen weiteren Software-Entwicklungen zugute kommt. Die oben beschriebene Inspektionsmethode enthält bereits einen Prozessverbesserungsschritt (Prozess-*Brainstorming*, siehe Abb. 3.4-2).

Ein erster Schritt hin zur Prozessverbesserung ist ein Grundwissen über die »Psychologie des Programmierens« (Abschnitt 3.5.1). Mithilfe dieses Wissens kann man bewusster auf persönliche Fehlerquellen achten und durch Anlage eines Fehlerbuchs zu einem selbstkontrollierten Programmieren gelangen (Abschnitt 3.5.2).

3.5.1 Zur Psychologie des Programmierens

Jeder Programmierer macht Fehler. Viele dieser Fehler sind auf Eigenheiten der menschlichen Wahrnehmung und des menschlichen Denkens zurückzuführen. Außerdem spielt die Denkpsychologie eine Rolle. Assoziationen und Einstellungen des Menschen beeinflussen sein Denken.

Historie Mit der Psychologie des Programmierens hat sich zuerst G. M. Weinberg 1971 in seinem Buch »*The Psychology of Computer Programming*« /Weinberg 71/ befasst. Wegweisend war 1980 auch das Buch »*Software Psychology*« von B. Shneiderman /Shneiderman 80/.

Kurzbiografie **Ben Shneiderman,** siehe Abschnitt 2.13.1 Im Folgenden wird in Anlehnung an /Grams 90/ auf wichtige Aspekte der Psychologie des Programmierens hingewiesen. Die meisten Programmierfehler lassen sich auf bestimmte Denkstrukturen und -prinzipien zurückführen. Durch die Beachtung einiger Regeln lassen sich diese Fehler daher vermeiden.

Hintergrundwissen Jeder Mensch benutzt bei seinen Handlungen bewusst oder unbewusst angeborenes oder erlerntes Hintergrundwissen. Dieses Hintergrundwissen ist Teil des Wissens, das einer Bevölkerungsgruppe, z.B. den Programmierern, gemeinsam ist. Programmierfehler lassen sich nun danach klassifizieren, ob das Hintergrundwissen für die Erledigung der Aufgabe angemessen ist oder nicht (Abb. 3.5-1).

Schnitzer »Schnitzer« sind Tippfehler, Versprecher usw. Tippfehler werden teilweise durch eine schlechte Benutzungsoberfläche verursacht.

Irrtümer Irrtümer sind der Kategorie »Wissen« zuzuordnen. Fehlern aufgrund von Irrtümern ist gemeinsam, dass der Programmierer den Fehler auch beim wiederholten Durchlesen seines Programms nicht sieht.

Individuelle Irrtümer ergeben sich durch unzureichende Begabung oder Ausbildung.

Denkfallen Überindividuelle Irrtümer bezeichnet man als Denkfallen. Sie treten auf, wenn das Hintergrundwissen der Aufgabenstellung nicht angemessen ist. Denkfallen ergeben sich aus bestimmten Denkstrukturen und -prinzipien. Diese führen zu einem Verhaltens- und

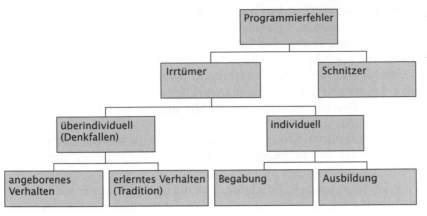

Abb. 3.5-1:
Klassifizierung von
Programmierfehlern
/Grams 90, S. 19/

Denkmodell, das das Verhalten eines Programmierers beeinflusst. Das Verhaltens- und Denkmodell setzt sich aus folgenden Prinzipien und Strukturen zusammen:

1 Übergeordnete Prinzipien

☐ Scheinwerferprinzip

☐ Sparsamkeits- bzw. Ökonomieprinzip

2 Die »angeborenen Lehrmeister«

☐ Strukturerwartung (Prägnanzprinzip, Denken in Kategorien bzw. »Schubladen«)

☐ Kausalitätserwartung (lineares Ursache-Wirkungs-Denken)

☐ Die Anlage zur Induktion (Überschätzung bestätigender Informationen)

3 Bedingungen des Denkens

☐ Assoziationen

☐ Einstellungen

Verhaltens- & Denkmodell

Die übergeordneten Prinzipien beschreiben, wie unser Wahrnehmungs- und Denkapparat mit begrenzten Ressourcen (Gedächtnis und Verarbeitungsfähigkeit) fertig wird.

Das »Scheinwerferprinzip« besagt, dass aus den Unmengen an Informationen, die der Mensch ständig aus seiner Umwelt erhält, stets nur relativ kleine Portionen ausgewählt und bewusst verarbeitet werden. Leider sind es oft die wichtigen Dinge, die unbeachtet bleiben. Viele Programmierfehler zeigen dies: Ausnahme- und Grenzfälle werden übersehen; die Initialisierung von Variablen wird vergessen; Funktionen besitzen unbeabsichtigte Nebenwirkungen.

Scheinwerfer-prinzip

Das Sparsamkeits- oder Ökonomieprinzip besagt, dass es darauf ankommt, ein Ziel mit möglichst geringem Aufwand zu erreichen. Der Trend zum sparsamen Einsatz der verfügbaren Mittel birgt allerdings auch Gefahren in sich. Denk- und Verhaltensmechanismen, die unter normalen Umständen vorteilhaft sind, können dem Programmierer zum Verhängnis werden.

Sparsamkeits-prinzip

Typische Fehler gehen auf falsche Hypothesen über die Arbeitsweise des Computersystems zurück. Insbesondere mit der Maschinenarithmetik kommt der Programmierer oft aufgrund zu einfacher Modellvorstellungen in Schwierigkeiten.

angeborene Lehrmeister

Die »angeborenen Lehrmeister« (K. Lorenz) stellen höheres Wissen dar, das den weiteren Wissenserwerb steuert. Dieses höhere Wissen spiegelt den »Normalfall« wider. Mit ungewöhnlichen Situationen wird es nicht so gut fertig.

Strukturerwartung

Die Strukturerwartung erleichtert dem Menschen die Abstraktion. Daraus folgt das Prägnanzprinzip, das besagt, dass es sich lohnt, Ordnung aufzuspüren und auszunutzen.

Eine wirkungsvolle Methode, Ordnung in die zunächst unübersichtlich erscheinende Welt zu bringen, ist das Bilden von Kategorien.

Prägnanzprinzip und Denken in Kategorien führen in außergewöhnlichen Situationen gelegentlich zu Irrtümern, zu unpassenden Vorurteilen und zu Fehlverhalten. Eine Reihe von Programmierfehlern lässt sich darauf zurückführen.

Beispielsweise gilt das assoziative Gesetz für bestimmte Operationen mit reellen Zahlen. Für die Maschinenarithmetik, d.h., die Gleitpunktarithmetik, gilt dies aber nicht.

Allgemein gilt: Fehler, die darauf beruhen, dass der Ordnungsgehalt der Dinge überschätzt wird oder den Dingen zu viele Gesetze auferlegt werden, lassen sich auf das Prägnanzprinzip zurückführen.

Kausalitäts-erwartung

Die Kausalitätserwartung führt zu einem linearen Ursache-Wirkungs-Denken und zu der übermäßigen Vereinfachung komplexer Sachverhalte.

Der Mensch neigt dazu, irgendwelche Erscheinungen vorzugsweise nur einer einzigen Ursache zuzuschreiben. Er macht oft die Erfahrung, dass die gleichen Erscheinungen dieselbe Ursache haben, sodass dieses Vorurteil zum festen Bestandteil des menschlichen Denkens gehört und nur mit Anstrengung überwunden werden kann.

Ergänzende Literatur: /Dörner 89/

Das lineare Ursache-Wirkungs-Denken kann in komplexen Entscheidungssituationen »fürchterlich« versagen. Gerade die Umwelt eines Programmierers ist aber ein vernetztes System.

Anlage zur Induktion

Der Mensch neigt zu induktiven Hypothesen. Die Fähigkeit, im Besonderen das Allgemeine, im Vergangenen das Zukünftige erkennen zu können, verleitet zur Überschätzung bestätigender Informationen. Beispielsweise wird ein Test, der das erwartete Ergebnis liefert, in seiner Aussagekraft überschätzt. Im Gegensatz zur Deduktion ist die Induktion kein zwingendes Schließen. Gesetzmäßigkeiten werden vorschnell als gesichert angesehen. Dadurch werden Dinge klargemacht, die eigentlich verwickelt und undurchsichtig sind.

In der Programmierung stößt man oft auf die Denkfalle, dass bestätigende Informationen überschätzt werden. Der Programmierer gibt sich oft schon mit einer schwachen Lösung zufrieden. Nach einer besseren wird nicht gesucht. Das Programm wird für optimal gehalten, nur weil es offensichtlich funktioniert.

Die Bedingungen des Denkens betreffen die parallele Darstellung der Denkinhalte und den sequenziellen Ablauf der bewussten Denkvorgänge, d.h., die raum-zeitliche Organisation des Denkens. *Bedingungen des Denkens*

Neue Denkinhalte werden in ein Netz von miteinander assoziierten Informationen eingebettet. Bei der Aktivierung eines solchen Denkinhalts werden die Assoziationen mit aktiviert. *Assoziationen*

Geht es beim Programmieren um die Zuordnung von Bezeichnern und Bedeutungen, dann spielen Assoziationen eine Rolle. Mnemotechnische Namen können irreführend sein. Es wird eher an den Namen als an die Bedeutung geglaubt. Eine sorglose Bezeichnerwahl kann zur Verwirrung führen.

Die bisherigen Denkfallen bezogen sich auf das Wissen. Im Wesentlichen ging es um die Gewinnung von Informationen (Filterung und Abstraktion) und um Mechanismen, wie Informationen intern repräsentiert und abgerufen werden (Assoziationen). *Einstellungen*

Es gibt jedoch auch Denkfallen auf dem Gebiet des produktiven Denkens, d.h., des Problemlösens. Fehler im Problemlösungsprozess führen dazu, dass

- entweder gar keine Lösung gefunden wird, obwohl sie existiert, oder dass
- nur eine mangelhafte Lösung erkannt wird, die noch weit vom Optimum entfernt ist.

Einstellungen führen zu einer vorgeprägten Ausrichtung des Denkens. Sie können zurückgehen auf

- die Erfahrungen aus früheren Problemlöseversuchen in ähnlichen Situationen,
- die Gewöhnung und Mechanisierung durch wiederholte Anwendung eines Denkschemas,
- die Gebundenheit von Methoden und Werkzeugen an bestimmte Verwendungszwecke,
- die Vermutung von Vorschriften, wo es keine gibt (Verbotsirrtum).

Um Fehler durch Einstellungen zu verhindern, sollte das Aufzeigen von Lösungsalternativen und eine Begründung der Methodenwahl zum festen Bestandteil der Problembearbeitung gemacht werden.

Einstellungen führen zu determinierenden Tendenzen beim Problemlösen:

- Die Anziehungskraft, die von einem nahen (Teil-)Ziel ausgeht, verhindert das Auffinden eines problemlösenden Umwegs.
- Die vorhandenen Strukturen und Teillösungen lenken den weiteren Lösungsprozess in bestimmte Bahnen.

3.5.2 Selbstkontrolliertes Programmieren

Der erfahrene Programmierer lernt aus seinen Fehlern, indem er sich an Regeln und Vorschriften hält, die der Vermeidung dieser Fehler dienen. In diesem Sinne ist das Programmieren – wie die Ingenieurwissenschaften – eine Erfahrungswissenschaft.

In Abb. 3.5-3 sind typische Programmierfehler ursachenorientiert aufgeführt. In /Grams 90/ wird vorgeschlagen, dass jeder Programmierer für sich einen Katalog von Programmierregeln aufstellt und fortlaufend verbessert. Es entsteht ein Regelkreis des selbstkontrollierten Programmierens (Abb. 3.5-2).

Abb. 3.5-2: Der Regelkreis des selbstkontrollierten Programmierens (nach /Grams 90, S. 81/)

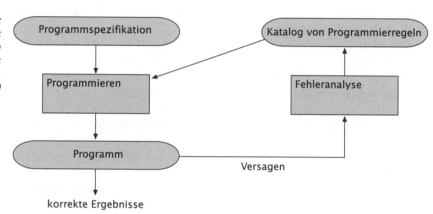

Das Lernen aus Fehlern ist besonders gut geeignet, um Denkfallen zu vermeiden. Im Laufe des Anpassungsprozesses wird der »Scheinwerfer der Aufmerksamkeit« auf die kritischen Punkte gerichtet.

Regelkatalog   Als Ausgangspunkt für einen eigenen Katalog ist in Abb. 3.5-4 ein **Regelkatalog** angegeben. Jeder Programmierer sollte ihn in einer Datei bereithalten und an seine Bedürfnisse anpassen.

Fehlerbuch   Das Lernen aus Fehlern wird außerdem dadurch gefördert, dass man die Fehler dokumentiert. Es sollte ein **Fehlerbuch** angelegt werden, das eine Sammlung typischer Fehler enthält.

Ein Fehler sollte in ein Fehlerbuch eingetragen werden, wenn
- die Fehlersuche lange gedauert hat,
- die durch den Fehler verursachten Kosten hoch waren oder
- der Fehler lange unentdeckt geblieben ist.

Folgende Daten sollten im Fehlerbuch erfasst werden:
- laufende Fehlernummer
- Datum (wann entstanden, wann entdeckt)
- Programmname mit Versionsnummer
- Fehlerkurzbeschreibung (Titel)
- Ursache (Verhaltensmechanismus)
- Rückverfolgung

■ **Unnatürliche Zahlen**
Negative Zahlen werden oft falsch behandelt. In der täglichen Erfahrung tauchen negative Zahlen nicht auf, weil sie »unnatürlich« sind.
Ursache: Prägnanzprinzip
Beispiel: Oft werden für die Beendigung der Eingabe die Werte 0 oder negative Werte verwendet. Diese Verwendung »unnatürlicher Zahlen« als Endezeichen vermischt zwei Funktionen, nämlich das Beenden des Eingabevorganges und die Werteeingabe.

■ **Ausnahme- und Grenzfälle**
Vorzugsweise werden nur die Normalfälle behandelt; Sonderfälle und Ausnahmen werden übersehen. Es werden nur die Fälle erfasst, die man für repräsentativ hält.
Ursachen: Kausalitätserwartung, Sparsamkeitsprinzip
Beispiele: »Um eins daneben«-Fehler, Indexzählfehler.

■ **Falsche Hypothesen**
Erfahrene Programmierer haben Faustregeln entwickelt und haben sich einfache Hypothesen und Modelle über die Arbeitsweise eines Computers zurechtgelegt. Aber: Dieses Wissen veraltet, mit einer Änderung der Umwelt werden die Hypothesen falsch.
Ursache: Prägnanzprinzip
Beispiele: Multiplikationen dauern wesentlich länger als Additionen; Potenzieren ist aufwendiger als Multiplizieren.

■ **Tücken der Maschinenarithmetik**
Sonderfall der falschen Hypothesen. Der Computer hält sich nicht an die Regeln der Algebra und Analysis. Reelle Zahlen werden nur mit begrenzter Genauigkeit dargestellt.
Ursache: Prägnanzprinzip
Beispiele: Abfrage auf Gleichheit reeller Zahlen, statt `abs(a - b )< epsilon`; Aufsummierung unendlicher Reihen: Summanden werden so klein, dass ihre Beträge bei der Rundung verloren gehen.

■ **Irreführende Namen**
Wahl eines Namens, z.B. für eine Funktion, der eine falsche Semantik vortäuscht. Daraus ergibt sich eine fehlerhafte Anwendung.
Ursache: Assoziationstäuschung

■ **Unvollständige Bedingungen**
Das konsequente Aufstellen komplexer logischer Bedingungen fällt schwer. Häufig ist die Software nicht so komplex wie das zu lösende Problem.
Ursache: Kausalitätserwartung

■ **Unverhoffte Variablenwerte**
Die Komplexität von Zusammenhängen wird nicht erfasst.
Ursache: Scheinwerferprinzip, Kausalitätserwartung
Beispiele: Verwechslung global wirksamer Größen mit Hilfsgrößen; falsche oder vergessene Initialisierung von Variablen.

■ **Wichtige Nebensachen**
Die Unterteilung von Programmen in sicherheitskritische und sicherheitsunkritische Teile, in eigentliches Programm und Kontrollausdrücke führt oft zur Vernachlässigung der »Nebensachen«. Dadurch entstehen Programme mit »abgestufter Qualität«, wobei Fehler in den »Nebensachen« oft übersehen werden.
Ursache: Prägnanzprinzip
Beispiel: Fehler bei der Platzierung von Kontrollausdrucken täuschen Fehler im Programm vor.

■ **Trügerische Redundanz**
Durch achtloses Kopieren werden Strukturen geschaffen, die den menschlichen Denkapparat überfordern. Übertriebene Kommentierung von Programmen erhöht die Redundanz eines Programms.
Ursache: Anlage zur Induktion
Beispiele: Weiterentwicklung eines Programms geschieht nicht an der aktuellen Version, sondern an einem Vorläufer; bei Programmänderungen wird vergessen, den Kommentar ebenfalls zu ändern.

■ **Gebundenheit**
Boolesche Ausdrücke treten oft in Verbindung mit Entscheidungen auf. Dies führt in anderen Situationen zu komplizierten Ausdrücken.
Ursache: funktionale Gebundenheit boolescher Ausdrücke
Beispiel: `if B then x:=true else x:= false` anstelle von
`x:=B` (B=beliebiger boolescher Ausdruck)

Quelle: nach /Grams 90, S. 66ff/

Abb. 3.5-3: Typische Programmierfehler

Abb. 3.5-4: Beispiel für einen Regelkatalog zur Vermeidung von Programmier- fehlern

Grundsätze des Programmentwurfs
- Auf Lesbarkeit achten
- □ Bedeutung der Prinzipien Verbalisierung, problemadäquate Datentypen, integrierte Dokumentation
- Nach der Methode der schrittweisen Verfeinerung vorgehen
- □ siehe Kapitel 4.3
- Sparsamkeit bei Schnittstellen- und Variablendeklarationen
- □ Globale Variablen vermeiden
- □ Kurze Parameterlisten
- □ Gültigkeitsbereiche von Variablen möglichst stark beschränken
- Verwendung linearer Kontrollstrukturen
- □ Sequenz, Auswahl, Wiederholung, Aufruf (siehe Kapitel 2.13)

Regeln gegen das Prägnanzprinzip
- Fehlerkontrolle durchführen
- □ Sorgfalt besonders bei Diskretisierung kontinuierlicher Größen
- □ Bei numerischen Programmen Maschinenarithmetik beachten
- Nie reelle Zahlen auf Gleichheit oder Ungleichheit abfragen
- Keine temporären Ausgabebefehle verwenden
- □ Ausgabebefehle zur Unterstützung von Tests in Auswahlanweisungen platzieren und global ein- und ausschalten
- Faustregeln von Zeit zu Zeit überprüfen
- □ Effizienzsteigernde Tricks können durch neue Hardware unnötig werden

Regeln gegen das lineare Kausaldenken
- Redundanz reduzieren
- □ Prozeduren verwenden, anstatt mehrfach verwendete Teile zu kopieren
- □ Kommentare sparsam verwenden, besser gute Bezeichner und passende Datenstrukturen wählen
- Zusicherungen ins Programm einbauen
- □ Als Kommentare ins Programm einfügen
- **else**-Teil einer Auswahl kommentieren
- □ Als Kommentar angeben, welche Bedingungen für einen **else**-Teil gelten
- Ist ein Fehler gefunden: weitersuchen
- □ Erfahrungen zeigen, dass in der Umgebung von Fehlern meist weitere zu finden sind
- Entscheidungstabellen und Enscheidungsbäume beim Aufstellen komplexer logischer Bedingungen verwenden (siehe Kapitel 2.14)

Regeln gegen die Überschätzung bestätigender Informationen
- Alternativen suchen
- □ Stets davon ausgehen, dass es noch bessere Lösungen gibt
- □ Aktivierung von Heuristiken (siehe Abb. 3.5-5)

Regeln gegen irreführende Assoziationen
- Bezeichner wählen, die Variablen und Operationen möglichst exakt bezeichnen

Quellen: eigene Erfahrungen, /Grams 90, S. 82ff/

□ Gab es schon Fehler derselben Sorte?
□ Warum war eine früher vorgeschlagene Gegenmaßnahme nicht wirksam?
■ Programmierregel, Gegenmaßnahme
■ Ausführliche Fehlerbeschreibung

Heuristiken Hat man ein Problem und keine Lösungsidee, dann kann die bewusste Aktivierung von Heuristiken helfen, Denkblockaden aufzubrechen und gewohnte Denkbahnen zu verlassen. Heuristiken sind Lösungsfindeverfahren, die auf Hypothesen, Analogien oder Erfahrungen auf-

Basisheuristik
Kann ich in der Liste der Heuristiken eine finden, die mir weiterhilft?

Analogie
Habe ich ein ähnliches Problem schon einmal bearbeitet?
Kenne ich ein verwandtes Problem?

Verallgemeinerung
Hilft mir der Übergang von einem Objekt zu einer Klasse von Objekten weiter?

Spezialisierung
Bringt es mich weiter, wenn ich zunächst einen leicht zugänglichen Spezialfall löse?

Variation
Komme ich durch eine Veränderung der Problemstellung der Lösung näher?
Kann ich die Problemstellung anders ausdrücken?

Rückwärtssuche
Ich betrachte das gewünschte Ergebnis. Welche Operationen können mich zu diesem Ergebnis führen?

Teile und herrsche
Lässt sich das Problem in leichter lösbare Teilprobleme zerlegen?

Vollständige Enumeration
Ich lasse einen Teil der Bedingungen weg. Kann ich mir Lösungen verschaffen, die wenigstens einen Teil der Zielbedingungen erfüllen? Kann ich mir alle Lösungen verschaffen, die diese Bedingungen erfüllen?

Abb. 3.5-5:
Heuristiken für
die Program-
mierung

Quelle: /Grams 90, S. 114/

gebaut sind. In Abb. 3.5-5 sind einige wichtige Heuristiken aufgeführt, die für die Programmierung von Bedeutung sind. Starten sollte man immer mit der Basisheuristik.

Inspektion Manuelle Prüfmethode mit definiertem Ablauf, die nach der individuellen Vorbereitung der Gutachter in einer Teamsitzung schwere Defekte in einem schriftlichen Prüfobjekt identifiziert sowie Verbesserungen für den Entwicklungs- und Inspektionsprozess vorschlägt.

Prozess-Modell Allgemeiner Entwicklungsplan, der das generelle Vorgehen beim Entwickeln eines Software-Produkts festlegt.
Walkthrough Manuelle, informale Prüfmethode, die in einer Teamsitzung Defekte und Probleme eines schriftlichen Prüfobjekts identifiziert.

Manuelle Prüfmethoden dienen dazu, Produkteigenschaften zu überprüfen, die durch automatische Werkzeuge nicht oder nur unzureichend festgestellt werden können. Dazu gehören insbesondere semantische Aspekte eines Produkts. Die Effektivität einer Prüfmethode hängt vor allem von folgenden Punkten ab:
- Das Prüfobjekt wird von mehreren Gutachtern beurteilt, wobei jeder Gutachter sich auf einen oder mehrere Aspekte konzentriert.

pro Gutachter ein oder mehrere Aspekte

- Jeder Gutachter prüft das Produkt bzw. Teilprodukt individuell anhand von Referenzdokumenten und notiert seine Erkenntnisse.

individuelle Prüfung

gemeinsame Sitzung
- In einer gemeinsamen Sitzung aller Gutachter zusammen mit dem Autor und einem Moderator, der die Sitzung leitet, werden gefundene und neu entdeckte Defekte des Prüfobjekts protokolliert. Lösungen werden *nicht* diskutiert.

Planung der Ressourcen
- Der Prüfaufwand einschließlich der benötigten individuellen Prüfzeiten sowie die Zeit für die gemeinsame Sitzung sind geplant.

Diese Punkte werden von der Prüfmethode Inspektion erfüllt. Beim *Walkthrough* gibt es oft nur eine gemeinsame Sitzung mit Gutachtern, die vom Autor geleitet wird. Daher ist das Verhältnis Aufwand zu Nutzen wesentlich schlechter als bei der Inspektion.

Für Inspektionen liegen folgende empirische Erkenntnisse vor:

Aufwand
- Der Prüfaufwand liegt zwischen 15 und 20 Prozent des Erstellungsaufwands für das entsprechende Produkt bzw. Teilprodukt.

Nutzen
- Der Nettonutzen, d.h., unter Berücksichtigung des Prüfaufwands, liegt bei ca. 20 Prozent Einsparung in der Entwicklung und 30 Prozent in der Wartung.

- 60 bis 70 Prozent der Fehler in einem Dokument können gefunden werden.

Fehlerbuch
Denkfallen und Programmierfallen können durch Beachtung, Anpassung und Weiterentwicklung eines Regelkataloges (Fehlerbuch) vermieden werden. Die Einhaltung von Programmierrichtlinien und Empfehlungen sorgen für einen einheitlichen Programmierstil.

Prozessverbesserung
Die Produktqualität wird nicht nur durch die Überprüfung von Produkten und ihren Teilprodukten sichergestellt, sondern ist auch wesentlich von der Qualität des Prozess-Modells, d.h., des systematischen Vorgehens bei der Entwicklung, abhängig.

/Gilb, Graham 93/
Gilb T., Graham B., *Software Inspection*, Wokingham, England: Addison-Wesley 1993, 471 Seiten.
Ausführliche Behandlung der Inspektion mit zahlreichen Checklisten. Die Einführung von Inspektionen in ein Unternehmen wird allgemein und anhand von Erfahrungsberichten gezeigt. Ein Kapitel befasst sich mit den Kosten und dem Nutzen von Inspektionen. Das Buch ist sehr zu empfehlen.
/Grams 90/
Grams T., *Denkfallen und Programmierfehler*, Berlin: Springer-Verlag 1990, 159 Seiten.
Empfehlenswertes, gut lesbares Buch mit vielen Beispielen und Literaturhinweisen.
/Humphrey 89/
Humphrey W. S., *Managing the Software Process*, Reading: Addison-Wesley, 1989, 494 Seiten.
Enthält ein Kapitel über Softwareinspektionen (19 Seiten) einschließlich eines Quervergleichs von Prüfmethoden.

/ANSI/IEEE Std. 729 –1983/   Zitierte Literatur
   IEEE *Standard Glossary of Software Engineering Terminology*, IEEE 1983
/ANSI/IEEE Std. 1028–1988/
   IEEE *Standard for Software Reviews and Audits*, IEEE 1988
/Balzert 98/
   Balzert H., *Lehrbuch der Software-Technik, Band 2*, Heidelberg: Spektrum Aka-
   demischer Verlag 1998
/Barnard, Price 94/
   Barnard J., Price A., *Managing Code Inspection Information*, in: IEEE Software,
   March 1994, pp. 59–69
/Bisant, Lyle 89/
   Bisant D. B., Lyle J. R., *A Two-Person Inspection Method to Improve Program-
   ming Productivity*, in: IEEE Transactions on Software Engineering, Oct. 1989,
   pp. 1294–1304
/Dörner 89/
   Dörner D., *Die Logik des Mißlingens*, Hamburg: Rowohlt-Verlag 1989, Taschen-
   buchausgabe 2003, Hamburg: Rowohlt-Verlag
/Fagan 76/
   Fagan M. E., *Design and code inspections to reduce error in program develop-
   ment*, in: IBM Systems Journal, No. 3, 1976, pp. 182–211
/Fagan 86/
   Fagan M.E., *Advances in Software Inspections*, in: IEEE Transactions of Software
   Engineering, July 1986, S. 744–751
/Frühauf, Ludewig, Sandmayr 00/
   Frühauf K., Ludewig J., Sandmayr H., *Software-Prüfung – Eine Anleitung zum
   Test und zur Inspektion*, Zürich: vdf Hochschulverlag, 4. Auflage 2000
/Grady, van Slack 94/
   Grady R. B., van Slack T., *Key Lessons in Achieving Widespread Inspection Use*, in:
   IEEE Software, July 1994, pp. 46–57
/Grady 92/
   Grady R. B., *Practical Software Metrics for Project Management and Process Im-
   provement*, Englewood Cliffs: Prentice Hall, 1992
/Russell 91/
   Russell G. W., *Experience with Inspection in Ultralarge-Scale Developments*, in:
   IEEE Software, Jan. 1991, pp. 25–31
/Shneiderman 80/
   Shneiderman B., *Software Psychology – Human Factors in Computer and Infor-
   mation Systems*, Cambridge MA.: Winthrop Publishers, 1980
/Wallmüller 01/
   Wallmüller E., *Software-Qualitätssicherung in der Praxis*, München: Hanser-
   Verlag 2001, 2. Auflage
/Weinberg 71/
   Weinberg G. M., *The Psychology of Computer Programming*, New York: Van Nos-
   trand Reinhold 1971
/Wirth 71/
   Wirth N., *Program Development by Stepwise Refinement*, in: Communication of
   the ACM, Vol. 14, No. 4, 1971

Den ersten Aufgaben liegt das folgende Pflichtenheft zugrunde: Hinweis
/1/ Mit dem Programm Taschenrechner soll der Benutzer in die   Pflichtenheft
    Lage versetzt werden, kleinere Berechnungen in den vier Grund-
    rechenarten durchzuführen. Vorbild in Gestaltung und Funk-
    tionsumfang ist ein handelsüblicher Tischrechner.

/2/ Das Programm läuft als eigenständige Anwendung auf jeder virtuellen Java-Maschine. Zielgruppe des Produktes sind Computer-Benutzer bei der täglichen Arbeit.

Abb. 3.5-6:
Benutzungs-
oberfläche des
Taschenrechners

/3/ Per Mausklick können über einen simulierten Zehnerblock Ziffern von 0 bis 9 eingegeben werden.

/4/ Eingegebene Zahlen können über Mausklick addiert, subtrahiert, dividiert und multipliziert werden.

/5/ Ein grafischer Rücksetzknopf ermöglicht den Neustart einer Berechnung.

Die Abb. 3.5-6 zeigt die Benutzungsoberfläche des Java-Programms.

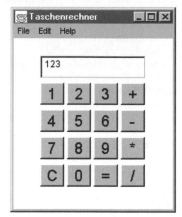

Analytische
Aufgaben
Muss-Aufgabe
25 Minuten

1 *Lernziel: Eine Inspektion durchführen können.*
In der Implementierung erstellt ein Programmierer aus Ihrer Abteilung die nachstehende Funktion (siehe Quelltext). In den folgenden Teilaufgaben sind Sie als Inspektor für die Einhaltung verschiedener Konventionen zuständig. Benutzen Sie bei der Inspektion die angegebenen Checklisten.

a Sie sind als Inspektor für die Einhaltung der Bezeichner-Richtlinien verantwortlich (Checkliste A-2, Anhang A).

b Sie sollen die Einhaltung der Java-Formatierungs-Richtlinien überwachen (Checkliste A-11, Anhang A).

c Prüfen Sie, ob das Programmsegment allen Anforderungen der Checkliste Operationen (A-5, Anhang A) genügt.
Zu inspizierender Quelltext:

```java
protected void Executor()
  {
  if( Letzteoperationeingeben==PLUS )
  Anzeigewert = Zwischenspeicher+Anzeigewert;
  else
  if( Letzteoperationeingeben==MINUS )
  Anzeigewert = Zwischenspeicher-Anzeigewert;
  else
  if( Letzteoperationeingeben == MAL )
  Anzeigewert = Zwischenspeicher*Anzeigewert;
else
  Anzeigewert= Zwischenspeicher/Anzeigewert;
  Zwischenspeicher = Anzeigewert;
  }
```

Kann-Aufgabe
30 Minuten

2 *Lernziel: Eine Inspektion durchführen können.*
Die Abb. 3.5-7 zeigt das OOA-Modell des Taschenrechner-Programms. Gehen Sie anhand der Checkliste OOA-Modell (A-8, Anhang A) vor, um Fehler und Auslassungen in diesem Modell zu identifizieren. Berücksichtigen Sie neben diesen formalen Kriterien auch, ob das eigentliche Problem (gemäß Pflichtenheft) adäquat modelliert wird.

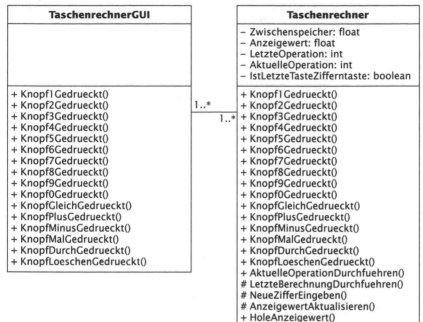

TaschenrechnerGUI		Taschenrechner
		– Zwischenspeicher: float
		– Anzeigewert: float
		– LetzteOperation: int
		– AktuelleOperation: int
		– IstLetzteTasteZifferntaste: boolean
+ Knopf1Gedrueckt()		+ Knopf1Gedrueckt()
+ Knopf2Gedrueckt()	1..*	+ Knopf2Gedrueckt()
+ Knopf3Gedrueckt()	1..*	+ Knopf3Gedrueckt()
+ Knopf4Gedrueckt()		+ Knopf4Gedrueckt()
+ Knopf5Gedrueckt()		+ Knopf5Gedrueckt()
+ Knopf6Gedrueckt()		+ Knopf6Gedrueckt()
+ Knopf7Gedrueckt()		+ Knopf7Gedrueckt()
+ Knopf8Gedrueckt()		+ Knopf8Gedrueckt()
+ Knopf9Gedrueckt()		+ Knopf9Gedrueckt()
+ Knopf0Gedrueckt()		+ Knopf0Gedrueckt()
+ KnopfGleichGedrueckt()		+ KnopfGleichGedrueckt()
+ KnopfPlusGedrueckt()		+ KnopfPlusGedrueckt()
+ KnopfMinusGedrueckt()		+ KnopfMinusGedrueckt()
+ KnopfMalGedrueckt()		+ KnopfMalGedrueckt()
+ KnopfDurchGedrueckt()		+ KnopfDurchGedrueckt()
+ KnopfLoeschenGedrueckt()		+ KnopfLoeschenGedrueckt()
		+ AktuelleOperationDurchfuehren()
		# LetzteBerechnungDurchfuehren()
		# NeueZifferEingeben()
		# AnzeigewertAktualisieren()
		+ HoleAnzeigewert()

Abb. 3.5-7:
OOA-Modell des
Taschenrechners

3 *Lernziel: Eine Inspektion durchführen können.*
Die Produktreihe Taschenrechner (Abb. 3.5-8) soll um drei neue Versionen
ergänzt werden. Eine *Safe*-Version ist absturzsicherer als ihr etwas labiler
Vorgänger, fängt also Fehleingaben, die zu Bereichsüberschreitungen und
Divisionen durch null führen können, vorher ab. Das Modell Uni-Taschen-
rechner berücksichtigt Punkt-vor-Strichrechnung, kennt Klammern und
implementiert zusätzlich trigonometrische Funktionen. Das Modell UPN-
Taschenrechner benutzt statt der üblichen Eingabe die umgekehrte polnische Notation, in der intensiver Gebrauch vom Keller-Prinzip gemacht wird
(statt 4 + 5 ist in UPN die Tastenfolge 4 Speichern 5 + einzugeben). Die
Analyse-Abteilung legt das OOA-Modell der Abb. 3.5-9 vor. Berücksichtigen
Sie die GUI-Klasse zunächst nicht.
a Sie werden als Inspektor für die Überprüfung der Vererbung eingesetzt.
Gehen Sie anhand der Checkliste Vererbung (A-6, Anhang A) vor.
b Was fällt auf, wenn Sie die GUI-Klasse jetzt mit berücksichtigen ?

Muss-Aufgabe
30 Minuten

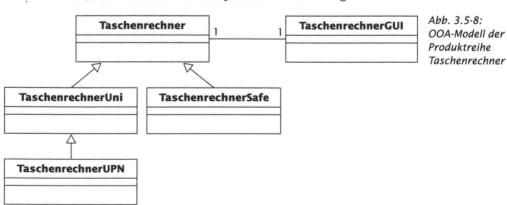

Abb. 3.5-8:
OOA-Modell der
Produktreihe
Taschenrechner

Muss-Aufgabe
120 Minuten

4 *Lernziel: Bei einer Software-Entwicklung eine Zeit- und Defektaufzeichnung und -auswertung vornehmen können.*
Die Anzahl der Quellcode-Zeilen (LOC = *lines of code*) eines Programms werden oft als Maß für den Umfang eines Programms verwendet.

a Überlegen Sie, welche Code-Zeilen hierfür relevant sind und begründen Sie Ihre Auswahl. Recherchieren Sie im Internet die Problematik!

b Schreiben Sie ein Programm, das Java-Quellcode-Klassen liest und die nach **a** entsprechende Quellcode-Zeilenanzahl berechnet und ausgibt. Schätzen Sie vor Beginn der Arbeit Ihren Zeitaufwand, füllen Sie die Zeit- und Defektformulare aus, testen Sie Ihr Programm (Äquivalenz- und Grenzwertanalyse, 100%-Zweigüberdeckung).

Klausur-Aufgabe
20 Minuten

5 *Lernziel: Eine Inspektion durchführen können.*
Das UML-Diagramm der Abb. 3.5-9 zeigt einen Ausschnitt aus dem OOA-Modell einer Firmensoftware. Folgende Zusammenhänge sollen darin zum Ausdruck kommen:

/1/ Es wird zwischen Kunden, Mitarbeitern und Hausmeistern unterschieden, andere Personen kommen im Geschäftsmodell der Firma nicht vor.

/2/ Das wichtigste Attribut eines Mitarbeiters ist sein Gehalt.

/3/ Das wichtigste Attribut eines Hausmeisters ist das Gebäude, für das er verantwortlich ist.

/4/ Vom Kunden ist der Umsatz das wichtigste Attribut.

/5/ Kunden oberhalb einer bestimmten Umsatzgrenze gelten als wichtige Kunden.

/6/ Ein Mitarbeiter kann keine oder beliebig viele Kunden betreuen, manche Kunden werden auch von Mitarbeiterteams betreut.

Untersuchen Sie mithilfe der Checklisten »Assoziationen« (A-7) und »Vererbung« (A-6) (siehe Anhang A) und ausgehend von den beschriebenen Zusammenhängen, ob diese im OOA-Modell entsprechend modelliert wird.

Abb. 3.5-9:
OOA-Modell einer
Firmensoftware

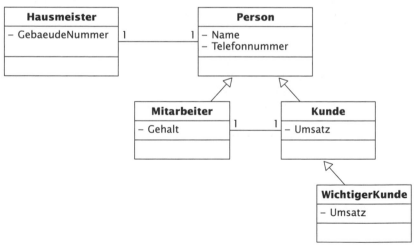

3 Algorithmik und Software-Technik – Aufwand von Algorithmen

- Erklären können, wie der Aufwand von Algorithmen berechnet wird und welche Einflussfaktoren zu berücksichtigen sind.
- Einfache Aufwandsberechnungen (Zeit- und Speicherkomplexität) für Algorithmen durchführen können.
- Die Ordnung einfacher Algorithmen berechnen können.

verstehen

anwenden

- Zum Verständnis dieses Kapitels sind Java-Programmierkenntnisse erforderlich, wie sie im Hauptkapitel 2 vermittelt werden.
- Das Kapitel 3.2 muss bekannt sein.

3.6 Aufwand von Algorithmen

3.6.1 Einführung und Überblick

Stehen zwei Programme zur Verfügung, die dieselbe Aufgabe erledigen, dann stellt sich die Frage, welches Programm »besser« ist. Unter »besser« kann man verschiedene Gütekriterien verstehen. Ein wichtiges Kriterium ist der Aufwand eines Algorithmus.

Wird ein Programm ausgeführt, dann benötigt es Speicher. Der **Speicheraufwand** setzt sich zusammen aus dem Speicherplatzbedarf für das gespeicherte Programm selbst sowie für die Daten.

Außerdem benötigt das Programm eine gewisse Zeit, bis es die Aufgabe erledigt hat. Dieser **Zeitaufwand** hängt im Allgemeinen von den Eingabewerten ab.

Der Aufwand eines Programms setzt sich also aus dem Speicheraufwand und dem Zeitaufwand zusammen (Abb. 3.6-1).

Abb. 3.6-1:
Kriterien für den
Aufwand eines
Programms

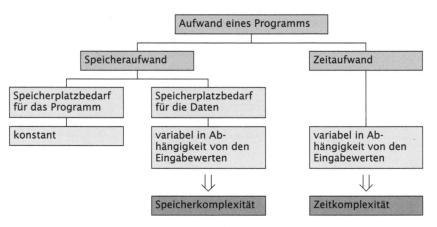

Die Abhängigkeit des Speicherplatzbedarfs von den Eingabewerten für Objekte bezeichnet man als **Speicherkomplexität**. Analog bezeichnet man den Zeitaufwand in Abhängigkeit von den Eingabewerten als **Zeitkomplexität**.

Ein optimales Programm besitzt dynamische Kürze, d.h., benötigt wenig Laufzeit, und statische Kürze, d.h., ist textuell ein kurzes Programm und benötigt während seiner Ausführung wenig Speicher. Um die Effizienz von Programmen beurteilen zu können, ist daher die Analyse des Zeit- und Speicheraufwands erforderlich.

In der Regel kommt es bei diesen Analysen auf die Ermittlung der Größenordnung an und nicht auf die detaillierte Berechnung bezogen auf eine bestimmte Hardwarekonfiguration, da die verglichenen Programme für eine Aufgabe sich häufig schon in der Größenordnung unterscheiden.

576

Vereinfachend wird daher oft angenommen, dass die Rechnerzeit für die Ausführung einer Operation die Zeit c benötigt. In der Realität benötigt eine Multiplikation natürlich wesentlich mehr Zeit als eine Addition.

c: Rechenzeit pro Operation

3.6.2 Beispiel einer Aufwandsberechnung: Mischen

Das folgende Beispiel soll zeigen, wie man systematisch durch **schrittweise Verfeinerung** *(stepwise refinement)* /Wirth 71/ und verbale Spezifikation einen Algorithmus entwickelt. Anschließend wird der Aufwand des Algorithmus analysiert.

☺ Die Firma ProfiSoft erhält den Auftrag, ein Programm zu entwickeln, das folgende Anforderungen erfüllt:

Beispiel 1a

Pflichtenheft

/1/ Ein Betrieb rationalisiert seine Personalverwaltung und fasst die Personaldateien aller Außen- und Zweigstellen zentral zusammen.

/2/ Die einzelnen sortierten Personaldateien sollen zu einer einzigen sortierten Personaldatei vereinigt werden.

/3/ Jede sortierte Personaldatei enthält maximal 500 Einträge.

Um zu einer Lösungsidee zu gelangen, abstrahieren die Mitarbeiter der Firma ProfiSoft zunächst von den zu mischenden Dateien. Sie stellen sich zwei Kartenstapel vor, wobei auf jeder Karte die Personaldaten eines Mitarbeiters aufgeführt sind. Jede Karte wird durch eine Personalnummer identifiziert. Aus zwei sortierten Kartenstapeln soll ein neuer sortierter Kartenstapel entstehen (Abb. 3.6-2).

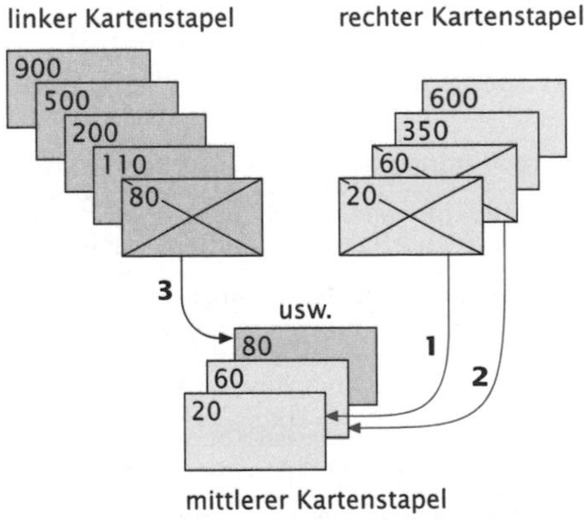

Die Mitarbeiter überlegen sich, wie man die beiden Stapel zu einem neuen sortierten Stapel mischen kann, und kommen zu folgender Lösungsidee:

Abb. 3.6-2: Sortieren von zwei Kartenstapeln

Lösungsidee

- Es werden die beiden jeweils obersten Karten des linken und rechten Stapels miteinander verglichen. Die Karte mit der kleineren Personalnummer wird auf den neuen mittleren Stapel gelegt. »Auf den Stapel legen« bedeutet, dass der mittlere Stapel umgekehrt sortiert ist wie der linke bzw. rechte Stapel.

- Mischt man den linken und rechten Stapel entsprechend der Lösungsidee zu einem neuen mittleren Stapel, dann bemerkt man, dass folgende *Zusicherung* **Z** nach jedem Mischschritt gilt:

Die Darstellung dieser Lösung erfolgt in Anlehnung an /Futschek 89, S. 6 ff./

z   **Z:** Die Karten der beiden ursprünglichen Stapel sind auf drei *sortierte* Kartenstapel verteilt:
- der *linke* Stapel enthält nur Karten aus dem ersten ursprünglichen Stapel;
- der *mittlere* Stapel enthält Karten aus beiden ursprünglichen Stapeln;
- der *rechte* Stapel enthält nur Karten aus dem zweiten ursprünglichen Stapel.

■ Am *Anfang* des Verfahrens liegt der erste ursprüngliche Stapel auf der linken Seite, der zweite auf der rechten Seite. Der mittlere Stapel ist leer.

■ Wird vereinbart, dass ein leerer Stapel als sortiert angesehen wird, dann gilt Z auch am Anfang.

■ Die Aufgabe ist *beendet,* wenn der linke und der rechte Stapel leer sind. Alle Karten befinden sich dann auf dem mittleren Stapel, der sortiert ist, weil **Z** gilt.

■ Damit das Verfahren terminiert, muss folgende Terminationsbedingung erfüllt sein:
In jedem Schritt wird mindestens eine Karte vom linken oder rechten Stapel zum mittleren Stapel hinzugefügt.

■ Für die Tatsache, dass die Karten des linken und rechten Stapels nicht aufwendig in den sortierten mittleren Stapel eingefügt werden müssen, sorgt folgende Zusicherung Z_1:

Z_1   **Z_1:** *Alle* Karten des mittleren Stapels sind kleiner (d.h., die jeweilige Personalnummer) als alle Karten des linken und alle Karten des rechten Stapels.

■ Diese Zusicherung bleibt erfüllt, wenn stets die Karte mit der kleinsten Personalnummer auf den mittleren Stapel gelegt wird.

abstrakte Problemlösung   Die *abstrakte Problemlösung* mit Zusicherungen zeigt Abb. 3.6-3 als Struktogramm.

Abb. 3.6-3: Abstrakte Problemlösung

Vorbedingung: es gibt zwei sortierte Kartenstapel
ein Stapel kommt auf die linke Seite, der andere auf die rechte Seite, der mittlere Stapel ist leer
Invarianten: es gelten Z und Z_1
linker oder rechter Stapel ist nicht leer
lege die kleinste Karte aus linkem und rechtem Stapel auf den mittleren Stapel
Invarianten: es gelten wieder Z und Z_1
Nachbedingung: alle Karten befinden sich im sortierten mittleren Stapel

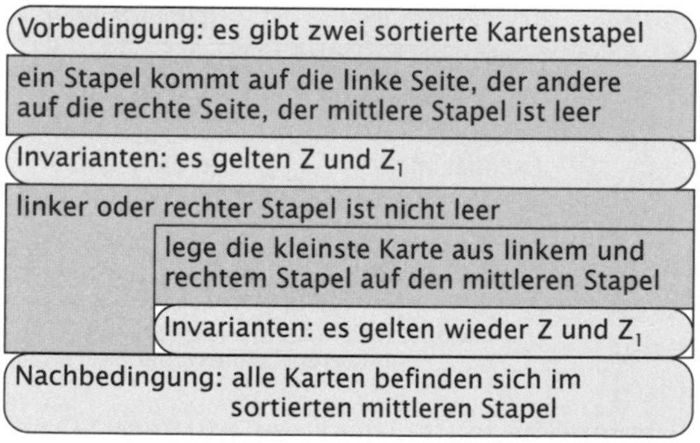

Bei der Analyse ihrer abstrakten Problemlösung stellen die Mitarbeiter von ProfiSoft folgende Optimierungsmöglichkeit fest:
Ist der linke *oder* der rechte Stapel leer, dann kann der gesamte nichtleere Reststapel auf den mittleren Stapel gelegt werden. Das Verfahren ist dann beendet.

1. Verfeinerung   Diese Optimierung führt zur *1. Verfeinerung* der abstrakten Problemlösung (Abb. 3.6-4).

Die Schleife wird schon dann beendet, wenn der linke *oder* der rechte Stapel leer geworden ist. Dann kann sofort der Reststapel auf den mittleren gelegt werden.

Verifiziert man diese 1. Verfeinerung, dann muss man zeigen, dass die Invarianten am Anfang des Verfahrens durch eine einfache Anweisung aus der Vorbedingung initialisiert werden.

Abb. 3.6-4:
1. Verfeinerung der Problemlösung

Vorbedingung: es gibt zwei sortierte Kartenstapel
ein Stapel kommt auf die linke Seite, der andere auf die rechte Seite, der mittlere Stapel ist leer
Invarianten: Z und Z_1
linker und rechter Stapel sind nicht leer
Invarianten: linker und rechter Stapel sind nicht leer und Z und Z_1
lege die kleinere der beiden obersten Karten des linken und rechten Stapels auf den mittleren Stapel
Invarianten: es gelten wieder Z und Z_1
lege den ganzen verbliebenen linken oder rechten Reststapel auf den mittleren Stapel
Nachbedingung: alle Karten befinden sich im sortierten mittleren Stapel

zur Verifikation

Die Invariante **Z** wird folgendermaßen initialisiert:

- Am *Anfang* werden die beiden gegebenen Stapel auf die linke und rechte Seite gelegt, der mittlere Stapel bleibt leer.

  Wenn eine Abbruchbedingung erfüllt ist, muss die Nachbedingung erfüllt sein. Die Nachbedingung ist ein Spezialfall der Invariante:

- Wenn sich alle Karten im mittleren Stapel befinden, ist das Verfahren *beendet* und die Nachbedingung ist erfüllt.

In der 2. Verfeinerung kann nun die Lösung direkt in Java beschrieben werden. Als Erstes muss entschieden werden, durch welche Datenstruktur die drei Stapel repräsentiert werden sollen. Um flexibler zu sein und den Algorithmus leicht wiederverwenden zu können, werden der linke und rechte Stapel in einem gemeinsamen Feld dargestellt (Abb. 3.6-5). Dadurch hat er dieselbe Länge wie Stapelmitte und könnte auch zur Speicherung des sortierten Stapels verwendet werden.

2. Verfeinerung

Wahl der Datenstruktur

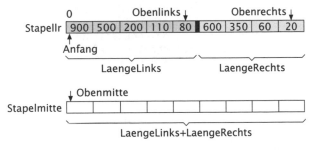

Abb. 3.6-5:
Wahl der geeigneten Datenstruktur

Die Indizes in der Abb. 3.6-5 haben folgende Bedeutung:
- *Obenlinks* ist der Index der obersten noch nicht bewegten Karte des linken Stapels.
- *Obenrechts* ist der Index der obersten noch nicht bewegten Karte des rechten Stapels.
- *Obenmitte* ist die nächste freie Position im mittleren Stapel.

Das Java-Programm sieht folgendermaßen aus:

```
/* Programmname: Mischen
* Fachkonzept-Klasse: Kartenmischer
* Aufgabe: Mischen von 2 sortierten Kartenstapeln
* zu einem sortierten Kartenstapel
*/
```

Klasse
Kartenmischer

```
public class Kartenmischer
{
        //Übergebene Parameter:
        //Stapellr fasst den linken und rechten Stapel (jeweils
        //sortiert) in einem Feld zusammen
        //LaengeLinks und LaengeRechts sind die jeweiligen
        //Stapellaengen
        public int[] Mischen(int[] Stapellr, int LaengeLinks,
            int LaengeRechts)
        {
            //Stapelmitte enthaelt den sortierten Stapel
            int[] Stapelmitte = new int[LaengeLinks + LaengeRechts];
            //Vorbedingung: Es gibt zwei sortierte Kartenstapel
            //Ein Stapel kommt auf die linke Seite, der andere auf
            //die rechte Seite; der mittlere Stapel ist leer
            //Achtung: In Java beginnt der Feldindex immer bei 0!
            int Anfang = 0;        //Aufwand: Initialisierung: 1c für =
            int Obenlinks = Anfang;
            //Aufwand: Initialisierung: 1c für =
            int Obenrechts = Anfang + LaengeLinks;
            //Aufwand: Initialisierung: 2c für = und +
            int Obenmitte = Anfang;
            //Aufwand: Initialisierung: 1c für =
            //Summe Initialisierung: 5c
            /*-------------------------------
            Z: Die Karten der beiden urspruenglichen Stapel sind auf
            3 sortierte Kartenstapel verteilt:
            Der linke Stapel enthält nur Karten aus dem
            1. (ursprünglichen) Stapel.
            Der mittlere Stapel enthält Karten aus beiden
            ursprünglichen Stapeln.
            Der rechte Stapel enthält nur Karten aus dem
            2. (ursprünglichen) Stapel.
            Z1: Alle Karten des mittleren Stapels sind kleiner als
            alle Karten des linken
            und alle Karten des rechten Stapels.
            -------------------------------------------*/

            while ((Obenlinks < LaengeLinks) &&
                (Obenrechts < LaengeLinks + LaengeRechts))
            //linker Stapel nicht leer und rechter Stapel nicht leer
            //und Z und Z1;Aufwand: Abfrage: 4c für <, &&, <, +
            {
                //Lege die kleinste der beiden obersten Karten des
                //linken und rechten Stapels auf den
                //mittleren Stapel
                    if(Stapellr[Obenlinks] < Stapellr[Obenrechts])
                //Aufwand: 3c für < und 2*Indexzugriff
```

580

```
        {
            Stapelmitte[Obenmitte] = Stapellr[Obenlinks];
                            //Aufwand 3c
            Obenlinks++; //Aufwand : 2c für = und +
        }
        else
        {
            Stapelmitte[Obenmitte] = Stapellr[Obenrechts];
                                    //Aufwand: 3c
            Obenrechts++; //Aufwand: 2c für = und +
        }
        Obenmitte++;        //Aufwand: 1c
        //Z und Z1
    }
    //Lege den ganzen verbleibenden linken oder rechten
    //Reststapel auf den mittleren Stapel
    if(Obenlinks < LaengeLinks) //Aufwand: 1c
    {
        for(int i = Obenlinks; i < LaengeLinks; i++)
                        //Aufwand: 3c für =, +1 und <
            {
            Stapelmitte[Obenmitte] = Stapellr[i];
                            //Aufwand: 3c
            Obenmitte++;    //Aufwand: 2c
        }
    }
    else
    {
        for(int i = Obenrechts; i < (LaengeLinks +
            LaengeRechts); i++)
        {
            Stapelmitte[Obenmitte] = Stapellr[i];
            Obenmitte++;
        }
    }
    //Nachbedingung: Alle Karten befinden sich im sortierten
    //mittleren Stapel
    return Stapelmitte;
    }
}
```

Die Abb. 3.6-6 zeigt die Benutzungsoberfläche für die Klasse Kartenmischer.

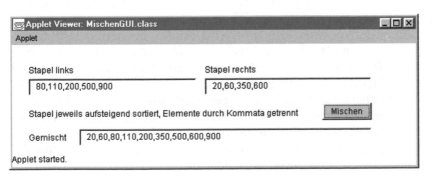

*Abb. 3.6-6:
Benutzungs-
oberfläche der
Klasse Karten-
mischer*

Zeitaufwand

Um den Zeitaufwand in Abhängigkeit von den Eingabewerten zu ermitteln, werden in einer Tabelle die einzelnen relevanten Anweisungen aufgeführt. Da der Zeitaufwand im Wesentlichen durch Anweisungen in Schleifen verursacht wird, reicht es, die Anweisungen in den Schleifen zu analysieren. Zu jeder aufgeführten Anweisung wird die Zeit ermittelt und festgestellt, wie häufig diese Anweisung ausgeführt wird. Um die Gesamtzeit zu ermitteln, müssen die einzelnen Zeiten mit den jeweiligen Häufigkeiten multipliziert und die entstehenden Produkte addiert werden.

Beispiel 1b

Bei dem Algorithmus Mischen müssen zwei Extremfälle unterschieden werden:

Häufigkeit 1:
Es liegen zwei gleichlange Teilstapel der Länge n/2 vor.
Häufigkeit 2:
Es liegt ein bereits sortierter Teilstapel der Länge n vor; der zweite Teilstapel ist leer.
Die Ergebnisse zeigt Tab. 3.6-1.

Tab. 3.6-1:
Aufwand für die
Anweisungen von
Mischen

Anweisungen	Zeit	Häufigkeit 1	Häufigkeit 2
Initialisierungen	5c	1	1
while-Schleife	4c	n	1
if (Stapellr...)	3c	(n–1) Vergleiche	0
then- oder else-Teil	6c	(n–1) Kopien	0
Obenmitte++	2c	(n–1)	0
// Reststapel kopieren			
if (Obenlinks ...)	c	1	1
then- oder else-Teil (Schleife)	7c	1 mal kopieren	n mal kopieren

Häufigkeit 1: $t_{max} = 5c + 4cn + 11c\,(n{-}1) + 8c =$ **2c +15cn**
Häufigkeit 2: $t_{min} = 5c + 4c + c + 7nc =$ **10c + 7cn**

Wissenswert ist oft die mittlere Ausführungszeit. Dazu müssen dann meist statistische Annahmen über die Eingabewerte gemacht werden.

Wie die Berechnung der beiden Extremfälle in Beispiel 1b zeigt, hängt die Ausführungszeit des Algorithmus *linear* mit der Länge der Teilstapel zusammen.

Der Umfang eines Problems wird durch eine ganze Zahl ausgedrückt, die ein Maß für die Größe der Eingabedaten ist.

Bei dem Algorithmus Mischen ist dies die Zahl **n**. Der Zeitaufwand eines Algorithmus wird in Abhängigkeit von dem Umfang des Problems ausgedrückt und als **Zeitkomplexität** des Algorithmus bezeichnet. Das Grenzverhalten der Komplexität, wenn der Umfang des Problems zunimmt, wird **asymptotische Zeitkomplexität** genannt. Dieses Verhalten bestimmt letztlich den Umfang eines Problems, der noch durch den Algorithmus gelöst werden kann.

asymptotische
Zeitkomplexität

Wenn ein Algorithmus Eingabedaten des Umfangs n verarbeitet und der Zeitaufwand linear, d.h., von der Form $f(n) = a + bn$ ist, dann besitzt der Algorithmus die **Ordnung n,** d.h., eine asymptotische Zeitkomplexität, die proportional **n** ist.

Ordnung

Die asymptotische Zeitkomplexität wird als Ordnung bezeichnet und durch ein **Groß-O** von f(n) ausgedrückt: **O(f(n))**. Die Zeit für die Ausführung wird niemals größer als **f(n).**

Hinweis: Zur Zeit- und Speicherkomplexität gibt es ausführliche Bücher.

Die Ordnung von Mischen ist $O(Mischen) = n$.

Die Zeitangaben waren bisher nur relativ, da keine Aussage über die Größe der Zeiteinheit c gemacht wurde. Die Ausführungszeiten sind von Prozessor zu Prozessor unterschiedlich. Als Anhaltspunkt kann jedoch gelten, dass c in der Größenordnung einmillionstel Sekunde liegt, d.h., in einer Sekunde können 1.000.000 Operationen ausgeführt werden. Es ist noch zu berücksichtigen, dass damit die reine CPU-Zeit und nicht die Programmlaufzeit gemeint ist.

siehe Literaturverzeichnis

Sollen zwei Stapel mit insgesamt n = 1.000.000 Karten verarbeitet werden, dann ergibt sich

Beispiel 1c

- $t_{max} = 2 * 10^{-6} + 15 * 10^{-6} * 10^6 \, s \approx 15 \, s.$
- $t_{min} = 10 * 10^{-6} + 7 * 10^{-6} * 10^6 \approx 7 \, s.$

Die folgende Tabelle zeigt, welcher Umfang eines Problems mit Algorithmen der Ordnung n maximal bearbeitet werden kann, wenn eine Sekunde, eine Minute oder eine Stunde an Rechnerzeit zur Verfügung steht ($c = 10^{-6}$ s) :

Zeitkomplexität	Maximaler Problemumfang		
	bei 1 Sekunde	bei 1 Minute	bei 1 Stunde
n	1.000.000	$6 * 10^7$	$3,6 * 10^9$

Charakteristisch für den Aufwand von Algorithmen ist, dass der Aufwand nicht null wird, wenn n = 0 ist, sondern dass immer ein konstanter Anteil übrigbleibt (z.B. Vorbereitung, Ausgabe).

Den Aufwand kann man nicht nur theoretisch berechnen – wenn auch meist nur für die Extremfälle und nicht für das mittlere Zeitverhalten – sondern auch praktisch messen.

Es gibt eine Reihe von *benchmark*-Applets, die feststellen können, wieviel Zeit Java-Operationen zur Ausführung benötigen.

Unter dem Begriff *benchmark* versteht man Bewertungsprogramme, die Computersysteme oder Programme nach festgelegten Kriterien vergleichen.

Den Zeitaufwand eines Algorithmus kann man auch empirisch ermitteln. In Java ist es möglich, die absolute Zeit zu messen. Ein entsprechendes Programm befindet sich auf der CD-ROM.

Neben dem Zeitaufwand ist nun noch der *Speicheraufwand* zu bestimmen.

Beispiel 1d   Das Programm Mischen benötigt für Objekte folgenden Speicher:
6 Speicherzellen für einfache Attribute (LaengeLinks, LaengeRechts, Anfang, Obenlinks, Obenrechts, Obenmitte).
2 * n Speicherzellen für die Stapel StapelIr und Stapelmitte.

Speicher-   Ähnlich wie beim Zeitaufwand wird das Speicherverhalten eines
komplexität   Algorithmus durch die **Speicherkomplexität** gekennzeichnet. Der Speicheraufwand von Mischen wächst proportional **n**, da der Platzbedarf linear von der Länge der Stapel abhängt. Die asymptotische Speicherkomplexität hat daher die Ordnung **n**.

3.6.3 Beispiel einer Aufwandsberechnung mit Aufruf von Operationen: Mischsortieren

Beispiel 2a   Die Firma ProfiSoft erhält den Auftrag, ein Programm zu entwickeln, das folgende Anforderungen erfüllt:
Pflichtenheft
/1/ Eine Personaldatei soll sortiert werden.
/2/ Jeder Mitarbeiter besitzt eine Personalnummer.
/3/ Die Personaldatei enthält maximal 1000 Einträge.
Um zu einer Lösungsidee zu gelangen, abstrahieren die Mitarbeiter der Firma ProfiSoft auch hier von der konkreten Aufgabenstellung: Es liegt ein Stapel unsortierter Karten vor, der zu sortieren ist.

Lösungsidee   Denkt man an die Wiederverwendung des bereits vorhandenen Algorithmus Mischen, dann kommt man auf die Lösungsidee der Abb. 3.6-7.

Abb. 3.6-7: Sortieren durch Mischen: Lösungsidee

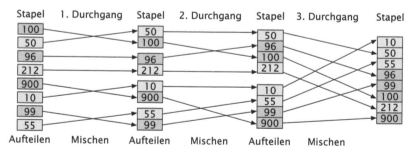

Der Kartenstapel aus **n Karten** wird gedanklich in **n Kartenstapel**, bestehend aus jeweils einer Karte, aufgeteilt. Ein Stapel, der aus einer Karte besteht, ist trivialerweise sortiert. Jeweils zwei dieser sortierten Stapel werden unter Anwendung des bereits vorhandenen Algorithmus Mischen sortiert. Es entstehen n/2 sortierte Kartenstapel mit jeweils zwei Karten, falls n gerade ist. Mischt man nun wieder jeweils zwei Kartenstapel mit zwei Karten, dann erhält man n/4 sortierte Kartenstapel mit jeweils vier Karten. Bei jedem Durchlauf wird die Anzahl der Stapel verringert, bis nur noch ein sortierter Stapel übrig bleibt.

584

Aus dieser Lösungsidee ergibt sich folgende Invariante Z: **Z**
- Es werden stets *mehrere* Stapel betrachtet, die aus den Karten des gegebenen Stapels gebildet werden. *Jeder* dieser Stapel ist *sortiert*.
- Die Vorbedingung lautet:
  Jeder Stapel besteht aus einer einzigen Karte.
- Die Nachbedingung lautet:
  Es liegt ein einziger sortierter Stapel vor.   *abstrakte Problemlösung*

Die abstrakte Problemstellung zeigt Abb. 3.6-8 als Struktogramm.

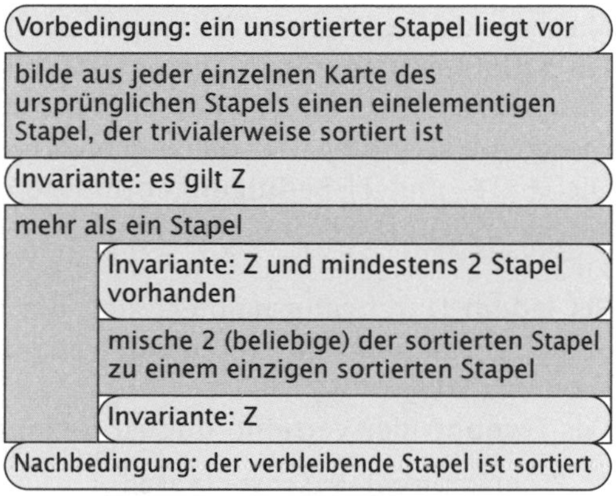

Für die erste Verfeinerung müssen folgende Punkte geklärt werden:

1 Wie werden die zu sotierenden Daten repräsentiert?

2 Ist der Algorithmus Mischen allgemein genug, um ihn als Teilalgorithmus aufzurufen?

3 Wie muss die abstrakte Problemlösung modifiziert werden,

Abb. 3.6-8: Abstrakte Problemlösung von Sortieren

```
Vorbedingung: ein unsortierter Stapel liegt vor
bilde aus jeder einzelnen Karte des
ursprünglichen Stapels einen einelementigen
Stapel, der trivialerweise sortiert ist
Invariante: es gilt Z
mehr als ein Stapel
    Invariante: Z und mindestens 2 Stapel
    vorhanden
    mische 2 (beliebige) der sortierten Stapel
    zu einem einzigen sortierten Stapel
    Invariante: Z
Nachbedingung: der verbleibende Stapel ist sortiert
```

um folgende Sonderfälle geeignet zu berücksichtigen:

a Der letzte Kartenstapel hat *nicht* die gleiche Länge wie die vorhergehenden.

b Für den letzten Kartenstapel existiert kein Partner.

zu **1**

Wie die Abb. 3.6-7 schon nahelegt, wird der zu sortierende Kartenstapel sinnvollerweise als Feld dargestellt:

```
int[] AStapel;
int[] BStapel;
```

Abb. 3.6-7 zeigt, dass zwei Felder für das Sortieren benötigt werden, im Folgenden AStapel (Startstapel) und BStapel genannt.

Nach jedem Durchgang müssen Start- und Zielstapel gewechselt werden: `boolean AnachB = true; //Richtung des Mischens`

zu **2**

Anders als beim bisherigen Algorithmus Mischen ist der Mischanfang nur beim ersten Mischen bei der Position 0 (Abb. 3.6-9).

Die Operationsschnittstelle von Mischen muss daher folgendermaßen aussehen:

```
public void Mischen
   (int[] StapelIr, int[] Stapelmitte, int Anfang,
   int LaengeLinks, int LaengeRechts)
```

Abb. 3.6-9:
Erster Misch-
durchgang

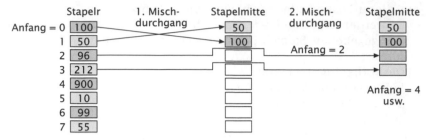

Mischen der sortierten Teilstapel aus Stapellr nach Stapelmitte. Ein Teilstapel beginnt in Stapellr ab Anfang und besitzt die Länge LaengeLinks. Der andere Teilstapel beginnt in Stapellr ab (Anfang + LaengeLinks) und besitzt die Länge LaengeRechts.

Die while- und if-Bedingungen müssen daher noch um die Größe Anfang erweitert werden.

zu **3**

Bei jedem Durchgang halbiert sich die Anzahl der zu mischenden Stapel. Die Sonderfälle treten auf, wenn die Kartenanzahl keine Zwei-erpotenz ist.

Das Ergebnis der Verfeinerung ist folgendes Java-Programm:

```
/* Programmname: Mischsortieren
* Fachkonzept-Klasse: Kartensortierer
* Aufgabe: Zwei-Wege-Mischsortieren eines unsortierten Stapels
*/
```

Klasse
Kartensortierer

```
public class Kartensortierer
{
    //Übergebene Parameter: StapelA: unsortierter Stapel der
    //Länge Laenge
    public int[] Sortieren(int[] AStapel, int Laenge)
    {
        int[] BStapel; //2. Stapel
        BStapel = new int[Laenge];
        //Länge des 1. zu sortierenden Teilstapels
        //Zu Beginn = 1 (eine Karte = sortierter Stapel)
        int Laenge1 = 1;
        //Länge des 2. zu sortierenden Teilstapels
        //Zu Beginn = 1 (eine Karte = sortierter Stapel)
        int Laenge2 = 1;
        //Schleifendurchlaufzähler
        int DS1 = 1; int DS2 = 1;
        //1. Kartenposition des 1. zu sortierenden
        Teilstapels
        int Anfang = 0;
        //Länge der zu sortierenden Teilstapel
        int Sortlaenge = 1;
        //L ist immer = (Anfang-1), dient zur Berechnung der
        //Sonderfaelle
        int L;
```

```
//Richtung des Mischens (von A nach B oder umgekehrt)
boolean AnachB = true;
//Aufteilung eines Stapels der Länge n in n Stapel der
//Länge 1
//Beim Initialisieren der Variablen bereits erfolgt!
//Anfang Schleife 1 -------------------------------------
while (Laenge1 <= Laenge) //Aufwand: c
{
    System.out.println("Durchlauf Schleife1: " + DS1);
    //Testausgabe
    //Bei jedem vollständigen Mischen des Stapels verdoppelt
    //sich die Länge der sortierten Teilstapel
    Sortlaenge = Sortlaenge * 2; //Aufwand: 2c
    L = 0; //Aufwand: c
    Anfang = 0; //Aufwand: c
    //Mischdurchlauf aller Teilstapel des Stapels
    //Anfang Schleife 2 -----------------------------------
    while (Anfang < Laenge) //Aufwand: c
    {
        System.out.println(" Durchlauf Schleife2: " + DS2);
        //Testausgabe
        //Sonderfälle, wenn Stapellänge keine Zweierpotenz ist
        if ((Anfang + Sortlaenge) > (Laenge)) //Aufwand: 2c
        {
            if ((Laenge - L) > (Sortlaenge / 2)) //Aufwand: 3c
            {   Laenge1 = Sortlaenge / 2; //Aufwand: 2c
                Laenge2 = Laenge - L - Laenge1;   //Aufwand: 3c
            }
            else
            {   Laenge1 = Laenge - L;            //Aufwand: 2c
                Laenge2 = 0;                     //Aufwand: 1c
            }
        }
        //Mischen der sortierten Teilfolgen
        if (AnachB) //Von Stapel A nach Stapel B, Aufwand: 1c
        { Mischen(AStapel, BStapel, Anfang, Laenge1, Laenge2);
            for (int i = 0; i < Laenge; i++) //Testausgabe
                System.out.print(BStapel[i]+" ");
            System.out.println();
        }
        else      //Von Stapel B nach Stapel A
        { Mischen(BStapel, AStapel, Anfang, Laenge1, Laenge2);
            for (int i = 0; i < Laenge; i++) //Testausgabe
                System.out.print(AStapel[i]+" ");
            System.out.println();
        }
        L = L + Sortlaenge;          //Aufwand: 2c
        //Der Anfang der nächsten Teilfolge liegt um die
        //aktuelle Teilfolgenlänge hoeher
        Anfang = Anfang + Sortlaenge; //Aufwand: 2c
        DS2++; //Test
    } //Ende Schleife 2 ----------------------------
        //Nach einem vollständigen Mischdurchlauf durch den
        //Stapel ist entweder StapelA nach StapelB oder StapelB
        //nach StapelA gemischt worden, so dass im nächsten
```

```
                    //Durchlauf Quelle und Ziel vertauscht werden müssen.
                    //Die Länge der Teilfolgen verdoppelt sich.
                    AnachB = !AnachB;       //Aufwand: 2c
                    Laenge1 = Sortlaenge; //Aufwand: 1c
                    Laenge2 = Sortlaenge; //Aufwand: 1c
                    DS1++; //Test
           } //Ende Schleife 1 --------------------------------
       return BStapel;
   }//Ende Sortieren
   //Teilalgorithmus Mischen
   private void Mischen(int[] Stapellr, int[] Stapelmitte,
       int Anfang, int LaengeLinks, int LaengeRechts)
   //Mischen der sortierten Teilstapel aus Stapellr nach
   //Stapelmitte//Ein Teilstapel beginnt in Stapellr ab Anfang
   //und besitzt die Länge LaengeLinks. Der andere Teilstapel
   //beginnt in Stapellr ab (Anfang+LaengeLinks)
   //und besitzt die Länge LaengeRechts
   //
   //Übergebene Parameter:
   //Stapellr fasst den linken und rechten Stapel (jeweils
   //sortiert) in einem Feld zusammen
   //LaengeLinks und LaengeRechts sind die jeweiligen
   //Stapellängen
   {
       //Vorbedingung: Es gibt zwei sortierte Kartenstapel
       //Ein Stapel kommt auf die linke Seite, der andere auf
       //die rechte Seite//der mittlere Stapel ist leer
       int Obenlinks = Anfang;
       int Obenrechts = Anfang + LaengeLinks;
       int Obenmitte = Anfang;
       /*-------------------------------------------
       Z: Die Karten der beiden urspruenglichen Stapel sind auf
       3 sortierte Kartenstapel verteilt:
       Der linke Stapel enthält nur Karten aus dem
       1. (ursprünglichen) Stapel.
       Der  mittlere  Stapel  enthält  Karten  aus  beiden
       ursprünglichen Stapeln.
       Der rechte Stapel enthält nur Karten aus dem
       2. (ursprünglichen) Stapel.
       Z1: Alle Karten des mittleren Stapels sind kleiner als
       alle Karten des linken
       und alle Karten des rechten Stapels.
       ------------------------------------------------*/
       while ((Obenlinks < (Anfang + LaengeLinks)) &&
           (Obenrechts < (Anfang + LaengeLinks + LaengeRechts)))
       //linker Stapel nicht leer und rechter Stapel nicht leer
       //und Z und Z1
       { //Lege die kleinste der beiden obersten Karten des
           //linken und rechten Stapels auf den mittleren Stapel
           if(Stapellr[Obenlinks] < Stapellr[Obenrechts])
           { Stapelmitte[Obenmitte] = Stapellr[Obenlinks];
             Obenlinks++;
```

```
        }
        else
        { Stapelmitte[Obenmitte] = Stapellr[Obenrechts];
          Obenrechts++;
        }
        Obenmitte++;
        //Z und Z1
      }
      //Lege den ganzen verbleibenden linken oder rechten
      //Reststapel auf den mittleren Stapel
      if(Obenlinks < (Anfang + LaengeLinks))
      { for(int i = Obenlinks; i < (Anfang + LaengeLinks); i++)
        { Stapelmitte[Obenmitte] = Stapellr[i];
          Obenmitte++;
        }
      }
      else
      { for(int i = Obenrechts; i < (Anfang + LaengeLinks +
          LaengeRechts); i++)
        { Stapelmitte[Obenmitte] = Stapellr[i];
          Obenmitte++;
        }
      }
      //Nachbedingung: Alle Karten befinden sich im sortierten
      //mittleren Stapel
  }//Ende Mischen
}//Ende Kartensortierer
```

Die Benutzungsoberfläche für das Programm zeigt Abb. 3.6-10.

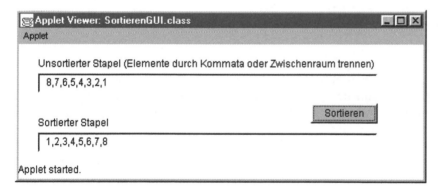

Abb. 3.6-10:
Benutzungs-
oberfläche für
das Programm
Mischsortieren

Die ins Programm integrierten Testausgaben ergeben für den Stapel aus Abb. 3.6-10 folgende Ausgaben:

```
Durchlauf Schleife1: 1          Durchlauf Schleife2:
   Durchlauf Schleife2:            5 5 6 7 8 4 3 2 1
   1 7 8 0 0 0 0 0              Durchlauf Schleife2:
   Durchlauf Schleife2:            6 5 6 7 8 1 2 3 4
   2 7 8 5 6 0 0 0           Durchlauf Schleife1: 3
   Durchlauf Schleife2:          Durchlauf Schleife2:
   3 7 8 5 6 3 4 0 0            7 1 2 3 4 5 6 7 8
   Durchlauf Schleife2:       Durchlauf Schleife1: 4
   4 7 8 5 6 3 4 1 2            Durchlauf Schleife2:
Durchlauf Schleife1: 2            8 1 2 3 4 5 6 7 8
```

Zur Ermittlung des asymptotischen Zeitaufwands von Mischsortieren reicht es aus, die Schleifen näher zu betrachten (Tab. 3.6-2).

Tab. 3.6-2:
Aufwand für die
Anweisungen von
Mischsortieren

Anweisungen	Zeit	Häufigkeit Schleife2	Häufigkeit Schleife1
Schleife1			
while (Laenge1 <= Laenge)	c	-	$\log_2 n$
Sortlaenge = Sortlaenge * 2	2 c	-	$\log_2 n$
L = 0; Anfang = 0	2 c	-	$\log_2 n$
Schleife2			
while (Anfang <= Laenge)	c	n	$\log_2 n$
Sonderfälle: **if** ...	10 c	n	$\log_2 n$
if AnachB	c	n	$\log_2 n$
Mischen		14 c n	$\log_2 n$
L = L + ...; Anfang =...	4 c	n	$\log_2 n$
Schleife1			
AnachB=...; Laenge1=...	4 c	-	$\log_2 n$

Es ist wichtig zu wissen, wie häufig die Anweisungen durchlaufen werden. Dazu muss man wissen, wie viele Mischvorgänge in Abhängigkeit von der Länge des Stapels notwendig sind, um einen sortierten Stapel zu erhalten und wie oft dabei die Operation Mischen aufgerufen wird.

Betrachtet wird dazu folgendes Beispiel mit einem Kartenstapel der Länge n = 8 (Tab. 3.6-3).

Tab. 3.6-3:
Anzahl der
Mischvorgänge

Durchgang	Anzahl der paar-weise zu mischen-den Teilfolgen	Anzahl der Mischvorgänge	Anzahl der zu mischenden Elemente
1	4 d.h., n/2	4	2
2	2 d.h., $n/4 = n/2^2$	2	4
3	1 d.h., $n/8 = n/2^3$	1	8

Bei n = 16 sind dann offenbar 4 Durchgänge und zusätzlich 8 Mischvorgänge erforderlich.

Wenn das 2-Wege-Mischen nach k Durchgängen zum Ziel führt, d.h., nach k Durchgängen nur noch ein zu mischendes Stapelpaar vorliegt, dann gilt:

$$\frac{n}{2^k} = 1 \text{ oder } n = 2^k \text{ oder } k = \log_2 n$$

Mit $\log_2$ wird der Zweierlogarithmus oder Logarithmus zur Basis 2 bezeichnet (oft wird statt $\log_2$ auch ld verwendet). Der Zweierlogarithmus von n ist der Exponent k, mit dem man die Zahl 2 potenzieren muss, um den Wert n zu erhalten.

Die äußere Schleife 1 wird daher $\log_2$ n mal durchlaufen, wenn man konstante Teile vernachlässigt.

In jedem Durchgang ist das Produkt aus der »Anzahl der Mischvorgänge« und der »Anzahl der zu mischenden Elemente« gleich der »Gesamtkartenanzahl n« (4*2 = 8, 2*4 = 8, 1*8 = 8).

Da die asymptotische Zeitkomplexität der Operation Mischen proportional der Anzahl der zu mischenden Karten ist, ergibt sich für den 1. Durchgang ein Aufwand von 4*2 = 8, d.h., 4 mal Aufruf von Mischen mit der Elementanzahl 2, für den 2. Durchgang 2*4 = 8, d.h., 2 mal Aufruf von Mischen mit der Elementanzahl 4 usw. Für jeden Durchgang ist der Zeitaufwand des Mischvorgangs daher proportional der Gesamtelementanzahl n. Da es insgesamt $\log_2$ n Durchgänge gibt, erhält man als Gesamtaufwand für das 2-Wege-Mischsortieren eine **Ordnung (Zwei-Wege-Mischsortieren) = n $\log_2$ n.**

Entsprechend obiger Tabelle ergibt sich folgender Zeitaufwand:
t = 16c $\log_2$ n + 23cn $\log_2$ n

Ist n keine Zweierpotenz, dann wird auf die nächstliegende aufgerundet.

Mit Algorithmen der Ordnung n $\log_2$ n lässt sich folgender Problemumfang lösen (c = 10^{-6} sec):

Zeitkomplexität	Maximaler Problemumfang		
	bei 1 Sekunde	bei 1 Minute	bei 1 Stunde
n $\log_2$ n	62.746	$12,8 * 10^6$	$1,31 * 10^8$

3.6.4 Beispiel einer Aufwandsberechnung bei rekursiven Programmen: Türme von Hanoi

Hinweis: Bevor Sie diesen Abschnitt lesen, sollten Sie auf der CD-ROM die Türme von Hanoi durcharbeiten und versuchen, den Aufwand zu bestimmen.

Abb. 3.6-11:
Die Türme von
Hanoi

Nach einer alten Legende standen einmal drei goldene Säulen vor einem Tempel in Hanoi. Auf einer Säule befanden sich 100 Scheiben, jedes Mal eine kleinere auf einer größeren Scheibe (in Abb. 3.6-11 für 3 Scheiben gezeichnet).

Ein alter Mönch bekam die Aufgabe, den Scheibenturm von Säule 1 nach Säule 2 unter folgenden Bedingungen zu transportieren:

Säule 1   Säule 2   Säule 3

- Es darf jeweils nur die oberste Scheibe von einem Turm genommen werden.
- Es darf niemals eine größere Scheibe auf einer kleineren liegen.

Wenn der Mönch seine Arbeit erledigt habe, so berichtet die Legende weiter, dann werde das Ende der Welt kommen.

Belastet mit dieser schweren Aufgabe setzte sich der alte Mönch in seinen Tempel und meditierte. Schon bald sah er ein, dass er zur Erledigung seiner Aufgabe auch Säule 3 benötigt.

Er dachte und meditierte weiter, bis ihm die göttliche Erleuchtung kam. Die Aufgabe konnte in 3 Schritten gelöst werden:

Schritt 1: Transportiere den Turm, bestehend aus den oberen 99 Scheiben von Säule 1 nach Säule 3.

Schritt 2: Transportiere die letzte, größte Scheibe von Säule 1 nach Säule 2.

Schritt 3: Transportiere zum Schluss den Turm von 99 Scheiben von Säule 3 nach Säule 2.

Da der Mönch schon sehr alt war, sah er ein, dass der 1. Schritt für ihn wohl doch zu viel Arbeit bedeutete. Er entschloss sich daher, diesen Schritt von seinem ältesten Schüler ausführen zu lassen. Wenn dieser mit seiner Arbeit fertig wäre, würde der alte Mönch selbst die große Scheibe von Säule 1 nach Säule 2 tragen, und dann würde er die Dienste seines ältesten Schülers nochmals in Anspruch nehmen.

Damit aber auch der älteste Lehrling des alten Mönchs keine zu schwere Arbeit zu verrichten habe, schlug der alte Mönch folgenden Algorithmus an die Tempeltür:

Vorgehensweise, um einen Turm von n Scheiben von der einen nach der anderen Säule zu transportieren unter Verwendung einer dritten Säule:

- Besteht der Turm aus mehr als einer Scheibe, dann beauftrage deinen ältesten Lehrling, einen Turm von n-1 Scheiben von der ersten Säule nach der dritten Säule unter Verwendung der zweiten Säule zu transportieren;
- trage dann selbst eine Scheibe von der ersten nach der zweiten Säule;

592

- besteht der Turm aus mehr als einer Scheibe, dann bitte wiederum
  deinen ältesten Lehrling, einen Turm von n-1 Scheiben von der
  dritten Säule nach der zweiten Säule unter Verwendung der ersten
  Säule zu transportieren.

In Java formuliert sieht der Algorithmus folgendermaßen aus:

```
public void Transport(int N, Stack Turm1, Stack Turm2,
    Stack Turm3)
{
    if (N > 1)
        Transport(N-1, Turm1, Turm3, Turm2); //rekursiver Aufruf
        SchleppeScheibe(Turm1, Turm2);
    if (N > 1)
        Transport(N-1, Turm3,Turm2, Turm1); //rekursiver Aufruf
        repaint();
}
public void SchleppeScheibe(Stack Turm1, Stack Turm2)
{
    Turm2.push((Scheibe)(Turm1.pop()));
    paint(getGraphics());
    delay();
}
```

Interessant an dem Algorithmus ist, dass in ihm *keine* Zuweisung
auftritt.

Die Darstellung der Abarbeitung des Algorithmus zeigt die dynamische Aufrufverschachtelung und die Aktionen, die in jedem Aufruf
vorgenommen werden (Abb. 3.6-12). Für einen Turm mit 3 Scheiben
ergibt sich folgende Ausführungsfolge:

```
Transport(3, Turm1, Turm2, Turm3); // 1. Aufruf
{
  if Auswahltest (3 > 1) Transport(3-1, Turm1, Turm3, Turm2);
  { // 2. Aufruf
    if Auswahltest (2 > 1) Transport(2-1, Turm1, Turm2, Turm3);
    { // 3. Aufruf
      if Auswahltest (1 > 1) Bedingung nicht erfüllt
      Ausdruck: Schleppe Scheibe1 von Turm1 nach Turm2;
      if Auswahltest (1 > 1)  Bedingung nicht erfüllt
    } // 3. Aufruf
    Ausdruck: Schleppe Scheibe2 von Turm1 nach Turm3;
    if Auswahltest (2 > 1) Transport(2-1, Turm2, Turm3, Turm1);
    { // 4. Aufruf
      if Auswahltest (1 > 1) Bedingung nicht erfüllt
      Ausdruck: Schleppe Scheibe1 von Turm2 nach Turm3;
      if Auswahltest (1 > 1) Bedingung nicht erfüllt
    } // 4. Aufruf
  } // 2. Aufruf
  Ausdruck: Schleppe Scheibe3 von Turm1 nach Turm2;
  if Auswahltest (3 > 1) Transport(3-1, Turm3, Turm2, Turm1);
  { // 5. Aufruf
    if Auswahltest (2 > 1) Transport(2-1, Turm3, Turm1, Turm2);
```

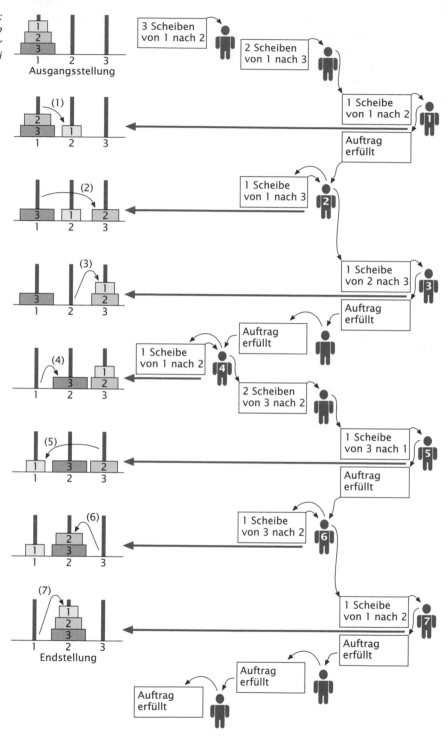

Abb. 3.6-12:
Delegationsprinzip
am Beispiel der
Türme von Hanoi

```
  { // 6. Aufruf
    if Auswahltest (1 > 1) Bedingung nicht erfüllt
    Ausdruck: Schleppe Scheibe1 von Turm3 nach Turm1;
    if Auswahltest (1 > 1) Bedingung nicht erfüllt
  } // 6. Aufruf
  Ausdruck: Schleppe Scheibe2 von Turm3 nach Turm2;
  if Auswahltest (2 > 1) Transport(2-1, Turm1, Turm2, Turm3);
  { // 7. Aufruf
    if Auswahltest (1 > 1) Bedingung nicht erfüllt
    Ausdruck: Schleppe Scheibe1 von Turm1 nach Turm2;
    if Auswahltest (1 > 1) Bedingung nicht erfüllt
  } // 7. Aufruf
 } // 5. Aufruf
} // 1. Aufruf
```

Obwohl die Problemlösung statisch sehr kurz und elegant ist, ergibt sich doch eine dynamische Komplexität bei der Ausführung. Folgende Fragen sollen beantwortet werden: *Fragen*

a Wie viele Mönche werden in Abhängigkeit von der Anzahl der Scheiben n bei der Arbeit eingeschaltet, bevor die erste Scheibe geschleppt wird?

b Wie sieht die Arbeit des i-ten Mönches aus?

c Welcher Mönch verrichtet die meiste Arbeit, welcher die geringste?

d Wodurch ist die dynamische Endlichkeit des Algorithmus sichergestellt?

e Wie groß ist der Speicher- und Zeitaufwand des Algorithmus?

f Wie lange dauert es, bis die Arbeit an den Türmen von Hanoi beendet ist, wenn in jeder Sekunde eine Scheibe transportiert wird? Hat die Legende recht?

zu **a**: Für die Arbeit werden insgesamt n Mönche benötigt. Bevor eine Scheibe geschleppt wird, werden alle n Mönche eingeschaltet. Jeder Mönch reduziert das Problem um 1 Scheibe und delegiert das reduzierte Problem.   *Anzahl benötigter Mönche*

zu **b**: Der i-te Mönch muss die $(n - i + 1)$-te Scheibe 2^{i-1} mal schleppen.   *Arbeit des i-ten Mönchs*

zu **c**: Der jüngste Mönch verrichtet die meiste Arbeit (2^{n-1} mal die kleinste Scheibe schleppen), der älteste Mönch muss nur 1 Scheibe schleppen.   *meiste Arbeit*

zu **d**: Termination ist gegeben, da bei jedem Aufruf die Scheibenzahl um 1 vermindert wird und bei der Scheibenzahl 1 keine Aufrufe mehr erfolgen.   *Termination*

zu **e**: Da jeder Mönch 2^{i-1} mal eine Scheibe schleppt, transportieren alle Mönche zusammen   *Zeitaufwand*

$$\sum_{i=1}^{n} 2^{i-1} = 2^n - 1 \text{ Scheiben}$$

Dieser Aufwand ist auch proportional dem Zeitaufwand des Algorithmus, da der Aufruf `SchleppeScheibe(Turm1, Turm2);`
mit der Anzahl der Aufrufe übereinstimmt.
Als Ordnung ergibt sich **O(Türme von Hanoi) = 2^n**.

Der maximale Problemumfang, der mit einem solchen Algorithmus bewältigt werden kann, beträgt ($c = 10^{-6}$ s):

Zeitkomplexität	Maximaler Problemumfang		
	bei 1 Sekunde	bei 1 Minute	bei 1 Stunde
2^n	19	25	31

Der Speicheraufwand ist proportional n, da zu jedem Zeitpunkt maximal n Aufrufe aktiv sind.

Hat die Legende recht? zu **f**: Um 100 Scheiben von Säule 1 nach Säule 2 zu bringen, müssen $2^{100}-1$ Scheiben transportiert werden.
Das ergibt: $2^{100}-1 \approx 1{,}2676 * 10^{30}$. Wird zum Transport einer Scheibe 1 Sekunde benötigt, dann ist der Turm in $\approx 10^{30}$ Sekunden $\approx 4 * 10^{22}$ Jahren von Säule 1 nach Säule 2 transportiert. Die Prophezeiung der Legende kann also durchaus in Erfüllung gehen.

3.6.5 Beispiel einer Aufwandsabschätzung: Berechnung von π

Eine Aufwandsabschätzung sollte generell bereits vor einer konkreten Problemlösung erfolgen.

Es kann sich nämlich herausstellen, dass zur Lösung eines Problems ein völlig unzureichendes Verfahren gewählt wurde, das mit vertretbarem Aufwand nicht ausgeführt werden kann. Es muss dann versucht werden, ein anderes, besseres Verfahren zu finden. Ein Beispiel dafür stellt die Berechnung von π dar.

Beispiel Um π algorithmisch zu berechnen, gibt es verschiedene Möglichkeiten. $\pi/4$ kann mit der Leibnizschen Reihe berechnet werden:

$$\frac{\pi}{4} = arctan\ 1 = \sum_{n=1}^{\infty} (-1)^{n-1} \frac{1}{2n-1} = 1 - \frac{1}{3} + \frac{1}{5} - \frac{1}{7} + - \ldots$$

Wird beispielsweise eine Genauigkeit von 12 Stellen gefordert, dann muss die Leibnizsche Reihe soweit summiert werden, bis das erste vernachlässigte Glied betragsmäßig kleiner als $5 * 10^{-13}$ ist. Dann ist auch der Fehler, der durch das Abbrechen der Reihe entsteht, kleiner als $5 * 10^{-13}$. Um diese Forderung zu erfüllen, muss gelten:

$$\frac{1}{2n-1} < 5 * 10^{-13}$$

Löst man diese Ungleichung nach n auf, dann erhält man die Anzahl der Glieder, die berechnet werden müssen:

$$\frac{1}{2n-1} < \frac{5}{10^{13}} , 10^{13} < 5(2n-1); 10^{13} < 10n-5, \frac{10^{13}+5}{10} < n; 10^{12}+0,5 > n$$

Es müssen also $n = 10^{12} + 1$ Glieder berechnet werden. Geht man davon aus, dass für die Berechnung eines Gliedes ungefähr 5 Operationen nötig sind und $c = 10^{-6}$ s ist, dann werden für $n = 10^{12}$ Glieder $t = 5 * 10^{-6} * 10^{12}$ sec $= 5 * 10^{6}$ sec benötigt, das sind immerhin über 57 Tage.

Dieses Beispiel zeigt sehr drastisch, dass nicht jedes algorithmische Verfahren für die Praxis brauchbar ist. Die Leibnizsche Reihe ist also für die genaue Berechnung von π unbrauchbar.

Ein effektiveres algorithmisches Verfahren zur Berechnung von π erhält man durch Anwendung des Additionstheorems:

$$arctan x + arctan y = arctan \frac{x + y}{1 - xy}$$

Eine Umformung führt zu folgender Formel:

$$\frac{\pi}{4} = 4 \sum_{n=1}^{\infty} \frac{(-1)^{n-1}}{(2n-1)5^{2n-1}} - \sum_{n=1}^{\infty} \frac{(-1)^{n-1}}{(2n-1)239^{2n-1}}$$

$$\frac{\pi}{4} = 4(\frac{1}{5} - \frac{1}{3*5^3} + \frac{1}{5*5^5} - + ...) - (\frac{1}{239} - \frac{1}{3*239^3} + - ...$$

Um π mit dieser Formel auf 12 Stellen genau zu berechnen, muss die 1. Summe bis zum 8. Glied berechnet werden, da das 9. Glied bereits vernachlässigt werden kann.

$$\frac{4}{(2*9-1)*5^{2*9-1}} = \frac{4}{17*5^{17}} = 3,08 * 10^{-13}$$

Bei der 2. Summe muss bis zum 3. Glied gerechnet werden, da das 4. Glied bereits $< 5*10^{-13}$ ist:

$$\frac{1}{(2*4-1)*239^{2*4-1}} = \frac{1}{7*239^7} = 3,20 * 10^{-18}$$

Unter der Annahme, dass für jedes Glied 10 Operationen notwendig sind, erhält man bei $c = 10^{-6}$ s und $n = 8 + 3 = 11$ Gliedern eine Ausführungszeit von $t = 10 * 10^{-6} * 11$ s $\approx 10^{-4}$ s, d.h., die Rechnung ist in 1/10000 Sekunde beendet.

Wie man sieht, unterscheidet sich der Aufwand von beiden Verfahren um 10 Zehnerpotenzen!

Ist der Radius r und die Fläche A eines Kreises gegeben, dann ergibt das Verhältnis A/r^2 eine Zahl, die unabhängig von der Größe des gewählten Kreises ist. Diese Zahl wird π genannt; $\pi = 3,14....$ Der Wert von π ist heute mit großer Genauigkeit bekannt (mehr als 500.000 Stellen). Dies war jedoch nicht immer so. Die erste Aufzeichnung, in der π erwähnt wird, ist die Bibel (1. Könige 7: Vers 23: »Und er machte ein Meer, gegossen, von einem Rand zum anderen zehn Ellen weit, rundumher, und fünf Ellen hoch und eine Schnur dreißig Ellen lang war das Maß ringsum«, ebenso 2. Chronik 4: Vers 2). Der Wert 4 ist dort mit 3 angegeben. Archimedes wusste, dass π zwischen $3\frac{10}{70}$ und $3\frac{10}{71}$ liegt.

Asymptotische Zeitkomplexität Laufzeit eines Programms, wenn der Umfang der Eingaben gegen unendlich geht (→Ordnung).

Ordnung Gibt die →asymptotische Zeitkomplexität in einer Groß-O-Notation an. Ein Programm mit quadratischer Zeitkomplexität wird beschrieben durch O(Programm) = n^2.

Schrittweise Verfeinerung Methode, die ausgehend von einer abstrakten Problemlösung über mehrere Verfeinerungsebenen der abstrakten Daten-strukturen und abstrakten Operationen nach und nach das Beschreibungsniveau einer Programmiersprache erreicht.

Speicherkomplexität Arbeitsspeicherplatzbedarf eines Programms für seine Objekte in Abhängigkeit vom Umfang der Eingaben.

stepwise refinement →schrittweise Verfeinerung.

Zeitkomplexität Laufzeit eines Programms in Abhängigkeit vom Umfang der Eingaben.

Ein Kriterium für die Güte von Algorithmen – und damit auch für den Vergleich von Algorithmen – ist die Zeit- und Speicherkomplexität, die sich für die Ausführung der Algorithmen in Abhängigkeit von den jeweiligen Eingabewerten ergibt. Zur Dokumentation eines Algorithmus gehört daher immer die Angabe der Zeit- und Speicherkomplexität als Funktion des Problemumfangs. Bei jeder Problemlösung ist außerdem zu prüfen, ob das vorgeschlagene Verfahren sich überhaupt mit vertretbarem Aufwand ausführen lässt.

Zu verschiedenen Algorithmen wurde die asymptotische Zeitkomplexität ermittelt einschließlich des maximalen Problemumfangs, der mit diesen Algorithmen noch sinnvollerweise gelöst werden kann.

Für verschiedene Ordnungen ist der maximale Problemumfang in Tab. 3.6-4 nochmals zusammengestellt:

Die ungeheuer große Rechengeschwindigkeit heutiger Computersysteme verleitet zu der Annahme, dass beliebige Problemlösungen bequem durch Computer erledigt werden können und dass die Beachtung der Effizienz von untergeordneter Bedeutung sei. Gerade das Gegenteil ist jedoch richtig. Je schneller Computersysteme werden, desto größer sind auch die Probleme, die man mit ihnen lösen will, und desto mehr bestimmt die Zeitkomplexität den Problemumfang, der noch bearbeitet werden kann.

Tab. 3.6-4: Maximaler Problemumfang für verschiedene Ordnungen

Tab. 3.6-5 zeigt die Zunahme des Problemumfangs, wenn die nächste Generation von Computersystemen die zehnfache Geschwindigkeit gegenüber heutigen Computersystemen ermöglicht.

Zeitkomplexität	Maximaler Problemumfang			Beispiel für einen Algorithmus entsprechender Komplexität
	bei 1 Sekunde	bei 1 Minute	bei 1 Stunde	
n	1000000	$6 * 10^7$	$3{,}6 * 10^9$	Minimumsuche
$n \log_2 n$	62746	$12{,}8 * 10^6$	$1{,}31 * 10^8$	Mischsortieren
n^2	1000	7745	60000	Sortieren durch Austauschen (siehe Kapitel 3.10)
n^3	100	391	1532	Gaußscher Algorithmus
2^n	19	25	31	Türme von Hanoi
$n!$	9	11	12	Wegoptimierung

Wie Tab. 3.6-5 zeigt, wirkt sich die zehnfache Geschwindigkeitszunahme nur bei Algorithmen der Komplexität n und n $\log_2$ n voll
aus, während bei der Zeitkomplexität 2^n sich der Problemumfang nur
um 3.3 erhöht und bei n! sich kaum bemerkbar macht.

Tab. 3.6-5:
Veränderung des
Problemumfangs
bei zehnfacher
Geschwindigkeit

Zeitkomplexität	Maximaler Problemumfang vor Geschwindigkeitszunahme	Maximaler Problemumfang nach zehnfacher Geschwindigkeitszunahme
n	g	10 g
n $\log_2$ n	g	ungefähr 10 g (für große g)
n^2	g	3,16 g
n^3	g	2,15 g
2^n	g	g + 3,3
n!	g	ungefähr g (für große g)

Betrachtet man dagegen den Effekt, der sich ergibt, wenn man
einen effizienten Algorithmus zur Lösung eines Problems benutzt,
dann sieht man Folgendes: Durch Verwendung eines Algorithmus mit
der Komplexität n $\log_2$ n (z.B. Zwei-Wege-Mischsortieren) anstelle von
n^2 (z.B. Sortieren durch Austauschen), kann ein 2182fach größeres
Problem gelöst werden (Basis: 1 Stunde); während durch die 10fache
Geschwindigkeitszunahme bei gleich bleibender Zeitkomplexität n^2
nur ein 316fach größeres Problem behandelt werden kann. Es ist also
günstiger – wenn möglich – die Effizienz eines Algorithmus zu verbessern, als ein schnelleres Computersystem zu verwenden.

Die Betrachtung der asymptotischen Zeitkomplexität eines Algo-
rithmus liefert also ein wichtiges Maß für die Güte eines Algorithmus.
Den grafischen Verlauf der Funktionen der Zeitkomplexität zeigt
Abb. 3.6-13.

Das bisherige Augenmerk wurde auf das asymptotische Zeitverhalten gerichtet, d.h., konstante Terme oder Faktoren wurden nicht berücksichtigt. Für einen kleinen Problemumfang spielt jedoch die Größe
dieser konstanten Terme oder Faktoren eine wichtige Rolle. Wie Abb.
3.6-13 bereits zeigt, ist selbst ein Algorithmus mit der Komplexität n!
für n < 4 besser als ein Algorithmus mit dem Zeitverhalten 10 n.

Die wichtigsten Erkenntnisse lassen sich zu zwei Merkmalen zusammenfassen:

Erkenntnisse

■ Durch Verbesserung der Zeitkomplexität eines Algorithmus erhält
man im Allgemeinen eine bessere Effizienz als durch Vergrößerung
der Rechengeschwindigkeit.
■ Ist der Problemumfang klein, dann entscheiden konstante Terme
und Faktoren über den effizientesten Algorithmus.

Bei der Entwicklung von Algorithmen hat sich eine schrittweise *Verfeinerung (stepwise refinement)* bewährt. Zuerst wird eine verbale
Problemlösung mit abstrakten Operationen und Datenstrukturen
formuliert, die dann nach und nach konkretisiert werden, bis die
Konstrukte einer Programmiersprache erreicht sind.

Abb. 3.6-13:
Verlauf der Zeit-
komplexität von
Algorithmen

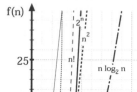

schrittweise
Verfeinerung

Zitierte Literatur

/Ottmann, Widmayer 02/
Ottmann T., Widmayer P., *Algorithmen und Datenstrukturen*, Heidelberg: Spektrum Akademischer Verlag, 4. Auflage 2002, 716 S.
Behandlung folgender Algorithmengebiete: Sortieren, Suchen, Hashverfahren, Bäume, Manipulation von Mengen, geometrische Algorithmen, Graphenalgo-rithmen einschließlich einer Aufwandsanalyse.
/Rawlins 92/
Rawlins G., *Compared to What? An Introduction to the Analysis of Algorithms*, New York: Computer Science Press 1992, S. 536
Einführung in die Aufwandsberechnung und Anwendung auf folgende Gebiete: Suchen, Auswählen, Sortieren, Graphen und Zahlen.
/Futschek 89/
Futschek G., *Programmentwicklung und Verifikation*, Wien: Springer-Verlag 1989
/Wirth 71/
Wirth N., *Program Development by Stepwise Refinement*, in: Communication of the ACM, Vol. 14, No. 4, 1971

Analytische
und konstruktive
Aufgaben
Muss-Aufgabe
80 Minuten

1 *Lernziel: Einfache Aufwandsberechnungen (Zeit- und Speicherkomplexität) für Algorithmen durchführen können.*

a Schreiben Sie ein Programm, das ein Feld mit 2.048 Elementen sortiert, inverssortiert und unsortiert initialisiert und ausgibt.

b Programmieren Sie eine Prozedur Bubblesort, die ein Feld beliebiger Länge durch direktes Austauschen sortiert. Der Algorithmus besteht aus vier Schritten:

1 Paarweiser Vergleich der Schlüssel nebeneinander liegender Feldelemente.

2 In Abhängigkeit des Vergleichsergebnisses Elemente vertauschen oder nicht vertauschen.

3 Vergleich mit dem nächsten Feldindex wiederholen.

4 Schritte **1–3** so lange wiederholen, bis Feld vollständig sortiert ist.

c Bestimmen Sie die Gesamtzahl der Schlüsselvergleiche in der Prozedur Bubblesort.

d Bestimmen Sie die Gesamtzahl der Zuweisungen in der Prozedur Bubblesort.

e Geben Sie eine Funktion $t(n)$ an, die die zum Sortieren benötigte Zeit in Abhängigkeit von n angibt, wenn für eine Zuweisung bzw. für einen Vergleich die Zeiten t_z bzw. t_v benötigt werden.

f Starten Sie die Prozedur Bubblesort einmal mit vorsortiertem und einmal mit inverssortiertem Feld. Messen Sie die Zeiten und ermitteln Sie die Konstanten t_z und t_v.

g Berechnen Sie mit der Funktion $t(n)$ und Ihren Werten für t_z und t_v die benötigte Zeit für ein unsortiertes Feld. Starten Sie die Prozedur Bubblesort und vergleichen Sie den berechneten mit dem gemessenen Wert.

Hinweis

Weitere Aufgaben befinden sich auf der CD-ROM.

3 Algorithmik und Software-Technik – Listen und Bäume

■ Struktur und Dynamik der behandelten Datenstrukturen und Algorithmen anschaulich erklären können.

verstehen

■ Die Klassifikation von Listen und Bäumen erläutern können.
■ Gegebene Datenstrukturen und ihre Algorithmen deuten und interpretieren können.
■ Eigene Operationen auf Listen und Bäumen erstellen können.

anwenden

■ Selbstständig einfache dynamische Datenstrukturen mit ihren Operationen entwerfen und programmieren können.
■ Die behandelten Datenstrukturen und Algorithmen bei der Programmierung problem- und aufwandsgerecht einsetzen können.

■ Zum Verständnis der Kapitel 3.7 und 3.9 sind Java-Programmierkenntnisse erforderlich, wie sie im Hauptkapitel 2 vermittelt werden.
■ Das Kapitel 3.6 (Aufwand von Algorithmen) muss bekannt sein.

Im Hauptkapitel 2 und insbesondere im Kapitel 2.19 wurden eine ganze Reihe grundsätzlicher Datenstrukturen und Algorithmen behandelt. Einige wichtige Datenstrukturen und Algorithmen wurden aber noch nicht besprochen. Dies erfolgt in den folgenden Kapiteln. Dabei stehen die grundlegenden Konzepte im Zentrum. In der Regel wird man heute diese Datenstrukturen und Algorithmen *nicht* neu erfinden, sondern aus Bibliotheken übernehmen. Wichtig sind daher das grundlegende Verständnis und das Wissen über Spezialisierungen dieser Konzepte, sodass man weiß, wonach man in Bibliotheken suchen muss.

3.7 Listen

Charakteristika von Feldern

In den meisten Programmiersprachen sind Felder statische Datenstrukturen. Ihre Länge, d.h. die Anzahl ihrer Elemente, wird bei der Programmdeklaration festgelegt und kann während der Laufzeit des Programms nicht mehr verändert werden. Der Grund liegt darin, dass der Compiler anhand der Felddeklaration den Speicherplatz reserviert. Als Vorteil ergibt sich hieraus eine schnelle Programmausführung.

Demgegenüber ist das Einfügen oder Entfernen eines Elements in ein Feld aufwendig. Die anderen Feldelemente müssen ganz oder teilweise verschoben werden.

Anforderungen an flexible Datenstrukturen

Erfordert eine Aufgabenstellung daher eine dynamische Anzahl der Datenelemente oder eine dynamische Veränderung der Reihenfolge der Datenelemente, dann sind flexible Datenstrukturen erforderlich. Eine solche flexible und dynamische Datenstruktur ist eine Liste. Bei ihr können Elemente an beliebiger Stelle entfernt oder eingefügt werden, ohne die anderen Listenelemente zu beeinflussen. Dies ist insbesondere dann wesentlich, wenn eine geordnete Sequenz von Elementen zu verwalten ist, z.B. eine alphabetische Liste.

Charakteristika einer Liste

- Eine **Liste**, oft auch **lineare Liste** genannt, ist eine linear geordnete Sammlung von Elementen, die in einer bestimmten, jedoch nicht streng vorgeschriebenen Form miteinander verbunden sind. Die lineare Ordnung bezieht sich auf die Position in der Liste.
- Jedes **Listenelement** besitzt einen **Vorgänger** und einen **Nachfolger**.
- Der Vorgänger des ersten und der Nachfolger des letzten Listenelements ist jeweils ein leeres Element.
- Die Verkettung einer Liste, d.h. wie man den Vorgänger und den Nachfolger eines Elements bestimmt, erfolgt im Allgemeinen durch **Zeiger** bzw. Referenzen. Man spricht dann von **verketteten Listen** *(linked lists)*.
- Da die Listengröße von vornherein unbekannt ist, kann der Compiler keinen zusammenhängenden Platz im Speicher reservieren.

Jede Liste muss daher in den Speicherzellen untergebracht werden, die gerade verfügbar sind. Diesen Arbeitsspeicherbereich bezeichnet man als **Halde** *(heap)*. Die Elemente einer Liste können also über den Arbeitsspeicher verstreut sein.

■ Eine Liste kann je nach Bedarf wachsen und schrumpfen. An eine Liste kann ein Element angehängt werden. Ein Element kann an einer bestimmten Stelle eingefügt und entfernt werden. Aus zwei Listen kann durch »Hintereinanderhängen« (Verketten) eine neue Liste erstellt werden. Eine Liste kann in Teillisten aufgeteilt werden.

In der Programmiersprache LISP ist die Liste sogar ein zentraler Bestandteil der Sprache.

3.7.1 Zuerst die Theorie:
Attribute und Operationen einer verketteten Liste

Um eine Liste aufbauen, verwalten und manipulieren zu können, sind drei Bestandteile erforderlich:
■ Datenelemente, die verwaltet werden sollen (Daten),
■ Verknüpfungselemente, die jeweils auf ein Datenelement und auf das nächste Verknüpfungselement zeigen *(Link)*,
■ Verwaltungselement, das Verwaltungsinformationen enthält (Liste).

Für die Kennzeichnung des Listenanfangs, des Listenendes und der leeren Liste gibt es zahlreiche Möglichkeiten, die alle verschiedene Vor- und Nachteile haben, insbesondere bei der Implementierung der Listenoperationen.

Literaturhinweis: /Ottmann, Widmayer 02/

Die folgende elegante Implementierung wird von /Ottmann, Widmayer 02/ übernommen. Sie reduziert die Anzahl der Sonderfälle und benötigt für das Anhängen eines Elements und die Verkettung von zwei Listen nur eine konstante Zeit.

Jede Liste beginnt mit einem Leerelement *(dummy),* auf das ein Anfangszeiger *(head pointer)* zeigt, und endet mit einem Leerelement, auf das ein Endezeiger *(tail pointer)* verweist. Die eigentlichen Listenelemente befinden sich zwischen diesen beiden Leerelementen (Abb. 3.7-1).

Die Liste ist durch die Zeiger Anfang und Ende gegeben. Das Leerelement am Ende der Liste zeigt auf das vorangehende Element. Dadurch wird das Hintereinanderhängen zweier Listen erleichtert. Die leere Liste zeigt die Abb. 3.7-2. Sie wird durch den Konstruktor der Klasse Liste erzeugt.

Um ein neues Element in die Mitte einer Liste einfügen zu können, wird ein AktuellerZeiger verwendet, der auf ein spezifisches Element in der Liste zeigt. Die Operation setzeAktuellerZeigerZurueck setzt AktuellerZeiger auf das erste Listenelement zurück.

AktuellerZeiger

Die Operation naechstesElement liefert als Ergebnis das aktuelle Element, auf das AktuellerZeiger gerade zeigt, und positioniert an-

Operationen

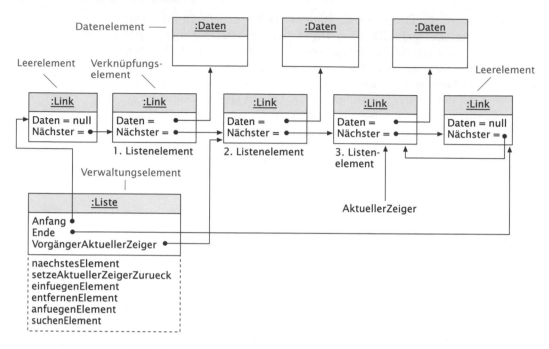

schließend auf das nächste Element. Durch diese Operation ist es möglich, den aktuellen Zeiger an jede Stelle in der Liste zu positionieren.

Einfügen eines
Elements

Mit der Operation ein-fuegenElement wird ein neues Element *vor* die aktuelle Zeigerposition eingefügt. Wie einfach das Einfügen eines Elements in die Mitte einer Liste ist, zeigt Abb. 3.7-3. Es müssen nur zwei Zeiger umgesetzt werden.

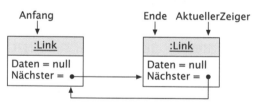

Abb. 3.7-2: Aufbau
der leeren Liste

Entfernen eines
Elements

Die Operation entferneElement entfernt das Element, auf das AktuellerZeiger gerade zeigt, aus der Liste (Abb. 3.7-4). Die Implementierung dieser Operation ist schwieriger. Wie Abb. 3.7-4 zeigt, muss in dem Element, das sich vor dem zu entfernenden Element befindet, der Zeiger Nächster geändert werden. In einer einfach verketteten Liste, wie sie hier vorliegt, ist es nicht so einfach, auf den Vorgänger zu positionieren. Aus diesem Grund ist es sinnvoll, nicht die aktuelle Zeigerposition, sondern jeweils die Position, auf die er vorher gezeigt hat, zu speichern (VorgängerAktuellerZeiger). Man »hängt« also gewissermaßen mit dem Zeiger ein Listenelement zurück und schaut auf das nächstfolgende voraus. Dadurch wird das eventuell notwendige Umlegen von Zeigern erleichtert. Es ist dann *nicht* nötig, immer vom Listenanfang aus die Liste zu durchlaufen.

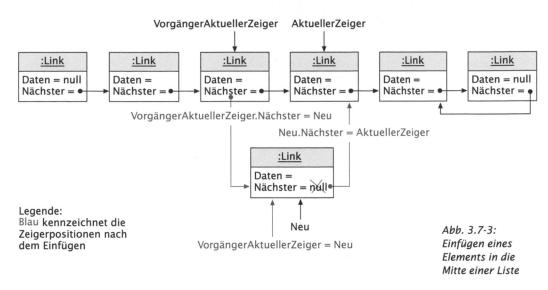

Legende:
Blau kennzeichnet die
Zeigerpositionen nach
dem Einfügen

Abb. 3.7-3:
Einfügen eines
Elements in die
Mitte einer Liste

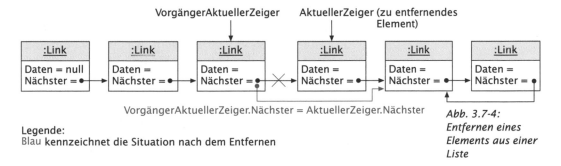

Legende:
Blau kennzeichnet die Situation nach dem Entfernen

Abb. 3.7-4:
Entfernen eines
Elements aus einer
Liste

Die Operation anfügenElement hängt ein Element an das Ende der Liste an. Die Position von VorgängerAktuellerZeiger wird dabei *nicht* verändert. Bei der hier gewählten Listendarstellung bedeutet dies, dass das Element *vor* das Leerelement am Ende eingefügt wird. Durch den Verweis des Leerelements auf das vorangehende Element kann der Zeiger des vorangehenden Elements direkt verändert werden.

Anfügen eines
Elements

Die Operation suchenElement durchsucht die Liste von Anfang bis Ende auf ein gegebenes Element hin.

Suchen eines
Elements

Neben diesen Grundoperationen gibt es je nach Bedarf und Einsatzzweck weitere Operationen auf Listen.

3.7.2 Dann die Praxis: Verkettete Listen in Java

Zur Realisierung einer verketteten Liste werden in Java mindestens zwei Klassen benötigt:
- In einer Klasse Liste werden die Zeiger auf die Liste verwaltet sowie die notwendigen Operationen zur Verfügung gestellt.

■ Eine Klasse Link stellt die benötigten Link-Objekte zur Verfügung. Sie besteht nur aus zwei Attributen und dem Konstruktor:

Klasse Link

```
/* Programmname: Verkettete Liste
 * Fachkonzept-Klasse: Link
 * Verknüpfungselement, das auf ein Datenelement und das nächste
 * Verknüpfungselement zeigt
 */

class Link
{
   //Attribute
   Object Daten;
   Link Naechster;
     //Konstruktor
   Link(Object Daten, Link Naechster)
   {
      this.Daten = Daten;
      this.Naechster = Naechster;
   }
}
```

Da das Attribut Daten auf ein Exemplar der Klasse Object zeigt, können damit alle möglichen Daten verwaltet werden. Die Daten müssen nur Objekte von Unterklassen von Object sein, was in Java automatisch gewährleistet ist. Durch den Polymorphismus werden alle Operationen dann auf die aktuellen Objekte angewandt.

Abb. 3.7-5:
OOD-Modell einer
Listenverwaltung
in Java

Da Listen in der Praxis oft traversiert, d.h. durchlaufen, werden müssen, ist es sinnvoll, eine Iterator-Klasse zur Verfügung zu stellen. Es ergibt sich das OOD-Modell der Abb. 3.7-5. Für die Animation der Liste wird zusätzlich eine Klasse ListeCanvas benötigt.

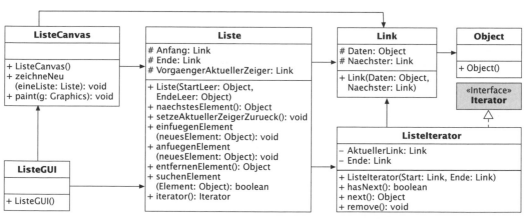

Klasse Liste   Die Implementierung der Klasse Liste sieht folgendermaßen aus:

```
/* Programmname: Verkettete Liste
 * Fachkonzept-Klasse: Liste
 * Aufgabe: Implementierung einer einfach verketteten Liste
```

```
* Die Liste besitzt am Anfang und am Ende ein Leerelement
* Das Leerelement am Ende verweist auf das vorangehende Element!
* In Anlehnung an /Ottmann, Widmayer 02/
* AktuellerZeiger: Zurückhängen mit Vorausschauen
*/

import java.util.*;

public class Liste
{
    //Attribute
    protected Link Anfang;
    protected Link Ende;
    //Vorgaenger von AktuellerZeiger
    protected Link VorgaengerAktuellerZeiger;

    //Konstruktor
    public Liste(Object StartLeer, Object EndeLeer)
    {
        //Leere Liste anlegen mit 2 Leerelementen
        Anfang = new Link(StartLeer, null);
        //EndeElement zeigt auf Anfangselement
        Ende = new Link (EndeLeer, Anfang);
        //AnfangsElement zeigt auf Endeelement
        Anfang.Naechster = Ende;
        //Vorgänger-Zeiger zeigt auf Anfang
        VorgaengerAktuellerZeiger = Anfang;
    }

    //Operationen
    //naechstesElement*******************************************
    //Ergebnis = aktuelles Element (bevor die Position
    //verändert wird)
    //Anschließend: AktuellerZeiger zur nächsten Position bewegen
    //Ausnahme = NoSuchElementException, wenn bereits am Ende
    //der Liste
    public Object naechstesElement()
            throws NoSuchElementException
    {
        if (AktuellerZeiger() != Ende)
          VorgaengerAktuellerZeiger =
              VorgaengerAktuellerZeiger.Naechster;
        if (AktuellerZeiger() == Ende)
          throw new NoSuchElementException("Am Ende der Liste");
        return VorgaengerAktuellerZeiger.Daten;
    }
    //setzeAktuellerZeigerZurueck********************************
    //Zurücksetzen des aktuellen Zeigers auf den Listenanfang
    public void setzeAktuellerZeigerZurueck()
    {
        VorgaengerAktuellerZeiger = Anfang;
    }
    //einfuegenElement*******************************************
    //Einfügen vor die aktuelle Zeigerposition
```

607

```
public void einfuegenElement(Object neuesElement)
{
    if (AktuellerZeiger() == Ende)
    //Wenn am Ende, dann entspricht dies einem Anfügen
     {
         anfuegenElement(neuesElement);
         VorgaengerAktuellerZeiger = Ende.Naechster;
         return;
     }
     Link Neu = new Link(neuesElement, AktuellerZeiger());
     //Vorgänger-Element von Neu zeigt jetzt auf Neu
     VorgaengerAktuellerZeiger.Naechster = Neu;
     VorgaengerAktuellerZeiger = Neu; //zeigt jetzt auf Neu
}
//anfuegenElement******************************************
//Anfügen am Ende der Liste
public void anfuegenElement(Object neuesElement)
{
     //Im Ende-Element steht Verweis aus letztes Element
     Link Neu = new Link(neuesElement, Ende);
     //Zeiger auf vorletztes Element holen
     Link ZeigerAufVorletztesElement = Ende.Naechster;
     //Vorletztes Element zeigt jetzt auf Neu
     ZeigerAufVorletztesElement.Naechster = Neu;
     Ende.Naechster = Neu; //Ende-Element zeigt jetzt auf Neu
}
//entfernenElement******************************************
//Element unter dem aktuellen Zeiger entfernen
//Ergebnis =  das entfernte Element
//Ausnahme = NoSuchElementException, wenn bereits am Ende
//der Liste
public Object entfernenElement()throws NoSuchElementException
{
     Link AktuellerZeiger = AktuellerZeiger();
     if (AktuellerZeiger == Ende)
       throw new NoSuchElementException("Am Ende der Liste");
     VorgaengerAktuellerZeiger.Naechster =
          AktuellerZeiger.Naechster;
     if (AktuellerZeiger.Naechster == Ende)
         Ende.Naechster = VorgaengerAktuellerZeiger;
         //Verweis im Ende-Leerelement auf neues
         //Vorgängerelement
     return AktuellerZeiger.Daten;
}
//suchenElement********************************************
//Liefert true, wenn Element in der Liste vorkommt,
//sonst false.
//Wenn true zurückgegeben wurde, kann mit
//naechstesElement() auf Element zugegriffen werden,
//wenn nicht steht aktuellerZeiger am Ende der Liste.
public boolean suchenElement(Object Element)
{
```

```
    //Abfrage auf Gleichheit ist möglich mit equals
    //(Operation von der Klasse Object)
    //Gesuchtes Element vor Beginn der Suche in das
    //Leerelement am Listenende schreiben
    //Stopper-Technik
    Link Zeiger = Anfang;
    //Stopper, gesuchtes Element in Ende-Leerelement
    //eintragen
    Ende.Daten = Element;
    do
    {
        VorgaengerAktuellerZeiger = Zeiger;
        Zeiger = Zeiger.Naechster;
    } while (!(Zeiger.Daten.equals(Element)));
    //Abfrage auf Ungleichheit
    if (Zeiger == Ende)
        return false;
    return true;
}
//iterator()************************************************
public Iterator iterator()
{
 return new ListeIterator(Anfang, Ende);
}
//AktuellerZeiger******************************************
//Eigentlich: protected, wegen Animation hier aber public
//Aktuellen Zeiger aus dem gespeicherten
//VorgängerAkuellerZeiger ableiten
public Link AktuellerZeiger()
{
    return VorgaengerAktuellerZeiger.Naechster;
}

//Zusätzliche Operationen, die zur Animation der Liste
//benötigt werden*****************************************
//weitereElemente----------------------------------------
//Ergebnis = true, wenn AktuellerZeiger nicht am Ende der
//Liste ist
public boolean weitereElemente()
{
    return AktuellerZeiger() != Ende;
}
public Link getAnfang()
{
    return Anfang;
}
public Link getEnde()
{
    return Ende;
}
//verketten----------------------------------------------
//Parameter: zweiteListe: Die Liste, die an die aktuelle
//Liste angehaengt werden soll
//So werden zwei Listen verkettet.
```

```
            public void verketten(Liste zweiteListe)
            {
                Link ZeigerAufErstesElementDerZweitenListe =
                    zweiteListe.getAnfang().Naechster;
                //Im Ende-Element steht Verweis aus letztes Element
                Link ZeigerAufVorletztesElement = Ende.Naechster;
                //Zeiger auf vorletztes Element holen
                ZeigerAufVorletztesElement.Naechster = ZeigerAufErstes
                //ElementDerZweitenListe;
                //Vorletztes Element zeigt jetzt auf das erste der
                //zweiten Liste
                Ende = zweiteListe.getEnde();
                //Ende jetzt am Ende der zweiten Liste
                //Das aktuelle Element bleibt unberührt
            }
        }
```

Klasse
ListeIterator

Die Klasse ListeIterator sieht folgendermaßen aus:

```
/* Programmname: Verkettete Liste
 * Iterator-Klasse: ListeIterator
 */

import java.util.*;

class ListeIterator implements Iterator
{
    //Attribute
    private Link AktuellerLink;
    private Link Ende;
    //Konstruktor
    ListeIterator(Link Start, Link Ende)
    {
        AktuellerLink = Start;
        this.Ende = Ende;
    }
    //Operationen
    public boolean hasNext()
    {
        return AktuellerLink != Ende;
    }
    public Object next()
    {
        Object Daten = AktuellerLink.Daten;
        AktuellerLink = AktuellerLink.Naechster;
        return Daten;
    }
    public void remove()
    {
         throw new UnsupportedOperationException();
    }
}
```

Abb. 3.7-6 zeigt die Benutzungsoberfläche.

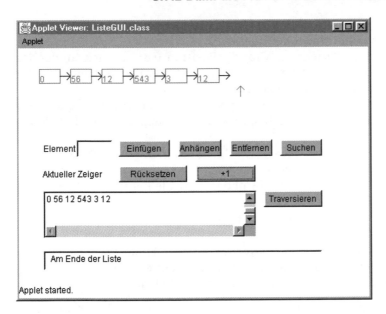

Abb. 3.7-6:
Benutzungs-
oberfläche des
Programms
»Verkettete Liste«

Das vollständige Programm befindet sich auf der CD-ROM.

Für verkettet gespeicherte Listen der Länge n wird im schlechtesten Fall folgender **Aufwand** zur Ausführung der Operationen benötigt (k = konstanter Wert): *(Aufwand siehe auch Kapitel 3.6)*
- Einfügen eines Elements an eine gegebene Position:

$$t_{max} = kc$$
- Entfernen eines Elements an einer gegebenen Position: $t_{max} = kc$
- Anhängen eines Elements an das Ende der Liste: $t_{max} = kc$
- Suchen eines Elements mit gegebenem Wert (bei unsortierter Liste): $t_{max} = kc + kn$
- Hintereinanderhängen zweier Listen: $t_{max} = kc$

In Java gibt es die Standard-Klasse LinkedList, die zum *Java Collection Framework* (JCF) gehört (siehe Kapitel 2.19). Sie implementiert die Schnittstelle List (siehe Abb. 2.19-1). Da sie eine doppelt verkettete Liste realisiert (siehe Abschnitt 3.7.4), verfügt sie über eine ganze Reihe von Operationen. Die wichtigsten sind Folgende: *(Standard-Klasse LinkedList)*
- LinkedList(): Erzeugt eine leere Liste.
- void add(int index, Object element): Fügt das Element element an der agegebenen Indexposition index in die Liste ein.
- boolean add(Object o): Fügt das Element o an das Ende der Liste.
- boolean addAll(Collection c): Hängt alle Elemente c an die bisherige Liste.
- void addLast(Object o): Das Element o wird ans Ende der Liste angefügt.
- boolean contains(Object o): Liefert true, wenn das Element o in der Liste ist.

- Object get(int index): Liefert das Element zurück, das sich an der Indexposition index befindet.
- int indexOf(Object o): Gibt die Position index zurück, an der das Element o zum ersten Mal auftritt. Ist das Element nicht in der Liste, wird –1 zurückgegeben.
- ListIterator listIterator(int index): Liefert einen Listeniterator der Elemente der Liste, beginnend ab der angegebenen Indexposition index.
- Object remove(int index): Entfernt das Element an der angegebenen Indexposition index.
- Object removeLast(): Entfernt das erste Element der Liste und gibt es zurück.
- boolean remove(Object o): Entfernt das erste Element o, das in der Liste auftritt.
- Object set(int index, Object element): Ersetzt das Element an der Indexposition durch das neue Element element.
- int size(): Liefert die Anzahl der Listenelemente.

CD-ROM Das oben ausprogrammierte Beispiel lässt sich mit dieser Standard-Klasse realisieren. Das modifizierte Programm LinkedList befindet sich auf der CD-ROM. Der Aufwand ist mit dieser Lösung jedoch größer, da LinkedList eine doppelt verkettete Liste verwaltet, obwohl hier nur eine einfach verkettete Liste benötigt wird.

3.7.3 Beispiel: Verwaltung eines Lexikons

Die Vorteile einer Liste werden anhand einer Lexikon- bzw. Wörterbuchverwaltung demonstriert.

Beispiel Die Firma ProfiSoft erhält den Auftrag, eine einfache Lexikonverwaltung zu realisieren, die folgendes **Pflichtenheft** erfüllt:
/1/ Es ist ein Programm zur Verwaltung eines einfachen deutsch/englischen Lexikons zu erstellen.
/2/ Jeder Lexikoneintrag besteht aus dem deutschen Wort und der englischen Übersetzung, z.B. Hans – *John*, Maria – *Mary*, liest – *reads*, der – *the*, die – *the*, Farbe – *colour*.
/3/ Jedes deutsche Wort darf nur einmal vorhanden sein.
/4/ Die deutschen Worte sind in alphabetischer Reihenfolge zu speichern.
/5/ Das Lexikon muss bei Programmende in einer Datei gespeichert werden.
/6/ Das Lexikon wird bei Programmstart aus einer gespeicherten Datei geladen.
/7/ Das alphabetisch sortierte Lexikon muss jederzeit ausgegeben werden können.
Die Analyse des Pflichtenhefts führt zu dem **OOA-Modell** der Abb. 3.7-7.

Die Operationen sollen folgende Semantik besitzen:

Lexikon
einfuegenElementAlphabetisch() suchenWort() loeschenWort()

Abb. 3.7-7: OOA-Modell der Lexikon-verwaltung

– einfuegenElementAlphabetisch():
Lexikographisches Einfügen eines deutschen Wortes und seiner Übersetzung. Ein bereits vorhandenes deutsches Wort wird nicht
– auch nicht mit anderer Übersetzung – in die Liste eingefügt.

– loeschenWort():
Löschen eines deutschen Wortes und seiner Übersetzung. Ist das Wort *nicht* in der Liste vorhanden, dann hat die Operation keine Wirkung.

– suchenWort():
Zu einem gegebenen deutschen Wort wird die englische Übersetzung ermittelt.

Die Analyse des OOA-Modells und des Pflichtenhefts führen dazu, dass sich die Firma ProfiSoft im Entwurf dazu entschließt, eine Liste zur Realisierung des Lexikons zu verwenden. In Java gibt es zwar eine Klasse Dictionary, die intuitiv für ein Wörterbuch oder ein Lexikon optimal geeignet erscheint. Mit dieser Klasse kann aber die Pflichtenheft-Anforderung /7/ *nicht* realisiert werden. Daher fällt die Entscheidung für eine Liste. Die vorhandenen Listenoperationen reichen jedoch nicht aus. Da die Liste auf Objekten der Klasse Object arbeitet, können keine lexikographischen Vergleiche durchgeführt werden. Die Klasse Object erlaubt nur die Abfrage auf Gleichheit.

Zur Realisierung der Anforderungen können die bereits vorhandenen Klassen Liste, Link und ListeIterator wiederverwendet werden. Damit ein Wortpaar gespeichert werden kann, wird eine Unterklasse Wortpaar unter Object gebildet.

Für die Benutzungsoberfläche wird eine eigene GUI-Klasse konzipiert.

Da das Lexikon persistent gespeichert werden soll und das Datenvolumen relativ gering ist, eignet sich als Speicherungsverfahren die Serialisierung. Es kann die vorhandene Klasse ObjektDatei verwendet werden. Die Klassen Liste, Link und Wortpaar müssen als serialisierbar (implements Serializable) gekennzeichnet werden. Es entsteht das in Abb. 3.7-8 dargestellte **OOD-Modell.**

Wie das OOD-Modell zeigt, sind nur drei neue Klassen erforderlich: die Unterklassen Lexikon und Wortpaar sowie die Klasse LexikonGUI. Alle anderen Klassen werden wiederverwendet. Die neuen Unterklassen sehen folgendermaßen aus:

```
/* Programmname: Lexikonverwaltung
* Fachkonzept-Klasse: Wortpaar
* Aufgabe: Gibt an, welche Nutzdaten gespeichert werden
* Unterklasse von Object
*/
```

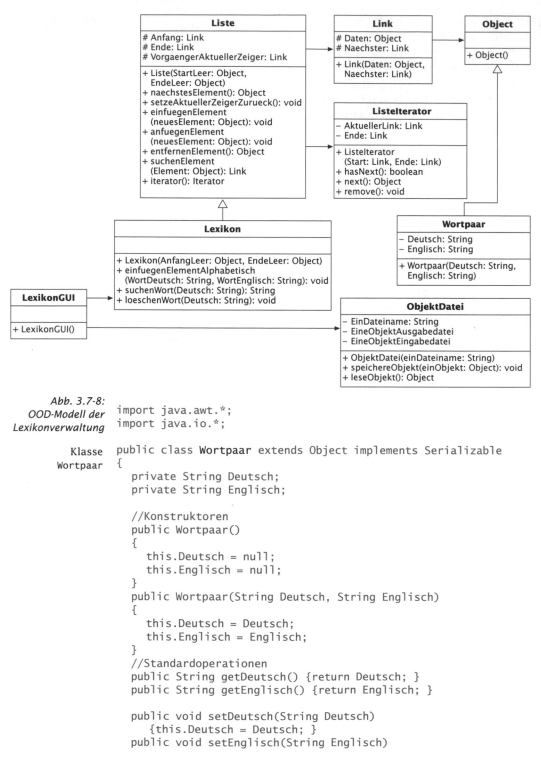

Abb. 3.7-8:
OOD-Modell der
Lexikonverwaltung

```
import java.awt.*;
import java.io.*;
```

Klasse
Wortpaar

```java
public class Wortpaar extends Object implements Serializable
{
    private String Deutsch;
    private String Englisch;

    //Konstruktoren
    public Wortpaar()
    {
        this.Deutsch = null;
        this.Englisch = null;
    }
    public Wortpaar(String Deutsch, String Englisch)
    {
        this.Deutsch = Deutsch;
        this.Englisch = Englisch;
    }
    //Standardoperationen
    public String getDeutsch() {return Deutsch; }
    public String getEnglisch() {return Englisch; }

    public void setDeutsch(String Deutsch)
        {this.Deutsch = Deutsch; }
    public void setEnglisch(String Englisch)
```

614

```
        {this.Englisch = Englisch; }
}


/* Programmname: Lexikonverwaltung
 * Fachkonzept-Klasse: Lexikon
 * Erweiterung der einfach verketteten Liste
 * Aufgabe: Lexikon verwaltet Wortpaare als Daten
 * und verfuegt dazu ueber spezielle Operationen
 */

import java.io.*;
import java.util.*;

public class Lexikon extends Liste                                    Klasse
{                                                                     Lexikon
   //Konstruktor
   public Lexikon(Object AnfangLeer, Object EndeLeer)
   {
      super(AnfangLeer, EndeLeer);
   }
   //Spezielle Operationen
   public void einfuegenElementAlphabetisch(String WortDeutsch,
      String WortEnglisch) throws Exception
   {
      //Abfrage auf Größer oder Kleiner ist in der Klasse Liste
      //nicht möglich, da keine Operation der Klasse Object
      Link Zeiger = Anfang;
      do
      {
         VorgaengerAktuellerZeiger = Zeiger;
         Zeiger = Zeiger.Naechster;
         if(((Wortpaar)Zeiger.Daten).getDeutsch().
            compareTo(WortDeutsch) == 0)
         {
            //WortDeutsch gespeichert = WortDeutsch einzufügen
            throw new Exception("Deutsches Wort bereits
               gespeichert!");
         }
         if((((Wortpaar)Zeiger.Daten).getDeutsch().
            compareTo(WortDeutsch) > 0)||(Zeiger == Ende))
         {
            //Abbruch der Suche, da bei alphabetischer Suche das
            //Wort nicht mehr kommen kann
            //Wort nicht in der Liste gespeichert
            //WortDeutsch gespeichert > WortDeutsch einzufügen
            einfuegenElement(new Wortpaar(WortDeutsch,
               WortEnglisch)); break;
         }
      } while(Zeiger != Ende);
   }
   //Übersetzung suchen
   public String suchenWort(String Deutsch)throws Exception
   {
      Link Zeiger = getAnfang();
      Link Ende = getEnde();
```

```
            do
            {
               VorgaengerAktuellerZeiger = Zeiger;
               Zeiger = Zeiger.Naechster;
               if(Deutsch.compareTo(((Wortpaar)Zeiger.Daten).
                  getDeutsch()) == 0)
                     return ((Wortpaar)Zeiger.Daten).getEnglisch();
            } while(Zeiger != Ende);
            throw new Exception("Wort nicht vorhanden!");
         }
         public void loeschenWort(String Deutsch)throws Exception
         {
            Link Zeiger = getAnfang();
            Link Ende = getEnde();
            do
            {
               VorgaengerAktuellerZeiger = Zeiger;
               Zeiger = Zeiger.Naechster;
               if(Deutsch.compareTo(((Wortpaar)Zeiger.Daten).
                  getDeutsch()) == 0)
               {
                  entfernenElement();
                  return;
               }
            } while(Zeiger != Ende);
            throw new Exception("Wort nicht vorhanden!");
         }
      }
```

Abb. 3.7-9:
Benutzungs-
oberfläche der
Lexikonverwaltung

Auf die Klasse ObjektDatei wird in diesem Beispiel ausnahmsweise von der GUI-Klasse direkt zugegriffen. Eine Container-Klasse wird hier nicht benötigt, da nur ein Objekt der Klasse Lexikon vorhanden ist. Daher kann der Aufruf der Klasse ObjektDatei *nicht* von der Container-Klasse aus erfolgen. Die Benutzungsoberfläche zeigt Abb. 3.7-9.

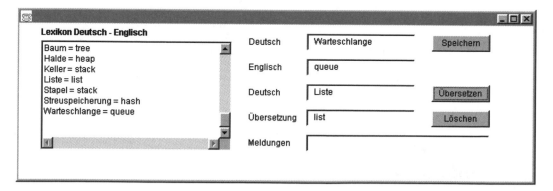

Die Verwaltung eines sortierten Lexikons lässt sich auch mit der Standard-Klasse TreeMap realisieren (siehe Aufgabe 7).

616

3.7.4 Klassifikation von Listen

Lineare Listen gibt es in verschiedenen Ausprägungen. Abb. 3.7-10 zeigt eine Klassifikation.

Je nach Problemstellung können Listenelemente sortiert oder unsortiert in einer Liste gespeichert werden.

sortiert vs. unsortiert

Sind alle Listenelemente vom gleichen Typ, d.h. Objekte der gleichen Klasse, dann liegt eine homogene Liste vor, sonst eine inhomogene.

homogen vs. inhomogen

In der Regel werden die Listenelemente verkettet gespeichert, d.h. durch Zeiger miteinander verbunden. Ist die maximale Anzahl der Listenelemente bekannt, dann kann auch eine sequenzielle Speicherung in einem Feld erfolgen. Dabei sind die Listenelemente in einem zusammenhängenden Speicherbereich so abgelegt, dass man – wie bei Feldern *(arrays)* – auf das i-te Element über eine Adressrechnung zugreifen kann.

verkettet vs. sequenziell

Der **Aufwand** bei einer sequenziell gespeicherten Liste der Länge **n** sieht folgendermaßen aus (k = konstanter Wert):

Aufwand bei sequenzieller Speicherung

- Einfügen eines neuen Elements an eine gegebene Position:
  - $t_{max} = knc$ (Verschieben von n Elementen)
  - $t_{mittel} = knc/2$ (Annahme: Jede Position gleich wahrscheinlich: Verschieben von n/2 Elementen)
  - $t_{min} = kc$ (Anhängen am Ende)
- Entfernen eines Elements an einer gegebenen Position:
  - $t_{max} = knc$ (Verschieben von n Elementen)

Abb. 3.7-10:
Klassifikation von
Listen

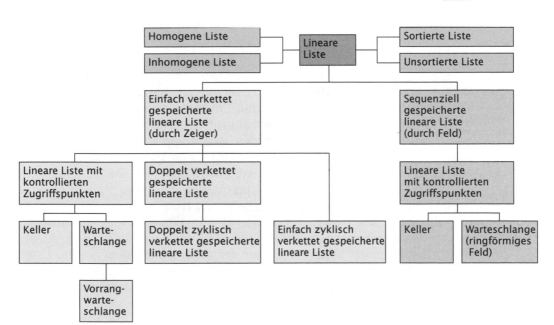

☐ t_{mittel} = **knc/2** (Annahme: Jede Position gleichwahrscheinlich: Verschieben von n/2 Elementen)

☐ t_{min} = **kc** (Entfernen am Ende)

Verglichen mit verkettet gespeicherten Listen (siehe Abschnitt 3.7.2) ist das Einfügen und Entfernen in sequenziell gespeicherten Listen »teuer«. Das Suchen ist dann effizient möglich, wenn die Liste sortiert ist (siehe Abschnitt 3.9.1).

Aufwand bei verketteter Speicherung
Bei verketteter Speicherung ist das Einfügen und Entfernen an einer vorgegebenen Position mit konstanter Zeit möglich, also sehr effizient. Demgegenüber ist das Suchen aufwendig. Als Vorteil ergibt sich die dynamische Länge.

Die Vorteile müssen durch zusätzlichen Speicheraufwand erkauft werden. Man benötigt nicht nur für die Listenelemente, sondern auch für die Zeiger Speicherplatz.

doppelte Verkettung
Eine doppelt verkettet gespeicherte Liste *(doubly linked list)* liegt vor, wenn zu jedem Listenelement nicht nur ein Zeiger auf das nächstfolgende Element, sondern auch auf das jeweils vorangehende Listenelement gespeichert wird (Abb. 3.7-11).

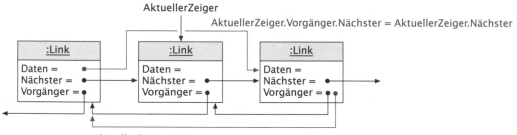

Legende:
Blau kennzeichnet die Situation nach dem Entfernen

Abb. 3.7-11:
Doppelt verkettete Liste mit Entfernen eines Elements
Die Liste kann dadurch effizient vorwärts und rückwärts traversiert werden. Auch das Einfügen und Entfernen von Listenelementen bei gegebener Position ist einfach auszuführen. Es müssen jedoch immer zwei Zeiger manipuliert werden. Außerdem wird zusätzlicher Speicherplatz für den zweiten Zeiger pro Listenelement benötigt.

Auch doppelt verkettete Listen kann man mit einem Leerelement am Anfang und Ende implementieren. Die Java-Standard-Klasse LinkedList realisiert eine doppelt verkettete Liste.

zyklisch verkettete Listen
Einfach und doppelt verkettete Listen können zusätzlich noch zyklisch verkettet sein. Dabei zeigt das Ende der Liste auf den Anfang. Bei doppelter Verkettung zeigt der Anfang außerdem auf das Ende. Dadurch kann die Liste zyklisch durchlaufen werden.

kontrollierte Zugriffspunkte
Für viele Anwendungen genügt es, wenn das Einfügen und Entfernen von Elementen nur am Anfang und/oder am Ende einer Liste ausgeführt werden kann. Es liegen dann Listen mit kontrollierten

618

Zugriffspunkten vor. Sie können so implementiert werden, dass alle Operationen in konstanter Schrittzahl ausführbar sind. Das gilt sowohl für sequenziell als auch für verkettet gespeicherte Listen.

Werden neue Elemente an eine Liste immer am Ende angehängt *(enqueue*-Operation) und Elemente nur am Anfang entfernt *(dequeue*-Operation), dann liegt eine Warteschlange *(queue)* vor. Sie realisiert das FIFO-Prinzip *(first in – first out)*. Werden in einer Warteschlange etwa ebenso häufig neue Elemente hinten angehängt wie vorne entfernt, dann bleibt die Länge der Warteschlange fast unverändert. Bei einer sequenziellen Speicherung ist es dann sinnvoll, sich den Speicherbereich als ringförmig geschlossen vorzustellen (Abb. 3.7-12).

Warteschlange
Abschnitt 2.19.2

In manchen Anwendungen ordnet man den Elementen Prioritäten zu. Elemente mit höherer Priorität haben Vorrang vor solchen mit niedrigerer Priorität, d.h. sie werden früher angehängt und auch früher entfernt. Solche Warteschlangen heißen Vorrangwarteschlangen *(priority queues)*.

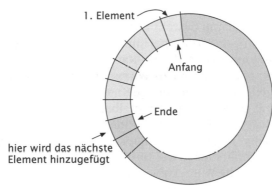

1. Element

Anfang

Ende

hier wird das nächste
Element hinzugefügt

*Abb. 3.7-12:
Implementierung
einer Warte-
schlange als ring-
förmiges Feld*

Vorrangwarte-
schlange

Das *Java Collection Framework* enthält *keine* Standard-Klassen zur Verwaltung von Warteschlangen und Vorrangwarteschlangen. Eine Warteschlange kann jedoch einfach mit der Klasse LinkedList und den Operationen addLast und removeFirst realisiert werden.

Das LIFO-Prinzip *(last in – first out)* wird vom Keller bzw. Stapel *(push down store, stack)* realisiert. Dabei wird nur auf den Anfang der Liste mit den Operationen *push* (ablegen), *pop* (entfernen) und *top* (ansehen) zugegriffen.

Keller
Abschnitt 2.19.6

3.8 Bäume

Listen sind gut dazu geeignet, dynamisch sortierte Datenbestände aufzubauen. Das Einsortieren eines neuen Elements ist einfach. Ein Zugriff auf Listen ist jedoch aufwendig, wenn ein bestimmtes Element benötigt wird. Es bleibt dann nichts anderes übrig, als die Liste von vorne nach hinten zu durchlaufen und jeweils zu vergleichen, ob das gewünschte Element vorhanden ist. Für ein effizientes Wiederauffinden sortierter Datenelemente ist eine Liste daher *nicht* geeignet.

Für solche Problemstellungen bieten so genannte Bäume eine geeignete Datenstruktur. Bäume sind verallgemeinerte, nicht lineare

Listenstrukturen. Es werden allgemeine Bäume und als wichtige Untergruppe binäre Bäume unterschieden. Im Folgenden werden zunächst binäre Bäume behandelt. Als Ausblick wird dann auf allgemeine Bäume eingegangen.

3.8.1 Zuerst die Theorie: Strukturelle Eigenschaften und Begriffe binärer Bäume

Ein **Baum** dient zur Darstellung von Datenkollektionen in der Reihenfolge aufsteigender Schlüsselwerte, um ein effizientes Wiederauffinden der Daten zu ermöglichen. Abb. 3.8-1 zeigt die Struktur und die wichtigsten Begriffe eines binären Baums, wobei als Daten Zeichen gespeichert werden.

Ein Baum besteht aus Knotenelementen – kurz **Knoten** *(node)* genannt. Anders als bei linearen Listen besitzt ein Knoten eines **binären Baums** maximal *zwei* Nachfolger, **Kinder** genannt. In der Regel ist einer der Knoten als **Wurzel** *(root)* des Baums ausgezeichnet. Das ist gleichzeitig der einzige Knoten *ohne* Vorgänger. Jeder andere Knoten hat genau einen (unmittelbaren) Vorgänger, **Eltern**(knoten) genannt. Zwischen Eltern- und Kinderknoten besteht eine hierarchische Beziehung. Knoten, die keine Kinder haben, heißen **Blätter** *(leaf)*.

Anders als in der Natur zeichnet man in der Informatik bei einem Baum die Wurzel oben und die Blätter unten. Wie die Abb. 3.8-1 zeigt, werden die Knoten eines binären Baums durch jeweils zwei Zeiger miteinander verknüpft.

Ein **Pfad** in einem Baum ist eine Folge von Knoten p_0, ..., p_k eines Baums, die die Bedingung erfüllt, dass p_{i+1} Kind von p_i ist für $0 \leq i < k$. Ein Pfad, der p_0 mit p_k verbindet, hat die Länge k. Jeder von der Wurzel verschiedene Knoten eines Baums ist durch genau *einen* Pfad mit der Wurzel verbunden.

Abb. 3.8-1:
Binärer Baum:
Struktur und
Begriffe

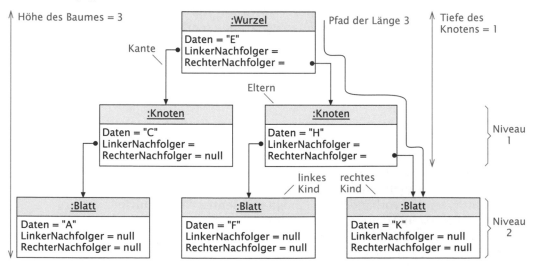

Ist unter den Kindern eines jeden Knotens eine Anordnung definiert, sodass man vom linken und rechten Kind eines Knotens spricht, dann liegt ein **geordneter binärer Baum** vor.

Die **Höhe** h eines Baums ist der maximale Abstand aller Blätter von der Wurzel. Die **Tiefe** eines Knotens ist sein Abstand zur Wurzel, d.h. die Anzahl der Kanten auf dem Pfad von diesem zur Wurzel. Die Knoten eines Baums gleicher Tiefe bilden ein **Niveau**. Alle Knoten mit der Tiefe i sind die Knoten auf dem Niveau i. Ein **vollständiger Baum** liegt vor, wenn er auf jedem Niveau die maximal mögliche Knotenzahl hat und sämtliche Blätter dieselbe Tiefe haben.

Die Bedeutung von Bäumen liegt darin, dass sie eine geeignete Struktur **zur Speicherung von Schlüsseln** sind, d.h., jedes Datenelement besitzt genau einen Schlüssel. Sämtliche Schlüssel sind paarweise verschieden. Die Schlüssel werden dabei so im Baum gespeichert, dass sie effizient und einfach wiedergefunden werden.

Die drei Basisoperationen eines Baums sind folgende:

Operationen

- **Suchen** nach einem im Baum gespeicherten Schlüssel,
- **Einfügen** eines neuen Knotens mit gegebenem Schlüssel und
- **Entfernen** eines Knotens mit gegebenem Schlüssel.

Diese drei Operationen bezeichnet man als **Wörterbuchoperationen.** Eine Struktur, die es erlaubt, eine Menge von Schlüsseln zu speichern, bezeichnet man zusammen mit den Algorithmen zur Realisierung der Operationen als Implementierung eines **Wörterbuchs** *(dictionary).*

Weitere Operationen auf Bäumen sind folgende:

- **Durchlaufen** aller Knoten eines Baums in bestimmter Reihenfolge,
- **Aufspalten** eines Baums in mehrere Bäume,
- **Zusammenfügen** mehrerer Bäume zu einem neuen Baum und
- **Konstruieren** eines Baums mit bestimmten Eigenschaften.

Binäre Suchbäume besitzen folgende Eigenschaft bezüglich einer über ihren Daten definierten < -Relation:

Suchbäume

- Für jeden Knoten p gilt: Die Schlüssel im linken Teilbaum von p sind alle kleiner als der Schlüssel von p. Dieser selbst ist wiederum kleiner als sämtliche Schlüssel im rechten Teilbaum von p.

In der Abb. 3.8-1 entsprechen die Schlüssel bereits der Eigenschaft für einen binären Suchbaum, wenn man die Daten als ASCII-Zeichen interpretiert.

Die Suche nach einem Schlüssel x sieht in einem solchen Baum folgendermaßen aus:

- Man beginnt bei der Wurzel p und vergleicht x mit dem bei p gespeicherten Schlüssel.
- Ist x gleich dem bei p gespeicherten Schlüssel, dann ist der Schlüssel gefunden. Ende.
- Ist x kleiner als der Schlüssel von p, dann wird die Suche beim linken Kind von p fortgesetzt.

– Ist x größer als der Schlüssel von p, dann wird die Suche beim rechten Kind von p fortgesetzt.

statischer Suchbaum

Es gibt Anwendungen, bei denen die in einem Suchbaum abzuspeichernden Schlüssel fest sind und vorwiegend die Suchoperation ausgeführt wird. Dann kann ein statischer Suchbaum konstruiert werden, wobei die unterschiedlichen Suchhäufigkeiten für verschiedene Schlüssel berücksichtigt werden können.

dynamischer Aufbau eines Suchbaums

Andere Anwendungen erfordern, dass Bäume durch fortgesetztes, iteriertes Einfügen aus dem anfangs leeren Baum erzeugt werden. Dabei wird die Struktur des entstehenden Baums stark davon beeinflusst, in welcher Reihenfolge die Schlüssel in den anfangs leeren Baum eingefügt werden. Es können nahezu vollständig ausgeglichene Binärbäume erzeugt werden, aber auch zu linearen Listen degenerierte Bäume, d.h., jeder Knoten hat nur einen Nachfolger (entarteter Baum). Ein Baum, der nach einer Einfüge- oder Entferneoperation in Gefahr gerät, aus der Balance zu geraten, also zu degenerieren, kann wieder so rebalanciert werden, dass alle drei Basisoperationen in logarithmischer Schrittzahl ausführbar sind.

3.8.2 Zuerst die Theorie: Attribute und Operationen eines binären Suchbaums

Um einen binären Suchbaum aufbauen, verwalten und manipulieren zu können sind – analog wie bei einer Liste – drei Bestandteile erforderlich:

- Datenelemente, die verwendet werden (Daten),
- Verknüpfungselemente, die jeweils auf ein Datenelement und auf die maximal zwei Nachfolger zeigen (Knoten),
- Verwaltungselement, das Verwaltungsinformationen enthält (Baum).

rekursiver Aufbau

Anders als eine Liste lässt sich ein Baum rekursiv verwalten, wenn man folgende Abstraktion anwendet:

– Ein binärer Baum besteht prinzipiell aus der **Wurzel** und einem linken und einem rechten **Teilbaum**.
– Jeder Teilbaum hat wiederum eine Wurzel und einen linken und einen rechten Teilbaum.

Das Objektdiagramm der Abb. 3.8-2 zeigt die prinzipielle Verwaltung eines Baums.

Schlüsselablage

Die Schlüssel werden im Baum **geordnet** abgelegt bezüglich einer definierten < -Relation. Es gelten folgende Regeln:

- Alle Schlüssel im linken Teilbaum sind kleiner als dessen Wurzel.
- Alle Schlüssel im rechten Teilbaum sind größer als dessen Wurzel.

Schlüsselsuche

Schlüssel werden in einem Baum folgendermaßen gesucht (siehe dazu auch Abb. 3.8-1 und Abb. 3.8-2):

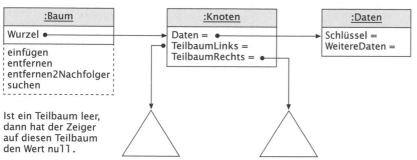

*Abb. 3.8-2:
Objektdiagramm
mit Zeigern zur
Veranschaulichung
eines rekursiv ver-
walteten binären
Suchbaums*

1 Enthält der (Teil-)Baum Knoten?

2 Wenn nein, dann ist der Schlüssel nicht im Baum enthalten. Ende.

3 Wenn ja, dann prüfen, ob der Wurzelknoten des (Teil-)Baums den Schlüssel enthält. Wenn ja, dann Ende.

4 Ist der Schlüssel *nicht* im Knoten enthalten, dann prüfen, ob er kleiner oder größer ist.

5 Ist er kleiner, dann muss im linken Teilbaum weitergesucht werden (rekursiver Aufruf).

6 Ist er größer, dann ist im rechten Teilbaum weiterzusuchen (rekursiver Aufruf).

Um einen Schlüssel in einen Suchbaum einzufügen, wird zunächst nach dem einzufügenden Schlüssel in dem Baum gesucht. Ist der einzufügende Schlüssel nicht im Baum vorhanden, dann endet die Suche erfolglos in einem Blatt, d.h. einem leeren Teilbaum. Der gesuchte Schlüssel wird an der erwarteten Position unter den Blättern eingefügt. Dadurch wird sichergestellt, dass der entstehende Baum wieder ein Suchbaum ist. Neue Knoten werden also immer als Blätter in den Baum eingefügt: *Einfügen eines Knotens*

1 Ist der (Teil-)Baum leer, d.h., enthält er keine Knoten, dann wird der neue Knoten dort eingefügt. Linker und rechter Nachfolgezeiger erhalten den Wert null. Die Operation endet.

2 Sonst ist der einzufügende Schlüssel mit dem Wurzelknoten des (Teil-)Baums zu vergleichen.

3 Ist er kleiner, dann wird im linken Teilbaum fortgefahren.

4 Ist er größer, dann wird die Operation auf den rechten Teilbaum angewandt.

Abb. 3.8-3 verdeutlicht das Einfügen eines Knotens

Der durch die Einfügen-Operation entstehende Suchbaum für eine Menge von Schlüsseln hängt stark davon ab, in welcher Reihenfolge die Schlüssel in den anfangs leeren Baum eingefügt werden. Es entstehen zu Listen degenerierte Suchbäume der Höhe N, wenn N Schlüssel in aufsteigend sortierter Reihenfolge eingefügt werden. Es können aber auch niedrige, nahezu vollständige Suchbäume mit minimal möglicher Höhe $\lceil \log_2 N \rceil$ entstehen, bei denen sämtliche Blätter auf höchstens zwei verschiedenen Niveaus auftreten. Abb. 3.8-4 zeigt als

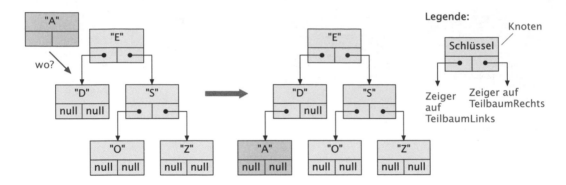

Abb. 3.8-3:
Einfügen eines Knotens in einen Baum

Löschen eines Knotens

Beispiel für diese beiden Extremfälle zwei Suchbäume für die Menge {»A«, »C«, »N«, »P«, »W«,»Y«}.

Das Löschen eines Knotens hängt davon ab, ob er

– maximal einen Nachfolger oder
– zwei Nachfolger

hat.

Abb. 3.8-4:
Unterschiedliche Baumstrukturen in Abhängigkeit von der eingegebenen Schlüsselreihenfolge

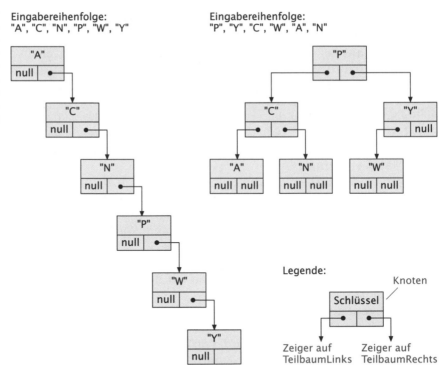

Hat der zu löschende Knoten maximal einen Nachfolger, dann erfolgt das Löschen analog zur Liste (Abb. 3.8-5).

Hat der zu löschende Knoten zwei Nachfolger, dann gibt es folgende Alternativen:

624

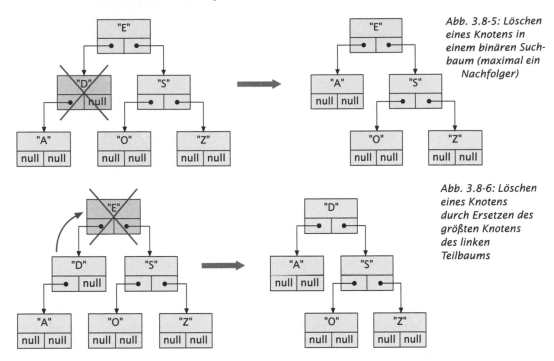

Abb. 3.8-5: Löschen eines Knotens in einem binären Suchbaum (maximal ein Nachfolger)

Abb. 3.8-6: Löschen eines Knotens durch Ersetzen des größten Knotens des linken Teilbaums

- Ersetzen durch den größten Knoten des linken Teilbaums (Abb. 3.8-6)
- Ersetzen durch den kleinsten Knoten des rechten Teilbaums (Abb. 3.8-7)
- Abwechselnd die erste und zweite Alternative anwenden.

Die Wahl der Alternative hat Einfluss auf die Struktur des entstehenden Baums.

Das Löschen wird in folgenden Schritten durchgeführt:

1 Enthält der (Teil-)Baum Knoten, dann wird der zu löschende Schlüssel mit dem Wurzelknoten des (Teil-)Baums verglichen.

2 Ist er kleiner, dann wird im linken Teilbaum fortgefahren.

3 Ist er größer, dann wird im rechten Teilbaum fortgefahren.

Abb. 3.8-7: Löschen eines Knotens durch Ersetzen des kleinsten Knotens des rechten Teilbaums

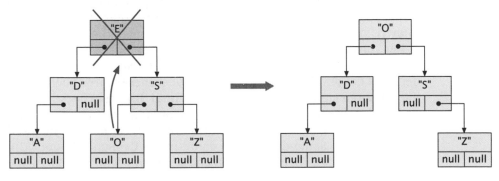

4 Ist der zu löschende Schlüssel gefunden, dann wird geprüft, ob der betreffende Knoten maximal einen oder zwei Nachfolger hat.

5 Hat er maximal einen Nachfolger, dann wird der Knoten durch Umsetzen der Zeiger aus dem Baum entfernt. Die Operation endet.

6 Hat er zwei Nachfolger, dann wird durch eine Operation der größte Knoten des linken Teilbaums bestimmt.

7 Dieser Knoten wird auf den zu löschenden Knoten kopiert und die betroffenen Zeiger werden umgesetzt. Die Operation endet.

Traversierungs-strategien In vielen Anwendungen ist es erforderlich, sämtliche Knoten eines Baums zu durchlaufen. Die drei wichtigsten Traversierungsstrategien sind:

- Hauptreihenfolge *(preorder):* Wurzel, linker Teilbaum, rechter Teilbaum
- Nebenreihenfolge *(postorder):* linker Teilbaum, rechter Teilbaum, Wurzel
- symmetrische Reihenfolge *(inorder):* linker Teilbaum, Wurzel, rechter Teilbaum

Die Bezeichnungen sollen deutlich machen, wann die Wurzel eines Baums betrachtet wird: Vor, nach oder zwischen den Teilbäumen.

Traversieren in Hauptreihenfolge Das Durchlaufen eines Baums lässt sich rekursiv definieren. Der Algorithmus zum Traversieren in Hauptreihenfolge sieht folgendermaßen aus:

a Starte mit der Wurzel p

b Durchlaufe den linken Teilbaum von p in Hauptreihenfolge

c Durchlaufe den rechten Teilbaum von p in Hauptreihenfolge

Beispiel Durchläuft man den rechten Baum der Abb. 3.8-4, dann erhält man folgende Ergebnisse:
Hauptreihenfolge: »P«, »C«, »A«, »N«, »Y«, »W«
Nebenreihenfolge: »A«, »N«, »C«, »W«, »Y«, »P«
Symmetrische Reihenfolge: »A«, »C«, »N«, »P«, »W«, »Y«

Diese Traversierungsstrategien bilden das problemunabhängige Gerüst für spezifische Aufgaben wie Ausdrucken, Markieren, Kopieren aller in einem binären Suchbaum auftretenden Knoten oder Schlüssel in bestimmter Reihenfolge, die Berechnung der Summe, des Durchschnitts, der Anzahl aller in einem Baum gespeicherten Schlüssel, die Ermittlung der Höhe eines Baums oder der Tiefe eines Knotens usw.

Aufwand Der Aufwand zum Ausführen der Operationen Suchen, Einfügen und Entfernen von Schlüsseln in einem binären Suchbaum hängt von der Höhe des jeweiligen Baums ab. Die Höhe eines binären Suchbaums mit n Knoten kann **maximal n** und **minimal $\lceil \log_2(n+1) \rceil$** sein.

Im schlechtesten Fall muss man einem Pfad von der Wurzel zu einem Blatt folgen, um die Operation auszuführen. Der Aufwand liegt bei einem Baum der Höhe h damit in der Größenordnung O(h). Dabei kann h zwischen $\lceil \log_2(n+1) \rceil$ und n liegen, wenn der Baum vor

Ausführen der Operation n Schlüssel hatte. Im schlechtesten Fall sind Suchbäume nicht besser als verkettet gespeicherte lineare Listen. Im Mittel sind binäre Suchbäume aber wesentlich besser. Anhand verschiedener Analyseverfahren (siehe z.B. /Ottmann, Widmayer 02/) kann man zeigen, dass jeder Knoten in einem binären Suchbaum mit n Knoten **im Mittel** einen Abstand **O($\sqrt{n}$)** von der Wurzel hat.

3.8.3 Dann die Praxis: Binäre Suchbäume in Java

Analog wie bei der Verwaltung von Listen erfolgt die Verwaltung von Bäumen durch zwei Klassen. Die Klasse Knoten beschreibt ein Knotenobjekt:

```
/* Programmname: Binärer Suchbaum
 * Fachkonzept-Klasse: Knoten
 * Aufgabe: Verknüpfungselement, das auf ein Datenelement und
 * maximal 2 Kinder zeigt
 * Einschränkung: Es wird nur ein Zeichen-Schlüssel ohne weitere
 * Daten gespeichert
 */

public class Knoten                                    Klasse Knoten
{
  //Attribute
  private char Schluessel;
  //allgemein: Object Daten mit Speicherung des Schlüssels
  private Knoten TeilbaumLinks;
  private Knoten TeilbaumRechts;
    //Konstruktor
  public Knoten(char Schluessel, Knoten TeilbaumLinks,
    Knoten TeilbaumRechts)
  {
    this.Schluessel = Schluessel;
    this.TeilbaumLinks = TeilbaumLinks;
    this.TeilbaumRechts = TeilbaumRechts;
  }
    //Standardoperationen
  public char getSchluessel() { return Schluessel; }
  public Knoten getKnotenLinks() { return TeilbaumLinks; }
  public Knoten getKnotenRechts() { return TeilbaumRechts; }

  public void setSchluessel(char Schluessel)
    {this.Schluessel = Schluessel; }
  public void setKnotenLinks(Knoten TeilbaumLinks)
    {this.TeilbaumLinks = TeilbaumLinks; }
  public void setKnotenRechts(Knoten TeilbaumRechts)
    {this.TeilbaumRechts = TeilbaumRechts; }
}
```

Die Klasse Baum stellt die benötigten Operationen zur Verfügung. Alle Operationen sind rekursiv:

```
/* Programmname: Binärer Suchbaum
 * Fachkonzept-Klasse: Baum
```

```
 * Aufgabe: Implementierung eines binären Suchbaums
 * Einschränkung: Es wird nur ein Zeichen-Schlüssel ohne weitere
 * Daten gespeichert
 */
import java.util.Iterator;
```

Klasse Baum
```java
public class Baum
{
  //Attribute
  private Knoten Wurzel;
  private Knoten Loeschposition;
  //Standardoperationen
  public Iterator iterator()
  {
    return new BaumIterator( getWurzel() );
  }
  public boolean suchen(char Schluessel)
  {
    return suchenInTeilbaum(Schluessel, getWurzel());
  }
  public void einfuegen(char Schluessel)
  {
    setWurzel(einfuegenInTeilbaum(Schluessel, getWurzel()));
  }
    public void entfernen(char Schluessel)
  {
    setWurzel(entfernenAusTeilbaum(Schluessel, getWurzel()));
  }
  public Knoten getWurzel() {return Wurzel; }
  private void setWurzel(Knoten Wurzel) {this.Wurzel = Wurzel; }

  private boolean suchenInTeilbaum(char Schluessel,
    Knoten Teilbaum)
  {
    boolean gefunden = false;
          if(Teilbaum == null) gefunden = false;
    else if (Schluessel == Teilbaum.getSchluessel())
      gefunden = true;
    else if (Schluessel < Teilbaum.getSchluessel())
    //im linken Teilbaum weitersuchen
    { //rekursiver Aufruf
      gefunden = suchenInTeilbaum(Schluessel,
        Teilbaum.getKnotenLinks());
    }
    else if (Schluessel > Teilbaum.getSchluessel())
    //im rechten Teilbaum weitersuchen
    { //rekursiver Aufruf
      gefunden = suchenInTeilbaum(Schluessel,
        Teilbaum.getKnotenRechts());
    }
    return gefunden;
  }
  private Knoten einfuegenInTeilbaum(char Schluessel,
    Knoten Teilbaum)
  {
```

```
  if(Teilbaum == null)
  {
    Teilbaum = new Knoten(Schluessel, null, null);
  }
  else if (Schluessel < Teilbaum.getSchluessel())
  { //rekursiver Aufruf
    Teilbaum.setKnotenLinks(einfuegenInTeilbaum(Schluessel,
      Teilbaum.getKnotenLinks()));
  }
  else if (Schluessel > Teilbaum.getSchluessel())
  { //rekursiver Aufruf
    Teilbaum.setKnotenRechts(einfuegenInTeilbaum(Schluessel,
      Teilbaum.getKnotenRechts()));
  }
  return Teilbaum;
}
private Knoten entfernenAusTeilbaum(char Schluessel, Knoten
Teilbaum)
{
  if(Teilbaum != null)
  {
    if(Schluessel < Teilbaum.getSchluessel())
      //rekursiver Aufruf
      Teilbaum.setKnotenLinks(entfernenAusTeilbaum
        (Schluessel, Teilbaum.getKnotenLinks()));
    else if(Schluessel > Teilbaum.getSchluessel())
      //rekursiver Aufruf
      Teilbaum.setKnotenRechts(entfernenAusTeilbaum
        (Schluessel,Teilbaum.getKnotenRechts()));
    else
    {
      Loeschposition = Teilbaum;
      if(Loeschposition.getKnotenRechts() == null)
          Teilbaum = Loeschposition.getKnotenLinks();
      else if(Loeschposition.getKnotenLinks() == null)
          //Lokale Hilfsoperation aufrufen
          Teilbaum = Loeschposition.getKnotenRechts();
      else
        Loeschposition.setKnotenLinks
                (entfernen2Nachf(Loeschposition.
                getKnotenLinks()));
      Loeschposition = null;
    }
  }
  return Teilbaum;
}
//Knoten hat zwei Nachfolger
private Knoten entfernen2Nachf(Knoten Teilbaum)
{
  if(Teilbaum.getKnotenRechts() != null)
    //rekursiver Aufruf
    Teilbaum.setKnotenRechts
      (entfernen2Nachf(Teilbaum.getKnotenRechts()));
  else
  {
    Loeschposition.setSchluessel(Teilbaum.getSchluessel());
```

```
                      Loeschposition = Teilbaum;
                      Teilbaum = Teilbaum.getKnotenLinks();
                  }
                  return Teilbaum;
              }
          }
```

Die grafische Anzeige des Baums erfolgt durch eine gesonderte Klasse
BaumAnsicht:

```
/* Programmname: Binärer Suchbaum
 * GUI-Klasse: BaumAnsicht
 * Aufgabe: Gibt auf Rechteckfläche den Suchbaum grafisch aus
 */

import java.awt.*;
```

Klasse
BaumAnsicht

```
public class BaumAnsicht
{
    //Attribut
    private Baum einBaum;
    //Konstruktor
    public BaumAnsicht(Baum einBaum)
    {
        this.einBaum = einBaum;
    }
    public void ausgeben(int EinrueckTiefe, int XPosition,
        Graphics g)
    {
        g.setColor(Color.yellow);
        g.fillRect(XPosition - 150, 100, 300, 140);//Rechteck
        g.setColor(Color.black);
        ausgebenTeilbaum(einBaum.getWurzel(), EinrueckTiefe,
            XPosition, g);
    }
    //rekursive Ausgabe der Zeichen-Schlüssel
    public void ausgebenTeilbaum(Knoten Teilbaum,
        int EinrueckTiefe, int XPosition, Graphics g)
    {
        String Zeichen;
        if(Teilbaum != null)
        {
            //rekursiver Aufruf
            ausgebenTeilbaum(Teilbaum.getKnotenRechts(),
                EinrueckTiefe+1, XPosition + (7 - EinrueckTiefe) * 6, g);
            Zeichen = "" + Teilbaum.getSchluessel();
            g.drawString(Zeichen, XPosition, 120 + EinrueckTiefe * 18);
            //rekursiver Aufruf
            ausgebenTeilbaum(Teilbaum.getKnotenLinks(),
                EinrueckTiefe+1, XPosition - (7 - EinrueckTiefe) * 6, g);
        }
    }
}
```

Die Abb. 3.8-8 zeigt die Benutzungsoberfläche des Programms.

630

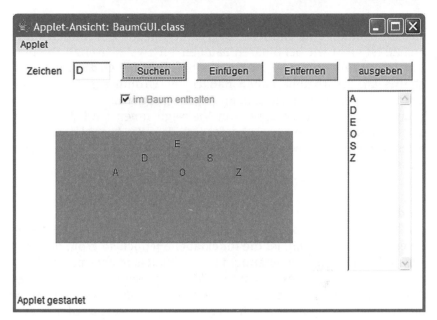

*Abb. 3.8-8:
Benutzungs-
oberfläche zur
Verwaltung eines
binären
Suchbaums*

 Das Durchlaufen aller Elemente eines Baumes erfolgt wie bei Listen mithilfe eines Iterators. Eine Klasse `BaumIterator`, die die Elemente des Baumes sortiert ausgibt, befindet sich auf der CD-ROM.

3.8.4 Ausblick: Allgemeine Bäume und gerichtete Graphen

Binäre Suchbäume bilden eine Untermenge allgemeiner Bäume. Eine wichtige Untermenge binärer Suchbäume sind **balancierte Binärbäume**. Durch zusätzliche Bedingungen an die Struktur der Bäume wird ein Entarten zu einer Liste verhindert. Die Operationen zum Einfügen und Entfernen von Schlüsseln werden dadurch aber komplizierter.

balancierte Binärbäume

- Bei **AVL-Bäumen,** die 1962 von **A**delson-**V**elskij und **L**andis vorgeschlagen wurden, wird ein Degenerieren durch eine Forderung an die Höhendifferenz der beiden Teilbäume eines Knotens verhindert. Solche Bäume heißen daher auch höhenbalancierte Bäume.
- Bei **Bruder-Bäumen** müssen alle Blätter denselben Abstand zur Wurzel haben. Außerdem gibt es eine Bedingung für den Verzweigungsgrad von Knoten.
- Bei **gewichtsbalancierten Bäumen** müssen für jeden Knoten die Gewichte der Teilbäume, das ist die Anzahl ihrer Knoten, in einem bestimmten Verhältnis zueinander stehen.

Alle diese Bäume stellen sicher, dass ein Baum mit n Knoten eine Höhe $O(\log_2 n)$ hat und dass das Suchen, Einfügen und Entfernen von Schlüsseln in logarithmischer Zeit möglich ist.

allgemeine Bäume

Im Gegensatz zu binären Bäumen besitzen die Knoten bei allgemeinen Bäumen eine endliche, begrenzte Anzahl von Kindern. Die Anzahl ist nicht wie bei binären Bäumen auf zwei begrenzt. Die maximale Anzahl von Kindern eines Knotens gibt die **Ordnung eines Baums** an. Binärbäume haben danach die Ordnung 2. Bäume der Ordnung d > 2 bezeichnet man als **Vielwegbäume.**

B-Bäume

Eine wichtige Untergruppe von Vielwegbäumen sind die so genannten **B-Bäume**. Für sie wird gefordert, dass die Anzahl der Kinder jedes Knotens zwischen einer festen Unter- und Obergrenze liegen muss.

Abschnitt 2.20.4

Bei allen bisher behandelten Binärbäumen wurde implizit davon ausgegangen, dass die Daten vollständig im Arbeitsspeicher verwaltet werden. Ist dies nicht der Fall, dann verwaltet man die Schlüssel in der Regel in einer Indextabelle mit einem Verweis, wo die zugehörigen Daten gespeichert sind. Ist die Indextabelle jedoch so groß, dass sie ebenfalls nicht mehr vollständig in den Arbeitsspeicher passt, dann müssen Teile des Index selbst auf einen externen Speicher ausgelagert werden. Liegt eine solche Situation vor, dann kann der Index hierarchisch als Baum, nämlich als B-Baum organisiert werden. Dazu wird der Index in einzelne Seiten unterteilt. Die Seiten sind zusammenhängend auf einem externen Speicher abgelegt. Die Seitengröße ist so gewählt, dass mit einem externen Speicherzugriff genau eine Seite in den Arbeitsspeicher geladen werden kann. Jede Seite enthält nicht nur einen Teil des Index, sondern Zusatzinformationen, die angeben, welche Seite neu zu laden ist, wenn der gesuchte Schlüssel sich *nicht* im Arbeitsspeicher befindet. Die Knoten des B-Baums entsprechen den Seiten. Jeder Knoten enthält Schlüssel und Zeiger auf weitere Knoten. Durch zusätzliche Forderungen an die Baumstruktur wird sichergestellt, dass die Wörterbuchoperationen effizient ausgeführt werden können.

Listen stellen eindimensionale Verkettungen von Informationen dar: Jeder Knoten einer Liste hat entweder einen oder keinen Nachfolger. Binäre Bäume repräsentieren eine zweidimensionale Verkettung: Jeder Knoten ist mit höchstens zwei Kindern verbunden. Abstrahiert man von den spezifischen Einschränkungen, dann gelangt

gerichtete Graphen

man zum Konzept des **gerichteten Graphen:** Für jeden Knoten wird festgelegt, mit welchen anderen Knoten er in gerichteter Weise verbunden ist. G = (V, E) heißt gerichteter Graph *(digraph)* mit Knotenmenge V *(vertices, nodes)* und Kantenmenge E *(edges, arcs),* falls gilt: V ist eine endliche Menge und E ⊆ V x V. Bäume kann man als spezielle planare, zyklenfreie Graphen auffassen.

Operationen auf Graphen

Auf Graphen werden folgende typische Operationen ausgeführt:
- Erzeugen eines neuen Graphen
- Einfügen oder Löschen eines Knotens
- Einfügen oder Löschen einer Kante

■ Test, ob ein Knoten vorhanden ist

■ Test, ob eine Kante vorhanden ist

Mithilfe von Graphen können vielfältige Probleme gelöst werden, z.B.

– Wie transportiere ich ein Gut am preiswertesten von mehreren Anbietern zu mehreren Nachfragern?

– Wie besuche ich alle meine Kunden mit einer kürzestmöglichen Rundreise?

– Wie ordne ich den Mitarbeitern einer Firma am besten diejenigen Tätigkeiten zu, für die sie geeignet sind?

– Wann kann ich ein Projekt frühestens abschließen, wenn die einzelnen Aufgaben in der richtigen Reihenfolge ausgeführt werden?

Baum Verallgemeinerte Listenstruktur (→Liste), bei der jedes Element, Knoten genannt, nicht nur einen Nachfolger, wie bei Listen, sondern eine endliche, begrenzte Anzahl von Nachfolgern, Kinder genannt, hat. Es gibt einen ausgezeichneten Knoten, die Wurzel, der keinen Vorgänger hat. Von der Wurzel zu jedem Knoten führt genau ein Weg. Zwischen den Elternknoten und den Kinderknoten besteht eine hierarchische Beziehung.

Binärer Baum →Baum, bei dem jeder Knoten maximal zwei Nachfolger hat.

Binärer Suchbaum →binärer Baum, wobei für jeden Knoten p gilt: Die Schlüssel im linken Teilbaum von p sind alle kleiner als der Schlüssel von p. Dieser selbst ist wiederum kleiner als sämtliche Schlüssel im rechten Teilbaum von p.

Gerichteter Graph →Datenstruktur bestehend aus Knoten, die durch gerichtete Kanten verbunden sind. →Bäume und →Listen sind Graphen, die bestimmten Bedingungen genügen.

Liste Endliche, linear geordnete Sequenz von Elementen. Jedes Element hat eine Position in der Liste und einen Vorgänger und Nachfolger (ausgenommen am Anfang und am Ende).

Lineare Liste →Liste.

Verkettete Liste →Liste, deren Elemente durch Zeiger auf den Nachfolger (einfach verkettet) und den Vorgänger (doppelt verkettet) miteinander verbunden sind. Jedes Element enthält neben den Daten bzw. einem Zeiger auf die Daten mindestens einen Zeiger.

linked list →verkettete Liste.

Für viele Anwendungsbereiche, insbesondere auch für systemnahe Aufgaben, spielen gerichtete Graphen und darauf arbeitende Algorithmen eine wichtige Rolle. Während gerichtete Graphen Zyklen bilden können, sind Bäume azyklische Graphen mit einem ausgezeichneten Knoten, der Wurzel, der keinen Vorgänger hat. Von der Wurzel führt zu jedem Knoten genau ein Weg. Charakteristisch für Bäume ist, dass die darauf arbeitenden Algorithmen rekursiv sind. Besonders häufig werden binäre Bäume benötigt, bei denen jeder Knoten maximal zwei Nachfolger hat.

Um eine schnelle Suche in binären Bäumen zu ermöglichen, werden die Suchschlüssel so gespeichert, dass alle Schlüssel im jeweils linken Teilbaum kleiner und im jeweils rechten Teilbaum größer sind. Es liegt dann ein binärer Suchbaum vor. Im besten Fall ist der Zeitaufwand für das Suchen, Einfügen und Entfernen von Schlüsseln $O(n) = \log_2 n$, wobei n die Anzahl der Knoten ist.

Eine Liste bzw. lineare Liste ist ein gerichteter Graph, bei dem jeder Knoten genau einen Vorgänger und einen Nachfolger hat, ausgenommen der erste und letzte Knoten. Eine solche Liste kann als Feld gespeichert werden oder als verkettete Liste *(linked list)*, wobei die Knoten durch Zeiger miteinander verbunden sind. Die Elemente einer Liste können geordnet und ungeordnet gespeichert werden.

Bei verkettet gespeicherten Listen wird für das Einfügen, Entfernen und Anhängen eines Elements eine konstante Zeit $O(n) = k$ benötigt, für das Suchen eines Elements die Zeit $O(n) = n$.

/Aho, Hopcroft, Ullman 83/
  Aho A., Hopcroft J., Ullman J., *Data Structures and Algorithms*, Reading: Addison-Wesley 1983, 427 S.
  Standardwerk, behandelt alle grundlegenden Datenstrukturen einschließlich Listen und Bäumen.
/Cormen, Leiserson, Rivest 01/
  Cormen T., Leiserson C., Rivest R., *Introduction to Algorithms*, 2nd edition, Cambridge: The MIT Press 2001, 1184 S.
  Ausführliche Behandlung der Algorithmik, der Theorie der Algorithmen und verschiedener Algorithmengebiete.
/Harel 04/
  Harel D., *Algorithmics – The Spirit of Computing*, 3rd edition, Wokingham: Addison-Wesley 2004, 536 S.
  Ausführliche Behandlung der Algorithmik und der Theorie der Algorithmen.
/Manber 89/
  Manber U., *Introduction to Algorithms – A Creative Approach*, Reading: Addison-Wesley 1989, 478 S.
  Ausführliche Behandlung der Algorithmik und der Theorie der Algorithmen einschließlich Listen und Bäume.
/Ottmann 98/
  Ottmann T. (Hrsg.), *Prinzipien des Algorithmenentwurfs*, Heidelberg: Spektrum Akademischer Verlag 1998, 228 S. mit 2 CD-ROMs.
  Multimedial aufbereitete Themen aus dem Gebiet Algorithmen und Datenstrukturen.
/Ottmann, Widmayer 02/
  Ottmann T., Widmayer P., *Algorithmen und Datenstrukturen*, Heidelberg: Spektrum Akademischer Verlag, 4. Auflage 2002, 716 S.
  Behandlung folgender Algorithmengebiete: Sortieren, Suchen, Hashverfahren, Listen, Bäume, Manipulation von Mengen, geometrische Algorithmen, Graphenalgorithmen.
/Shaffer 98/
  Shaffer C., *A Practical Introduction to Data Structures and Algorithm Analysis – Java Edition*, Upper Saddle River: Prentice Hall, 1998, 488 Seiten
  Behandelt alle wichtigen Datenstrukturen und Algorithmen einschließlich Aufwandsberechnungen; Algorithmen sind in Java formuliert.
/Weiss 01/
  Weiss M., *Data Structures and Problem Solving Using Java*, Reading: Addison-Wesley 2001
  Behandelt alle wichtigen Datenstrukturen und Algorithmen einschließlich Aufwandsberechnungen; Algorithmen sind in Java formuliert.

1 *Lernziel: Gegebene Datenstrukturen und ihre Algorithmen deuten und interpretieren können.*
Die folgenden Objektdiagramme stellen drei Objektzustände einer Datenstruktur in zeitlicher Reihenfolge dar.

Analytische
Aufgaben
Muss-Aufgabe
20 Minuten

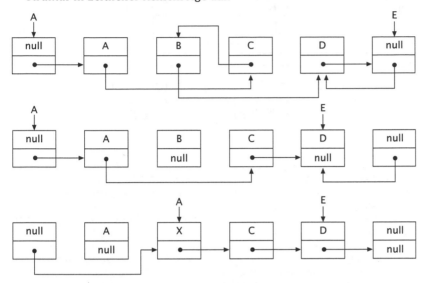

a Welche Datenstruktur wird dargestellt?
b Welche (Standard-)Operationen dieser Datenstruktur wurden von einem zum nächsten Objektzustand ausgeführt?
c Sind alle Zeiger korrekt gesetzt? Andernfalls ergänzen oder korrigieren Sie die Zeiger.

2 *Lernziel: Gegebene Datenstrukturen und ihre Algorithmen deuten und interpretieren können.*
Vergleichen Sie den folgenden Baum mit dem dargestellten Objektnetz.
a Sind die Darstellungen identisch?
b Ist der Baum ein binärer Suchbaum?
c Korrigieren Sie gegebenenfalls das Objektdiagramm und/oder den Baum.

Muss-Aufgabe
20 Minuten

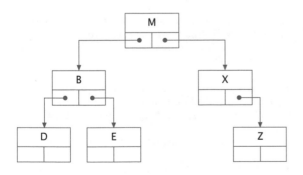

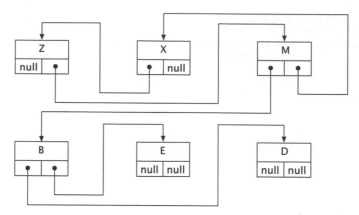

Konstruktive
Aufgaben
Muss-Aufgabe
20 Minuten

3 *Lernziele: Selbstständig einfache dynamische Datenstrukturen mit ihren Operationen entwerfen und programmieren können. Die behandelten Datenstrukturen und Algorithmen bei der Programmierung problem- und aufwandsgerecht einsetzen können.*
Zeichnen Sie für das Programm in Abschnitt 3.8.3 ein OOD-Diagramm in UML-Notation.

Muss-Aufgabe
30 Minuten

4 *Lernziel: Eigene Operationen auf Listen und Bäumen erstellen können.*
Implementieren Sie ein Java-Programm, das zwei Listen zu einer Liste verkettet. Gehen Sie von der in Abschnitt 3.7.1 und 3.7.2 (Abb. 3.7.1) verwendeten Kennzeichnung des Listenanfangs und des Listenendes aus. Wie groß ist der Aufwand bei sequenziell gespeicherten Listen der Längen n_1 und n_2 für eine Verkettung?

Muss-Aufgabe
20 Minuten

5 *Lernziel: Eigene Operationen auf Listen und Bäumen erstellen können.*
Implementieren Sie eine Zugriffsoperation IsEqual(), die zwei einfach verkettete Listen gemäß Abschnitt 3.7.2 auf Gleichheit überprüft. Programmieren Sie diese Operation nicht-rekursiv mit Hilfe einer Schleife.

Muss-Aufgabe
30 Minuten

6 *Lernziel: Eigene Operationen auf Listen und Bäume erstellen können.*
Schreiben Sie eine effiziente, iterative Prozedur Wende, die eine Liste der Länge n > 0 als Parameter übergeben bekommt und in umgekehrter Reihenfolge zurückgibt. Die ursprüngliche Liste soll erhalten bleiben.

Muss-Aufgabe
60 Minuten

7 *Lernziel: Die behandelten Datenstrukturen und Algorithmen bei der Programmierung problem- und aufwandsgerecht einsetzen können.*
Realisieren Sie das Beispiel »Verwaltung eines Lexikons« (Abschnitt 3.7.3) mit der Java-Standard-Klasse TreeMap.

Muss-Aufgabe
40 Minuten

8 *Lernziel: Selbstständig einfache dynamische Datenstrukturen mit ihren Operationen entwerfen und programmieren können.*
Implementieren Sie eine Warteschlange als ringförmiges Feld (Abb. 3.7-12).
Realisieren Sie hierzu die Operationen enqueue und dequeue.

Muss-Aufgabe
30 Minuten

9 *Lernziel: Selbstständig einfache dynamische Datenstrukturen mit ihren Operationen entwerfen und programmieren können.*
Implementieren Sie einen Keller durch ein Feld. Realisieren Sie hierzu die Operationen push, pop und top.

Hinweis   Weitere Aufgaben befinden sich auf der CD-ROM.

3 Algorithmik und Software-Technik – Suchen & Sortieren sowie Generische Typen

■ Struktur und Dynamik der behandelten Algorithmen anschaulich erklären können.

verstehen

■ Die Klassifikation von Such- und Sortieralgorithmen erläutern können.

■ Gegebene Datenstrukturen und ihre Algorithmen deuten und interpretieren können.

■ Generische Typen und ihre Funktionsweise erklären können.

■ Das Lösungsprinzip eines dargestellten Algorithmus in ein Java-Programm umsetzen können.

anwenden

■ Einfache Aufwandsabschätzungen vornehmen können.

■ Die behandelten Algorithmen bei der Programmierung problem- und aufwandsgerecht einsetzen können.

■ Generische Typen bei der Programmierung sachgerecht einsetzen können.

☑ ■ Zum Verständnis der Kapitel 3.9 und 3.10 sind Java-Programmierkenntnisse erforderlich, wie sie im Hauptkapitel 2 vermittelt werden.

■ Das Kapitel 3.6 (Aufwand von Algorithmen) muss bekannt sein.

3.9 Suchen

Das Suchen von Informationen in Informationsbeständen gehört zu den häufigsten Aufgaben, die mit Computersystemen ausgeführt werden. Oft ist die Information, die gesucht wird, durch einen Schlüssel eindeutig identifizierbar. Schlüssel sind in der Regel positive ganze Zahlen wie Artikelnummer, Kontonummer usw. oder alphabetische Schlüssel wie Nachname, Firmenname usw. Von dem Schlüssel gibt es meist eine Referenz auf die eigentlichen Informationen. Die Suchverfahren können verschiedenen Kategorien zugeordnet werden:

- **Elementare Suchverfahren:** Es werden nur Vergleichsoperationen zwischen Schlüsseln ausgeführt.

Abschnitt 2.19.7
- **Schlüssel-Transformationen** (*Hash*-Verfahren): Aus dem Suchschlüssel wird mit arithmetischen Operationen direkt die Adresse von Datensätzen berechnet.

- **Suchen in Texten:** Suchen eines Musters in einer Zeichenkette.

Abb. 3.9-1:
Überblick über
Suchverfahren

Die Abb. 3.9-1 gibt einen Überblick über Suchverfahren in den aufgeführten Kategorien.

Suchverfahren		
Elementare Suchverfahren	**Schlüssel-Transformationen (*Hash*-Verfahren)**	**Suchen in Texten**
Schlüssel ungeordnet / Schlüssel geordnet	Offene Verfahren / Verkettung der Überläufer	Direkte Suche $O(n,m) = n \cdot m$
Sequenzielles bzw. lineares Suchen $O(n) = n$	Binäres Suchen $O(n) = \log_2 n$ / Lineares Sondieren / Separate Verkettung	Knuth-Morris-Pratt-Algorithmus $O(n,m) = n+m$
	Interpolationssuchen $O(n) = \log_2 \log_2 n$ / Quadratisches Sondieren / Direkte Verkettung	Boyer-Moore-Algorithmus $O(n,m) = n/m$

3.9.1 Elementare Suchverfahren

Elementare Suchverfahren unterscheiden sich darin, ob die Informationen, d.h. die Schlüssel, ungeordnet oder geordnet gespeichert sind.

sequenzielle
Suche

Liegen die Schlüssel *ungeordnet* in einer einfach verkettet oder sequenziell gespeicherten linearen Liste (Abb. 3.7-10), dann ist **sequenzielles** bzw. **lineares Suchen** erforderlich. Alle Elemente der Liste müssen durchlaufen werden, und der Schlüssel jedes Elements muss mit dem Suchschlüssel verglichen werden. Die Suche ist beendet, wenn ein Element mit dem Suchschlüssel gefunden wurde.

Die Operation suchenElement der Klasse Liste (Abschnitt 3.7.2) zeigt die Implementierung der sequenziellen Suche bei einer einfach verketteten Liste.

Abschnitt 3.7.2

Enthält die Liste n Elemente, dann wurden im schlechtesten Fall n Schlüsselvergleiche für eine erfolglose Suche benötigt. Nimmt man an, dass die Anordnung der n Schlüssel gleich wahrscheinlich ist, dann ist zu erwarten, dass für eine erfolgreiche Suche im Mittel

Aufwand

$$\frac{1}{n}\sum_{i=1}^{n}i = \frac{n+1}{2}$$

Schlüsselvergleiche durchzuführen sind.

Liegen die Schlüssel *geordnet* in einer sequenziell gespeicherten linearen Liste oder einem binären Suchbaum (Abschnitt 3.8.2), dann kann ein **binäres Suchen** durchgeführt werden.

binäre Suche

Die Suchstrategie des binären Suchens wird an einem Karteikasten mit Karteikarten verdeutlicht:

Suchstrategie

1 Man teile die Kartei in zwei Hälften und schaue nach, ob die gesuchte Karteikarte in der ersten Hälfte oder in der zweiten Hälfte vorkommen muss.

2 Man setze den Halbierungsprozess in der Hälfte fort, in der die Karte vorhanden sein muss, und verfahre entsprechend, bis die gesuchte Karteikarte gefunden ist oder nur noch eine Karte übrig bleibt.

Durch die wiederholte Zweiteilung wird der zu untersuchende Bereich eingeengt. Es liegt das allgemeine Lösungsprinzip »Teile und Herrsche« vor.

Wie die Suchstrategie schon nahe legt, lässt sich die binäre Suche elegant rekursiv formulieren:

```
binäresSuchen (Feld a, Schlüssel k)
{
//Sucht in Feld a mit aufsteigend sortierten Schlüsseln nach
//Element mit Schlüssel k
//Es gilt: a[1].Schlüssel ≤ a[2].Schlüssel ≤...≤ a[n].Schlüssel
1 Ist a leer, dann endet die Suche erfolglos, sonst betrachte das
  Element a[m] an der mittleren Position m in a.
2 Ist k < a[m].Schlüssel, dann durchsuche das linke Teilfeld a[1],
  ...a[m - 1] nach demselben Verfahren.
3 Ist k > a[m].Schlüssel, dann durchsuche das rechte Teilfeld a[m
  + 1], ..., a[n] nach demselben Verfahren.
4 Sonst ist k = a[m].Schlüssel und das gesuchte Element ist ge-
  funden.
}
```

Algorithmus

Abb. 3.9-2 zeigt, dass unabhängig von dem gesuchten Schlüssel bei einer Feldlänge von n = 8 das Feld maximal dreimal unterteilt wird.

Beispiel

Entscheidend für den Aufwand ist die Anzahl der notwendigen Halbierungen. Im schlechtesten Fall sind so viele Halbierungen vorzunehmen, bis nur noch ein Element zu betrachten ist. Die Anzahl

Aufwand

639

Feld a[]	5	10	20	25	30	40	80	100

	5	10	20	25	30	40	80	100

Feldlänge n = 8 | 5 | 10 | 20 |

| | | | | | 30 | 40 | 80 | 100 |

Schlüssel k = 15 | | 20 |

Schlüssel k = 30 | 30 |

Abb. 3.9-2: Beispiel für die Binärsuche

der Halbierungen hängt natürlich von der Anzahl der Feldelemente ab. Der Aufwand für eine Suche nach diesem Verfahren ist durch die maximale Anzahl von Halbierungen des Feldes begrenzt. Dies lässt sich leicht berechnen:

Nach der *ersten* Halbierung ist die Länge der beiden entstandenen Teile $n/2^1$.

Nach der *zweiten* Unterteilung ist die Länge der entstandenen Teile $n/2^2$.

usw. ...

Nach der *k-ten* Unterteilung ist die Länge der entstandenen Teile $n/2^k$.

Natürlich kann man nur solange halbieren, wie die Länge der entstandenen Teile größer als 1 ist. Dies führt zu der Ungleichung für die maximale Anzahl von Halbierungen: $n/2^k \geq 1$.

Löst man diese Ungleichung nach k auf, so ergibt sich: $k \leq \log_2(n)$.

Das heißt also, dass das gesuchte Element nach maximal $\log_2(n)$ Halbierungsschritten gefunden ist. Der maximale Aufwand ergibt sich daher zu **$O(n) = \log_2(n)$**.

binärer Suchbaum
Abschnitt 3.8.3

Ein ausbalancierter binärer Suchbaum unterstützt die binäre Suche natürlich optimal. Die Klasse Baum in Abschnitt 3.8.3 enthält die Operation suchen, die eine binäre Suche durchführt. Gegenüber einer binären Suche in einem Feld entfällt beim Suchbaum die Berechnung des jeweils neuen Suchintervalls.

Inter-
polationssuche

Beim binären Suchen wird der Suchraum immer halbiert. Wenn während der Suche jedoch ein Schlüssel gefunden wird, der sehr nahe an dem gesuchten Schlüssel liegt, dann erscheint es sinnvoll, die weitere Suche auf die unmittelbare Nachbarschaft zu konzentrieren. Dies ist die Idee der **Interpolationssuche**.

Beispiel

Sucht man in einem 800 Seiten umfassenden Buch die Seite 200, dann wird man intuitiv das Buch im ersten Viertel aufschlagen. Trifft man die Seite 250, dann liegt die Seite 200 bei der 80-Prozent-Marke zwischen den Seiten 1 und 250. Man wird nun ungefähr 1/5 des Weges nach links greifen. Der Prozess wird solange fortgesetzt, bis man dicht genug an der Seite 200 ist, um Seite für Seite umzuschlagen.

Beim binären Suchen wird als nächstes zu betrachtendes Element das Element mit dem Index m gewählt, wobei m = l + (r – l)/2 ist und l und r die linke und rechte Grenze des Suchbereichs bezeichnet.

Bei der Interpolationssuche wird der Faktor 1/2 durch eine geeignete Schätzung für die erwartete oder wahrscheinliche Position des Suchschlüssels k ersetzt:

$$m = l + \frac{k - a[e].\text{Schlüssel}}{a[r].\text{Schlüssel} - a[l].\text{Schlüssel}} \ (r - l)$$

Der Aufwand hängt nicht nur von der Anzahl der Elemente, sondern auch von den Schlüsselwerten ab. Die Interpolationssuche ist sehr effizient, wenn die Schlüsselwerte relativ gleichverteilt sind. Die Seiten eines Buches (siehe obiges Beispiel) sind natürlich gleich verteilt.

Die Anzahl der Schlüsselvergleiche beträgt im Mittel $O(\log_2 \log_2 n)$, wenn die n Schlüssel unabhängige und gleichverteilte Zufallszahlen sind.

Obwohl dies wie eine wesentliche Verbesserung gegenüber der Binärsuche aussieht, ist die Interpolationssuche in der Praxis nicht viel besser als die Binärsuche. Der Berechnungsaufwand für m ist groß. Außer für sehr große n ist der $\log_2 n$ bereits sehr klein, sodass der Logarithmus davon nicht sehr viel kleiner ist. Im schlechtesten Fall benötigt die Interpolationssuche linear viele Schlüsselvergleiche im Unterschied zum binären Suchen.

Die folgende Tabelle zeigt einen Aufwandsvergleich:

Aufwand

	Sequenzielle Suche	Binäre Suche	Interpolationssuche
Zeitkomplexität 100 Elemente	$t_{mittel} = n/2$ 50 Schritte	$t_{max} = \log_2 n$ 7 Schritte	$t_{mittel} = \log_2 \log_2 n$ 3 Schritte

3.9.2 Schlüssel-Transformationen

Während die elementaren Suchverfahren auf Schlüsselvergleichen basieren, werden bei **Schlüssel-Transformationen**, auch *Hash-Verfahren* oder **Streuspeicherung** genannt, die Adressen von Datensätzen aus den zugehörigen Schlüsseln ermittelt.

Die Operationen Suchen, Einfügen und Entfernen sind im Durchschnitt wesentlich effizienter als bei den Algorithmen, die auf Schlüsselvergleichen basieren. Steht genügend Speicherplatz zur Verfügung, dann ist die Zeit zum Suchen eines Schlüssels *unabhängig* von der Anzahl der gespeicherten Schlüssel.

Aufwand

Das Prinzip der Schlüsseltransformation wurde in Abschnitt 2.19.7 ausführlich behandelt. Problematisch sind bei der Schlüsseltransformation Adresskollisionen, d.h., zwei oder mehrere Schlüssel werden auf dieselbe Adresse abgebildet. Verschiedene Strategien wurden entwickelt, um die Kollisionsbehandlung effizient durchzuführen, wie Abb. 3.9-1 zeigt.

Abschnitt 2.19.7

offene Verfahren

Bei den **offenen** *Hash*-**Verfahren** werden die Überläufer, d.h. die Schlüssel, deren Platz bereits besetzt ist, in der *Hash*-Tabelle selbst abgelegt. Nach einer festen Regel muss ein anderer, nicht belegter Platz, d.h. eine offene Stelle, für den Überläufer gefunden werden.

Beim **linearen Sondieren** wird der neue Datensatz mit seinem Schlüssel an der ersten folgenden freien Stelle gespeichert (Abb. 2.19-15). Beim **quadratischen Sondieren** wird mit quadratisch wachsendem Abstand nach einem freien Platz gesucht.

Verkettung der Überläufer

Eine andere Möglichkeit, Überläufer zu speichern, besteht darin, sie außerhalb der *Hash*-Tabelle abzulegen, z.B. als verkettete lineare Liste. Diese Liste wird an den *Hash*-Tabelleneintrag angehängt, der sich durch Anwendung der *Hash*-Funktion auf die Schlüssel ergibt.

Bei der **separaten Verkettung der Überläufer** ist jedes Element der *Hash*-Tabelle Anfangselement einer Überlaufkette. Bei der **direkten Verkettung der Überläufer** werden *alle* Datensätze in den Überlaufketten gespeichert. In der *Hash*-Tabelle stehen nur Zeiger auf den jeweiligen Listenanfang.

Jede Strategie der Kollisionsbehandlung hat Vor- und Nachteile. Daher sind vor der Wahl einer Strategie die Voraussetzungen sorgfältig mit den Einsatzbedingungen abzugleichen.

3.9.3 Suchen in Texten

Häufig müssen Texte in Texten gesucht werden, d.h., Teilzeichenketten bzw. Muster müssen in Zeichenketten identifiziert werden.

direkte Suche

Bei der **direkten Suche** wird das Muster der Länge m, beginnend beim ersten Zeichen des Textes der Länge n, der Reihe nach an jeden Teiltext des Textes angelegt. Es wird von links nach rechts zeichenweise verglichen und geprüft, ob eine Übereinstimmung vorliegt.

Beispiel 1

```
               1111
1234567890123  Muster = tru
tritratrutsch
1: tr.
2:  .
3:   .
4:    tr.
5:     .
6:      .
7:       tru
```

Beispiel 2

```
   1234567890
   aaaaaaaaab   Muster = aaaaab
1:aaaaa.
2: aaaaa.
3:  aaaaa.
4:   aaaaa.
5:    aaaaab
```

Um ein Wort in einem Text zu finden, ist die Anzahl der Rücksetzungsschritte sehr gering, da die Nichtübereinstimmung meist frühzeitig auftritt. Im Beispiel 1 ist jeweils in Schritt 1 und 4 eine Rücksetzung um eine Position erforderlich. Für Anwendungen mit großem Zeichensatz und kurzen Mustern ist die direkte Suche ganz gut geeignet. Im besten Fall beträgt der Aufwand $O(m, n) = m + n$.

Ist dagegen der Zeichenvorrat klein und besitzt das Muster viele Wiederholungen wie im Beispiel 2, dann beträgt der Aufwand im schlechtesten Fall $O(m, n) = m * n$. Dies trifft oft bei binären Texten, bei der Bildverarbeitung usw. zu.

Die Ursache für den hohen Aufwand liegt in der großen Anzahl der Rücksetzungsschritte. Es wurden daher verbesserte Algorithmen entwickelt, die über ein »Gedächtnis« verfügen, d.h., es wird sich gemerkt, welche Zeichen im Text bereits mit einem Anfangsstück des Musters übereingestimmt haben, bevor eine Nichtübereinstimmung auftrat.

Der Algorithmus von Knuth-Morris-Pratt, erfunden 1970, veröffentlicht 1976/77, nutzt diese Information, sodass der Zeiger auf die nächste Textstelle *niemals* zurückgesetzt werden muss. Vor dem eigentlichen Suchen muss eine Hilfstabelle berechnet werden. Dies lohnt sich nur, wenn der Text wesentlich länger als das Muster ist. Im schlechtesten Fall werden $O(m, n) = m + n$-Schritte benötigt, um ein Muster mit Länge m in einem Text mit Länge n zu finden.

Bei dem Algorithmus von Boyer und Moore, erfunden 1975/1977, werden die Zeichen im Muster nicht von links nach rechts, sondern von rechts nach links mit den Zeichen im Text verglichen. Der Algorithmus benötigt eine Vorverarbeitung und erfordert – anders als der KMP-Algorithmus – ein Zurücksetzen bei Nichtübereinstimmung.

Für genügend kurze Muster und hinreichend große Alphabete genügen $O(m, n) = n/m$ Schritte.

Aufwand
$O(m, n) = m * n$

KMP-Algorithmus

Boyer-Moore-Algorithmus

Aufwand
$O(n, m) = n/m$

3.10 Sortieren

Bei kaufmännisch-administrativen Anwendungen werden über 25 Prozent der Computerzeit für Sortiervorgänge benötigt. Daher wurde intensiv nach effizienten Sortieralgorithmen gesucht. Die heute bekannten Sortierverfahren lassen sich nach folgenden Kriterien klassifizieren:

- Zeitverhalten
- Interne vs. externe Sortierung, d.h. passen die zu sortierenden Schlüssel alle in den Arbeitsspeicher oder nicht.
- Arbeitsspeicherverbrauch, d.h. wird zusätzlicher Speicherplatz – außer dem Platz für die Schlüssel – benötigt.

Klassifikationskriterien

- Stabiles vs. instabiles Verfahren, d.h. die Reihenfolge von Elementen mit gleichem Sortierschlüssel wird während des Sortierens *nicht* vertauscht. Stabilität ist oft erwünscht, wenn die Elemente bereits nach einem zweitrangigen Schlüssel geordnet sind, d.h. nach Eigenschaften, die nicht durch den (Haupt-)Schlüssel selbst ausgedrückt werden, z.B. Name, Vorname.
- Sensibilität bezogen auf die Eingabeverteilung, d.h. verschlechtert sich das Zeitverhalten, wenn die Eingabefolge bereits sortiert oder vollständig unsortiert ist.
- Allgemeines vs. spezielles Verfahren, d.h. wird nur eine lineare Ordnung auf der Menge der Schlüssel vorausgesetzt oder müssen die Schlüssel von spezieller Gestalt sein.

Satz Anhand dieser Kriterien ist für ein gegebenes Sortierproblem eine geeignete Auswahl zu treffen. Das Hauptkriterium stellt natürlich das Zeitverhalten dar (Abb. 3.10-1). Es gilt folgender Satz: Kein Sortierverfahren kommt mit weniger als **n log$_2$ n** Vergleichen zwischen Schlüsseln aus.

Abb. 3.10-1:
Sortierverfahren,
klassifiziert nach
dem Zeitverhalten

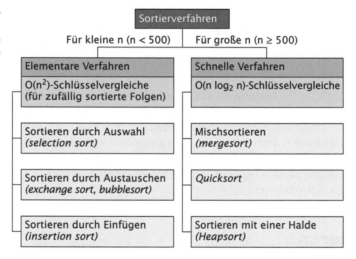

Die elementaren Sortierverfahren sind in Abb. 3.10-2 zusammengestellt. Sie sind für kleine Probleme effektiv, die Algorithmen sind kurz und leicht verständlich und sie können zur Verbesserung der schnellen Verfahren eingesetzt werden.

3.10.1 Schnelle Sortierverfahren

Abschnitt 3.6.3 Von den schnellen Sortierverfahren wurde in Abschnitt 3.6.3 bereits das **Mischsortieren** detailliert behandelt. Im Folgenden wird das ***Quicksort***-Verfahren ausführlich dargestellt, da es eines der schnellsten internen Sortierverfahren überhaupt ist. Das **Sortieren mit einer Halde** wird nur im Prinzip dargestellt.

Sortieren durch Auswahl (selection sort)

In der jeweils betrachteten Folge wird das kleinste Element gesucht und mit dem ersten Element der Folge vertauscht. Die nächste zu betrachtende Folge beginnt ein Element weiter.

Beispiel:
Die zu sortierende Folge in der nebenstehenden Grafik enthält fünf Elemente. Beginnend

	a	b	c	d	e
1	420	35	35	35	35
2	188	188	97	97	97
3	97	97	188	188	188
4	35	420	420	420	301
5	301	301	301	301	420

→Zeit

beim ersten Element 420 wird das kleinste Element gesucht. Es wird an der 4. Stelle gefunden. Die 35 wird mit der 420 auf 1. Stelle ausgetauscht. Es entsteht die Folge in der Spalte b. Jetzt wird beginnend ab dem 2. Element das kleinste Element gesucht. Es steht an 3. Stelle (97). Die 97 wird mit der 188 vertauscht (Spalte c). Beginnend ab der 3. Stelle wird nun das kleinste Element gesucht (188). Da es auf der 3. Stelle bereits steht, geschieht nichts. Jetzt wird ab der 4. Position gesucht. Das Vertauschen von 301 und 420 führt zur sortierten Folge.

- Aufwand ist unabhängig von der Eingabeverteilung (unsensibel).
- Es werden nie mehr als O(n) Vertauschungen erforderlich.
- Es werden O(n²) Vergleiche benötigt, unabhängig von der Eingabeverteilung.

Sortieren durch Austauschen (exchange sort, bubblesort)

Im ersten Durchgang werden jeweils zwei benachbarte Elemente betrachtet und vertauscht, wenn das größte Element zuerst kommt. Im zweiten Durchgang wird das Verfahren wiederholt, allerdings nur bis zum vorletzten Element usw.

	a	b	c	d	e	f
1	420	188	188	188	188	97
2	188	420	97	97	97	188
3	97	97	420	35	35	35
4	35	35	35	420	301	301
5	301	301	301	301	420	420

→Zeit

...

⎣___ 1. Durchgang ___⎦ ⎣_ 2. Durchgang _⎦

Beispiel:
Durch das Vertauschen der Elemente wird im 1. Durchgang dafür gesorgt, dass das größte Element (420) an das Ende der Folge gelangt, im 2. Durchgang das zweitgrößte Element an die vorletzte Stelle usw.

- Geringster Aufwand, wenn Folge bereits sortiert: O(n).
- Eines der schlechtesten Sortierverfahren überhaupt.

Sortieren durch Einfügen (insertion sort)

Es wird jeweils ein einzelnes Element in eine bereits sortierte Folge eingefügt, sodass die sich ergebende Folge wieder sortiert ist. Alle Elemente vor der Einfügestelle müssen um jeweils einen Platz verschoben werden.

	a	b	c	d	e
1	420	420	420	420	35
2	188	188	188	35	97
3	97	97	35	97	188
4	35	35	97	188	301
5	301	301	301	301	420

→Zeit

Beispiel:
Das letzte Element 301 wird als sortierte Folge angesehen. Das Element 35 steht bereits richtig. Im Schritt c wird 97 an der Stelle von 35 eingefügt, das Element 97 um einen Platz verschoben usw.

- Geringer Aufwand für fast sortierte Folgen.
- Geringe konstante Kosten.
- Gut geeignet für doppelt verkettete lineare Listen.

Abb. 3.10-2:
Elementare
Sortierverfahren,
angewandt auf
Felder

Das *Quicksort*-Verfahren wurde 1960 von C.A.R. Hoare erfunden und sortiert eine Folge durch rekursives Teilen. Das Sortierprinzip wird zunächst an einem Beispiel erklärt.

Abb. 3.10-3 zeigt eine zu sortierende Folge.
In der Folge wird willkürlich ein beliebiges Element ausgewählt und als Angelpunkt, genannt Pivotelement, für eine Aufteilung der Folge in zwei Teilfolgen verwendet. Im Beispiel ist das Pivotelement die Zahl 60. Als Nächstes wird die Folge von links durchsucht, bis ein

Beispiel

*Abb. 3.10-3:
Beispiel für das
Sortierprinzip von
Quicksort*

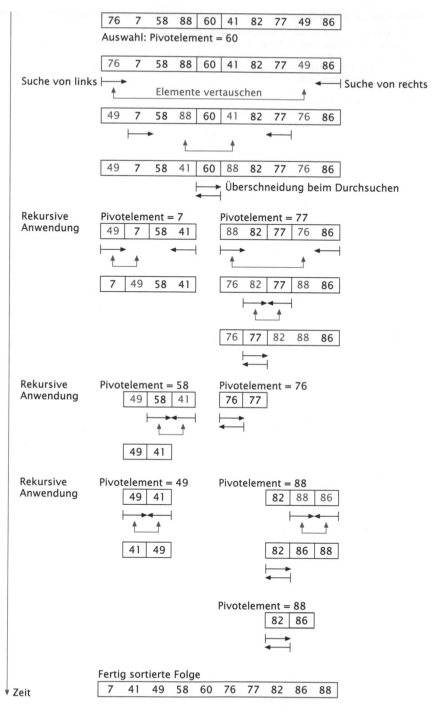

646

Element gefunden wird, das größer als das Pivotelement (hier 76) oder das Pivotelement selbst ist. Von rechts wird die Folge durchsucht, bis ein Element gefunden wird, das kleiner als das Pivotelement (hier 49) oder das Pivotelement selbst ist. Nun werden diese beiden Elemente vertauscht. Dieser Prozess des Durchsuchens und Vertauschens wird solange fortgesetzt, bis man sich beim Durchsuchen aus beiden Richtungen irgendwo trifft. Als Ergebnis ist die Folge jetzt zerlegt in einen linken Teil mit Elementen kleiner als das Pivotelement und einem rechten Teil mit Elementen größer als das Pivotelement.

Die entstandenen Teilfolgen sind natürlich in sich noch nicht sortiert. Daher wird das Verfahren nun rekursiv auf die beiden Teilfolgen angewandt usw.

Wie das Beispiel zeigt, erfolgt die gesamte Sortierung *in situ,* d.h. an dem Ort, an dem die Elemente ursprünglich gespeichert sind. Es wird *kein* zusätzlicher, von der Elementanzahl abhängiger Speicheraufwand benötigt. Jedoch wird so genannter Keller-Speicher für die rekursiven Aufrufe benötigt. Wenn vor einem rekursiven Aufruf stets geprüft wird, welches der beiden Teilfelder das kleinere ist und stets das kleinere Feld zuerst rekursiv sortiert wird, dann ist der **Speicheraufwand** für die Rekursionen auf $O(\log_2 n)$ begrenzt. Wenn aber zufällig ein Feld ausgewählt wird, z.B. immer das linke, dann kann im schlechtesten Fall $O(n)$ Speicher benötigt werden.

> Speicheraufwand

In Java umgesetzt, sieht *Quicksort* folgendermaßen aus:

```
/* Programmname: Quicksort
* GUI-Klasse: SortierenGUI
* Aufgabe: Ein- und Ausgabe der Zahlenfolge
* Sortieren mit dem Quicksort-Verfahren
*/

import java.awt.*;
import java.Applet.*;
import java.util.*;

public class SortierenGUI extends Applet
{
    protected int[] Folge = new int [1000];
    ...
    public void init()
    {
        ...
    }

    public void quicksort (int UntereGrenze, int ObereGrenze,
        int[] Folge)
    {
        int links = UntereGrenze;
        int rechts = ObereGrenze;
        int Pivotelement = Folge[((UntereGrenze+ObereGrenze) / 2)];
```

> Klasse
> SortierenGUI

```
          do
          {
            while (Folge[links] < Pivotelement)
               links = links + 1 ;
            while (Pivotelement < Folge[rechts])
               rechts = rechts - 1;
            if (links <= rechts)
            {
               //Vertauschen der Elemente
               int Merke = Folge[links];
               Folge[links] = Folge[rechts];
               Folge[rechts] = Merke;
               links = links + 1;
               rechts = rechts - 1;
            }
          } while (links <= rechts);
          if (UntereGrenze < rechts)
            quicksort(UntereGrenze, rechts, Folge); //Rekursion
          if (links < ObereGrenze)
            quicksort(links, ObereGrenze, Folge);    //Rekursion
        }
        //Innere Klasse
        class AktionsAbhoerer implements
          java.awt.event.ActionListener
        {
          public void actionPerformed(java.awt.event.ActionEvent
            event)
          {
            //Unsortierte Folge als String holen
            ...
            //Sortiervorgang durchfuehren
            quicksort(0,Laenge-1,Folge);
            ...
            //Textfeld mit Rückgabewert setzen
            sFolgeTextfeld.setText(merke);
          }
        }
      }
```

Aufwand Im günstigsten Fall ist die Zeitkomplexität von *Quicksort* $O(n) =$
$O(n) = n \log_2 n$ $n \log_2 n$, im schlechtesten Fall $O(n) = n^2$. Man kann zeigen, dass die mittlere Laufzeit nicht viel schlechter ist als die Laufzeit im günstigsten Fall, also $O(n) = n \log_2 n$. Außer einigen Hilfsspeicherstellen wird kein zusätzlicher Speicher zur Zwischenspeicherung von Daten benötigt.

Heapsort Das **Sortieren mit einer Halde** *(Heapsort)* benötigt selbst im schlechtesten Fall nur eine Zeit von $O(n) = n \log_2 n$. Im Prinzip handelt es sich um ein Sortieren durch Auswahl (Abb. 3.10-2), wobei aber die Auswahl geschickt organisiert ist. Als Datenstruktur wird eine **Halde** *(heap)* verwendet.

Eine **Halde** ist ein vollständiger binärer Baum, für den gilt: Jeder Schlüssel in einem Knoten muss größer oder gleich den Schlüsseln seiner Kinder sein. Diese Bedingung impliziert, dass sich der größte

Schlüssel in der Wurzel befindet. Beim *Heapsort* wird die Halde in einem Feld gespeichert, die Wurzel im 1. Feldelement, seine Kinder an den Stellen 2 und 3. Allgemein stehen die Kinder des i-ten Knotens in den Feldelementen 2i und 2i-1. Das Sortierverfahren wird anhand von Abb. 3.10-4 veranschaulicht.

Darstellung als Feld

| 76 | 7 | 58 | 88 | 60 | 41 | 82 | 77 | 49 | 86 |

Darstellung als binärer Baum

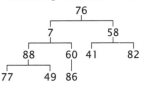

Abb. 3.10-4:
Beispiel für das
Sortierprinzip von
Heapsort

1. Schritt: Transformation in eine Halde

| 88 | 86 | 82 | 76 | 77 | 41 | 58 | 7 | 49 | 60 |

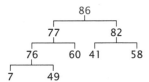

2. Schritt: Wurzel entfernen, am Ende des Feldes anfügen, Halde verkleinern und neu erstellen

| 86 | 77 | 82 | 76 | 60 | 41 | 58 | 7 | 49 | 88 |

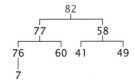

3. Schritt: Wurzel entfernen, an vorletzter Feldposition einfügen, Halde verkleinern und neu erstellen

| 82 | 77 | 58 | 76 | 60 | 41 | 49 | 7 | 86 | 88 |

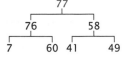

4. Schritt: Wurzel entfernen, an vorvorletzter Feldposition einfügen, Halde verkleinern und neu erstellen

| 77 | 76 | 58 | 7 | 60 | 41 | 49 | 82 | 86 | 88 |

← sortierte Folge

usw.

↓ Zeit

Als Erstes wird die zu sortierende Folge in eine Haldenstruktur transformiert. Da das größte Element nun ganz links im Feld steht, wird es mit dem letzten Element vertauscht. Das letzte Element gehört anschließend nicht mehr zur Halde dazu. Die verbleibende Folge wird wieder in eine Halde transformiert, sodass das größte Element der Restfolge anschließend wieder im 1. Feldelement steht. Es wird wieder mit dem letzten Haldenelement, dem vorletzten Feldelement vertauscht. Die neue Restfolge wird wieder in eine Haldenstruktur gewandelt usw. Am Ende steht in dem Feld die sortierte Folge.

Aufwand
$O(n) = n \log_2 n$

Wie das Beispiel zeigt, benötigt *Heapsort* keinen zusätzlichen Speicher. Der Zeitaufwand ist $O(n) = n \log_2 n$, unabhängig von der Eingabeverteilung. Im Durchschnitt ist *Heapsort* allerdings nur halb so schnell wie *Quicksort*. *Heapsort* ist *kein* stabiles Verfahren, d.h., die relative Position gleicher Schlüssel kann sich beim Sortieren ändern.

3.10.2 Klassifikation von Sortierverfahren

Die Abb. 3.10-5 bis 3.10-8 zeigen die Einordnung der behandelten Sortierverfahren anhand der oben aufgeführten Klassifikationskriterien.

Wie die Abb. 3.10-5 zeigt, eignet sich Mischsortieren sowohl zum internen als auch zum externen Sortieren. Für das externe Sortieren gibt es zusätzlich noch spezialisierte Mischsortier-Verfahren.

Die hier behandelten Sortierverfahren sind alle allgemeine Verfahren, da sie nur auf Schlüsselvergleichen beruhen. Ist es möglich, arithmetische Eigenschaften der Schlüssel auszunutzen, dann können spezielle Sortierverfahren eingesetzt werden.

Quicksort und *Heapsort* reagieren sensibel auf die Eingabeverteilung:

	Folge ist invers sortiert	**Folge ist fast sortiert**	**Folge ist bereits sortiert**
Quicksort	$O(n \log_2 n)$	$\sim O(n^2)$	$O(n^2)$
Heapsort	gutes Zeitverhalten		schlechtes Zeitverhalten

Alle anderen behandelten Verfahren sind *un*sensibel bezüglich der Eingabeverteilung.

3.11 Generische Typen

Dieses Kapitel wurde aus /Balzert 04/ entnommen.

Viele Programme erledigen eine Aufgabe, die unabhängig von den verwendeten Datentypen ist.

Beispiel

Der Algorithmus Quicksort ist unabhängig davon, ob ganze Zahlen, Gleitkommazahlen oder Zeichenketten sortiert werden sollen. Will man vermeiden, ein Sortierprogramm für jeden Datentyp zu schreiben, dann muss die verwendete Programmiersprache geeignete Sprachkonzepte zur Verfügung stellen, um anstelle eines Typs einen »generischen« Typ, d.h. einen Stellvertreter, für den konkreten Typ anzugeben.

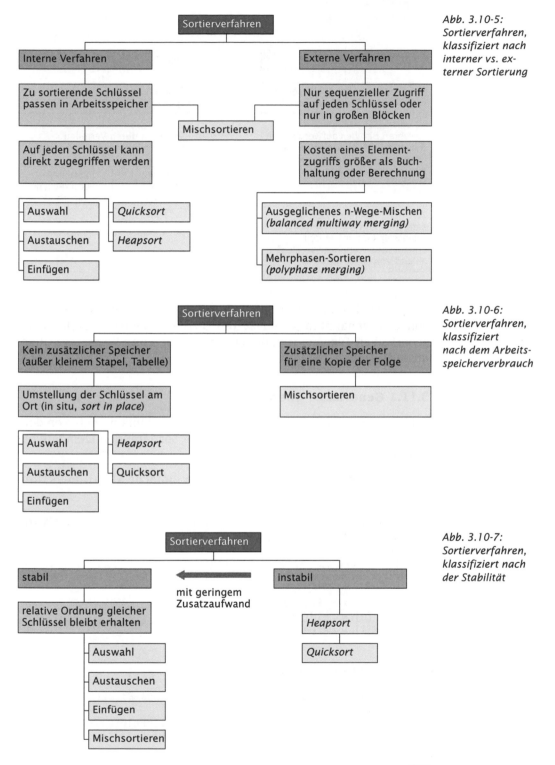

Abb. 3.10-5:
Sortierverfahren,
klassifiziert nach
interner vs. ex-
terner Sortierung

Abb. 3.10-6:
Sortierverfahren,
klassifiziert
nach dem Arbeits-
speicherverbrauch

Abb. 3.10-7:
Sortierverfahren,
klassifiziert nach
der Stabilität

681

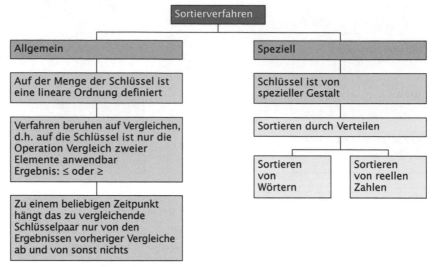

Ab Java 2 (5.0) ist es möglich, anstelle eines konkreten Typs, einen so genannten **generischen Typ** anzugeben. Durch solche generischen Typangaben können Operationen und Klassen verallgemeinert werden.

3.11.1 Generische Operationen

Such- und Sortieralgorithmen sind in der Regel unabhängig von dem Datentyp, den die zu findenden oder zu sortierenden Elemente besitzen.

Beispiel 3 Zwei Werte sollen vertauscht werden. Der einfache Algorithmus Dreieckstausch ist unabhängig vom Datentyp:

```java
// Beispiel für den Einsatz generischer Datentypen ab Java 2(5.0)
public class Dreieckstausch
{
    //generische Operationsdeklaration
    static <Elem> void tausche(Elem[] Feld)
    {
        Elem merke= Feld[0];
        Feld[0] = Feld[1];
        Feld[1] = merke;
    }

    public static void main (String args[])
    {
        Float einFeld[] = {new Float(1.0f),new Float(2.0f)};
        tausche (einFeld);
        System.out.println("Element[0]" + einFeld[0]);
        System.out.println("Element[1]" + einFeld[1]);
```

```
        String nocheinFeld[] = {"Eins","Zwei"};
        tausche (nocheinFeld);
        System.out.println("Element[0]" + nocheinFeld[0]);
        System.out.println("Element[1]" + nocheinFeld[1]);
    }
}
```

Die Ausführung ergibt folgendes Ergebnis:

```
Element[0]2.0
Element[1]1.0
Element[0]Zwei
Element[1]Eins
```

Anstelle von void tausche(Float[] Feld) oder
void tausche(String[] Feld) steht hier
<Elem> void tausche(Elem[] Feld).

Die konkreten Typen Float und String werden durch einen **Typ-stellvertreter** – auch **Typparameter** oder **Typvariable** genannt – ersetzt, hier als Elem bezeichnet. Der Typstellvertreter wird in spitzen Klammern vor die Operationsdeklaration geschrieben, hier <Elem>. Die Operation tausche() kann jetzt mit Feldern auf der Parameterliste aufgerufen werden, deren Elemente einen beliebigen, aber einheitlichen Typ besitzen.

Solche typparametrisierten Operationen werden auch als **Opera-tionsschablonen** bezeichnet, da sie sozusagen eine Schablone beschreiben, die dann durch verschiedene konkrete Typen ausgefüllt wird. Es sind generische Objekt- und Klassenoperationen (wie hier im Beispiel) möglich.

Operations-schablone

Typein-schränkungen

Eine Operation soll von zwei Werten den jeweils größten Wert zurückliefern. Da der Algorithmus unabhängig vom Datentyp der Werte ist, ergibt sich folgende generische Operation:

Beispiel 4a

```
// Beispiel für den Einsatz generischer Datentypen
// mit Typeinschränkung

public class MaxGenerisch0
{
 //generische Methodendeklaration
 static <T> T gibMax(T wert1, T wert2)
 {
  if (wert1 > wert2)
   return wert1;
  else
   return wert2;
 }

public static void main (String args[])
{
    System.out.println
      ("Max " + gibMax(new Float(1.0f), new Float(2.0f)));
    System.out.println
      ("Max "+ gibMax("Z", "A"));
```

```
      //Mit Autoboxing
      System.out.println("Max "+ gibMax(22, 99));
    }
  }
```

Nach dem Compilerlauf erhält man folgende Fehlermeldung:

```
MaxGenerisch0.java:9: operator > cannot be applied to T,T
  if (wert1 > wert2)
              ^
1 error
```

In diesem Beispiel wird in der Operation gibMax() die Operation < verwendet. Da T generisch ist, können beim Aufruf der Operation auch Werte angegeben werden, auf deren Typen *keine* Vergleichsoperation definiert ist, z.B. über Objekte einer Klasse Kunde. Es muss daher sichergestellt werden, dass nur Werte verwendet werden, auf deren Typen der Vergleichsoperator verfügbar ist.

Daher ist es möglich, **Typeinschränkungen** vorzunehmen.

Beispiel 4b Für das Beispiel bedeutet dies, dass auf den Werten, die die Operation gibMax() benutzen, die Schnittstelle (Interface) Comparable definiert ist. Dazu wird hinter den generischen Datentyp angegeben, welche Schnittstelle er implementieren muss:
<T extends Comparable>
Die Schnittstelle Comparable verlangt, dass eine Operation int compareTo (Object o) zur Verfügung steht. Anstelle des Operators > muss jetzt in der Operation gibMax() diese Operation verwendet werden:

```
//Beispiel für den Einsatz generischer Datentypen
//mit Typeinschränkung

public class MaxGenerisch
{
 //generische Methodendeklaration
 static  <T extends Comparable>
      T gibMax(T wert1, T wert2)
 {
  if (wert1.compareTo(wert2) > 0)
   return wert1;
  else
   return wert2;
 }

public static void main (String args[])
{
   System.out.println
     ("Max " + gibMax(new Float(1.0f), new Float(2.0f)));
   System.out.println
     ("Max "+ gibMax("Z", "A"));
```

```
 //Mit Autoboxing
 System.out.println("Max "+ gibMax(22, 99));
 }
}
```

Jetzt meldet der Compiler keinen Fehler mehr. Zur Laufzeit wird Folgendes ausgegeben:

```
Max 2.0
Max Z
Max 99
```

3.11.2 Generische Klassen

Manche Aufgabenstellungen beschränken sich nicht auf typunabhängige Operationen. Es können auch ganze Klassen typunabhängig sein bzw. typunabhängig deklariert werden.

Für mehrere Wetterstationen sollen die Temperaturen überwacht werden. Es wird ein Datenbehälter benötigt, der die jeweils höchste und tiefste gemessene Temperatur pro Wetterstation speichert. Bei den Temperaturwerten handelt es sich um float-Werte. Folgende Klasse löst die Aufgabe:

Beispiel 5a

```
class DatenspeicherMinMaxfloat
{
 private float Min, Max;

 void setMax(float neueTemperatur)
 {
  Max = neueTemperatur;
 }
 void setMin(float neueTemperatur)
 {
  Min = neueTemperatur;
 }
 float getMax()
 {
  return Max;
 }
 float getMin()
 {
  return Min;
 }
}
```

Kurz darauf soll für die Firma Pegeldienst AG der minimale und maximale Wasserstand verschiedener Flüsse verwaltet werden. Die Angaben sind jeweils in Zentimetern. Millimeterwerte gibt es nicht. Zur Lösung der Aufgabe eignet sich die Klasse DatenspeicherMinMaxfloat. Diese Klasse kann fast unverändert übernommen werden. Nur den Datentyp float muss an allen Stellen durch den Datentyp int ersetzt werden. Der Bezeichner neueTemperatur trifft jetzt nicht mehr zu. Um bei einer erneuten Wiederverwendung der Klasse eine Änderung des Bezeichners zu vermeiden, wird jetzt anstelle von neuerPegelstand der neutrale Bezeichner neuerWert gewählt:

```
class DatenspeicherMinMaxint
{
 private int Min, Max;

 void setMax(int neuerWert)
 {
  Max = neuerWert;
 }
 void setMin(int neuerWert)
 {
  Min = neuerWert;
 }
 int getMax()
 {
  return Max;
 }
 int getMin()
 {
  return Min;
 }
}
```

Klassenschablonen Analog wie bei generischen Operationen gibt es auch bei Klassen die Möglichkeit Typstellvertreter zu verwenden: Es entstehen **Klassenschablonen**. Der Name des Stellvertreters wird in der Klassendeklaration hinter dem Klassennamen angegeben, eingeschlossen in spitze Klammern. Oft wird für den generischen Datentyp der Buchstabe T für Typ gewählt.

Beispiel 5b Die Klasse DatenspeicherMinMax sieht als generische Klasse folgendermaßen aus:

```
class DatenspeicherMinMax<T>
{
 private T Min, Max;

 void setMax(T neuerWert)
 {
  Max = neuerWert;
 }
 void setMin(T neuerWert)
 {
  Min = neuerWert;
 }
 T getMax()
 {
  return Max;
 }
 T getMin()
 {
```

```
  return Min;
 }
}
```

Anstelle eines konkreten Typs steht jetzt einfach T. Die Deklaration des Typnamens steht nur einmal hinter dem Klassennamen.

Um die benötigten speziellen Klassen zu erhalten, werden diese Klassen aus der generischen Klasse erzeugt:

```
DatenspeicherMinMax<Float> FloatDatenspeicherMinMax =
        new DatenspeicherMinMax<Float>();
DatenspeicherMinMax<Integer> IntegerDatenspeicherMinMax =
        new DatenspeicherMinMax<Integer>();
```

Hinter dem Klassennamen wird – wie bei der Klassendeklaration – in spitzen Klammern der konkrete Typ angegeben. Alle generischen Eigenschaften besitzt jetzt der angegebene Typ.

Generische Typen müssen Referenztypen sein. Es ist also nicht möglich, <int> oder <float> zu schreiben.

Der Name des Typstellvertreters muss in der Klassendeklaration angegeben werden, da es mehr als einen Stellvertreter geben kann!

Das Problem, dass bei generischen Klassen keine einfachen Typen verwendet werden können, wird ab Java 2 (5.0) durch das *Auto Boxing* gelöst. Einfache Werte werden ab Java 2 (5.0) selbstständig in Objekte umgewandelt und umgekehrt. *Auto Boxing*

Klassenschablonen können auf zwei verschiedene Arten realisiert werden: *Übersetzung*

- Bei der **heterogenen Realisierung** wird für jeden Typ individueller Code erzeugt. In dem obigen Beispiel würde für jeden der Typen Float und Integer jeweils eine eigene Klasse angelegt.
- Bei der **homogenen Realisierung** wird für jede parametrisierte Klasse eine Klasse erzeugt. Statt des generischen Typs wird der Typ Object eingesetzt. Für einen konkreten Typ werden Typanpassungen in die Anweisungen eingefügt. Java nutzt diese Realisierungsvariante.

Deklarationen mit Typparametern können ineinander geschachtelt werden. *geschachtelte generische Typen*

Eine ArrayList, die Strings enthält, lässt sich folgendermaßen deklarieren: *Beispiel 5c*

```
ArrayList<String> einStringFeld;
```

Eine verkettete Liste aus ArrayList-Objekten, die String-Objekte aufnehmen können, kann dann so deklariert werden:

```
LinkedList<ArrayList<String>> eineListe =
  new LinkedList<ArrayList<String>>();
```

Analog wie bei generischen Operationen lassen sich auch bei Klassen Typeinschränkungen festlegen. Die Typparameter können beliebig um **Typbindungen** *(bounds)* erweitert werden. Man spricht auch von Typbindung, weil sie Typparameter an ein oder mehrere *Interfaces* bindet. Durch die explizite Angabe der Typbindung ist der Anwendungsbereich eines generischen Typs gut erkennbar.

Beispiel 5d   Ein Datenspeicher, in dem die minimalen und maximalen Werte einer Messreihe gespeichert werden sollen, kann folgendermaßen aussehen:

```
class DatenspeicherMinMax2<T extends Comparable>
{
 private T Min, Max;

 void pruefeMax(T neuerWert)
 {
  if (neuerWert.compareTo(Max) > 0)
   Max = neuerWert;
 }

 void pruefeMin(T neuerWert)
 {
  if (neuerWert.compareTo(Min) < 0)
   Min = neuerWert;
 }

 void setMax(T neuerWert)
 {
  Max = neuerWert;
 }

 void setMin(T neuerWert)
 {
  Min = neuerWert;
 }

 T getMax()
 {
  return Max;
 }

 T getMin()
 {
  return Min;
 }
}
```

mehrfache Typ-
einschränkungen   Soll ein generischer Typ an mehrere Schnittstellen *(interfaces)* gebunden werden, dann werden die Schnittstellen durch das &-Zeichen verknüpft. Hinter extends darf an erster Stelle eine Klasse oder eine Schnittstelle stehen. Alle weiteren Einschränkungen dürfen nur Schnittstellen sein: `<T extends T1 & I2 & I3 ...>`

```
class Beispiel<T extends Comparable & Serializable>      Beispiel 5e
 implements Serializable
{
 ...
}
```

Sowohl Klassen- als auch Operationsschablonen können mit mehre-   mehrere
ren Typparametern versehen werden.   Typparameter

Es wird ein Datenspeicher benötigt, in dem jeweils zwei Typen als
Paar gespeichert werden können:

```
class DatenspeicherPaar <T1, T2>
{
 private T1 Wert1;
 private T2 Wert2;

 void setPaar(T1 neuerWert1, T2 neuerWert2)
 {
  Wert1 = neuerWert1;
  Wert2 = neuerWert2;
 }

 T1 getWert1()
 {
  return Wert1;
 }
 T2 getWert2()
 {
  return Wert2;
 }
}

public class TestPaar
{
  public static void main(String args[])
  {
    //Speicher für String und Float
    DatenspeicherPaar<String, Float> einArtikelPlusPreis =
        new DatenspeicherPaar<String, Float>();
    einArtikelPlusPreis.setPaar("JSP fuer Einsteiger", 34.95f);
    System.out.println("Artikel: " +
einArtikelPlusPreis. getWert1());
    System.out.println("Preis in Euro: " +
einArtikelPlusPreis.
getWert2());

    //Speicher für Character und Integer
    DatenspeicherPaar<Character, Integer>
KundenanzahlProBuchstabe =
        new DatenspeicherPaar<Character, Integer>();
    KundenanzahlProBuchstabe.setPaar('A', 367);
    System.out.println("Buchstabe: " +
KundenanzahlProBuchstabe. getWert1());
```

659

```
System.out.println("Kundenanzahl: " +
  KundenanzahlProBuchstabe.getWert2());
    }
}
```

Das Ergebnis des Programmlaufs sieht folgendermaßen aus:

```
Artikel: JSP fuer Einsteiger
Preis in Euro: 34.95
Buchstabe: A
Kundenanzahl: 367
```

Das Konzept der generischen Typen ist orthogonal zum Konzept der Objektorientierung.

generische Unterklassen

Von generischen Klassen lassen sich generische Unterklassen bilden.

Beispiel 5f

Es liegt ein Datenspeicher vor, der mit einem Typ parametrisiert ist:

```
class Datenspeicher <T>
{
 private T Wert;
 void setWert(T neuerWert)
 {
  Wert = neuerWert;
 }
 T getWert()
 {
  return Wert;
 }
}
```

Ist es von der Problemstellung her nötig, einen Datenspeicher zu besitzen, der zwei parametrisierte Typen besitzt, dann kann eine Unterklasse gebildet werden, in der der zweite Typparameter hinzugefügt wird:

```
class DatenspeicherPaar <T, T2> extends Datenspeicher <T>
{
 private T2 Wert2;
 void setPaar(T neuerWert1, T2 neuerWert2)
 {
  super.setWert(neuerWert1);
  Wert2 = neuerWert2;
 }
 T getWert1()
 {
  return super.getWert();
 }
 T2 getWert2()
 {
  return Wert2;
 }
}
```

660

In einer Unterklasse können aber auch mehrere Typparameter zusammengefasst werden.

Unterklassen einer generischen Klasse können auch nicht generisch sein.

Ab Java 2 (5.0) werden generische Typen im *Java Collection Framework* intensiv benutzt.

Binäres Suchen Wiederholte Halbierung einer *geordneten* sequenziell gespeicherten linearen Liste oder eines →binären Suchbaums, um einen Suchschlüssel zu finden.

Generischer Typ Steht als Typstellvertreter – auch Typparameter oder Typvariable genannt – in einer Klassen-, Schnittstellen- oder Operationsdeklaration. Wird bei der Anwendung durch einen konkreten Typ (aktuelles Typargument) ersetzt. Generische Typen können geschachtelt und eingeschränkt werden (→Typeinschränkung).

Lineares Suchen →sequenzielles Suchen.

Quicksort Eines der schnellsten internen Sortierverfahren überhaupt; Sortierung erfolgt durch rekursives Teilen.

Sequenzielles Suchen Durchlaufen einer *ungeordneten*, einfach verketteten oder sequenziell gespeicherten Liste und Vergleich des Suchschlüssels mit jedem Element.

Typeinschränkung →Generische Typen können eingeschränkt bzw. an das Vorhandensein von Operationen oder Schnittstellen gebunden werden *(bounds)*, z.B. an das Vorhandensein einer Vergleichsoperation.

Suchen und Sortieren sind häufige Operationen auf Datenbeständen. Daher gibt es eine Vielzahl von Algorithmen, um diese Operationen in Abhängigkeit von den jeweiligen Randbedingungen zeit- und speichereffizient durchzuführen.

Elementare Suchverfahren werden eingesetzt, wenn nur Vergleichsoperationen zwischen den Schlüsseln ausgeführt werden. Sind die Schlüssel ungeordnet gespeichert, dann ist eine sequenzielle Suche bzw. eine lineare Suche mit einem Zeitaufwand von $O(n) = n$ erforderlich. Sind die Schlüssel geordnet gespeichert, dann ist eine binäre Suche mit $O(n) = \log_2 n$ oder eine Interpolationssuche mit $O(n) = \log_2 \log_2 n$ möglich.

Hash-Verfahren bzw. Schlüsseltransformationen werden verwendet, um mit arithmetischen Operationen aus dem Suchschlüssel direkt eine Speicheradresse zu ermitteln.

Müssen in Texten Muster erkannt werden, dann kann die direkte Suche mit $O(n, m) = n*m$ verwendet werden, die für kurze Muster und große Alphabete gut geeignet ist. Für andere Randbedingungen müssen spezielle Algorithmen gewählt werden.

Elementare Sortierverfahren sind nur für kleine Datenmengen ($n < 500$) einzusetzen, da sie $O(n) = n^2$ Schlüsselvergleiche benötigen. Die schnellen Sortierverfahren benötigen dagegen nur $O(n) = n \log_2 n$ Schlüsselvergleiche. *Quicksort* ist eines der schnellsten internen

Sortierverfahren überhaupt. Mischsortieren kann sowohl für das interne als auch das externe Sortieren verwendet werden, benötigt aber den doppelten Speicherplatz. Insgesamt hängt die Auswahl der Sortierverfahren von einer Reihe von Kriterien ab, sodass die Einsatzbedingungen jeweils sorgfältig mit den Kriterien abgeglichen werden müssen.

generische Typen   Viele Programme, d.h. Klassen und Operationen bzw. Methoden, sind weitgehend unabhängig von Datentypen. Die Algorithmen zum Suchen und Sortieren funktionieren beispielsweise unabhängig davon, ob Integer-, Float-, String- oder sonstige Werte gesucht oder sortiert werden sollen. Durch generische Typen ist es möglich, Klassen und Operationen zu verallgemeinern. Sie werden typunabhängig programmiert. Als Typ wird ein Typ-Stellvertreter eingesetzt, der erst bei der Anwendung durch einen konkreten Typ ersetzt wird.

Werden auf generischen Typen Operationen ausgeführt, dann müssen diese Operationen auch auf den konkreten Typen definiert sein, z.B. eine Abfrage auf »>«. Damit dies sichergestellt ist, können auf generische Typen Typeinschränkungen spezifiziert werden.

/Aho, Hopcroft, Ullman 83/
  Aho A., Hopcroft J., Ullman J., *Data Structures and Algorithms*, Reading: Addison-Wesley 1983, 427 S.
  Standardwerk, behandelt alle grundlegenden Datenstrukturen einschließlich Listen und Bäumen.
/Cormen, Leiserson, Rivest 01/
  Cormen T., Leiserson C., Rivest R., *Introduction to Algorithms*, 2nd edition, Cambridge: The MIT Press 2001, 1184 S.
  Ausführliche Behandlung der Algorithmik, der Theorie der Algorithmen und verschiedener Algorithmengebiete.
/Harel 04/
  Harel D., *Algorithmics – The Spirit of Computing*, 3rd edition, Wokingham: Addison-Wesley 2004, 536 S.
  Ausführliche Behandlung der Algorithmik und der Theorie der Algorithmen.
/Manber 89/
  Manber U., *Introduction to Algorithms – A creative Approach*, Reading: Addison-Wesley 1989, 478 S.
  Ausführliche Behandlung der Algorithmik und der Theorie der Algorithmen einschließlich Listen und Bäume.
/Mehlhorn 88/
  Mehlhorn K., *Datenstrukturen und effiziente Algorithmen, Band 1: Sortieren und Suchen*, Stuttgart: Teubner-Verlag 1988, 317 S.
  Standardwerk zum Suchen und Sortieren und deren Aufwandsberechnung.
/Ottmann 98/
  Ottmann T. (Hrsg.), *Prinzipien des Algorithmenentwurfs*, Heidelberg: Spektrum Akademischer Verlag 1998, 228 S. mit 2 CD-ROMs.
  Multimedial aufbereitete Themen aus dem Gebiet Algorithmen und Datenstrukturen.

/Ottmann, Widmayer 02/
Ottmann T., Widmayer P., *Algorithmen und Datenstrukturen*, Heidelberg: Spektrum Akademischer Verlag, 4. Auflage 2002, 716 S.
Behandlung folgender Algorithmengebiete: Sortieren, Suchen, Hashverfahren, Listen, Bäume, Manipulation von Mengen, geometrische Algorithmen, Graphenalgorithmen.

/Shaffer 98/
Shaffer C., *A Practical Introduction to Data Structures and Algorithm Analysis – Java Edition*, Upper Saddle River: Prentice Hall, 1998, 488 Seiten
Behandelt alle wichtigen Datenstrukturen und Algorithmen einschließlich Aufwandsberechnungen; Algorithmen sind in Java formuliert.

/Weiss 01/
Weiss M., *Data Structures and Problem Solving Using Java*, Reading: Addison-Wesley 2001.
Behandelt alle wichtigen Datenstrukturen und Algorithmen einschließlich Aufwandsberechnungen; Algorithmen sind in Java formuliert.

/Balzert 04/
Balzert Helmut, *Java: Objektorientiert programmieren: Vom objektorientierten Analysemodell bis zum objektorientierten Programm*, Herdecke: W3L-Verlag 2004.

Zitierte Literatur

1 *Lernziel: Gegebene Datenstrukturen und ihre Algorithmen deuten und interpretieren können.*
Stellt der dargestellte Sortierverlauf den Verlauf eines korrekt implementierten Algorithmus »Sortieren durch Austauschen« *(bubblesort)* dar?

Analytische Aufgaben
Muss-Aufgabe
10 Minuten

1	23	23	23	17	17
2	45	45	17	23	23
3	17	17	45	45	35
4	78	35	35	35	45
5	35	78	78	78	78
	a	**b**	**c**	**d**	**e**

2 *Lernziel: Gegebene Datenstrukturen und ihre Algorithmen deuten und interpretieren können.*
Was muss man an dem Sortieralgorithmus *Quicksort* (Abschnitt 3.10-1) abändern, damit die Elemente nicht aufsteigend, sondern absteigend sortiert werden?

Klausur-Aufgabe
10 Minuten

3 *Lernziel: Das Lösungsprinzip eines dargestellten Algorithmus in ein Java-Programm umsetzen können.*
Schreiben Sie ein Java-Programm, das in einem Text ein Muster mithilfe der direkten Suche identifiziert.

Konstruktive Aufgaben
Muss-Aufgabe
40 Minuten

4 *Lernziel: Das Lösungsprinzip eines dargestellten Algorithmus in ein Java-Programm umsetzen können.*
Schreiben Sie ein Java-Programm, das ein sortiertes Feld und einen Schlüssel einliest und mit binärer Suche und Interpolationssuche feststellt, ob der Schlüssel vorhanden ist oder nicht.

Muss-Aufgabe
60 Minuten

5 *Lernziele: Das Lösungsprinzip eines dargestellten Algorithmus in ein Java-Programm umsetzen können. Einfache Aufwandsabschätzungen vornehmen können.*

Implementieren Sie die elementaren Suchverfahren in Java und bestimmen Sie die Anzahl der vorgenommenen Vergleiche für jedes Verfahren, wenn die Eingabefolge sortiert, umgekehrt sortiert und zufallsverteilt ist. Variieren Sie hierbei die Anzahl der Elemente in der Liste.

6 *Lernziel: Das Lösungsprinzip eines dargestellten Algorithmus in ein Java-Programm umsetzen können.*

Implementieren Sie die sequenzielle Suche auf einem Feld. Durchlaufen Sie das Feld von hinten nach vorne und setzen Sie den Suchschlüssel vor Beginn an die Stelle 0 des Feldes (Stoppertechnik).

7 *Lernziel: Generische Typen bei der Programmierung sachgerecht einsetzen können.*

Verallgemeinern Sie den Algorithmus Quicksort durch die Verwendung von generischen Typen.

4 Anwendungen – Dialoggestaltung

- Alle Elemente, die für eine Dialoggestaltung benötigt werden, aufzählen und mit ihren Eigenschaften erklären können.
- Die Gestaltungs- und Bewertungskriterien für den Dialog aufzählen und erklären können.
- Anhand von Beispielen die Aktualisierung von GUI-Klassen mithilfe des Beobachter-Musters erläutern können.
- Die behandelten Elemente für die Dialoggestaltung in Java programmieren können.
- Schrittweise eine Dialog-Schnittstelle – von der Skizze bis zum Java-Prototyp – entwickeln können.
- Das Beobachter-Muster für Aktualisierungen programmieren können.
- Prüfen können, ob die Gestaltungs- und Bewertungskriterien für den Dialog bei vorgegebenen Dialogstrukturen eingehalten sind.

verstehen

anwenden

beurteilen

- Zum Verständnis dieser Kapitel sind Java-Programmierkenntnisse erforderlich, wie sie im Hauptkapitel 2 vermittelt werden.

4 Anwendungen

Die im Hauptkapitel 2 »Grundlagen der Programmierung« und im Hauptkapitel 3 »Algorithmik und Software-Technik« vermittelten Kenntnisse können nun eingesetzt werden, um etwas umfangreichere Anwendungen zu erstellen. Heute lassen sich im Wesentlichen folgende Anwendungskategorien unterscheiden:

- **Kaufmännisch-administrative Anwendungen,** oft auch kommerzielle Anwendungen genannt.
  Beispiele: Kunden-, Lieferanten-, Artikel- und Lagerverwaltung für Handelsunternehmen, Finanzbuchhaltung, Personalverwaltung, Bibliotheksverwaltung.
  Kennzeichen: Umfangreiche Informationen müssen verwaltet werden. Objekte verschiedener Klassen müssen erzeugt, geändert, selektiert, aufgelistet, verknüpft und gelöscht werden.
- **Büro- und Bürokommunikations-Anwendungen**
  Beispiele: Textverarbeitung, Tabellenkalkulation, Zeichenprogramme.
  Kennzeichen: Objekte einer einzigen Klasse (z.B. Textdokument, Rechenblatt, Grafik) müssen erzeugt, geändert und gelöscht werden.
- **Technische Anwendungen**
  Beispiele: Produktionsplanungssysteme (PPS-Systeme), Steuerung technischer Anlagen.
  Kennzeichen: Oft grafische Darstellung und Animation des Produktionsprozesses. Daten werden oft nicht manuell erfasst, sondern über Sensoren oder andere Schnittstellen.
- **Grafikanwendungen** (zwei- und dreidimensional)
  Beispiele: Roboteranimation und -simulation, Architekturprogramme für Häuserentwurf.
  Kennzeichen: Es werden Sprachelemente für die zwei- und dreidimensionale Darstellung benötigt.
- **Multimedia-Anwendungen**
  Beispiele: Spiele wie Flippersimulation, Lehr- und Lernsysteme, Produkt- und Unternehmenspräsentation.
  Kennzeichen: Kombination und zeitliche Synchronisation verschiedener Medien wie Ton, Video, animierte Bilder. Es werden geeignete Sprachelemente benötigt.

Neben den unterschiedlichen Kennzeichen werden die verschiedenen Anwendungen auch unterschiedlich genutzt. Mit vielen Anwendungen arbeiten Benutzer tagtäglich, während Multimedia-Anwendungen, insbesondere bei Produkt- und Unternehmenspräsentationen vom selben Benutzer nur einmal oder wenig benutzt werden.

Die Akzeptanz eines Programms beim Benutzer hängt wesentlich von seiner Benutzungsfreundlichkeit ab. Mit ihr befasst sich innerhalb der Informatik die Software-Ergonomie.

In diesem Hauptkapitel wird auf verschiedene Anwendungen eingegangen. Anhand der Kennzeichen und der Zielgruppe, d.h. der Benutzer, wird gezeigt, wie eine Benutzungsoberfläche gestaltet und programmiert wird. Bei den Anwendungen, die spezielle Sprachelemente benötigen, werden einige dieser Elemente in Java erläutert. Ziel dieses Hauptkapitels ist es, den Einstieg in die Programmierung verschiedener Anwendungen zu ermöglichen.

4.1 Zuerst die Theorie: Software-Ergonomie

Die **Software-Ergonomie** hat das Ziel, die Software eines Computersystems, mit der die Benutzer arbeiten, an die Eigenschaften und Bedürfnisse dieser Benutzer anzupassen, um ihnen einen hohen Nutzen möglichst vieler relevanter Fähigkeiten und Fertigkeiten zu ermöglichen.

Um dieses Ziel zu erreichen, müssen

- die Aufgabenverteilung zwischen Menschen und zwischen Mensch und Computersystem (**Arbeitsstrukturierung**),
- die elektronische Arbeitsoberfläche und die Interaktion zwischen Anwendungen,
- die Funktionen und Leistungen der Anwendungsprogramme (**Anwendungssoftware-Gestaltung**),
- die notwendigen Bedienungsschritte und -abläufe (**Dialoggestaltung**) sowie
- die Ein- und Ausgabegeräte einschließlich der auf den Ausgabegeräten dargestellten Informationen (**E/A-Gestaltung**) *menschengerecht und aufgabengerecht* gestaltet sein.

Zur Erreichung dieser Ziele ist ein umfangreiches Wissen in der Software-Ergonomie erforderlich. Ein Überblick über dieses Gebiet wird z.B. in /Balzert 01/ gegeben. Oft wird die Gestaltung von Benutzungsoberflächen unterschätzt. Es erfordert viel Wissen und Erfahrung, um – bezogen auf den Benutzer und die Anwendung – eine intuitiv bedienbare Benutzungsoberfläche zu gestalten. Daher ist die Software-Ergonomie heute ein wichtiges Lehr- und Forschungsgebiet der Informatik. In den folgenden Abschnitten werden einige grundlegende Anmerkungen zur Dialog- und E/A-Gestaltung gemacht. Es soll ein Gefühl dafür vermittelt werden, welche Elemente zur Oberflächengestaltung zur Verfügung stehen und wie sie sinnvollerweise eingesetzt werden. Diese Bemerkungen stellen aber nur einen allerersten Einstieg in die Software-Ergonomie dar.

Da es heute – in Abhängigkeit vom Anwendungsgebiet – eine Vielzahl von Oberflächenelementen gibt, werden nur einige wenige detailliert behandelt. Auf die anderen wird verwiesen, und man kann sich durch exploratives Lernen die Anwendung dieser Elemente selbst beibringen.

exploratives Lernen

Probleme   Bei der Vermittlung der Software-Ergonomie gibt es zwei Probleme.
GUI-System   Das erste Problem bezieht sich auf die Wahl des zu behandelnden
GUI-Systems. Da das heute mit Abstand am meisten verwendete GUI-System das *Windows*-GUI-System von Microsoft ist, wird sich im Folgenden an diesem System orientiert.

Bis einschließlich der Java-Version 1.1 hat sich Java mit seiner GUI-Bibliothek AWT *(abstract window toolkit)* an die jeweiligen GUI-Systeme angepasst. Beispielsweise wurde ein Druckknopf auf einem *Windows*-System so dargestellt, wie es im *Windows*-GUI-System üblich ist. Technisch geschieht dies dadurch, dass so genannte Peer-Klassen als Zwischenklassen zwischen die Java-Klassen und das jeweilige GUI-System geschaltet werden. Ein Java-Programm greift dadurch auf die Ressourcen des jeweils zugrunde liegenden GUI- und Betriebssystems zu. AWT-Komponenten werden deshalb auch als schwergewichtig *(heavyweight)* bezeichnet, weil sie indirekt aus dem jeweiligen GUI-System kontrolliert werden.

In der Java-Version 2 gibt es zusätzlich zu dem AWT die so genannten Swing-Komponenten, die unabhängig von einem GUI- und Betriebssystem sind. Sie werden als leichtgewichtig *(lightweight)* bezeichnet. Mit diesen Komponenten ist es möglich, eine eigene Oberflächengestaltung vorzunehmen.

Neben dem »*look and feel*«, d.h. der Informationsdarstellung und der Bedienung, des GUI-Systems *Windows* wird daher auch auf die Unterschiede zum Java-*look and feel* eingegangen.

zur Terminologie   Den zweiten Problembereich stellt die Terminologie dar. Jedes GUI-System verwendet eigene Begriffe. Zusätzlich kommt noch das Problem der deutschen Übersetzung hinzu. Im Folgenden wird sich bei der *Windows*-Terminologie an die Microsoft-Gestaltungsrichtlinien /MS 96/ angelehnt. Zusätzlich wird die Java-Terminologie angegeben.

Microsoft hat für die englischen Begriffe in /MS 93/deutsche Übersetzungen vorgeschrieben, an die sich Microsoft-Partner bei ihrer Oberflächengestaltung halten müssen. Daher findet man diese Bezeichnungen heute auch bei vielen deutschen Software-Produkten. Für den englischen Begriff *button* wird der deutsche Begriff Schaltfläche vorgeschrieben, obwohl *button* auf Deutsch Knopf, Druckknopf oder Schalter heißt. Da man an der Microsoft-Terminologie (leider) nicht vorbeikommt, wird sie hier verwendet. Gibt es bessere deutsche Begriffe, dann werden diese verwendet, die Microsoft-Begriffe jedoch zusätzlich angegeben.

4.2 Zuerst die Theorie: Zur Dialoggestaltung

Dialog   Ein **Dialog** ist eine Interaktion zwischen einem Benutzer und einem Dialogsystem, um ein bestimmtes Ziel zu erreichen /EN ISO 9241-10:1996/.

668

Die Interaktion geschieht auf der Arbeitsoberfläche durch Manipulation von Piktogrammen und Fenstern. In Abhängigkeit von den zu bearbeitenden Aufgaben besitzen Anwendungen eine unterschiedliche Struktur und Komplexität, was sich in verschiedenen Dialogarten widerspiegelt:

Arbeitsschritte, die zur direkten Aufgabenerfüllung dienen, bezeichnet man als **Primärdialog**. Charakteristisch für einen solchen Dialog ist, dass er erst beendet wird, wenn die zu bearbeitende Aufgabe fertig gestellt ist.

Primärdialog

Werden situationsabhängig vom Benutzer zusätzliche Informationen benötigt, dann werden diese Hilfsdienste durch **Sekundärdialoge** erledigt. Solche Dialoge sind häufig optional und kurzzeitig, z.B. Auswahl einer einzulesenden Textdatei (Dateidialog). Sind sie beendet, dann wird der Primärdialog fortgesetzt.

Sekundärdialog

Wenn in *Microsoft Word* ein Textdokument bearbeitet wird, dann wird ein Primärdialog ausgeführt. Soll das Dokument gedruckt werden, dann wird der Sekundärdialog *Drucken* gestartet. Dort wird der gewünschte Drucker ausgewählt und es werden die gewünschten Einstellungen vorgenommen. Erst wenn dieser Dialog beendet ist, kann mit der Bearbeitung des Dokuments fortgefahren werden.

Beispiel

Aus technischer Sicht lassen sich folgende **Dialogmodi** unterscheiden. Ein **modaler Dialog** *(modal dialog)* muss beendet sein, bevor eine andere Aufgabe der Anwendung durchgeführt werden kann, d.h. bevor ein anderes Fenster aktiviert werden kann. Ein **nicht-modaler Dialog** *(modeless dialog)* ermöglicht es dem Benutzer, den aktuellen Dialog zu unterbrechen, d.h. andere Aktionen durchzuführen, während das ursprüngliche Fenster geöffnet bleibt. Bei dieser Dialogform wird also kein bestimmter Arbeitsmodus *(mode)* vorgeschrieben. Das Ziel der Dialoggestaltung sollte es sein, möglichst viele nicht-modale Dialoge zu verwenden, da dadurch die Handlungsflexibilität optimiert wird. In bestimmten Situationen muss die Flexibilität jedoch eingeschränkt werden. Tritt beispielsweise ein Fehler auf, dann kann erst nach dessen Behebung weitergearbeitet werden.

modaler vs. nicht-modaler Dialog

Wenn in *Microsoft Word* während der Bearbeitung eines Dokuments der Dialog *Bearbeiten/Ersetzen* gestartet wird, dann kann, ohne diesen Dialog zu beenden, mit der Texterstellung fortgefahren werden (nicht-modaler Dialog). Dagegen handelt es sich beim *Drucken* um einen modalen Dialog. Erst wenn dieser Dialog beendet ist, kann eine andere Bearbeitung durchgeführt werden.

Beispiel

Im GUI-System *Windows* werden SDI- und MDI-Anwendungen unterschieden. Eine **SDI-Anwendung** *(single document interface)* ermöglicht es dem Benutzer, zu einem Zeitpunkt genau ein Dokument, d.h. ein Objekt, zu öffnen und zu bearbeiten. Bei einer **MDI-Anwendung** *(multiple document interface)* können zu einem Zeitpunkt

SDI und MDI

669

beliebig viele Dokumente, d.h. Objekte, geöffnet sein. Der Benutzer wählt bei mehreren gleichzeitig geöffneten Dokumenten das jeweils aktive durch Anklicken mit der Maus oder über das Menü aus.

Beispiel   *WordPad* und *Microsoft Word* ab *Office 2000* sind SDI-Anwendungen. Bevor ein neues Dokument geöffnet werden kann, muss das aktuelle Dokument zuerst geschlossen oder das Programm erneut gestartet werden. *Microsoft Word* (vor *Office 2000*) ist eine MDI-Anwendung. Es können beliebig viele Dokumente parallel geöffnet und ein neues Dokument bearbeiten werden, ohne das vorherige zu schließen. Zwischen den Dokumenten kann beliebig gewechselt werden.

Dialoge werden über Fenster abgewickelt. Die Steuerung eines Dialogs kann durch Menüs und Interaktionselemente wie Knöpfe erfolgen.

4.2.1 Fenster

Bei einer »klassischen« grafischen Benutzungsschnittstelle kommuniziert und interagiert der Benutzer mit einer oder mehreren Anwendungen über Fenster. **Fenster** *(windows)* bestehen aus Elementen und Kombinationen von Elementen. Verschiedene Anwendungserfordernisse haben zu unterschiedlichen Fenstertypen geführt. Abb. 4.2-1 zeigt den Aufbau und die Begriffe eines Fenster bei *Windows.*

Die Gestaltungsrichtlinien *(style guide)* von *Windows* /MS 95/ unterscheiden folgende **Fenstertypen**:

Abb. 4.2-1:
Typischer Fens-
teraufbau bei
Windows

- Primärfenster *(primary window)*, in denen die Hauptaktivitäten des Benutzers (Primärdialoge) stattfinden, und
- Sekundärfenster *(secondary window)*, die der Eingabe von Optionen und der Durchführung sekundärer Aktivitäten dienen (Sekundärdialoge).

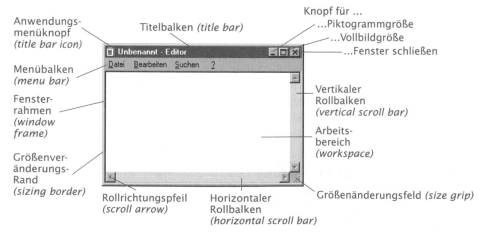

Das wichtigste Primärfenster ist das **Anwendungsfenster.** Es erscheint nach dem Aufruf der Anwendung. Aus diesem Fenster heraus lassen sich alle weiteren Fenster der Anwendung öffnen. Ein Anwendungsfenster enthält mindestens den Titelbalken mit allen darauf befindlichen Knöpfen, den Menübalken und den Arbeitsbereich. Wird das Anwendungsfenster geschlossen, dann werden alle zur Zeit geöffneten Fenster dieser Anwendung ebenfalls automatisch geschlossen. Bei einer SDI-Anwendung erfolgt die Interaktion mit dem Benutzer schwerpunktmäßig im Arbeitsbereich des Fensters. Bei einer MDI-Anwendung ist der Arbeitsbereich leer.

Anwendungs-
fenster

Bei einer MDI-Anwendung können vom Anwendungsfenster aus **Unterfenster** *(child windows)* geöffnet werden. Es ist die Aufgabe eines Unterfensters, den Primärdialog des Benutzers zu unterstützen. Das äußere Erscheinungsbild eines Unterfensters kann mit dem Anwendungsfenster identisch sein. Unterfenster sind verschiebbar und in der Größe änderbar. Sie können – bei typischen *Windows*-Anwendungen – nicht aus dem Anwendungsfenster herausgeschoben werden, d.h. der herausragende Teil wird abgeschnitten. Normalerweise ist der Arbeitsbereich des Anwendungsfensters immer so groß, dass alle Unterfenster Platz finden. Wird ein Unterfenster aus dem sichtbaren Bereich hinausgeschoben, dann stellt das Anwendungsfenster automatisch Rollbalken dar.

Unterfenster

Ein Unterfenster befindet sich im Arbeitsbereich des Anwendungsfensters und ist gleichzeitig durch diesen begrenzt. Auch wenn ein Unterfenster als Piktogramm dargestellt wird, liegt es im Arbeitsbereich des Anwendungsfensters. Der Benutzer wählt bei gleichzeitig geöffneten Unterfenstern das jeweils aktive durch Anklicken mit der Maus oder über das Fenstermenü aus. Unterfenster können überlappend *(cascaded)* oder nebeneinander *(tiled)* dargestellt werden. Ein aktives Fenster liegt immer oben auf dem Fensterstapel. Wird für ein Fenster die maximale Größe gewählt, dann wird der Arbeitsbereich des Anwendungsfensters vollständig genutzt. Unterfenster einer MDI-Anwendung sind sinnvollerweise nicht-modal. Falls zwischen den Fenstern Abhängigkeiten bestehen, dann muss gegebenenfalls davon abgewichen werden.

Nach dem Start des Grafikprogramms PhotoImpact erhält man ein leeres Anwendungsfenster (Abb. 4.2-2). Über das Menü Datei/Neu/ NeuesBild … erhält man ein Unterfenster, das im Anwendungsfenster angezeigt wird. Mehrere Unterfenster können nebeneinander oder überlappend dargestellt werden (Menü Fenster). Unterfenster können auch als Piktogramm dargestellt werden. Die Piktogramme werden unten im Anwendungsfenster angezeigt.

Beispiel

Windows /MS 96/ kennt mehrere Arten von Sekundärfenstern. Dazu gehören das Dialogfenster *(dialog box)* und das Mitteilungsfenster *(message box)*.

Abb. 4.2-2:
Unterfenster im
Grafikprogramm
PhotoImpact

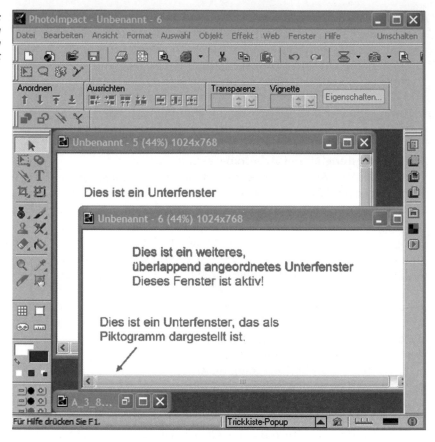

Dialogfenster

Dialogfenster werden für Sekundärdialoge benötigt. Sie sind daher häufig als modale Dialoge realisiert, können aber auch nicht-modal sein. Ein Sekundärdialog beschränkt sich auf die Dateneingabe über Interaktionselemente im Arbeitsbereich.

Dialogfenster sind *nicht* in der Größe veränderbar. Sie können wahlweise verschiebbar sein oder nicht, wobei ein Verschieben nur bei modalen Dialogfenstern notwendig ist. Dialogfenster können über den Rahmen des Anwendungsfensters hinausgeschoben werden. Ein Dialogfenster sollte möglichst wenig Fläche des darunter liegenden Fensters verdecken.

Beispiel

In *Microsoft Word* öffnen die Menüoptionen *Datei/Speichern unter* und *Datei/Drucken* typische Dialogfenster, die hier für Sekundärdialoge verwendet werden.

Primärdialoge können grundsätzlich auch mittels Dialogfenstern realisiert werden. Diese Realisierung ist immer möglich, wenn die speziellen Eigenschaften eines Unterfensters nicht benötigt werden. Um die Steuerbarkeit des Dialogs möglichst wenig einzuengen, sollten diese Dialogfenster nicht-modal sein.

672

Ein **Mitteilungsfenster** ist ein spezialisiertes Dialogfenster. Der Benutzer kann mit einer Aktion auf die Mitteilung reagieren. Das Fenster enthält keine Interaktionselemente zur Datenselektion oder -manipulation. Mitteilungsfenster sind als modaler Dialog realisiert. Der Benutzer kann erst fortfahren, wenn er auf die Mitteilung reagiert hat.

Mitteilungsfenster

Bei Auswahl eines nicht verfügbaren Druckers erscheint eine entsprechende Meldung, die vom Benutzer bestätigt werden muss.

Beispiel

Abb. 4.2-3 zeigt den Zusammenhang zwischen den verschiedenen Fenstertypen.

Die grafische Gestaltung der Fenster, die Anordnung der Bedienelemente und die Durchführungsart der Operationen variieren von GUI-System zu GUI-System. Auch die verfügbaren Fensterelemente unterscheiden sich.

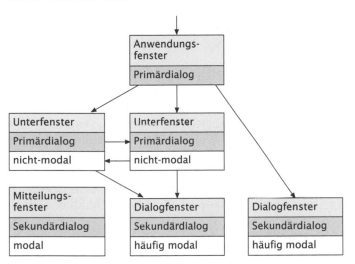

Abb. 4.2-3:
Fenstertypen und
Dialogarten

→ Öffnen des Fensters durch Benutzer möglich

4.2.2 Menüs

Menüs sind zu Gruppen angeordnete Aktions- und Eigenschaftsrepräsentanten und dienen zur Steuerung des Dialogs. Ein Menü besteht aus einer überschaubaren und meist vordefinierten Menge von **Menüoptionen** *(menu options, menu items)*, aus denen der Benutzer eine oder mehrere auswählen kann.

Menü

Die Auswahl einer Menüoption bewirkt in der Regel Aktionen oder die Festlegung oder Veränderung von Eigenschaften. Man kann daher auch von **Aktionsmenüs** und **Eigenschaftsmenüs** sprechen.

Aktionsmenü

Ein **Aktionsmenü** kann eine »operative« Anwendungsfunktion oder ein Objekt bzw. mehrere Objekte selektieren. Außerdem kann auf ein anderes Menü verzweigt werden (Kaskadenmenü).

Eigenschaftsmenü

Ein **Eigenschaftsmenü** kann Parameter einstellen, die das akustische und optische Erscheinungsbild sowie das Verhalten der Anwendung oder Teile davon betreffen (deklarative Anwendungsfunktionen).

In der Regel sind Menüoptionen einspaltig angeordnet. Die Auswahl einer Menüoption führt bei einem Aktionsmenü zur Aktivierung der entsprechenden Anwendungsfunktion. Zu einem Zeitpunkt kann nur eine Menüoption ausgewählt werden.

Bei Eigenschaftsmenüs können oft mehrere Menüoptionen eingestellt werden. Die aktuell eingestellten Menüoptionen sind in *Windows* z.B. durch ein Häkchen gekennzeichnet.

Menüs lassen sich danach unterscheiden, ob sie auf eine Anwendung bzw. einen Anwendungsteil oder auf ein Anwendungsobjekt wirken. In Abhängigkeit vom Wirkungsbereich lassen sich prinzipiell zwei Menüarten unterscheiden:

- Menübalken mit *drop-down*-**Menüs**
- *pop-up*-**Menüs** (Aufklappmenüs, Kontextmenüs, *contextual menus*)

Die Eigenschaften beider Menüarten sind in Abb. 4.2-4 gegenübergestellt.

Beschleunigung der Menüauswahl

Geübte Benutzer werden durch die Menüauswahl oft in ihrem Arbeitsfluss gehemmt. Um zügig arbeiten zu können, ist es daher notwendig, die Menüauswahl zu beschleunigen. Zur Beschleunigung der Menüauswahl gibt es unter anderem folgende Möglichkeiten:

- mnemonische Auswahl über die Tastatur,
- Auswahl über Tastaturkürzel *(accelerator key, short-cut key)*,
- Symbolbalken mit Symbolen außerhalb des Menübalkens *(toolbar)*,
- Aufführung der jeweils zuletzt benutzen Objekte,
- Aufführung der häufigsten zuletzt benutzten Objekte,
- Auslagerung von Menüoptionen auf Arbeitsbereiche.

mnemonisches Kürzel

Im Menütitel bzw. in der Menüoption wird jeweils ein alphanumerisches Zeichen ausgewählt (im Allgemeinen die Anfangsbuchstaben). Dieses Zeichen (Kürzel) wird unterstrichen dargestellt. Die Menütitel im Menübalken werden durch das gleichzeitige Drücken einer Funktionstaste (ALT-Taste bei *Windows)* und des Kürzels ausgewählt. Menüoptionen werden im heruntergeklappten Menü nur durch das Kürzel ausgewählt. Die Kürzel müssen nur innerhalb eines *drop-down*-Menüs eindeutig sein. Buchstaben können bei der Auswahl in Klein- und in Großschreibung eingegeben werden.

Beispiel

In *Microsoft Word* kann das Menü unter dem Titel *Datei* mit dem mnemonischen Kürzel ALT + »D« ausgeklappt werden. Dann kann mit »N« ein neues Dokument angelegt werden.

Tastaturkürzel

Tastaturkürzel *(accelerator keys, short-cut keys)* sind Tastenkombinationen zur Beschleunigung der Auswahl innerhalb von *drop-*

674

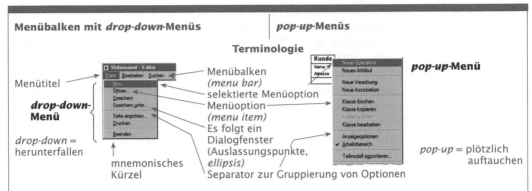

Menübalken mit *drop-down*-Menüs | ***pop-up*-Menüs**

Terminologie

Menütitel

***drop-down*-Menü**

drop-down = herunterfallen

mnemonisches Kürzel

Menübalken *(menu bar)*
selektierte Menüoption
Menüoption *(menu item)*
Es folgt ein Dialogfenster (Auslassungspunkte, *ellipsis)*
Separator zur Gruppierung von Optionen

***pop-up*-Menü**

pop-up = plötzlich auftauchen

Funktionsweise

Das *drop-down*-Menü erscheint nach dem Anklicken des gewünschten Menütitels. Es wird eine zweistufige Funktions- bzw. Objekthierarchie vorausgesetzt. Die Menütitel bilden die oberste Hierarchiestufe.

Das *pop-up*-Menü erscheint an der aktuellen Bearbeitungsstelle auf dem Bildschirm, z.B. gekoppelt mit dem Mauszeiger. Aufruf durch Maustaste (meist rechte Taste) oder Funktionstaste. Ist ein *pop-up*-Menü nicht geöffnet, dann ist es für den Benutzer unsichtbar.

Das Menü ist solange zu sehen, bis eine Menüoption durch Anklicken selektiert wird oder ein Klick außerhalb des Menüs erfolgt. Im aktuellen Kontext nicht selektierbare Menüoptionen sind grau dargestellt. Menüoptionen können dynamisch von der Anwendung geändert werden. Durch Kaskadenmenüs können eine oder mehrere Hierarchiestufen hinzugefügt werden.

Reichweite einer Menüoption

Überlagert der Menübalken eines Unterfensters das Anwendungsfenster (MDI-Bedienung), dann wirken die Optionen auf die Anwendung insgesamt und auf das Unterfenster.
Haben Unterfenster keinen eigenen Menübalken, dann wirken die Optionen auf die gesamte Anwendung.
Gleichnamige Optionen können bei einer MDI-Bedienung unterschiedliche Wirkungen haben (abhängig vom jeweils aktiven Fenster).

Bezieht sich auf das Objekt oder die Objektgruppe, bei der es aktiviert wurde.

Eigenschaften

- Menütitel ständig sichtbar
- Belegt ständig Platz
- Mauszeiger muss jeweils zum Menübalken bewegt werden
- Globaler Geltungsbereich der Optionen

- Unsichtbar, wenn nicht geöffnet
- Platzsparend
- Mauszeiger bleibt im Arbeitskontext
- Lokaler Geltungsbereich der Optionen

---

down-Menüs. Im Unterschied zu mnemonischen Kürzeln ist mindestens eine Taste eine Funktionstaste, die durch weitere Tasten ergänzt wird. Tastaturkürzel müssen über alle Menüoptionen des aktiven Fensters hinweg eindeutig sein. *Drop-down*-Menüs werden zuvor nicht ausgeklappt.

Abb. 4.2-4:
Menübalken mit drop-down-Menüs und pop-up-Menüs

In *Microsoft Word* kann mit dem Tastaturkürzel STRG + »A« der komplette Text markiert werden, ohne dass zuvor der Menütitel *Bearbeiten* selektiert wird, in dem sich die Menüoption *Alles markieren* befindet.

Beispiel

Symbolbalken

Der Symbolbalken *(tool bar)* kann Druckknöpfe mit Mini-Piktogrammen *(icons)* enthalten, die auf Mausklick eine zugeordnete Funktion aktivieren. Oft werden die am häufigsten benutzten Menüoptionen zusätzlich im Symbolbalken dargestellt. Der Symbolbalken kann ein geschlossenes Menü *(drop-down list box)* enthalten, das als Eigenschaftsmenü geeignet ist. Geschlossene Menüs sind platzsparend und zeigen permanent die aktuelle Option an. In manchen Anwendungen kann der Benutzer den Symbolbalken durch eigene Symbole individualisieren.

Beispiel

Der Symbolbalken von *Microsoft Word* enthält die wichtigsten Menüoptionen – z.B. Speichern, Drucken – als Mini-Piktogramme. Die Schriftart wird über eine *drop-down list box* eingestellt.

zuletzt benutzte Objekte

Die Objekte, die zuletzt benutzt wurden, werden mit ihren Pfadnamen im Menü aufgelistet. Das zuletzt benutzte Objekt steht oben usw. Die Anzahl der Objekte ist begrenzt. Die Objekte werden automatisch mit Ziffern durchnummeriert und können per Tastatur über diese Ziffern ausgewählt werden.

Beispiel

Der Menütitel *Datei* von *Microsoft Word* enthält eine Liste der zuletzt bearbeiteten Dokumente.

häufigste, zuletzt benutzte Objekte

Die Objekte, die am häufigsten zuletzt benutzt wurden, werden als abgeteilte obere Menügruppe automatisch angeordnet. Das am häufigsten zuletzt benutzte Objekt steht oben. Die Anzahl der Objekte ist begrenzt.

Beispiel

Die Schriftart bei *Microsoft Word.*

Menüoptionen in Arbeitsbereichen

Menüoptionen können z.B. als Druckknöpfe *(buttons)* auf Arbeitsbereiche ausgelagert werden. Dabei kann die Menüoption erhalten bleiben oder entfallen.

Beispiel

In den Dialogfenstern von *Microsoft Word* sind zahlreiche Aktionen und Einstellungen von Parametern durch Druckknöpfe realisiert.

4.2.3 Gestaltungs- und Bewertungskriterien für den Dialog

Für die Dialoggestaltung gibt es inzwischen eine Reihe von Normen, Richtlinien und Leitfäden (siehe Literaturverzeichnis). Besonders relevant ist die EN ISO 9241-10 von 1996 mit dem Titel »Grundsätze der Dialoggestaltung«. Sie hat den Charakter einer Richtlinie und gibt allgemeine Regeln an, die bei der Dialoggestaltung beachtet werden sollen. Die Gestaltungsgrundsätze basieren auf zwei empirischen Untersuchungen, die 1976 und 1977 durchgeführt wurden.

EN ISO 9241-10

Folgende Grundsätze sollen nach der DIN-Norm bei der Dialoggestaltung beachtet werden:

- ■ Aufgabenangemessenheit
- ■ Selbstbeschreibungsfähigkeit

Aufgabenangemessenheit
»Ein Dialog ist aufgabenangemessen, wenn er den Benutzer unterstützt, seine Arbeitsaufgabe effektiv und effizient zu erledigen.«
- Keine technischen Vor- und Nacharbeiten durch den Benutzer.
- Der Dialog ist an die zu erledigenden Arbeitsaufgaben angepasst. Art, Umfang und Komplexität der vom Benutzer zu verarbeitenden Informationen ist berücksichtigt.
- Die Art und Form der Eingabe ist an die Arbeitsaufgabe angepasst.
- Regelmäßig wiederkehrende Arbeitsaufgaben werden unterstützt, z.B. durch Makrokommandos.
- Eingabevorbelegungen sind – soweit sinnvoll möglich – vorzunehmen; sie sind vom Benutzer änderbar.

Selbstbeschreibungsfähigkeit
»Ein Dialog ist selbstbeschreibungsfähig, wenn jeder einzelne Dialogschritt durch Rückmeldung des Dialogsystems unmittelbar verständlich ist oder dem Benutzer auf Anfrage erklärt wird.«
- Der Benutzer muss sich zweckmäßige Vorstellungen von den Systemzusammenhängen machen können (Unterstützung beim Aufbau mentaler Modelle).
- Erläuterungen sind an allgemein übliche Kenntnisse der zu erwartenden Benutzer angepasst (deutsche Sprache, berufliche Fachausdrücke).
- Wahl zwischen kurzen und ausführlichen Erläuterungen (Art, Umfang).
- Kontextabhängige Erläuterungen.

Steuerbarkeit
»Ein Dialog ist steuerbar, wenn der Benutzer in der Lage ist, den Dialogablauf zu starten sowie seine Richtung und Geschwindigkeit zu beeinflussen, bis das Ziel erreicht ist.«
- Bedienung kann an eigene Arbeitsgeschwindigkeit angepasst werden.
- Arbeitsmittel und -wege sind durch die Benutzer frei wählbar.
- Vorgehen in leicht überschaubaren Dialogschritten. Mehrere Schritte zusammenfassbar.
- Der Benutzer erhält Informationen, die für die Arbeitswegplanung benötigt werden (z.B. Anzeige, welche Funktionen als Nächstes wählbar sind).
- Dialog kann beliebig unterbrochen und wieder aufgenommen werden.
- Mehrstufiges *Undo*, d.h. Rücknehmbarkeit zusammenhängender Dialogschritte.
- Mehrstufiges *Redo*, d.h. rückgängig gemachte Funktion wieder ausführen ohne erneute Dateneingabe.
- Sicherheitsabfragen bei Aktionen von großer Tragweite.
- Steuerung der Menge der angezeigten Informationen.

Erwartungskonformität
»Ein Dialog ist erwartungskonform, wenn er konsistent ist und den Merkmalen des Benutzers entspricht, z.B. seinen Kenntnissen aus dem Arbeitsgebiet, seiner Ausbildung und seiner Erfahrung sowie den allgemein anerkannten Konventionen.«
- Das Dialogverhalten ist einheitlich.
- Bei ähnlichen Arbeitsaufgaben ist der Dialog ähnlich gestaltet.
- Zustandsänderungen des Systems, die für die Dialogführung relevant sind, werden dem Benutzer mitgeteilt.
- Eingaben in Kurzform werden im Klartext bestätigt.
- Systemantwortzeiten sind den Erwartungen des Benutzers angepasst, sonst erfolgt eine Meldung.
- Der Benutzer wird über den Stand der Bearbeitung informiert.

Abb. 4.2-5a:
Grundsätze der
Dialoggestaltung

- Steuerbarkeit
- Erwartungskonformität
- Fehlertoleranz
- Individualisierbarkeit
- Lernförderlichkeit

Quelle: / EN ISO 9241-10:1996 /

Abb. 4.2-5b:
Grundsätze der
Dialoggestaltung

Fehlertoleranz

»Ein Dialog ist fehlertolerant, wenn das beabsichtigte Arbeitsergebnis trotz erkennbar fehlerhafter Eingaben entweder mit keinem oder mit minimalem Korrekturaufwand seitens des Benutzers erreicht werden kann.«

- Benutzereingaben dürfen nicht zu Systemabstürzen oder undefinierten Systemzuständen führen.
- Automatisch korrigierbare Fehler können korrigiert werden. Der Benutzer ist darüber zu informieren.
- Die automatische Korrektur ist abschaltbar.
- Korrekturalternativen für Fehler werden dem Benutzer angezeigt.
- Fehlermeldungen weisen auf den Ort des Fehlers hin, z.B. durch Markierung der Fehlerstelle.
- Fehlermeldungen sind verständlich, sachlich und konstruktiv zu formulieren und sind einheitlich zu strukturieren (z.B. Fehlerart, Fehlerursachen, Fehlerbehebung).

Individualisierbarkeit

»Ein Dialog ist individualisierbar, wenn das Dialogsystem Anpassungen an die Erfordernisse der Arbeitsaufgabe sowie an die individuellen Fähigkeiten und Vorlieben des Benutzers zulässt.«

- Anpassbarkeit an Sprache und kulturelle Eigenheiten des Benutzers, z.B. durch unterschiedliche Tastenbelegungen.
- Anpassbarkeit an das Wahrnehmungsvermögen und die sensomotorischen Fähigkeiten, z.B. durch Wahl der Schriftgöße, Wahl der Farben für farbenfehlsichtige Benutzer, Zuordnung der linken und rechten Maustaste.
- Wahl unterschiedlicher Informations-Darstellungsformen.
- Möglichkeit, eigenes Vokabular zu benutzen, um eigene Bezeichnungen für Objekte und Arbeitsabläufe festzulegen.
- Möglichkeit, eigene Kommandos zu ergänzen, z.B. durch programmierbare Funktionstasten und Aufzeichnung von Kommandofolgen.

Lernförderlichkeit

»Ein Dialog ist lernförderlich, wenn er den Benutzer beim Erlernen des Dialogsystems unterstützt und anleitet.«

- Darstellung der zugrunde liegenden Regeln und Konzepte, die für das Erlernen nützlich sind.
- Unterstützung relevanter Lernstrategien, z.B. *learning by doing.*
- Wiederauffrischen von Gelerntem unterstützen, z.B. selbsterklärende Gestaltung selten benutzter Kommandos.
- Regelhaft und einheitlich gestaltete Benutzungsoberfläche, z.B. gleichartige Hinweismeldungen erscheinen immer am gleichen Ort.

Diese Grundsätze sind in Abb. 4.2-5 wörtlich zitiert und daraus abgeleitete Regeln stichwortartig beschrieben.

4.3 Dann die Praxis: Dialog-Programmierung in Java

Java stellt für die GUI-Programmierung die *Java Foundation Classes* **(JFC)** zur Verfügung, die aus mehreren Paketen bestehen:

- **AWT** *(abstract window toolkit).* Diese Klassenbibliothek heißt »abstrakt«, weil sich der Programmierer keine Gedanken darüber machen muss, wie die Elemente der Oberfläche, z.B. Eingabefelder und Druckknöpfe, auf ein konkretes System, z.B. *Windows XP*, umgesetzt werden. Da die AWT-Klassen über sogenannte *Peer*-Klassen auf die GUI- und Betriebssystem-Ressourcen des jeweiligen Computersystems zugreifen, werden die Interaktionselemente auch in der jeweils üblichen Darstellung angezeigt.

- **Swing,** eine Sammlung von Komponenten, die auf dem AWT aufsetzen. Die meisten Swing-Klassen bilden einen Ast in der AWT-Hierarchie. Alle Swing-Klassen beginnen mit dem Großbuchstaben J. Der Hauptunterschied zwischen AWT und Swing besteht darin, dass Swing kein GUI-System auf dem Computersystem voraussetzt, sondern alles selber in Java zeichnet und verwaltet. Dadurch lassen sich beliebige Interaktionselemente definieren, und es gibt keine Einschränkungen bei der Gestaltung. Swing ist flexibler und effizienter als AWT und soll dies mittelfristig ersetzen.
- **Java 2D API** *(application programmers interface),* stellt erweiterte Möglichkeiten zur 2D-Bildverarbeitung und erweiterte Zeichenfunktionen zur Verfügung.
- ***Accessibility* API**, unterstützt berührungsempfindliche Bildschirme, Spracheingabe und Ähnliches.
- ***Drag & Drop,*** ermöglicht das Verschieben von Daten mittels Ziehen und Fallenlassen *(drag and drop)* und erlaubt dadurch den einfachen und effizienten Datenaustausch sowohl zwischen verschiedenen Java-Anwendungen als auch zwischen Java-Anwendungen und anderen betriebssystemspezifischen Anwendungen.

Im Folgenden wird hauptsächlich auf das Swing-Paket eingegangen. Es bietet neben seiner Vielfalt auch die Möglichkeit, statisch und dynamisch zwischen verschiedenen Darstellungsformen *(look and feel)* hin- und herzuschalten. Es werden folgende Darstellungsformen unterstützt: Metal-Stil (eigener Java-Stil, auch Java LAF genannt), *Windows*-Stil, Motif-Stil (Stil, der auf vielen Linux/Unix-Systemen verwendet wird), Mac-Stil (Stil der Apple-Computersysteme). Aus rechtlichen Gründen kann der *Windows*-Stil nur auf *Windows*-Computersystemen und der Mac-Stil nur auf Mac-Computersystemen angezeigt werden. Die Umstellung erfolgt mithilfe der Klassenoperation setLookAndFeel der Klasse UIManager.

verschiedene Darstellungsformen

```
//Für alle Swing-Komponenten wird das Look and Feel auf
//Windows-Stil gesetzt
try
{
   UIManager.setLookAndFeel
      ("com.sun.java.swing.plaf.windows.WindowsLookAndFeel");
}
catch (Exception e){}
```

Beispiel

4.3.1 Java-Fenster

Die JFC enthalten verschiedene Fensterklassen, die über eine gemeinsame Vererbungshierarchie in Verbindung stehen (Abb. 4.3-1).

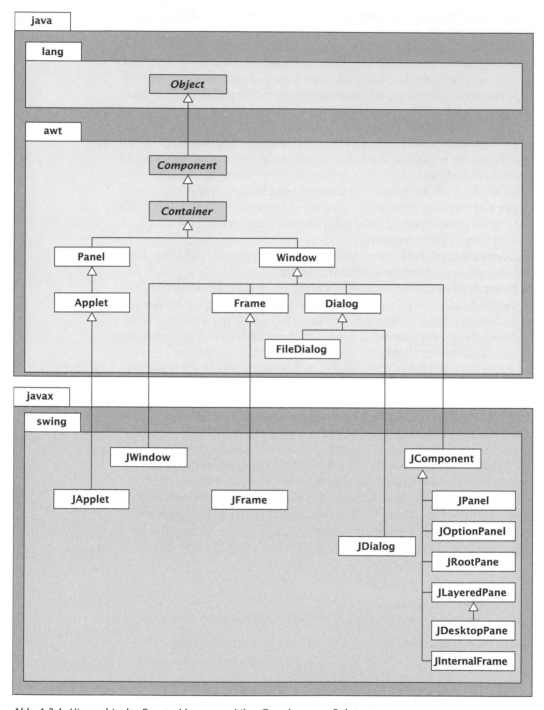

Abb. 4.3-1: Hierarchie der Fensterklassen und ihre Zuordnung zu Paketen

Component ist eine abstrakte Klasse. Eine Komponente besitzt eine *Component* grafische Darstellung, die auf dem Bildschirm angezeigt werden kann und mit der der Benutzer interagieren kann.

Diese Klasse vererbt folgende wichtige Operationen:

- `setForeground(Color)`: setzt die Vordergrundfarbe
- `setBackground(Color)`: setzt die Hintergrundfarbe
- `setSize(int, int)`: legt die Größe neu fest
- `getSize()`: liefert die aktuelle Größe
- `paint(Graphics)`: zeichnet die Komponente
- `setEnabled(boolean)`: die Komponente kann auf Benutzeraktionen reagieren
- `setBounds(int x, int y, int width, int height)`: legt die Größe der Komponente fest.

Operationen (margin)

Die Klasse `Container` ist ebenfalls eine abstrakte Klasse. Sie dient *Container* als Behälter dazu, innerhalb einer Komponente andere Komponenten aufzunehmen, zusammenzufassen und zu gruppieren. Container können auch Container enthalten. Dadurch ist ein hierarchischer Aufbau der Oberfläche möglich. In Java stehen folgende Behälter zur Verfügung:

- Flächen *(panels)*,
- einfaches Fenster *(window)*,
- Standardfenster *(frame)*,
- Dialogfenster *(dialog)*.

`Panel` ist die einfachste konkrete Klasse mit den Eigenschaften von *Panel* `Component` und `Container`. Sie dient dazu, Behälter zu schachteln.

`Applet` ist eine direkte Unterklasse von `Panel`. Sie hat zusätzliche *Applet* Operationen, die für das Ausführen von Applets notwendig sind. Dennoch beschreibt die Klasse `Applet` nur eine Komponente, die eine *JApplet* Größe und Position hat, auf Ereignisse reagieren kann und in der Lage ist, weitere Komponenten aufzunehmen.

Um die Swing-Interaktionselemente in einem Applet zu verwenden, ist die Klasse `JApplet` als Oberklasse zu verwenden. `JApplet` selbst ist eine Unterklasse von `Applet`.

Die Klassen `Window` und `JWindow` stellen ein Fenster *ohne* Rahmen, *Window* Titelleiste und Menüs zur Verfügung. Diese einfachen Fenster sind *JWindow* für Anwendungen geeignet, die ihre Rahmenelemente selbst zeichnen oder die volle Kontrolle über das gesamte Fenster benötigen. Es kann jeweils nur ein Fenster aktiv sein.

Ein Standardfenster *mit* Rahmen, Titelleiste und optionalem Menübalken stellen die Klassen `Frame` und `JFrame` zur Verfügung. Einem *Frame* Standardfenster kann ein Piktogramm zugeordnet werden, das ange- *JFrame* zeigt wird, wenn ein Fenster minimiert ist. Es kann festgelegt werden, ob das Fenster vom Benutzer in der Größe verändert werden kann. Außerdem können verschiedene Mauszeiger gewählt werden.

Werden ausgehend von einem Standardfenster weitere Standard- *Abschnitt 4.2.1* fenster geöffnet, dann ist jedes dieser Standardfenster für sich eigenständig, d.h. dem erzeugenden Standardfenster *nicht* untergeordnet. Daher eignen sich Standardfenster auch nicht als Unterfenster im Sinne der *Windows*-Philosophie.

Dialog
JDialog

Die Klassen `Dialog` und `JDialog` erlauben es, modale und nicht-modale Dialoge zu realisieren. Diese Fenster können auch als Unterfenster verwendet werden. Sie können allerdings nicht als Piktogramm dargestellt werden. Sie können frei bewegt werden, auch über den Fensterrand des Anwendungsfensters hinaus.

JOptionPane

Für typische modale Dialoge bietet die Klasse `JOptionPane` eine Reihe von geeigneten Operationen an.

FileDialog

Die Klasse `FileDialog` stellt den Standard-Dateidialog des jeweiligen Betriebssystems zur Verfügung.

Die Swing-Klassen `JWindow`, `JFrame`, `JDialog` und `JApplet` sind Unterklassen der entsprechenden AWT-Klassen. Im Gegensatz zu allen anderen Swing-Klassen sind diese Swing-Fensterklassen *nicht* leichtgewichtig, sondern müssen durch das jeweilige Betriebssystem dargestellt werden. Daher sehen diese Fenster *nicht* auf allen Plattformen gleich aus.

Mithilfe der Swing-Klassen ist es möglich, das MDI-Konzept von *Windows* zu realisieren, wobei die Unterfenster *nicht* über das Anwendungsfenster hinaus verschoben werden können, sondern abgeschnitten werden.

Im Folgenden wird im Wesentlichen auf die Swing-Fensterklassen eingegangen, da für die E/A-Gestaltung ebenfalls Swing-Klassen verwendet werden, die in vielen Fällen wiederum Swing-Fensterklassen voraussetzen.

Aufbau von Swing-Fenstern

In AWT-Fenster und -Behälter können andere Komponenten einfach mit `add()` hinzugefügt werden. Bei Swing-Fenstern geht das nicht, da die Fensterklassen `JApplet`, `JWindow`, `JFrame` und `JDialog` als einzigen Inhalt ein Objekt der Klasse `JRootPane` (Wurzelfeld, Basisfeld) besitzen. Ein Objekt der Klasse `JRootPane` besteht aus (Abb. 4.3-2):

- einer normalerweise unsichtbaren `glassPane`,
- einer sichtbaren `layeredPane` mit
- □ einem optionalen Menübalken (`menuBar`) und
- □ einem Inhaltsfeld (`contentPane`).

Die Klasse `JRootPane` verwaltet den Inhalt der Fensterklassen. Alle Komponenten werden zum Inhaltsfeld (`contentPane`) hinzugefügt.

Abb. 4.3-2:
Aufbau von Swing-Fenstern mithilfe der Klasse JRootPane

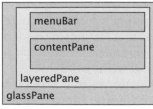

Durch diese Aufteilung können interne Fenster *(internal frames)* und Schichten *(layers)* unterstützt werden. Interne Fenster sind Fenster, die innerhalb anderer Fenster »leben«. Durch sie wird das MDI-Konzept realisiert (siehe unten).

Die Klasse JLayeredPane verwaltet die Schichten. Interne Fenster sind in verschiedenen Schichten angeordnet, um sie in den Vordergrund holen zu können. Schichten werden ebenso dazu verwendet, um *pop-up*-Menüs relativ zu anderen Komponenten zu positionieren.

Die glassPane behandelt die Mausereignisse für die rootPane. Sie ist normalerweise unsichtbar. Die layeredPane verwaltet die Schichten für die rootPane. Sie ist die Elternschicht für alle anderen Kinder der rootPane. Sie ist ein Objekt der Klasse JLayeredPane, die aus einer beliebigen Anzahl übereinander liegender Schichten besteht. Komponenten können in allen Schichten platziert werden. Ihre Anordnung erfolgt jedoch so, dass sie sich nicht überlappen.

Auf die Bestandteile eines Swing-Fensters kann mit folgenden Operationen zugegriffen werden:

- public JLayeredPane getLayeredPane(): Liefert die layeredPane, die von der rootPane benutzt wird.
- public JMenuBar getJMenuBar(): Liefert den Menübalken der layeredPane.
- public Container getContentPane(): Liefert das Inhaltsfeld.
- public Component getGlassPane(): Liefert die aktuelle glassPane.

Durch Zugriff auf das entsprechende Inhaltsfeld wird eine Komponente zu einem Fenster hinzugefügt:

einFenster.getContentPane().add(new JLabel("Inhaltsfeld"));

Aufrufen und Schließen von Fenstern

Um ein Fenster auf dem Bildschirm anzuzeigen, muss zunächst von der gewünschten Fensterklasse ein Objekt erzeugt werden. Um ein Objekt der Klasse JRootPane muss sich der Programmierer nicht kümmern. Es gehört automatisch zum entsprechenden Fenster.

Für das Programm Kunden- und Lieferantenverwaltung wird ein Standardfenster in einem Applet erzeugt und angezeigt:

Beispiel

```
import java.awt.*;
import java.Applet.*;
import javax.swing.*;

public class KundenLieferantenGUI extends JApplet
{
  private JFrame einStandardfenster;

  //Operationen
  public void init()
  {
    //Benutzungsoberfläche aufbauen
    //Erzeugen eines Standardfensters
    einStandardfenster =
    new JFrame("Kunden- und Lieferantenverwaltung");
    //Größe einstellen
    einStandardfenster.setSize(300,250);
```

Klasse Kunden-LieferantenGUI

```
        //Einen Führungstext hinzufügen
        JLabel einText = new JLabel("Dies ist ein Führungstext");
        JLabel nocheinText =
          new JLabel("Dies ist noch ein Führungstext");
        //Führungstext zum contentPane hinzufügen
        getContentPane().add(einText); //contentPane von JApplet
        einStandardfenster.getContentPane().add(nocheinText);
        //contentPane von JFrame
    }

    public void start()
    {
        //Anzeigen des Fensters
        einStandardfenster.setVisible(true);
    }

    public void stop()
    {
        //Unsichtbar machen des Fensters
        einStandardfenster.setVisible(false);
        //Entfernen des Fensters
        einStandardfenster.dispose();
    }
}
```

Abb. 4.3-3 zeigt das erzeugte Fenster in einem Applet.
Da es sich um ein Standardfenster handelt, ist es frei beweglich, auch über die Begrenzungen des Applets hinaus. Ist das Applet aktiv, dann wird das Standardfenster überdeckt.

Die Klasse Frame stellt folgende wichtige Operationen zur Verfügung, die durch die Vererbung auch JFrame zur Verfügung stehen:

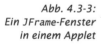

Abb. 4.3-3:
Ein JFrame-Fenster
in einem Applet

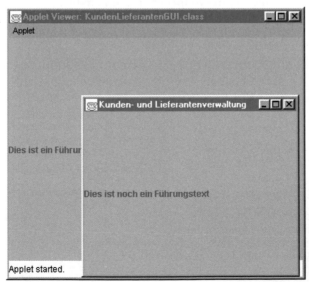

- public void setTitle(String title): Neuen Text für die Titelleiste
- public String getTitle(): Abfrage des Titeltextes
- public void setIconImage(Image image): Zuordnung des Piktogramms, das beim Minimieren des Fensters angezeigt werden soll

Die Klasse Dialog ist eine direkte Unterklasse von Windows und stellt Dialogfenster zur Verfügung. Ein Dialogfenster ist ähnlich wie ein Frame-Fenster, besitzt aber *keine* Menüleiste und kann *nicht* als Piktogramm dargestellt werden. Dialog-Objekte haben ein Attribut, das festlegt, ob das Dialogfenster modal oder nicht-modal ist. *(Dialogfenster)*

Dialog-Objekte sind immer mit einem Frame-Objekt verknüpft. Wird das Frame-Objekt zerstört, wird auch das Dialog-Objekt zerstört. Folgende wichtige Konstruktoren stehen zur Verfügung: *(Konstruktoren)*

- public Dialog(Frame parent, String title)
  Erzeugt ein unsichtbares, nicht modales Dialog-Objekt. parent gibt die Eltern des Dialog-Objekts an, title den Titel des Dialogfensters.

- public Dialog(Frame parent, String title, boolean modal)
  Wie der vorherige Konstruktor, nur wird mit modal zusätzlich angegeben, ob das Dialogfenster modal oder nicht-modal ist.

Die Klasse JDialog ist eine Unterklasse von Dialog, verfügt über eine rootPane und kann auch ohne Bezug zu einem Elternfenster erzeugt werden. *(JDialog)*

Die Klasse JDialog kann verwendet werden, um Unterfenster zu realisieren. Diese Unterfenster sind jedoch über den Rand des Anwendungsfensters hinaus verschiebbar. Wird das Anwendungsfenster geschlossen, dann werden auch alle Unterfenster automatisch geschlossen.

Objekte der Klasse JDialog können auch dazu verwendet werden, um Mitteilungsfenster zu realisieren. Die Swing-Klasse JOptionPane stellt für verschiedene Arten von Mitteilungsfenstern bereits leicht konfigurierbare Fenster zur Verfügung, sodass man in der Regel diese benutzt.

Die Klasse JOptionPane stellt folgende vier Arten von Mitteilungsfenstern bereit, die alle denselben Grundaufbau (Abb. 4.3-4) besitzen: *(JOptionPane)*

- Mitteilungsdialog *(message dialog):*
  Ein Dialog, der eine Mitteilung anzeigt, und verschiedene Piktogramme in Abhängigkeit von der Mitteilung verwendet.

Abb. 4.3-4: Aufbau eines Mitteilungsfensters realisiert mit der Klasse JOptionPane

- Bestätigungsdialog *(confirm dialog):*
  Ein Dialog, der vom Benutzer eine Bestätigung fordert.

- Eingabedialog *(input dialog):* Ein Dialog, der Informationen vom Benutzer anfordert.

■ Optionsdialog *(option dialog):* Ein allgemeiner, zu konfigurieren-
der Dialog.

Mitteilungsdialoge   Die einfachste Form ist ein Mitteilungsdialog. Es wird eine Mitteilung
angezeigt. Das Lesen der Mitteilung muss der Benutzer mit einem
OK-Druckknopf bestätigen. Das Mitteilungsfenster verschwindet
dann automatisch. Es gibt folgende Mitteilungstypen:
ERROR_MESSAGE, INFORMATION_MESSAGE, WARNING_MESSAGE,
QUESTION_MESSAGE, PLAIN_MESSAGE.

Folgende Klassenoperation kann zum Anzeigen verwendet werden:

■ public static void showMessageDialog(Component parentComponent, Object message, String title, int messageType, Icon
icon)
message gibt an, was angezeigt werden soll, z.B. ein Text,
title gibt den Titel des Mitteilungsfensters an,
messageType gibt den Mitteilungstyp an,
icon gibt das anzuzeigende Piktogramm an (fehlt dieser Parameter,
dann wird ein voreingestelltes Piktogramm verwendet).

Beispiel
```
JOptionPane.showMessageDialog(dasAnwendungsfenster,
    "Dies ist das Anwendungsfenster",
    "Information", JOptionPane.INFORMATION_MESSAGE);
```

Bestätigungs-   Bestätigungsdialoge erfordern vom Benutzer eine Antwort. Für
dialoge   sie gibt es eine vereinfachte Ereignisabfrage. Drückt der Benutzer
einen Druckknopf, dann wird das Ergebnis als ganze Zahl zurückgeliefert. Folgende Ergebniswerte sind möglich (Klassenkonstante
von JOptionPane): YES_OPTION, NO_OPTION, OK_OPTION, CANCEL_OPTION,
CLOSE_OPTION. Folgende Klassenoperation kann zum Anzeigen verwendet werden:

■ public static int showConfirmDialog(Component parentComponent,
Object message, String title, int optionType,
int messageType, Icon icon)
optionType gibt die Druckknöpfe an: YES_NO_OPTION oder
YES_NO_CANCEL_OPTION

Beispiel
```
int ErgebnisEndeDialog = JOptionPane.showConfirmDialog
    (dasAnwendungsfenster,
    "Soll die Anwendung wirklich beendet werden?",
    "Frage", JOptionPane.YES_NO_OPTION);
if((ErgebnisEndeDialog == JOptionPane.YES_OPTION))
{
    dasAnwendungsfenster.setVisible(false);
    //Unsichtbar machen des aufrufenden Fensters
    dasAnwendungsfenster.dispose();
    //Freigabe der Systemressourcen
    System.exit(0);//Schließen der Anwendung
}
```

Eingabedialoge fordern Informationen vom Benutzer, z.B. seinen Namen. Folgende Klassenoperation kann zum Anzeigen verwendet werden:

Eingabedialoge

- `public static Object showInputDialog(Component parentComponent,` `Object message, String title, int messageType, Icon icon,` `Object[] selectionValues, Object initialSelectionValue)` `selectionValues`: Ein Feld von Objekten, das die möglichen Alternativen enthält; `null` erlaubt dem Benutzer jede Eingabe `initialSelectionValue`: Initialisierungswert für das Eingabefeld.

Beispiel

```
String Benutzereingabe;
Benutzereingabe = JOptionPane.showInputDialog(this,
    "Identifizieren Sie sich mit Ihrem Namen",
    "Eingabe", JOptionPane.PLAIN_MESSAGE);
if((Benutzereingabe != null) || (Benutzereingabe.length() > 0))
{
    einTextfeld.setText(Benutzereingabe);
}
```

Beispiel

```
String[] Benutzerauswahl =
    {"Metal-Stil", "Windows-Stil", "Motif-Stil"};
String Initialisierung = "Windows-Stil";
Object Benutzereingabe = JOptionPane.showInputDialog
    (dasAnwendungsfenster,
    "Welches look & feel wünschen Sie?", "Auswahl der
    Darstellungsform", JOptionPane.QUESTION_MESSAGE,
    null, Benutzerauswahl, Initialisierung);
if((String)Benutzereingabe.equals("Windows-Stil"))
{
    //Für alle Swing-Komponenten wird das Look and Feel gesetzt
    try
    {
        com.sun.java.swing.UIManager.setLookAndFeel
            ("com.sun.java.swing.plaf.windows.WindowsLookAndFeel");
    }
    catch (Exception e){}
}
else if...
```

Optionsdialoge können sehr flexibel konfiguriert werden. Informieren Sie sich selbst über diese Dialogform und probieren Sie sie aus.

Optionsdialoge
learning by
exploration

Mitteilungsfenster werden automatisch in der Mitte des zugehörigen Elternfensters zentriert angeordnet. Alle diese Fenster sind modal.

Das folgende Programm zeigt einige Eigenschaften der Klassen `JFrame`, `JDialog`, `JOptionPane` sowie ihr Zusammenspiel. Es wird ein Anwendungsfenster als `JFrame`-Objekt geöffnet. In diesem Anwendungsfenster wird anschließend ein Unterfenster, realisiert als `JDialog`-Objekt, dargestellt. Dem Anwendungfenster wird ein Piktogramm zugeordnet, das im Fenster links oben dargestellt wird. Wird das Fenster zum Piktogramm verkleinert, dann wird ebenfalls dieses

Abb. 4.3-5: Ein Anwendungsfenster mit Unter- und Mitteilungsfenster (Motif-Stil)

Piktogramm angezeigt. Alle Dialogfenster übernehmen automatisch dieses Piktogramm.

Außerdem werden verschiedene Mitteilungsfenster angezeigt (Abb. 4.3-5). Eines der Mitteilungsfenster ermöglicht es, die Darstellungsform der Benutzungsoberfläche zu ändern.

Beispiel 1a

```
/* Programmname: Artikel- und Lieferantenverwaltung
 * GUI-Klasse: ArtikelLieferantenGUI
 * Aufgabe: Verwaltung des Anwendungsfensters
 */

import java.awt.*;
import java.awt.event.*;
import javax.swing.*;

public class ArtikelLieferantenGUI extends JFrame
{
    //Attribute
    private static ArtikelLieferantenGUI dasAnwendungsfenster;
    private MeinUnterfenster dasArtikelfenster;
    private FensterAbhoerer einFensterAbhoerer =
        new FensterAbhoerer();

    //Klassenoperation
    public static void main(String[] args)
    {
    //Benutzungsoberfläche aufbauen
    //Erzeugen des Anwendungsfensters
    dasAnwendungsfenster =
        new ArtikelLieferantenGUI
        ("Artikel- und Lieferantenverwaltung");
    //Größe einstellen
      dasAnwendungsfenster.setSize(600,400);
```

Klasse
ArtikelLieferanten
GUI

688

```
    //Linke obere Ecke des Fensters auf dem Bildschirm festlegen
    dasAnwendungsfenster.setLocation(50,50);
    //Piktogramm für Anwendungsmenüknopf zuordnen
    dasAnwendungsfenster.setzePiktogramm
      ("banana.gif", dasAnwendungsfenster);
    //Anzeigen des Fensters
    dasAnwendungsfenster.setVisible(true);
    //Ein Mitteilungsfenster im Anwendungsfenster anzeigen
    JOptionPane.showMessageDialog
        (dasAnwendungsfenster,"Dies ist das Anwendungsfenster",
        "Information", JOptionPane.INFORMATION_MESSAGE);
    //Einen Eingabedialog im Anwendungsfenster anzeigen
    dasAnwendungsfenster.anzeigenEingabedialog();
    //ein Unterfenster erzeugen
    dasAnwendungsfenster.erzeugenArtikelfenster();
}
//Konstruktor
public ArtikelLieferantenGUI(String FensterTitel)
{   //Aufruf des Konstruktors von JFrame
    super(FensterTitel);
    setCursor(new Cursor(Cursor.DEFAULT_CURSOR));
    //Cursor-Form setzen
    setFont(new Font("Helvetica", Font.BOLD, 20));
    setForeground(Color.white);
    //Vordergrundfarbe des Anwendungsfensters
    setBackground(Color.blue);
    //Hintergrundfarbe des Anwendungsfensters
    getContentPane().setLayout(null);
    //Abhörer hinzufügen
    einFensterAbhoerer = new FensterAbhoerer();
    addWindowListener(einFensterAbhoerer);
}
//Ändern der Darstellungsform über einen Eingabedialog
private void anzeigenEingabedialog()
{
    String[] Benutzerauswahl =
        {"Metal-Stil", "Windows-Stil", "Motif-Stil"};
    String Initialisierung = "Windows-Stil";

    Object Benutzereingabe =
    JOptionPane.showInputDialog
        (dasAnwendungsfenster, "Welches look & feel wünschen Sie?",
        "Auswahl der Darstellungsform",
        JOptionPane.QUESTION_MESSAGE,
        null, Benutzerauswahl, Initialisierung);
    //Auswertung der Benutzereingabe
    try
    {
    //PLAF-Klasse auswählen
    String plaf = "unbekannt";
    if ((String)Benutzereingabe == "Metal-Stil")
    {
       plaf = "javax.swing.plaf.metal.MetalLookAndFeel";
    }
    else if ((String)Benutzereingabe == "Motif-Stil")
    {
```

```java
            plaf = "com.sun.java.swing.plaf.motif.MotifLookAndFeel";
        }
        else if ((String)Benutzereingabe == "Windows-Stil")
        {
            plaf = "com.sun.java.swing.plaf.windows.
            WindowsLookAndFeel";
        }
        //Stil umschalten
        UIManager.setLookAndFeel(plaf);
    }
    catch (UnsupportedLookAndFeelException e)
    {
     System.err.println(e.toString());
    }
    catch (ClassNotFoundException e)
    {
     System.err.println(e.toString());
    }
    catch (InstantiationException e)
    {
     System.err.println(e.toString());
    }
    catch (IllegalAccessException e)
    {
        System.err.println(e.toString());
    }
}
//Erzeugen eines Unterfensters
private void erzeugenArtikelfenster()
{
    dasArtikelfenster =
    new MeinUnterfenster(dasAnwendungsfenster, "Artikel");
    dasArtikelfenster.show();
}

//Setzt das Piktogramm im Anwendungsmenüknopf
(links oben im Fenster)
private void setzePiktogramm(String Dateiname, Frame einFenster)
{
    Image einPiktogramm = getToolkit().getImage(Dateiname);
    MediaTracker mt = new MediaTracker(this);
    mt.addImage(einPiktogramm, 0);
    try
    {
        mt.waitForAll(); //Warten bis das Piktogramm geladen ist
    }
    catch(InterruptedException e)
    { // nichts tun
    }
    einFenster.setIconImage(einPiktogramm);
}
public void paint (Graphics g)
{
    //Wird automatisch aufgerufen,
    //wenn das Fenster neu gezeichnet wird
    g.drawString("Vordergrundfarbe", 20,380);
```

```
    }
    private void anzeigenEndeDialog()
    {
        //Anzeigen eines Bestätigungsdialogs
        int ErgebnisEndeDialog = JOptionPane.showConfirmDialog
            (dasAnwendungsfenster,
            "Soll die Anwendung wirklich beendet werden?",
            "Frage", JOptionPane.YES_NO_OPTION);
        //Wenn Ja gewählt, Anwendung beenden
        if(ErgebnisEndeDialog == JOptionPane.YES_OPTION)
        {
            dasAnwendungsfenster.setVisible(false);
            //Unsichtbar machen des aufrufenden Fensters
            dasAnwendungsfenster.dispose();
            //Freigabe der Systemressourcen
            System.exit(0);
            //Schließen der Anwendung
        }
        else if ((ErgebnisEndeDialog == JOptionPane.CLOSED_OPTION)||
                    (ErgebnisEndeDialog == JOptionPane.NO_OPTION))
        {
            //Die Operation sorgt dafür,
            //dass das Schließen des Mitteilungsfensters
            //keine Auswirkungen auf das Anwendungsfenster hat
            dasAnwendungsfenster.setDefaultCloseOperation
                (JFrame.DO_NOTHING_ON_CLOSE);
        }
    }
    //Innere Klasse
    //FensterAbhörer *************************************************
    public class FensterAbhoerer extends WindowAdapter
        {
        //Ereignis Schließen des Fensters
        public void windowClosing(WindowEvent event)
        {
            anzeigenEndeDialog();
        }
    }
}


/* Programmname: Artikel- und Lieferantenverwaltung
* GUI-Klasse: MeinUnterfenster
* Aufgabe: Verwaltung eines Unterfensters
* Unterfenster als Dialogfenster realisiert
*/

import java.awt.*;
import java.awt.event.*;
import javax.swing.*;
import javax.swing.event.*;

public class MeinUnterfenster extends JDialog
{
    //Attribute
    private FensterAbhoerer einFensterAbhoerer;
    private JLabel text = new JLabel();
```

Klasse
MeinUnterfenster

691

```
//Konstruktor
public MeinUnterfenster
      (JFrame dasAnwendungsfenster, String Fenstertitel)
{
  //Unterfenster neu erstellen
  super(dasAnwendungsfenster, Fenstertitel);
  //Die folgenden Angaben beziehen sich auf das Unterfenster!
  setSize(400,300);//Größe des Unterfensters
  setLocation(60, 80);
  //Linke obere Ecke des Fensters festlegen
  setVisible(true); //Unterfenster anzeigen
  //Die folgenden Angaben beziehen sich auf die ContentPane!
  getContentPane().setLayout(null);
  getContentPane().setBackground(Color.blue);
  //Hintergrundfarbe des Unterfensters
  //Eingabedialog anzeigen
  anzeigenEingabeDialog();
  einFensterAbhoerer = new FensterAbhoerer();
    addWindowListener(einFensterAbhoerer);
}
public void anzeigenEingabeDialog()
{
  String Benutzereingabe;
  Benutzereingabe =
  JOptionPane.showInputDialog
    (this, "Identifizieren Sie sich mit Ihrem Namen",
    "Eingabe", JOptionPane.PLAIN_MESSAGE);
    if ((Benutzereingabe == null) ||
      (Benutzereingabe.
      length() == 0))
    {
      //Keine Eingabe erfolgt,
      //Mitteilungsfenster schließt automatisch
    }
    else

    {
      getContentPane().add(text);
      text.setForeground(java.awt.Color.white);
      text.setBounds(59,44,146,46);
      text.setText("Eingegebener Text: " + Benutzereingabe);
    }
}
//Innere Klasse ************************************************
public class FensterAbhoerer extends WindowAdapter
{
    //Ereignis Schließen des Fensters
    public void windowClosing(WindowEvent event)
    {
      setVisible(false);
      //Unsichtbar machen des aufrufenden Fensters
      dispose(); //Freigabe der Systemressourcen
    }
}
}
```

Um zu übersichtlichen Programmen zu gelangen, sind alle Abhörer, die zu einem Fenster gehören, in der jeweiligen Fensterklasse als innere Klassen anzuordnen.

Java-Swing-Klassen erlauben auch die Umsetzung des MDI-Konzepts, d.h. Unterfenster werden abgeschnitten, wenn sie aus dem Anwendungsfenster hinausgeschoben werden. Zur Realisierung werden »leichtgewichtige« interne Fenster verwendet, bereitgestellt von der Klasse JInternalFrame.

Diese internen Fenster können in einen Schreibtisch, bereitgestellt von der Klasse JDesktopPane, eingebettet werden. Der Schreibtisch ersetzt die Benutzungsoberfläche des jeweiligen Betriebssystems durch eine plattformunabhängige Oberfläche. In einem solchen Schreibtisch können interne Fenster wie normale Fenster verwendet werden. Sie können verkleinert, vergrößert, minimiert und geschlossen werden. Der Schreibtisch verwaltet die zu Piktogrammen minimierten Fenster. Der umfangreichste Konstruktur für ein internes Fenster sieht folgendermaßen aus:

- public JInternalFrame(String title, boolean resizable, boolean closable, boolean maximizable, boolean iconifiable)
  title: Die Zeichenkette, die im Fenstertitel angezeigt wird.
  resizable: Wenn true, dann kann die Größe des Fensters verändert werden.
  closable: Wenn true, dann kann das Fenster geschlossen werden.
  maximizable : Wenn true, dann kann das Fenster den vollen Bildschirm ausfüllen.
  iconifiable: Wenn true, dann kann das Fenster als Piktogramm dargestellt werden.

Mitteilungsfenster, die mit der Klasse JOptionPane realisiert werden, werden auf interne Fenster abgebildet, wenn sie mit showInternalOptionDialog() statt showOptionDialog() aufgerufen werden. Das bedeutet, dass sie beim Verschieben über das Anwendungsfenster hinaus abgeschnitten werden.

Das Beispiel 1a befindet sich als MDI-Version – etwas modifiziert und erweitert – auf der beiliegenden CD-ROM. Abb. 4.3-6 zeigt einen Ausschnitt aus der Benutzungsoberfläche. Diese MDI-Version ist so programmiert, dass auch die Mitteilungsfenster beim Hinausschieben abgeschnitten werden.

In vielen Anwendungen, insbesondere bei Büroanwendungen, müssen zu Beginn Dateien ausgewählt werden. Die Unterklasse FileDialog der Klasse Dialog erlaubt es auf einfache Art, einen Dateinamen auszuwählen. Der umfangreichste Konstruktor lautet:

- public FileDialog(Frame parent, String title, int mode)
  wobei parent das Elternfenster des Dateidialogfensters angibt, title den Fenstertitel und mode festlegt, ob eine Datei geladen (Wert FileDialog.LOAD) oder gespeichert werden soll (Wert File-

Seitenrandnotizen:
- Programmierregel
- MDI-Fenster
- JInternalFrame
- internes Mitteilungsfenster
- Beispiel 1b
- Dateidialogfenster

Abb. 4.3-6:
MDI-Benutzungs-
oberfläche

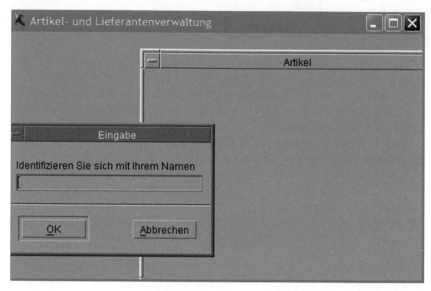

Dialog.SAVE). Die Voreinstellung ist FileDialog.LOAD. Es kann nur eine bereits vorhandene Datei gewählt werden. Bei FileDialog. SAVE kann auch ein neuer Dateiname eingegeben werden. Diese Optionen wirken sich nur auf die Oberfläche aus. Geöffnet oder gespeichert wird noch nichts.

Ein Dateidialogfenster ist immer modal. Die vom Benutzer vorgenommene Dateiauswahl kann mit den Operationen getDirectory bzw. getFile festgestellt werden. Beide Operationen liefern das Ergebnis als String. Ein Beispiel für Dateidialogfenster wird in Abschnitt 4.4.1 behandelt.

4.3.2 Java-Menüs

Die Klassen, die die Konstruktion von Menüs in Java unterstützen, sind als Klassenhierarchie in Abb. 4.3-7 dargestellt.
Die wichtigsten Klassen sind folgende:
– MenuBar, JMenuBar: Darstellung des Menübalkens.
– Menu, JMenu: Ein Menü des Menübalkens.
– MenuItem, JMenuItem: Eine Menüoption in einem Aktionsmenü.
  CheckboxMenuItem, JCheckboxMenuItem: Eine Menüoption in einem Eigenschaftsmenü mit gleichzeitig mehreren Alternativen.
– JRadioButtonMenuItem: Eine Menüoption in einem Eigenschaftsmenü mit jeweils einer gewählten Alternative (nur in Verbindung mit der Klasse ButtonGroup).
– PopupMenu, JPopupMenu: Darstellung eines *pop-up*-Menüs.

Menübalken   Die Klasse JMenuBar besitzt folgende wichtige Operationen:

694

– public JMenuBar(): Konstruktor, der einen leeren Menübalken erzeugt, in den durch Aufruf der Operation add Menüs eingefügt werden.
– public void add(JMenu einMenue): Einfügen eines Menüs in den Menübalken.
– public void remove(int index): Entfernen eines bestehenden Menüs.
– public JMenu getMenu(int index): Liefert das Menüobjekt am angegebenen Index (erster Index gleich null).

Die Klasse JRootPane stellt folgende Operation zur Verfügung:

Abb. 4.3-7: Klassenhierarchie der Java-Menüklassen

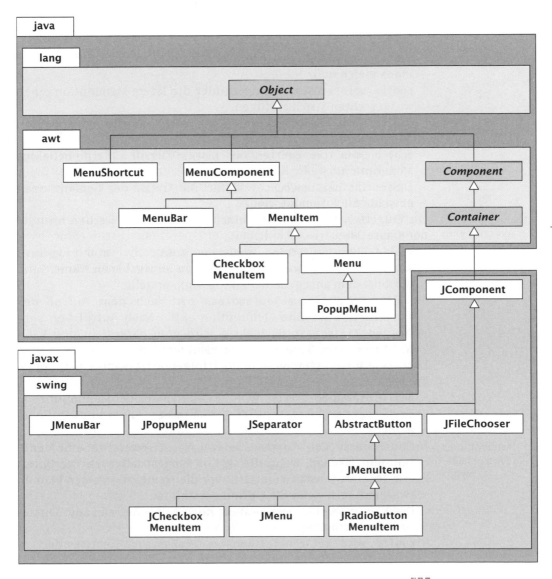

- `public void setJMenuBar(JMenubar einMenuebalken)`: Der angegebene Menübalken wird im Fenster angezeigt. Beim Auswählen einer Menüoption werden Ereignisse ausgelöst und an das Fenster gesendet. Die Fensterklasse kann diese Ereignisse durch das Registrieren eines Objekts vom Typ `ActionListener` bearbeiten.

Menü Die Klasse `JMenu` besitzt folgende wichtige Operationen:

- `public JMenu(String einTitel)`: Konstruktor mit Angabe des Menütitels.
- `public JMenuItem add(JMenuItem eineMenueoption)`: Hinzufügen einer Menüoption an das Ende des Menüs; die hinzugefügte Option wird als Ergebnis zurückgegeben.
- `public void add(String einMenueoptionsname)`: Hinzufügen einer Menüoption. Erzeugt automatisch ein Objekt der Klasse `JMenuItem`.
- `public void remove(int index)`: Entfernen einer Menüoption (erster Index gleich null)
- `public void addSeparator()`: Hinter die letzte Menüoption einen waagerechten Strich einfügen.
- `public void insertSeparator(int index)`: An die Indexposition einen waagerechten Strich einfügen.
- `public JMenuItem getItem(int index)`: Zugriff auf eine beliebige Menüoption.
- `public int getItemCount()`: Liefert die Anzahl der Menüoptionen einschließlich Separatoren.

Menüoptionen in Aktionsmenüs Die einzelnen Menüoptionen eines Aktionsmenüs werden mithilfe der Klasse `JMenuItem` erstellt:

- `public JMenuItem(String einOptionsnamen, Icon einPiktogramm)`: Konstruktor, der eine Option mit dem angegebenen Namen und optional dem angegebenen Piktogramm erstellt.
- `public void setEnabled(boolean b)`: Nach dem Aufruf des Konstruktors ist eine Menüoption aktiv. Nach Aufruf von `setEnabled (false)` ist sie inaktiv, wird grau dargestellt und kann nicht mehr vom Benutzer ausgewählt werden.

Die Klasse `AbstractButton` stellt noch folgende relevante Operationen zur Verfügung:

- `public String getText()`: Abfrage des Namens der Menüoption.
- `public void setText(String einOptionsname)`: Ändern des Optionsnamens.

Menüoptionen in Eigenschaftsmenüs Die Unterklasse `JCheckboxMenuItem` von `JMenuItem` setzt vor eine Menüoption ein Häkchen, wenn die Option eingeschaltet ist. Die Unterklasse `JRadioButtonMenuItem` setzt vor die Menüoption einen kleinen schwarzen Kreis, wenn die Option gewählt ist.

Die Klasse `AbstractButton` stellt noch folgende relevante Operationen zur Verfügung:

- `public void setSelected(boolean einZustand)`: Setzen oder Löschen des Zustandes.

– `public boolean isSelected()`: Abfrage des Zustandes.

Kaskadenmenüs erhält man, wenn man beim Aufruf der add-Opera- Kaskadenmenüs
tion anstelle eines Objekts von `JMenuItem` ein Objekt der Klasse `JMenu`
übergibt, die das gewünschte Kaskadenmenü repräsentiert.

Da die meisten heutigen Anwendungen menüorientiert aufgebaut Beschleunigung
sind, hat man verschiedene Möglichkeiten zur Beschleunigung der der Menüauswahl
Menüauswahl entwickelt.

Java ermöglicht mithilfe der AWT-Klasse `MenuShortcut` die Definition von plattformunabhängigen Beschleunigertasten. Eine solche
Beschleunigertaste ist immer ein einzelnes Zeichen der Tastatur, das
zusammen mit der systemspezifischen Umschalttaste für Beschleu-
niger (in *Windows* STRG) gedrückt werden muss, um die Menüoption
aufzurufen.

Für die Klassen `JMenu` und `JMenuItem` gibt es folgenden Befehl:

– `public void setAccelerator(KeyStroke keyStroke)`: Ordnet dem
   Menü oder der Menüoption eine Tastenkombination zu, mit der
   das Menü oder die Menüoption ausgelöst werden kann, wobei der
   Parameter durch folgende Operation der Klasse `KeyStroke` gesetzt
   wird:
   `public static KeyStroke getKeyStroke(char keyChar)`

```
...
private AktionsAbhoerer einAktionsAbhoerer = new
AktionsAbhoerer();
...

//Innere Klasse
//Menübalken ******************************************************
    class MenueBalken extends JMenuBar
    {
        //Konstruktor
        public MenueBalken()
        {
            JMenu einMenue;
            JMenuItem eineOption;

            //1. Menütitel ALV*********************************
            //ALV = Artikel- und Lieferantenverwaltung
            einMenue = new JMenu("ALV");
            //neue Menüoption
            eineOption = new JMenuItem("Importieren...");
            einMenue.add(eineOption);//Menüoption zum 1. Menü
            //Abhörer registrieren
            eineOption.addActionListener(einAktionsAbhoerer);
            //neue Menüoption
            eineOption = new JMenuItem("Exportieren...");
            einMenue.add(eineOption);//Menüoption zum 1. Menü
            eineOption.addActionListener(einAktionsAbhoerer);
            //Waagrechten Strich als Separator einfügen
            einMenue.addSeparator();
            //neue Menüoption
            eineOption = new JMenuItem("Beenden");
```

Beispiel

697

```
//Tastenkombination zum Auslösen der Option Beenden
eineOption.setAccelerator(
   KeyStroke.getKeyStroke(KeyEvent.VK_B, Event.
   CTRL_MASK));
eineOption.setMnemonic((int)'B');
einMenue.add(eineOption);//Menüoption zum 1. Menü
eineOption.addActionListener(einAktionsAbhoerer);
add(einMenue); //1. Menü zu Menübalken hinzufügen

//2. Menütitel Stammdaten **************************
einMenue = new JMenu("Stammdaten");
//neue Menüoption
eineOption = new JMenuItem("Artikel...");
einMenue.add(eineOption);//Menüoption zum 2. Menü
eineOption.addActionListener(einAktionsAbhoerer);
//neue Menüoption
eineOption = new JMenuItem("Lieferant...");
einMenue.add(eineOption);//Menüoption zum 2. Menü
eineOption.addActionListener(einAktionsAbhoerer);
add(einMenue); //2. Menü zum Menübalken hinzufügen

//3. Menütitel Listen *****************************
einMenue = new JMenu("Listen");
//neue Menüoption
eineOption = new JMenuItem("Alle Artikel...");
einMenue.add(eineOption);//Menüoption zum 3. Menü
eineOption.addActionListener(einAktionsAbhoerer);
//neue Menüoption
eineOption = new JMenuItem("Alle Lieferanten...");
einMenue.add(eineOption);//Menüoption zum 3. Menü
eineOption.addActionListener(einAktionsAbhoerer);
add(einMenue); //3. Menü zum Menübalken hinzufügen

//4. Menütitel Hilfe mit Kaskadenmenü **************
einMenue = new JMenu("?");
//neue Menüoption
eineOption = new JMenuItem("Info...");
einMenue.add(eineOption);//Menüoption zum 4. Menü
add(einMenue);
//Kaskadenmenü
JMenu eineKaskade = new JMenu("Hilfe");
eineKaskade.add(new JMenuItem("Global..."));
JMenuItem detail = new JMenuItem("Detail...");
eineKaskade.add(detail);
detail.setEnabled(false);//Menüoption deaktivieren
einMenue.add(eineKaskade);

//5. Menütitel Eigenschaftsmenü Darstellung
einMenue = new JMenu("Darstellung");
ButtonGroup eineGruppe = new ButtonGroup();
JRadioButtonMenuItem eineDarstellung =
   new JRadioButtonMenuItem("Metal-Stil");
eineDarstellung.setSelected(true);
einMenue.add(eineDarstellung);
eineGruppe.add(eineDarstellung);
eineDarstellung.addActionListener
```

```
//(einAktionsAbhoerer);
eineDarstellung = new JRadioButtonMenuItem
("Windows-Stil");
einMenue.add(eineDarstellung);
eineGruppe.add(eineDarstellung);
eineDarstellung.addActionListener
//(einAktionsAbhoerer);
eineDarstellung = new JRadioButtonMenuItem
("Motif-Stil");
einMenue.add(eineDarstellung);
eineGruppe.add(eineDarstellung);
eineDarstellung.addActionListener
(einAktionsAbhoerer);
add(einMenue);
    }
}
```

Abb. 4.3-8 zeigt die Benutzungsoberfläche mit dem Menübalken.

Abb. 4.3-8:
Fenster mit
Menübalken
(Metal-Stil)

Der Aufbau eines *pop-up*-Menüs geschieht analog zum Aufbau eines Menüs. Ein zugeordneter Aktionsabhörer wird aktiviert, wenn eine Menüoption ausgewählt wird. Mit der Operation public void show(Component invoker, int x, int y) wird das Menü an der x,y-Position relativ zu der Komponente angezeigt, an die es gebunden ist.
   Um ein *pop-up*-Menü aufzurufen, sind folgende Schritte durchzuführen:
– Ein Objekt muss erzeugt und durch Aufruf von add an die Komponente gebunden werden, die auf Mausereignisse für den Aufruf reagieren soll.
– In der Komponente muss durch Aufruf von enableEvents die Behandlung von Maus-Ereignissen »freigeschaltet« werden.
– Die Operation processMouseEvent muss redefiniert werden. Bei jedem Maus-Ereignis muss mit isPopupTrigger (Klasse MouseEvent) abgefragt werden, ob es sich um ein Ereignis zum Aufruf des *pop-up*-Menüs handelt. Wenn ja, dann kann das Menü mit show angezeigt werden.

pop-up-Menüs

```
...
private MeinPopupMenu einPopup;
private AktionsAbhoerer einAktionsAbhoerer =
new AktionsAbhoerer();
private MausAbhoerer einMausabhoerer = new MausAbhoerer();
...
```

Beispiel

```
//Pop-up-Menü erzeugen und aktiviere
einPopup = new MeinPopupMenu();
getContentPane().addMouseListener(einMausabhoerer);
//Aktivieren von Maus-Ereignissen des Anwendungsfensters
//Wird für das pop-up-Menü benötigt
//Ereignis-Maske zur Auswahl von Maus-Ereignissen
enableEvents(AWTEvent.MOUSE_EVENT_MASK);
...
public void processMouseEvent(MouseEvent event)
{
 //Verarbeitet Maus-Ereignisse des Anwendungsfensters
 if (event.isPopupTrigger())
 {
    einPopup.show(event.getComponent(),
    event.getX(), event.getY());
 }
  super.processMouseEvent(event);
}


//Innere Klasse
//pop-up-Menü ****************************************************
class MeinPopupMenu extends JPopupMenu
{
    //Konstruktor
    public MeinPopupMenu()
    {
        JMenuItem einPopupMenu;//Attribut

        einPopupMenu = new JMenuItem("Artikel...");
        einPopupMenu.addActionListener(einAktionsAbhoerer);
        add(einPopupMenu);

        einPopupMenu = new JMenuItem("Lieferant...");
        einPopupMenu.addActionListener(einAktionsAbhoerer);
        add(einPopupMenu);

        addSeparator();

        einPopupMenu = new JMenuItem("Alle Artikel...");
        einPopupMenu.addActionListener(einAktionsAbhoerer);
        add(einPopupMenu);

        einPopupMenu = new JMenuItem("Alle Lieferanten...");
        einPopupMenu.addActionListener(einAktionsAbhoerer);
        add(einPopupMenu);
    }
}
```

Datenaustausch mit der Zwischenablage

Java erlaubt es, Daten mit anderen Programmen über die Zwischenablage auszutauschen. Die zugehörigen Klassen und Schnittstellen befinden sich in dem Paket java.awt.datatransfer.

4.4 Dann die Praxis: Entwicklung der Dialog-Schnittstelle

Die Entwicklung einer Dialog-Schnittstelle für eine Anwendung ist eine schwierige und anspruchsvolle Aufgabe. Nur ein systematisches Vorgehen führt zu einem übersichtlichen und gut strukturierten Programm. Im folgenden Abschnitt wird ein schrittweises Vorgehen beschrieben, das ausgehend von einer Skizze der Dialog-Schnittstelle bis zu einem lauffähigen Prototypen der Benutzungsoberfläche führt. Anschließend wird gezeigt, wie die Dialog-Schnittstelle mit dem Fachkonzept kommuniziert.

Wird die Benutzungsoberfläche mit Java realisiert, dann ist vor Beginn zu entscheiden, ob AWT-Klassen oder Swing-Klassen verwendet werden sollen. Eine Mischung beider Klassen ist nicht oder nur begrenzt möglich.

4.4.1 Von der Skizze zum Prototyp

Nachdem ausgehend von einem Pflichtenheft ein OOA-Modell erstellt wurde, sollte anschließend die Benutzungsoberfläche skizziert und als Prototyp realisiert werden. Ein **Prototyp** dient dazu, bestimmte Aspekte eines Software-Systems vor der Realisierung zu überprüfen. Ein Prototyp der Benutzungsoberfläche zeigt die vollständige Oberfläche des zukünftigen Systems, ohne dass bereits Fachkonzept-Funktionalität programmiert ist.

Als erster Teil der Benutzungsoberfläche sollte zunächst die Dialog-Schnittstelle realisiert werden, anschließend die E/A-Schnittstelle (siehe Kapitel 4.6). Als Beispiel wird im Folgenden die Dialog-Schnittstelle für eine – zunächst eingeschränkte – Artikel-Lieferanten-Verwaltung entwickelt.

1. Schritt: Skizzieren der benötigten Fenster und ihrer gegenseitigen Interaktion

Für die Artikel-Lieferanten-Verwaltung werden folgende Fenster benötigt: *Beispiel*
- ein Anwendungsfenster,
- vier Unterfenster: Artikel-, Lieferanten-, Artikellisten-, Lieferantenlistenfenster,
- zwei Dialogfenster für das Importieren und Exportieren von Daten (modal)
- ein Mitteilungsfenster für den Endedialog (modal).

2. Schritt: Festlegen, aus welchen Bestandteilen ein Fenster besteht

Beispiel   Aufbau des **Anwendungsfensters:**

- Titelbalken mit Text: »Artikel- und Lieferantenverwaltung«
- Anwendungsmenüknopf mit Piktogramm: »Banane«
- Knöpfe für Piktogrammgröße, Vollbildgröße und »Fenster schlie-ßen«
- Menübalken mit folgenden Menütiteln und zugeordneten Menüoptionen:
  - □ ALV mit Importieren..., Exportieren..., Separator, Ende (Tastatur-kürzel »B« für Beenden)
  - □ Stammdaten mit Artikel..., Lieferant...
  - □ Listen mit Alle Artikel..., Alle Lieferanten...
  - □ ? mit Info..., Hilfe (Global..., Detail...) (Detail deaktiviert)
  - □ Einstellungen mit Hintergrund blau (als Eigenschaftsmenü)
- *pop-up*-Menü mit folgenden Menüoptionen:
  - □ Artikel..., Lieferant..., Alle Artikel..., Alle Lieferanten... (Aktivierbar durch rechte Maustaste innerhalb des Arbeitsbereichs des Anwendungsfensters)
- Aufbau der **Unterfenster:**
  - □ Titelbalken mit Text: »Artikel« bzw. »Lieferant« bzw. »Alle Artikel« bzw. »Alle Lieferanten«
  - □ Knopf für »Fenster schließen«
- Aufbau der **Dialogfenster** für das Importieren und Exportieren von Daten (modal):
  - □ Analog den Dateidialogfenstern von *Windows*
  - □ Keine Größenveränderung durch den Benutzer
- Aufbau des **Mitteilungsfensters** für den Endedialog:
  - □ Titelbalken mit Text: »Mitteilung«
  - □ Knopf für »Fenster schließen«
  - □ Keine Größenveränderung durch den Benutzer
  - □ Fenster zentriert in der Mitte des Anwendungsfensters
  - □ Führungstext: »Soll die Anwendung wirklich beendet werden?«
  - □ Zwei Druckknöpfe mit »Ja« und »Nein«

3. Schritt: Festlegen, auf welche Benutzerereignissse wie reagiert werden soll

Beispiel   In der Abb. 4.4-1 ist skizziert, wie auf welche Benutzerereignisse reagiert werden soll. Ein Pfeil verbindet das Element, bei dem das Ereignis eingetreten ist, mit dem Element, das anschließend angezeigt werden soll. Man spricht auch von einem **Zustandswechsel.** An jeden Pfeil ist angetragen, welches Ereignis eingetreten ist. Getrennt durch eine Schrägstrich »/« wird anschließend angegeben, welche Aktion auf dieses Ereignis folgen soll.

702

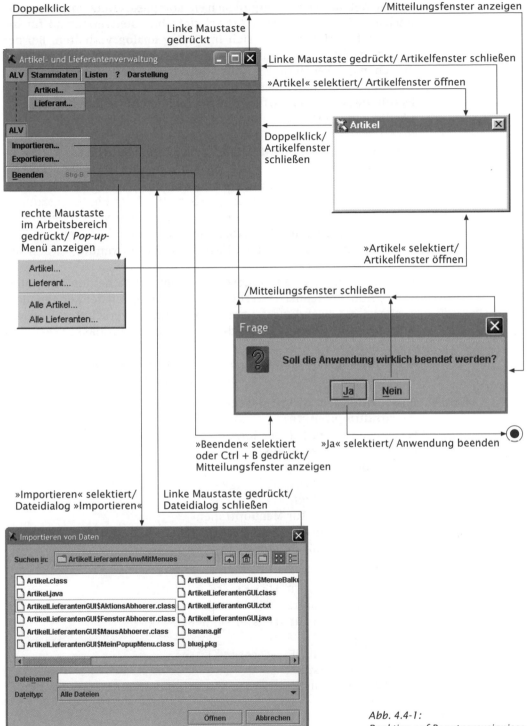

Doppelklick

/Mitteilungsfenster anzeigen

Linke Maustaste gedrückt

Linke Maustaste gedrückt/ Artikelfenster schließen

»Artikel« selektiert/ Artikelfenster öffnen

Doppelklick/ Artikelfenster schließen

»Artikel« selektiert/ Artikelfenster öffnen

rechte Maustaste im Arbeitsbereich gedrückt/ *Pop-up*-Menü anzeigen

/Mitteilungsfenster schließen

»Beenden« selektiert oder Ctrl + B gedrückt/ Mitteilungsfenster anzeigen

»Ja« selektiert/ Anwendung beenden

»Importieren« selektiert/ Dateidialog »Importieren«

Linke Maustaste gedrückt/ Dateidialog schließen

Abb. 4.4-1:
Reaktion auf Benutzerereignisse

Wie die Abbildung zeigt, ergibt sich ein komplexes Netz von Zustands-wechseln. Das Unterfenster Artikel steht hier stellvertretend für die anderen Unterfenster, die sich im Dialog analog verhalten. Bei der Dialoggestaltung konzentriert man sich zunächst auf die Ereignisse zwischen den Fenstern. Eine Ausnahme bildet hier der Endedialog. Er wird benötigt, um definiert die Anwendung zu beenden.

Es soll jeweils nur ein Artikelfenster, ein Lieferantenfenster, eine Artikelliste und eine Lieferantenliste geöffnet werden können.

4. Schritt: Umsetzung des Dialogkonzepts in einen Java-Entwurf

Die Schritte 1 bis 3 sind unabhängig von einem GUI-System und einer Programmiersprache. In diesem Schritt erfolgt die Umsetzung in einen Dialog-Entwurf unter Berücksichtigung der verwendeten Programmiersprache, hier Java. Dazu gehören folgende Aufgaben:

- Entscheidung, ob AWT- oder Swing-Klassen verwendet werden sollen.
- Wenn Swing-Klassen eingesetzt werden, entscheiden, ob volles MDI-Konzept realisiert werden soll, d.h., Unterfenster können nicht über den Anwendungsfensterrahmen hinaus verschoben werden.
- Zuordnung, welche Fenster durch welche Fensterklassen realisiert werden sollen.
- Zuordnung aller Elemente, die zu einem Fenster gehören.
- Zuordnen der benötigten Abhörer pro Fenster.

Beispiel   Entscheidung für Swing-Klassen, aber kein volles MDI-Konzept.
Anwendungsfenster:
- Realisierung mit JFrame-Klasse
- Zusammensetzung aus:
- ☐ Menübalken mit Menüs
- ☐ *pop-up*-Menü
- Benötigte Abhörer:
- ☐ Aktionsabhörer für Menüoptionen
- ☐ Fensterabhörer für »Fenster schließen«
- ☐ Mausabhörer für *pop-up*-Menü

Unterfenster:
- Realisierung mit JDialog-Klasse
- Benötigte Abhörer:
- ☐ Fensterabhörer für »Fenster schließen«

Dialogfenster:
- Realisierung mit JFileChooser-Klasse

Mitteilungsfenster
- Realisierung mit JOptionPane-Klasse (modal, keine Größenveränderung)

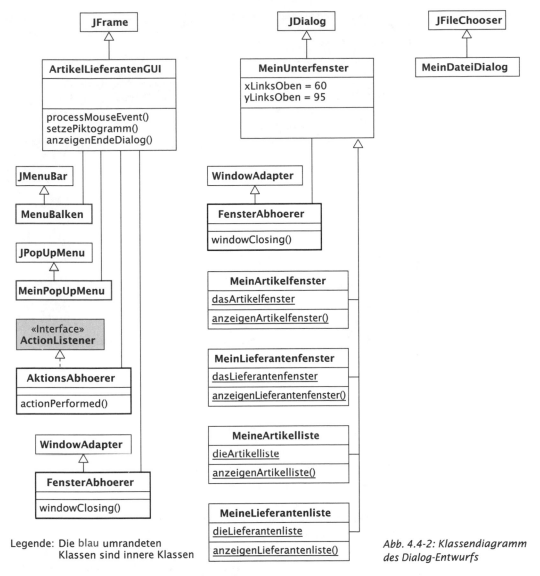

Legende: Die blau umrandeten
Klassen sind innere Klassen

*Abb. 4.4-2: Klassendiagramm
des Dialog-Entwurfs*

5. Schritt: Programmierung der Klassen

In der Regel werden Unterklassen gebildet, um die konzipierten Fenster zu realisieren. Oft setzt man vor den Klassennamen »Mein«, um anzudeuten, dass es spezialisierte Unterklassen sind, z.B. Mein Unterfenster. Alle Operationen, die auf den jeweiligen Fenstern operieren, sollten der entsprechenden Unterklasse zugeordnet werden.

Abb. 4.4-2 zeigt das Klassendiagramm des Dialog-Entwurfs. Um sicherzustellen, dass nur jeweils ein Artikelfenster, ein Lieferantenfenster, eine Artikelliste und eine Lieferantenliste geöffnet werden können, wird das *Singleton*-Muster verwendet.

Beispiel
Abschnitt 2.19.1.4

*Abb. 4.4-3: Dialog-
Schnittstelle der
Artikel-Lieferanten-
Verwaltung*

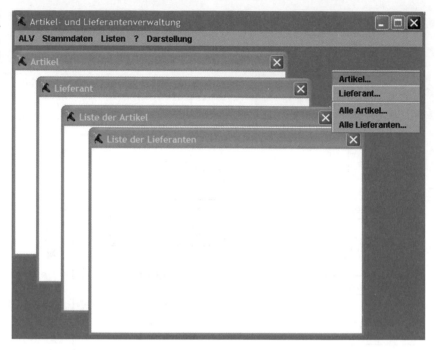

Das Java-Programm, das diese Dialoggestaltung realisiert, ist auf der beigefügten CD-ROM enthalten. Die Abb. 4.4-3 zeigt einen Ausschnitt aus der Benutzungsoberfläche.

4.4.2 Anbindung des Fachkonzepts: Das MVC-Muster

Bereits in Abschnitt 2.6.2 wurde das Entwurfsprinzip »Trennung GUI – Fachkonzept« behandelt. Es bedeutet, dass es eine strikte Trennung zwischen den Klassen der Benutzungsoberfläche und den Fachkonzept-Klassen gibt. Insbesondere kennen nur die GUI-Klassen die Fachkonzept-Klassen. Die Fachkonzept-Klassen kennen umgekehrt ihre GUI-Klassen *nicht.*

Problem:
Aktualisierungen

Dies Prinzip gilt auch weiterhin. Es gibt jedoch ein Problem – insbesondere bei MDI-Anwendungen: Hat ein Benutzer mehrere Fenster geöffnet und ändert er in einem Fenster einen Attributwert, der in den anderen Fenstern direkt oder indirekt angezeigt wird, dann müssen diese Fenster über die Attributänderung informiert werden, um ihre Anzeige zu aktualisieren.

Abschnitt 2.9.1

Da die Attributwerte in den Fachkonzept-Klassen gespeichert sind, müssten die Fachkonzept-Klassen wissen, welche GUI-Klassen ihre Werte anzeigen. Dann könnten sie diese informieren, wenn sich ein Attributwert ändert. Um das obige Entwurfsprinzip nicht zu verletzen, benutzt man zur Lösung dieses Problems das **MVC-Muster** (***m**odel-**v**iew-**c**ontroller),* das ursprünglich aus der Programmiersprache Smalltalk-80 stammt.

Das MVC-Muster besteht aus drei Teilen: MVC-Muster
- *model:* Daten(modell), d.h. die Fachkonzeptklasse, in der die Attributwerte gespeichert sind,
- *view:* Ansicht, Darstellung, »*look*« der Daten auf der Benutzungsoberfläche,
- *controller:* Steuerung, »*feel*«, d.h. Verarbeitung der durch den Benutzer verursachten Eingabeereignisse.

Abb. 4.4-4 veranschaulicht die Abhängigkeiten zwischen diesen drei Teilen.

Im Mittelpunkt stehen die Daten, hier die Daten der Fachkonzeptklasse. Die Fachkonzeptklasse kann Anfragen von den Datendarstellern, d.h. den *views,* über seinen Zustand beantworten und Zustandsänderungswünsche von Steuerungen, d.h. *controllers*, oder anderen Objekten verarbeiten. Die *controller* reagieren auf Benutzereingaben und veranlassen das Datenmodell zu Änderungen. Die Entkopplung dieser drei Funktionen bringt eine Reihe von Vorteilen mit sich. Die Daten des Fachkonzepts können auf verschiedene Art und Weise von den *views* dargestellt werden. Die Darstellung einer *view* kann verändert werden, ohne das Datenmodell zu beeinflussen. Die Entkopplung des *controllers* erlaubt die Verwendung verschiedener Eingabegeräte. In der Abb. 4.4-4 sind als Beispiel die drei Attributwerte a, b und c im *model*-Objekt eingetragen. Sie werden einmal als Tabelle und einmal als Kreisdiagramm dargestellt. Die Eingabe dieser Daten kann z.B. über die Tastatur oder über eine E-Mail erfolgen. Die beiden *view*-Objekte kennen sich untereinander nicht. Dadurch ist es einfach, eines von beiden in einem anderen Kontext wiederzuverwenden.

Damit das *model*-Objekt seine *view*-Objekte nicht kennen muss, ist es erforderlich, dass sich die *view*-Objekte beim *model*-Objekt

Abb. 4.4-4:
Das Prinzip des
MVC-Musters

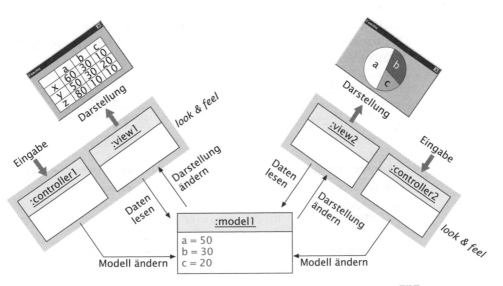

registrieren. Wird der Zustand des *model*-Objekts geändert, dann werden die registrierten *view*-Objekte benachrichtigt und holen sich selbstständig die sie interessierenden Datenänderungen beim *model*-Objekt.

View und *controller* hängen stark voneinander ab. Zu jedem *view* muss es genau einen *controller* geben. Daher fasst man beide oft unter der Bezeichnung Benutzungsoberfläche *(UserInterface,* UI) oder »*look & feel*« zusammen.

Beobachter-Muster   Vereinfacht man das MVC-Muster in dieser Weise, dann gelangt man zu dem Beobachter-Muster *(observer pattern),* das in Java auch für die Ereignisverarbeitung verwendet wird.

Das Beobachter-Muster sorgt dafür, dass bei der Änderung eines Objekts, hier das *model*-Objekt, alle davon abhängigen Objekte, hier die *view*-Objekte, benachrichtigt werden.

Den allgemeinen Aufbau des Beobachter-Musters zeigt Abb. 4.4-5. Im Beobachter-Muster wird anstelle von *model* von »Subjekt« gesprochen, die *views* sind die »Beobachter«.

Java unterstützt das Beobachter-Muster direkt durch die Klasse Observable (Subjekt) und die Schnittstelle Observer (Beobachter). Die Klasse Observable   Klasse Observable stellt dabei alle Operationen zum Verwalten von Beobachtern zur Verfügung:

■ Öffentliche Operationen:
□ addObserver(Observer o): Fügt einen Beobachter der Menge von Beobachtern hinzu.
□ countObservers(): Liefert die Anzahl der registrierten Beobachter.
□ deleteObserver(Observer o): Entfernt einen Beobachter aus der Menge der Beobachter.
□ deleteObservers(): Entfernt alle Beobachter.
□ hasChanged(): Überprüft, ob sich der Zustand des Objektes geändert hat.
□ notifyObservers(): Falls das Objekt verändert wurde, werden alle Beobachter informiert und anschließend die clearChanged-Operation aufgerufen.

Abb. 4.4-5: Das Beobachter-Muster

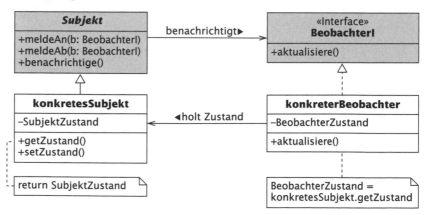

☐ notifyObservers(Object arg): Es wird zusätzlich ein beliebiges Objekt übergeben.

■ Nicht öffentliche Operationen:

☐ protected synchronized void clearChanged(): Diese Operation zeigt an, dass keine Zustandsänderung beim aktuellen Objekt mehr vorliegt. Wird automatisch von der notifyObservers-Operation aufgerufen.

☐ protected synchronized void setChanged(): Zeigt an, dass sich der Zustand dieses Objektes verändert hat.

Die Schnittstelle Observer enthält nur die Operation
update (Observable o, Object arg).

Die folgenden Programmausschnitte zeigen die Realisierung des Be-   Beispiel
obachter-Musters mithilfe der beschriebenen Klasse Observable und der Schnittstelle Observer. Es gibt eine Klasse Artikel, von der ein Objekt erzeugt wird. Diese Klasse erbt von Observable. Beide Listenfenster registrieren sich bei diesem Objekt als Beobachter. Das Artikelfenster aktualisiert das Artikel-Objekt und implementiert die Schnittstelle Observer.

```
/* Programmname: Artikel- und Lieferantenverwaltung
 * Fachkonzept-Klasse: Artikel
 */

import java.util.*;

public class Artikel extends Observable                    Klasse Artikel
{
    //Klasse Artikel ist im Beobachter-Muster das Subjekt
    private int Artikelnr; //entspricht Subjekt-Zustand
    //Operationen
    public void setArtikelnr(int Artikelnr)
    {
        if (this.Artikelnr != Artikelnr)
        {
            this.Artikelnr = Artikelnr;
            setChanged();
        }
        //Alle registrierten Beobachter benachrichtigen
        notifyObservers();
    }
    public int getArtikelnr()
    {
        return Artikelnr;
    }
}

/* Programmname: Artikel- und Lieferantenverwaltung        Klasse
 * GUI-Klasse: MeineArtikelliste                           MeineArtikelliste
 * Aufgabe: Verwaltung eines Artikellistenfensters
 */
import java.util.Observable;
```

```java
import java.util.Observer;
import javax.swing.*;

//Ist im Beobachter-Muster ein Beobachter
public class MeineArtikelliste extends MeinUnterfenster
  implements Observer
{
  //Attribute
  //Referenz auf das einzige Objekt
  private static MeineArtikelliste dieArtikelliste = null;
  private Artikel einArtikel;
  private JTextArea ausgabeTextbereich = new JTextArea("",0,0);

  //privater Konstruktor (Singleton-Pattern)
  private MeineArtikelliste(JFrame dasAnwendungsfenster,
  String Fenstertitel, Artikel einArtikel)
  {
    super(dasAnwendungsfenster, Fenstertitel);
    getContentPane().add(ausgabeTextbereich);
    ausgabeTextbereich.setBounds(36,36,190,113);
    ausgabeTextbereich.setVisible(true);

    //Registrieren als Beobachter
    this.einArtikel = einArtikel;
    einArtikel.addObserver(this);
  }

  //Klassenoperation, um ein Exemplar
  //der Klasse zu erzeugen (Singleton-Pattern)
  public static MeineArtikelliste anzeigenArtikelliste
   (JFrame dasAnwendungsfenster, String Fenstertitel,
   Artikel einArtikel)
  {
    if (dieArtikelliste == null)
        dieArtikelliste = new MeineArtikelliste
          (dasAnwendungsfenster, Fenstertitel, einArtikel);
    else
        dieArtikelliste.setVisible(true);
        //Fenster nach vorne holen
    return dieArtikelliste;
  }

  //Beobachter-Operation aus Observer,
  //muss implementiert werden
  public void update(Observable o, Object arg)
  {
    int Artikelnr;
    Artikelnr = einArtikel.getArtikelnr();
    ausgebenText(Integer.toString(Artikelnr));
    //Trennzeichen
    ausgebenText("; ");
  }

  public void ausgebenText(String Text)
```

```
    {
        ausgabeTextbereich.append(Text);
    }
}
```

Analog ist dies für die Lieferantenliste programmiert. Abb. 4.4-6 zeigt die entsprechende Benutzungsoberfläche.

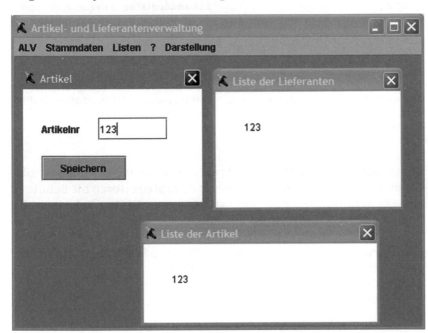

Abb. 4.4-6: Aktualisierungen bei der Artikel-Lieferanten-Verwaltung mithilfe des Beobachter-Musters

Dialog Durch Eingabe von Steuerungsdaten steuert der Benutzer die Anwendung bzw. Anwendungen so, dass er seine Arbeitsaufgaben damit erledigen kann.

Dialoggestaltung Gestaltung der Dialogstruktur und der Dialogdynamik mithilfe von Fenstern und →Menüs unter Berücksichtigung der →Software-Ergonomie.

Dialogmodus Gibt an, welchen Beschränkungen ein →Dialog unterworfen ist. Prinzipiell unterscheidet man modale und nicht-modale Dialoge. Ein modaler Dialog *(modal dialog)* muss beendet sein, bevor eine andere Aufgabe der Anwendung durchgeführt werden kann. Ein nicht-modaler *Dialog (mode-less dialog)* ermöglicht es dem Benutzer, den aktuellen →Dialog zu unterbrechen, während das ursprüngliche Fenster geöffnet bleibt.

drop-down-**Menü** Menüart, die aus einem Menütitel und zugeordneten → Menüoptionen besteht. Der Menütitel ist auf einem Menübalken angeordnet. Nach dem Anklicken des Menütitels werden die zugehörigen Menüoptionen »heruntergeklappt« und können selektiert werden.

Fenster *(window)* Separat steuerbarer Bereich auf dem Bildschirm, der zur Darstellung von Objekten und/oder zur Durchführung eines Dialogs mit dem Benutzer verwendet wird (→Fenstertyp).

Fenstertyp Für bestimmte Einsatzbereiche vorgesehenes Fenster mit bestimmten Eigenschaften. Es werden Anwendungs-, Unter-, Dialog- und Mitteilungsfenster unterschieden.

Menü Zu Gruppen angeordnete →Menüoptionen, aus denen der Benutzer eine oder mehrere auswählen kann. Man unterscheidet Aktions- und Eigenschaftsmenüs.

Menüoption Teil eines →Menüs, repräsentiert eine Aktion (Aktionsmenü) oder eine Eigenschaft (Eigenschaftsmenü). Die Selektion einer Menüoption bewirkt Aktionen oder die Festlegung von Eigenschaften.

MVC-Muster Erlaubt es, die Daten eines Datenmodells *(model)* auf verschiedene Art und Weise auf der Benutzungsoberfläche darzustellen *(views)*, wobei die Eingaben der Daten über Steuerungen *(controllers)* verwaltet werden.

***pop-up*-Menü** Menüart, die aus →Menüoptionen (ohne Menütitel) besteht. Erscheint an der aktuellen Bearbeitungsstelle auf dem Bildschirm, z.B. gekoppelt mit dem Mauszeiger. Aufruf durch Maustaste (meist rechte Taste) oder Funktionstaste.

Primärdialog →Dialog, der zur direkten Aufgabenerfüllung dient (→Sekundärdialog).

Sekundärdialog Kurzzeitiger, optionaler →Dialog, der zusätzliche Informationen vom Benutzer anfordert. Eingebettet in →Primärdialoge.

Software-Ergonomie Befasst sich mit der menschengerechten Gestaltung von Softwaresystemen. Verfolgt das Ziel, die Software an die Eigenschaften und Bedürfnisse der Benutzer anzupassen.

Software-
Ergonomie

Neben der Funktionalität eines Programms spielt seine Software-Ergonomie die wesentliche Rolle bei der Akzeptanz durch die Benutzer. Eine Benutzungsoberfläche setzt sich aus einer **Dialog-Schnittstelle** und einer **E/A-Schnittstelle** zusammen.

Dialoggestaltung

    Aufgabe der **Dialoggestaltung** ist es, die Dialog-Schnittstelle zu konzipieren. Als Gestaltungsziele sollten die folgenden Grundsätze beachtet werden /EN ISO 9241-10:1996/:

- Aufgabenangemessenheit,
- Selbstbeschreibungsfähigkeit,
- Steuerbarkeit,
- Erwartungskonformität,
- Fehlertoleranz,
- Individualisierbarkeit,
- Lernförderlichkeit.

Grundlage jeder systematischen Dialoggestaltung sind die Kenntnis und die anwendungsgerechte Auswahl von Fenstertypen, Dialogmodi und Menüs. Die Dialoggestaltung befasst sich mit der statischen Struktur und dem dynamischen Ablauf von Dialogen. Für jede Anwendung müssen die Primärdialoge und die notwendigen Sekundärdialoge identifiziert und gestaltet werden. Primär- und Sekundärdialoge müssen auf geeignete Fenstertypen abgebildet werden:

- Anwendungsfenster,
- Unterfenster,
- Dialogfenster,
- Mitteilungsfenster.

Um dem Benutzer eine hohe Handlungsflexibilität zu erlauben, sollte der Dialogmodus der einzelnen Dialoge möglichst *nicht-modal*, d.h. ohne Beschränkungen sein. Beschränkungen sollten nur soweit erfolgen, wie sie für die Sicherheit des jeweiligen Dialogs unbedingt erforderlich sind.

Menüs erlauben es, Dialoge zu steuern und auszulösen. Menüs bestehen aus Menüoptionen und lassen sich gliedern in

- Aktionsmenüs und
- Eigenschaftsmenüs.

In Abhängigkeit vom Wirkungsbereich lassen sich zwei hauptsächlich verwendete Menüarten unterscheiden:

- Menübalken mit *drop-down*-Menüs und
- *pop-up*-Menüs.

Zur Beschleunigung der Menüauswahl gibt es prinzipiell zwei Gruppen von Möglichkeiten, die auch kombiniert werden können:

- Menüauswahl durch Benutzung der Tastatur
- Menüauswahl durch optimierte Anordnung der Menüoptionen.

Zur Realisierung der Dialog-Schnittstelle stehen in Java die **Java Foundation Classes (JFC)** zur Verfügung. Um eine Dialog-Schnittstelle zu gestalten und zu realisieren, sollte in folgenden Schritten vorgegangen werden:

1 Skizzieren der benötigten Fenster und ihrer gegenseitigen Interaktion.
2 Festlegen, aus welchen Bestandteilen ein Fenster besteht.
3 Festlegen, auf welche Benutzerereignisse wie reagiert werden soll.
4 Umsetzung des Dialogkonzepts in einen Java-Entwurf.
5 Programmierung der Klassen.

Um zu übersichtlichen Programmen zu gelangen, sind alle Abhörer und alle Elemente, die zu einem Fenster gehören, in der jeweiligen Fensterklasse als innere Klassen anzuordnen.

Die Dialog-Schnittstelle kennt ihre Fachkonzept-Klassen, aber nicht umgekehrt. Muss eine Fachkonzept-Klasse bei Attributänderungen GUI-Klassen über diese Änderungen informieren, dann geschieht dies mithilfe des MVC-Musters. Da *views* und *controller* eng zusammenhängen, lässt sich das MVC-Muster zu dem Beobachter-Muster vereinfachen. Die GUI-Klassen registrieren sich als Beobachter bei den Fachkonzept-Klassen. Die Fachkonzept-Klassen können dann alle registrierten Beobachter über Änderungen informieren. Für die Umsetzung der Aktualisierungen sind die GUI-Klassen selbst zuständig.

Marginalien: Menüs · Vorgehensweise · Programmierregel · Anbindung an das Fachkonzept Aktualisierungen

/Eberleh, Oberquelle, Oppermann 94/
Eberleh E., Oberquelle H., Oppermann R. (Hrsg.), *Einführung in die Software-Ergonomie*, 2. völlig neu bearbeitete Auflage. Berlin – New York: de Gruyter Verlag 1994, 456 Seiten.
Sammelband mit Einzelbeiträgen von 12 Autoren, die das gesamte Spektrum der Software-Ergonomie abdecken. Als vertiefte Einführung in die Breite der Software-Ergonomie sehr zu empfehlen.

/Shneiderman 97/
Shneiderman B., *Designing the User Interface: Strategies for Effective Human-Computer Interaction;* 3rd edition, Reading: Addison-Wesley 1997, 640 Seiten.
Amerikanisches Standardwerk zur Software-Ergonomie. Enthält Kapitel zu Menüs und zur direkten Manipulation.

/VDI 90/

VDI-Richtlinien 5005, *Software-Ergonomie in der Bürokommunikation*, 1990, 28 Seiten.

Gibt Richtlinien für die Software-Ergonomie an, insbesondere für den Anwendungsbereich Bürokommunikation.

/Wandmacher 93/

Wandmacher J., *Software-Ergonomie*, Berlin – New York: de Gruyter Verlag 1993, 454 Seiten.

Detaillierte Zusammenstellung und Beschreibung der psychologischen Erkenntnisse zur Software-Ergonomie. Empirische Erkenntnisse werden umfassend zitiert, wiedergegeben und kommentiert. Enthält Kapitel zur Bewertung von Benutzungsschnittstellen, zu Namen und Abkürzungen, zur Menüsuche und Menügestaltung.

/Weiner, Asbury 02/

Weiner S. R., Asbury S., *Programming with JFC*, New York: John Wiley & Sons 2002, 576 Seiten.

Ausführliche Behandlung der Swing-Klassen mit vielen Beispielen.

Zitierte Literatur   /Balzert 01/

Balzert H., *Lehrbuch der Software-Technik*, Band 1, 2. Auflage, Heidelberg: Spektrum Akademischer Verlag 2001

/EN ISO 9241-10:1996/

Ergonomische Anforderungen für Bürotätigkeiten mit Bildschirmgeräten – Teil 10: Grundsätze der Dialoggestaltung, Berlin: Beuth-Verlag, Juli 1996

/MS 93/

The GUI-Guide – International Terminology for the Windows Interface, European Edition, Redmond: Microsoft Press 1993

/MS 96/

Windows Interface Guidelines for Software Design, Redmond: Microsoft Press 1996

Analytische   **1** *Lernziel: Die behandelten Elemente für die Dialoggestaltung in Java pro-*
Aufgaben   *grammieren können.*
Muss-Aufgabe   Betrachten Sie den folgenden Programmaussschnitt:
20 Minuten

```
class irgendeinGUI extends Panel
{...
    // Innere Klasse: Menuebalken
    class MenueBalken extends MenuFrame
    {
        public MenueBalken()//Konstruktor
        {
            Menu einMenue;
            MenuComponent einEintrag;
            einMenue = new Menu(this, "Datei");
            einEintrag = new MenuComponent(einMenue, "Öffnen");...
        }
    }
}
```

a Was muss an dem Programmcode geändert werden, damit ein Anwendungsfenster mit einem Dateimenü entsteht, das den Menüeintrag »Öffnen« besitzt?

b Fügen Sie ein Hilfemenü ein und überlegen Sie sich geeignete Menüeinträge.

2 *Lernziel: Prüfen können, ob die Gestaltungs- und Bewertungskriterien für den Dialog bei vorgegebenen Dialogstrukturen eingehalten sind.*

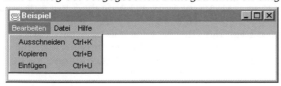

Was ist an nebenstehendem Dialog zu bemängeln? Gegen welche Kriterien zur Gestaltung und Bewertung von Dialogen wird verstoßen?

Muss-Aufgabe
10 Minuten

3 *Lernziel: Alle Elemente, die für eine Dialoggestaltung benötigt werden, aufzählen und mit ihren Eigenschaften erklären können.*
Gegeben seien die folgenden Dialoge eines Textverarbeitungsprogramms: Datei öffnen, Datei schließen, Einfügen von Sonderzeichen, Hilfedialog, Suchen im Text und Datei drucken. Entscheiden Sie, welcher der Dialoge als modaler Dialog und welcher als nicht-modaler Dialog realisiert werden sollte. Begründen Sie Ihre Antwort.

Kann-Aufgabe
15 Minuten

4 *Lernziel: Anhand von Beispielen die Aktualisierung von GUI-Klassen mithilfe des Beobachter-Musters erläutern können.*
Betrachten Sie einen Dateimanager (z.B. den *Explorer* von Microsoft). Wie könnte hier sinnvoll das Beobachter-Muster eingesetzt werden?

Klausur-Aufgabe
15 Minuten

5 *Lernziel: Anhand von Beispielen die Aktualisierung von GUI-Klassen mithilfe des Beobachter-Musters erläutern können.*
Zeichnen Sie für das Programm ArtikelLieferantenAnwMVC, das sich auf der beigefügten CD-ROM befindet, ein Sequenzdiagramm, das den Ablauf wiedergibt, wenn der Benutzer in das Artikelfenster eine Zahl eingibt und »Speichern« drückt.

Konstruktive Aufgaben
Muss-Aufgabe
30 Minuten

6 *Lernziele: Schrittweise eine Dialog-Schnittstelle – von der Skizze bis zum Java-Prototyp – entwickeln können. Das Beobachter-Muster für Aktualisierungen programmieren können.*
Entwickeln Sie einen Terminplaner, der folgenden Anforderungen genügt:
/1/ Termine sollen eingegeben und in einer Liste aufgeführt werden können.
/2/ Ein Termin besteht aus Startzeit, Endzeit, der Kontaktperson und einem zusätzlichen Vermerk.
/3/ Erledigte Termine sollen gelöscht und eingegebene Termine abgespeichert werden können.
Entwickeln Sie analog zu Abschnitt 4.4.1 – Von der Skizze zum Prototyp – eine Anwendung, die die obigen Anforderungen erfüllt. Führen Sie jeden der fünf Schritte analog zum Abschnitt 4.4.1 sorgfältig durch. Überlegen Sie insbesondere, wo das Beobachter-Muster sinnvollerweise eingesetzt werden sollte und integrieren Sie es entsprechend in Ihr Programm.

Muss-Aufgabe
60 Minuten

7 *Lernziele: Schrittweise eine Dialog-Schnittstelle – von der Skizze bis zum Java-Prototyp – entwickeln können.*
Schreiben Sie eine einfache Textverarbeitung. Lesen Sie Dateien mithilfe der Klasse FileDialog ein, zeigen Sie die gespeicherten Texte in einem Textbereich an und speichern Sie den modifizierten Text entweder in derselben oder einer anderen Datei.

Muss-Aufgabe
120 Minuten

Kann-Aufgabe
60 Minuten

8 *Lernziele: Schrittweise eine Dialog-Schnittstelle – von der Skizze bis zum Java-Prototyp – entwickeln können.*
Erweitern Sie die einfache Textverarbeitung aus Aufgabe 7 um eine Such-funktion:
/1/ Die Suchfunktion soll von der Oberfläche aus aktivierbar sein.
/2/ Wird das Wort im Text gefunden, so wird es in fetter Schrift hervor-gehoben und der Textausschnitt, in dem das Wort gefunden wurde, im sichtbaren Bereich des Textfensters dargestellt.

Kann-Aufgabe
180 Minuten

9 *Lernziele: Schrittweise eine Dialog-Schnittstelle – von der Skizze bis zum Java-Prototyp – entwickeln können.*
Schreiben Sie folgende Anwendung:
/1/ Sie soll ermöglichen, die Daten zu einer Person über eine entspre-chende Oberfläche einzugeben und hieraus eine HTML-Visitenkarte zu generieren.
/2/ Die Personendaten bestehen aus dem Namen, dem Titel, einer Raum-nummer, einer Telefonnummer, den Tätigkeitsschwerpunkten, der Hausanschrift und der E-Mail-Adresse.
/3/ Aus den Personendaten wird eine HTML-Seite generiert, die die Infor-mationen in übersichtlicher Form darstellt.

Kann-Aufgabe
90 Minuten

10 *Lernziele: Schrittweise eine Dialog-Schnittstelle – von der Skizze bis zum Java-Prototyp – entwickeln können.*
Erweitern Sie die Anwendung aus Aufgabe 9 um folgende Punkte:
/4/ In einem zusätzlichen Dialog kann ein Bild der Person ausgewählt werden.
/5/ Das Bild kann den Personendaten hinzugefügt werden und erscheint in der generierten HTML-Seite.

Klausur-Aufgabe
60 Minuten

11 *Lernziele: In Java eine Benutzungsoberfläche bestehend aus Behältern, Interaktions- und Dialogelementen programmieren können. Benutzer-ereignisse in Java programmieren können.*
Schreiben Sie eine einfache Anwendung, die es ermöglicht, Bilder zu laden und anzusehen. Lesen Sie die Dateien mithilfe der Klasse `JFileChooser` ein und zeigen Sie die Bilder in einem Fenster an.
Verwenden Sie die Operation `public int showOpenDialog(Component parent)` der Klasse `JFileChooser`. Diese Operation veranlasst das Anzeigen eines Dateidialoges und liefert nach Drücken des Öffnen-Druckknopfes den Rückgabewert `JFileChooser.APPROVE_OPTION` und nach Drücken des Abbrechen-Druckknopfes wird `JFileChooser.CANCEL_OPTION` geliefert.
Zum Laden der Bilddatei können Sie die Operation `public Toolkit get-Toolkit()` der Klasse `Component` und die Operation `Image getImage(String filename)` der Klasse `Toolkit` benutzen.
Um die selektierte Datei als String zu erhalten, bietet es sich an, die Ope-ration `public File getSelectedFile()` der Klasse `JFileChooser` und die Operation `public String getPath()` der Klasse `File` zu nutzen.
Zum Zeichnen des Bildes kann die Operation `boolean drawImage(Image img, int x, int y, ImageObserver observer)` der Klasse `Graphics` ver-wendet werden.
Hinweis: Die Klasse `java.awt.Component` implementiert die `ImageObserver` Schnittstelle.

4 Anwendungen – E/A-Gestaltung

■ Alle Elemente, die für eine E/A-Gestaltung benötigt werden, aufzählen und mit ihren Eigenschaften erklären können.

■ Die wichtigsten Gestaltungsregeln erläutern können, die bei der Gestaltung von E/A-Schnittstellen zu beachten sind.

■ In Java Fenster, bestehend aus Behältern und Interaktionselementen, programmieren können.

■ *Layout*-Manager geeignet auswählen und einsetzen können.

■ Schrittweise eine E/A-Schnittstelle in einem Fenster – von der Skizze bis zum Java-Prototyp – entwickeln können.

■ Die aufgeführten Gestaltungsregeln bei der Gestaltung einer E/A-Schnittstelle berücksichtigen können.

■ Prüfen können, ob vorgegebene Fenstergestaltungen den angegebenen Gestaltungsregeln entsprechen.

verstehen

anwenden

beurteilen

■ Zum Verständnis dieser Kapitel sind Java-Programmierkenntnisse erforderlich, wie sie im Hauptkapitel 2 vermittelt werden.

■ Die Kapitel 4.1 bis 4.4 müssen bekannt sein.

4.5 Zuerst die Theorie: Zur E/A-Gestaltung

Ziel der **E/A-Gestaltung** ist es, die Ein- und Ausgabe so zu gestalten, dass ein menschengerechter Informationsaustausch mit dem Software-System möglich ist. Bei der E/A-Gestaltung müssen insbesondere die Möglichkeiten und Grenzen der menschlichen Informationsverarbeitung berücksichtigt werden.

4.5.1 Interaktionselemente

Zur Ein- und Ausgabe von Informationen in Fenstern werden **Interaktionselemente** *(controls, widgets)* verwendet, die sich von GUI-System zu GUI-System etwas unterscheiden.

Die Qualität einer Benutzungsoberfläche wird wesentlich durch die geeignete Kombination von Interaktions- und Gestaltungselementen bestimmt. Zu den Gestaltungselementen gehören die Gruppenumrandung, die Gruppenüberschrift, der Führungstext sowie Spaltenüberschriften. Abb. 4.5-1 zeigt die wichtigsten Interaktionselemente von *Windows* /MS 96/ im Überblick. Die deutsche Übersetzung der einzelnen Steuerelemente lehnt sich an die internationale Terminologie für *Windows*-Oberflächen an /MS 93/. Es werden jedoch auch andere übliche Begriffe eingeführt /Balzert 01/. Die Java-Terminologie ist in blauer Schrift dargestellt.

Neben diesen Standard-Interaktionselementen kann jeder Entwickler eigene Interaktionselemente *(custom controls)* konstruieren. Außerdem gibt es Bibliotheken, z.B. *dynamic link libraries* (DLLs), die spezifische Interaktionselemente enthalten.

Zu jedem Interaktionselement gibt es oft mehrere Ausprägungen und eine Reihe von Gestaltungsregeln. Ein umfassender Überblick darüber ist beispielsweise in /Balzert 01/ enthalten. Im Folgenden werden für die einzelnen Interaktionselemente einige elementare Ergonomieregeln aufgeführt, die bei der E/A-Gestaltung zu berücksichtigen sind.

Unabhängig von den einzelnen Interaktionselementen sind für **Buchstaben** und **Wörter** generell folgende Regeln zu beachten:

Buchstaben & Wörter

- Bei einem Augenabstand zwischen 45 und 60 cm vom Bildschirm sollte die Schriftgröße 9 oder 10 Punkte betragen (1 Punkt = 0,352 mm).
- Groß- und Kleinschreibung verwenden, da dadurch die Leseleistung um 13 Prozent verbessert wird (auch bei Wortlisten in Tabellen).
- Großbuchstaben nur für isolierte Wörter und kurze Überschriften (z.B. Spaltenüberschriften).
- Wörter in fortlaufendem Text durch Fettschrift hervorheben (nicht durch Großbuchstaben).

718

Bezeichnung	engl. Bezeichnung	Beispiel
Textfeld Eingabefeld	text box, text field edit control	 Eingabefeld
Mehrzeiliges Textfeld Textbereich	multi-line text box text area	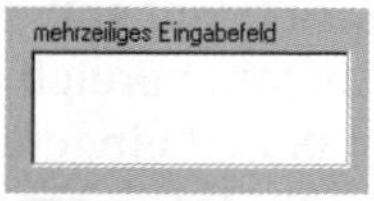 mehrzeiliges Eingabefeld
Drehfeld	spin box spin button	 Drehscheibe
Druckknopf, Schaltfläche	button, push button, command button	 Druckknopf
Optionsfeld, Einfach- auswahlknopf	checkbox group, radio button, option button	 Alternative 1 Alternative 2 Alternative 3
Kontrollkästchen, Mehrfach- auswahlknopf	check box	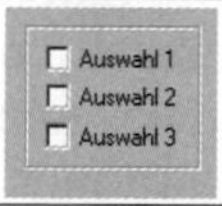 Auswahl 1 Auswahl 2 Auswahl 3
Listenfeld, Auswahlliste	list, list box	 Liste Eintrag 1 Eintrag 2 Eintrag 3 Eintrag 4 Eintrag 5
Kombinationsfeld	combo box	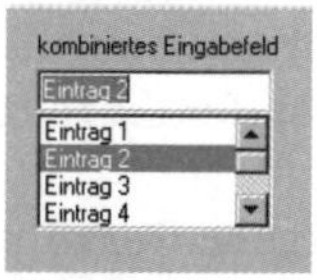 kombiniertes Eingabefeld Eintrag 2 Eintrag 1 Eintrag 2 Eintrag 3 Eintrag 4
Klappliste, Dropdown-Listenfeld	choice, drop-down list box	 Klappliste
Dropdown- Kombinationsfeld	drop-down combo box	 kombinierte Klappliste
Tabelle, Listenelement	table, list view control	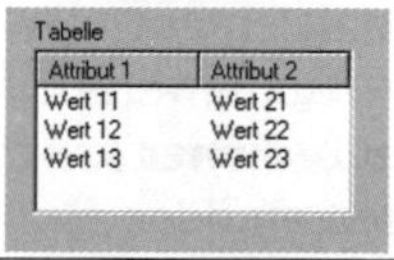 Tabelle Attribut 1 Attribut 2 Wert 11 Wert 21 Wert 12 Wert 22 Wert 13 Wert 23
Regler, Schieberegler	slider	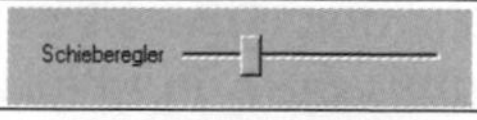 Schieberegler
Register, Notizbuch	tabbed pane, tab control, property sheet	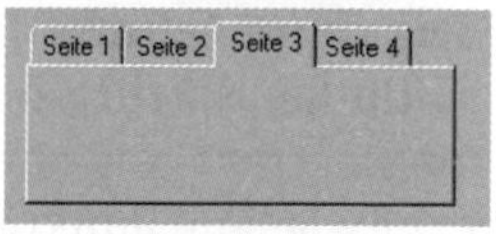 Seite 1 Seite 2 Seite 3 Seite 4
Baum, Strukturansicht	tree, tree view control	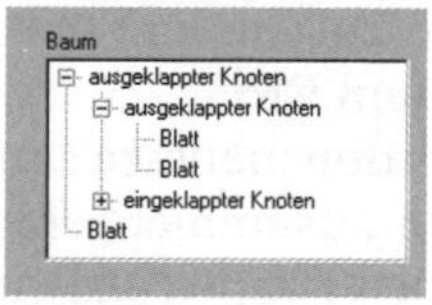 Baum ausgeklappter Knoten ausgeklappter Knoten Blatt Blatt eingeklappter Knoten Blatt

Abb. 4.5-1:
Interaktions-
elemente
im Überblick

Legende: Die blauen englischen Bezeichnungen sind die Java-Bezeichnungen.
Die blauen deutschen Bezeichnungen werden im Buch vorwiegend verwendet.

Textfeld

Das **Textfeld** bzw. **Eingabefeld** (*text field, text box, edit control*) dient zur Ein- und Ausgabe von numerischen Daten oder Texten in einer einzigen Zeile.

- Jedes Textfeld soll durch einen Führungstext beschrieben werden.
- Der Eingabebereich soll so kurz wie möglich gehalten werden.
- Die maximal eingebbare Zeichenzahl soll aus der räumlichen Ausdehnung des Rahmens für den Eingabebereich ungefähr ersichtlich werden.
- Der Benutzer soll obligatorische und optionale Eingaben unterscheiden können (Muss- und Kann-Felder).
- Obligatorische Eingabebereiche sollen heller dargestellt werden als optionale Bereiche, z.B. Hellgrau – Dunkelgrau.
- Häufig vorkommende Eingabewerte sollen als Standardvorbelegung (*default*) im Eingabebereich stehen. Es muss aber erkennbar sein, dass dieser Eintrag geändert werden kann.
- Zahlen werden rechtsbündig angeordnet, Texte linksbündig.
- Textfelder, die nur zur Ausgabe dienen, sind zu kennzeichnen. Außerdem sind sie für Eingaben zu sperren.

Textbereich

Textbereiche (*text area, multi-line edit field*) dienen zur Ein- und Ausgabe von Texten.

- Bei mehrzeiligen, breiteren Eingabebereichen (z.B. Kurzbrief) kann der Führungstext über dem Eingabebereich angeordnet werden.
- In einem Textbereich sollen mindestens vier Zeilen Text sichtbar sein.
- Um längere Texte platzsparend einzugeben, werden Rollbalken verwendet. Vertikale Rollbalken sind horizontalen vorzuziehen.
- Texteingaben werden grundsätzlich linksbündig angeordnet.
- Die Anzahl der Zeichen pro Zeile sollte zwischen 40 und 60 liegen.

Drehfeld

Das **Drehfeld** (*spin box, spin button*) ist die Kombination eines Textfeldes mit einem *up-down control*. Es bietet eine Menge von geordneten Eingabewerten, wobei der gewählte Wert im Textfeld sichtbar ist. Der Bediener kann mit den Auf- und Ab-Pfeilen die Alternativen traversieren oder direkt einen Wert eingeben

Druckknopf, Schaltfläche

Mit dem **Druckknopf** bzw. der **Schaltfläche** (*button, command button, push button*) wird eine Aktion ausgelöst oder eine Bestätigung durchgeführt. Der Druckknopf wird nur kurzzeitig aktiviert. Anschließend kehrt er in den inaktiven Zustand zurück.

- Die Beschriftung oder das Symbol eines Druckknopfes soll die ihm zugewiesene Funktionalität exakt beschreiben.
- Die Beschriftung soll möglichst aus einem Wort bestehen und mit einem Großbuchstaben beginnen.
- Werden mehrere Druckknöpfe benötigt, dann sollen diese in Gruppen zusammengefasst werden.
- Eine Gruppe von Druckknöpfen soll möglichst horizontal als Leiste dargestellt werden, kann aber auch vertikal angeordnet sein.

■ Ein Druckknopf innerhalb einer Gruppe kann als Standardvorgabe *(default)* gekennzeichnet sein. Er wird dann durch die *Enter*-Taste ausgelöst.

Das **Optionsfeld** bzw. der **Einfachauswahlknopf** *(radio button, option button)* ermöglicht eine Einfachauswahl unter mehreren Alternativen (1-aus-m). In einer Gruppe von Optionsfeldern kann also nur eines gewählt werden. Optionsfelder werden als kleine Kreise dargestellt und die gewählte Alternative durch einen Punkt markiert. Die Bedeutung eines jeden Optionsfeldes wird durch eine Beschriftung rechts vom Kreis erläutert.

Optionsfeld, Einfachauswahl- knopf

■ Eine spaltenweise Anordnung der Alternativen ist einer zeilen- weisen stets vorzuziehen.

■ Eine Spalte sollte maximal sieben Alternativen enthalten.

■ Die Anzahl der Auswahlmöglichkeiten soll in einer Anwendung nicht verändert werden.

■ Kann eine Alternative in einer bestimmten Situation nicht gewählt werden, dann wird sie grau dargestellt *(disabled)*.

■ Nur einsetzen, wenn die Alternativen bereits zum Zeitpunkt der Oberflächengestaltung bekannt sind und langfristig stabil bleiben.

Das **Kontrollkästchen** bzw. der **Mehrfachauswahlknopf** *(check box)* erlaubt eine Mehrfachauswahl, d.h. eine n-aus-m-Auswahl. Da- bei kann n zwischen 0 und m liegen. Als Sonderfall kann auch die 0-aus-1-Auswahl vorkommen. Das Kontrollkästchen besteht aus ei- nem Quadrat mit einer nebenstehenden Beschriftung. Ausgewählte Möglichkeiten werden markiert. Im Gegensatz zur Einfachauswahl müssen sich die Möglichkeiten *nicht* gegenseitig ausschließen.

Kontrollkästchen, Mehrfach- auswahlknopf

■ Eine spaltenweise Anordnung der Auswahlmöglichkeiten ist einer zeilenweisen Darstellung stets vorzuziehen.

■ Eine Spalte sollte maximal sieben Auswahlmöglichkeiten ent- halten.

■ Kann eine Möglichkeit in einer bestimmten Situation nicht gewählt werden, dann wird sie grau dargestellt *(disabled)*.

■ Mehrere Auswahlknöpfe sollten mit einer Gruppenumrandung und einer Gruppenüberschrift versehen werden.

Das **Listenfeld** bzw. die **Auswahlliste** *(list box)* dient zur Darstellung mehrerer vertikal angeordneter alphanumerischer oder grafischer Listeneinträge. Die Einträge werden von der Anwendung gefüllt. Die Anzahl der Einträge ist in der Regel umfangreich und variabel.

Listenfeld, Auswahlliste

Bei einer *single selection list box* kann maximal ein Element ge- wählt werden. Eine *multiple selection list box* ermöglicht es, mehrere Einträge zu selektieren. In der *extented selection list box* können zu- sammenhängende Bereiche gewählt werden.

■ Vertikale Rollbalken ermöglichen das Blättern in einer Liste mit vielen Einträgen. Auf horizontale Rollbalken ist zu verzichten.

- Um das Lesen der Listeneinträge nicht zu stören, sollten mindestens vier Zeilen gleichzeitig sichtbar sein.
- Einsetzen, wenn die Anzahl der Elemente eine Darstellung durch Optionsfelder nicht mehr zulässt. In der Regel ist dies bei mehr als sieben Elementen der Fall.

Kombinationsfeld Das **Kombinationsfeld** *(combo box)* kombiniert die Eigenschaften des Textfeldes mit dem Listenfeld *(single selection list box)*. Die Information kann entweder direkt eingetippt oder in der Liste selektiert werden. Es lassen sich zwei Varianten unterscheiden: Bei der einen wird jedes neu eingegebene Element in die Liste aufgenommen und steht bei der nächsten Benutzung zur Selektion zur Verfügung. Im zweiten Fall kann ein Element zwar eingetippt werden, wird aber nicht in der Liste gespeichert.

Klappliste,
Dropdown-
Listenfeld Die **Klappliste** bzw. das ***Dropdown*-Listenfeld** *(choice, dropdown list box)* ist die platzsparende Variante des Listenfeldes. Vor dem Selektieren muss die Liste aufgeklappt werden, danach ist sie wieder unsichtbar. Das vom Benutzer selektierte Element wird ständig angezeigt. Die aufgeklappte Liste kann zeitweilig andere Interaktionselemente überdecken.

- Es gelten die Gestaltungsregeln des Listenfeldes.
- Wegen seines ähnlichen Aufbaus kann die Klappliste gut mit Textfeldern kombiniert werden.
- Gegebenenfalls kann eine Voreinstellung gewählt werden.
- Die Anzahl der Listeneinträge soll 10 bis 12 nicht überschreiten.

Dropdown-
Kombinationsfeld Wird das *Dropdown*-Listenfeld mit einem Textfeld kombiniert, dann entsteht das ***Dropdown*-Kombinationsfeld** *(drop-down combo box)*. Der Benutzer kann Daten entweder direkt eingeben oder aus dem *Dropdown*-Listenfeld auswählen. Wie beim Kombinationsfeld kann ein neu eingegebenes Element entweder in die Liste aufgenommen werden und später zur Selektion zu Verfügung stehen oder nur eingetippt, aber nicht gespeichert werden.

Wie Abb. 4.5-1 zeigt, sind das *Dropdown*-Listenfeld und das *Dropdown*-Kombinationsfeld optisch *nicht* zu unterscheiden. Aus dem *Dropdown*-Listenfeld kann nur ausgewählt werden, während in das *Dropdown*-Kombinationsfeld auch Daten eingegeben werden können.

Tabelle,
Listenelement Die **Tabelle** *(table)* bzw. das **Listenelement** *(list view control)* ist eine Erweiterung des Listenfeldes *(list box)*.

Ein Eintrag besteht in der Regel aus einer Zeile, wobei jede Zeile aus mehreren Spalten besteht. Die Breite der Spalten ist durch den *Abschnitt 4.7.1* Benutzer variabel einstellbar. Wie im Abschnitt 4.7.1 gezeigt wird, kann jeder Eintrag ein Objekt repräsentieren, wobei die Spalten den Attributen der Klasse entsprechen.

Bei der Gestaltung ist Folgendes zu beachten:
- Ein vergrößerter Zeilenabstand nach drei oder vier Zeilen erleichtert das Festhalten an einer bestimmten Zeile über mehrere Spal-

ten hinweg (Prinzip der Nähe). Dieses Gliederungsprinzip ist wesentlich besser als eine Strukturierung durch alternierende Farben nach jeweils drei oder vier Zeilen.

- Wörter oder Buchstabenfolgen sind linksbündig, Zahlen ohne Nachkommastellen rechtsbündig und Zahlen mit Dezimalstellen zentriert um das Dezimalkomma anzuordnen.
- Spaltenüberschriften sind rechtsbündig anzuordnen, wenn die Spalten rechtsbündig ausgerichtet sind, linksbündig anzuordnen, wenn die Spalten linksbündig ausgerichtet und zentriert anzuordnen, wenn die Spalten zentriert sind oder Elemente gleicher Breite enthalten.
- Die Nummerierung von Tabelleneinträgen erfolgt besser durch eine laufende Nummer als durch Buchstaben in alphabetischer Reihenfolge.
- Größere Zahlen sollten durch Punktierung, z.B. 10.000, oder besser durch Leerstellen segmentiert werden, z.B. 10 000.

Beispiel

Abb. 4.5-2 zeigt ein Tabellenbeispiel, wobei die Spaltenüberschriften aber noch nicht unterschiedlich ausgerichtet sind. Ein vergrößerter Zeilenabstand nach drei oder vier Zeilen ist technisch nicht so einfach zu realisieren.

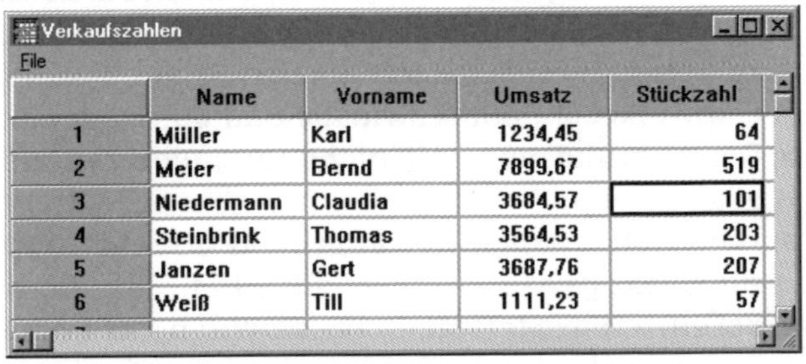

	Name	Vorname	Umsatz	Stückzahl
1	Müller	Karl	1234,45	64
2	Meier	Bernd	7899,67	519
3	Niedermann	Claudia	3684,57	101
4	Steinbrink	Thomas	3564,53	203
5	Janzen	Gert	3687,76	207
6	Weiß	Till	1111,23	57

Abb. 4.5-2: Beispiel für eine gut gestaltete Tabelle

Regler

Der **Regler** bzw. **Schieberegler** *(slider)* zeigt den aktuellen Wert einer Größe auf einem frei definierbaren Intervall an. Oft kann der Regler vom Benutzer verstellt werden. Der Regler sollte dann benutzt werden, wenn es nicht darum geht, einen genauen, sondern nur einen relativen Wert einzugeben (z.B. Doppelklick-Geschwindigkeit der Maus).

Register

Ein **Register** *(tabbed pane, tab control, property sheet, notebook)* besteht aus mehreren Seiten, von denen zu einem Zeitpunkt immer nur eine Seite angezeigt wird. Alle Seiten müssen gleich groß sein. Es lassen sich drei Varianten unterscheiden:

- Ganzseitiges Register mit Interaktionselementen (z.B. OK- und Abbrechen-Druckknopf). Diese Interaktionselemente wirken nur auf diejenige Seite, auf der sie angeordnet sind.
- Ganzseitiges Register. Die Interaktionselemente befinden sich außerhalb des Registers im gleichen Fenster und wirken daher auf alle Seiten.
- Register als Interaktionselement in einem Fenster.

Das Register kann immer dann eingesetzt werden, wenn viele Informationen dargestellt werden müssen, die ein einziges Fenster überladen würden und zu einem Zeitpunkt nur ein Teil der Informationen benötigt wird.

Baum, Strukturansicht

In dem **Baum** *(tree, tree viewcontrol)* bzw. in der **Strukturansicht** sind die Einträge hierarchisch angeordnet. Er enthält Schaltflächen, die es erlauben, die nächste Ebene eines Knotens anzuzeigen *(expand)* oder zu verbergen *(collapse)*. Jeder Knoten des Baums wird durch einen Text und ein optionales Mini-Piktogramm dargestellt. Damit können die Daten auf verschiedenen Abstraktionsebenen dargestellt werden und der Benutzer kann schneller in der Baumstruktur navigieren als es in einer Liste möglich wäre.

Führungstext

Die meisten Interaktionselemente benötigen einen **Führungstext** *(label, static text)*, der erklärt, welche Bedeutung das Element hat und was eingetragen werden soll.

- Das Element soll deutlich mit seinem Führungstext assoziiert sein (räumliche Nähe).
- Auf ein Trennzeichen (z.B. Doppelpunkt) zwischen Führungstext und Interaktionselement ist zu verzichten.
- Er soll kurz, aussagekräftig, eindeutig, präzise, allgemein bekannt (im jeweiligen Anwendungsbereich) und informativ sein.
- Um den Suchprozess auf einem Bildschirm zu unterstützen, sollte ein Führungstext nicht breiter als 5,3 cm sein. In diesem Bereich kann ein Bezeichner mit einer einzigen Fixation erkannt werden (Sehwinkel 5°, Bildschirmabstand 60 cm).
- Der Führungstext soll *nicht* aus mehreren Wörtern zusammengesetzt sein.
- Falls nötig, sollen nur allgemein übliche Abkürzungen als Führungstext gewählt werden (z.B. PLZ).
- Bei einzeiligen Interaktionselementen steht der Führungstext links davon, wobei beide Elemente horizontal zu zentrieren sind.
- Bei mehrzeiligen Interaktionselementen steht der Führungstext links ausgerichtet darüber.
- Ist die Länge der verschiedenen Führungstexte fast gleich (weniger als 6 Zeichen Unterschied), dann sind sie linksbündig auszurichten, ansonsten rechtsbündig.
- Jeder Führungstext soll durch räumliche Nähe mit dem Element assoziiert sein, wobei der minimale Abstand ein Zeichen breit ist.

Kombination von Interaktionselementen

Bei der Gestaltung von Fenstern können auch mehrere Interaktionselemente kombiniert werden.

Beispiel

Für ein Projekt werden alle Rollen aufgeführt, in denen die Mitarbeiter aktiv werden können. Ein Mitarbeiter kann in einem Projekt mehrere Rollen ausfüllen, wobei sich diese Zuordnung ändern kann. Diese Problemstellung kann durch zwei Listenfelder und zwei Druck-

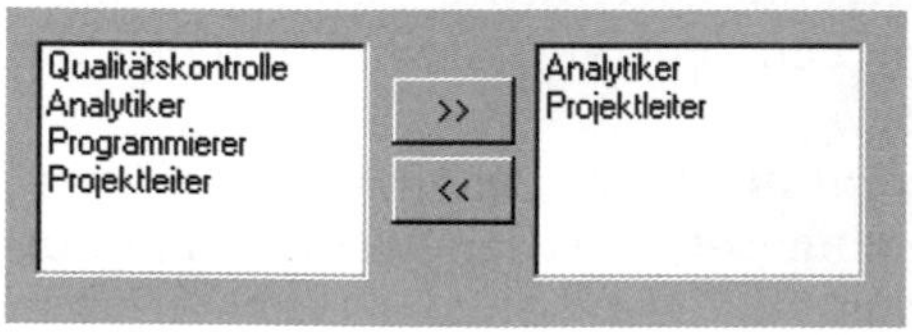

Abb. 4.5-3: Kombination von Interaktionselementen

knöpfe realisiert werden (Abb. 4.5-3). Das linke Listenfeld enthält alle Rollen, das rechte die Rollen des jeweiligen Mitarbeiters. Mit den Druckknöpfen »>>« und »<<« werden Rollen für einen Mitarbeiter hinzugefügt bzw. entfernt.

4.5.2 Gestaltung von Fenstern

Zum Lösen einer Arbeitsaufgabe ist es erforderlich, dass mehrere Interaktionselemente zu aufgabenbezogenen Gruppen zusammengefasst werden. Mehrere Gruppen können dann ein Fenster bilden. Bei Suchprozessen wählt der Benutzer zuerst die Gruppe aus und dann das gesuchte Element in der Gruppe.

Gruppierung

Bei der E/A-Gestaltung müssen also sowohl Gruppen gebildet als auch die Gruppen untereinander geeignet angeordnet werden. In Abb. 4.5-4 sind allgemeine Regeln für diese beiden Gestaltungsaufgaben zusammengestellt.

Manchmal ist es notwendig,
- verschiedene Informationsarten zu trennen,
- dargestellte Informationen zu gewichten,
- das Suchen, Finden und Abzählen zu erleichtern und
- die Aufmerksamkeit des Benutzers auf bestimmte Informationen zu lenken.

Hervorhebung

Dies kann durch Hervorhebungen geschehen. Sie sollten jedoch erst dann eingesetzt werden, wenn die räumlichen und begrifflichen Gestaltungsmöglichkeiten ausgeschöpft sind. Mögliche Gestaltungsmaßnahmen für Hervorhebungen zeigt Abb. 4.5-5.

Die Verwendung von Farbe kann die visuelle Informationsverarbeitung zusätzlich wirksam unterstützen. Unterschiedliche Farben werden schneller erkannt als verschiedene Größen oder Helligkeiten. Die wichtigsten Bildschirmfarben besitzen folgende Helligkeitsrangfolge:

Farbe

Weiß – Gelb – Cyan – Grün – Magenta – Rot – Blau – Schwarz.

Bei der Farbgestaltung sind folgende Regeln zu beachten:
- Gestalten Sie farbig und *nicht* bunt.
- Vor einem dunklen Hintergrund sind Weiß, Gelb, Cyan und Grün am besten geeignet, vor einem hellen Hintergrund jedoch Magenta, Rot, Blau und Schwarz.
- Unterschiedliche Farben sind sparsam einzusetzen, da Farben die Aufmerksamkeit stark lenken.
- Über die verschiedenen Bildschirmseiten hinweg sollen maximal sieben Farben verwendet sein. Eine Ausnahme bilden graduelle Abstufungen des Farbtons.
- Farben sind konsistent zu verwenden.
- Konventionelle Farbkodierungen sind einzuhalten: Rot für halt, heiß, Gefahr; Grün für weiter, sicher; Gelb für Vorsicht; Blau für kalt und Beruhigung.

Gestaltungsregeln Farbe

Hinweis: Die Wirkung der verschiedenen Regeln wird anhand verschiedener Bilder auf der beigefügten CD-ROM demonstriert.

Abb. 4.5-4:
*Allgemeine
Gruppierungs-
regeln*

Zur Gruppenorganisation
- Elemente, die in einem engen Sinnzusammenhang stehen, sollen in Gruppen zusammengefasst werden.
- Elemente mit ähnlichem Aussehen und gleicher Funktion können zu besonders gut gestalteten Gruppierungen zusammengefasst werden.
- Informationen im oberen Bereich einer Gruppe werden schneller entdeckt als im unteren Bereich.
- Die Elemente werden innerhalb der Gruppe so angeordnet, dass sie der Logik des Arbeitsablaufs aus Benutzersicht entsprechen. Erst dann wird die Reihenfolge der Elemente durch die Benutzungshäufigkeit und die Wichtigkeit der von ihr vermittelten Information bestimmt.
- Wenn eine Gruppierung nicht mehr als vier oder fünf bekannte Elemente (wie z.B. Bezeichner) umfasst, dann kann das gesuchte Element unmittelbar in dieser Gruppe identifiziert werden.
- Für das Suchen und Vergleichen von Elementen innerhalb einer Gruppe ist es günstiger, die Elemente spaltenweise statt zeilenweise anzuordnen.
- Gruppenüberschriften und Gruppenrahmen erhöhen zwar die Übersichtlichkeit und erleichtern die Orientierung, sie vergrößern jedoch auch die gesamte Informationsmenge und den für ihre Darstellung notwendigen Raumbedarf.

Zur Gruppengröße
- Wenn die in einer Gruppierung zusammengefassten Elemente mit einer einzigen Fixation erkannt werden sollen, dann liegt die obere Grenze des räumlichen Umfangs einer Gruppierung bei ungefähr 5,3 cm (5 Grad Sehwinkel, Bildschirmabstand 60 cm).

Zur Gruppenanzahl
- Um einen umfassenden Überblick über mehrere Gruppierungen zu ermöglichen, sollte die Anzahl der Gruppierungen nicht größer als vier oder fünf sein.
- Wenn es nicht auf einen umfassenden Überblick über alle Gruppierungen ankommt, erweisen sich noch bis zu 15 Gruppen als sinnvoll.

Zur Gruppenanordnung
- Um eine Gruppierung leichter wahrzunehmen, sollte sie deutlich von anderen Gruppen getrennt werden. Es wird ein Abstand von 0,5 cm vorgeschlagen.
- Die Gruppen sind so auszurichten, dass insgesamt möglichst wenig Fluchtlinien entstehen.
- Angewandte Gestaltungsmaßnahmen sollen in allen Gruppierungen konsistent durchgeführt werden.
- Die Gruppierungen sind so anzuordnen, dass ein ausbalanciertes und symmetrisches Bild entsteht.

- Farbtonunterschiede im Rot- und Purpurbereich sind schwieriger zu erkennen als im Gelb- und Blaubereich.

*harmonische
Gestaltung*   Ein Fenster soll nicht nur so gestaltet werden, dass der Benutzer seine Aufgaben effizient durchführen kann, sondern es soll auch ästhetisch ansprechend sein /Kruschinski 98/. Folgende Gesichtspunkte sind zu beachten:

1 Proportionen
Flächen erscheinen angenehmer, wenn sie eher breit als hoch sind. Daher sollten Fenster ein Seitenverhältnis von 1:1 bis 1:2 (Höhe zu Breite) besitzen. Diese Forderung lässt sich meistens durch eine Verteilung der Informationen in zwei Spalten verwirklichen.

Beispiel   Abb. 4.5-6 zeigt zwei Fenster, die exakt die gleichen Informationen über ein Hotel enthalten. Das obere Fenster unterstützt im Gegen-

Quelle: rechte Spalte der Beispiele aus /Rivlin, Lewis, Davies-Cooper 90, S. 21/

Hervorhebungen können erzielt werden durch:
- Größe: größere Darstellung des hervorzuhebenden Elements
- Farbe, Hell-Dunkel-Kontrast, verschiedene Helligkeitsstufen
- Isolierung, Einzelstellung, Variation der Abstände
- Umrandung
- abweichende Orientierung oder Form
- Inversdarstellung: möglichst gesamte Gruppe invertieren, nicht zu viele separate Elemente
- Veränderung der Schrift: fett, Schriftfont, Großbuchstaben
- Blinken: nur an einer Stelle zu einer Zeit, sehr sparsam einsetzen

Abb. 4.5-5:
Hervorhebungen

Beispiele:

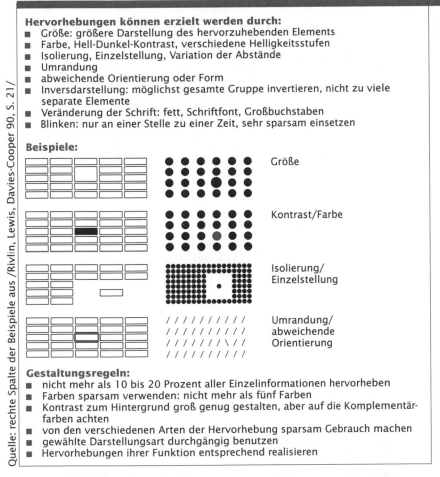

Größe

Kontrast/Farbe

Isolierung/
Einzelstellung

Umrandung/
abweichende
Orientierung

Gestaltungsregeln:
- nicht mehr als 10 bis 20 Prozent aller Einzelinformationen hervorheben
- Farben sparsam verwenden: nicht mehr als fünf Farben
- Kontrast zum Hintergrund groß genug gestalten, aber auf die Komplementärfarben achten
- von den verschiedenen Arten der Hervorhebung sparsam Gebrauch machen
- gewählte Darstellungsart durchgängig benutzen
- Hervorhebungen ihrer Funktion entsprechend realisieren

satz zum unteren die harmonische Gestaltung durch Spaltenbildung. Weitere Gestaltungselemente wurden hier bewusst noch *nicht* eingesetzt.

2 Balance

Wenn ein Fenster durch eine vertikale Linie in der Mitte geteilt wird, dann soll die Informationsdichte auf beiden Seiten gleich groß sein.

Die Forderung der Balance wird durch das Fenster des Registrierungsformulares in Abb. 4.5-7 erfüllt. Außerdem wurden hier Gruppen gebildet, um zu zeigen, dass bestimmte Textfelder zusammengehören.

Beispiel

3 Symmetrie

Die Symmetrie ist eine Verstärkung der Balance. Hier wird zusätzlich gefordert, dass horizontal gegenüberliegende Elemente gleichartig sind. Diese Gleichartigkeit kann durch identische Interaktions-

Abb. 4.5-6:
Verschiedene
Proportionen durch
Spaltenbildung

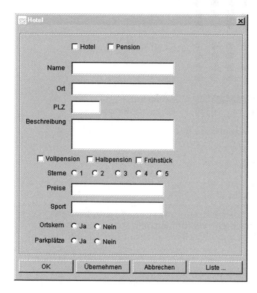

elemente oder durch gleich große Elemente erreicht werden. In der
Praxis lässt sich diese Forderung jedoch *nicht* immer erfüllen.

Beispiel Während das Fenster der Abb. 4.5-7 nur die Forderung der Balance
erfüllt, ist das Fenster des Registrierungsformulares in Abb. 4.5-8
symmetrisch gestaltet, weil die beiden Gruppen gegenüberliegen.

4 Sequenz
Das Auge des Benutzers soll sequenziell durch das Fenster geführt
werden und *keine* unnötigen Sprünge machen müssen. Die wichtigsten Informationen sollten oben links zu finden sein, denn auf
diesen Bereich schaut der Benutzer zuerst.

5 Einfachheit
Jedes Fenster ist so einfach wie möglich zu gestalten. Verschiedene
Schriftarten oder Farben sind sehr zurückhaltend zu verwenden.
Interaktionselemente nicht nur deswegen benutzen, weil sie exis-
tieren.

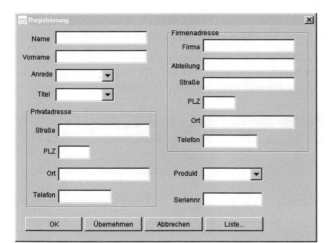

Abb. 4.5-7:
Balanciertes
Fenster

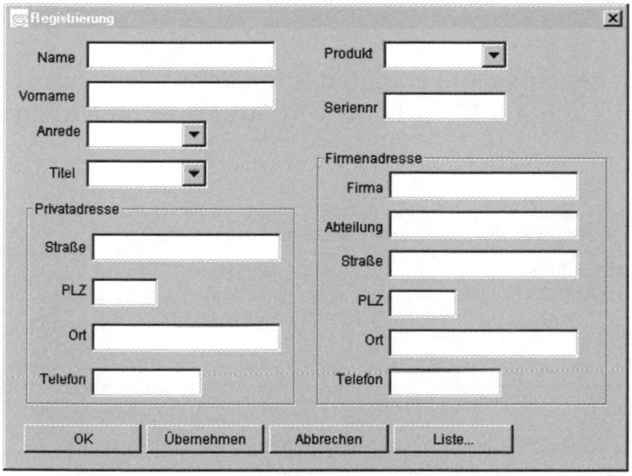

Abb. 4.5-8:
Symmetrisches
Fenster

6 Virtuelle Linien minimieren

Außer den gezeichneten Linien gibt es in einem Fester auch virtuelle Linien, die durch die Kanten der Interaktionselemente gebildet werden. Der Einfluss dieser Linien auf die harmonische Gestaltung darf *nicht* unterschätzt werden. Der Benutzer bildet intuitiv diese Linien, wenn genügend Fangpunkte – hier Kanten – vorhanden sind. Bei der Bildung von virtuellen Linien spielen große Elemente eine dominantere Rolle als kleine. Rechteckige Elemente werden stärker bewertet als Elemente ohne festen Umriss (z.B. Führungstexte). Für eine harmonische Gestaltung ist es wichtig, dass ein Fenster eine möglichst geringe Anzahl von virtuellen Linien enthält. Auch die waagrechten virtuellen Linien müssen berücksichtigt werden. Die Erfahrung hat allerdings gezeigt, dass bei den waagrechten Linien weniger Fehler gemacht werden. Um die virtuellen Linien zu minimieren, sollten die

Textfelder jedoch nicht willkürlich verlängert werden. Der fachliche Verwendungszweck der Elemente sollte immer Vorrang haben.

Beispiel In der rechten Gruppe der Abb. 4.5-9 sind die virtuellen Linien minimiert. Sie wirkt dadurch harmonischer als die linke Gruppe, in der für die Textfelder unterschiedliche Längen gewählt wurden.

Abb. 4.5-9:
Gruppen mit
wenigen und vielen
virtuellen Linien

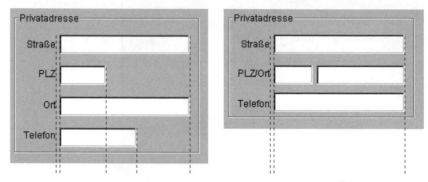

Für die Auswahl der aufgabengerechten Interaktionselemente geben die Abb. 4.5-10 und 4.5-11 in Form von Struktogrammen eine Hilfestellung.

Abb. 4.5-10:
Auswahl von
Interaktions-
elementen für
einzutippende
Informationen
/Jenz & Partner 92,
S. 195/

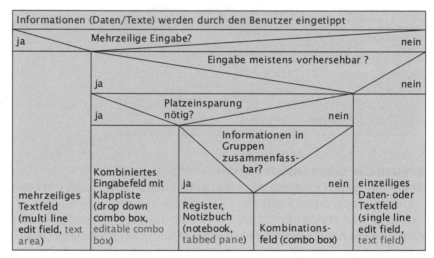

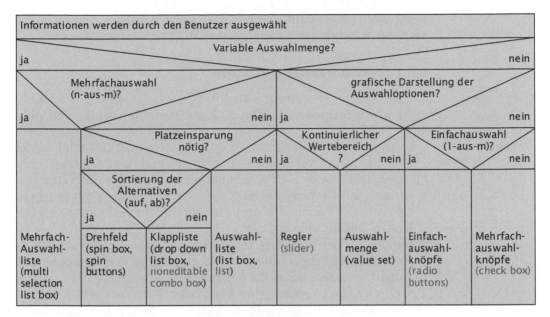

Informationen werden durch den Benutzer ausgewählt							
Variable Auswahlmenge? ja ← → nein							
Mehrfachauswahl (n-aus-m)? ja ← → nein				**grafische Darstellung der Auswahloptionen?** ja ← → nein			
	Platzeinsparung nötig? ja ← → nein			**Kontinuierlicher Wertebereich ?** ja ← → nein		**Einfachauswahl (1-aus-m)?** ja ← → nein	
	Sortierung der Alternativen (auf, ab)? ja ← → nein						
Mehrfach-Auswahl-liste (multi selection list box)	Drehfeld (spin box, spin buttons)	Klappliste (drop down list box, noneditable combo box)	Auswahl-liste (list box, list)	Regler (slider)	Auswahl-menge (value set)	Einfach-auswahl-knöpfe (radio buttons)	Mehrfach-auswahl-knöpfe (check box)

4.6 Dann die Praxis: E/A-Programmierung in Java

Abb. 4.5-11:
*Auswahl von Inter-
aktionselementen
für auszuwählende
Informationen
/Jenz & Partner 92,
S. 196/*

In Java setzt sich eine Benutzungsoberfläche aus
- Behältern *(container)* und
- Interaktionselementen *(controls)*

zusammen. Um ein Interaktionselement anzuzeigen, wird ein Behälter benötigt. Behälter dienen dazu, Interaktionselemente zusammenzufassen, aufzunehmen und zu gruppieren. Behälter können   Behälter
auch Behälter enthalten. Dadurch ist ein hierarchischer Aufbau der
Oberfläche möglich.

Zu den Behältern gehören in Java alle Fenster (siehe Abb. 4.3-1).
Zusätzlich gibt es noch die Klassen ScrollPane und JScrollPane, die
ein automatisches horizontales und vertikales Rollen ermöglichen.
Die Swing-Klassen stellen noch weitere Behälter für spezielle Zwecke
zur Verfügung.

Um ein Interaktionselement zu einer Oberfläche hinzuzufügen,
muss zunächst ein Behälter vorhanden sein, der das Element auf-
nimmt.

Bei Java-Anwendungen wird als oberster Behälter ein Standard-   Java-Anwendung
fenster der Klassen Frame oder JFrame benutzt.

Bei einem Java-Applet muss *kein* Standardfenster erzeugt werden,   Java-Applet
da jedes Applet eine Unterklasse einer Fläche *(panel)* ist. Daher kann
der Browser direkt als Behälter verwendet werden. Dennoch können
Standardfenster in Applets verwendet werden.

Alle Behälter besitzen die Operation add(component), mit der neue
Komponenten hinzugefügt werden können. Fenstern von Swing-Klas-

sen werden neue Komponenten durch getContentPane().add (component) hinzugefügt (siehe Abschnitt 4.3.1).

4.6.1 Java-Interaktionselemente

Component Wie die Fenster, so sind auch die Interaktionselemente von der Klasse java.awt.Component abgeleitet. Die Klassenhierarchie zeigt Abb.
4.6-1.

Interaktions- In Java stehen die in Abb. 4.5-1 dargestellten Interaktionselemente
elemente zur Verfügung mit Ausnahme des Drehfelds und des *Dropdown*-Kom-
binationsfelds. Zusätzlich werden folgende Elemente unterstützt:

- Verlaufsbalken *(progress bar)*, der den Fortschritt einer längeren
  Operation in Form eines proportional zur Fertigstellung sich fül-
  lenden Balkens anzeigt.
- Werkzeugleiste *(tool bar)*, die horizontal oder vertikal am Rande
  eines Fensters angeordnet ist und eine Reihe von Komponenten
  enthält, meistens Schaltflächen mit Piktogrammen.

Zusätzlich kann zu jeder Swing-Komponente ein kurzer kontextsen-
sitiver Hilfe- bzw. Erklärungshinweis *(tool tip)* angegeben werden, der
angezeigt wird, wenn sich die Maus länger als ein oder zwei Sekunden im Bereich der Komponente befindet.

In den bisherigen Beispielen wurden die AWT-Interaktionselemente
TextField, TextArea und Button intensiv eingesetzt. In den folgenden Beispielen werden ausschließlich Swing-Klassen verwendet. Es
werden nur einige zusätzliche Interaktionselemente vorgestellt. Alle
anderen können durch »*learning by exploration*« erschlossen werden.

JComponent Wie die Abb. 4.6-1 zeigt, ist die abstrakte Klasse JComponent die
Wurzel aller Swing-Interaktionselemente und Behälter. Sie stellt unter
anderem folgende Dienstleistungen zur Verfügung:

- Veränderbare Bildschirmdarstellungen *(pluggable look & feel)*, d.h.
  Swing erlaubt es, während der Laufzeit die Bildschirmdarstellung
  zu wechseln (siehe Kapitel 4.3).
- Kombination und Erstellung von Komponenten sowie Erstellung
  eigener Komponenten.
- Unterstützung von Aktions-Ereignissen, die mehreren Interaktionselementen zugewiesen und gruppenweise ein- und ausgeschaltet werden können.
- Bereitstellung und Verwendung von Rändern *(border)* für die Darstellung von Interaktionselementen. Damit ist es möglich, grup-
  pierte Interaktionselemente zu umrahmen.
- Anzeige von kontextsensitiven Hinweisen (Tipps, Werkzeughilfe,
  tool tips).
- Konstruktion einfacher Dialogfenster (JOptionPane).
- Unterstützung für die Internationalisierung und Lokalisierung.

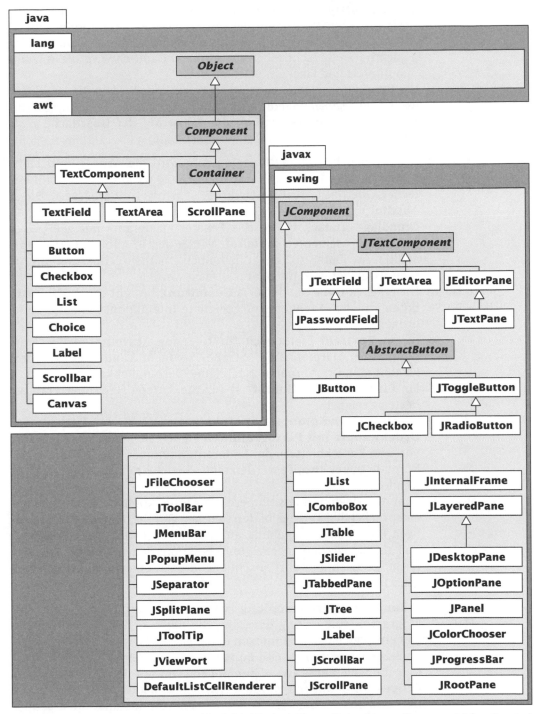

Abb. 4.6-1: Die Java-Klassenhierarchie von Component (ohne Fenster)

■ Unterstützung einer Doppelpufferverwaltung *(double buffer)*. Ist sie eingeschaltet, dann werden alle Zeichenoperationen zuerst in einen unsichtbaren Bereich umgeleitet und erst dann auf den sichtbaren Bildschirmbereich kopiert. Dadurch wird die Anzeige optimiert und Flackern vermieden.

JPanel   Um Interaktionselemente gruppieren zu können, können sie auf einer Fläche *(panel)* angeordnet werden. Die Klasse JPanel stellt eine solche Fläche zur Verfügung, die selbst auf der Oberfläche *nicht* sichtbar ist.

Beispiel 1a   Als Beispiel für Interaktionselemente wird die Artikel- und Lieferantenverwaltung, wie sie in Abschnitt 2.20.6 (Abb. 2.20-10) mit einfacher Oberfläche realisiert wurde, schrittweise verbessert. Die in Abschnitt 4.4.2 (Abb. 4.4-6) dargestellte Dialogsteuerung dient als Grundlage. Zunächst wird das Fenster »Lieferant« mit geeigneten Interaktionselementen gestaltet. Neben den in Abb. 2.20-10 dargestellten Attributen soll zusätzlich noch ein Ansprechpartner mit Anrede, Titel, Vor- und Nachname erfasst werden.

Attributen Interaktionselemente zuordnen   Die erste Aufgabe bei der **E/A-Gestaltung** besteht darin, den Attributen aus dem Fachkonzept geeignete Interaktionselemente zuzuordnen.

Je ein **Textfeld** bietet sich für folgende Attribute an: Lieferantennummer, Firmenname, Straße/Postfach, Länderkennzeichen, Postleitzahl, Ort, Vorname, Nachname, Verbindlichkeiten.

Ein **Einfachauswahlknopf** ist für die Anrede Herr oder Frau am besten geeignet.

Ein *Dropdown*-**Kombinationsfeld** bietet sich für den Titel an.

Druckknöpfe mit Piktogrammen eignen sich besonders gut zum Vor- und Zurückblättern der Lieferantennummer.

Normale **Druckknöpfe** werden zum »Speichern« und »Löschen« verwendet.

Grafikeditor   Zum Anordnen und Positionieren der Interaktionselemente auf dem entsprechenden Fenster bietet sich der GUI-Grafikmodus der jeweiligen Programmierumgebung an. In der Regel wird das gewünschte und als Piktogramm angezeigte Interaktionselement auf die Zeichenfläche gezogen und dort anschließend positioniert und in seinen Eigenschaften angepasst.

Hinweis
http://
www.netbeans.org
http://
www.eclipse.org
   Zur effektiven Erstellung von Grafikoberflächen wird eine Programmierumgebung benötigt, die einen GUI-Editor enthält. Es gibt eine Reihe von kostenlosen und kostenpflichtigen Entwicklungsumgebungen, die einen GUI-Editor enthalten. Weit verbreitet sind die Umgebungen **NetBeans** *(Open Source* von Sun Microsystems) und **Eclipse** (ursprünglich von IBM entwickelt, heute eine *Not-for-profit Corporation).* Da sich die Versionen und die Installationen schnell ändern, finden Sie Installations- und Bedienungshinweise im e-learning-Kurs zu diesem Buch.

734

Im Folgenden werden zu den einzelnen verwendeten Interaktionselementen einige Hinweise gegeben.

Wie die Abb. 4.6-1 zeigt, ist JTextComponent eine abstrakte Ober-   *JTextComponent*
klasse zu JTextField, JTextArea und JEditorPane. JTextComponent
stellt die Funktionalität eines einfachen Texteditors zur Verfügung:

- cut(), copy(), paste(): Textteile ausschneiden, kopieren und einfügen
- getSelectedText(), setSelectionStart(), setSelectionEnd(), se-
  lectAll(), replaceSelection(): Behandlung der Textauswahl
- getText(), setText(), setEditable(), setCaretPosition(), setSe-
  lectionColor() und weitere: Text und Einstellungen modifizieren
- Scrollable: Rollen von Text durch Implementierung dieser Schnittstelle.

Im einfachsten Fall verhält sich JTextField analog zum AWT-TextField.   *JTextField*
Mit setHorizontalAlignment() kann die Ausrichtung des Textes innerhalb des Feldes festgelegt werden, wenn der Text kürzer ist. Damit
ist es möglich, Zahlen rechtsbündig anzuordnen.

JTextArea verhält sich im einfachsten Fall analog zur AWT-   *JTextArea*
TextArea.

Im Gegensatz zu JTextField und JTextArea bietet JTextPane eine   *JTextPane*
einfache Textverarbeitung mit formatiertem Text, Wortumbruch, Darstellung von Bildern usw.

Ein Einfachauswahlknopf bzw. ein Optionsfeld wird durch die Klas-   *JRadioButton und*
sen JRadioButton und ButtonGroup realisiert. Die Klasse JRadioButton   *ButtonGroup*
stellt einen Einfachauswahlknopf zur Verfügung. Die Klasse Button-
Group erlaubt es, mehrere Einfachauswahlknöpfe zu einer Gruppe
zusammenzufassen. Es kann jeweils nur ein Einfachauswahlknopf
aus einer Gruppe ausgewählt werden. Die Gruppe allein ist nicht
sichtbar, sondern nur die Auswahlknöpfe.

```
ButtonGroup eineKnopfgruppe = new ButtonGroup();
JLabel anredeFuehrungstextJ = new JLabel("Anrede");
JRadioButton herrOptionsfeldJ = new JRadioButton("Herrn");
JRadioButton frauOptionsfeldJ = new JRadioButton("Frau");
...
   anredeFuehrungstextJ.setFont(new Font("Dialog",
      Font.PLAIN, 12));
   anredeFuehrungstextJ.setBounds(12,50,72,24);
   //Hinzufügen zur übergeordneten Komponente
   add(anredeFuehrungstextJ);
   herrOptionsfeldJ.setSelected(true);
   add(herrOptionsfeldJ);
   herrOptionsfeldJ.setFont(new Font("Dialog", Font.PLAIN, 12));
   herrOptionsfeldJ.setBounds(60,48,54,30);

   add(frauOptionsfeldJ);
   frauOptionsfeldJ.setFont(new Font("Dialog", Font.PLAIN, 12));
   frauOptionsfeldJ.setBounds (120,48,54,30);

   eineKnopfgruppe.add(herrOptionsfeldJ);
```

Beispiel

```
//Hinzufügen zur Optionsfeld-Gruppe
eineKnopfgruppe.add(frauOptionsfeldJ);
//Hinzufügen zur Optionsfeld-Gruppe
```

JComboBox   Ein *Dropdown*-Kombinationsfeld kann mit
der Klasse `JComboBox` realisiert werden. Es ist
möglich, das Textfeld so einzustellen, dass
es frei editierbar ist oder dass nur die Eingaben aus der *drop-down*-
Liste ausgewählt werden können. Die wichtigsten Operationen sind
in folgendem Beispiel aufgeführt.

Beispiel

```
JLabel titelFuehrungstext = new JLabel();
JComboBox titelComboBoxJ = new JComboBox();
...
   titelFuehrungstext.setBounds(36,24,36,24);
   titelFuehrungstext.setText("Titel");
   getContentPane().add(titelFuehrungstext);
   titelComboBoxJ.setBounds(72,24,130,28);
   titelComboBoxJ.
      setEditable(true);
   titelComboBoxJ.addItem
      ("Dipl.-Ing.");
   titelComboBoxJ.addItem
      ("Dr.");
   titelComboBoxJ.addItem
      ("Prof. Dr.");
   getContentPane().add
      (titelComboBoxJ);
```

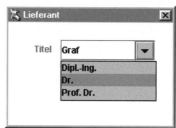

AbstractButton   Die abstrakte Klasse `AbstractButton` stellt für alle Druckknöpfe
unter anderem folgende Dienstleistungen zur Verfügung:
- `setMnemonic()`: Definiert einen Buchstaben als Tastatur-Abkürzung
  für das Drücken des Knopfes.
- `setIcon()`: Legt das Piktogramm fest, das zur Darstellung des Druckknopfes verwendet werden soll. Es ist möglich, für die verschiedenen Zustände des Druckknopfes verschiedene Piktogramme zu
  verwenden. Außerdem kann das Piktogramm gewechselt werden,
  wenn der Mauszeiger sich über den Druckknopf bewegt, ohne dass
  die Maustaste gedrückt wird *(rollover)*.

JButton   Die Klasse `JButton` kann in ihrer einfachsten Form analog zur AWT-
Klasse `Button` verwendet werden.

Beispiel   Der folgende Programmausschnitt zeigt, wie ein Piktogramm als
Druckknopf verwendet werden kann:

```
JButton zurueckDruckknopfJ = new JButton();
Image einPiktogramm = getToolkit().getImage("Pfeillinks.gif");
ImageIcon Pfeillinks = new ImageIcon(einPiktogramm);
...
   zurueckDruckknopfJ.setIcon(Pfeillinks);
   add(zurueckDruckknopfJ);
   zurueckDruckknopfJ.setBounds(25,40,26,26);
```

736

Um eine harmonische und aufgabenoptimale Gestaltung eines Fensters zu erreichen, müssen Interaktionsgruppen nach fachlichen Kriterien zusammengefasst und optisch gekennzeichnet werden. Gut geeignet für diesen Zweck ist in Java die Klasse JPanel, die eine Fläche zur Verfügung stellt, auf der die Interaktionselemente angeordnet werden können. Die Fläche kann dann mit einem Rahmen *(border)* und einem Text im Rahmen versehen werden.

Gruppierungen

Die Klasse AbstractBorder mit ihren Unterklassen erlaubt es, um jede Swing-Komponente einen Rahmen zu zeichnen. Die Klasse BorderFactory stellt folgende Klassenoperationen zur Verfügung, um Rahmen zu erzeugen:

Border

- createLineBorder(): Erzeugt einen einfachen Linienrahmen.
- createMatteBorder(): Erzeugt einen breiten Rahmen, der mit einer Farbe oder einem sich wiederholenden Piktogramm gefüllt ist.
- createEmptyBorder(): Erzeugt einen leeren Rahmen, der einen Leerraum um die Komponente legt.
- createEtchedBorder(): Erzeugt einen Rahmen mit 3D-Effekt.
- createBevelBorder(): Erzeugt einen abgeschrägten Rahmen.
- createLoweredBevelBorder(): Erzeugt einen Rahmen, der wie eine abgesenkte Oberfläche aussieht.
- createRaisedBevelBorder(): Erzeugt einen Rahmen, der wie eine angehobene Oberfläche aussieht.
- createTitledBorder(): Erzeugt einen Rahmen mit Titel.
- createCompoundBorder(): Kombiniert zwei Rahmen zu einem neuen Rahmen.

```
Border einRahmen = BorderFactory.createTitledBorder("Firma");
...
firmaFeld.setBorder(einRahmen);
```

Beispiel

Das Ergebnis zeigt Abb. 4.6-2.

Nachdem die einzelnen Interaktionselemente auf der Fensterfläche angeordnet sind, werden sie zu fachlogischen Gruppen zusammengefasst. Die Gruppen sind wiederum so anzuordnen, dass ein harmonischer Fensteraufbau entsteht.

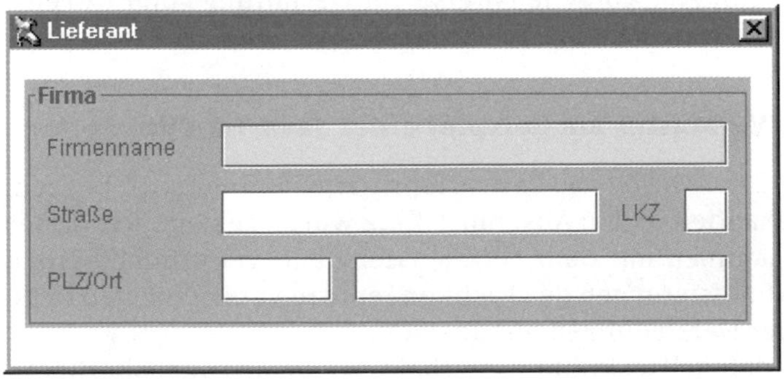

Abb. 4.6-2:
Eine gerahmte
Gruppe von Inter-
aktionselementen

Den Fensteraufbau des Fensters »Lieferant« nach Gruppierung der
Interaktionselemente und Anordnung der Gruppen zeigt Abb. 4.6-3.
Muss-Felder sind gelb unterlegt, Kann-Felder sind weiß und Ausga-
befelder sind grau unterlegt.

*Abb. 4.6-3:
Das gestaltete
Lieferanten-Fenster*

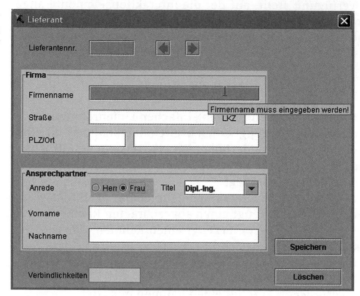

Bei Fenstern, die vorwiegend zur Eingabe von Daten dienen, ist
es sinnvoll, eine *Cursor*-Steuerung vorzusehen. Immer wenn eine
Eingabe mit der *Return*-Taste und/oder der Tab-Taste beendet wird,
springt die Schreibmarke automatisch in das fachlogisch nächste
Textfeld. Dies ist durch folgende Operation von JComponent möglich:

Cursor-Steuerung

- public void setNextFocusableComponent(Component aComponent):
  Bewirkt den Sprung auf aComponent, wenn die Tab-Taste gedrückt
  wird.

Beispiel 1c   `firmennameTextfeldJ.setNextFocusableComponent(strasseTextfeldJ);`

Vorgehensweise   Tab. 4.6-1 gibt eine Vorgehensweise zur Gestaltung von E/A-Fens-
tern an.

4.6.2 Das MVC-Muster am Beispiel einer Java-Tabelle

In Abschnitt 2.6.2 wurde das Entwurfsprinzip »Trennung GUI – Fachkonzept« behandelt und in Abschnitt 4.4.2 wurde gezeigt, wie dieses
Konzept zusammen mit dem MVC-Muster dazu verwendet werden
kann, um Aktualisierungen des Fachkonzepts in verschiedenen Fenstern und/oder Darstellungen anzuzeigen.
   Um eine analoge Flexibilität innerhalb der Benutzungsoberfläche
zu erhalten, verwenden die Swing-Klassen das MVC-Muster – redu-

1 Zusammenstellen, welche Ein- und Ausgaben in dem E/A-Fenster erfolgen sollen (ergibt sich z.B. aus einem OOA-Modell).

2 Zusammenstellen, welche Elemente zur Dialoggestaltung (z.B. Druckknöpfe) und zur Navigation (z.B. Aufruf anderer Fenster) auf dem Fenster angeordnet werden müssen (ergibt sich z.B. aus einem OOA-Modell und der Dialoggestaltung). Es ist darauf zu achten, dass in allen Fenstern die Navigationelemente möglichst gleichartig angeordnet sind, z.B. der Druckknopf »OK« immer links und daneben »Übernehmen« usw.

3 Festlegung, welche Interaktionselemente zur Darstellung welcher Ein-/Ausgaben geeignet sind und Skizzierung des *Layouts* entsprechend den Regeln für das jeweilige Interaktionselement.

4 Gruppierung der Interaktionselemente zu jeweils einer Gruppe, die in einem engen Sinnzusammenhang stehen bzw. logisch zusammengehören.

5 In jeder Gruppe die Interaktionselemente so anordnen, dass sie der Logik des Arbeitsablaufs aus Benutzersicht entsprechen.
Dann die Reihenfolge der Elemente entsprechend der Benutzungshäufigkeit und der Wichtigkeit der von ihr vermittelten Information überprüfen. Gibt es mehrere Alternativen als Interaktionselemente, dann die Alternative wählen, die den besten Arbeitsablauf gestattet oder am übersichtlichsten ist.

6 Versuchen, die Gruppen unter Berücksichtigung der Randbedingungen (minimale Breite und Höhe des E/A-Fensters) in dem E/A-Fenster einzuordnen.
Bei Problemen versuchen, die Binnengliederung der betroffenen Gruppen zu modifizieren.

7 Die gewählte Gruppenordnung ist anhand der Gruppierungsregeln zu überprüfen und u.U. zu modifizieren.
Gestaltungsmaßnahmen, die alle Gruppen betreffen, wie
– Cursorsteuerung
– Hervorhebungen
– Farbgestaltung
sind durchzuführen.

8 Gestaltung des Fein-*Layouts* wie Bündigkeiten, Gruppenabstände usw.

Tab. 4.6-1:
Vorgehensweise
zur Gestaltung
von E/A-Fenstern

ziert auf das Beobachter-Muster – auch innerhalb der GUI-Klassen. Jede Komponente besteht aus zwei Teilen:

■ den Daten der Komponente *(model)*, in Java *observable* (Beobachteter) genannt, und

■ den Darstellungen der Komponente *(view & controller* oder *look & feel)*, in Java *user interface (ui)* genannt.

Dieses Konzept wird im Folgenden am Beispiel einer Tabelle erläutert. In Java dient eine Tabelle dazu, zweidimensionale Datenstrukturen, bestehend aus Spalten und Zeilen, zu verwalten und anzuzeigen. Ein Tabelleneintrag heißt eine Zelle *(cell)* und ist eindeutig durch seine Spalte und Zeile bestimmt. Die Tabellenüberschrift *(tableheader)* zeigt den Titel jeder Spalte. Sie erlaubt es dem Benutzer ebenfalls, die Spaltenreihenfolge durch direkte Manipulation zu ändern. Die Tabellendaten werden in Spalten gleichen Typs angezeigt.

Tabellen in Java

Eine Tabelle besteht aus zwei Teilen:

- Die Tabellendaten werden in einem Tabellendaten-Modell *(model)* abgelegt. Dieses Daten-Modell muss Operationen zur Verfügung stellen, die folgende Informationen ermitteln: Anzahl der Zeilen und Spalten, Informationen über den Datentyp einer Spalte, die Daten jeder Zelle und den Namen jeder Spalte. Außerdem muss feststellbar sein, ob eine Zelle editierbar ist. Wenn ja, dann muss das Daten-Modell eine Operation für die Datenänderung einer Zelle zur Verfügung stellen. Außerdem muss das Daten-Modell Tabellenabhörer registrieren und sie über Tabellenänderungen informieren.
- Die Anzeige der Tabellendaten *(view)* erfolgt durch die Interaktionsklasse JTable *(user interface)*.

Tabellendaten-Modell
Zum Aufbau eines Tabellendaten-Modells stellt Java die Schnittstelle TableModel und die abstrakte Klasse AbstractTableModel zur Verfügung, die die Schnittstelle TableModel implementiert. Die Klasse AbstractTableModel verwaltet Tabellenabhörer und stellt Operationen zur Verfügung, um die Abhörer über Änderungen zu informieren. Um ein *nur* lesbares Tabellendaten-Modell zu erzeugen, müssen von der Klasse AbstractTableModel lediglich folgende Operationen redefiniert werden:

- public int getRowCount(): Gibt die Anzahl der Tabellenzeilen zurück.
- public int getColumnCount(): Gibt die Anzahl der Tabellenspalten zurück.
- public Object getValueAt(int rowIndex, int columnIndex): Gibt das Objekt der entsprechenden Zelle zurück.

Beispiel
```
//Beispiel für eine einfache Tabelle
import java.awt.*;
import javax.swing.*;
import javax.swing.table.*;

public class EinfacheTabelle extends JFrame
{
  //Attribute
  private JPanel einInhaltsfeld;
  private JTable eineTabellenAnsicht = new JTable();
  private JScrollPane einRollfeld;
  private MeinTabellenModell einTabellenModell;

  public EinfacheTabelle() //Konstruktor
  {
    setTitle("Eine einfache Tabelle");
    setSize(300, 200);
    setBackground(Color.gray);
    einInhaltsfeld = new JPanel();
    einInhaltsfeld.setLayout(new BorderLayout());
    getContentPane().add(einInhaltsfeld);

    einTabellenModell = new MeinTabellenModell();
    //Zuordnung des Tabellendaten-Modells (model) zur
```

```
    //Tabellenansicht (view)
    eineTabellenAnsicht.setModel(einTabellenModell);
    eineTabellenAnsicht.setBounds(71,53,150,100);
    eineTabellenAnsicht.setToolTipText
        ("Tabelle kann nur gelesen werden");
    //Einbettung der Tabellenansicht in ein Rollfeld
    einRollfeld = new JScrollPane(eineTabellenAnsicht);
    einRollfeld.setBounds(30,30,200,150);
    //Hinzufügen des Rollfelds zum Fenster
    getContentPane().add(einRollfeld);
    getContentPane().setSize(600,500);
  }

  public static void main(String args[])
  {
      EinfacheTabelle eineTabelle = new EinfacheTabelle();
      eineTabelle.setVisible(true);
  }
}
//Interne Klasse: Tabellendaten-Modell
public class MeinTabellenModell extends AbstractTableModel
{
  //Redefinieren geerbter Operationen
  public int getColumnCount()
  {
    return 4;//4 Spalten breit
  }
  public int getRowCount()
  {
    return 15;//15 Zeilen lang
  }
  public Object getValueAt (int Zeile, int Spalte)
  {
    return new Integer(Zeile * Spalte);
  }
}//Ende der inneren Klasse
}
```

Abb. 4.6-4 veranschaulicht nochmals die Zusammenhänge.

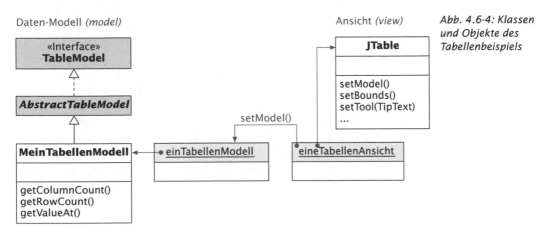

Daten-Modell *(model)*   Ansicht *(view)*   *Abb. 4.6-4: Klassen und Objekte des Tabellenbeispiels*

selektierbare
Tabellen

Eine so einfache Tabelle wie im vorherigen Beispiel reicht für praktische Anwendungen natürlich nicht aus. In vielen kaufmännischen Anwendungen werden die erfassten Objekte in einem Listenfenster als Tabelle dargestellt. Wird eine Tabellenzeile ausgewählt, dann wird das Erfassungsfenster mit den Daten des selektierten Objekts angezeigt. Dazu muss die jeweils selektierte Zeile als Ereignis gemeldet und ausgewertet werden.

In Java ist dies durch ein Zusammenspiel der Klasse `JTable`, dem jeweiligen Tabellendaten-Modell (Unterklasse von `AbstractTableModel`) und den Schnittstellen `ListSelectionModel` und `ListSelectionListener` möglich.

JTable

Die Klasse `JTable` stellt dazu unter anderem folgende Operationen zur Verfügung:

- `public void setRowSelectionAllowed(boolean flag)`: `flag = true` gibt an, dass einzelne Zeilen vom Benutzer selektiert werden können.
- `public int getSelectedRow()`: Gibt den Index der letzten selektierten Zeile zurück.
- `public ListSelectionModel getSelectionModel()`: Gibt das gewählte Selektionsmodell zurück (siehe unten).

ListSelectionModel

Die Schnittstelle `ListSelectionModel` spezifiziert für alle Listen einschließlich Tabellen folgende Operationen:

- `public void setSelectionMode(int selectionMode)`: Erlaubt es, folgende Selektionsmodi zu setzen: `SINGLE_SELECTION`, `SINGLE_INTERVAL_SELECTION` und `MULTIPLE_INTERVAL_SELECTION`.
- `public void addListSelectionListener(ListSelectionListener x)`: Fügt einen Abhörer hinzu, der bei jeder Selektionsänderung informiert wird.

ListSelection
Listener

Die Schnittstelle `ListSelectionListener` spezifiziert folgende Operation, die in der entsprechenden Fensterklasse implementiert werden muss:

- `public void valueChanged(ListSelectionEvent e)`: Diese Operation wird immer dann aufgerufen, wenn sich eine Selektion ändert.

AbstractTableModel

Die abstrakte Klasse `AbstractTableModel` stellt folgende Operationen zum Lesen und Schreiben von Tabellenzellen im Tabellendaten-Modell zur Verfügung, die in der Unterklasse implementiert werden müssen:

- `public Object getValueAt(int rowIndex, int columnIndex)`: (von der Schnittstelle `TableModel`): Liefert den Wert der Zelle an der angegebenen Zeile und Spalte.
- `public void setValueAt(Object aValue, int rowIndex, int columnIndex)`: Ändert einen Zellenwert an der angegebenen Stelle.

Da der Benutzer die Spalten der Tabellenansicht umsortieren kann, sind die Spalten der Tabellenansicht und die Spalten des Tabellendaten-Modells u.U. nicht identisch. Je nachdem, welche Information man benötigt, muss man auf die Tabellenansicht oder auf das Tabellendaten-Modell zugreifen.

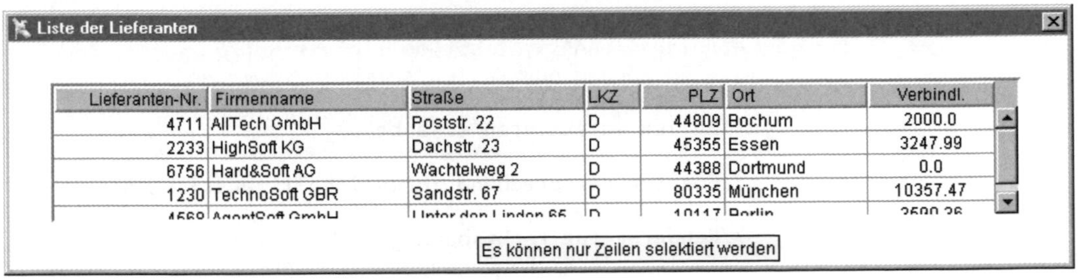

Lieferanten-Nr.	Firmenname	Straße	LKZ	PLZ	Ort	Verbindl.
4711	AllTech GmbH	Poststr. 22	D	44809	Bochum	2000.0
2233	HighSoft KG	Dachstr. 23	D	45355	Essen	3247.99
6756	Hard&Soft AG	Wachtelweg 2	D	44388	Dortmund	0.0
1230	TechnoSoft GBR	Sandstr. 67	D	80335	München	10357.47
4568	AgentSoft GmbH	Unter den Linden 65	D	10117	Berlin	2500.26

Es können nur Zeilen selektiert werden

Abb. 4.6-5 zeigt das Fenster mit der Lieferantenliste, die es ermöglicht, Zeilen zu selektieren.
Der folgende Programmausschnitt zeigt die Implementierung dieser Tabelle:

Abb. 4.6-5: Klassen und Objekte des Tabellenbeispiels

```
/* Programmname: Artikel- und Lieferantenverwaltung
 * GUI-Klasse: MeineLieferantenliste
 * Aufgabe: Verwaltung eines Lieferantenlistenfensters
 */
import java.awt.Component;
import javax.swing.*;
import javax.swing.event.*;
import javax.swing.table.*;

public class MeineLieferantenliste extends MeinUnterfenster
 implements ListSelectionListener
{
    //Attribute
    //Referenz auf das einzige Objekt (Singleton-Pattern)
    private static MeineLieferantenliste
        dieLieferantenliste = null;

    private JTable eineTabellenAnsicht = new JTable();
    private JScrollPane einRollfeld;
    private MeinTabellenModell einTabellenModell;
    private ListSelectionModel einSelektionsmodell;

    //privater Konstruktor
    private MeineLieferantenliste(JFrame dasAnwendungsfenster,
      String Fenstertitel)
    {
        super(dasAnwendungsfenster, Fenstertitel);
        initComponents();
    }

    private void initComponents()
    {
        setVisible(false);

        einTabellenModell = new MeinTabellenModell();
        //Zuordnung des Tabellendaten-Modells (model)
        //zur Tabellenansicht (view)
        eineTabellenAnsicht.setModel(einTabellenModell);
```

Beispiel

743

```
eineTabellenAnsicht.setBounds(70, 50, 700, 100);
eineTabellenAnsicht.setToolTipText
  ("Es können nur Zeilen selektiert werden");
eineTabellenAnsicht.setRowSelectionAllowed(true);
//Zeilen selektieren erlaubt

//Spalten entsprechend ihres Inhalts ausrichten

//Renderer für rechtsbündig
DefaultTableCellRenderer einRechtsAusrichter =
  new DefaultTableCellRenderer();
einRechtsAusrichter.setHorizontalAlignment(JLabel.RIGHT);
//Renderer für linksbündig
DefaultTableCellRenderer einLinksAusrichter =
  new DefaultTableCellRenderer();
einLinksAusrichter.setHorizontalAlignment(JLabel.LEFT);
//Renderer für zentriert ausgerichtet
DefaultTableCellRenderer einZentralAusrichter =
  new DefaultTableCellRenderer();
einZentralAusrichter.setHorizontalAlignment(JLabel.CENTER);

TableColumn aktSpalte = null;
//Lieferanten-Nr. wird rechts ausgerichtet
aktSpalte = eineTabellenAnsicht.getColumn("Lieferanten-Nr.");
aktSpalte.setCellRenderer(einRechtsAusrichter);
aktSpalte.setHeaderRenderer(new RechtsAusrichter());

//Firmenname linksbündig
aktSpalte = eineTabellenAnsicht.getColumn("Firmenname");
aktSpalte.setCellRenderer(einLinksAusrichter);
aktSpalte.setHeaderRenderer(new LinksAusrichter());

//Strasse linksbündig
aktSpalte = eineTabellenAnsicht.getColumn("Strasse");
aktSpalte.setCellRenderer(einLinksAusrichter);
aktSpalte.setHeaderRenderer(new LinksAusrichter());

//LKZ linksbündig
aktSpalte = eineTabellenAnsicht.getColumn("LKZ");
aktSpalte.setCellRenderer(einLinksAusrichter);
      aktSpalte.setHeaderRenderer(new LinksAusrichter());

//PLZ rechtsbündig
aktSpalte = eineTabellenAnsicht.getColumn("PLZ");
aktSpalte.setCellRenderer(einRechtsAusrichter);
aktSpalte.setHeaderRenderer(new RechtsAusrichter());

//Verbindl. zentriert ausrichten
aktSpalte = eineTabellenAnsicht.getColumn("Verbindl.");
aktSpalte.setCellRenderer(einZentralAusrichter);

//Einbettung der Tabellenansicht in ein Rollfeld
einRollfeld = new JScrollPane(eineTabellenAnsicht);
einRollfeld.setBounds(30, 30, 700, 350);
getContentPane().add(einRollfeld);
```

```
    getContentPane().setSize(1000, 500);
    einSelektionsmodell = eineTabellenAnsicht.
       getSelectionModel();
    einSelektionsmodell.setSelectionMode
       (ListSelectionModel.SINGLE_SELECTION);
    einSelektionsmodell.addListSelectionListener(this);

    SymWindow aSymWindow = new SymWindow();
    this.addWindowListener(aSymWindow);

    getContentPane().setLayout(null);
    getContentPane().setBackground(java.awt.Color.white);
    getContentPane().setBackground(java.awt.Color.lightGray);
    setSize(780, 451);
}

//Operationen
public static MeineLieferantenliste anzeigenLieferantenliste
  (JFrame dasAnwendungsfenster, String Fenstertitel)
{
    if (dieLieferantenliste == null)
        dieLieferantenliste =
        new MeineLieferantenliste(dasAnwendungsfenster,
        Fenstertitel);
    //Konstruktor kann nur einmal aufgerufen werden
    dieLieferantenliste.show(); //Fenster nach vorne holen
    return dieLieferantenliste;
}

//Implementation der Schnittstelle ListSelectionListener
//Wird aufgerufen, immer wenn der Selektionswert sich ändert
public void valueChanged(ListSelectionEvent e)
{
    int selektierteReihe;
    selektierteReihe = eineTabellenAnsicht.getSelectedRow();
    einTabellenModell.getValueAt(selektierteReihe, 0);
}
...

//Innere Klasse: Tabellendaten-Modell
public class MeinTabellenModell extends AbstractTableModel
{
    //Spaltenüberschriften
    private final String[] Spalten =
    { "Lieferanten-Nr.", "Firmenname", "Strasse", "LKZ",
       "PLZ", "Ort", "Verbindl." };
    //Zweidimensionales Feld mit Daten für das TabellenModell
    private final Object[][] Daten = {
        { new Integer(4711), "AllTech GmbH", "Poststr. 22", "D",
           "44809", "Bochum", "2000,00"},
        { new Integer(2233), "HighSoft KG", "Dachstr. 23", "D",
           "45355", "Essen", "3247,99" },
        { new Integer(6756), "Hard&Soft AG", "Wachtelweg 2", "D",
           "44388", "Dortmund", "0,00" },
        { new Integer(1230), "TechnoSoft GBR", "Sandstr. 67", "D",
```

```
                      "80335", "München", "10357,47" },
              { new Integer(4568), "AgentSoft GmbH",
              //"Unter den Linden 65",
                      "D", "10117", "Berlin", "3590,36" }
       };

       //Redefinieren geerbter Operationen
       public int getColumnCount()
       {
           return Spalten.length;
       }
       public int getRowCount()
       {
           return Daten.length;
       }
       public Object getValueAt(int Zeile, int Spalte)
       {
           return Daten[Zeile][Spalte];
       }
       public String getColumnName(int Spalte)
       {
           return Spalten[Spalte];
       }
       public boolean isCellEditable(int Zeile, int Spalte)
       {
           return false;
       }
   }

   ...

   class RechtsAusrichter extends DefaultTableCellRenderer
   {
       public Component getTableCellRendererComponent
       (JTable table, Object value, boolean isSelected,
        boolean hasFocus, int row, int col)
       {
           setText((String)value);
           setFont(table.getTableHeader().getFont());
           setHorizontalAlignment(SwingConstants.RIGHT);
           setBorder(UIManager.getBorder("TableHeader.cellBorder"));
           return this;
       }

   }

   class LinksAusrichter extends DefaultTableCellRenderer
   {
       public Component getTableCellRendererComponent
       (JTable table, Object value, boolean isSelected,
         boolean hasFocus, int row, int col)
       {
           setText((String)value);
           setFont(table.getTableHeader().getFont());
           setHorizontalAlignment(SwingConstants.LEFT);
           setBorder(UIManager.getBorder("TableHeader.cellBorder"));
```

```
            return this;
        }

    }

}
```

In einer echten Anwendung müssen die Daten natürlich von der
entsprechenden Fachkonzept-Klasse geliefert werden. Wie dies geschieht, wird in Kapitel 4.7 gezeigt.

Kapitel 4.7

4.6.3 *Layout*-**Manager**

Die Anordnung der Komponenten innerhalb eines Behälters wird in
Java durch so genannte *Layout*-Manager unterstützt. Jeder Behälter
besitzt einen voreingestellten *Layout*-Manager.

Layout-Manager kümmern sich um die Größe und Anordnung der
einzelnen Interaktionselemente und sorgen dadurch für die Portierbarkeit auf unterschiedliche Grafiksysteme und Plattformen. Abb.
4.6-6 zeigt die vorhandenen *Layout*-Manager.

Alle AWT-*Layout*-Manager gelten auch für die Swing-Komponenten.
Bei Verwendung eines *Layout*-Managers wird die effektive Größe ei-

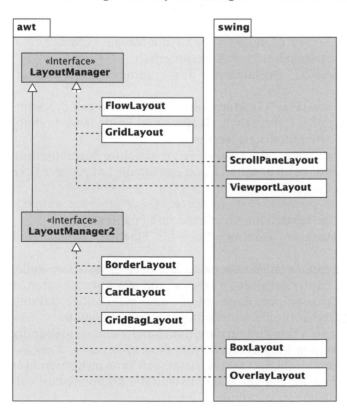

Abb. 4.6-6:
Hierarchie der
Layout-Manager
in Java

ner Komponente aus dem zur Verfügung stehenden Platz, der Größe der anderen Komponenten und den Wünschen der Komponente selbst berechnet. Für jede Komponente kann eine minimale, eine maximale und eine Vorzugsgröße eingestellt werden. Bei einer Änderung der Behältergröße, z.B. weil der Benutzer das zugehörige Fenster verkleinert oder vergrößert, werden vom *Layout*-Manager zuerst alle Komponenten nach ihrer Vorzugsgröße befragt. Unter- oder überschreitet die Summe dieser Werte in horizontaler oder vertikaler Richtung die neue Größe des Behälters, dann werden die Komponenten bis zur minimalen Größe verkleinert oder bis zur maximalen Größe ausgedehnt.

Mit der Operation `public void setLayout(LayoutManager mgr)`, wobei `mgr` der gewünschte *Layout*-Manager ist, wird einem Behälter ein Manager zugeordnet. Es können beliebig verschachtelte *Layouts* erstellt werden.

Layout-Manager   Es gibt folgende *Layout*-Manager:
- Positionierung *ohne Layout*-Manager
  Komponenten können ohne *Layout*-Manager positioniert werden. Sind nur wenige Komponenten zu positionieren und beeinflusst die Größe des Behälters die Komponenten nicht, dann kann die eigenständige Positionierung sinnvoll sein, insbesondere wenn die Portierbarkeit nicht im Mittelpunkt steht. Die Interaktionselemente können pixelgenau positioniert werden. In den bisherigen Beispielen wurde immer *ohne Layout*-Manager gearbeitet. Folgende Operationen sind dazu erforderlich:
  - `setLayout(null)`: Deaktivieren des voreingestellten *Layout*-Managers
  - `public void setSize(int width,int height)`: Festlegen der Komponentengröße. Erforderlich, da Höhe und Breite jeder Komponente mit null initialisiert werden.
  - `public void setLocation(int x,int y)`: Absolute Positionierung der Komponente im Behälter. x und y geben die linke, obere Ecke an.
  - `public void setBounds(int x, int y, int width, int height)`: Gleichzeitige Einstellung von Größe und Positionierung.
- `FlowLayout`-Manager: Voreinstellung für Flächen *(panels)* und Applets.
  Alle Komponenten werden nebeneinander in einer logischen Reihe angeordnet. Ist der Behälter zu schmal, um alle Komponenten in einer Reihe anzuordnen, dann erfolgt eine mehrzeilige Darstellung. Gut geeignet für die Anordnung von Druckknöpfen.
  Die Komponenten können zentriert, linksbündig und rechtsbündig dargestellt werden: `FlowLayout.CENTER`, `FlowLayout.LEFT`, `FlowLayout.RIGHT` (Voreinstellung: `CENTER`). Zusätzlich kann im Konstruktor der horizontale und der vertikale Abstand der Komponenten vorgegeben werden (Voreinstellung: 5 Pixel).

```
einStandardfenster.setLayout(new FlowLayout(FlowLayout.LEFT,
   3, 10));
```
Beispiel

```
Container einContainer = getContentPane();
einContainer.setLayout(new FlowLayout());
einContainer.add(new Button("Knopf 1"));
einContainer.add(new Button("Knopf 2"));
einContainer.add(new Button("Knopf mit langem Text"));
einContainer.add(new Button("4"));
einContainer.add(new Button("Knopf 5"));
```
Beispiel

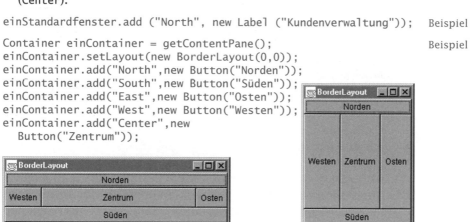

- BorderLayout-Manager: Voreinstellung für Standardfenster (Frame, JFrame), einfache Fenster (Window, JWindow) und Dialogfenster (Dialog, JDialog).
  Komponenten können gezielt untereinander oder nebeneinander angeordnet werden. Der BorderLayout-Manager verwaltet bis zu fünf Komponenten, einen oberen (North), einen linken (West), einen unteren (South), einen rechten (East) und einen in der Mitte (Center).

```
einStandardfenster.add ("North", new Label ("Kundenverwaltung"));
```
Beispiel

```
Container einContainer = getContentPane();
einContainer.setLayout(new BorderLayout(0,0));
einContainer.add("North",new Button("Norden"));
einContainer.add("South",new Button("Süden"));
einContainer.add("East",new Button("Osten"));
einContainer.add("West",new Button("Westen"));
einContainer.add("Center",new
   Button("Zentrum"));
```
Beispiel

Hat man mehrere Interaktionselemente, dann müssen diese vorher zusammengefasst werden, zum Beispiel zu einer Fläche.
- GridLayout-Manager
  Alle Komponenten werden in einem Gitter angeordnet, das aus gleich großen Gitterzellen besteht. Jede Komponente nimmt genau eine Gitterzelle ein. Die Größe einer Gitterzelle richtet sich nach der größten Komponente, die sich in diesem Layout befindet.

Der Abstand zwischen den Gitterzellen kann vorgegeben werden (Voreinstellung 0). Die Gitterzellen werden von oben links nach unten rechts gefüllt. Die Spalten- und Zeilenanzahl muss im Konstruktor angegeben werden. Sind weniger Komponenten als Gitterzellen vorhanden, dann bleiben die restlichen leer. Sind mehr Komponenten vorhanden, dann werden Spalten automatisch hinzugefügt (keine Zeilen).

Werden 0 Spalten und 0 Zeilen angegeben, dann wird die Anzahl der Gitterzellen automatisch berechnet.

Gut geeignet für Flächen gleichartiger Komponenten, wie z.B. die Tastenanordnung eines Taschenrechners oder Telefons.

Beispiel
```
einStandardfenster.setLayout(new GridLayout (0, 2, 5, 10));
```

Beispiel
```
Container einContainer = getContentPane();
einContainer.setLayout(new GridLayout(0,2,0,0));
//Parameter 1: Anzahl Zeilen (0=beliebig)
//Parameter 2: Anzahl Spalten (0=beliebig)
//Parameter 3: Horizontaler Abstand
//Parameter 4: Vertikaler Abstand
einContainer.add(new Button("Knopf 1"));
einContainer.add(new Button("Knopf 2"));
einContainer.add(new Button("Knopf mit
    langem Text"));
einContainer.add(new Button("4"));
einContainer.add(new Button("Knopf 5"));
```

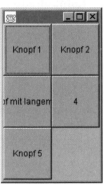

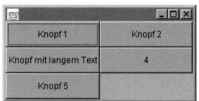

■ GridBagLayout-Manager
Dieser Layout-Manager basiert auf dem Grid Layout, ist aber erheblich flexibler. Die Komponenten können an beliebige Stellen im Gitter gesetzt werden. Die Spalten können beliebig hoch und breit sein. Außerdem können sich Komponenten über mehrere Spalten und Zeilen erstrecken.

Beispiel
```
getContentPane().setLayout(new GridBagLayout());
JList Schriften = new JList(new String []
    {"Times Roman","Courier","Courier New","Lucida","Terminal"});
Schriften.setSelectedIndex(2);
JCheckBox Fett = new JCheckBox("Fett");
JCheckBox Italic = new JCheckBox("Italic");
JLabel GroesseLabel = new JLabel("Größe");
JTextField GroesseFeld = new JTextField();
GroesseFeld.setText("14");
JTextField StatusFeld = new JTextField();
```

```
GridBagConstraints GridBagBedingungen =
    new GridBagConstraints();
//Horizontale und vertikale Größenänderung erlauben
GridBagBedingungen.fill = GridBagConstraints.BOTH;
//Wie soll zusätzlicher horizontaler Raum genutzt werden
GridBagBedingungen.weightx = 0;
//Wie soll zusätzlicher vertikaler Raum genutzt werden
GridBagBedingungen.weighty = 100;
//Welche Spalte soll gewählt werden
hinzufuegen(Schriften,GridBagBedingungen,0,0,1,3);
GridBagBedingungen.weightx = 100;
//Keine Größenänderung der Komponente
GridBagBedingungen.fill = GridBagConstraints.NONE;
//Füge Komponente im Zentrum ihres Bereichs ein
GridBagBedingungen.anchor = GridBagConstraints.CENTER;
hinzufuegen(Fett,GridBagBedingungen,1,0,2,1);
hinzufuegen(Italic,GridBagBedingungen,1,1,2,1);
hinzufuegen(GroesseLabel,GridBagBedingungen,1,2,1,1);
//Die Komponente nur horizontal in der Größe verändern
GridBagBedingungen.fill = GridBagConstraints.HORIZONTAL;
hinzufuegen(GroesseFeld,GridBagBedingungen,2,2,1,1);
//Komponente unten, mittig in ihrem Bereich einfügen
GridBagBedingungen.anchor = GridBagConstraints.SOUTH;
GridBagBedingungen.weighty = 0;
hinzufuegen(StatusFeld,GridBagBedingungen,0,3,4,1);
...
public void hinzufuegen(Component eineKomponente,
    GridBagConstraints gbb,int x, int y, int w, int h)
{
    gbb.gridx = x;//Spalte für den Anfangspunkt
    gbb.gridy = y;// Zeile für den Anfangspunkt
    gbb.gridwidth = w;//Wieviele Zellen in X-Richtung
    gbb.gridheight = h;//Wieviele Zellen in Y-Richtung
    //Komponente hinzufügen
    getContentPane().add(eineKomponente, gbb);
}
```

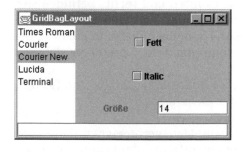

■ CardLayout-Manager

Die Komponenten werden wie ein Stapel Spielkarten angeordnet, von denen nur die oberste sichtbar ist. Alle Komponenten werden in der gleichen Größe dargestellt. Zum Blättern zwischen den

»Karten« werden die Operationen next(), previous(), last() und first() zur Verfügung gestellt.

Als Ersatz für das CardLayout verwendet man sinnvollerweise das Swing-Interaktionelement Register *(tabbed pane)*, das einfacher zu verwenden ist.

■ BoxLayout-Manager

Die Komponenten werden entlang einer primären Achse – entweder horizontal oder vertikal – aneinander gereiht. Die Konstanten X_AXIS und Y_AXIS legen die primäre Achse fest. Entlang der sekundären Achse werden alle Komponenten auf die Höhe bzw. Breite der größten Komponente ausgedehnt.

Beispiel

```
Container einContentPane = getContentPane();
einContentPane.setLayout(new
    BoxLayout(this.getContentPane(),BoxLayout.X_AXIS));
einContentPane.add(new Button("Knopf 1"));
einContentPane.add(new Button("Knopf 2"));
einContentPane.add(new Button("Knopf mit langem Text"));
einContentPane.add(new Button("4"));
einContentPane.add(new
    Button("Knopf 5"));
```

Anstatt den BoxLayout-Manager direkt zu verwenden, kann man die Klasse Box erweitern. Box ist ein einfacher Behälter mit dem BoxLayout-Manager. Box enthält einige Operationen, die die Anordnung der Komponenten mit ihren Abständen erleichtern.

■ ScrollPaneLayout-Manager

Dieser Manager wird zusammen mit einem Rollfeld *(scrollpane)* verwendet. Er definiert neun Felder: In der Mitte befindet sich ein Rollfeld der Klasse JViewPort, unten und rechts befinden sich Rollbalken (JScrollbar), oben und links befinden sich Tabellenüberschriften oder Maßstäbe, die synchron mit dem Inhalt in der Mitte gerollt werden, und in den vier Ecken befinden sich vier Komponenten.

Die *Layout*-Manager ViewportLayout und OverlayLayout sind für Spezialzwecke und werden daher hier *nicht* behandelt.

■ Selbstdefinierte *Layout*-Manager

Ist keiner der vorhandenen *Layout*-Manager geeignet, dann kann auch ein eigener durch die Implementierung der Schnittstelle LayoutManager programmiert werden. Dies ist jedoch aufwendig.

752

control →Interaktionselement.

E/A-Gestaltung Gestaltung der Informationsein- und -ausgabe über E/A-Geräte, sodass die menschliche Art der Informationsverarbeitung berücksichtigt wird.

Interaktionselement *(control)* Dient zur Ein- und/oder zur Ausgabe von Informationen. Beispiele: Textfeld, Druckknopf, Listenfeld, Tabelle.

widget →Interaktionselement.

Die E/A-Gestaltung hat das Ziel, die Informationseingabe und die Informationsausgabe so zu gestalten, dass die Eigenschaften der menschlichen Informationsverarbeitung geeignet berücksichtigt werden:

- Die Orientierung des Benutzers soll unterstützt,
- seine Aufmerksamkeitserfordernisse optimiert und
- sein Kurzzeitgedächtnis entlastet werden.
- Jede Anwendung soll sich außerdem regelhaft verhalten.

Die eigentliche Ein- und/oder Ausgabe von Informationen erfolgt über Interaktionselemente *(controls, widgets)*. Jedes GUI-System verfügt über eine Reihe von Interaktionselementen.

Bei der Gestaltung der Fenster müssen nicht nur geeignete Interaktionselemente ausgewählt werden, sondern sie müssen auch geeignet gruppiert und wichtige Informationen müssen hervorgehoben werden. Außerdem ist die harmonische Gestaltung der Fenster von großer Bedeutung.

In Java erfolgt die E/A-Gestaltung durch die Verwendung von Behältern und darauf angeordneten Interaktionselementen. Alle wichtigen Interaktionselemente stehen in Java zur Verfügung. Die Swing-Komponenten erlauben es, die Komponenten statisch und dynamisch in ihrer Darstellung *(look & feel)* zu verändern. | Java

Bei allen Swing-Komponenten wird das MVC-Muster *(model, view, controller)* verwendet, das eine Trennung zwischen den Daten der Komponente *(model),* der Darstellung der Komponente auf der Oberfläche *(view)* und der Steuerung der Komponente *(controller)* unterscheidet. | MVC-Muster

Zur Unterstützung der Komponentenanordnung auf Behältern und in Fenstern stehen *Layout*-Manager zur Verfügung.

Zitierte Literatur

/Meyer 98/
Meyer A., *JFC 1.1 mit Java Swing 1.0*, Bonn: Addison-Wesley, 501 Seiten. Auf 228 Seiten Behandlung der Swing-Klassen, Rest: Referenz der Klassen.

/Weiner, Asbury 98/
Weiner S. R., Asbury S., *Programming with JFC*, New York: John Wiley & Sons 1998, 563 Seiten. Ausführliche Behandlung der Swing-Klassen mit vielen Beispielen.

/Balzert 01/
Balzert H., *Lehrbuch der Software-Technik*, Band 1, 2. Auflage, Heidelberg: Spektrum Akademischer Verlag 2001

/Jenz & Partner 92/

Jenz & Partner, *Grafische Bediener-Oberflächen – Ein Leitfaden für das Anwendungsdesign*, Erlensee: Jenz & Partner GmbH 1992

/Kruschinski 99/

Kruschinski V., *Layoutgestaltung grafischer Benutzungsoberflächen – Generierung aus objektorientierten Analysemodellen*, Heidelberg: Spektrum Akademischer Verlag 1999

/MS 93/

The GUI-Guide – International Terminology for the Windows Interface, European Edition, Redmond: Microsoft Press 1993

/MS 96/

The Windows Interface Guidelines for Software Design, Redmond: Microsoft Press 1996

/Rivlin, Lewis, Davies-Cooper 90/

Rivlin C., Lewis R., Davies-Cooper R., *Guidelines for Screen Design*, Oxford: Blackwell Scientific Publiccations 1990

Analytische
Aufgaben
Muss-Aufgabe
60 Minuten

1 *Lernziel: Prüfen können, ob vorgegebene Fenstergestaltungen den angegebenen Gestaltungsregeln entsprechen.*
Überprüfen Sie, ob die von Ihnen zu den in Lehreinheit 19, Aufgaben 6 und 10, Terminplaner und Visitenkartengenerator, erarbeiteten Lösungen den angegebenen Gestaltungsregeln entsprechen. Korrigieren Sie die Anwendungen entsprechend. Vergewissern Sie sich insbesondere, ob für die Attribute die richtigen Interaktionelemente verwendet wurden. Begründen Sie Ihre Entscheidungen, indem Sie die entsprechenden Gestaltungsregeln zitieren.

Klausur-Aufgabe
30 Minuten

2 *Lernziel: Prüfen können, ob vorgegebene Fenstergestaltungen den angegebenen Gestaltungsregeln entsprechen.*
Für ein Amt wurde folgende Eingabe zum Bearbeiten von Personendaten entworfen:

Sie werden als Gutachter gebeten, die E/A-Schnittstelle zu beurteilen. Gegen welche Gestaltungsregeln wird verstoßen?

3 *Lernziel: Die aufgeführten Gestaltungsregeln bei der Gestaltung einer E/A-Schnittstelle berücksichtigen können.*
Nehmen Sie eine E/A-Gestaltung für die Fenster Artikel und Artikelliste vor. Ergänzen Sie dazu das auf der CD-ROM befindliche Programm ArtikelLieferantenAnwMitEA. Zu einem Artikel sind folgende Daten zu speichern: Artikelnummer (int), Bezeichnung (String, maximal 30 Zeichen), Beschreibung (String, maximal 300 Zeichen), Verkaufspreis (float, Vorbesetzung = 0).

Konstruktive Aufgaben
Muss-Aufgabe
60 Minuten

4 *Lernziel: In Java Fenster, bestehend aus Behältern und Interaktionselementen, programmieren können.*
Ergänzen Sie das Beispiel Artikel- und Lieferantenverwaltung in den Fenstern Artikel und Lieferant um die Felder Telefon-, Faxnummer sowie E-Mail sowohl für die Firma als auch für den Ansprechpartner.

Muss-Aufgabe
40 Minuten

5 *Lernziele: Schrittweise eine E/A-Schnittstelle in einem Fenster – von der Skizze bis zum Java-Prototyp – entwickeln können. In Java Fenster, bestehend aus Behältern und Interaktionselementen, programmieren können.*
Sie bekommen von einem Verlag den Auftrag, eine Verwaltung für Kochrezepte zu schreiben. Das zu entwickelnde Programm soll folgenden Anforderungen genügen:
/1/ Für jedes Rezept kann ein Kurzname gespeichert werden.
/2/ Zusätzlich müssen alle Rezepte mit einer Nummer versehen werden.
/3/ Für jedes Rezept wird eine Zeitdauer festgelegt, die zur Zubereitung des entsprechenden Rezeptes nötig ist.
/4/ Zu jedem Rezept kann angegeben werden, ob es leicht, mittelschwer oder schwer zuzubereiten ist.
/5/ Alle Zutaten sollen adäquat eingegeben werden können.
/6/ Oft benutzte Zutaten sollen aus entsprechenden Listen gewählt werden können.
/7/ Die Liste mit den Zutaten soll beliebig vom Anwender ergänzbar sein.
/8/ Die eigentliche Zubereitung muss als Text hinterlegt werden können.
/9/ Eine Liste aller Kochrezepte soll angezeigt werden können.
/10/ Kochrezepte sollen aus der Liste ausgewählt und im Anschluss im Eingabedialog angezeigt werden können.
/11/ Die Kochrezepte sollen geladen und gespeichert werden können.
Entwerfen Sie zunächst ein UML-Klassendiagramm. Implementieren Sie dann die im Pflichtenheft beschriebene Anwendung. Beachten Sie bei der Realisierung der E/A-Schnittstelle die in Kapitel 4.6.1 angegebene Methodik.

Kann-Aufgabe
120 Minuten

6 *Lernziele: In Java Fenster, bestehend aus Behältern und Interaktionselementen, programmieren können. Die aufgeführten Gestaltungsregeln bei der Gestaltung einer E/A-Schnittstelle berücksichtigen können.*
Betrachten Sie die E/A-Schnittstelle Personenregister aus Aufgabe 2. Entwickeln Sie eine Anwendung Personenregister, die das Eingeben der geforderten Daten erlaubt. Nutzen Sie die Ergebnisse aus Aufgabe 3, um den Eingabedialog für die Personendaten konform zu den Gestaltungsregeln zu entwickeln. Implementieren Sie zusätzlich eine Listensicht auf die vorliegenden Personendaten.

Kann-Aufgabe
90 Minuten

7 *Lernziel: Layout-Manager geeignet auswählen und einsetzen können.*

Betrachten Sie die folgende Aufgabenstellung:

In einer Fläche (verwenden Sie die Klasse JPanel)

a sollen drei Druckknöpfe hintereinander angeordnet werden: Ja, Nein, Abbrechen.

b sollen Druckknöpfe zu einem Taschenrechner-Eingabefeld aneinander gereiht werden.

c sollen drei Druckknöpfe hintereinander angeordnet werden: Neu, Speichern, Drucken.

d werden zwei Einfachauswahlknöpfe (Telefon, Taschenrechner) untereinander angeordnet.

e wird ein Text »Taschenrechner-Telefon-Kombination« positioniert.

f In einem Fenster (verwenden Sie die Klasse JFrame) werden die fünf obigen Flächen wie folgt positioniert:

Die Fläche aus **c** oben, die Fläche aus **a** unten, die Fläche aus **d** links und die Fläche aus **e** rechts.

Wählen Sie zu jedem Aufgabenteil den passenden *Layout*-Manager und begründen Sie Ihre Entscheidung. Notieren Sie den für die Realisierung nötigen Java-Code.

4 Anwendungen – kaufmännisch/technisch

■ Die Regeln angeben und erläutern können, nach denen ein OOA-Modell für kaufmännisch/administrative Anwendungen systematisch in eine Benutzungsoberfläche transformiert werden kann.

verstehen

■ Von OOA-Modellen für kaufmännisch/administrative Anwendungen systematisch Benutzungsoberflächen ableiten können.

anwenden

■ Benutzungsoberflächen unter Berücksichtigung des Beobachter- und des *Singleton*-Musters an die Fachkonzeptklassen anbinden können.

■ Eine Grafikkomponente selbst entwickeln und einsetzen können.

■ Zum Verständnis dieser Kapitel sind Java-Programmierkenntnisse erforderlich, wie sie im Hauptkapitel 2 vermittelt werden.

■ Die Kapitel 4.1 bis 4.6 müssen bekannt sein.

4.7 Kaufmännisch/administrative Anwendungen

Kaufmännisch/administrative Anwendungen sind in der Regel dadurch gekennzeichnet, dass sie formatierte Daten verwalten, d.h. erfassen, ändern, löschen, suchen, sortieren und analysieren. Der Kern einer solchen Anwendung ist meist ein Informationssystem, d.h. ein System, in dem Stammdaten gespeichert und als Listen angezeigt werden. Bedingt durch diesen Grundaufbau hat sich auch ein gewisses *look & feel* für die Benutzungsoberfläche herausgebildet.

4.7.1 Vom OOA-Modell zur Benutzungsoberfläche

Die fachlichen Anforderungen an ein neues Software-System werden heute in der Definitionsphase mithilfe eines objektorientierten Analysemodells (OOA-Modell) spezifiziert. Anschließend oder leicht versetzt parallel dazu soll ein Prototyp der Benutzungsoberfläche entwickelt werden. Für die Entwicklung des Prototypen verwendet man entweder einen GUI-Editor einer Programmierumgebung oder andere spezialisierte Entwicklungssysteme für Benutzungsoberflächen, oft UIMS *(user interface management system)* genannt.

Für die Beispiele der letzten Kapitel wurde der GUI-Editor einer Programmierumgebung verwendet, der es erlaubt, die verfügbaren Java-Interaktionselemente aus einer Komponentenbibliothek auszuwählen, mit direkter Manipulation auf einer Zeichenfläche zu positionieren und an die eigenen Wünsche anzupassen.

In den vorangegangenen Kapiteln wurden einige Hinweise gegeben, was man bei der Gestaltung der Benutzungsoberfläche beachten soll. Es stellte sich dabei auch heraus, dass es Abhängigkeiten zwischen dem OOA-Modell und der Benutzungsoberfläche gibt. Es wurde jedoch keine Methode angegeben, wie man systematisch vom OOA-Modell zur Benutzungsoberfläche einer Anwendung gelangt. Dies dürfte auch für beliebige Anwendungen schwierig bis unmöglich sein. Für bestimmte Anwendungsbereiche ist dies jedoch möglich.

Für kaufmännisch/administrative Anwendungen habe ich mit meinen Mitarbeitern eine entsprechende Methode entwickelt (/Balzert 93, 94/, /Balzert, Hofmann, Niemann 95/, /Balzert et al. 96/, /Hofmann 98/, /Kruschinski 99/). Sie hat sich in der Praxis bewährt und wird im Folgenden vorgestellt.

Methode   Ausgangspunkt ist das Klassendiagramm eines OOA-Modells. Ziel ist die systematische Ableitung einer Dialog- und E/A-Schnittstelle, die es erlaubt, das im Klassendiagramm modellierte Fachkonzept um eine ergonomisch zu bedienende Benutzungsoberfläche zu ergänzen.

Aus dem Klassendiagramm werden schrittweise Dialog- und E/A-Schnittstelle abgeleitet. Dafür werden folgende Transformationsregeln verwendet:

Basistransformation:
Klasse → Erfassungs- und Listenfenster
Attribute → Interaktionselemente
Operationen → Druckknöpfe oder *pop-up*-Menü

Die grundlegende Idee der Transformation ist, dass jede Klasse des OOA-Modells auf ein Erfassungsfenster und ein Listenfenster abgebildet wird.

Das **Erfassungsfenster** bezieht sich auf ein einzelnes Objekt der Klasse (Abb. 4.7-1). Jedes Attribut der Klasse wird – entsprechend seines Typs – auf ein grafisches Interaktionselement im Erfassungsfenster abgebildet. Bei der Auswahl der Interaktionselemente können die Abb. 4.5-10 und 4.5-11 zu Hilfe genommen werden. Jede Operation der Klasse wird auf einen Druckknopf oder auf eine Menüoption innerhalb eines *pop-up*-Menüs abgebildet. Das Erfassungsfenster dient zum Erfassen, Anzeigen und zum Ändern eines Objekts. Die Druckknöpfe besitzen folgende semantische Bedeutung:

Erfassungsfenster für jeweils ein Objekt

Abb. 4.7-1:
Abbildung einer Klasse auf Erfassungs- und Listenfenster

Listenfenster zur Anzeige aller erfassten Objekte

- OK: Speichern des Objekts und Schließen des Fensters.
- Übernehmen: Speichern des Objekts ohne das Fenster zu schließen. Da im Allgemeinen anschließend ein weiteres Objekt erfasst wird, werden alle Textfelder des Fensters neu initialisiert.
- Abbrechen: Schließen des Fensters und Verwerfen der Eingabe.
- Liste: Öffnen des zugehörigen Listenfensters, während das Erfassungsfenster geöffnet bleibt.

Listenfenster   Das **Listenfenster** zeigt alle Objekte der Klasse an (Abb. 4.7-1). Meistens werden die Objekte im Listenfenster nur durch einen Teil der Attribute beschrieben. Der Benutzer soll die wichtigsten Attribute auf einen Blick sehen und kann bei Bedarf das Erfassungsfenster des entsprechenden Objekts öffnen.

Klassenattribute und -operationen beziehen sich auf alle Objekte der Klasse und werden daher im Listenfenster oder in einem speziellen Fenster (Administration) dargestellt. Klassenattribute werden auf Interaktionselemente, Klassenoperationen auf Menüoptionen bzw. Druckknöpfe abgebildet.

Die dargestellten Druckknöpfe besitzen folgende semantische Bedeutung:

- Neu: Öffnen eines leeren Erfassungsfensters.
- Ändern: Öffnen des Erfassungsfensters für das selektierte Objekt.
- Löschen: Löschen des selektierten Objekts.
- Schließen: Schließen des Listenfensters.

Menübalken   **Transformation:**
Klassenname → Menüoption im *drop-down*-Menü für Stammdaten und Listen
Der Menübalken enthält je ein *drop-down*-Menü für Erfassungsfenster und Listenfenster (Abb.4.7-2). Für jede Klasse des OOA-Modells ist zu prüfen, ob für die betreffenden Daten eine Listenausgabe sinnvoll ist und ob die Daten über einen separaten Dialog erfasst und geändert werden sollen. Die ermittelten Klassen werden in den Menüs *Stammdaten* und *Listen* aufgeführt. Wenn zu viele Klassen vorliegen, dann werden sie zusätzlich – z.B. mittels Paketen – gruppiert. Natürlich sind auch andere Anordnungen der Klassen möglich.

Abb. 4.7-2:
Abbildung der
Klassen auf Menüs

Dialogdynamik   Jedes Fenster ist über eine entsprechende Menüoption erreichbar und der Benutzer kann jederzeit zwischen allen geöffneten Erfassungs- und Listenfenstern wechseln (Abb. 4.7-3).

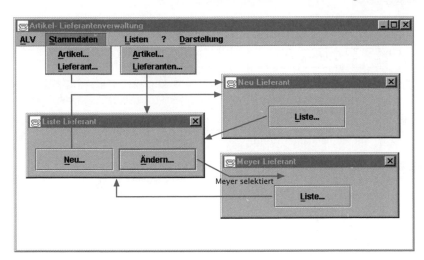

*Abb. 4.7-3:
Erreichbarkeit von
Erfassungs- und
Listenfenster*

Transformation:
Assoziation → Verbindungs-Druckknöpfe, *Link*-Listen und Auswahlfenster

*Dialogstruktur
Assoziation*

Assoziationen erlauben es den Benutzern, durch ein Netz von Objekten zu traversieren. Bei einer fertigen Anwendung werden viele Objektverbindungen durch die implementierten Operationen aufgebaut und geändert. Einige Verbindungen werden aber auch weiterhin über den Dialog erstellt. Im OOA-Modell sind alle Assoziationen inhärent bidirektional. Sie werden daher im Folgenden auch bidirektional auf den Prototyp abgebildet. Es kann jedoch durchaus ausreichend sein, wenn einige Assoziationen nur in einer Richtung realisiert werden. Dann kann auch die entsprechende weggelassene Richtung in der Dialogstruktur entfallen.

Das Erstellen und Entfernen von Objektverbindungen wird in die Erfassungsfenster der betreffenden Klassen integriert. Für jedes Erfassungsfenster wird dargestellt, zu welchen Klassen Verbindungen möglich sind, und mit welchen Objekten bereits eine Verbindung besteht. Verbindungen zu anderen Objekten können aufgebaut und auch wieder getrennt werden.

Das OOA-Modell der Abb. 4.7-4 gestattet es, dass null, ein oder mehrere Anbieter einen Artikel liefern. Umgekehrt kann ein Lieferant null, ein oder mehrere Artikel anbieten.

*mehrfache
Assoziation*

Für den Benutzer der Artikel-Lieferanten-Anwendung ist es wichtig, zu wissen, welche Anbieter einen Artikel anbieten. Daher wird das Erfassungsfenster für Artikel um eine *Link*-Liste der zugehörigen Anbieter erweitert. Umgekehrt wird auch das Erfassungsfenster für Lieferanten um eine *Link*-Liste der zugehörigen Artikel ergänzt (siehe Abb. 4.7-4).

Zu jeder *Link*-Liste werden drei Druckknöpfe hinzugefügt (siehe Abb. 4.7-4):

Artikel	*	◄ liefert

Artikel
– Artikelnr: int
– Bezeichnung: String
– Beschreibung: String
– Verkaufspreis: float = 0
+ Artikel(Artikelnr: int, Bezeichnung: String)

Anbieter *

Lieferant
– Lieferantennr: int
– Firmenname: String
– Firmenadresse: String
– Verbindlichkeiten: float
+ Lieferant(Lieferantennr: int, Firmenname: String)

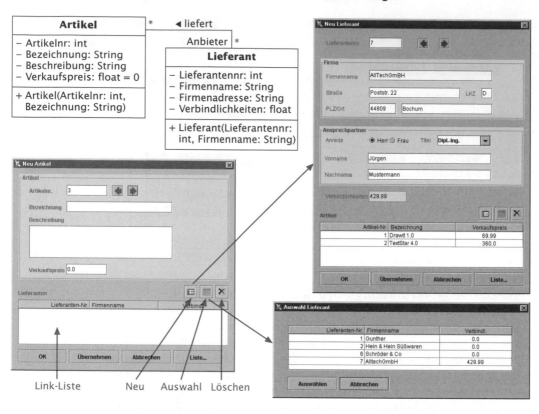

Link-Liste   Neu   Auswahl   Löschen

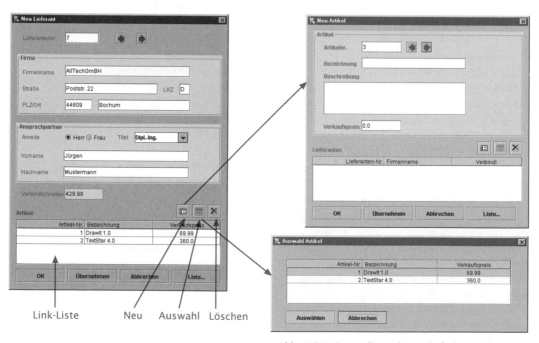

Link-Liste   Neu   Auswahl   Löschen

Abb. 4.7-4: Darstellung der mehrfachen Assoziation

- Der Neu-Druckknopf öffnet ein leeres Erfassungsfenster des Lieferanten (Artikels). Nach Abschluss der Erfassung wird der Lieferant
  (Artikel) automatisch in die *Link*-Liste eingetragen.
- Der Auswahl-Druckknopf öffnet ein Auswahlfenster, das alle Lieferanten (Artikel) anzeigt. Der selektierte Lieferant wird dem Artikel
  zugeordnet. In die *Link*-Liste wird der ausgewählte Lieferant (Artikel) automatisch eingetragen.
- Der Löschen-Druckknopf ermöglicht es, einen Lieferanten (Artikel)
  in der *Link*-Liste zu löschen. Damit wird jedoch nur die Verbindung
  zu diesem Lieferanten (Artikel) gelöscht, nicht der Lieferant (Artikel) selbst.

Wenn von einer Klasse mehrere mehrfache Assoziationen ausgehen,
kann jede *Link*-Liste platzsparend auf einer Seite eines Registers (siehe Kapitel 4.5 und 4.6) dargestellt werden.

Für die Klassen Artikel und Lieferant ergibt sich die im Diagramm
der Abb. 4.7-5 dargestellte Dialogstruktur. Der Benutzer löst durch   Dialogstruktur
Drücken eines Druckknopfs auf dem jeweiligen Fenster ein Ereignis
aus. Dieses Ereignis ist an den Pfeilen angetragen. Der Pfeil gibt an, in
welches Fenster gewechselt wird, wenn das entsprechende Ereignis
auftritt. Dieses so genannte **Zustandsdiagramm** zeigt den Vorteil
der systematischen Transformation. Es entsteht eine konsistente
Dialogstruktur, die der Benutzer schnell erlernen kann.

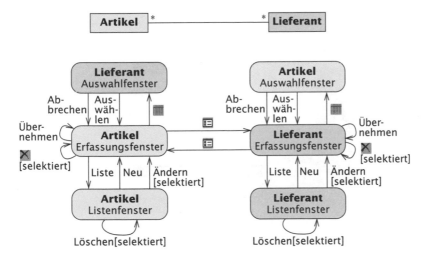

Abb. 4.7-5:
Dialogstruktur

Transformation:
Einfachvererbung → Geerbte Attribute & Operationen
einheitlich auf alle Erfassungsfenster der Unterklassen

Dialogstruktur
Einfachvererbung

Um eine Generalisierungsstruktur auf den Dialog abzubilden, gibt es
verschiedene Möglichkeiten, die in Abb. 4.7-6 dargestellt sind.

1 Bei einer konkreten Oberklasse wird außer den Unterklassen auch
  die Oberklasse auf ein Fenster abgebildet. Die Fenster der Unter-

klassen enthalten zusätzlich zu den eigenen Eigenschaften und Operationen alle Elemente der Oberklasse. In der Abb. 4.7-6 besteht das Fenster der Klasse B aus eigenen – hellblau dargestellten – Elementen und aus den von der Klasse A geerbten – grau dargestellten – Elementen.

2 Ist die Oberklasse abstrakt, dann taucht sie *nicht* als eigenständiges Fenster auf. Wie bei **1** enthalten die Fenster der Unterklassen zusätzlich zu den eigenen die geerbten Elemente.

3 Bei einer mehrstufigen Generalisierungsstruktur ist analog zu **1** bzw. **2** zu verfahren.

Die ererbten Attribute sollten in den Fenstern der Unterklassen einheitlich präsentiert werden, damit der Benutzer erkennt, dass es sich um dieselben Elemente handelt. Reicht der Platz in einem Erfassungsfenster nicht aus, dann ist ein Register (siehe Kapitel 4.5 und 4.6) zu verwenden. Alle Muss-Attribute sollten möglichst auf der ersten Seite stehen.

Abb. 4.7-6:
Transformation der
Einfachvererbung

1 konkrete Ober- und Unterklasse(n)

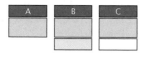

2 abstrakte Oberklasse, konkrete Unterklasse(n)

3 mehrstufige Vererbung

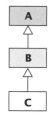
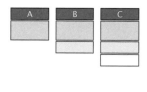

anwendungs-
neutrale
Funktionen

Viele Anwendungen enthalten eine Reihe von anwendungsneutralen Funktionen, die noch hinzugefügt werden müssen. Das können beispielsweise sein:

- Funktion zur Änderung von Passwörtern,
- Funktionen zum Initialisieren und zur Definition von Voreinstellungen,

■ Funktionen zum Hinzufügen bzw. Entfernen von Benutzerrollen oder Benutzerprivilegien.

4.7.2 Anbindung der Benutzungsoberfläche an das Fachkonzept

Im Folgenden wird anhand der Klasse Artikel gezeigt, wie die systematische Anbindung der GUI-Klassen an die Fachkonzept-Klassen erfolgen kann.

Im einfachsten Fall existiert für eine Klasse des Fachkonzepts genau ein Erfassungsfenster, das durch eine GUI-Klasse realisiert wird. Die Verbindung zwischen dieser GUI-Klasse und der Fachkonzeptklasse wird durch eine Assoziation hergestellt. Sie wird innerhalb des GUI-Objekts durch eine Referenz auf das Fachkonzeptobjekt realisiert.   *Erfassungsfenster*

Die Anbindung erfolgt nach folgenden Regeln:

1 Jedes Fensterobjekt ist mit seinem Fachkonzeptobjekt über eine Referenz verbunden und kann so dessen Operationen aufrufen. In diesem Zusammenhang wird häufig der Begriff Subjekt für das assoziierte Fachobjekt verwendet.

2 Die GUI-Klasse besitzt die Operation aktualisiere(), die Attributwerte aus dem zugehörigen Fachkonzeptobjekt liest. Die Operation speichere() übergibt die Eingaben aus dem Fensterobjekt an das Fachkonzeptobjekt.

Abb. 4.7-7 zeigt, wie der OOA-Klasse Artikel ein Erfassungsfenster   *Beispiel* zugeordnet wird. Da für die Artikel-Lieferanten-Verwaltung mehrere Unterfenster benötigt werden, wird von der Java-Swing-Klasse JDialog eine Klasse MeinUnterfenster abgeleitet. Unterklasse davon wird das Fenster MeinArtikelfenster, das eine Assoziation zur Klasse Artikel besitzt. Beim Erzeugen eines neuen Objekts der Klasse MeinArtikelfenster wird immer ein neues Artikel-Objekt erzeugt und eine Referenz darauf gesetzt. Die Attribute der Klasse MeinArtikelfenster beschreiben die Eingabefelder des Erfassungsfensters.

```
public class MeinArtikelfenster extends MeinUnterfenster
{
  //Attribute
  ...
  //Referenz auf das aktuelle Fachkonzeptobjekt
  Artikel einArtikel;
  ...
}
```

Das Drücken des OK-Druckknopfs im Erfassungsfenster löst die Operation speichere() aus, d.h., alle Daten werden vom GUI-Objekt zum assoziierten Fachkonzeptobjekt übertragen.

Abb. 4.7-7:
Klassendiagramm
zur Erfassung
eines Artikels

Erfassungsfenster

Fachkonzept

Artikel
Artikelnummer
Bezeichnung
Beschreibung
Verkaufspreis

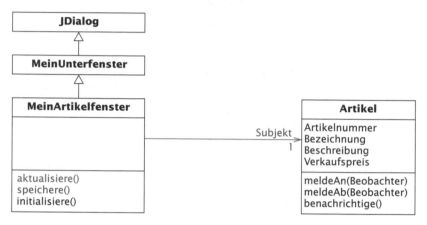

```
void speichere()
{
  //precondition: MeinArtikelfenster-Objekt kennt sein
  //Artikel-Objekt
  subject.setArtikelnummer(artikelnummerTextfeld);
  subject.setBezeichnung(bezeichnungTextfeld);
  ...
  subject.setVerkaufsreis(VerkaufspreisAlsFloat);
  ...
}
```

Wenn das Erfassungsfenster für einen vorhandenen Artikel geöffnet und initialisiert wird, dann werden mittels der Operation
aktualisiere() die Attributwerte des assoziierten Artikels angezeigt.

```
void aktualisiere()
{
  //precondition: MeinArtikelfenster-Objekt kennt sein
  //Artikel-Objekt
  artikelnrTextfeld = subject.getArtikelnummer();
```

```
bezeichnungTextfeld = subject.getBezeichnung();
...
verkaufspreisAlsString = subject.getVerkaufspreis();
...
}
```

Wenn das Listenfenster geöffnet wird, dann müssen alle vorhandenen Artikel in der Liste angezeigt werden. Bei einer »echten« Anwendung umfasst die Klasse Artikel sehr viele Attribute, die unter Umständen auf mehrere Seiten verteilt werden müssen. In der Liste werden für jeden Artikel meistens nur die wichtigsten Attribute eingetragen.

Listenfenster

Für das Listenfenster wird – analog zum Erfassungsfenster – eine eigene Klasse entworfen. Die Verwaltung der Fachkonzeptobjekte wird mittels einer geeigneten Container-Klasse realisiert. Für jede Container-Klasse existiert genau ein Objekt. Es wird daher das *Singleton*-Muster angewendet (siehe Abschnitt 2.19.1.4).

Abschnitt 2.19.1.4

Abb. 4.7-8 zeigt, wie aus der OOA-Klasse Artikel zunächst ein Listenfenster abgeleitet wird. Die Fachkonzeptklasse Artikel wird um die Container-Klasse ArtikelContainer ergänzt, die alle Artikel verwaltet. Das Klassenattribut einzigesObjekt enthält die Referenz auf das einzige Objekt dieser Klasse. Mit der Klassenoperation getObjektreferenz() kann auf diese Referenz überall zugegriffen werden. Beim ersten Aufruf von getObjektreferenz() wird zusätzlich die leere Artikelliste erzeugt. Der Aufruf der getObjektreferenz-Klassenoperation erfolgt im Konstruktor, und die erhaltene Referenz wird als Objektverbindung alleArtikel festgehalten.

Beispiel

*Abb. 4.7-8:
Klassendiagramm
für die Liste
aller Artikel*

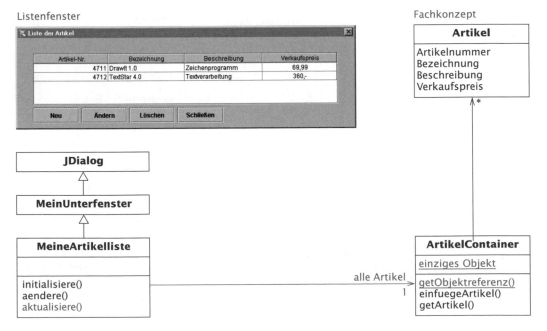

757

```
class MeineArtikelliste extends MeinUnterfenster
{
    Artikelliste alleArtikel;
    ...
}
```

Beim Öffnen des Listenfensters wird ein neues Objekt der Klasse MeineArtikelliste erzeugt und alle Artikel werden angezeigt. Dazu holt sich die Operation aktualisiere() aus dem Artikelcontainer die Referenzen aller Artikel und kann dann für jedes Artikelobjekt dessen benötigte Attributwerte lesen und darstellen.

Szenario: Erfassen eines Artikels

Wenn im Erfassungsfenster ein neuer Artikel erfasst und der OK-Druckknopf betätigt wird, dann läuft das in Abb. 4.7-9 dargestellte Szenario ab. Die Operation trägt zunächst mit speichere() alle Attributwerte in das erzeugte Fachkonzeptobjekt ein. Anschließend fügt sie dieses Objekt mit einfuegeArtikel() in den Artikelcontainer ein.

Abb. 4.7-9: Sequenzdiagramm zum Erfassen eines neuen Artikels

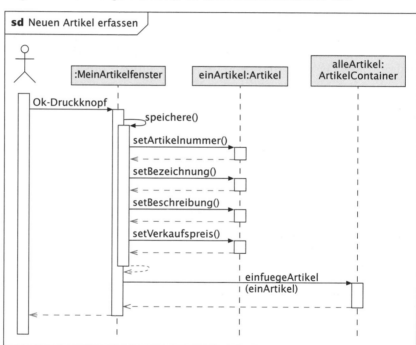

Szenario: Ändern eines Artikels

Abb. 4.7-10 beschreibt das Szenario zum Ändern eines vorhandenen Artikels. Der Benutzer öffnet ein Listenfenster. Das bedeutet, dass ein neues Objekt der Klasse MeineArtikelliste mit der Operation new erzeugt und anschließend mit initialisiere() mit der Artikelliste initialisiert wird. Wenn der Benutzer einen Artikel selektiert hat, betätigt er den Ändern-Druckknopf. Nun soll sich das Erfassungsfenster mit den aktuellen Daten des selektierten Artikels öffnen. Dazu wird mittels getArtikel() die Referenz des selektierten Artikels ermittelt, damit dessen Attributwerte ausgelesen werden können.

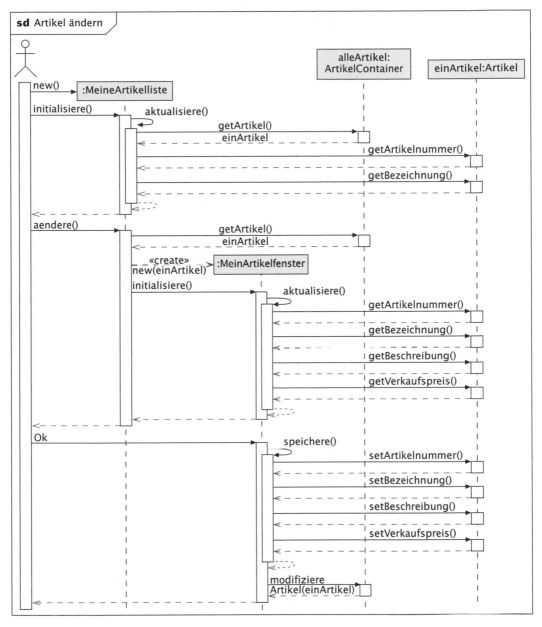

Das Öffnen des Erfassungsfensters wird durch das Erzeugen eines entsprechenden Objekts realisiert, das anschließend initialisiert wird. Mit Drücken des OK-Druckknopfs werden die geänderten Daten übernommen. Dazu wird die Operation speichere() aufgerufen. Das Wissen, wie die Attributwerte gelesen und geschrieben werden, ist ausschließlich in den speichere- und aktualisiere-Operationen verborgen.

*Abb. 4.7-10:
Sequenzdiagramm
zum Ändern eines
Artikels*

Aktualisierung
der Listenfenster

Es können ein oder mehrere Listenfenster geöffnet sein, wenn im Erfassungsfenster ein neuer Artikel eingetragen wird. Um alle Daten konsistent anzuzeigen, sollen alle geöffneten Listenfenster automatisch aktualisiert werden. Für die Lösung dieser Problemstellung wird das Beobachter-Muster verwendet (Abschnitt 4.4.2), wobei die Fachkonzeptklasse dem Subjekt und die Listenfenster-Klassen den Beobachtern entsprechen.

Abschnitt 4.4.2

Beispiel

Abb. 4.7-11 zeigt das Szenario, das nach dem Betätigen des OK-Druckknopfs im Erfassungsfenster abläuft. Die Operation speichere() überträgt die Eingabefelder an das Fachkonzeptobjekt Artikel. Wurde ein neuer Artikel erfasst, dann muss das Artikel-Objekt mit einfuegeArtikel() in die Artikelliste eingetragen werden. Das Objekt der Klasse MeinArtikelfenster kann auf den Artikelcontainer über seine Objektverbindung alleArtikel zugreifen. Diese Verbindung wird analog zur Listenfensterklasse mittels *Singleton*-Muster aufgebaut. Das Fachkonzeptobjekt ArtikelContainer informiert alle Listenfenster – ihre Beobachter – mittels benachrichtige() darüber, dass eine Veränderung stattgefunden hat. Die benachrichtige-Operation sendet die Botschaft aktualisiere() an alle Listenfenster, die

*Abb. 4.7-11:
Szenario zum
Aktualisieren
aller Listenfenster
mittels Beobachter-
Muster*

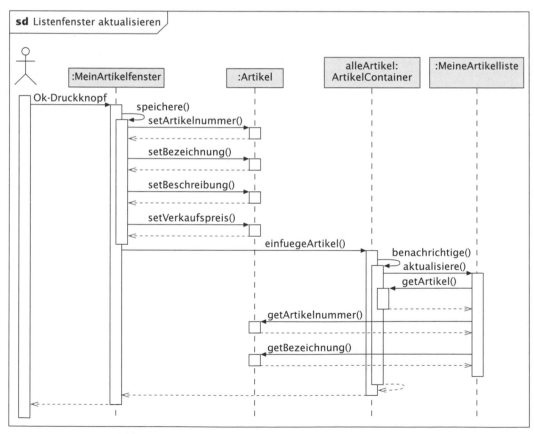

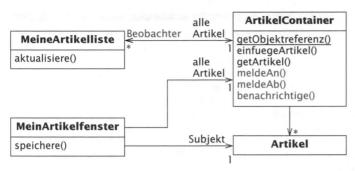

*Abb. 4.7-12:
Klassendiagramm
zum Beobachter-
Muster*

sich daraufhin selbst aktualisieren, d.h. sie beschaffen sich mittels getArtikel() das betreffende Artikel-Objekt und holen sich anschließend mittels der get-Operationen die benötigten Attributwerte. Abb. 4.7-12 zeigt für das beschriebene Szenario den zugehörigen Ausschnitt aus dem Klassendiagramm, aus dem zu ersehen ist, welche Objekte sich kennen. Die Operation meldeAn() baut eine Verbindung zu einem Beobachter auf, die Operation meldeAb() löst diese Verbindung wieder.

*Abb. 4.7-13:
Vollständiges
Klassendiagramm
für die Anbindung
der GUI-Schicht an
die Fachkonzept-
schicht*

Abb. 4.7-13 zeigt das vollständige Klassendiagramm für den Entwurf der GUI-Klassen und ihre Anbindung an die Fachkonzeptklassen Artikel und ArtikelContainer.

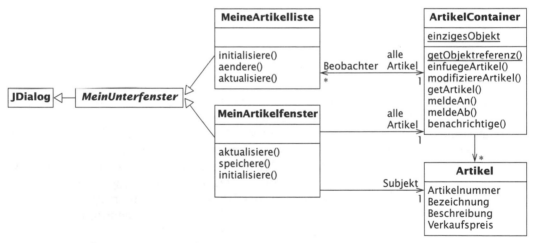

Eine Zusammenfassung der durchzuführenden Schritte enthält Abb. 4.7-14.

4.7.3 Fallbeispiel: Artikel- und Lieferantenverwaltung

In Abschnitt 2.20.6 wurde bereits eine einfache Artikel- und Lieferantenverwaltung mit eingeschränkter Benutzungsoberfläche programmiert. In den Kapiteln 4.1 bis 4.6 wurde dieses Beispiel schritt-

Quelle: /Heide Balzert 04/

Abb. 4.7-14: *Anbindung der* *GUI-Schicht an* *die Fachkonzept-* *Schicht*	**Checkliste: Entwurf der GUI-Schicht und Anbindung an die Fachkonzeptschicht** **Ergebnisse:** OOD-Klassendiagramm, Sequenzdiagramme ■ GUI-System auswählen. Die folgenden Ausführungen beziehen sich auf das Java-GUI-System mit Swing-Klassen. ■ Jedes GUI-Fenster durch eine Unterklasse von JDialog realisieren. ■ GUI-Klasse für **Erfassungsfenster** enthält: □ eine einfache Assoziation zur Fachkonzeptklasse (Subjekt), □ eine einfache Assoziation zur Container-Klasse (alleObjekte), □ die Operation speichere() zum Übergeben der Werte an die Fachkonzeptklasse, □ die Operation aktualisiere() zum Anzeigen der fachlichen Werte im Erfassungsfenster. ■ GUI-Klasse für **Listenfenster** enthält: □ eine einfache Assoziation zur Container-Klasse (alleObjekte), □ die Operation aktualisiere() zum Anzeigen aller Objekte dieser Klasse. ■ **Container-Klasse** (Fachkonzeptklasse), von der es nur ein Exemplar gibt (*Singleton*-Muster), enthält: □ das Klassenattribut einzigesObjekt, das die Referenz auf das einzige Objekt enthält, □ die Klassenoperation getObjektreferenz(), die auf diese Referenz zugreifen kann und beim ersten Aufruf das Objekt erzeugt. ■ **Container-Klasse** informiert ihre GUI-Listenklassen (Beobachter) mittels Beobachter-Muster und enthält: □ eine *-Assoziation zur GUI-Listenklasse (Beobachter), □ die Operation meldeAn(), die eine Verbindung zu einem Beobachter-Objekt aufbaut, □ die Operation meldeAb(), die eine Verbindung zu einem Beobachter-Objekt abbaut, □ die Operation benachrichtige(), die alle Beobachter über eine Veränderung benachrichtigt.

weise zu einer Benutzungsoberfläche mit mehreren Fenstern und zusätzlichen Interaktionselementen weiterentwickelt.

elementare Klassen   Bisher wurden als Typen von Attributen immer einfache Typen wie int und float oder von Java bereitgestellte Klassen als Typen angegeben, z.B. String. In vielen praktischen Fällen ist es aber notwendig, eigene, neue Typen zu definieren, insbesondere wenn sie öfter benötigt werden. Beispielsweise ist es sinnvoll, einen Typ Adresse und einen Typ Anrede zu definieren. Sie werden oft benötigt und sollten in allen Fällen auch gleich verwendet werden.

In der Objektorientierung beschreibt man solche selbstdefinierten Typen durch Klassen. Diese Klassen werden als **elementare Klassen** *(support classes)*, manchmal auch als **eingebettete Klassen**, bezeichnet. In der Regel werden sie nicht in das Klassendiagramm eingetragen, um es nicht zu überladen. In Abhängigkeit von der jeweiligen Anwendung werden elementare Klassen einmal definiert und bei jeder Software-Entwicklung wiederverwendet.

Manchmal ist es sogar sinnvoll, Aufzählungen wie »Herr« und »Frau« bei der Anrede als elementare Klassen zu realisieren.

Um Konflikte mit Attributnamen zu vermeiden, wird im Folgenden bei den Namen selbstdefinierter Typen das Postfix »T« angehängt, bei Aufzählungen, d.h. Enumerationen, das Postfix »ET«.

In der UML werden Klassen mit selbstdefinierten Typen mit dem Stereotyp «dataType» gekennzeichnet, Klassen mit Aufzählungen mit dem Stereotyp «enumeration». Stereotypen werden in der UML verwendet, um Elemente (z.B. Klassen) eines Modells zu klassifizieren. Die UML enthält einige vordefinierte Stereotypen, und es können weitere Stereotypen definiert werden. Stereotypen werden in französischen Anführungszeichen *(guillemets)* mit Spitzen nach außen angegeben.

Was bleibt noch zu tun, um von einer professionellen Anwendung sprechen zu können?

1 Entsprechend der vorgestellten Methode sind die bisherigen Teillösungen zu modifizieren und zu ergänzen. Insbesondere sind die Auswahlfenster hinzuzufügen und die Erfassungs- und Listenfenster um entsprechende Druckknöpfe und *Link*-Listen zu ergänzen. Abb. 4.7-15 zeigt das erweiterte OOD-Klassendiagramm.

2 Die Anbindung an das Fachkonzept muss überarbeitet werden.

Die vollständige Artikel-Lieferanten-Verwaltung befindet sich auf der beigefügten CD-ROM.

Abb. 4.7-15: Klassendiagramm der vervollständigten Artikel- und Lieferantenverwaltung

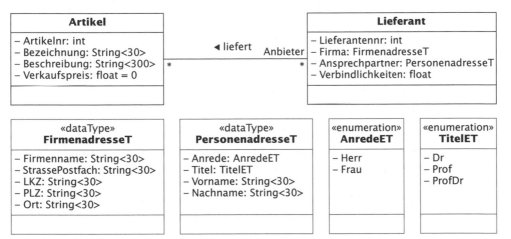

4.7.4 Das JANUS-System: Automatisierte Generierung von Benutzungsoberflächen

Wie die bisherigen Beispiele gezeigt haben, ist die Gestaltung und Programmierung einer Benutzungsoberfläche mit viel Aufwand verbunden. Nur eine systematische, standardisierte und disziplinierte Vorgehensweise führt zu technisch guten Benutzungsoberflächen. Ergonomisch gute Benutzungsoberflächen erfordern zusätzlich noch ein umfangreiches Wissen in der Software-Ergonomie.

Obwohl in Abschnitt 4.7.1 eine Methode vorgestellt wurde, wie man systematisch vom OOA-Modell zur Benutzungsoberfläche gelangt, hat diese Methode jedoch zwei Nachteile:

1 Alle Informationen für die Benutzungsoberfläche müssen neu eingegeben werden, auch wenn viele Informationen aus dem OOA-Modell übernommen werden können. Beispielsweise sind die Attributnamen und ihre Typen aus dem OOA-Modell bekannt. Mithilfe eines GUI-Editors müssen jedoch diese Informationen in Form eines entsprechenden Interaktionselements wieder eingegeben werden.

2 Ein GUI-Editor gibt *keine* Hilfestellung für die ergonomische Gestaltung der Benutzungsoberfläche. Der Entwickler kann mithilfe eines GUI-Editors schnell und bequem sowohl gute als auch schlechte Oberflächen erstellen.

JANUS-System Einen Ansatz zur Vermeidung dieser beiden Nachteile stellt das ursprünglich an meinem Lehrstuhl entwickelte JANUS-System dar (/Balzert 93, 94/, /Balzert, Hofmann, Niemann 95/, /Balzert et al. 96/, /Hofmann 98/, /Kruschinski 99/). Das JANUS-System geht davon aus, dass die fachliche Anwendungsmodellierung durch ein OOA-Modell erfolgt. Ein vorliegendes OOA-Modell wird vom JANUS-System analysiert. Anhand von Transformationsregeln wird eine entsprechende Benutzungsoberfläche generiert. Neben den oben angegebenen Transformationsregeln werden noch eine ganze Anzahl weiterer Regeln verwendet. Diese Regeln berücksichtigen ergonomisches Wissen und sorgen dafür, dass die generierte Benutzungsoberfläche nicht gegen grundsätzliche ergonomische Prinzipien verstößt.

Beispiel Abb. 4.7-16 zeigt einen Ausschnitt aus der generierten Benutzungsoberfläche der Artikel- und Lieferantenverwaltung. Eingabe für das JANUS-System war das in Abb. 4.7-15 dargestellte Klassendiagramm.

Die generierte Artikel- und Lieferantenverwaltung befindet sich auf der CD-ROM.

Technisch wird das JANUS-Generatorsystem von der Firma otris software ag weiterentwickelt und vertrieben. Aktuelle Informationen zu JANUS sind hier zu finden: www.otris.de.

4.7.5 Automatisierte Generierung von Anwendungen: Das JANUS-System und die MDA

Das JANUS-System erlaubt es nicht nur, Benutzungsoberflächen zu generieren, sondern es können vollständige Anwendungen mit Standardoperationen und Datenhaltung aus einem OOA-Modell erzeugt werden. Den Weg vom Fachkonzept zur fertigen Anwendung verdeutlicht nochmals Abb. 4.7-17.

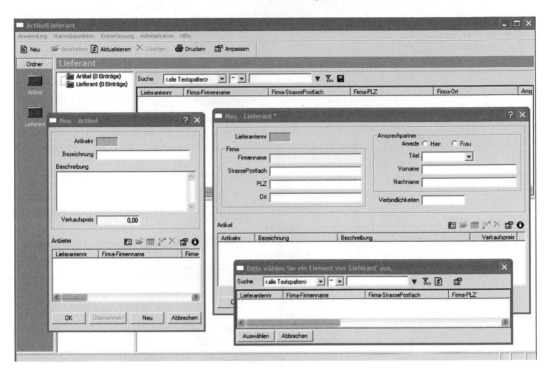

Um aus einem spezifizierten Fachkonzept in Form eines OOA-Modells eine lauffähige Anwendung zu erhalten, werden eine Reihe von »Hilfsdiensten« benötigt, die das Fachkonzept ergänzen und erst zu einer richtigen Anwendung machen. Außerdem muss die Anwendung mit ihren Hilfsdiensten auf der gewünschten Zielplattform unter Verwendung der dort zur Verfügung stehenden Systemsoftware implementiert werden.

Abb. 4.7-16: Ausschnitt aus der generierten Benutzungsoberfläche

Das JANUS-System generiert aus dem OOA-Klassenmodell eine lauffähige Anwendung mit Standardoperationen (Anlegen, Ändern, Löschen, Anzeigen, Suchen, Sortieren, Drucken, Importieren und Exportieren) und – je nach Voreinstellung – folgenden Eigenschaften:

- Vollständige Benutzungsoberfläche mit Dialog- und E/A-Schnittstelle sowie der Anbindung an das Fachkonzept.
- Kontextsensitives Hilfesystem, wobei die Informationen aus dem Klassendiagramm und den dort angegebenen Kurzbeschreibungen verwendet werden.
- *Client/Server*-Verteilung, wobei die Benutzungsoberflächen auf den *Clients* und die Anwendung, d.h. die Fachkonzeptschicht, auf einem *Server* liegt.
- Anbindung an eine relationale Datenbank.

Die generierte Anwendung entspricht einer Vier-Schichten-Architektur mit linearer Ordnung, d.h. jede Schicht darf nur auf die direkt untergeordnete Schicht zugreifen (Abb. 4.7-18).

Abschnitt 2.20.5

775

Abb. 4.7-17:
Vom Fachkonzept
zur lauffähigen
Anwendung

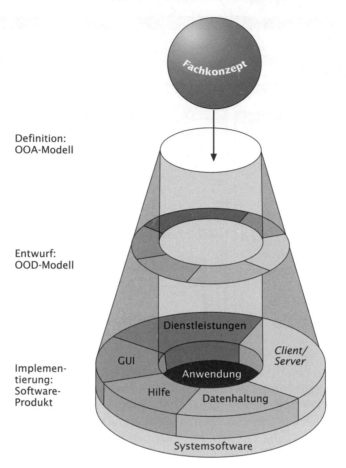

Definition:
OOA-Modell

Entwurf:
OOD-Modell

Implemen-
tierung:
Software-
Produkt

Software-Produkt = Implementierung des Fachkonzepts
+ Implementierung zusätzlicher Dienstleistungen
+ Anbindung vorhandener »Hilfssysteme«
+ Einbindung in die Systemumgebung

Die Standardfunktionalität einer Anwendung, wie Erfassen, Ändern, Löschen, kann generiert werden. Anwendungsspezifische Operationen können in die Benutzungsoberfläche integriert werden. Es ist aber *nicht* möglich, den entsprechenden Algorithmus zu generieren, beispielsweise einen Algorithmus zur Lagerbestandsverwaltung. JANUS markiert für solche anwendungsspezifischen Operationen im generierten C++-Quellcode Kommentarzeilen, zwischen die der Programmierer dann den Algorithmus einfügen muss.

Der MDA-Ansatz   Die neue UML 2.0 wurde gegenüber den früheren Versionen so erweitert, dass es möglich sein soll – ähnlich wie mit dem JANUS-Generatorsystem – aus UML-Modellen fertige Anwendungen zu erzeugen. Der Grundgedanke besteht dabei darin, die fachliche Funktionalität

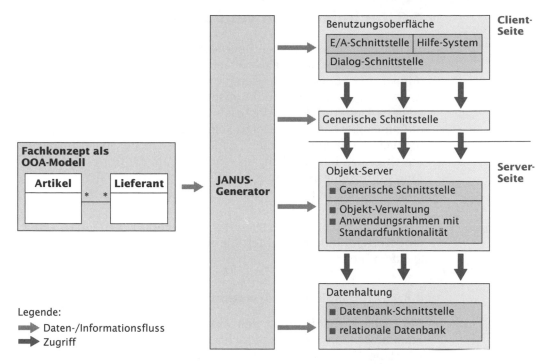

Abb. 4.7-18:
Generierte
JANUS-Vier-Schichten-
Architektur

und die plattformspezifischen Ausprägungen separat zu modellieren. Man spricht daher von einer **Model Driven Architecture (MDA)** (/OMG 01/, /Siegel 01/). Die MDA unterscheidet hierzu *Platform Independent Models* (PIMs) und *Platform Specific Models* (PSMs).

In PIMs werden die Geschäftslogik und die Struktur von Anwendungen modelliert. Plattformspezifische Details werden vermieden. Es können hierbei mehrere PIM-Ebenen unterschieden werden. Zunächst wird als Basis ein PIM erstellt, das nur die Geschäftslogik und die Struktur enthält. Aufbauend auf diesem technikunabhängigen PIM wird ein weiteres PIM erstellt, in dem technische Details modelliert werden, wobei jedoch Bezüge zu konkreten Plattformen vermieden werden. Hierzu wird das ursprüngliche PIM über die Erweiterungsmechanismen der UML um technische Semantik ergänzt. Als Basis für diesen Vorgang dienen so genannte **UML-Profile** *(UML profiles)*, die bestimmte Stereotypen für eine Technik vorgeben.

PSMs, d.h. plattformspezifische Modelle, enthalten eine Modellierung für eine konkrete Plattform. PSMs werden aus den PIMs abgeleitet und um technische Semantik ergänzt. Eine automatische Transformation der PIMs auf ein PSM einer bestimmten Plattform ist möglich. Aus einem PSM generieren Werkzeuge dann voll- oder halbautomatisch den erforderlichen Quellcode.

Ziel der MDA ist es also, konkrete Anwendungen möglichst vollständig mithilfe von MDA-Werkzeugen zu generieren. Die ersten Werkzeuge sind inzwischen im Markt verfügbar.

4.8 Technische Anwendungen

Technische Anwendungen überdecken – zumindestens von der Benutzungsoberfläche – ein breiteres Spektrum als kaufmännisch/administrative oder Büroanwendungen. Häufig dienen technische Anwendungen dazu, Produktionsprozesse zu überwachen und zu steuern. Der Produktionsprozess wird dazu in der Regel auf der Benutzungsoberfläche angezeigt. Sensoren sind oft die Eingabegeräte für technische Anwendungen. Es ist daher in der Regel nicht oder nur eingeschränkt möglich, aus einem OOA-Modell einer technischen Anwendung eine Benutzungsoberfläche methodisch abzuleiten oder zu generieren. Außerdem sind oft neue Interaktionselemente erforderlich, die erst erstellt werden müssen.

Als Fallbeispiel für eine technische Anwendung wird im Folgenden eine Wetterstation betrachtet, die ihre Daten sowohl lokal als auch aus dem Internet erhält.

4.8.1 Fallbeispiel: Wetterstation

Pflichtenheft Die Firma ProfiSoft erhält den Auftrag, eine Wetterstation zu programmieren, die folgendes Pflichtenheft erfüllt:

/1/ Eine Wetterstation soll Wetterdaten in einer grafisch ansprechenden Form darstellen, wobei die Benutzungsoberfläche an herkömmliche, analoge Anzeigegeräte erinnern soll.

/2/ Ein Wetterdatensatz besteht aus den Daten Ort, Monat, Tag, Maximal- und Minimal- sowie Durchschnittstemperatur, Luftfeuchte, Windgeschwindigkeit und Windrichtung.

/3/ Die Wetterdaten sollen in einer Datenbasis verwaltet werden.

/4/ Sowohl über das Internet erhaltene als auch lokal erfasste Wetterdaten sollen geeignet importiert werden können.

/5/ Alle Wetterdaten sollen tageweise angezeigt werden, wobei der Ort und der Monat einstellbar sind. Der Benutzer soll pro Monat tageweise die Daten »durchblättern« können.

/6/ Die Daten Minimal-, Maximal- und Durchschnittstemperatur sowie die Luftfeuchte sollen zusätzlich für einen Monat als Kurve dargestellt werden können.

/7/ Für die Orte sind zunächst die Städte Miami, Chicago, Phoenix, Los Angeles, San Francisco, Chicago und Atlanta vorgesehen.

OOA-Modell   Aus dem Pflichtenheft lässt sich einfach das entsprechende OOA-Modell ableiten (Abb. 4.8-1).

Benutzungs-oberfläche   Bevor mit dem OOD-Modell begonnen werden kann, muss die Benutzungsoberfläche konzipiert und vom Auftraggeber gebilligt werden. Um die Wünsche des Auftraggebers zu erfüllen, recherchiert die Firma ProfiSoft einige »nostalgische« Wetterstationen und unterbreitet dem Auftraggeber mehrere Vorschläge. Abb. 4.8-2 zeigt die vom Auftraggeber nach mehreren Iterationen genehmigte Benutzungsoberfläche.

Als grundlegende Architektur bietet sich auch für diese Anwendung die **Drei-Schichten-Architektur** an. Die Benutzungsoberfläche wird von einer Klasse WetterGUI gesteuert.

Um die einzelnen Wetterdatenobjekte der Klassse Wetter zu verwalten, wird eine Klasse WetterContainer benötigt, wobei das *Singeleton*-Muster angewandt wird. Zur Speicherung der Daten kann die Klasse ObjektDatei wiederverwendet werden, die ein Objekt liest und speichert. Das OOD-Modell zeigt Abb. 4.8-3, das im Folgenden näher erläutert wird.

Für die Wetterstation werden neuartige Anzeigekomponenten benötigt, die standardmäßig nicht zur Verfügung stehen. Diese neuen

Wetter
Ort: String
Monat: String
Tag: int
TempSchnitt: float
TempMin: float
TempMax: float
Luftfeuchte: float
Windgeschwindigkeit: float
Windrichtung: float

Abb. 4.8-1: OOA-Modell der Wetterstation

OOD-Modell

Abschnitt 2.20.6

Abb. 4.8-2: Benutzungs- oberfläche der Wetterstation

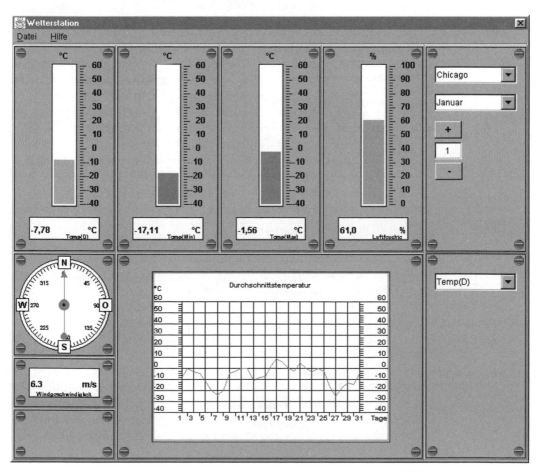

GUI-Schicht

Komponenten werden von der abstrakten Klasse `JComponent` abgeleitet. Damit alle neuen Komponenten ein einheitliches Aussehen haben, wird eine Unterklasse `Messkomponente` deklariert, die einen einheitlichen 3D-Rahmen sowie Schrauben zur Verfügung stellt. Dieses einheitliche Aussehen wird durch Redefinition der geerbten Operation `paintComponent()` erreicht. Dadurch kann das Aussehen des Elements selbst bestimmt werden. Es tritt kein Flackern auf, da die Doppelpufferverwaltung verwendet wird. Da einige Anzeigekomponenten mehrmals benötigt werden, ist es sinnvoll, sie von vornherein so zu parametrisieren, dass sie auch in anderen Kontexten (z.B. andere Farbdarstellung, andere Einheiten, andere Beschriftungen) ver-

Abschnitt 4.9.3

Abb. 4.8-3:
Das OOD-Modell
der Wetterstation

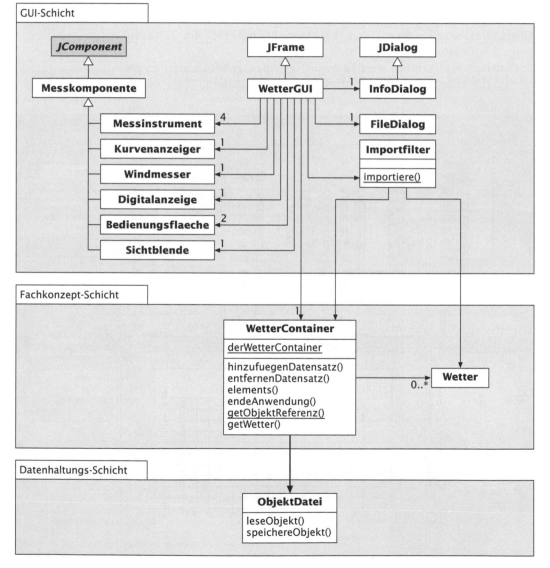

wendet werden können. Die Attribute und Operationen der einzelnen Anzeigekomponenten zeigt Abb. 4.8-4.

Neben den Anzeigekomponenten gibt es ein Datei- und ein Hilfemenü. Im Dateimenü befinden sich die Menüoptionen Importieren und Beenden. Das Hilfemenü enthält nur eine Menüoption Info. Die Menüoption Importieren öffnet einen Dateidialog, der es ermöglicht, eine Datei auszuwählen. In der ausgewählten Datei müssen die Daten stehen, die die Wetterstation anzeigen und speichern soll. In den

Abb. 4.8-4: Anzeigekomponenten der Wetterstation mit ihren Attributen und Operationen

Alle Komponenten überschreiben die paintComponent()-Operation. So kann das Aussehen des Oberflächenelementes selbst bestimmt werden. Es tritt kein Flackern auf, weil die Doppelpufferverwaltung verwendet wird.

JComponent

△

Messkomponente

paintComponent()

Basiskomponente für alle anderen. Sie stellt das *look & feel* bereit (Rahmen mit 3D-Effekt, Schrauben)

△

Digitalanzeige

Einheit
Beschriftung
Wert

paintComponent()

Zeigt Daten wie ein normales LED-Display an.

Einheit: Die beim Messen verwendete Einheit.
Beschriftung: Hier kann ein kurzer Hinweis, auf das was angezeigt werden soll, gegeben werden. (z.B. »Temperatur«)
Wert: Der anzuzeigende Wert

Kurvenanzeiger

EinheitX
EinheitY
HaeufigkeitX
HaeufigkeitY
Beschriftung
MaxX
MaxY
MinX
MinY
SkalierungX
SkalierungY
Werte

paintComponent()

Zeigt eine Kurve für den übergebenen Vektor (Klasse Vector) an. Der Vektor enthält Punkte (Klasse Point).
EinheitX/Y: Die Einheit der X/Y-Werte
HaeufigkeitX/Y: Hiermit kann festgelegt werden, in welchem Abstand die Striche der Skala mit Zahlen beschriftet werden sollen.
MinX/Y: Gibt den minimalen X/Y-Wert an, der noch dargestellt werden soll.
MaxX/Y: Gibt den maximalen X/Y-Wert an, der noch dargestellt werden soll.
SkalierungX/Y: In welchem Abstand sollen Striche auf der Skala eingezeichnet werden.

Messinstrument

Balkenfarbe
Einheit
Beschriftung
Haeufigkeit
MaxWert
MinWert
Skalierung
Wert

paintComponent()

Bedienungsflaeche

paintComponent()

Fläche, die das *look & feel* der anderen Komponenten besitzt.

Sichtblende

paintComponent()

Blindbeschlag

Windmesser

Windrichtung

paintComponent()

Zeigt die Windrichtung an. Diese kann zwischen 0° und 360° angegeben werden.

Zeigt einen Balken an, der die Größe des Messwertes visualisiert. Zusätzlich wird in eine Digitalanzeige der Wert ausgegeben.
Balkenfarbe: Die Farbe des Balkens
Einheit: Die Einheit der Messwerte
Beschriftung: Zusätzliche Angabe, was gemessen werden soll (z.B. Temperatur)
Haeufigkeit, Max- und MinWert, Skalierung: wie bei Kurvenanzeiger.
Wert: Der anzuzeigende Wert.

bisherigen Beispielen wurden Eingabedaten immer über Erfassungsfenster erfasst. Für die Fachkonzept-Schicht ist es egal, auf welche
Art und Weise die Daten erfasst werden. In dieser Anwendung sollen
die Daten über eine lokale Erfassung, z.B. über Sensoren, und/oder
über das Internet bezogen werden.

Importfilter   In der vorliegenden Version werden nur Daten über das Internet
bezogen. Dazu wurde im Internet recherchiert, inwieweit Wetterdaten in Tabellenform bezogen werden können. Es wurde eine Textdatei mit zeilenweisem Aufbau gefunden, bei der die Spalten durch
Tabulatoren getrennt sind. Folgender Ausschnitt zeigt den Aufbau:

```
Chicag jan  1   61   22   10   30   6.3    0
Chicag jan  2   92   32   25   36   6.6    0
Chicag jan  3   81   28   24   33   9     10
Chicag jan  4   85   26   19   31  11.6   37
Chicag jan  5   63   17    5   26  14    240
```

Um diese Daten an die Klasse Wetter weiterzugeben, wird eine Klasse Importfilter benötigt, die das Tabellenformat in das Format wandelt, das die Klasse Wetter benötigt. Dies ist ein übliches Vorgehen.
Liegen weitere Eingabedaten in einem anderen Format vor, dann ist
der Klasse Importfilter eine weitere Operation hinzuzufügen, die
die entsprechende Transformation vornimmt. An der Fachkonzept-
Schicht sind dabei keine Änderungen vorzunehmen.

Das Quellprogramm sowie das lauffähige Programm befinden sich
auf der beiliegenden CD-ROM. Die Kommentare in den Programmen
erläutern die Details der Implementierung.

Eingebettete Klasse →elementare Klasse.

Elementare Klasse *(support class)* Wird
ein Typ eines Attributs wieder durch
eine Klasse realisiert, dann spricht man
von einer elementaren Klasse.

Erfassungsfenster Bezieht sich auf
ein einzelnes Objekt einer Klasse. Jedes
Attribut der Klasse wird auf ein Interaktionselement des Fensters abgebildet.
Das Erfassungsfenster dient zum Erfassen und Ändern von Objekten und
zum Erstellen und Entfernen von Verbindungen zu anderen Objekten.

Listenfenster Zeigt alle Objekte der
Klasse an. Im Allgemeinen enthält es
von einem Objekt nur dessen wichtigste
Attribute.

MDA →*Model Driven Architecture*

Model Driven Architecture (MDA)
Ansatz bei dem das fachliche Modell
einer Anwendung im Mittelpunkt steht.
Ausgehend von plattformunabhängigen
Modellen *(Platform Independent Models,*
PIM*)* werden in mehreren Schritten platt-
formspezische Modelle *(Platform Specic
Models,* PSM*)* durch möglichst automati-
sierte Transformationen abgeleitet. Für
die Automatisierung werden spezielle
MDA-Werkzeuge eingesetzt. Aus den
PSMs wird schließlich, ebenfalls mithilfe
von Werkzeugen, Quellcode generiert.

kaufmännisch/
administrative
Anwendungen

Ein OOA-Modell für kaufmännisch/administrative Anwendungen
kann systematisch auf eine Dialogstruktur abgebildet werden. Vorher sollte das OOA-Modell noch um elementare bzw. eingebettete
Klassen ergänzt werden, die selbst definierte Typen wie AdresseT als
eigene Klasse realisieren.

Für jede Klasse des Analysemodells werden ein Erfassungsfenster und ein Listenfenster erstellt. Assoziationen zwischen den Klassen werden mittels eines Auswahlfensters realisiert. Die Dialogabläufe lassen sich durch ein Zustandsdiagramm darstellen. Die Anbindung der GUI-Schicht an die Fachkonzept-Schicht erfolgt nach festen Regeln. Insbesondere muss bei Realisierung des MDI-Konzepts sichergestellt sein, dass Aktualisierungen in allen offenen Fenstern automatisch vorgenommen werden. Dies kann durch das MVC-Muster bzw. das Beobachter-Muster sichergestellt werden.

Da es möglich ist, aus einem OOA-Modell systematisch eine Benutzungsoberfläche abzuleiten, kann dieser Vorgang auch automatisiert werden. Der JANUS-Generator ist ein Beispiel für ein solches generierendes CASE-Werkzeug. Neben der Benutzungsoberfläche ist es sogar möglich, vollständige Anwendungen einschließlich Fachkonzept-Schicht und Datenhaltung bzw. Datenhaltungs-Anbindung mit Verteilung über das Netz (Vier-Schichten-Architektur) zu generieren. Dabei werden die Standardoperationen mit generiert, die fachspezifischen Operationen müssen anschließend an markierten Stellen im generierten Code eingefügt werden. `JANUS-Generator`

Die *Model Driven Architecture* (MDA) spezifiziert mithilfe der UML zunächst das fachliche, plattformunabahängige Modell einer Anwendung. Über Transformationsschritte wird daraus ein plattformabhängiges Modell und dann daraus wiederum Code für eine Plattform generiert. `MDA`

Für technische Anwendungen ist es oft erforderlich, individuelle Benutzungsoberflächen zu entwickeln. Wichtig ist dabei, dass selbst entwickelte Oberflächenelemente einen hohen Allgemeinheitsgrad besitzen, damit sie in anderen Kontexten wiederverwendet werden können. Daten aus unterschiedlichen Quellen werden durch Importfilter geeignet transformiert. `technische Anwendungen`

/Balzert 93/   `Zitierte Literatur`
   Balzert H., *Der JANUS-Dialogexperte, Vom Fachkonzept zur Dialogstruktur*, in: Softwaretechnik-Trends (Proceedings der GI-Fachtagung Softwaretechnik '93 in Dortmund), 1993, S. 62–72
/Balzert 94/
   Balzert H., *Das JANUS-System: Automatisierte, wissensbasierte Generierung von Mensch-Computer-Schnittstellen, in: Forschung und Entwicklung*, Heidelberg, Springer-Verlag, 1994, S. 22–35
/Balzert, Hofmann, Niemann 95/
   Balzert H., Hofmann F., Niemann C., *Vom Programmieren zum Generieren – Auf dem Weg zur automatisierten Anwendungsentwicklung*, in: Proceedings der GI-Fachtagung Softwaretechnik '95 in Braunschweig, 1995, S. 126–136
/Balzert et al. 96/
   Balzert H., Hofmann F., Kruschinski V., Niemann C., *The JANUS Application Development Environment – Generating more than the User Interface*, in: J. Vanderdonckt (ed), Proceedings CADUI '96, Namur, 1996
/Heide Balzert 04/
   Balzert, Heide, *Objektmodellierung – Analyse und Entwurf*, Heidelberg: Spektrum Akademischer Verlag 2004

783

/Hofmann 98/
Hofmann F., *Grafische Benutzungsoberflächen – Generierung aus OOA-Modellen*, Heidelberg: Spektrum Akademischer Verlag 1998
/Kruschinski 99/
Kruschinski V., *Layoutgestaltung grafischer Benutzungsoberflächen – Generierung aus objektorientierten Analysemodellen*, Heidelberg: Spektrum Akademischer Verlag 1999
/OMG 01/
Model Driven Architecture (MDA), OMG Document, ormsc/2001-07-01, 2001
/Siegel 01/
Siegel J., *Developing in OMG's Model-Driven Architecture*, OMG White Paper, Revision 2.6, November 2001, www.omg.org

Analytische Aufgaben
Muss-Aufgabe
30 Minuten

1 *Lernziel: Die Regeln angeben und erläutern können, nach denen ein OOA-Modell für kaufmännisch/administrative Anwendungen systematisch in eine Benutzungsoberfläche transformiert werden kann.*

a Wie sollte sich die Benutzungsoberfläche ändern, wenn in dem Fallbeispiel Artikel-Lieferanten-Verwaltung es zu einem Artikel nur genau einen Lieferanten geben *kann?* Wie lauten die Transformationsregeln für diesen Fall?

b Wie sollte sich die Benutzungsoberfläche ändern, wenn es zu einem Artikel genau einen Lieferanten geben *muss*, d.h. wenn ein Artikel angelegt wird, muss auch ein Lieferant zugeordnet werden?

c Wie sollte sich die Benutzungsoberfläche ändern, wenn eine *uni*direktionale Assoziation zwischen Artikel und Lieferant besteht?

Klausur-Aufgabe
40 Minuten

2 *Lernziel: Die Regeln angeben und erläutern können, nach denen ein OOA-Modell für kaufmännisch/administrative Anwendungen systematisch in eine Benutzungsoberfläche transformiert werden kann.*

Gegeben sei folgendes OOA-Modell eines Programms zur Verwaltung von Pflanzen und ihres zugehörigen Düngers:

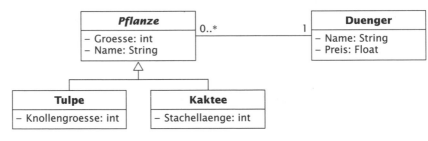

Abb. 4.8-5:
Benutzungs-oberfläche zur Verwaltung von Pflanzen und Dünger

Aus dem OOA-Modell wurde eine Benutzungsoberfläche abgeleitet (Abb. 4.8-5).

Was ist an dieser Benutzungsoberfläche im Hinblick auf die in Abschnitt 4.7.1 dargestellten Transformationsregeln auszusetzen?

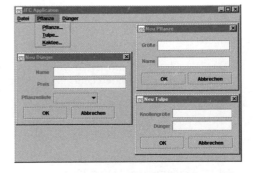

3 *Lernziele: Von OOA-Modellen für kaufmännisch/administrative Anwendungen systematisch Benutzungsoberflächen ableiten können. Benutzungsoberflächen unter Berücksichtigung des Beobachter- und des Singleton-Musters an die Fachkonzeptklassen anbinden können.*

    a Entwickeln Sie ein Adressverwaltungsprogramm, das in der Lage ist, Privatpersonen und Firmen getrennt zu verwalten. Dabei soll es möglich sein, Privatpersonen Firmen zuzuordnen (Mitarbeiter) und umgekehrt (Arbeitgeber).

    b Erstellen Sie ein OOA-Modell des Adressverwaltungsprogramms.

Konstruktive
Aufgaben
Muss-Aufgabe
90 Minuten

4 *Lernziel: Von OOA-Modellen für kaufmännisch/administrative Anwendungen systematisch Benutzungsoberflächen ableiten können.*

Erweitern Sie die Artikel-Lieferantenverwaltung um folgende Funktionalität:

/1/ Eine Liste der Artikel und Lieferanten kann als Textdatei ex- und importiert werden.

/2/ Die Textdatei ist in Zeilen und Spalten organisiert, wobei die Spalten durch Tabulatoren getrennt sind.

/3/ Jede Zeile enthält die Attributwerte eines Objekts.

/4/ Jede Spalte enthält alle Werte eines Attributs.

/5/ Die erste Zeile enthält anstatt der Attributwerte die Attributnamen der entsprechenden Klasse.

Kann-Aufgabe
90 Minuten

5 *Lernziel: Eine Grafikkomponente selbst entwickeln und einsetzen können.*

Betrachten Sie das Beispiel Wetterstation. Es sollen folgende Erweiterungen vorgenommen werden:

/1/ Der Balken der Klasse Messinstrument kann wahlweise horizontal oder vertikal dargestellt werden.

/2/ Die Farbe der Beschriftung kann für jede Anzeigekomponente einzeln gesetzt werden.

Kann-Aufgabe
90 Minuten

6 *Lernziel: Eine Grafikkomponente selbst entwickeln und einsetzen können.*

Entwickeln Sie ein Armaturenbrett im *look & feel* der Wetterstation, welches folgendes Pflichtenheft erfüllt:

/1/ Ein Tachometer zeigt Geschwindigkeit und Kilometerstand an.

/2/ Kontrollampen für Öl, Kühlwassertemperatur und Fernlicht zeigen eventuelle Störungen an.

/3/ Das Armaturenbrett wird in einem Rahmenprogramm mit entsprechenden Datensätzen getestet.

Kann-Aufgabe
90 Minuten

7 *Lernziel: Von OOA-Modellen für kaufmännisch/administrative Anwendungen systematisch Benutzungsoberflächen ableiten können.*

Verwenden Sie die Ergebnisse aus Aufgabe 2, um eine den Transformationsregeln entsprechende Benutzungsoberfläche zu entwickeln.

Klausur-Aufgabe
90 Minuten

4 Anwendungen – Grafik/Multimedia

- Theorie und Praxis der affinen Transformationen erklären kön-   verstehen
  nen.
- Theorie und Praxis von *threads* erläutern können.
- Affine Transformationen – angewandt auf geometrische Formen,   anwenden
  Texte und Bilder – im Graphics2D-Kontext von Java programmie-
  ren können.
- In Java *threads* programmieren können.
- Die behandelten Fallbeispiele nach Vorgaben modifizieren kön-
  nen.

- Zum Verständnis dieser Kapitel sind Java-Programmierkenntnisse
  erforderlich, wie sie im Hauptkapitel 2 vermittelt werden.
- Für das Kapitel 4.9 müssen die Vektor- und Matrixalgebra bekannt
  sein.

4.9 Grafik-Anwendungen

Grafik-Anwendungen spielen eine immer größere Rolle – sowohl als eigenständige Anwendungen als auch als Teil von anderen Anwendungen.

In den bisherigen Beipielen wurden für grafische Darstellungen immer das Java-Koordinatensystem und Pixel als Einheit für die Darstellung verwendet. Um systematisch Grafik-Anwendungen entwickeln zu können, muss man unabhängig von einem spezifischen Koordinatensystem arbeiten. In der Regel verwendet man das Weltkoordinatensystem und transformiert es vor dem Zeichnen in das Gerätekoordinatensystem des entsprechenden Ausgabegerätes (Abb. 4.9-1).

Abb. 4.9-1: Transformation des Weltkoordinatensytems in ein Gerätekoordinatensystem

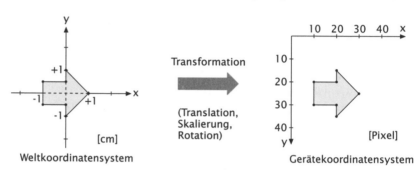

Grundlegend für Grafik-Anwendungen sind die affinen Transformationen Translation, Skalierung und Rotation. Sie werden zunächst theoretisch und anschließend praktisch in Java behandelt.

Aufbauend auf diesem Wissen wird dann eine Roboteranimation programmiert.

4.9.1 Zuerst die Theorie: Geometrische Formen und ihre affinen Transformationen

Literaturhinweis: /Foley et al. 90, S. 201 ff./

Für viele Grafik-Anwendungen sind affine Transformationen auf geometrischen Formen grundlegend. Im Folgenden werden zunächst Transformationen im zweidimensionalen Raum und anschließend im dreidimensionalen Raum behandelt.

2D-Transformationen

Ein Punkt P (x, y) in der Ebene erhält durch eine **Translation** eine neue Position P'(x', y'), indem zu den Koordinaten des Punktes ein Translationsbetrag T (t_x, t_y) addiert wird:

Translation

$$x' = x + t_x, \quad y' = y + t_y \qquad \qquad \textbf{1}$$

Die Verwendung von Spaltenvektoren

$$P = \begin{bmatrix} x \\ y \end{bmatrix}, \ P' = \begin{bmatrix} x' \\ y' \end{bmatrix}, \ T = \begin{bmatrix} t_x \\ t_y \end{bmatrix} \qquad \qquad \textbf{2}$$

ergibt die kompakte Gleichung P' = P + T   **3**

Abb. 4.9-2 zeigt die Translation der Umrisse eines Pfeils, wenn T (2, –3) ist (blaue Darstellung).

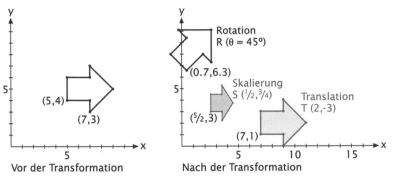

Abb. 4.9-2: Tranformationen eines Pfeils

Vor der Transformation   Nach der Transformation

Durch Anwendung einer **Skalierung** mit den Skalierungsfakto-   Skalierung
ren s_x und s_y kann die Position von Punkten verändert werden: Die Länge ihrer Projektionen auf die x- bzw. y-Achse wird gestreckt bzw. gestaucht. Wendet man dementsprechend auf je zwei Punkte die Skalierungsfaktoren an, so verändert sich ihr Abstand: Ihr x- bzw. y-Abstand wird verlängert bzw. verkürzt. Die neuen Punkte erhält man durch Multiplikation:

$$x' = s_x \cdot x, \quad y' = s_y \cdot y \qquad \textbf{4}$$

Daraus ergibt sich folgende Matrix-Form:

$$\begin{bmatrix} x' \\ y' \end{bmatrix} = \begin{bmatrix} s_x & 0 \\ 0 & s_y \end{bmatrix} \cdot \begin{bmatrix} x \\ y \end{bmatrix} \quad \text{oder } P' = S \cdot P, \qquad \textbf{5}$$
wobei S die Matrix in Gleichung 5 ist.

Abb. 4.9-2 zeigt eine Skalierung des Pfeils. Die Skalierung bezieht sich auf den Ursprung. Der Pfeil ist kleiner *und* näher am Ursprung. Ist der Skalierungsfaktor größer als 1, dann wird der Pfeil größer und entfernt sich vom Ursprung. Die Proportionen des Pfeils ändern sich ebenfalls, da $s_x \neq s_y$. Mithilfe von Skalierungen können Zoom-Effekte realisiert werden.

Punkte können mit einem Winkel θ um den Ursprung **rotieren**.   Rotation
Eine Rotation ist mathematisch wie folgt definiert:

$$x' = x \cdot \cos\theta - y \cdot \sin\theta, \quad y' = x \cdot \sin\theta + y \cdot \cos\theta \qquad \textbf{6}$$

In Matrixdarstellung ergibt sich:

$$\begin{bmatrix} x' \\ y' \end{bmatrix} = \begin{bmatrix} \cos\theta & -\sin\theta \\ \sin\theta & \cos\theta \end{bmatrix} \cdot \begin{bmatrix} x \\ y \end{bmatrix} \quad \text{oder } P' = R \cdot P, \qquad \textbf{7}$$

wobei R die Rotations-Matrix in Gleichung **7** ist.

789

Abb. 4.9-2 zeigt die Rotation des Pfeils um 45°. Wie bei der Skalierung bezieht sich die Rotation auf den Ursprung.

Positive Winkel werden im Gegenuhrzeigersinn von x nach y gemessen. Für negative Winkel können die Identitäten $\cos(-\theta) = \cos\theta$
und $\sin(-\theta) = -\sin\theta$ benutzt werden, um die Gleichungen **6** und **7** zu
modifizieren.

Die Matrizen-Darstellungen für Translation, Skalierung und Ro-
tation lauten: $P' = T + P$, $P' = S \cdot P$ und $P' = R \cdot P$. Unglücklicherweise
besitzt die Translation keine Multiplikation wie die Skalierung und
Rotation. Um alle Transformationen einheitlich zu behandeln und
homogene   Kombinationen zu erleichtern, werden Punkte durch so genannte ho-
Koordinaten   mogene Koordinaten dargestellt. Bei homogenen Koordinaten erhält
jeder Punkt eine dritte Koordinate, d.h., jeder Punkt wird durch ein
Tripel (x, y, W) repräsentiert. Zwei Mengen homogener Koordinaten
(x, y, W) und (x', y', W') repräsentieren denselben Punkt, wenn einer
ein Vielfaches des anderen ist, z.B. (2, 3, 8) und (4, 6, 16). Jeder Punkt
besitzt unendlich viele verschiedene homogene Koordinatenreprä-
sentationen. Wenn die W-Koordinate ungleich null ist, dann kann
durch sie dividiert werden: (x, y, W) repräsentiert denselben Punkt
wie (x/W, y/W, 1). x/W und y/W sind die kartesischen Koordinaten
der homogenen Punkte.

Koordinatentripel werden normalerweise für den dreidimensionalen Raum verwendet. Werden alle Tripel, die denselben Punkt im
2D(x,y)-Koordinatensystem repräsentieren, d.h. alle Tripel der Form
(t_x, t_y, t_w) mit $t \neq 0$, im Koordinatensystem (x,y,W) dargestellt, dann erhält man eine Linie im dreidimensionalem Raum. Durch die Division
durch W erhält man einen Punkt der Form (x, y, 1). Betrachtet man

Abb. 4.9-3:
Der homogene
Koordinatenraum
XYW

die Menge aller homogenen Koordinaten (x,y,W) mit W = 1, so ergibt
sich eine Fläche im (x,y,W)-Raum (Abb. 4.9-3).

Da die Punkte jetzt durch dreielementige Vektoren dargestellt werden, ergeben sich 3 x 3-Transformationsmatrizen.

Die Translations-Gleichung **1** wird zu

$$
\begin{bmatrix} x' \\ y' \\ 1 \end{bmatrix} = \begin{bmatrix} 1 & 0 & t_x \\ 0 & 1 & t_y \\ 0 & 0 & 1 \end{bmatrix} \cdot \begin{bmatrix} x \\ y \\ 1 \end{bmatrix} \quad \text{bzw. } P' = T(t_x, t_y) \cdot P. \qquad \textbf{8}
$$

Wird auf den Punkt P die Translation $T(d_{x1}, d_{y1})$ nach P' ausgeführt und
anschließend die Translation $T(d_{x2}, d_{y2})$ nach P'', dann ergibt sich – wie
intuitiv vermutet – die Netto-Translation $T(d_{x1} + d_{x2}, d_{y1} + d_{y2})$.

Komposition   Das Nacheinanderausführen von Transformationen bezeichnet
Konkatenation   man als **Komposition** oder **Konkatenation.**

Die Skalierungsgleichung **4** kann für homogene Koordinaten ebenfalls in Matrixform dargestellt werden:

$$\begin{bmatrix} x' \\ y' \\ 1 \end{bmatrix} = \begin{bmatrix} s_x & 0 & 0 \\ 0 & s_y & 0 \\ 0 & 0 & 1 \end{bmatrix} \cdot \begin{bmatrix} x \\ y \\ 1 \end{bmatrix} \quad \text{bzw. } P' = S(s_x, s_y) \cdot P. \qquad \textbf{9}$$

Sukzessive Skalierungen sind multiplikativ. Sind

$$P' = S(s_{x1}, s_{y1}) \cdot P \quad \text{und} \qquad\qquad \textbf{10}$$

$$P'' = S(s_{x2}, s_{y2}) \cdot P' \quad \text{gegeben, dann ergibt} \qquad \textbf{11}$$

sich durch Substitution von **10** in **11**:

$$P'' = S(s_{x2}, s_{y2}) \cdot S(s_{x1}, s_{y1}) \cdot P \qquad\qquad \textbf{12}$$

Das Matrix-Produkt $S(s_{x2}, s_{y2}) \cdot S(s_{x1}, s_{y1})$ ist

$$\begin{bmatrix} s_{x2} & 0 & 0 \\ 0 & s_{y2} & 0 \\ 0 & 0 & 1 \end{bmatrix} \cdot \begin{bmatrix} s_{x1} & 0 & 0 \\ 0 & s_{y1} & 0 \\ 0 & 0 & 1 \end{bmatrix} = \begin{bmatrix} s_{x2} \cdot s_{x1} & 0 & 0 \\ 0 & s_{y2} \cdot s_{y1} & 0 \\ 0 & 0 & 1 \end{bmatrix} \qquad \textbf{13}$$

Die Rotations-Gleichung **6** wird folgendermaßen repräsentiert:

$$\begin{bmatrix} x' \\ y' \\ 1 \end{bmatrix} = \begin{bmatrix} \cos\theta & -\sin\theta & 0 \\ \sin\theta & \cos\theta & 0 \\ 0 & 0 & 1 \end{bmatrix} \cdot \begin{bmatrix} x \\ y \\ 1 \end{bmatrix} \quad \text{bzw. } P' = R(\theta) \cdot P. \qquad \textbf{14}$$

Zwei aufeinander folgende Rotationen sind additiv.

Das Produkt einer willkürlichen Sequenz von Rotations-, Translations- und Skalierungs-Matrizen hat die Eigenschaft, dass die Parallelität von Linien erhalten bleibt, aber nicht die Längen und Winkel. Solche Transformationen heißen **affine Transformationen.**

Eine weitere grundlegende Transformation, die Scherungs-Transformation *(shear transformation)*, ist ebenfalls affin. Eine Scherung kann entlang der x- oder der y-Achse erfolgen. Abb. 4.9-4 zeigt die Effekte einer Scherung.

Die Scherungs-Operation wird repräsentiert durch eine Matrix der Form

$$SH = \begin{bmatrix} 1 & sh_x & 0 \\ sh_y & 1 & 0 \\ 0 & 0 & 1 \end{bmatrix} \quad \text{wobei } sh_x \text{ und } sh_y \text{ die Proportionalitäts-} \qquad \textbf{15}$$
konstanten sind.

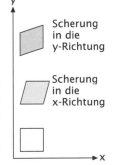

Abb. 4.9-4: Scherung angewandt auf ein Einheits-Quadrat

(Scherung in die y-Richtung / Scherung in die x-Richtung)

Komposition von 2D-Transformationen

Der Sinn, mehrere Transformationen zu einer Transformation zusammenzusetzen, liegt darin, durch Anwendung einer zusammengesetzten Transformation auf einen Punkt effizienter zu sein als durch Hintereinanderausführung einer Serie von Transformationen.

Soll eine Rotation um einen willkürlich gewählten Punkt P_1 erfolgen, dann sind drei Schritte erforderlich (Abb. 4.9-5):

Beispiel

1 Translation, sodass P_1 sich im Ursprung befindet.
2 Rotation (nur im Ursprung möglich).
3 Translation, sodass der Punkt zu P_1 zurückkehrt.

Abb. 4.9-5:
Rotation eines
Pfeils um den
Punkt P₁ mit dem
Winkel θ

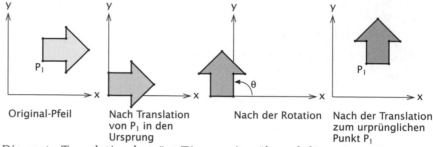

Original-Pfeil   Nach Translation   Nach der Rotation   Nach der Translation
von P_1 in den   zum urprünglichen
Ursprung   Punkt P_1

Die erste Translation beträgt $T(-x_1, -y_1)$, während die spätere Translation invers ist: $T(x_1, y_1)$. Die Netto-Transformation ist:

$$T(x_1,y_1) \cdot R(\theta) \cdot T(-x_1,-y_1) \begin{bmatrix} 1 & 0 & x_1 \\ 0 & 1 & y_1 \\ 0 & 0 & 1 \end{bmatrix} \cdot \begin{bmatrix} \cos\theta & -\sin\theta & 0 \\ \sin\theta & \cos\theta & 0 \\ 0 & 0 & 1 \end{bmatrix} \cdot \begin{bmatrix} 1 & 0 & -x_1 \\ 0 & 1 & -y_1 \\ 0 & 0 & 1 \end{bmatrix}$$

$$= \begin{bmatrix} \cos\theta & -\sin\theta & x_1(1-\cos\theta) + y_1\sin\theta \\ \sin\theta & \cos\theta & x_1(1-\cos\theta) - y_1\sin\theta \\ 0 & 0 & 1 \end{bmatrix} \quad \mathbf{16}$$

Kommutativität

Im Allgemeinen ist die Matrizenmultiplikation *nicht* kommutativ. In folgenden Sonderfällen gilt jedoch die Kommutativität, wenn $\mathbf{M_1}$ und $\mathbf{M_2}$ zwei Matrizen sind:

$\mathbf{M_1}$	$\mathbf{M_2}$
Translation	Translation
Skalierung	Skalierung
Rotation	Rotation
Skalierung mit $s_x = s_y$	Rotation

3D-Transformationen

2D-Transformationen können durch 3 x 3-Matrizen repräsentiert werden, wenn homogene Koordinaten benutzt werden. Analog können 3D-Transformationen durch 4 x 4-Matrizen dargestellt werden.

Wie in der Mathematik üblich, wird hier ein Rechtssystem verwendet (siehe Marginalspalte). Ein Rechts-System merkt man sich mithilfe der Rechte-Hand-Regel: Daumen = x, Zeigefinger = y, Mittelfinger = z. Positive Rotationen in einem Rechtssystem sind so definiert, dass – wenn man von einer positiven Achse zum Ursprung schaut – eine 90°-Rotation im Gegenuhrzeigersinn eine positive Achse in eine andere transformiert:

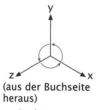

(aus der Buchseite heraus)
Rechtssystem

Achse der Rotation	Richtung der positiven Rotation
x	y nach z
y	z nach x
z	x nach y

Die Translations- und Skalierungsmatrizen im dreidimensionalen Raum lauten:

$$T(t_x, t_y, t_z) = \begin{bmatrix} 1 & 0 & 0 & t_x \\ 0 & 1 & 0 & t_y \\ 0 & 0 & 1 & t_z \\ 0 & 0 & 0 & 1 \end{bmatrix} \quad S(s_x, s_y, s_z) = \begin{bmatrix} s_x & 0 & 0 & 0 \\ 0 & s_y & 0 & 0 \\ 0 & 0 & s_z & 0 \\ 0 & 0 & 0 & 1 \end{bmatrix} \qquad \textbf{17} \qquad \textbf{18}$$

Die z-, x- und y-Rotationsmatrizen lauten:

$$R_z(\theta) = \begin{bmatrix} \cos\theta & -\sin\theta & 0 & 0 \\ \sin\theta & \cos\theta & 0 & 0 \\ 0 & 0 & 1 & 0 \\ 0 & 0 & 0 & 1 \end{bmatrix} \quad R_x(\theta) = \begin{bmatrix} 1 & 0 & 0 & 0 \\ 0 & \cos\theta & -\sin\theta & 0 \\ 0 & \sin\theta & \cos\theta & 0 \\ 0 & 0 & 0 & 1 \end{bmatrix} \quad R_y(\theta) = \begin{bmatrix} \cos\theta & 0 & \sin\theta & 0 \\ 0 & 1 & 0 & 0 \\ -\sin\theta & 0 & \cos\theta & 0 \\ 0 & 0 & 0 & 1 \end{bmatrix}$$

19

4.9.2 Dann die Praxis: Affine Transformationen in Java

In Java 2 gibt es ein 2D-API, das verbesserte Grafik- und Bildverarbeitungen gegenüber dem Standard-AWT ermöglicht.

Die Klasse `AffineTransform` im Paket `java.awt.geom` stellt affine Transformationen nicht nur für geometrische Formen, sondern auch für Bilder und Texte zur Verfügung. `AffineTransform`

Jede Klasse, die eine geometrische Form *(shape)* zur Verfügung stellt, muss die Schnittstelle `Shape` implementieren. `Shape` fordert von einer Implementierung folgende Eigenschaften: `Shape`

- Es muss feststellbar sein, ob ein Punkt oder ein Rechteck innerhalb oder außerhalb der geometrischen Form liegt.
- Eine geometrische Form muss sich selbst durch einen `PathIterator` beschreiben.
- Eine geometrische Form muss ihre Grenzen angeben können.

Folgende Klassen implementieren die Schnittstelle `Shape`:
`Polygon`, `RectangularShape`, `Rectangle`, `Line2D`, `CubicCurve2D`, `Area`, `GeneralPath`, `QuadCurve2D`.

In einem Beispiel wird zunächst eine geometrische Form erzeugt. Die flexibelste Möglichkeit bietet die Klasse `GeneralPath`, die die Schnittstelle `Shape` implementiert. Diese Klasse erlaubt es, nahezu jede Form zu erstellen, die sich durch Linien und kubische oder quadratische Bézier-Kurven beschreiben lässt. Klasse `GeneralPath`

Der folgende Programmausschnitt zeigt die Erzeugung einer Pfeil-Form. Es werden nacheinander die Linien gezeichnet, aus denen sich der Pfeil zusammensetzt. Startpunkt ist die obere linke Ecke des Pfeils (siehe Marginalspalte). Die Linien werden im Uhrzeigersinn erzeugt. Es liegt das Java-Koordinatensystem zugrunde (siehe Abb. 2.4-2). Beispiel 1a

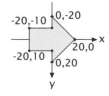

```
GeneralPath einPfeil = new GeneralPath();
...
```

```
//Anfangspunkt setzen: Links oben (-20,-10)
einPfeil.moveTo(-20f,-10f);
//Linie vom Anfangspunkt nach (0,-10)
einPfeil.lineTo(0f, -10f);
einPfeil.lineTo(0f, -20f);   //Linie von (0,-10) nach (0,-20)
einPfeil.lineTo(20f, 0f);    //Linie von (0,-20) nach (20,0)
einPfeil.lineTo(0f, 20f);    //usw.
einPfeil.lineTo(0f, 10f);
einPfeil.lineTo(-20f, 10f);
einPfeil.lineTo(-20f, -10f);
```

Graphics2D   Die Klasse Graphics2D aus dem Paket java.awt ist eine Unterklasse von Graphics und bietet neue Möglichkeiten, den Grafikkontext festzulegen. Um auf die neuen Möglichkeiten zuzugreifen, muss ein *»casting«* auf die Klasse Graphics2D erfolgen.

Beispiel 1b
```
public void paint (Graphics g)
{
    Graphics2D g2 = (Graphics2D)g; ...
}
```

Im Graphics2D-Kontext können für das Zeichnen verschiedene Festlegungen getroffen werden. Durch folgende wichtige Operationen kann das Zeichnen beeinflusst werden:

- public abstract void setRenderingHint(RenderingHints.Key hintKey, Object hintValue)

Durch diese Operation wird die Zeichenqualität bestimmt. Um einen geglätteten Verlauf zu erhalten, muss *antialiasing* eingeschaltet werden durch

```
g2.setRenderingHint(RenderingHints.KEY_ANTIALIASING,
    RenderingHints.VALUE_ANTIALIAS_ON);
```

Antialiasing ist ein Verfahren, eine gezackte oder gestufte Kurve zu glätten. Die Klasse RenderingHints definiert viele Parameter, um den Zeichenprozess zu steuern.

- public abstract void setStroke(Stroke s)

Legt fest, wie die Striche *(stroke)* aussehen sollen, mit denen die geometrische Form gezeichnet werden soll. Die Schnittstelle Stroke definiert die Schreibfeder oder den Pinsel, um die geometrische Form zu zeichnen: Linienbreite, geschlossen oder gestrichelt usw. Die Klasse BasicStroke stellt eine Implementierung von Stroke zur Verfügung.

- public abstract void fill(Shape s)

Füllt die geometrische Form unter Verwendung der aktuellen Einstellungen von Paint. Die Schnittstelle Paint wird von den Klassen Color, GradientPaint, TexturePaint implementiert.

- public abstract void setPaint(Paint paint)

Erlaubt es, das Paint-Attribut im Graphics2D-Kontext zu setzen. Ein linearer Verlauf zwischen den Punkten (-20,0) und (20,0) von blau (RGB-Wert: 76,181,232) nach rot (RGB-Wert: 197, 0,103) kann durch Anwendung der Klasse GradientPaint erreicht werden:

```
Paint einFarbverlauf =
    new GradientPaint(-20,0,new Color(76,181,232),20,0,
    new Color(197,0,103)); ...
g2.setPaint(einFarbverlauf);
```

In Java2D werden das Benutzerkoordinatensystem *(user space)* und
Gerätekoordinatensysteme *(device spaces)* unterschieden. Beide Koordinatensysteme haben ihren Nullpunkt links oben. Die y-Achse
verläuft von oben nach unten.

Das Zeichnen erfolgt immer durch ein Objekt der Klasse `Graphics2D`
im jeweiligen Gerätekoordinatensystem. Der Benutzer arbeitet immer
im Benutzerkoordinatensystem. Damit das `Graphics2D`-Objekt die zu
zeichnenden Objekte an der richtigen Stelle auf dem Bildschirm oder
einem anderen Gerät zeichnen kann, muss es wissen, wie die Benut-
zerkoordinaten in Gerätekoordinaten zu transformieren sind. Diese
Transformation wird durch ein Objekt der Klasse `AffineTransform`
unterstützt, die mit dem `Graphics2D`-Objekt assoziiert ist. Wird keine
Transformation vorgenommen, dann wird das Benutzerkoordinatensystem unverändert auf das Gerätekoordina-tensystem abgebildet.
Für den Pfeil aus Beispiel 1a würde dies bedeuten, dass nur der rechte
untere Teil angezeigt würde.

Die Klasse `AffineTransform` stellt die affinen Transformationen
Translation, Skalierung, Kippen, Rotieren und Scheren zur Verfügung.

Insgesamt gibt es sechs Konstruktoren. Zwei wichtige lauten:

■ `public AffineTransform()`
  Konstruiert eine neue Transformation, die die Identitätstransfor-
  mation repräsentiert.

■ `public AffineTransform(float m00, float m10, float m01, float m11, float m02, float m12)`
  wobei die Parameter folgenden Matrix-Werten entsprechen:

$$\begin{bmatrix} m_{00} & m_{01} & m_{02} \\ m_{10} & m_{11} & m_{12} \\ 0 & 0 & 1 \end{bmatrix}$$

d.h., hiermit kann man seine eigene Transformation erzeugen.
Die wichtigsten Operationen lauten:

■ `public void translate(double tx, double ty)`
  Konkateniert diese Transformation mit einer Translation. Dies ist
  äquivalent zu dem Aufruf `concatenate(T)`, wobei T ein affine Transformation ist, repräsentiert durch die Matrix **8** (siehe vorherigen
  Abschnitt).

■ `public void rotate(double theta)`
  Konkateniert diese Transformation mit einer Rotation. Dies ist
  äquivalent zu dem Aufruf `concatenate(R)`, wobei R ein affine Transformation ist, repräsentiert durch die Matrix **14**. `theta` ist im Bogenmaß anzugeben. Zur Umrechnung vom Gradmaß ins Bogenmaß

Koordinatensysteme

AffineTransform

Konstruktoren

Operationen

kann die Operation toRadians(double deg) der Klasse java.lang.
math verwendet werden. Eine Rotation mit einem positiven Winkel
theta rotiert einen Punkt auf der positiven x-Achse in Richtung
positive y-Achse.

■ public void rotate(double theta, double x, double y)
Konkateniert diese Transformation mit einer Rotation um einen
Anker-Punkt.
Diese Operation ist äquivalent zur Translation des Anker-Punkts
in den Ursprung (Anweisung 1), dann Rotation um den Ursprung
(Anweisung 2) und anschließende Translation in den ursprüngli-
chen Anker-Punkt (Anweisung 3).
Die einzelnen Anweisungen werden dabei in folgender Sequenz
ausgeführt:

```
translate(x, y);    //Anweisung 3: endgültige Translation
rotate(theta);      //Anweisung 2: Rotation um den Ursprung
translate(-x, -y);  //Anweisung 1: Translation des Anker-
                    //Punkts in den Ursprung
```

■ public void scale(double sx, double sy)
Konkateniert diese Transformation mit einer Skalierung. Dies
ist äquivalent zu dem Aufruf concatenate(S), wobei S eine affine
Transformation ist, repräsentiert durch die Matrix **9**.

■ public void shear(double shx, double shy)
Konkateniert diese Transformation mit einer Scherung. Dies ist
äquivalent zu dem Aufruf concatenate(SH), wobei SH eine affine
Transformation ist, repräsentiert durch die Matrix **15**.

■ public void concatenate(AffineTransform Tx)
Konkateniert eine affine Transformation Tx zu dieser affinen
Transformation Cx. Es wird ein neues Benutzerkoordinatensystem
bereitgestellt, das durch Tx auf das bisherige abgebildet wird. Cx
wird aktualisiert, um die kombinierte Transformation durchzuführen. Die Transformation eines Punkts p durch die aktualisierte
Transformation Cx' ist äquivalent zur Transformation von p durch
Tx und der anschließenden Transformation des Ergebnisses durch
die ursprüngliche Transformation Cx: Cx'(p) = Cx(Tx(p)). In Ma-
trix-Notation sieht dies folgendermaßen aus, wenn Cx durch die
Matrix [this] und Tx durch die Matrix [Tx] dargestellt werden:
[this] = [this] x [Tx]

■ public Shape createTransformedShape(Shape pSrc)
Liefert das neue Shape-Objekt, das nach der Transformation entstanden ist.

■ public void setToIdentity()
Rückgängigmachen aller Transformationen, indem die Matrixwer-
te auf die Identitätsmatrix zurückgesetzt werden.

Vorgehensweise Der normale Ablauf, um eine geometrische Form, einen Text oder ein
Bild anzuzeigen, sieht folgendermaßen aus:

1 Gewünschtes Zeichenobjekt erzeugen (geometrische Form, Text oder Bild):
`GeneralPath einPfeil = new GeneralPath();`... (siehe Beispiel 1a)

2 Aufbau der gewünschten eigenen Transformation im Benutzerkoordinatensystem:
`AffineTransform verschieben = new AffineTransform();`
`verschieben.translate(40,60);`

3 Gewünschte Transformation auf das Zeichenobjekt anwenden und neuem Objekt zuweisen:
`Shape verschobenerPfeil =`
`    verschieben.createTransformedShape(einPfeil);`

4 Graphics2D-Kontext wie gewünscht einstellen:
`...; g2.setStroke(gestrichelteLinie);...`

5 Zeichnen lassen:
`g2.draw(verschobenerPfeil);` oder `g2.fill(verschobenerPfeil);`
oder `g2.drawImage(...);` oder `g2.drawString(...);`

Alle Koordinaten, die an ein `Graphics2D`-Objekt übergeben werden, sind im Benutzerkoordinatensystem spezifiziert. Das `Graphics2D`-Objekt enthält ein `AffineTransform`-Objekt, das festlegt, wie die Koordinaten vom Benutzerraum in den Geräteraum konvertiert werden. `Graphics2D`

- `public abstract AffineTransform getTransform()`
  Diese Operation liefert die aktuelle Transformation im `Graphics2D`-Kontext.

- `public abstract void setTransform(AffineTransform Tx)`
  Diese Operation setzt die affine Transformation `Tx` im `Graphics 2D`-Kontext. Sie wird für den Zeichenprozess verwendet.

- `public abstract void transform(AffineTransform Tx)`
  Konkateniert das `AffineTransform`-Object `Tx` mit der Transformation in diesem `Graphics2D`-Kontext nach dem LIFO-Prinzip *(last in – first out)*. Ist die aktuelle Transformation `Cx`, dann ist das Ergebnis mit `Tx` eine neue Transformation `Cx'`. `Cx'` wird die aktuelle Transformation in diesem `Graphics2D`-Kontext. Die Transformation eines Punktes p wird folgendermaßen ausgeführt: `Cx'(p) = Cx(Tx(p))`. Mit dieser Operation wird also die Tranformation des Benutzerkoordinatensystems auf das Gerätekoordinatensystem festgelegt. Diese Transformation wird dann auf alle Objekte angewandt, die im `Graphics2D`-Kontext gezeichnet werden.

Die folgenden Anweisungen bewirken, dass das Gerätekoordinatensystem um 45 Grad gegenüber dem Benutzerkoordinatensystem gedreht wird: Beispiel 1c

```
AffineTransform rotiereAlles = new AffineTransform();
rotiereAlles.rotate(Math.toRadians(45));
g2.transform(rotiereAlles);
//Aufruf der Zeichenoperationen g2.draw() usw.
```

Zusätzlich stellt Graphics2D noch die Operationen translate(), rotate(), scale() und shear() zur Verfügung.

Clipping
= Abschneiden

Die Schnittstelle Shape unterstützt das *Clipping*. Ein *Clipping*-Bereich ist der Bereich, auf den Zeichenoperationen wirken. Alles, was außerhalb diese Bereichs liegt, ist nicht betroffen. Durch die Operationen Graphics.setClip und Graphics2D.clip ist es möglich, jedes Objekt von Shape als *Clipping*-Bereich zu verwenden.

Beispiel 1d

In folgendem Programmausschnitt wird zunächst ein *Clipping*-Bereich gesetzt und dann ein Bild (Image) gezeichnet:

```
//Folgende Operation liefert ein neues Shape-Objekt
//definiert durch die Geometrie des Parameter-Objekts
Shape einClippingBereich =
    eineTransformation.createTransformedShape(einPfeil);
//Folgende Operation liefert den Durchschnitt des aktuellen
//Clipping-Bereichs mit dem Shape-Objekt auf der Parameterliste
g2.clip(einClippingBereich);
g2.drawImage(eineTextur, einClippingBereich.getBounds().x,
    einClippingBereich.getBounds().y, this);
```

Das Textur-Bild ist ein Rechteck der Größe 200 x 20. Das Zeichnen beginnt bei den Pfeilgrenzen in der linken oberen Ecke. Nur das Innere der geometrischen Form wird mit der Textur gefüllt.

Trefferermittlung

Die Schnittstelle Shape unterstützt die Trefferermittlung, d.h. die Ermittlung, ob beispielsweise sich die Maus auf der geometrischen Form befindet.

Beispiel 1e

Der folgende Programmausschnitt zeigt, wie mithilfe eines Mausabhörers geprüft wird, ob sich die Maus innerhalb des rotierten Pfeils befindet. Es werden dabei die Zeichenattribute berücksichtigt. Die Transformation, die auf das Grafik-Objekt angewandt wird, wird für die Trefferermittlung benutzt. Analog wird das Stroke-Attribut berücksichtigt. Wird beispielsweise ein dicker Zeichenstift benutzt, dann wird die Maus auch auf dieser Linie identifiziert.

```
//Feststellen, ob die Maus auf dem rotierten Pfeil steht
addMouseListener(new MouseAdapter()
{
  Rectangle TrefferRechteck = new Rectangle(0, 0, 5, 5);
  public void mouseClicked(MouseEvent einMausEreignis)
  {
    TrefferRechteck.x = einMausEreignis.getX();
    TrefferRechteck.y = einMausEreignis.getY();
    Graphics2D g2 = (Graphics2D)getGraphics();

    AffineTransform eineTransformation = new AffineTransform();
    Rectangle PfeilBegrenzungen = einPfeil.getBounds();
    Point Startpunkt = new Point(20, 20);
```

```
//Die folgende Operation setzt die Translation zur
//aktuellen hinzu
eineTransformation.setToTranslation(Startpunkt.x -
    PfeilBegrenzungen.x + 2 * PfeilBegrenzungen.width
    + 2 * Rand, Startpunkt.y - PfeilBegrenzungen.y);
eineTransformation.rotate(-Math.PI/4.);
g2.setTransform(eineTransformation);
//Die folgende Operation hit prüft, ob einPfeil mit
//TrefferRechteck einen Durchschnitt bildet
//Bei false wird geprüft, ob das Innere von einPfeil einen
//Durchschnitt mit TrefferRechteck bildet
if(g2.hit(TrefferRechteck, einPfeil, false))
{
    System.out.println("Maus befindet sich im Pfeil");
    //g2.fill(einPfeil);
}
  }
});
```

Die verschiedenen geometrischen Formen, Texte und Bilder zeigt   Beispiel 1f
Abb. 4.9-6. Das vollständige Programm befindet sich auf der beigefügten CD-ROM.

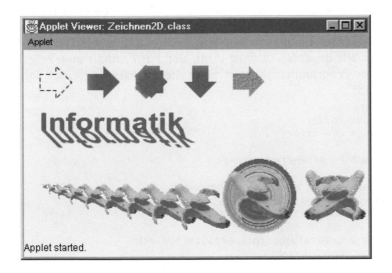

Abb. 4.9-6:
Ausgabe von
Formen mit dem
2D API

4.9.3 Doppelpufferung

Werden bei einer Animation in schneller Folge Bilder angezeigt, dann
kann es zu einem Flackern auf dem Bildschirm kommen.

Der Grund für das Flackern ist, dass standardmäßig vor jedem   AWT-Komponenten
Aufruf der Operation paint() das Bild gelöscht, d.h. mit der Hintergrundfarbe ausgemalt wird. Um das Flackern zu verhindern, verwendet man das Konzept der Doppelpufferung. Das Löschen und
Neuzeichnen einer Komponente wird nicht direkt im sichtbaren

799

Grafik-Kontext vorgenommen, sondern zunächst im Grafik-Kontext eines *nicht* angezeigten Bildes, dem »zweiten Puffer«. Nach Fertigstellung der Zeichnung werden die Bits in den sichtbaren Grafik-Kontext kopiert. Das Kopieren geht schneller als die Ausführung der Zeichenoperationen im sichtbaren Bereich (Abb. 4.9-7).

Abb. 4.9-7:
Konzept der
Doppelpufferung

Hintergrund-Puffer

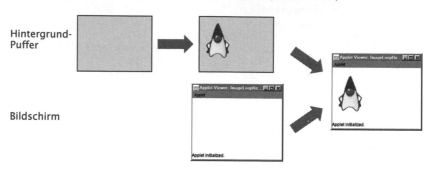

Bildschirm

Für die Aktualisierung einer Komponente ist die update()-Operation der Klasse Component verantwortlich. Sie wird redefiniert und um einen Puffer ergänzt. Es muss ein Bildpuffer in den Maßen der Komponente erzeugt und das zugehörige Graphics-Objekt ermittelt werden. Alle Veränderungen – einschließlich der Löschung des Hintergrunds – werden dann an dem Graphics-Objekt dieses Puffers vorgenommen. Mit drawImage() wird dann der Pufferinhalt angezeigt. Der folgende Programmausschnitt zeigt die Realisierung eines solchen Puffers:

```
//Hintergrund-Puffer
private Image einPuffer;
...
private Graphics einPufferKontext;
...
//Operation update() geerbt von Component
//In update() wird das Zeichnen des Objekts vorbereitet
public void update(Graphics g)
{
   einPuffer = createImage(this.getSize().width,
      this.getSize().height);
   einPufferKontext = einPuffer.getGraphics();
   //Die paint()-Operation zeichnet die Komponente in
   //einPuffer
   paint(einPufferKontext);

   //einPuffer anzeigen
   g.drawImage(einPuffer,0,0,this);
}
...
```

Swing-Komponente
JComponent

Die Swing-Klasse JComponent unterstützt eine automatische Doppelpufferung. Mit der Operation public void setDoubleBuffered (boolean aFlag) kann die Doppelpufferung ein- und ausgeschaltet werden. Wenn die Eltern einer Komponente einen Doppelpuffer besitzen, dann benutzt das Kind ebenfalls diesen Puffer, anstatt einen neuen zu erzeugen. Das bedeutet, wenn eine Komponente in dem Objektgraphen eine Doppelpufferung verwendet, dann benutzen alle Kinder diesen Puffer.

Verwendet man das 2D API, dann muss die Doppelpufferung nach dem folgenden Schema durchgeführt werden. In dieser Version wird immer in den aktuellen Fensterausschnitt gezeichnet und nicht nur in den Fensterausschnitt, der beim Initialisieren des Fensters angegeben wurde, weil im allgemeinen Fall die Größe einer Komponente sich zur Laufzeit ändern kann.

2D API

```
public void update(Graphics g)
{
  BufferedImage einPuffer;
  Graphics2D einPufferKontext;
  Graphics2D g2D = (Graphics2D) g;
  //Hintergrund-Puffer initialisieren und speichern
  //Als Type-Parameter in Buffered Image existieren
  //14 unterschiedliche Typen
  //Die drei meistverwendeten sind:
  //TYPE_BYTE_BINARY für Schwarzweiß
  //TYPE_BYTE_GRAY  für Graustufenbilder
  //TYPE_BYTE_ARGB für Farbbilder im RGB-Format mit
  //Alpha-Channel
  einPuffer = new BufferedImage(getSize().
    width,getSize().height, BufferedImage.TYPE_BYTE_ARGB);
  einPufferKontext = einPuffer.createGraphics();
  //Die paint()-Operation zeichnet die Komponente in
  //einPuffer
  paint(einPufferKontext);
  //einPuffer anzeigen
  //Durch Angabe einer geeigneten affinen Transformation statt
  //der übergebenen leeren Transformation kann vor dem Zeichnen
  //noch eine Transformation des Bildes stattfinden
  //(z.B. Rotieren oder Skalieren)
  g2D.drawImage(einPuffer,new AffineTransform(),this);
}
```

4.9.4 Fallbeispiel: Roboteranimation

Die Firma ProfiSoft erhält den Auftrag, einen Roboter zu visualisieren und zu animieren. Folgendes Pflichtenheft soll erfüllt werden:

/1/ Die Steuerung des Industrieroboters »Unimation RX 90« soll in einem Anwendungsprogramm visualisiert und animiert werden.

/2/ Der reale Roboter besteht aus sechs Drehgelenken (Abb. 4.9-8). Seine Bewegungen über diese Gelenke werden in 3D-Weltkoordinaten verwaltet.

Pflichtenheft

http://www.
staubli.com/web/
web_de/robot/
division.nsf

801

Hinweis: Auf der beigefügten CD-ROM befindet sich ein Videofilm, der den realen Roboter RX90 zeigt.

/3/ Zur Bestimmung der aktuellen Roboterstellung wird die kinematische Kette über Denavit-Hartenberg-Transformationen (DH-Transformationen) berechnet.

/4/ Auf der Benutzungsoberfäche kann sich der Benutzer eine Drauf-, Seiten- und Frontalansicht des Roboters anzeigen lassen (2D-Ansichten).

/5/ Die einzelnen Ansichtsfenster sind vom Benutzer frei verschiebbar und in der Größe veränderbar.

/6/ Über Schieberegler kann der Benutzer die aktuellen Gelenkstellungen über ihren jeweiligen realen Einstellbereich variieren.

Abb. 4.9-8: Grafische Darstellung des Industrieroboters »Unimation RX 90« mit Abmessungen und Lage der Koordinatensysteme

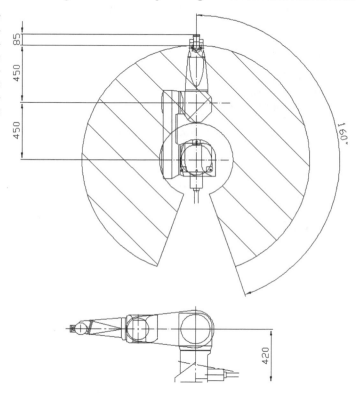

Hinweis: Eine ausführliche Einführung in die Beschreibung und Berechnung von Robotern enthält der Anhang A von /Dillmann, Huck 91/.

kinematische Kette

Da die Firma ProfiSoft noch keine Erfahrungen mit Roboteranimationen besitzt, informiert sie sich in der Literatur (/Dillmann, Huck 91/, /Siegert 98/) darüber. Die notwendigen Informationen zur Bestimmung der aktuellen Roboterstellung fasst sie in einem »Memo« zusammen:

Allgemein lässt sich ein Roboter als eine Folge von starren Armen, die über Gelenke miteinander verbunden sind, beschreiben. Die wechselseitige Abfolge von Gelenken und Armen, ausgehend vom Ursprung des Raumkoordinatensystems, bildet eine so genannte **kinematische Kette**. Aus der Geometrie der einzelnen Arme (unveränderliche Größe) und den aktuellen Werten der Gelenkstellungen (veränderliche Größe), kann dann die momentane Position und Stellung jedes Armes in der kinematischen Kette berechnet werden. Für praktische Anwendungen in der Industrie kann so insbesondere die Position und Lage des so genannten **Endeffektors** eines Roboters, z.B. Greifer oder Schweißzangen, ermittelt werden.

Man bezeichnet die Fragestellung, welche Position und Lage der Endeffektor einer kinematischen Kette, ausgehend von den aktuellen Gelenkstellungen, hat, als **normales kinematisches Problem** (oder auch **Vorwärtsrechnung**). Ist es von Interesse, zu einer gegebenen Position und Lage des Endeffektors die benötigten Gelenkstellungen zu berechnen, um z.B. die Schweißzange eines Industrieroboters an vorgegebene Schweißpunkte zu verfahren, spricht man vom **inversen kinematischen Problem** (oder auch **Rückwärtsrechnung**). Das inverse kinematische Problem besitzt im Allgemeinen mehrere Lösungen (unterschiedliche Gelenkkonfigurationen führen zu einer identischen Lage und Position des Endeffektors). Das normale kinematische Problem ist hingegen eindeutig.

Um eine kinematische Kette berechnen zu können, ordnet man jedem Arm des Roboters ein *eigenes* Koordinatensystem zu. Durch die Gelenkbewegungen des Gelenks zwischen zwei Armen werden die zugeordneten zwei Koordinatensysteme gegeneinander verschoben (bei Schubgelenken) oder verdreht (bei Drehgelenken). Bei der Festlegung der Koordinatensysteme gelten die **Denavit-Hartenberg-Grundregeln:**

Koordinatensysteme

1 Das Koordinatensystem S_0 ist das ortsfeste Bezugskoordinatensystem (BKS) in der Basis des Roboters.

2 Die z_i-Achse wird entlang der Bewegungsachse des $(i+1)$-ten Gelenks gelegt.

3 Die x_i-Achse ist normal zur z_{i-1}-Achse und zur z_i-Achse.

4 Die y_i-Achse wird so festgelegt, dass x-, y- und z-Achse ein Rechtssystem bilden.

Die Matrizenrepräsentation starrer mechanischer Körper wurde von Denavit und Hartenberg 1955 eingeführt.

Die Beachtung dieser Grundregeln ergibt besonders einfache Transformationsmatrizen.

Abb. 4.9-9 zeigt das Koordinatensystem S_0 beim Roboter RX 90. Wie die Abb. 4.9-9 zeigt, ist S_0 dem Arm 0 (Rumpf) zugeordnet. Der Arm 0 ist blau dargestellt. Die Achse von Gelenk 1 läuft senkrecht zur Aufstellfläche des Roboters und stimmt mit der Rumpfmittellinie überein. Die z_0-Achse liegt in der Achse von Gelenk 1. Der Nullpunkt liegt im Schnittpunkt der Achse von Gelenk 1 und der Achse von Gelenk 2.

Die Abb. 4.9-10 zeigt allgemein – ohne explizite Darstellung der y-Achsen – die Festlegung von Koordinatensystemen und die Beziehungen zwischen Gelenken und Armen.

Abb. 4.9-9: Koordinatensystem S_0 beim Roboter RX 90 /Siegert 98/

*Abb. 4.9-10:
Koordinaten-
systeme und die
Denavit-Harten-
berg-Parameter
/Siegert 98/*

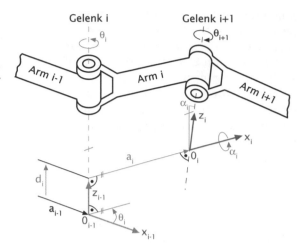

Legende: Der Arm i
ist die Verbindung
zwischen dem i-ten
und dem (i+1)-ten
Gelenk.
Das Koordinaten-
system S_i ist dem
i-ten Arm fest zuge-
ordnet.

Um zu beschreiben, wie das Koordinatensystem S_{i-1} in das Koordinatensystem S_i überführt wird, reichen vier Größen aus: d_i, θ_i, α_i
und a_i :

■ d_i: Entfernung (entlang z_{i-1}-Achse) von O_{i-1} bis Schnittpunkt von
z_{i-1}-Achse mit x_i-Achse, d.h. Abstand der Normalen der zwei Arme
am Gelenk i gemessen entlang Gelenkachse i.

■ θ_i: Gelenkwinkel um die z_{i-1}-Achse von der x_{i-1}-Achse zur Projektion
der x_i-Achse in die (x_{i-1}, y_{i-1})-Ebene.

■ α_i: Winkel von der z_{i-1}-Achse zur z_i-Achse um die x_i-Achse, d.h.
Neigungswinkel der beiden Gelenke am Arm i.

■ a_i: kürzeste Entfernung zwischen der z_{i-1}-Achse und der z_i-Achse,
d.h. Entfernung des Schnittpunktes der z_{i-1}-Achse mit der x_i-Achse
von O_i, gemessen entlang der x_i-Achse (»Länge« des Armes i).

Ein Roboter besitzt normalerweise Dreh- und/oder Schubgelenke. Bei
einem Drehgelenk ist der Winkel θ_i der *variable* Parameter, bei einem
Schubgelenk die Vorschubdistanz d_i. Die restlichen Parameter werden durch die statische Geometrie der betroffenen Arme bestimmt.

Denavit-Harten-
berg-Parameter

Das Koordinatensystem S_{i-1} lässt sich durch eine Folge von vier
Elementaroperationen in das Koordinatensystem S_i überführen:

1 Translation entlang der z_{i-1}-Achse um den Wert d_i.
2 Drehung um die z_{i-1}-Achse um den Winkel θ_i.
3 Translation entlang der neuen x-Achse um den Wert a_i.
4 Drehung um die neue x-Achse um den Winkel α_i.

Multipliziert man die entstehenden Translations- und Rotationsma-
trizen miteinander, dann erhält man für ein Gelenk seine Denavit-
Hartenberg-Transformations-Matrix **M**:

$$M = \begin{bmatrix} \cos(\theta_i) & -\cos(\alpha_i)*\sin(\theta_i) & \sin(\alpha_i)*\sin(\theta_i) & a_i*\sin(\theta_i) \\ \sin(\theta_i) & \cos(\alpha_i)*\cos(\theta_i) & -\sin(\alpha_i)*\cos(\theta_i) & a_i*\cos(\theta_i) \\ 0 & \sin(\alpha_i) & \cos(\alpha_i) & d_i \\ 0 & 0 & 0 & 1 \end{bmatrix}$$

Für die Anwendung der Denavit-Hartenberg-Matrix werden entsprechende Parameter für die einzelnen Gelenke des Roboters RX 90 benötigt. Auf Anfrage stellt die Herstellerfirma der Firma ProfiSoft die folgenden Parameter zur Verfügung:

DH-Parameter für RX 90

Gelenk i	α_i [°]	a_i [mm]	d_i [mm]	θ_i-Bereich [°]
1	−90	0	0	−160..+160
2	0	450	0	−227,5..+47,5
3	90	0	0	−52,5..+232,5
4	−90	0	450	−270..+270
5	90	0	0	−105..+120
6	0	0	85	−270..+270

Der Abstand des Ursprungs S_0 vom Boden beträgt 420 mm.

Ein Vektor V_i in Koordinaten des i-ten Koordinatensystems wird im Koordinatensystem i–1 als Vektor V_{i-1} dargestellt gemäß der Beziehung: $V_{i-1} = M \cdot V_i$.

Ordnet man jetzt Arm 1 des Roboters ein Koordinatensystem zu, erhält man den Ursprung dieses Koordinatensystems (entspricht Endpunkt von Arm 1) in Koordinaten des Ursprungkoordinatensystems (mit Ursprung im Start von Arm 1) durch die Multiplikation der zugehörigen Matrix **M** mit dem Ursprungsvektor in affinen Koordinaten $(0,0,0,1)^T$. Ergebnis ist die 4. Spalte der Matrix **M**. Analog ergibt sich die Endposition des zweiten Armes aus der 4. Spalte der Matrix $M_1 \cdot M_2$.

Um die kinematische Kette mit all ihren Zwischenpunkten (die Ursprünge der Gelenkkoordinatensysteme) nacheinander zu berechnen, muss man folgende Schritte im Programm ausführen:

1 Die aktuellen Werte der Gelenkbelegung (beim Roboter RX 90 die Werte der θ_i) ermitteln.
2 Daraus unter Verwendung der Winkelfunktionen die aktuelle DH-Matrix für jedes Gelenk bestimmen.
3 Nacheinander die Matrizen von 1 bis 6 miteinander multiplizieren und jeweils die 4. Spalte der Produkte berechnen: Dies ergibt die Endpunkte der Arme.
4 Den Polygonzug aus Ursprung und den 6 Armendpunkten als kinematische Kette zeichnen.

OOA-Modell   Auf der Grundlage dieser Informationen entwickelt die Firma ProfiSoft zunächst ein OOA-Modell (Abb. 4.9-11).

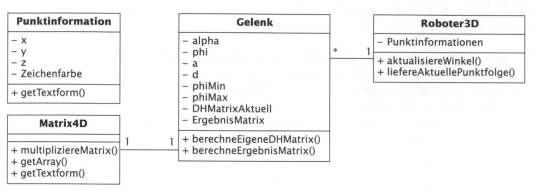

Abb. 4.9-11:   Der Roboter stellt, mechanisch betrachtet, eine kinematische Ket-
OOA-Modell der   te dar. Von einem Startpunkt ausgehend, sind die einzelnen starren
Roboteranimation   Roboterarme durch die Robotergelenke verbunden. Im vorliegenden
Fall des RX90 existieren nur Drehgelenke. Zur Berechnung der aktuellen Roboterstellung finden die Denavit-Hartenberg-Transformationen Anwendung. Sie beschreiben, wie ein einzelnes Gelenk zwei
Arme gegeneinander verschiebt und rotiert. Da die Informationen
über die Arme in den DH-Matrizen der Gelenke zu finden sind, wurde
auf eine explizite Modellierung der Arme als Klasse verzichtet. Die
Farbe, in der ein Arm zwischen Gelenk i und i + 1 gezeichnet wird,
ist in Gelenk i + 1 gespeichert.

Klasse Roboter3D   Die Klasse Roboter3D erzeugt und verwaltet die sechs Gelenke des
Roboters. Sie gibt die Anfragen über die aktuellen Gelenkwerte und
deren Minima und Maxima an die einzelnen Gelenke weiter. Die zentrale Operation ist liefereAktuellePunktfolge(). Der Roboter fordert
alle seine Gelenke auf, ihre aktuellen DH-Matrizen zu berechnen und
ermittelt durch sukzessive Multiplikation der Ergebnisse die aktuelle Punktfolge der kinematischen Kette. Also vom Startpunkt (0,0,0)
ausgehend zum Endpunkt des ersten, zweiten usw. Gelenks. Das Ergebnis wird als Vector der Länge 7 (Startpunkt + 6 Gelenkendpunkte)
von Punktinformationen an den Aufrufer zurückgemeldet.

Klasse Gelenk   Die Klasse Gelenk besitzt als Attribute die vier Parameter für die
DH-Matrix (alpha, phi, a und d). Für den einzig variierbaren Parameter, den Gelenkwinkel phi, wird noch der minimale und maximale
Einstellwert übergeben. Auf Anfrage berechnet ein Gelenk aus den
aktuellen vier DH-Parametern seine eigene DH-Matrix (Operation
berechneEigeneDHMatrix()) und führt die Operation berechneErgebnis
Matrix(Matrix4D lhs) aus. Hierbei wird als Ergebnis ein Matrix4D-
Objekt zurückgeliefert, das aus der Multiplikation des Arguments
lhs (left hand side) mit der eigenen DH-Matrix entsteht: retval =
lhs*DH.

806

Die Klasse `Matrix4D` realisiert als mathematische Hilfsklasse eine 4*4 Matrix aus double-Zahlen. Mithilfe der Operation `getArray()` erhält man das zugrunde liegende `double-Array` zurück. Einen mehrzeiligen Ergebnisstring liefert `getTextform()`, sodass der Zustand der Matrix leicht in einem Textfeld erkannt werden kann. Wichtigste Operation ist `multipliziereMatrix(Matrix4D rhs)`. Hierbei wird als Ergebnis (im Gegensatz zu der Gelenk-Operation) ein `Matrix4D`-Objekt zurückgeliefert, das aus der Multiplikation der eigenen, internen Matrix des Objekts mit dem Argument `rhs` (*right hand side)* entsteht: `retval = eigeneMatrix * rhs`.

Klasse Matrix4D

Die Klasse `Punktinformation` ist eine Hilfsklasse, die alle nötigen Informationen für einen (Gelenk-End-)Punkt in der kinematischen Kette beinhaltet: seine 3 Koordinaten in Weltkoordinaten sowie die Farbe, in welcher der Arm, der zu diesem Endpunkt hinführt, gezeichnet werden soll.

Klasse Punktinformation

Nach Erstellung des OOA-Modells wird überlegt, wie die Benutzungsoberfläche aussehen soll. Nach mehreren Skizzen entscheidet man sich zusammen mit dem Auftraggeber für die Oberfläche der Abb. 4.9-12.

Benutzungsoberfläche

Nach Festlegung der Oberfläche wird das OOD-Modell entworfen (Abb. 4.9-13).

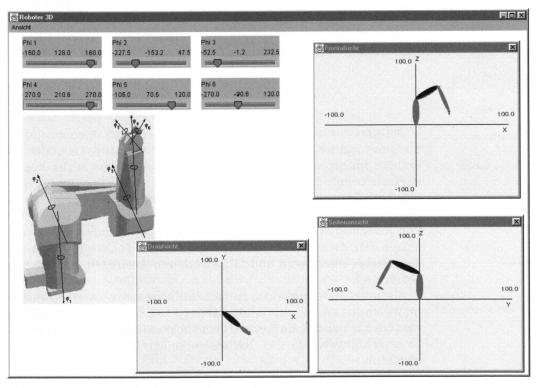

Abb. 4.9-12: Benutzungsoberfläche der Roboteranimation

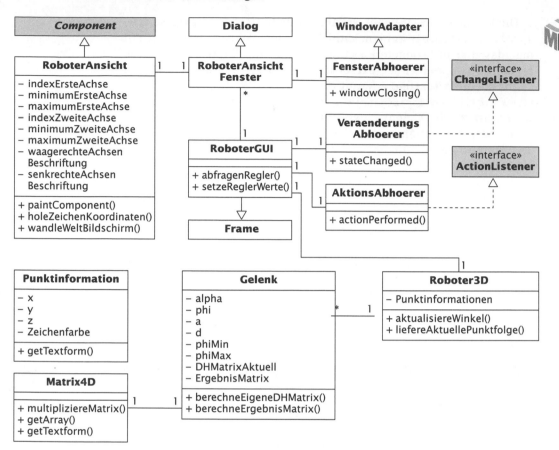

Abb. 4.9-13:
OOD-Modell der
Roboteranimation

Klasse RoboterGUI

Klasse
RoboterAnsicht
Fenster

Die Klasse RoboterGUI enthält ein Menü, das als Menüoptionen die gewünschten Ansichten (Draufsicht, Seitensicht, Frontalsicht) enthält. Im eigenen Anwendungsfenster werden die sechs Regler dargestellt, mit denen die Gelenkwinkel vom Benutzer variiert werden können. Außerdem wird eine 3D-Zeichnung des Roboters mit zugeordneten Winkeln angezeigt. Ein VeraenderungsAbhoerer wird von jeder Regleränderung informiert. Dann wird abfragenRegler() aufgerufen, die neuen Modellparameter an das Fachkonzept-Objekt meinRoboter übertragen und alle sichtbaren Ansichten werden neu gezeichnet.

Als Unterklasse von Dialog enthält die Klasse RoboterAnsichtFenster im Wesentlichen nur ein Objekt vom Typ RoboterAnsicht, das mit einem *Layout*-Manager im *Border-Layout* über add(»Center«,dieAnsicht) so eingefügt wird, dass es den gesamten Bereich des Unterfensters einnimmt.

Die Klasse `RoboterAnsicht` stellt eine über Parameter konfigurierbare Sicht auf das übergebene `Roboter3D`-Objekt dar. Man kann mit den ersten zwei Parametern des Konstruktors wählen, welche realen Achsen die waagerechte und die senkrechte Zeichenachse darstellen sollen (1 = Welt-X-Achse, 2 = Welt-Y-Achse, 3 = Welt-Z-Achse). Pro Achse lässt sich überdies das darzustellende Intervall in Weltkoordinaten angeben. Die `paint()`-Operation zeichnet dann innerhalb seiner jeweiligen Komponentengröße ein beschriftetes Koordinatenkreuz und die aktuelle Sicht auf den Roboter.

Klasse
RoboterAnsicht

 Das vollständige, ausführlich dokumentierte Quellprogramm befindet sich auf der beigefügten CD-ROM.

4.10 Multimedia-Anwendungen

Multimedia-Anwendungen bilden heute einen eigenen Bereich der Software-Technik. Neben eigenständigen Multimedia-Anwendungen, wie Computerspielen, werden in andere Anwendungen multimediale Elemente integriert, z.B. in Internet-Anwendungen.

Da besonders in Multimedia-Anwendungen viele Aktivitäten nebeneinander ablaufen müssen, z.B. Animation einer Grafik und gesprochene Erklärungen zur Animation, ist das Konzept der nebenläufigen Programmierung *(concurrent programming)* sehr wichtig. Eine kurze theoretische und praktische Einführung wird in den nächsten zwei Abschnitten gegeben.

4.10.1 Zuerst die Theorie: Nebenläufigkeit durch *threads*

In fast allen bisherigen Beispielen startete eine Anwendung mit Ausführung der `main`-Operation und ein Applet mit Ausführung der `init`-Operation. Ausgehend von diesen Operationen wurden dann andere Operationen aufgerufen, d.h. Dienstleistungen der eigenen Klasse oder fremder Klassen in Anspruch genommen.

Charakteristisch für den Aufruf anderer Operationen war es, dass die aufrufende Operation an der Aufrufstelle wartete, bis die aufgerufene Operation abgearbeitet war und die Kontrolle an die rufende Operation zurückgab, sodass die Abarbeitung hinter der Aufrufstelle der aufrufenden Operation fortgesetzt werden konnte.

Erwartet die aufrufende Operation Ergebnisse von der gerufenen Operation, dann ist es sicher sinnvoll, dass die aufrufende Operation auf das Ergebnis wartet. Es gibt jedoch auch Situationen, in denen die aufrufende Operation keine Ergebnisse erwartet und eigentlich nebenläufig zur aufgerufenen Operation weiterarbeiten könnte.

Man spricht von nebenläufig ablaufenden Aktivitäten, nicht von parallel ablaufenden Aktivitäten, da für parallele Aktivitäten mehr als ein Prozessor zur Verfügung stehen müsste.

thread

Laufen in einem Programm mehrere Aktivitäten nebenläufig ab, dann bezeichnet man diese Aktivitäten als ***threads***. Die Bedeutung des Wortes *thread* (Faden) deutet den »roten Faden« an, der sich ergibt, wenn der Prozessor seinen Weg durch das Programm nimmt. Abb. 4.10-1 veranschaulicht den Unterschied zwischen einem sequenziell ablaufenden Programm und einem Programm mit *threads*. Vereinfacht kann man sich vorstellen, dass jeder *thread* durch einen eigenen virtuellen Prozessor ausgeführt wird.

Abb. 4.10-1:
Sequenzielles vs.
nebenläufiges
Programm

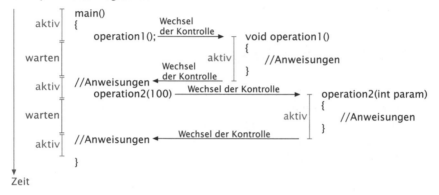

In der Abb. 4.10-1 ist das nebenläufige Programm als parallel ablaufendes Programm dargestellt. Steht nur ein Prozessor zur Verfügung, dann teilt das Betriebssystem nacheinander jedem *thread* Rechenzeit zu.

In manchen Anwendungen müssen *threads* auch miteinander kommunizieren. Auf die entsprechenden Konzepte zur Synchronisation und Kommunikation von *threads* wird hier *nicht* eingegangen.

Eine ausführliche Einführung in die nebenläufige Programmierung finden Sie z.B. in /Ziesche 04/.

Ob und wie *threads* in Programmiersprachen realisiert sind, hängt von der jeweiligen Programmiersprache ab. Im nächsten Abschnitt wird das Konzept von Java vorgestellt.

4.10.2 Dann die Praxis: *Threads* in Java

Bei jedem Java-Programm wird ein *thread* ausgeführt, auch wenn man es nicht merkt. Wenn die virtuelle Maschine VM eine Java-Anwendung lädt, dann startet sie einen *thread,* der damit beginnt, die main-Operation auszuführen. Dieser *thread* heißt main-*thread.* Er läuft so lange, bis die main-Operation abgearbeitet ist und terminiert dann. Laufen zu diesem Zeitpunkt keine weiteren *threads,* dann wird das Programm beendet.

Für eigene *threads* stellt Java die Klasse Thread zur Verfügung. Die wichtigsten Operationen dieser Klasse sind run() und start(). Um Aktivitäten in einem eigenen *thread* ablaufen zu lassen, bildet man eine Unterklasse von Thread und redefiniert die run()-Operation.

Klasse Thread

Es soll ein Programm geschrieben werden, das einen springenden Ball animiert. Abb. 4.10-2 zeigt das entsprechende OOD-Diagramm, ergänzt um die Benutzungsoberfläche, Objekte, Referenzen und Implementierungen.

Beispiel 2a

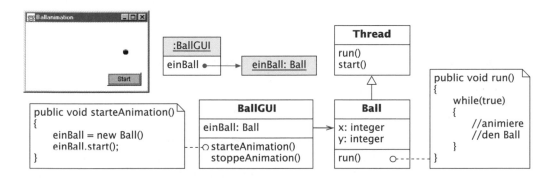

Objekte der Klasse Thread kann man sich als virtuelle Prozessoren vorstellen, die parallel zu anderen *threads* Aktivitäten ausführen. *Threads* werden in Java also immer von einem Objekt repräsentiert. Um einen *thread* zu starten, muss daher im Beispiel 2a ein Objekt der Klasse Ball erzeugt werden.

Abb. 4.10-2: Erweitertes OOD-Diagramm einer Ballanimation

Ein *thread* wird durch den Aufruf der start()-Operation gestartet. Die run()-Operation wird daraufhin als eigenständiger *thread* ausgeführt. Die start()-Operation kehrt sofort zum Aufrufer zurück, der daraufhin nebenläufig zur run()-Operation weiterläuft. Ein gestarteter *thread* läuft so lange, bis die run()-Operation abgearbeitet ist. Im Beispiel 2a wird in der run()-Operation eine Endlosschleife durchlaufen. Der *thread* terminiert also zunächst nicht.

In Java kann jede Klasse nur eine Oberklasse haben. Im Beispiel 2a könnte die Klasse Ball z.B. auch Unterklasse von Component sein. Dann ist es *nicht* mehr möglich, dass sie gleichzeitig auch Unterklasse von Thread ist.

Schnittstelle Runnable

Um *threads* auch in Klassen mit einer anderen Oberklasse als Thread erzeugen zu können, bietet Java die Schnittstelle Runnable an, in der eine Operation run() deklariert ist.

Beispiel 2b
Abb. 4.10-3 zeigt das OOD-Diagramm für die Ballanimation, wenn die Schnittstelle Runnable verwendet wird.

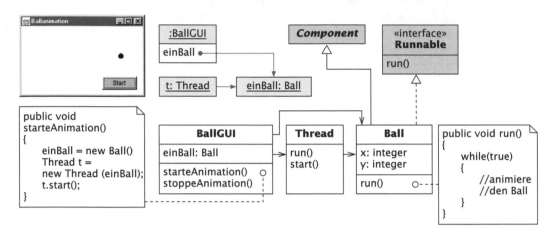

Abb. 4.10-3:
Erweitertes OOD-Diagramm einer Ballanimation unter Verwendung von Runnable

Die Klasse Ball kann also, statt von Thread zu erben, die Schnittstelle Runnable implementieren, d.h. eine run()-Operation zur Verfügung stellen. Die Operation run() von Beispiel 2a kann unverändert übernommen werden, um die Schnittstelle zu implementieren.
Die Erzeugung eines neuen *threads* in der Operation starteAnimation() ändert sich. Zunächst wird wieder ein Objekt der Klasse Ball erzeugt. Anschließend wird ein Objekt der Klasse Thread erzeugt, dem im Konstruktor eine Referenz auf das Ball-Objekt übergeben wird. Zum Schluss wird die start()-Operation des Thread-Objekts aufgerufen. Dadurch wird mit der Ausführung der run()-Operation des Ball-Objekts in einem eigenständigen *thread* begonnen.

Wie das Beispiel zeigt, wird mit der Schnittstelle Runnable die Analogie eingeführt, dass ein virtueller Prozessor (hier das Thread-Objekt t) ein Programm (hier die run()-Operation des Ball-Objekts) zur Ausführung übergeben bekommt.

Beispiel 2c
Das folgende Programm zeigt die Implementierung der Ballanimation:

```
/* Programmname: Ballanimation
 * GUI-Klasse: BallAlsThreadGUI
 */

import java.awt.*;
import java.awt.event.*;
```

812

```
public class BallAlsThreadGUI extends Frame
{
   //Es werden nur die wichtigen Operationen dargestellt
   //Attribute
   Canvas eineZeichenflaeche = new Canvas();
   StartDruckknopf = new Button();
   //Innere Klassen
   class FensterAbhoerer extends WindowAdapter
   {
      public void windowClosing(WindowEvent event)
      {
         Object object = event.getSource();
         if(object == this)
         {
            //Programm beenden, alle noch laufenden
            //Ball-Threads werden automatisch beendet.
            setVisible(false);
            System.exit(0);
         }
      }
   }
   class AktionsAbhoerer implements ActionListener
   {
      public void actionPerformed(ActionEvent event)
      {
         Object object = event.getSource();
         if(object == StartDruckknopf)
         {
            //Ein neues Ball-Objekt erzeugen und als
            //eigener Thread animieren.
            BallAlsThread b = new
                  BallAlsThread(eineZeichenflaeche);
            b.start();
            //Solange der Thread läuft, wird das Ball-Objekt
            //nicht vom Garbage-Collector zerstört, auch wenn
            //die Referenz b ihren Gültigkeitsbereich verlässt
         }
      }
   }

}

/* Programmname: Ballanimation
 * Fachkonzept-Klasse: BallAlsThread
 */

class BallAlsThread extends Thread
{
   //Zeichenfläche, in der sich der Ball bewegen soll
   private Canvas box;
   private static final int XSIZE = 10; //Größe des Balls
   private static final int YSIZE = 10;
   private int x = 0; //Position
   private int y = 0;
```

```
private int dx = 2; //Richtung und Geschwindigkeit
  private int dy = 2;
  //Konstruktor
  //Dem Objekt wird die Zeichenfläche übergeben, in der es sich
  //bewegen soll
  public Ball(Canvas c)
  {
    box = c;
  }
  //Die Operation dient zum einmaligen Zeichnen des Balls.
  //Es wird der Grafik-Kontext der Zeichenfläche benutzt.
  public void draw()
  {
    Graphics g = box.getGraphics();
    g.fillOval(x, y, XSIZE, YSIZE);
    g.dispose();//Mit dispose werden evtl. vom Grafik-Kontext
    //belegte Ressourcen freigegeben.
    //Dadurch wird das Betriebssystem entlastet.
  }
  //Der Ball wird einen Schritt weiterbewegt und neu gezeichnet.
  //Es wird wieder der Grafik-Kontext der Zeichenfläche benutzt.
  public void move()
  {
    if(!box.isVisible()) { return; }
    Graphics g = box.getGraphics();
    //Ball an alter Position löschen
    g.setXORMode(box.getBackground());
    g.fillOval(x, y, XSIZE, YSIZE);
    //Ball bewegen
    x += dx; y += dy;
    //Ausdehnung der Zeichenfläche für Kollisionsbehandlung
    //ermitteln
    Dimension d = box.getSize();
    //Kollision mit linkem Rand
    if(x < 0)
    {
      x = 0; dx = -dx;
    }
    //Kollision mit rechtem Rand
    if(x + XSIZE >= d.width)
    {
      x = d.width - XSIZE;
      dx = - dx;
    }
    //Kollisionen mit dem oberen oder unteren Rand werden
    //analog behandelt
    //Ball an neuer Position zeichnen
    g.fillOval( x, y, XSIZE, YSIZE );
    g.dispose();
  }//move
  //Diese Operation wird in einem eigenen Thread ausgeführt
  //Sie ruft wiederholt die move-Operation auf
  public void run()
  {
```

```
//Da die move-Operation den Ball vor dem Neuzeichnen löscht,
//muss er vor dem ersten Aufruf von move einmal dargestellt
//werden.
draw();
while(true)//Endlosschleife
{
   move(); //Ball bewegen
   try //warten bis zur nächsten Bewegung
   {
      //Legt den thread 5 Millisekunden »schlafen«
      Thread.sleep(5);
   }
   catch(InterruptedException e) {/* nichts */}
}
}
}//class Ball
```

Abb. 4.10-4 zeigt die Ballanimation nach mehrmaligem Drücken von Start.

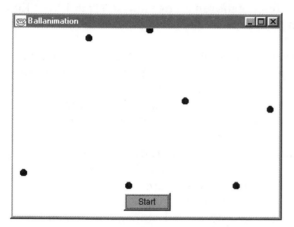

Abb. 4.10-4: Ballanimation nach mehrmaligem Drücken von Start

4.10.3 Fallbeispiel: Pool-Billard

Die Firma ProfiSoft erhält den Auftrag, ein Pool-Billard-Spiel als Simulation zu programmieren. Da die Firma ProfiSoft mit Billard-Spielen keine Erfahrung besitzt, informiert sie sich in der Literatur und in Spielhallen. Die wichtigsten Informationen werden in einem »Memo« zusammengefasst (Abb. 4.10-5).

Die Firma ProfiSoft erhält zunächst den Auftrag, einen Kern eines   Pflichtenheft
Billard-Spiels zu realisieren und dabei folgendes Pflichtenheft zu erfüllen:

/1/ Auf einer grünen Fläche, die einen Billardtisch darstellt, befinden sich elf Kugeln.

/2/ Zu Beginn werden zehn Kugeln als Dreieck zusammengelegt und liegen in der Mitte der rechten Tischhälfte.

/3/ Die elfte Kugel ist weiß und liegt in der Mitte der linken Tischhälfte.

815

/4/ Die weiße Kugel – Queue-Ball oder Spielkugel genannt – kann in Bewegung gesetzt werden. Sie rollt dann in eine Richtung auf dem Tisch entlang.

/5/ Trifft eine Kugel auf den Rand des Tisches (Bande) prallt sie entsprechend dem Gesetz »Einfallswinkel gleich Ausfallswinkel« ab.

/6/ Trifft eine Kugel auf eine andere Kugel, so wird die andere Kugel in Bewegung gesetzt.

/7/ Die Kollision zwischen zwei Kugeln kann mit einem einfachen Kräfteparallelogramm beschrieben werden.

/8/ Bei der Berechnung der Bewegungen können die Kugeln als Scheiben betrachtet werden, d.h. der Einfluss von Drehungen um die eigene Achse auf die Bewegung über den Tisch kann vernachlässigt werden.

OOA-Modell
Auf der Grundlage des Pflichtenheftes erstellt die Firma ProfiSoft das OOA-Modell (Abb. 4.10-6).

Wie das OOA-Modell zeigt, gehören zu der Klasse Tisch 1 bis * Kugeln. Eine Kugel davon ist die Spielkugel und besitzt eine Assoziation zur Klasse Queue.

Benutzungs-oberfläche
Bevor mit dem Entwurf begonnen werden kann, muss die Benutzungsoberfläche konzipiert werden. Die Umsetzung der Anforderung /4/ führt zu der Überlegung, dem Spieler die Möglichkeit zu geben, den Stoß mit dem Queue mit jeweils unterschiedlicher Kraft auszuführen. Um eine gute Analogie zum realen Spiel herzustellen, kommen die Mitarbeiter der Firma ProfiSoft auf die Idee, die Stoßstärke durch die Dauer des Mausklicks zu simulieren. Um dem Spieler eine visuelle Rückkopplung zur Stoßstärke zu vermitteln, soll die Dauer des Mausklicks durch einen roten Balken am unteren Rand des Billardtisches angezeigt werden. Proportional zur Dauer des Mausklicks soll sich außerdem der Queue von der zu stoßenden weißen Kugel entfernen.

Um die Richtung des Stoßes einfach festzulegen, soll der Queue maussensitiv sein. Bei Berührung des Queue und anschließendem Bewegen der Maus dreht sich der Queue mit. In Verlängerung des Queue soll eine Linie die Stoßrichtung anzeigen. Abb. 4.10-7 zeigt die Benutzungsoberfläche beim ersten Stoß.

OOD-Modell
Auf der Grundlage der Benutzungsoberfläche wird das OOA-Modell zum OOD-Modell weiterentwickelt (Abb. 4.10-8). Wie das OOD-Modell zeigt, implementieren die Klassen BillardGUI und Queue die Schnittstelle Runnable, sodass Thread-Objekte erzeugt werden können (siehe Abschnitt 4.10.2).

Sequenzdiagramm
Den Zusammenhang zwischen BillardGUI und den einzelnen Kugeln veranschaulicht sich die Firma ProfiSoft durch ein Sequenzdiagramm (Abb. 4.10-9).

Billard
In verschiedenen Spielformen ausgetragenes Kugelspiel für mindestens zwei Spieler, bei dem Kugeln (»Bälle«) mithilfe eines Spielstocks (»Queue«) auf einem rechteckigen Tisch (dem »Billard«) mit einem Rand (Bande) gestoßen werden. Die Anzahl der Kugeln, Verlauf und Ziel ihrer Bewegungen variieren je nach Spielform. Die wichtigsten Spielformen sind Karambolage-Billard, Pool-Billard und Billard-Kegeln.

Pool-Billard, American Pool
In den USA entstandene Spielform des Billard. Gespielt wird mit einer weißen Spielkugel (»Queue-Ball«) und 15 weiteren durchnummerierten farbigen Kugeln, die vor Spielbeginn in einem Dreieck aufgesetzt werden. Der Spieltisch hat eine von Banden umgebene rechteckige Spielfläche, an den vier Ecken und in der Mitte der beiden Längsseiten befinden sich Löcher mit Auffangtaschen für die Kugeln. Es gibt verschiedene Spielvarianten.
Eine Spielvariante mit 2 Mitspielern verläuft folgendermaßen:
- Vor Beginn des Spiels losen die Mitspieler, wer beginnt. Der Sieger der Auslosung (Spieler 1) beginnt mit dem ersten Stoß. Anschließend darf Spieler 2 stoßen. Die Spieler stoßen abwechselnd.
- Mit dem Queue darf stets nur die weiße Spielkugel gestoßen werden. Das Ziel ist es, mit der Spielkugel andere Kugeln so anzuspielen, dass diese in eines der sechs Löcher versenkt werden.
- Mit der ersten Kugel, die ein Spieler versenkt, legt er sich auf seine Kugeln fest. Hat er eine ganze Kugel versenkt, so muss er alle ganzen Kugeln versenken, hat er eine halbe Kugel versenkt, muss er alle halben Kugeln versenken. Hat er mit einem Stoß sowohl eine ganze als auch eine halbe Kugel versenkt, so legt er sich auf die Kugel fest, die zuerst versenkt wurde. Er darf dann nicht noch einmal stoßen.
- Wenn ein Spieler eine seiner Kugeln versenkt hat, darf er noch einmal stoßen. Hat er jedoch zusammen mit einer anderen Kugel auch die Spielkugel versenkt, darf er nicht noch einmal stoßen.
- Immer wenn die Spielkugel versenkt wird, wird sie wieder an ihre Ausgangsposition gelegt, oder, falls dort bereits andere Kugeln liegen, an die nächstmögliche Position.
- Versenkt ein Spieler eine Kugel des anderen Spielers, darf er nicht noch einmal stoßen.
- Die schwarze Kugel (Nr. 8) darf auf keinen Fall während des Spiels versenkt werden. Wer diese Kugel versehentlich versenkt, hat das Spiel verloren.
- Wenn ein Spieler alle seine Kugeln versenkt hat, muss er die schwarze Kugel versenken. Die Spieler einigen sich zuvor darauf, in welches Loch diese Kugel zu versenken ist. In der Regel wählt man das Loch, das dem Loch gegenüber liegt, in dem der Spieler seine letzte Kugel versenkt hat.
- Hat ein Spieler die schwarze Kugel korrekt versenkt, darf er die Kugeln seines Mitspielers versenken. Hat er die schwarze Kugel in ein falsches Loch versenkt, hat er das Spiel verloren.
- Beim gesellschaftlichen Billard können selbstverständlich die Regeln abgewandelt, gelockert oder zusätzliche Regeln aufgestellt werden. Wichtig ist nur, dass es Spaß macht und beide Spieler sich einigen.

Abb. 4.10-5:
Billard und seine
Regeln

Quellen: Brockhaus Enzyklopädie, /Kalb 01 /

Tisch	Kugel	Queue
Ausdehnung	Position Richtung Geschwindigkeit	Richtung Stoßkraft /Position

1..*   1 Spielkugel

Die Position des Queues lässt sich aus der Position der Spielkugel ableiten

Abb. 4.10-6:
OOA-Modell für das
Pool-Billard

zur Implementierung

Das vollständige, ausführlich kommentierte Programm befindet sich auf der beigefügten CD-ROM. Auf einige wichtige Aspekte wird im Folgenden noch eingegangen und es werden die dazugehörigen Programmausschnitte angegeben.

Um ein schnelles, flackerfreies Anzeigen des Billardtisches (Bil-lardGUI) sicherzustellen, wird die Doppelpufferung analog zu Abschnitt 4.9-3 verwendet.

Kollision
zwischen Kugeln

Um die Kollision zwischen Kugeln richtig zu programmieren, bittet die Firma ProfiSoft einen Mitarbeiter, der Physik studiert hat, die entsprechende Formel aufzustellen (Abb. 4.10-10).

Operation
animiere()

Die Operation animiere() der Klasse Kugel spielt eine wichtige Rolle. In ihr wird die Kugel bewegt und Kollisionen mit der Bande abgefangen. Kollisionen mit anderen Kugeln werden *nicht* berücksichtigt. Diese Operation wird von der run()-Operation in BilliardGUI regelmäßig aufgerufen:

Abb. 4.10-7: Benutzungsoberfläche des Pool-Billard

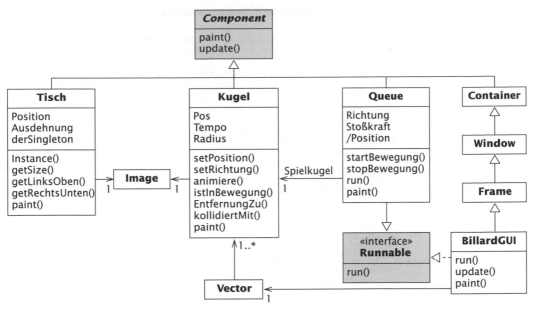

Abb. 4.10-8:
OOD-Modell für das
Pool Billard

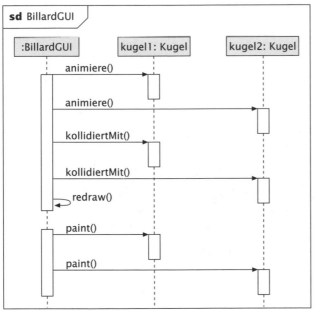

Abb. 4.10-9:
Sequenzdiagramm
zur Veranschauli-
chung der Abläufe
zwischen BillardGUI
und einzelnen Kugeln

```java
public class Kugel extends Component
{
    //Aktuelle Position der Kugel
    public double xPos = 0.0;
    public double yPos = 0.0;
    //Der Richtungsvektor für die Bewegung
    public double xTempo = 0.0;
    public double yTempo = 0.0;
    public int r = RADIUS;
```

Quelle: Dorn F., Bader F., Physik-Oberstufe, Schroedel Verlag 1975, Seite 107ff.

Abb. 4.10-10:
Kollisions-
behandlung
von Kugeln

Kollision von Kugeln

Es müssen der Energieerhaltungssatz und der Impulserhaltungssatz gelten. Da beide Kugeln die gleiche Masse haben, können Impuls- und Geschwindigkeitsvektoren gleichgesetzt werden.

Zwischen den beiden Kugeln wird ein Impuls entlang des Verbindungsvektors d zwischen ihren Mittelpunkten übertragen.

Zur Berechnung dieses Impulses wird jeweils der Geschwindigkeitsvektor v_1 bzw. v_2 auf den Verbindungsvektor d projiziert.

Kugel 1 überträgt Impuls p_1 auf Kugel 2, er geht ihr verloren und wird abgezogen.

Kugel 2 überträgt Impuls p_2 auf Kugel 1, er wird Kugel 1 hinzugefügt.

Für Kugel 2 wird die gleiche Rechnung analog durchgeführt.

Insgesamt ist der Gesamtimpuls beider Kugeln nach der Kollision genauso groß wie vorher.

Bei der Implementierung der Operation berechneRichtung() wurde auf Geschwindigkeit optimiert. Die Formel ist daher nicht ohne weiteres aus der Implementierung ersichtlich.

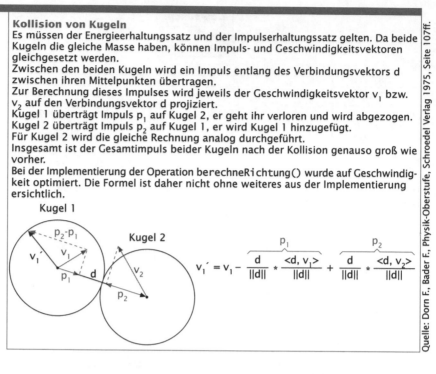

$$v_1{'} = v_1 - \overbrace{\frac{d}{\|d\|} * \frac{<d, v_1>}{\|d\|}}^{p_1} + \overbrace{\frac{d}{\|d\|} * \frac{<d, v_2>}{\|d\|}}^{p_2}$$

```
//Die neue Position der Kugel berechnen und Kollisionen mit
   //der Bande abfangen
   public void animiere()
   {
      //Wenn die Kugel sich nicht bewegt, brauchen keine
      //Berechnungen durchgeführt zu werden.
      if(!isInBewegung()) {return;}
      //Kugel verschieben (xTempo und yTempo bilden den
      //Richtungsvektor)
      xPos += xTempo; yPos += yTempo;
         //Kollision mit der Bande abfangen
      BilliardTisch derTisch = BilliardTisch.Instance();
      //Kollision mit linker Bande
      if(xPos < derTisch.getLinksOben().x + r)
      {
         xTempo = -xTempo;
         xPos = derTisch.getLinksOben().x + r;
      }
      //Kollision mit rechter Bande
      if(xPos > derTisch.getRechtsUnten().x - r)
      {
         xTempo = -xTempo;
         xPos = derTisch.getRechtsUnten().x - r;
      }
      //Kollision mit oberer Bande
      if(yPos < derTisch.getLinksOben().y + r)
```

```
   {
     yTempo = -yTempo;
     yPos= derTisch.getLinksOben().y + r;
   }
   //Kollision mit unterer Bande
   if(yPos > derTisch.getRechtsUnten().y - r)
   {
     yTempo  = -yTempo;
     yPos = derTisch.getRechtsUnten().y - r;
   }
   // Durch die Reibung auf dem Tisch wird die Kugel gebremst
   xTempo *= derTisch.reibung;
   yTempo *= derTisch.reibung;
   if(!isInBewegung())
   {
     xTempo = 0.0; yTempo = 0.0;
   }
 }// animiere
 public boolean isInBewegung()
 {
   //Nach Pythagoras wird die Länge des Richtungsvektors
   //ermittelt.
   //Hinweis: Um Zeit zu sparen, wird keine Wurzel berechnet,
   //sondern der eigentliche Grenzwert 0.1 quadriert.
   return (xTempo * xTempo + yTempo * yTempo) > 0.01;
 }//isInBewegung
}//class Kugel
```

Die run()-Operation der Klasse BilliardGUI läuft in einem eigenen *thread*, animiert alle Kugeln und kümmert sich um Kollisionen.

run()-Operation der Klasse BilliardGUI

```
public void run()
{
  //Endlosschleife, in der die Kugeln ständig animiert werden
  while (true)
  {
    //Alle Kugeln weiterbewegen
    for(int i=0; i<sprites.size(); i++)
    {
      ((Kugel)sprites.elementAt(i)).animiere();
    }
    //Durch 2 ineinander verschachtelte Schleifen wird jede
    //Kugel mit jeder auf Kollision getestet
    //(n*(n+1)/2 Durchläufe durch die innere Schleife)
    for(int i=0; i < kugeln.size(); i++)
    {
      aktuelleKugel = (Kugel)kugeln.elementAt(i);
      for(int o = i+1; o < kugeln.size(); o++)
      {
        andereKugel = (Kugel) kugeln.elementAt(o);
        if(aktuelleKugel.KollidiertMit(andereKugel))
            behandleKollision(aktuelleKugel, andereKugel);
      }//innere Schleife
    }//äußere Schleife
```

```
//Die Kugeln neu darstellen
  //repaint-Operation beauftragt einen anderen Thread mit der
  //Durchführung des Zeichnens, d.h., sie kehrt sofort zurück
  this.repaint();
  //Hier gibt der Thread Rechenzeit an andere Threads ab,
  //insbesondere benötigt das Neuzeichnen Rechenzeit.
  try
  {
    Thread.sleep(50);
  }
  catch (InterruptedException e) { }
  }//Endlosschleife
}//run
//Die Operation wird aufgerufen, wenn zwei Kugeln kollidieren
//Sie spielt den Kollisions-Ton und bringt die Kugeln in
//aus der Kollision folgende neue Richtungen und
//Geschwindigkeiten.
private void behandleKollision(Kugel Kugel1, Kugel Kugel2)
{
  //Das Geräuch kollidierender Kugeln erzeugen
  soundPlayer1.play();
  while(Kugel1.KollidiertMit(Kugel2) &&
    (Kugel1.isInBewegung() || Kugel2.isInBewegung()))
  {
    //Da sich die Kugeln bereits überschneiden, wenn eine
    //Kollision festgestellt wird, werden sie auf ihrer Bahn
    //solange zurückbewegt, bis sie nicht mehr kollidieren
    //Erst dann werden die Bewegungsrichtungen neu berechnet
    Kugel1.xPos -= Kugel1.xTempo;
    Kugel1.yPos -= Kugel1.yTempo;
    Kugel2.xPos -= Kugel2.xTempo;
    Kugel2.yPos -= Kugel2.yTempo;
  }//while
  berechneRichtung(Kugel1, Kugel2);
  Kugel1.animiere();
  Kugel2.animiere();
}//behandleKollision
//Die Operation berechnet für die übergebenen Kugeln
//die aus der Kollision resultierenden neuen Richtungen
//und Geschwindigkeiten und setzt sie
private void berechneRichtung(Kugel Kugel1, Kugel Kugel2)
{
  //Abstandsvektor berechnen
  //Der Abstandsvektor (dx,dy) ist der Vektor vom Mittelpunkt
  //der Kugel 1 zum Mittelpunkt der Kugel 2
  double dx = Kugel2.xPos - Kugel1.xPos;
  double dy = Kugel2.yPos - Kugel1.yPos;
  double NormAbstandsvektorZumQuadrat = dx * dx + dy * dy;
  //Skalarprodukt aus Richtungsvektor Kugel 1 und
  //Abstandsvektor berechnen
  double v1d = Kugel1.xTempo * dx + Kugel1.yTempo * dy;
  //Skalarprodukt aus Richtungsvektor Kugel 2 und
  //Abstandsvektor berechnen
  double v2d = Kugel2.xTempo * dx + Kugel2.yTempo * dy;
```

```
//Für beide Kugeln nach der Formel die neue Richtung
//berechnen
Kugel1.setRichtung(Kugel1.xTempo - dx * (v1d-v2d) /
   NormAbstandsvektorZumQuadrat,
   Kugel1.yTempo - dy * (v1d-v2d) /
   NormAbstandsvektorZumQuadrat);
Kugel2.setRichtung(Kugel2.xTempo - dx * (v2d-v1d) /
   NormAbstandsvektorZumQuadrat,
   Kugel2.yTempo - dy * (v2d-v1d) /
   NormAbstandsvektorZumQuadrat);
}//berechneRichtung
```

Nachdem die Endlosschleife einmal durchlaufen wurde, muss der *thread* sich selbst »schlafen legen«, damit der GUI-*thread* Gelegenheit erhält, die Kugeln neu darzustellen. Die Verweildauer beeinflusst die Flüssigkeit der Animation.

Wenn der *thread* nicht lange genug »schläft«, wird zu viel Rechenzeit für die Positions- und Kollisionsberechnung verbraucht, die Darstellung kommt nicht mehr mit. Die Animation sieht dann aus wie Einzelbilder, die nacheinander vom Spiel gemacht wurden.

Wenn der *thread* zu lange »schläft«, vergeht zwischen zwei Positionsänderungen einer Kugel zu viel Zeit. Die Bewegung der Kugeln ruckelt dann.

thread
Programm, in dem mehrere Aktivitäten, *threads* genannt, nebenläufig, d.h. quasi-parallel, ausgeführt werden.

Grafik- und Multimedia-Anwendungen müssen durch die jeweilige Programmiersprache geeignet unterstützt werden. Für beide Anwendungsbereiche spielen die Darstellung von Grafiken und ihre Animation ein wichtige Rolle.

Grafik- und Multimedia-Anwendungen

Grafiken werden in der Regel in einem Weltkoordinatensystem beschrieben, das dann auf das jeweilige Gerätekoordinatensystem transformiert wird. Zur Darstellung von Grafiken im zweidimensionalen Raum werden 3x3-Matrizen, für die Darstellung im dreidimensionalen Raum werden 4x4-Matrizen verwendet.

Koordinatensysteme

Für die Manipulation von Grafiken spielen die affinen Transformationen Translation, Skalierung, Rotation, Scherung und Spiegelung eine zentrale Rolle. Diese Transformationen können kombiniert werden. Die letzte Transformation wird dabei zuerst ausgeführt (LIFO-Prinzip).

affine Transformationen

Java unterstützt mit dem 2D-API die Darstellung und Transformation von geometrischen Formen, Texten und Bildern. Es werden ein Benutzerkoordinatensystem *(user space)* und Gerätekoordinatensysteme *(device spaces)* unterschieden.

Java-2D-API

Um ein Flackern bei Bilddarstellungen zu vermeiden, ist eine Doppelpufferung sinnvoll, die von der Swing-Klasse JComponent automa-

Doppelpufferung

823

tisch unterstützt wird. Bei Verwendung von AWT-Komponenten muss sie programmiert werden.

Ohne besondere Vorkehrungen läuft ein Programm sequenziell ab, d.h., nach dem Start wird das Programm Anweisung für Anweisung aufgeführt. Wird eine andere Operation aufgerufen, dann wartet der Aufrufer, bis die gerufene Operation ihre Anweisungen ausgeführt hat und die Kontrolle an den Aufrufer zurückgibt, sodass der Aufrufer weiterarbeiten kann.

Nebenläufigkeit: *threads*

Nebenläufige Programme können so genannte *threads* starten, d.h. andere Operationen aufrufen, die selbstständig ablaufen. Der Aufrufer läuft selbst weiter. Jedem *thread* wird sozusagen ein virtueller Prozessor zugeordnet, der für den nebenläufigen Ablauf sorgt. In vielen Anwendungen können dadurch quasi-parallele, unabhängige Aktivitäten nebeneinander ausgeführt werden.

/Foley et al. 90/

Foley J. D., van Dam A., Feiner S. K., Hughes J. F., *Computer Graphics – Principles and Practice,* Reading: Addison-Wesley 1990, 2. Auflage, 1174 S.
Standardwerk zur Computergrafik. Behandelt einfache 2D-Grafikalgorithmen, geometrische Transformationen, Projektionen von 3D-Grafiken auf eine Fläche, *solid modeling,* Beleuchtung, Schatten, Bildmanipulation, *ray tracing, clipping, anti-aliasing* und vieles mehr.

Zitierte Literatur

/Dillmann, Huck 91/
Dillmann R., Huck M., *Informationsverarbeitung in der Robotik,* Berlin: Springer-Verlag 1991
/Hardy 99a/
Hardy V., *Understanding Java 2D: Shapes,* in: Java Report, Jan. 1999, pp. 70–79
/Hardy 99b/
Hardy V., *Understanding Java 2D: Affine Transforms,* in: Java Report, May 1999, pp. 68–76
/Java 2D 99/
Programmer's Guide to the Java 2D API – Enhanced Graphics and Imaging for Java, Mountain View: Sun microsystems, May 1999
/Kalb 01/
Kalb R., *Billard verständlich gemacht – Pool, Karambolage, Snooker,* München: Copress Verlag 2001
/Schader, Schmidt-Thieme 98/
Schader M., Schmidt-Thieme L., *Java – Einführung in die objektorientierte Programmierung,* Heidelberg: Springer Verlag 1998
/Siegert 98/
Siegert H. J., *Robotik,* Skript zur Vorlesung, TU München 1998
/Ziesche 04/
Ziesche P., *Nebenläufige & verteilte Programmierung – Konzepte, UML 2-Modellierung, Realisierung in Java 2 (V1.4 und V5.0),* Herdecke: W3L-Verlag 2004

1 *Lernziel: Die behandelten Fallbeispiele nach Vorgaben modifizieren kön-*
nen.
Welchen Parameter müssen Sie in den Denavit-Hartenberg-Parametern
des Roboters auf welchen neuen Wert verändern, damit die phi2-Achse,
die bisher 420 mm über der x-y-Ebene liegt, durch den Nullpunkt geht
(Entspricht Transformation des Weltkoordinatensystems in die Achse von
phi2)?

Analytische
Aufgaben
Muss-Aufgabe
10 Minuten

2 *Lernziel: Affine Transformationen – angewandt auf geometrische Formen,*
Texte und Bilder – im Graphics2D-Kontext von Java programmieren kön-
nen.
Gegeben sei folgender Programmcode:

Muss-Aufgabe
10 Minuten

```
AffineTransform rotieren = new AffineTransform();
rotieren.setToTranslation(-startPunktBS.x,-startPunktBS.y);
rotieren.rotate(alpha);
rotieren.translate(startPunktBS.x,startPunktBS.y);
```

Was bewirkt der dargestellte Programmcode für eine zusammengesetzte
Transformation? Variieren Sie den Code, sodass er eine Rotation um den
Startpunkt mit dem Winkel alpha vornimmt.

3 *Lernziel: Die behandelten Fallbeispiele nach Vorgaben modifizieren kön-*
nen.
In der Roboter-Animation hat der Benutzer bis auf das Vergrößern eines
einzelnen Fensters keine Möglichkeit, den dargestellten Ausschnitt einer
Roboteransicht zu variieren. Erweitern Sie das Fallbeispiel so, dass folgende Anforderungen erfüllt sind:
/1/ Der Benutzer kann für jede Achse in jeder der drei Ansichten den
    dargestellten Bereich frei einstellen. Dies geschieht durch ein Menü
    im RoboterAnsicht-Fenster, in dem die Werte für die einzelnen Achsin-
    tervalle eingegeben werden können.
/2/ Realisieren Sie eine Steuerung im RoboterAnsicht-Fenster, die es er-
    möglicht, »um das Objekt herumzugehen« (also Bedienelemente, die
    den Ausschnitt nach links/rechts/oben/unten verschieben, und ein
    Heran-bzw. Herauszoomen gestatten).

Konstruktive
Aufgaben
Kann-Aufgabe
120 Minuten

4 *Lernziel: Die behandelten Fallbeispiele nach Vorgaben modifizieren kön-*
nen.
Denavit-Hartenberg-Parameter eröffnen einen einfachen Weg, verschiedene Robotertypen konsistent in einem Programm zu handhaben. Erweitern
Sie das Fallbeispiel so, dass folgende Anforderungen erfüllt sind:
/1/ Modellieren Sie mithilfe der Denavit-Hartenberg-Parameter zwei wei-
    tere Robotermodelle und testen Sie Ihre neuen Modelle nacheinander
    im bestehenden Programm.
/2/ Geben Sie dem Benutzer die Möglichkeit, über eine Menüoption zur
    Laufzeit zwischen den drei dargestellten Robotertypen zu wechseln.

Kann-Aufgabe
90 Minuten

5 *Lernziele: Affine Transformationen – angewandt auf geometrische Formen,*
Texte und Bilder – im Graphics2D-Kontext von Java programmieren können.
Die behandelten Fallbeispiele nach Vorgaben modifizieren können.
Variieren Sie die Darstellung der Roboter-Arme, um neue Funktionen im
Java-2D-API kennen zu lernen.
Erweitern Sie das Fallbeispiel so, dass folgende Anforderungen erfüllt
sind:

Muss-Aufgabe
60 Minuten

/1/ Ersetzen Sie die elliptische Darstellung der Roboterarme durch äquivalente Rechtecke.

/2/ Nutzen Sie unterschiedliche GIF-Bilder für die Textur der Arme zur Darstellung einzelner Roboterarme, statt nur die Farbe als Unterscheidungsmerkmal zu verwenden.

Muss-Aufgabe
20 Minuten

6 *Lernziel: Die behandelten Fallbeispiele nach Vorgaben modifizieren können.*
In dem Fallbeispiel Pool-Billard ist das Queue unsichtbar, so lange die weiße Kugel rollt. Kommt sie zum Stillstand, wird das Queue wieder dargestellt und es kann ein neuer Stoß gemacht werden. Verändern Sie das Programm so, dass das Queue erst dann wieder sichtbar wird, wenn alle Kugeln zum Stillstand gekommen sind.

Kann-Aufgabe
60 Minuten

7 *Lernziel: Die behandelten Fallbeispiele nach Vorgaben modifizieren können.*
Das klassische Billard wird mit drei Kugeln gespielt. Die hier gezeigte Variante wird Pool-Billard genannt. Am Rand des Tisches sind sechs Löcher angebracht, in die die Kugeln versenkt werden müssen. Erweitern Sie das bisherige Programm Pool-Billard wie folgt:
/9/ An den Ecken des Tisches und in der Mitte der Längskante werden insgesamt sechs Löcher dargestellt.
/10/ Wenn eine Kugel auf ein Loch kommt, fällt sie hinein, d.h., sie wird nicht mehr dargestellt.
/11/ Kommt die weiße Kugel auf ein Loch, darf sie nicht verschwinden, da sonst keine Spielkugel mehr vorhanden wäre. Sie wird stattdessen auf ihre Ausgangsposition gelegt oder, falls dort andere Kugeln liegen, auf die nächstmögliche Position.
/12/ Wenn alle Kugeln bis auf die weiße versenkt sind, soll das Spiel wieder von vorn beginnen

Kann-Aufgabe
60 Minuten

8 *Lernziel: Die behandelten Fallbeispiele nach Vorgaben modifizieren können.*
In dem bisherigen Programm Pool-Billard geht vor einem Stoß von der weißen Kugel eine Gerade aus, die die Verlängerung des Queues ist und somit andeutet, wohin die weiße Kugel laufen wird. Erweitern Sie dieses »Visier« wie folgt: Die »Visier-Gerade« soll bis zur nächsten Bande laufen und von dort reflektiert werden. Dabei ist das Gesetz »Einfallswinkel gleich Ausfallswinkel« anzuwenden. Wenn ein Spieler »über Bande« spielen will, kann er so den Weg der Kugel besser vorausbestimmen. Wenn auf dem Weg zur Bande eine andere Kugel liegt, wird die weiße Kugel natürlich von dem vorgezeichneten Kurs abgelenkt. Dies soll jedoch *nicht* berücksichtigt werden.

Kann-Aufgabe
90 Minuten

9 *Lernziele: In Java threads programmieren können. Die behandelten Fallbeispiele nach Vorgaben modifizieren können.*
Das Programm Pool-Billard teilt die zu erledigenden Aufgaben auf mehrere *threads* auf. Ein *thread* animiert die Kugeln, ein zweiter stellt die Kugeln dar, ein dritter verwaltet schließlich das Queue. Verändern Sie das Programm so, dass jede Kugel als ein eigener *thread* läuft, jede Kugel also unabhängig von anderen ihre neue Position berechnet.

5 Ausblicke – Einführung in C++

- Bezogen auf die behandelten Konzepte die Unterschiede zwischen Java und C++ erklären können.
- Bezogen auf die behandelten C++-Konzepte Programme in C++ auf ihre Syntax und Semantik hin überprüfen können.
- Java-Fachkonzeptklassen anhand der angegebenen Syntax- und Semantik-Regeln in C++-Klassen transformieren können.
- Eine C++-Programmierumgebung bedienen können.
- Bezogen auf die behandelten Konzepte C++-Programme schreiben können.

verstehen

anwenden

- Zum Verständnis dieser Kapitel sind Java-Programmierkenntnisse erforderlich, wie sie im Hauptkapitel 2 vermittelt werden.

Dr. Bjarne Stroustrup
*1950 in Aarhus, Dänemark; Erfinder der Programmiersprache C++ (1979–1985); Studium der Mathematik und Informatik an der Universität Aarhus, Promotion in Informatik an der Universität Cambridge in England (1979), AT&T *Bell Laboratories' Computer Science Network Center* (1979–1995), heute: Leiter des AT&T *Research's large-scale programming research department;* ACM *Fellow* (1993), AT&T Bell *Laboratories Fellow* (1994).

5 Ausblicke

Der bisherige Buchinhalt hat wesentliche »Grundlagen der Informatik« vermittelt. Bei sorgfältiger Durcharbeitung des Buches und umfassender Bearbeitung der Programmieraufgaben haben Sie damit den Einstieg in die professionelle objektorientierte Programmierung vollzogen.

Ich möchte an dieser Stelle aber noch einmal deutlich darauf hinweisen, dass damit der Einstieg geschafft, aber noch nicht die Perfektion erreicht ist und auch noch lange nicht alles behandelt wurde, was man als professioneller Programmierer wissen sollte. Sie können aber davon ausgehen, dass Sie mit diesem Buch ein solides Fundament besitzen, auf das Sie aufbauen können.

Was bleibt noch zu tun? Oder: Wie sollte es weitergehen? Oder: Was gibt es noch alles?

nichtsequenzielle Programmierung

Der größte Teil des Sprachumfangs von Java wurde behandelt. Weitgehend ausgespart wurde der Bereich der **nichtsequenziellen Programmierung.** Dazu gehört die **nebenläufige Programmierung,** d.h. die Aktivierung, Kommunikation und Synchronisation nebeneinander laufender Programme auf einem Computersystem – in Java durch das Konzept der *threads* realisiert. Dazu gehört ebenfalls die **verteilte Programmierung,** d.h. die Kommunikation und Synchronisation von Programmen, die auf verschiedenen Computersystemen laufen und über ein Netz Nachrichten austauschen – in Java realisiert durch die Konzepte RMI *(remote method invocation)* und *sockets.* Eine umfassende Einführung in dieses Gebiet gibt z.B. /Ziesche 04/.

komponentenbasierte Entwicklung

Die immer komplexeren Software-Systeme erfordern eine zunehmende Wiederverwendung bereits vorhandener Software-Komponenten bzw. von Halbfabrikaten. Für diese so genannte **komponentenbasierte Softwareentwicklung** gibt es neue Konzepte – in Java durch das Java-*Beans*-Konzept realisiert.

J2EE, J2ME

Das Anwendungsspektrum problemorientierter Programmiersprachen wird immer breiter: von **unternehmensweiten Anwendungen** bis hin zu **Konsumgütern** wie Mobiltelefonen, Waschmaschinen, Kühlschränken. In Java wird der erste Bereich durch *Java Enterprise Beans* (EJBs) und **J2EE** *(Java 2 Enterprise Edition)* abgedeckt. Für den zweiten Bereich gibt es die **J2ME** *(Java 2 Micro Edition).*

In diese Bereiche sollten Sie sich aber erst einarbeiten, wenn Sie genügend praktische Erfahrungen mit den in diesem Buch vermittelten Konzepten und Fertigkeiten gesammelt haben.

Obwohl in diesem Buch von Anfang an eine klare Trennung zwischen Konzepten und Notationen – hier am Beispiel von Java – vorgenommen wurde, haben Sie jetzt – wenn Java Ihre erste erlernte Programmiersprache ist – ein einseitiges Bild der Programmiersprachenlandschaft. Als Anfänger neigt man leicht dazu, die erste erlernte Programmiersprache als den allumfassenden Maßstab für das

Programmieren zu verwenden. Viele Notationen einer Sprache sind oft nur historisch zu erklären. Manche Konzepte werden in anderen Programmiersprachen anders umgesetzt.

Damit Sie – lieber Leser – noch einen kleinen Eindruck von einer anderen Programmiersprache erhalten, möchte ich als Ausblick eine kurze **Einführung in C++** vermitteln. Obwohl sich die Syntax von Java an C++ orientiert, gibt es in C++ einige interessante Konzepte, die in Java *nicht* vorhanden sind. Auf der anderen Seite merkt man, dass C++ noch eine Menge an historischem »Ballast« mit sich herumträgt, der nicht gerade zur Klarheit der Sprache beiträgt. Dennoch ist C++ heute noch eine oft verwendete Sprache.

C++

Die Ausführungen zu C++ beschränken sich auf die wichtigsten Konzepte. Auf die GUI-Programmierung wird nicht eingegangen.

Anders als bei Java gibt es für C++ *keine* plattformunabhängige GUI-Bibliothek, die zur Sprache selbst gehört. Es gibt daher mehrere GUI-Bibliotheken, die von Betriebssystem-Herstellern, Compiler-Herstellern und Bibliotheks-Herstellern angeboten werden. Einige Bibliotheks-Hersteller bieten Bibliotheken an, die plattformunabhängig sind. Diese Bibliotheken stehen zwischen den plattformspezifischen Bibliotheken und den Fachkonzeptklassen. Die Abbildung auf die verschiedenen plattformspezifischen Bibliotheken wird innerhalb dieser Bibliotheken vorgenommen. Nachteilig ist, dass diese Bibliotheken oft nicht alle Interaktionselemente der jeweiligen Plattform unterstützen. Will man eine C++-Anwendung auf mehreren Plattformen mit unterschiedlichen GUI-Systemen laufen lassen, dann empfiehlt sich der Einsatz solcher Bibliotheken. Generell sind alle C++-GUI-Bibliotheken proprietär, d.h. herstellerabhängig. Wechselt man die GUI-Bibliothek muss man in der Regel die gesamte Benutzungsoberfläche neu programmieren, da es keinen GUI-Standard für C++ gibt. Erstellt man C++-Anwendungen für die Windows-Plattform, dann bietet Microsoft dafür die GUI-Bibliothek MFC *(Microsoft Foundation Classes)* an, die jedoch nicht so einfach zu erlernen ist.

GUI-Problematik in C++

Software-Entwicklungen finden heute entweder für die Microsoft-Plattform oder für Nicht-Microsoft-Plattformen statt. Die beherrschende Programmiersprache für die Nicht-Microsoft-Plattformen ist Java. Für die Programmierung der Microsoft-Plattform mit dem Windows-Betriebssystem wurde das **.Net Framework** entwickelt (gesprochen *Dot-Net Framework*). Die beherrschende Programmiersprache für das .Net Framework ist die von Microsoft im Jahr 2002 entwickelte Programmiersprache **C#** (gesprochen *C Sharp*), die sich stark an Java anlehnt, aber auch einige Elemente von C++ übernimmt. Wegen der Marktbedeutung von Mircosoft gebe ich zum Abschluss noch eine kurze Einführung in C#.

Von Java nach C#

5.1 Einführung in C++

C++ wurde im
August 1998 als
ISO/IEC 14882-
Norm standar-
disiert.
http://www.
ncits.org/

Im Gegensatz zur Programmiersprache Java ist die Sprache C++ eine **hybride Sprache,** die die Sprache C um objektorientierte Konzepte erweitert hat. Daher ist es in C++ auch möglich, rein prozedural zu programmieren. Durch den hybriden Charakter der Sprache »schleppt« C++ auch eine ganze Reihe von »Altlasten« mit, die es in Java nicht gibt.

Um C++-Programmierern den Umstieg auf Java zu erleichtern, haben die Erfinder von Java für Java weitgehend die Syntax von C++ übernommen. Umgekehrt bedeutet dies, dass ein Java-Programmierer sich in der Syntax von C++ leicht »zurechtfindet«. Trotz der Ähnlichkeit der Syntax darf man aber beide Sprachen *nicht* als gleich oder ähnlich ansehen, denn sie sind in vielen Aspekten sehr unterschiedlich.

In C++ gibt es nur Anwendungen als ausführbare Programme, keine Applets. Außerdem gibt es standardmäßig keine GUI-Bibliotheken, sondern es müssen die GUI-Bibliotheken des jeweiligen Betriebssystems, eines Compilerherstellers oder eines Bibliotheksanbieters verwendet werden.

main   Jedes C++-Programm muss genau eine main-Funktion besitzen, die zu Beginn der Anwendung ausgeführt wird. Im Gegensatz zu Java ist die main-Funktion aber nicht Bestandteil einer Klasse, sondern steht als so genannte »freie« Funktion für sich allein. Sie kann aber hinter eine Klasse geschrieben werden. Ein C++-Programm kann auch nur aus einer main-Funktion bestehen.

Beispiel   Das Programm »Hello World« sieht in C++ folgendermaßen aus:

Hello.cpp
```
#include <iostream>
using namespace std;
//Hauptprogramm, mit dem jedes C++-Programm gestartet wird
//Steht unabhängig von einer Klasse
void main()
{
    //Ausgabe
    cout << "Hello World";
    cout << endl;
    cout << "Dies ist mein erstes C++-Programm!";
    cout << endl;
}
```

Am Anfang eines Programms wird angegeben, welche Schnittstellen oder Bibliotheken importiert werden sollen. In C++ geschieht dies durch die so genannte include-Anweisung.

include   Die include-Anweisung beginnt mit dem Nummernzeichen #, das in der ersten Spalte der Zeile stehen muss. Nach dem Wortsymbol include folgt in spitzen Klammern der Name der Datei, in der sich die gewünschte Schnittstelle bzw. Bibliothek befindet. Im Beispiel wird eine Ein-/Ausgabe-Bibliothek für einfache Typen importiert. In C++

heißt eine solche Datei *Header*-Datei. Das Einbinden einer solchen Datei in ein Programm wird als Inkludieren bezeichnet.

Diese Ein-/Ausgabe-Bibliothek ist Bestandteil der Standard-C++-Bibliotheken. Um Namenskonflikte mit anderen Bibliotheken zu vermeiden, muss noch die Anweisung `using namespace std;` geschrieben werden.

Diese Anweisung bewirkt, dass alle im Namensraum `std` enthaltenen Klassen direkt verwendet werden können. Würde man dies nicht tun, müsste vor jeder Operation aus einer Bibliothek der Namensraum angegeben werden, in dem sie sich befindet. Beispielsweise würde die Anweisung `cout << "Hello World!";` dann so lauten: `std::cout << "Hello World!";` Der Namensraum entspricht in etwa dem Paketkonzept in Java und die `using`-Anweisung der `import`-Anweisung in Java.

Namensraum

Die Bibliothek `iostream` stellt u.a. folgende E/A-Anweisungen zur Verfügung:

E/A-Anweisungen von `iostream`

- Ausgabeanweisungen beginnen mit dem Namen `cout` (Name für den Standard-Ausgabestrom, gelesen: *c-out*).

cout

- Der Operator << (es handelt sich um den Links-*Shift*-Operator) schiebt den anschließend angegebenen Wert in die Standardausgabe (in der Regel der Bildschirm).

<<

```
cout << 'A'; //Es wird der Buchstabe A ausgegeben
int Tage = 28;
cout << Tage; //Es wird 28 ausgegeben
cout << "Kreisberechnung"
```

Beispiel

Mehrere <<-Operatoren können, getrennt durch Operanden, aufeinander folgen.

```
cout << "Die Fläche beträgt:" << Flaeche;
```
ist äquivalent zu:
```
cout << "Die Fläche beträgt:";
cout << Flaeche;
```

Beispiel

Um einen Zeilenvorschub zu bewirken, wird der Operand `endl` oder das Zeichen `'\n'` verwendet. `endl` bewirkt – im Gegensatz zu `'\n'` –, dass die internen Puffer für die Ausgabe geleert werden. Je nach verwendetem Compiler erscheint die Ausgabe also erst nach einem `endl`. Um die internen Puffer auszugeben, kann auch die Funktion `const flush()` verwendet werden.

endl
\n

```
cout << endl;
cout << '\n';
```

Beispiel

Der Zeilenvorschub kann auch in einem String stehen:
```
cout << "Die Fläche beträgt \n";
```

Eingabeanweisungen beginnen mit dem Namen `cin` (Name für den Standard-Eingabestrom) (gelesen: *c-in*).

cin

Der Operator >> (Rechts-*Shift*-Operator) schiebt die eingetippten Zeichen in die angegebene Variablen.

>>

Beispiel
```
cout << "Radius eingeben:";
cin >> Radius;
cin >> Zahl1 >> Zahl2 >> Zahl3;
```

5.2 Klassen in C++

Klassen sind in C++ im Prinzip analog wie in Java aufgebaut. Syntaktisch gesehen gibt es folgende Punkte, die geändert werden müssen, wenn eine Java-Klasse übernommen werden soll:

- **Attribute** einer Klasse, in C++ *Member*-Variablen genannt, dürfen nicht bei der Deklaration, sondern müssen in der Regel in der Initialisierungs-Liste des Konstruktor initialisiert werden.

Initialisierung
Hinter der Parameterliste des Konstruktors kann, getrennt durch einen Doppelpunkt, eine **Initialisierungsliste** aufgeführt werden, in denen die Attribute initialisiert werden. Die einzelnen Attribute werden aufgeführt und in Klammern hinter dem Attributnamen wird jeweils der Initialisierungswert bzw. der Ausdruck zur Berechnung des Werts angegeben. Konstanten können ebenfalls in der Initialisierungsliste mit einem Wert versehen werden. Die Reihenfolge der Initialisierungen hängt von der Reihenfolge der Deklarationen in der Klasse ab, nicht von der Reihenfolge in der Initialisierungsliste. Eine Intialisierungsliste ist deshalb erforderlich, weil Attribute eine Initialisierung erhalten müssen und die Initialisierung vor der Ausführung des Rumpfs des Konstruktors stattfindet.

Beispiel

Java	C++
`int Zaehlerstand = 0;`	`int Zaehlerstand;`
`//Konstruktor`	`//Konstruktor`
`Zaehler()`	`Zaehler():Zaehlerstand(0)`
`{`	`{`
`}`	`}`

- Der **Sichtbarkeitsbereich** von Attributen und Operationen, in C++ *Member*-Funktionen genannt, wird durch die Schlüsselwörter `public`, `protected` und `private` festgelegt. Das jeweilige Schlüsselwort wird aber *nicht* vor jedes Attribut oder jede Operation geschrieben, sondern jeweils einmal angegeben, gefolgt von einem Doppelpunkt. Hinter dem Doppelpunkt werden dann alle Attribute und Operationen aufgeführt, die `private` sind usw.

Beispiel

Java	C++
`private int Zaehlerstand;`	`private:`
`private String ZahlAlsText;`	`    int Zaehlerstand;`
	`    string ZahlAlsText;`

- Hinter die letzte geschweifte Klammer einer Klasse muss ein **Semikolon** geschrieben werden.

832

```
Java                        C++
class Zaehler               class Zaehler
{                           {
.....           .....
}                           };
```

↰ Nach Durchführung dieser Änderungen erhält man aus einer Java-   Abschnitt 2.11.2
Fachkonzept-Klasse eine C++-Fachkonzept-Klasse.

```
/* Programmname: Zaehler
 * Fachkonzept-Klasse: Zaehler
 * Aufgabe: Verwaltung eines Zaehlers
 */

class Zaehler
{
  //Attribute
  //private gilt für alle folgenden Angaben
  private:
      int Zaehlerstand;
  //public gilt für alle folgenden Angaben
  public:
      //Konstruktor
      Zaehler():Zaehlerstand(0)
      {
      }
      //Schreibende Operationen
      void setzeAufNull()
      {
         Zaehlerstand = 0;
      }
      void erhoeheUmEins()
      {
         Zaehlerstand = Zaehlerstand + 1;
      }
      //Lesende Operationen
      int gibWert()const
      {
         return Zaehlerstand;
      }
};//Klasse muss mit Semikolon abgeschlossen werden
```

Beispiel

Zum guten Programmierstil in C++ gehört, dass Operationen, die den Zustand eines Objekts liefern, ohne ihn zu verändern, als const (hinter der Parameterliste) gekennzeichnet werden (siehe Beispiel).

5.3 Trennung Schnittstelle – Implementierung

In C++ besteht eine Klasse in der Regel aus zwei Teilen:
- einer Schnittstelle und
- einer Implementierung.

Schnittstelle

In der **Schnittstelle** sind alle Attributdeklarationen und die Signaturen aller Operationen (abgeschlossen mit Semikolon) – aber üblicherweise nicht deren Implementierungen – enthalten.

Header-Dateien
.h

Jede Schnittstelle wird in einer eigenen Datei mit der Namensendung .h gespeichert. Diese Dateien bezeichnet man in C++ als *Header*-Dateien.

Um eine Klasse benutzen zu können, muss der Name ihrer *Header*-Datei als include-Direktive in der benutzenden Klasse angegeben werden. Befindet sich die *Header*-Datei im eigenen Ordner, dann wird der Dateiname nicht in spitzen Klammern wie bei Standardbibliotheken, sondern in Anführungszeichen angegeben. *Header*-Dateien ohne Implementierungen werden *nicht* explizit übersetzt. .h-Dateien können auch Implementierungen enthalten (oft bei generischen Klassen der Fall) – dann müssen sie übersetzt werden.

Beispiel
Zaehler.h

```
/* Programmname: Zaehler(Schnittstelle)
 * Fachkonzept-Klasse: Zaehler
 * Aufgabe: Verwaltung eines Zaehlers
 * Dateiname: Zaehler.h
 */

class Zaehler
{
   private:
      int Zaehlerstand;
   public:
      //Konstruktor
      Zaehler();
      //Schreibende Operationen
      void setzeAufNull();
      void erhoeheUmEins();
      //Lesende Operationen
      int gibWert()const;
};
```

Implementierung
.cpp

Die **Implementierung** der Konstruktoren und Operationen erfolgt getrennt von der Schnittstelle. Vor die Namen der Konstruktoren und Operationen wird jeweils – getrennt durch zwei Doppelpunkte (der *scope*-Operator) – der Klassenname angegeben. Alle Konstruktoren und Operationen einer Klasse werden in der Regel in einer Datei mit der Namensendung .cpp gespeichert. Die zugehörige Schnittstellendatei muss mit #include "Klassenname.h" eingebunden werden.

Beispiel
Zaehler.cpp

```
/* Programmname: Zaehler(Implementierung)
 * Aufgabe: Verwaltung eines Zaehlers
 * Fachkonzept-Klasse: Zaehler
 * Dateiname: Zaehler.cpp
 */

#include "Zaehler.h"
```

```
//Konstruktor
Zaehler::Zaehler():Zaehlerstand(0)
{
}
//Schreibende Operationen
void Zaehler::setzeAufNull()
{
}
void Zaehler::erhoeheUmEins()
{
   Zaehlerstand = Zaehlerstand + 1;
}
//Lesende Operationen
int Zaehler::gibWert()const
{
   return Zaehlerstand;
}
```

Werden Schnittstelle und Implementierung nicht getrennt und die Implementierung direkt in die Schnittstelle geschrieben, dann werden die Operationen per Konvention (genauer gesagt: Der Compiler entscheidet, wie er verfährt) als so genannte *inline*-Funktionen behandelt. Bei einer *inline*-Funktion erfolgt während der Übersetzung eine Makroexpansion *(inline insertion)*. An jeder Aufrufstelle der Operation wird der Rumpf der Operation textuell einkopiert und die formalen Parameter in dieser Kopie geeignet ersetzt. Im Gegensatz zu dem von C bekannten Makro-Mechanismus (der auch in C++ zur Verfügung steht) bleiben dabei alle Kontrollmechanismen des Compilers (Typüberprüfung) in Kraft und die an die *inline*-Funktionen übergebenen Ausdrücke werden nur einmal ausgewertet.

Makroexpansion

```
int quadrieren(int Z)
{
   return Z * Z;
}
Aufruf:
int QuadratZahl;
QuadratZahl = quadrieren(QuadratZahl);
```

Beispiel

Die Makroexpansion führt zu folgender Anweisung an der Aufrufstelle:
```
QuadratZahl = QuadratZahl * QuadratZahl;
```

In C++ schreibt man vor die Operation, die expandiert werden soll, das Wortsymbol `inline`, z.B. `inline int quadrieren(int Z)`. Die Implementierung muss dann aber in derselben Übersetzungseinheit verfügbar sein. Sind Schnittstelle und Implementierung *nicht* getrennt, dann erfolgt automatisch – ohne das Wortsymbol `inline` – eine Makroexpansion.

Eine Makroexpansion ist in der Regel nur sinnvoll, wenn die Operationen klein und nicht rekursiv sind. Dann kann durch diesen Mechanismus die Laufzeit verkürzt und die Codegröße reduziert werden, z.B. bei get- und set-Operationen.

Vorteile der Trennung
Die Trennung einer Klasse in Schnittstelle und Implementierung – neben C++ auch in den Sprachen Ada und Modula-2 nötig – dient dazu, das Geheimnisprinzip zu verschärfen. Der Anwender einer Klasse benötigt nur die Schnittstelle. Anhand der Schnittstelle kann er die Dienstleistungen der Klasse in Anspruch nehmen. Die Implementierung der Konstruktoren und Operationen ist für ihn nicht sichtbar, sodass er dieses Wissen auch nicht implizit für die Anwendung verwenden kann.

Außerdem ist es durch die Trennung möglich, die Implementierung nur in übersetzter Form auszuliefern, z.B. bei Klassenbibliotheken.

Nachteil
Nachteilig ist, dass sich die Anzahl der Dateien dadurch verdoppelt werden.

5.4 Dynamische und statische Objekte

In C++ können Objekte
- dynamisch und
- statisch

angelegt werden.

Da dynamisch angelegte Objekte dem Java-Konzept entsprechen und außerdem am häufigsten eingesetzt werden, wird das entsprechende Konzept zuerst behandelt.

dynamisch erzeugte Objekte
In Java werden Referenztypen verwendet, um Verweise auf erzeugte Objekte zu speichern. In C++ werden Zeiger *(pointer)* benutzt, um Objekte zu referenzieren. Zeiger in C++ und Referenzen in Java sind weitgehend dasselbe, jedoch unterscheidet sich die Syntax und Semantik. Ein Attribut wird in C++ durch einen vorangestellten Stern (*) zu einem **Zeigerattribut.** Der vorangestellte Typ legt fest, auf welche Typen der Zeiger zeigen kann.

Beispiel

```
Java                               C++
//Referenzattribut                 //Zeigerattribut
Zaehler einKmZaehler;              Zaehler *einKmZaehler;
//Erzeugen eines Objekts           //Erzeugen eines Objekts
einKmZaehler = new Zaehler();      einKmZaehler = new Zaehler();
```

Ist in Java als Typ eine Klasse angegeben, dann ist das Attribut automatisch ein Referenzattribut, d.h., das Attribut kann eine Referenz auf ein Objekt dieser Klasse speichern. In Java ist es *nicht* möglich, eine Referenz auf Variablen einfacher Typen zu setzen.

In C++ können Zeigerattribute von beliebigem Typ sein. Daher müssen sie in der Sprache explizit gekennzeichnet werden.

Botschaften an Objekte
In Java wird eine Objektoperation aufgerufen, indem der Objektname, gefolgt von einem Punkt (Punktnotation) und dem gewünschten Operationsnamen, mit den aktuellen Parametern angegeben wird. In

C++ erfolgt der Aufruf analog, nur wird anstelle des Punktes ein Pfeil
-> angegeben **(Pfeilnotation).**

Java	C++	Beispiel
einKmZaehler.erhoeheKmEins();	einKmZaehler->erhoeheKmEins();	

Das folgende Programm zeigt die GUI-Klasse und die main-Operation Beispiel
für den Kilometerzähler:

```
/** Programmname: Zaehler
* GUI-Klasse: ZaehlerGUI                                ZaehlerGUI.cpp
* Aufgabe: Verwaltung eines Zaehlers
*/

#include <iostream>
#include »Zaehler.h«
using namespace std;

class ZaehlerGUI
{
private:
  Zaehler *einKmZaehler; //Deklaration eines Zeigers
public:
  //Konstruktor
  ZaehlerGUI()
  {
    einKmZaehler = new Zaehler();
  }
  //Operationen
  void anzeigen() const
  {
    cout << "KM-Stand: " << einKmZaehler->gibWert() << endl;
  }
  void dialog()
  {
    int funktion;
    do
    {
      cout << "Funktion waehlen: Erhoehen (1), Auf null setzen
        (2), Ende (0):";
      cout << endl;
      cin >> funktion;
      switch (funktion)
      {
        case 1:  einKmZaehler->erhoeheUmEins();
                      anzeigen(); break;
        case 2:  einKmZaehler->setzeAufNull();
                      anzeigen(); break;
        case 0:  break;
        default: cout << "Fehlerhafte Eingabe"; cout << endl;
                      break;
      }
    } while(funktion != 0);
  }
  //Destruktor
  ~ZaehlerGUI() //Erzeugtes Objekt wird explizit gelöscht
```

837

```
    {
        delete einKmZaehler;//siehe unten
    }
};

//Hauptprogramm
void main()
{
    cout << "Start des Programms Zaehler";
    cout << endl;
    // Erzeugen eines GUI-Objekts
    ZaehlerGUI *einGUIObjekt; //Deklaration eines Zeigers
    einGUIObjekt = new ZaehlerGUI(); //Erzeugen eines Objekts
    einGUIObjekt->dialog(); //Aufruf der Operation dialog
    delete einGUIObjekt; //Löschen eines Objekts, siehe unten
};
```

Das Übersetzungsschema für die Anwendung Zaehler zeigt Abb.
5.4-1.

Abb. 5.4-1:
Übersetzungs-
schema der
Anwendung
Zaehler

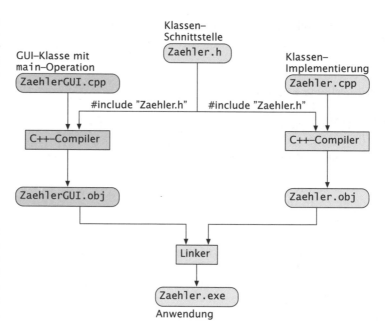

Hinweis: In
Windows-Umge-
bungen hat die Ob-
jektcode-Datei die
Endung .obj, in
Unix-Umgebungen
die Endung .o.

Um eine Makroexpansion der Operationen der Klasse ZaehlerGUI
zu vermeiden, muss auch diese Klasse noch in Schnittstelle und Implementierung geteilt werden.

Gegenüber Java gibt es noch einen gravierenden Unterschied in
C++, bezogen auf die Speicherverwaltung.

Java: automatische
Speicher-
verwaltung

Java besitzt eine **automatische Speicherverwaltung** *(garbage
collection)*, die ein Objekt immer dann automatisch aus dem Arbeitsspeicher löscht, wenn keine Referenz mehr auf es zeigt.

838

In C++ muss der Arbeitsspeicher dagegen vom Programmierer manuell verwaltet werden. Es muss daher auch Möglichkeiten geben, erzeugte Objekte wieder aus dem Arbeitsspeicher zu löschen.

C++: manuelle Speicherverwaltung

Um Objekte, die im Konstruktor zusätzlichen Speicher dynamisch angefordert haben, löschen zu können, muss in jeder Klasse ein so genannter **Destruktor** – als Gegenstück zum Konstruktor – angelegt werden. Pro Klasse kann nur *ein* Destruktor angelegt werden, während es möglich ist, mehrere Konstruktoren zu schreiben. Wenn kein Destruktor definiert wird, erzeugt der Compiler einen Standard-Destruktor, der ausreichend ist, wenn in *keinem* Konstruktor und in *keiner* Operation dynamisch Speicher angefordert wird.

Der Name für den Destruktor einer Klasse Zaehler ist ~Zaehler (das Komplement des Konstruktors). Ein Destruktor hat keine Parameter und kann nicht redefiniert werden. In der Regel wird ein Destruktor *nicht* explizit aufgerufen.

Destruktor

Ein mit dem new-Operator erzeugtes Objekt wird mit dem delete-Operator wieder gelöscht. Der delete-Operator bewirkt einen impliziten Aufruf des Destruktors.

delete

Im Rumpf des Destruktors können Anweisungen stehen. Folgende Regel sollte beachtet werden:

Regel

■ Wird im Konstruktor einer Klasse A mit new ein Objekt einer anderen Klasse B erzeugt, dann muss im Destruktor der Klasse A mit delete das Objekt der Klasse B auch wieder gelöscht werden.

In C++ gibt es – im Gegensatz zu Java – noch die Möglichkeit, Objekte statisch zu erzeugen. Das bedeutet, dass Objekte – wie Variablen einfacher Typen – bei der Deklaration bereits erzeugt werden, *ohne* Anwendung des new-Operators.

statisch erzeugte Objekte

Zerstört werden die so angelegten Objekte automatisch, wenn vom Programm der Gültigkeitsbereich der Objekte verlassen wird. Genauso wie beim Anlegen automatisch Speicherplatz für das Objekt angelegt wird, wird er bei der Zerstörung des Objekts durch impliziten Aufruf des Destruktors auch automatisch wieder freigegeben. Bei lokal deklarierten Objekten, z.B. innerhalb einer Operation, geschieht dies, wenn der Block, in dem sie deklariert werden, wieder verlassen wird.

automatische Erzeugung und Zerstörung

Auf Operationen von Objekten, die statisch erzeugt wurden, wird mit der Punktnotation zugegriffen, d.h. nach dem Objektnamen folgt ein Punkt und dann der Operationsname.

Punktnotation

Die Klasse ZaehlerGUI sieht mit statisch erzeugten Objekten folgendermaßen aus:

Beispiel

```
/* Programmname: Zaehler
* GUI-Klasse: ZaehlerGUI
* Aufgabe: Verwaltung eines Zaehlers
* Verwendung statischer Objekte
*/
```

ZaehlerGUI.cpp

```cpp
#include <iostream>
#include "Zaehler.h"
using namespace std;

class ZaehlerGUI
{
private:
  Zaehler einKmZaehler; //Deklaration eines statischen Objekts
public:
  //Konstruktor
  ZaehlerGUI() { }
  //Operationen
  void anzeigen()
  {
    cout << "KM-Stand: " << einKmZaehler.gibWert();
    //Punktnotation
    cout << endl;
  }
  void dialog()
  {
    int funktion;
    do
    {
      cout << "Funktion waehlen: Erhoehen (1), Auf Null
         setzen (2), Ende (0):";
      cout << endl;
      cin >> funktion;
      switch (funktion)
      {
        case 1:        einKmZaehler.erhoeheUmEins();
                          anzeigen();break;
        case 2:        einKmZaehler.setzeAufNull();
                          anzeigen();break;
        case 0:        break;
        default: cout << "Fehlerhafte Eingabe"; cout << endl;
                          break;
      }
    } while (funktion != 0);
  }
};
// Hauptprogramm
void main()
{
  cout << "Start des Programms Zaehler";
  cout << endl;
  // Erzeugen eines GUI-Objekts
  ZaehlerGUI einGUIObjekt;
  einGUIObjekt.dialog();//Aufruf der Operation dialog
};
```

5.5 Vererbung und Polymorphismus

C++ unterstützt sowohl die Einfach- als auch die Mehrfachvererbung. Oberklassen heißen in C++ **Basisklassen**, Unterklassen nennt man **abgeleitete Klassen**.
Die Syntax unterscheidet sich von Java in folgenden Punkten:

■ Die Oberklassen werden in C++, getrennt durch einen Doppelpunkt, hinter dem Klassennamen angegeben. Wegen der Mehrfachvererbung können auch mehrere Oberklassen aufgeführt werden, jeweils getrennt durch Komma.

Basisklassen, abgeleitete Klassen

Java	C++
import Konto;	#include "Konto.h"
class Sparkonto extends Konto	class Sparkonto : public Konto

Beispiel

Vor dem Oberklassennamen kann `public`, `protected` oder `private` stehen. Sie haben folgende Wirkungen:

☐ `public`: Öffentliche Komponenten der Oberklasse bleiben auch in der Unterklasse öffentlich; `protected` bleibt `protected` und `private` bleibt `private`.

☐ `protected`: Aus `public` der Oberklasse wird `protected` in der Unterklasse, `protected` bleibt `protected` und `private` bleibt `private`.

☐ `private`: Alle vererbten Komponenten der Oberklasse werden zu privaten Komponenten der Unterklasse.

■ Der Konstruktor der Oberklasse wird entsprechend folgender Syntax im Konstruktor der Unterklasse aufgerufen – in Java durch das Schlüsselwort `super` gekennzeichnet:

```
Unterklassen-Konstruktor (Parameterliste):
   Oberklassen-Name 1 (Parameterliste),
   Oberklassen-Name 2 (Parameterliste),
   ...
   Oberklassen-Name N (Parameterliste)
```

Java

Beispiel

```
//Konstruktor
public Sparkonto(int Nummer, float ersteZahlung)
{
   //Anwendung des Konstruktors der Oberklasse
   super(Nummer, ersteZahlung);
}
```

C++
```
//Konstruktor
Sparkonto(int Nummer, float ersteZahlung) :
   Konto(Nummer, ersteZahlung)
{
}
```

■ Um innerhalb von redefinierten Operationen auf Operationen der Oberklasse zuzugreifen, wird vor den Operationsnamen, getrennt durch zwei Doppelpunkte, der Oberklassenname geschrieben – in Java wird stattdessen das Schlüsselwort `super` davor geschrieben.

Zugriff auf Oberklassenoperationen

Beispiel
```java
Java
//Redefinierte Operation
public void buchen(float Betrag)
{
    if (getKontostand() + Betrag >= 0)
    //Operation buchen der Oberklasse aufrufen
    super.buchen(Betrag);
}
```

```cpp
C++
//Redefinierte Operation
void buchen(float Betrag)
{
    if (getKontostand() + Betrag >= 0)
        Konto::buchen(Betrag);
}
```

■ Standardmäßig erfolgt in C++ *kein* »spätes Binden« – im Gegensatz zu Java. Die Operationen, für die »spätes Binden« vorgenommen werden soll, müssen mit dem Schlüsselwort virtual gekennzeichnet sein. Das gilt für die Operationen in der Oberklasse.

Beispiel
```cpp
C++
virtual void buchen(float Betrag)
{
    Kontostand = Kontostand + Betrag;
}
```

■ Wird eine Referenz auf ein Objekt über die Parameterliste übergeben, dann muss in C++ der Zeiger, gekennzeichnet durch einen vorangestellten Stern, auf der formalen Parameterliste stehen.

Beispiel
```java
Java
void einauszahlungenInBar(Konto einObjekt, float Zahlung)
{
    einObjekt.buchen(Zahlung);
}
```
```cpp
C++
void einauszahlungenInBar(Konto *einObjekt, float Zahlung)
{
    einObjekt->buchen(Zahlung);
}
```

double statt float
■ Da C++ bei Berechnungen mit float-Werten immer den Wert nach double wandelt und anschließend wieder zurück nach float, empfiehlt es sich, statt float gleich double zu wählen.

Unter Beachtung dieser Regeln ergibt sich aus dem Java-Programm Konto folgendes C++-Programm:

Konto.h
```cpp
/* Programmname: Konto (Schnittsstelle)
 * Fachkonzept-Klasse: Konto
 * Aufgabe: konkrete Oberklasse Konto
 * Dateiname: Konto.h
 */
```

```
class Konto
{
  protected:
     int Kontonr;
     double Kontostand;

  public:
     //Konstruktor
     Konto (int Nummer, double ersteZahlung);
     //Schreibende Operationen
     virtual  void buchen (double Betrag);
     //Lesende Operationen
     double getKontostand () const;
};
```

```
/* Programmname: Konto                                          Konto.cpp
 * Fachkonzept-Klasse: Konto
 * Aufgabe: konkrete Oberklasse Konto
 * Dateiname: Konto.cpp
 */
```

```
#include "Konto.h"

Konto::Konto (int Nummer, double ersteZahlung):
//Initialisierungsliste
Kontonr(Nummer), Kontostand(ersteZahlung)
{
}
```

```
//Schreibende Operationen
void Konto::buchen (double Betrag)
{
   Kontostand = Kontostand + Betrag;
}
//Lesende Operationen
double Konto::getKontostand () const
{
   return Kontostand;
}
```

```
/* Programmname: Konto (Schnittstelle)                        Sparkonto.h
 * Fachkonzept-Klasse: Sparkonto
 * Aufgabe: Sparkonten dürfen nicht negativ werden
 * Dateiname: Sparkonto.h
 */
#include "Konto.h"

class Sparkonto: public Konto
{
  public:
  // Konstruktor
  Sparkonto (int Nummer, double ersteZahlung);

  //Redefinierte Operation
  virtual void buchen (double Betrag);

};
```

843

Sparkonto.cpp
```cpp
/* Programmname: Konto
 * Fachkonzept-Klasse: Sparkonto
 * Aufgabe: Sparkonten dürfen nicht negativ werden
 * Dateiname: Sparkonto.cpp
 */
#include "Sparkonto.h"

// Konstruktor
Sparkonto::Sparkonto (int Nummer, double ersteZahlung):
        Konto(Nummer,ersteZahlung)
{
}

//Redefinierte Operation
void Sparkonto::buchen (double Betrag)
{
    if (getKontostand() + Betrag >= 0)
      //Operation buchen der Oberklasse aufrufen
    Konto::buchen(Betrag);
}
```

KontoGUI.cpp
```cpp
/* Programmname: Konto
 * GUI-Klasse: KontoGUI
 * Aufgabe: Konten verwalten
 * Eingabe von Beträgen und Kontoart
 * Ausgabe des aktuellen Kontostands
 */
#include <iostream>
#include "Sparkonto.h"
using namespace std;

class KontoGUI
{
    private: //Konten deklarieren
      Konto *einKonto;
      Sparkonto *einSparkonto;
    public:
      KontoGUI() //Konstruktor
      {
        //Objekte erzeugen
        einKonto = new Konto (1,0.00);
        einSparkonto = new Sparkonto (2, 0.00);
      }
      ~KontoGUI() //Destruktor
      {
        delete einKonto;
        delete einSparkonto;
      }
    //Anwendung des Polymorphismus
    //Zur Übersetzungszeit ist nicht bekannt, ob ein Objekt
    //der Klasse Konto oder ein Objekt der Klasse Sparkonto
    //aufgerufen wird
    void einausZahlungenInBar(Konto *einObjekt, double Zahlung)
    {
        einObjekt->buchen(Zahlung);
```

844

```
    }
  void dialog()
  {
     int funktion; double Zahl;
     do
     {
       cout << "Funktion waehlen: Kontobetrag (1),
                  Sparkontobetrag (2), Ende (0):" << endl;
        cin >> funktion;
        switch (funktion)
          {
          case 1:
            cout << "Aktueller Kontostand:"
                         << einKonto->getKontostand() << endl
                         <<"Betrag eingeben: ";
            cin >> Zahl;
            einausZahlungenInBar(einKonto, Zahl);
            cout << "Neuer Kontostand: "
                         << einKonto->getKontostand() << endl;
            break
          case 2:
            cout << "Aktueller Sparkontostand:" <<
                         einSparkonto->getKontostand()
                         << endl <<"Betrag eingeben: ";
            cin >> Zahl;
            einausZahlungenInBar(einSparkonto, Zahl);
            cout << "Neuer Sparkontostand: " <<
                         einSparkonto->getKontostand() << endl
                         << endl;
            break;
          case 0: break;
          default: cout << "Fehlerhafte Eingabe" << endl; break;
          }
     }
     while (!(funktion == 0));

  }
};
//Hauptprogramm
void main()
{
  cout << "Start des Programms Konto" << endl;
  KontoGUI *einGUIObjekt; //Deklarieren eines GUI-Objekts
  einGUIObjekt = new KontoGUI(); // Erzeugen eines GUI-Objekts
  einGUIObjekt->dialog();
  delete einGUIObjekt;
};
```

In diesem Beispiel ist es nicht nötig, dynamische Objekte zu verwenden. Das Programm KontoGUI.cpp sieht mit statischen Objekten folgendermaßen aus (die anderen Klassen bleiben unverändert):

```
/* Programmname: Konto
* GUI-Klasse: KontoGUI
* Aufgabe: Konten verwalten
```

```
* Eingabe von Beträgen und Kontoart
* Ausgabe des aktuellen Kontostands
* Objekte werden statisch angelegt!
*/
#include <iostream>
#include "Sparkonto.h"
using namespace std;

class KontoGUI
{
private: //Konten deklarieren
   Konto einKonto;
   Sparkonto einSparkonto;
public:
   //Konstruktor
   KontoGUI(): einKonto(1, 0.00), einSparkonto(2,0.00)
   {
   }
//Anwendung des Polymorphismus
//Zur Übersetzungszeit ist nicht bekannt, ob ein Objekt
//der Klasse Konto oder ein Objekt der Klasse Sparkonto
aufgerufen wird
   void einausZahlungenInBar(Konto &einObjekt, double
      Zahlung)
   {
      einObjekt.buchen(Zahlung);
   }
   void dialog()
   {
   int funktion; double Zahl;
   do
   {
      cout << "Funktion waehlen: Kontobetrag (1),
      Sparkontobetrag (2), Ende (0):" << endl;
      cin >> funktion;
      switch (funktion)
      {
        case 1:
           cout << "Aktueller Kontostand:" <<
           einKonto.getKontostand() << endl
           <<"Betrag eingeben: ";
           cin >> Zahl;
           einausZahlungenInBar(einKonto, Zahl);
           cout << "Neuer Kontostand: " << einKonto.
           getKontostand() << endl;
           break;
        case 2:
           cout << "Aktueller Sparkontostand:" << einSparkonto.
           getKontostand() << endl <<"Betrag eingeben: ";
           cin >> Zahl;
           einausZahlungenInBar(einSparkonto, Zahl);
           cout << "Neuer Sparkontostand: " <<     einSparkonto.
           getKontostand() << endl << endl;
           break;
        case 0: break;
```

```
    default: cout << "Fehlerhafte Eingabe" << endl; break;
    }
  }
  while (!(funktion == 0));
  }
};
//Hauptprogramm
void main()
{
  cout << "Start des Programms Konto" << endl;
  KontoGUI einGUIObjekt; //Deklarieren eines GUI-Objekts
  einGUIObjekt.dialog();
};
```

Statische Objekte können als Referenzparameter *(call by reference)* über die Parameterliste übergeben werden. Dies wird durch ein &-Zeichen hinter dem Typ oder vor dem Objektnamen angegeben, z.B.

`void einausZahlungenInBar(Konto &einObjekt, double Zahlung)`

Referenzübergabe (siehe auch Abschnitt 2.11.4)

- Aus einer (konkreten) Klasse wird in C++ eine abstrakte Klasse, wenn mindestens eine Operation rein virtuell ist *(pure virtual function)*.

abstrakte Klasse

Eine rein virtuelle Operation wird durch =0; in der Signatur gekennzeichnet. Damit wird angegeben, dass die Implementierung fehlt und von Unterklassen vorgenommen werden muss. Rein virtuelle Operationen legen für eine Oberklasse fest, dass eine bestimmte Operation aufrufbar ist, obwohl sie noch nicht definiert sein muss.

rein virtuelle Operationen

Java	C++	Beispiel

`public abstract class Firma`
`{`
`}`
	`class Firma`
	`{`
	`public:`
	`void setFirmenname`
	`  (string Name) = 0;`
	`//rein virtuelle Operation`
	`void setAdresse(...)...`	

- Erbt eine Unterklasse in C++ von mehreren Oberklassen eine Operation mit derselben Signatur, dann muss – um Mehrdeutigkeiten zu vermeiden – beim Aufruf der Operation in der Unterklasse vor den Operationsnamen, getrennt durch zwei Doppelpunkte, der Oberklassenname geschrieben werden, z.B.

Mehrfachvererbung

`Konto::einSparkonto->buchen();`

- Da C++ die Mehrfachvererbung erlaubt, gibt es in der Regel nicht nur eine Wurzelklasse – wie in Java die Klasse Object – sondern es kann mehrere Wurzelklassen geben.

5.6 Klassenattribute und Klassenoperationen

static

■ Klassenattribute und Klassenoperationen werden wie in Java durch das Wortsymbol static vor dem Attribut bzw. der Operation gekennzeichnet.

Initialisierung

■ Klassenattribute können entweder in der Schnittstelle der Klasse (nach dem C++-ANSI-Standard 1998) oder in der Implementierung der Klasse initialisiert werden.

Aufruf

■ Um eine Klassenoperation aufzurufen, muss vor die Operation, getrennt durch zwei Doppelpunkte, der Klassenname geschrieben werden.

Beispiel

Das folgende Beispiel zeigt die Anwendung von Klassenattributen und Klassenoperationen:

Artikel.h

```
/* Programmname: Artikelverwaltung
 * Fachkonzept-Klasse: Artikel (Schnittstelle)
 * Aufgabe: Einsatz von Klassenattributen und -operationen
 */

class Artikel
{
private:
    static int AnzahlArtikel; //Klassenattribut deklarieren
    int ArtikelNr; //Objektattribute
    int Lagermenge;
public:
    //Konstruktor
    Artikel(int ArtikelNr, int Anfangsbestand);
    //Klassenoperation
    static int anzeigenAnzahlArtikel();
    //Objektoperationen
    int anzeigenLagermenge(int ArtikelNr) const;
    void aendernBestand(int ArtikelNr, int Bestandsaenderung);
};
```

Artikel.cpp

```
/* Programmname: Artikelverwaltung
 * Fachkonzept-Klasse: Artikel (Implementierung)
 */

#include "Artikel.h"

//Klassenattribut definieren und initialisieren
int Artikel::AnzahlArtikel = 0;
// Konstruktor
Artikel::Artikel(int Artikelnr, int Anfangsbestand):
ArtikelNr(Artikelnr), Lagermenge(Anfangsbestand)
{
    AnzahlArtikel = AnzahlArtikel + 1;
}
// Klassenoperation
int Artikel::anzeigenAnzahlArtikel()
{
```

```
   return AnzahlArtikel;
}
// Objektoperationen
int Artikel::anzeigenLagermenge(int ArtikelNr) const
{
   return Lagermenge;
}
void Artikel::aendernBestand(int ArtikelNr,
   int Bestandsaenderung)
{
   Lagermenge = Lagermenge + Bestandsaenderung;
}
};

/* Programmname: Artikelverwaltung                    ArtikelGUI.cpp
 * GUI-Operation: main-Prozedur (Ausschnitt)
 */

#include <iostream>
#include "Artikel.h"
using namespace std;

void main()
{
   cout << "Programm Artikelverwaltung" << endl;
   int funktion, ArtikelNr, Menge;
   Artikel *einArtikel; //Zeiger
   do
   {
      cout << "AnzahlArtikel: ";
      cout << Artikel::anzeigenAnzahlArtikel();//Klassenoperation
      cout << endl;
      cout << "Funktion waehlen: Anlegen (1), Bestand aendern
         (2), Ende (0)" << endl;
      cin >> funktion;
      switch (funktion)
      {
         case 1:    cout << "Artikelnr: " << endl;
                    cin >> ArtikelNr;
                    cout << "Anfangsbestand: << endl";
                    cin >> Menge;
                    einArtikel = new Artikel(ArtikelNr, Menge);
                    break;
         case 2:    break;
         case 0:    break;
      }
   }
   while (funktion != 0);
};
```

5.7 Generische Typen *(templates)*

typgebundene Sprache

C++ ist eine typgebundene Sprache. Schreibt man beispielsweise eine Klasse zur Verwaltung von Warteschlangen, dann muss man festlegen, von welchem Typ die Elemente sind, die verwaltet werden sollen.

Die Algorithmen zur Verwaltung der Elemente sind jedoch gleich, egal ob man z.B. Elemente vom Typ `int` oder `float` verwaltet. Dennoch muss man zwei Warteschlangen-Klassen schreiben, die sich nur in den Typangaben der Elemente unterscheiden.

generischer Typ

Um diesen Aufwand zu vermeiden, gibt es in C++ – analog wie in Java – die Möglichkeit, **generische Typen** zu vereinbaren. In C++ spricht man von ***templates*** oder Schablonen. Sie erlauben es, generische Klassen und generische Operationen zu schreiben. Eine Klasse oder Operation (in C++ Funktionen genannt) kann mit Parametern versehen werden. Neben Typparametern können bei Klassen auch Parameter mit einfachen Typen verwendet werden (Letzteres ist in Java *nicht* möglich).

generische Klasse

Eine Klasse wird zu einer generischen Klasse, indem man vor das Wortsymbol `class` Folgendes schreibt:

template

`template <class Typparameter, einfacher Typ Bezeichner>` wobei ein oder mehrere Typparameter und/oder einfache Typen gefolgt von einem Bezeichner (jeweils getrennt durch Kommata) erlaubt sind, z.B. `template <class T, int max>`.

Beispiel 1

Ein C++-Programm für eine Warteschlange, bei der sowohl der Datentyp der zu speichernden Elemente (`T`) als auch die Länge der Warteschlange (`int max`) parametrisiert sind, sieht folgendermaßen aus:

```
/* Programmname: Warteschlange
 * Fachkonzept-Klasse: Warteschlange (Schnittstelle)
 * Einsatz einer generischen Klasse
 * Parameter T: Platzhalter für den Typ
 * der zu speichernden Elemente
 * Parameter int max: Länge max der Warteschlange
 */

#include <iostream>
using namespace std;

template <class T, int max = 10>
class Warteschlange
{
private:
  int anfang;// hier wird entfernt
  int ende;  // hier wird angefuegt
  T einFeld[max];

public:
  //Konstruktor
  Warteschlange(): anfang(0), ende(0)
```

```
  {
  }
  void einfuegen(const T &Element)
  {
    if (anfang == (ende + 1) % (max + 1))
       cout << "Mitteilung: Schlange voll" << endl;
    else
    {
       einFeld[ende] = Element;
       ende = (ende + 1) % (max + 1);
    }
  }
  T entfernen()
  {
    T Element;
    if (anfang == ende)
    {
       cout << "Mitteilung: Schlange leer" << endl;
       return einFeld[0];
    }
    else
    {
       Element = einFeld[anfang];
       anfang = (anfang + 1) % (max + 1);
       return Element;
    }
  }
};

/* Programmname: Warteschlange                              WarteschlangeGUI.
 * GUI-Operation: main-Prozedur                             cpp
 */

#include <iostream>
using namespace std;
#include "Warteschlange.h"

void main()
{
  cout << "Programm Warteschlange" << endl;

  //Deklaration einer statischen Warteschlange
  //vom Elementtyp int mit der Länge 3
  Warteschlange<int,3> eineIntWarteschlange;

  //Deklaration einer statischen Warteschlange
  //vom Elementtyp float und der Länge 4
  Warteschlange<float,4> eineFloatWarteschlange;

  int IntElement;
  float FloatElement;
  int funktion;
  do
  {
    cout << "Funktion waehlen: Einf int(1), Entf int(2), ";
```

```
cout << "Einf float(3), Entf float(4), Ende(0)\n";
cin >> funktion;
switch (funktion)
{
  case 1:
    cout << "Int Element:" << endl;
    cin >> IntElement;
    eineIntWarteschlange.einfuegen(IntElement);
    break;
  case 2:
    cout << "Inhalt int: ";
    cout << eineIntWarteschlange.entfernen() << endl;
    break;
  case 3:
    cout << "Float Element: " << endl;
    cin >> FloatElement;
    eineFloatWarteschlange.einfuegen(FloatElement);
    break;
  case 4:
    cout << "Inhalt float: ";
    cout << eineFloatWarteschlange.entfernen() << endl;
    break;
  default: break;
}
} while (funktion !=0);
};
```

nur eine *Header*-Datei anlegen

Bei generischen Klassen können die Schnittstelle und die Implementierung gemeinsam in die Schnittstellen-Datei eingetragen werden. In obigem Beispiel gibt es nur eine *Header*-Datei, die in die GUI-Klasse eingebunden wird.

Wenn ein Objekt der deklarierten, generischen Klasse gebraucht wird, muss jeweils angegeben werden, welche Typen als Parameter verwendet werden sollen:

```
Warteschlange<int,3> eineIntWarteschlange;
//Warteschlange für ganze Zahlen der Länge 3
Warteschlange<float,4> eineFloatWarteschlange;
Warteschlange für Gleitpunktzahlen der Länge 4
```

Besitzt in der `template`-Anweisung ein einfacher Typ bereits eine Voreinstellung, dann kann bei der Deklaration der konkreten Klasse der aktuelle Parameter fehlen. Es wird dann die Voreinstellung verwendet:

```
//Deklaration mit Voreinstellung max = 10
template <class T, int max = 10>

//Kein aktueller Parameter für int
//Voreinstellung 10 wird übernommen
Warteschlange<int> eineIntWarteschlange;
```

In Beispiel 1 wird für zwei Klassen Code generiert. Besitzt eine generische Klasse auch Klassenattribute und -operationen, dann werden entsprechend auch zwei verschiedene Klassenattribute und -operationen angelegt.

Die generische Klasse bildet für jeden eingesetzten Typ einen eigenen Typ, der überall verwendet werden kann, z.B.

```
void Operation (Warteschlange<int> &w)
//Parameter w ist int-Warteschlange
{
    Warteschlange<int> iSchlange [20];
    //iSchlange ist ein Feld von 20 int-Warteschlangen
}
```

Generische Klassen können im Prinzip wie alle anderen Klassen auch eingesetzt werden. Sie können auch selbst wiederum als Parameter von generischen Klassen verwendet werden:

```
Warteschlange<Warteschlange<int> > intWarteschlange
```

definiert eine Warteschlange von `intWarteschlangen`. Das Leerzeichen zwischen den schließenden spitzen Klammern ist erforderlich, um eine Interpretation als Operator zu vermeiden.

Einsatz wie andere Klassen

Analog wie für die Programmiersprache Java gibt es auch für C++-Compiler und Programmierumgebungen, die ein komfortables Erstellen von C++-Programmen ermöglichen. Abb. 5.7-1 zeigt den Aufbau einer C++-Programmierumgebung.

Programmierumgebungen und Compiler

Im e-learning-Kurs zu diesem Buch befinden sich Installationshinweise zu verschiedenen C++-Compilern und Entwicklungsumgebungen. Auf der beigefügten CD-ROM befinden sich C++-Compiler.

e-learning-Kurs

Destruktor *(destructor)* Operation einer Klasse, die Finalisierungsaufgaben durchführt, z.B. dynamisch erzeugte Objekte löscht.

template →generischer Typ.

Die wichtigste im Markt befindliche *hybride* objektorientierte Programmiersprache ist C++. Obwohl Java eine weitgehend ähnliche Syntax wie C++ verwendet, gibt es jedoch eine Reihe von wesentlichen **Unterschieden** zwischen den Sprachen:

- Die Sprache C++ enthält *keine* integrierte **GUI-Bibliothek**, sodass die GUI-Klassen in Abhängigkeit von der jeweils verwendeten Bibliothek programmiert werden müssen.
- Jede C++-Klasse besteht in der Regel aus einer **Schnittstelle** und einer **Implementierung,** die textuell getrennt in unterschiedlichen Dateien *(Header-Datei* .h und Implementierungsdatei .cpp) gespeichert werden.
- In C++ können Objekte **dynamisch** (Zeigerattribut mit vorangestelltem *, Aufruf einer Operation des Objekts mit Pfeilnotation ->) und **statisch** (Erzeugung bei der Deklaration *ohne* new-Operator, Aufruf einer Operation des Objekts mit Punktnotation .) erzeugt werden.

Abb. 5.7-1: Die
Programmier-
umgebung
Microsoft Visual
C++

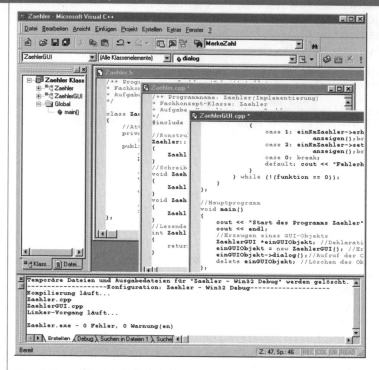

Bearbeitungsfenster (hier: rechts Mitte)
- Im Arbeitsbereich werden die C++-Programme eingetippt.
- Mehrere Programmfenster (hier: 3) können gleichzeitig geöffnet sein (MDI-Konzept).
- Die einzelnen C++-Sprachelemente werden automatisch verschiedenfarbig dargestellt.

Arbeitsbereich (hier: links): *Wahlweise Klassen oder Dateien*
- Klassen: Zeigt die erstellten Klassen und ihren Aufbau (Doppelklick zeigt im Bearbeitungsfenster den entsprechenden Programmteil an).
- Dateien: Zeigt die bereits erstellten Dateien an (Doppelklick öffnet die entsprechende Datei im Bearbeitungsfenster).

Meldungsbereich (hier: unten)
- Zeigt Fehler und Warnungen beim Übersetzen an. Doppelklick auf eine Fehlermeldung zeigt im Bearbeitungsfenster die fehlerhafte Zeile an!

Anwendung der Programmierumgebung:
1 Im Menü Datei die Option Neu wählen. Im Dialogfenster unter Projekte Win32-Konsolenanwendung oder andere gewünschte Programmart wählen. Projektname vergeben.
2 Im Menü Datei die Option Neu wählen. Im Dialogfenster unter Dateien C/C++-Header-Datei oder C++-Quellcodedatei oder andere gewünschte Dateiart wählen. Dateiname vergeben.
3 Programme in die Fenster eintippen.
4 Programme übersetzen (Menü: Erstellen, Option: Alles neu erstellen)
5 Fehlerfrei übersetzte Programme ausführen (Menü: Erstellen, Option: Ausführen von Programm.exe).

- C++ besitzt *keine* automatische Speicherbereinigung, so dass der Programmierer in einem **Destruktor** (~Klassenname) dynamisch erzeugte Objekte explizit löschen muss.
- C++ erlaubt die **Mehrfachvererbung;** es gibt *keine* gemeinsame Wurzelklasse, sondern es kann beliebig viele geben.
- **Polymorphismus** ist nur möglich, wenn die Operationen der entsprechenden Oberklassen mit virtual gekennzeichnet sind.
- **Abstrakte Klassen** liegen vor, wenn mindestens eine Operation rein virtuell ist (Erweitern der Signatur um: = 0).
- Jedes C++-Programm muss eine freistehende, d.h. nicht zu einer Klasse gehörende **Operation** main besitzen, die beim Start direkt nach den Konstruktoren globaler Objekte ausgeführt wird (main kann aber zusammen mit einer Klasse in einer Datei abgelegt werden).
- In C++ gibt es nur **Anwendungen,** keine Applets.
- Java-Fachkonzept-Klassen können in der Regel nach einem festen Schema (Abb. 5.7-2) in **C++-Fachkonzept-Klassen** transformiert werden.

Analog wie in Java können in C++ generische Typen – *templates* genannt – deklariert werden.

/Stroustrup 00/
Stroustrup B., *Die C++-Programmiersprache*, Bonn: Addison-Wesley, 2000, 1084 S. Standardwerk zu C++ vom Erfinder dieser Programmiersprache.

/Ziesche 04/
Ziesche P., *Nebenläufige & verteilte Programmierung – Konzepte, UML 2-Modellierung, Realisierung in Java 2(V1.4 und 5.0)*, Herdecke: W3L-Verlag 2004

Zitierte Literatur

1 *Lernziel: Bezogen auf die behandelten C++-Konzepte Programme in C++ auf ihre Syntax und Semantik hin überprüfen können.*
Betrachten Sie das folgende Programm, das aus fünf Dateien und zwei Klassen besteht. Verdeutlichen Sie – wenn möglich – anhand des Programmcodes die behandelten Konzepte: Trennung von Schnittstelle und Implementierung, dynamische und statische Objekte, Zeigerattribut, Pfeilnotation, Destruktor, Mehrfachvererbung, Polymorphismus, abstrakte Klasse, main-Operation.

Analytische Aufgaben
Muss-Aufgabe
30 Minuten

```
//Person.h: Schnittstelle für die Klasse Person.
class Person
{
public:
    inline int getAlter() const { return Alter; }
    virtual void setAlter(int a);
    Person();
    ~Person();
protected:
    int Alter;
};
```

Java-Fachkonzept-Klasse

```
class Anwendung extends Vateranwendung
{
//Attribute
private int einIntAttribut = 10;
private Klasse einZeigerAttribut;
//Klassenattribute
private static int einKlassenattribut = 0;

//Konstruktor
public Anwendung()
{
}
//Operationen
public void Funktion(Klasse einZeiger)
{
    einZeigerAttribut = einZeiger;
}
private int Prozedur(int eineGanzeZahl)
{
    einIntAttribute = eineGanzeZahl;
    einZeigerattribut.getWert();
}
public static int anzeigeAnzahl()
{
    return einKlassenattribut;
}
public static void main (String args[])
{
    //main ist Teil einer Klasse
}
}
```

Abb. 5.7-2: Transformation von Fachkonzept-Klassen von Java in C++

C++-Fachkonzept-Klasse

```
//Schnittstelle (Anwendung.h)
class Anwendung : public Vateranwendung
{
private: //Alle privaten Teile
    int einIntAttribut;
    Klasse *einZeigerAttribut;

    static int einKlassenattribut;
    //private Operation
    private int Prozedur(int eineGanzeZahl);

public: //Alle öffentlichen Teile
    //Konstruktor
    Anwendung():einIntAttribut(10);
    //Destruktor
    ~Anwendung();
    //Operationen
    void Funktion(Klasse *einZeiger);
    static int anzeigeAnzahl();
}; //Ende Schnittstelle


//Implementierung (Anwendung.cpp)
#include "Anwendung.h"
//Klassenattribut initialisieren
int Anwendung::einKlassenattribut = 0;
//Konstruktor
Anwendung::Anwendung()
{
}
//Destruktor
Anwendung::~Anwendung()
{
    delete einZeiger;
}
//Operationen
Anwendung::void Funktion(Klasse einZeiger)
{
    einZeigerAttribut = einZeiger;
}
Anwendung::int Prozedur(int eineGanzeZahl)
{
    einIntAttribute = eineGanzeZahl;
    einZeigerattribut->getWert();
}
//Klassenoperation
Anwendung::int anzeigeAnzahl()
{
    return einKlassenattribut;
}
//Ende der Implementierung (ohne ;)


//main-Prozedur außerhalb einer Klasse
#include "Anwendung.h"
void main()
{
    ....
};
```

```
//Person.cpp: Implementierung der Klasse Person.
#include "Person.h"
Person::Person() { }
Person::~Person() { }
void Person::setAlter(int a)
{
   Alter = a;
}
// Angestellter.h: Schnittstelle für die Klasse Angestellter.
#include "Person.h"
class Angestellter : public Person
{
public:
   Angestellter();
   ~Angestellter();
   void setAlter(int a);
};
//Angestellter.cpp: Implementierung der Klasse Angestellter.
#include "Angestellter.h"
Angestellter::Angestellter() { }
Angestellter::~Angestellter() { }
void Angestellter::setAlter(int a)
{
   if((a >= 18) && (a <= 65))
      Person::setAlter(a);
   else
      Person::setAlter(-1);
}
//Konsolentest.cpp : Start der Konsolenanwendung
//Diese Datei enthaelt die main-Funktion
#include <iostream>
using namespace std;
#include "Angestellter.h"
//Angestellter.h bettet Person.h ein
//Deshalb muss es hier nicht explizit getan werden
void main()
{
   int z;
   Person *p;
   Angestellter a;
   cout << "Lege neue Person und neuen Angestellten an. Alter?"
      << endl;
   cin >> z;
   p = new Person();
   p->setAlter(z);
   a.setAlter(z);
   cout << "Alter" << endl;
   cout << "Person:       " << p->getAlter() << endl;
   cout << "Angestellter: " << a.getAlter() << endl;
}
```

2 *Lernziele: Bezogen auf die behandelten C++-Konzepte Programme in C++*   Muss-Aufgabe
auf ihre Syntax und Semantik hin überprüfen können. Java-Programme   *30 Minuten*
anhand der angegebenen Syntax- und Semantik-Regeln in C++-Programme

transformieren können.

Die beiden folgenden C++-Dateien repräsentieren die C++-Umsetzung der Java-Fachkonzept-Klasse Kunde aus der Kundenverwaltung2 in Abschnitt 2.6.8. Bei der Umsetzung wurden einige Fehler gemacht. Finden und korrigieren Sie diese Fehler.

```cpp
/*Programmname: Kundenverwaltung2
 * Fachkonzept-Klasse: Kunde
 * mit Zählung der Kundenanzahl
 */
public class Kunde
{
private
   //Klassenattribut
   static int AnzahlKunden = 0;
   //Objektattribute
   int Auftragssumme = 0;
public:
   //Konstruktoren
   Kunde():Auftragssumme(0);
   {
      //Bei jeder Objekterzeugung wird AnzahlKunden um eins erhöht
      AnzahlKunden = AnzahlKunden + 1;
   }
   Kunde(int Summe)
   {
      Auftragssumme = Summe;
      Auftragssumme = 0;
      //Bei jeder Objekterzeugung wird AnzahlKunden um eins erhöht
      AnzahlKunden = AnzahlKunden + 1;
   }
   //Lesende Operationen
   //Klassenoperation zum Lesen des Klassenattributs
   static int getAnzahlKunden()
   {
      return AnzahlKunden;
   }
   public int getAuftragssumme()
   {
      return Auftragssumme;
   }
   public void setAuftragssumme(int Summe)
   {
      this.Auftragssumme = Summe;
   }
}
```

Konstruktive Aufgaben
Muss-Aufgabe
10 Minuten

3 *Lernziel: Bezogen auf die behandelten Konzepte C++-Programme schreiben können.*
Gegeben sind folgende Klassendeklarationen und die Implementierung eines Konstruktors für jede Klasse. Schreiben Sie die Implementierung eines Destruktors für jede Klasse, der den angeforderten Speicher korrekt freigibt.

```
class A
{
  protected:
    int x, *y;
  public:
    A() {y = new int;}
    ~A();
};

class B: public A
{
  protected:
    float * z;
  public:
    B():A() {z = new float;}
    ~B()
};
```

4 *Lernziel: Bezogen auf die behandelten Konzepte C++-Programme schreiben können.*

Kann-Aufgabe
15 Minuten

Aus Java ist das Konzept der for-Schleifen bekannt. Die Syntax für for-Schleifen in C++ ist gleich. Schreiben Sie ein C++-Programm, das 10 mal den Text »Hello World« gefolgt von der laufenden Nummer ausgibt.

5 *Lernziel: Eine C++-Programmierumgebung bedienen können.*

Muss-Aufgabe
20 Minuten

Erstellen Sie in einer C++-Programmierumgebung nach Wahl eine einfache Konsolenapplikation, die einen Text von der Tastatur einliest und unverändert wieder ausgibt. Erstellen Sie zunächst ein Projekt, anschließend eine C++-Quelldatei, kompilieren Sie das Programm und führen Sie es aus.

6 *Lernziel: Java-Programme anhand der angegebenen Syntax- und Semantik-Regeln in C++-Programme transformieren können.*

Klausur-Aufgabe
15 Minuten

Setzen Sie folgende in Java implementierte Klasse in eine äquivalente C++-Klasse um, bei der Schnittstelle und Implementierung getrennt sind.

```
public class K
{
    private int a1;
    private final int a2 = 7;
    public static float a3;
    public int getA1()
    {
        return a1;
    }
}
```

5 Ausblicke – Einführung in C++ (2. Teil) und C#

- Die behandelten Konzepte der Standardbibliothek STL erklären können.   verstehen
- Die behandelten Konzepte der Sprache C# erläutern können.
- Java-Programme anhand der angegebenen Syntax- und Semantik-Regeln in C++-Programme bzw. C#-Programme transformieren können.
- Bezogen auf die behandelten Konzepte C++-Programme schrei-   anwenden
  ben können.
- Bezogen auf die behandelten Konzepte C#-Programme schrei-
  ben können.

- Die Kapitel 5.1 bis 5.7 müssen bekannt sein.

5.8 Die Standardbibliothek STL

STL Für C++ gibt es inzwischen zahlreiche Bibliotheken *(libraries)* im Markt, die die Entwicklung von Programmen durch Wiederverwendung zuverlässiger und erprobter Komponenten erleichtern und beschleunigen. Eine sorgfältig konstruierte Bibliothek ist die **STL** *(Standard Template Library)*, die bei Hewlett Packard entwickelt und in den C++-ANSI/ISO-Standard übernommen wurde.

Kapitel 2.19
Container
Iteratoren
Der Schwerpunkt der STL liegt auf Datenstrukturen für **Container** und **Iteratoren** (lat. iterare = wiederholen). **Algorithmen** benutzen Iteratoren, um auf Container zuzugreifen.

Container und Iteratoren werden durch generische Klassen realisiert. Die Auswertung der generischen Klassen geschieht zur Übersetzungszeit, sodass keine Laufzeiteinbußen entstehen.

Durch die generischen Klassen sind die Container für Objekte verschiedenster Klassen geeignet. Ein Iterator ist ein Objekt, das wie ein Zeiger auf einem Container bewegt werden kann, um alternativ auf das eine oder das andere Objekt zu verweisen.

Namensbereiche Um zu vermeiden, dass es bei der Verwendung von unterschiedlichen Bibliotheken zu Namenskonflikten kommt, gibt es das Konzept der **Namensbereiche** *(name spaces)*.

std Alle in STL definierten Bezeichner sind in dem Namensbereich std definiert. Um diese Bezeichner verwenden zu können, muss jeweils der Namensbereich std vorangestellt oder für einzelne oder generell für alle Bezeichner ein Namensbereich per Voreinstellung definiert werden. Die *Header*-Dateien werden in der Standardbibliothek ohne eine Endung eingebunden, z.B.
```
#include <iostream>
#include <string>
```
Wird ein Gültigkeitsbereich mit
```
using namespace std;
```
importiert, dann können alle dort von der STL definierten Bezeichner direkt angesprochen werden.

5.8.1 Die Klasse queue

Die Klasse queue stellt eine Warteschlange zur Verfügung. Um diese
include Klasse verwenden zu können, muss sie mit #include <queue> eingebunden werden.

Der erste Parameter gibt den Typ der zu verwaltenden Elemente an, z.B.
```
queue <string> puffer; //String-Warteschlange
```
Die wichtigsten Operationen lauten:
- push: Fügt ein neues Element an das Ende der Warteschlange an.

- front: Liefert das Element am Anfang der Warteschlange, *ohne* es zu entfernen. Der Aufrufer muss sicherstellen, dass ein solches Element existiert (size() > 0).
- pop: Entfernt das Element am Anfang der Warteschlange, *ohne* es zurückzuliefern. Um den Wert des Elements zu erhalten, muss vorher front aufgerufen werden. Der Aufrufer muss sicherstellen, dass ein solches Element existiert (size() > 0).
- size: Liefert die aktuelle Anzahl von Elementen in der Warteschlange.
- empty: Gibt zurück, ob die Warteschlange leer ist.

```
/* Programmname: Warteschlange
 * GUI-Operation: main-Prozedur
 * Aufgabe: Verwaltung einer Warteschlange, realisiert mit der
 * STL-Klasse queue
 */

#include <iostream>
#include <queue>          //Einfügen der STL-Klassen-Schnittstelle
using namespace std;
void main()
{
   cout << "Programm WarteschlangeSTL"<< endl;
   //Attribute
   queue<int> eineIntWarteschlange;     //statisches Objekt
   queue<float> eineFloatWarteschlange; //statisches Objekt
   int IntElement;
   float FloatElement;
   int funktion;
   do
   {
      cout << "Funktion waehlen: Einf int(1), Entf int(2), "
           << "Einf float(3), Entf float(4), Ende(0)<< endl;
      cin >> funktion;
      switch (funktion)
      {
         case 1:
            cout << "Int Element:" << endl;
            cin >> IntElement; //Einfügen
            eineIntWarteschlange.push(IntElement);
            break;
         case 2: //Entfernen
            if (!(eineIntWarteschlange.empty()))
            {
            cout << "Inhalt int: " << eineIntWarteschlange.front()
                << endl;
               eineIntWarteschlange.pop();
            }
            else
                  cout << "Warteschlange ist leer"<< endl; break;
         case 3:
            cout << "Float Element:" << endl;
```

```
        cin >> FloatElement; //Einfügen
        eineFloatWarteschlange.push(FloatElement);
        break;
    case 4: //Entfernen
        if (!(eineFloatWarteschlange.empty()))
        {
            cout << "Inhalt float: " <<
                eineFloatWarteschlange.front() << endl;
            eineFloatWarteschlange.pop();
        }
        else
            cout << "Warteschlange ist leer"<< endl; break;
        default: break;
    }
}while(funktion != 0);
}
```

5.8.2 Die Klasse string

Die *String*-Klassen der Standardbibliothek erlauben es, mit Zeichenketten wie mit einfachen Typen zu arbeiten. Es ist immer ausreichend
Speicherplatz reserviert, nicht mehr benötigter Speicherplatz wird
wieder freigegeben, und für Zuweisungen und Vergleiche können die
entsprechenden Operatoren verwendet werden. Der Typ string steht
damit als quasi einfacher Typ wie int und float zur Verfügung. Die
Einbindung der Klasse geschieht durch
#include <string>

Beispiel 1a
Abschnitt 2.19.1.4

Das im Abschnitt 2.19.1.4 beschriebene Java-Programm
Kundenverwaltung mit Kundencontainer und *Singleton*-Muster wird im
Folgenden in C++ dargestellt:

Kunde.h

```
/** Programmname: Kundenverwaltung
 * Fachkonzept-Klasse: Kunde (Schnittstelle)
 * Aufgabe: Kundenobjekte erzeugen
 */

class Kunde
{
private:
    //Objektattribute
    int Kundennr;
    string Firmenname, Adresse, Telefonnr;
    int Auftragssumme;
public:
    //Konstruktor
    Kunde();
    //Schreibende Operationen
    void erfasseFirma (int Kundennr, string Name, string Adresse,
        string Telefonnr, int Auftragssumme);
    //Lesende Operationen
    string getFirmenname ();
```

864

```
  string getAdresse ();
  string getTelefonnr ();
  int getAuftragssumme ();
  //Kombinierte Schreiboperation
  void aendernAdresse (string Firmenadresse, string
    Telefonnummer);
};
```

```
/** Programmname: Kundenverwaltung                        Kunde.cpp
* Fachkonzept-Klasse: Kunde (Implementierung)
*/

#include <string>
using namespace std;
#include "Kunde.h"
//Konstruktor
Kunde::Kunde(): Auftragssumme(0)
{
}
//Schreibende Operationen
void Kunde::erfasseFirma (int Kundennr_ string Name_ string
  Adresse_ string Telefonnr_ int Auftragssumme_)
{
  Kundennr = Kundennr_;
  Firmenname = Name_;
  Adresse - Adresse_;
  Telefonnr = Telefonnr_;
  Auftragssumme = Auftragssumme_;
}
//Lesende Operationen
string Kunde::getFirmenname ()
{
  return Firmenname;
}
string Kunde::getAdresse ()
{
  return Adresse;
}
string Kunde::getTelefonnr ()
{
  return Telefonnr;
}
int Kunde::getAuftragssumme ()
{
  return Auftragssumme;
}
//Kombinierte Schreiboperation
void Kunde::aendernAdresse (string Firmenadresse, string
  Telefonnummer)
{
  Adresse = Firmenadresse;
  Telefonnr = Telefonnummer;
}
```

KundenContainer.h

```
/** Programmname: Kundenverwaltung
 * Container-Klasse: KundenContainer (Schnittstelle)
 * Aufgabe: Verwaltung von Objekten der Klasse Kunde
 * Verwaltungsmechanismus: Feld
 * Muster: Singleton
 */

class Kunde; //Vorwärtsdeklaration
class KundenContainer
{
private:
   //Klassenattribut, speichert Referenz auf das einzige Objekt
   static KundenContainer *einKundenContainer;
   //Attribut
   Kunde* meineKunden[21]; //Typ ist Zeiger auf Objekte von Kunde
   //Konstruktor
   KundenContainer();//private, d.h. von außen nicht zugreifbar

public:
   //Klassenoperation, die die Objektreferenz liefert
   static KundenContainer* getObjektreferenz();
   //Operationen
   void insertKunde(int Kundennr, Kunde *einKunde);
   Kunde* getKunde(int Kundennr);
};
```

KundenContainer.cpp

```
/** Programmname: Kundenverwaltung
 * Container-Klasse: KundenContainer (Implementierung)
 */

#include "KundenContainer.h"

//Initialisierung des Klassenattributs
KundenContainer* KundenContainer::einKundenContainer = 0;
//Privater Konstruktor
KundenContainer::KundenContainer()
{
   //Initialisieren des Feldes beim ersten Mal
   for (int i = 0; i < 21; i++)
   {
      meineKunden[i] = NULL;
   }
}
//Klassenoperation
KundenContainer* KundenContainer::getObjektreferenz()
{
   if(einKundenContainer == NULL)
      einKundenContainer = new KundenContainer();
      //kann nur einmal aufgerufen werden
   return einKundenContainer;
}
//Operationen
void KundenContainer::insertKunde(int Kundennr, Kunde *einKunde)
{
   meineKunden[Kundennr] = einKunde;
}
```

866

```
Kunde* KundenContainer::getKunde(int Kundennr)
{
   Kunde *einKunde = meineKunden[Kundennr];
   if (einKunde != 0)
     return einKunde;
   else
     return 0;
}

/* Programmname: Kundenverwaltung
 * GUI-Operation: main-Prozedur                              KundeGUI.cpp
 * Aufgabe: Ein- und Ausgabe von Kundendaten
 */

#include <string>
#include <iostream>
using namespace std;

#include "Kunde.h"
#include "KundenContainer.h"

void main()
{
   //Attribute
   Kunde *einKunde;//Zeiger auf ein Objekt von Kunde deklarieren
   KundenContainer *einKundenContainer;
   int Kundennummer, Auftragssumme;
   string Name, Adresse, Telefon;
   int funktion;
   //Anweisungen
   einKundenContainer = KundenContainer::getObjektreferenz();
   cout << "Kundenverwaltung" <<endl;
   do
   {
      cout << "Funktion waehlen: Erfassen (1), Ausgeben (2),
         Ende(0)" <<endl;
      cin >> funktion;
      switch (funktion)
      {
         case 1: //Kunde erfassen
            cout << "Kundennummer:" <<endl;
            cin >> Kundennummer;
            cout << "Name; Adresse; Telefon (jeweils durch Return
               getrennt)"<<endl;
            cin >> Name >> Adresse >> Telefon;
            cout << "Auftragssumme" <<endl;
            cin >> Auftragssumme;
            if (Kundennummer >= 0)
            {
               einKunde = new Kunde();//Objekt erzeugen
               //Objekt initialisieren
               einKunde->erfasseFirma(Kundennummer, Name, Adresse,
                  Telefon, Auftragssumme);
               //Erzeugtes Objekt im KundenContainer verwalten
               einKundenContainer->insertKunde(Kundennummer,
```

867

```
                              einKunde);
                }
                break;
            case 2: //Kunde ausgeben
                cout << "Kundennummer:" <<endl;
                cin >>Kundennummer;
                //Kundendaten holen, Botschaft an die Klasse
                if (Kundennummer >= 0)
                {
                    einKunde = einKundenContainer->
                        getKunde(Kundennummer);
                    if (einKunde == 0)
                    {
                        cout <<"Kundennr nicht vorhanden" <<endl;
                        break;
                    }
                    //Daten ausgeben
                    cout << "Name:        " << einKunde->getFirmenname()
                        <<endl;
                    cout << "Adresse:     " << einKunde->getAdresse()
                        <<endl;
                    cout << "Telefonnr:   " << einKunde->getTelefonnr()
                        <<endl;
                    cout << "Auftragssumme: " << einKunde->
                        getAuftragssumme() << endl;
                }
                else
                    cout << "Kundennummer muss >0 sein!" <<endl;
                break;
            case 0: break;
            default: break;
        }
    }
    while (!(funktion ==0));
};
```

Vorwärts-Deklaration

Wird in einer Schnittstellen-Deklaration auf eine andere Klasse Bezug genommen, dann muss durch eine so genannte Vorwärtsdeklaration *(forward declaration)* die Klasse bekannt gemacht werden. Dies geschieht durch das Wortsymbol class gefolgt von dem Klassennamen und dem Semikolon, z.B. class Kunde; In Java sind Vorwärts-Deklarationen *nicht* erforderlich.

Hinweis

Natürlich kann der Container auch – statt mit einem Feld – mit der STL-Klasse vector realisiert werden, analog wie das entsprechende Beispiel in Java.

5.8.3 Die Stromklassen

Kapitel 2.20

Die Ein- und Ausgabe wird in C++ mithilfe von **Strömen** *(streams)* durchgeführt. Ein Strom ist ein »Datenstrom«, in dem Zeichenfolgen »fließen«. Ströme sind Objekte, deren Eigenschaften in Klassen definiert werden. Für die Standard-Kanäle zur Ein- und Ausgabe sind verschiedene globale Objekte vordefiniert.

Die wichtigsten Strom-Klassen sind:

- `istream`: Eingabestrom (input stream), von dem Daten gelesen werden können.
- `ostream`: Ausgabestrom (output stream), auf dem Daten ausgegeben werden können.

Zu diesen Klassen existieren globale Objekte, die eine zentrale Rolle bei der Ein- und Ausgabe spielen:

- `istream` `cin`: Standard-Eingabekanal, von dem ein Programm im Allgemeinen die Eingaben einliest.
- `ostream` `cout`: Standard-Ausgabekanal, in den ein Programm im Allgemeinen die Ausgaben schreibt.
- `ostream` `cerr`: Standard-Fehlerausgabekanal (nicht gepuffert).
- `ostream` `clog`: Standard-Protokollkanal (gepuffert).

Für Ströme werden die Operatoren >> und << zur Ein- und Ausgabe überladen. Dabei können sie verkettet aufgerufen werden.

>> <<

Normalerweise sollte nur #include <iostream> eingebunden werden.

include

Ströme besitzen einen Zustand, der angibt, ob eine Ein- bzw. Ausgabe sinnvoll ist. Der jeweilige Zustand kann durch Operationen abgefragt werden:

- `good()`: true, wenn alles in Ordnung ist.
- `eof()`: true bei Dateiende *(end of file)*.
- `fail()`: true, wenn ein Fehler aufgetreten ist.
- `bad()`: true, wenn ein fataler Fehler aufgetreten ist.

5.8.4 Dateizugriff

Stromklassen können auch für den Zugriff auf Dateien verwendet werden. Folgende Standardklassen stehen zur Verfügung:

- `ifstream`: Dateien, aus denen gelesen wird *(input file stream)*
- `ofstream`: Dateien, in die geschrieben wird *(output file stream)*

ifstream

ofstream

Diese Klassen müssen folgendermaßen eingebunden werden:

`#include <fstream>`

Die Dateien werden beim Deklarieren der Objekte *automatisch* geöffnet und, wenn das Objekt zerstört wird, automatisch geschlossen.

Wird ein Dateistromobjekt mit einer Zeichenkette als Parameter initialisiert, dann wird automatisch versucht, die Datei zum Lesen und/oder Schreiben zu öffnen. Da das Öffnen immer fehlschlagen kann, sollte es überprüft werden.

Auch für die Ein- und Ausgabe in Dateien eignen sich die Operatoren << und >>.

<< >>

```
ofstream eineAusgabedatei ("Kunden.txt"); //Datei öffnen
if (!eineAusgabedatei.good())
{
   cerr <<"Konnte Ausgabedatei nicht oeffnen\n";
```

Beispiel

```
   return;
}
eineAusgabedatei << Kundennr << »\t« << Firmenname << endl;
//Die Inhalte von Kundennr und Firmenname werden
//getrennt durch einen Tabulator in die Datei geschrieben.
```

Neben den Standardoperatoren >> und << gibt es noch weitere Operationen zum Einlesen oder Ausgeben.

Zum Einlesen gut geeignet sind:

- get(char* zf, streamsize anz, char ende = newline)

Es werden bis zu anz-1 Zeichen in die Zeichenfolge zf eingelesen, wobei spätestens vor dem Zeichen ende abgebrochen wird. Das Zeichen ende wird nicht eingelesen. newline ist der Zeilentrenner der entsprechenden Zeichensatzes, im Allgemeinen '\n'. Die Zeichenkette, auf die zf zeigt, muss ausreichend Platz für anz Zeichen besitzen.

Zeichenketten in C++

Zum Verständnis des Parameters char* zf sind noch einige Erläuterungen zu Zeichenketten in C++ nötig:

Eine Zeichenkette *(string)* ist in der Programmiersprache C++ (analog wie in Java) *kein* einfacher Typ. Da zum Standardlieferumfang eines C++-Compilers lange Zeit keine Klassenbibliotheken gehörten, wurden Zeichenketten als Felder von Zeichen (array vom einfachen Typ char) behandelt. Eine Zeichenkette wird durch das Null-Zeichen '\0' mit dem Wert 0 terminiert. Diese Handhabung von Zeichenketten ist bis heute weit verbreitet.

Da die Zeichenkettenverarbeitung in C++ also in der Regel mithilfe von Zeichen und Zeigern auf Zeichen durchgeführt wird, werden sehr häufig Zeiger in der Form char* definiert.

Der Datentyp einer Zeichenkette ist ein Zeiger auf diese Zeichenkette. Dies bedeutet, dass eine Zeichenkette den Typ char* besitzt (eigentlich der Zeiger auf das erste Zeichen dieser Zeichenkette).

Wird nun als Rückgabewert einer Operation eine Zeichenkette erwartet, so übergibt man einen Zeiger char* und die Zeichenkette wird an die so bezeichneten Speicherstellen geschrieben. Da im Vorhinein nur die maximale Größe der Zeichenkette festgelegt wird, ist es notwendig, dass der Programmierer vor Aufruf der Operation Speicher in der maximalen Größe reserviert. Reserviert man Speicherplatz für n Zeichen, so ist zu bedenken, dass nur n-1 lesbare Zeichen zurückgegeben werden können, da das n-te Zeichen das Zeichenketten-Endezeichen ('\0') sein muss.

- getline(char* zf, streamsize anz, char ende = newline)

Wie get(). Es wird spätestens *mit* und *nicht vor* dem Zeichen ende abgebrochen. ende wird nicht in zf übertragen.

Beispiel 1b

Die Kundenverwaltung aus Beispiel 1a wird um eine einfache Dateiverwaltung erweitert. Die Klasse KundenContainer wird um folgende zwei Operationen erweitert:

```
//Operationen zur Dateiverwaltung                          KundenContainer.cpp
void KundenContainer::speichern (const string Dateiname)
{
  ofstream eineAusgabedatei(Dateiname.c_str());//Datei öffnen
  if (!eineAusgabedatei.good())
  {
    cerr << "Konnte Ausgabedatei " << Dateiname
      << " nicht oeffnen\n";
    return;
  }
  for (int i = 0; i < 20; i++)
  {
    if (meineKunden[i] != NULL)
    {
      eineAusgabedatei << i << "\t"
      << meineKunden[i]->getFirmenname() << "\t"
      << meineKunden[i]->getAdresse() << "\t"
      << meineKunden[i]->getTelefonnr() << "\t"
      << meineKunden[i]->getAuftragssumme() << endl;
    }
  }
} //Datei automatisch schließen

void KundenContainer::laden (const string Dateiname)
{
  //Ein Puffer wird als Zwischenspeicher fuer die einzulesende
  //Zeile benötigt
  const int maxZeichen = 1024;//maximal 1024 Zeichen
  char einPuffer[maxZeichen]; //Puffer bestehend aus Zeichen
  ifstream eineEingabedatei(Dateiname.c_str());//Datei öffnen
  if (!eineEingabedatei.good())
  {
    cerr << "Konnte Eingabedatei " << Dateiname
      << " nicht oeffnen\n";
    return;
  }
  do
  {
    //nächste Zeile lesen und in Puffer übertragen
    eineEingabedatei.getline(einPuffer, maxZeichen);
    //Testausgabe der gelesenen Zeile
    cout << einPuffer << endl;
    if (!eineEingabedatei.good() || eineEingabedatei.eof())
      break; //Abbruch,wenn Fehler
    //Ausschneiden der Kundennummer
    char * nrAnfang = einPuffer;
    //Zeiger steht auf Anfang der Kundennr
    //Die Operation strchr(const char *string, int c)
    //sucht ein Zeichen c in einem String
    //Es wird ein Zeiger auf das erste gefundene Zeichen c
    //zurückgegeben oder NULL
    char * firmaAnfang = strchr(nrAnfang, '\t');
    if (!firmaAnfang)
    {
```

871

```
      cerr << »Fehler im Dateiformat« << endl; break;
   }
   //String terminieren (in C++ endet jeder String mit '\0')
   *firmaAnfang = '\0';// '\0' ersetzt Tabulator '\t'
   //Auf Anfang von Firma positionieren (1 Zeichen weiter)
   firmaAnfang++;
   char *aAnfang = strchr(firmaAnfang, '\t');
   if (!aAnfang)
   {
      cerr << "Fehler im Dateiformat" << endl; break;
   }
   *aAnfang = '\0';
   aAnfang++;
   char *telefonAnfang = strchr(aAnfang, '\t');
   if (!telefonAnfang)
   {
      cerr << "Fehler im Dateiformat" << endl; break;
   }
   *telefonAnfang = '\0';
   telefonAnfang++;
   char *umsatzAnfang = strchr(telefonAnfang, '\t');
   if (!umsatzAnfang)
   {
      cerr << "Fehler im Dateiformat" << endl; break;
   }
   *(umsatzAnfang++) = '\0';
   const int nr = atoi(nrAnfang);
   //atoi konvertiert strings nach int

   //temporäre String-Objekte erzeugen
   string name(firmaAnfang);//Konstruktor der Klasse string
   //Es wird ein String aus einem Zeichenfeld erzeugt
   //Ende der Zeichenkette bei '\0'
   string adresse(aAnfang);
   string tel(telefonAnfang);
   //evtl. vorigen Eintrag loeschen
   //sonst bleibt ein nicht mehr referenziertes Objekt im
   //Speicher
   if (meineKunden[nr])
      delete meineKunden[nr];
   meineKunden[nr] = new Kunde;
   meineKunden[nr]->erfasseFirma(nr, name, adresse, tel,
      atoi(umsatzAnfang));
} while (eineEingabedatei.good());
}
```

Das Einlesen aus der Datei geschieht folgendermaßen:
Mit `getline(einPuffer, maxZeichen)` wird jeweils eine Zeile gelesen.
Jede Zeile enthält Tabulatoren, die die einzelnen Werte voneinander
trennen:

```
Nr\tFirmenname\tAdresse\tTelefon\tUmsatz\0
```

Der Puffer endet mit \0. Dies ist in C++ das Endezeichen für eine
Zeichenfolge.
Ziel ist es, die Tabulatoren durch \0 zu ersetzen, sodass aus einer
Zeichenkette fünf Zeichenketten entstehen.
Auf den Anfang des Puffers wird der Zeiger nrAnfang gesetzt. Mit
der Funktion strchr(nrAnfang, '\t') wird vom Anfang des Puffers
aus der erste Tabulator gesucht und darauf der Zeiger *firmaAnfang
gesetzt. Der Tabulator wird ersetzt durch ein Stringendezeichen '\0'.
Anschließend wird der Zeiger *firmaAnfang um ein Zeichen weiter
nach rechts im Puffer gesetzt (firmaAnfang++). Von hier ab wird wieder nach dem nächsten Tabulator gesucht, usw.
Als Endergebnis erhält man fünf Zeichenketten (C-Strings) in einem
Puffer mit fünf Zeigern auf den jeweiligen Anfang.

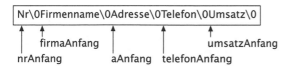

Die Operation laden() wird im Konstruktor der Klasse Kunden
Container aufgerufen, die Operation speichern() in der GUI-Opera-
tion nach Eingabe des Kommandos Ende.

5.9 Einführung in C#

Als Reaktion auf den Erfolg der Programmiersprache Java hat
Microsoft im Jahr 2002 die Programmiersprache **C#** veröffentlicht.
Es wurde aber nicht nur eine neue Programmiersprache, sondern
verbunden damit die neue Software-Architektur **.Net Framework**
(gesprochen Dot-Net Framework) vorgestellt. Das besondere an der
Software-Architektur ist, dass sie mehrere Programmiersprachen unterstützt, die auch kombiniert eingesetzt werden können.

5.9.1 Ein Überblick über .Net

.Net ist eine Software-Architektur zur Entwicklung und Ausführung
von Software. Das .Net Framework ist eine mögliche konkrete technische Realisierung von .Net. In der Regel werden beide Begriffe jedoch
synonym verwendet.

Für die Ausführung von Programmen ist die .Net-Laufzeitumgebung, *Laufzeitumgebung*
die *Common Language Runtime* (**CLR**) zuständig, die als virtuelle Ma- *CLR*
schine läuft. Sie ist vergleichbar mit der *Java Virtual Machine* (JVM) .

Damit ein Programm von der Laufzeitumgebung CLR ausgeführt *Zwischensprache*
werden kann, muss es in der sprach- und plattformunabhängigen *MSIL*
Zwischensprache **MSIL** *(Microsoft Intermediate Language)* – kurz **IL**
genannt – vorliegen.

mehrere Sprachen
möglich

Die MSIL ist vergleichbar mit dem Bytecode von Java. Im Gegensatz zum Bytecode ist die MSIL jedoch sprach*un*abhängig. Innerhalb einer Software-Anwendung können verschiedene Sprachen wie z.B. C#, Visual Basic .Net und C++.Net gemischt verwendet werden.

CLS

Alle .Net-Sprachen müssen jedoch den Sprachstandard CLS *(Common Language Subset)* einhalten, der z.B. Objektorientierung vorschreibt. Visual Basic.Net wurde daher um Klassen und Vererbung erweitert. Durch die gemeinsame Sprachbasis und MSIL wird von den verschiedenen Sprachen kompatibler Code erzeugt. So kann beispielsweise eine in C# geschriebene Klasse von einer Visual Basic.Net Klasse als Oberklasse verwendet werden und diese wiederum von einer C++.Net-Klasse.

JIT-Compiler

Ein **JIT- Compiler** *(Just in time)* wandelt den plattformunabhängigen IL-Code in Echtzeit in Machinensprache um, die vom Prozessor des jeweilgen Computersystems direkt ausgeführt werden kann. Diese Übersetzung findet zur Laufzeit statt und muss bei jedem Aufruf eines Programms wiederholt werden. .Net übersetzt aber immer nur die Teile des Codes, die tatsächlich benötigt werden. Bereits übersetzte Teile des Programms bleiben im Speicher. Sie liegen dannn beim nächsten Aufruf als direkt ausführbarer Code vor. Ein JIT-Compiler arbeitet schneller als ein reiner Interpreter, aber langsamer als ein Compiler, der das gesamte Programm auf einmal vorab übersetzt. Abb. 5.9-1 zeigt den Übersetzungsprozess in .Net.

Abb. 5.9-1
Übersetzungsprozess
in .Net

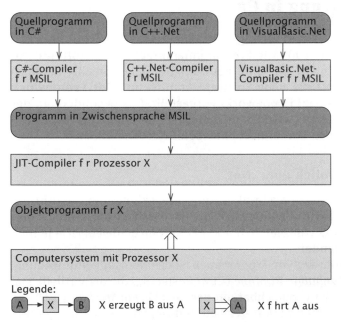

Komponenten

Weitere Komponenten von .Net sind eine allgemeine Klassenbibliothek, Windows Forms, ASP.Net, Web Services und ADO.Net.

Windows Forms dient zur Entwicklung grafischer Benutzungsoberflächen. Der Zugriff auf Fenster, Schriftarten und grafische
Elemente wird unterstützt.

ASP.Net erlaubt es, Webseiten um Code zu ergänzen, der in einer
beliebigen .Net-Sprache geschrieben werden kann. Dieser Code wird
auf dem Web-Server ausgeführt, wenn eine Webseite angefordert
wird. In Java geschieht dies durch JSPs *(JavaServer Pages)*.

Web Services stellen Dienstleistungen zur Verfügung, die über ein
Netzwerk oder das Internet genutzt werden können.

Ado.Net ermöglicht den Zugriff auf Datenbanken. In Java geschieht
dies durch JDBC.

Microsoft hat die Sprachspezifikation von C# und Teile von .Net
im Jahr 2000 bei der ECMA *(European Computer Manufacturers
Association)* zur Standardisierung eingereicht. 2001 wurden beide
ECMA-Standards veröffentlicht. 2003 hat auch die ISO *(International
Organization for Standardization)* entsprechende Standards verab-
schiedet. Durch diese Standards ist es möglich, dass jeder Compiler
für C# oder Implementierungen von .Net entwickeln kann und darf. | Standardisierung

Im Rahmen des so genannten Mono-Projekts wurden bereits ein
C#-Compiler sowie ein .Net Framework für Linux entwickelt, die bei-
de als *Open Source* verfügbar sind. | Linux-Version
www.go-mono.com

5.9.2 Ein Überblick über C#

Die Programmiersprache **C#** (gesprochen C Sharp) wurde entwickelt,
um sowohl die .Net-Architektur optimal zu unterstützen als auch
eine Alternative zu Java von Sun anzubieten. Sie wurde unter Leitung von Anders Hejlsberg und Scott Wiltamuth entwickelt und im
Februar 2002 im Rahmen des .Net Framework veröffentlicht. Andres
Hejlsberg war bereits maßgeblich am Entwurf der Sprache Delphi
beteiligt.

C# orientiert sich an den Sprachen C/C++ und Java, wobei die
Syntax weitgehend mit Java übereinstimmt. Microsoft bietet sogar
das kostenlose Werkzeug *Microsoft Java Language Conversion As-
sistant* an, um Java-Programme automatisch in C#-Programme zu
transformieren.

C# und Java haben folgende wichtige **Gemeinsamkeiten:** | C# vs. Java

- Beide Sprachen werden in eine Zwischensprache übersetzt (MSIL
  bzw. Bytecode).
- Automatische Speicherbereinigung *(garbage collection)* und der
  Verzicht auf Zeiger *(pointer),* die wesentlicher Bestandteil von C/
  C++ sind.
- Der Gültigkeitsbereich von Programmen wird durch *Assemblies*
  (C#) bzw. Pakete (Java) festgelegt.
- Alle Klassen werden von der Klasse Object abgeleitet.

- Nebenläufige Programme *(threads)* werden durch das Sperren von Objekten durch locked/synchronized unterstützt.
- Einfachvererbung und mehrfache Vererbung von Schnittstellen.
- Innere Klassen.
- Alles gehört zu einer Klasse. Es gibt keine globalen Funktionen oder Konstanten wie in C/C++.
- Alle Werte werden vor der Benutzung initialisiert.
- *Try*-Blöcke besitzen eine *finally clause*.
- Es wird immer der Punkt-Operator benutzt (».«), nicht -> oder :: wie in C/C++.
- Es wird das Konzept der Serialisierung unterstützt.
- Die nebenläufige Programmierung erfolgt über *threads*.
- Es wird zwischen Groß- und Kleinbuchstaben unterschieden *(case sensitive)*.

C# vs. C++ C# und C++ haben folgende wichtige **Gemeinsamkeiten:**

- Die syntaktische Struktur einer Klassendeklaration ist gleich.
- Operationen, für die »spätes« Binden vorgenommen werden soll, müssen mit dem Schlüsselwort virtual gekennzeichnet sein (in Java sind alle Operationen automatisch virtuell). Zusätzlich müssen in C# redefinierte Operationen mit override markiert werden.
- Wie in C++ gibt es auch in C# die Möglichkeit Strukturen (struct) zu definieren.
- Operatoren können überladen, d.h. redefiniert werden.

Das erste C#-Programm

Bevor Sie das erste C#-Programm schreiben, übersetzen und ausführen können, müssen Sie das notwendige (Hand-)Werkszeug auf Ihrem Computersystem installiert haben.

Texteditor Im einfachsten Fall benötigen Sie einen Texteditor oder ein Textverarbeitungssystem, um ein Programm »einzutippen«.

Dateiendung .cs Das eingetippte Quellprogramm müssen Sie anschließend als Datei abspeichern. Bei einem C#-Programm muss die Datei den Dateisuffix .cs (für CSharp) erhalten, damit der Compiler prüfen kann, ob die angegebene Datei ein geeignetes Quellprogramm enthält.

C#-Compiler Wenn Sie C#-Programme übersetzen wollen, dann benötigen Sie als Minimum das .Net Framework, das einen C#-Compiler enthält.

.Net-Framework e-learning-Kurs Die Firma Microsoft stellt das .Net Framework kostenlos zur Verfügung. Die Installation sowie weitere Entwicklungsumgebungen werden im e-learning-Kurs zu diesem Buch beschrieben.

1. C#-Programm Nach der Installation des .Net-Framework können Sie Ihr erstes Programm übersetzen und ausführen.

Das folgende Beispiel zeigt ein einfaches C#-Programm, das den Text »Hello World mit C#!« als Zeichenfolge auf einem zeichenorientierten Bildschirm ausgibt.

```
class Hello
{
  public static void Main()
  {
     //Dies ist eine Ausgabeanweisung
     System.Console.WriteLine("Hello World!");
     System.Console.WriteLine("Dies ist mein erstes C#-
     Programm!");
  }
}
```

Beispiel 2a

Das Programm wird durch den Compilerbefehl css Hello.cs übersetzt. Es wird eine Datei Hello.exe erzeugt. Durch Eingabe von Hello
im Konsolenfenster oder Doppelklick auf die Datei wird das Programm ausgeführt.

Den Ablauf der Übersetzung und Ausführung zeigt Abb. 5.9-2.

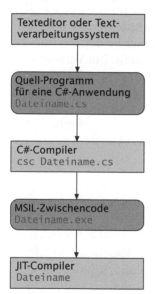

Abb. 5.9-2:
Übersetzung und
Ausführung eines
C#-Programms

Die erzeugte exe-Datei ist keine ausführbare Datei im herkömmlichen Sinne, sondern die MSIL-Version des Programms. Zur Ausführung wird das .NET Framework benötigt. Beim Start des Programms
ruft die Laufzeitumgebung CLR automatisch den JIT-Compiler auf.

Das Programm Hello ist von der Syntax her fast identisch mit einem
entsprechenden Java-Programm. Die Programmausführung beginnt
mit der Main-Operation. Main beginnt mit einem Großbuchstaben. Die
Parameterliste kann leer sein. Wie bei Java ist es aber auch möglich,
über die Konsole Parameter zu übergeben durch:

Beispiel 2b

```
public static void Main(string[] args)
```

`WriteLine()` ist das Gegenstück zu `println()` in Java. Die Operation `WriteLine()` gehört zur vordefinierten Klasse `Console`. Diese Klasse gehört zum so genannten Namensraum `System`.

Die `Main`-Operation ist standardmäßig öffentlich, sodass das Schlüsselwort `public` auch entfallen kann. Es ist möglich, dass eine ganze Zahl zurückgegeben wird:

`static int Main();`

Schlüsselwörter   Als Bezeichner dürfen, wie in anderen Sprachen auch, keine Schlüsselwörter verwendet werden. Wird einem Schlüsselwort jedoch ein @-Zeichen vorangestellt, dann ist es ein Bezeichner und kein Schlüsselwort mehr, z.B. `float @class`.

C#-Namensräume vs. Java-Pakete

In .Net gibt es ein Paketkonzept, das mit dem von Java vergleichbar ist. Anders als in Java muss der Programmierer die Pakete nicht auf gleichnamige Verzeichnishierarchien und Dateinamen abbilden. Die Definition von Paketen – in C# Namensräume *(namespaces)* genannt – erfolgt durch das Schlüsselwort `namespace`. Die Verwendung von Klassen bzw. Typen aus anderen Namensräumen kann durch volle Qualifizierung über die Punktnotation geschehen, z.B. `System.Console.WriteLine()`. Alternativ kann eine using-Anweisung benutzt werden, wobei die rechte Seite der using-Anweisung einen *Namespace*-Pfad repräsentiert. Namensräume können weitere Namensräume enthalten.

Beispiel 2c
```
using System;
class Hello
{
    public static void Main()
    {
        //Dies ist eine Ausgabeanweisung
        Console.WriteLine("Hello World!");
        Console.WriteLine("Dies ist mein erstes C#-Programm!");
    }
}
```

Die Klasse `Console`, mit der Ein- und Ausgaben über die Konsole erfolgen können, gehört zum Standardpaket `System`.

5.9.3 Einfache und strukturierte Typen

In Java werden einfache Typen und Referenztypen unterschieden. Einfache Typen können durch Hüll-Klassen *(wrapper classses)* in Referenztypen gewandelt werden, ab Java 2(V5.0) durch *Auto Boxing* und *Auto Unboxing* auch automatisch möglich.

In C# werden die einfachen Typen als von der Wurzelklasse `object` abgeleitet betrachtet. Dadurch können für einfache Typen Operationen definiert und aufgerufen werden. Die einfachen C#-Typen werden (mit Ausnahme von string und object) auch als **Werttypen** *(values types)* bezeichnet, da Variablen dieser Typen tatsächlich Werte enthalten. Andere Typen werden **Referenztypen** *(reference types)* genannt, da die zugehörigen Variablen Verweise bzw. Referenzen auf Speicherplätze enthalten. Ein Werttyp kann durch *Auto Boxing* zu einem Referenztyp werden und umgekehrt (durch explizites *Unboxing*).

Beispiel

```
using System;
class Boxing
{
 public static void Main()
 {
   int eineZahl = 101;
   object  einObjekt = eineZahl;
   //Auto Boxing von eineZahl in einObjekt
   Console.WriteLine("Wert von einObjekt: " + einObjekt);
   int zweiteZahl = (int) einObjekt;
   //Explizites Unboxing zurück in int
   Console.WriteLine("Wert von zweiteZahl: " + zweiteZahl);
 }
}
```

Nach dem *Auto Boxing* wird in diesem Beispiel die Operation Console. WriteLine() aufgerufen und einObjekt übergeben. Die Vereinbarung von einObjekt erfolgt hier nur zur Verdeutlichung. In der zweiten WriteLine-Anweisung erfolgt das *Auto Boxing* direkt.

In C# gibt es 13 einfache Typen, die alle auf einen .Net-Typ abgebildet werden. Tab. 5.9-1 zeigt die C#-Typen im Vergleich mit .Net-, Java- und C++-Typen.

einfache Typen

*Tab. 5.9-1:
Einfache Typen im
Quervergleich*

C#-Daten-typ	.NET-Typ	Länge in Bytes	Java-Typ	C++ -Typ	Wertebereich
bool	Boolean	1	boolean	bool	true, false
byte	Byte	1	–	unsigned char	0..255
sbyte	Sbyte	1	byte	–	-128..127
char	Char	2	char	char	alle Unicode-Zeichen (C++: -127..127)
short	Int16	2	short	short int	-32.768..32.767
ushort	UInt16	2	–	unsigned short int	0...65.535
int	Int32	4	int	int	-2.147.483.648..2.147.483.647
uint	UInt32	4	–	unsigned int	0..4.294.967.259
long	Int64	8	long	–	-9.223.372.036.854.775.808 ..9.223.372.036.854.775.807
ulong	UInt64	8	–	–	-2.147.483.648..2.147.483.648
float	Single	4	float	float	1,5 E-45..3,4 E+38 (Java, C++: 3,4 E-38..3,4 E +38)
double	Double	8	double	double	5 E-324..1,7 E+308 (Java, C++: 1,7 E-308..1,7 E+308)
decimal	Decimal	12	–	–	

Konstanten Konstanten werden in C# durch das Schlüsselwort const gekennzeichnet (Java final). Per Konvention sind die Bezeichner von Konstanten in Großbuchstaben zu schreiben, z.B. const int MWST = 16;

Konsolen-
Ein- & Ausgabe Für die Konsolen-Ein- und Ausgabe einfacher Typen und Zeichenketten gibt es vier Operationen der Klasse Console:

■ Write() und WriteLine() geben einen Text aus, wobei WriteLine() zusätzlich einen Zeilenwechsel durchführt.

■ Read() liest ein einzelnes Zeichen von der Tastatur. Die interne Darstellung erfolgt als int, daher muss das Zeichen zur weiteren Verarbeitung in den Typ char umgewandelt werden.

■ ReadLine() liest Daten zeilenweise als Zeichenkette ein.

Typkonvertierung Die Klasse System.Convert stellt Konvertierungsoperationen zur Verfügung. Der Wertebereich des Typs, in den konvertiert werden soll, muss kleiner oder gleich groß zum Wertebereich des Zieltyps sein. In System.Convert gibt es auch die Operation ToString, mit der einfache Typen als Zeichenketten dargestellt werden können (Tab. 5.9-2).

*Tab.5.9-2 :
Wichtige
Operationen
zur Typ-
konvertierung*

Operation	Konvertierung in
Variable.ToString()	string
Convert.ToString (Typ)	string
Convert.ToBoolean (Typ)	boolean
Convert.ToChar (Typ)	char
Convert.ToInt16 (Typ)	short
Convert.ToInt32 (Typ)	int
Convert.ToInt64 (Typ)	long
Convert.ToDouble (Typ)	double

Zum Wandeln von eingelesenen Werten kann auch die Operation Parse() verwendet werden.

Beispiel
```
using System;
class EinAusgabe
{
 public static void Main()
 {
   Console.Write("Bitte ganze Zahl eingeben: ");
   String ZahlAlsString = Console.ReadLine();
   Console.WriteLine("Eingelesene Zahl: " + ZahlAlsString);

   int Zahl1 = Convert.ToInt32(ZahlAlsString);
   int Zahl2 = Int32.Parse(ZahlAlsString);
   int Zahl3 = Zahl1 + Zahl2;
   Console.WriteLine("Eingelesene Zahl*2: " + Zahl3);

   Console.Write("Bitte Gleitpunktzahl eingeben: ");
   //Achtung: Die Gleitpunktzahl muss in deutscher Notation
   //mit Kommatrennung erfolgen
   double Gleitzahl = Convert.ToDouble(Console.ReadLine());
   Gleitzahl = Gleitzahl + 1.5;
   Console.WriteLine("Eingelesene Zahl + 1,5 : " +
     Gleitzahl.ToString());
```

```
Console.Write("Bitte Namen eingeben: ");

String Name = Console.ReadLine();
Console.WriteLine("Eingelesener Name: " + Name);

//Casting in (char)
Console.Write("Bitte 1 Zeichen eingeben: ");
char Zeichen = (char) Console.Read();
Console.Write(" Zeichen: " + Zeichen);
 }
}
```

Das Typensystem kann in C# durch benutzerdefinierte Werttypen, so   struct
genannte **Strukturen** *(structs)* erweitert werden. Strukturen werden
syntaktisch wie eine Klasse geschrieben, anstelle des Schlüsselworts
class steht das Schlüsselwort struct. Eine Struktur besitzt dieselben Eigenschaften wie eine Klasse. Es wird jedoch *keine* Referenz,
sondern ein Werttyp erzeugt. Dadurch wird die Effizienz verbessert,
da der Zugriff auf Werttypen direkt erfolgt.

Komplexe Zahlen bestehen aus einem Real- und einem Imaginärteil.   Beispiel 3a
Beide Teile können zu einer Struktur zusammengefasst werden:

```
using System;
class KomplexeZahlen
{
  public static void Main()
  {
    Komplex ersteZahl, zweiteZahl;

    ersteZahl.RE = 12.5; ersteZahl.IM = 3.4;
    Console.WriteLine ("erste Zahl:  RE "
      + ersteZahl.RE + " IM " + ersteZahl.IM);
    zweiteZahl.RE = 17.5; zweiteZahl.IM = 6.6;
    Console.WriteLine ("zweite Zahl: RE "
      + zweiteZahl.RE + " IM " + zweiteZahl.IM);
    Komplex dritteZahl = new Komplex(); //Erzeugung mit new
    dritteZahl = dritteZahl.addiereKomplex(ersteZahl,zweiteZahl);
    Console.WriteLine ("dritte Zahl: RE "
      + dritteZahl.RE + " IM " + dritteZahl.IM);
  }
}
```

```
struct Komplex
{
 public double RE;
 public double IM;

 public Komplex addiereKomplex(Komplex Zahl1, Komplex Zahl2)
 {
   Komplex Zahl3;
   Zahl3.RE = Zahl1.RE + Zahl2.RE;
   Zahl3.IM = Zahl1.IM + Zahl2.IM;
   return Zahl3;
 }
}
```

Eine Struktur kann mit new erzeugt werden. Wird sie *nicht* mit new erzeugt, dann ist sie allerdings nicht initialisiert. Vor dem ersten schreibenden Zugriff muss daher zunächst eine Wertzuweisung erfolgen. Auf die Elemente einer Struktur wird über die Punktnotation zugegriffen.

Gegenüber Klassen unterliegen Strukturen einigen Einschränkungen. Sie können weder erben noch vererben, obwohl sie von der Klasse System.object abgeleitet werden. Schnittstellen können jedoch implementiert werden. Eine Struktur darf keinen selbst definierten, parameterlosen Konstruktor besitzen.

Überladen von Operatoren
Damit sich benutzerdefinierte Typen natürlich verhalten, können Strukturen arithmetische Operatoren überladen, um numerische Operationen und Konvertierungen auszuführen.

Beispiel 3b
```
using System;
class KomplexeZahlen
{
 public static void Main()
 {
  Komplex ersteZahl, zweiteZahl;

  ersteZahl.RE = 12.5; ersteZahl.IM = 3.4;
  Console.WriteLine("erste Zahl:  RE " + ersteZahl.RE + " IM " +
    ersteZahl.IM);

  zweiteZahl.RE = 17.5; zweiteZahl.IM = 6.6;
  Console.WriteLine("zweite Zahl: RE " + zweiteZahl.RE + " IM "
    + zweiteZahl.IM);

  Komplex dritteZahl = new Komplex(); //Erzeugung mit new

  dritteZahl = ersteZahl + zweiteZahl; //überladener Operator +

  Console.WriteLine("dritte Zahl: RE " + dritteZahl.RE + " IM "
    + dritteZahl.IM);
 }
}
```

```
struct Komplex
{
 public double RE;
 public double IM;

 public static Komplex operator +(Komplex Zahl1, Komplex Zahl2)
 {
   Komplex Zahl3;
   Zahl3.RE = Zahl1.RE + Zahl2.RE;
   Zahl3.IM = Zahl1.IM + Zahl2.IM;
   return Zahl3;
 }
}
```

Wie das Beispiel 3a zeigt, wird aus der Operation

`public Komplex addiereKomplex(Komplex Zahl1, Komplex Zahl2)`

die Operation (Beispiel 3b):

`public static Komplex operator +(Komplex Zahl1, Komplex Zahl2)`

Die Operatorfunktion muss als `static` gekennzeichnet sein. Anstelle des Namens der Operation muss das Schlüsselwort `operator` gefolgt von dem Operatorsymbol, hier +, stehen.

Der Aufruf kann jetzt wie bei einem arithmetischen Ausdruck erfolgen:

`dritteZahl = ersteZahl + zweiteZahl; //überladener Operator +`

statt

`dritteZahl = dritteZahl.addiereKomplex(ersteZahl, zweiteZahl);`

5.9.4 Klassen

Die Klassen in C# sind den Java-Klassen sehr ähnlich. Unterschiede gibt es in folgenden Bereichen:

C# verwendet für die Deklaration einer Klasse, für die geerbten Klassen und Schnittstellen und für das Aufrufen von Operationen die C++-Syntax. *Klassen*

Der Zugriff auf den Konstruktor der Oberklasse geschieht durch das Schlüsselwort base gefolgt von der Parameterliste in Klammern. Vor base steht ein Doppelpunkt, der direkt hinter der Konstruktorparameterliste steht, z.B. *base*

`public Sparkonto (int Kontonr, float ersteZahlung):`
`base (Kontonr,0.0) {…}`

Auf eine überschriebene bzw. redefinierte Operation der direkten Oberklasse kann zugegriffen werden, wenn ein Ausdruck zum Aufruf der Operation das Schlüsselwort base enthält (in Java: super), z.B.

`base.buchen(Betrag);`

Operationen können in Unterklassen dann redefiniert werden, wenn die Operation in der Oberklasse mit dem Schlüsselwort virtual gekennzeichnet ist. Standardmäßig sind alle Operationen *nicht* virtuell (wie in C++). In der Unterklasse muss die Operation, die redefiniert *dynamische Bindung*

883

werden soll, das vorangestellte Schlüsselwort override besitzen, z.B.

```
public virtual void buchen (double Betrag)
```

Beispiel
Konto.cs

```
/* Programmname: Konto
 * GUI-Klasse: KontoGUI
 * Aufgabe: Konten verwalten
 * Eingabe von Beträgen und Kontoart
 * Ausgabe des aktuellen Kontostands
 */
public class Konto
{
    //Attribute
    protected int Kontonr;
    protected double Kontostand;
    //Konstruktor
    public Konto (int Kontonr, double ersteZahlung)
    {
        this.Kontonr = Kontonr;
        Kontostand = ersteZahlung;
    }
    //Schreibende Operationen
    public virtual void buchen (double Betrag)
    {
        Kontostand = Kontostand + Betrag;
    }
    //Lesende Operationen
    public double getKontostand ()
    {
        return Kontostand;
    }
}
```

Sparkonto.cs

```
/* Programmname: Konto und Sparkonto
 * Fachkonzept-Klasse: Sparkonto
 * Aufgabe: Verwalten von Sparkonten
 * Restriktion: Sparkonten dürfen nicht negativ werden
 */
public class Sparkonto : Konto
{
    //Konstruktor
    public Sparkonto (int Kontonr, double ersteZahlung):
        base (Kontonr,0.0)
    {
        buchen (ersteZahlung);
    }
    //Redefinierte Operation
    public override void buchen (double Betrag)
    {
        //geerbte Operation getKontostand der Oberklasse
        if (getKontostand() + Betrag >= 0)
            base.buchen(Betrag);
            //Operation buchen der Oberklasse aufrufen
    }
}
```

```
/* Programmname: Konto                                    KundeGUI.cs
 * GUI-Klasse: KontoGUI
 * Aufgabe: Konten verwalten
 * Eingabe von Beträgen und Kontoart
 * Ausgabe des aktuellen Kontostands
 */

using System;

class KontoGUI
{
 //Konten deklarieren
 Konto einKonto;
 Sparkonto einSparkonto;

 //Konstruktor
 KontoGUI()
 {
   einKonto = new Konto(1, 0.00);
   einSparkonto = new Sparkonto(2,0.00);
 }
 //Anwendung des Polymorphismus
 //Zur Übersetzungszeit ist nicht bekannt, ob ein Objekt
 //der Klasse Konto oder ein Objekt der Klasse Sparkonto
 //aufgerufen wird

 void einausZahlungenInBar(Konto einObjekt, double Zahlung)
 {
   einObjekt.buchen(Zahlung);
 }

 void dialog()
 {
  int funktion;
  double Zahl;
  do
  {
    Console.WriteLine
     ("Funktion waehlen: Kontobetrag (1), Sparkontobetrag (2)," +
     Ende (0):");
    funktion = Convert.ToInt32(Console.ReadLine());
    switch (funktion)
    {
     case 1:
       Console.WriteLine
       ("Aktueller Kontostand:" + einKonto.getKontostand() +
         " Betrag eingeben: ");
       Zahl = Convert.ToDouble(Console.ReadLine());
       einausZahlungenInBar(einKonto, Zahl);
       Console.WriteLine("Neuer Kontostand: " +
         einKonto.getKontostand());break;
```

```
        case 2:
            Console.WriteLine("Aktueller Sparkontostand:" +
            einSparkonto.getKontostand() + " Betrag eingeben: ");
            Zahl = Convert.ToDouble(Console.ReadLine());
            einauszahlungenInBar(einSparkonto, Zahl);
            Console.WriteLine("Neuer Sparkontostand: " +
            einSparkonto.getKontostand());break;

        case 0: break;
        default: Console.WriteLine("Fehlerhafte Eingabe");
                break;
        }
    }
    while (!(funktion == 0));
}

//Hauptprogramm
public static void Main()
{
    Console.WriteLine("Start des Programms Konto");
    KontoGUI einGUIObjekt; //Deklarieren eines GUI-Objekts
    einGUIObjekt = new KontoGUI();
    einGUIObjekt.dialog();
}
}
```

Befinden sich die Klassen in verschiedenen Dateien, dann muss der Compiler mit folgender Anweisung gestartet werden:

`csc  /target:exe/out:Dateiname.exe *.cs`

Hinweis wobei die Datei Dateiname das Hauptprogramm `Main()` enthalten muss, z.B.

`csc /target:exe /out:KontoGUI.exe *.cs`

Einen Überblick über alle Compileroptionen erhält man durch Eingabe von `csc /help` im Konsolenfenster.

Standardmäßig sind per Voreinstellung alle Elemente einer Klasse private, d.h. nur in der Klasse selbst sichtbar. Zur besseren Lesbarkeit kann das Schlüsselwort `private` hingeschrieben werden.

Sichtbarkeit Außerdem gibt es folgende Sichtbarkeitsbereiche:

- `public`: Öffentlich sichtbar, d.h. von allen Operationen aller Klassen nutzbar.
- `protected`: Von allen Operationen der eigenen Klasse oder von eigenen Unterklassen zugreifbar.
- `internal`: Auf diese Elemente können nur Operationen zugreifen, die zum selben *Assembly* gehören (siehe unten).
- `protected internal`: Auf diese Elemente können alle Operationen der eigenen Klassen, eigene Unterklassen oder Operationen desselben *Assemblys* zugreifen.

Ein *Assembly* fasst alle Dateien zusammen, die zu einem Programm   *Assembly*
gehören.

Soll verhindert werden, dass von einer Klasse eine Unterklasse   sealed
abgeleitet wird, dann kann dies durch das Schlüsselwort sealed (versiegelt) verhindert werden (in Java final). Strukturen (struct) sind
implizit versiegelt.

Standardmäßig werden in C# Werttypen durch *call by value* an eine   Parameter-
Operation übergeben – analog wie in Java (siehe Abschnitt 2.11.3).   übergabe
Alternativ ist es in C# auch möglich, einen Werttyp durch *call by
reference* zu übergeben (siehe Abschnitt 2.11.4) – es muss dann sowohl bei der Deklaration als auch beim Aufruf das Schlüsselwort ref
vor den Parameter geschrieben werden.

Wird ein Parameter mit out gekennzeichnet, dann wird er wie *call
by reference* behandelt, muss aber *nicht* initialisiert sein. Dadurch
ist es möglich, mehrere Werte aus einer Operation als Ergebnis nach
außen zu übergeben. Die Beschränkung auf einen Rückgabewert über
return kann dadurch umgangen werden.

```
// Beispiel für den Einsatz der Parameterarten ref und out
```
Beispiel

```
using System;
public class Tausche
{
    static void tausche(ref int Zahl1, ref int Zahl2,
    out int Summe)
    {
        int merke = Zahl1;
        Zahl1 = Zahl2;
        Zahl2 = merke;
        Summe = Zahl1 + Zahl2;
    }

    public static void Main ()
    {
        Console.WriteLine("erste Zahl: ");
        int ersteZahl = Convert.ToInt32(Console.ReadLine());
        Console.WriteLine("zweite Zahl: ");
        int zweiteZahl = Convert.ToInt32(Console.ReadLine());
        int Ergebnis;

        tausche (ref ersteZahl, ref zweiteZahl, out Ergebnis);

        Console.WriteLine("neue erste Zahl: " + ersteZahl);
        Console.WriteLine("neue zweite Zahl: " + zweiteZahl);
        Console.WriteLine("Summe: " + Ergebnis);
    }
}
```

accessors

In Java ist es üblich, auf Attribute einer Klasse über die Zugriffsoperationen `getAttributname()` und `setAttributname()` zuzugreifen. In C# gibt es so genannte *accessors*, die es ermöglichen, auf Attribute lesend und schreibend zuzugreifen. Die Syntax sieht folgendermaßen aus:

*Sichtbarkeit*_{opt} Werttyp *Name*
```
{ get { accessor-body }
  set { accessor-body }
}
```

Der set-Operation wird ein Wert immer als Parameter value übergeben. Beim Aufruf der set-Operation erfolgt die Werteübergabe per Zuweisung, nicht als Parameter.

Beispiel

```
/* Programmname: Zaehler
 * Aufgabe: Verwaltung eines Zaehlers
 */
using System;

class Zaehler
{
 private int zaehlerstand;

 Zaehler()
 {
   zaehlerstand = 0;
 }

 //accessors
 public int Zaehlerstand //neuer Bezeichner
 {
   get {return zaehlerstand;}
   set {zaehlerstand = value;}//value = impliziter Parameter
 }

 public static void Main()
 {
 Zaehler einZaehler = new Zaehler();
 Console.WriteLine("Zaehlerstand: "
   + einZaehler.Zaehlerstand);
 einZaehler.Zaehlerstand = 5; //Wertübergabe durch Zuweisung
 Console.WriteLine("Zaehlerstand: "
   + einZaehler.Zaehlerstand);
 }
}
```

Klassenattribute & -operationen

Klassenattribute und Klassenoperationen werden analog wie in Java programmiert.

Beispiel

```
/* Programmname: Artikelverwaltung
 * Fachkonzept-Klasse: Artikel
 * Aufgabe: Einsatz von Klassenattributen und -operationen
 */
```

```
using System;

class Artikel
{
  static int AnzahlArtikel = 0; //Klassenattribut deklarieren
  int ArtikelNr;
  int Lagermenge;


 // Konstruktor
 public Artikel(int Artikelnr, int Anfangsbestand)
 {
  ArtikelNr = Artikelnr;
  Lagermenge = Anfangsbestand;
  AnzahlArtikel = AnzahlArtikel + 1;
 }
 // Klassenoperation
 static int anzahlArtikel
 { get { return AnzahlArtikel;}
 }


 // Objektoperationen
 int anzeigenLagermenge(int ArtikelNr)
 {
  return Lagermenge;
 }
 void aendernBestand(int ArtikelNr, int Bestandsaenderung)
 {
  Lagermenge = Lagermenge + Bestandsaenderung;
 }


 public static void Main()
 {
  Console.WriteLine( "Programm Artikelverwaltung");

  int funktion, ArtikelNr, Menge;
  Artikel einArtikel;
  do
  {
     Console.Write("AnzahlArtikel: ");
     //Klassenoperation
     Console.WriteLine(Artikel.anzahlArtikel);

     Console.WriteLine("Funktion waehlen: Anlegen (1), +"
      "Bestand aendern (2), Ende (0)");
     funktion = Convert.ToInt32(Console.ReadLine());
     switch (funktion)
     {
     case 1: Console.WriteLine("Artikelnr: ");
             ArtikelNr = Convert.ToInt32(Console.ReadLine());
             Console.WriteLine("Anfangsbestand: ");
             Menge = Convert.ToInt32(Console.ReadLine());
             einArtikel = new Artikel(ArtikelNr, Menge);
             break;
     case 2: break;
```

```
                case 0: break;
            }
        }
        while (funktion !=0);
    }
}
```

C# (gesprochen C Sharp) wurde von der Firma Microsoft entwickelt, um sowohl →.Net optimal zu unterstützen als auch eine Alternative zu →Java von Sun anzubieten. C# orientiert sich an den Sprachen C/C++ und Java, wobei die Syntax weitgehend mit Java übereinstimmt.

CLR *(Common Language Runtime)* Laufzeitumgebung von →.Net. Ist für die Ausführung von .Net-Sprachen zuständig. Läuft als virtuelle Maschine. Vergleichbar mit der *Java Virtual Machine* (JVM) .

MSIL *(Microsoft Intermediate Language)* – kurz **IL** – Sprach- und plattformunabhängige Zwischensprache von →.Net, in

der alle .Net-Sprachen übersetzt werden. MSIL-Code wird von der Laufzeitumgebung → CLR ausgeführt. Vergleichbar mit dem Byte-Code von Java.

.Net Software-Architektur der Firma Microsoft zur Entwicklung und Ausführung von Software. Das .Net Framework ist eine mögliche konkrete technische Realisierung von .Net. In der Regel werden beide Begriffe jedoch synonym verwendet. .Net unterstützt alle .Net-Sprachen, die den Sprachstandard CLS *(Common Language Subset)* einhalten müssen. Beispiele für unterstützte Sprachen: →C#, C++.Net, Visual Basic.Net.

STL   Zum C++-ANSI/ISO-Standard gehört die **STL-Bibliothek** *(standard template library)*, die aus generischen Klassen *(templates)* besteht, die dadurch für beliebige Typen verwendet werden können. Man bezeichnet die Programmierung mit parametrisierten Klassen auch als **generische Programmierung**.

Die STL besteht aus **Containern, Iteratoren** und **Algorithmen.** Mengen von Daten werden in Container-Klassen verwaltet. Algorithmen dienen zur Bearbeitung von Daten. Iteratoren verbinden Daten und Operationen.

GUI-
Programmierung

Im Gegensatz zu Java gibt es für C++ *keine* herstellerunabhängige GUI-Bibliothek. Die verschiedenen GUI-Bibliotheken sind in der Regel nicht kompatibel, d.h. die GUI-Schicht muss jeweils neu programmiert werden, wenn die GUI-Bibliothek gewechselt wird.

MFC   Für die Programmierung von *Windows*-Plattformen ist die **MFC-Bibliothek** *(Microsoft Foundation Classes)* von Microsoft weit verbreitet.

.Net   Im Jahr 2002 hat die Firma Microsoft die .Net-Architektur veröffentlicht, die verschiedene Programmiersprachen unterstützt und einen kombinierten Einsatz ermöglicht. Der Quellcode dieser so genannten .Net-Sprachen wird in eine sprach- und plattformunabhängige Zwischensprache MSIL übersetzt und von der Laufzeitumgebung CLR ausgeführt. Die wichtigste Programmiersprache von .Net ist C#, die sich an Java und C/C++ anlehnt.

C++ vs. Java   C++ bietet als hybride Programmiersprache und durch seine Historie mehr Möglichkeiten als Java. Diese Möglichkeiten erfordern aber eine besondere Selbstdisziplin, um zu gut lesbaren und wartbaren Programmen zu gelangen. Als C++-Anfänger sollte man in C++ zunächst so programmieren, wie man es in Java gewöhnt ist. Spezifische C++-Konzepte sollte man nur schrittweise und nur dann hinzunehmen, wenn es unbedingt erforderlich ist.

/Zeppenfeld 04/
   Zeppenfeld K., *Objektorientierte Programmiersprachen – Einführung und Vergleich von Java, C++, C#, Ruby,* Heidelberg: Spektrum Akademischer Verlag 2004
   Empfehlenswertes Buch, das einen guten Überblick und Quervergleich über die angegebenen Sprachen gibt.

1 *Lernziel: Bezogen auf die behandelten Konzepte C++-Programme schreiben können.*
   Welche Container stellt die *Standard Template Library* zusätzlich zu den im Kapitel 5.8 beschriebenen zur Verfügung?
   Hinweis: Nutzen Sie z.B. das Internet, Literaturhinweise oder auch Online-Hilfen!

Kann-Aufgabe
45 Minuten

2 *Lernziel: Bezogen auf die behandelten Konzepte C++-Programme schreiben können.*
   In Abschnitt 5.8.4 wird ein Programm zur Kundenverwaltung vorgestellt, das alle Kundenobjekte zeilenweise in eine Datei schreibt. Dabei wird pro Objekt genau eine Zeile benutzt. Ändern Sie die Operationen speichern() und laden() so ab, dass für jedes Attribut genau eine Zeile in der Datei belegt wird. Dadurch wird das Laden aus der Datei wesentlich erleichtert.

Konstruktive Aufgaben
Muss-Aufgabe
30 Minuten

3 *Lernziel: Java-Programme anhand der angegebenen Syntax- und Semantik-Regeln in C++- bzw. C#-Programme transformieren können.*
   Realisieren Sie die in Abschnitt 5.8.1 vorgestellte Warteschlange (Klasse PersonenWarteschlange) durch Spezialisierung der Klasse queue.
   Hinweis: Die Spezialisierung einer *Template*-Klasse kann eine *nicht*-generische Klasse sein, d.h. Sie können die Klasse wie folgt ableiten:

Muss-Aufgabe
30 Minuten

```
class PersonenWarteschlange: public queue<Person*>
{
    ...
};
```

4 *Lernziel: Bezogen auf die behandelten Konzepte C++-Programme schreiben können.*
   a Erweitern Sie die nachfolgend dargestellte Klasse um einen Konstruktor und Destruktor zur Realisierung einer Objektverwaltung.
   Verwenden Sie dazu das Klassenattribut personListe. Die Objektverwaltung soll bewirken, dass sich neu erzeugte Objekte selbständig in die Liste eintragen. Gelöschte Objekte sollen sich vor dem Löschen selbst aus der Liste austragen.

Klausur-Aufgabe
20 Minuten

```
#include <list>
class Person
{
  protected:
    string name;
    static list <person*> personListe;
  public:
    string getName() const
      {return name;}
};
```

b Erweitern Sie die Klasse um einen weiteren Konstruktor, der es erlaubt, beim Erzeugen einer Person zusätzlich den Namen direkt auszugeben. Hinweis: Von der Klasse list benötigen Sie nur die Operation push_ back() und remove().

Muss-Aufgabe
30 Minuten

5 *Lernziel: Bezogen auf die behandelten Konzepte C#-Programme schreiben können.*
Schreiben Sie ein C#-Programm zur Lösung von zwei linearen Gleichungen mit zwei Variablen: ax + by = c; dx + ey = f (siehe auch Abschnitt 2.13.2). Nutzen Sie optimal die Parameterübergabemöglichkeiten von C#.

Kann-Aufgabe
60 Minuten

6 *Lernziel: Java-Programme anhand der angegebenen Syntax- und Semantik-Regeln in C++- bzw. C#-Programme transformieren können.*
Transformieren Sie das Programm Kunden- und Lieferantenverwaltung (Abschnitt 2.15.2) in ein funktional ähnliches C#-Programm. Programmieren Sie anstelle der grafischen Benutzungsoberfläche eine textuelle Bedienungsoberfläche.

A Anhang – Checklisten, Richtlinien, Erstellungsregeln

Für alle Produkte:

Abb. A-1: ***Richtlinie zur*** ***Versions-*** ***kennzeichnung***	■ Jedes Dokument ist mit einer Versionsnummer zu kennzeichnen. Die Versionsnummer besteht aus zwei Teilen: – der *Release*-Nummer und – der *Level*-Nummer. ■ Die *Release*-Nummer (im Allgemeinen einstellig) steht, getrennt durch einen Punkt, vor der *Level*-Nummer (maximal zweistellig). ■ Vor der *Release*-Nummer steht ein »V«. Die *Level*-Nummer wird jeweils um eins erhöht, wenn eine kleine Änderung am Programm vorgenommen wurde. Die *Release*-Nummer wird bei größeren Änderungen und Erweiterungen des Programms um eins erhöht, wobei gleichzeitig die *Level*-Nummer auf null zurückgesetzt wird. ■ Ein erstmals fertig gestelltes Dokument sollte die Versionsnummer 1.0 erhalten. ■ Beginnt man ein Dokument zu erstellen, dann sollte man mit der Zählung bei 0.1 beginnen.

Abb. A-2a: ***Richtlinien und*** ***Konventionen für*** ***Bezeichner***	**Bezeichner-Richtlinien** 1 Bezeichner *(identifier)* sind natürlichsprachliche oder problemnahe Namen oder verständliche Abkürzungen solcher Namen. 2 Jeder Bezeichner beginnt mit einem Buchstaben: der Unterstrich (_) wird *nicht* verwendet. 3 Bezeichner enthalten *keine* Leerzeichen. Ausnahme: Leerzeichen sind in der UML-Notation erlaubt, sie müssen aber bei der Transformation in Java-Programme entfernt werden. 4 Generell ist Groß-/Kleinschreibung zu verwenden. 5 Zwei Bezeichner dürfen sich *nicht* nur bezüglich der Groß-/Kleinschreibung unterscheiden. Ausnahmen: *Accessors* in C#, Vermeidung von this. 6 Es wird entweder die deutsche *oder* die englische Namensgebung verwendet. Ausnahme: Allgemein übliche englische Begriffe, z.B. *push*. 7 Wird die deutsche Namensgebung verwendet, dann ist auf Umlaute und »ß« zu verzichten. Ausnahme: UML-Notation, solche Zeichen müssen aber bei der Transformation in Programme ersetzt werden. 8 Besteht ein Bezeichner aus mehreren Worten, dann beginnt jedes Wort mit einem Großbuchstaben, z.B. AnzahlWorte (sogenannte Kamelhöcker-Notation, *CamelCase*). Unterstriche sollen *nicht* zur Trennung eingesetzt werden. **9 Klassennamen / Schnittstellennamen** – beginnen immer mit einem Großbuchstaben, – sind durch ein Substantiv im Singular zu benennen, zusätzlich kann ein Adjektiv angegeben werden, z.B. Seminar, öffentliche Ausschreibung (in UML), – die für eine GUI-Klasse stehen, enthalten das Suffix GUI, – die eine Objektverwaltung realisieren, enthalten das Suffix Container, – die einen Iterator realisieren, enthalten das Suffix Iterator, – enden mit einem großen I, wenn es sich um eine Schnittstelle handelt.

10 Objektnamen
- beginnen immer mit einem Kleinbuchstaben,
- enden in der Regel mit dem Klassennamen, z.B. einKunde,
- beginnen bei anonymen Objekten mit ein, erster, a usw., z.B. aPoint, einRechteck,
- von GUI-Interaktionselementen beginnen kleingeschrieben mit zugeordneten Attributnamen der Fachkonzeptklasse gefolgt von dem Namen des Interaktionselements, z.B. nameTextfeld, nameFuehrungstext, speichernDruckknopf usw.

11 Attributnamen
- beginnen im Englischen immer mit einem Kleinbuchstaben, um eine Verwechslungsgefahr mit Klassen auszuschließen, z.B. hotWaterLevel, nameField, eyeColor,
- beginnen im Deutschen mit einem Großbuchstaben, da sonst gegen die Lesegewohnheiten verstoßen wird,
- sind detailliert zu beschreiben, z.B. ZeilenZähler (in UML), WindGeschw, Dateistatus,
- als Konstanten in Schnittstellen sind öffentliche, konstante Klassenattribute, die in Java mit Großbuchstaben und durch Unterstriche getrennt geschrieben werden, z.B. X_VGA.

12 Operationsnamen
- beginnen immer mit einem Kleinbuchstaben,
- beginnen in der Regel mit einem Verb, evtl. gefolgt von einem Substantiv, z.B. drucke, aendere, zeigeFigur, leseAdresse, verschiebeRechteck,
- heißen getAttributname, wenn nur ein Attributwert eines Objektes gelesen wird,
- lauten setAttributname, wenn nur ein Attributwert eines Objektes gespeichert wird,
- heißen isAttributname, wenn das Ergebnis nur wahr *(true)* oder falsch *(false)* sein kann, z.B. isVerheiratet, isVerschlossen.

Abb. A-2b:
Richtlinien und Konventionen für Bezeichner

Abb. A-3: *Checkliste* *Klassen*	Checkliste Klassen

Checkliste Klassen

1   Liegt ein aussagefähiger Klassenname vor?

Der Klassenname soll

– der Fachterminologie entsprechen (bei Fachkonzept-Klassen),

– ein Substantiv im Singular sein,

– so konkret wie möglich gewählt werden,

– dasselbe ausdrücken wie die Gesamtheit der Attribute,

– nicht die Rolle dieser Klasse in einer Beziehung zu einer anderen Klasse beschreiben,

– eindeutig im Paket bzw. im System sein und

– nicht dasselbe ausdrücken wie der Name einer anderen Klasse.

2   Ist das gewählte Abstraktionsniveau richtig?

Die Ziele sind *nicht*

– möglichst viele Klassen oder

– Klassen möglichst geringer Komplexität zu identifizieren.

3   Wann liegt *keine* Klasse vor?

– Eine Klasse enthält dieselben Attribute, Operationen, Restriktionen und Assoziationen wie eine andere Klasse.

– Eine Klasse enthält nur Operationen, die sich anderen Klassen zuordnen lassen.

– Besitzt eine Klasse nur ein einziges oder wenig Attribute, so ist zu prüfen, ob diese Attribute einer anderen Klasse zugeordnet werden können.

4   Allgemeine Hinweise

– Zu einer Klasse kann es auch nur *ein* Objekt geben.

– Im Zweifelsfall kleinere Klassen bilden.

5   Klassen in Java

– Jede Klasse sollte in Java in einer eigenen Datei (.java) abgespeichert sein.

– Sind mehrere Klassen in einer Datei gespeichert, dann darf nur eine Klasse davon public sein. Alle anderen Klassen dürfen das Schlüsselwort public *nicht* besitzen. Zusätzlich muss der Dateiname mit dem Namen der public-Klasse übereinstimmen.

Checkliste Attribute

1 Ist der Attributname geeignet?

Der Attributname soll
- kurz, eindeutig und verständlich im Kontext der Klasse sein,
- ein Substantiv oder Adjektiv-Substantiv sein (kein Verb!),
- den Namen der Klasse nicht wiederholen (Ausnahme: feststehende Begriffe),
- bei komplexen (strukturierten) Attributen der Gesamtheit der Komponenten entsprechen,
- nur fachspezifische oder allgemein übliche Abkürzungen enthalten.

2 Wurde das richtige Abstraktionsniveau gewählt?
- Wurden komplexe Attribute gebildet, z.B. Felder?
- Bilden komplexe Attribute geeignete Datenstrukturen?
- Ist die Anzahl der Attribute pro Klasse angemessen?

3 Wurde das richtige Zugriffsrecht gewählt?
- Wurden Attribute immer als private (»Privatbesitz« der jeweiligen Klasse, Geheimnisprinzip) oder protected deklariert?

4 Liegen Klassenattribute vor?

Ein Klassenattribut liegt vor, wenn gilt:
- Alle Objekte der Klasse haben für dieses Attribut denselben Attributwert, z.B. MWST=16,
- Es sollen Informationen über die Gesamtheit der Objekte modelliert werden.

Klassenattribute werden in der UML unterstrichen dargestellt und in Java mit dem Schlüsselwort static gekennzeichnet.

5 OOA-Modell: Wann wird ein Attribut *nicht* eingetragen?
- Es dient ausschließlich zum Identifizieren der Objekte.
- Es dient lediglich dazu, eine andere Klasse zu referenzieren, d.h., es realisiert eine Assoziation.

6 Java-Quellprogramm
- Alle Attribute müssen vor der ersten Anwendung deklariert sein.
- Vor dem ersten lesenden Zugriff muss ein Attribut initialisiert sein. Wenn möglich, die Initialisierung bereits bei der Deklaration vornehmen.

Abb. A-4:
Checkliste
Attribute

Checkliste Operationen

1 Besitzt die Operation einen geeigneten Namen?

Der Operationsname soll

- mit einem Verb beginnen,
- beschreiben, was die Operation »tut«,
- dasselbe aussagen wie die Spezifikation der Operation,
- den Klassennamen nicht wiederholen (Ausnahme: feststehende Begriffe),
- getAttributname lauten, wenn durch eine Operation ein einzelnes Attribut gelesen wird,
- setAttributname lauten, wenn durch eine Operation ein einzelnes Attribut gesetzt wird,
- isAttributname lauten, wenn das Ergebnis nur wahr *(true)* oder falsch *(false)* sein kann.

2 Wurde das richtige Zugriffsrecht gewählt?

- Wurden Operationen immer als private (»Privatbesitz« der jeweiligen Klasse, Geheimnisprinzip) oder protected deklariert, wenn sie nur klasseninterne Dienstleistungen zur Verfügung stellen?

3 Wurde die Vererbung von Operationen berücksichtigt?

- Sind Operationen so hoch wie möglich in der Hierarchie eingetragen?

4 Liegt eine Klassenoperation vor?

Eine Operation ist Klassenoperation, wenn sie

a Klassenattribute manipuliert (ohne Bezug zum einzelnen Objekt),
b alle Objekte einer Klasse betrifft,
c eine Kollektion von Objekten der Klasse betrifft (Abfragen, *queries*).

Klassenoperationen werden in der UML unterstrichen dargestellt und in Java mit dem Schlüsselwort static gekennzeichnet.

5 Zu welcher Klasse gehört die Operation?

Auf welche Klassen (bzw. deren Attribute) »greift« die Operation »zu«?

a Nur auf Attribute einer Klasse, dann dieser Klasse zuordnen.
b Auf Attribute mehrerer Klassen:
Für jede Klasse prüfen, ob sie nur auf ein einzelnes Objekt angewendet wird. (Objekt-)Operation Vorzug vor Klassenoperation geben.
c Betrifft die Operation mehrere Klassen und kann sie bei keiner Klasse auf ein einzelnes Objekt angewendet werden, sondern auf alle oder mehrere Objekte dieser Klassen, dann bei einer der Klassen als Klassenoperation eintragen.
d Kann eine Operation mehreren Klassen zugeordnet werden, dann ist die verständlichste Modellbildung zu wählen.

Lässt sich die Operation keiner vorhandenen Klasse sinnvoll zuordnen, dann fehlt vermutlich eine Klasse.

6 Ist die Datenintegrität erfüllt?

- Werden alle Attribute von den Operationen benötigt?

7 OOA/OOD-Modell:

- Hier *keine* get/set-Operationen eintragen! (Erst im Quellcode nötig).

8 Java-Quellprogramm
Kontrollstukturen

a Sind die Kontrollstrukturen so ausgewählt, dass sie die gegebene Problemstellung möglichst gut widerspiegeln.
Ist klar zwischen einer **Auswahl** und einer **Wiederholung** unterschieden.
Eine **Auswahl** ist dadurch charakterisiert, dass entweder
– ein Fall in Abhängigkeit von einer Bedingung eintritt (einfache Auswahl) oder
– aus zwei Fällen bzw. Alternativen ein Fall ausgewählt werden muss (zweifache Auswahl) oder
– aus mehreren Fällen ein Fall ausgewählt werden muss (Mehrfachauswahl). Wurde eine **Mehrfachauswahl** immer dann verwendet, wenn es mehr als zwei disjunkte Alternativen gibt, aus denen genau eine zur Laufzeit auszuwählen ist?
b Sind bei der **zweifachen Auswahl (if-then-else)** folgende Regeln eingehalten?
– Bei Java beginnen die Ja-Anweisungen hinter dem geklammerten Ausdruck. Die Ja-Anweisungen sollten textuell eingerückt unter dem Ausdruck beginnen (in einer neuen Zeile).
– Ist im **else**-Teil als Kommentar angegeben, welche Bedingungen gelten?
– Wird ein Zweig für die Fehlerbehandlung verwendet, dann sollte dies der **else**-Zweig sein.
c Sind bei jeder **Mehrfach-Auswahl (switch-Anweisung)** folgende Regeln eingehalten?
– Ist immer ein **default**-Fall vorgesehen?
– Ist der **default**-Fall als letzter Fall aufgeführt?
– Ist jeder Fall mit **break** abgeschlossen?
d Sind bei **geschachtelten Auswahlanweisungen** wahrscheinliche Abfragehäufigkeiten berücksichtigt?
e Sind bei **Wiederholungsanweisungen** folgende Regeln beachtet worden?
– Sind Endlos-Schleifen und n + $\frac{1}{2}$-Schleifen nur dann verwendet worden, wenn dies unbedingt erforderlich ist?
– Sind n + $\frac{1}{2}$-Schleifen immer mit einer Bedingung beendet worden: **if... then break.**
– Besitzt bei der **while**-Schleife die Bedingung am Anfang der Wiederholung bereits einen eindeutigen Wert?
– Ist bei einer **do**-Schleife daran gedacht worden, dass die Schleife wiederholt wird, wenn die Bedingung erfüllt ist (umgekehrt wie im Struktogramm und in vielen anderen Programmiersprachen)?
– Gibt es in **while**- und **do**-Schleifen Variablen, die eine Rückwirkung auf die Wiederholungsbedingung haben und kontinuierlich hoch- oder runtergezählt werden?
– Wird die **for**-Schleife nur diszipliniert verwendet und sind immer alle drei Teile in folgender Form vorhanden:
for(Zaehlvariable = Anfangswert; Zaehlvariable <= Endwert; Zaehlvariable = Zaehlvariable + 1)
//Alternativ: Zaehlvariable = Zaehlvariable – 1
f Sind geschachtelte Anweisungen durch Kommentare gut beschrieben und strukturiert?
g Wird die Ausnahmebehandlung über **throw** abgewickelt?

Abb. A-5c: *Checkliste* *Operationen*	**Operatoren** ■ Da die Verwendung der zusammengesetzten Operatoren (+=, *= usw.) zu einem unübersichtlichen Programmierstil führt, sollten sie nur in Aus- nahmefällen verwendet werden. **Gleitpunktzahlen** ■ Da bei Gleitpunktzahlen Rundungsfehler auftreten können, sollten zwei Gleitpunktzahlen niemals auf Gleichheit überprüft werden, d.h., x == y ist verboten! Stattdessen: abs(x - y) < epsilon. **Verschiedenes** ■ Bezieht man sich im Rumpf einer Operation auf ein Attribut der Klasse, dann sollte vor das Attribut immer this. gesetzt werden. Dadurch wird deutlich, dass das Attribut der Klasse gemeint ist. Fehler aufgrund von Namensgleichheiten werden reduziert.

Abb. A-6a:
Checkliste
Vererbung
	Checkliste Vererbung
	1 Liegt eine »gute« Vererbungsstruktur vor?
	Sind folgende Kriterien erfüllt?
	– Machen die Vererbungsstrukturen Zusammenhänge und Unterschiede
	von Klassen deutlich? Zeigen sie Klassifizierungen auf?
	– Verbessert die Vererbungsstruktur das Verständnis des Modells?
	– Entspricht die Vererbungsstruktur den »natürlichen« Strukturen des
	Problembereichs?
	– Liegt eine »ist ein« *(is a)* – oder »ist eine Art von« *(is a kind of)* –Hierarchie
	vor, z.B. Kunden und Lieferanten sind spezielle Firmen. Diese Beziehung
	ist transitiv. Es reicht *nicht* aus, wenn eine Unterklasse zu den geerbten
	Attributen und Operationen nur eigene Attribute und Operationen hinzu-
	fügt.
	– Benötigt jede Unterklasse die geerbten Attribute und Assoziationen der
	Oberklasse auch, d.h., jedes Objekt der Unterklasse belegt die geerbten
	Attribute mit Werten und kann entsprechende Verbindungen besitzen?
	– Kann jede Unterklasse die geerbten Operationen semantisch sinnvoll
	anwenden?
	
	Beispiel: Ist eine Klasse Ferientag Unterklasse von Tag und besitzt Tag
	die Operation naechsterTag, dann kann diese Operation, angewandt
	auf ein Unterklassenobjekt, aus einem Ferientag einen *nicht*-Ferientag
	machen. Daher ist dies keine geeignete Operation für Ferientag. Ein
	Ferientag ist zwar ein Tag, aber *kein* Objekt der Klasse Tag.
	
	– Wird Polymorphismus anstelle von Typinformation benutzt?
	
	Beispiel:
	`//Mit Typinformation        //Mit Polymorphismus`
	`if (x is of type 1)              x.action();`
	`    action1(x);`
	`else if (x is of type 2)`
	`    action2(x);`
	
	– Besitzt die Vererbungsstruktur maximal drei bis fünf Hierarchiestufen?

Quellen: /Heide Balzert 04/, /Cornell, Horstmann 00/

2 Gibt es abstrakte Klassen?

Jede Klasse daraufhin prüfen, ob sie eine abstrakte Klasse ist.

Das ist der Fall, wenn

a niemals ein Objekt dieser Klasse bei der Ausführung des Systems benötigt wird, oder

b die Objekte dieser Klasse »sinnlos« und unvollständig wären.

■ Blätter der Vererbungshierarchie sind immer konkrete Klassen!

■ Oberklassen einer abstrakten Klasse sollen keine konkreten Klassen sein!

3 Wann liegt *keine* Vererbung vor?

■ Die Unterklassen bezeichnen nur verschiedene Arten, unterscheiden sich aber weder in ihren Eigenschaften noch in ihrem Verhalten.

Abb. A-6b:
Checkliste
Vererbung

Checkliste Assoziationen

1 Ist eine Benennung notwendig oder sinnvoll?

■ Notwendig, wenn zwischen zwei Klassen mehrere Assoziationen bestehen.

■ Rollennamen (Substantive) sind gegenüber Assoziationsnamen (Verben) zu bevorzugen.

■ Rollennamen sind bei reflexiven Assoziationen immer notwendig.

2 Liegt eine 1:1-Assoziation vor?

Zwei Klassen sind zu modellieren, wenn

■ die Verbindung in einer oder beiden Richtungen optional ist und sich die Verbindung zwischen beiden Objekten ändern kann,

■ es sich um zwei umfangreiche Klassen handelt,

■ die beiden Klassen eine unterschiedliche Semantik besitzen.

3 Liegt eine Muss- oder Kann-Assoziation vor?

■ Bei einer einseitigen Muss-Assoziation (Untergrenze >=1 auf einer Seite) gilt:
Sobald das Objekt A erzeugt ist, muss auch die Beziehung zu dem Objekt B aufgebaut und B vorhanden sein bzw. erzeugt werden.

■ Bei einer wechselseitigen Muss-Beziehung (Untergrenze >=1 auf beiden Seiten) gilt:
Sobald das Objekt A erzeugt ist, muss auch die Beziehung zu dem Objekt B aufgebaut und ggf. das Objekt B erzeugt werden. Wenn das letzte Objekt A einer Beziehung gelöscht wird, dann muss auch Objekt B gelöscht werden.

■ Bei einer Kann-Beziehung (Untergrenze = 0) kann die Beziehung zu einem beliebigen Zeitpunkt nach dem Erzeugen des Objekts aufgebaut werden.

5 Fehlerquellen

■ Verwechseln von Assoziation mit Vererbung.

■ Oft werden Muss-Assoziationen verwendet, wo sie nicht benötigt werden.

Abb. A-7:
Checkliste
Assoziationen

Für die Definitions- und Entwurfsphase:

Hinweis: Bei **OOA-** und **OOD-Diagrammen** wird davon ausgegangen, dass sie in der UML-Notation mit einem entsprechenden CASE-Werkzeug erstellt werden. Eine syntaktische Überprüfung auf die Einhaltung der Notation wird daher nicht vorgenommen, da dies die Werkzeuge sicherstellen.

Abb. A-8: *Checkliste zur* *Überprüfung des* *OOA-Modells*	**Checkliste OOA-Modell** – Sind im OOA-Modell nur Fachkonzept-Klassen modelliert? – Sind komplexe dynamische Abläufe zusätzlich durch Objektdiagramme und/oder Sequenzdiagramme erläutert?

Abb. A-9: *Checkliste zur* *Überprüfung des* *OOD-Modells*	**Checkliste OOD-Modell** – Ist eine Drei-Schichten-Architektur mit linearer Ordnung eingehalten? – Wurden geeignete Muster für den Entwurf verwendet? – Erfolgt die Objektverwaltung durch eine eigene Container-Klasse? – Ist die Container-Klasse durch das *Singleton*-Muster realisiert? – Ist die Iterator-Klasse durch das Iterator-Muster realisiert? Alternative: Integration in die Container-Klasse.

Für die Implementierungsphase:

Typische Programmierfehler

■ **Unnatürliche Zahlen**
Negative Zahlen werden oft falsch behandelt. In der täglichen Erfahrung tauchen negative Zahlen nicht auf, weil sie »unnatürlich« sind.
Ursache: Prägnanzprinzip
Beispiel: Oft werden für die Beendigung der Eingabe die Werte 0 oder negative Werte verwendet. Diese Verwendung »unnatürlicher Zahlen« als Endezeichen vermischt zwei Funktionen, nämlich das Beenden des Eingabevorganges und die Werteeingabe.

■ **Ausnahme- und Grenzfälle**
Vorzugsweise werden nur die Normalfälle behandelt; Sonderfälle und Ausnahmen werden übersehen. Es werden nur die Fälle erfaßt, die man für repräsentativ hält.
Ursachen: Kausalitätserwartung, Sparsamkeitsprinzip
Beispiele: »Um eins daneben« Fehler, Indexzählfehler.

■ **Falsche Hypothesen**
Erfahrene Programmierer haben Faustregeln entwickelt, sich einfache Hypothesen und Modelle über die Arbeitsweise eines Computers zurechtgelegt. Aber: Dieses Wissen veraltet, mit einer Änderung der Umwelt werden die Hypothesen falsch.
Ursache: Prägnanzprinzip
Beispiele: Multiplikationen dauern wesentlich länger als Additionen; Potenzieren ist aufwendiger als Multiplizieren.

Abb. A-10a: Typische Programmierfehler

■ **Tücken der Maschinenarithmetik**
Sonderfall der falschen Hypothesen. Der Computer hält sich nicht an die Regeln der Algebra und Analysis. Reelle Zahlen werden nur mit begrenzter Genauigkeit dargestellt.
Ursache: Prägnanzprinzip
Beispiele: Abfrage auf Gleichheit reeller Zahlen, statt abs(a – b)< epsilon; Aufsummierung unendlicher Reihen: Summanden werden so klein, dass ihre Beträge bei der Rundung verlorengehen.

■ **Irreführende Namen**
Wahl eines Namens, z.B. für eine Funktion, der eine falsche Semantik vortäuscht. Daraus ergibt sich eine fehlerhafte Anwendung.
Ursache: Assoziationstäuschung

■ **Unvollständige Bedingungen**
Das konsequente Aufstellen komplexer logischer Bedingungen fällt schwer. Häufig ist die Software nicht so komplex, wie das zu lösende Problem.
Ursache: Kausalitätserwartung

■ **Unverhoffte Variablenwerte**
Die Komplexität von Zusammenhängen wird nicht erfasst.
Ursache: Scheinwerferprinzip, Kausalitätserwartung
Beispiele: Verwechslung global wirksamer Größen mit Hilfsgrößen; falsche oder vergessene Initialisierung von Variablen.

■ **Wichtige Nebensachen**
Die Unterteilung von Programmen in sicherheitskritische und sicherheitsunkritische Teile, in eigentliches Programm und Kontrollausdrucke führt oft zur Vernachlässigung der »Nebensachen«. Dadurch entstehen Programme mit »abgestufter Qualität«, wobei Fehler in den »Nebensachen« oft übersehen werden.
Ursache: Prägnanzprinzip
Beispiel: Fehler bei der Plazierung von Kontrollausdrucken täuschen Fehler im Programm vor.

■ **Trügerische Redundanz**
Durch achtloses Kopieren werden Strukturen geschaffen, die den menschlichen Denkapparat überfordern. Übertriebene Kommentierung von Programmen erhöht die Redundanz eines Programms.
Ursache: Anlage zur Induktion
Beispiele: Weiterentwicklumg eines Programms geschieht nicht an der aktuellen Version, sondern an einem Vorläufer; bei Programmänderungen wird vergessen, den Kommentar ebenfalls zu ändern.

■ **Gebundenheit**
Boolesche Ausdrücke treten oft in Verbindung mit Entscheidungen auf. Dies führt in anderen Situationen zu komplizierten Ausdrücken.
Ursache: funktionale Gebundenheit boolescher Ausdrücke
Beispiel: `if B then x:=true else x:=false` anstelle von
        `x:=B` (B=beliebiger boolescher Ausdruck)

Quelle: nach /Grams 90, S. 66ff/

Abb. A-10b:
Typische Programmierfehler

Regelkatalog zur Vermeidung von Programmierfehlern

Abb. A-11:
Regelkatalog zur
Vermeidung von
Programmier-
fehlern

Grundsätze des Programmentwurfs

- ■ Auf Lesbarkeit achten
- ☐ Bedeutung der Prinzipien Verbalisierung, problemadäquate Datentypen, integrierte Dokumentation
- ■ Sparsamkeit bei Schnittstellen- und Variablendeklarationen
- ☐ Globale Variablen vermeiden
- ☐ kurze Parameterlisten
- ☐ Gültigkeitsbereiche von Variablen möglichst stark beschränken
- ■ Operationen gliedern in:
- ☐ Initialisierung, Eingabe, Verarbeitung, Ausgabe
- ■ Verwendung linearer Kontrollstrukturen
- ☐ Sequenz, Auswahl, Wiederholung, Aufruf (siehe Kapitel 2.13)

Regeln gegen das Prägnanzprinzip

- ■ Fehlerkontrolle durchführen
- ☐ Sorgfalt besonders bei Diskretisierung kontinuierlicher Größen
- ☐ Bei numerischen Programmen Maschinenarithmetik beachten
- ■ Nie reelle Zahlen auf Gleichheit oder Ungleichheit abfragen
- ■ Keine temporären Ausgabebefehle verwenden
- ☐ Ausgabebefehle zur Unterstützung von Tests in Auswahlanweisungen platzieren und global ein- und ausschalten
- ■ Faustregeln von Zeit zu Zeit überprüfen
- ☐ Effizienzsteigernde Tricks können durch neue Hardware unnötig werden

Regeln gegen das lineare Kausaldenken

- ■ Redundanz reduzieren
- ☐ Prozeduren verwenden, anstatt mehrfach verwendete Teile zu kopieren
- ☐ Kommentare sparsam verwenden, besser gute Bezeichner und passende Datenstrukturen wählen
- ■ Zusicherungen ins Programm einbauen
- ☐ Als Kommentare ins Programm einfügen
- ■ **else**-Teil einer Auswahl kommentieren
- ☐ Als Kommentar angeben, welche Bedingungen für einen **else**-Teil gelten
- ■ Ist ein Fehler gefunden: weitersuchen
- ☐ Erfahrungen zeigen, dass in der Umgebung von Fehlern meist weitere zu finden sind

Regeln gegen die Überschätzung bestätigender Informationen

- ■ Alternativen suchen
- ☐ Stets davon ausgehen, dass es noch bessere Lösungen gibt
- ☐ Aktivierung von Heuristiken (siehe Abb. A-12)

Regeln gegen irreführende Assoziationen

- ■ Bezeichner wählen, die Variablen und Operationen möglichst exakt bezeichnen

Quellen: eigene Erfahrungen, /Grams 90, S. 82ff/

Heuristiken für die Programmierung

Quelle: /Grams 90, S. 114/

Basisheuristik
Kann ich in der Liste der Heuristiken eine finden, die mir weiterhilft?

Analogie
Habe ich ein ähnliches Problem schon einmal bearbeitet?
Kenne ich ein verwandtes Problem?

Verallgemeinerung
Hilft mir der Übergang von einem Objekt zu einer Klasse von Objekten weiter?

Spezialisierung
Bringt es mich weiter, wenn ich zunächst einen leicht zugänglichen Spezialfall löse?

Variation
Komme ich durch eine Veränderung der Problemstellung der Lösung näher?
Kann ich die Problemstellung anders ausdrücken?

Rückwärtssuche
Ich betrachte das gewünschte Ergebnis. Welche Operationen können mich zu diesem Ergebnis führen?

Teile und herrsche
Läßt sich das Problem in leichter lösbare Teilprobleme zerlegen?

Vollständige Enumeration
Ich lasse einen Teil der Bedingungen weg. Kann ich mir Lösungen verschaffen, die wenigstens einen Teil der Zielbedingungen erfüllen? Kann ich mir alle Lösungen verschaffen, die diese Bedingungen erfüllen?

Abb. A-12:
Heuristiken
für die
Programmierung

Java-Formatierungs-Richtlinien

1 Einheitlicher Aufbau einer Klasse
Folgende Reihenfolge ist einzuhalten:
a Alle Attributdeklarationen, die für die gesamte Klasse gelten
b Konstruktoren
c Operationen, z.B. Zuweisung, Vergleich
d Operationen mit schreibendem Zugriff (setAttributname)
e Operationen mit lesendem Zugriff (getAttributname)

2 Leerzeichen
a Bei binären Operatoren werden Operanden und Operator durch jeweils ein Leerzeichen getrennt, z.B. Zahl1 + Zahl2 * 3
b Keine Leerzeichen bei der Punktnotation: Objekt.Operation
c Zwischen Operationsname und Klammer steht *kein* Leerzeichen. Nach der öffnenden und vor der schließenden Klammer steht ebenfalls *kein* Leerzeichen, z.B. setColor(Color.blue)
d Nach Schlüsselwörtern steht grundsätzlich ein Leerzeichen.

3 Einrücken und Klammern von Strukturen
a Paarweise zusammengehörende geschweifte Klammern { } stehen immer in derselben Spalte untereinander.
b In der Zeile, in der ein geschweifte Klammer steht, steht sonst nichts mehr.
c Alle Zeilen innerhalb eines Klammerpaars sind jeweils um 4 Leerzeichen oder einen entsprechenden Tabulatorsprung nach rechts eingerückt.

Abb. A-13:
Richtlinien für
die Formatierung
von Java-
Programmen

Java-Dokumentations-Richtlinien

Abb. A-14: Java-Dokumentations-Richtlinien	Ein Programm sollte folgende Angaben beinhalten: ■ Kurzbeschreibung des Programms, ■ Verwaltungsinformationen, ■ Kommentierung des Quellcodes.
Javadoc	Es sollten die *Javadoc*-Kommentare (/** Kommentar */) und Formatanweisungen verwendet werden.
Programm-vorspann	Die ersten beiden Angaben können in einem Programmvorspann zusammengefasst werden: ■ Programmname: Name, der das Programm möglichst genau beschreibt. ■ Aufgabe: Kurzgefasste Beschreibung des Programms einschließlich der Angabe, ob es sich um eine GUI- oder eine Fachkonzept-Klasse, ein Applet oder eine Anwendung handelt. ■ Zeit- und Speicherkomplexität des Programms ■ @author Name des Programmautors Wurde das Programm von mehreren Autoren erstellt, dann ist für jeden Autor eine solche Zeile mit @author Name zu schreiben. ■ @version Versionsnummer Datum
Quellcode-Kommentierung	Neben dem Programmvorspann muss auch der Quellcode selbst dokumentiert werden. Besonders wichtig ist die geeignete Kommentierung der Operationen einer Klasse. Neben der Aufgabenbeschreibung jeder Operation ist die Bedeutung der Parameter zu kommentieren, wenn dies aus dem Parameternamen nicht eindeutig ersichtlich ist. Zur Kommentierung von Operationen können in Java-Dokumentationskommentaren folgende Befehle eingestreut werden: @param Name und Bezeichnung von Parametern @return Beschreibung eines Ergebnisparameters @exception Name und Beschreibung von Ausnahmen @see Verweis auf Klasse.

/Cornell, Horstmann 00/
  Cornell G., Horstmann C. S., *Core Java 2 – Volume I – Fundamentals,* Palo Alto:
  Prentice Hall 2000
  Eines der besten Java-Bücher.
/Grams 90/
  Grams T., *Denkfallen und Programmierfehler,* Berlin: Springer-Verlag 1990,
  159 Seiten
  Empfehlenswertes, gut lesbares Buch mit vielen Beispielen und Literaturhinweisen.
/Heide Balzert 04/
  Balzert Heide, *Objektmodellierung – Analyse und Entwurf,* Heidelberg: Spektrum
  Akademischer Verlag 2004
  Empfehlenswertes Buch, das systematisch in die objektorientierte Analyse und
  den objektorientierten Entwurf einführt und viele Checklisten enthält.

Regeln:

Von UML-Klassen zu Java-Klassen

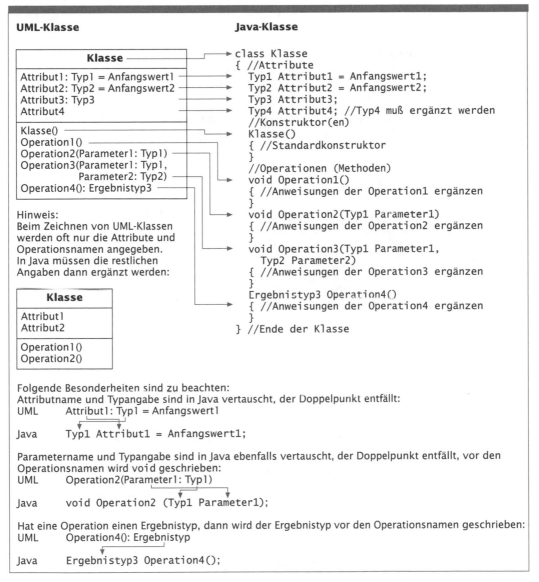

UML-Klasse   **Java-Klasse**

Folgende Besonderheiten sind zu beachten:
Attributname und Typangabe sind in Java vertauscht, der Doppelpunkt entfällt:
UML   Attribut1: Typ1 = Anfangswert1

Java   Typ1 Attribut1 = Anfangswert1;

Parametername und Typangabe sind in Java ebenfalls vertauscht, der Doppelpunkt entfällt, vor den Operationsnamen wird void geschrieben:
UML   Operation2(Parameter1: Typ1)

Java   void Operation2 (Typ1 Parameter1);

Hat eine Operation einen Ergebnistyp, dann wird der Ergebnistyp vor den Operationsnamen geschrieben:
UML   Operation4(): Ergebnistyp

Java   Ergebnistyp3 Operation4();

Abb. A-15: Von UML-Klassen zu Java-Klassen

B Anhang – Prozessverbesserung und ihre Formulare

Inspektion

B-1 Beispiel eines Inspektionsprotokolls 908

B-2 Formular zur Erfassung von Inspektionsdaten 909

Formular zum Entwicklungsprozess

B-3 Formular für ein Fehlerbuch 910

Inspektion

Abb. B-1:
Beispiel eines
Inspektions-
protokolls

Verweise:
OOD-Modell:
Abschnitt 2.20.5
(Abb. 2.20-7)
Java-Programm:
Abschnitt 2.20.5
und CD-ROM
(Kundenverwaltung
MitSpeicherung)
Checklisten:
Anhang A

Inspektionsprotokoll vom 20.2.2005
Moderator: Alexander Klug
Prüfobjekt: Java-Programm Kundenverwaltung mit Datenhaltung
Referenzunterlagen:
    Ursprungsprodukt: OOD-Modell
    Erstellungsregeln: Von UML-Klassen zu Java-Klassen
    Checklisten: Richtlinien und Konventionen für Bezeichner, Klassen, Attribute, Operationen, Vererbung, Assoziationen, typische Programmierfehler, Formatierung von Java-Programmen

M 1. Klasse KundenContainer, Operationsnamen `getObjektreferenz()`
    ← Checkliste Operationen 1, Name mißverständlich

Nm 2. Klasse KundenContainer, Operationsname `insertKunde(...)`
    ← Bezeichner-Richtlinien 6, Mischung Deutsch/Englisch

m 3. Klasse KundenContainer, Reihenfolge der Operationen
    ← Java-Formatierungs-Richtlinien 1.

I 4. Java-Formatierungs-Richtlinien ergänzen um Regel für lokale Operationen.

? 5. Warum wurde keine eigene Iterator-Klasse verwendet?
NM 6. Klasse KundenContainer
    ← Checkliste Operationen 8b, Kommentare im else-Teil fehlen

usw.

Legende:
m = leichter Defekt (minor)
M = schwerer Defekt (Major)
? = Frage an den Autor
Nm = Neuer leichter Defekt (in Inspektionssitzung identifiziert)
NM = Neuer schwerer Defekt (in Inspektionssitzung identifiziert)
I = Verbesserungsvorschlag *(Improvement)*
← = Bezug zu Regeln und Checklisten

Zusammenfassung der Inspektionsdaten
Datum:_____   Nummer der Inspektion: _____   Moderator: _____
Prüfobjekt: _____   Anzahl Seiten: _____
Datum der Inspektionsanforderung:_____   Datum der Eingangsprüfung: _____
(1) Planungszeit: _____h_____   (2) Aufwand für die Eingangsprüfung:_____h_____
(3) Aufwand für die Einführungssitzung: _____h

Individuelle Prüfergebnisse (berichtet am Anfang der Inspektionssitzung)

Inspektor	Prüfzeit (a) h	Anzahl gepr. Seiten (b)	schwere Defekte	leichte Defekte	Verbesse-rungen	Fragen	Prüfgeschw. (b)/(a)
1							
2							
3							
4							
5							
6							
Summe	(4)						

Durchschnittliche Prüfgeschwindigkeit: _____ Seiten/h

Inspektionssitzung (Prüfeinheit = ___ Seiten)
Anzahl Teilnehmer:_____   Dauer:_____h_____   (5) Arbeitsstunden insgesamt: _____h

Schwere Defekte protokolliert	Leichte Defekte protokolliert	Verbesserungs-vorschläge	Fragen a.d. Autor	Neue Defekte i.d. Sitzung entdeckt

Erfassungsgeschwindigkeit: _____ (Protokolleinträge/Minute)
(11) Bisheriger Gesamtzeitaufwand:_____h_____ (1)+(2)+(3)+(4)+(5)
Anzahl geprüfter Seiten pro Stunde: _____ (Seiten/Dauer)

Überarbeitung, Nachüberprüfung und Freigabe
Anzahl schwerer Defekte:_____   Anzahl leichter Defekte: _____
Anzahl Änderungsanträge:_____
(6) Überarbeitungszeit: _____h_____   (7) Nachüberprüfungszeit: _____h_____
(8) Freigabezeit:_____h_____   Freigabedatum:_____
(9) Überprüfungszeit:_____h (1)+(2)+(3)+(7)+(8)
(10) Defektentfernungszeit:_____h (11)+(6)+(7)+(8)
Geschätzte Restdefekte (schwere Defekte) / Seite:_____

Geschätzte Effektivität (% gefundene schwere Defekte/Seite):_____%
(Annahme oder Empirie)
Effizienz (schwere Defekte/Arbeitszeit   ) =_____schwere Defekte/Stunde
Wahrscheinliche Einsparung von Entwicklungszeit durch die Inspektion: _____h_____
(basierend auf 8 oder____Stunden/schwerem Defekt)

Abb. B-3: *Formular für ein* *Fehlerbuch* *(ausgefüllt)*	**Lfd. Nr.:** 1

Lfd. Nr.: 1

Wann entstanden (Datum): 4.4.05

Wann entdeckt (Datum): 6.4.05

Programmname: ListeMitIterator

Ursache (Verhaltensmechanismus):
Lokale Variable überdeckt globale Variable

Rückverfolgung:
Durch *Debugging* nicht zu entdecken.

Gab es schon Fehler derselben Sorte?
Nein.

Warum war eine früher vorgesehene Gegenmaßnahme nicht wirksam?
Hier nicht zutreffend.

Programmierregel, Gegenmaßnahme
Lokale Variable überdeckt globale Variable, auch wenn die Variable ein Zeiger ist!
In Checkliste aufnehmen.

Ausführliche Fehlerbeschreibung:
```
protected Link Anfang;
    protected Link Ende;
    protected Link VorgaengerAktuellerZeiger;

//Konstruktor
    public Liste(Object StartLeer, Object EndeLeer)
    {
        //Leere Liste anlegen mit 2 Leerelementen
        Link Anfang = new Link(StartLeer, null);
        Link Ende = new Link(EndeLeer, Anfang);
```

Anfang und Ende waren versehentlich als lokale Variable deklariert!

/Gilb, Graham 93/
Gilb T., Graham B., *Software Inspection*, Wokingham, England: Addison-Wesley 1993, 471 Seiten.
Ausführliche Behandlung der Inspektion mit zahlreichen Checklisten. Die Einführung von Inspektionen in ein Unternehmen wird allgemein und anhand von Erfahrungsberichten gezeigt. Ein Kapitel befasst sich mit den Kosten und dem Nutzen von Inspektionen. Das Buch ist sehr zu empfehlen.
/Grams 90/
Grams T., *Denkfallen und Programmierfehler*, Berlin: Springer-Verlag 1990, 159 Seiten.
Empfehlenswertes, gut lesbares Buch mit vielen Beispielen und Literaturhinweisen

C Anhang – Praktika

Die »Grundlagen der Informatik« kann man nur dann beherrschen, wenn man intensiv praktische Übungen durchführt. Insbesondere muss jeder Lernende *eigene* Erfahrungen sammeln. Es hat sich daher bewährt, Praktika in den Lernstoff zu integrieren, die eine oder mehrere umfangreichere Aufgaben als Vorbereitung enthalten. Diese Aufgaben werden dann unter Betreuung in einem jeweils mehrstündigem Praktikum weiterentwickelt.

Durchführung des Praktikums

Im Praktikum wird geprüft, ob die oben aufgeführten Voraussetzungen erfüllt sind. Außerdem werden neue Aufgaben verteilt, die während des Praktikums alleine zu lösen sind. Die Praktikumsaufgaben befinden sich auf der Präsentations-CD-ROM, die es zu diesem Buch separat zu erwerben gibt (www.W3L.de).

Präsentations-CD-ROM

Testat

Das Testat für ein Praktikum wird nur erteilt, wenn die jeweils aufgeführten Vorbereitungen ausreichend durchgeführt wurden *und* die neu gestellten Aufgaben ausreichend während des Praktikums gelöst werden.

Praktikum 1 (nach der Lehreinheit 3)

Vorbereitung auf das Praktikum

Die Aufgaben der folgenden Lehreinheiten müssen als Voraussetzung für das Praktikum 1 gelöst sein:

LE2: Aufgabe 3: Anlegen einer eigenen Homepage mit Bild und gesprochenen Begrüßungstext. Die Homepage muss im Praktikum vorgeführt werden.

LE2: Aufgabe 4b und 4c: Auf der eigenen Homepage müssen sich Verweise auf deutsch- und englischsprachige Informationen zur Internet-Netiquette befinden sowie Verweise zu Gestaltungsregeln für HTML-Seiten.

LE3: Aufgabe 5: Die eigene Homepage muss ein *treeview*-Applet integriert enthalten, das aus dem Netz stammt.

LE3: Aufgabe 6: Das Java-Applet HelloApp muss an mindestens einer Stelle modifiziert sein. Im Praktikum muss mit Hilfe einer Programmierumgebung die Beherrschung des Text-Editors und des Compilers gezeigt werden.

Praktikum 2 (nach der Lehreinheit 8)

Vorbereitung auf das Praktikum

Die Aufgaben der folgenden Lehreinheit müssen als Voraussetzung für das Praktikum 2 gelöst sein:

LE7: Aufgaben 4 und 5: Applet zur Darstellung eines Tanks mit Erweiterung um Sollfüllhöheneingabe. Dieses Applet muss im Praktikum vorgeführt werden.

Praktikum 3 (nach der Lehreinheit 12)

Vorbereitung auf das Praktikum
Die Aufgaben der folgenden Lehreinheiten müssen als Voraussetzung für das Praktikum 3 gelöst sein:
LE11: Aufgabe 4: Java-Anwendung zur automatischen Entflechtung von Leiterplatten.
LE12: Aufgabe 6: Erweiterung von Aufgabe 5 (Lehreinheit 11) um eine Datenhaltung.

Praktikum 4 (nach der Lehreinheit 15)

Voraussetzungen das Praktikum
In diesem Praktikum wird eine Software-Inspektion geübt.

Inspiziert wird das Klassendiagramm und das Programm »Zahnarztpraxis«, das in LE 5 – Aufgabe 10 – erstmalig erwähnt wurde, und in LE 9 – Aufgabe 8 – und LE 11 – Aufgabe 15 – weiter ausgebaut wurde. Realisieren Sie das Programm unter Berücksichtigung aller in den drei Lehreinheiten genannten Anforderungen.
Für die Zulassung zum Praktikum sind erforderlich:
– das zugehörige UML-Diagramm,
– der Java-Quelltext.

Vorbereitung
Inspektion bedeutet für einen Inspektor, ein vorgelegtes Dokument nach bestimmten Kriterien zu überprüfen. Überprüfen Sie die Dokumente von einem anderen Leser und wählen Sie eine Inspektorenrolle. Beispielsweise: »Überprüfen Sie das UML-Diagramm anhand der Checklisten "Klassen" und "Attribute" im Anhang A«. Gehen Sie das Dokument anhand der Checklisten durch und notieren Sie alle Verstöße gegen die Checklisten in Form eines Inspektionsprotokolles, wie es in LE 15 vorgestellt wird.

Ablauf des Praktikums
Zum Praktikumstermin bringen Sie als Eingangsvoraussetzung Ihr geprüftes Dokument und das erstellte Inspektionsprotokoll mit. In der Sitzung werden dann die von den Inspektoren in der Vorbereitung entdeckten Fehler und diejenigen Fehler, die in der Inspektionssitzung gefunden werden, in einem gemeinsamen Inspektionsprotokoll zusammengetragen. Der Autor des Dokuments korrigiert dann das Dokument anhand des Protokolls.

Verzeichnis der Hervorhebungsboxen

Verzeichnis der Programme

Namens- und Organisationsindex

Sachindex

Sachindex